Entwurf von digitalen Schaltungen und Systemen mit HDLs und FPGAs

Einführung mit VHDL und SystemC

von

Prof. Dr.-Ing. Frank Kesel

Dr. Ruben Bartholomä

3., korrigierte und aktualisierte Auflage

Oldenbourg Verlag München

Prof. Dr.-Ing. Frank Kesel lehrt Integrierte Schaltungstechnik an der Hochschule Pforzheim. Zuvor war er zehn Jahre in der Entwicklung von integrierten Schaltungen bei Philips Semiconductors und der Robert Bosch GmbH tätig.

Dr. Ruben Bartholomä studierte Nachrichtentechnik an der Fachhochschule Köln und Elektrotechnik/Informationstechnik an der Hochschule Pforzheim. Er promovierte am Lehrstuhl für Technische Informatik der Universität Tübingen und ist bei der Firma Robert Bosch GmbH in Reutlingen tätig.

Bibliografische Information der Deutschen Nationalbibliothek

Die Deutsche Nationalbibliothek verzeichnet diese Publikation in der Deutschen Nationalbibliografie; detaillierte bibliografische Daten sind im Internet über http://dnb.d-nb.de abrufbar.

© 2013 Oldenbourg Wissenschaftsverlag GmbH
Rosenheimer Straße 143, D-81671 München
Telefon: (089) 45051-0
www.oldenbourg-verlag.de

Lektorat: Dr. Gerhard Pappert
Herstellung: Tina Bonertz
Titelbild: Autoren
Einbandgestaltung: hauser lacour
Gesamtherstellung: Grafik + Druck GmbH, München

Dieses Papier ist alterungsbeständig nach DIN/ISO 9706.

ISBN   978-3-486-73181-1
eISBN   978-3-486-74715-7

Begleitwort des Herausgebers

Dieses Buch behandelt den computergestützten Entwurf (CAD, Computer Aided Design) von mikroelektronischen Schaltkreisen. Diese Schaltungen sind Schlüsselelemente in der Informationsverarbeitung (Mikroprozessoren), in der Kommunikationstechnik (Internet, Mobil-Telefonie) und in Steuer- und Regelsystemen aller Art (Kfz-Elektronik, industrielle Prozesssteuerungen, Haushaltsgeräte). Sie verbreiten sich in immer weitere Gebiete der Elektrotechnik und werden dabei zunehmend komplexer. Durch Erhöhung des Integrationsgrads aufgrund der ständigen Verbesserung der Herstelltechniken werden Chips aber gleichzeitig auch immer preiswerter (Moore'sches Gesetz). Integrierte Schaltungen, auf denen mehrere Millionen logische Funktionen integriert sind, sind heute handelsüblich. Ohne rechnerbasierte Techniken, die sich in den letzten Jahrzehnten entwickelt und zunehmend an Bedeutung gewonnen haben, wäre das Design von solchen höchstintegrierten Schaltungen technisch und wirtschaftlich nicht durchführbar.

Die Fortschritte bei den Herstelltechniken und den Entwurfsmethoden versetzen zunehmend auch kleine und mittelständische Firmen in die Lage, ihre eigenen anwendungsspezifischen Designs auf Silizium zu bringen. Eine wesentliche Rolle spielen dabei feldprogrammierbare Logikbausteine (FPGAs), die sich beim Anwender, ohne teure und zeitintensive technologische Maßnahmen, per Datenübertrag von einem PC in ihrer Funktion festlegen lassen. Nicht nur die Designmethodiken wurden ständig weiter entwickelt, sondern auch der interne Aufbau der programmierbaren Logikbausteine. Heute können mehrere Millionen Gatterfunktionen in einem FPGA-Chip realisiert werden. Interne Datenpfad-Architekturen unterstützen die Implementierung digitaler Signalverarbeitungsalgorithmen (DSP), gleichzeitig stehen ohne nennenswerte Zusatzkosten ausgetestete Mikroprozessoren als Intellectual-Property-Komponenten zur Verfügung. Deshalb wird das Erlernen der nötigen Designmethodik für diese SOPCs (System on a Programmable Chip) zunehmend in der breiten studentischen Ausbildung in den Fächern Elektrotechnik und Technische Informatik wichtig.

Dieses ausgezeichnet geschriebene und praxisorientierte Buch „Entwurf von digitalen Schaltungen und Systemen mit HDLs und FPGAs" bietet dazu eine zielgerichtete Einführung, beginnend bei MOS-Transistoren und FPGA-Technologien bis hin zu aktuellsten Entwicklungen in der Synthese (High-Level-Synthese) und den Hardwarebeschreibungssprachen (System-C). In diesem Buch werden als Kernpunkte des CAD-Flows die Modellierung mit Hardwarebeschreibungssprachen (HDLs), die Simulation solcher HDL-Modelle und deren Umsetzung und Optimierung (Logiksynthese) von der Architektur- oder Verhaltensebene ausgehend bis zur Implementierung in der ausgewählten Zieltechnologie behandelt. In dieser modernen Darstellung des Themengebiets werden standardisierte

Beschreibungen und flexible Implementierungsverfahren in den Vordergrund gestellt, die auf objektorientierten Sprachen und den komplexen programmierbaren Logik-Bausteinen (FPGAs) beruhen. In vielen typischen Anwendungsbeispielen lernt der Leser die Besonderheiten der synthesefähigen Hardwarebeschreibung systematisch kennen. Waren bisher spezielle HDL-Sprachen wie VHDL oder Verilog als Eingabeformen einer Designspezifikation üblich, ist es mittlerweile mit der High-Level-Synthese möglich, direkt algorithmische C ++-Beschreibungen aus der Systementwicklung (bspw. mit MATLAB) zu übernehmen und so zu transformieren, dass die Logiksynthese und damit die Abbildung auf eine Zieltechnologie möglich werden. So werden alle fachlichen Vorrausetzungen von den Grundlagen bis zu praxiserprobten Verfahrensweisen präsentiert, die Studierende oder Industriepraktiker benötigen, um heute und auch in Zukunft in diesem rasch veränderlichen technischen Gebiet erfolgreich tätig sein zu können.

Für mich als Herausgeber war nicht nur die Zusammenarbeit mit den Autoren die reinste Freude, sondern ich konnte auch Vieles dazulernen oder vorhandene Kenntnisse in neuem Licht sehen. Ich freue mich, dass nun auch in deutscher Sprache ein Lehrbuch über dieses wichtige Gebiet zur Verfügung steht, das mit den angelsächsischen Vorbildern keinen Vergleich zu scheuen braucht, und wünsche allen Lesern viele lehrreiche Stunden bei der Lektüre und viel Spaß bei der Umsetzung der Erkenntnisse in der Praxis, denn nach Goethe genügt es nicht etwas „nur zu wissen, sondern man muss es auch anwenden".

Prof. Dr. Bernhard Hoppe
Darmstadt

Vorwort

Digitale Systeme durchdringen heute viele Bereiche des täglichen Lebens, ohne dass uns dies vielleicht überhaupt bewusst ist. Man denke hier beispielsweise an Mobilfunktelefone, Navigationsgeräte oder die Automobilelektronik. Der Entwurf solcher Systeme stellt daher für viele Unternehmen eine Schlüsselkompetenz dar. Während die Software einen wachsenden Anteil an digitalen Systemen hat, so muss doch häufig auch die Hardware in Form von integrierten Schaltungen entwickelt werden. Nicht nur für große sondern auch für kleine und mittelständische Firmen ergibt sich die Notwendigkeit digitale Hardware als ASICs oder mit programmierbaren Bausteinen zu entwickeln.

Der Entwurf digitaler Hardware beruht heute im Wesentlichen auf so genannten Hardwarebeschreibungssprachen, wie VHDL oder Verilog, welche eine ähnliche Funktion für die Hardwareentwicklung haben wie Programmiersprachen für die Softwareentwicklung. Mehr als fünfzehn Jahre Erfahrung in der Entwicklung von digitalen Schaltungen in der Industrie und an der Hochschule lehren jedoch, dass es nicht nur Kenntnisse einer Hardwarebeschreibungssprache alleine sind, welche für den erfolgreichen Entwurf wichtig sind, sondern auch Kenntnisse der digitalen Schaltungstechnik – dies ist heute hauptsächlich die CMOS-Schaltungstechnik – sowie der rechnergestützten Entwurfswerkzeuge, welche für den Entwurf benutzt werden. Ein Entwickler einer Schaltung sollte eine Vorstellung vom Aufbau und der Funktionsweise der von ihm in VHDL oder Verilog beschriebenen Hardware haben, um mögliche Fehler bei der automatischen Umsetzung der VHDL- oder Verilog-Beschreibung durch die Entwurfswerkzeuge entdecken zu können und um die Qualität der generierten Schaltung beurteilen zu können. Aus diesen Überlegungen heraus entstand die Idee, ein Buch zu schreiben, welches die Zusammenhänge und Wechselwirkungen zwischen den einzelnen Themengebieten des digitalen Hardwareentwurfs darstellt. Es gibt zwar viele Bücher über VHDL und andere Hardwarebeschreibungssprachen, über digitale Schaltungstechnik und über die Funktionsweise von Entwurfswerkzeugen, aber nur wenige umfassende und zusammenhängende Darstellungen.

Das vorliegende Buch ist in erster Linie ein Lehrbuch über den Entwurf von digitalen Schaltungen und Systemen. Die geschilderten Verfahren und Vorgehensweisen werden derzeit in der Industrie angewendet. Es ist auch ein Buch über VHDL, aber eben nicht nur. Ungewöhnlich ist in diesem Zusammenhang vermutlich die detaillierte Darstellung der CMOS-Schaltungstechnik, welche, angefangen bei den MOS-Transistoren, über digitale CMOS-Schaltungen und Speicherschaltungen zu den Technologien von programmierbaren Schaltungen führt. Letztere dienen in Form von FPGAs im weiteren Verlauf als Beispiel, um die Umsetzung von VHDL-Beschreibungen in Hardware und die damit verbundenen Probleme zu zeigen. Obgleich die von uns für das Buch als Beispiel gewählte

FPGA-Technologie naturgemäß schnell veraltet sein wird, so glauben wir doch, dass die daran aufgezeigten Probleme und Lösungsmöglichkeiten auch auf neuere Technologien anwendbar sein werden. Auf den Zusammenhang zwischen der abstrakten VHDL-Beschreibung und der Funktionsweise der daraus resultierenden mikroelektronischen Hardware kommt es uns insbesondere an. Nebenbei bekommt der Leser so auch einen Überblick über wesentliche Implementierungsformen von digitalen integrierten Schaltungen und deren Funktionsweise. Die Prinzipien des digitalen Hardwareentwurfs zeigen wir anhand von vielen überschaubaren Beispielen und leiten daraus Verallgemeinerungen ab – eine Vorgehensweise, die sich in der Lehre bewährt hat. So wird dem Lernenden auch ein Repertoire von VHDL-Musterbeschreibungen an die Hand gegeben, welches viele Anwendungsfälle abdeckt. Weil das Buch mehrere Themengebiete – Hardwarebeschreibungssprachen, digitale Schaltungstechnik und Entwurfswerkzeuge – abdeckt, kann natürlich nicht jedes Gebiet für sich erschöpfend behandelt werden. Dennoch ist das Buch als eine in sich abgeschlossene Abhandlung gedacht, so dass weitere Literatur für das Verständnis zunächst nicht benötigt wird. Für den interessierten Leser, der sich in einzelne Themen vertiefen möchte, haben wir weiterführende Literatur an den entsprechenden Stellen angegeben. Das Buch zeichnet sich ferner durch eine praxisorientierte Einführung in den modernen Entwurf von digitalen Schaltungen und Systemen aus, wobei die theoretischen Aspekte und Zusammenhänge nicht zu kurz kommen.

Dieses Buch wäre nicht ohne die tatkräftige Mithilfe und Unterstützung einiger Personen entstanden. Mein Dank gebührt zunächst meinem Koautor und Mitarbeiter an der Hochschule Pforzheim, Herrn Dipl.-Ing. (FH) Ruben Bartholomä. Er hat das sechste Kapitel geschrieben und dort einen Ausblick auf fortgeschrittene Entwurfsverfahren mit SystemC und High-Level-Synthese gegeben und auch durch zahlreiche Kommentare zu den restlichen Kapiteln des Buches zum Gelingen beigetragen. Einen besonderen Dank möchte ich meinem Kollegen an der FH Darmstadt, Herrn Prof. Dr. Bernhard Hoppe, aussprechen – ohne ihn wäre dieses Buch vermutlich nicht entstanden. Er hat als Herausgeber einer Buchreihe im Oldenbourg-Verlag den Anstoß zu diesem Buch gegeben und es von Anfang bis Ende begleitet. Ihm sei auch insbesondere für die mühevolle fachliche Überprüfung des Manuskripts gedankt. Ebenfalls für die fachliche Überprüfung des Manuskripts sei meinem Kollegen an der Hochschule Pforzheim, Prof. Dr. Frank Thuselt, und meinem Kollegen aus der MPC-Gruppe, Prof. Ermenfried Prochaska, FH Heilbronn, gedankt. Selbstverständlich gilt auch dem Oldenbourg Wissenschaftsverlag mein besonderer Dank für die Möglichkeit, dieses Buch zu veröffentlichen. Auch den Firmen Altera, Mentor Graphics und Xilinx sei für die Überlassung von Material und die Genehmigung zum Abdruck gedankt. Bedanken möchte ich mich insbesondere auch bei den Studierenden, Mitarbeitern und Kollegen an der Hochschule Pforzheim für die vielen Fragen, Anregungen und Diskussionen, welche mir über die letzten Jahre viele neue Einsichten gebracht und damit auch zum Buch beigetragen haben. Nicht zuletzt gilt meine Dankbarkeit meiner Familie, die viel Verständnis für die Arbeiten an diesem Buch aufgebracht und somit ebenfalls zum Gelingen beigetragen hat.

Trotz aller Sorgfalt und Überprüfungen durch Fachkollegen und das Lektorat des Verlags können sich bei der ersten Auflage eines Buches dennoch Fehler einschleichen. Ich möchte mich hierfür bei den Leserinnen und Lesern des Buches schon im Voraus entschuldigen. Für Fehlermeldungen und auch für weitere Anregungen bin ich jederzeit dankbar; richten Sie diese am besten per E-Mail (frank.kesel@hs-pforzheim.de) an mich. Nun verbleibt mir nur noch, Ihnen viel Freude bei der Lektüre und der Arbeit mit diesem Buch zu wünschen – mindestens so viel Freude wie wir bei der Erstellung des Buches hatten.

Frank Kesel
Pforzheim

Vorwort zur zweiten Auflage

Erfreulicherweise wurde für das vorliegende Buch nach relativ kurzer Zeit eine zweite Auflage erforderlich. Dies zeigt, dass das Buch erfolgreich angenommen wurde, was auch durch zahlreiche positive Rückmeldungen von Rezensenten und Lesern bestätigt wird. Das Buch hat auch seinen Praxistest beim Einsatz in der Lehre an unserer und an anderen Hochschulen bestanden und wird von den Studierenden gerne als Vorlesungsbegleiter benutzt. Auch die Rückmeldungen aus der Industrie und der erfolgreiche Einsatz des Buches in Schulungen für die Industrie zeigen, dass das Buch ebenfalls für den Praktiker im industriellen Umfeld geeignet ist.

Die didaktischen Ziele des Buches konnten somit für die intendierten Zielgruppen erreicht werden. Es war daher aus unserer Sicht nicht erforderlich, das Buch grundlegend zu überarbeiten und so wurden nur einige wenige Textpassagen überarbeitet und aktualisiert. Ferner wurden Fehler korrigiert und einige Abbildungen überarbeitet. Zwar sind in den vergangenen zwei Jahren wieder einige Fortschritte im Bereich der FPGAs zu verzeichnen, so dass die im Buch verwendete Beispieltechnologie der Virtex-2-FPGAs von Xilinx nun schon durch die übernächste Generation der Virtex-5-FPGAs abgelöst wurde, jedoch hat sich an der grundlegenden Vorgehensweise im physikalischen und im logischen Entwurf mit VHDL nichts geändert. Aus diesem Grund sehen wir für die neue Auflage des Buches noch keine Notwendigkeit, die Beispiele, insbesondere aus den Kapiteln 4 und 5, auf die neueste FPGA-Technologie umzustellen. Die anhand der Beispiele gezeigte Vorgehenweise lässt sich unserer Ansicht nach auch auf die neuesten Bausteingenerationen übertragen. Ähnliches gilt auch für die Entwurfswerkzeuge: Auch hier sind in den vergangenen Jahren seit der ersten Auflage des Buches einige neue Versionen der im Buch verwendeten Werkzeuge auf dem Markt erschienen. Beispielsweise ist das von uns für die Logiksynthese verwendete Werkzeug „LeonardoSpectrum" von MentorGraphics durch das Nachfolgeprodukt „Precision" abgelöst worden. Wenn sich dadurch auch Details der Werkzeuge oder deren Bedienung verändert haben oder neue Funktionen hinzugekommen sind, so ist doch auch die im Buch geschilderte grundsätzliche Vorgehensweise im Wesentlichen gleich geblieben.

Einige Leser äußerten den Wunsch, die zahlreichen VHDL-Beispiele aus dem Buch doch als Quellcode zum Download zur Verfügung zu haben. Wir kommen diesem Wunsch gerne nach und stellen die Quellcodes für die VHDL- und SystemC-Beispiele auf der Internetseite des Buches beim Oldenbourg Verlag (www.oldenbourg-wissenschaftsverlag.de) zur Verfügung. Wie wir auch im Buch ausgeführt haben, ist es notwendig, dass der Leser auch eigene Beispiele und Projekte bearbeitet, um das Wissen zu vertiefen, hierfür können die Beispiele des Buches als Startpunkt dienen. Wir empfehlen als Werkzeuge für den VHDL-

FPGA-Entwurf beispielsweise das „ISE WebPACK" von Xilinx, welches kostenlos von
der Xilinx-Homepage (www.xilinx.com) heruntergeladen werden kann. Darin enthalten
sind sämtliche Werkzeuge für den Enwurf, z.B. für Simulation, Synthese, physikalischer
Entwurf oder Timing-Analyse. Im Vergleich zur kostenpflichtigen ISE-Vollversion gibt es
zwar einige Einschränkungen, hauptsächlich bezüglich der Schaltungskomplexität, jedoch
ist das „WebPACK" für kleinere Projekte gut einsetzbar. Ähnliche Angebote sind auch von
anderen Herstellern, wie beispielsweise Altera, verfügbar. Die VHDL-Simula-tionen im
Buch wurden durchgängig mit dem „Modelsim"-Simulator von MentorGraphics durchgeführt, welcher als Industrie-Standard-Simulator sehr weit verbreitet ist und z.B. auch in der
„ISE" von Xilinx enthalten ist.

Für die Simulationen zur MOS-Technologie im dritten Kapitel haben wir das OrCAD-
Werkzeug und den darin enthaltenen PSpice-Simulator benutzt. Eine kostenfreie Demo-
Version des Werkzeugs kann von der Firma Cadence bezogen werden (www.cadence.com).
Für diejenigen, die die PSpice-Simulationen nachvollziehen möchten, ist eine Bibliothek
für die im Buch benutzten MOSFET-Symbole und die dazugehörigen Simulationsmodelle
für OrCAD/PSpice ebenfalls zum Download von der Internetseite des Buches verfügbar.

Mein Dank gilt Herrn Anton Schmid vom Oldenbourg Verlag für die Betreuung und Durch-
sicht der zweiten Auflage. Für Rückmeldungen zu dieser Auflage des Buches bin ich natürlich jederzeit dankbar. Richten Sie diese entweder an den Oldenbourg Verlag oder per
Email an mich (frank.kesel@hs-pforzheim.de). Ich wünsche allen Lesern ein vergnügli-
ches und erfolgreiches Arbeiten mit dem Buch.

Frank Kesel
Pforzheim, im August 2008

Vorwort zur dritten Auflage

Das rege Interesse am vorliegenden Buch erforderte die nunmehr dritte Auflage. Obwohl nun seit Erscheinen der ersten Auflage schon einige Jahre vergangen sind – und dies einige Generationen von FPGAs und dazugehörigen Entwurfswerkzeugen bedeutet –, so hat sich doch an der Vorgehensweise im Entwurf von programmierbaren Bausteinen bis heute nichts Grundlegendes geändert. Ich setze das Buch daher auch immer noch in Vorlesungen an der Hochschule oder in Industrieseminaren zu diesem Thema ein. Auch haben mich in der jüngeren Vergangenheit Zuschriften von Lesern erreicht, die mir gezeigt haben, dass das Buch immer noch aktuell ist. So erschien es nicht von Nachteil, keine grundlegende Überarbeitung für die dritte Auflage anzustreben, sondern im Wesentlichen Fehler zu korrigieren, die in der zweiten Auflage noch vorhanden waren.

Was sich allerdings in den letzten Jahren mit großer Dynamik weiterentwickelt hat, ist das Thema SystemC, welches im fünften Kapitel dieses Buches behandelt wird. Daher hatte ich mich entschlossen, dem Thema SystemC ein eigenes Lehrbuch zu widmen, welches im vergangenen Jahr ebenfalls im Oldenbourg Verlag unter dem Titel „Modellierung von digitalen Systemen mit SystemC" erschienen ist und den aktuellen Stand der Entwicklungen bei SystemC widerspiegelt. Das fünfte Kapitel des vorliegenden Buches kann daher nunmehr als Einführung in dieses Thema verstanden werden.

Mein Dank gilt Herrn Gerhard Pappert vom Oldenbourg Verlag für die Betreuung des Buches. Ich bin auch weiterhin an Anmerkungen oder Kritik zum Buch interessiert, welche Sie entweder an den Oldenbourg Verlag oder per Email an mich (frank.kesel@hs-pforzheim.de) richten können. Ich wünsche Ihnen einen erfolgreichen Einstieg mit diesem Buch in den digitalen Schaltungsentwurf mit FPGAs.

Frank Kesel
Pforzheim, im Januar 2013

Inhaltsverzeichnis

1 Einleitung

1.1 Digitaltechnik und die mikroelektronische Revolution

Obgleich es aus dem alltäglichen Umgang mit technischen Geräten vielleicht nicht erkennbar ist, so hat die mikroelektronische Realisierung von digitalen Schaltungen die technische Entwicklung in den letzten fünfzig Jahren in dramatischer Weise vorangetrieben und ein Ende dieser Entwicklung ist derzeit nicht zu sehen. Das Beispiel Internet zeigt, dass die *Digitaltechnik* und die *Mikroelektronik* – Technologien die das Internet erst ermöglichten – auch erhebliche Einflüsse auf unsere Gesellschaft haben. Von einer revolutionären Entwicklung durch die Mikroelektronik zu sprechen ist daher nicht übertrieben. Wir wollen im Folgenden anhand eines kurzen historischen Exkurses aufzeigen, dass die enorme Weiterentwicklung der Leistungsfähigkeit von digitalen Computern immer geprägt war durch die technischen Realisierungsmöglichkeiten – von mechanischen Lösungen über Relais, Vakuumröhren und Transistoren hin zu mikroelektronischen Realisierungen.

Der Begriff „digital" („digitus" <lat.>: der Finger) bedeutet, dass ein Signal oder ein Zeichen nur endlich viele *diskrete* Werte annehmen kann, im Unterschied zu *analogen* Signalen. Kann das Signal oder das Zeichen nur zwei Werte (z. B. 0 und 1) annehmen, so spricht man von einem *binären*, digitalen Signal [83] oder von einem Binärzeichen (engl.: Bit, Binary Digit). Die Entwicklung der Digitaltechnik ist eng mit der Entwicklung von Rechenmaschinen – im Englischen als „Computer" bezeichnet (to compute = berechnen) – verknüpft. Erste mechanische Rechenmaschinen wurden schon im 17. Jahrhundert von Blaise Pascal, Wilhelm Schickart oder Gottfried Wilhelm von Leibniz entwickelt. Charles Babbage machte im frühen 19. Jahrhundert mit der so genannten „Analytical Engine" einen ersten Vorschlag für einen frei programmierbaren Computer, welcher wesentliche Bestandteile enthielt die auch in modernen Computern vorhanden sind. Zu diesem Zeitpunkt mussten Rechenmaschinen mechanisch realisiert werden, da die Elektrotechnik noch am Anfang ihrer Entwicklung stand. Babbage war seiner Zeit voraus: Die Analytical Engine war aufgrund ihrer Komplexität mechanisch nicht realisierbar.

Erst durch die Entwicklung der *Relaistechnik* in den zwanziger Jahren des vergangenen Jahrhunderts konnte Konrad Zuse 1936 in Deutschland eine erste elektromechanische Realisierung eines Rechners vorstellen. Auch in den USA wurde 1937 von Howard Aiken an der Harvard University eine elektromechanische Version eines Rechners (Harvard Mark I) realisiert. Während die Harvard Mark I noch im Dezimalsystem rechnete, so wurden die Rechner ab den vierziger Jahren weitgehend im dualen Zahlensystem implementiert. Rechnen im *Dualsystem* bedeutet, dass für die Implementierung der Arithmethik nur binäre Zeichen benutzt werden und es sich um ein Stellenwertsystem zur Basis 2 – das Dezimalsystem verwendet die Basis 10 – handelt. Einer der wesentlichen Gründe, warum man zum Dualsystem überging, lag in der Tatsache begründet, dass die Arithmetik im Dualsystem einfacher zu realisieren ist.

Die vierziger Jahre waren auch gekennzeichnet durch das Ersetzen der Relais durch elektronische *Vakuumröhren*, welche ein schnelleres Schalten ermöglichten und damit eine höhere Leistungsfähigkeit der Rechner. Nicht nur die Arithmetik, sondern auch die Informationsspeicherung und die Steuerschaltungen wurden digital mit einer zweiwertigen Logik – also binär – realisiert. Die digitale, binäre Implementierung hat gegenüber einer analogen Realisierung den wesentlichen Vorteil, dass die elektronischen Schaltungen sehr viel störunempfindlicher werden. Die Störunempfindlichkeit beruht auf der Tatsache, dass die elektronische Schaltung nur zwei diskrete Schaltzustände, nämlich „0" und „1", realisieren muss. Die mathematische Grundlage der Digitaltechnik ist die von George Boole 1847 eingeführte „Boole'sche Algebra". Sie wurde 1937 von Claude Shannon in die so genannte „Schaltalgebra" umgesetzt, welche noch heute die Grundlage für die Realisierung von hochkomplexen Schaltungen mit Milliarden von Transistoren ist.

Problematisch an der Röhrentechnik in den vierziger Jahren war allerdings die Tatsache, dass die Rechner für heutige Verhältnisse gigantische Ausmaße und einen enormen Energiebedarf hatten. Der von Eckert und Mauchley [57] 1945 an der Universität von Pennsylvania entwickelte ENIAC (Electronic Numerical Integrator and Computer) benötigte beispielsweise 18.000 Röhren und hatte einen Platzbedarf von 1.400 qm. Die benötigte elektrische Leistung betrug 140 kW (!) und ergab dabei eine nach heutigen Maßstäben äußerst geringe Rechenleistung von 5.000 Additionen pro Sekunde, was man heute als 0,005 MIPS (MIPS: Million Instructions per Second) bezeichnen würde. Während heutige Mikroprozessoren aus einem Watt zugeführter elektrischer Leistung Rechenleistungen von mehr als tausend MIPS gewinnen (1.000 MIPS/Watt), so brachte es die ENIAC nur auf umgerechnet etwa $3{,}6 \cdot 10^{-8}$ MIPS/Watt. Dieser enorme Unterschied in der Energieeffizienz macht vielleicht schon die gewaltigen Fortschritte der Computertechnik in den letzten sechzig Jahren deutlich.

Ein wesentlicher Schritt hin zur Mikroelektronik begann mit der Erfindung des *Bipolar-Transistors* durch Bardeen, Brattain und Shockley im Jahre 1948 [80]. Der Begriff „Transistor" ist ein Kunstwort aus den beiden englischen Begriffen „Transfer" und „Resistor". Aus einzelnen Transistoren wurden dann Mitte der fünfziger Jahre digitale Logikgatter entwickelt, die zur „Transistorisierung" der Computer von Firmen wie IBM oder DEC eingesetzt wurden. Wie schon zuvor durch die Einführung der Röhrentechnik konnten hierdurch die Leistungsparameter der Rechner, wie Rechenleistung, Baugröße und Energiebedarf, weiter verbessert werden. Die Entwicklung der Computertechnik ist gekennzeichnet durch das beständige Streben, die Leistungsparameter – dies betraf in erster Linie die Rechenleistung – verbessern zu können. Neben vielen Verbesserungen in der Architektur der Rechner sind die immensen Fortschritte in den letzten 80 Jahren jedoch insbesondere der Mikroelektronik zuzuschreiben.

Unter einer mikroelektronischen Realisierung versteht man die Integration von Transistoren sowie weiterer Bauelementen wie Dioden, Kapazitäten und Widerständen auf einem halbleitenden Substrat, was man auch als integrierte Schaltung (engl.: integrated circuit, IC) oder „Chip" bezeichnet. Das erste IC wurde 1958 von Jack Kilby bei Texas Instruments als Oszillatorschaltung in einem Germanium-Substrat entwickelt [57]. Robert Noyce entwickelte 1959 bei Fairchild ebenfalls eine integrierte Schaltung, allerdings auf Silizium-Basis [57]. Fairchild konnte ein spezielles Fertigungsverfahren mit Hilfe der *Photolithographie* entwickeln, mit welchem ICs mit einer ebenen oder „planen" Oberfläche gefertigt werden konnten. Diese *Silizium-Planar-Technik* war in der Folge auch der grundlegende Prozess für MOS-Schaltungen und wird in weiterentwickelter Form noch heute verwendet. Die ersten digitalen integrierten Schaltungen wurden ab 1962 zunächst in bipolarer Technik als so genannte TTL-Gatter (Transistor-Transistor-Logik) von Firmen wie Texas Instruments und Fairchild auf den Markt gebracht. In der Folge konnten wiederum die Computer, von Firmen wie IBM oder DEC, durch den Einsatz dieser Technik verbessert werden. Die TTL-Technik war gekennzeichnet durch einen geringen Integrationsgrad, so dass in einem TTL-Baustein einige Gatterfunktionen, Speicherfunktionen oder etwas komplexere Funktionen, wie Zähler, implementiert waren. Dies wurde als SSI (Small Scale Integration: < 100 Transistoren pro Chip) bezeichnet. Zum Aufbau eines größeren Systems waren jedoch immer noch einige Platinen voll mit TTL-Bausteinen notwendig. Neben der Anwendung in Computern brachte die Elektronik in Form von Transistoren und ICs auch in anderen Branchen, wie der Unterhaltungselektronik, der Investitionsgüter oder der Luft- und Raumfahrt, erhebliche Innovationsschübe.

Ein wesentlicher Nachteil der bipolaren TTL-Technik ist es, dass die Schaltungen im Ruhezustand eine nicht unerhebliche Stromaufnahme aufweisen. Dies resultiert aus dem Funktionsprinzip des Bipolartransistors durch die *Stromsteuerung* und stand einer weiteren Erhöhung der Integrationsdichte entgegen. Auf einem anderen Funktionsprinzip beruht der (unipolare) *Feldeffekttransistor*, bei dem die Leitfähigkeit des Kanals nicht durch einen Strom sondern durch ein elektrisches Feld gesteuert wird, welches von einer am – vom Kanal isolierten – *Gate* angelegten Spannung erzeugt wird, und somit eine nahezu leistungslose Steuerung ermöglicht. Obwohl das Prinzip schon 1931 durch Lilienfeld entdeckt wurde (IGFET: Insulated Gate Field Effect Transistor) [80], verhinderte die schwierige Herstellung des isolierenden Gateoxids zwischen Gate und Kanal jedoch lange Zeit die Einführung dieses Transistors. Erst in den sechziger Jahren konnten die technischen Probleme gelöst werden und führten zur Einführung der *MOS-Technologie* (Metal-Oxide-Semiconductor). Die ersten kommerziellen digitalen MOS-ICs wurden in PMOS-Technik – das P bezeichnet den auf positiven Ladungen oder „Löchern" beruhenden Leitungsmechanismus im Kanal – beispielsweise in Taschenrechnern eingesetzt.

Die weitere Entwicklung der Mikroelektronik lässt sich am besten an den Mikroprozessoren der Firma Intel nachvollziehen. Einige Mitarbeiter der Firma Fairchild, darunter Gordon Moore und Robert Noyce, gründeten in den sechziger Jahren die Firma Intel. Während Intel anfänglich Speicherbausteine entwickelte und herstellte, bekam die Firma Ende der sechziger Jahre von der japanischen Firma Busicom den Auftrag, ein IC für einen

Tischrechner zu entwickeln. Im Laufe der Entwicklung wurde dieses IC als programmierbarer Rechner oder Prozessor implementiert und dies war die Geburtsstunde des so genannten „Mikroprozessors". Intel kaufte die Lizenzen von Busicom zurück und verkaufte den
ersten Mikroprozessor 1971 als „Intel 4004". Der „4004" wurde in einem PMOS-Prozess
produziert, wobei die kleinste Strukturgröße und damit die Kanallänge der Transistoren
10 μm betrug; zum Vergleich weist ein menschliches Haar eine Größe von etwa 50 μm auf.
Damit war man in der Lage 2.250 Transistoren zu integrieren (MSI: Medium Scale Integration, 100-3000 Transistoren pro Chip) und der Prozessor konnte mit 740 kHz getaktet
werden, wobei er eine Rechenleistung von 0,06 MIPS erreichte.

Im Jahr 1974 stellte Intel den ersten 8-Bit-Mikroprozessor „8080" in einer 6 μm-PMOS-
Technologie vor und 1978 wurde mit dem „8086" der erste 16-Bit-Prozessor eingeführt,
welcher die Basis für die von IBM entwickelten und 1981 eingeführten „Personal Computer" (PC) war. Der „8086" wurde in einer NMOS-Technologie entwickelt, welche im
FET-Kanal auf Elektronenleitung beruhte und damit schneller als PMOS war. Der „80386"
im Jahr 1985 markiert den Einstieg in die 32-Bit-Prozessoren und auch den Übergang zu
einer komplementären Schaltungstechnik, welche als CMOS (Complementary MOS) bezeichnet wird und zu einer weiteren Reduktion der Ruhestromaufnahme und zu einer noch
höheren Störunempfindlichkeit führte. Die CMOS-Technik ist bis heute die wesentliche
Technologie für die Implementierung von hochkomplexen digitalen ICs. Mit jeder neuen
Prozessgeneration verringern sich die Abmessungen oder Strukturgrößen der Transistoren, so dass man die Prozesse nach der minimal möglichen *Kanallänge* der Transistoren
charakterisiert. Nach dem „80486" im Jahr 1989 wurde 1993 der „Pentium" Prozessor beispielsweise in einer 0,6 μm-CMOS-Technologie eingeführt, die also eine um den Faktor 17
kleinere Strukturgröße als der „4004" aufweist und damit etwa um den Faktor 83 kleiner
als ein Haar ist. Diese Entwicklung führt zu zwei Effekten: Zum einen verringert sich der
Platzbedarf für die Transistoren, so dass mehr Transistoren auf den Chips untergebracht
werden können (Integrationsdichte) und damit mehr Funktionen auf der gleichen Chipfläche implementiert werden können. Zum anderen schalten die Transistoren schneller, so
dass die Schaltung mit einer höheren Taktfrequenz betrieben werden kann, was wiederum
zu einer höheren Rechenleistung führt. Die verschiedenen Integrationsgrade können weiter
in etwa - da nicht immer einheitlich dargestellt - wie folgt klassifiziert werden: LSI (Large Scale Integration, 3.000 bis 100.000 Transistoren pro Chip), VLSI (Very Large Scale
Integration, 100.000 bis 1.000.000 Transistoren pro Chip) und ULSI (Ultra Large Scale
Integration, > 1.000.000 Transistoren pro Chip).

Heute stellen die „Core-2"-Doppelkern-Prozessoren die letzte Stufe der Prozessorentwick-
lung bei Intel für Desktop-Systeme dar. Die aktuellen Prozessoren werden in 45 nm-CMOS-
Technologie implementiert, also mit Strukturgrößen, die mehr als 1000 mal kleiner als ein
menschliches Haar sind! Dabei werden mehr als 400 Millionen Transistoren auf einem
Chip von etwa 100 mm^2 Größe integriert und der Prozessor mit mehr als 3 GHz getaktet.
Damit ist der Integrationsgrad, also die Anzahl der Transistoren pro Chip, in 35 Jahren um
mehr als den Faktor 170.000 erhöht worden und die Taktfrequenz um mehr als den Faktor
4.000 angewachsen.

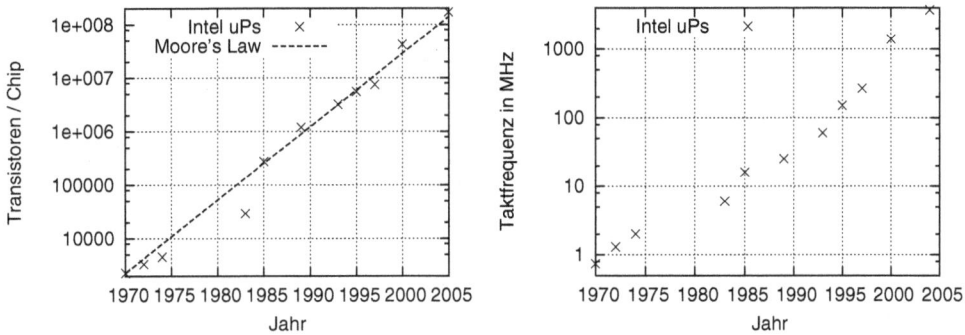

Abb. 1.1: *Entwicklung der Transistorzahlen bei Intel-Mikroprozessoren und Moore'sches Gesetz: Die linke Abbildung zeigt die Anzahl der Transistoren pro Chip für verschiedene im Text erwähnte Intel-Mikroprozessoren. Die Kurve „Moore's Law" geht von einer Verdoppelung der Anzahl der Transistoren pro Chip alle 2,2 Jahre aus. Die rechte Abbildung zeigt die Taktfrequenzen für die Intel-Prozessoren aus der linken Abbildung. Zu beachten ist, dass in beiden Abbildungen die Ordinate logarithmisch dargestellt ist, so dass jeweils ein exponentielles Wachstum vorliegt.*

Die exponentielle Entwicklung der Transistorzahlen ist in Abbildung 1.1 dargestellt. Betrachtet man die Anzahl der Transistoren pro Chip, so ergibt sich bei den Intel-Prozessoren in Abbildung 1.1 eine Verdoppelung der Anzahl etwa alle 2,2 Jahre, so dass der Vervielfachungsfaktor m für die Erhöhung der Anzahl der Transistoren in einer bestimmten Zeitspanne nach $m \approx 2^{Jahre/2,2}$ berechnet werden kann. Dieses exponentielle Wachstum wurde schon von Gordon Moore 1965 [51] beobachtet und ist seitdem als „Moore'sches Gesetz" (engl.: Moore's Law) bekannt. Es handelt sich allerdings weniger um ein Naturgesetz sondern um einen empirisch gewonnenen Zusammenhang. Bei den Speicherbausteinen – wo heute schon einige Gigabit Speicherkapazität vorliegen und damit einige Milliarden Transistoren integriert werden – ist das Wachstum noch etwas höher, so dass man dort von einer Verdoppelung etwa alle 18 Monate ausgeht oder $m \approx 2^{Jahre/1,5}$.

Nun stellt sich die Frage, wie Moore 1965 schon so hellseherisch sein konnte? Moore beobachtete die bis 1965 eingeführten Prozessgenerationen und konnte daraus diesen Zusammenhang gewinnen. Etwa alle zwei Jahre führen Halbleiterhersteller neue Prozesse ein. Jede neue Prozessgeneration weist – hauptsächlich durch Verbesserungen in der Lithographie – eine etwa um den Faktor $s \approx 0,7$ kleinere minimale Strukturgröße auf. Da ein Transistor damit um diesen Faktor sowohl in der Breite als auch in der Länge schrumpft, verringert sich der Flächenbedarf eines Transistors quadratisch mit $s^2 \approx 0,5$ und die Anzahl der Transistoren auf der gleichen Fläche erhöht sich damit um den Faktor $1/s^2 \approx 2$. Das „Moore'sche Gesetz" hat sich zu einer selbsterfüllenden Prophezeihung entwickelt, da sich die Halbleiterindustrie um „Gesetzestreue" bemüht. Letzten Endes treibt der Konkurrenzdruck und der Erwartungsdruck der Konsumenten, welche ständig höhere Rechenleistungen erwarten, die Hersteller dazu, das „Moore'sche Gesetz" zu erfüllen.

Die vielen technischen Errungenschaften, die wir als Anwender genießen können, ergeben sich aus dieser rasanten Entwicklung der Mikroelektronik, welche durch das „Moore'sche

Gesetz" charakterisiert ist. Neben der Technologie ist insbesondere auch die Tatsache entscheidend, dass die Funktionen hauptsächlich digital realisiert werden. Man denke hier an digitale Festnetz- oder Mobiltelefone oder an digitales Fernsehen – Funktionen, die zunächst analog realisiert wurden. Viele mobile Anwendungen, wie Pocket-PCs, Navigationsgeräte oder MP3-Player sind nur durch die Digitaltechnik realisierbar. Digitale Mikroelektronik ist ein wesentlicher Wirtschaftsfaktor, wie das Beispiel Automobilelektronik zeigt: Derzeit beträgt der Anteil der Elektrik und Elektronik an den Herstellkosten eines Pkws zwischen 20% und 30% und man geht davon aus, das sich dieser Anteil bis zum Jahr 2010 auf 40% vergrößern wird. Ferner werden 90% der zuküftigen Innovationen im Auto durch die Elektronik geprägt sein. Digitale Mikroelektronik steckt nicht nur in Computern sondern ist mittlerweile in sehr vielen technischen Geräten zu finden. Sie verrichten oft unbemerkt vom Benutzer ihren Dienst. Solche elektronischen Systeme werden daher auch häufig als „eingebettete Systeme" oder im Englischen als „Embedded Systems" bezeichnet.

Es sind daher nicht nur die großen Halbleiterhersteller wie Intel oder Texas Instruments, sondern auch Systemhersteller wie Bosch oder Nokia, die integrierte Schaltungen für ihre Zwecke – wobei es sich häufig um „Embedded Systems" handelt – entwickeln und diese bei Halbleiterherstellern fertigen lassen. Diese Schaltungen werden als *ASICs* bezeichnet (Application-Specific ICs), da sie zumeist für eine bestimmte Anwendung zugeschnitten sind. Zwar können ASICs bei der Leistungsfähigkeit und der Integrationsdichte nicht ganz mit den Hochleistungsprozessoren von Intel, AMD und anderen Herstellern mithalten, jedoch gilt das „Moore'sche Gesetz" auch bei den ASICs, die heute einige zehn Millionen Transistoren integrieren können, so dass mittlerweile komplette Systeme auf einem Chip Platz haben („SOC: System-On-Chip").

ASICs sind dadurch gekennzeichnet, dass die *Masken* für die Photolithographie speziell für einen ASIC hergestellt werden müssen und dass die Erstellung des *Layouts* – das sind die Konstruktionszeichnungen für die Masken – ein aufwändiger Entwurfsprozess ist. Mit jeder neuen Prozessgeneration werden mehr Masken erforderlich und die Layouterstellung aufwändiger. Masken- und Entwicklungskosten können zu hohen Fixkosten von einigen hunderttausend Euro bis zu einigen Millionen Euro für ein ASIC führen, die in der Regel nur durch eine entsprechend hohe Stückzahl für ein Unternehmen tragbar sind. Schon in den sechziger Jahren wurden daher aus Speicherschaltungen so genannte „programmierbare Bausteine" (engl.: Programmable Logic Device, *PLD*) zur Realisierung von digitalen Funktionen entwickelt. Diese Bausteine ermöglichen, je nach verwendeter Speichertechnologie, eine beliebig häufige *Reprogrammierbarkeit* der Schaltung. Während ein ASIC nach der Herstellung nicht mehr verändert werden kann, bietet ein PLD daher gerade in der Entwicklungsphase eines ICs, wo sich manche Fehler häufig erst bei der Erprobung in der Anwendung herausstellen, sehr große Vorteile.

Während die PLDs in der Anfangszeit wenig komplex waren und daher nicht als Ersatz für ASICs taugten, konnten die so genannten *FPGAs* (Field-Programmable Gate-Array) in den letzten zehn Jahren den ASICs zunehmend Marktanteile abnehmen. Dies hat zwei Gründe: Zum einen macht die Masken- und Layoutproblematik die ASICs ökonomisch zunehmend uninteressant – gerade für kleinere oder mittelständische Firmen – und zum anderen

Abb. 1.2: Beispiel für eine SOPC-Entwicklung: Es handelt sich um eine Steuerung für Lasershows [7]. Die wesentlichen Funktionen des Systems werden durch den „Cyclone"-FPGA der Firma Altera realisiert. Er beinhaltet einen NiosII-Mikroprozessor und in VHDL entwickelte Hardware für die geometrische Bildkorrektur. Auf der linken Seite ist eine CompactFlash-Karten-Schnittstelle und eine Ethernet-Schnittstelle für die Internetanbindung zu sehen, welche durch den NiosII-Prozessor bedient werden.

erlauben FPGAs, die heute ebenfalls in modernen 65 nm-CMOS-Technologien gefertigt werden, mittlerweile eine für viele Anwendungen ausreichende Designkomplexität und Rechenleistung. Auch die PLDs/FPGAs profitieren vom „Moore'schen Gesetz". Bei PLDs und FPGAs handelt es sich um *Standard-ICs*, die in großen Stückzahlen hergestellt werden und erst vom Anwender durch Programmierung von Speicherzellen ihre Funktion erhalten. Es fallen keine Maskenkosten an und die Entwicklungskosten sind auch erheblich niedriger. Nachteilig an FPGAs ist, dass die Stückkosten, je nach Baustein, hoch sein können und dass FPGAs in der Regel nicht die gleiche Leistungsfähigkeit und Designkomplexitäten erreichen, wie ein ASIC im gleichen Prozess. Auch in FPGAs können heute komplette (eingebettete) Systeme integriert werden, was als „System-On-Programmable-Chip" (SOPC) bezeichnet wird, wie das Beispiel in Abbildung 1.2 zeigt.

Waren in den sechziger und siebziger Jahren die realisierbaren Funktionen auf einem Chip durch die Anzahl der Transistoren begrenzt, so tritt seit einigen Jahren ein anderes Problem zu Tage: Die Komplexität der realisierbaren Funktionen ist heute durch die Entwurfsproduktivität der Entwickler begrenzt. Die Anzahl der Transistoren, die für Logikfunktionen zur Verfügung stehen, beträgt heute bei ASICs und FPGAs einige Millionen bis einige zehn Millionen. Mit den heute verfügbaren Entwurfsmethodiken, die im vorliegenden Buch beschrieben werden, ist ein Entwickler in der Lage einige tausend bis zehntausend Transistoren pro Monat zu entwickeln [88]. Gehen wir davon aus, dass heute eine Schaltung in etwa einem Jahr fertig entwickelt sein muss, so kann ein Entwickler etwa 100.000 Transistoren pro Jahr entwickeln. Für eine Schaltung mit einer Komplexität von 1 Million Transistoren benötigen wir daher schon ein Team von zehn Entwicklern. Während die Anzahl der Transistoren, und damit die theoretisch mögliche Entwurfskomplexität, nach dem Moore'schen Gesetz mit einer Rate von etwa 50% pro Jahr wächst, entwickelt sich die Produktivität der Entwickler nur mit etwa 20% pro Jahr [88]. Diese Lücke zwischen der Anzahl der Transistoren, die die Technologie zur Verfügung stellt, und der Anzahl der Transistoren, die in einer vernünftigen Zeit entworfen werden können, wird als „Produktivitätslücke" oder im Englischen als „Design Gap" bezeichnet.

Wie kann die Produktivitätslücke geschlossen werden? Eine beliebige Vergrößerung von Design-Teams ist nicht sinnvoll. Die einzige Möglichkeit besteht somit darin, die Entwurfsproduktivität zu erhöhen. Eine wesentliche Methode hierfür ist heute die Verwendung von vorentwickelten Teilen. Hierbei kann es sich beispielsweise um einen, wie in Abbildung 1.3 gezeigten, Mikroprozessor handeln. So wie man früher ICs kaufte, um damit eine Leiterplatte zu bestücken, so kann man heute Designinformationen kaufen, die eine bestimmte Funktionalität in einem ASIC oder FPGA realisieren, wie eben einen Mikroprozessor. Da es sich nicht mehr um physikalisch vorhandene Bauelemente handelt, sondern nur noch um Informationen in Dateien auf dem Computer, spricht man auch von „geistigem Eigentum" oder im Englischen von „Intellectual Property" (IP). Ein zugekaufter Block wird dann zumeist als „IP-Core" bezeichnet. „IP-Cores" werden von darauf spezialisierten Firmen entwickelt und vertrieben. Insbesondere die Hersteller von PLDs/FPGAs bieten für

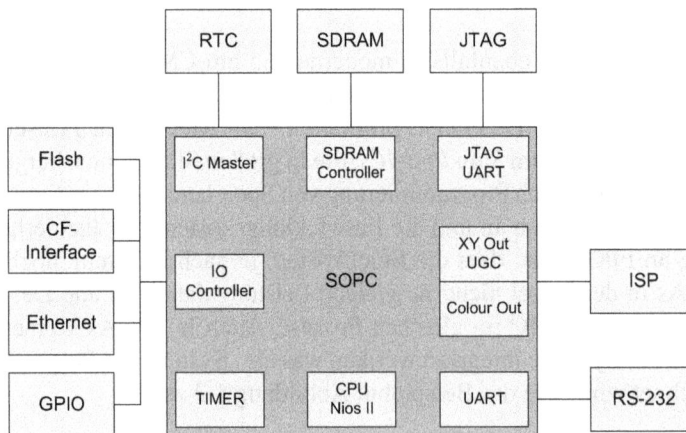

Abb. 1.3: *Nutzung von vorentworfenen Schaltungsteilen: Die Abbildung zeigt ein Blockschaltbild für die Lasersteuerung aus Abbildung 1.2 [7]. Die gesamte Komplexität des in der Abbildung mit SOPC bezeichneten FPGA-Designs beträgt ungefähr 80.000 Transistoren. Etwa die Hälfte davon wurde durch Nutzung des von Altera vorentwickelten NiosII-Prozessors und weiterer Peripherieblöcke realisiert. Nur der als UGC bezeichnete Block, welcher die andere Hälfte der benutzten Ressourcen belegt, musste selbst entwickelt werden. Das SOPC wurde von einem Entwickler in einem halben Jahr erfolgreich fertiggestellt.*

ihre Bausteine eine reiche Auswahl an „IP-Cores" für verschiedenste Anwendungen an. Ein damit verwandter Ansatz ist es, darauf zu achten, dass Blöcke, die in früheren Designs benutzt wurden, wiederverwendet werden können (engl.: Design Reuse). Dies gelingt nur, wenn eine gewisse Standardisierung bezüglich der Schnittstellen vorgenommen wird. Ein gutes Beispiel hierfür ist wiederum ein Mikroprozessor mit einem Bussystem: Über die standardisierte Busschnittstelle können schon vorhandene Blöcke oder zugekaufte Blöcke angeschlossen werden.

Trotz „IP" und „Design Reuse" verbleibt immer noch ein gewisser Anteil, der in einem Design-Projekt neu entwickelt werden muss. Zur Entwicklung von digitalen integrierten Schaltungen werden heute in der Regel so genannte *Hardwarebeschreibungssprachen* (engl.: Hardware Description Language, HDL) wie VHDL oder Verilog eingesetzt. Es handelt sich dabei um Programmiersprachen, mit denen allerdings keine Software entwickelt wird, sondern eben Hardware. Untrennbar damit verbunden ist der Einsatz von *Softwarewerkzeugen* (engl.: tools), die auf einem PC unter Windows oder Linux oder einer so genannten „Workstation" unter UNIX benutzt werden können, um die HDL-Beschreibung in ein Layout für ein ASIC oder in Programmierinformationen für ein PLD umzusetzen. Der Einsatz dieser Werkzeuge wird im Englischen häufig als „Electronic Design Automation" (EDA) bezeichnet [30]. Das Ziel dabei ist es, die Produktivität zu erhöhen, indem man nicht mehr die Logikgatter von Hand verschaltet, sondern die Funktion der Schaltung auf einer höheren *Abstraktionsebene* mit einer HDL beschreibt und eine Realisierung der Schaltung in einem ASIC oder PLD durch Anwendung der EDA-Werkzeuge gewinnt. Diese Vorgehensweise kann mit der Softwareentwicklung verglichen werden: Dort wird ebenfalls die Software mit einer höheren Programmiersprache wie C oder Java beschrieben und man gewinnt den Maschinencode, den der Prozessor ausführen soll, durch Anwenden von Werkzeugen wie Compiler und Assembler.

Um die Entwicklung von digitalen integrierten Schaltungen am Beispiel von FPGAs mit HDLs und EDA-Werkzeugen soll es im vorliegenden Buch gehen. Bevor wir in den folgenden Kapiteln in die Details gehen, möchten wir im anschließenden Abschnitt zunächst eine Übersicht über die Abstraktionsebenen und die dazugehörigen EDA-Werkzeuge geben. Für denjenigen, der sich zum ersten Mal mit HDLs und EDA-Werkzeugen beschäftigt, mag die Vorgehensweise – insbesondere die Transformationen der Schaltung zwischen den Abstraktionsebenen – zunächst tatsächlich sehr „abstrakt" erscheinen. Der Einsatz von HDLs und EDA birgt viele potentielle Fehlerquellen in sich, die HDLs für einen Anfänger auch zu einem frustrierenden Erlebnis machen können. HDLs und EDA erfordern für einen erfolgreichen Einsatz daher unbedingt eine methodische Vorgehensweise. Es muss an dieser Stelle aber auch betont werden, dass der Einsatz von HDLs und EDA-Werkzeugen sich über die letzten zehn Jahre zu einem produktiven Standardentwurfsverfahren in der Industrie entwickelt hat, so dass heute ein Entwickler von digitaler Hardware die Beschäftigung mit diesen Entwurfsverfahren nicht vermeiden kann. Das vorliegende Buch möchte insbesondere durch die Beschreibung von erprobten Methodiken dem Lernenden helfen, den Einstieg in die Entwicklung von digitalen integrierten Schaltungen mit HDLs zu einem erfolgreichen und motivierenden Erlebnis zu machen.

1.2   Abstraktionsebenen und EDA-Werkzeuge

Die Vorgehensweise beim Entwurf einer integrierten Digitalschaltung und die verschiedenen Abstraktionsebenen lassen sich am besten mit Hilfe des so genannten „Y-Diagramms" nach Gajski [15, 88] in Abbildung 1.4 beschreiben. In diesem Diagramm zeigen die Arme die drei möglichen Darstellungsformen oder *Sichtweisen* eines Designs: Struktur, Verhalten, Geometrie bzw. physikalische Implementierung. Die konzentrischen Kreise zeigen die verschiedenen Abstraktionsebenen eines Designs. Je näher eine Abstraktionsebene zum Zentrum ist, desto detaillierter ist die Beschreibung des Designs auf dieser Ebene.

Ein *Modell* einer Schaltung beschreibt das Verhalten und die Struktur der Schaltung auf einer bestimmten Abstraktionsebene und dient hauptsächlich auch zur *Simulation*: Hierbei wird ein *Simulationsmodell* des Designs, also eine Nachbildung der realen Schaltung durch Software, auf einem Entwicklungsrechner ausgeführt, so dass man die Funktion des

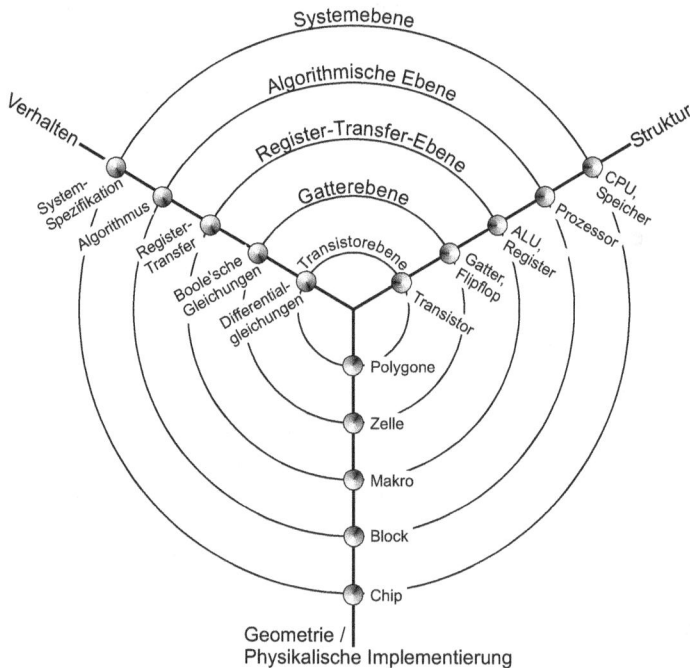

Abb. 1.4: *Y-Diagramm (engl.: Y-Chart) nach Gajski: Der Geometrie-Arm beschreibt hauptsächlich die Aspekte der physikalischen Realisierung eines ASICs, d. h. der Layouterstellung. Da dieser Aspekt bei der PLD-Entwicklung im Prinzip keine Rolle spielt, werden wir die Geometrie im Folgenden vernachlässigen. Weitere Informationen hierzu können beispielsweise [30] entnommen werden. Am Struktur-Arm sind jeweils Beispiele für mögliche Komponenten auf den einzelnen Abstraktionsebenen angegeben. Diese sind beispielhaft zu verstehen. Am Verhaltens-Arm sind die typischen Beschreibungsformen angegeben. Die Ebenen Register-Transfer und Gatter werden in den folgenden Kapiteln noch sehr viel detaillierter und anhand von zahlreichen Beispielen erklärt; wir fassen uns daher in diesem Abschnitt relativ kurz.*

Designs überprüfen und gegebenenfalls Fehler korrigieren kann. Ohne Simulation müsste man viele Prototypen herstellen und diese so lange verbessern, bis das gewünschte Verhalten erreicht ist. Während Simulationen des realen Geschehens mittlerweile auch verstärkt in anderen technischen Disziplinen benutzt werden, waren sie in der integrierten Schaltungstechnik schon recht früh ein Standardentwurfswerkzeug, da die schnell ansteigende Komplexität der Schaltungen eine Entwicklung von Schaltungen ohne Simulation unmöglich machten.

Das (Simulations-)Modell einer integrierten Schaltung besteht aus der Verschaltung von Komponenten – dies ist die Struktur oder Netzliste der Schaltung – und aus den Verhaltensmodellen der Komponenten. Der Detaillierungsgrad der Verhaltensmodelle hängt von der Abstraktionsebene ab. Die tiefste Ebene in Abbildung 1.4 wird üblicherweise als *Transistor- oder Schaltkreisebene* bezeichnet. Die *strukturelle Beschreibung* (Struktur-Arm) des Designs auf dieser Ebene besteht in der Verschaltung von entsprechenden Komponenten, wie Transistoren, Kapazitäten, Induktivitäten, Widerstände oder Dioden. Das *Verhalten* dieser Bauelemente kann durch Differentialgleichungen beschrieben werden, welche von einem Simulationswerkzeug (Netzwerk- oder Schaltkreissimulator) gelöst werden müssen, um die Schaltung auf dieser Abstraktionsebene simulieren zu können. Während in den Anfängen der integrierten Schaltungstechnik ein Design aus einer relativ geringen Anzahl von Transistoren bestand, umfasst ein modernes Design einige Millionen von Transistoren. Um eine solch große Netzliste mit einem Schaltkreissimulator simulieren zu können, wären sehr leistungsfähige Computer und sehr viel Rechenzeit erforderlich. Die Simulation eines kompletten Designs auf Transistorebene wird daher in der Entwicklung von digitalen Schaltungen nicht mehr durchgeführt.

Um die enorme Komplexität heutiger Schaltungen im Entwurfsprozess handhaben zu können, verfolgt man zwei Prinzipien: Erstens wird die Schaltung in mehrere, kleinere Teilschaltungen zerlegt, welche separat von mehreren Entwicklern bearbeitet werden können. Dieses Prinzip wird als „Teile-und-Herrsche" bezeichnet (lat.: divide et impera, engl.: divide-and-conquer). Zweitens erstellt man am Anfang ein simulierbares Modell der Schaltung auf einer möglichst hohen Abstraktionsebene. Hierzu kann man eine Programmiersprache, wie z. B. C/C^{++}, benutzen oder eine Hardwarebeschreibungssprache, wie beispielsweise VHDL. Mit steigendem Abstraktionsgrad wird das Modell immer weniger komplex: Wenige Zeilen C- oder VHDL-Code können einige hunderte bis tausende von Transistoren beschreiben. Man gewinnt durch die Abstraktion im Wesentlichen zwei Vorteile: Die Schaltungsbeschreibung kann erheblich schneller erstellt werden und zeigt auch sehr viel übersichtlicher die Funktion der Schaltung. Wer schon einmal versucht hat, anhand einer Transistorschaltung die Funktion derselben zu verstehen, kann diesen Punkt sicher gut nachvollziehen. Durch diese beiden Vorteile ist der Entwickler sehr viel schneller in der Lage, Fehler zu entdecken und diese zu verbessern. Insgesamt erhöht sich die Entwurfsproduktivität durch die Beschreibung der Schaltung auf einer höheren Abstraktionsebene erheblich.

Üblicherweise wird zu Beginn einer IC-Entwicklung eine *Spezifikation* erstellt, was auch als „Pflichtenheft" oder „Lastenheft" bezeichnet wird. Die Spezifikation ist *die* wesentli-

che Schnittstelle zwischen Entwickler und Kunde und beschreibt die Eigenschaften und
Funktionen der Schaltung. Zumeist begnügt man sich damit, die Spezifikation schriftlich
in einem Dokument festzuhalten. Das Problem mit solchen Dokumenten ist, dass sie häufig
fehlerhaft, mehrdeutig oder unvollständig sind. Die Erfahrung zeigt, dass viele Probleme
dadurch entstehen, dass die Spezifikationen von Entwicklern anders umgesetzt werden, als
sie vom Kunden gedacht waren. Erkennt man diese Fehler erst zum Schluss einer Entwicklung, sind damit in der Regel hohe Kosten verbunden. Es empfiehlt sich daher, einerseits
eine Spezifikation mit äußerster Sorgfalt aufzustellen und andererseits möglichst früh ein
Simulationsmodell („ausführbare Spezifikation") auf einer hohen Abstraktionsebene zu erstellen, das der Kunde selbst simulieren kann oder das dem Kunden vorgeführt werden
kann, um mögliche Verständnisfehler zu entdecken.

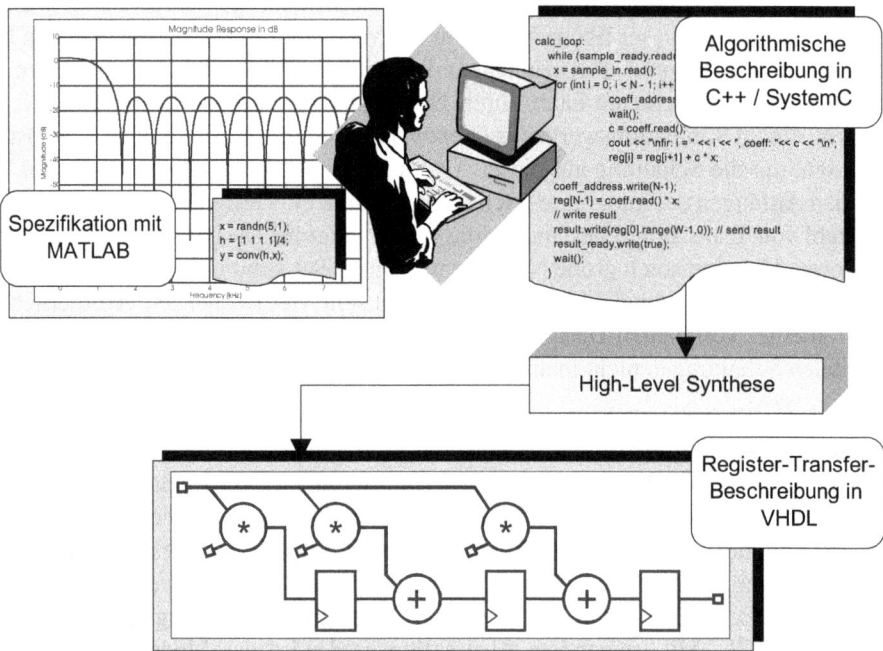

Abb. 1.5: *Entwicklung einer Schaltung von der Spezifikation bis zur Register-Transfer-Ebene am Beispiel eines digitalen Filters.*

Diese Vorgehensweise ist in Abbildung 1.5 an einem Beispiel aus der Signalverarbeitung
gezeigt. Ein erstes Modell auf der Systemebene oder der algorithmischen Ebene kann durch
einen Entwickler beispielsweise mit der bekannten MATLAB/Simulink-Entwicklungsum-
gebung der Firma MathWorks [46] erstellt werden; eine weitere sehr häufig verwendete
Möglichkeit besteht in der Beschreibung des Systems oder der Schaltung mit der Programmiersprache C^{++}. Das Verhalten des Modells kann untersucht werden und es kann optimiert werden. So können beispielsweise für das Filter aus Abbildung 1.5 mit einem Filter-
entwurfswerkzeug in MATLAB verschiedene Realisierungsvarianten untersucht werden.

Bis vor kurzem mussten solche in MATLAB oder C^{++} erstellten Systemmodelle manuell in entsprechende RTL-Beschreibungen (RTL: Register-Transfer-Level) in VHDL oder Verilog umgesetzt werden. Häufig stellt sich dabei auch das Problem, dass die Systemmodelle von Systementwicklern beschrieben werden, die wenig Kenntnisse von VHDL und der Hardwarerealisierung haben, und die RTL-Modelle von Hardwareentwicklern beschrieben werden, die wenig Kenntnisse des Systems haben. An dieser Schnittstelle ergibt sich daher Mehrarbeit, die zu zusätzlichen Kosten führt.

Deshalb ist man daran interessiert, Systemmodelle möglichst automatisch in eine Hardwarerealisierung umsetzen zu können. Das Umsetzen von einer höheren Beschreibungsebene in eine tiefere Beschreibungsebene wird als *Transformation* bezeichnet. Für die Transformation eines Modells von der algorithmischen Ebene auf die Register-Transferebene (RT-Ebene) können so genannte „High-Level-Synthese"-Werkzeuge (HLS) eingesetzt werden, die im Englischen auch als „Behavioral Synthesis" bezeichnet werden [39, 17]. Mit HLS-Werkzeugen von Mentor Graphics [47] oder Synopsys [73] können beispielsweise algorithmische C^{++}/SystemC-Beschreibungen in RTL-Beschreibungen umgesetzt werden. SystemC ist eine Klassenbibliothek für C^{++}, die viele Konstruktionen für die Hardwaremodellierung und einen Simulationskern beinhaltet.

In der Regel verlangen HLS-Werkzeuge, dass ganzzahlige Datentypen oder *Fixpunktdatentypen* (engl.: fixed-point) verwendet werden. Da man MATLAB-Modelle für die Signalverarbeitung häufig zunächst mit *Gleitpunktdaten* (engl.: floating-point) modelliert, muss das Modell mit Fixpunktdaten mit einer bestimmten *Wortbreite* beschrieben und die daraus resultierenden Effekte untersucht werden; dies kann noch in MATLAB erfolgen. Anschließend wird ein algorithmisches Modell mit Fixpunktdaten und der festgelegten Wortbreite in C^{++} erstellt, welches dann mit der HLS in ein RTL-Modell umgesetzt werden kann. Da nun die Wortbreite festgelegt ist, werden diese algorithmischen Beschreibungen auch als „bitrichtig" bezeichnet. Um sich das manuelle Erstellen eines C^{++}-Modells zu ersparen, werden mittlerweile auch Werkzeuge angeboten, die MATLAB-Modelle direkt in RTL-Beschreibungen synthetisieren können, wie beispielsweise von AccelChip [1] oder Synplicity [74]. Xilinx [99] bietet mit dem „System Generator" IP-Cores an, mit welchen MATLAB/Simulink-Modelle erstellt werden können, die ein direktes Umsetzen der Modelle in Xilinx-FPGAs ermöglichen.

Bei der Umsetzung eines algorithmischen Modells in ein RTL-Modell wird festgelegt, mit welcher Zahl von Hardwareressourcen der Algorithmus implementiert werden soll und in welcher Anzahl von Taktschritten der Algorithmus ausgeführt wird. Im Beispiel aus Abbildung.1.5 wird das Filter mit drei Multiplizierern, zwei Addierern und drei Registern implementiert. Im Gegensatz zur algorithmischen Ebene ist in einer RTL-Realisierung die Anzahl von Taktschritten für die Abarbeitung der Funktion festgelegt, eine RTL-Beschreibung ist daher „bitrichtig" und „taktrichtig". Die HLS generiert auf RT-Ebene Rechenwerke sowie eventuell benötigte Steuerwerke und Speicher, um den Algorithmus zu implementieren. Es entsteht dabei also gewissermaßen ein „Spezialprozessor" für den zu implementierenden Algorithmus.

Da die automatische Umsetzung von der Systemebene oder der algorithmischen Ebene auf die RT-Ebene noch nicht leistungsfähig genug ist oder sich auf bestimmte Anwendungen, wie die Signalverarbeitung, beschränkt, erfolgt die Hardwaremodellierung durch einen Entwickler heute noch häufig auf RT-Ebene in VHDL oder Verilog, wie Abbildung 1.6 zeigt. Neben der Bitrichtigkeit und der Taktrichtigkeit ist eine RT-Beschreibung *technologieunabhängig* – im Gegensatz zu einer Beschreibung auf Gatterebene, welche *technologieabhängig* ist. Es werden die Register mit der entsprechenden Bitbreite modelliert und weitere Registerfunktionen wie Flanken-/Pegelsteuerung oder Set und Reset werden beschrieben. Bei den zwischen den Registern liegenden Transferfunktionen handelt es sich um kombinatorische Funktionen oder Schaltnetze ohne speicherndes Verhalten. Die Beschreibung der Register- und Transferfunktionen erfolgt mit Konstruktionen, wie sie aus Programmiersprachen bekannt sind (Auswahl, Verzweigung, Schleife: CASE, IF, LOOP). Technologieunabhängigkeit bedeutet, dass keine Gatter, Flipflops oder Makros aus speziellen ASIC- oder FPGA-Technologien verwendet werden.

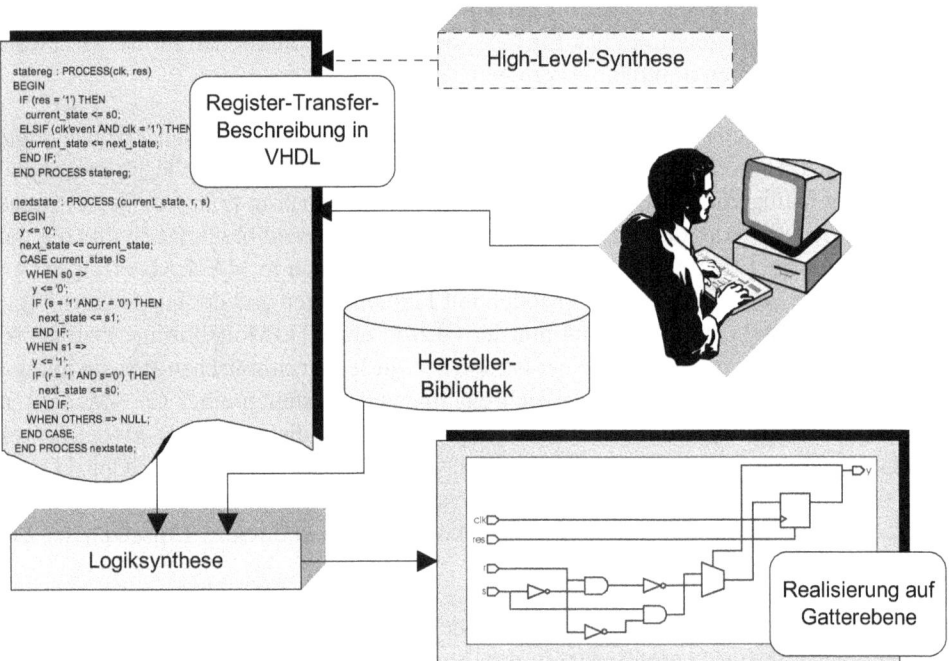

Abb. 1.6: *Entwicklung einer Schaltung von der RT-Ebene zur Gatterebene.*

Eine RTL-Beschreibung wird durch die *Logiksynthese* in eine technologieabhängige Realisierung auf Gatterebene umgesetzt, wie in Abbildung 1.6 gezeigt. Als Zieltechnologien können dabei ASIC-Technologien oder PLD/FPGA-Technologien benutzt werden. Die von der Logiksynthese erzeugte Verschaltung von Komponenten realisiert die gleiche Funktion wie das RT-Modell. Die Komponenten, wie Gatter oder Flipflops, sind in einer Bibliothek

beschrieben, die vom ASIC- oder PLD-Hersteller geliefert wird. Aus der Verhaltensbeschreibung auf RT-Ebene entsteht bei der Logiksynthese eine Strukturbeschreibung auf
Gatterebene. Die einzelnen Komponenten sind wiederum in der Bibliothek durch Verhaltensmodelle auf Gatterebene beschrieben. Sie beschreiben im Wesentlichen die Boole'schen Funktionen und das Zeitverhalten der Komponenten. Letzteres ist technologieabhängig und ein wesentlicher Unterschied zur RT-Ebene: Auf der Gatterebene kann man
bestimmen, welche Verzögerungszeit ein Schaltnetz zwischen zwei Registern benötigt und
welche minimale Periodendauer der Takt daher nicht unterschreiten darf. Auf RT-Ebene
wird diese Verzögerungszeit überhaupt nicht modelliert, da dies ein technologieabhängi-
ges Merkmal ist. Ein RTL-Modell kann daher gewissermaßen mit einer beliebig hohen
Taktrate getaktet werden.

Logiksynthesewerkzeuge werden von einer Reihe von EDA-Firmen angeboten, wie Synopsys [73], Mentor Graphics [47], Cadence [12] oder Synplicity [74], und haben über die
letzten fünfzehn Jahre einen hohen Reifegrad und eine hohe Leistungsfähigkeit erreicht;
Logiksynthese kann daher als Standardentwurfsverfahren für das ASIC- und PLD-Design
angesehen werden. Einer der wesentlichen Vorteile der Beschreibung auf RT-Ebene besteht
in der Tatsache, dass technologieunabhängige RTL-Beschreibungen via Logiksynthese auf
beliebige Zieltechnologien umgesetzt werden können. So kann man zunächst einen FPGA-
Prototypen entwickeln und aus dem gleichen VHDL-Code später ein ASIC realisieren.

Im Entwurf von digitalen Schaltungen wird die Transistorebene nur indirekt benutzt. Sie
steckt im Grunde in den Komponentenbibliotheken, da die Hersteller das Zeitverhalten
der Gatter aus Simulationen auf Transistorebene gewinnen und dieses dann in einem Ver-
haltensmodell der Komponenten auf Gatterebene ablegen. Abbildung 1.7 zeigt in einer
Übersicht den wesentlichen Ablauf beim Entwurf einer digitalen Schaltung: Zunächst wird
ein Modell der Schaltung auf algorithmischer Ebene oder Systemebene entwickelt und
kann durch Simulation bezüglich seiner Korrektheit überprüft werden. Dieses Modell wird
nun entweder automatisch oder manuell in eine RTL-Beschreibung beispielsweise mit
VHDL umgesetzt und kann wiederum simuliert werden. Üblicherweise wird das RTL-
Simulationsergebnis mit dem Ergebnis der Simulation auf der Systemebene oder der algorithmischen Ebene verglichen. Die Logiksynthese generiert aus dem RTL-Modell ein Gattermodell. Dieses wird dann mit weiteren Werkzeugen in eine physikalische Realisierung
umgesetzt: Beim ASIC entsteht das Layout und bei einem PLD werden die Programmierinformationen erzeugt.

Nach der physikalischen Realisierung kann ein zweites Gattermodell der Schaltung als
VHDL-Beschreibung automatisch generiert werden, wobei nun insbesondere die genau-
en Verzögerungszeiten (Timing-Daten, üblicherweise im SDF-Format) der Gatter bei der
Simulation berücksichtigt werden können. Die Timing-Daten können auch ohne Simulation mit der so genannten „Timing-Analyse" untersucht werden. Dieses Gattermodell ist nun
„bitrichtig", „taktrichtig" und „verzögerungszeitrichtig" – es zeigt das Verhalten der Schaltung für den Entwickler eines ASICs oder FPGAs mit dem maximalen Detaillierungsgrad.
Wie wir im Verlauf des Buches noch sehen werden, erreichen diese Gattermodelle aber
auch den maximalen Grad an Unübersichtlichkeit. Weil eine Fehlersuche auf Gatterebene

Systemebene / Algorithmische Ebene

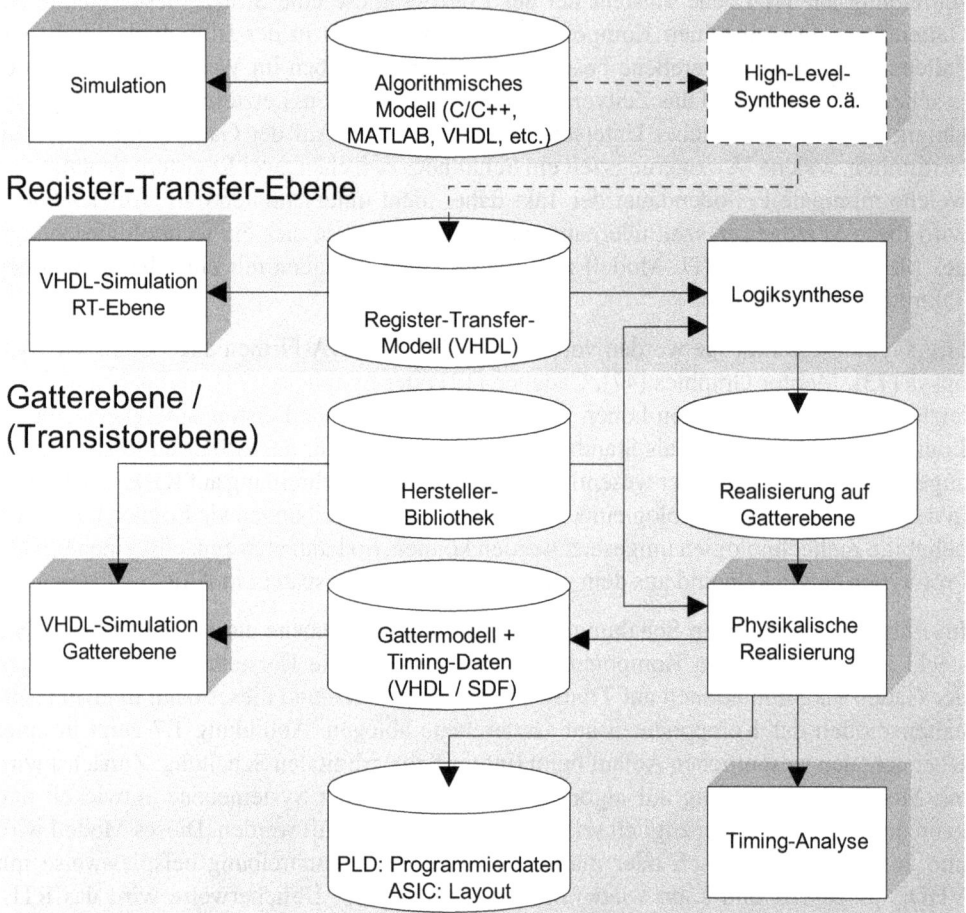

Register-Transfer-Ebene

Gatterebene / (Transistorebene)

Abb. 1.7: *Entwurfsablauf*

sehr zeitaufwändig ist, ist es das Ziel, ein funktional richtiges RTL-Modell auch in eine fehlerfreie Gatterbeschreibung umzusetzen. Dies gelingt, wenn einige Grundsätze bei der Entwicklung von RTL-Modellen berücksichtigt werden und ein prinzipielles Verständnis der Logiksynthese vorhanden ist. Dies zu vermitteln ist ein hauptsächliches Anliegen des vorliegenden Buches.

Zusammenfassend besteht der Entwurf von digitalen ICs also aus folgenden Aufgaben:

- Modellierung der Schaltung auf Systemebene, algorithmischer Ebene, RT-Ebene oder Gatterebene mit Systementwicklungswerkzeugen, Programmiersprachen oder Hardwarebeschreibungssprachen
- Simulation der Modelle

- Transformationen zwischen den Abstraktionsebenen mit Hilfe von Synthesewerk-zeugen

- Physikalische Realisierung

1.3   Ziele und Aufbau des Buches

Der Entwurf von digitalen integrierten Schaltungen erfordert heute Kenntnisse der Hard-warebeschreibungssprachen, Kenntnisse der verwendeten EDA-Werkzeuge und Kenntnis-se der ASIC- oder PLD-Technologien, in denen die Schaltungen implementiert werden sollen. Gerade der Einsatz von HDLs verleitet oft zu der Annahme, dass es sich im Prinzip „nur" um Softwareentwicklung handelt. Leider ist das Schreiben des HDL-Codes nur *ein* Teil der Aufgabe und ein Entwickler von digitaler Hardware muss sich intensiv auch mit den EDA-Werkzeugen und der verwendeten Technologie auseinandersetzen. Langjährige Erfahrung im Entwurf von digitalen integrierten Schaltungen lehrt, dass solche Schaltun-gen nur dann mit guten Ergebnissen entwickelt werden können, wenn die in Abbildung 1.8 gezeigten unterschiedlichen Aspekte des digitalen Entwurfs verstanden werden.

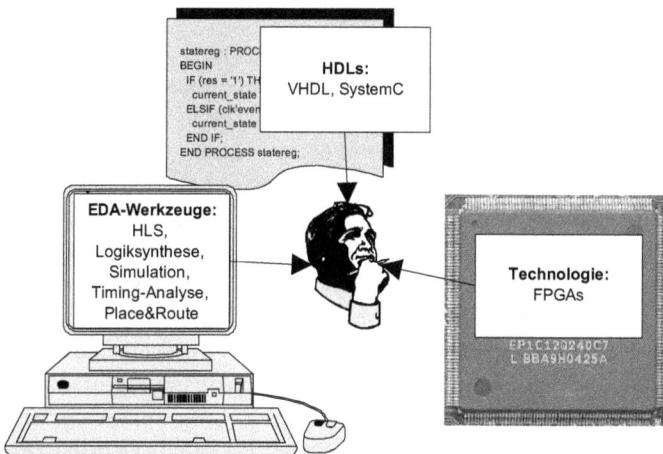

Abb. 1.8: Aspekte des digitalen Entwurfs.

Es gibt zwar viele, auch deutlich umfassendere, Bücher zu den einzelnen Themen HDL, EDA-Werkzeuge oder Technologie, aber nur wenige Bücher weisen eine zusammenhän-gende Sicht der Themengebiete auf. Zentrales Anliegen des Buches ist es daher, die Zu-sammenhänge und Wechselwirkungen zwischen der HDL-Beschreibung, den EDA-Werk-zeugen und der Technologie in einem Lehrbuch darzustellen. Dies beinhaltet hauptsächlich folgende Themen:

- Synthesegerechter Hardwareentwurf auf Register-Transfer-Ebene mit Hardwarebe-schreibungssprachen am Beispiel von VHDL.

- Aspekte der physikalischen Realisierung auf hochintegrierten CMOS-ICs am Beispiel von FPGAs.

- Verwendung von EDA-Werkzeugen für die automatisierte Realisierung von HDL-Beschreibungen auf FPGAs, wie Simulation, Synthese, Timing Analyse sowie Platzieren und Verdrahten der Schaltung auf dem FPGA.

Das Buch behandelt in erster Linie VHDL, da dies den zumindest in Europa vorherrschenden industriellen Standard darstellt. Auf eine Darstellung der Sprache Verilog, welche ebenfalls häufig verwendet wird, haben wir verzichtet, weil das gleichzeitige Erlernen von zwei HDLs nicht sinnvoll erscheint. Jedoch erleichtert das Verstehen der Prinzipien von HDLs am Beispiel von VHDL auch einen späteren Einstieg in Verilog. Als Ausblick auf neuere Trends in der Entwicklung von digitalen Schaltungen werden wir auch die Sprache SystemC vorstellen, weil dies den derzeit von vielen Firmen unterstützten Versuch darstellt, die Programmiersprache C^{++} für das Hardwaredesign zu verwenden. Wir werden hier allerdings nur eine kurze Einführung in SystemC geben und die Unterschiede zu VHDL darstellen. Ferner werden wir kurz auf die algorithmische Beschreibung und die High-Level-Synthese als Ausblick auf Entwurfsverfahren auf höherem Abstraktionsniveau eingehen.

Das Buch behandelt im Wesentlichen die Modellierung von Schaltungen auf Register-Transfer-Ebene, da digitale Schaltungen heute in der Industrie hauptsächlich auf dieser Ebene entwickelt werden. Bei der Darstellung von VHDL werden nur die Konstruktionen vorgestellt, die zum Hardwareentwurf benötigt werden und auch von Logiksynthesewerkzeugen tatsächlich automatisch umgesetzt werden können. Neben der Logiksynthese und der Simulation von VHDL-Modellen werden wir auch insbesondere die Problematik des physikalischen Entwurfs von FPGAs behandeln. Dieser besteht hauptsächlich aus der Platzierung und Verdrahtung der Schaltung, der Analyse des Zeitverhaltens mit Hilfe der Timing-Analyse und der Simulation des Zeitverhaltens. Als Realisierungsmöglichkeit haben wir uns für FPGAs entschieden, da sie aus verschiedenen Gründen derzeit bei kleinen und großen Firmen für die Hardwarerealisierung in ständig wachsendem Maße eingesetzt werden. Aufgrund der mehrfachen Reprogrammierbarkeit bieten sie insbesondere für die Ausbildung im Hardwaredesign erhebliche Kostenvorteile gegenüber maskenprogrammierten ASICs und es lassen sich trotzdem die wesentlichen Implementierungsprobleme aufzeigen, wie sie auch bei ASICs auftreten. Von den FPGA-Herstellern werden für die Ausbildung häufig so genannte „Starter-Kits" mit FPGAs und EDA-Werkzeugen preisgünstig angeboten. Daher sollte das Buch nicht nur gelesen werden, sondern auch als Anregung für eigene Experimente mit VHDL und FPGAs dienen. Wie auch eine Programmiersprache, so kann man eine HDL nur durch die Anwendung richtig lernen. Als Demonstrationsvehikel benutzen wir im Buch – stellvertretend für die wichtige Klasse der SRAM-FPGAs – hauptsächlich die Virtex-II-FPGAs von Xilinx.

Das Buch wendet sich als Lehrbuch in erster Linie an Studierende der Elektrotechnik/Informationstechnik oder der technischen Informatik im Hauptstudium, da die Entwicklung von digitalen Schaltungen mit HDLs heute häufig Bestandteil von Lehrplänen an Fachhochschulen und Universitäten ist; es ist aber ebenso geeignet für den Praktiker in der Industrie, der den Einstieg in die Entwicklung von FPGAs mit HDLs sucht. Es sollten Grundkenntnisse in digitaler Schaltungstechnik und im Programmieren in C/C++ vorhanden sein. Für das Verständnis der technologischen Zusammenhänge sind zwar Grundkenntnisse der Halbleiterphysik sinnvoll, wir werden jedoch die für das weitere Verständnis wesentlichen Fakten der MOS-Technologie zusammenfassend darstellen. Aufgrund der zusammenhängenden Darstellung von HDLs, EDA-Werkzeugen und technologischen Aspekten ist eine tiefergehende Darstellung von einzelnen Themengebieten nicht möglich. Dies betrifft insbesondere die EDA-Werkzeuge: Eine genaue Beschreibung der in den EDA-Werkzeugen verwendeten Algorithmen, beispielsweise der Logiksynthese oder des physikalischen Entwurfs, bleibt spezieller Literatur vorbehalten und erscheint aus unserer Sicht auch nur für denjenigen sinnvoll, der an der Entwicklung von EDA-Werkzeugen interessiert ist; dies ist thematisch eher in einem Informatik-Studium zu finden. Wir begreifen die EDA-Werkzeuge in diesem Sinne tatsächlich als „Werkzeuge" und beschränken uns auf die Erläuterung der prinzipiellen Funktionsweise und ihrer Wirkungsweise auf die zu entwickelnde Schaltung. Für den interessierten Leser haben wir für ein weitergehendes Studium einzelner Themengebiete auf entsprechende Literatur verwiesen. Wir geben im Folgenden eine kurze Übersicht über die nachfolgenden Kapitel des Buches.

Das zweite Kapitel führt in die Sprache VHDL ein und konzentriert sich auf wesentliche Sprachkonstruktionen, die für eine synthesefähige Beschreibung von digitaler Hardware notwendig sind, sowie auf wesentliche Eigenschaften der Sprache im Hinblick auf Simulation und Synthese. Da man eine neue Sprache am besten anhand von Beispielen lernt, werden die Sprachkonstruktionen und damit auch die Syntax von VHDL hauptsächlich anhand von Beispielen eingeführt.

Im dritten Kapitel wird zunächst eine Übersicht und Klassifizierung der heute verwendeten digitalen integrierten Schaltungen gegeben; diese beruhen hauptsächlich auf Transistorschaltungen in CMOS-Technologie, so dass für das Verständnis der Vorgänge auf den ICs eine Erläuterung der Eigenschaften der MOS-Feldeffekttransistoren und der daraus aufgebauten digitalen Schaltungen wichtig ist. Ausgehend von einer Beschreibung der MOS-Speichertechnologien werden dann die Programmierungstechnologien und Architekturen von PLDs und FPGAs erläutert.

Im vierten Kapitel wird zunächst die Funktionsweise der Logiksynthese und der Timing-Analyse übersichtsmäßig erläutert. In den darauf folgenden Abschnitten wird anhand eines Beispiel-Prozessors die RTL-Beschreibung und Synthese von typischen Komponenten, wie sie häufig in digitalen Entwürfen auftreten, dargestellt. Behandelt werden hierbei Schaltwerke und Zähler, arithmetische Einheiten, Speicherblöcke, Bussysteme und I/O-Blöcke. Abschließend werden einige Gesichtspunkte für effizientes RTL-Design erläutert.

Das fünfte Kapitel beschäftigt sich mit dem physikalischen Entwurf von FPGAs. Die Platzierung und Verdrahtung der Schaltung im FPGA wird anhand von Beispielen dargestellt. Die Auswirkungen der Verdrahtung im FPGA auf das Zeitverhalten der Schaltung werden anschließend untersucht. Im Zusammenhang mit der Verdrahtung wird auch die Problematik der Taktverteilung im FPGA und die Sicherstellung der Synchronität besprochen. Abschließend geht das Kapitel noch auf die Simulation des Zeitverhaltens mit einem VHDL-Modell der Schaltung auf Gatterebene ein.

Das sechste und letzte Kapitel geht als Ausblick auf die Sprache SystemC zur Hardwaremodellierung ein und stellt die Funktionsweise der „High-Level Synthese" in einer Übersicht dar. Ausgangspunkt ist hier die Beschreibung der Schaltung auf algorithmischer Ebene mit SystemC.

Das zweite Kapitel ist eine Einführung in die Grundlagen von VHDL und kann daher als Basis für eine entsprechende einführende Lehrveranstaltung dienen. Das dritte Kapitel legt ebenfalls wesentliche Grundlagen der Mikroelektronik sowie der digitalen CMOS-Technik und ihrer Anwendung in Speicherschaltungen und PLDs. Das vierte und fünfte Kapitel führt die beiden einführenden Kapitel weiter, indem der Entwurf von Schaltungen und Systemen mit VHDL auf FPGAs und die damit verbundenen Probleme detailliert beschrieben werden. Diese beiden Kapitel können die Basis für eine vertiefende Lehrveranstaltung sein, wobei das sechste Kapitel der Abrundung und dem Ausblick dienen kann. Die vielen Beispiele, insbesondere der im vierten Kapitel beschriebene Mikroprozessor, können für begleitende Laborübungen benutzt werden. Wir haben bewusst darauf verzichtet, die Bedienung der von uns für das Buch verwendeten EDA-Werkzeuge zu erläutern und uns auf die Erläuterung der prinzipiellen Funktionsweise beschränkt. Da die EDA-Werkzeuge und die an die Benutzer ausgelieferten Versionen sich sehr schnell verändern, wäre ein „Bedienungshandbuch" bald veraltet. Wir gehen davon aus, dass der Leser sich anhand der von den EDA-Herstellern gelieferten Dokumentation selbst in die Werkzeuge einarbeitet oder dies im Rahmen von Laborübungen stattfindet.

2 Modellierung von digitalen Schaltungen mit VHDL

Dieses Kapitel führt in die Sprache VHDL ein. Da VHDL seit mehr als zehn Jahren in der Entwicklung von digitalen Schaltungen eingesetzt wird, liegen eine Reihe von Büchern zu diesem Thema vor [8, 13, 14, 24, 59, 84, 76]. Dieses Kapitel erhebt daher nicht den Anspruch auf eine vollständige und umfassende Darstellung der Sprache, wie sie beispielsweise [8] entnommen werden kann. Eine Eigenschaft von vielen Hardwarebeschreibungssprachen ist es, dass nur eine Untermenge der Sprachkonstruktionen auch in Hardware durch ein Synthesewerkzeug umgesetzt werden kann. Wenn von Synthesefähigkeit in diesem Kapitel gesprochen wird, so ist damit die Logiksynthese gemeint; die Besonderheiten der High-Level-Synthese werden in einem späteren Kapitel am Beispiel von SystemC dargestellt. Dieses Kapitel konzentriert sich auf wesentliche Sprachkonstruktionen, die für eine synthesefähige Beschreibung von digitaler Hardware notwendig sind, und auf wesentliche Eigenschaften der Sprache im Hinblick auf Simulation und Synthese. Da man eine neue Programmiersprache am besten anhand von Beispielen lernt, werden die Sprachkonstruktionen – und damit auch die Syntax von VHDL – hauptsächlich anhand von Beispielen eingeführt. Auf die formale Syntaxdarstellung wird nur an einigen Stellen eingegangen; eine Übersicht über die Syntax findet sich im Anhang. Nachteilig an dieser Vorgehensweise ist, dass der komplette Sprachumfang nicht dargestellt werden kann. Von Vorteil für den Lernenden ist jedoch der schnellere Zugang zur Sprache VHDL über die Beispiele und die vergleichende Darstellung der aus der VHDL-Beschreibung resultierenden digitalen Hardware. Ferner werden wir einige Konstruktionen in den ersten Beispielen erst in späteren Abschnitten genauer erläutern. Dies entspricht nicht der klassischen pädagogischen Vorgehensweise, zunächst alle erforderlichen Grundlagen zu erläutern, führt jedoch erfahrungsgemäß beim Lernenden zu einer höheren Motivation, sich mit der Materie zu beschäftigen.

Aus Platzgründen wird auch nicht im größeren Umfang auf die Erstellung der Testumgebung, der so genannten *Testbench*, eingegangen, welche für die Simulation der Schaltung benötigt wird und die Systemumgebung der Schaltung in VHDL modelliert. Testbench ist ein Begriff aus dem Englischen und kann anschaulich mit einem *Prüfstand* für die Schaltung verglichen werden. Gleichwohl muss bemerkt werden, dass eine gute Testbench sehr wichtig ist, um das Verhalten der Schaltung möglichst umfassend simulieren und damit die Funktion verifizieren zu können. Mit der steigenden Funktionskomplexität der Schaltungen steigt auch der Aufwand für die Entwicklung der Testbenches, um möglichst alle Funktionen einer Schaltung verifizieren zu können. Testbenches dienen nur der Simulation und müssen nicht in Hardware umgesetzt werden. Somit kann der komplette Sprachumfang für die Modellierung der Testbench eingesetzt werden. Eine Literaturquelle, die sich mit dem Entwickeln von Testbenches befasst, findet sich beispielsweise in [9].

2.1   Historische Entwicklung von VHDL

Das Akronym *VHDL* steht für *VHSIC Hardware Description Language*, wobei *VHSIC* selbst wiederum ein Akronym ist und *Very High Speed Integrated Circuit* bedeutet. Der Begriff *Hardware Description Language* (HDL) kann übersetzt werden mit Hardwarebeschreibungssprache. VHDL entstand in den achtziger Jahren aus dem VHSIC-Programm des amerikanischen Verteidigungsministeriums (engl.: Department of Defense, DoD) heraus. Das 1980 gestartete VHSIC-Programm hatte zum Ziel, die Entwicklungszeiten von Hardware zu verkürzen. Das DoD hatte insbesondere das Problem, dass der Ersatz einer elektronischen Schaltung sehr teuer war, da die Schaltungen nur unzureichend dokumentiert waren (so genannte „Hardware Lifecycle Crisis"). Die Schaltungen kamen von einer Reihe von Zulieferern und jeder Zulieferer hatte andere EDA-Werkzeuge und andere Methoden und Sprachen, die zum Teil firmenspezifisch und inkompatibel waren, um die Schaltungen zu entwickeln. Das DoD wollte eine einheitliche Sprache zur Beschreibung oder Dokumentation der Hardware, wobei die Beschreibungen dann auch *simuliert* werden können sollten. Die Ziele von VHSIC/VHDL wurden 1981 in einem Workshop in Woods Hole in Massachusets unter Beteiligung von Vertretern der Regierung, der Industrie und der Hochschulen diskutiert. Die Firmen Intermetrics, IBM und Texas Instruments bekamen 1983 den Auftrag die Sprache VHDL zu entwickeln. Das Ziel war, eine genormte Beschreibungssprache für die Funktion und Struktur von komplexen Schaltungen zu entwickeln. Die Sprache sollte an die Programmiersprache *ADA* angelehnt sein. ADA wurde ebenfalls für das DoD entwickelt und 1983 als *Ada 83* von *ANSI* (American National Standards Institute) standardisiert. Der Name „Ada" leitet sich übrigens von Lady Ada Lovelace ab – die Mitarbeiterin von Charles Babbage –, welche als erste „Programmiererin" betrachtet werden kann. Ada 83 [6] ist eine „objekt-basierte" Sprache, da wesentliche Merkmale „objektorientierter" Sprachen wie *Vererbung* und *Polymorphie* nicht implementiert wurden, siehe z. B. C^{++} [72]. Erst die neuere Version *Ada 95* implementiert objektorientierte Konzepte. Der Begriff des Objektes kommt daher auch in VHDL vor, wobei VHDL ebenfalls nicht objektorientiert sondern wie Ada 83 nur objekt-basiert ist. Auch VHDL implementiert keine Vererbung und Polymorphie. Im Jahre 1985 wurde eine erste VHDL-Version 7.2 veröffentlicht.

Durch die Mitarbeit und das Interesse von weiteren Firmen, insbesondere Herstellern von EDA-Werkzeugen, bekam VHDL einen weiteren Impuls. 1987 wurde die Sprache vom amerikanischen *IEEE* (Institute of Electrical and Electronics Engineers) standardisiert unter der Bezeichnung *IEEE 1076-1987*. Im Jahre 1988 wurde VHDL auch als ANSI-Standard veröffentlicht. Seit 1988 müssen alle Zulieferer des DoD ihre Komponenten in VHDL dokumentieren. Der IEEE-Standard wurde 1993 überarbeitet unter der Bezeichnung *IEEE 1076-1993*, wobei einige Erweiterungen hinzu kamen. Dies ist der derzeit gültige Standard;

er ist im so genannten *Language Reference Manual* (LRM) dokumentiert, das vom IEEE bezogen werden kann [32]. Die Beispiele im vorliegenden Buch beziehen sich auf den *IEEE 1076-1993*-Standard. Der anfängliche Fokus von VHDL war allerdings nur die Beschreibung von Schaltungen und Systemen und die Simulation dieser Beschreibungen. Es lässt sich damit auch vieles beschreiben, was man nicht in digitale Hardware umsetzen kann. Die automatische Umsetzung von HDL-Beschreibungen auf Register-Transfer-Ebene in eine Gatterrealisierung wurde zu Ende der achtziger Jahre zunehmend interessanter. In der Folge wurden daher so genannte „Synthesewerkzeuge" entwickelt, insbesondere von der Firma Synopsys, die diese automatisierte Umsetzung ermöglichen. Die (Logik-) Synthesewerkzeuge können allerdings nur eine Untermenge aller möglichen VHDL-Konstruktionen in Hardware umsetzen. Diese Untermenge, die zunächst von den Werkzeugherstellern – zum Teil auch unterschiedlich – definiert wurde, wurde 1999 in den Zusatz *IEEE 1076.6* des VHDL-1076-Standards gefasst. Erarbeitet wurde dieser Standard von der so genannten „VHDL Synthesis Interoperability Working Group", in welcher namhafte Firmen wie Mentor Graphics, IBM, Cadence und Synopsys vertreten sind. Schreibt ein Entwickler ein VHDL-Modell nach diesem Standard, dann wird auch die Synthesefähigkeit auf Synthesewerkzeugen, die ebenfalls den Standard unterstützen, garantiert. Für die Beschreibung synthesefähiger Hardware ist insbesondere der Standard *IEEE 1164* wichtig, welcher Datentypen für eine *mehrwertige* Logik und zugehörige Operatoren und Funktionen definiert; dieser wird in der Regel als einbindbares VHDL-*Package* mit den Entwurfswerkzeugen mitgeliefert. Ebenso ist ein weiterer Standard *IEEE 1076.3* für die Synthese definiert worden, in dem Datentypen und Funktionen für vorzeichenlose und vorzeichenbehaftete ganzzahlige Arithmetik beschrieben sind. Für die Simulation des Zeitverhaltens auf Gatterebene ist der Standard *IEEE 1076.4* wichtig, welcher auch als *VITAL*-Standard bekannt ist (engl.: *VHDL Initiative Towards ASIC Libraries*). Die meisten PLD- oder ASIC-Hersteller bieten ihre Bibliotheken als VHDL-Modelle nach dem VITAL-Standard an, so dass eine genaue Simulation des Zeitverhalten auf Gatterebene mit einem VHDL-Simulator möglich ist. Weitere Arbeitsgruppen arbeiten an anderen Erweiterungen des IEEE 1076 Standards, so wird beispielsweise unter IEEE 1076.1 eine Erweiterung für die Beschreibung von analogen Schaltungen erarbeitet (VHDL-AMS) oder unter IEEE 1076.2 an einem mathematischen Package für Gleitpunktzahlen und komplexe Zahlen; bei beiden Arbeitsgruppen geht es allerdings nur um die Simulation, nicht um Synthesefähigkeit. Nach zwei kleineren Revisionen in den Jahren 2000 und 2002 wird derzeit an einer umfangreicheren Überarbeitung der VHDL-Standards unter dem Namen VHDL-200X gearbeitet. Unter anderem soll hierbei auch ein synthesefähiger Standard für Gleitpunktzahlen definiert werden, was ein Novum darstellen würde, da bislang nur die Synthese von ganzzahligen Datentypen möglich ist.

Neben VHDL existieren einige andere HDLs, die aber vielfach firmenspezifische Lösungen sind. Zu nennen wären hier beispielsweise die Sprache ABEL (Advanced Boolean Expression Language), die hauptsächlich zur Programmierung von PLDs eingesetzt wurde, oder die Sprache AHDL (Altera Hardware Description Language) der Firma Altera. Diese Sprachen weisen jedoch im Vergleich zu VHDL zumeist einen geringeren Funktionsumfang aus.

Die Sprache *Verilog* (*Veri*fying *Log*ic), die eine ähnliche große Bedeutung und Verbrei-
tung wie VHDL erfahren hat, war zunächst auch eine proprietäre Sprache. Verilog wurde
1984 und 1985 von der Firma *Gateway Design Automation* entwickelt, wobei die Firma
auch gleichzeitig einen Simulator für Verilog entwickelte. Dieser Simulator wurde durch
den „XL-Algorithmus" (Verilog-XL) bekannt, welcher zu einer schnellen Simulation der
Schaltungsbeschreibungen auf Gatterebene führte. Wie bei VHDL konnte auch bei Verilog
eine Schaltung auf der Gatterebene beschrieben werden, aber auch in Form von Beschreibungen auf Register-Transfer-Ebene. Dies führte hauptsächlich in den USA ab 1986 dazu,
dass viele Entwickler ihre Schaltungen mit Verilog beschrieben. 1988 lieferte die Firma
Synopsys das erste Logiksynthesewerkzeug aus, welches Verilog als Eingabesprache verwendete und eine RTL-Beschreibung in eine Gatterrealisierung überführen konnte. Dieser
so genannte „Design Compiler", der auch heute noch von vielen ASIC-Entwicklern verwendet wird, führte zu einem weiteren Schub für Verilog.

Ab 1989 verwendeten viele ASIC-Anbieter, also Firmen, die aus einer vom Kunden gelieferten Netzliste auf Gatterebene eine applikationsspezifische integrierte Schaltung herstell-
ten, den Verilog-XL-Simulator als so genannten „Sign-Off-Simulator", mit dem die Funktion und das Zeitverhalten der Schaltung auf Gatterebene simuliert wurde. Der englische
Begriff „Sign-Off" bedeutet dabei soviel wie *Abnahme*: Wenn der Kunde diesen Simulator
und die *Simulationsmodelle* des ASIC-Herstellers für die Gatter verwendet, dann garantiert
der ASIC-Hersteller, dass die Funktion und das Zeitverhalten des gefertigten ASICs den
Simulationen entspricht.

1989 wurde Gateway von der Firma *Cadence Design Systems* aufgekauft, die noch heute
zu den Marktführern im EDA-Bereich zählt. Doch noch immer war Verilog eine proprietäre Lösung und nur Cadence durfte einen Verilog-Simulator verkaufen. Andere EDA-Hersteller setzten daher stärker auf VHDL, da dies ein offener Standard war. Dies ist vielleicht
vergleichbar mit der Situation bei den PC-Betriebssystemen zwischen *Microsoft Windows*
und den offenen *Linux*-Systemen. Cadence erkannte das Problem und rief die „Open Verilog Initiative" (OVI) ins Leben, mit dem Ziel auch aus Verilog einen offenen IEEE-
Standard zu machen. Die „IEEE 1364"-Arbeitsgruppe wurde gegründet und führte 1995
zur IEEE-Standardisierung von Verilog als *IEEE 1364-1995*. In der Folge konnten andere Firmen Simulatoren für Verilog entwickeln. Die meisten relevanten HDL-Simulatoren
heutzutage, wie beispielsweise „Modelsim" von der Firma *Model Technology*, können sowohl VHDL als auch Verilog verarbeiten. Neben den Dokumenten vom IEEE zum Veri-
log-Standard [34] findet sich beispielsweise in [92] eine Beschreibung der Sprache.

Verilog bietet vergleichbare Konstruktionen wie VHDL an, beispielsweise für die Beschreibung von Schleifen und Auswahl. Diese Konstruktionen finden sich ebenso in Programmiersprachen für Software, so dass Softwareentwickler HDLs wie Verilog oder VHDL
schnell erlernen können. VHDL und Verilog sind heute die beiden beherrschenden Hardwarebeschreibungssprachen. Während Entwickler in den USA eher in Verilog entwickeln,
wird in europäischen Firmen hauptsächlich auf VHDL gesetzt. Häufig werden beim Entwurf einer Schaltung beide Sprachen verwendet, beispielsweise wenn bei global arbeiten-
den Firmen Blöcke von verschiedenen Entwicklungsgruppen in einen Entwurf einfließen.

VHDL besitzt gegenüber Verilog ein fortschrittlicheres *Datentypensystem* und implementiert auch eine sehr strenge *Typprüfung*. Des Weiteren bietet VHDL mehr Konstruktionen an, um große Systeme zu strukturieren. Während Verilog eher an der Programmiersprache C [87] orientiert ist, ist VHDL eine sehr *wortreiche* Sprache, da die Programmiersprache ADA die Grundlage für VHDL ist. Der Benutzer muss daher in VHDL für die gleiche Funktion etwas mehr schreiben; auf der anderen Seite führt dies aber auch dazu, dass VHDL-Beschreibungen gut verständlich sind.

2.2 Grundlegende Konzepte von VHDL

Dieser Abschnitt wird anhand von Beispielen in grundlegende Konzepte von VHDL einführen. Viele Schwierigkeiten und daraus resultierende Frustrationen bei einem VHDL-Einsteiger ergeben sich zumeist daraus, dass diese wesentlichen Konzepte nicht oder nur unvollständig verstanden wurden. Häufig ergeben sich diese Probleme, wenn man zunächst eine Programmiersprache kennengelernt hat, die keine *Nebenläufigkeit* implementiert, wie beispielsweise C [87]. In solchen Programmiersprachen geht man von einem sequentiellen Programmiermodell aus: Der Code wird sequentiell in der Reihenfolge abgearbeitet, die der Entwickler durch das Schreiben des Codes vorgibt. Dies ist in VHDL anders, da VHDL keine Sprache zur Softwareentwicklung sondern zur Hardwaremodellierung ist. Eines der wesentlichen Modellierungselemente in VHDL ist ein *Prozess*. Alle Prozesse sind nebenläufig bezüglich einer *Modellzeit*, wobei die Modellzeit den tatsächlichen zeitlichen Verlauf der *Signale* später in der Hardware nachbildet. Nur der Code *innerhalb* eines Prozesses wird sequentiell ausgeführt, aber alle Prozesse sind nebenläufig; das heißt die Reihenfolge der Prozesse innerhalb einer *Architecture* ist beliebig und führt in Simulation und Synthese zum gleichen Ergebnis. Dies und einige weitere wichtige Konzepte, die für die *Beschreibung von Hardware* wichtig sind, sollen in den nachfolgenden Unterabschnitten dargestellt werden.

2.2.1 Entity und Architecture

Die enorme Komplexität der heute entwickelten digitalen Schaltungen von einigen Millionen Gatterfunktionen macht eine *hierarchische Aufteilung* der Schaltung notwendig; sie besteht daher in der Regel aus einer Vielzahl von Komponenten, die zur Gesamtschaltung verbunden werden. Damit eine Komponente auf der nächsten *Hierarchieebene* verschaltet werden kann, müssen Anschlüsse vorhanden sein. Diese Anschlüsse können Eingangssignale (engl.: input) oder Ausgangssignale (engl.: output) oder bidirektionale Signale sein, die in beide Richtungen betrieben werden können (engl.: bidirectional). Die Anschlüsse einer Schaltung oder die so genannte *Schnittstelle* werden in VHDL über die „Entity" beschrieben. Abbildung 2.1 zeigt das Symbol eines Beispiels. Der gewohnte Weg für einen Hardwareentwickler ist, die Symbole von Komponenten aus einer Bibliothek mit Hilfe eines graphischen „Schema-Editors" (engl.: schematic editor) zu verschalten. Auch für VHDL existieren von verschiedenen Herstellern Schema-Editoren. Nach der graphischen

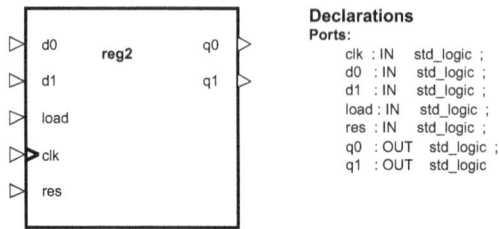

Abb. 2.1: *Symbol eines 2-Bit-Registers*

Eingabe der Schaltung können diese Werkzeuge eine *Netzliste* der Schaltung im VHDL-Format erzeugen, eine so genannte *Strukturbeschreibung*.

Die Entity in der einfachsten Form ist zunächst nichts weiter als eine textuelle Beschreibung eines solchen Symbols. Der zugehörige VHDL-Quellcode zum Symbol aus Abbildung 2.1 ist in Listing 2.1 gezeigt. Der Name der Komponente in Abbildung 2.1 ist im Beispiel `reg2` und dies ist auch der Name der Entity. Die Deklaration der Entity wird im Quelltext durch das Schlüsselwort `ENTITY` eingeleitet und mit einem eindeutigen Namen bezeichnet. Mit `END` (Zeile 13) wird die Entity-Deklaration abgeschlossen. Rechts vom Symbol in Abbildung 2.1 sind die Deklarationen der Ein- und Ausgänge (engl.: port) für VHDL zu sehen, die sich im Quellcode-Listing 2.1 zwischen den Zeilen 4 und 12 nach dem Schlüsselwort `PORT` wiederfinden. Die Deklarationen der Ports werden mit der „("-Klammer geöffnet und mit „);" wieder geschlossen. Deklarationen und Anweisungen werden in VHDL durch ein Semikolon „;" abgeschlossen, mit Ausnahme von Zeile 11, da dies die letzte Port-Deklaration ist. Die Deklaration jedes Ports wird mit dem Namen des Ports eingeleitet und nach dem Doppelpunkt wird die Richtung (Modus) des Ports angegeben. In VHDL werden Inputs mit dem Schlüsselwort `IN` bezeichnet, Outputs mit `OUT` und Bidirectionals mit `INOUT`. Der `BUFFER`-Port ist eine spezielle Form eines bidirektionalen Ports, von dessen Benutzung jedoch abgeraten wird [14]. Die jeweils letzte Angabe in der

Listing 2.1: *Entity des 2-Bit-Registers*

```
0    LIBRARY ieee;
1    USE ieee.std_logic_1164.all;
2
3    ENTITY reg2 IS
4        PORT(
5            clk   : IN      std_logic;
6            d0    : IN      std_logic;
7            d1    : IN      std_logic;
8            load  : IN      std_logic;
9            res   : IN      std_logic;
10           q0    : OUT     std_logic;
11           q1    : OUT     std_logic
12       );
13   END reg2 ;
```

Deklaration der Ports (Zeile 5–11) bezieht sich auf den Datentyp des Ports, da in VHDL für jedes Objekt ein Datentyp deklariert werden muss. Datentypen und insbesondere die IEEE-Datentypen werden noch in einem späteren Abschnitt gesondert dargestellt. Der Datentyp `std_logic` kommt aus einem *Package* der Bibliothek `ieee`. Die Bibliothek muss dem Compiler bekannt gemacht werden, dies erfolgt durch einen „logischen" Namen, hier `ieee`, siehe auch Abschnitt 2.2.6. Die Verwendung von Bibliothekselementen, im Beispiel das Package `std_logic_1164`, erfolgt dann über `USE`-Anweisungen (engl.: use clause). Zumeist werden Datentypen, aber auch Funktionen und Prozeduren, die von mehreren Entities und Architectures benötigt werden, in Packages nur einmal definiert. Dies kann in etwa verglichen werden mit den so genannten „Header"-Dateien in C [87]. Auf Packages wird in Abschnitt 2.6 näher eingegangen.

Zu einer Entity muss mindestens *eine* „Architecture" gehören. Eine Architecture beschreibt entweder die innere Funktion, dies wird zumeist als *Verhalten* bezeichnet, oder die Struktur der Komponente, dass heißt die Verschaltung von (Sub-)Komponenten. Im ersten Fall spricht man von einer *Verhaltensbeschreibung* und im zweiten Fall von einer *Strukturbeschreibung*. Wie schon erwähnt können Strukturbeschreibungen, also Netzlisten, graphisch mit Hilfe von Schema-Editoren eingegeben werden. Dies sollte man gerade als VHDL-Neuling nutzen, da man hierdurch weniger Fehler machen kann und damit insgesamt produktiver wird. Selbstverständlich können VHDL-Netzlisten auch mit einem Texteditor geschrieben werden. Für Verhaltensbeschreibungen ist die Eingabe mit einem Texteditor die Regel, wobei auch hier teilweise graphische Werkzeuge angeboten werden, um zum Beispiel Schaltwerksgraphen zu zeichnen, aus denen wiederum VHDL-Code generiert werden kann.

Zu einer Entity können aber auch beliebig viele Architectures gehören. Hier zeigt sich die große Flexibilität von VHDL: Die einzelnen Architectures *einer* Entity können für verschiedene Simulationsläufe ausgetauscht werden. Welche Architecture zu simulieren ist, wird dem Simulator in der Regel über eine *Configuration* mitgeteilt. Die Configuration wird in Abschnitt 2.8.3 erläutert. Für den VHDL-Neuling mag die Tatsache, dass zu einer Entity mehrere Architectures gehören können, zunächst kompliziert und überflüssig erscheinen. In der Praxis hat dies jedoch eine große Bedeutung: Auf der nächst höheren Netzlisten-Ebene, in der die Komponente „eingebaut" oder *instanziert* wird, ist keine Veränderung notwendig wenn die Architecture ausgetauscht wird, da die Entity und damit die Schnittstelle nicht verändert wird. Somit können verschiedene Implementierungen, in der Gestalt von verschiedenen Architectures, für ein und dieselbe Entity in der gleichen Umgebung getestet werden – vorausgesetzt, dass keine zusätzlichen Ports benötigt werden. Eine wesentliche Anwendung dieses Mechanismus ist beispielsweise Folgende: Normalerweise schreibt man ein technologieunabhängiges RTL-Modell einer Schaltung, dieses wird von einem Synthesewerkzeug in eine technologiespezifische Gatterrealisierung überführt. Das Gattermodell der Schaltung soll dann – genauso wie das RTL-Modell – simuliert werden. Dies erfolgt dadurch, dass man die *gleiche* Testbench, die ursprünglich für die RTL-Simulation geschrieben wurde, verwendet und nun unter die *gleiche* Entity der Schaltung die Architecture des Gattermodells legt, wobei das Gattermodell der Schaltung

im VHDL-Format vom Synthesewerkzeug geliefert wird, wie wir später noch sehen werden. Im Idealfall erfordert dieser Schritt nur eine neue Configuration und ansonsten keinen
weiteren Aufwand. Als weiterer Vorteil ist auch keine erneute Kompilation der nächst höheren Schaltungsebene (Strukturbeschreibung) und der Entity notwendig.

Listing 2.2: *Architecture des 2-Bit-Registers*

```
0    ARCHITECTURE beh OF reg2 IS
1      SIGNAL q0_s, q0_ns, q1_s, q1_ns : std_logic;
2    BEGIN
3
4      reg: PROCESS (clk, res)
5      BEGIN
6        IF res = '1' THEN
7          q0_s <= '0';
8          q1_s <= '0';
9        ELSIF clk'event AND clk = '1' THEN
10         q0_s <= q0_ns;
11         q1_s <= q1_ns;
12       END IF;
13     END PROCESS reg;
14
15     q0 <= q0_s AFTER 2 ns;
16     q1 <= q1_s AFTER 2 ns;
17
18     mux: PROCESS (load, q0_s, q1_s, d0, d1)
19     BEGIN
20       IF load = '1' THEN
21         q0_ns <= d0 AFTER 3 ns;
22         q1_ns <= d1 AFTER 3 ns;
23       ELSE
24         q0_ns <= q0_s AFTER 4 ns;
25         q1_ns <= q1_s AFTER 4 ns;
26       END IF;
27     END PROCESS mux;
28
29   END beh;
```

Üblicherweise speichert man die Entity und eine oder mehrere Architectures, die zur Entity gehören, in einer gemeinsamen Quelldatei ab. In Listing 2.2 ist die Architecture gezeigt,
welche zur Entity in Listing 2.1 gehört. Der Bezug zur Entity ist in der ersten Zeile zu
sehen: Jede Architecture muss einen *eindeutigen* Bezeichner bekommen, im Beispiel beh,
und eine Referenz zu einer Entity haben, im Beispiel zur Entity reg2. Der Rest dieser
Zeile besteht aus Schlüsselworten. VHDL macht im Übrigen keinen Unterschied zwischen
Groß- und Kleinschreibung, das heißt Bezeichner und auch Schlüsselworte können nicht
durch Groß- und Kleinschreibung unterschieden werden! In den Beispielen des Buches
werden die VHDL-Schlüsselworte zur Verdeutlichung groß geschrieben. Vor dem BEGIN-
Schlüsselwort in Zeile 2 befindet sich ein *Deklarationsteil*. Hier muss alles deklariert wer-
den, was nicht in anderen VHDL-Einheiten, wie beispielsweise der Entity oder einem
Package, schon deklariert wurde und vor Übersetzen der Architecture daher bekannt ist.
In der Regel sind dies interne *Signale*, die nach dem BEGIN-Schlüsselwort benötigt werden. Signale dienen hauptsächlich der Verbindung von Komponenten und Prozessen; ihre

Eigenschaften werden in den Abschnitten 2.2.6 und 2.2.8 näher erläutert. Im Beispiel-Listing 2.2 sind zwei so genannte *Prozesse* enthalten. Die Funktionsweise von Prozessen soll im nächsten Abschnitt erläutert werden.

2.2.2 Verhaltensbeschreibungen und Prozesse

Eine Verhaltensbeschreibung besteht typischerweise aus mehreren Prozessen innerhalb einer Architecture und es werden keine weiteren Komponenten instanziert. Stellt man sich die Schaltungshierarchie als Baum vor, wobei die oberste Ebene der Schaltung die Wurzel des Baumes ist, dann ist eine Verhaltensbeschreibung ein Blatt des Baumes und die Äste und die Wurzel sind Strukturbeschreibungen.

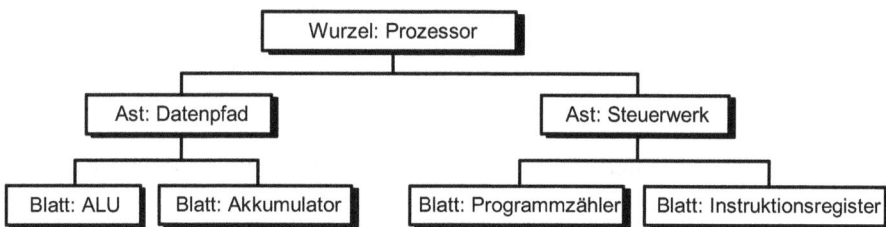

Abb. 2.2: Schaltungshierarchie am Beispiel eines Prozessors: In der Strukturbeschreibung „Datenpfad" werden die Verhaltensbeschreibungen „ALU" und „Akkumulator" verschaltet. Die Strukturbeschreibung „Steuerwerk" verschaltet die Verhaltensbeschreibungen „Programmzähler" und „Instruktionsregister" und die Strukturbeschreibung „Prozessor" verschaltet wiederum „Datenpfad" und „Steuerwerk".

Ein Beispiel für diese Sichtweise ist in Abbildung 2.2 gezeigt: *Prozessor*, *Datenpfad* und *Steuerwerk* sind reine Strukturbeschreibungen, die Komponenten der untersten Ebene sind reine Verhaltensbeschreibungen. Diese Vorgehensweise wird allerdings nicht durch VHDL vorgegeben, sondern ist eine Frage der *Entwurfsmethodik*. VHDL lässt es nämlich zu, in einer Architecture Struktur- und Verhaltensbeschreibungen zu mischen; in Testbench-Beschreibungen findet man diese Mischung auch häufig, wie an einem Beispiel noch zu sehen sein wird. Solche gemischten Beschreibungen können auch synthetisiert werden. Es hat sich in der Praxis jedoch als günstig herausgestellt, in der hierarchischen Beschreibung einer *Schaltung*, im Gegensatz zur Vorgehensweise bei einer Testbench, eine Architecture entweder als reine Strukturbeschreibung oder als reine Verhaltensbeschreibung auszulegen. Neben der besseren Übersicht ergeben sich auch Vorteile in der Handhabung während der Synthese, dies gilt insbesondere dann, wenn sehr große Schaltungen entwickelt werden sollen.

Innerhalb einer Verhaltensbeschreibung erfolgt auch eine gewisse Strukturierung durch die Verwendung von Prozessen. Im Beispiel von Listing 2.2 aus dem letzten Abschnitt sind zwei Prozesse enthalten: `reg` und `mux`. Die Prozesse sind sowohl untereinander über *Signale* verbunden als auch zu den Ports. Die vier internen Signale müssen zunächst in der Zeile 1 der Architecture deklariert werden. `SIGNAL` ist wieder ein Schlüsselwort, gefolgt von den Bezeichnern für die vier Signale und einer nachfolgenden Angabe des Datentyps.

Es können beliebig viele Signal-Deklarationen angegeben und in jeder Deklaration beliebig viele Signale des gleichen Datentyps deklariert werden. Nach dem Deklarationsteil folgt die eigentliche Beschreibung der Funktionalität der Architecture, die mit dem Schlüsselwort BEGIN eingeleitet wird, auf welches dann die Beschreibung der Prozesse folgt. Eine Prozess-Beschreibung beginnt mit dem Namen des Prozesses und dem PROCESS-Schlüsselwort. Optional kann danach eine *Sensitivitätsliste* folgen. Die Sensitivitätsliste spielt eine wesentliche Rolle: Ein Prozess wird dann „ausgeführt", wenn sich der Wert eines Signales in der Sensitivitätsliste ändert. Ausführen bedeutet, dass die Anweisungen im Körper des Prozesses, zwischen BEGIN und END PROCESS, *sequentiell*, also aufeinanderfolgend, ausgeführt werden, wie von prozeduralen Programmiersprachen wie C oder Pascal gewohnt. Daher werden die Anweisungen im Körper eines Prozesses auch als „sequentielle Anweisungen" bezeichnet. Wenn keine Sensitivitätsliste vorhanden ist, muss der Prozess über WAIT-Anweisungen gesteuert werden, wobei sich der Gebrauch von Sensitivitätsliste und WAIT-Anweisungen gegenseitig ausschließen. Die Prozessbeschreibungen innerhalb der eigentlichen Schaltungsbeschreibung werden typischerweise über Sensitivitätslisten gesteuert, wohingegen in Testbenches auch WAIT häufig eingesetzt wird. Zwischen der Sensitivitätsliste und dem BEGIN-Schlüsselwort befindet sich noch ein Deklarationsteil, der zumeist genutzt wird, um lokale *Variablen* zu deklarieren. Der Unterschied zwischen Signalen und Variablen wird später erklärt.

Es sei an dieser Stelle vermerkt, dass nicht alle Signale, die im Körper des Prozesses als *Quelle* dienen, in der Sensitivitätsliste aufgeführt werden *müssen*. Allerdings wird der Prozess auf die fehlenden Signale auch nicht mehr reagieren! Dies zählt erfahrungsgemäß zu den häufigsten Fehlern und führt zuweilen in der Simulation zu nur schwer zu entdeckendem Fehlverhalten. Dem aufmerksamen Leser ist vielleicht nicht entgangen, dass im Beispiel-Listing 2.2 genau dieser „Fehler" vorliegt: Die Signale q0_ns und q1_ns werden in der Sensitivitätsliste von Prozess reg nicht aufgelistet. Das ist in diesem Fall allerdings kein Fehler, da es sich hier um die Beschreibung von zwei taktflankengesteuerten Flipflops mit asynchronem Reset handelt. Der Prozess ist daher nur sensitiv auf den Takt clk und den Reset res. Ist res logisch „1" so werden die Flipflops asynchron, das heißt unabhängig vom Takt, auf ihren Rücksetzwert gesetzt; dies wird mit der IF-Anweisung von Zeile 6 bis 8 beschrieben. Im ELSIF-Teil wird die steigende Taktflanke mit clk'event AND clk = '1' abgefragt. Hierzu muss ein Ereignis (engl.: event) auf dem Signal clk vorhanden sein, welches dazu führt, dass clk gleich logisch „1" wird. Ein Ereignis ist ein Wechsel des Signalwertes. In einem binären Logiksystem sind zwei Werte möglich: „0" und „1". Daher war der Logikwert des Signals vor dem Ereignis „0" und ist nach dem Ereignis „1"; damit wird eine steigende Taktflanke beschrieben. Sollte also diese Bedingung clk'event AND clk = '1' „wahr" (engl.: true) sein, so werden die Werte von q0_ns und q1_ns in q0_s und q1_s übernommen. In der IF-Konstruktion fehlt nun ein ELSE-Teil, was folgende Bedeutung hat: Der ELSE-Fall ist *implizit* kodiert, das heißt, wenn die IF- und ELSIF-Bedingungen nicht wahr sind – also nicht zutreffen – wird den Signalen q0_s und q1_s nichts Neues zugewiesen, was in VHDL bedeutet, dass der alte Wert gehalten werden soll. Die Signale q0_s und q1_s modellieren daher jeweils *ein Flipflop*. Die Signale q0_ns und q1_ns beeinflussen das

Verhalten der Flipflops nicht, sondern sind lediglich die zur steigenden Flanke zu übernehmenden Eingangssignale der Flipflops und erscheinen demzufolge nicht in der Sensitivitätsliste. Dies entspricht der aus den Grundlagen der Digitaltechnik [44, 11, 83] bekannten Funktionsweise eines flankengesteuerten Flipflops. Der Prozess `reg` beschreibt somit eine *speichernde* Schaltung.

Beim zweiten Prozess `mux` handelt es sich um eine so genannte *kombinatorische* Schaltung oder ein *Schaltnetz*. Dies ist eine Schaltung ohne speicherndes Verhalten. Hier sollten nun *alle* Quell- oder Eingangssignale in der Sensitivitätsliste vorhanden sein, da eine kombinatorische Schaltung auf alle Eingangssignale reagiert. Im Beispiel sind dies die Signale `load`, `q0_s`, `q1_s`, `d0` und `d1`. Ein Fehlen von Signalen in der Sensitivitätsliste wird von einem VHDL-Compiler oder VHDL-Simulator nicht als Fehler gemeldet, da es zulässig ist und wie oben gesehen bei sequentiellen Teilen der Schaltung auch benötigt wird. Ein Synthesewerkzeug wird allerdings eine Warnung an dieser Stelle bei kombinatorischen Schaltungen ausgeben, daher empfiehlt es sich, auch frühzeitig Syntheseläufe durchzuführen. Reagiert ein Prozess nicht wie gewünscht in einer Simulation, sollten als Erstes immer die Sensitivitätslisten überprüft werden. Der Prozess `mux` kodiert einen Multiplexer mit der Breite 2 Bit. Ist `load` logisch „1", so werden die Eingangssignale `d0` und `d1` auf die Ausgänge des Multiplexers `q0_ns` und `q1_ns` geschaltet, welche wiederum Eingänge der Flipflops sind. Anderenfalls werden die Signale `q0_s` und `q1_s` auf die Ausgänge geschaltet; das heißt wenn `load` logisch „0" ist, werden die Daten der Flipflops in einer Rückführungsschleife gehalten. Beide Prozesse zusammen kodieren also ein ladbares 2 Bit breites Register. Hinter dieser Aufteilung in einen kombinatorischen Prozess und einen Prozess mit Speicherverhalten steckt im Übrigen die aus der Digitaltechnik bekannte Darstellung von Schaltwerken, siehe Abbildung 2.5 und [44, 11, 83], durch Überführungsfunktion oder Überführungsschaltnetz zur Berechnung der neuen Werte für das Zustandsregister, im Beispiel die Signale `q0_ns` und `q1_ns`, das Zustandsregister, im Beispiel `q0_s` und `q1_s`, und ein Ausgabeschaltnetz, welches im Beispiel nicht notwendig war. In Zeile 15 und 16 in Listing 2.2 sind zwei so genannte *nebenläufige Anweisungen* zu sehen. In diesem Fall dienen sie nur der Verbindung der internen Signale zu den Ports. Sie sind wie „kleine" Prozesse oder *implizite* Prozesse zu verstehen, das heißt sie sind ebenfalls nebenläufig zu allen Prozessen und allen anderen nebenläufigen Anweisungen. Nebenläufige Anweisungen werden später noch genauer erläutert. Einigen Anweisungen sind Verzögerungszeiten zugeordnet, ausgedrückt durch `AFTER`-Anweisungen, welche dazu führen, dass die Signalzuweisungen um die angegebene Zeit verzögert ausgeführt werden. Die Einheit `ns` steht für Nanosekunden; die Angabe von Verzögerungszeiten ist optional.

Eine digitale Hardwarelösung mit zwei Flipflops und zwei Multiplexern, welche die gleiche Funktion wie der VHDL-Code aus Listing 2.2 realisiert, ist in Abbildung 2.3 gezeigt. An dieser Sichtweise kann der Sinn der Prozesse in VHDL gut demonstriert werden: Prozesse sind Modelle von Hardwareblöcken. Ein Hardwareblock, im Beispiel ein Multiplexer oder ein Flipflop, reagiert auf Signalwechsel an den Eingängen – im VHDL-Modell ist das die Sensitivitätsliste – und gibt das Funktionsergebnis mit einer gewissen Verzö-

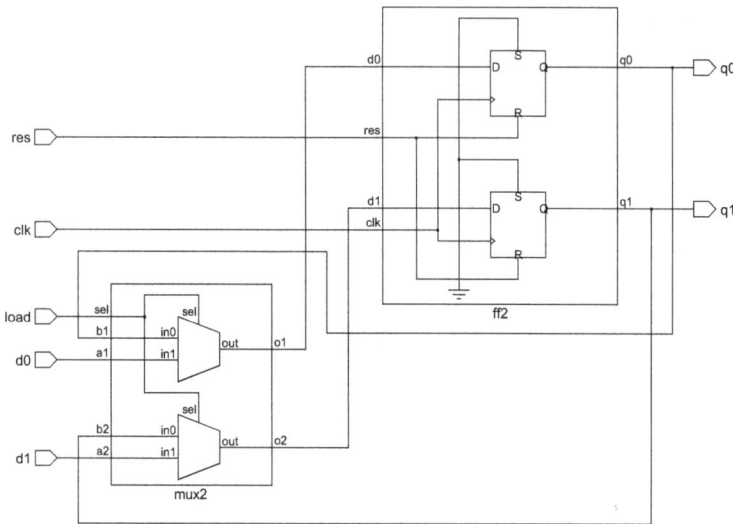

Abb. 2.3: *Hardwarelösung des 2-Bit-Registers*

gerung an den Ausgang weiter. Die Hardwareblöcke, also die Prozesse, sind über Signale verbunden, welche die Ereignisse am Ausgang eines Blockes zum Eingang von weiteren Blöcken führen. Ein Block kann ein einzelnes Flipflop sein, oder aber etwas sehr viel komplexeres, wie beispielsweise eine komplette ALU (engl.: Arithmetic Logic Unit) eines Mikroprozessors, wie in Kapitel 4 noch zu sehen sein wird. Wie in unserem Beispiel gezeigt, können auch mehrere voneinander unabhängige Hardwareblöcke in einem Prozess zusammengefasst werden, dies sind im Beispiel jeweils zwei Multiplexer und zwei Flipflops. Damit lassen sich sehr kompakte Beschreibungen der Hardware kodieren.

Eine inhärente Eigenschaft von Hardwarerealisierungen ist die *Parallelität* oder *Nebenläufigkeit*: Voneinander unabhängige Hardwareblöcke können *gleichzeitig* arbeiten; beispielsweise können mehrere ALUs in einem Mikroprozessor vorhanden sein und damit die Leistungsfähigkeit erhöhen. Parallelisierung ist *die* leistungssteigernde Maßnahme in der Digitaltechnik. Um die inhärente Parallelität der Hardware modellieren zu können, wird die *Nebenläufigkeit* (engl.: concurrency) von Prozessen und deren *Reaktivität* auf Signale (Sensitivitätsliste oder WAIT-Anweisungen) benötigt. Dies ist einer der wesentlichen Unterschiede zu einer Programmiersprache für Software wie C oder Pascal. Nochmals sei erwähnt, dass bei der Diskussion von VHDL immer die Nebenläufigkeit bezüglich der Modellzeit gemeint ist. Sind in einem Prozess keine WAIT-Anweisungen vorhanden, wie im Beispiel dieses Abschnitts, so wird alles sequentiell ausgeführt, was in einem Prozess kodiert ist, bis zur END PROCESS-Zeile; der Prozess ist „ausführend" (engl.: executing). Danach wartet der Prozess wieder auf erneute Ereignisse, also *Signalwechsel*, in seiner Sensitivitätsliste; er ist somit unterbrochen in seiner Ausführung (engl.: suspended). Solange sich keines der Signale in der Sensitivitätsliste ändert, bleibt der Prozess unterbrochen. Die Steuerungsmöglichkeiten mit einer WAIT-Anweisung sind in Abschnitt 2.4.4 beschrieben. Ein Prozess wird also *nie* beendet, er kann allerdings mit einer speziellen WAIT-Anweisung für immer suspendiert werden. Die Beendigung der gesamten Simulation wird in der Regel durch den Simulator selbst oder in einer Testbench gesteuert, so dass die Simulation bei einem bestimmten Zeitpunkt in der Modellzeit abbricht.

Listing 2.3: *Alternative Architecture des 2-Bit-Registers*

```
0    ARCHITECTURE beh1 OF reg2 IS
1      SIGNAL q0_s, q1_s : std_logic;
2    BEGIN
3
4      reg: PROCESS (clk, res)
5      BEGIN
6        IF res = '1' THEN
7          q0_s <= '0';
8          q1_s <= '0';
9        ELSIF clk'event AND clk = '1' THEN
10         IF load = '1' THEN
11           q0_s <= d0;
12           q1_s <= d1;
13         END IF;
14       END IF;
15     END PROCESS reg;
16
17     q0 <= q0_s AFTER 2 ns;
18     q1 <= q1_s AFTER 2 ns;
19
20   END beh1;
```

Die Trennung in zwei Prozesse muss nicht unbedingt sein. Man könnte die gleiche Funktionalität auch kompakter in einem einzigen Prozess kodieren, wie in Listing 2.3 gezeigt. Da hier allerdings keine explizite Trennung in kombinatorischen und speichernden Teil erfolgt, sind solche Beschreibungen etwas anfälliger für Codierungsfehler, wir werden hierauf in Kapitel 4 näher eingehen. Zu beachten ist in diesem Zusammenhang, dass das Halten der Werte für load = '0' nicht explizit kodiert ist, das Fehlen des ELSE-Zweiges bedeutet das Halten der Daten im Register. Für kurze übersichtliche Registerbeschreibungen kann die einfachere Form in Listing 2.3 durchaus verwendet werden, für die Beschreibung von größeren Schaltwerken empfiehlt sich jedoch eine Trennung in mindestens zwei Prozesse. Für die Umsetzung in Hardware mit Hilfe von Synthesewerkzeugen sind beide Formen gleich gut geeignet und führen zum gleichen Ergebnis. Erwähnt werden muss allerdings, dass eine größere Anzahl von Prozessen zu einer verminderten Simulationsgeschwindigkeit führt, so dass man auch nicht zu viele Prozesse verwenden sollte.

Für unser Beispiel ist das Ergebnis der Synthese für beide Architectures beh und beh1 in Abbildung 2.4 gezeigt: Das Synthesewerkzeug kann den VHDL-Code jeweils in zwei ladbare Flipflops mit asynchronem Reset umsetzen, die Halte-Funktion des Multiplexers ist durch den CE-Eingang des Flipflops realisiert. Dieses Ergebnis setzt voraus, dass die Bibliothek der Zielhardware solche Flipflops anbietet. Zu beachten ist im Übrigen, dass

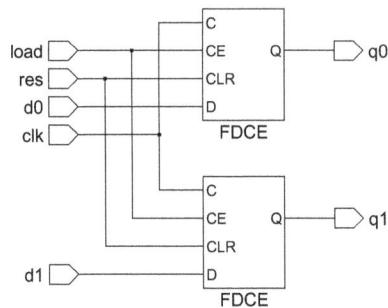

Abb. 2.4: *Ergebnis der Synthese des ladbaren 2-Bit-Registers*

man sich an gewisse *Muster* bei VHDL-Beschreibungen halten muss, damit die Synthese-werkzeuge den Code auch richtig „verstehen". Für die Beschreibung der Taktflanke darf beispielsweise nur ein Signal (das Taktsignal) verwendet werden; es wäre für die Synthe-se falsch, den Code in Listing 2.3 in Zeile 9 und 10 durch folgenden „kürzeren" Code zu ersetzen:

```
ELSIF clk'event AND clk = '1' AND load = '1' THEN
```

Obwohl es sich um korrekten VHDL-Code handelt und dies auch simuliert werden kann, wird ein Synthesewerkzeug beispielsweise Folgendes melden:

```
Error, clock expression should contain only one signal.
```

Welche Muster für RTL-Beschreibungen verwendet werden sollten, wird insbesondere in Kapitel 4 näher erörtert.

Aus der bisherigen Diskussion dürfte ausreichend klar geworden sein, dass für eine er-folgreiche Anwendung von VHDL Kenntnisse aus der Digitaltechnik unerlässlich sind. Eine „Software"-Sicht auf VHDL ist nicht zielführend und sollte vermieden werden: Ein VHDL-Entwickler sollte bei der Codierung eine ungefähre Vorstellung davon haben, wie der Code in Hardware umgesetzt werden wird. Die Enwicklung einer Schaltung in VHDL sollte vor der eigentlichen Codierung zunächst konzeptionell überlegt werden, wobei als Erstes eine hierarchische Aufteilung in Komponenten, die aus Entity und Architecture be-stehen, im Sinne der Abbildung 2.2 vorgenommen wird. Für die „Blätter" des Entwurfs, also die Verhaltensbeschreibungen, hält man sich am besten an die in diesem Abschnitt demonstrierte Vorgehensweise. Man zerlegt die Komponente in speichernde und kombi-natorische Teile, die Codierung erfolgt dann in der Regel auf Register-Transfer-Ebene. Beschrieben werden daher die Funktionen der Register (speichernde Teile) und die Trans-ferfunktionen (kombinatorische Teile, Schaltnetze) zwischen den Registern. Damit hält man sich auch an die schon angesprochene und in Abbildung 2.5 gezeigte Darstellungs-weise für Schaltwerke aus der Digitaltechnik [44, 11, 83], so genannte „endliche Automa-ten" (engl.: Finite-State Machine, FSM): Das Überführungsschaltnetz berechnet aus den Eingangsvariablen X und den Zustandsvariablen Z des (Zustands-)Registers den mit der

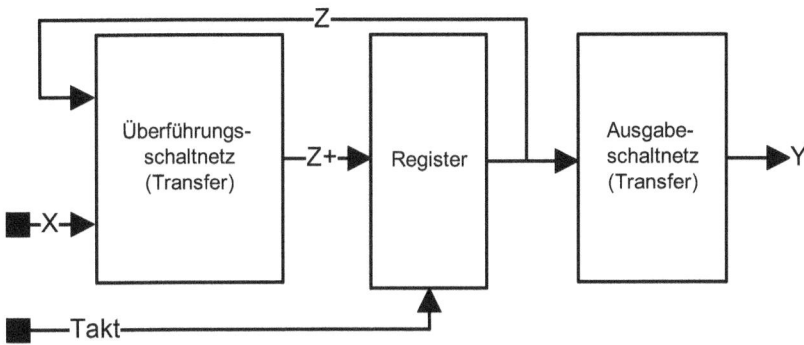

Abb. 2.5: *Modell des endlichen Automaten (Moore-Schaltwerk)*

nächsten Taktflanke zu übernehmenden, neuen Wert des Registers $Z+$ und ist somit eine Boole'sche Funktion $Z+ = f(X,Z)$. Das Ausgabeschaltnetz berechnet aus den Zustands-variablen Z die Ausgabe des Schaltwerkes Y, ebenfalls als Boole'sche Funktion $Y = g(Z)$. Dies ist die Beschreibung eines so genannten „Moore"-Automaten. Bei einem „Mealy"-Automaten ist zusätzlich ein direkter Durchgriff des Eingangs auf den Ausgang möglich, so dass für das Ausgabeschaltnetz gilt: $Y = g(X,Z)$. Die Boole'schen Funktionen werden in einer VHDL-RTL-Beschreibung normalerweise mit sequentiellen Anweisungen kodiert; hierzu gehören insbesondere *Auswahlkonstruktionen* (if, case) oder *Schleifenkonstruktionen* (for, loop, while) wie sie aus prozeduralen Programmiersprachen wie beispielsweise C bekannt sind. Das Synthesewerkzeug hat dann die Aufgabe, daraus eine Boole'sche Funktion und letztlich eine Realisierung für eine Zieltechnologie zu generieren, wie in Kapitel 4 noch ausführlich erläutert wird.

2.2.3   Strukturbeschreibungen

Wie in den vorangegangenen Abschnitten erläutert, benötigt man für größere Schaltungen eine Möglichkeit diese hierarchisch zu gliedern. Hierfür müssen Komponenten in Struktur-beschreibungen – welche üblicherweise auch als Netzlisten bezeichnet werden – einfach oder mehrfach instanziert werden sowie die Ein- und Ausgänge der *Instanzen* der Komponenten über eindeutig bezeichnete *Netze*, daher der Ausdruck Netzliste, miteinander verbunden werden. Instanzierung bedeutet, dass man eine Komponente eines bestimmten Typs, dies ist der *Komponentenname*, auswählt, in die Schaltung „einbaut" und mit einem eindeutigen Bezeichner versieht, dies ist der *Instanzname*. Um Netzlisten beschreiben zu können, bietet VHDL Konstruktionen für die Instanzierung von Komponenten an, die Rolle der Netze übernehmen dabei wieder die schon aus den Verhaltensbeschreibungen bekannten Signale. Die Komponenten sind wiederum Entities mit zugeordneten Architectures.

Abbildung 2.6 zeigt eine weitere Variante für den Entwurf eines ladbaren 2-Bit-Registers. Hier handelt es sich um einen hierarchischen Entwurf, bestehend aus einem 2-Bit-Register

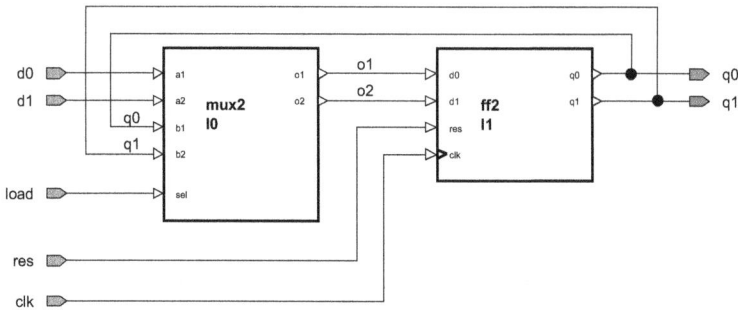

Abb. 2.6: *Schema-Darstellung des ladbaren 2-Bit-Registers*

und einem 2-Bit-Multiplexer. Diese graphische Darstellung wurde mit einem Schema-Editor erzeugt, der über die Möglichkeit verfügt, aus der graphischen Darstellung eine VHDL Strukturbeschreibung zu erzeugen, so dass diese nicht mühsam von Hand eingegeben werden muss. Die automatisch generierte VHDL-Netzliste ist in Listing 2.4 gezeigt; es ist die dritte Architecture zur Entity reg2 aus Listing 2.1. Es hat sich bei größeren Projekten übrigens als sinnvoll erwiesen, die Architectures je nach Typ einheitlich zu bezeichnen, bei den Strukturbeschreibungen beispielsweise mit struct und bei den Verhaltensbeschreibungen beispielsweise mit beh.

Listing 2.4: *Hierarchischer Entwurf des 2-Bit-Registers*

```
0    ARCHITECTURE struct OF reg2 IS
1       SIGNAL o1 : std_logic;
2       SIGNAL o2 : std_logic;
3       SIGNAL q0_internal : std_logic;
4       SIGNAL q1_internal : std_logic;
5
6       COMPONENT ff2
7       PORT (
8          clk : IN      std_logic ;
9          d0  : IN      std_logic ;
10         d1  : IN      std_logic ;
11         res : IN      std_logic ;
12         q0  : OUT     std_logic ;
13         q1  : OUT     std_logic
14      );
15      END COMPONENT;
16      COMPONENT mux2
17      PORT (
18         a1  : IN      std_logic ;
19         a2  : IN      std_logic ;
20         b1  : IN      std_logic ;
21         b2  : IN      std_logic ;
22         sel : IN      std_logic ;
23         o1  : OUT     std_logic ;
24         o2  : OUT     std_logic
25      );
26      END COMPONENT;
```

```
27
28   BEGIN
29
30      I1 : ff2
31         PORT MAP (
32            clk => clk, d0  => o1, d1  => o2,
33            res => res, q0  => q0_internal, q1  => q1_internal
34         );
35      I0 : mux2
36         PORT MAP (
37            a1  => d0, a2  => d1, b1  => q0_internal,
38            b2  => q1_internal, sel => load, o1  => o1, o2  => o2
39         );
40
41      q0 <= q0_internal;
42      q1 <= q1_internal;
43
44   END struct;
```

Vor dem BEGIN-Schlüsselwort in Zeile 28 muss zunächst wieder alles deklariert werden, was danach für die Beschreibung der Architecture verwendet wird und nicht schon bekannt ist. Neben den Signalen müssen hier die zu verschaltenden Komponenten deklariert werden. Die Deklaration einer Komponente beginnt mit dem COMPONENT-Schlüsselwort und beinhaltet neben dem Bezeichner der Komponente die schon von den Entities bekannte PORT-Deklaration. Die Ports der Komponente werden im Englischen als „local ports" [24] bezeichnet. Die COMPONENT-Deklaration ist damit ähnlich zur Beschreibung einer Entity (deren Ports als „formal ports" bezeichnet werden). Normalerweise erfolgt die Bindung (engl.: binding) zu einer Entity dadurch, dass in einer VHDL-Bibliothek eine passende Entity mit gleichem Namen vorhanden ist (so genanntes „default binding"). Wird eine Configuration verwendet, so kann auch eine Entity mit einem anderen Namen mit der Komponente gebunden werden, dies soll in Abschnitt 2.8.3 noch erläutert werden. In der Regel prüft ein VHDL-Compiler beim Kompilieren einer Strukturbeschreibung, ob schon eine passende Entity gleichen Namens übersetzt und damit in der Bibliothek vorhanden ist. Ist dies nicht der Fall kann es beispielsweise zu folgender Warnung kommen:

```
No default binding for component: "ff2".
(No entity named "ff2" was found)
```

In diesem Fall wurde die Entity ff2 aus dem Beispiel in Listing 2.4 noch nicht kompiliert. Dies ist allerdings nur eine Warnung und die Architecture wird trotzdem übersetzt, es könnte ja später noch durch eine Configuration zu einer Bindung kommen. Gibt es keine Configuration wird der Simulator mit einem Bindungsfehler abbrechen.

In den Zeilen 30 bis 34 und 35 bis 39 von Listing 2.4 werden die Komponenten instanziert. Zunächst wird der Instanz der Komponente (hier: ff2 und mux2) ein Instanzname (hier: I1 und I0) zugewiesen. Anschließend werden die Ports der Komponente mit den Signalen der Architecture und den Ports der Entity reg2 in der PORT MAP verbunden. Bei der in Listing 2.4 gezeigten Variante werden die Signale der Architecture und die Ports der Entity mit den lokalen Ports der Komponente über eine explizite Zuordnung zwischen Namen der lokalen Ports der Komponente und Namen aktuellen Ports der Entity verbunden (engl.: named association, vgl. [8]); dabei spielt die Reihenfolge der Zuordnungen keine Rolle.

Listing 2.5: Verbindung der Ports durch die Position („positional association")

```
0      I1 : ff2
1          PORT MAP (clk, o1, o2, res, q0_internal, q1_internal);
2      I0 : mux2
3          PORT MAP (d0, d1, q0_internal, q1_internal, load, o1, o2);
```

Eine andere Möglichkeit zeigt Listing 2.5: Hier werden die lokalen Ports der Komponente dadurch angeschlossen, dass die Signale und aktuellen Ports über die *Position* den lokalen Ports zugeordnet werden, wobei nun die Reihenfolge wichtig ist und sich an die Reihenfolge der formalen Ports in der COMPONENT-Deklaration halten *muss*. Im Beispiel von Listing 2.5 ergeben sich die gleichen Verbindungen wie in Listing 2.4. Obwohl diese Schreibweise deutlich kürzer ist, soll davon abgeraten werden, da sie fehleranfälliger ist. Werden Anschlüsse einer Komponente nicht benötigt, so besteht die Möglichkeit, sie durch Angabe des Schlüsselwortes open nicht anzuschließen. Während dies bei Ausgängen (OUT) problemlos ist, sollten Eingänge (IN) immer angeschlossen werden; weitere Möglichkeiten sind z. B. in [14] beschrieben. Da man von den OUT-Ports einer Entity nicht lesen kann, müssen zusätzliche Signale für die interne Verdrahtung eingeführt werden, wie dies in den Zeilen 41 und 42 in Listing 2.4 der Fall ist.

Der Vollständigkeit halber sind in den Listings 2.6 und 2.7 noch die Verhaltensbeschreibungen von ff2 und mux2 gezeigt. Es ist ersichtlich, dass die beiden Prozesse aus dem anfänglichen Beispiel in Listing 2.2 offensichtlich jeweils separat „verpackt" wurden. Obgleich auch diese Beschreibung in Simulation und Synthese zum gleichen Ergebnis wie die anderen beiden Architectures führt, sollte ein Entwurf jedoch nicht in zu kleine Einheiten verpackt werden, sonst entstünden bei einem komplexeren Entwurf eine hohe Anzahl von Entities und Architectures, was sich negativ auf die Handhabung des gesamten Entwurfs auswirkt. In einer Architecture können schon zehn oder mehr Prozesse angeordnet werden; bei einigen hundert Prozessen verliert man dann natürlich auch innerhalb der Architecture wieder die Übersicht, so dass hier ein gesundes Maß gefunden werden muss. Als Beispiel diene wieder die ALU eines Prozessors: Diese könnte man problemlos inklusive der notwendigen Register in eine Architecture als Verhaltensbeschreibung, also ein Blatt, verpacken. Zumeist ergibt sich aus dem Konzept der Schaltung auch eine sinnvolle Aufteilung in die Verhaltensbeschreibungen (Blätter) und daraus auch die notwendigen Strukturbeschreibungen (Äste) für den hierarchischen Aufbau der Schaltung. In Listing 2.6 ist auch ein Beispiel für einen Kommentar zu sehen: Ein Kommentar kann an beliebiger Stelle stehen und wird mit -- eingeleitet, wobei dann der Rest der Zeile als Kommentar interpretiert wird.

Listing 2.6: VHDL-Code des 2-Bit-Registers

```
0    LIBRARY ieee;
1    USE ieee.std_logic_1164.all;
2    USE ieee.std_logic_arith.all;
```

```
3
4    ENTITY ff2 IS
5      PORT(
6          clk : IN      std_logic;
7          d0  : IN      std_logic;
8          d1  : IN      std_logic;
9          res : IN      std_logic;
10         q0  : OUT     std_logic;
11         q1  : OUT     std_logic
12     );
13   END ff2 ;
14
15   ARCHITECTURE beh OF ff2 IS
16     SIGNAL q0_s, q1_s : std_logic;
17   BEGIN
18
19     reg: PROCESS (clk, res)
20     BEGIN
21       IF res = '1' THEN                  -- Asynchroner Reset
22         q0_s <= '0';
23         q1_s <= '0';
24       ELSIF clk'event AND clk = '1' THEN  -- Steigende Taktflanke
25         q0_s <= d0;
26         q1_s <= d1;
27       END IF;
28     END PROCESS reg;
29
30     q0 <= q0_s AFTER 2 ns;
31     q1 <= q1_s AFTER 2 ns;
32
33   END beh;
```

Listing 2.7: VHDL-Code des 2-Bit-Multiplexers

```
0    LIBRARY ieee;
1    USE ieee.std_logic_1164.all;
2    USE ieee.std_logic_arith.all;
3
4    ENTITY mux2 IS
5      PORT(
6          a1  : IN      std_logic;
7          a2  : IN      std_logic;
8          b1  : IN      std_logic;
9          b2  : IN      std_logic;
10         sel : IN      std_logic;
11         o1  : OUT     std_logic;
12         o2  : OUT     std_logic
13     );
14   END mux2 ;
15
16   ARCHITECTURE beh OF mux2 IS
17   BEGIN
18
19     mux: PROCESS (a1, a2, b1, b2, sel)
20     BEGIN
21       IF sel = '1' THEN
```

```
22          o1 <= a1 AFTER 3 ns;
23          o2 <= a2 AFTER 3 ns;
24       ELSE
25          o1 <= b1 AFTER 4 ns;
26          o2 <= b2 AFTER 4 ns;
27       END IF;
28     END PROCESS mux;
29
30   END beh;
```

2.2.4   Testbenches und die Verifikation von VHDL-Entwürfen

Für die Simulation eines VHDL-Schaltungsmodells wird eine Testbench benötigt. Im einfachsten Fall erzeugt die Testbench die nötigen Signalwechsel an den Eingängen der zu verifizierenden Schaltung (engl.: Device-Under-Verification, DUV), die so genannten „Stimuli" (Singular: Stimulus). Die Antworten (engl.: response) des DUV werden im einfachsten Fall anhand einer graphischen Darstellung des zeitlichen Verlaufs der Ausgangssignale in einem Betrachtungsprogramm (engl.: waveform viewer) vom Entwickler überprüft. Eine Testbench modelliert die „Umgebung" des DUV. Es gibt keine Eingänge und auch keine Ausgänge für eine Testbench, das heißt die Entity einer Testbench weist keine Ports auf und stellt damit die oberste Ebene der Entwurfshierarchie dar, siehe Abbildung 2.7.

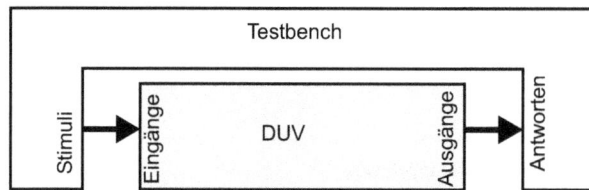

Abb. 2.7: *Testbench mit zu verifizierender Schaltung*

Für unser Beispiel aus den vorangegangenen Abschnitten könnte eine Testbench wie in Listing 2.8 aussehen. Wie schon erwähnt ist die Entity „leer", da keine Ports benötigt werden. Im Deklarationsteil der Architecture wird zunächst das DUV, in diesem Fall die Komponente reg2, deklariert; hierauf folgen Deklarationen für die Testbench-Signale (Stimuli und Response). Im Beispiel werden die Stimuli dabei mit Anfangswerten belegt, so dass am Anfang der Simulation zum Zeitpunkt $t = 0$ ns sämtliche Stimuli den logischen Wert „0" aufweisen. Nach dem BEGIN-Schlüsselwort wird als erstes das DUV instanziert und mit den Testbench-Signalen verdrahtet. Zeile 38 ist eine nebenläufige Anweisung, also ein impliziter Prozess: Er dient der Erzeugung eines Taktes für das Signal s_clk. Der Takt wechselt alle 5 ns seinen Wert, das bedeutet die Taktperiode dauert 10 ns und die Taktfrequenz beträgt 100 MHz. Auf diese nebenläufige Anweisung folgt der Prozess stim, welcher die Stimuli für die Eingänge treibt. Dieser Prozess ist ein Beispiel für die Steuerung eines Prozesses über WAIT-Anweisungen. Da der Prozess zu Beginn der Simulation ($t = 0$ ns) bis zur ersten WAIT-Anweisung ausgeführt wird, wird zum Zeitpunkt $t = 0$ ns das

Signal s_res auf „1" gesetzt, womit der Reset des DUV aktiviert wird. Danach wird der Prozess durch die folgende WAIT-Anweisung für 20 ns suspendiert; der Reset wird nach dieser Wartezeit deaktiviert und das Signal s_d0 auf „1" gesetzt. Nach weiteren 20 ns wird dann das Signal s_load auf „1" gesetzt, womit das Laden des Registers aktiviert wird. Die letzte WAIT-Anweisung in Zeile 49 suspendiert den Prozess für immer; würde diese Anweisung fehlen, würde der Prozess wieder von vorne beginnen. Der letzte Prozess stop_sim dient nur dazu, um die Simulation nach einer bestimmten Zeit abzubrechen. Dies geschieht mit Hilfe einer ASSERT-Anweisung, siehe Abschnitt 2.4.4, welche eine Textmeldung im Simulator erzeugt und die Simulation nach 100 ns abbricht.

Listing 2.8: Testbench für das ladbare 2-Bit-Register

```
0    LIBRARY ieee;
1    USE ieee.std_logic_1164.all;
2
3
4    ENTITY test_bench IS
5    END test_bench ;
6
7    ARCHITECTURE reg2_test OF test_bench IS
8
9      COMPONENT reg2
10       PORT ( clk  : IN  std_logic;
11              d0   : IN  std_logic;
12              d1   : IN  std_logic;
13              load : IN  std_logic;
14              res  : IN  std_logic;
15              q0   : OUT std_logic;
16              q1   : OUT std_logic);
17     END COMPONENT;
18
19     -- Stimulus Signale
20     SIGNAL s_clk  : std_logic := '0';
21     SIGNAL s_d0   : std_logic := '0';
22     SIGNAL s_d1   : std_logic := '0';
23     SIGNAL s_load : std_logic := '0';
24     SIGNAL s_res  : std_logic := '0';
25
26     -- Response Signale
27     SIGNAL r_q0 : std_logic;
28     SIGNAL r_q1 : std_logic;
29
30   BEGIN
31
32     -- Verschaltung des DUV mit den Stimulus/Response-Signalen
33     u1 : reg2
34       PORT MAP(clk  => s_clk, d0   => s_d0, d1   => s_d1,
35         load => s_load, res  => s_res, q0   => r_q0, q1   => r_q1);
36
37     -- Taktgenerator
38     s_clk <= NOT s_clk AFTER 5 ns;
39
40     -- Stimuli
41     stim : PROCESS
```

```
42    BEGIN  -- PROCESS stim
43      s_res <= '1';
44      WAIT FOR 20 ns;
45      s_res <= '0';
46      s_d0 <= '1';
47      WAIT FOR 20 ns;
48      s_load <= '1';
49      WAIT;
50    END PROCESS stim;
51
52    -- Abbruch der Simulation
53    stop_sim: PROCESS
54    BEGIN  -- PROCESS stop_sim
55      WAIT FOR 100 ns;
56      ASSERT false REPORT "simulation stopped" SEVERITY failure;
57    END PROCESS stop_sim;
58
59  END reg2_test;
```

Die Testbench in Listing 2.8 ist ein Beispiel für die Mischung von Konstruktionen für die Verhaltens- und Strukturbeschreibung: Die Architecture enthält eine Instanzierung der Komponente reg2, eine nebenläufige Anweisung (Taktgenerator) und zwei Prozesse. Alle vier Konstruktionen sind nebenläufig zu verstehen: Die Reihenfolge der Anordnung ist völlig unerheblich. Da die Testbench nur der Simulation dient und nicht in Hardware umgesetzt werden muss, kann auf eine synthesegerechte Beschreibung verzichtet werden und der volle Sprachumfang von VHDL genutzt werden.

In Abbildung 2.8 ist das Ergebnis einer Simulation der Testbench mit dem DUV gezeigt; es sind nur die Signale und Ports des DUV aufgelistet, erkenntlich am hierarchischen Namen der Signale, wobei die Hierarchiestufen über einen Punkt abgetrennt sind (1. Stufe: Testbench test_bench, 2.Stufe: DUV-Instanz u1). Simuliert wurde hier die Architecture beh aus Listing 2.2. Zum Zeitpunkt $t = 0$ ns werden durch den Reset des Prozesses reg

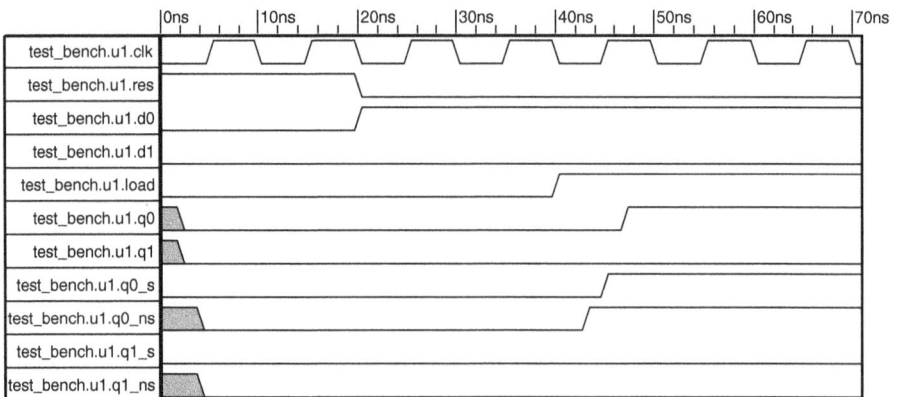

Abb. 2.8: Simulationsergebnis (Ausschnitt von 0 ns bis 70 ns)

die Signale q0_s und q1_s auf „0" gesetzt. Die Signale q0 und q1 sowie q0_ns und q1_ns, welche durch q0_s und q1_s getrieben werden, werden erst nach der im Code von Listing 2.2 beschriebenen Verzögerungszeit von 2 ns und 4 ns auf „0" gesetzt. Vorher sind diese Signale nicht initialisiert: Im Datentyp std_logic, siehe Abschnitt 2.7, wird dieser Signalzustand durch den Wert „U", vom englischen „uninitialized", modelliert und im Simulationsergebnis in Abbildung 2.8 mit einem grauen Bereich dargestellt.

Die Signalwechsel nach dem Zeitpunkt $t = 40$ ns sollen in Abbildung 2.9 etwas genauer betrachtet werden. Da das Signal load durch die Testbench (Zeile 48 in Listing 2.7) auf „1" gesetzt wird und d0 zu diesem Zeitpunkt den Wert „1" besitzt, wird nach 3 ns, also zum Zeitpunkt $t = 43$ ns das Signal q0_ns durch den kombinatorischen Prozess mux (Listing 2.2) auf „1" gesetzt. Zum Zeitpunkt $t = 45$ ns wird der neue Wert q0_ns = „1" im Speicherprozess mit der steigenden Taktflanke reg in das Signal q0_s übernommen. Daraufhin erscheint durch die nebenläufige Anweisung in Zeile 15 von Listing 2.2 nach weiteren 2 ns, also zum Zeitpunkt $t = 47$ ns, der neue Wert am Ausgang q0 von reg2.

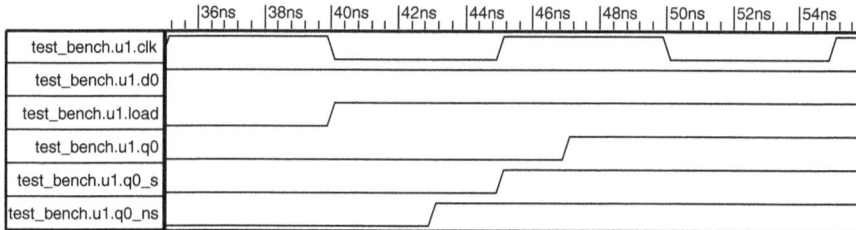

Abb. 2.9: Ausschnitt aus der Simulation

Unter dem Gesichtspunkt, dass Schaltungsgrößen von einigen Millionen Gattern schon fast alltäglich sind, ist es heute tatsächlich so, dass die Verifikation einer Schaltung *das* Problem bei der Entwicklung darstellt. Man muss davon ausgehen, dass der Verifikationsaufwand für komplexe Schaltungen ungefähr 60% bis 80% des gesamten Aufwands für die Entwicklung darstellt [9]. Hinzu kommt, dass die Entwicklungszeiten für die Schaltungen immer kürzer werden und häufig weniger als ein Jahr betragen. Die Verifikation der Schaltung findet heute in mehreren Stufen statt: Zunächst wird die Schaltung als RTL-Beschreibung simuliert, nach der Synthese und gegebenenfalls nach der physikalischen Realisierung finden nochmals Simulationen statt. In der Praxis kann aber bei einer sehr komplexen Schaltung – bei vertretbarem Aufwand für das Erstellen der Testbench – die Schaltung nicht vollständig durch Simulationen verifiziert werden. Daher werden die Schaltungen häufig auf programmierbaren Bausteinen (engl.: Programmable Logic Device, PLD) prototypisch realisiert und in der Anwendungsumgebung getestet (engl.: prototyping). Trotz allem kann es jedoch vorkommen, dass in den ersten Serienmustern noch Fehler, so genannte „Bugs", enthalten sind. Da solche Fehler unter Umständen durch Rückrufaktionen oder Schadensersatzansprüche sehr teuer für eine Firma werden können, ist es das vordringliche Ziel der Entwickler vor Auslieferung der ersten Serienmuster alle Fehler zu finden. Obwohl dieses Thema – nicht zuletzt durch die ökonomische Problematik – in der industriellen Anwendung äußerst wichtig ist, wird es zumeist in Abhandlungen über digitalen Entwurf nur am Rande behandelt. Auch im vorliegenden Buch kann aus Platzgründen das Thema an dieser Stelle nur erwähnt und auf die Wichtigkeit hingewiesen werden. Es sei insbesondere auf das Buch von Bergeron [9] verwiesen, in welchem diesem Thema erstmals ein komplettes Buch gewidmet wird und welches sehr viele praktische Hinweise für das erfolgreiche Durchführen von großen HDL-Projekten enthält. Auch in [76, 59] finden sich einige Hinweise auf das Thema Verifikation von HDL-Projekten.

2.2.5 Kompilation von VHDL-Modellen

Bevor ein VHDL-Modell *simuliert* werden kann, muss zunächst ein auf dem Arbeitsplatzrechner ausführbarer Code durch einen *Compiler* erzeugt werden. Abbildung 2.10 zeigt das Zusammenspiel der nötigen Werkzeuge und Bibliotheken. Eine Bibliothek ist ein Verzeichnis auf dem Entwicklungs-Rechner (z. B. PC, Workstation), in welchem die kompilierten Daten abgelegt werden. Bibliotheken dienen in VHDL der übersichtlichen Organisation von Projekten, insbesondere dann, wenn diese sehr komplex sind. Die Verwendung von Bibliotheken ist zwingend. Im VHDL-Quellcode wird eine Bibliothek durch einen so genannten „logischen" Namen (z. B. `ieee`) mit Hilfe einer `LIBRARY`-Anweisung referenziert; die Werkzeuge (Compiler, Simulator, Synthese) benötigen dann eine Verbindung (engl.: mapping) zum physikalischen Pfad des Verzeichnisses auf der Festplatte. Die Verwendung des logischen Namens anstatt einer Pfadangabe für das Dateisystem (so genannter „physikalischer" Name) für die Bibliothek hat den Vorteil, dass die Bibliothek an einer beliebigen Stelle im Dateisystem des Computers abgelegt und auch verschoben werden kann, ohne dass der VHDL-Code verändert werden muss.

Entity, Architecture, Configuration und Package sind die vier Bestandteile einer VHDL-Beschreibung. Man bezeichnet sie auch als „Übersetzungseinheiten" (engl.: design unit). Sie können in verschiedenen Quelldateien abgespeichert oder aber auch in gemeinsamen Quelldateien abgelegt werden, allerdings darf eine Übersetzungseinheit nicht auf mehrere Quelldateien verteilt werden. Alle vier Übersetzungseinheiten werden vom VHDL-Compiler separat kompiliert und in einer Bibliothek abgelegt. Die Daten für eine Überset-

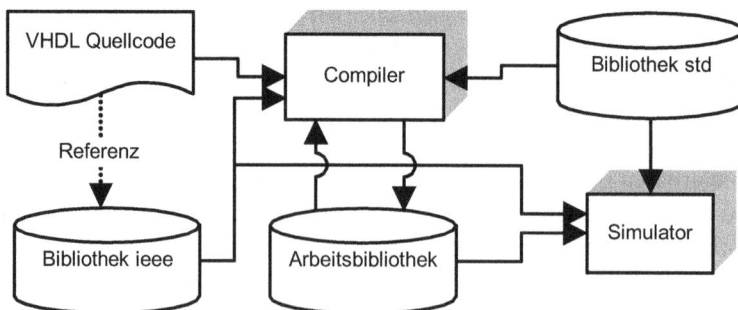

Abb. 2.10: *Compiler, Simulator und Bibliotheken*

zungseinheit bestehen aus dem auf dem Rechner ausführbaren Code (so genanntes „Kompilat"), Informationen für das so genannte „Debugging" und Informationen über Referenzen zu anderen Übersetzungseinheiten. Debugging-Informationen werden benötigt, da die HDL-Simulatoren ähnliche Funktionen wie Software-Debugger anbieten; hierzu gehören beispielsweise die Einzelschrittausführung (engl.: single stepping) oder das Setzen von Haltepunkten (engl.: breakpoint). Einzelne Übersetzungseinheiten einer Bibliothek werden über USE-Anweisungen referenziert. Die Bibliothek `std` ist übrigens eine Bibliothek die nicht explizit referenziert werden muss, sie enthält die Packages `standard` und `textio`. In `standard` sind im Wesentlichen Datentypen definiert.

Das Kompilat und die zusätzlichen Daten werden von einem Compiler erzeugt, dieser wird in der HDL-Welt häufig auch als „Analyzer" bezeichnet. Der Compiler liest den Quellcode ein und prüft, ob die referenzierten Übersetzungseinheiten in den *Referenzbibliotheken* existieren. Anschließend überprüft der Compiler die Syntax des Quellcodes und erzeugt die Bibliotheksdaten. Hierbei muss dem Compiler bekannt gemacht werden, in welcher *Arbeitsbibliothek* die Daten abgelegt werden sollen. Wird nichts angegeben, dann wird im aktuellen Verzeichnis eine logische Bibliothek `work` angelegt und die Übersetzungseinheiten dort abgelegt. In den Beispielen dieses Kapitels wird die logische Bibliothek `vcbuchk2_1` verwendet. Es hat sich als sinnvoll erwiesen, bei größeren Entwürfen nicht mit `work`-Bibliotheken zu arbeiten, sondern explizit logische Bibliotheken mit anderen Namen anzulegen. Die Arbeitsbibliothek kann auch gleichzeitig Referenzbibliothek sein, wenn beispielsweise Entity und Architecture in einer gemeinsamen Quelldatei kompiliert werden, und muss in diesem Fall im Quellcode nicht explizit referenziert werden.

Das Kompilieren der Quellcodes sollte normalerweise in der Reihenfolge der Abhängigkeiten oder der Referenzen der Übersetzungseinheiten erfolgen. So referenziert eine Entity beispielsweise häufig ein Package, daher *muss* das Package zuerst kompiliert werden, ansonsten meldet der Compiler einen Fehler. In gleicher Weise referenziert eine Architecture eine Entity, daher *muss* die Entity vor der Architecture kompiliert werden. Etwas anders verhält es sich bei Referenzen der nächsten Hierarchieebene, sofern keine „direkte Instanzierung" verwendet wird (siehe Abschnitt 2.8.3): In den Architectures werden während der Kompilation die Komponenten referenziert und nicht die Entities, die Bindung von Entity und Komponente erfolgt erst zu Beginn der Simulation, siehe Abschnitt 2.2.6 und Abschnitt 2.8.3. Daher *kann* die nächste Hierarchiestufe auch unabhängig von den eigentlich nur indirekt referenzierten Entities kompiliert werden. Der Compiler wird dann nur die in Abschnitt 2.2.3 schon erwähnte Warnung generieren, dass keine Standard-Bindung vorliegt, und das Kompilat trotzdem erzeugen. In jedem Fall werden allerdings die Komponentendeklarationen (`component`) vor der Instanzierung benötigt. Wie im Beispiel von Listing 2.4 gezeigt, befinden sich die Komponentendeklarationen in der zu kompilierenden Architecture. Man könnte allerdings auch die Komponentendeklarationen in ein Package auslagern, beispielsweise wenn die Komponenten in mehreren Architectures benötigt werden. Dann müsste vor den Architectures wiederum das Package zuerst kompiliert werden. Nachdem alle Packages, Entities und Architectures kompiliert wurden, werden als Letztes die Configurations kompiliert. Manche Compiler können die Reihenfol-

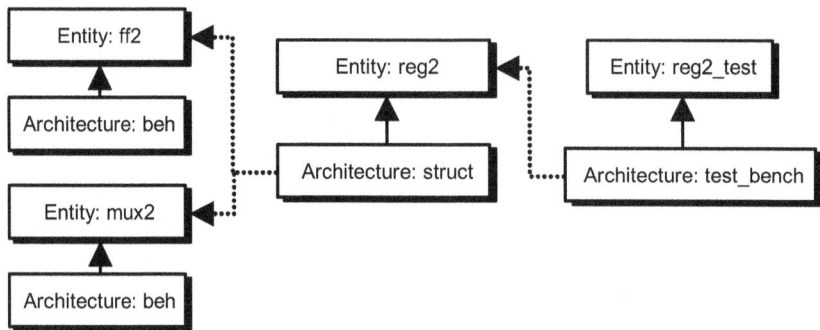

Abb. 2.11: *Abhängigkeiten und Reihenfolge der Kompilation für das Beispiel in Listing 2.4. Die Pfeile zeigen in Richtung der referenzierten Übersetzungseinheiten, diese müssen daher zuerst übersetzt werden. Bei den gestrichelten Pfeilen ist keine direkte Abhängigkeit gegeben, so dass die Entities nicht unbedingt vor den referenzierenden Architectures übersetzt werden müssen.*

ge der Kompilation automatisch bestimmen; des Weiteren hat man auch die Möglichkeit, Werkzeuge einzusetzen, wie sie auch in der Softwareentwicklung benutzt werden, beispielsweise das aus der UNIX-Welt bekannte „make". Für unseren hierarchischen Entwurf aus Listing 2.4 wäre beispielsweise die in Abbildung 2.11 gezeigte Reihenfolge bei der Kompilation einzuhalten.

2.2.6   Simulation von VHDL-Modellen

Die Simulation besteht aus den drei Phasen „Elaboration" (deutsch: Ausarbeitung), „Initialization" (deutsch: Initialisierung) und „Execution" (deutsch: Ausführung). Die Elaboration besteht im Wesentlichen aus den folgenden Schritten:

- Hierarchische Expansion des Entwurfs: Beginnen von der obersten Hierarchieebene – dies ist zumeist die Testbench – wird nun rekursiv jede Komponente durch die zugehörige Architecture ersetzt. Handelt es sich um eine Strukturbeschreibung, werden wiederum die Komponenten ersetzt, bis eine Verhaltensbeschreibung (Blatt) erreicht ist. Für jede Verhaltensbeschreibung werden die Prozesse eingesetzt, so dass bei diesem Schritt das eigentliche Simulationsmodell als Verbund von Prozessen, die über Signale kommunizieren, aufgebaut wird.

- Generics: Die aktuellen Werte von „Generics" werden eingesetzt; Generics sind Parameter einer Entity, die als Konstanten innerhalb der Architectures einer Entity benutzt werden können, siehe Abschnitt 2.8.1.

- Reservierung von Speicherplatz für das Simulationsmodell, das heißt für die Signale, Variablen und Konstanten.

Die Elaboration kann mit dem „Linker" bei der Kompilation von Softwareprojekten verglichen werden. Bei der Elaboration kommen eventuell noch Bindungsfehler oder andere

Fehler zu Tage, die der Compiler nicht erkennen konnte. Nach der Elaboration startet die Simulation mit einer Initialisierung des Simulationsmodells zum Zeitpunkt $t = 0$ s der *Modellzeit*. Die Initialisierung besteht im Wesentlichen aus folgenden Schritten:

- Initialisierung von Signalen und Variablen entweder auf ihre Standardwerte (engl.: default value) oder auf die vom Benutzer kodierten Werte. In unserem Beispiel wären dies die Initialisierungen in der Testbench für die Stimuli-Signale, siehe Listing 2.8.

- In einer initalen Prozessausführungsphase wird *jeder* Prozess *einmal* durchlaufen, entweder komplett bis zum Ende oder bis zu einer ersten WAIT-Anweisung.

Für die Beschreibung der Ausführung der Simulation ist es wichtig, das *Transaktionskonzept* der Signale zu verstehen (siehe auch [59]). In den Prozessen und den nebenläufigen Anweisungen, welche ja auch als Prozesse zu verstehen sind, werden den Signalen Werte zugewiesen. Ein Prozess oder eine nebenläufige Anweisung ist damit ein *Treiber* für ein Signal. In unserem Beispiel aus Listing 2.2 ist der Prozess reg der Treiber für die Signale q0_s und q1_s und der Prozess mux ist der Treiber für die Signale q0_ns und q1_ns. Die Signale q0 und q1 werden von den nebenläufigen Anweisungen in Zeile 15 und 16 getrieben. Es ist durchaus möglich – und beispielsweise bei Bussen auch notwendig –, dass mehrere Treiber für ein Signal existieren. In diesem Fall muss eine so genannte „Auflösungsfunktion" (engl.: resolution function) existieren, die den resultierenden Wert auf dem Signal bestimmt, siehe Abschnitt 2.7. Für jedes Signal existiert im Simulator eine Transaktionsliste, in welche die von den Treibern hervorgerufenen Transaktionen oder Wertezuweisungen des Signals für spätere Simulationszyklen eingetragen werden. Diese Transaktionen werden nach den Zeitpunkten geordnet eingetragen. Transaktionen können unter Umständen durch nachfolgende Signalzuweisungen auch wieder gelöscht werden, wie noch zu sehen sein wird. Dieser Mechanismus wird „Preemption" genannt [24]. Eine Transaktion ist daher nicht mit dem *Ereignis* auf einem Signal zu verwechseln: Eine Transaktion ist die Voraussetzung für ein Ereignis und beschreibt ein mögliches Ereignis auf einem Signal in der Zukunft.

VHDL-Simulatoren arbeiten nach dem Prinzip der *ereignisgesteuerten* Simulation (engl.: event driven simulation). Dabei wird die Zeit nicht kontinuierlich simuliert, sondern nur einzelne diskrete Zeitpunkte. Aufgrund der modellierten Nebenläufigkeit darf das Ergebnis der Simulation nicht von der Reihenfolge abhängen, in der die Prozesse abgearbeitet werden. Welche Zeitpunkte zu simulieren sind und damit der Zeitfortschritt der Simulation, wird ausschließlich durch die Zeitangaben im VHDL-Modell bestimmt. Ein Prozess wird nur dann ausgeführt oder aktiviert, wenn ein Ereignis – das ist ein Wertewechsel – an einem Signal vorliegt, welches in der Sensitivitätsliste oder in einer WAIT-Anweisung verwendet wird. Ein Prozess kann auch dann aktiviert werden, wenn die in einer WAIT FOR-Anweisung angegebene Zeit abgelaufen ist. Hierzu wird für die Prozesse eine „Weckliste" geführt, in der diese Zeitpunkte eingetragen sind [59]. Jeder zu simulierende Zeitpunkt wird in einen oder mehrere Simulationszyklen, so genannte „Delta-Zyklen", aufgeteilt, wobei ein Delta-Zyklus wiederum in zwei Phasen aufgeteilt wird: Eine Signalzuweisungsphase (engl.: signal update) und eine Prozessausführungsphase (engl.: process execution).

Während der Prozessausführungsphase werden zunächst nur die Ergebnisse der Signalzuweisungen, die Transaktionen, in die Transaktionslisten der Signale eingetragen, dem
Signal wird aber der neue Wert noch nicht zugewiesen! Damit wird vermieden, dass ein anderer Prozess, der dieses Signal verwendet, schon mit dem neuen Wert des Signals rechnet
und damit das Ergebnis des Simulation von der Reihenfolge abhängt, in der die Prozesse
vom Simulator bearbeitet werden. Der nächste zu simulierende Zeitpunkt wird bestimmt,
indem die Transaktions- und Wecklisten nach dem nächsten Zeitpunkt durchsucht werden. Es wird eine Signalzuweisungsphase ausgeführt, auf welche dann wiederum eine Prozessausführungsphase folgt, wobei es sich dabei unter Umständen auch um den gleichen
Modell-Zeitpunkt handeln kann – z. B. wenn keine Verzögerungszeiten angegeben wurden.
Dann gibt es keinen Fortschritt in der Modellzeit und es wird nur ein weiterer Delta-Zyklus
im *gleichen Modell-Zeitpunkt* (!) hinzugefügt. Ein Delta-Zyklus „verbraucht" selbst keine
Zeit, wird also in $\delta = 0$ s der *Modellzeit* ausgeführt. Erfahrungsgemäß bereitet das Konzept
der Delta-Zyklen dem VHDL-Anfänger Schwierigkeiten, da es gegenüber der „physikalischen" Zeit als künstlich empfunden wird. Da sich aber gerade Register-Transfer-Modelle
dadurch auszeichnen und von der Gatterebene unterscheiden, dass sämtliche Zeitangaben
fehlen und daher die Ereignisse in der Regel nur zu den Taktänderungszeitpunkten stattfinden, sind die Delta-Zyklen essentiell für das Verständnis von VHDL-Simulationen.

Alle Signale, die sich ändern sollen, werden in der Signalzuweisungsphase des nächsten
Delta-Zyklus mit den neuen Werten aus den Transaktionslisten versehen; die entsprechenden Transaktionen werden gelöscht. Diese Signale weisen dann ein Ereignis aus, wenn
der alte und der neue Wert sich unterscheiden. In der folgenden Prozessausführungsphase
müssen alle Prozesse ausgeführt werden, die sensitiv auf eines jener Signale sind, die ein
Ereignis aufweisen. Prozesse reagieren also nur auf *Ereignisse* und nicht auf *Transaktionen*!

Am Beispiel des Codes in Listing 2.2 und dem Ausschnitt der Simulation aus Abbildung 2.9 soll in Tabelle 2.1 dieses Verfahren verdeutlicht werden. S sei die Signalzuweisungsphase eines Delta-Zyklus und P sei die Prozessausführungsphase eines Deltazyklus.
Zum Zeitpunkt 40 ns wird der Prozess mux durch ein Ereignis auf dem Signal load, welches von der Testbench getrieben wird – und hier aus Gründen der Übersicht weggelassen
wurde –, ausgeführt. Dies führt zu einem Eintrag der Transaktion, dass nach 3 ns der Wert
auf „1" zu setzen ist, in die Transaktionsliste L(q0_ns) des Signals q0_ns. Der nächste
Delta-Zyklus und damit die nächste Signalzuweisungsphase ist somit zum Zeitpunkt 43 ns
zu simulieren. Durch die Signalzuweisung an q0_ns erfährt dieses Signal ein Ereignis (E).
Allerdings gibt es keinen Prozess, der auf q0_ns sensitiv ist, so dass in der Prozessausführungsphase kein Prozess ausgeführt wird. Erst das Taktsignal clk, welches ebenfalls
von der Testbench getrieben wird und in Tabelle 2.1 nicht dargestellt ist, sorgt durch die
Signalzuweisungsphase zum Zeitpunkt 45 ns wieder für ein Ereignis in der Sensitivitätsliste von Prozess reg, welcher ein Treiber für das Signal q0_s ist. Hierdurch wird für das
Signal q0_s eine Transaktion während der folgenden Prozessausführungsphase in seine
Transaktionsliste eingetragen. Da keine Verzögerungszeit für diese Transaktion angegeben
wurde, findet der nächste Delta-Zyklus zum *gleichen* Modell-Zeitpunkt statt, aber einen

Tabelle 2.1: Abarbeitung der Simulation (Ausschnitt)

Delta-Zyklus	q0_ns	L(q0_ns)	q0_s	L(q0_s)	q0	L(q0)
S: 40 ns	0	-	0	-	0	-
P: 40 ns	0	1 (43 ns)	0	-	0	-
S: 43 ns	1 (E)	-	0	-	0	-
P: 43 ns	1	-	0	-	0	-
S: 45 ns	1	-	0	-	0	-
P: 45 ns	1	-	0	1 (45 ns)	0	-
S: 45 ns + 1δ	1	-	1 (E)	-	0	-
P: 45 ns + 1δ	1	1 (48 ns)	1	-	0	1 (47 ns)
S: 47 ns	1	-	1	-	1 (E)	-
P: 47 ns	1	-	1	-	1	-

Delta-Zyklus später, das heißt um ein δ verzögert. In der Signalzuweisungsphase dieses Delta-Zyklus wird q0_s auf „1" gesetzt, wodurch ein Ereignis auf diesem Signal generiert wird. Dies führt in der Prozessausführungsphase dieses Delta-Zyklus zur Ausführung der nebenläufigen Anweisung in Zeile 15 in Listing 2.2, was zum Eintrag in die Transaktionsliste von Signal q0 führt. Ebenso wird auch der Prozess mux erneut berechnet, was aber zu keiner Änderung am Signal q0_ns führt. Das Signal q0 wird in der Signalzuweisungsphase des Delta-Zyklus zum Zeitpunkt 47 ns auf „1" gesetzt. Da kein Prozess auf dieses Signal sensitiv ist, muss in der Prozessausführungsphase wiederum kein Prozess ausgeführt werden. Der weitere Fortschritt in der Simulationszeit wird nun nur noch durch den Takt clk bestimmt. Dieser wird in der Testbench in Listing 2.8 durch die nebenläufige Anweisung in Zeile 38 getrieben. Er generiert alle 5 ns (Modellzeit!) ein Ereignis auf dem Signal clk, so dass der Prozess reg in Listing 2.2 alle 5 ns ausgeführt wird. Da sich q0_ns und q1_ns nicht mehr ändern, kommt es zu keinen weiteren Signalwechseln bis zum Ende der Simulation nach 100 ns.

Wie in Kapitel 4 noch zu sehen sein wird, werden in einer VHDL-Beschreibung auf Register-Transfer-Ebene keine Verzögerungszeiten angegeben. In Listing 2.9 ist das 2-Bit-Register aus Listing 2.2 ohne Verzögerungszeiten beschrieben, dies wäre also eine typische RTL-Beschreibung. Das Resultat dieser Simulation soll wieder durch Betrachtung der Delta-Zyklen nach Tabelle 2.2 erläutert werden. Da keine Verzögerungszeiten angegeben wurden, bedeutet dies, dass die spezifizierten Signalwechsel nun jeweils ein δ später stattfinden. Im Zeitpunkt 40 ns finden daher zwei Delta-Zyklen statt und im Zeitpunkt 45 ns finden drei Delta-Zyklen statt. Der Fortschritt in der Modellzeit wird nun nur noch durch die Signale der Testbench erzeugt (im Beispiel die Signale load und clk) und hier insbesondere durch den Takt. Abbildung 2.12 zeigt den Verlauf der Signalwerte von Tabelle 2.2.

Listing 2.9: Beschreibung des 2-Bit-Registers ohne Verzögerungszeiten (Ausschnitt)

```
0    reg: PROCESS (clk, res)
1    BEGIN
```

```
2        IF res = '1' THEN
3          q0_s <= '0';
4          q1_s <= '0';
5        ELSIF clk'event AND clk = '1' THEN
6          q0_s <= q0_ns;
7          q1_s <= q1_ns;
8        END IF;
9      END PROCESS reg;
10
11     q0 <= q0_s;
12     q1 <= q1_s;
13
14     mux: PROCESS (load, q0_s, q1_s, d0, d1)
15     BEGIN
16       IF load = '1' THEN
17         q0_ns <= d0;
18         q1_ns <= d1;
19       ELSE
20         q0_ns <= q0_s;
21         q1_ns <= q1_s;
22       END IF;
23     END PROCESS mux;
```

Tabelle 2.2: *Abarbeitung der Simulation ohne Verzögerungszeiten (Ausschnitt)*

Delta-Zyklus	q0_ns	L(q0_ns)	q0_s	L(q0_s)	q0	L(q0)
S: 40 ns	0	-	0	-	0	-
P: 40 ns	0	1 (40 ns)	0	-	0	-
S: 40 ns + 1δ	1 (E)	-	0	-	0	-
P: 40 ns + 1δ	1	-	0	-	0	-
S: 45 ns	1	-	0	-	0	-
P: 45 ns	1	-	0	1 (45 ns)	0	-
S: 45 ns + 1δ	1	-	1 (E)	-	0	-
P: 45 ns + 1δ	1	1 (45 ns)	1	-	0	1 (45 ns)
S: 45 ns + 2δ	1	-	1	-	1 (E)	-
P: 45 ns + 2δ	1	-	1	-	1	-

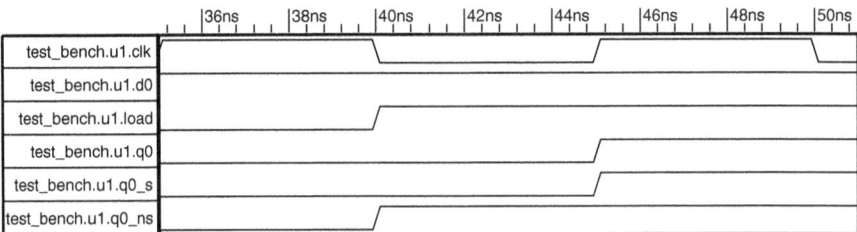

Abb. 2.12: *Simulation von Listing 2.9 (Ausschnitt)*

Existieren sehr viele Prozesse in einem Entwurf kann es unter Umständen zu einer langen Folge von Delta-Zyklen kommen, bis ein Modellzeitpunkt fertig bearbeitet ist. Denkt man an ein rückgekoppeltes System, so ist es auch denkbar, dass die Anzahl der Zyklen in einem Zeitpunkt gegen unendlich geht. Dies ist allerdings nur möglich, wenn in der Rückkopplungsschleife ohne Zeitverzögerung gearbeitet wird, wie das nachfolgende Beispiel verdeutlicht. In der Testbench in Listing 2.8 Zeile 38 gebe man für den Taktgenerator keine Verzögerungszeit an:

```
s_clk <= NOT s_clk;
```

Diese nebenläufige Anweisung ist wie ein Prozess zu verstehen, der ein Signal treibt und auf dieses Signal auch selbst wiederum sensitiv ist. Es ergibt sich der Ablauf der Deltazyklen zum Zeitpunkt 0 ns nach Tabelle 2.3, der sich ständig wiederholt.

Nach der Initialisierung besitzt s_clk den Wert „0"; gleichzeitig führt dieser erste Delta-Zyklus zum Eintrag des Wechsels nach „1" für den nächsten Delta-Zyklus, da der Prozess bei der Initialisierung ja einmal ausgeführt wird. Im nächsten Delta-Zyklus wird daher wieder ein Ereignis auf s_clk generiert, was wiederum zu einem Listeneintrag und daraufhin zu einem erneuten Wechsel im dritten Delta-Zyklus führt. Der geneigte Leser kann sich sicher vorstellen, dass dieser Ablauf nun zu einer unendlichen Anzahl von Delta-Zyklen im Zeitpunkt 0 ns führt (engl.: zero delay oscillation); man sagt dann umgangssprachlich, dass sich die Simulation „aufgehängt" hat. Das VHDL-Modell oszilliert und der Simulator bricht nach einer einstellbaren Anzahl von Delta-Zyklen (engl.: iteration limit) die Simulation mit folgender Meldung ab:

```
Iteration limit reached. Possible zero delay oscillation.
```

In einer synchronen, synthesegerechten Schaltung kann dieser Fall niemals auftreten! Sämtliche Rückkopplungsschleifen werden, wie in unserem Beispiel des 2-Bit-Registers, über Flipflops geführt, so dass die neuen Werte nur zu den Taktänderungszeitpunkten übernommen werden. Aus diesem Grund dürfen die Registerprozesse, wie in unserem Beispiel der Prozess reg, nur auf den Takt und den Reset sensitiv sein und nicht auf die Eingangsignale, die vom kombinatorischen Prozess kommen. Wäre dies der Fall, könnte es unter Umständen auch zu solchen Oszillationen kommen, da ein RTL-Modell ja keine Verzögerungs-

Tabelle 2.3: „Aufhängen" der Simulation zum Zeitpunkt 0 ns (Ausschnitt)

Delta-Zyklus	s_clk	L(s_clk)
S: 0 ns	0	-
P: 0 ns	0	1 (0 ns)
S: 0 ns + 1δ	1 (E)	-
P: 0 ns + 1δ	1	0 (0 ns)
S: 0 ns + 2δ	0 (E)	-
P: 0 ns + 2δ	0	1 (0 ns)

zeiten aufweist. Daraus kann man auch folgern, dass man bei Auftreten von Oszillationen in seiner VHDL-Beschreibung der Schaltung ein entsprechendes Rückkopplungsproblem hat. Dieses sollte man aber unter keinen Umständen nun durch Angabe von Verzögerungszeiten lösen, sondern durch eine Beschreibung, gemäß den im Kapitel 4 vorgestellten *Beschreibungsmustern*. Auch in Testbenches sollte dieser Fall normalerweise nicht auftreten, hier ist das Problem in der Regel durch Angabe von Verzögerungszeiten zu lösen, wie im Beispiel gezeigt.

Die ereignisgesteuerte Simulation ist ein sehr effizientes Simulationsverfahren, vgl. auch [88]. Der Simulationsaufwand und damit auch die Rechenzeit auf dem Computer ist im Wesentlichen durch die Anzahl der Prozesse und Signale in einem Entwurf bestimmt. Um die Rechenzeit zu reduzieren ist es daher sinnvoll, bei der Codierung eher in wenigen großen Prozessen die Funktion zu kodieren als in vielen kleinen Prozessen, die über viele Signale verbunden sind.

2.2.7   Modellierung von Verzögerungszeiten in VHDL

Wie schon mehrfach erwähnt, ist die Angabe von Verzögerungszeiten in einem synthesefähigen VHDL-RTL-Modell nicht sinnvoll, da sie von einem Synthesewerkzeug ignoriert werden. Die Angabe von Verzögerungszeiten kann sogar gefährlich werden, da sie Modellierungsfehler überdecken kann und damit Fehler möglicherweise erst sehr viel später entdeckt werden. Verzögerungszeiten spielen jedoch in Testbenches und insbesondere in VHDL-Beschreibungen auf Gatterebene eine große Rolle, siehe Kapitel 5 und [59]. In VHDL gibt es zwei Möglichkeiten, Verzögerungszeiten zu modellieren: Die so genannte „Transportverzögerung" und die so genannte „Trägheitsverzögerung".

Transportverzögerung (engl.: transport delay): Alle Signalverläufe am Eingang eines Prozesses werden mit der spezifizierten Verzögerungszeit an den Ausgang weitergegeben. Dieses Verzögerungsmodell modelliert beispielsweise die Laufzeit von Signalen auf Leitungen. Die Syntax für die Beschreibung würde im Beispiel aus Listing 2.2 Zeile 21 im Prozess mux beispielsweise lauten:

```
q0_ns <= TRANSPORT d0 AFTER 3 ns;
```

Das Schlüsselwort TRANSPORT kennzeichnet den Verzögerungsmechanismus. Die Angabe des *Verzögerungsmechanismus* ist optional, wird er weggelassen, so handelt es sich um eine Trägheits-Verzögerung (siehe nächster Punkt). In Abbildung 2.13 ist das Ergebnis dieser Modellierung in der Simulation zu sehen: Die Pulse am Eingang des Prozesses mux werden mit einer Verzögerungszeit von 3 ns weitergegeben.

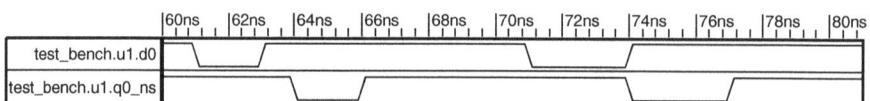

Abb. 2.13: Ergebnis der Simulation mit Transportverzögerung

Trägheitsverzögerung (engl: inertial delay): Pulse, die eine bestimmte Mindestbreite unterschreiten, werden nicht weitergegeben, dass heißt am Ausgang unterdrückt. Dies entspricht dem aus der Digitaltechnik bekannten Zeitverhalten von digitalen Gattern, da diese eine gewisse Trägheit aufweisen (siehe auch Abschnit 3.2.4): Bei kurzen Pulsen am Eingang eines Gatters, kann das Gatter nicht schnell genug schalten und unterdrückt somit diese Pulse am Ausgang des Gatters. Für unser Beispiel führen die beiden folgenden Zeilen zum gleichen Ergebnis, da es sich bei Weglassen der Angabe für den Verzögerungsmechanismus, hier INERTIAL, auch um eine Trägheitsverzögerung handelt:

```
q0_ns <= d0 AFTER 3 ns;
q0_ns <= INERTIAL d0 AFTER 3 ns;
```

In diesem Fall werden Pulse, die kleiner als 3 ns sind, unterdrückt, wie in Abbildung 2.14 zu sehen ist; die Verzögerungszeit beträgt ebenfalls 3 ns. Der erste Puls mit der Breite 2 ns wird unterdrückt, der zweite Puls mit der Breite 3 ns wird um 3 ns verzögert an den Ausgang weitergegeben. Nachteilig an dieser Form ist allerdings, dass die Verzögerungszeit des Gatters und seine Trägheitszeit gleich sind. Es besteht daher auch die Möglichkeit beide Zeiten getrennt anzugeben:

```
q0_ns <= REJECT 2 ns INERTIAL d0 AFTER 3 ns;
```

In diesem Fall werden Pulse, die kleiner als 2 ns sind, unterdrückt, da mit dem REJECT-Schlüsselwort eine Grenze von 2 ns für die Trägheitszeit angegeben wurde; die Verzögerungszeit beträgt weiterhin 3 ns. Die Angabe einer Trägheitsverzögerung mit einer Trägheitszeit von 0 s ist äquivalent zu einer Transportverzögerung:

```
q0_ns <= REJECT 0 s INERTIAL d0 AFTER 3 ns;
q0_ns <= TRANSPORT d0 AFTER 3 ns;
```

Die Unterdrückung der Pulse bei der Trägheitsverzögerung findet durch Löschen von Transaktionen in der Transaktionsliste statt. Tabelle 2.4 zeigt die Abarbeitung der Simulation von Abbildung 2.14 und 2.13: Die Signalwechsel an d0 zu den Zeitpunkten 61 ns und 63 ns rufen neue Transaktionen in der Transaktionsliste für das Signal q0_ns hervor. In diesem Beispiel beträgt die Verzögerungszeit 3 ns, so dass das nächste Ereignis „Wechsel auf „0"" – als Folge der Transaktion zum Zeitpunkt 61 ns – bei 64 ns auf q0_ns stattfinden müsste. Zum Zeitpunkt 63 ns wird allerdings eine neue Transaktion für den Zeitpunkt 66 ns für das Signal q0_ns eingetragen, der Wechsel auf „1". Da eine Trägheitsverzögerung von 3 *ns* spezifiziert ist, wird nun geprüft, ob Transaktionen für Zeitpunkte im Bereich von 66 ns − 3 ns = 63 ns bis 66 ns vorhanden sind, in welchen ein *anderer* Wert

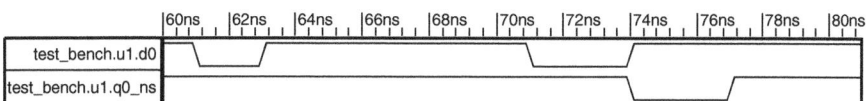

Abb. 2.14: Unterdrückung von Pulsen durch Trägheitsverzögerung

Tabelle 2.4: Vergleich von Trägheitsverzögerung und Transportverzögerung

Delta-Zyklus	Trägheitsverzögerung		Transportverzögerung	
	q0_ns	L(q0_ns)	q0_ns	L(q0_ns)
S: 61 ns	1	-	1	-
P: 61 ns	1	0 (64 ns)	1	0 (64 ns)
S: 63 ns	1	0 (64 ns)	1	0 (64 ns)
P: 63 ns	1	1 (66 ns), 0 (64 ns) gelöscht	1	1 (66 ns), 0 (64 ns)
S: 64 ns	1	1 (66 ns)	0 (E)	1 (66 ns)
P: 64 ns	1	1 (66 ns)	0	1 (66 ns)
S: 66 ns	1	-	1(E)	-
P: 66 ns	1	-	1	-

als der Wert der neuen Transaktion gesetzt werden soll, und diese Transaktionen werden
gelöscht. Ist eine Transaktion vorhanden, die den *gleichen* Wert setzt (hier: Wechsel auf
„1"), so wird diese nicht gelöscht und findet daher schon zum früheren Zeitpunkt statt, da
nur kurzzeitige *Änderungen* unterdrückt werden sollen. Im Beispiel führt die Transaktion
„Wechsel auf „1"" allerdings nicht zu einem Ereignis, da das Signal q0_ns schon „1" ist.
Zum Vergleich ist in Tabelle 2.4 auch der Verlauf der Listeneinträge für den Fall der Transportverzögerung aus Abbildung 2.13 gezeigt. Hier wird aus der Transaktion „Wechsel auf
„0"" und der nachfolgenden Transaktion „Wechsel auf „1"" jeweils ein Ereignis, weil die
Transaktion „Wechsel auf „0"" nicht gelöscht wurde. Weitere komplexere Beispiele zu
VHDL-Verzögerungszeiten finden sich z. B. in [59].

2.2.8   Variable und Signal

Wie im vorangegangenen Abschnitt besprochen, wird einem Signal der neue Wert nicht
sofort zugewiesen, sondern zunächst in die Transaktionsliste eingetragen. Damit ergeben
sich einige Besonderheiten, wenn die Ergebnisse von Zuweisungen an Signale im gleichen Prozess verwendet werden sollen, was wir anhand des Beispiels in Listing 2.10 und
Tabelle 2.5 zeigen möchten.

Listing 2.10: Beispiel zur Verwendung von Signalen

```
0     ENTITY vartest IS
1     END vartest ;
2
3     ARCHITECTURE beh1 OF vartest IS
4        SIGNAL a : integer := 1;
5        SIGNAL b, c : integer := 0;
6     BEGIN  -- beh1
7
8        test: PROCESS (a)
9        BEGIN
10          b <= a + 2;     -- Addiere a plus 2
11          c <= b * 2;     -- Multipliziere b mit 2
```

```
12    END PROCESS test;
13
14  END beh1;
```

Nach der Initialisierung in Zeile 4 und 5 von Listing 2.10 ist Signal a gleich 1 und die Signale b und c sind gleich 0. Zu bemerken ist, dass alle Signale vom Typ integer sind, also ganzzahlige Werte aufweisen. Der erste Delta-Zyklus in Tabelle 2.5 wird während der Initialisierung des Modells ausgeführt, da jeder Prozess einmal ausgeführt wird. Hierbei wird die Zuweisung an Signal b in Zeile 10 allerdings noch nicht ausgeführt, sondern zunächst wieder in die Liste eingetragen. Der aktuelle Wert von Signal b ist daher weiterhin 0! Programmiert man in einer Sprache wie C würde man erwarten, dass der Wert von Signal b gleich 3 ist und in der nachfolgenden Zeile so verwendet werden kann, so dass das Signal c den Wert 6 erhält. Dass dem nicht so ist, zeigt die Signalzuweisungsphase des folgenden Delta-Zyklus: Erst jetzt wird b auf 3 gesetzt und c bleibt auf 0. Da der Prozess nicht auf b sensitiv ist, bleibt c nun für den Rest der Simulation auf 0! Die komplette Simulation besteht übrigens nur aus den beiden in Tabelle 2.5 gezeigten Delta-Zyklen. Im zweiten Delta-Zyklus ist keine Prozessausführungsphase mehr notwendig.

Tabelle 2.5: Abarbeitung der Simulation für Listing 2.10

Delta-Zyklus	a	L(a)	b	L(b)	c	L(c)
S: 0 ns	1	-	0	-	0	-
P: 0 ns	1	-	0	3 (0 ns)	0	0 (0 ns)
S: 0 ns + 1δ	1	-	3 (E)	-	0	-
P: 0 ns + 1δ	1	-	3	-	0	-

Das Problem lässt sich beispielsweise beheben, indem man den Prozess auch auf das Signal b sensitiv macht. Wir ersetzen die Zeile 8 in Listing 2.10 durch folgende Zeile:

```
test: PROCESS (a,b)
```

Dann ergibt sich das neue Simulationsergebnis nach Tabelle 2.6: Es kommt zu einer weiteren Prozessausführungsphase im zweiten Delta-Zyklus und nach der Signalzuweisungsphase des dritten Delta-Zyklus weist das Signal c den erwarteten Wert 6 auf.

Tabelle 2.6: Abarbeitung der Simulation bei zusätzlicher Sensitivität auf Signal b

Delta-Zyklus	a	L(a)	b	L(b)	c	L(c)
S: 0 ns	1	-	0	-	0	-
P: 0 ns	1	-	0	3 (0 ns)	0	0 (0 ns)
S: 0 ns + 1δ	1	-	3 (E)	-	0	-
P: 0 ns + 1δ	1	-	3	3 (0 ns)	0	6 (0 ns)
S: 0 ns + 2δ	1	-	3	-	6 (E)	-
P: 0 ns + 2δ	1	-	3	-	6	-

Listing 2.11: Überschreiben von Signalzuweisungen

```
0       test: PROCESS (a,b)
1       BEGIN
2         b <= a + 3;    -- Addiere a plus 3
3         b <= a + 2;    -- Addiere a plus 2
4         c <= b * 2;    -- Multipliziere b mit 2
5       END PROCESS test;
```

In diesem Zusammenhang sei nochmals erwähnt, dass auch eine mehrfache Zuweisung von Werten zu einem Signal (für den gleichen Zeitpunkt) im gleichen Prozess dazu führt, dass nur die letzte Zuweisung ausgeführt wird. Was dies bedeutet, sei im Beispiel von Listing 2.11 erläutert. Die Prozessbeschreibung sei durch die Zeile 2 ergänzt. Zunächst wird diese Zuweisung in die Transaktionsliste von Signal b eingetragen. Da in Zeile 3 aber dem Signal b im gleichen Prozess, und damit auch in der *gleichen* Prozessausführungsphase, wiederum etwas zugewiesen wird, wird der erste Listeneintrag gelöscht, da er sich auf den gleichen Zeitpunkt bezieht. Die Signalzuweisung in Zeile 2 wird also *nie* ausgeführt, in der Simulation ergibt sich das gleiche Ergebnis wie in Tabelle 2.6 beschrieben.

Listing 2.12: Verwendung von Variablen

```
0     ARCHITECTURE beh2 OF vartest IS
1       SIGNAL a : integer := 1;
2       SIGNAL c : integer := 0;
3     BEGIN
4
5       test: PROCESS (a)
6         VARIABLE b : integer := 0;
7       BEGIN
8         b := a + 2;
9         c <= b * 2;
10      END PROCESS test;
11
12    END beh2;
```

Sind in einem Prozess Zwischenergebnisse notwendig, so sollte man grundsätzlich mit *Variablen* arbeiten. Eine Variable ist nur lokal innerhalb eines Prozesses gültig und verwendbar und wird im Prozess deklariert. In Listing 2.12 ist gezeigt, wie sich das Problem aus Listing 2.10 durch die Verwendung einer Variablen lösen lässt. Einer Variablen, im Beispiel die Variable b, wird der Wert immer *sofort* zugewiesen. Dies bedeutet im Übrigen auch, dass für Variablen keine Listenverwaltung im Simulator notwendig wird, so dass die Verwendung von Variablen im Hinblick auf den Simulationsaufwand und damit die benötigte Rechenzeit effizienter als die Verwendung von Signalen ist. Um die Zuweisung von Werten zu Variablen von Zuweisungen zu Signalen zu unterscheiden, erfolgt die Variablenzuweisung mit dem „:="-Operator, im Gegensatz zum „<="-Operator, der nur für Signale verwendet werden darf.

Das Ergebnis der Simulation von Listing 2.12 ist in Tabelle 2.7 gezeigt. Nach dem ersten Delta-Zyklus, also in der Signalzuweisungsphase des zweiten Delta-Zyklus, wird das Signal c auf 6 gesetzt.

Tabelle 2.7: Abarbeitung der Simulation bei Verwendung einer Variablen

Delta-Zyklus	a	L(a)	c	L(c)
S: 0 ns	1	-	0	-
P: 0 ns	1	-	0	6 (0 ns)
S: 0 ns + 1δ	1	-	6 (E)	-
P: 0 ns + 1δ	1	-	6	-

VHDL-Variablen entsprechen im Prinzip lokalen, statischen Variablen, wie sie beispiels-weise für Funktionen in C verwendet werden; auch in VHDL-Prozeduren und Funktionen können lokale Variablen verwendet werden. Sie können vor Verwendung als Quelle im Co-de bei der Deklaration auch initialisiert werden, wie in Zeile 6 in Listing 2.12 gezeigt. Zu beachten ist allerdings, dass die Initialisierung nur einmal während der Initialisierungspha-se des Simulators stattfindet. Wird kein Initialisierungswert im Code angegeben, so wird der Standardwert des Datentyps während der Initialisierungsphase verwendet. Im Beispiel aus Listing 2.12 wäre eine Initialisierung allerdings nicht unbedingt notwendig gewesen, da die Variable b vor ihrer Verwendung als Quelle in Zeile 9 in Zeile 8 gesetzt wird. Varia-blen kann im Übrigen keine Verzögerungszeit zugewiesen werden, wie dies bei Signalen möglich ist. Der Wert von Variablen bleibt nach Ausführen eines Prozesses erhalten.

Mit der Revision des VHDL-Standards 1993 wurden globale Variablen eingeführt, die in VHDL als „shared variables" bezeichnet werden. Diese Variablen können von meh-reren Prozessen beschrieben werden; da hiermit aber eine Reihe von Problemen einher-geht, insbesondere die Tatsache, dass damit ein nicht-vorhersagbares Verhalten (nicht-deterministisch) provoziert werden kann, werden globale Variablen auch nicht für die Be-schreibung von Hardware benutzt. Für weitere Informationen sei beispielsweise auf [8] verwiesen. Globale Variablen werden in Testbenches oder in nicht-synthesefähigen Sys-temmodellen verwendet.

2.3 Objekte, Datentypen und Operatoren

Wie in Abschnitt 2.1 erwähnt, handelt es sich bei VHDL, durch die Verwandtschaft zu ADA, um eine *objekt-basierte Sprache*. Sämtliche Daten werden in VHDL daher in so genannten „Objekten", wie beispielsweise Signale und Variablen, verwaltet. Die strenge Typprüfung in VHDL zwingt zur Angabe eines Datentyps für ein Objekt. Dies gilt ebenso für die Operanden bei der Deklaration von Operatoren sowie Funktionen und Prozeduren.

2.3.1 Deklaration und Verwendung von Objekten

Jedes Objekt muss vor der Verwendung deklariert werden, wie beispielsweise in den Zeilen 1 bis 3 und Zeile 7 von Listing 2.13 (Architecture-Variante zu Listing 2.12). Bei der Dekla-ration wird als Erstes eine *Objektklasse* festgelegt, beispielsweise durch die Schlüsselworte

SIGNAL, CONSTANT oder VARIABLE. Des Weiteren muss das Objekt mit einem eindeutigen *Bezeichner*, im Beispiel a, c, ca, b, gekennzeichnet werden. Schließlich ist die Angabe eines Datentyps zwingend, im Beispiel integer, und am Ende der Deklaration erfolgt eine optionale Initialisierung. Es gibt in VHDL vier mögliche Objektklassen:

1. *Signal* (SIGNAL): In Abschnitt 2.2 wurde die Verwendung von Signalen schon besprochen. Ports werden wie Signale behandelt.

2. *Variable* (VARIABLE): Ebenfalls in Abschnitt 2.2 wurde die Verwendung von Variablen besprochen.

3. *Konstante* (CONSTANT): Konstanten sind Objekte, denen nur einmal zu Beginn der Simulation ein Wert durch eine Initialisierung zugewiesen wird und deren Wert während der ganzen Simulation konstant bleibt; dies ist vergleichbar zu den aus anderen Programmiersprachen bekannten Konstanten. Die Deklaration einer Konstanten gleicht der Deklaration eines Signals, wobei statt des Schlüsselwortes SIGNAL das Schlüsselwort CONSTANT verwendet wird. In Listing 2.13 wird in Zeile 3 die Konstante ca deklariert. Die Angabe eines Initialisierungswertes ist nun notwendig. Einer Konstanten kann nichts zugewiesen werden, aber sie kann natürlich in Zuweisungen verwendet werden, wie in Listing 2.13 in den Zeilen 9 und 10. Listing 2.13 führt daher zum gleichen Ergebnis in der Simulation wie Listing 2.12.

4. *Datei* (FILE): In VHDL ist ein Zugriff auf Dateien des Betriebssystems möglich. Hierzu existiert eine vierte Objektklasse, deren Deklaration mit dem Schlüsselwort FILE eingeleitet wird. Seit der ersten Definition des VHDL-Standards IEEE 1076-1987 ist das Package TEXTIO verfügbar, in dem eine Reihe von Funktionen zum Schreiben und Lesen von Dateien definiert sind. Datei-Objekte können vorteilhaft in Testbenches eingesetzt werden. Im Unterschied zu den anderen drei Objektklassen kann eine Datei nicht in der Beschreibung einer synthesefähigen Schaltung verwendet werden, daher wird im vorliegenden Buch auf die Beschreibung von Datei-Objekten verzichtet. Für weitere Information zu diesem Thema sei beispielsweise auf [8] verwiesen.

Listing 2.13: *Verwendung einer Konstanten*

```
0    ARCHITECTURE beh3 OF vartest IS
1      SIGNAL a : integer := 1;
2      SIGNAL c : integer := 0;
3      CONSTANT ca : integer := 2;
4    BEGIN
5
6      test: PROCESS (a)
7        VARIABLE b : integer := 0;
8      BEGIN
9        b := a + ca;
10       c <= b * ca;
11     END PROCESS test;
12
13   END beh3;
```

Wie bei anderen Programmiersprachen existieren auch in VHDL *Operatoren* – im Beispiel von Listing 2.13 der Additionsoperator + und der Multiplikationsoperator ∗ –, welche beispielsweise bei Zuweisungen und in sequentiellen Anweisungen – dort hauptsächlich in Schleifen- und Auswahlkonstruktionen – verwendet werden. Es gibt „binäre" Operatoren die einen „linken" *Operanden* und einen „rechten" Operanden benötigen (engl.: binary operator) sowie „unäre" Operatoren, die nur einen Operanden benötigen (engl.: unary operator).

Bei der rechten Seite der Variablenzuweisung und der Signalzuweisung in Zeile 9 und 10 von Listing 2.13 handelt es sich um einen so genannten „Ausdruck" (engl.: expression). Dies ist eine Kombination von Operanden und Operatoren, also eine „Formel" um den neuen Wert des Signals oder der Variablen auf der linken Seite zu berechnen. Ein Ausdruck muss immer einen Wert liefern können und besteht aus so genannten „Primitiven" oder „primary values", siehe [8], also den Operanden, kombiniert mit Operatoren. Es ist auch möglich, dass auf der rechten Seite der Zuweisung nur ein Operand oder ein „Primitiv" steht ohne weitere Operationen. Die Operanden oder Primitive können Folgendes sein:

- Literale: Dies sind feste Werte wie numerische Größen, Zeichen, Zeichenketten oder „Bit-Strings".

- Aggregate (engl.: aggregate, siehe auch Abschnitt 2.3.4 und [8]), die der Zusammenfassung von einzelnen Objekten zu einem Feld dienen.

- Bezeichner, die Objekte repräsentieren.

- Attribute, die einen Wert ergeben.

- Qualifizierte Ausdrücke (engl.: qualified expression, siehe [8])

- Typumwandlungen

- Funktionsaufrufe

Ein Ausdruck kann auch eine längere „Formel" sein, in der mehrere Operanden und Operatoren vorkommen können. Operatoren sind im Grunde eine spezielle Form von *Funktionen*, siehe Abschnitt 2.6, und geben wie diese auch einen Wert zurück. Wie Funktionen können Operatoren auch vom Benutzer selbst definiert werden, wobei dann statt des Funktionsnamens der Operator als Zeichenkette mit Anführungszeichen definiert wird. Während bei Funktionen die Operanden in Klammern stehen, werden bei binären Operatoren die Operanden vor und nach dem Operator angegeben; bei unären Operatoren wird der Operand nach dem Operator angegeben. Wichtig ist in diesem Zusammenhang, dass bei der Deklaration eines Operators oder einer Funktion die Datentypen der Operanden und des Rückgabewertes angegeben werden müssen. Der Operator ist dann nur mit diesen Datentypen benutzbar. In Listing 2.13 erwarten die Operatoren beispielsweise einen Datentyp `integer` und geben auch einen Wert vom Typ `integer` wieder zurück.

2.3.2   Überladen von Operatoren und Funktionen

Wie bei einer objektorientierten Sprache ist das so genannte „Überladen" (engl.: over-loading) von Operatoren und Funktionen sowie auch von Prozeduren zulässig. Überladen bedeutet, dass es zu einem Operator, einer Funktion oder einer Prozedur mehrere Varianten mit dem *gleichen* Namen gibt, die aber unterschiedliches Verhalten aufweisen können.

Listing 2.14: *Überladen von Operatoren*

```
0    ARCHITECTURE beh4 OF vartest IS
1       SIGNAL a : integer := 1;
2       SIGNAL c : real := 0.0;
3       CONSTANT ca : integer := 2;
4       CONSTANT car : real := 2.2;
5    BEGIN
6
7       test: PROCESS (a)
8          VARIABLE b : integer := 0;
9       BEGIN
10         b := a + ca;
11         c <= real(b) * car;
12      END PROCESS test;
13
14   END beh4;
```

So gibt es beispielsweise auch einen ∗-Operator, der zwei Gleitkommazahlen vom Daten-typ real multipliziert und den Ergebniswert als real zurückgibt. In Listing 2.14 wer-den für das Signal c und die Konstante car der real-Datentyp verwendet. In Zeile 11 wird nun, wie in Zeile 10 von Listing 2.13, der ∗-Operator zur Multiplikation verwen-det. Der Compiler kann aus dem Datentyp der beiden Operanden erkennen, dass es sich um den ∗-Operator für real-Operanden handeln muss, im Gegensatz zu Zeile 10 von Listing 2.12, wo es sich um den ∗-Operator für integer-Operanden handelt. Als Er-gebnis der Simulation wird c den (Gleitkomma-)Wert 6,6 nach dem ersten Durchlaufen des Prozesses annehmen. Damit das Überladen funktioniert, müssen sich die verschiede-nen Varianten von Funktionen oder Operatoren durch die Anzahl oder den Datentyp der Operanden, so wie im obigen Beispiel, unterscheiden. Man ersetze beispielsweise Zeile 11 durch folgende Zuweisung:

```
c <= b * car;
```

Der Compiler wird nun folgende Fehlermeldung erzeugen und die Architecture nicht über-setzen:

```
No feasible entries for infix op: "*"
Type error resolving infix expression.
```

Eine „infix expression" ist ein Ausdruck, bei dem der binäre Operator zwischen den beiden Operanden platziert wird. Der linke Operand ist vom Typ integer und der rechte Ope-rand ist vom Typ real; für diese Operandenkombination ist allerdings kein ∗-Operator (infix op) definiert. Zu beachten ist daher, dass in solchen Fällen eine *Typkonvertierung* durchgeführt werden muss, wie in Listing 2.14 in Zeile 11. Die einfachste Möglichkeit ist die auch aus anderen Programmiersprachen, wie z. B. C, bekannte Typumwandlung, das so genannte „type cast", wie es in Zeile 11 verwendet wurde. Der neue Datentyp wird vor der Klammer angegeben, in der Klammer steht das umzuwandelnde Objekt. Diese Form der Typkonvertierung ist nur für eng zusammenhängende Datentypen möglich, zum Teil auch für Feldtypen, siehe [8]; in allen anderen Fällen kann eine Typkonvertierung durch spezielle Funktionen herbeigeführt werden.

Auch bei der Zuweisung <= für Signale handelt es sich im Übrigen um einen Operator. Hier wird ebenfalls gefordert, dass der linke und rechte Operand vom gleichen Datentyp sein müssen. Man ersetze Zeile 11 durch folgende Zuweisung:

```
c <= b * ca;
```

Der rechte Operand der Zuweisung <= ist das Ergebnis der Multiplikation von b und ca; da beide Operanden vom Typ `integer` sind, findet der Compiler den `*`-Operator für `integer`-Operanden. Dieser Operator gibt allerdings auch einen `integer`-Wert zurück, der nicht einem `real`-Wert, wie dem linken Operanden c, zugewiesen werden kann. Daher meldet der Compiler wieder folgenden Fehler, wobei die Meldung sich in diesem Fall auf den Zuweisungsoperator <= bezieht (!):

```
Type error resolving infix expression.
```

Von der Typkonvertierung mit dem „type cast" ist der so genannte „qualifizierte Ausdruck" (engl.: qualified expression) zu unterscheiden, der ähnlich aussieht. Der qualifizierte Ausdruck dient der Festlegung des Datentyps, wenn der Datentyp des Operanden nicht eindeutig ist und somit beispielsweise eine Mehrdeutigkeit für die Auswahl eines überladenen Operators existiert. Für weitere Ausführungen zu diesem Thema sei beispielsweise auf [8, 24] verwiesen.

2.3.3 Gültigkeitsbereich von Objekten

Ob ein Objekt verwendet werden kann, beispielsweise in einer Zuweisung, hängt hauptsächlich vom *Gültigkeitsbereich* (engl.: scope) des Objektes ab. Der Gültigkeitsbereich wiederum hängt im Wesentlichen vom hierarchischen Ort der Deklaration des Objektes ab. Es können folgende Regeln für die Gültigkeitsbereiche von Objekten aufgrund des Ortes ihrer Deklaration angegeben werden:

- Deklarationen in einem Package gelten für alle Übersetzungseinheiten, die das Package verwenden.

- Deklarationen im Deklarationsteil einer Entity gelten für die Entity und alle zur Entity gehörigen Architectures.

- Deklarationen im Deklarationsteil einer Architecture gelten nur für diese Architecture.

- Deklarationen im Deklarationsteil eines Prozesses gelten nur für diesen Prozess.

- Deklarationen im Deklarationsteil von Funktionen und Prozeduren gelten nur für die jeweilige Funktion/Prozedur.

- Deklarationen von Variablen (Laufvariablen) in einer Schleife gelten nur für diese Schleife.

Zu beachten ist, dass eine Namensgleichheit von Objekten, die auf verschiedenen Hierarchiestufen deklariert sind, zulässig ist. In diesem Fall „maskiert" das lokale Objekt, also das hierarchisch *tiefer* stehende Objekt, das Objekt einer übergeordneten Hierarchiestufe! Dies ist das Problem der so genannten „Sichtbarkeit" (engl.: visibility) von Objekten, siehe z. B. [8, 24].

Listing 2.15: *Sichtbarkeit von Objekten*

```
0    ARCHITECTURE beh5 OF vartest IS
1       SIGNAL a, b, c : integer := 0;
2    BEGIN
3       test: PROCESS (a)
4          VARIABLE i: integer := 10;
5          VARIABLE n : integer := 0;
6       BEGIN
7          FOR i IN 0 TO 2 LOOP
8             n := n+i;
9          END LOOP;
10         b <= i;
11         c <= n;
12      END PROCESS test;
13   END beh5;
```

In Listing 2.15 sei eine Variable i für den Prozess in Zeile 4 deklariert. Die FOR-Schleife in Zeile 7 deklariert eine (Lauf-)Variable mit dem *gleichen* Namen i. In der Schleife wird nun die Variable n zur *Laufvariablen* i addiert; innerhalb der Schleife kann die Variable i aus Zeile 4 nicht verwendet werden, weil sie durch die Laufvariable *gleichen Namens* maskiert wird. Damit erhält das Signal c, nach dem einmaligen Ausführen des Prozesses zu Beginn der Simulation, den Wert 3. Das Signal b wird allerdings nicht auf den Wert 2 der Laufvariablen i gesetzt, da diese außerhalb der Schleife nicht gültig ist, sondern auf den Wert 10 der in Zeile 4 deklarierten Variablen i. Bei FOR-Schleifen ist eine Besonderheit von VHDL zu beachten: Die Laufvariable in einer Schleife ist die einzige Variable in VHDL, die keine explizite Deklaration benötigt, sondern implizit deklariert ist! Diese Inkonsequenz in VHDL führt häufig zu Missverständnissen und damit zu fehlerhaften Beschreibungen. Daher sollte man Variablen in einem Prozess nicht den gleichen Namen wie die Laufvariablen von Schleifen im gleichen Prozess geben. Generell sollte man Objekten innerhalb einer Hierarchie unterschiedliche Namen geben, um etwaigen Missverständnissen vorzubeugen.

2.3.4   Übersicht über die VHDL-Datentypen und Operatoren

In Abbildung 2.15 ist eine Klassifikation der in VHDL verwendbaren Datentypen dargestellt, wobei englische und deutsche Bezeichnungen gemischt wurden, um mit anderen

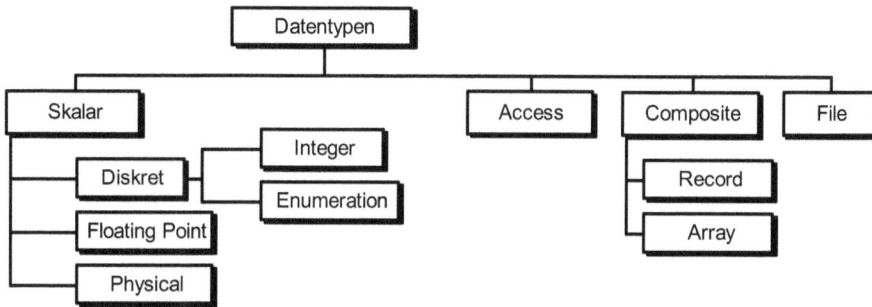

Abb. 2.15: *Übersicht über die VHDL-Datentypklassen*

VHDL-Darstellungen „kompatibel" zu bleiben. Im Wesentlichen entsprechen die Typklassen auch den aus anderen Programmiersprachen bekannten Typklassen.

Ein wesentlicher Vorteil von VHDL ist die Möglichkeit, eigene Datentypen zu definieren, welche häufig in einem Package bereitgestellt werden, damit diese im ganzen Entwurf verwendet werden können. Hierzu gehören beispielsweise die im Standard *IEEE 1164* definierten Datentypen, wie `std_ulogic` und `std_logic`, die in den Beispielen von Abschnitt 2.2 verwendet wurden. Es gibt nur wenige „eingebaute" Standard-Datentypen in VHDL, die im Package `standard` definiert sind, welches zum Standard *IEEE 1076* gehört; für deren Verwendung muss dieses Package allerdings nicht wie andere Packages im VHDL-Code referenziert werden, da es jedem VHDL-Simulator und jedem VHDL-Synthesewerkzeug ohne weitere Vereinbarung bekannt ist. Im Folgenden sollen diese Standard-Datentypen als Beispiele für die Typklassen kurz erläutert werden. In Abschnitt 2.7 werden die in *IEEE 1164* definierten Datentypen vorgestellt. Bei den „Access"-Typen handelt es sich um Zeiger-Typen (engl.: pointer), wie sie auch in anderen Programmiersprachen vorhanden sind; wie die schon angesprochenen „File"-Typen sind sie nicht synthesefähig und werden deshalb hier nicht weiter behandelt, weitere Informationen finden sich wiederum in [8].

Die Deklaration eines Datentyps sieht für `integer` beispielsweise wie folgt aus:

```
TYPE integer IS RANGE -2147483648 TO 2147483647;
```

Nach dem Schlüsselwort `TYPE` wird ein eindeutiger Name des Typs angegeben. Nach dem Schlüsselwort `IS` erfolgt dann die Definition des Wertebereichs, hier beispielsweise durch eine Bereichsangabe (`RANGE`). Wird ein Objekt nicht initialisiert, dann wird als Initialisierungswert der „linke" Wert aus der Deklaration des Datentyps genommen, für `integer` wäre dies -2147483648. Es ist ebenfalls möglich, von bereits deklarierten Datentypen (Basistyp) einen Untertyp (engl.: subtype) abzuleiten, indem beispielsweise der Wertebereich eingeschränkt wird oder eine *Auflösungsfunktion*, siehe Abschnitt 2.7, verwendet wird. So ist beispielsweise der *IEEE 1164* Datentyp `std_logic` durch eine zusätzliche Auflösungsfunktion als Untertyp zu `std_ulogic` definiert. Der Datentyp `natural` ist als Untertyp zu `integer` durch Bereichseinschränkung deklariert:

```
SUBTYPE natural IS integer RANGE 0 TO integer'high;
```

Bei `integer'high` handelt es sich um ein so genanntes „Attribut", siehe Abschnitt 2.3.5, des Typs `integer`, welches den größten Zahlenwert des Typs angibt. Die Operatoren des Basistyps können auch für die Untertypen verwendet werden.

Skalare Datentypen stellen, im Gegensatz zu zusammengesetzten Typen (engl.: composite, aggregate), nur einen Wert dar. Sie lassen sich wie in Abbildung 2.15 weiter unterteilen in:

- *Integer*: Bei Integer handelt es sich um ganzzahlige Datentypen. Der Wertebereich des vordefinierten Typs `integer` ist abhängig von der Implementierung der EDA-Werkzeuge, entspricht aber mindestens den oben angegebenen Grenzen. Der Typ `integer` ist synthesefähig, wobei dann zumeist der Wertebereich eingeschränkt werden sollte. Die nötige Bitbreite für die Hardware wird aus dem Wertebereich bestimmt. Werden negative Zahlen verwendet, so werden diese in der synthetisierten Hardware im Zweier-Komplement dargestellt. Neben dem abgeleiteten Untertyp `natural` ist auch der Typ `positive` vordefiniert:
  ```
  SUBTYPE positive IS integer RANGE 1 TO integer'high;
  ```

- *Enumeration (Aufzählungstyp)*: Aufzählungstypen sind auch aus anderen Programmiersprachen wie C und ADA bekannt. Bei dieser Datentypklasse müssen die Werte bei der Deklaration des Datentyps explizit aufgezählt werden. Dies erfolgt durch Angabe eines Zeichens (engl.: character) oder einer Zeichenkette (engl.: string). Datentypen dieser Typklasse haben für den Hardwareentwurf eine große Bedeutung. So handelt es sich auch beim Logiktyp `std_ulogic` um einen Aufzählungstyp und für die Beschreibung von Schaltwerken ist es vorteilhaft, selbst einen Aufzählungstyp zu deklarieren. Die einzelnen Elemente oder Bezeichner eines Aufzählungstyps sind *implizit* mit ganzzahligen Werten von links nach rechts durchnummeriert, das am weitesten links stehende Element hat die Position 0; dieses Element ist übrigens auch der Initialisierungswert, wenn vom Benutzer nichts anderes angegeben wird. Folgende Standard-Datentypen sind vordefiniert:

  - `bit`: Dieser Datentyp umfasst zwei Elemente dargestellt durch zwei Zeichen, ist synthesefähig und wie folgt deklariert:
    ```
    TYPE bit IS ('0', '1');
    ```

  - `boolean`: Dieser Datentyp umfasst zwei Elemente dargestellt durch zwei Zeichenketten (true: wahr, false: falsch) und ist ebenfalls synthesefähig:
    ```
    TYPE boolean IS (false,true);
    ```

  - `character`: Dieser Datentyp umfasst die ASCII-Zeichen. Eine Übersicht über alle Elemente dieses Datentyps kann dem Package `standard` entnommen werden.

- `severity_level`: Dieser Datentyp umfasst vier Element und dient der Kommunikation mit dem Simulator, wie schon in Listing 2.8 gesehen, bei Benutzung von so genannten „Assertions". Durch Simulatoreinstellungen kann festgelegt werden, wann eine Simulation abgebrochen werden soll. Dieser Datentyp wird bei der Synthese ignoriert.
  ```
  TYPE severity_level IS (note, warning, error, failure);
  ```

- *Floating Point*: Hier handelt es sich um Gleitpunkttypen; vordefiniert ist der Typ `real`. Gleitpunkttypen sind nicht synthesefähig.
  ```
  TYPE real IS RANGE -1.0E308 TO 1.0E308;
  ```

- *Physical*: Mit „physikalischen" Typen können physikalische Maßeinheiten, beispielsweise in Testbenches, modelliert werden. Zwingend ist dabei die Angabe einer Maßeinheit, wie z. B. `fs` (Femtosekunden) beim vordefinierten Typ `time`. Davon können dann durch Umrechnungsvorschriften weitere Maßeinheiten abgeleitet und im VHDL-Code verwendet werden. Beim Typ `time` sind dies: `ps` (1000 fs), `ns` (1000 ps), `us` (1000 ns), `ms` (1000 μs), `sec` (1000 ms), `min` (60 sec), `hr` (60 min) Auch dieser Datentyp ist nicht synthesefähig. Es ist allerdings erlaubt, Zeitverzögerungen, wie in den vorangegangenen Abschnitten gezeigt, anzugeben. Diese werden bei der Synthese aber ignoriert.

Schließlich sind für die Beschreibung von synthesefähiger Hardware noch die „Composite"-Datentypen (zusammengesetzte Datentypen) wichtig:

- *Record*: Diese Datentypen entsprechen einer „Struktur" in der Programmiersprache C und dienen der Zusammenfassung verschiedener Objekte. Records werden von den meisten Synthesewerkzeugen unterstützt, wobei die Elemente der Records synthesefähig sein müssen. Nähere Informationen zu Records können [8] entnommen werden.

- *Array*: Arrays sind Feldtypen – ein Datentyp, der in den meisten Programmiersprachen verfügbar ist. Im Gegensatz zu Records handelt es sich bei Arrays um multidimensionale, geordnete Felder des gleichen Basistyps (engl.: base type). Bei der Deklaration wird auch der Datentyp des Index angegeben, der Indextyp (engl.: index type). Der Indextyp muss nicht explizit genannt werden, sondern kann auch implizit durch den Kontext eindeutig bestimmbar sein. Damit ein Feldtyp synthesefähig ist, muss es sich bei dem Indextyp um einen diskreten Datentyp handeln, also einen Integer-Typ oder einen Aufzählungstyp. Darüber hinaus muss natürlich auch der Basistyp synthesefähig sein. Auch multidimensionale Felder werden von den Synthesewerkzeugen unterstützt; so können zweidimensionale Felder beispielsweise vorteilhaft für die Beschreibung von Speicherblöcken verwendet werden. Vordefiniert sind folgende Datentypen:
  - `bit_vector`: Der Basistyp ist hier `bit`, beim Indextyp handelt es sich um den Typ `natural`. Die Deklaration sieht wie folgt aus:
    ```
    TYPE bit_vector IS ARRAY (natural RANGE <>) OF bit;
    ```

Die Bereichsangabe, das wäre in diesem Fall die Bitbreite, ist hier unbeschränkt (engl.: unconstrained), ausgedrückt durch <>. Dies ermöglicht es, erst bei der Deklaration eines Objektes die Breite festzulegen; dort muss sie dann aber festgelegt werden, wie im folgenden Beispiel:

```
SIGNAL breite8 : bit_vector(0 TO 7);
```
Damit entfällt das Problem, für jede Bitbreite einen eigenen Datentyp deklarieren zu müssen. Der Index der Feldelemente kann auch in absteigender Reihenfolge angegeben werden:

```
SIGNAL breite8 : bit_vector(7 DOWNTO 0);
```
Die Zuweisungen von Werten an einen Bit-Vektor als Literal erfolgt beispielsweise durch Angabe eines so genannten „Bit-Strings". Die Angabe ist auch zur Basis 8 (Oktal: o oder O) oder zur Basis 16 (hexadezimal: x oder X) möglich. Wird keine Basis angegeben ist der Bit-String binär. Die Angabe von Unterstrichen zur besseren Übersicht ist möglich, falls die Basis angegeben wird, die Unterstriche werden dann ignoriert:

```
breite8 <= "01101001"; -- binaer
breite8 <= b"0110_1001"; -- binaer
breite8 <= x"69"; -- hexadezimal
```
Um mehreren, nicht notwendigerweise zusammenhängenden, Elementen eines Feldes Werte zuzuweisen, können so genannte „Aggregate" verwendet werden. Im nachfolgenden Beispiel werden über eine „named association", siehe Abschnitt 2.2.3, den einzelnen Indizes des Feldes Werte zugewiesen – es ist auch möglich, Werte über eine „positional assocication" zuzuweisen. Mit dem |-Zeichen können mehrere Indizes des Feldes zusammengefasst werden. Mit OTHERS ist es möglich, den noch nicht zugewiesenen Indizes ebenfalls einen Wert zuzuweisen. Statt konstanter Werte können hier in der allgemeinen Form auch Ausdrücke verwendet werden, also beispielsweise Funktionsergebnisse oder Signale. Die nachfolgende Zuweisung führt zum gleichen Ergebnis wie die obigen Zuweisungen an das Signal breite8.

```
breite8 <= (7 | 4 | 2 | 1 => '0', OTHERS => '1');
```
Weitere Informationen zu Aggregaten können [8] entnommen werden.

– string: Die Zeichenkette ist als Feld von character (Basistyp) deklariert:
```
TYPE string IS ARRAY (positive RANGE <>) OF character;
```
Es handelt sich wiederum um ein unbeschränktes Feld, der Indextyp ist positive.

In der Tabelle 2.8 wird eine Übersicht über die für die synthesefähigen Standard-Datentypen definierten Operatoren gegeben, welche von den meisten Synthesewerkzeugen unterstützt werden. Für die Operatoren ist ein Vorrang bei der Auswertung von Ausdrücken definiert, vergleichbar mit der „Punkt-vor-Strich-Regel" in arithmetischen Ausdrücken. Tabelle 2.8 ist entsprechend dem Vorrang geordnet, die Operatoren mit dem höchsten Vorrang stehen in der Tabelle oben. Als Besonderheit weist der unäre NOT-Operator die höchste Priorität auf, obwohl er eigentlich zu den logischen Operatoren gehört. Für Feldtypen, wie

Tabelle 2.8: Übersicht über die Operatoren für synthesefähige VHDL Standard-Datentypen

Operator	Operation	Datentyp linker Operand a	Datentyp rechter Operand b	Datentyp Ergebnis
Diverse Operatoren				
**	a^b	nur Basis 2	integer	integer
abs	$|b|$	-	integer	integer
not	$\neg b$ (bitweise)	-	bit, boolean, bit_vector	wie Operand
Multiplizierende Operatoren				
*	$a \times b$	integer	integer	integer
/	$a \div b$	integer	2er-Potenz	integer
mod	Rest von:	integer	2er-Potenz	integer
rem	$a \div b$			
Vorzeichen-Operatoren				
+ −	$\pm b$	-	integer	integer
Addierende Operatoren				
+ −	$a + b$ $a - b$	integer	integer	integer
&	Verkettung	bit_vector[n]	bit_vector[m]	bit_vector [n+m]
Schiebe-Operatoren				
sll srl sla sra rol ror	links (logisch) rechts (logisch) links (arithmetisch) rechts (arithmetisch links rotieren rechts rotieren	bit_vector	integer	bit_vector
Vergleichs-Operatoren (Relationale Operatoren)				
= /= < <= > >=	$a = b$ $a \neq b$ $a < b$ $a \leq b$ $a > b$ $a \geq b$	alle Typen	wie linker Operand	boolean
Logische Operatoren				
and or nand nor xor xnor	$a \wedge b$ $a \vee b$ $\neg(a \wedge b)$ $\neg(a \vee b)$ $a \neq b$ $\neg(a \neq b)$	bit, boolean, bit_vector	wie linker Operand	wie linker Operand

beispielsweise `bit_vector`, gilt, dass der rechte und linke Operand die gleiche Größe aufweisen müssen.

Operatoren mit gleichem Vorrang werden in der Reihenfolge des Auftretens, von links nach rechts, in einem Ausdruck abgearbeitet. Wird eine andere Reihenfolge gewünscht, so können runde Klammern angegeben werden. Die Divisionsoperatoren (`/`, `mod`, `rem`) sowie die Exponentialfunktion können bei den meisten Synthesewerkzeuge nur durch 2 dividieren beziehungsweise nur zur Basis 2 den Exponenten nehmen. Bei den Schiebe-operationen gibt der rechte Operand die Anzahl der zu schiebenden Positionen an. Die logischen Schiebeoperationen schieben von links oder von rechts den Initialisierungswert des Basistyps nach – beim Datentyp `bit_vector` wäre dies beispielsweise die „0" – während bei den arithmetischen Schiebeoperationen vorzeichenrichtig aufgefüllt wird. Die Verkettung (engl.: concatentation) kann benutzt werden, um zwei Vektoren zu verbinden; dabei ensteht ein Vektor mit einer entsprechend größeren Bitbreite. Werden die logischen Operatoren auf Vektoren angewendet, z. B. auf `bit_vector`, so wird die Operation bit-weise durchgeführt. Bei den Operatoren `NAND`, `NOR`, `XNOR` ist bei einem Ausdruck mit mehreren Operatoren die Ausführungsreihenfolge durch Klammerung festzulegen. Es sei an dieser Stelle darauf hingewiesen, dass auch für die mehrwertigen IEEE-Logiktypen (`std_ulogic` und davon abgeleitete) die meisten der in Tabelle 2.8 abgegebenen Opera-toren ebenfalls implementiert wurden. Weiteres dazu in den folgenden Abschnitten und in Kapitel 4.

2.3.5   Attribute

Bestimmte Merkmale und Informationen von Datentypen und Objekten können mit Hil-fe von so genannten *Attributen* abgefragt werden. Auch Attribute tragen dazu bei, dass VHDL-Beschreibungen so formuliert werden können, dass sie auf einfache Art und Weise wiederverwendet werden können. Wie bei den Datentypen, gibt es auch eine Reihe von vordefinierten Attributen und die Möglichkeit, selber Attribute zu definieren. Ein Attribut kann Folgendes zurückliefern:

- Es wird ein konstanter Wert zurückgeliefert.
- Es wird eine Funktion aufgerufen, diese liefert einen Wert zurück.
- Es wird ein neues Signal des gleichen Typs zurückgeliefert.
- Es wird ein Datentyp zurückgeliefert.
- Es wird ein Bereich (RANGE) zurückgeliefert, der in einer Bereichsdefinition, z. B. eines Feldes, verwendet werden kann.

In Zeile 9 von Listing 2.2 wurde beispielsweise das Attribut `clk'event` verwendet. Bei der Benutzung eines Attributs steht der Datentyp oder das Objekt, wie in diesem Fall das Signal `clk`, vor dem Apostroph. In diesem Fall wird der Datentyp oder das Objekt auch als Präfix (engl.: prefix) des Attributs bezeichnet. Der Name des Attributs steht nach dem Apostroph; das Attribut `'event` liefert beispielsweise den Wert `true`, wenn sich das Si-gnal (der Präfix) im aktuellen Deltazyklus geändert hat, also ein Ereignis auf dem Signal

Tabelle 2.9: *Synthesefähige, vordefinierte Attribute*

Präfixtyp	Attribut	Funktion	Rückgabewert
Datentyp	′base	liefert zu einem Subtyp den Basistyp	Datentyp
Datentyp	′left	linker Wert des Bereichs	Wert des Datentyps
Datentyp	′right	rechter Wert des Bereichs	Wert des Datentyps
Datentyp	′high	Maximum des Bereichs	Wert des Datentyps
Datentyp	′low	Minimum des Bereichs	Wert des Datentyps
Feldtyp	′left	Index des linken Elements des Feldes	Wert des Indextyps
Feldtyp	′right	Index des rechten Elements des Feldes	Wert des Indextyps
Feldtyp	′high	höchster Indexwert des Feldes	Wert des Indextyps
Feldtyp	′low	niedrigster Indexwert des Feldes	Wert des Indextyps
Feldtyp	′range	Indexbereich des Feldes	Bereich
Feldtyp	′reverse_range	Indexbereich mit vertauschten Grenzen	Bereich
Feldtyp	′length	Länge des Feldes	ganzzahliger Wert
Signal	′event	Ereignis auf dem Signal	true, false
Signal	′stable	kein Ereignis auf dem Signal	true, false

statt fand. Fand kein Ereignis statt, wird der Wert `false` zurückgeliefert. In der Tabelle 2.9 werden die wesentlichen vordefinierten und synthesefähigen Attribute zusammengestellt. Für weitere Informationen sei wiederum auf [8] verwiesen. Einige der in Tabelle 2.9 vorgestellten Attribute werden auch in den Beispielen des vorliegenden Buches verwendet. Bei den Attributen ′left, ′right, ′high, ′low ist darauf zu achten, dass sie bei Anwendung auf einen Feldtyp eine andere Bedeutung haben als bei Anwendung auf andere Datentypen. Das Attribut ′stable kann ebenfalls für die Abfrage einer Taktflanke benutzt werden:

```
ELSIF not clk′stable AND clk = ′1′ THEN
```

Hier wird die steigende Taktflanke des Signals `clk` abgefragt. `clk′stable` liefert `false`, wenn ein Ereignis auf dem Signal vorhanden ist; das Ergebnis des Attributs wird mit dem `not`-Operator in `true` negiert. Damit entspricht es in der Wirkung der bekannten Formulierung, welche auch üblicher ist:

```
ELSIF clk′event AND clk = ′1′ THEN
```

2.4   Sequentielle Anweisungen

Wie schon in Abschnitt 2.2 ausgeführt, werden innerhalb von Prozessen so genannte *sequentielle Anweisungen* (engl.: sequential statement) zur Codierung benutzt. Sequentielle Anweisungen sind *nicht* nebenläufig und werden daher innerhalb eines Prozesses in sequentieller oder aufeinander folgender Reihenfolge ausgeführt. Im Wesentlichen handelt es sich dabei um Konstruktionen, wie sie auch aus anderen Programmiersprachen bekannt sind: Verzweigungen (IF, CASE) und Schleifen (LOOP). Daneben gibt es noch einige weitere sequentielle Anweisungen, wie beispielsweise die WAIT-Anweisung. Im Folgenden soll ein knapper Überblick über die sequentiellen Anweisungen gegeben werden, insbesondere wieder im Hinblick auf die Verwendbarkeit für die Synthese. Weitere Beispiele für die Verwendung von sequentiellen Anweisungen finden sich unter anderem in Kapitel 4.

2.4.1   IF-Verzweigungen

IF-Verzweigungen wurden schon in den Beispielen aus Abschnitt 2.2 verwendet. In Listing 2.16 ist ein weiteres Beispiel für eine IF-Verzweigung gezeigt. Die Bedingungen in den Verzweigungen müssen ein Ergebnis vom Typ boolean liefern, also true oder false. Wie im Beispiel von Listing 2.16 werden typischerweise Vergleichs-Operatoren benutzt. Bei true wird die Verzweigung genommen, andernfalls wird die IF-Anweisung von oben nach unten weiter auf eine ELSIF-Bedingung abgefragt, die true ist. Zu beachten ist, dass die erste Verzweigung, deren Bedingung true ist, genommen wird. Weiter unten liegende Verzweigungen, die ebenfalls true sein könnten, werden dann nicht genommen. Daher spricht man bei IF-Anweisungen auch von einem so genannten *Prioritätsencoder*. Es ist bei IF-Anweisungen daher *nicht* notwendig, dass sich die Bedingungen der IF-ELSIF-Zweige gegenseitig ausschließen (engl.: mutual exclusive).

Dies wird deutlich, wenn man das Ergebnis der Synthese des Codes aus Listing 2.16 in Abbildung 2.16 betrachtet. Es ist zu erkennen, dass das Signal a am Auswahleingang sel des ersten Multiplexers angeschlossen ist. Ist a = '1', so wird das Signal d auf den Ausgang y geschaltet. Ist a = '0', so ist die Bedingung der ersten Verzweigung false und es muss in der Bedingung der nächsten Verzweigung das Signal b auf '0' getestet werden. Die letzte ELSIF-Verzweigung in Zeile 25 führt zusammen mit dem abschließenden ELSE-Teil zu dem UND-Gatter in Abbildung 2.16: Ist c = '1' so wird das Signal f auf den Ausgang geschaltet, anderenfalls (ELSE) erzeugt das UND-Gatter eine '0' am Ausgang.

Listing 2.16: Prioritätsencoder mit Hilfe einer IF-Verzweigung

```
0     LIBRARY ieee;
1     USE ieee.std_logic_1164.all;
2
3
4     ENTITY iftest IS
5       PORT(
6         a : IN      std_logic;
```

```
7              b  :  IN          std_logic;
8              c  :  IN          std_logic;
9              d  :  IN          std_logic;
10             e  :  IN          std_logic;
11             f  :  IN          std_logic;
12             y  :  OUT         std_logic
13         );
14    END iftest ;
15
16    ARCHITECTURE beh OF iftest IS
17    BEGIN    -- beh
18
19      P1: PROCESS (a, b, c, d, e, f)
20      BEGIN
21        IF a = '1' THEN
22          y <= d;
23        ELSIF b = '0' THEN
24          y <= e;
25        ELSIF c = '1' THEN
26          y <= f;
27        ELSE
28          y <= '0';
29        END IF;
30      END PROCESS P1;
31
32    END beh;
```

Bei IF-Verzweigungen müssen sich die Bedingungen nicht gegenseitig ausssschließen, wie im Beispiel gezeigt, es ist jedoch erlaubt, dass sie sich gegenseitig ausssschließen. Im Beispiel von Listing 2.2 aus Abschnitt 2.2 wird die Priorität der IF-Verzweigung zur Beschreibung des asynchronen Reset-Eingangs verwendet, der Priorität vor dem synchronen Takt hat. Die VHDL-Syntax erlaubt es auch, nur die erste IF-Verzweigung anzugeben – die ELSIF-Zweige und der abschließende ELSE-Zweig sind optional. Es muss innerhalb eines Zweiges auch nicht unbedingt eine Signalzuweisung stattfinden. In Listing 2.17 und 2.18 sind zwei Varianten angegeben, die zum gleichen Ergebnis führen: Dem Signal y

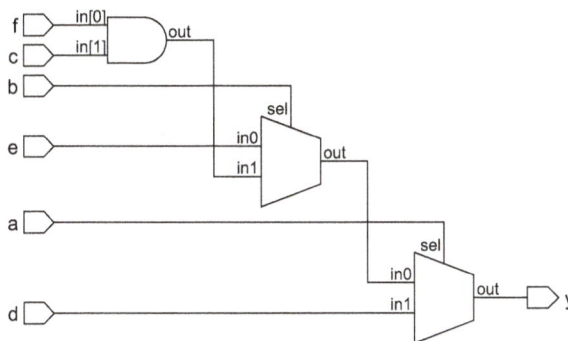

Abb. 2.16: Ergebnis der Synthese für Listing 2.16. Ist der Auswahleingang sel eines Multiplexers „0", so wird der Eingang in0 auf den Ausgang out geschaltet, anderenfalls der Eingang in1.

wird im ELSE-Fall nichts zugewiesen. Das Weglassen der Signalzuweisung in Listing 2.17 ist in diesem Fall gleichbedeutend mit dem Weglassen des kompletten ELSE-Zweiges in Listing 2.18.

Listing 2.17: IF-Verzweigung mit fehlender Zuweisung

```
0      P1: PROCESS (a, b, c, d, e, f)
1      BEGIN
2        IF a = '1' THEN
3          y <= d;
4        ELSIF b = '0' THEN
5          y <= e;
6        ELSIF c = '1' THEN
7          y <= f;
8        ELSE
9
10       END IF;
11     END PROCESS P1;
```

Listing 2.18: IF-Verzweigung mit fehlendem ELSE

```
0      P1: PROCESS (a, b, c, d, e, f)
1      BEGIN
2        IF a = '1' THEN
3          y <= d;
4        ELSIF b = '0' THEN
5          y <= e;
6        ELSIF c = '1' THEN
7          y <= f;
8        END IF;
9      END PROCESS P1;
```

Führen wir nun beide Codes aus Listing 2.17 und 2.18 der Synthese zu, so wird das Synthesewerkzeug eine ähnliche Meldung wie die Folgende generieren:

```
Warning, y is not always assigned. Storage may be needed.
```

Das Ergebnis der Synthese für beide Code-Varianten ist in Abbildung 2.17 gezeigt. Die fehlende Signalzuweisung in beiden Fällen bedeutet in VHDL, dass der alte Wert des Signals y

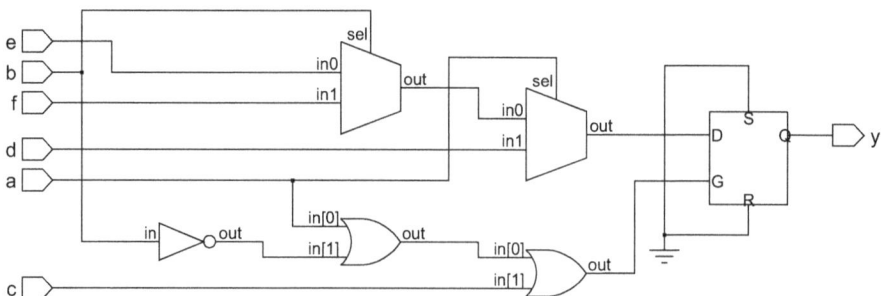

Abb. 2.17: *Ergebnis der Synthese für Listing 2.17 und 2.18*

gehalten werden soll; im Beispiel also wenn a = '0' und b = '1' und c = '0' ist.
Daher wird die Synthese in diesem Fall ein so genanntes „Latch" einbauen (siehe auch Kapitel 3); es handelt sich um ein *pegelgesteuertes* Speicherelement. Im Beispiel aus Abbildung 2.17 speichert es die Daten, wenn der Eingang G = '0' ist; dies ist gerade dann der
Fall, wenn a = '0' und b = '1' und c = '0'. In allen anderen Fällen ist G = '1',
dann ist das Latch „transparent", was bedeutet, dass das Latch die Daten am Eingang an
den Ausgang weitergibt und nicht speichert. In einer kombinatorischen Schaltung darf es
natürlich keine Latches geben; die hier gezeigten Fälle bei „vergessenen" Signalzuweisungen gehören zu den häufigen Anfängerfehlern. Es ist daher unbedingt notwendig, die
Ausgaben des Synthesewerkzeuges genauestens zu überprüfen. Der Simulator kann diesen
„Fehler" nicht entdecken, da der Code syntaktisch korrekt ist. Es empfiehlt sich aus diesem
Grund, schon in einer frühen Entwurfsphase die Synthesewerkzeuge zu benutzen. Dem
aufmerksamen Leser ist vielleicht nicht entgangen, dass in Listing 2.2 aus Abschnitt 2.2
ebenfalls der ELSE-Zweig fehlt. Dies ist in diesem Fall nun aber korrekt, da es sich hier
um einen speichernden Prozess handelt, der vom Synthesewerkzeug in flankengesteuerte
Speicherelemente (Flipflops) übersetzt werden soll.

Listing 2.19: IF-Verzweigung mit „Default"-Anweisung

```
0      P1: PROCESS (a, b, c, d, e, f)
1      BEGIN
2        y <= '0';  -- Default-Anweisung
3        IF a = '1' THEN
4          y <= d;
5        ELSIF b = '0' THEN
6          y <= e;
7        ELSIF c = '1' THEN
8          y <= f;
9        END IF;
10     END PROCESS P1;
```

Eine Variante für die Beschreibung von kombinatorischen Schaltungen, die das Problem
der unvollständigen Signalzuweisungen vermeidet, ist in Listing 2.19 gezeigt. In Zeile 2
wird dem Signal y ein Wert zugewiesen; dieser wird allerdings, wie in Abschnitt 2.2.8 erläutert, zunächst nur in die Transaktionsliste eingetragen. Trifft keine der Bedingungen in
den nachfolgenden IF- oder ELSIF-Zweige zu, so bleibt der Wert in der Transaktionsliste
und wird dem Signal in der Signalzuweisungsphase des nächsten Delta-Zyklus zugewiesen. Trifft eine der Bedingungen in den IF- oder ELSIF-Zweigen zu, so wird der Eintrag
in der Transaktionsliste von der jeweiligen Signalzuweisung *überschrieben* (Preemption).
Die Zuweisung in Zeile 2 wird daher als „Default"-Anweisung bezeichnet, die also dann
ausgeführt wird, wenn keine Bedingung in der IF-Anweisung wahr (true) ist; sie ist in
ihrer Funktion identisch mit dem ELSE-Zweig. In der Synthese ergibt sich das gleiche
Ergebnis, wie in Abbildung 2.16.

Listing 2.20: Doppelte IF-Konstruktion mit vertauschter Priorität

```
0      P1: PROCESS (a, b, c, d, e, f)
1      BEGIN
```

```
2        y <= '0';
3        IF a = '1' THEN
4          y <= d;
5        END IF;
6        IF b = '0' THEN
7          y <= e;
8        ELSIF c = '1' THEN
9          y <= f;
10       END IF;
11     END PROCESS P1;
```

In diesem Zusammenhang sei noch auf einen weiteren typischen Anfängerfehler hingewiesen. In Listing 2.20 ist eine Variante von Listing 2.19 gezeigt. Allerdings wurden zwei IF-Verzweigungen verwendet. Im in Abbildung 2.18 gezeigten Syntheseergebnis kann man erkennen, dass nun im Vergleich zu Abbildung 2.16 das Signal a die niedrigste Priorität hat! Diesen Effekt kann man sich auch wieder damit erklären, wie VHDL die Signalzuweisungen in einem Prozess handhabt: Ist die Bedingung für a wahr (true), so wird die Signalzuweisung aus Zeile 4 zunächst wieder in die Transaktionsliste eingetragen. Die nachfolgende zweite IF-Verzweigung hat nun allerdings die Möglichkeit, diesen Eintrag wieder zu überschreiben, wenn eine der Bedingungen zutrifft, das heißt wahr ist. Da somit die letzte Zuweisung an ein Signal in einem Prozess immer „gewinnt", wird durch die Verwendung von mehr als einer IF-Anweisung die Priorisierung vertauscht! Um die Fehler der falschen Priorisierung und des ungewollten Latch-Einbaus zu vermeiden, sollte für *ein* Signal immer nur *eine* IF-Anweisung ohne ELSE-Zweig in Verbindung mit *einer* Default-Anweisung verwendet werden, wie in Listing 2.19 gezeigt.

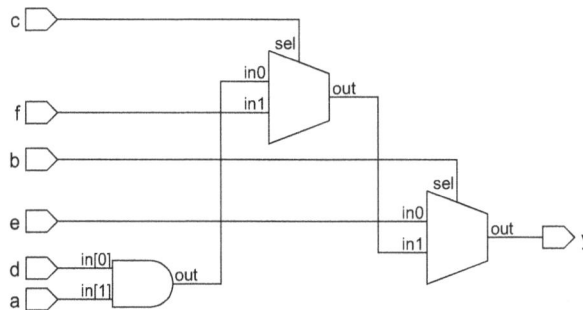

Abb. 2.18: *Ergebnis der Synthese für Listing 2.20*

2.4.2   CASE-Verzweigungen

Im Gegensatz zur IF-Verzweigung ist die CASE-Verzweigung *kein* Prioritätsencoder. Eine CASE-Anweisung ist vergleichbar mit einer „switch/case"-Anweisung in C. Die Bedingungen für die Auswahl der Verzweigungen schließen sich bei CASE immer gegenseitig aus, so dass es sich um eine *Multiplexer*-Funktion handelt. Für die Auswahl der Zweige wird ein

Selektor-Ausdruck verwendet, dabei kann es sich statt eines Ausdrucks – also Kombinationen von Operanden und Operatoren – auch nur um ein Signal oder eine Variable handeln. Wichtig ist, dass das Ergebnis des Ausdrucks oder das Signal oder die Variable von einem *diskreten* Datentyp ist, das heißt ein ganzzahliger Typ oder ein Aufzählungstyp, oder von einem eindimensionalen Feldtyp, bei welchem Basistyp und Indextyp diskret sind. Der Wert des Selektor-Ausdrucks wird durch WHEN => in den Zweigen abgefragt. Danach folgt im Beispiel eine einfache Signalzuweisung; es ist jedoch möglich statt dessen wieder eine sequentielle Anweisung folgen zu lassen, so dass – wie auch bei der IF-Anweisung – verschiedene sequentielle Anweisungen geschachtelt werden können. Aus Gründen der Übersicht, empfiehlt es sich jedoch, die Schachteltiefe auf etwa drei Stufen zu begrenzen.

Listing 2.21: *Multiplexer mit Hilfe einer CASE-Anweisung*

```
0    LIBRARY ieee;
1    USE ieee.std_logic_1164.all;
2
3
4    ENTITY casetest IS
5      PORT(
6          in0 : IN      std_logic;
7          in1 : IN      std_logic;
8          sel : IN      integer RANGE 0 TO 3;
9          y   : OUT     std_logic
10     );
11   END casetest ;
12
13   ARCHITECTURE beh OF casetest IS
14   BEGIN
15     P1: PROCESS (sel, in0, in1)
16     BEGIN
17       CASE sel IS
18         WHEN 0 => y <= in0;
19         WHEN 1 => y <= in0;
20         WHEN 2 => y <= in1;
21         WHEN 3 => y <= in1;
22       END CASE;
23     END PROCESS P1;
24   END beh;
```

Im Beispiel in Listing 2.21 erfolgt die Auswahl in der CASE-Anweisung in Zeile 17 bis 22 über ein Port-Signal sel vom Typ integer. Bei Verwendung des Datentyps integer für synthesefähige VHDL-Beschreibungen ist es sinnvoll, den Bereich einzuschränken; in Zeile 8 wird der Bereich von sel auf die ganzzahligen Werte von 0 bis 3 begrenzt. Wie im Syntheseergebnis in Abbildung 2.19 zu erkennen ist, wird der Port sel in einen 2 Bit breiten Eingang umgesetzt. Der Einfachheit halber wird an dieser Stelle ausnahmsweise ein integer-Datentyp in den Ports verwendet, dies sollte man allerdings in einem größeren Projekt nicht tun, vgl. Abschnitt 2.7.2 und Kapitel 4. Da es sich beim Ergebnis der Synthese um die *Gatterebene* handelt, können Signale und Ports auf Gatterebene nur noch binäre Werte annehmen; somit müssen integer-Datentypen von der Synthese in Binärcodierungen umgesetzt werden. Im Beispiel werden die integer-Werte bei der Synthese

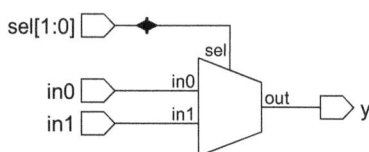

Abb. 2.19: *Ergebnis der Synthese für Listing 2.21*

wie folgt in Binärwerte umgesetzt: `0->"00"`, `1->"01"`, `2->"10"`, `3->"11"` und als Signal `sel[1:0]` dargestellt. Wie in Abbildung 2.19 zu erkennen ist, wird der Code aus Listing 2.20 von der Synthese in einen 2:1-Multiplexer umgesetzt. Am Auswahleingang `sel` des Multiplexers wird nur das Signal `sel[1]` angeschlossen, da die Auswahl im Beispiel von Listing 2.21 von `sel[0]` unabhängig ist.

Listing 2.22: *Zusammenfassen von Werten bei der CASE-Anweisung*

```
0    ARCHITECTURE beh1 OF casetest IS
1    BEGIN
2      P1: PROCESS (sel, in0, in1)
3      BEGIN
4        CASE sel IS
5          WHEN 0 | 1 => y <= in0;
6          WHEN 2 TO 3 => y <= in1;
7        END CASE;
8      END PROCESS P1;
9    END beh1;
```

Es ist zwingend, dass alle Werte, die der Selektor-Ausdruck annehmen kann, in den `CASE`-Zweigen behandelt werden. Des Weiteren darf ein Wert des Selektor-Ausdrucks nicht in mehreren Zweigen verwendet werden, da sich die Bedingungen, im Gegensatz zur `IF`-Anweisung, immer gegenseitig aussschließen *müssen*. Der Selektor-Ausdruck muss insbesondere *lokal statisch* sein [14, 8]; dies bedeutet, dass die Werte, die der Selektor-Ausdruck annehmen kann, vom VHDL-Compiler während der Kompilation, und damit auch vom Synthesewerkzeug bei der Synthese, berechnet werden können müssen und sie sich nicht dynamisch zur Laufzeit des VHDL-Codes ändern dürfen. Um nicht alle Werte einzeln aufzählen zu müssen, können Werte auch zusammengefasst werden, wie in Listing 2.22 gezeigt: Entweder einzelne Werte, die über ein ODER (Zeile 5: `|`) verknüpft werden, oder über die Angabe eines Bereichs (Zeile 6: `2 TO 3`). Ein weitere Möglichkeit ist die Verwendung des Schlüsselwortes `OTHERS` für alle anderen Fälle, wie in Listing 2.23 gezeigt. Diese Syntax ist vergleichbar zu den in Abschnitt 2.3.4 beschriebenen Möglichkeiten bei Aggregaten. In beiden Fällen entspricht das Syntheseergebnis Abbildung 2.19.

Listing 2.23: *Verwendung von OTHERS bei der CASE-Anweisung*

```
0    ARCHITECTURE beh2 OF casetest IS
1    BEGIN
2      P1: PROCESS (sel, in0, in1)
3      BEGIN
```

```
4      CASE sel IS
5        WHEN 0 | 1 => y <= in0;
6        WHEN OTHERS => y <= in1;
7      END CASE;
8    END PROCESS P1;
9  END beh2;
```

Listing 2.24: Multiplexerfunktion mit IF-Anweisung

```
0    ARCHITECTURE beh3 OF casetest IS
1    BEGIN
2      P1: PROCESS (sel, in0, in1)
3      BEGIN
4        IF (sel = 0) OR (sel = 1) THEN
5          y <= in0;
6        ELSE
7          y <= in1;
8        END IF;
9      END PROCESS P1;
10   END beh3;
```

Wie bei IF-Anweisungen, muss in einem CASE-Zweig nicht unbedingt eine Zuweisung stehen. Daher kann es bei komplexeren CASE-Anweisungen ebenfalls vorkommen, dass Signalzuweisungen vergessen werden; somit empfiehlt es sich auch bei CASE-Anweisungen mit einer „Default"-Anweisung zu arbeiten. Die gleiche Funktion wie in den Listings 2.21 bis 2.23 hätte man auch mit einer IF-Anweisung, wie in Listing 2.24 gezeigt, kodieren können. Da sich die Bedingungen aber in diesem Fall gegenseitig ausschließen, wird die Prioritätseigenschaft der IF-Anweisung nicht benötigt. Die Synthese führt daher zur gleichen Multiplexer-Realisierung wie in Abbildung 2.19. Neben Multiplexerfunktionen eigenen sich CASE-Anweisungen insbesondere gut, um Schaltwerke zu kodieren. Dies wird in Kapitel 4 demonstriert.

2.4.3 Schleifen

Schleifen zur Beschreibung von Iterationen (Wiederholungen) werden in VHDL als sequentielle Anweisung nach dem Muster in Listing 2.25 aufgebaut. Die optionalen Elemente sind in [ ]-Klammern angegeben; es handelt sich hierbei um so genannte „Meta-Zeichen", welche nicht zur Syntax gehören, sondern nur der Darstellung der Syntax dienen (siehe auch Syntaxdarstellung im Anhang). Eine optionale Marke (= Bezeichner) kann zur Identifikation der Schleife verwendet werden; Marken können für andere sequentielle Anweisungen ebenfalls verwendet werden. Zwischen den Schlüsselwörtern LOOP und END LOOP befindet sich der eigentliche *Schleifenkörper*, das ist eine Abfolge von sequentiellen Anweisungen, die iterativ ausgeführt werden sollen.

Listing 2.25: Schleifenkonstruktion in VHDL

```
0    [Schleifenmarke :] [Iterationsschema] LOOP
1          [Sequentielle Anweisungen]
2    END LOOP [Schleifenmarke];
```

Das optionale, vorzeitige Verlassen einer Schleife ist durch Verwendung einer EXIT-Anweisung möglich. Das optionale, vorzeitige Beenden der aktuellen Schleifeniteration ist
durch eine NEXT-Anweisung möglich. EXIT und NEXT sind ebenfalls sequentielle Anweisungen und können nach dem Schlüsselwort WHEN mit einer (optionalen) Abbruchbe-
dingung versehen werden. Wie bei den IF-Anweisungen handelt es sich um einen Ausdruck, der einen Boole'schen Wert true oder false liefert; bei true wird EXIT oder
NEXT ausgeführt. Die Anweisungen sehen wie folgt aus (optionale Elemente wieder in
[ ]-Klammern):

```
EXIT [Schleifenmarke] [WHEN boolescher_Ausdruck];
NEXT [Schleifenmarke] [WHEN boolescher_Ausdruck];
```

Die optionale Schleifenmarke kann bei verschachtelten Schleifen dazu benutzt werden, um
mehrere Schleifenhierarchien über die EXIT-Anweisung zu verlassen, siehe [8]; ohne Angabe einer Schleifenmarke wird die aktuelle Schleife verlassen. Je nach *Iterationsschema*
können drei Schleifentypen unterschieden werden:

- *Endlosschleife*: Es wird *kein* Iterationsschema angegeben. Das Verlassen der Schleife
  wird nur durch eine EXIT-Anweisung gesteuert. Wird die EXIT-Anweisung an das
  Ende des Schleifenkörpers gestellt, so wird der Schleifenkörper mindestens einmal
  durchlaufen. Dies entspricht einer so genannten „fußgesteuerten" Schleife, beispielsweise in C der „do-while"-Schleife.

- *While-Schleife*: Das Iterationsschema lautet: WHILE boolescher_Ausdruck
  Vor Eintritt in die Schleife wird ein Ausdruck ausgewertet, der ein Boole'sches Ergebnis liefern muss; ist das Ergebnis true, wird die Schleife ausgeführt. Wie bei
  der vergleichbaren „while"-Schleife in C handelt es sich um eine „kopfgesteuerte"
  Schleife: Vor Eintritt in die Schleife wird die Bedingung geprüft; die Schleife wird
  nicht durchlaufen, wenn die Bedingung nicht zutrifft (false).

- *For-Schleife*: Das Iterationsschema lautet: FOR Laufvariable IN Range
  Es handelt sich ebenfalls um eine kopfgesteuerte Schleife, bei der die Anzahl der
  Schleifendurchläufe über eine Laufvariable bestimmt wird. Wie schon an anderer
  Stelle erwähnt, muss die Laufvariable nicht explizit deklariert werden. Sie muss allerdings von einem diskreten Typ sein, also ein Integer-Typ oder ein Aufzählungstyp;
  der Datentyp ergibt sich *implizit* aus der Angabe des Bereichs (Range). Die Laufvariable ist nur gültig innerhalb der Schleife und kann dort auch nur als Konstante verwendet werden, das heißt ihr kann kein Wert zugewiesen werden! Die Bereichsangabe (Range) der Laufvariablen kann dynamisch sein, das heißt sie kann sich während
  der Laufzeit des VHDL-Codes ändern. Vor Eintritt in die Schleife wird die Bereichsangabe ausgewertet: Ist die Bereichsgröße und damit die Anzahl der Schleifendurchläufe 0, wird die Schleife nicht ausgeführt. Anderenfalls wird die Iteration für jeden
  Wert des Bereiches einmal ausgeführt. Der Bereich kann dabei in aufsteigender (TO)
  oder absteigender (DOWNTO) Reihenfolge durchlaufen werden.

Für die Synthesefähigkeit im Hinblick auf die RTL-Synthese einer Schleife wird in der Regel gefordert, dass die Anzahl der Schleifendurchläufe statisch bestimmt werden kann. Die

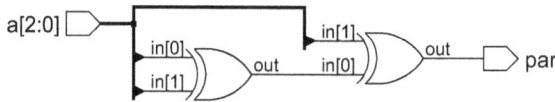

Abb. 2.20: *Ergebnis der Synthese für Listing 2.26*

Anzahl der Durchläufe darf sich daher nicht dynamisch während der Laufzeit des Modells verändern und es darf sich nicht um eine Endlosschleife handeln. Für eine dynamische Steuerung des Abbruchkriteriums wäre die Konstruktion eines Schaltwerks erforderlich, was die RTL-Synthese nicht leisten kann. Dies kann jedoch durch die High-Level-Synthese erfolgen, so dass in VHDL- oder SystemC-Beschreibungen für die High-Level-Synthese auch dynamische Schleifen oder Endlosschleifen verwendet werden können. Die statische FOR-Schleife wird von allen RTL-Synthesewerkzeugen unterstützt; sie wird dabei „entrollt" und in entsprechende Hardware umgesetzt. Daher wird eine Schleife von der RTL-Synthese nicht in ein sequentielles Schaltwerk umgesetzt, sondern in ein Schaltnetz; eine hohe Anzahl von Schleifendurchläufen kann daher auch in einem hohen Aufwand an Logikgattern resultieren, so dass entsprechende Vorsicht bei der Anwendung der Schleifen in der RTL-Synthese geboten ist!

Listing 2.26: *Paritätsgenerator mit FOR-Schleife*

```
0     LIBRARY ieee;
1     USE ieee.std_logic_1164.all;
2
3
4     ENTITY looptest IS
5        PORT(
6            a   : IN      std_logic_vector (2 DOWNTO 0);
7            par : OUT     std_logic
8        );
9     END looptest ;
10
11    ARCHITECTURE beh OF looptest IS
12    BEGIN
13      P1: PROCESS (a)
14        VARIABLE parity : std_logic;
15      BEGIN
16        parity := '0';
17        FOR i IN 0 TO 2 LOOP
18          parity := parity XOR a(i);
19        END LOOP;
20        par <= parity;
21      END PROCESS P1;
22    END beh;
```

In Listing 2.26 ist ein Beispiel für die Verwendung einer statischen FOR-Schleife zur Codierung eines Paritätsgenerators gezeigt. Ist die Anzahl der ' 1' im Eingangssignal a ungerade, so wird der Ausgang par auf ' 1' gesetzt. Das Ergebnis der Synthese in Abbildung 2.20 zeigt die entstandene Hardware bestehend aus zwei XOR-Gattern.

Eine äquivalente Formulierung des Paritätsgenerators mit einer WHILE-Schleife findet sich in Listing 2.27, dieser Code führt in der Synthese zum gleichen Ergebnis wie Listing 2.26. Hierbei muss nun – im Gegensatz zur FOR-Schleife – die Laufvariable explizit deklariert und inkrementiert werden, so dass die FOR-Schleife kürzeren Code erlaubt; die WHILE-Schleife wird auch nicht von allen Synthesewerkzeugen unterstützt.

Listing 2.27: Paritätsgenerator mit WHILE-Schleife

```
0     ARCHITECTURE beh1 OF looptest IS
1     BEGIN
2       P1: PROCESS (a)
3         VARIABLE parity : std_logic;
4         VARIABLE i : integer;
5       BEGIN
6         parity := '0';
7         i := 0;
8         WHILE i < 3 LOOP
9           parity := parity XOR a(i);
10          i := i + 1;
11        END LOOP;
12        par <= parity;
13      END PROCESS P1;
14    END beh1;
```

Dass Schleifen auch zur Erzeugung von speichernden Schaltungen verwendet werden können, zeigt das Beispiel eines Schieberegisters in Listing 2.28 und Abbildung 2.21: Innerhalb der bekannten IF-Anweisung für die Beschreibung eines asynchron rücksetzbaren, flankengesteuerten Flipflops werden im Rücksetzzweig und im Taktzweig jeweils FOR-Schleifen verwendet. Im Taktzweig werden die Flipflops zu einer Schieberegisterkette verbunden, die auch vom Synthesewerkzeug richtig erkannt werden kann. Verlangt wird hier allerdings auch, dass jeweils ein statisch bestimmbares Abbruchkriterium für die Schleife vorliegt. Abgesehen von statischen FOR-Schleifen, die von allen wesentlichen Synthesewerkzeugen umgesetzt werden können, wird die Behandlung von Schleifen von den einzelnen Synthesewerkzeugen zum Teil recht unterschiedlich gehandhabt, so dass sich ein Blick in die Handbücher der Werkzeughersteller immer lohnt.

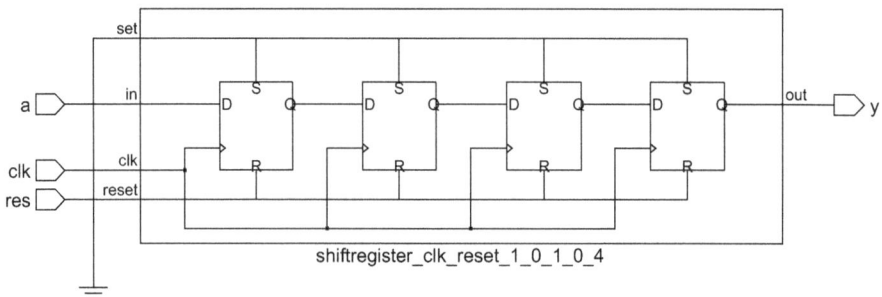

Abb. 2.21: *Ergebnis der Synthese für Listing 2.28*

Listing 2.28: Schieberegister mit FOR-Schleife

```
0    LIBRARY ieee;
1    USE ieee.std_logic_1164.all;
2
3
4    ENTITY shiftreg IS
5      PORT(
6          a   : IN      std_logic;
7          clk : IN      std_logic;
8          res : IN      std_logic;
9          y   : OUT     std_logic
10     );
11   END shiftreg ;
12
13   ARCHITECTURE beh OF shiftreg IS
14     SIGNAL y_s : std_logic_vector(3 DOWNTO 0);
15   BEGIN
16     P1: PROCESS(clk, res)
17     BEGIN
18       IF res = '1' THEN
19         FOR i IN 0 TO 3 LOOP
20           y_s(i) <= '0';
21         END LOOP;
22       ELSIF clk'event AND clk = '1' THEN
23         y_s(0) <= a;
24         FOR i IN 0 TO 2 LOOP
25           y_s(i+1) <= y_s(i);
26         END LOOP;
27       END IF;
28     END PROCESS P1;
29     y <= y_s(3);
30   END beh;
```

2.4.4   Weitere sequentielle Anweisungen

Die WAIT-Anweisung wurde in den vorangegangenen Abschnitten schon mehrfach verwendet. Wie in Abschnitt 2.2.2 erwähnt, kann die Ausführung eines Prozesses entweder
über eine Sensitivitätsliste oder über eine WAIT-Anweisung gesteuert werden; eine Verwendung von beiden Mechanismen im gleichen Prozess ist nicht zulässig. Mit der WAIT-
Anweisung wird ein Prozess suspendiert. Über optionale Bedingungen kann angegeben
werden, wann der Prozess wieder ausgeführt wird; der Prozess wird dann bis zur nächsten
WAIT-Anweisung weiter ausgeführt. Ohne eine optionale Bedingung wird der Prozess für
immer suspendiert (siehe Listing 2.8 in Abschnitt 2.2.4). Es gibt drei Möglichkeiten für
die Bedingungen (Die { }-Klammer bedeutet eine optionale Wiederholung des Elements),
Kombinationen der drei Bedingungen sind ebenso möglich, siehe [8]:

- Sensitivitätsliste: WAIT ON Signal_1 {, Signal_n};
  Dies entspricht in der Funktion einer Sensitivitätsliste (siehe Abschnitt 2.2.2). Ändert
  sich eines der Signale in der Liste, wird der Prozess weiter ausgeführt bis zur nächsten WAIT-Anweisung. Diese Form der WAIT-Anweisung wird allerdings nicht von

allen Synthesewerkzeugen unterstützt und ist in synthesefähigen Beschreibungen unüblich; verwendet wird stattdessen ein Prozess mit Sensitivitätsliste ohne WAIT-Anweisungen.

- Boole'sche Bedingung: WAIT UNTIL boolescher_Ausdruck;
  Der Prozess wird so lange in seiner Ausführung suspendiert, bis der Boole'sche Ausdruck wahr (true) ist. Für synthesefähige Beschreibungen kann in der Regel nur eine Taktbedingung für eine steigende oder fallende Flanke ausgewertet werden. Damit können, wie in Listing 2.29 am Beispiel eines 2-Bit-Registers gezeigt, Flipflops beschrieben werden (vgl. auch Abschnitt 2.2.1). Bei Verwendung von WAIT-Anweisungen ist es nicht möglich, ein Register mit asynchronem Reset zu beschreiben. Daher wird diese Form nur selten verwendet und man beschreibt Flipflops und Register, mit oder ohne asynchronem Reset, hauptsächlich mit der IF-Anweisung unter Verwendung einer Sensitivitätsliste.

- Zeitangabe (Timeout): WAIT FOR Zeitangabe;
  Der Prozess wird so lange suspendiert, bis das angegebene Zeitintervall im Simulator verstrichen ist. Als Beispiel sei auf Listing 2.8 in Abschnitt 2.2.4 verwiesen. Diese Form der WAIT-Anweisung ist nicht synthesefähig und findet sich hauptsächlich in Testbenches wieder.

Listing 2.29: 2-Bit-Register mit WAIT-Anweisung ohne Reset

```
0    ARCHITECTURE beh1 OF ff2 IS
1      SIGNAL q0_s, q1_s : std_logic;
2    BEGIN
3      reg: PROCESS
4      BEGIN
5        WAIT UNTIL clk'event AND clk = '1'; -- Steigende Taktflanke
6        q0_s <= d0;
7        q1_s <= d1;
8      END PROCESS reg;
9      q0 <= q0_s;
10     q1 <= q1_s;
11   END beh1;
```

Zusammenfassend kann gesagt werden, dass sich WAIT-Anweisungen nur selten in synthesefähigen VHDL-Beschreibungen finden, da sie hierfür nur eingeschränkt tauglich sind. Häufig werden sie dagegen in Testbenches verwendet.

Eine weitere sequentielle Anweisung ist die ASSERT-Anweisung; diese wurde in der Testbench in Listing 2.8 in Abschnitt 2.2.4 verwendet, um den Abbruch der Simulation zu steuern. Eine ASSERT-Anweisung sieht wie folgt aus:

```
ASSERT boolescher_Ausdruck
            REPORT "String"
            SEVERITY (note | warning | error | failure);
```

Eine ASSERT-Anweisung wird nur bedingt ausgeführt: Ist der Boole'sche Ausdruck true, so wird die ASSERT-Anweisung *nicht* ausgeführt, bei false wird sie ausgeführt. Bei

Ausführung wird ein beliebiger String als Nachricht im Simulator ausgegeben. Der
„Schweregrad" (engl.: severity) entscheided im Simulator, welche Aktionen vorgenommen werden. So kann beispielsweise die Simulation bei einem bestimmten Schweregrad
abgebrochen werden. Im Beispiel von 2.8 in Abschnitt 2.2.4 wurde der Schweregrad für
den Simulationsabbruch auf failure gesetzt, um die Simulation nach 100 ns abzubrechen. ASSERT-Anweisungen werden im Allgemeinen zur Unterstützung der Verifikation
eingesetzt. Sie können nicht in Hardware umgesetzt werden; sie können jedoch in einem
synthesefähigen Code verwendet werden und werden dann vom Synthesewerkzeug einfach
überlesen. Die Funktion einer ASSERT-Anweisung ist es, den Entwickler auf ein Problem
aufmerksam zu machen. So können im Boole'schen Ausdruck beispielsweise bestimmte
Werte von Signalen überprüft werden, die in der Anwendung eigentlich nicht vorkommen
sollten und auf ein mögliches Problem hindeuten.

Schließlich bleibt noch die NULL-Anweisung zu erwähnen, die *nichts* tut; vergleichbar
mit einer nop-Instruktion bei einem Mikroprozessor. Sie kann manchmal aus syntaktischen oder semantischen Gründen sinnvoll oder notwendig sein. So ist beispielsweise bei
einer CASE-Anweisung die Aufzählung aller Zweige notwendig, die Angabe einer Anweisung in einem Zweig ist jedoch nicht zwingend. Es kann jedoch sinnvoll sein, durch eine
NULL-Anweisung „optisch" kenntlich zu machen, dass hier nichts vergessen wurde und
dass in diesem Fall tatsächlich nichts passieren soll. Damit sind in diesem Abschnitt alle
sequentiellen Anweisungen beschrieben worden. Für ausführlichere Erläuterungen zu den
sequentiellen Anweisungen sei wieder auf [8] verwiesen, für weitere Informationen zur
Synthesefähigkeit auch auf [14]. Insbesondere sei nochmals erwähnt, dass einige Anweisungen nicht einheitlich von den Synthesewerkzeugen behandelt werden; daher sind die
Handbücher der Synthesewerkzeuge zumeist eine gute und aktuelle Informationsquelle für
dieses Thema.

2.5 Nebenläufige Anweisungen

In Abschnitt 2.2.2 wurden die so genannten nebenläufigen Anweisungen als *implizite* Prozesse eingeführt. Während die in Abschnitt 2.2.2 benutzten nebenläufigen Anweisungen
unbedingt waren, ist es auch möglich, Bedingungen zu verwenden. Die so genannte „bedingte Signalzuweisung" (engl.: conditional signal assignment) entspricht einer sequentiellen IF-Anweisung und die „selektierte Signalzuweisung" (engl.: selected signal assignment) einer CASE-Anweisung.

2.5.1 Unbedingte nebenläufige Anweisungen

Eine unbedingte nebenläufige Signalzuweisung ist wie eine sequentielle Signalzuweisung
aufgebaut und sieht wie folgt aus:

```
[Marke :] Signal <= [TRANSPORT] Ausdruck [AFTER Zeitangabe]
            {, Ausdruck AFTER Zeitangabe} ;
```

Auf der linken Seite steht das Signal, dem etwas zugewiesen werden soll. Auf der rechten Seite folgt ein Ausdruck zusammen mit einer optionalen Zeitangabe (vgl. auch Abschnitt 2.2.7). Der Ausdruck besteht zumeist aus einer Kombination von Operanden und Operatoren. Da Variablen aber außerhalb von (expliziten) Prozessen nicht sichtbar sind, können nur Signale für die Operanden verwendet werden.

Listing 2.30: Variante für die Testbench in Listing 2.8 (Ausschnitt)

```
0     stim : PROCESS
1     BEGIN  -- PROCESS stim
2       s_res <= '1', '0' after 20 ns;
3       s_d0 <= '1' after 20 ns;
4       s_load <= '1' after 40 ns;
5       WAIT;
6     END PROCESS stim;
```

Wie bei sequentiellen Anweisungen, so ist es hier auch möglich, mehrere Zuweisungen (Elemente) an das Signal *zu verschiedenen Zeitpunkten* in der gleichen Signalzuweisung anzugeben, angedeutet durch die optionale Wiederholung mit der { }-Klammer (Meta-Zeichen). Dies führt dann zu mehreren Einträgen in die Transaktionsliste des Signals und ist nur für nicht-synthesefähige Beschreibungen möglich. Diese Konstruktion ist auch als „waveform_element" bekannt. Nur das erste Element kann optional mit Transport- oder Trägheitsverzögerung angegeben werden, alle weiteren Elemente werden als Transportverzögerung behandelt [59]. So kann der Prozess stim aus Listing 2.8 in Abschnitt 2.2.4 bei gleicher Funktionalität etwas kürzer auch wie in Listing 2.30 formuliert werden. Dabei ist wichtig, dass die Zeitangaben relativ zum aktuellen Zeitpunkt verstanden werden, im Beispiel ist dies der Start der Simulation zum Zeitpunkt 0 s; die Reihenfolge der Zuweisungen muss aufsteigend nach der Zeitangabe geordnet werden, siehe [8].

Listing 2.31: Variante für die Testbench mit nebenläufigen Anweisungen (Ausschnitt)

```
0     s_res <= '1', '0' after 20 ns;
1     s_d0 <= '1' after 20 ns;
2     s_load <= '1' after 40 ns;
```

Die Funktion der sequentiellen Anweisungen im Prozess stim von Listing 2.30 kann noch kürzer durch Verwendung von nebenläufigen Anweisungen in Listing 2.31 formuliert werden. Obwohl es so aussieht als hätte man einfach das PROCESS-„Gerüst" weggelassen, entspricht Listing 2.31 *drei* nebenläufigen (impliziten) Prozessen, statt des einen expliziten Prozesses in Listing 2.30.

2.5.2   Bedingte nebenläufige Anweisungen

Für das Beispiel des Prioritätsencoders aus Listing 2.16 in Abschnitt 2.4.1 lässt sich unter Verwendung einer *bedingten nebenläufigen Anweisung*, die auch als *bedingte Signalzuweisung* bezeichnet wird, auch eine „kürzere" Formulierung in Listing 2.32 finden. Das Syntheseergebnis entspricht der in Abbildung 2.16 gezeigten Schaltung. Da es sich wie bei der sequentiellen IF-Anweisung um einen Prioritätsencoder handelt, werden die Boole'schen Bedingungen der Reihe nach geprüft und die erste Bedingung, die wahr (true) ist, „gewinnt". Ebenso müssen sich die Bedingungen wiederum nicht gegenseitig ausschließen.

Listing 2.32: Prioritätsencoder mit Hilfe einer bedingten nebenläufigen Anweisung

```
0   ARCHITECTURE beh2 OF iftest IS
1   BEGIN
2     P1: y <= d WHEN a = '1' ELSE
3            e WHEN b = '0' ELSE
4            f WHEN c = '1' ELSE
5            '0';
6   END beh2;
```

In gleicher Weise lässt sich der Prozess mit der CASE-Anweisung aus Listing 2.21 in Abschnitt 2.4.2 durch eine selektierte nebenläufige Anweisung, die auch als *selektierte Signalzuweisung* bezeichnet wird, ersetzen, wie in Listing 2.33 gezeigt. Die selektierte nebenläufige Anweisung besitzt die gleichen Eigenschaften wie die CASE-Anweisung; auch hier muss ein Selektor-Ausdruck auf alle möglichen Werte abgefragt werden. Ebenso ist das Zusammenfassen von Werten und die Angabe von OTHERS möglich.

Listing 2.33: Multiplexer mit Hilfe einer selektierten nebenläufigen Anweisung

```
0   ARCHITECTURE beh4 OF casetest IS
1   BEGIN
2     P1: WITH sel SELECT
3       y <= in0 WHEN 0 | 1,
4              in1 WHEN OTHERS;
5   END beh4;
```

Listing 2.34: 2-Bit-Register mit Hilfe einer nebenläufigen bedingten Anweisung

```
0   ARCHITECTURE beh2 OF ff2 IS
1     SIGNAL q0_s, q1_s : std_logic;
2   BEGIN
3
4     q0_s <= '0' WHEN res = '1' ELSE
5             d0 WHEN clk'event AND clk = '1';
6     q1_s <= '0' WHEN res = '1' ELSE
7             d1 WHEN clk'event AND clk = '1';
8
9     q0 <= q0_s AFTER 2 ns;
10    q1 <= q1_s AFTER 2 ns;
11
12  END beh2;
```

Auch speichernde Elemente lassen sich mit nebenläufigen Anweisungen modellieren und von einigen Synthesewerkzeugen in Hardware umsetzen. Das 2-Bit-Register aus Listing 2.6 kann nebenläufig wie in Listing 2.34 formuliert werden. Für die Beschreibung von Flipflops und Registern wird jedoch in den Handbüchern der Werkzeughersteller zumeist die Verwendung von Prozessen empfohlen. Die Varianten aus Listing 2.32, 2.33 und 2.34 entsprechen in ihrer Funktion und bezüglich des Syntheseergebnisses den äquivalenten Formulierungen mit den Prozessen. So sind die nebenläufigen Varianten auch jeweils sensitiv

auf die gleichen Signale wie in den Sensitivitätslisten der Prozess-Varianten; ebenso wird
eine entsprechende Transaktionslistenverwaltung notwendig. Der Vorteil der nebenläufigen
Anweisungen liegt hauptsächlich in ihrer kürzeren Formulierung. Allerdings sollte beachtet werden, dass jede nebenläufige Anweisung äquivalent zu einem Prozess ist! Hat man
komplexere Schaltungen zu modellieren, so ist die Verwendung von Prozessen und Variablen die effizientere Variante, insbesondere im Hinblick auf die Simulationsgeschwindigkeit. Des Weiteren gibt es keine Entsprechung für die Schleifen, so dass die sequentiellen
Anweisungen auch einen größeren Funktionsumfang als die nebenläufigen Anweisungen
bieten. Nebenläufige Anweisungen finden dort ihren Einsatz wo kleinere kombinatorische
Schaltungen benötigt werden. Prozesse und sequentielle Anweisungen sollten daher der
Standard-Ansatz für die Beschreibung von synthesefähiger Hardware sein, nebenläufige
bedingte und selektierte Anweisungen eher die Ausnahme.

2.6   Unterprogramme und Packages

Wie bei klassischen Programmiersprachen gibt es auch in VHDL die Möglichkeit *Unterprogramme* in Form von Prozeduren und Funktionen zu verwenden. Sie erfüllen eine
ähnliche Funktion: Wiederkehrende Abläufe, die häufig benötigt werden, können in einem
Unterprogramm kodiert und somit mehrfach verwendet werden. Während Unterprogramme in klassischen Programmiersprachen ein wesentliches Element der strukturierten Programmierung darstellen und das Entwickeln großer Software-Anwendungen erst ermöglichen, entspricht dieser Vorgehensweise in VHDL eigentlich eher die Strukturierung der
Hardware durch Entities und Architectures sowie Prozesse – wie in den vorangegangenen
Abschnitten gezeigt. Darüber hinaus können Unterprogramme in VHDL innerhalb von
Architectures und Prozessen zur weiteren Strukturierung und Vereinfachung des Codes
beitragen. VHDL kennt zwei Arten von Unterprogrammen:

- Funktionen (`function`): Funktionen werden mit keinem oder beliebig vielen Argumenten (Parameter) aufgerufen; die Argumente können nur gelesen werden und
  sind daher immer vom Modus `IN`, der folglich nicht angegeben werden muss. Bei
  den Argumenten handelt es sich um Signale oder Konstanten (Argumentklasse); wird
  die Argumentklasse nicht angegeben, handelt es sich um eine Konstante. Eine Funktion berechnet genau einen Rückgabewert, der von einem bestimmten Datentyp sein
  muss, und wird mit der Anweisung `return` verlassen; es muss daher mindestens
  eine `return`-Anweisung in der Funktion geben. Innerhalb der Funktion werden
  sequentielle Anweisungen verwendet, mit Ausnahme der `WAIT`-Anweisung, die in
  Funktionen nicht verwendet werden darf. Eine Funktion kann überall dort verwendet
  werden, wo der Typ des Ergebniswertes erlaubt ist, beispielsweise in sequentiellen
  oder nebenläufigen Anweisungen. Ein Operator ist eine spezielle Form einer Funktion, siehe Abschnitt 2.3.1.

- Prozeduren (`procedure`): Prozeduren werden mit mehreren Argumenten aufgerufen; die Argumente können gelesen (Modus `IN`) oder geschrieben (Modus `OUT`) oder

gelesen und geschrieben (Modus INOUT) werden. Ohne Angabe des Modus handelt
es sich um den Typ IN. Bei den Argumenten handelt es sich um Signale, Variablen
oder Konstanten; wird nichts angegeben, so handelt es sich bei IN-Modus um die
Klasse Konstante und bei OUT um die Klasse Variable. Eine Prozedur kann beliebig
viele Rückgabewerte (OUT oder INOUT) oder auch keinen Rückgabewert liefern;
sie kann mit einer return-Anweisung verlassen werden oder läuft ohne return-
Anweisung bis zum Ende. Innerhalb einer Prozedur können alle sequentiellen Anweisungen verwendet werden. Eine Prozedur ist eine eigenständige Anweisung: Sie
kann als nebenläufige oder sequentielle Anweisung verwendet werden. Bei der Verwendung als nebenläufige Anweisung wird eine Prozedur immer dann ausgeführt,
wenn sich eines der Argumente vom Typ IN oder INOUT geändert hat.

Bei der Deklaration einer Funktion oder einer Prozedur werden so genannte *formale* Argumente oder Parameter deklariert; beim Aufruf eines Unterprogramms müssen dann den
formalen die so genannten *aktuellen* Argumente zugeordnet werden. Die Zuordnung erfolgt dabei wie bei der Instanzierung von Komponenten, siehe Abschnitt 2.2.3, entweder
über „named association" oder „positional association". Innerhalb einer Funktion oder einer Prozedur ist die Verwendung von lokalen Variablen möglich. Im Gegensatz zu Variablen in Prozessen behalten die Variablen von Aufruf zu Aufruf der Unterprogramme
ihren Wert jedoch nicht. Auch der rekursive Aufruf von Unterprogrammen ist möglich; die
Synthesefähigkeit ist jedoch nicht in allen Synthesewerkzeugen sichergestellt. Wie in Abschnitt 2.3.2 für die Operatoren erläutert, ist das Überladen für Funktionen und Prozeduren
ebenfalls möglich.

In der urspünglichen Definition des VHDL-Standards *IEEE 1076-1987* war es in Funktionen nicht möglich, auf Objekte zuzugreifen, die nicht in der Argumentliste oder in
der Funktion selbst deklariert waren. Damit war ausgeschlossen, dass so genannte „Sei-
teneffekte" auftreten konnten, die sich wie folgt auswirken: Der Wert von Objekten der
aufrufenden Architecture oder des aufrufenden Prozesses wird durch die Funktion verändert (schreiben von übergeordneten Objekten) oder das Ergebnis der Funktion ist, bei
identischen Argumenten, vom Zeitpunkt oder Ort des Aufrufs abhängig (lesen von übergeordneten Objekten). Da man dies als große Einschränkung empfand, wurden in der
Überarbeitung des Standards *IEEE 1076-1993* die so genannten „unreinen" Funktionen
(engl.: impure function) eingeführt, bei denen der Zugriff auf übergeordnete Objekte möglich ist. Für deren Verwendung muss der Funktionsdeklaration ein impure vorangestellt
werden. Auch Prozeduren können auf Signale, Variablen und Ports der aufrufenden En-
tities/Architectures und Prozesse zugreifen und sind in diesem Sinne wie eine impure-
Funktion zu verstehen. Vor Seiteneffekten und damit auch der Verwendung von impure-
Funktionen sei gewarnt: Man sollte dies tatsächlich als „schmutzigen" Kodierstil auffassen
und nur in begründeten Ausnahmefällen verwenden. Insbesondere sollte es dann im Kopf
des Unterprogramms als Kommentar auch dokumentiert werden, welche übergeordneten
Objekte im Unterprogramm gelesen oder geschrieben werden.

Der Gültigkeitsbereich von Unterprogrammen hängt wie bei den Objekten, siehe Abschnitt
2.3.3, vom Ort der Deklaration des Unterprogramms ab. In der Regel sollen Unterprogram-

me von mehreren Entities und Architectures verwendet werden können: Hier bietet sich wiederum die Verwendung von *Packages* an. Ein Package ist eine VHDL-Übersetzungs-einheit und wird normalerweise in einer eigenen Datei abgespeichert. Durch „Dazubin-den" eines Packages mit Hilfe einer USE-Anweisung, wird der Inhalt des Packages in der jeweiligen Entity oder Architecture sichtbar. Ein Package besteht im Grunde wiederum aus zwei getrennten Übersetzungseinheiten, der Deklaration (engl.: package declaration) und der Implementierung oder dem „Körper" (engl.: package body). In der Deklaration finden sich Deklarationen von Datentypen, Objekten und Prototypen der Unterprogramme (Deklaration). In den Körpern der Packages finden sich dann die Implementierungen der Unterprogramme (Definition). Diese Zweiteilung und damit die getrennte Übersetzbarkeit von Deklaration und Körper hat den Vorteil, dass – solange die Deklaration nicht verändert wird – die Körper und damit die Implementierungen der Unterprogramme, verändert werden können, ohne dass die von dem Package abhängigen Entities und Architectures neu kompiliert werden müssen.

Listing 2.35: Beispiel für eine Package Deklaration

```
0    LIBRARY ieee;
1    USE ieee.std_logic_1164.all;
2    PACKAGE vc IS
3
4      FUNCTION paritaet (
5        CONSTANT width : integer;
6        SIGNAL   a     : std_logic_vector) RETURN std_logic;
7
8      PROCEDURE paritaet2 (
9        CONSTANT width : IN  integer;
10       SIGNAL   a     : IN  std_logic_vector;
11       SIGNAL   result : OUT std_logic);
12
13   END vc;
```

In Listing 2.35 und 2.36 ist ein Beispiel für ein Package und für die Deklaration und Definition einer Funktion und einer Prozedur zu sehen. Bei der Deklaration der Funktion und der Prozedur werden in den Klammern die formalen Argumente mit ihren Argumentklassen angegeben. Bei der späteren Angabe der aktuellen Argumente kann einer formalen Konstante eine aktuelle Konstante oder auch ein Signal oder eine Variable (bei Prozeduren) zugeordnet werden. Einem formalen Signal kann nur ein aktuelles Signal zugeordnet werden und einer formalen Variablen nur eine aktuelle Variable. Nach der Deklaration der Argumente wird bei der Funktion nach dem Schlüsselwort RETURN der Datentyp des Rückgabewerts angegeben. Dies entfällt bei der Prozedur, statt dessen wird ein zusätzliches Signal result für die Rückgabe des Ergebnisses verwendet.

Listing 2.36: Beispiel für einen Package Körper

```
0    LIBRARY ieee;
1    USE ieee.std_logic_1164.all;
2    PACKAGE BODY vc IS
3
```

```
4    FUNCTION paritaet (
5      CONSTANT width  : integer;
6      SIGNAL   a      : std_logic_vector) RETURN std_logic IS
7      VARIABLE parity : std_logic := '0';
8    BEGIN
9      FOR i IN 0 TO width-1 LOOP
10       parity := parity XOR a(i);
11     END LOOP;
12     RETURN parity;
13   END FUNCTION paritaet;
14
15   PROCEDURE paritaet2 (
16     CONSTANT width  : IN  integer;
17     SIGNAL   a      : IN  std_logic_vector;
18     SIGNAL   result : OUT std_logic) IS
19     VARIABLE parity : std_logic := '0';
20   BEGIN
21     FOR i IN 0 TO width-1 LOOP
22       parity := parity XOR a(i);
23     END LOOP;
24     result <= parity;
25   END PROCEDURE paritaet2;
26
27 END vc;
```

Die Körper der Funktion und der Prozedur in Listing 2.36 entsprechen funktional dem Beispiel 2.26 aus Abschnitt 2.4.3. Der Kopf entspricht jeweils der Deklaration aus Listing 2.35, mit dem Schlüsselwort IS wird dann der eigentliche Rumpf des Unterprogramms jeweils eingeleitet. Zu bemerken ist an dieser Stelle, dass das Signal a ein *unbeschränkter* Feldtyp ist; damit wird die Funktion und die Prozedur jeweils unabhängig von der Breite des Vektors a und somit universeller einsetzbar. Bei der Verwendung der Funktion oder Prozedur muss dann die Breite festgelegt werden, so dass sie für die Synthesefähigkeit wieder statisch bestimmbar wird. Zwischen den Schlüsselwörtern IS und BEGIN befindet sich der Deklarationsteil, welcher hier für die Deklaration einer lokalen Variablen parity benutzt wird. Nach dem BEGIN-Schlüsselwort folgen die auszuführenden sequentiellen Anweisungen. Es handelt sich jeweils um die Schleife, die die Parität des Signals a berechnet. Im Fall der Funktion erfolgt die Rückgabe des Ergebnisses über die RETURN-Anweisung, im Fall der Prozedur wird das Ergebnis dem Signal result zugewiesen.

Listing 2.37: Verwendung einer Funktion zur Berechnung der Parität

```
0    LIBRARY vcbuchk2_1;
1    USE vcbuchk2_1.vc.ALL;
2    ARCHITECTURE beh2 OF looptest IS
3    BEGIN
4      par <= paritaet(3, a);
5    END beh2;
```

Listing 2.38: Verwendung einer Prozedur zur Berechnung der Parität

```
0    LIBRARY vcbuchk2_1;
1    USE vcbuchk2_1.vc.ALL;
```

```
2    ARCHITECTURE beh3 OF looptest IS
3    BEGIN
4      paritaet2(3, a, par);
5    END beh3;
```

Die Verwendung der Unterprogramme ist in Listing 2.37 und 2.38 gezeigt: Die Funktion
wird in einer nebenläufigen Signalzuweisung verwendet und die Prozedur wird als nebenläufige Anweisung verwendet, in diesem Fall spricht man von einem nebenläufigen Prozeduraufruf (engl.: concurrent procedure call statement). Der nebenläufige Prozeduraufruf
wird immer dann ausgeführt, wenn sich eines der Argumente vom Typ IN oder INOUT
ändert, und entspricht in seiner Funktion wiederum einem impliziten Prozess. Auch die
Funktion in der nebenläufigen Signalzuweisung liefert nur dann einen neuen Wert, wenn
sich eines der Argumente ändert, und damit gegebenfalls einen Eintrag in die Transaktionsliste. In beiden Fällen werden die formalen mit den aktuellen Argumenten über die Position verbunden (engl.: positional association). Damit die Unterprogramme benutzt werden
können, muss das Package jeweils in Zeile 0 und 1 bekannt gemacht werden. Die USE-
Anweisung ist dabei folgendermaßen zu verstehen: Das Package kommt aus der Bibliothek
vcbuchK2_1, das Package heißt vc und es können alle Deklarationen und Definitionen
(Schlüsselwort ALL) verwendet werden.

Listing 2.39: *Verwendung einer Funktion innerhalb eines Prozesses*

```
0    LIBRARY vcbuchk2_1;
1    USE vcbuchk2_1.vc.ALL;
2    ARCHITECTURE beh4 OF looptest IS
3    BEGIN
4      P1: PROCESS (a)
5      BEGIN
6        par <= paritaet(3, a);
7      END PROCESS P1;
8    END beh4;
```

Die gleichen Unterprogramme können auch innerhalb eines Prozesses verwendet werden,
wie in den Listings 2.39 und 2.40 gezeigt. Sie sind in Ihrer Funktion äquivalent zu den
nebenläufigen Varianten in Listing 2.37 und 2.38. Alle vier Beschreibungen sind Varianten
von Listing 2.26 aus Abschnitt 2.4.3 und gehören zur Entity looptest; jede der vier Beschreibungen führt auch zum gleichen Syntheseergebnis aus Abbildung 2.20. Für weitere
Informationen zu Unterprogrammen sei wieder auf [8, 14] verwiesen.

Listing 2.40: *Verwendung einer Prozedur innerhalb eines Prozesses*

```
0    LIBRARY vcbuchk2_1;
1    USE vcbuchk2_1.vc.ALL;
2    ARCHITECTURE beh5 OF looptest IS
3    BEGIN
4      P1: PROCESS (a)
5      BEGIN
6        paritaet2(3, a, par);
7      END PROCESS P1;
8    END beh5;
```

2.7 Auflösungsfunktionen, mehrwertige Logik und IEEE-Datentypen

In den vorangegangenen Abschnitten wurde hauptsächlich der Datentyp `std_logic` und der davon abgeleitete Feldtyp `std_logic_vector` verwendet. Im Gegensatz zum Datentyp `bit`, siehe Abschnitt 2.3.4, der nur die beiden Werte `'0'` und `'1'` umfasst, implementiert der Datentyp `std_logic` eine so genannte *mehrwertige* Logik mit einem erweiterten Wertebereich. In der digitalen Schaltungstechnik werden häufig Schaltungen verwendet, die nicht nur die Spannungspegel „low" und „high" zur Darstellung der Boole'schen Werte `'0'` und `'1'` annehmen können: Bei einer Busstruktur kann es beispielsweise passieren, dass der Bus nicht getrieben wird und damit hochohmig ist oder dass durch einen so genannten „Buskonflikt" mehrere Bustreiber am Bus aktiv sind und sich kein eindeutiger Logikpegel einstellt. Werden solche Strukturen verwendet, wird für Simulation und Synthese digitaler Schaltungen eine mehrwertige Logik notwendig und man entschloss sich für VHDL eine mehrwertige Logik zu standardisieren, die auch von den Synthesewerkzeugen verarbeitet werden kann; dies ist der Standard *IEEE 1164*, welcher in einem Package die Datentypen sowie zugehörige Funktionen und Operatoren zur Verfügung stellt. Wenn mehrere Treiber auf das gleiche Signal treiben, verlangt VHDL, dass eine so genannte *Auflösungsfunktion* (engl.: resolution function) existiert; diese berechnet den resultierenden Wert auf dem Signal bei mehreren Treibern (engl.: resolved signal).

2.7.1 Auflösungsfunktionen und mehrwertige Logik

Eine Busstruktur [83] wird durch den Anschluß mehrerer Treiber (Sender) an die gleiche Busleitung aufgebaut; die Eingänge eines oder mehrerer Gatter (Empfänger) sind ebenfalls an die Busleitung angeschlossen. Die drei Treiber `T3, T2, T1` sind in Abbildung 2.22 auf die gleiche Leitung (= Signal) `y` geschaltet; eine entsprechende VHDL-Codierung mit drei nebenläufigen Anweisungen ist in Listing 2.41 gezeigt. Liegt an allen drei Eingängen der gleiche Logikwert, so treiben alle drei Treiber an ihren Ausgängen ebenfalls den gleichen Logikwert und das Signal `y` erhält einen gültigen Logikwert.

Im VHDL-Code in Listing 2.41 ist nun `a = '0'` gesetzt und die beiden anderen Signale sind auf `'1'` gesetzt. In der Hardwarerealisierung bedeutet dies, dass zwei Treiberstufen

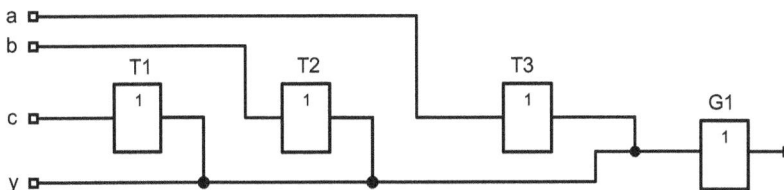

Abb. 2.22: Mehrere Treiber für ein Signal

(T1, T2) versuchen, die angeschlossene Leitung y auf '1' zu treiben und ein Treiber (T3) versucht, die Leitung auf '0' zu treiben.

Listing 2.41: VHDL-Code für das Treiber-Problem

```
0    LIBRARY vcbuchk2_1;
1    USE vcbuchk2_1.datentypen.all;
2
3    ENTITY mvtest IS
4    END mvtest ;
5
6    ARCHITECTURE beh OF mvtest IS
7      SIGNAL a : mvalr := '0';
8      SIGNAL b : mvalr := '1';
9      SIGNAL c : mvalr := '1';
10     SIGNAL y : mvalr;
11   BEGIN
12
13     y <= a;
14     y <= b;
15     y <= c;
16
17   END beh;
```

Die resultierende Spannung und damit der Logikpegel am Signal y hängt nun von den Treiberstärken der Transistoren in den Treibern ab; je nach Dimensionierung der Transistoren kann sich ein beliebiger Spannungswert zwischen der Versorgungsspannung U_{dd} und 0 Volt einstellen. Aus der Digitaltechnik ist bekannt [11], dass Logikgatter einen so genannten „verbotenen Bereich" für die Spannungspegel am Eingang des Gatters aufweisen, wie in Abbildung 2.23 gezeigt. Wir werden im Abschnitt 3.2.3 noch etwas detaillierter auf diese Problematik eingehen. Dieser Bereich liegt zwischen der maximalen Eingangsspannung $U_{il,max}$ für die logische '0' und der minimalen Eingangsspannung $U_{ih,min}$ für die logische '1'. Fällt die Eingangsspannung in diesen Bereich, so kann am Ausgang ebenfalls ein nicht gültiger Spannungspegel entstehen. Im Beispiel aus Abbildung 2.22 ist ein Logikgatter G1 an das Signal y angeschlossen. Die exakte Spannung auf y und das Verhalten von Gatter G1 lässt sich nur durch eine Analogsimulation bestimmen. Für die Logiksimulation – und damit auch für eine Simulation mit einem VHDL-Simulator – muss man das analoge Verhalten *abstrahieren*. Um den Aufwand für die Logiksimulation in Grenzen zu

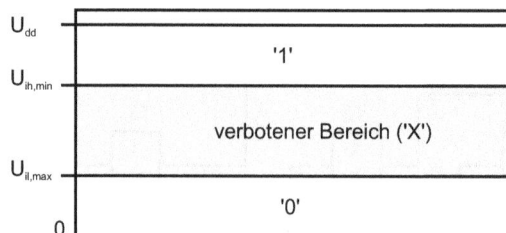

Abb. 2.23: Eingangsspannungsbereiche für das Logikgatter G1

halten, bestimmt man in dem Fall, in welchem mehrere Treiber mit unterschiedlichen Logikpegeln auf das gleiche Signal treiben, den resultierenden Wert zu 'X', das heißt das
Ergebnis des Treiberkonflikts ist *unbekannt* (engl.: unknown).

Aus dieser Betrachtung ergibt sich schon der erste zusätzliche Wert 'X' einer mehrwertigen Logik. Ergibt sich dieser Wert in einer Simulation, so könnte ein *Treiberkonflikt* an
einer Stelle in der Schaltung vorliegen. Treiberkonflikte können sich beispielsweise in
undefiniertem Logikverhalten, Mehrfachschalten oder einer erhöhten Stromaufnahme der
Schaltung auswirken und sind in der Regel als Fehler zu interpretieren. Erscheint daher
der Wert 'X' in einer Logiksimulation sollte der Fehler aufgespürt und beseitigt werden. Der geschilderte Treiberkonflikt beruht darauf, dass die Treiber *niederohmig* sind;
wie in Abschnitt 3.3.3 noch gezeigt werden wird, ist es auch möglich – und für so genannte Tri-State-Busstrukturen essentiell – Treiber *hochohmig* schalten zu können. In einer
„Tri-State"-Busstruktur (drei Zustände der Treiber: niederohmiger Ausgang mit Logikwer-
ten '0' und '1', hochohmiger Ausgang) kann immer nur ein Sender niederohmig sein,
während alle anderen Sender hochohmig sein müssen. Wäre im Beispiel aus Listing 2.41
das Signal a hochohmig statt '0', so ergäbe dies keinen Treiberkonflikt am Signal y und
der resultierende Logikpegel wäre eine '1'. Daraus ergibt sich ein weiterer Wert für die
mehrwertige Logik: hochohmig (engl.: high impedance), dargestellt durch 'Z'.

Listing 2.42: Package-Deklaration für eine mehrwertige Logik

```
0    -- Package Header
1    PACKAGE datentypen IS
2
3      TYPE mval IS ('X', '0', '1', 'Z');
4      TYPE mval_vector IS ARRAY (NATURAL RANGE <>) OF mval;
5      FUNCTION aufloesen (signal_vektor : mval_vector) RETURN mval;
6      SUBTYPE mvalr IS aufloesen mval;
7
8    END datentypen;
```

Im Beispiel aus Listing 2.41 sind drei nebenläufige Anweisungen enthalten, die das gleiche
Signal y treiben. Damit existieren drei (implizite) Prozesse und somit drei Treiber für das
Signal y. In einem solchen Fall erfordert VHDL *zwingend*, dass eine so genannte *Auflösungsfunktion* existiert, die den resultierenden Wert auf dem Signal bestimmt. Im Beispiel
wurde ein selbst definierter Datentyp mvalr verwendet, der in der Package-Deklaration
in Listing 2.42 in Zeile 6 deklariert wurde. Es handelt sich dabei um einen vom Basis-
Datentyp mval – welcher ein Aufzählungstyp ist – *abgeleiteten* Datentyp mit einer Auflösungsfunktion (engl: resolved subtype), welche in Zeile 5 deklariert ist. Der Name der
Auflösungsfunktion ist beliebig. Syntaktisch kann zwischen dem Schlüsselwort IS und der
Angabe des Basistyps – im Beispiel mval – eine *optionale* Angabe einer Auflösungsfunktion erfolgen; damit ist dann ein aufgelöster Datentyp deklariert. Würde man die Signale
in Listing 2.41 vom Datentyp mval deklarieren, so würde der Compiler folgende Fehlermeldung liefern, da für mval keine Auflösungsfunktion deklariert ist (engl.: nonresolved):

```
ERROR: Nonresolved signal y has multiple sources.
```

Damit ergibt sich die Möglichkeit, durch Verwenden von nicht-aufgelösten Datentypen
schon während der Kompilation Mehrfach-Treiber-Probleme aufzudecken. Mehrere Treiber für ein Signal existieren nur bei Bussen oder ähnlichen Strukturen und sind in gewöhn-
lichen Logikschaltungen ein Fehler.

Die Auflösungsfunktion wird *implizit* vom Simulator verwendet und muss nicht im VHDL-
Code explizit angegeben werden. Sie wird vom Simulator bei *jeder* Zuweisung zu einem
Signal eines aufgelösten Datentyps aufgerufen, auch wenn nur ein Treiber existiert. Damit
erhöht sich der Simulationsaufwand bei Verwendung von aufgelösten Datentypen im Ver-
gleich zu nicht aufgelösten Datentypen. Da bei der Initialisierung der Simulation zunächst
die Signale initialisiert werden (Zeile 7 bis 9 im Beispiel von Listing 2.41) und dann jeder
Prozess einmal ausgeführt wird, wird auch in der Initialisierungsphase des Simulators die
Auflösungsfunktion einmal aufgerufen.

Ein Vorteil von VHDL ist es, dass Auflösungsfunktionen selbst definiert werden können;
allerdings wird zumeist nur die Auflösungsfunktion `resolved` für den Datentyp `std_`
`logic` von den Synthesewerkzeugen unterstützt. Um die Funktionsweise einer Auflösungsfunktion zu zeigen, haben wir in Listing 2.43 eine eigene Auflösungsfunktion `auf-`
`loesen` definiert. Der geneigte Leser ist aufgefordert, sich die Funktionsweise dieser Auflösungsfunktion klar zu machen; es ist eine gute Übung für das Verständnis von Datentypen, Attributen und Funktionen. Zunächst wird in Zeile 2 ein zweidimensionaler Feldtyp
deklariert (Matrix); Indextyp und Basistyp sind vom Typ `mval`, welches der zuvor deklarierte Aufzählungstyp der mehrwertigen Logik ist. Für das Verständnis der Auflösungsfunktion ist nun Folgendes wichtig: Üblicherweise werden Felder oder Matrizen durch
ganze Zahlen indiziert, in VHDL kann jedoch auch ein Aufzählungstyp zur Indizierung
verwendet werden. Dies ist möglich, da auf jedem Aufzählungstyp eine Ordnung durch
die Deklaration des Datentyps definiert ist und zwar durch die Position jedes Aufzählungs-
elements. Im Beispiel des Datentyps `mval` hat das Element `'X'` die Position 0, `'0'` die
Position 1, `'1'` die Position 2 und `'Z'` die Position 3 (Zeile 3 von Listing 2.42). Somit erhalten wir durch die Typdeklaration in Zeile 2 eine zweidimensionale 4 × 4-Matrix; darin
entspricht beispielsweise eine Indizierung (Spalte, Zeile)=(`'X'`, `'X'`) einer ganzzahligen
Indizierung (0, 0), (`'1'`, `'1'`) entspricht ganzzahlig dem Element (3, 3). In Zeile 4 bis 10
von Listing 2.43 wird eine Konstante dieses Datentyps angelegt, jedes Matrixelement wird
mit einem Wert belegt. Die Kommentare, mit `--` eingeleitet, dienen der Orientierung über
die beschriebene Indizierung in der Matrix.

Listing 2.43: Package-Definition (Körper) für eine mehrwertige Logik

```
0    -- Package Body
1    PACKAGE BODY datentypen IS
2      TYPE mval_tabelle IS ARRAY (mval, mval) OF mval;
3
4      CONSTANT aufloesungs_tabelle : mval_tabelle := (
5    --   X    0    1    Z
6        ('X', 'X', 'X', 'X'), -- X
7        ('X', '0', 'X', '0'), -- 0
8        ('X', 'X', '1', '1'), -- 1
9        ('X', '0', '1', 'Z')  -- Z
```

```
10       );
11
12     FUNCTION aufloesen (signal_vektor : mval_vector) RETURN mval IS
13       VARIABLE result : mval := 'Z';
14     BEGIN
15       IF    (signal_vektor'LENGTH = 1) THEN
16         RETURN signal_vektor(signal_vektor'LOW);
17       ELSE
18         FOR i IN signal_vektor'RANGE LOOP
19           result := aufloesungs_tabelle(result, signal_vektor(i));
20         END LOOP;
21       END IF;
22       RETURN result;
23     END aufloesen;
24
25   END datentypen;
```

Die Funktion `aufloesen` benutzt ein Argument der Argumentklasse Konstante, das vom
unbeschränkten Feldtyp `mval_vector` ist. Dies ist sinnvoll, da die Funktion für eine
beliebige Anzahl von Treibern verwendet werden können soll. Beim Aufruf der Auflösungsfunktion durch den Simulator packt dieser die *Werte* aller Treiber in einen Vektor
und übergibt diesen Vektor als Argument der Auflösungsfunktion. Das Ergebnis der Funktion wird in einer lokalen Variablen `result` berechnet, welche mit dem „schwächsten"
Wert `'Z'` initialisiert wird. In Zeile 15 wird zunächst die Länge des übergebenen Vektors
`signal_vektor` mit Hilfe des Attributs `'LENGTH` (vgl. Abschnitt 2.3.5) geprüft. Die
Länge 1 bedeutet, dass nur ein Treiber für das Signal vorhanden ist. In diesem Fall wird
das Feldelement mit dem niedrigsten Indexwert (Attribut `'LOW`) zurückgegeben; da das
Feld in diesem Fall ohnehin nur aus einem Element besteht, wird der Wert des einzigen
Treibers durch die RETURN-Anweisung an das Signal zugewiesen. Ist die Länge des Vektors größer 1, wird in Zeile 18 bis 20 nun in einer Schleife iterativ das Resultat bestimmt.
Der Schleifenindex i läuft über den Bereich des übergebenen Vektors `signal_vektor`
(Attribut `'RANGE`). Nehmen wir für das Beispiel mit drei Treibern an, dass das erste Element des Vektors der Wert des Signals a ist (= `'0'`), das zweite Element der Wert von b (=
`'1'`) und das dritte und letzte Element der Wert von c (= `'1'`); der Bereich des Vektors
geht von 0 bis 2. Der Index für den Zugriff auf die Matrix `aufloesungs_tabelle`
in Zeile 19 ergibt sich aus dem alten Wert von `result` (Spalte) und dem Wert von
`signal_vektor(i)` (Zeile). Der Wert des resultierenden Matrixelements ergibt dann
den neuen Wert von `result`. Die drei Schleifendurchläufe sehen wie folgt aus:

1. i = 0: Matrix-Index = (`'Z'`, `'0'`), neuer Wert von `result` = `'0'`

2. i = 1: Matrix-Index = (`'0'`, `'1'`), neuer Wert von `result` = `'X'`

3. i = 2: Matrix-Index = (`'X'`, `'1'`), neuer Wert von `result` = `'X'`

Das Ergebnis nach drei Schleifendurchläufen ist `result` = `'X'` und dieser Wert wird
in Zeile 22 mit der RETURN-Anweisung von der Funktion zurückgegeben und damit dem

Signal y zugewiesen. Die konstante Matrix `aufloesungs_tabelle` bestimmt also das Verhalten der Auflösungsfunktion und dieses kann durch Verändern der Matrixwerte geändert werden. Die Reihenfolge der Werte im Argument der Funktion spielt für das Ergebnis keine Rolle, wovon sich der Leser anhand des Beispiels überzeugen mag. Zu erkennen ist, dass `'X'` ein *dominanter* Wert ist: Ist einer der beteiligten Treiber auf `'X'`, so wird das Ergebnis der Auflösungsfunktion immer `'X'` sein. `'Z'` stellt auf der anderen Seite den *rezessiven* Wert dar, er wird von allen anderen Werten „überschrieben". Dies ist aus elektrischer Sicht ebenfalls sinnvoll: Wenn kein Treiber den Bus aktiv treibt, ist ein Bus hochohmig; die Spannung auf dem Bus ist nur durch die vorhandene elektrische Ladung auf dem Bus bestimmt, da die Busleitung eine gewisse Kapazität besitzt. Jeder Treiber, der niederohmig wird (Werte `'0'`, `'1'`, `'X'`), kann daher den Bus auf seinen (Treiber-) Wert umladen. Man könnte durch Verändern der Werte in der Matrix beispielsweise auch einen `'0'`-dominanten, so genannten „WIRED-AND"-Bus oder einen `'1'`-dominanten, so genannten „WIRED-OR"-Bus beschreiben [83]. Die Synthese lässt aber in der Regel nur Tri-State-Bussysteme unter Verwendung der *IEEE 1164*-Datentypen zu.

2.7.2   Die IEEE 1164-Datentypen

Für die Beschreibung von synthesefähigen Schaltungen sollten hauptsächlich die im IEEE-Standard 1164 definierten Datentypen und Funktionen benutzt werden. Diese werden normalerweise bei allen kommerziellen VHDL-Simulatoren oder Synthesewerkzeugen als Package `std_logic_1164` mitgeliefert und in der Bibliothek `ieee` installiert, so dass es über die aus den Beispielen der vorangegangenen Abschnitte bekannte `USE`-Anweisung eingebunden werden kann. Weitere von den hier besprochenen Datentypen abgeleitete Datentypen und Funktionen werden im Kapitel 4 im Zusammenhang mit der Beschreibung von arithmetischen Strukturen besprochen.

Listing 2.44: *Ausschnitt aus dem IEEE 1164-Package*

```
0    PACKAGE std_logic_1164 IS
1         -----------------------------------------------------------------
2         -- logic state system  (unresolved)
3         -----------------------------------------------------------------
4         TYPE std_ulogic IS ( 'U',   -- Uninitialized
5                              'X',   -- Forcing  Unknown
6                              '0',   -- Forcing  0
7                              '1',   -- Forcing  1
8                              'Z',   -- High Impedance
9                              'W',   -- Weak      Unknown
10                             'L',   -- Weak      0
11                             'H',   -- Weak      1
12                             '-'    -- Don't care
13                           );
14        -----------------------------------------------------------------
15        -- unconstrained array of std_ulogic for use with the resolution function
16        -----------------------------------------------------------------
17        TYPE std_ulogic_vector IS ARRAY ( NATURAL RANGE <> ) OF std_ulogic;
18        -----------------------------------------------------------------
19        -- resolution function
20        -----------------------------------------------------------------
21        FUNCTION resolved ( s : std_ulogic_vector ) RETURN std_ulogic;
22        -----------------------------------------------------------------
23        -- *** industry standard logic type ***
```

```
24     ------------------------------------------------------------------
25     SUBTYPE std_logic IS resolved std_ulogic;
26     ------------------------------------------------------------------
27     -- unconstrained array of std_logic for use in declaring signal arrays
28     ------------------------------------------------------------------
29     TYPE std_logic_vector IS ARRAY ( NATURAL RANGE <>) OF std_logic;
```

Listing 2.44 zeigt einen Ausschnitt aus dem Package std_logic_1164, Version v4.200. Neben den Datentyp-Deklarationen sind auch eine Reihe von Funktionen und Operatoren für diese Datentypen definiert, insbesondere logische Operatoren mit den gleichen Funktionen wie in Tabelle 2.8. Die Deklarationen der Datentypen sind ähnlich zu den selbst definierten Datentypen im vorangegangenen Abschnitt. Der Basistyp std_ulogic ist hier der *nicht-aufgelöste* Datentyp, das u steht für „unresolved". Der davon abgeleitete Datentyp std_logic ist der aufgelöste Datentyp und benutzt die Auflösungsfunktion resolved. Neben den schon bekannten Werten 'X', '0', '1' und 'Z', welche die gleiche Bedeutung wie im vorangegangenen Abschnitt haben, wurden noch fünf weitere Werte deklariert, so dass man von einer *neunwertigen Logik* spricht. Der Wert 'U' steht für „nicht initialisiert". Da es der am weitesten links stehende Wert ist, handelt es sich dann um den Initialisierungswert eines Signals – wenn es nicht durch eine explizite Initialisierungs-Anweisung initialisiert wurde. Hat man nach Ausführen eines Resets in einer digitalen Schaltung immer noch Signale, die den Wert 'U' tragen, so deutet dies auf ein Reset-Problem hin. Die Werte 'W', 'L', 'H' sind die „schwachen" Vertreter der Werte 'X', '0', '1'. Damit können beispielsweise Schaltungen modelliert werden, die mit so genannten „Pull-Down"- oder „Pull-Up"-Widerständen arbeiten; hierbei wird einer der Pegel nicht über einen MOSFET niederohmig getrieben, sondern hochohmig über einen Widerstand. „Pull-Up"- und „Pull-Down"-Schaltungen können in der Regel nicht synthetisiert werden. Die Behandlung der „schwachen" Werte ist daher nicht einheitlich in den Synthesewerkzeugen implementiert; so behandeln manche Synthesewerkzeuge die Werte 'L' und 'H' wie '0' und '1', andere wiederum ignorieren Zuweisungen mit diesen Werten.

Der Wert '−' bedeutet „Don't Care" und wird in der Digitaltechnik [11] üblicherweise verwendet, um zu beschreiben, dass der Wert eines Signals '1' *oder* '0' sein kann. Dies kann in einer Funktionstabelle sowohl eingangs- als auch ausgangsseitig verwendet werden. In Tabelle 2.10 ist eine Funktionstabelle für eine Boole'sche Funktion $y =$

Tabelle 2.10: Funktionstabelle einer Boole'schen Funktion

a[2]	a[1]	a[0]	y
0	0	0	0
0	0	1	1
0	1	0	1
0	1	1	0
1	-	-	-

$f(a[2], a[1], a[0])$ gezeigt. Für den Fall, dass $a[2] = '1'$ und die anderen Eingänge $'0'$ oder $'1'$ aufweisen, ausgedrückt durch $'-'$, sei der Wert von y ohne Bedeutung (ebenfalls $'-'$). Eingangsseitig kann die Funktionstabelle durch $'-'$ verkürzt dargestellt werden: Wenn $a[2] = '1'$, sind die Werte von $a[1]$ und $a[0]$ nicht relevant. Ausgangsseitig bedeutet das $'-'$, dass eine Logikminimierung diese Freiheitsgrade nutzen kann und die Schaltfunktion so belegen kann – also mit $'1'$ *oder* mit $'0'$ –, dass möglichst wenig Gatter benötigt werden. Für eine nachfolgende Logik, die y als Eingangssigal verwendet, ist es im Fall $a[2] = '1'$ somit unerheblich ob $y = '1'$ oder $y = '0'$ ist. Werden im Beispiel von Tabelle 2.10 die Werte für y im Fall $a[2] = '1'$ gleich gewählt wie im Fall $a[2] = '0'$, so wird die Funktion unabhängig von $a[2]$ und ergibt sich zu: $y = a[1] \neq a[0]$ (XOR).

Die Bedeutung der „Don't Cares" auf der Ausgangsseite hat in VHDL die gleiche Bedeutung und kann zur Logikminimierung verwendet werden; das Codebeispiel in Listing 2.45 implementiert die Schaltfunktion aus Tabelle 2.10 und wird von einem Synthesewerkzeug auch in eine von $a[2]$ unabhängige XOR-Funktion nach Abbildung 2.24 umgesetzt.

Listing 2.45: Verwendung von Don't Care

```
0     LIBRARY ieee;
1     USE ieee.std_logic_1164.all;
2
3
4     ENTITY dontcare IS
5       PORT(
6             a : IN      std_logic_vector (2 DOWNTO 0);
7             y : OUT     std_logic
8       );
9     END dontcare ;
10
11    ARCHITECTURE beh OF dontcare IS
12    BEGIN
13
14      P1: PROCESS (a)
15      BEGIN
16        CASE a IS
17          WHEN "000" => y <= '0';
18          WHEN "001" => y <= '1';
19          WHEN "010" => y <= '1';
20          WHEN "011" => y <= '0';
21          WHEN others => y <= '-';
22        END CASE;
23      END PROCESS P1;
24
25    END beh;
```

Man könnte natürlich auch auf die Idee kommen, auf der Eingangsseite in VHDL $'-'$ zu verwenden. So könnte Zeile 21 in Listing 2.45 durch folgende Zeile ersetzt werden:
`WHEN "1--" => y <= '-';`
Dies ist zwar syntaktisch korrekt, aber eingangsseitig hat das $'-'$ in VHDL eine andere Bedeutung: Es handelt sich hier um einen Vergleich auf `"1--"`, d. h. die Signale `a(1)` und `a(0)` können *nicht* entweder $'0'$ oder $'1'$ sein, sondern *müssen genau* den Wert $'-'$

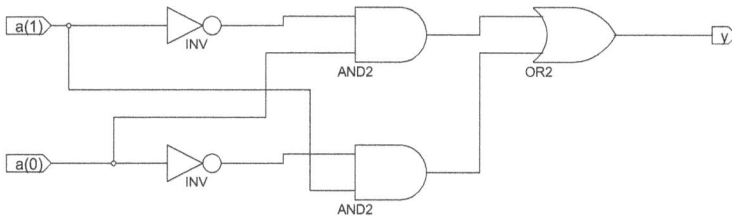

Abb. 2.24: Syntheseergebnis für Listing 2.45

aus der mehrwertigen Logik aufweisen; der Vergleich soll also die Werte von a(1) und a(0) *nicht* ignorieren. Dieser Code führt je nach Synthesewerkzeug zu unterschiedlichen Ergebnissen. Beispielsweise wird diese Codezeile von manchen Werkzeugen ignoriert und da dann nicht alle Kombinationen abgefragt wurden, siehe Abschnitt 2.4, wird ein Latch für den Fall a(2) = '1' eingebaut. Eingangsseitig können daher „Don't Cares" in VHDL für die Synthese nicht sinnvoll verwendet werden. Eine Möglichkeit den Code eingangsseitig ohne „Don't Care" zu beschreiben, besteht in der Verwendung von "when others", wie in Listing 2.45 gezeigt, oder in der Aufzählung der Eingangskombinationen, wie in Listing 2.46 gezeigt.

Listing 2.46: CASE-Anweisung und mehrwertige Logik

```
0    ARCHITECTURE beh1 OF dontcare IS
1    BEGIN
2
3      P1: PROCESS (a)
4      BEGIN
5        CASE a IS
6          WHEN "000" => y <= '0';
7          WHEN "001" => y <= '1';
8          WHEN "010" => y <= '1';
9          WHEN "011" => y <= '0';
10         WHEN "100" | "101" | "110" | "111" => y <= '-';
11         WHEN OTHERS => y <= 'X';
12       END CASE;
13     END PROCESS P1;
14
15   END beh1;
```

Auch ausgangsseitig ist die Verwendung von „Don't Care" nicht ganz unproblematisch: Listing 2.46 führt, wie in Abbildung 2.25 gezeigt, zu einem unterschiedlichen Synthese-ergebnis. Hier wurde vom Synthesewerkzeug für den Fall a(2) = '1' der Ausgang y zu '1' verfügt, so dass die Funktion nicht mehr von a(2) unabhängig ist und zu einer etwas aufwändigeren Logik führt. Ob die „Don't Care"-Werte tatsächlich optimal verwendet werden, hängt von der Art der Codierung und dem verwendeten Synthesewerkzeug ab. Ein weiteres Problem ist, dass in der Simulation am Ausgang ein '-' generiert wird, das bei der Weiterverarbeitung in den Funktionen und Operatoren für std_ulogic und std_logic zu einem 'X' als Funktionsergebnis führt. In diesem Fall bedeutet das 'X'

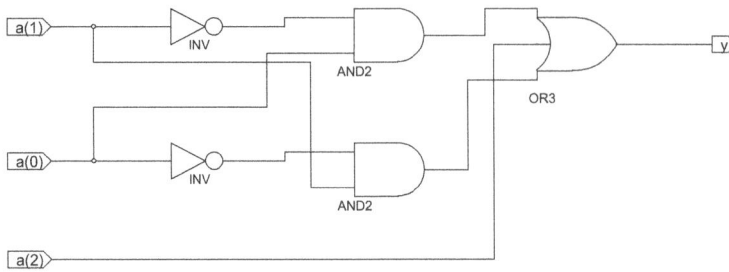

Abb. 2.25: *Syntheseergebnis für Listing 2.46*

allerdings nicht einen ungültigen Logikwert, sondern dass *beide* Binärwerte ('0', '1') möglich sind. Das '-' müsste daher für eine sinnvolle Weiterverarbeitung in der Simulation zuerst in einen von beiden Binärwerten umgesetzt werden. Im Übrigen behandeln manche Synthesewerkzeuge sowohl '-' als auch 'X' als „Don't Care". Aufgrund dieser Probleme werden „Don't Cares" in VHDL nur selten verwendet.

In diesem Zusammenhang sei auf ein weiteres Problem bei CASE-Anweisungen unter Verwendung einer mehrwertigen Logik hingewiesen: Obwohl in Listing 2.46 alle binären Kombinationen des Selektors a angegeben wurden, wird in Zeile 10 von Listing 2.46 noch ein zusätzliches "when others" verwendet. Dies hat an dieser Stelle rein syntaktische Gründe: Außer den beiden binären Werten '0' und '1' existieren durch die mehrwertige Logik je Signal sieben weitere Werte, das heißt es gibt bei drei Eingangssignalen insgesamt 729 Wertekombinationen für den Selektor der CASE-Anweisung! Bei einer CASE-Anweisung verlangt die VHDL-Syntax zwingend, dass *alle* möglichen Werte für den Selektor behandelt werden. Lässt man Zeile 10 weg, so meldet ein VHDL-Compiler oder ein Synthesewerkzeug Folgendes:

```
ERROR: Case statement covers only 8 out of 729 cases.
```

Für die Synthese sind allerdings nur die acht möglichen binären Wertekombinationen wichtig, so dass ein Synthesewerkzeug die Anweisung in Zeile 10 ignorieren und nicht in Hardware umsetzen wird, obgleich sie syntaktisch notwendig ist. Da die Zeile nicht in der Synthese berücksichtigt wird, könnte es an dieser Stelle sinnvoll sein, den Ausgang auf 'X' zu setzen, um in der Simulation anzuzeigen, dass ein nicht-binärer Wert der mehrwertigen Logik aufgetreten ist. Eine weitere Möglichkeit wäre es, mit Hilfe einer ASSERT-Anweisung eine Meldung im Simulator zu erzeugen.

Im Zusammenhang mit der Beschreibung von flankengesteuerten Flipflops sei noch auf die Bedeutung der Flankenabfrage im Hinblick auf die neunwertige Logik hingewiesen: Die übliche Formulierung ELSIF clk'event AND clk = '1' THEN für die steigende Taktflanke ist immer dann wahr (true), wenn ein Ereignis auf dem Signal clk vorliegt und der Wert *nach* dem Ereignis '1' ist. Bei der neunwertigen Logik bedeutet dies, dass alle anderen acht Werte als alter Signalwert zulässig sind. Die Synthese berücksichtigt allerdings nur den Wechsel der binären Werte '0' (alter Signalwert) und '1' (neuer

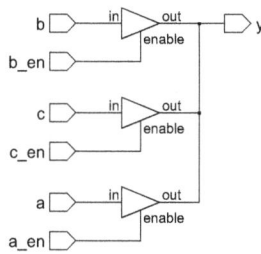

Abb. 2.26: *Busstruktur*

Signalwert), so dass die Konstruktion richtig synthetisiert wird. Allerdings wird die *Simulation* auch bei den anderen Wertewechseln „takten", so dass sich hier ein Unterschied zwischen Simulation und Synthese ergeben kann, wenn in der Simulation andere Werte als ʹ0ʹ und ʹ1ʹ auftreten. Das gleiche Problem ergibt sich auch für die Beschreibung der fallenden Flanke mit ELSIF clkʹevent AND clk = ʹ0ʹ THEN. Um diesem Problem abzuhelfen, wurden im Package std_logic_1164 zwei synthesefähige Funktionen rising_edge und falling_edge definiert, die nur bei einem Wechsel der binären Werte ein Boole'sches true zurückliefern, so dass auch die Simulation nur in diesen Fällen „takten" wird. Die Formulierung für die steigende Flanke sieht dann so aus: ELSIF rising_edge(clk) THEN.

Abschließend sei in Listing 2.47 und Abbildung 2.26 die Beschreibung von Busstrukturen in VHDL gezeigt. In diesem Falle wurden drei nebenläufige bedingte Anweisungen verwendet; Gleiches ließe sich auch wieder mit drei Prozessen erreichen. Wenn die jeweiligen „Enable"-Signale ʹ1ʹ sind, werden die Eingangssignale niederohmig auf den Bus y geschaltet, anderenfalls werden die Bustreiber hochohmig geschaltet (ʹZʹ). Die Synthesewerkzeuge setzen für diese Beschreibungen entsprechende Tri-State-Treiber ein, wie in Abbildung 2.26 gezeigt. Ein Tri-State-Treiber lässt sich durch einen zusätzlichen Eingang („Enable") am Ausgang hochohmig schalten; der innere Aufbau und die Funktionsweise von Tri-State-Treibern wird in Kapitel 3 erläutert.

Listing 2.47: *VHDL-Code für eine Busstruktur*

```
0    LIBRARY ieee;
1    USE ieee.std_logic_1164.all;
2
3    ENTITY bus3 IS
4       PORT(
5          a    : IN     std_logic;
6          a_en : IN     std_logic;
7          b    : IN     std_logic;
8          b_en : IN     std_logic;
9          c    : IN     std_logic;
10         c_en : IN     std_logic;
11         y    : OUT    std_logic
12      );
13   END bus3 ;
14
```

```
15   ARCHITECTURE beh OF bus3 IS
16   BEGIN
17
18     y <= a WHEN a_en = '1' ELSE 'Z';
19     y <= b WHEN b_en = '1' ELSE 'Z';
20     y <= c WHEN c_en = '1' ELSE 'Z';
21
22   END beh;
```

Zusammenfassend kann empfohlen werden, für die Beschreibung von synthesefähigen Schaltungen nur die Werte '0', '1', 'Z' zu verwenden. Die anderen Werte können in Testbenches verwendet werden oder können in der Simulation *entstehen*, beispielsweise bei Buskonflikten, sie sollten aber nicht in Anweisungen innerhalb von synthesefähigen Schaltungen verwendet werden, mit Ausnahme der geschilderten Sonderfälle. Die Verwendung des nicht-aufgelösten Datentyps std_ulogic hat, wenn keine Busstrukturen beschrieben werden müssen, im Vergleich zu std_logic Vorteile im Hinblick auf die Entdeckung von Mehrfach-Treiber-Problemen schon während der Kompilation und bezüglich der Simulationsgeschwindigkeit. Es hat sich allerdings in der industriellen Praxis herausgestellt, dass diese Vorteile nicht sehr gewichtig sind, so dass hauptsächlich der aufgelöste Typ std_logic verwendet wird. Eine gemischte Verwendung beider Typen oder die Mischung beispielsweise mit dem Typ bit ist zwar auch möglich, erfordert jedoch durch die strenge Typprüfung den Einsatz von Konvertierungsfunktionen; es ist an dieser Stelle bequemer, immer den gleichen Datentyp std_logic oder std_logic_vector zu verwenden. Es hat sich insbesondere als sinnvoll herausgestellt, die Schnittstellen – also die Entities – auf diese Datentypen zu standardisieren und nur innerhalb der Architectures andere Datentypen zu verwenden, da man dann die Komponenten problemlos in anderen Projekten weiterverwenden kann, ohne sich mit Typkonvertierungen beschäftigen zu müssen. Der Datentyp std_logic hat sich daher als *der* Industrie-Standard-Logiktyp etabliert. Für die Beschreibung von arithmetischen Strukturen werden hauptsächlich die von std_logic abgeleiteten Datentypen unsigned und signed verwendet, die im Kapitel 4 noch behandelt werden.

2.8 Weitere Konstruktionen für Strukturbeschreibungen

Der prinzipielle Aufbau von Strukturbeschreibungen wurde in Abschnitt 2.2.3 behandelt. Neben dieser einfachsten Form bietet VHDL einige weitere Konstruktionen an, die die Wiederverwendbarkeit von Komponenten und die effiziente Beschreibung komplexer Schaltungen unterstützen.

2.8.1 Parametrisierung von Komponenten

Um Komponenten parametrisieren zu können werden in VHDL so genannte „Generics" verwendet. Der englische Begriff „generic" kann mit „generisch" übersetzt werden und bedeutet soviel wie „in allgemein gültigem Sinne gebraucht". Dies ist auch die Bedeutung in VHDL: Durch einen so genannten *Generic* wird eine Komponente allgemeiner verwendbar. Ein Generic ist ein Parameter für eine Komponente (Entity/Architecture) und wird in der Beschreibung der Komponente wie eine Konstante verwendet. Bei synthesefähigen Schaltungen werden Generics beispielsweise häufig verwendet, um die Bitbreite einer Komponente zu parametrisieren.

Listing 2.48: Parametrisierter VHDL-Code für UND-Funktion

```
0    LIBRARY ieee;
1    USE ieee.std_logic_1164.all;
2
3    ENTITY andn IS
4       GENERIC(
5          breite : integer := 1
6       );
7       PORT(
8          a : IN      std_logic_vector (breite-1 DOWNTO 0);
9          b : IN      std_logic_vector (breite-1 DOWNTO 0);
10         y : OUT     std_logic_vector (breite-1 DOWNTO 0)
11      );
12   END andn ;
13
14   ARCHITECTURE beh OF andn IS
15   BEGIN
16
17     y <= a AND b;
18
19   END beh;
```

Ein Generic wird im Deklarationsteil einer Entity angegeben, wie in Listing 2.48 gezeigt. Wie bei Ports und Objekten muss ein Datentyp angegeben werden; für synthesefähige Schaltungen darf dies nur der Typ `integer` oder ein davon abgeleiteter Datentyp sein. Optional kann bei einem Generic ebenfalls ein Initialisierungswert angegeben werden. Wie wir noch sehen werden, empfiehlt es sich, bei Generics in jedem Fall bei seiner Deklaration in der Entity einen Wert anzugeben. Im Beispiel wird der Generic `breite` in den Port-Deklarationen zur Einstellung der Bitbreite der hier beschriebenen UND-Funktion verwendet. Bei der Funktion `AND` in Zeile 17 von Listing 2.48 handelt es sich um eine im Package `std_logic_1164` für den Datentyp `std_logic_vector` definierte bitweise UND-Funktion. Sie ist wie die Auflösungsfunktion für unbeschränkte Vektoren definiert.

Listing 2.49: Strukturbeschreibung des 4-fach-UND

```
0    LIBRARY ieee;
1    USE ieee.std_logic_1164.all;
2
3    ENTITY and4 IS
4       PORT(
5          in0  : IN      std_logic_vector (3 DOWNTO 0);
6          in1  : IN      std_logic_vector (3 DOWNTO 0);
7          out0 : OUT     std_logic_vector (3 DOWNTO 0)
8       );
```

```
9    END and4 ;
10
11   ARCHITECTURE str OF and4 IS
12
13     COMPONENT andn
14       GENERIC (
15         breite : integer := 4);
16       PORT (
17         a      : IN  std_logic_vector(breite-1 DOWNTO 0);
18         b      : IN  std_logic_vector(breite-1 DOWNTO 0);
19         y      : OUT std_logic_vector(breite-1 DOWNTO 0));
20     END COMPONENT;
21
22   BEGIN
23
24     I1 : andn GENERIC MAP (breite => 4)
25               PORT MAP (a => in0, b => in1, y => out0);
26
27   END str;
```

Die Komponente `andn` wird in Listing 2.49 instanziert. Hierfür muss die Komponente, wie in Abschnitt 2.2.3 erläutert, in Zeile 13 bis 20 zunächst deklariert werden. In Zeile 24 und 25 erfolgt dann die Instanzierung der Komponente. Neben der PORT MAP, in welcher die formalen Ports mit den aktuellen Ports verbunden werden, erfolgt in gleicher Weise auch in der GENERIC MAP die Zuordnung des aktuellen Werts des Generics zum formalen Generic. Die Deklaration des Generics in Zeile 15 und die GENERIC MAP in Zeile 24 ist jeweils optional. Die Deklaration in Zeile 15 ist allerdings in diesem Beispiel notwendig, da sonst in der nachfolgenden Port-Deklaration die Konstante `breite` nicht definiert wäre. Die GENERIC MAP könnte allerdings weggelassen werden und man erhielte trotzdem das gleiche Syntheseergebnis wie in Abbildung 2.49, da der Wert des Generics in Zeile 15 definiert wurde. Dieser Wert gilt für alle Instanzen, wenn bei der Instanzierung kein anderer Wert angegeben wird.

Der resultierende Wert eines Generics wird in folgender Reihenfolge bestimmt:

1. In der Entity-Deklaration.

2. In der Komponenten-Deklaration.

3. In der Komponenten-Instanzierung.

4. In der Configuration (siehe Abschnitt 2.8.3).

Der Wert einer höheren Ebene überschreibt eine Wertangabe einer tieferen Ebene – sofern eine Wertangabe der höheren Ebene vorliegt. Wird in der jeweils höheren Ebene der Wert nicht angegeben, so gilt der Wert der nächst tieferen Ebene. Es ist daher sinnvoll, in der Entity (tiefste Ebene 1) immer einen Standardwert vorzugeben. In den Beispielen wurde als Wert des Generics jeweils ein konstanter Wert angegeben; im allgemeinen Fall darf dies ein Ausdruck (engl.: expression) sein, der einen Wert des entsprechenden Typs liefert, also beispielsweise auch das Ergebnis eines Funktionsaufrufs.

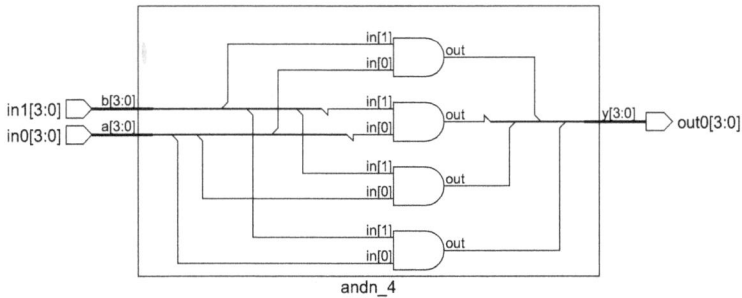

Abb. 2.27: *Syntheseergebnis für Listing 2.49*

2.8.2 Iterative und bedingte Instanzierung

Häufig finden sich in digitalen Systemen regelmäßige Strukturen, beispielsweise ein Addierer, aufgebaut aus 1-Bit-Volladdierern, oder eine Registerbank, aufgebaut aus Flipflops. Regelmäßige Strukturen bestehen also aus der iterativen Anordnung gleichartiger Bauelemente. Für die effiziente Beschreibung solcher Strukturen bietet VHDL die GENERATE-Anweisung an. Es handelt sich dabei um eine nebenläufige Anweisung, die iterativ, mit FOR-Schleife, oder bedingt, mit IF-Abfrage, ausgeführt werden kann. Innerhalb der GENE-RATE-Anweisung werden typischerweise Instanzierungsanweisungen für die Komponenten verwendet. Die Instanzierung einer Komponente gehört im Übrigen auch zu den nebenläufigen Anweisungen.

Die iterative Instanzierung sieht wie folgt aus:

```
Marke : FOR Laufvariable IN Bereich GENERATE
              {Nebenläufige Anweisungen}
END GENERATE ;
```

Die bedingte Instanzierung sieht wie folgt aus:

```
Marke : IF Bedingung GENERATE
              {Nebenläufige Anweisungen}
END GENERATE ;
```

Listing 2.50: *Iterative Instanzierung mit „Generate"-Anweisung*

```
0    ARCHITECTURE str1 OF and4 IS
1
2      COMPONENT and1
3        PORT (
4          a        : IN std_logic;
5          b        : IN std_logic;
6          y        : OUT std_logic);
7      END COMPONENT;
8
```

```
9    BEGIN
10
11      and_array: FOR i IN 3 DOWNTO 0 GENERATE
12        I1: and1 PORT MAP (a => in0(i), b => in1(i), y => out0(i));
13      END GENERATE and_array;
14
15   END str1;
```

Als Architecture-Variante zu Listing 2.49 wird im Beispiel von Listing 2.50 ein Zweifach-UND iterativ viermal instanziert. Nach einer Marke in Zeile 23 wird als Generationsschema die iterative Generation mit FOR-Schleife angegeben; für den Laufindex darf nur eine diskrete Variable verwendet werden. Zwischen dem Schlüsselwörtern `GENERATE` und `END GENERATE` werden dann die iterativ auszuführenden Instanzierungen aufgeführt; im Beispiel ist dies die Instanzierung eines UND-Gatters. Bei der Synthese ensteht ein ähnliches Ergebnis wie in Abbildung 2.27 gezeigt. Eine weitere Möglichkeit wäre es, statt des iterativen Schemas ein bedingtes Schema zu verwenden. Weiterführende Ausführungen zu diesem Thema finden sich in [8], insbesondere das bedingte Generationsschema und der Aufbau von *rekursiven* Strukturen.

2.8.3   Bindung von Komponenten

In den vorangegangenen Abschnitten wurde gezeigt, dass in VHDL zu einer Entity mehrere Architectures gehören können. Ist dies der Fall, so stellt sich die Frage, welche der Architectures für die aktuelle Simulation verwendet werden soll. Des Weiteren kann unter gewissen Voraussetzungen zu einer deklarierten und instanzierten Komponente in einer Strukturbeschreibung auch eine andere Entity gebunden werden, so dass ebenfalls festgelegt werden muss, welche Entity und Architecture zur Komponente gehört. Diese Fragestellungen werden in VHDL als „Bindung" (engl.: binding) bezeichnet: Für die Simulations- und Synthesewerkzeuge müssen eindeutige Bindungen der Komponenten der Strukturbeschreibung zu Entities und Architectures bestehen. Eine eindeutige Bindung ist beispielsweise dann vorhanden, wenn zu einer Komponente in der Bibliothek eine Entity gleichen Namens existiert und zu dieser Entity nur eine Architecture vorhanden ist; dies ist die in VHDL voreingestellte Bindung (engl.: default binding). Liegen mehrere Architectures vor, so wird in der Regel die zuletzt kompilierte gebunden. Eine bessere Möglichkeit zu einer eindeutigen und *expliziten* Bindung zu kommen, besteht in der Verwendung einer so genannten „Configuration". Die Configuration kann in der Architecture der Strukturbeschreibung vorgenommen werden, dann spricht man von einer „configuration specification" (oder „embedded configuration") oder es wird eine „configuration declaration" erstellt, siehe auch [8, 14]. Bei Letzterer handelt es sich um eine eigenständige VHDL-Übersetzungseinheit; da dies der gebräuchlichere Ansatz ist, soll nur er hier behandelt werden. Probleme können dann enstehen, wenn beide Ansätze verwendet werden, daher empfiehlt es sich, ausschließlich separate „configuration declarations" zu verwenden. Eine Configuration muss auf jeden Fall dann verwendet werden, wenn zu einer Komponente in der Bibliothek keine Entity gleichen Namens und mit der gleichen Art, Anzahl und Namen von Ports und Generics vorhanden ist.

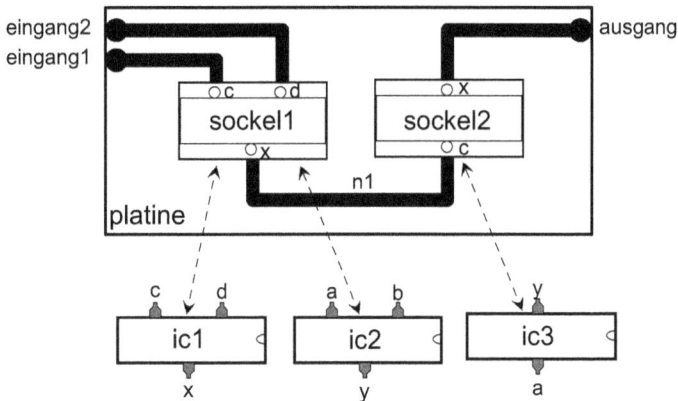

Abb. 2.28: *„Platinenmodell" einer VHDL-Strukturbeschreibung: Die „Bestückung" der Sockel, angedeutet durch die Pfeile, wird durch eine Configuration vorgenommen. Für den Sockel „sockel1" gibt es zwei „ICs", die in den Sockel passen.*

Der Zusammenhang zwischen Komponente und Entity ist in Abbildung 2.28 anhand eines „Platinenmodells" gezeigt. Eine VHDL-Strukturbeschreibung kann mit einer Platine mit aufgelöteten Sockeln verglichen werden: Die Sockel sind die Komponenten-Instanzen, das heißt, dass durch die Strukturbeschreibung noch nicht zwingend festgelegt ist, welche „ICs" später in die Sockel gesteckt werden („Bestückung").

Listing 2.51: VHDL-Beschreibung des Platinenmodells

```
0    LIBRARY ieee;
1    USE ieee.std_logic_1164.all;
2
3    ENTITY platine IS
4       PORT(
5          eingang1 : IN     std_logic;
6          eingang2 : IN     std_logic;
7          ausgang  : OUT    std_logic
8       );
9    END platine ;
10
11   ARCHITECTURE str OF platine IS
12
13      COMPONENT sockel1
14        PORT (
15           c      : IN std_logic;
16           d      : IN std_logic;
17           x      : OUT std_logic);
18      END COMPONENT;
19
20      COMPONENT sockel2
21        PORT (
22           c      : IN std_logic;
23           x      : OUT std_logic);
24      END COMPONENT;
25
```

```
26      SIGNAL n1 : std_logic;
27
28   BEGIN
29
30      I1: sockel1 PORT MAP (c => eingang1, d => eingang2, x => n1);
31      I2: sockel2 PORT MAP (c => n1, x => ausgang);
32
33   END str;
```

Die zu Abbildung 2.28 korrespondierende VHDL-Strukturbeschreibung findet sich in Listing 2.51. Wird diese kompiliert, so ergibt sich für Zeile 31 und 32 jeweils folgende Meldung:

```
WARNING[1]: No default binding for component: "sockel1".
(No entity named "sockel1" was found)
```

Da in der Bibliothek keine Entity mit Namen sockel1 vorhanden ist, existiert im Beispiel keine voreingestellte Bindung durch Namensgleichheit. Dies ist allerdings kein Fehler, es wird nur als Warnung ausgegeben. In diesem Fall ist nun eine Configuration für die Bindung notwendig.

Listing 2.52: Entity und Architecture für ic1

```
0    LIBRARY ieee;
1    USE ieee.std_logic_1164.all;
2
3    ENTITY ic1 IS
4      PORT(
5          c : IN     std_logic;
6          d : IN     std_logic;
7          x : OUT    std_logic
8      );
9    END ic1 ;
10
11   ARCHITECTURE beh OF ic1 IS
12   BEGIN
13     x <= c AND d;
14   END beh;
15
16   ARCHITECTURE beh1 OF ic1 IS
17   BEGIN
18     x <= c NAND d;
19   END beh1;
```

In den Listings 2.52, 2.53 und 2.54 sind die in die Sockel einzusetzenden „ICs" beschrieben. Für die Entity ic1 existieren zwei Architectures: Dies bedeutet – um im Bild zu bleiben –, dass für ein „IC" auch mehrere Varianten mit unterschiedlichen Funktionen aber gleicher Schnittstelle existieren dürfen.

Listing 2.53: Entity und Architecture für ic2

```
0    LIBRARY ieee;
1    USE ieee.std_logic_1164.all;
2
```

```
3    ENTITY ic2 IS
4       PORT(
5          a : IN      std_logic;
6          b : IN      std_logic;
7          y : OUT     std_logic
8       );
9    END ic2 ;
10
11   ARCHITECTURE beh OF ic2 IS
12   BEGIN
13
14      y <= a OR b;
15
16   END beh;
```

Listing 2.54: *Entity und Architecture für ic3*

```
0    LIBRARY ieee;
1    USE ieee.std_logic_1164.all;
2
3    ENTITY ic3 IS
4       PORT(
5          a : IN      std_logic;
6          y : OUT     std_logic
7       );
8    END ic3 ;
9
10   ARCHITECTURE beh OF ic3 IS
11   BEGIN
12
13      y <= NOT a;
14
15   END beh;
```

Eine Configuration, wie in Listing 2.55 gezeigt, besteht im Wesentlichen aus geschach-telten FOR-END FOR-Anweisungen, welche die hierarchische Struktur der Schaltung wi-derspiegeln. Zeile 2 und 12 in Listing 2.55 beziehen sich auf die Architecture str der Entity platine, welche die oberste Ebene der Schaltung ist. Nun muss für jede *Kom-ponenteninstanz* eine Bindung angegeben werden. Enthielten die Komponenten wiederum eine Strukturbeschreibung, so müssten rekursiv weitere FOR-END FOR-Anweisungen fol-gen, bis eine Verhaltensbeschreibung und damit die unterste Ebene der Schaltungshierar-chie erreicht ist. Im Beispiel handelt es sich bei beiden Komponenten um Verhaltensbe-schreibungen. In Zeile 4 wird über eine USE-Anweisung eine Bindung für die Komponen-te sockel1 angegeben. Dabei wird zunächst die Bibliothek vcbuchk2_1 angegeben, aus der die nachfolgende Kombination von Entity und Architecture (ic1(beh)) kommt. Statt der Architecture beh könnte hier auch die Architecture beh2 verwendet werden. In ähnlicher Weise erfolgt die Bindung für die Komponente sockel2; allerdings muss hier eine zusätzliche PORT MAP angegeben werden, da die Portnamen der Komponente nicht mit den Ports der Entity übereinstimmen. In gleicher Weise könnte man hier eine zusätzli-che GENERIC MAP bei Verwendung von Generics angeben. Das Syntheseergebnis dieser Configuration zeigt Abbildung 2.29.

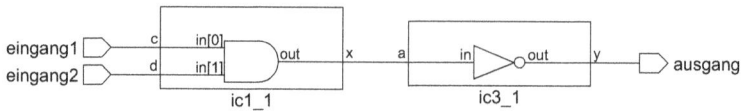

Abb. 2.29: *Ergebnis der Synthese für Configuration 1*

Listing 2.55: *Configuration 1 für das „Platinenmodell"*

```
0    LIBRARY vcbuchk2_1;
1    CONFIGURATION cfg1 OF platine IS
2      FOR str
3        FOR I1: sockel1
4          USE ENTITY vcbuchk2_1.ic1(beh);
5        END FOR;
6        FOR I2: sockel2
7          USE ENTITY vcbuchk2_1.ic3(beh)
8            PORT MAP (
9              a => c,
10             y => x);
11       END FOR;
12     END FOR;
13   END cfg1;
```

Eine weitere Configuration für das „Platinenmodell" aus Listing 2.51 ist in Listing 2.56 angegeben. Hier wird für die Komponente `sockel1` statt der Entity `ic1` die Entity `ic2` „bestückt". Da nun aber die Schnittstellen wieder nicht übereinstimmen, muss eine zusätzliche `PORT MAP` angegeben werden. Am Ergebnis der Synthese in Abbildung 2.30 ist zu sehen, dass die zweite Configuration zu einer unterschiedlichen Funktion der Schaltung führt, da statt des UND-Gatters aus Abbildung 2.29 nun ein ODER-Gatter eingesetzt wurde.

Listing 2.56: *Configuration 2 für das „Platinenmodell"*

```
0    LIBRARY vcbuchk2_1;
1    CONFIGURATION cfg2 OF platine IS
2      FOR str
3        FOR I1: sockel1
4          USE ENTITY vcbuchk2_1.ic2(beh)
5            PORT MAP (
6              a => c,
7              b => d,
8              y => x);
9        END FOR;
10       FOR I2: sockel2
11         USE ENTITY vcbuchk2_1.ic3(beh)
12           PORT MAP (
13             a => c,
14             y => x);
15       END FOR;
16     END FOR;
17   END cfg2;
```

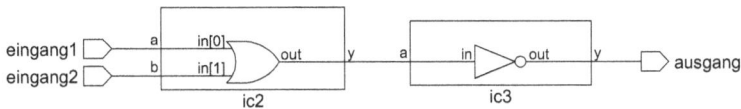

Abb. 2.30: *Ergebnis der Synthese für Configuration 2*

Statt eine Entity/Architecture-Kombination zur Bindung anzugeben, darf auch eine weitere Configuration angegeben werden, so dass eine Hierarchie von Configurations entstehen kann, wie in Listing 2.57 gezeigt. Die Configuration cfg3 der platine ruft dabei die Configuration cfg von ic1 auf. Die Configuration cfg von ic1 sieht etwas „ungewöhnlich" aus: Da keine Komponenten instanziert werden, wird nur die FOR-END FOR-Anweisung für die Architecture beh benötigt – womit festgelegt ist, dass die Architecture beh in dieser Configuration zur Entity ic1 gebunden wird.

Listing 2.57: Hierarchische Configuration für das „Platinenmodell"

```
0    LIBRARY vcbuchk2_1;
1    CONFIGURATION cfg OF ic1 IS
2      FOR beh
3      END FOR;
4    END cfg;
5
6    LIBRARY vcbuchk2_1;
7    CONFIGURATION cfg3 OF platine IS
8      FOR str
9        FOR I1: sockel1
10         USE configuration vcbuchk2_1.cfg;
11       END FOR;
12       FOR I2: sockel2
13         USE ENTITY vcbuchk2_1.ic3(beh)
14           PORT MAP (
15             a => c,
16             y => x);
17       END FOR;
18     END FOR;
19   END cfg3;
```

Die Beispiele zeigen die wesentlichen Vorteile von Configurations: Die Verschaltung der Sockel (Komponenten) erfolgt nur einmal in der Architecture. Durch Ändern oder Anlegen einer neuen Configuration kann – ohne dass die Architecture geändert oder neu kompiliert werden muss – eine andere Funktion der Schaltung erzeugt werden. Ein weiterer Vorteil wird erst klar, wenn man komplexere Schaltungen entwirft: Die gesamte Bindung einer Schaltung kann kompakt und übersichtlich an einer Stelle beschrieben werden. Zu beachten ist, dass die Unterstützung von Configurations von den Synthesewerkzeugen unterschiedlich gehandhabt wird. Manche Synthesewerkzeuge unterstützen Configurations gar nicht und ignorieren entsprechende Anweisungen, manche unterstützen nur „configuration specifications" und einige unterstützen den vollen Umfang der Konfigurationsmöglichkeiten.

Listing 2.58: *Direkte Instanzierung*

```
0    LIBRARY ieee;
1    USE ieee.std_logic_1164.all;
2
3    ENTITY platine IS
4      PORT(
5         eingang1 : IN     std_logic;
6         eingang2 : IN     std_logic;
7         ausgang  : OUT    std_logic
8      );
9    END platine ;
10
11   LIBRARY vcbuchk2_1;
12   ARCHITECTURE str1 OF platine IS
13
14     SIGNAL n1 : std_logic;
15
16   BEGIN
17
18      I1: ENTITY vcbuchk2_1.ic1(beh)
19         PORT MAP (c => eingang1, d => eingang2, x => n1);
20      I2: ENTITY vcbuchk2_1.ic3(beh)
21         PORT MAP (a => n1, y => ausgang);
22
23   END str1;
```

Wenn Configurations nicht unterstützt werden, *müssen* Entity und Komponente übereinstimmen oder es kann eine Beschreibungsform für Strukturen verwendet werden, bei der Configurations und Komponenten nicht benötigt werden: Die so genannte „direkte Instanzierung", die mit der Revision des VHDL-Standards von 1993 ermöglicht wurde. In Listing 2.58 ist gezeigt, wie das „Platinenmodell" mit direkter Instanzierung aussieht. Die Bindung wird bei der Instanzierung direkt vorgegeben und kann an anderer Stelle daher nicht mehr verändert werden. Die direkte Instanzierung ist vergleichbar mit dem „Einlöten" eines ICs ohne Sockel; daher ist diese Möglichkeit der Strukturbeschreibung in gleicher Weise unflexibel und sollte bei komplexen Schaltungen vermieden werden, auch wenn sie natürlich deutlich kürzer in der Beschreibung ist.

2.9   Weitere VHDL-Konstruktionen

Aus Platzgründen ist es im vorliegenden Buch nicht möglich, den kompletten Sprachumfang von VHDL ausführlich darzustellen. Der Fokus des Buches liegt daher auf den gebräuchlichsten Konstruktionen, die für synthesefähige Schaltungen verwendet werden können. Es sei daher abschließend zu diesem einführenden Kapitel noch aufgezählt, welche Konstruktionen bisher nicht behandelt oder nicht angesprochen wurden. Ausführliche Informationen zu diesen Themen entnehme man wiederum [8, 14].

- *Concurrent Assertion*: Die ASSERT-Anweisung wurde in Abschnitt 2.4.4 als sequentielle Anweisung eingeführt. Es gibt auch eine nebenläufige Variante der ASSERT-Anweisung (engl.: concurrent assertion), die allerdings weniger gebräuchlich ist.

- *Block*: In einer BLOCK-Anweisung können nebenläufige Anweisungen zu einem Block zusammengefasst werden. Ein Block kann als eigenständige hierarchische Einheit innerhalb einer Architecture aufgefasst werden; er kann Ports, Generics und einen Deklarationsteil für lokale Objekte aufweisen. Mit Hilfe von Blocks kann ein komplexer Entwurf, der aus sehr vielen nebenläufigen Anweisungen besteht, besser strukturiert werden. Es ist eine Frage des Codierstils, ob man den Entwurf mit sehr vielen nebenläufigen Anweisungen aufbaut – dann ist der Einsatz von Blocks auch sinnvoll – oder ob man eher mit Hilfe von Prozessen den Entwurf aufbaut, dann werden Blocks nicht unbedingt notwendig.

- *Guarded Signal Assignment*: Es handelt sich hier um so genannte „geschützte" (engl.: guarded) Signalzuweisungen, die einen generelleren Mechanismus für *aufgelöste* Signale bieten, die von mehreren Treibern getrieben werden. Die Signale müssen dabei zusätzlich als BUS oder REGISTER deklariert werden. Dabei kann die Signalzuweisung eines Treibers explizit über eine Bedingung (engl.: guard expression) gesteuert werden. Eine Möglichkeit ist die Verwendung einer solchen Bedingung bei einer BLOCK-Anweisung, so dass die Signalzuweisungen innerhalb des Blocks über das Schlüsselwort GUARD gesteuert werden können. Geschützte Signale können nicht synthetisiert werden; der Mechanismus für synthesefähige Beschreibungen von aufgelösten Signale ist die in Abschnitt 2.7 beschriebene Verwendung der IEEE 1164-Datentypen.

- *Aliases*: Bei „Aliases" handelt es sich um die Möglichkeit, Objekten andere Namen zu geben, um die Lesbarkeit des Codes zu erhöhen.

- *Gruppen*: Mit Hilfe von Gruppen (engl.: groups) können Elemente zusammengefasst und mit einem Attribut versehen werden. Gruppen werden von Synthesewerkzeugen in der Regel nicht unterstützt.

- *Postponed*: „Postponed" kann mit „verschoben" übersetzt werden und bedeutet, dass eine nebenläufige Anweisung erst im letzten Delta-Zyklus eines Zeitpunktes, siehe Abschnitt 2.2.6, ausgeführt wird; dann sind alle Signale in einem stabilen Zustand. Des Weiteren darf ein solcher Prozess keine neuen Delta-Zyklen mehr verursachen. „Postponed" kann für synthesefähige Schaltungen nicht verwendet werden. Wird dieser Mechanismus in einer Beschreibung der Hardware benötigt, so ist sie vermutlich nicht korrekt als synchrone Schaltung modelliert worden.

Damit ist die einführende Übersicht in die Hardwarebeschreibung mit VHDL abgeschlossen. In Kapitel 5 wird VHDL auch im Zusammenhang mit Schaltungsbeschreibungen auf Gatterebene eingesetzt. Dies sind Beschreibungen, die in aller Regel nicht von einem Entwickler selbst geschrieben werden, sondern von Entwurfswerkzeugen generiert werden können. Die hauptsächliche Anwendung liegt dann darin, dass das Gattermodell mit einem VHDL-Simulator simuliert werden kann und somit die für das RTL-Modell schon geschriebene Testbench auch für die Simulation auf Gatterebene verwendet werden kann. Der eigentlich Entwurf von digitalen Schaltungen findet heute hauptsächlich auf RT-Ebene statt – der Verwendung von VHDL zur Beschreibung von Hardware auf RT-Ebene ist das Kapitel 4 gewidmet.

2.10   Zusammenfassung zu Kapitel 2

- VHDL ist eine *Hardwarebeschreibungssprache* (HDL). Sie wurde vom IEEE als IEEE 1076 standardisiert. Der Standard IEEE 1076.6 beschreibt die synthesefähigen Konstruktionen von VHDL. Der Standard IEEE 1076.3 beschreibt Datentypen und Funktionen für vorzeichenlose und vorzeichenbehaftete ganzzahlige Arithmetik. Für die Simulation des Zeitverhaltens von Schaltungen auf Gatterebene wird häufig der in IEEE 1076.4 beschriebene VITAL-Standard für die Beschreibung der VHDL-Gattermodelle benutzt. Der Standard IEEE 1164 beschreibt Datentypen, Operatoren und Funktionen einer mehrwertigen Logik in VHDL.

- Die Schnittstelle der Beschreibung einer Komponente in VHDL ist die *Entity*, die Anschlüsse der Entity werden als *Ports* bezeichnet. Das *Verhalten* oder die *Struktur* (Netzliste) einer Komponente wird in der *Architecture* beschrieben. Zu jeder Entity gehört mindestens eine Architecture.

- In einer Architecture wird das Verhalten durch *nebenläufige Prozesse* und *nebenläufige Anweisungen*, welche auch als implizite Prozesse aufgefasst werden können, beschrieben. Da Prozesse und Anweisungen nebenläufig sind, spielt die Anordnung in der Architecture keine Rolle; dies ist ein wesentlicher Unterschied zu „klassischen" Programmiersprachen.

- Die Verbindung von Prozessen erfolgt über *Signale*, die im Deklarationsteil der Architecture deklariert werden müssen.

- Die Ports einer Entity dienen der Verbindung der Prozesse und Signale der zugehörigen Architecture nach außen. In Abhängigkeit vom Port-Modus können sie nur gelesen, nur geschrieben oder sowohl gelesen als auch geschrieben werden.

- Ob ein Prozess ausgeführt wird, kann entweder über die in einer *Sensitivitätsliste* vorhandenen Signale und Ports oder über WAIT-Anweisungen gesteuert werden.

- In der Beschreibung eines oder mehrerer Flipflops durch einen Prozess darf nur der Takt und ein eventuell vorhandener asynchroner Reset in der Sensitivitätsliste vorhanden sein.

- Bei der Beschreibung von Schaltnetzen müssen *alle* Eingangssignale des Schaltnetzes in der Sensitivitätsliste vorhanden sein.

- Bei einer VHDL-Strukturbeschreibung handelt es sich um eine Netzliste, in der *Komponenten* verschaltet werden. Die Komponenten werden im Deklarationsteil der Architecture deklariert und im Anweisungteil (nach dem BEGIN-Schlüsselwort) *instanziert*. Die Instanzen der Komponenten werden über Signale und mit den Ports durch „PORT MAP"-Anweisungen verschaltet.

- Eine *Testbench* dient der Simulation einer Schaltung. Sie wird nicht synthetisiert und somit kann der volle VHDL-Sprachumfang zur Kodierung verwendet werden.

- Um VHDL-Modelle simulieren zu können, müssen diese zunächst *kompiliert* werden. Die dabei enstehenden *Kompilate* werden in einer *Bibliothek* abgelegt. VHDL kennt fünf Übersetzungseinheiten: Entity, Architecture, Configuration sowie die Deklaration und den Körper eines Packages.

- Die Simulation besteht aus den drei Phasen *Elaboration*, *Initialisierung* und *Ausführung*. Die Elaboration expandiert das hierarchische Design, so dass das eigentliche Simulationsmodell ein Verbund von Prozessen darstellt, die über Signale verbunden sind. Während der Initialisierung werden die Signale und Variablen initialisiert und jeder Prozess einmal durchlaufen.

- Ein Prozess oder eine nebenläufige Anweisung ist ein *Treiber* für ein Signal. Für jedes Signal existiert im Simulator eine *Transaktionsliste*, in welche die von den Treibern hervorgerufenen *Transaktionen* eingetragen werden. Transaktionen können unter Umständen auch wieder aus der Liste gelöscht werden. Eine Transaktion ist die Voraussetzung für ein *Ereignis* auf einem Signal.

- VHDL-Simulatoren arbeiten nach dem Prinzip der *ereignisgesteuerten Simulation*: Die Zeit wird nicht kontinuierlich simuliert, sondern nur einzelne Zeitpunkte. Jeder Zeitpunkt kann in eine Folge von *Deltazyklen* unterteilt werden. Jeder Deltazyklus wiederum besteht aus einer Signalzuweisungsphase und einer Prozessausführungsphase.

- Der nächste zu simulierende Zeitpunkt bestimmt sich aus den Einträgen in den Transaktionslisten (und ggf. Wecklisten) der Signale. Während der Prozessausführungsphase werden die Prozesse ausgeführt und die angegebenen Signalzuweisungen in die Transaktionslisten eingetragen. Erst in einer der nachfolgenden Signalzuweisungsphasen werden den Signalen Werte zugewiesen.

- Unterscheidet sich der alte und neue Wert auf einem Signal nach der erfolgten Zuweisung in einer Signalzuweisungsphase, so liegt ein Ereignis auf diesem Signal vor. Ist dieses Signal in der Sensitivitätsliste eines Prozesses enthalten, so wird der Prozess in der nachfolgenden Prozessausführungsphase ausgeführt.

- Weil die Wertzuweisungen an Signale in der gleichen Prozessausführungsphase noch nicht effektiv werden, ergibt das Lesen von Signalwerten im gleichen Prozess immer den alten Wert des Signals. Sollen die neuen Wertzuweisungen in der gleichen Prozessausführungsphase verwendet werden, so muss mit *Variablen* gearbeitet werden. Die Wertzuweisung an Variablen erfolgt sofort, so dass auch keine Transaktionslisten notwendig werden. Variablen sind nur lokal innerhalb eines Prozesses gültig und verwendbar.

- Synthesefähige Beschreibungen können *Objekte* aus den drei Objektklassen *Signal*, *Variable* und *Konstante* verwenden. Die Objektklasse *Datei* ist nur in Testbenches verwendbar. Jedes Objekt muss vor Verwendung unter Angabe eines Datentyps deklariert werden. Der Ort der Deklaration (z. B. Architecture, Entity, Package) bestimmt den Gültigkeitsbereich des Objektes.

- Bei der Wertzuweisung an Signale und Variablen werden *Operatoren* und *Funktionen* in *Ausdrücken* verwendet. Operatoren und Funktionen können *überladen* werden.

- Für synthesefähige Beschreibungen sind *skalare* (Integer, Enumeration) und *zusammengesetzte Datentypen* (Record, Array) möglich. Es gibt einige vordefinierte Datentypen und zugehörige arithmetische und logische Operatoren.

- Mit Hilfe von *Attributen* können Informationen über Datentypen und Objekte abgefragt werden. So kann beispielsweise mit dem `'event`-Attribut abgefragt werden, ob ein Ereignis auf einem Signal vorliegt.

- *Sequentielle Anweisungen* können nur innerhalb von Prozessen verwendet werden. Mit IF-Anweisungen können Prioritäten festgelegt werden, CASE-Anweisungen entsprechen Multiplexer-Funktionen. Fehlende Signalzuweisungen führen zu speicherndem Verhalten. Mit der LOOP-Anweisung können Endlos-, While- und For-Schleifen kodiert werden. Schleifen können nur dann synthetisiert werden, wenn die Anzahl der Schleifendurchläufe statisch bestimmbar ist.

- Nebenläufige Anweisungen oder Signalzuweisungen können mit Bedingungen versehen werden, so dass sie IF- bzw. CASE-Anweisungen entsprechen.

- VHDL stellt Unterprogramme in Form von *Funktionen* und *Prozeduren* zur Verfügung. Ein Operator ist eine spezielle Form einer Funktion. Funktionen und Prozeduren können in Prozessen und in nebenläufigen Anweisungen verwendet werden. Eine Funktion kann nur Argumente lesen und liefert einen Rückgabewert. Eine Prozedur kann Argumente lesen und auch den Wert von Argumenten verändern.

- Ist für ein Signal mehr als ein Treiber vorhanden, so muss eine *Auflösungsfunktion* vorhanden sein, die den resultierenden Wert auf dem Signal berechnet.

- Für die Beschreibung von Hardware wird üblicherweise die in IEEE 1164 definierte *neunwertige Logik* benutzt. Diese besteht aus dem Datentyp `std_ulogic` und dem mit einer Auflösungsfunktion versehenen Datentyp `std_logic`. In einem entsprechenden Package sind neben den zugehörigen Feldtypen auch Funktionen und Operatoren für diese Datentypen realisiert. Der Datentyp `std_logic` hat sich als Industrie-Standard etabliert und sollte für alle Ports einer Entity verwendet werden.

- Mit Hilfe von *Generics* können VHDL-Modelle parametrisiert und somit unverseller einsetzbar gemacht werden.

- Der bedingte oder iterative Aufbau von Strukturbeschreibungen kann mit *Generate-Anweisungen* erfolgen.

- Die Verwendung einer *Configuration* kann bei der *Bindung* von Entity/Architecture-Paaren zu Komponenten in einer Strukturbeschreibung notwendig werden.

2.11 Übungsaufgaben

Obwohl die Übungsaufgaben mit Papier und Bleistift gelöst werden können, empfiehlt es sich, die Ergebnisse mit Hilfe eines Simulators und eines Synthesewerkzeugs zu überprüfen. Die Übungsaufgaben sollen in erster Linie dazu anregen, sich wesentliche Sachverhalte klar zu machen und in der Folge eigene „Experimente" anzustellen. Gerade das Experimentieren mit einem Simulator und einem Synthesewerkzeug erleichtert das Verständnis des Stoffes erheblich. In diesem Zusammenhang sollte man vor Fehlern keine Angst haben: Durch Fehler und die anschließende Fehlersuche lernt man zumeist mehr als durch Abschreiben von fehlerfreien Lösungen. Die Verwendung von Synthesewerkzeugen wird zwar erst in Kapitel 4 genauer erklärt, jedoch können einige der nachfolgenden Übungsaufgaben dazu dienen, sich in ein Synthesewerkzeug schon einzuarbeiten.

Aufgabe 2.1:
Schreiben Sie für den Taktgenerator aus Listing 2.8 einen Prozess, der die gleiche Funktion wie die nebenläufige Anweisung `s_clk <= NOT s_clk;` besitzt.

Aufgabe 2.2:
Überlegen Sie sich anhand des Beispiels aus Listing 2.10 und Tabelle 2.6, warum das Modell nicht oszilliert, wenn es auch auf das Signal b sensitiv ist.

Aufgabe 2.3:
Schreiben Sie für Listing 2.20 einen äquivalenten Prozess, der nur eine `IF`-Anweisung für das Signal y verwendet und zum gleichen Syntheseergebnis wie in Abbildung 2.18 führt.

Aufgabe 2.4:
Schreiben Sie die Entity und die Architecture für einen 4-Bit-Volladdierer als kombinatorisches Schaltnetz. Implementieren Sie die den Volladdierer durch die nachfolgenden Boole'schen Gleichungen unter Verwendung einer `FOR`-Schleife. Die Gleichung für die Berechnung des i-ten Summenbits lautet (es ist: $\neq$: *xor*, $\wedge$: *and*, $\vee$: *or*):
$s_i = (a_i \neq b_i) \neq c_i$
Der Übertrag aus der vorangegangenen, niederwertigen Stelle wird wie folgt berechnet:
$c_i = ((a_{i-1} \neq b_{i-1}) \wedge c_{i-1}) \vee (a_{i-1} \wedge b_{i-1})$
Eingangssignale: `a[3:0]`, `b[3:0]`, `cin`
Ausgangssignale: `s[3:0]`, `cout`
Geben Sie die Summe `s[3:0]` und den Übertrag (Carry-Out) `cout` aus der vierten Stelle aus. Der Übertrageingang in die erste Stelle sei `cin`. Testen Sie den Addierer durch eine Simulation mit Hilfe einer von Ihnen zu erstellenden Testbench. Verwenden Sie als Datentyp `std_logic` bzw. `std_logic_vector`. Hinweis: Verwenden Sie für c_i eine Variable vom Typ `std_logic_vector` im Prozess.

Aufgabe 2.5:
Schreiben Sie ein in der Bitbreite parametrisierbares Register, welches mit der *fallenden* Flanke getaktet wird und mit einem null-aktiven Signal (Signal ist '0', wenn Reset aktiviert wird) asynchron auf '0...0' zurückgesetzt werden kann. Überprüfen Sie Ihr Ergebnis durch eine Logiksynthese; setzen Sie hierfür die Breite des Registers auf 4. Wählen Sie für die

Synthese eine Technologie aus und überprüfen Sie, dass tatsächlich die richtigen Flipflops ausgewählt und korrekt beschaltet wurden. Hinweis: Der Rücksetzwert '0...0' ist in der Bitbreite abhängig vom Wert des Generics. Zur Kodierung kann hierfür am besten ein in Abschnitt 2.3.4 erwähntes „Aggregat" benutzt werden.

Aufgabe 2.6:
Setzen Sie in Listing 2.41 die Signale (a, b, c) auf folgende Werte: (0,1,0), (0,Z,1), (0,X,0), (0,Z,Z). Bestimmen Sie anhand der Auflösungsfunktion `aufloesen` in Listing 2.43 den resultierenden Wert auf dem Signal y. Überprüfen Sie Ihre Ergebnisse durch eine Simulation.

Aufgabe 2.7:
Welcher Wert wird dem Signal y in Listing 2.41 bei der Initialisierung zugewiesen? Geben Sie eine Begründung für Ihre Antwort.

Aufgabe 2.8:
Modifizieren Sie die Auflösungsfunktion in Listing 2.43 so, dass für das Beispiel in Listing 2.41 im Falle eines Treiberkonflikts kein 'X' entsteht, sondern eine '0'-*dominante* Verschaltung der drei Treiber entsteht, ein so genanntes WIRED-AND. Überprüfen Sie Ihre Lösung durch eine Simulation.

Aufgabe 2.9:
Zeichnen Sie das Gattermodell der Schaltung, welches bei der Synthese ensteht, wenn Sie in Listing 2.55 in Zeile 4 die Architecture `beh1` der Entity `ic1` verwenden.

3   Digitale integrierte Schaltungen

VHDL-Schaltungsbeschreibungen werden in digitalen integrierten Schaltungen (engl.: IC, Integrated Circuit) realisiert. Eine Entwicklung von Schaltungen mit VHDL ohne ein genaueres Verständnis der Hardware ist nur schwer möglich. In diesem Kapitel wird zunächst eine Übersicht und Klassifizierung der heute verwendeten digitalen integrierten Schaltungen gegeben; diese beruhen hauptsächlich auf Transistorschaltungen in CMOS-Technologie (CMOS: Complementary Metal-Oxide-Semiconductor), so dass für das Verständnis der Vorgänge auf den ICs eine Erläuterung der Eigenschaften der MOS-Feldeffekttransistoren (MOS: Metal-Oxide-Semiconductor), siehe auch [23, 28, 36], und der daraus aufgebauten digitalen Schaltungen wichtig ist. Sehr verbreitet in der industriellen Anwendung ist heute der Einsatz von programmierbaren Logikbausteinen (engl.: PLD, Programmable Logic Device), siehe beispielsweise [67, 69, 70, 88]. Es handelt sich dabei um anwenderprogrammierbare Standardbauelemente, so dass die Funktion der Schaltung – je nach Technologie sogar beliebig oft – neu programmiert werden kann. Demgegenüber steht die Implementierung einer Schaltung in einem maskenprogrammierbaren applikationsspezifischen IC (engl.: ASIC, Application-Specific IC; CSIC, Customer-Specific IC), wobei die Funktion nach der Herstellung nicht mehr verändert werden kann. Aufgrund der hohen Herstellungs- und Entwicklungskosten lohnt sich der Einsatz von ASICs daher erst bei sehr hohen Stückzahlen. Auf eine ausführliche Beschreibung der Besonderheiten von ASICs und des ASIC-Entwurfs wird im vorliegenden Buch verzichtet, es sei auf eine Reihe von Büchern zu diesem Thema verwiesen [23, 30, 88, 36, 70, 94, 91]. Aufgrund der ständig steigenden Beliebtheit von PLDs in der industriellen Anwendung konzentriert sich das Buch auf die Verwendung dieser Bausteinklasse, insbesondere der so genannten FPGAs (engl.: Field Programmable Gate Arrays), zur Implementierung von digitalen Schaltungen. In diesem Kapitel werden daher auch die Grundlagen von PLDs erläutert, wie beispielsweise Basiszellen und Programmiertechnologien.

3.1   Auswahl von Implementierungsformen für integrierte Schaltungen

Die Herstellung von integrierten Schaltungen ist ein hochkomplexes Fertigungsverfahren, siehe beispielsweise [23, 29, 36], bei welchem so genannte (Silizium-)*Chips* entstehen (in der englischsprachigen Halbleiterwelt übrigens häufiger als „die" bezeichnet). Das ist ein rechteckiges Stück Siliziumsubstrat mit einer Fläche von einigen Quadratmillimetern bis Quadratzentimetern. Die wichtigsten Bauelemente, die bei der Herstellung auf dem

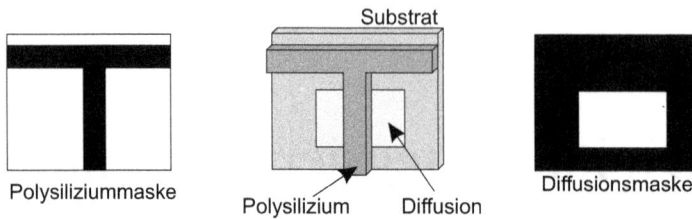

Abb. 3.1: Übertragen der Maskendaten durch Fotolithographie auf den Chip (stark vereinfacht): Zunächst wird durch die Diffusionsmaske ein Fenster im Fotolack geöffnet, durch welches das Diffusionsgebiet implantiert wird. Anschließend wird die Oberfläche des Substrats mit Polysilizium bedeckt. Die Polysiliziummaske definiert einen Leiterzug, der beim nachfolgenden Ätzen des Polysiliziums durch den an dieser Stelle nicht entfernten Fotolack stehen bleibt.

Chip entstehen, sind für die digitale Schaltungstechnik die MOS-Feldeffekttransistoren (MOSFET); diese werden in Abschnitt 3.2 ausführlicher behandelt. Für die Herstellung der MOSFETs ist hauptsächlich die gezielte Einbringung von Dotierstoffen in die Substratoberfläche durch *Diffusion* oder *Ionenimplantation* notwendig. Die Verbindung der Transistoren, gemäß dem vom Entwerfer vorgegebenen Schaltplan, erfolgt durch Leitungen aus polykristallinem Silizium (Polysilizium) oder Metall (Aluminium- bzw. Kupferverbindungen). Die Polysiliziumschicht und die Metallisierungsschichten sowie die dazwischenliegenden Isolationsschichten, zumeist aus Siliziumdioxid, werden auf dem Substrat in *Schichtabscheideverfahren* erzeugt. Ein zentrales Verfahren zur Strukturierung der Schichten und Diffusionsgebiete ist die in Abbildung 3.1 gezeigte *Fotolithographie*.

Hierfür wird auf die Oberfläche des Chips ein Fotolack aufgebracht, der nachfolgend belichtet wird. Für die Belichtung wird eine so genannte Maske (engl.: reticle) aus Quarzglas verwendet, die durch eine Chrombeschichtung an bestimmten Stellen lichtundurchlässig ist. Auf diese Masken werden – ebenfalls fotolithographisch oder durch „Direktschreiben" mit einem Elektronenstrahl – wiederum die Strukturen übertragen, die belichtet werden sollen, beispielsweise die Leiterzüge der Polysiliziumebene oder der Metallisierungsebenen oder die Diffusionsgebiete der Transistoren. Bei diesen Strukturen handelt es sich um *Polygone*, deren Abmessungen und Positionen in den so genannten *Layoutdaten* dem Hersteller vom Entwickler der Schaltung übermittelt werden. Dieses Layout ist gewissermaßen der „Bauplan" eines Chips und steht am Ende einer IC-Entwicklung. Belichtet wird der Chip in der Regel über ein Projektionsverfahren, in dem das verkleinerte Bild der Maske mit Abbildungsmaßstäben von 10:1 oder 5:1 mit einem Linsensystem auf die Waferoberfläche übertragen wird. Verwendet wird heute hauptsächlich ultraviolettes Licht mit Wellenlängen im Bereich von 250 nm. Durch verschiedene Verfahren gelingt es dabei, Auflösungen zu erreichen, die kleiner als die Wellenlänge sind, so dass heute Strukturgrößen von etwa 100 nm (0,1 μm) erzeugt werden können. Es ist ersichtlich, dass die Masken für die Massenproduktion eines ICs bei solch kleinen Strukturen hochgenau sein müssen. Die Kosten pro Maske können einige tausend US-Dollar betragen; für eine komplette Schaltung sind in modernen Prozessen mehr als zwanzig Masken notwendig, so dass ein Maskensatz heute schon deutlich über hunderttausend US-Dollar kosten kann.

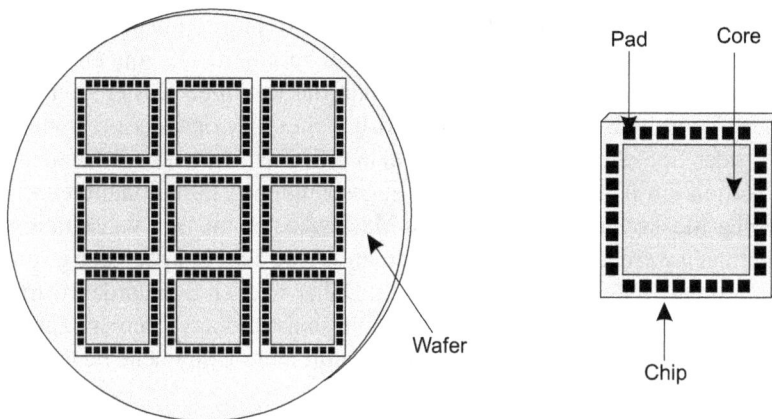

Abb. 3.2: *Wafer und Chip: Üblicherweise befinden sich im äußeren Bereich eines Chips die „Pads",
das sind Anschlußpunkte in der obersten Metallisierungsebene, um den Chip mit den Pins des Gehäuses
verbinden zu können. Zu den Pads gehören auch die Ein- und Ausgangstreiber, die ganze Anordnung wird
als „I/O-Ring" bezeichnet. Der innere „Core" (Kern) enthält die funktionalen Teile des Chips.*

Nach der Belichtung wird, je nach Verfahren, entweder der belichtete oder der unbelichte-
te Teil des Fotolacks chemisch entfernt. Dort wo der Fotolack entfernt wurde, kann dann
entweder dotiert werden, beispielsweise für die Herstellung der Diffusionsgebiete der Transistoren, oder es kann durch Ätzen Material entfernt werden, beispielsweise um die Leiterzüge in einer Metallisierungsebene zu strukturieren. Mehrere Chips werden gemeinsam
auf einem so genannten „Wafer" hergestellt, siehe Abbildung 3.2. Ein Wafer ist eine runde
Scheibe Siliziumsubstrat mit einer Dicke von etwa 1 mm und einem Durchmesser zwischen 10 cm und 30 cm. Nach der Herstellung werden die Chips durch Zersägen des Wafers
vereinzelt. Sie werden getestet (so genannter Produktionstest) und die fehlerfreien Chips
werden in einem IC-Gehäuse verpackt und verkauft oder als ungehäuste Chips (engl.: bare
die) weiterverarbeitet. Die Stückkosten (variable Kosten) für ein IC hängen hauptsächlich
von der Größe des Chips (Flächenbedarf auf dem Wafer), den Kosten für den Produktionstest des Chips und den Kosten des Gehäuses ab. Wesentliche Ziele einer IC-Entwicklung
sind daher, die Chipfläche und Testkosten zu minimieren. Zusätzlich zu den variablen Kosten müssen die fixen Kosten, z. B. für den Maskensatz und die Entwicklung des Chips, auf
die einzelnen Chips umgelegt werden, so dass der Fixkostenanteil eines Chips bei steigendem Verkaufsvolumen sinkt, siehe auch [30, 70].

Integrierte Schaltungen können unter zwei Gesichtspunkten in Standardbausteine (Standard IC) und applikationsspezifische Bausteine (ASIC) klassifiziert werden, siehe Abbildung 3.3:

- *Herstellungssicht*: Man spricht in der Regel von einem Standardbaustein, sofern das
  IC in großen Stückzahlen für viele Kunden produziert wird. Aus zwei Gründen können Standardbausteine zu günstigen Preisen verkauft werden: Zum einen liegen in
  der Regel hohe Stückzahlen vor, so dass der Fixkostenanteil pro Chip gering ist – der

Hersteller legt die Fixkosten auf alle Käufer des ICs um. Zum anderen kann der Entwicklungsaufwand erhöht werden, so dass ein optimiertes Layout entwickelt werden kann, mit dem der Flächenbedarf und damit die variablen Kosten optimiert werden können. Typische Beispiele für Standard-ICs sind Mikroprozessoren und Mikrocontroller oder Speicherbausteine. Bei einem ASIC wird für einen Kunden oder eine Applikation ein IC mit einer speziell zugeschnittenen Funktionalität und damit ein spezieller Maskensatz entwickelt. Die Maskenkosten müssen vollständig vom Kunden getragen werden. Des Weiteren werden solche Schaltungen häufig von den Kunden selbst entwickelt oder mitentwickelt. Daher werden Standardentwurfsverfahren verwendet, die mit geringerem Entwicklungsaufwand auskommen, zumeist jedoch nicht ein optimales Layout erreichen und damit mehr Chipfläche benötigen.

- *Entwurfssicht*: Aus Entwurfssicht des Anwenders kann die (Hardware-)Funktionalität eines Standardbausteins nicht beeinflusst werden. Abgesehen von der Möglichkeit durch Software die Funktion der Schaltung bei vorhandenem Mikroprozessor zu verändern, sind Standardbausteine relativ unflexibel. Obgleich die Mikrocontrollerhersteller innerhalb der Controllerfamilien sehr viele unterschiedliche Typen für verschiedenste Anwendungen anbieten, gibt es doch häufig Anwendungen, die sehr spezielle Konfigurationen benötigen. In diesem Fall können auf das Problem zugeschnittene ASICs vom Anwender selbst entwickelt werden. Es ist hier möglich verschiedene Baugruppen wie Mikroprozessoren, Signalverarbeitungsprozessoren, Speicher bis hin zu analogen Blöcken auf einem ASIC zu vereinen. Damit kann die Funktionalität von mehreren Standardbausteinen in einem Chip integriert werden. Letztlich können durch den größeren Integrationsgrad die Geräte damit kleiner, leichter und stromsparender ausgelegt werden.

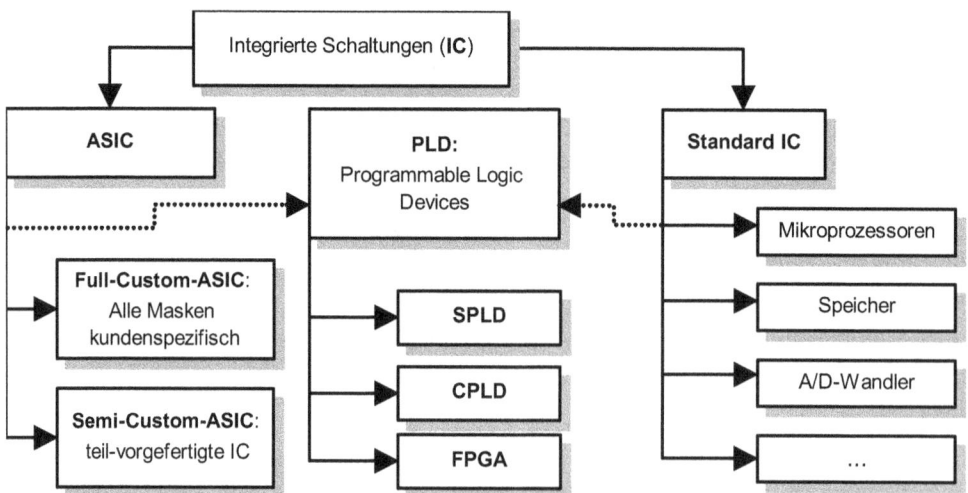

Abb. 3.3: Übersicht über die Implementierungsformen für digitale Schaltungen.

Ein wesentliches Problem ensteht heute bei den integrierten Schaltungen dadurch, dass die Fixkosten für die Masken und die Entwicklung durch die extrem kleinen Strukturabmessungen in modernen Prozessen ständig steigen. So muss man damit rechnen, dass die Maskenkosten für Prozesse mit Strukturgrößen, die kleiner als 100 nm sind, bei etwa 1 Mio. US-Dollar liegen können. Daher ist der Einsatz eines vollkundenspezifischen ASICs (engl.: full-custom ASIC), bei welchem der komplette Maskensatz erstellt werden muss, vielfach prohibitiv teuer. Das gilt häufig für kleinere und mittelständische Firmen, wenn die Verkaufsvolumina für die Produkte nicht sehr hoch sind. Eine Möglichkeit die Fixkosten zu reduzieren stellen die halbkundenspezifischen ASICs (engl.: semi-custom ASIC) dar. Es handelt sich in der Regel um so genannte „Gate Arrays". Hierbei wird eine bestimmte Anzahl von Transistoren (im Englischen als „gate" bezeichnet) in einer feldmäßigen Anordnung (engl.: array) auf einem Chip vorproduziert. Das heißt, die Wafer durchlaufen die Herstellungsschritte bis zur Polysiliziumebene gemeinsam, die Herstellungsschritte der Metallisierung werden dann mit kundenspezifischen Masken ausgeführt. Gate Arrays gibt es daher nur in bestimmten „Konfektionsgrößen". Ist eine bestimmte Konfektionsgröße zu klein, da die Anzahl der verfügbaren Transistoren nicht ausreicht, so muss die nächste Größe genommen werden - wobei dann unter Umständen eine große Zahl von Transistoren und damit Chipfläche nicht genutzt wird. Dieses Problem haben Full-Custom ASICs nicht, da alle Masken kundenspezifisch sind. Bei den Gate Arrays sind nur die Verschaltung der Transistoren und damit die zugehörigen Masken der Metallisierungsebenen anwenderspezifisch; es können digitale Schaltungen und zum Teil auch analoge Schaltungsteile realisiert werden. In neueren Weiterentwicklungen der Gate Arrays können auch Speicherblöcke integriert werden und es sind Komplexitäten von einigen Millionen Gatterfunktionen möglich. Da die „Programmierung" der Funktionalität des Chips über die Masken für die Metallisierungsebenen erfolgt, spricht man häufig auch von einem „Masked Gate Array". Die Masken für die Herstellung der Transistoren können vom Gate-Array-Hersteller auf die Gesamtstückzahl eines Gate Arrays umgelegt werden. Es handelt sich also aus Herstellungssicht um einen Zwitter aus Standardbaustein und applikationsspezifischem Baustein; aus Entwurfssicht kann ein Gate Array jedoch als ASIC bezeichnet werden.

Will man gänzlich auf die Erstellung kundenspezifischer Masken verzichten, so werden programmierbare Logikbausteine oder PLDs verwendet. Aus Herstellungssicht handelt es sich um Standardbausteine, da keine spezifischen Masken benötigt werden. Es ergibt sich das gleiche Problem wie bei Gate Arrays im Hinblick auf die Konfektionsgrößen. Aus Entwurfssicht kann die Funktionalität anwendungsspezifisch entwickelt werden, so dass es sich aus dieser Sicht um ein ASIC handelt. Die Funktionalität wird durch Programmierung der Basiszellen und deren Verdrahtung erstellt. Je nach verwendeter Programmiertechnologie ist die Programmierung irreversibel oder reversibel, wir werden in Abschnitt 3.6 hierauf näher eingehen. Im letzteren Fall, den man häufig bei FPGAs antrifft, spricht man auch eher von einer *Konfiguration* statt einer Programmierung.

Insbesondere die FPGAs sind aufgrund ihrer Architektur mit kleinen Basiszellen und integrierten Speicherblöcken in der Lage, ein Full-Custom ASIC nachzubilden. Sie werden daher auch häufig eingesetzt, um in der Entwicklungsphase die Funktion eines Full-Custom

ASICs zu emulieren. Die Integration von analogen Blöcken wird allerdings nur in Ausnahmefällen angeboten. Des Weiteren erfordert die Programmierbarkeit einen zusätzlichen Flächenaufwand, was zum einen die Stückkosten und damit die variablen Kosten erhöht und auch dazu führt, dass die Rechenleistung geringer ausfällt. Der große Vorteil für den Anwender besteht darin, dass kein Layout erstellt werden muss, was die Personal- und Werkzeugkosten (Kosten für die EDA-Werkzeuge), und damit die Fixkosten – im Vergleich zu einem Full-Custom ASIC – erheblich verringert. Hinzu kommt im Übrigen, dass für ein Full-Custom ASIC und ein Gate Array ein Testprogramm für den Produktionstest benötigt wird, um die fehlerhaften Chips in der Massenproduktion aussortieren zu können. Die Entwicklung eines Testprogramms kann ebenfalls mit erheblichen Personal- und Werkzeugkosten verbunden sein und entfällt bei einem PLD für den Anwender, da der Produktionstest vom Hersteller vorgenommen wird.

Full-Custom und Semi-Custom ASICs werden auch als *Maskenprogrammierbare ASICs* bezeichnet, da der komplette Maskensatz oder ein Teil-Maskensatz für den Anwender erstellt werden muss, und PLDs im Gegensatz dazu als *Anwenderprogrammierbare ASICs* [88]. Die Klasseneinteilung der ASICs und Standardbauelemente ist nicht immer einheitlich [69, 83, 36] und häufig werden sie aus Entwurfssicht eingeteilt. Aus Entwurfssicht spricht man von einem „Custom"- oder „Full-Custom"-*Entwurf* eines Full-Custom ASICs (Herstellungssicht!), wenn alle Maskendaten manuell oder halbautomatisch von einem Entwerfer entwickelt werden – hauptsächlich für den Entwurf analoger Schaltkreise. Als „Semi-Custom"-Entwurf wird der Entwurf eines Full-Custom ASICs bezeichnet, wenn bereits vorentwickelte Teile verwendet werden. Hierzu zählt das Entwickeln digitaler Schaltungen durch so genannte „Standardzellen". Der Halbleiterhersteller liefert dem Entwickler dabei die Layoutbeschreibungen und die Simulationsmodelle für die digitalen Gatter und Flipflops in einer so genannten Bibliothek. Der Begriff *Standardzelle* rührt daher, dass alle Zellen im Layout die gleiche Höhe aufweisen und die Anschlüsse für die Spannungsversorgung an der gleichen Stelle sitzen. Diese Bibliotheken werden in der Synthese einer VHDL-Beschreibung benutzt zur Abbildung der *technologieunabhängigen* RTL-Beschreibung in eine *technologieabhängige* Beschreibung auf Gatterebene (Netzliste). Ein EDA-Werkzeug platziert dann vollautomatisch die Layouts der Gatter-Instanzen der Netzliste und verdrahtet die Gatter entsprechend den in der Netzliste angegebenen Verbindungen (engl.: Place & Route, P&R). Des Weiteren werden auch größere vorgefertigte Layoutblöcke, wie Speicher und Prozessoren, platziert und verdrahtet, so dass am Ende das vollständige Layout und damit der vollständige Maskensatz des Chips entsteht. Diese Implementierungsform wird auch häufig als „Cell-Based IC" (CBIC) bezeichnet [36, 83, 70] und stellt die derzeit gebräuchlichste Vorgehensweise bei der Implementierung von digitalen Full-Custom ASICs dar.

Vorgefertigte Gatter und Blöcke sowie vollautomatische P&R-Werkzeuge, werden auch für Gate Arrays und FPGAs verwendet - mit dem Unterschied, dass die Gatter und Blöcke schon fertig auf dem Chip vorhanden sind und nur noch in ihrer Funktion programmiert werden können und anschließend die Verdrahtung masken-programmiert (Gate Array) oder nur konfiguriert wird (FPGA). Daher werden auch Gate Arrays und FPGAs aus *Entwurfs-*

sicht teilweise als „Semi-Custom ASICs" bezeichnet [36]. Viele der im vorliegenden Buch am Beispiel der FPGAs geschilderten Entwurfsprobleme (Timinganalyse, Taktversatz etc.) und Vorgehensweisen finden sich auch bei Gate-Arrays und CBICs. Die in Abbildung 3.3 vorgenommene Einteilung stellt die *Herstellungssicht* dar: Ein Chip ist aus Herstellungssicht dann ein ASIC, wenn der komplette Maskensatz (Full-Custom) oder ein Teil des Maskensatzes (Semi-Custom) kunden- oder anwendungsspezifisch ist (maskenprogrammierbares ASIC). Die Klasse der PLDs zählt aus Herstellungssicht zu den Standardschaltkreisen, da keine anwendungsspezifischen Masken erforderlich sind (anwenderprogrammierbares ASIC). Da die Maskenproblematik eines der wesentlichen Kriterien bei der Auswahl einer Implementierungsform darstellt, erscheint die Einteilung aus Herstellungssicht sinnvoller.

Die Auswahl einer Implementierungsform für eine digitale Schaltung erfolgt in vielen Anwendungsbereichen hauptsächlich nach ökonomischen Gesichtspunkten. Wir haben in Tabelle 3.1 als hypothetisches Beispiel fixe und variable Kosten für drei Implementierungsformen in einem modernen Halbleiterprozess abgeschätzt. Dieses Beispiel gibt nicht die genauen Kosten für eine ASIC-Entwicklung an, sondern soll nur die wesentlichen Zusammenhänge verdeutlichen. Es handelt sich um ein Full-Custom ASIC (FC-ASIC), ein maskenprogrammiertes Gate Array (MGA) und ein FPGA. Bei den Personalkosten wurde angenommen, dass ein Entwickler 50.000 Euro pro Jahr kostet – der hauptsächliche Zusatzaufwand für das ASIC entsteht hier bei der Entwicklung des Layouts. Die Aufwendungen für das Testprogramm wurden gesondert angegeben. Ähnlich verhält es sich bei den Kosten für die EDA-Werkzeuge: Der Weg von einer VHDL-Beschreibung bis zu einer Netzliste auf Gatterebene - das so genannte „Front-End" - ist für alle drei Implementierungsformen nahezu identisch, so dass auch ähnliche Werkzeuge für Synthese und Simulation eingesetzt werden können. Der wesentliche Unterschied ergibt sich im so genannten „Back-End", das ist die Umsetzung der Netzliste in eine physikalische Implementierung. Im Fall des FC-ASICs sind hierfür spezielle EDA-Werkzeuge für die Entwicklung des Layouts notwendig, welche teuer sind und leistungsfähige Rechner sowie relativ lange Einarbeitungszeiten benötigen, um ein optimales Resultat zu erhalten. Im Falle eines MGAs übergibt der Entwickler zumeist die Netzliste an den Hersteller, welcher daraus die Maskendaten selbst erzeugt. Im Falle der PLDs setzen relativ einfach zu bedienende und preisgünstige Werkzeuge der PLD-Hersteller die Netzliste in Programmie-

Tabelle 3.1: *Fixkosten und variable Kosten in Euro*

	FC-ASIC	MGA	FPGA
fixe Kosten			
Personal	1 Mio.	500.000	300.000
EDA Werkzeuge	200.000	60.000	30.000
Masken	200.000	100.000	-
Testprogramm	200.000	200.000	-
variable Kosten			
Stückkosten	8	10	30

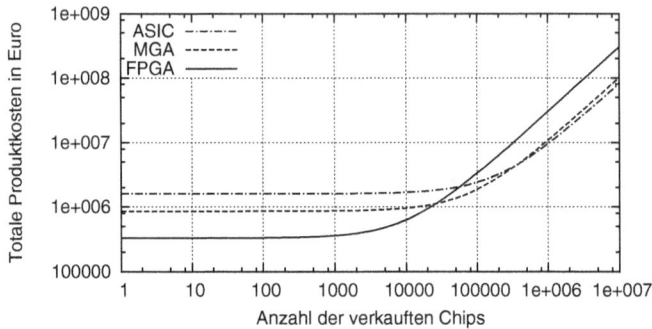

Abb. 3.4: *Auswahl einer Implementierungsform für eine integrierte Schaltung anhand von ökonomischen Gesichtspunkten.*

rinformationen um. Die totalen Kosten für ein Produkt bei einem bestimmten Gesamtvolumen (Anzahl der insgesamt verkauften Chips) für das Produkt können wie folgt berechnet werden: *Produktkosten = Fixkosten + Anzahl * Stueckkosten*

Aus Abbildung 3.4 ist ersichtlich, dass in diesem hypothetischen Beispiel bis zu einem Volumen von etwa 30.000 Stück das FPGA die günstigste Lösung darstellt. Ab etwa 400.000 Stück stellt das ASIC die günstigste Lösung dar. Dazwischen ist es ökonomisch am sinnvollsten ein MGA einzusetzen. Neben den rein ökonomischen Gesichtspunkten spielen natürlich auch technische Gesichtspunkte eine Rolle. Wird beispielsweise ein sehr hoher Integrationsgrad gefordert in Verbindung mit niedrigem Energieverbrauch und hoher Leistungsfähigkeit und sollen darüber hinaus auch analoge Schaltungsteile integriert werden, so muss ein Full-Custom ASIC gewählt werden. Als Beispiel wären hier die Chips für Mobiltelefone zu nennen. Auf der anderen Seite bieten FPGAs den Vorteil, dass die Funktion der Schaltung in der Applikation verändert werden kann. Damit sind dann ganz neue Anwendungen möglich; diese Technik wird als „rekonfigurierbares Rechnen" (engl.: reconfigurable computing) bezeichnet und verwendet die Konfiguration von FPGAs wie „Software", wobei die Konfiguration eines FPGAs zur Laufzeit der Applikation verändert werden kann und das FPGA somit als eine Art „Koprozessor" benutzt wird.

3.2   Grundlagen der CMOS-Schaltungstechnik

In den folgenden Abschnitten sollen die Grundlagen der CMOS-Schaltungstechnik zusammenfassend erläutert werden. Das wesentliche Bauelement für die Digitaltechnik ist der MOS-Feldeffekttransistor. Die Funktionsweise des MOSFET wird anhand einiger einfacher Gleichungen erläutert. Auf dieser Grundlage kann dann das statische und dynamische Verhalten des digitalen CMOS-Inverters erklärt werden. Darauf aufbauend werden einige wichtige digitale Grundschaltungen von kombinatorischen Gatterfunktionen über spezielle Schaltungen, wie Transmission-Gates und Tri-State-Treiber, bis hin zu speichernden Latches und Flipflops dargestellt. Aus diesen Grundschaltungen lassen sich digitale CBICs aufbauen, einige dieser Schaltungen finden sich aber auch in programmierbaren Bausteinen, insbesondere den FPGAs. Darüber hinaus sind Speicherschaltungen wie SRAM (Static Random Access Memory) und EEPROM (Electrically Erasable Programmable Read-Only Memory) wichtige Basistechnologien von FPGAs; diese werden daher ebenfalls eingeführt. Aus Platzgründen sind die Erläuterungen knapp gehalten und es werden nur die für die digitale Schaltungstechnik wichtigsten Sachverhalte der CMOS-Technologie dargestellt, für eine ausführlichere Darstellung sei beispielsweise auf [23, 28, 30, 36, 70, 94, 91] verwiesen.

3.2.1 Der MOS-Feldeffekttransistor

Abbildung 3.5 zeigt schematisch den Aufbau von NMOSFET und PMOSFET. Während der NMOSFET auf dem Ladungstransport im Kanal durch Elektronen beruht (Elektronenleitung), beruht der PMOSFET auf dem Ladungstransport durch Löcher (Löcherleitung), siehe [23, 28, 80]. Es handelt sich um duale Bauelemente: Der PMOSFET geht aus dem NMOSFET hervor, indem die Dotierungen vertauscht werden und, wie später noch zu sehen sein wird, auch die Vorzeichen der Spannungen an Gate, Drain und Source sowie der Schwellspannung vertauscht werden. Digitale CMOS-Schaltungen sind paarweise Verschaltungen von PMOS- und NMOSFET.

Die MOSFETs werden an der Oberfläche des Siliziumsubstrats implementiert. Das Gate des MOSFET ist vom Bulk (Substrat) bzw. dem Kanal durch das Gateoxid isoliert, Gate und Bulk bilden mit dem Gateoxid als Isolator einen (Platten-)Kondensator. Während man in den Anfängen der MOS-Technik tatsächlich Metall (Aluminium) für das Gate verwendet hat, wird heute aus prozesstechnischen Gründen hochdotiertes polykristallines Silizium („Polysilizium") verwendet, welches sich quasi wie ein metallischer Leiter verhält. Die

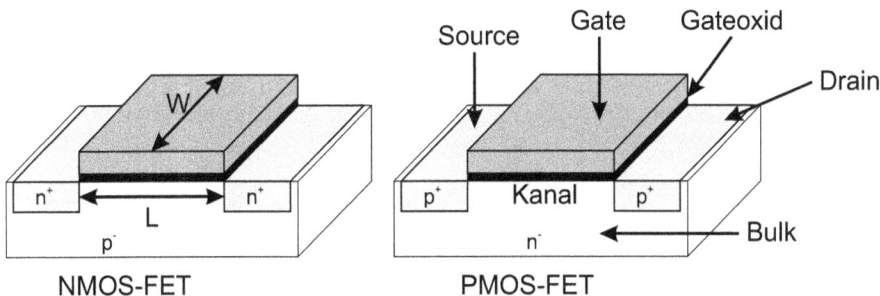

Abb. 3.5: *Aufbau von NMOSFET und PMOSFET: Source und Drain sind stark* $(+)$ *dotierte n- bzw. p-Diffusionsgebiete. Das Substrat (Bulk) wird schwach* $(-)$ *p- bzw. n-dotiert. Das Gate besteht aus Polysilizium und das isolierende Gateoxid aus Siliziumdioxid. Der Abstand zwischen Drain und Source ist die Kanallänge L und die Breite von Drain und Source definiert die Kanalweite W. Um beide Transistoren im gleichen Substrat implementieren zu können, muss das Bulk eines Transistors in einer so genannten „Wanne" realisiert werden, siehe [29].*

Abkürzung MOS bezeichnet den ursprünglichen Schichtaufbau des Kondensators: Metal (Gate), Oxide (Gateoxid), Semiconductor (halbleitendes Bulk). Source und Drain werden durch Dotierung der Substratoberfläche erzeugt, Gateoxid und Gate werden in Schichtabscheideverfahren erzeugt.

Die Vorgänge beim Aufbau eines leitfähigen Kanals seien am Beispiel des NMOSFET im Folgenden erklärt. Für den PMOSFET gilt das Entsprechende unter Umkehrung der Dotierungen und Vorzeichen der Spannungen. Wie aus der Halbleiterphysik bekannt ist [23, 28, 29, 80], entsteht ein Halbleiter auf Siliziumbasis durch Dotierung eines Siliziumkristalls. Silizium ist ein 4-wertiges Element und besitzt daher 4 äußere Elektronen, die *kovalent* zu den Nachbaratomen im Kristallgitter gebunden sind. Dotiert man Silizium mit einem 3-wertigen Element, wie beispielsweise Bor in Abbildung 3.6, so fehlt ein Elektron in einer kovalenten Bindung – dies wird als *Defektelektron* oder *Loch* bezeichnet. Da Bor durch die fehlende Bindung ein Elektron aufnehmen kann, spricht man auch von einem *Akzeptor*. Das Silizium ist dann *p-dotiert* und die Anzahl der Dotieratome pro Kubikzentimeter ist die *Dotierungskonzentration*. Bei Dotierung mit 5-wertigen Elementen, wie beispielsweise Phosphor, ergibt sich aufgrund der kovalenten Paarbindungen ein „überschüssiges", nicht gebundenes freies Elektron, also eine negative Ladung. In diesem Fall spricht man auch von einem *Donator*. Durch die Dotierung verbessert sich die Leitfähigkeit des Materials gegenüber dem undotierten Silizium in Abhängigkeit von der Dotierungskonzentration um mehrere Größenordnungen und liegt in etwa zwischen der Leitfähigkeit eines Isolators und eines Metalls. Es entsteht ein Überschuss der jeweiligen Ladungsträgersorte, so dass z. B. in einem n-dotierten Halbleiter die positiven Löcher *Minoritätsträger* und die negativen Elektronen *Majoritätsträger* sind. Eine genauere Darstellung der halbleiterphysikalischen Vorgänge findet sich beispielsweise in [23, 28, 36, 80]; im Folgenden werden diese durch einfache Modellvorstellungen dargestellt.

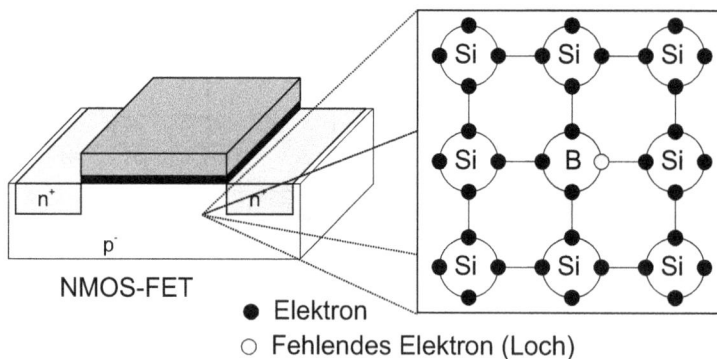

Abb. 3.6: Bulkdotierung des NMOSFETs: Das Bulk eines NMOSFETs wird schwach, also mit geringer Konzentration, mit einem 3-wertigen Element, hier Bor, dotiert. Das dreidimensionale Kristallgitter ist hier nur zweidimensional angedeutet. Die n-dotierten Source- und Drain-Gebiete bilden mit dem p-dotierten Bulk jeweile eine Diode. Die Raumladungszonen der Dioden werden in der Diskussion hier vernachlässigt.

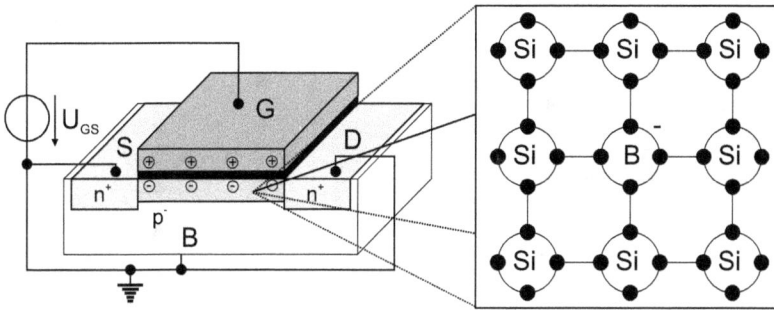

Abb. 3.7: *Verarmung des NMOSFET Kanals: Zwischen Gate und Bulk wird eine Spannung angelegt. Hierdurch entsteht im Bulk eine ortsfeste Raumladungszone mit negativen Ladungen. Die negative Ladungsmenge der Raumladungszone entspricht der positiven Ladungsmenge auf der Gate-Platte.*

Legt man an den Gate-Bulk-Kondensator eine Spannung an, wie in Abbildung 3.7 gezeigt, so erhält man auf der Gate-Platte positive Ladungen. Üblicherweise wird die Gatespannung bezüglich der Source gemessen, so dass man von der Gate-Source-Spannung U_{GS} spricht. Im Bulk muss daher eine gleich große negative Ladungsmenge entstehen. Dies erfolgt zunächst dadurch, dass die Akzeptoren ihren jeweils freien Bindungsplatz mit einem Elektron, welches vom Bulk-Anschluss geliefert wird, besetzen. Die Akzeptoren werden also *ionisiert* durch ein viertes Elektron und sind negativ geladen. Hierdurch entsteht eine *ortsfeste Raumladungszone*, vergleichbar mit der Raumladungszone in einem pn-Übergang [23]. Die Spannung zwischen Gate und Bulk teilt sich auf in einen Spannungsabfall über dem Gateoxid und über der Raumladungszone. Daher nimmt die Anzahl der ionisierten Akzeptoren in der Raumladungszone in Richtung der Grenzfläche zwischen Gateoxid und Bulk zu. Dieser Vorgang wird auch als *Verarmung* bezeichnet, da durch die Ionisierung die Anzahl der *Majoritätsträger*, hier Löcher, abnimmt.

Bei weiterer Erhöhung sind ab einer bestimmten Gatespannung an der Oberfläche des Bulks *alle* Akzeptoren ionisiert, wie in Abbildung 3.8 gezeigt. Für weitere Elektronen stehen also gewissermaßen keine Akzeptoren mehr zur Verfügung; diese „überschüssigen" Elektronen können sich daher frei im Kristallgitter bewegen, wenn eine Spannung U_{DS} zwischen Drain und Source angelegt wird. Die Gatespannung, bei der gerade die ersten *freien Ladungsträger* an der *Oberfläche* des Bulks enstehen, wird als *Schwellspannung U_{th}* (engl.: threshold voltage) bezeichnet. Es entsteht eine dünne Zone an der Oberfläche des Bulks mit freien Elektronen, dies ist der eigentliche *Kanal* des MOSFETs. Aus Gründen, die hier nicht näher erläutert werden können [23, 28], ergibt sich eine maximale Dicke für den Kanal und die Raumladungszone. Bei weiter steigender Gatespannung erhöht sich die Dichte Q_n der *freien Ladungsträger* (NMOS: Elektronen, PMOS: Löcher) im Kanal. Ist $U_{GS} > U_{th}$, so verbessert sich die Leitfähigkeit der Strecke zwischen Drain und Source sprungartig aufgrund der dann enstehenden freien Ladungsträger. Ist also $U_{GS} < U_{th}$, so ist nur eine ortsfeste Raumladungszone vorhanden, das heißt $Q_n = 0$. Auch hier ist ein Stromfluss I_D zwischen Drain und Source bei Anlegen einer Spannung $U_{DS} > 0$ möglich,

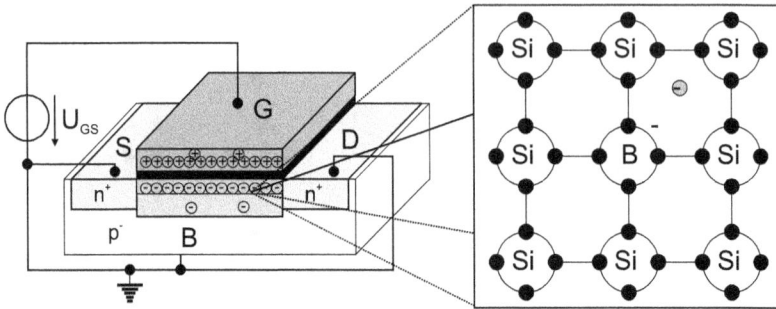

Abb. 3.8: *Schwellspannung des NMOSFETs: Sind an der Oberfläche des Bulks (direkt unterhalb der Grenzfläche Gateoxid-Bulk) alle Akzeptoren ionisiert, so führt jede zusätzliche positive Ladung auf dem Gate zu einem Elektron als freiem Ladungsträger im Kanal. Es bildet sich ein gut leitfähiger Kanal (etwas dunkler eingefärbt) an der Oberfläche des Bulks aus.*

allerdings ist die Leitfähigkeit sehr viel geringer. Man spricht von so genannten „Unterschwellspannungsströmen"; diese tragen, neben den Sperrströmen der S/D-Dioden, zur Ruhestromaufnahme einer digitalen CMOS-Schaltung bei. Für die weitere Betrachtung werden die Unterschwellspannungsströme vernachlässigt: Der Transistor ist also *gesperrt*, wenn $U_{GS} < U_{th}$, das heißt der Widerstand der Source-Drain-Strecke wird als unendlich hoch angenommen und damit ist $I_D = 0$ für $U_{DS} > 0$. Wir interessieren uns im Folgenden für das Verhalten des Transistors wenn $U_{GS} > U_{th}$.

Die Funktionsweise eines MOSFETs beruht darauf, dass der eigentliche Leitungsmechanismus des Bulks – beim p-Bulk ist das die Löcherleitung und beim n-Bulk ist das die Elektronenleitung – im Kanal *invertiert* wird, so dass der Ladungstransport auf den *Minoritätsträgern* des Bulks beruht – beim NMOSFET sind dies die Elektronen und beim PMOSFET die Löcher. Die Source- und Drain-Gebiete dienen dem niederohmigen Anschluß des Kanals und müssen daher den gleichen Leitungsmechanismus wie der invertierte Kanal aufweisen. Ein MOSFET ist im Übrigen symmetrisch, das heißt Source und Drain dürfen vertauscht werden, der Strom kann in beide Richtungen fließen. Die Größe der Schwellspannung hängt von verschiedenen Parametern ab, hauptsächlich der Dotierungskonzentration von Bulk und Gate, und kann während der Herstellung gezielt eingestellt werden. Beim *selbstsperrenden* NMOSFET ist $U_{th} > 0$ und beim selbstsperrenden PMOSFET ist $U_{th} < 0$. Diese MOSFETs werden im Englischen als „enhancement type" oder „normally off" bezeichnet. Es kann jedoch beim NMOSFET auch $U_{th} \leq 0$ und beim PMOSFET $U_{th} \geq 0$ eingestellt werden, so dass die MOSFETs auch ohne Anlegen einer Gatespannung einen leitfähigen Kanal aufweisen; in diesem Fall spricht man von *selbstleitenden* MOSFETs, im Englischen als „depletion type" oder „normally on" bezeichnet. Da für die digitalen CMOS-Schaltungen in der Regel selbstsperrende Typen notwendig sind, sollen nur diese im Folgenden behandelt werden. Die Schaltzeichen der MOSFETs sind in Abbildung 3.9 dargestellt. Ein MOSFET ist ein Bauelement mit *vier* Anschlüssen. Der vierte Anschluss ist insbesondere für die analoge Schaltungstechnik wichtig: Liegt das Bulk auf

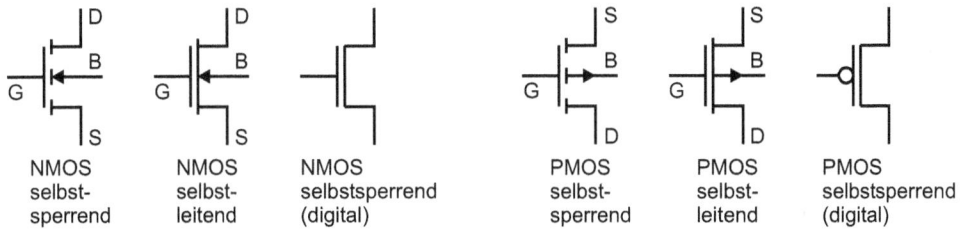

| NMOS selbst- sperrend | NMOS selbst- leitend | NMOS selbstsperrend (digital) | PMOS selbst- sperrend | PMOS selbst- leitend | PMOS selbstsperrend (digital) |

Abb. 3.9: Schaltzeichen der MOSFETs: Der PMOSFET für digitale Schaltungen wird mit einem Kreis ge-kennzeichnet. Dies symbolisiert, dass der Transistor leitet, wenn eine '0' am Gate anliegt. Der NMOSFET leitet, wenn eine '1' am Gate anliegt.

einem anderen Potential als die Source, so verändert sich hierdurch die Schwellspannung. Dies wird als „Substrateffekt" oder im Englischen als „body effect" bezeichnet [23, 28, 36]. In Transistorschaltbildern für digitale Schaltungen wird der Bulk-Anschluss aus Gründen der Übersicht zumeist weggelassen, wie in Abbildung 3.9 gezeigt. In diesem Fall geht man davon aus, dass das Bulk der PMOSFETs an die positive Versorgung (V_{dd}) und das Bulk der NMOSFETs an die negative Versorgung (*Gnd*) angeschlossen ist.

Die Ladungsträgerdichte Q_n im leitenden Kanal – also wenn $U_{GS} \geq U_{th}$ – lässt sich durch die Gatespannung U_{GS} steuern und kann durch

$$Q_n = \frac{\varepsilon_{ox}}{t_{ox}} \cdot (U_{GS} - U_{th}) = c_{ox} \cdot (U_{GS} - U_{th}) \qquad (3.1)$$

beschrieben werden. c_{ox} ist die Oxidkapazität pro Fläche, sie ergibt sich aus der Dicke t_{ox} des Gateoxids und der Permittivität $\varepsilon_{ox} = \varepsilon_r \cdot \varepsilon_0$ des Gateoxids (Siliziumdioxid) ($\varepsilon_r = 3,97$ und $\varepsilon_0 = 8,85 \cdot 10^{-12}$ F/m). Beispielsweise ergibt sich für $t_{ox} = 15$ nm eine spezifische Kapazität von $c_{ox} = 2,34$ fF$/\mu$m^2. Die Ladungsträgerdichte ist also die Ladung pro Flä-cheneinheit und nicht, wie man vermuten könnte, pro Volumeneinheit. Der Grund liegt darin, dass die Ausdehnung des Kanals in z-Richtung sehr klein ist und vernachlässigt wird – man spricht daher auch beim MOSFET von einem „Oberflächenbauelement".

Ist die Drainspannung U_{DS} klein, so kann man davon ausgehen, dass die Ladungsträger-dichte Q_n im ganzen Kanal konstant ist. Dann kann der so genannte „Schichtwiderstand" $R_{DS,\diamond}$ des Kanals bezogen auf die Einheitsfläche durch

$$R_{DS,\diamond} = \frac{1}{\mu_n \cdot Q_n} \qquad (3.2)$$

berechnet werden. Dabei ist μ die *Beweglichkeit* der Ladungsträger. Die Beweglichkeit μ_p der Löcher (PMOSFET) ist rund dreimal schlechter als die Beweglichkeit μ_n der Elektro-nen. Daher weist ein PMOSFET – bei gleicher Dimensionierung – eine um diesen Faktor schlechtere Leitfähigkeit auf.

Für den gesamten Widerstand des Kanals muss die Weite W und die Länge L des Kanals betrachtet werden: Wird der Kanal länger, so werden die Einheits-Schichtwiderstände $R_{DS,\diamond}$

in Serie geschaltet, der Widerstand des Kanals vergrößert sich also. Wird die Weite des Kanals vergrößert, so werden die $R_{DS,\diamond}$ parallel geschaltet, der Widerstand des Kanals muss sich also verringern. Dieser Zusammenhang kann durch

$$R_{DS} = R_{DS,\diamond} \cdot \frac{L}{W} = \frac{1}{\mu_n \cdot c_{ox} \cdot (U_{GS} - U_{th})} \cdot \frac{L}{W} \tag{3.3}$$

für den Widerstand R_{DS} des Kanals bei gegebener Dimensionierung der Weite und Länge ausgedrückt werden.

Der Widerstand des Kanals kann also über die Dimensionierung von Weite W und Länge L des Kanals festgelegt werden und durch die Gatespannung verändert werden. Dieser Zusammenhang gilt allerdings nur im *linearen Bereich* des MOSFET wenn U_{DS} klein ist; hier besteht ein linearer Zusammenhang zwischen Drainspannung U_{DS} und Drainstrom I_D, der durch

$$I_D = \frac{1}{R_{DS}} \cdot U_{DS} = \mu_n \cdot c_{ox} \cdot \frac{W}{L} \cdot (U_{GS} - U_{th}) \cdot U_{DS}$$

$$= \beta \cdot (U_{GS} - U_{th}) \cdot U_{DS} \tag{3.4}$$

beschrieben werden kann. Der MOSFET kann im linearen Bereich als steuerbarer Widerstand aufgefasst werden (so genannter $R_{DS,on}$ siehe [85]).

Die prozesstechnischen Parameter werden zum „Transkonduktanzparameter" $KP = \mu_n \cdot c_{ox}$ zusammengefasst, wobei $c_{ox} = \varepsilon_{ox}/t_{ox}$ ist. Zusammen mit der Dimensionierung ergibt sich daraus der „Verstärkungsfaktor" oder „Steilheitskoeffizient" $\beta = KP \cdot \frac{W}{L}$. Der Transkonduktanzparameter KP gibt an, wie stark die Gatespannung den Widerstand des Kanals beeinflussen kann. Der wesentliche Parameter in KP ist die Gateoxiddicke t_{ox}: Wird das Gateoxid dünner, so kann – bei gleicher Gatespannung – durch die höhere Kapazität des MOS-Kondensators mehr Ladung aufgebracht werden und damit kommt eine bessere Leitfähigkeit und ein höherer Strom im Kanal zustande. Die Leitfähigkeit im Kanal wird also kapazitiv über das von der Gatespannung erzeugte elektrische Feld gesteuert („Feldeffekt"). Daher spielt die Dicke des Gateoxids eine entscheidende Rolle: Je dicker das Gateoxid ist, desto schwächer ist das elektrische Feld und desto geringer ist der Feldeffekt, bei gleicher Gatespannung. Mit jeder neuen Prozessgeneration wird daher auch die Gateoxiddicke verringert. Für Prozessgenerationen unterhalb von 100 nm minimaler Kanallänge werden die Dicken weniger als 2 nm(!) betragen, siehe [36]. Ist das Gateoxid fehlerhaft, so kann es zum Durchbruch des Gateoxids kommen und der Transistor ist nicht mehr steuerbar. Die Erzeugung eines hochwertigen Gateoxids ist daher einer der kritischsten Prozessschritte bei der Herstellung einer modernen CMOS-Schaltung. Darüber hinaus darf die Spannung am Gate die so genannte *Durchbruchfeldstärke* des Gateoxids, welche ca. 1 V/nm beträgt, nicht überschreiten, da sonst ebenfalls mit einem Durchbruch des Gateoxids gerechnet werden muss. Die Versorgungsspannung eines Chips wird üblicherweise so gewählt, dass die halbe Durchbruchfeldstärke nicht überschritten wird. Dies führt seit einigen Jahren dazu, dass die maximal zulässigen Versorgungsspannungen der Chips ständig gesenkt werden müssen. In einem 0,18 μm-Prozess liegt die Gateoxiddicke bei etwa 3,5 nm, so dass die maximale Versorgungsspannung etwa 1,8 V beträgt.

Wie aus Gleichung 3.4 ersichtlich ist, kann der Drainstrom auch durch Verkleinern der Kanallänge L vergrößert werden. Die minimal mögliche Kanallänge L_{min} ist durch die kleinste mögliche Breite des Polysiliziumstreifens definiert, welche wiederum von der minimalen Auflösung der Lithographie des Prozesses abhängt. Neben der Gateoxiddicke ist somit auch die Verringerung der Kanallänge das wesentliche Ziel neuer Prozessgenerationen. Daher werden die Prozessgenerationen nach diesem Maß benannt. Spricht man also von einem „90 nm-Prozess", so bedeutet das $L_{min} = 90$ nm. Dabei ist die *effektive Kanallänge* in modernen Prozessen etwa 30% kleiner als die im Layout *gezeichnete Kanallänge* L_{min} [36].

Abbildung 3.10 zeigt, dass eine Erhöhung der Drainspannung zu einer Reduktion der freien Ladungsträger vom drainseitigen Ende her führt. Die Annahme $Q_n = const$ ist in diesem Fall nicht mehr zutreffend, $Q_n(x)$ wird wegabhängig. Berücksichtigt man dies [23, 28, 85, 36], so kann nun der Drainstrom durch

$$I_D = \beta \cdot ((U_{GS} - U_{th}) \cdot U_{DS} - \frac{1}{2} \cdot U_{DS}^2) \tag{3.5}$$

berechnet werden. Gegenüber Gleichung 3.4 ergibt sich ein quadratischer Korrekturfaktor, so dass kein linearer Zusammenhang mehr zwischen Drainstrom und Drainsspannung besteht und der Dainstrom kleiner ist als nach Gleichung 3.4 berechnet. Der Arbeitsbereich des MOSFET, der durch die Gleichung 3.5 definiert wird, heißt „Triodenbereich".

Wird die Drainspannung U_{DS} weiter erhöht, so wird die Zahl der freien Ladungsträger weiter reduziert bis *keine* freien Ladungsträger an der Drain mehr vorhanden sind, siehe Abbildung 3.11. Der Beginn der so genannten „Abschnürung"(engl.: pinch-off) des Kanals an der Drain ist daher gerade dann erreicht wenn $Q_n(Drain) = c_{ox} \cdot (U_{GS} - U_{DS} - U_{th}) = 0$ gilt. Die jetzt anliegende Drainspannung wird als „Sättigungsspannung" $U_{DS,sat}$ bezeichnet; sie kennzeichnet den Übergang vom Triodenbereich in den *Sättigungsbereich* und kann

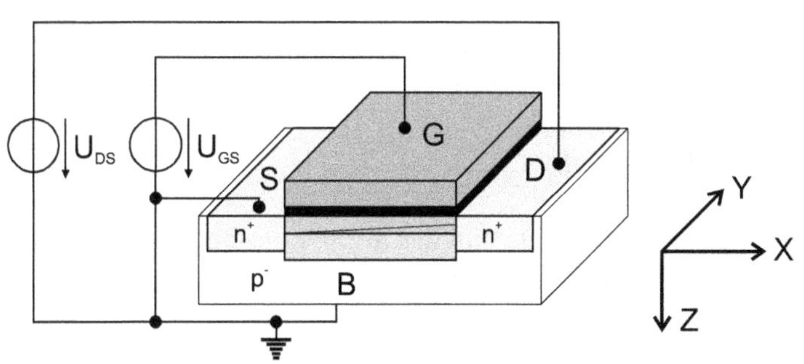

Abb. 3.10: *Triodenbereich des NMOSFET: Bei Anlegen einer Drainspannung kommt ein Stromfluss im Kanal zustande. Das Drainpotential reduziert die „wirksame" Gatespannung am drainseitigen Ende des Kanals, so dass dort mit steigender Drainspannung immer weniger freie Ladungsträger vorhanden sind, verglichen mit dem sourceseitigen Ende. Dies wird durch die schräge, gestrichelte Linie symbolisiert.*

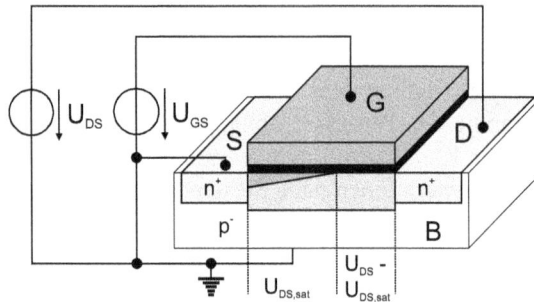

Abb. 3.11: *Sättigungsbereich des NMOSFET: Ist die Drainspannung größer als die Sättigungsspannung* $U_{DS,sat}$ *so reicht die Gatespannung am drainseitigen Ende des Kanals nicht mehr aus, um freie Ladungsträger zu erzeugen. Der Kanal „schnürt ab". Die freien Ladungsträger, die am sourceseitigen Ende des Kanals erzeugt werden, driften aufgrund der Drainspannung durch die Raumladungszone zur Drain.*

durch

$$U_{DS,sat} = U_{GS} - U_{th} \tag{3.6}$$

berechnet werden.

Eine weitere Erhöhung der Drainsspannung bringt nun keine weitere Erhöhung des Drainstroms! Der MOSFET befindet sich im Sättigungsbereich. Die weitere Erhöhung der Drainspannung führt dazu, dass der Kanal kleiner wird, der Abschnürpunkt wandert in Richtung Source. Über diesem kleiner werdenden Kanal fällt die konstante Sättigungsspannung $U_{DS,sat}$ ab, daher vergrößert sich der Strom nicht mehr, sondern bleibt ebenfalls konstant. Der Rest der Drainspannung $U_{DS} - U_{DS,sat}$ fällt über der sich vergrößernden Raumladungszone ab. Der Mechanismus des Transports der freien Ladungsträger vom Kanal zur Drain durch die Raumladungszone ist vergleichbar mit dem Transportmechanismus beim Bipolar-Transistor durch die gesperrte Basis-Kollektor-Diode. Der Sättigungsstrom ist also nur durch die Sättigungsspannung und damit durch die Gatespannung bestimmt. Setzt man daher für U_{DS} in Gleichung 3.5 die Sättigungsspannung von Gleichung 3.6 ein, so ergibt sich der Drainstrom im Sättigungsbereich zu

$$I_D = \frac{1}{2} \cdot \beta \cdot (U_{GS} - U_{th})^2 \,, \tag{3.7}$$

welcher unabhängig von U_{DS} ist. Da nun der Strom konstant ist, haben wir es nicht mehr mit einem einstellbaren Widerstand zu tun, sondern mit einer *Stromquelle*.

Die bisher vorgestellten Gleichungen beschreiben das so genannte „Großsignalverhalten" des MOSFETs. In digitalen Schaltungen werden die MOSFETs großsignalmäßig als *Schalter* betrieben, da die Gatespannung und die Drainspannung beim Umschalten eines Gatters den ganzen Spannungsbereich durchfahren. Für die analoge Schaltungstechnik ist das „Kleinsignalverhalten" in einem bestimmten *Arbeitspunkt* wichtiger [85]. So lässt sich beispielsweise der *differentielle* Leitwert des Kanals g_{ds} und damit auch der differentielle

Ausgangswiderstand r_{ds} durch Anlegen der Tangente an die Kennlinie des Drainstroms in einem Arbeitspunkt $(U_{DS,A}, U_{GS,A})$ bestimmen („Linearisierung", siehe [85]); dies entspricht der partiellen Ableitung $\frac{\partial I_D}{\partial U_{DS}} = g_{ds} = \frac{1}{r_{ds}}$ der Großsignal-Gleichungen für den Drainstrom. Bestimmt man im Sättigungsbereich die partielle Ableitung von Gleichung 3.7, so ist $g_{ds} = 0$ und $r_{ds} = \infty$. Der differentielle Ausgangswiderstand ist in Sättigung also unendlich hoch, da jede Erhöhung der Drainspannung in einer Vergrößerung der Raumladungszone umgesetzt wird und nicht in eine Erhöhung des Stroms. Dieses einfache Modell des MOSFETs in Sätttigung beschreibt daher eine *ideale* Stromquelle. Für den Triodenbereich ergibt die Ableitung von Gleichung 3.5 den differentiellen Leitwert zu

$$\frac{\partial I_D}{\partial U_{DS}} = g_{ds} = \frac{1}{r_{ds}} = \beta \cdot \left((U_{GS,A} - U_{th}) - U_{DS,A} \right). \tag{3.8}$$

Das reale Verhalten des MOSFETs lässt sich mit den einfachen Gleichungen 3.5 und 3.7 nur ungenau beschreiben. Dies trifft insbesondere auf MOSFETs zu, die Kanallängen kleiner als 1 μm aufweisen. Diese so genannten „Kurzkanaleffekte" ergeben einen geringeren Drainstrom als durch die einfachen Gleichungen berechnet. So ist auch der differentielle Ausgangswiderstand r_{ds} in Sättigung tatsächlich nicht unendlich, sondern weist einen Widerstand von einigen MΩ durch den kürzer werdenden Kanal auf (so genannte „Kanallängenmodulation"). Eine tiefergehende Diskussion dieser Zusammenhänge kann [23, 28, 36] entnommen werden. Aufgrund ihrer Einfachheit sind die vorgestellten Gleichungen jedoch für überschlägige Rechnungen gut geeignet. Des Weiteren können sie auch zur Erklärung des statischen und dynamischen Verhaltens der digitalen Schaltungen verwendet werden.

Für eine genaue Analyse, insbesondere von analogen Schaltungen, kommt man aber um eine Simulation einer MOSFET-Schaltung mit einem Schaltkreissimulator wie beispielsweise das an der *University of California, Berkeley*, in den siebziger Jahren entwickelte SPICE (Simulation Program with Integrated Circuit Emphasis) nicht herum. Für den PC wird üblicherweise „PSpice" verwendet, siehe z. B. [26]. Für SPICE sind verschiedene MOS-Simulationsmodelle erhältlich. Das einfachste Modell ist das „Shichman-Hodges"-Modell [86], auch als „LEVEL1"-Modell bezeichnet, und entspricht im Wesentlichen den hier beschriebenen einfachen Formeln für den Trioden- und Sättigungsbereich. Die Modelle höherer Ordnung modellieren die tatsächlichen Effekte immer genauer. Hierzu werden eine Reihe von Modellparametern durch Messung von realen Chips aus der Fertigung gewonnen, so dass diese Modelle das tatsächliche Verhalten der MOSFETs mit ausreichender Genauigkeit beschreiben. Das bekannteste Modell ist das BSIM3v3-Modell (Berkeley Short-Channel IGFET Model [21]), auch als „LEVEL7"-Modell bezeichnet. Die Bezeichnung IGFET bedeutet übrigens „Insulated Gate FET" und deutet auf die Isolation des Gates gegenüber dem Kanal hin; diese Bezeichnung ist synonym zur Bezeichnung MOSFET, wobei Letztere gebräuchlicher ist. Neben den IGFETs existieren auch die so genannten „Junction" FETs (JFET), bei denen der Kanal über eine Sperrschicht vom steuernden Gate getrennt ist; JFETs sind für die Implementierung von digitalen Schaltungen heute bedeutungslos.

In Beispiel 3.1 wird anhand eines Beispielprozesses der Drainstrom eines NMOSFETs im Trioden- und Sättigungsbereich berechnet und mit einer PSpice-Simulation mit „LEVEL1"-Modell – unter Vernachlässigung der Kanallängenmodulation – verglichen.

Beispiel 3.1: *Berechnung und Simulation des Drainstroms*

Für einen $0,6\,\mu$m-Prozess sind vom Halbleiterhersteller folgende Parameter gegeben: Gateoxiddicke $t_{ox} = 15$ nm, Schwellspannung NMOSFET $U_{th} = 0,8$ V, Beweglichkeit der Elektronen $\mu_n = 600\ \text{cm}^2/\text{Vs} = 0,06\ \text{m}^2/\text{Vs}$. Daraus ergibt sich nach Rechnung ein Transkonduktanzparameter von $KP = 140,54 \cdot 10^{-6}$ F/Vs. Mit einer Dimensionierung von $W = 10\,\mu$m und $L = 1\,\mu$m ergibt sich ein Verstärkungsfaktor von $\beta = 1405,4 \cdot 10^{-6}$ F/Vs.

Der NMOSFET wird wie in Abbildung 3.12 gezeigt mit den Spannungsquellen für die Gate- und Drainspannung verschaltet. In Abbildung 3.13 ist das Ergebnis einer *Gleichstromanalyse* („DC-Analyse") bei Variation von U_{DS} und U_{GS} (so genanntes „DC-Sweep") gezeigt; es entsteht ein Kennlinienfeld für den Drainstrom I_D des MOSFETs „M1" in Abhängigkeit von der Drainspannung U_{DS}. In Tabelle 3.2 sind Werte von

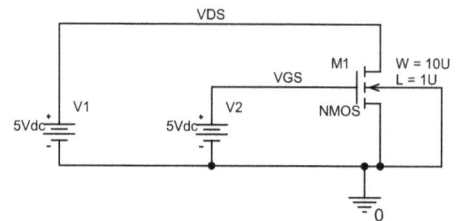

Abb. 3.12: Schaltung NMOSFET

einzelnen Arbeitspunkten $(U_{DS,A}, U_{GS,A})$ aus dem Simulationsergebnis nach Abbildung 3.13 mit dem Ergebnis der Berechnungen nach Gleichung 3.5 (Triode) und Gleichung 3.7 (Sättigung) verglichen. Des Weiteren ist auch jeweils der differentielle Ausgangswiderstand nach Gleichung 3.8 angegeben. Aus der Tabelle ist ersichtlich, dass die PSpice-Simulationsergebnisse mit den Rechnungen übereinstimmen. Dies ist nicht weiter verwunderlich, da PSpice die hier vorgestellten Gleichungen für Sättigungs- und Triodenbereich implementiert.

Die Rechnungen und die Simulationen des Beispiels 3.1 wurden für Raumtemperatur durchgeführt ($T = 27\,°\text{C} = 300$ K). Das Temperaturverhalten des MOSFETs ist hauptsächlich durch die Temperaturabhängigkeit der Beweglichkeit μ der freien Ladungsträger im

Tabelle 3.2: Vergleich von Rechnung und PSpice-Simulation für Beispiel 3.1

$U_{GS,A}$	$U_{DS,sat}$	$U_{DS,A}$	Bereich	r_{ds}	I_D Rechnung	I_D Simulation
5 V	4,2 V	5 V	Sättigung	∞	12,4 mA	12,4 mA
5 V	4,2 V	1 V	Triode	222,35 Ω	5,2 mA	5,2 mA
3 V	2,2 V	5 V	Sättigung	∞	3,4 mA	3,4 mA
3 V	2,2 V	1 V	Triode	593 Ω	2,39 mA	2,39 mA
1 V	0,2 V	5 V	Sättigung	∞	28,1 μA	28,1 μA
1 V	0,2 V	0,1 V	Triode	7.115,4 Ω	21,1 μA	21,1 μA

Temperature: 27.0

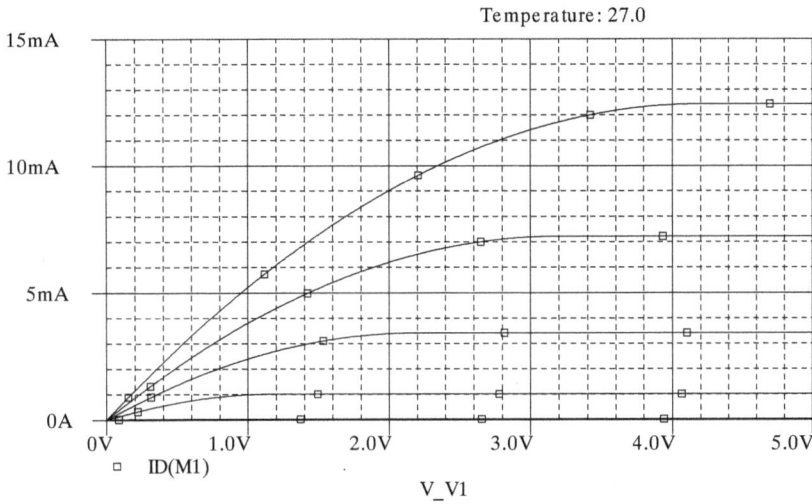

Abb. 3.13: *Simulationsergebnis für den NMOSFET mit PSpice: Für jede Gatespannung ergibt sich eine Kennlinie für den Drainstrom I_D als Funktion der Drainspannung U_{DS}, die oberste Kennlinie gehört zu $U_{GS} = 5\,V$, dann folgen die Kennlinien für $U_{GS} = 4\,V$, $U_{GS} = 3\,V$, $U_{GS} = 2\,V$ und die (auf der x-Achse verschwindende) Kennlinie für $U_{GS} = 1\,V$. Die Drainspannung U_{DS} (in der Simulation als V_V1 bezeichnet) wird jeweils zwischen $0\,V$ und $5\,V$ variiert.*

Kanal und die Temperaturabhängigkeit der Schwellspannung U_{th} bestimmt, siehe [85]. Durch diese Effekte verschlechtert sich in der Summe die Leitfähigkeit des MOSFETs mit steigender Temperatur. Die beste Leitfähigkeit erhält man somit bei tiefster Temperatur und die schlechteste Leitfähigkeit bei höchster Temperatur. Die Leitfähigkeit verschlechtert sich in etwa um einen Faktor 2 zwischen $T = -40\,°C$ und $T = 85\,°C$. Im gleichen Maße verschlechtern sich daher auch die Verzögerungszeiten einer aus MOSFETs aufgebauten digitalen Schaltung. In diesem Zusammenhang sei auch erwähnt, dass der Wert der Schwellspannung sich aufgrund von Prozesstoleranzen nicht exakt einstellen lässt, so dass die Schwellspannung Fertigungsschwankungen unterworfen ist und von Chip zu Chip um einige Millivolt differieren kann. Damit sind auch die Leitfähigkeit der MOSFETs und die Verzögerungszeiten der Gatter von diesen Fertigungsschwankungen betroffen – es gibt also „schnelle" und „langsame" Chips im gleichen Prozess. Zusammenfassend sind die Verzögerungszeiten insgesamt von drei Parametern beeinflusst: Temperatur, Prozess und Versorgungsspannung. Die beste Leitfähigkeit und damit die schnellsten Verzögerungszeiten (so genannter „Best Case") ergeben sich bei tiefster Temperatur, höchster Versorgungsspannung und bestem Prozess (tiefste Schwellspannung). Die schlechteste Leitfähigkeit und damit die langsamsten Verzögerungszeiten ergeben sich bei höchster Temperatur, tiefster Versorgungsspannung und schlechtestem Prozess (höchste Schwellspannung) (so genannter „Worst Case").

3.2.2   Der CMOS-Inverter

In den Anfängen der integrierten digitalen Schaltungstechnik in den sechziger Jahren wurden bipolare Schaltungen – hauptsächlich die so genannten TTL-Schaltungen (Transistor-Transistor-Logik) – und in der Folge in den siebziger Jahren NMOS-Schaltungen zur Implementierung von digitalen Schaltungen verwendet. Der wesentliche Nachteil dieser Schaltungstechniken ist eine hohe Ruhestromaufnahme der einzelnen Gatter. Die Ruhestromaufnahme ist die Stromaufnahme eines digitalen Gatters, wenn es nicht geschaltet wird, seinen Ausgang also statisch auf '1' oder '0' hält. So beträgt beispielsweise die Ruhestromaufnahme eines TTL-Bausteins 74LS00 mit vier 2-fach NAND-Gattern ungefähr 4 mA. Würde man damit also eine digitale Schaltung in der heute üblichen Komplexität mit 1 Million Gattern aufbauen, ergäbe sich allein eine Ruhestromaufnahme von 1.000 A! Die Ruhestromaufnahme ist für batteriebetriebene Geräte, wie beispielsweise ein Mobiltelefon, ein wichtiger Parameter, der die mögliche Betriebsdauer des Gerätes an der Batterie bestimmt. In den achtziger Jahren war man dann prozesstechnisch in der Lage, sowohl NMOS- als auch PMOS-Transistoren auf dem gleichen Chip zu implementieren. Damit konnte man zu einer *komplementären* CMOS-Schaltungstechnik übergehen, welche sich dadurch auszeichnet, dass im Ruhezustand des CMOS-Gatters durch gesperrte MOSFETs die Verbindung zwischen positiver und negativer Versorgung in *beiden* Schaltzuständen sehr hochohmig ist, so dass die Ruhestromaufnahme um *mehrere* Größenordnungen kleiner ist als bei einer TTL- oder NMOS-Schaltung. Beispielsweise weist ein *Spartan-II* FPGA der Firma Xilinx, der in CMOS-Technologie implementiert ist, eine Ruhestromaufnahme von 15 mA auf, bei ungefähr 200.000 Gatterfunktionen. Damit ergibt sich eine Ruhestromaufnahme von 75 nA/Gatter bei dem FPGA im Vergleich zu 1 mA/Gatter bei einem TTL-Baustein und somit ein Unterschied um einen Faktor 13.333! Bei Full-Custom-ASICs ist die Ruhestromaufnahme pro Gatter noch etwas günstiger im Vergleich zu FPGAs. Somit wird deutlich, dass die Höchstintegration von einigen Millionen Gatterfunktionen auf einem Chip nur mit der CMOS-Technologie sinnvoll möglich ist.

Die einfachste digitale CMOS-Schaltung ist der Inverter. Im Folgenden wird die Funktionsweise des Inverters erklärt und es werden einige wichtige statische und dynamische Kennwerte für den CMOS-Inverter hergeleitet. Diese Erkenntnisse lassen sich auf die anderen digitalen CMOS-Schaltungen übertragen, so dass das Verständnis des CMOS-Inverters grundlegend für das Verständnis der ganzen digitalen CMOS-Technik ist. Ein CMOS-Inverter entsteht durch die Verschaltung eines PMOSFET und eines NMOSFET nach Abbildung 3.14. In einer vereinfachten Modellvorstellung sind die MOSFETs als Schalter zu betrachten („Schaltermodell"): Ist $|U_{GS}| < |U_{th}|$, so ist der MOSFET gesperrt, der Drain-Source-Widerstand also unendlich und somit der Schalter geöffnet. Ist $|U_{GS}| > |U_{th}|$, so ist der Schalter geschlossen und weist einen endlichen, niederohmigen Widerstand R_p bzw. R_n auf. Im Ruhezustand sind am Eingang des Inverters nur zwei Werte möglich: $U_{in} = 0$ V, dies entspricht der logischen '0', und $U_{in} = U_{dd}$, dies entspricht der logischen '1'. Für $U_{in} = '0'$ ist der NMOSFET gesperrt und der PMOSFET leitet ($U_{GS,n} = 0$ V und $U_{GS,p} = -U_{dd} < U_{tp}$), damit existiert eine niederohmige Verbindung zwischen Ausgang out und der positiven Versorgung vdd, der Ausgang treibt eine logische '1'. Für $U_{in} = '1'$

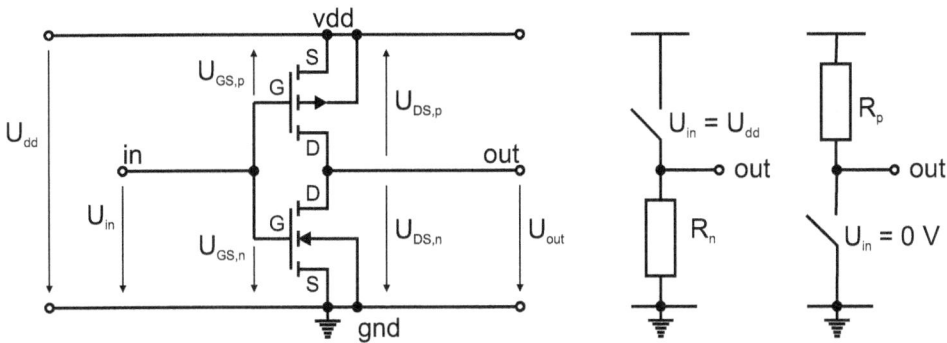

Abb. 3.14: *Transistorschaltung und Schaltermodell des CMOS-Inverters: Zu beachten ist, dass beim PMOSFET die Source an der positiven Versorgung angeschlossen ist. Damit ist $U_{GS,p} = U_{in} - U_{dd} \leq 0$ V und $U_{DS} = U_{out} - U_{dd} \leq 0$ V. Weiterhin ist auch die Schwellspannung des PMOSFET negativ, $U_{tp} < 0$ V. Der PMOSFET leitet also wenn $U_{GS,p} < U_{tp}$ (Löcherleitung!). Beim NMOSFET ist $U_{GS,n} = U_{in} \geq 0$ V und $U_{DS} = U_{out} \geq 0$ V, ebenso ist die Schwellspannung des NMOSFET $U_{tn} > 0$ V.*

kehren sich die Verhältnisse um ($U_{GS,p} = 0$ V und $U_{GS,n} = U_{dd} > U_{tn}$): Der PMOSFET ist gesperrt und der NMOSFET treibt niederohmig eine logische '0'. Diese Verschaltung wird als „komplementär" bezeichnet. Anhand dieses Schaltermodells kann man die wesentlichen Vorteile der CMOS-Schaltungen sehen:

- Die Logikpegel „high" ($\equiv$ '1' in positiver Logik) und „low" ($\equiv$ '0' in positiver Logik) entsprechen der positiven Versorgungsspannung (U_{dd}) bzw. der negativen Versorgung (*Gnd*). Daraus resultiert ein hoher *Störabstand*.

- Die Logikpegel sind nicht abhängig von der Dimensionierung der MOSFETs und damit dem Widerstandsverhältnis der MOSFETs. Dies wird im Englischen als „ratioless" bezeichnet. Die NMOS-Technologie führte z.B. zu Schaltungen, bei denen die Logikpegel von der relativen Dimensionierung der MOSFETs abhängen (engl.: ratioed logic).

- Im statischen Fall existiert entweder ein niederohmiger Pfad (einige kΩ) von U_{dd} oder von *Gnd* zum Ausgang. Damit ergibt sich ein niedriger Ausgangswiderstand.

- Der Eingangswiderstand des Gatters ist extrem hoch, da die Gates der MOSFETs vom Kanal und damit vom Ausgang des Gatters durch das Gateoxid isoliert sind.

- Im statischen Fall existiert kein niederohmiger Pfad zwischen U_{dd} und *Gnd*, da einer der beiden MOSFETs gesperrt ist. Hieraus folgt, wie schon erwähnt, eine sehr niedrige statische Stromaufnahme oder Ruhestromaufnahme.

3.2.3   Statisches Verhalten des CMOS-Inverters

Für die Betrachtung des statischen Verhaltens werden die *zeitlichen Änderungen* des Stroms oder der Spannung vernachlässigt. Die statische „DC-Transferfunktion" oder „Übertragungskennlinie" $U_{out} = f(U_{in})$ lässt sich gewinnen, indem man die Eingangsspannung U_{in} verschiedene Werte zwischen 0 V und U_{dd} annehmen lässt und den Wert der Ausgangsspannung U_{out} berechnet oder simuliert. Die Übertragungskennlinie des CMOS-Inverters aus Abbildung 3.14 soll im Folgenden diskutiert werden. Es seien folgende Beispielwerte angenommen: $U_{dd} = 5$ V, $U_{tn} = 0{,}8$ V und $U_{tp} = -0{,}8$ V.

Die in Abbildung 3.15 gezeigte Übertragungskennlinie besteht aus fünf Bereichen:

1. $0 V < U_{in} < U_{tn}$: Der NMOSFET leitet nicht, da $U_{GS,n} = U_{in} < U_{tn}$. Der PMOSFET leitet, da $U_{GS,p} = U_{in} - U_{dd} < U_{tp}$. Da die Schwellspannung des PMOSFET negativ ist, ist damit die Gatespannung betragsmäßig *größer* als die Schwellspannung. Die Drainspannung des PMOSFET ist $U_{DS} = U_{out} - U_{dd}$, die Sättigungsspannung nach Gleichung 3.6 ergibt sich zu $U_{DS,sat} = U_{GS,p} - U_{tp} = U_{in} - U_{dd} - U_{tp}$. Damit der PMOSFET in Sättigung geht, muss gelten: $U_{DS} < U_{DS,sat}$. Da die Sättigungsspannung beim PMOSFET negativ ist, ist damit die Drainspannung betragsmäßig *größer* als die Sättigungsspannung. Durch Einsetzen der Gleichungen für Drainspannung und Sättigungsspannung in die Ungleichung erhält man die Bedingung für Sättigung: $U_{out} < U_{in} - U_{tp}$. Für den Grenzfall des Übergangs des PMOSFET vom Triodenbereich in den Sättigungsbereich erhält man die in Abbildung 3.15 eingezeichnete Grenzgerade $U_{out} = U_{in} - U_{tp} = U_{in} + |U_{tp}|$. Da im Bereich 1 $U_{in} < U_{tn}$ ist und $U_{out} \approx$

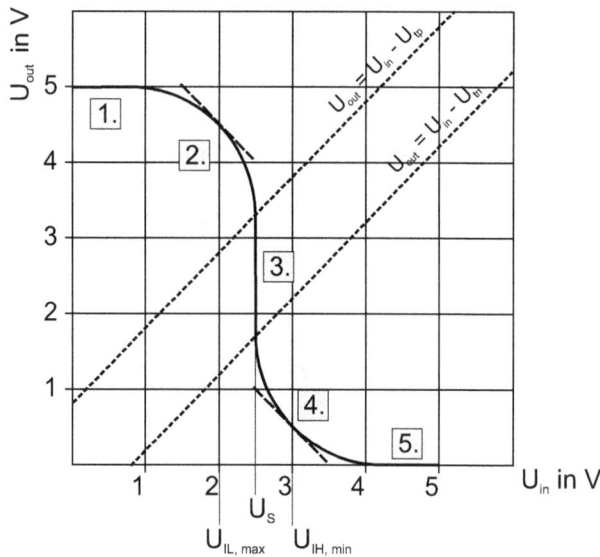

Abb. 3.15: *Statische Übertragungskennlinie des CMOS-Inverters: Diese Kennlinie kann beispielsweise durch eine PSpice-Simulation gewonnen werden, indem die Eingangsspannung U_{in} zwischen 0 V und U_{dd} variiert wird („DC-Sweep"). Die gestrichelten Tangenten an die Kennlinie weisen jeweils die Steigung -1 auf, die zugehörigen Eingangsspannungen sind $U_{IL,max}$ und $U_{IH,min}$. Der Bereich $U_{IL,max} < U_{in} < U_{IH,min}$ ist der so genannte „verbotene Bereich".*

U_{dd} ist, befindet der PMOSFET sich also im Triodenbereich. Es fließt kein Strom, da der NMOSFET gesperrt ist (Unterschwellspannungsströme vernachlässigt).

2. $U_{tn} < U_{in} < U_S$: Der PMOSFET ist immer noch im Triodenbereich, da $U_{out} > U_{in} - U_{tp}$. Der NMOSFET leitet, da $U_{in} > U_{tn}$. Somit fließt ein Strom durch die beiden MOSFETs; da er sich ohne Ausgangslast nicht verzweigen kann, sind die Ströme in beiden MOSFETs gleich groß (so genannter „Querstrom"). Damit der NMOSFET in Sättigung geht muss gelten: $U_{DS} > U_{DS,sat}$. Beim NMOSFET ist $U_{DS} = U_{out}$ und $U_{DS,sat} = U_{GS,n} - U_{tn} = U_{in} - U_{tn}$. Daraus lässt sich wiederum das Kriterium für Sättigung bestimmen: $U_{out} > U_{in} - U_{tn}$. Die Grenzgerade für den Übergang des NMOS-FET vom Triodenbereich in Sättigung ist $U_{out} = U_{in} - U_{tn}$. Da im Bereich 2 die Ausgangsspannung $U_{out} > U_{in} - U_{tn}$, muss der NMOSFET in Sättigung sein.

3. $U_{in} = U_S$: In diesem Bereich gilt: $U_{in} - U_{tn} < U_{out} < U_{in} - U_{tp}$. Die Ausgangsspannung liegt also gerade zwischen beiden Grenzgeraden. Somit sind *beide* MOSFETs in *Sättigung*, beide arbeiten also als *Stromquelle*. Der Strom durch beide MOSFETs hat in diesem Bereich sein Maximum erreicht. In Abbildung 3.15 weist die Kennlinie in diesem Punkt eine unendlich hohe Steigung und damit eine *Verstärkung* $\frac{\partial U_{out}}{\partial U_{in}} = \infty$ auf, da beide MOSFETs als *ideale* Stromquellen betrachtet wurden. In der Realität ist dies nicht der Fall, so dass sich eine endliche Steigung ergibt [36]. Dennoch ist die Steigung sehr hoch, so dass kleine Änderungen der Eingangsspannung U_{in} in große Änderungen der Ausgangsspannung U_{out} umgesetzt werden. Der CMOS-Inverter könnte in diesem Arbeitspunkt als analoger *Verstärker* betrieben werden. Der Bereich 3 stellt die *Schaltschwelle* U_S des CMOS-Inverters dar. Da auch in diesem Fall die Ströme im NMOSFET und im PMOSFET gleich groß sind, kann durch Gleichsetzen der Sättigungsströme die Schaltschwelle U_S durch

$$U_S = \frac{U_{dd} + U_{tp} + U_{tn} \cdot \sqrt{\frac{\beta_n}{\beta_p}}}{1 + \sqrt{\frac{\beta_n}{\beta_p}}} \qquad (3.9)$$

berechnet werden [36, 91].

4. $U_S < U_{in} < U_{dd} + U_{tp}$: Da $U_{out} < U_{in} - U_{tp}$ ist der PMOSFET in Sättigung. Der NMOSFET ist im Triodenbereich, da $U_{out} < U_{in} - U_{tn}$. Beide Transistoren leiten, somit fließt wie im Bereich 2 immer noch ein Strom durch beide MOSFETs.

5. $U_{dd} + U_{tp} < U_{in} < U_{dd}$: Der PMOSFET ist gesperrt, da $U_{GS,p} = U_{in} - U_{dd} > U_{tp}$ bzw. $|U_{GS,p}| < |U_{tp}|$. Der NMOSFET ist weiterhin im Triodenbereich; wie im Bereich 1 fließt kein Strom mehr.

Zusammenfassend betrachtet ist einer von beiden MOSFETs in den Bereichen 1 und 5 gesperrt. Der jeweils andere MOSFET hält die Ausgangsspannung entweder auf U_{dd}-Potential (logische '1') oder auf *Gnd*-Potential (logische '0'). Abgesehen von den Sperrströmen des MOSFET fließt kein Querstrom und somit kein Ruhestrom. In den Bereichen 2 und 4 ist einer von beiden MOSFETs eine Stromquelle, der andere stellt einen Widerstand dar (Trio-denbereich). Es fließt bereits ein nennenswerter Querstrom. Im Bereich 3 arbeiten beide MOSFETs als Stromquellen. Eine kleine Änderung der Eingangsspannung U_{in} lässt das System in die '0'- oder '1'-Lage „kippen", daher spricht man auch von der *Schaltschwelle*. Es ergibt sich eine hohe Verstärkung in diesem Punkt. Die Schaltung weist nun die maxi-male Stromaufnahme auf. Aus Gleichung 3.9 ist ersichtlich, dass die Schaltschwelle auch durch das Verhältnis der Steilheitskoeffizienten $\beta_n = \mu_n \cdot c_{ox} \cdot \frac{W_n}{L_n}$ sowie $\beta_p = \mu_p \cdot c_{ox} \cdot \frac{W_p}{L_p}$ und damit durch die Dimensionierung von Weite und Länge der MOSFETs verändert werden kann. Für $\beta_p = \beta_n$ ergibt sich die in Abbildung 3.15 gezeigte symmetrische Kennlinie; die Schaltschwelle liegt in diesem Fall genau bei $U_{dd}/2$.

Die maximale Eingangsspannung $U_{IL,max}$, bei der ein „low"-Pegel am Eingang des Inver-ters noch sicher erkannt wird, wird definiert als der Wert der Eingangsspannung U_{in}, bei der die Verstärkung des Inverters $\frac{\partial U_{out}}{\partial U_{in}} = -1$ ist, siehe Abbildung 3.15. Der Bereich ei-nes gültigen „low"-Pegels erstreckt sich also von 0 V $< U_{in} < U_{IL,max}$. In gleicher Weise lässt sich die minimale Eingangsspannung $U_{IH,min}$ definieren, bei der ein „high"-Pegel noch als gültig erkannt wird. Der Bereich eines gültigen „high"-Pegels erstreckt sich somit von $U_{IH,min} < U_{in} < U_{dd}$. Damit kann der *Störabstand* NM_H bzw. NM_L des CMOS-Inverters nach Gleichung 3.10 und Abbildung 3.16 bestimmt werden.

$$NM_H = U_{OH,min} - U_{IH,min} = U_{dd} - U_{IH,min}$$
$$NM_L = U_{IL,max} - U_{OL,max} = U_{IL,max}$$
(3.10)

Bei CMOS-Schaltungen ist $U_{OH,min} = U_{dd}$ und $U_{OL,max} = 0$ V aufgrund der komplemen-tären Schaltungstechnik. Daraus ergibt sich ein sehr hoher Störabstand und damit eine robuste Schaltungstechnik; im Beispiel aus Abbildung 3.15 ist $NM_H = NM_L = 2$ V. Da in TTL- oder NMOS-Schaltungstechniken $U_{OH,min} \neq U_{dd}$ oder $U_{OL,max} \neq 0$ V ist, weisen diese einen gegenüber CMOS verringerten Störabstand auf. Durch den Störabstand lassen sich nun Störungen, beispielsweise in der Versorgung von INV1 aus Abbildung 3.16 oder durch kapazitive Kopplungen zu Nachbarleitungen, bis zu NM_H oder NM_L vom nachfolgenden Gatter noch tolerieren, ohne dass dieses umschaltet und so einen fehlerhaften Logikpe-

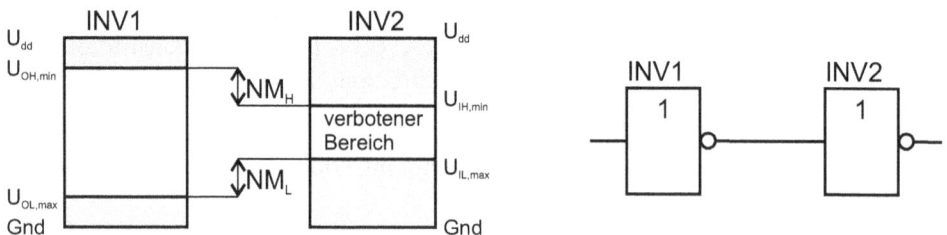

Abb. 3.16: *Störabstand des CMOS-Inverters: Inverter INV1 treibt mit seinem Ausgangssignal U_{out} den Eingang U_{in} des Inverters INV2. $U_{OH,min}$ ist die minimale Ausgangsspannung für einen gültigen „high"-Pegel am Ausgang des Inverters, $U_{OL,max}$ ist die maximale Ausgangsspannung für einen gültigen „low"-Pegel.*

gel am Ausgang erzeugt. Zu beachten ist, dass es sich hier um den *statischen Störabstand* handelt; es wird also angenommen, dass das Gatter (im Beispiel INV1) in Ruhe ist und einen von beiden Logikpegeln treibt (Bereich 1 und 5 in Abbildung 3.15). Es muss also für einen störungsfreien Betrieb sichergestellt werden, dass im statischen Fall die Ausgangsspannung des treibenden Gatters nicht in den so genannten „verbotenen Bereich" $U_{IL,max} < U_{in} < U_{IH,min}$ des empfangenden Gatters fällt (Gatter INV2 in Abbildung 3.16).

Während des Umschaltens eines Gatters muss der „verbotene Bereich" von der Eingangsspannung beim Wechsel von „high" nach „low" durchfahren werden. In diesem Bereich ist das Gatter durch die hohe Verstärkung auf Störungen im Eingangssignal allerdings sehr empfindlich. Wird dieser Bereich aufgrund von flachen Schaltflanken nur langsam durchfahren, so kann das Gatter den Ausgang aufgrund von Störungen mehrfach zwischen beiden Logikpegeln umschalten, was unter Umständen zu Fehlfunktionen in der nachfolgenden Logik führen kann. Des Weiteren ist zu beachten, dass die Querströme durch die MOSFETs gerade im verbotenen Bereich hoch sind, so dass die Stromaufnahme der Schaltung ansteigt. Es empfiehlt sich daher, den verbotenen Bereich durch steile Schaltflanken am Eingang der Gatter möglichst schnell zu durchfahren.

3.2.4   Dynamisches Verhalten des CMOS-Inverters

Für die Betrachtung des dynamischen Verhaltens sind im Gegensatz zum statischen Verhalten die zeitlichen Änderungen des Stroms oder der Spannung wichtig. Bei digitalen Schaltungen handelt es sich im Wesentlichen um die Vorgänge beim Umschalten eines Gatters und die daraus resultierenden Verzögerungszeiten. Diese Verzögerungszeiten sind äußerst wichtig in der Digitaltechnik, da die Summe aller Gatterschaltzeiten auf den Pfaden durch die Logik die maximale Taktrate bestimmt, mit der die Schaltung betrieben werden kann. Für das dynamische Verhalten sind nun hauptsächlich die Kapazitäten und Widerstände interessant, Induktivitäten werden vernachlässigt. Da es sich bei den MOSFETs um kapazitiv gesteuerte Bauelemente handelt, müssen zum Umschalten der Gatter deren Eingangskapazitäten umgeladen werden. Dies ist die Summe der Gatekapazitäten des NMOSFETs und des PMOSFETs. Die Gatekapazität C_G eines MOSFETs kann durch

$$C_G = \frac{\varepsilon_{ox}}{t_{ox}} \cdot A = c_{ox} \cdot W \cdot L \tag{3.11}$$

abgeschätzt werden [91]. Die Fläche A der Gatekapazität ergibt sich aus Weite W und Länge L des Gates. Mit den Werten aus Abschnitt 3.2.1 für $c_{ox} = 2{,}3\ \text{fF}/\mu\text{m}^2$ ergibt sich beispielsweise für einen Inverter mit $W_n = 2\ \mu\text{m}$ und $L_n = 1\ \mu\text{m}$ für den NMOSFET sowie $W_p = 6\ \mu\text{m}$ und $L_p = 1\ \mu\text{m}$ für den PMOSFET eine Eingangskapazität als Summe $C_{Gatter} = c_{ox} \cdot (W_p \cdot L_p + W_n \cdot L_n)$ der beiden Gatekapazitäten von 18,4 fF.

Ein weiterer wichtiger Bestandteil der gesamten umzuladenden Lastkapazität ist die Verdrahtungskapazität, die heute den größten Anteil an der Lastkapazität hat. Die Kapazitäten der Verdrahtung und die Eingangskapazitäten der zu treibenden Gatter werden auch als *extrinsische* Kapazitäten bezeichnet. Daneben weist das *treibende* Gatter auch eigene Kapazitäten auf, so genannte *intrinsische* Kapazitäten, die ebenfalls umgeladen werden

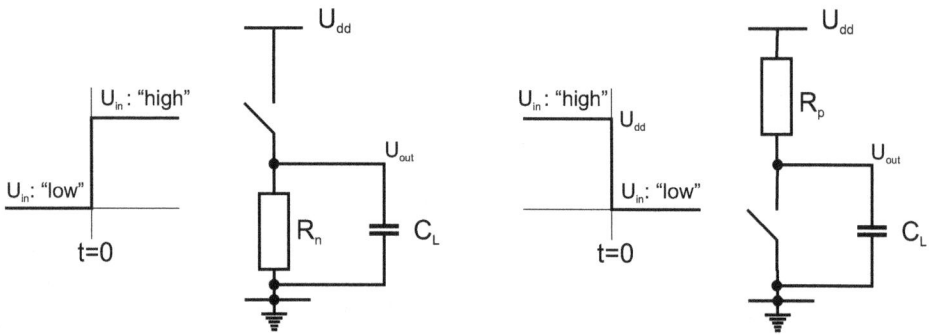

Abb. 3.17: *Modellierung der Verzögerungszeiten des CMOS-Inverters mit Hilfe des Schaltermodells: Zum Zeitpunkt $t = 0$ s wird die Eingangsspannung sprungartig von „low"-Pegel auf „high"-Pegel bzw. von „high"- auf „low"-Pegel geschaltet. Hierdurch wird der PMOSFET bzw. der NMOSFET sofort gesperrt. Der NMOSFET entlädt die Lastkapazität C_L (Abfallzeit) und der PMOSFET lädt die Lastkapazität auf (Anstiegszeit). Zum Zeitpunkt $t = 0$ s sei die Lastkapazität auf U_{dd} aufgeladen bzw. auf 0 V entladen.*

müssen. Dies sind hauptsächlich die Drainkapazitäten der MOSFETs (spannungsabhängige Kapazität der Drain-Bulk-Diode). Eine detaillierte Diskussion zu diesem Thema kann beispielsweise [36, 70] entnommen werden. Für ein einfaches Modell werden alle Kapazitäten zu einem konzentrierten Bauelement, der Lastkapazität C_L zusammengefasst.

Zur Vereinfachung der Modellierung der Verzögerungszeiten wird das Schaltermodell in Abbildung 3.17 benutzt. Es sei hier die Abfallzeit (engl: rise time) betrachtet, für die Anstiegszeit (engl.: fall time) gelten analoge Überlegungen. Zum Zeitpunkt $t = 0$ s wird der PMOSFET-„Schalter" geöffnet ($U_{GS,p} = 0$ V), der NMOSFET leitet ($U_{GS,n} = U_{dd}$ für die gesamte Betrachtung). Zunächst gilt für die Drainspannung am NMOSFET $U_{DS} \approx U_{dd}$, der NMOSFET ist daher in Sättigung, da $U_{DS} > U_{DS,sat} = U_{GS,n} - U_{tn} = U_{dd} - U_{tn}$. Nun sinkt die Ausgangsspannung $U_{out} = U_{DS}$ und damit die Drainspannung am NMOSFET durch die Entladung der Lastkapazität ab. Ist $U_{out} = U_{DS} < U_{DS,sat} = U_{dd} - U_{tn}$, so geht der NMOS-FET in den Triodenbereich über. Die Lastkapazität wird weiterhin entladen bis $U_{out} = 0$ V. Der MOSFET ist also nicht ein ohmscher Widerstand, sondern durchfährt die Arbeitsbereiche vom Sättigungsbereich in den Triodenbereich.

Man definiert in der Digitaltechnik als *Anstiegszeit* (engl.: rise time) t_{TLH}, die Zeit, die ein *Signal* (in diesem Fall U_{out}) benötigt um von $0,1 \cdot U_{dd}$ auf $0,9 \cdot U_{dd}$ anzusteigen; als *Abfallzeit* (engl.: fall time) t_{THL} wird die Zeit definiert, die das Signal benötigt um von $0,9 \cdot U_{dd}$ auf $0,1 \cdot U_{dd}$ abzufallen. Durch Integration über den Drainstrom mit den Gleichungen für den Drainstrom aus Abschnitt 3.2.1, siehe [23, 91], kommt man zu einer Gleichung für die Berechnung der Anstiegs- und Abfallzeiten für die Ausgangsspannung des CMOS-Inverters. Unter der Annahme, dass $U_{th} = 0,2 \cdot U_{dd}$ ist, kann dies durch

$$t_{THL} = \frac{3,7}{\beta_n \cdot U_{dd}} \cdot C_L \qquad \text{und} \qquad t_{TLH} = \frac{3,7}{\beta_p \cdot U_{dd}} \cdot C_L \qquad (3.12)$$

beschrieben werden; die Gleichungen beschreiben ein *lineares Verzögerungsmodell*, da die Verzögerungszeiten linear von der Größe der Lastkapazität abhängen. In diesem Modell sind zwar einige Vereinfachungen enthalten (idealer Sprung am Eingang, Level1-Modelle der MOSFETs), es erfreut sich jedoch aufgrund seiner Einfachheit großer Beliebtheit für überschlägige Berechnungen [23, 36, 94, 91].

Neben den Anstiegs- und Abfallzeiten eines Signals wird in der Digitaltechnik häufig auch die *Verzögerungszeit* (engl.: propagation delay) eines Gatters vom Eingang zum Ausgang benötigt. Diese wird üblicherweise gemessen vom 50%-Pegel ($0,5 \cdot U_{dd}$) des Eingangs zum 50%-Pegel des Ausgangs. Im Schaltermodell kann dies nun modelliert werden, indem man die Entladung von U_{dd} bis $0,5 \cdot U_{dd}$ berechnet, dies ist die Verzögerungszeit t_{PHL} für die fallende Flanke am Ausgang, oder die Aufladung von 0 V bis $0,5 \cdot U_{dd}$, dies ist die Verzögerungszeit t_{PLH} für die steigende Flanke am Ausgang. Voraussetzung für diese Betrachtungsweise ist allerdings die unendliche steile Flanke des Sprungs am Eingang des Gatters im Schaltermodell; die Flankensteilheit des Eingangssignals wird also vernachlässigt. Die Verzögerungszeiten können in ähnlicher Weise wie Gleichung 3.12 hergeleitet werden und ergeben sich - wiederum unter der Voraussetzung, dass $U_{th} = 0,2 \cdot U_{dd}$ ist - zu [36, 94]

$$t_{PHL} = \frac{1,6}{\beta_n \cdot U_{dd}} \cdot C_L \quad \text{und} \quad t_{PLH} = \frac{1,6}{\beta_p \cdot U_{dd}} \cdot C_L. \quad (3.13)$$

Der Schaltvorgang beim CMOS-Inverter ist in etwa vergleichbar mit der Entladung oder Aufladung einer Kapazität über einen Widerstand. Es handelt sich allerdings nicht um einen konstanten ohmschen Widerstand, sondern die Entladung oder Aufladung führt durch den Triodenbereich (Widerstand) und den Sättigungsbereich (Stromquelle) des MOSFET. Die Lösung der Differentialgleichung erster Ordnung für die RC-Aufladung einer Kapazität C_L über einen ohmschen Widerstand R auf die Spannung U_{dd} wird durch die Gleichung $u(t) = U_{dd} \cdot (1 - exp(-t/\tau))$ mit der Zeitkonstanten $\tau = R \cdot C_L$ beschrieben. Löst man die Gleichung nach der Zeit auf, so erhält man für die Zeit t_x bis der Ausgangspegel $u(t) = x \cdot U_{dd}$ erreicht hat: $t_x = -\tau \cdot \ln(1-x)$. Die Anstiegszeit t_r erhält man dann aus $t_r = t_{0,9} - t_{0,1} = \tau \cdot 2,2$ und die Verzögerungszeit t_d erhält man aus $t_d = t_{0,5} = \tau \cdot 0,69$. Vergleicht man nun die Anstiegszeit t_r mit der Anstiegszeit t_{TLH} aus Gleichung 3.12 bezüglich der Zeitkonstanten, so erhält man für den „äquivalenten" ohmschen Widerstand R_p des PMOSFETs

$$R_p = \frac{3,7}{\beta_p \cdot U_{dd}} \cdot \frac{1}{2,2} = \frac{1,68}{\beta_p \cdot U_{dd}}.$$

Im Fall der Verzögerungszeit erhält man durch den Vergleich von t_d mit t_{PLH} aus Gleichung 3.13 den äquivalenten Widerstand

$$R_p = \frac{1,6}{\beta_p \cdot U_{dd}} \cdot \frac{1}{0,69} = \frac{2,32}{\beta_p \cdot U_{dd}}.$$

Eine vergleichbare Rechnung kann auch für den NMOSFET aufgestellt werden. Die Gleichungen 3.12 und 3.13 führen also zu unterschiedlichen äquivalenten Widerständen und somit wird nochmals klar, dass der Widerstand des MOSFETs nicht konstant ist.

In Beispiel 3.2 werden für einen CMOS-Inverter die Verzögerungszeiten berechnet und mit einer PSpice-Simulation (so genannte „Transienten-Analyse") verglichen. Es handelt sich um die gleichen Prozessparameter wie sie in Beispiel 3.1 verwendet wurden; ebenso wurde die gleiche Modellierung der PSpice-MOSFET-Modelle nach LEVEL1 verwendet. In diesem Modell wurden die intrinsischen Kapazitäten der MOSFETs vernachlässigt, so dass nur die extrinsische Lastkapazität C_L berücksichtigt wird.

Beispiel 3.2: *Berechnung und Simulation der Verzögerungszeiten*

Die Parameter des 0,6 μm-Prozesses lauten wie folgt:
Gateoxiddicke $t_{ox} = 15$ nm, Schwellspannung NMOSFET $U_{tn} = 0,8$ V, Schwellspannung PMOSFET $U_{tp} = -0,8$ V Beweglichkeit der Elektronen $\mu_n = 600$ cm^2/Vs = 0,06 m^2/Vs, Beweglichkeit der Löcher $\mu_p = 200$ cm^2/Vs = 0,02 m^2/Vs, Versorgungsspannung $U_{dd} = 4$ V.
Daraus ergeben sich nach Rechnung die Transkonduktanzparameter von $KP_n = 140,54 \cdot 10^{-6}$ F/Vs und $KP_p = 46,85 \cdot 10^{-6}$ F/Vs. Der CMOS-Inverter aus Abbildung 3.14 werde wie folgt dimensioniert: $W_p = 6$ μm, $W_n = 2$ μm, $L_p = L_n = 1$ μm. Damit können die Steilheitskoeffizienten berechnet werden: $\beta_p = KP_p \cdot (W_p/L_p) = 2,81 \cdot 10^{-4}$ F/Vs und $\beta_n = KP_n \cdot (W_n/L_n) = 2,81 \cdot 10^{-4}$ F/Vs. Die Unterschiede in der Beweglichkeit werden also durch die Dimensionierung ausgeglichen, so dass $\beta_p = \beta_n$. Damit ergibt sich eine symmetrische Schaltschwelle von $U_S = 2$ V nach Gleichung 3.9. In Tabelle 3.3 sind die Ergebnisse der Rechnung und der Simulation, siehe auch Abbildung 3.18, für die Anstiegs- und Abfallzeiten sowie die Verzögerungszeiten für drei verschiedene Lastkapazitäten gegenübergestellt. Da $\beta_p = \beta_n$ ist, ergeben sich auch gleich große Werte für die Verzögerungszeiten bei fallender und bei steigender Flanke am Ausgang.

In Abbildung 3.18 erreicht die Ausgangsspannung im Fall $C_L = 300$ fF nicht mehr die Schaltschwelle von $U_S = 2$ V eines gleich dimensionierten nachfolgenden Inverters; die Entladung der Lastkapazität gelingt nicht mehr vollständig. Damit würde ein nachfolgender Inverter, z. B. der Inverter INV2 in Abbildung 3.16, ebenfalls nicht mehr durchschalten und der Puls mit der *Pulsbreite* von 400 ps am Eingang des treibenden Inverters wirkt sich in den nachfolgenden Gattern nicht mehr als Logikwechsel aus. Die Verzögerungszeit

Tabelle 3.3: Vergleich von Rechnung und PSpice-Simulation für Beispiel 3.2

	C_L	t_{THL}	t_{TLH}	t_{PHL}	t_{PLH}
Rechnung	30 fF	98,75 ps	98,75 ps	42,7 ps	42,7 ps
Simulation	30 fF	98,93 ps	98,92 ps	43,95 ps	44,28 ps
Rechnung	60 fF	197,51 ps	197,51 ps	85,41 ps	85,41 ps
Simulation	60 fF	197,46 ps	197,45 ps	86,35 ps	85,9 ps
Rechnung	300 fF	987,54 ps	987,54 ps	427,05 ps	427,05 ps
Simulation	300 fF	989,3 ps	989,3 ps	428,52 ps	428,28 ps

Temperature: 27.0

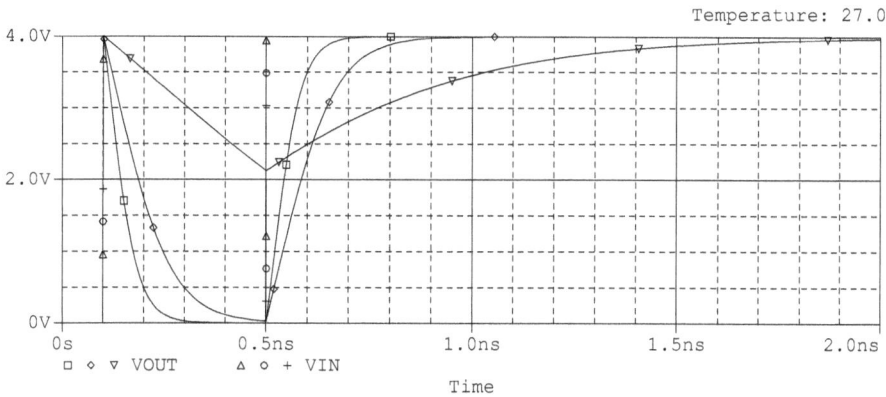

Abb. 3.18: *PSpice Simulation der Verzögerungszeiten des CMOS-Inverters: Die Flanke am Eingang VIN des Inverters steigt zum Zeitpunkt $t = 100$ ps innerhalb von 1 ps von 0 V auf 4 V an, zum Zeitpunkt $t = 500$ ps fällt die Spannung am Eingang innerhalb von 1 ps von 4 V auf 0 V ab. Die daraus resultierende Pulsbreite für VIN von 400 ps wurde zur Darstellung der Trägheit des Gatters bewusst „zu kurz" gewählt. Die Werte in Tabelle 3.3 wurden mit einer größeren Pulsbreite ermittelt. Im PSpice-Plot sind drei Transienten-Simulationen für unterschiedliche C_L gleichzeitig dargestellt. Die Kurve für VOUT mit der steilsten Flanke gehört zu $C_L = 30$ fF, die mittlere Kurve zu $C_L = 60$ fF und die Kurve, bei der VOUT nicht mehr den Gnd-Pegel erreicht, zu $C_L = 300$ fF*

wurde für die Lastkapazität von $C_L = 300$ fF zu $t_{PHL} = 427{,}05$ ps berechnet. Daraus kann geschlossen werden, dass sich Pulse am Eingang eines Gatters nicht auswirken, wenn deren Pulsbreite kleiner als die Verzögerungszeit des Gatters ist. Mit diesem Verhalten kann die in Abschnitt 2.2.7 und Abbildung 2.14 diskutierte Trägheitsverzögerung erklärt werden. Der Grund für die Trägheit sind die zu schaltenden Kapazitäten; das Gatter mit seinen intrinsischen und extrinsischen Kapazitäten wirkt wie ein Tiefpassfilter, das kurze Pulse unterdrückt.

Mit Hilfe der PSpice-Simulation kann auch die Temperaturabhängigkeit der Verzögerungszeit bestimmt werden. Während $t_{THL} = 98{,}93$ ps für $C_L = 30$ pF bei $T = 27$ °C (RT) ist, ergibt sich bei $T = -40$ °C für $t_{THL} = 69{,}97$ ps (TT) und für $T = 85$ °C (HT) für $t_{THL} = 125{,}57$ ps. Zwischen den Verzögerungszeiten für RT und HT liegt also etwa ein Faktor 1,3, zwischen TT und RT ein Faktor 1,4 und zwischen TT und HT ein Faktor 1,8.

Die in Beispiel 3.2 errechneten Werte stimmen gut mit den simulierten Werten überein. Es muss jedoch angemerkt werden, dass die Simulation mit der einfachsten Modellierung der MOSFETs durchgeführt wurde. In der Realität sind die Verzögerungszeiten – hauptsächlich durch die hier vernachlässigten Kurzkanaleffekte – daher deutlich größer. Des Weiteren wurde für die Rechnung ein idealer Sprung am Eingang angenommen, dieser wurde in der Simulation durch eine sehr steile Schaltflanke angenähert. In realen Schaltungen sind die Verzögerungszeiten aber auch abhängig von der Flankensteilheit des Eingangssignals, dies ist in den hergeleiteten Gleichungen 3.12 und 3.13 ebenfalls nicht berücksichtigt (siehe auch Beispiel 3.4 im nächsten Abschnitt).

Weil man eine komplexe Schaltung aus mehreren Millionen Gattern aufgrund der hohen Rechenzeiten nicht mit SPICE simuliert, wird für eine Modellierung der Gatter-Verzögerungszeiten daher eine so genannte „Charakterisierung" der einzelnen Gatter aus der Bibliothek mit Hilfe von genauen SPICE-Simulationen in Abhängigkeit von Ausgangslast und Eingangsflankensteilheit durchgeführt. Die hieraus ermittelten Werte werden dann in Modelle für die Logiksimulation oder die Timing-Analyse eingebracht. Während die absoluten Werte des einfachen Modells nach Gleichung 3.12 und 3.13 ungenau sind, können die Gleichungen jedoch für erste Abschätzungen oder relative Vergleiche benutzt werden. Was mit der Realität übereinstimmt ist die lineare Abhängigkeit der Verzögerungszeiten von der Lastkapazität, wie im nächsten Abschnitt am Ringoszillator in Beispiel 3.4 zu sehen ist. Ein wesentlicher Vorteil dieses Modells liegt auch darin, dass die wesentlichen Einflußfaktoren der Verzögerungszeit beschrieben werden und damit auch die Möglichkeiten diskutiert werden können, die Verzögerungszeit zu verringern:

1. Lastkapazität C_L: Eine Verringerung der Lastkapazität führt zu einer Verringerung der Verzögerungszeiten durch die lineare Abhängigkeit. Die intrinsischen Drain-Kapazitäten des treibenden Gatters hängen im Wesentlichen von der Weite des Transistors ab [36, 70], so dass mit größerer Weite auch die Drainkapazität zunimmt. Die extrinsischen Eingangskapazitäten der getriebenen Gatter hängen nach Gleichung 3.11 ebenfalls von Weite und auch von der Länge der Transistoren ab. Daraus ergibt sich die Forderung Weite und Länge der Transistoren möglichst klein zu wählen. Des Weiteren müssen die Verbindungsleitungen zwischen Gattern möglichst kurz sein, da die Verdrahtungskapazität von der Länge der Verdrahtung abhängt.

2. Versorgungsspannung U_{dd}: Die Tatsache, dass U_{dd} in den Gleichungen 3.12 und 3.13 im Nenner erscheint, bedeutet *nicht*, dass die Verzögerungszeiten linear von U_{dd} abhängen! Die Gleichungen wurden für den Fall $U_{th} = 0{,}2 \cdot U_{dd}$ ermittelt, so dass U_{dd} hier als Konstante zu sehen ist. Es existiert allerdings eine Abhängigkeit der Verzögerungszeit t_d von der Versorgungsspannung: Diese kann durch

$$t_d \propto \frac{U_{dd}}{(U_{dd} - U_{th})^\alpha}$$

ausgedrückt werden [36] ($\alpha = 1 \ldots 2$, technologieabhängig). Nach Abbildung 3.19 erhöht sich die Verzögerungszeit bei einer Verringerung der Versorgungsspannung um einen Faktor 5 von 5 V auf 1 V um einen Faktor 100 ($\alpha = 2$)! Liegt die Versorgungsspannung also nahe an der Schwellspannung, so ergibt sich eine sehr starke, überproportionale Abhängigkeit; bei höheren Spannungen ist die Änderung der Verzögerungszeit in etwa proportional zur Änderung der Versorgungsspannung. Einer Vergrößerung der Versorgungsspannung sind Grenzen gesetzt, nicht zuletzt auch durch die maximale Durchbruchfeldstärke für das Gateoxid. Des Weiteren erhöht sich auch die Leistungsaufnahme der Gatter durch die höhere Versorgungsspannung überproportional, so dass ein Gewinn an Verzögerungszeit durch einen starken Anstieg der Verlustleistung bezahlt werden muss.

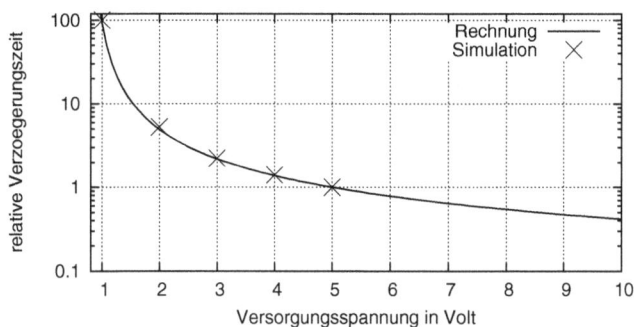

Abb. 3.19: *Abhängigkeit der Verzögerungszeit von der Versorgungsspannung: Die im Text erwähnte Abhängigkeit der Verzögerungszeit von U_{dd} nach $t_d \propto U_{dd}/(U_{dd} - U_{th})^2$ wurde auf den Wert bei $U_{dd} = 5$ V bezogen (Rechnung). Zum Vergleich wurden die simulierten Werte der Verzögerungszeiten der Gatter im Beispiel 3.4 des Ringoszillators aus dem nächsten Abschnitt für $U_{dd} = 1 \ldots 5$ V, ebenfalls bezogen auf $U_{dd} = 5$ V, eingetragen.*

3. Steilheitskoeffizient β: Durch Vergrößerung der Weite, bei gleicher Länge, kann der Steilheitskoeffizient und damit die Leitfähigkeit des MOSFET-„Widerstands" vergrößert werden, wodurch sich die Verzögerungszeit verringert. Diese Abhängigkeit ist linear und gibt dem Entwickler die Möglichkeit, die Gatter entsprechend zu dimensionieren. Leider führt eine Vergrößerung der Weite auch zu höheren intrinsischen Kapazitäten, siehe Punkt 1, so dass die Weite nicht beliebig vergrößert werden kann. Darüber hinaus stellt das treibende Gatter auch wieder eine extrinsische Last für ein vorangehendes Gatter dar, so dass eine Vergrößerung der Weite zu einer vergrößerten Last für das vorangehende Gatter wird.

Beispiel 3.3: *Dimensionierung eines Treibers*

Nehmen wir an, es sei ein Treiber (auch „Buffer" genannt) zu dimensionieren, der eine chipexterne Last auf der Leiterplatte von $C_L = 50$ pF in einer Verzögerungszeit von $t_{PHL} = 1$ ns umschalten soll, wie in Abbildung 3.20A gezeigt. Ein nicht-invertierender Treiber kann beispielsweise aus zwei hintereinandergeschalteten Invertern aufgebaut werden. In den Berechnungen wird der zweite Inverter jeweils vernachlässigt. Mit den Werten aus Beispiel 3.2 ergibt sich nach Gleichung 3.13 ein benötigtes $\beta_n = 0{,}02$ F/Vs und damit eine Weite von $W_n = 142\,\mu m$, wenn $L_n = 1\,\mu m$. Für einen symmetrischen Inverter ergibt dies $W_p = 426\,\mu m$ bei $L_p = 1\,\mu m$. Nach Gleichung 3.11 ergibt sich hieraus eine Eingangskapazität des Treibers von 1306,4 fF, die ein vorangehendes Gatter wiederum treiben muss. Nehmen wir hierfür das in Beispiel 3.2 dimensionierte Gatter, so erreichen wir damit eine Verzögerungszeit für das kleine Gatter in Abbildung 3.20A von $t_{PLH} = 1{,}867$ ns. Damit ergibt sich eine gesamte Verzögerungszeit der beiden Gatter von 2,867 ns!

Wie aus der bisherigen Diskussion ersichtlich ist, ist die Dimensionierung von Gattern kein triviales Problem. Aus dem Treiberproblem aus Beispiel 3.3 wird klar, dass man

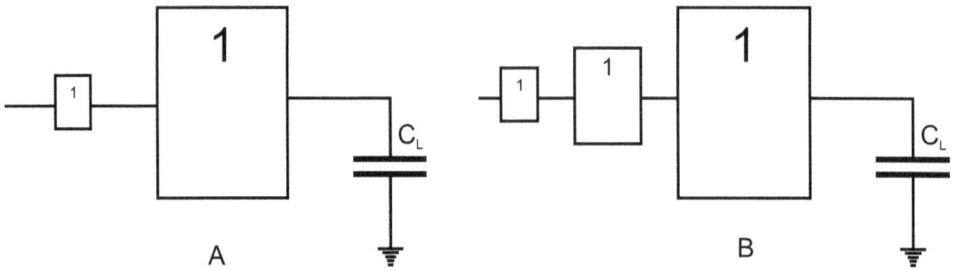

Abb. 3.20: *Treiberkette zur Lösung des Treiberproblems: Im Fall A wird der kleine Treiber sehr stark durch den großen Ausgangstreiber belastet, so dass insgesamt eine hohe Gesamtschaltzeit resultiert. Im Fall B kann die gesamte Verzögerungszeit durch Einbau einer gestuften Treiberkette optimiert werden.*

auch die Einbettung der Gatter in die restliche Schaltung zu berücksichtigen hat. Das Optimierungsziel ist nicht die Verzögerungszeit des einzelnen Gatters, sondern die Laufzeit der gesamten Schaltung. Das Treiberproblem lässt durch eine so genannte „Treiberkette" nach Abbildung 3.20B lösen. Für die Dimensionierung der Treiber in der Kette kann man folgende Lösung herleiten [36]: Dimensioniert man die Weite der Gatter mit $W_{Nachfolger}/W_{Vorgaenger} = e = 2{,}71828$, wobei $L = L_{min}$, so ergibt sich insgesamt die minimale Verzögerungszeit. Da jeder Treiber Chipfläche kostet, wählt man aus praktischen Gründen den Faktor zwischen 4 und 10. Wie in Abbildung 3.20B gezeigt, ergibt sich eine gestufte Treiberkette, in der jedes Vorgängergatter um diesen Faktor kleiner ist. Die Erzeugung von Gatterverschaltungen für allgemeine Logikfunktionen wird heute von Synthesewerkzeugen erledigt, wie in Kapitel 4 gezeigt werden wird. Dabei tritt ebenfalls das Optimierungsproblem auf, für eine gegebene Logikfunktion eine Gatterverschaltung zu finden, so dass die Laufzeiten durch die Logik minimal sind oder vorgegebenen Randbedingungen genügen.

3.2.5   Leistungs- und Energieaufnahme von CMOS-Schaltungen

Ein wesentlicher Vorteil von CMOS-Schaltungen ist die schon erwähnte geringe Stromaufnahme im Ruhezustand. Die *mittlere Leistungsaufnahme* $\overline{P}$ einer Schaltung ist $\overline{P} = U_{dd} \cdot \overline{I}$, wobei $\overline{I}$ der Mittelwert des Stroms ist. Die *Energieaufnahme E* der Schaltung kann dann zu $E = \overline{P} \cdot T$ berechnet werden, wenn T die Betriebsdauer ist. Während die momentane Leistungs- oder Stromaufnahme ein wichtiger Kennwert für die Dimensionierung der Stromversorgung, der Kühlleistung und Ähnlichem ist, ist die Energieaufnahme der Schaltung wichtig für mobile Geräte, die aus einer Batterie oder ähnlichen Energiespeichern versorgt werden. Die Minimierung der *Energieaufnahme* ist daher heute ein wichtiges Ziel in vielen Applikationen. Bei gegebener Energie einer Batterie kann bei verringerter mittlerer Leistungsaufnahme das Gerät dann länger betrieben werden oder es ist möglich – bei gleicher Betriebsdauer – die Energie der Batterie und damit in der Folge die Batteriegröße und die Baugröße des Geräts zu verringern. Die gesamte Leistungsaufnahme einer CMOS-Schaltung ergibt sich aus der schon angesprochenen Ruhestromaufnahme oder statischen Stromaufnahme und der dynamischen Stromaufnahme, es gilt $\overline{P} = \overline{P}_{stat} + \overline{P}_{dyn}$. Die dynamische Stromaufnahme entsteht während des Umschaltens der Gatter und besteht aus zwei Komponenten: Ein Ladestrom i_{load} für die Lastkapazitäten und ein Kurzschlussstrom oder Querstrom i_{short}, aufgrund der Tatsache, dass im Umschaltzeitpunkt sowohl der NMOS-FET als auch der PMOSFET leitend sind und damit ein niederohmiger Pfad zwischen U_{dd} und *Gnd* existiert, siehe Abschnitt 3.2.3. Die zugehörigen mittleren Leistungsaufnahmen werden im Folgenden als $\overline{P}_{load}$ und $\overline{P}_{short}$ bezeichnet, es gilt $\overline{P}_{dyn} = \overline{P}_{load} + \overline{P}_{short}$.

Die mittlere Leistungsaufnahme $\overline{P}_{load}$ entsteht durch das Aufladen und Entladen der Lastkapazität C_L, wenn ein CMOS-Gatter von $'0' \rightarrow '1'$ oder von $'1' \rightarrow '0'$ schaltet. Die Berechnung der mittleren Leistungsaufnahme $\overline{P}_{load}$ erfolgt über die Betrachtung der Energie, die beim Entladen und Aufladen von C_L der Versorgung entnommen wird. Hierzu verwenden wir das Schaltermodell aus Abbildung 3.17 und vernachlässigen also die Leistungsaufnahme $\overline{P}_{short}$ durch die Querströme, somit gilt $\overline{P}_{dyn} = \overline{P}_{load}$. Die Energie E_{dd}, die der Versorgung entnommen wird, lässt sich berechnen, indem man die Momentanleistung $P(t) = i_{load} \cdot U_{dd}$ über die Zeit integriert (bei konstanter Versorgungsspannung U_{dd}):

$$E_{dd} = \int\limits_0^\infty P(t)\, dt = \int\limits_0^\infty i_{load} \cdot U_{dd}\, dt$$

Bei i_{load} handelt es sich um den Ladestrom der Kapazität, für den folgender Zusammenhang aus der Elektrotechnik bekannt ist: $i_{load} = C_L \cdot \dot{u}_{out} = C_L \cdot (du_{out}/dt)$, wobei u_{out} die Spannung am Ausgang des Gatters und damit die Spannung an der Kapazität ist. Setzt man dies in die obige Gleichung ein, so erhält man die aus der Versorgung entnommene Energie E_{dd} zu

$$E_{dd} = C_L \cdot U_{dd} \cdot \int\limits_0^\infty \frac{du_{out}}{dt}\, dt = C_L \cdot U_{dd} \cdot \int\limits_0^{U_{dd}} 1\, du_{out} = C_L \cdot U_{dd}^2\,. \tag{3.14}$$

Die nach Ende des Vorgangs auf der Kapazität gespeicherte Energie E_{cap} ergibt sich zu

$$E_{cap} = C_L \cdot \int\limits_0^\infty u_{out} \frac{du_{out}}{dt}\, dt = C_L \cdot \int\limits_0^{U_{dd}} u_{out}\, du_{out} = \frac{1}{2} \cdot C_L \cdot U_{dd}^2\,, \tag{3.15}$$

wenn die momentane Leistung $P(t) = i_{load} \cdot u_{out}$ am Ausgang des Gatters betrachtet wird.

Aus den Gleichungen 3.14 und 3.15 ergibt sich der aus der Elektrotechnik bekannte Zusammenhang, dass die Hälfte der zugeführten Energie während des Ladevorgangs im Widerstand – das ist in diesem Fall der PMOSFET oder der NMOSFET – in Wärme umgesetzt wird. In einem nachfolgenden Entladevorgang wird die auf der Kapazität gespeicherte Energie im NMOSFET durch den Entladestrom ebenfalls in Wärme umgesetzt, so dass letzten Endes die gesamte zugeführte Energie E_{dd} von einer Schaltung in Wärme umgesetzt wird, man spricht daher auch von „Verlustleistung". Für *einen* Schaltvorgang $'0' \rightarrow '1' \rightarrow '0'$ am Gatter wird also die Energie $E_{010} = C_L \cdot U_{dd}^2$ benötigt. Diese Energie ist von der Dimensionierung der MOSFETs unabhängig! Um die von einem Gatter verbrauchte gesamte Energie $E_{tot,G}$ während einer bestimmten Zeit T zu ermitteln, muss man die Anzahl N der Schaltvorgänge in dieser Zeit ermitteln und erhält $E_{tot,G} = N \cdot E_{010} = N \cdot C_L \cdot U_{dd}^2$. Die gesamte verbrauchte Energie $E_{tot,S}$ der Schaltung erhält man durch

$$E_{tot,S} = \sum_{Gatter} N_i \cdot E_{010} = \sum_{Gatter} N_i \cdot C_{L,i} \cdot U_{dd}^2 , \tag{3.16}$$

indem man für alle Gatter der Schaltung die Anzahl der Schaltvorgänge N_i für jedes Gatter und die Lastkapazität $C_{L,i}$ ermittelt und über alle Gatter summiert.

Um den *mittleren* dynamischen Leistungsverbrauch $\overline{P}_{dyn,G}$ eines Gatters zu berechnen, muss man wissen, wie häufig das Gatter im Mittel pro Sekunde geschaltet wird. Diese Schaltfrequenz ist $f_G = n$ Hz, wenn das Gatter n-mal pro Sekunde die Lastkapazität auf- und wieder entlädt ($'0' \rightarrow' 1' \rightarrow' 0'$). Daraus ergibt sich der mittlere Leistungsverbrauch des Gatters zu

$$\overline{P}_{dyn,G} = f_G \cdot C_L \cdot U_{dd}^2 . \tag{3.17}$$

Der gesamte Leistungsverbrauch einer Schaltung ergibt sich wiederum durch Summation der Leistungsverbräuche der einzelnen Gatter. Dies soll im Beispiel 3.4 anhand eines „Ringoszillators" demonstriert werden. Ringoszillatoren eignen sich gut, um Verzögerungszeiten in einer Technologie auszumessen, da man über die Messung der Schwingfrequenz indirekt die Verzögerungszeiten der Gatter messen kann. Dies soll ebenfalls anhand des Beispiels gezeigt werden, um nochmals die im vorigen Abschnitt diskutierten Abhängigkeiten der Verzögerungszeiten zu illustrieren. Die Schwingfrequenz ist neben der kapazitiven Last, der Versorgungsspannung, der Temperatur und der Prozesslage insbesondere von der Anzahl der Stufen des Ringoszillators abhängig, so dass man in der Realität eine Stufenzahl größer als 5 wählt, damit die zu messende Frequenz nicht zu hoch ist und der Oszillator stabil schwingt.

Beispiel 3.4: *Schwingfrequenz und Leistungsaufnahme eines Ringoszillators*

Ein dreistufiger Ringoszillator nach Abbildung 3.21 wird so dimensioniert, dass für die beiden (symmetrischen) Inverter $W_n = 2\,\mu$m und $W_p = 6\,\mu$m sowie $L_n = L_p = 1\,\mu$m ist. Das NAND-Gatter wird mit $W_n = 4\,\mu$m und $W_p = 6\,\mu$m sowie $L_n = L_p = 1\,\mu$m dimensioniert. Zunächst sei die Last an allen Gattern $C_L = 30$ fF. Damit beträgt die Energieaufnahme eines einzelnen Gatters $E_{010} = 480$ fJ für einen Schaltvorgang bei $U_{dd} = 4$ V. Simuliert man diese Schaltung mit $U_{dd} = 4$ V bei Raumtemperatur (MOSFET-Modelle wie in den vorangegangenen Beispielen), so kann man eine Periodendauer für eine Schwingung von $t = 449,4$ ps messen; dies entspricht einer Schwingfrequenz von $f_{osc} = 2,22$ GHz. Da jeder Inverter pro Schwingung *zweimal* schalten muss

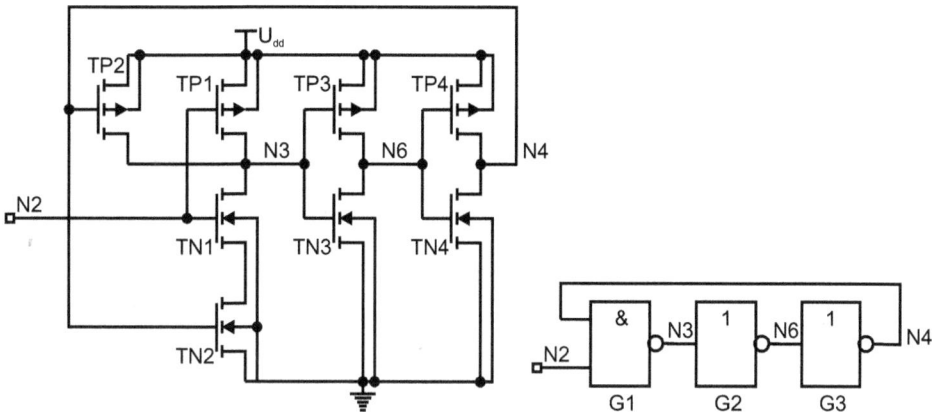

Abb. 3.21: *Ringoszillatorschaltung: Ein so genannter „Ringoszillator" besteht aus einer ungeraden Anzahl von Invertern wobei der Ausgang des letzten Inverters auf den Eingang des ersten zurückgekoppelt ist. In diesem Beispiel handelt es sich um einen dreistufigen Ringoszillator, wobei die Funktion des ersten Inverters von einem NAND-Gatter übernommen wird, um den Oszillator stoppen zu können. Ist der Eingang $N2 = {'0'}$, so ist ständig $N3 = {'1'}$, so dass der Oszillator nicht schwingen kann. Mit $N2 = {'1'}$ invertiert das NAND-Gatter das Signal auf $N4$, welches vor der Freigabe $N4 = {'1'}$ war. Nun wird $N3 = {'0'}$ und in der Folge schalten $N6 = {'1'}$ und somit $N4 = {'0'}$. Hieraus ergibt sich nun wieder $N3 = {'1'}$, $N6 = {'0'}$ und somit $N4 = {'1'}$, worauf dann der nächste Zyklus beginnt.*

(${'0'} \rightarrow {'1'}$ und ${'1'} \rightarrow {'0'}$), besteht eine Schwingung aus 6 Inverterschaltzeiten. Somit ergibt sich die Verzögerungszeit eines Inverters zu $t_{PLH} = t_{PHL} = 74{,}9$ ps. Die Verzögerungszeit ist damit etwa um einen Faktor 1,75 größer als die für die gleiche Last berechnete Zeit aus Tabelle 3.3, dieser Unterschied kommt durch die geringere Steilheit der Eingangsflanken der Inverter zustande, siehe Abbildung 3.22. Die mittlere Stromaufnahme der Schaltung lässt sich in der PSpice-Simulation zu $\overline{I} = 790$ μA bestimmen. Damit ergibt sich die in der Simulation *gemessene* mittlere Leistungsaufnahme zu $\overline{P}_{mess,1} = U_{dd} \cdot \overline{I} = 3{,}16$ mW. Für gleiche Versorgungsspannung und Last lässt sich die dynamische Leistungsaufnahme der drei Inverter nach Gleichung 3.17 *berechnen* zu: $\overline{P}_{dyn,1} = 3 \cdot 30 \text{ fF} \cdot 16 \text{ V}^2 \cdot (1/449{,}4 \text{ ps}) = 3{,}2$ mW. Der Vergleich der beiden Werte ergibt eine gute Übereinstimmung. Erhöht man die Versorgungsspannung auf $U_{dd} = 5$ V, so schwingt der Oszillator mit einer höheren Frequenz ($f_{osc} = 3{,}1$ GHz). Vergleicht man wieder Messung und Rechnung, so erhält man: $\overline{P}_{mess,2} = 6{,}9$ mW und $\overline{P}_{dyn,2} = 6{,}98$ mW. Für $U_{dd} = 3$ V ergibt sich: $\overline{P}_{mess,3} = 1{,}09$ mW und $\overline{P}_{dyn,3} = 1{,}11$ mW ($f_{osc} = 1{,}38$ GHz). Wird nun die Last an jedem Inverter auf $C_L = 60$ fF verdoppelt, so halbiert sich hierdurch (bei $U_{dd} = 4$ V) die Schwingfrequenz auf $f_{osc} = 1{,}11$ GHz. Dies liegt an der linearen Abhängigkeit der Verzögerungszeiten von den Lastkapazitäten. Die gemessene Leistungsaufnahme ergibt sich zu $\overline{P}_{mess,4} = 3{,}14$ mW und die berechnete Leistungsaufnahme zu $\overline{P}_{dyn,4} = 3{,}2$ mW. Diese Werte entsprechen den Werten für $C_L = 30$ fF, da die dynamische Leistungsaufnahme nach Gleichung 3.17 linear von der Lastkapazität *und* der Schaltfrequenz abhängt.

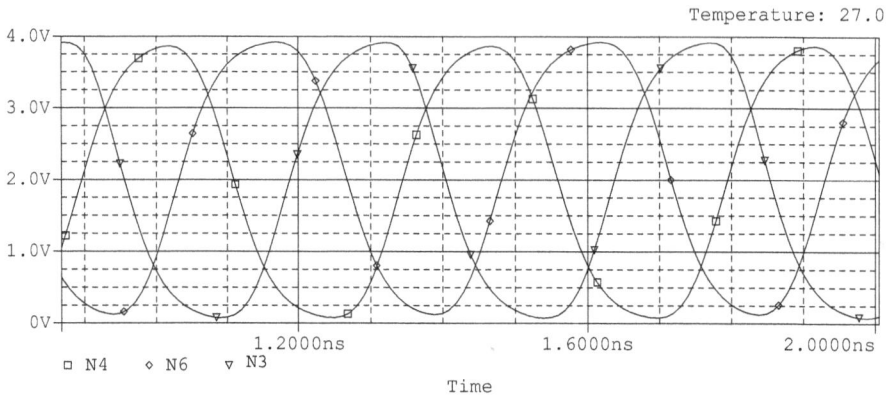

Abb. 3.22: *PSpice Simulation des Ringoszillators: Gezeigt ist ausschnittsweise der Verlauf der Spannungen an den Netzen N3, N4 und N6 aus Abbildung 3.21 für den Fall, dass die Last an allen drei Gattern 30 fF beträgt und $U_{dd} = 4$ V ist.*

Der dynamische Leistungs- und Energieverbrauch einer Logikschaltung lässt sich auch durch eine Logiksimulation bestimmen, indem man nach Gleichung 3.16 die Schalthäufigkeiten der einzelnen Gatter mitprotokolliert und dann die Energieverbräuche aufsummiert. Die Gleichungen 3.16 und 3.17 sowie Beispiel 3.4 zeigen des Weiteren die wesentlichen Zusammenhänge für die dynamische Energie- und Leistungsaufnahme auf. Daraus lassen sich Maßnahmen ableiten, um die Leistungs- und Energieaufnahme zu verringern. Eine sehr effektive Maßnahme ist die Reduktion der Versorgungsspannung, durch die quadratische Abhängigkeit. Auf der anderen Seite ist zu beachten, dass man dadurch auch die Verzögerungszeiten der Gatter erhöht, was in Applikationen mit hohen Anforderungen an die Rechenleistung problematisch werden kann. Die mittlere Leistungsaufnahme verringert sich durch diesen Zusammenhang sogar mehr als kubisch, da die Taktfrequenz durch die tiefere Spannung überproportional herabgesetzt werden muss. Dies kann den im Beispiel 3.4 ermittelten Werten entnommen werden: Für eine Reduktion der Versorgungsspannung von 5 V auf 3 V ergibt sich nach Abbildung 3.19 eine überproportionale Erhöhung der Verzögerungszeiten und damit eine Verringerung der Schwingfrequenz des Ringoszillators um den Faktor 2,25. Zusammen mit der quadratischen Abhängigkeit der Verlustleistung U_{dd} nach Gleichung 3.17 ergibt dies eine errechnete Verringerung der Verlustleistung um den Faktor $(\frac{5}{3})^2 \cdot 2{,}25 = 6{,}25$. Dies stimmt mit der simulierten Verringerung von $\frac{6{,}9\,\text{mW}}{1{,}09\,\text{mW}} = 6{,}3$ gut überein. Die kubische Verringerung ergäbe nur einen Faktor $(\frac{5}{3})^3 = 4{,}6$.

Der *Energieverbrauch* einer Schaltung hängt – neben der Lastkapazität und der Versorgungsspannung – allerdings nur von der *Anzahl* der Schaltvorgänge und nicht von der Frequenz ab, so dass sich hier nur eine quadratische Reduktion bei Verringerung von U_{dd} ergibt. Für die gleiche Aufgabe muss eine langsamer getaktete Schaltung eben länger betrieben werden, da die gleiche Anzahl an Schaltvorgängen benötigt wird. Wichtig für die Reduktion des Energieverbrauchs ist daher die Reduktion der *Anzahl* der Schaltvorgänge in einer Logik, insbesondere von „unproduktiven" Schaltvorgängen. Diese Maßnahmen finden heute Eingang in vielen Anwendungen, beispielsweise in Mikroprozessoren für batteriebetriebene Anwendungen wie Laptops und dergleichen. Dabei wird die Versorgungsspannung und damit notwendigerweise auch die Taktfrequenz so weit herabgesetzt, dass die geforderte Rechenleistung noch geliefert werden kann. Sehr effektiv ist auch das Abschalten des Taktes für Schaltungsteile, die nicht benötigt werden, um die Anzahl der unproduktiven Schaltvorgänge zu reduzieren. Eine weitere Maßnahme ist die Reduktion der Lastkapazitäten, das heißt Optimierung der Verdrahtungslängen und Optimierung der Eingangskapazitäten der Gatter. Durch eine Reduktion der Lastkapazitäten schalten die Gatter auch schneller, was man eventuell wiederum in eine Reduktion der Versorgungsspannung investieren kann.

Für stationäre Anwendungen, z. B. Desktop-Computer, steht der Energieverbrauch nicht so sehr im Vordergrund. Allerdings ergibt sich aufgrund der hohen Taktfrequenzen in den Prozessoren eine enorme Wärmeentwicklung, so dass man hier in erster Linie an einer Reduktion des *Leistungsverbrauchs* interessiert ist, um die Kosten für die Kühlungsmaßnahmen zu reduzieren. Zu beachten ist in diesem Zusammenhang übrigens auch, dass ein so genanntes „Übertakten" eines Prozessors durch eine erhöhte Versorgungsspannung zu einer kubischen Zunahme der benötigten Kühlungsleistung führt, wenn die Taktfrequenz linear zur Versorgungsspannung erhöht wird. Wird beispielsweise die Versorgungsspannung und damit auch die Taktfrequenz um 25% erhöht, so ergibt sich annähernd die doppelte Verlustleistung und damit die doppelte benötigte Kühlleistung!

Beispiel 3.4 zeigt auch, dass die dynamische Leistungsaufnahme von $\overline{P}_{load}$ dominiert wird. Der Anteil $\overline{P}_{short}$ durch die Kurzschlussströme ist gering. $\overline{P}_{short}$ ist im Wesentlichen abhängig von der Zeitdauer des Verweilens in der „verbotenen Zone" und damit von der Steilheit der Schaltflanken an den Gattereingängen und den Lasten am Ausgang. $\overline{P}_{short}$ kann dadurch minimiert werden, dass die Flanken an den Gattereingängen und Gatterausgängen in etwa die gleiche Steilheit aufweisen [36]. Für unseren Beispielinverter ergibt sich bei einer Flankensteilheit von 40 ps am Eingang ein maximaler Kurzschlussstrom von 15 μA im Vergleich zu einem maximalen Ladestrom von 1,5 mA, so dass man davon ausgehen kann, dass $\overline{P}_{short}$ normalerweise weniger als 10% von $\overline{P}_{load}$ beträgt.

Die Ruhestromaufnahme besteht aus den Leckströmen durch den gesperrten Kanal und durch die gesperrten Source/Bulk- und Drain/Bulk-Dioden. Die Diodenleckströme betragen etwa $10 - 100$ pA/μm^2 [36]. Bei einer Drain/Source-Fläche von etwa 0,5 μm^2 pro Transistor ergibt sich bei 1 Million Transistoren ein Leckstrom von etwa 50 μA und damit bei $U_{dd} = 2,5$ V eine Verlustleistung von 125 μW. Die Leckströme in den Kanälen sind abhängig von der Schwellspannung: Eine Reduktion der Schwellspannung erhöht in starkem Maß die Kanalleckströme, was in modernen Prozessen mittlerweile ein erhebliches Problem darstellt. Der Leckstrom eines Transistors mit einer Schwellspannung von 0,5 V beträgt etwa 10 pA [36], so dass man bei 1 Million Transistoren auf einen Leckstrom von etwa 10 μA und eine Verlustleistung bei $U_{dd} = 2,5$ V von 25 μW kommt. In der Summe würde sich eine Verlustleistung von 150 μW ergeben. Eine Verringerung der Schwellspannung um 200 mV würde allerdings die Leckströme um einen Faktor 170 erhöhen [36], so dass sich damit die Verlustleistung durch die Kanalleckströme auf 4,25 mW und die gesamte Verlustleistung durch den Ruhestrom auf 4,375 mW erhöhen würde! Ein weiterer, bislang vernachlässigter, Faktor ist die Ruhestromaufnahme durch das Gate. In modernen Technologien mit $L_{min} < 100$ nm ergeben sich Gateoxiddicken von weniger als 2 nm; die Gateoxide sind damit nur noch einige wenige Atomlagen dick und man muss in diesem Fall aufgrund des quantenmechanischen Tunneleffekts von nennenswerten Strömen (so genannte „Tunnelströme") durch das eigentlich isolierende Gateoxid ausgehen. Das Ansteigen der Kanal- und Gateleckströme in den modernen Technologien könnte dann unter Umständen in Zukunft dazu führen, dass die Ruheströme die gesamte Stromaufnahme einer Schaltung dominieren! Die Ruhestromaufnahme ist insbesondere ein Problem für batteriebetriebene Geräte, die im so genannten „Standby"-Betrieb sind, beispielsweise ein Mobiltelefon. Daher ist die Reduktion der Leckströme durch technologische und schaltungstechnische Maßnahmen zur Zeit ein Feld aktiver Forschung.

3.3   Kombinatorische CMOS-Schaltungen

Um kombinatorische Schaltungen oder Schaltnetze realisieren zu können, werden Schaltungen benötigt, die Boole'sche Funktionen darstellen können. Die heute in ASICs hauptsächlich verwendeten Schaltungen sind komplementäre statische CMOS Logikgatter. Schaltungen, die so genannte Pass-Transistoren oder Transmission-Gates verwenden, reduzieren den Schaltungsaufwand; diese werden häufig auch in FPGAs eingesetzt. Eine Schaltung zur Implementierung von hochohmigem Verhalten sind die so genannten Tri-State-Inverter, die vielfältige Funktionen in Standardzellen-ASICs und FPGAs erfüllen.

3.3.1   Komplementäre statische CMOS Logikgatter

In diesem Abschnitt sollen Logikgatter behandelt werden, die eine beliebige Boole'sche Funktion – auch Schaltfunktion genannt – von n Eingängen realisieren. Es handelt sich um *kombinatorische* Gatter, das heißt, dass zu jedem Zeitpunkt der Ausgang eine Boole'sche Funktion der aktuellen Werte der Eingänge ist und somit keine Rückkopplung vorhanden ist. Speichernde Schaltungen mit Rückkopplungen – diese werden als Latches und Flipflops bezeichnet –, bei denen der Ausgang auch eine Funktion der vergangenen Werte der Eingänge ist, werden in Abschnitt 3.4.1 erläutert. Für die Implementierung von kombinatorischen Schaltfunktion in CMOS sind im Wesentlichen vier unterschiedliche Klassen von Schaltungstechniken bekannt: Komplementäre statische Logikgatter, Pass-Transistor/Transmission-Gates, Pseudo-NMOS/DCVS-Logik (DCVS: Differential Cascaded Voltage Switch) und dynamische/Domino-Logik [36, 91]. Dynamische Logik zeichnet sich durch eine geringere Verzögerungszeit bei gleichzeitig geringerem Platzbedarf aus, verglichen mit komplementären statischen Gattern. Allerdings sind sie störempfindlicher und schwieriger in der Anwendung; sie können mit Standard-Entwurfsabläufen (VHDL und Synthese) in der Regel nicht behandelt und müssen von Hand entwickelt werden. Ein weiterer entscheidender Nachteil ist die Tatsache, dass es eine *untere* Grenze für die Taktfrequenz gibt: Das dynamische Prinzip beruht darauf, dass die Signalwerte temporär auf den Kapazitäten von hochohmig geschalteten Ausgängen gespeichert werden, so dass diese Ladung durch ständiges Takten wieder aufgefrischt werden muss. Im Gegensatz dazu lässt sich bei komplementären statischen Logikschaltungen die Taktfrequenz beliebig bis auf 0 Hz verringern. Pseudo-NMOS-Gatter sind platzsparender als komplementäre statische Gatter, allerdings zum Preis eines verringerten Störabstandes und einer wesentlich höheren Ruhestromaufnahme. Aus diesen Gründen geht der Trend bei der Implementierung von kombinatorischen Schaltungen zur Verwendung von komplementären statischen CMOS Logikgattern. Daher wird nur diese Schaltungstechnik im vorliegenden Buch beschrieben, für weiterführende Informationen zu dynamischen Gattern und Pseudo-NMOS sei auf [36] verwiesen. In Abschnitt 3.3.2 werden die Transfer- und Transmissions-Gatter behandelt, da sie häufig in Verbindung mit komplementären statischen Gattern verwendet werden.

Der in den vorangegangenen Abschnitten beschriebene CMOS-Inverter ist komplementär und statisch aufgebaut. Der Begriff *statisch* bezeichnet die Tatsache, dass im Ruhezustand der Ausgang niederohmig über den PMOS- oder den NMOS-Transistor mit V_{dd} oder *Gnd* verbunden ist. Dies gilt für dynamische Schaltungen beispielsweise nicht. Im allgemeinen Fall, also für beliebige Boole'sche Funktionen, erhalten wir eine Verschaltung von PMOS-Transistoren, das so genannte „Pull-Up"-Netzwerk (PUN), und eine Verschaltung von NMOS-Transistoren, das so genannte „Pull-Down"-Netzwerk (PDN). Das PUN schaltet eine leitende Verbindung zu V_{dd}, also dem „high"-Pegel oder der logischen $'1'$ in *positiver Logik* (siehe z. B. [83]), und das PDN schaltet eine leitende Verbindung zu *Gnd*, also dem „low"-Pegel oder der logischen $'0'$. Wir bedienen uns wiederum des Schaltermodells aus Abbildung 3.14 in Abschnitt 3.2.2 und abstrahieren die Verschaltung der MOSFETs als Netzwerk von Schaltern: Ein PMOSFET leitet („wahr"), wenn am Eingang eine logische $'0'$ anliegt und sperrt („falsch"), wenn am Eingang eine logische $'1'$ anliegt; für NMOSFETs gilt die Umkehrung. PUN und PDN bilden zueinander *komplementäre* (sich ergänzende) Schaltfunktionen: Das PUN realisiert die $'1'$en einer Boole'schen Funktion und das PDN realisiert die $'0'$en.

In der Digitaltechnik [44, 83] wird eine Schaltfunktion über die Wahrheitstabelle definiert. Hierfür kann dann als Boole'scher Ausdruck oder Boole'sche Funktion eine *disjunktive Normalform* (DNF) gewonnen werden, indem für jede $'1'$ der Funktion die zugehörige Konjunktion (UND, $\land$) der Eingangsvariablen x_i angegeben wird (so genannter „Minterm") und dann alle Konjunktionen disjunktiv (ODER, $\lor$) verknüpft werden. So ergeben sich für das NAND und das NOR aus Tabelle 3.4 die Boole'schen Funktionen

Tabelle 3.4: *Wahrheitstabelle der NAND-, NOR und AND-Schaltfunktion*

x_2	x_1	Konjunktionen	NAND	NOR	AND
$'0'$	$'0'$	$\overline{x}_2 \land \overline{x}_1$	$'1'$	$'1'$	$'0'$
$'0'$	$'1'$	$\overline{x}_2 \land x_1$	$'1'$	$'0'$	$'0'$
$'1'$	$'0'$	$x_2 \land \overline{x}_1$	$'1'$	$'0'$	$'0'$
$'1'$	$'1'$	$x_2 \land x_1$	$'0'$	$'0'$	$'1'$

$f_{NAND} = (\bar{x}_2 \wedge \bar{x}_1) \vee (\bar{x}_2 \wedge x_1) \vee (x_2 \wedge \bar{x}_1)$ und $f_{NOR} = \bar{x}_2 \wedge \bar{x}_1$. Die Funktion ist $'1'$ („wahr"),
wenn eine der Konjunktionen $'1'$ („wahr") ist und eine Konjunktion ist $'1'$, wenn jedes *Lite-
ral* in der Konjunktion $'1'$ („wahr") ist. Ein Literal stellt eine Eingangsvariable in negierter
oder nicht-negierter Form dar. Der Boole'sche Ausdruck kann dann beispielsweise direkt
in eine zweistufige Verschaltung von UND/ODER-Gattern umgesetzt werden.

Durch Minimierungsverfahren, beispielsweise durch „KV-Diagramme" oder das „Quine/
McCluskey-Verfahren", siehe z. B. [88, 83], kommt man zu minimierten Boole'schen Ausdrücken, welche die gleiche Funktion mit geringerem Hardwareaufwand realisieren (DMF:
Disjunktive Minimalform [83]). Für das NAND ergibt sich eine minimierte Funktion zu
$f_{NAND} = \bar{x}_2 \vee \bar{x}_1$, der NOR-Ausdruck kann nicht weiter minimiert werden. Die disjunktive Form ist also „wahr", wenn die Funktion $'1'$ ist und entspricht daher dem PUN für
das CMOS-Gatter. Der Boole'sche Ausdruck kann somit direkt in die Verschaltung der
PMOSFETs des PUN umgesetzt werden, unter Beachtung folgender Regeln: Eine Konjunktion entspricht einer Serienschaltung von PMOSFETs, eine Disjunktion einer Parallelschaltung. Bei einem negierten Literal kann das zugehörige Eingangssignal direkt an
das Gate angeschlossen werden, da der PMOSFET mit $'0'$ leitend ist („wahr"), bei einem
nicht-negierten Literal muss das Eingangssignal invertiert werden, da dann das Eingangssignal $'1'$ ist und damit der PMOSFET sperren würde. Die Verschaltung des PDN lässt
sich aus folgender Überlegung gewinnen: Da es sich um die komplementäre Funktion zur
Implementierung der $'0'$en der Schaltfunktion handelt, muss diese „wahr" sein, wenn das
PUN gerade „falsch" ist. Daher gilt $f_x = PUN \Rightarrow PDN = \bar{f}_x$. Unter Anwendung des *De
Morgan'schen Theorems* [83] kommt man dann zum Boole'schen Ausdruck für das PDN,
siehe auch [94].

Für das NAND ergibt sich daher $PDN_{NAND} = \overline{f}_{NAND} = \overline{\bar{x}_2 \vee \bar{x}_1} = x_2 \wedge x_1$ und für das NOR ergibt sich $PDN_{NOR} = x_2 \vee x_1$. Die Regeln für die Konstruktion des PDN lauten wie folgt: Ei-
ne Konjunktion entspricht einer Serienschaltung von NMOSFETs, eine Disjunktion einer
Parallelschaltung. Bei einem nicht-negierten Literal kann der Eingang direkt angeschlossen werden, bei einem negierten Literal ($x_i = '0'$!) muss der Eingang invertiert werden.
PUN und PDN sind zueinander *duale* Netzwerke; da man das De Morgan'sche Theorem
anwendet, kann man das PDN auch aus dem PUN gewinnen, indem man aus einer Serien-

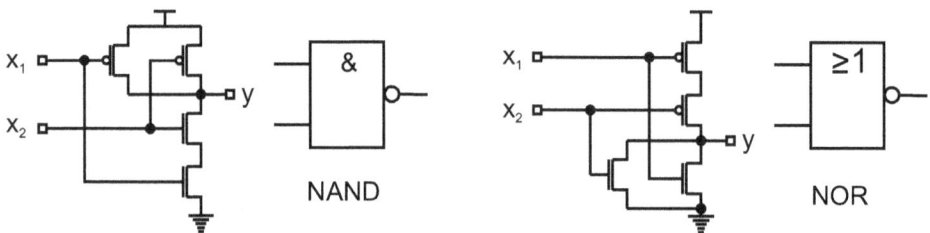

*Abb. 3.23: NAND- und NOR-Gatter: In der Abbildung ist die Transistorverschaltung des NAND- und
NOR-Gatters und das Schaltzeichen gezeigt. Ein n-fach NAND- bzw. NOR-Gatter erhält man durch Fortsetzen der Parallel- und Serienschaltungen der NMOSFETs und PMOSFETs für jeden der n Eingänge.*

schaltung im PUN eine Parallelschaltung im PDN macht und aus einer Parallelschaltung im PUN eine Serienschaltung im PDN. Der Hardwareaufwand wird minimiert, wenn die Anzahl der Transistoren minimal ist; da jedem Literal ein Transistor entspricht, muss folglich die Anzahl der Literale minimiert werden. In gleicher Weise kann man auch über die *konjunktive Normalform*, siehe [83], die $'0'$en der Funktion realisieren und das PDN direkt herleiten. Nach diesen Konstruktionsregeln lassen sich beliebige Boole'sche Funktionen von n Eingängen in CMOS-Gattern realisieren; man spricht dann auch von einem so genannten „Komplexgatter".

Für das AND-Gatter ergibt sich nach Tabelle 3.4 die DNF und damit das PUN zu $f_{AND} = PUN_{AND} = x_2 \wedge x_1$. Da die Literale hier nicht-negiert auftreten, müssen die Eingangssignale über Inverter an die PMOSFETs herangeführt werden, wie in Abbildung 3.24 gezeigt. Eine günstigere Implementierung des ANDs ergibt sich, wenn man ein NAND-Gatter am Ausgang invertiert, wie ebenfalls in Abbildung 3.24 gezeigt. Aus den Beispielen ist ersichtlich, dass komplementär statische CMOS-Gatter am besten zur Implementierung von *invertierenden* Schaltfunktionen eingesetzt werden können, wie NAND oder NOR; bei nicht-invertierenden Schaltfunktionen, wie z. B. AND, sind zusätzliche Inverter notwendig. Dies resultiert aus der Tatsache, dass die PMOSFETs die $'1'$en realisieren, aber nur bei einem invertierten Literal, also einer $'0'$, in der Konjunktion direkt ohne Eingangs-Inverter angesteuert werden können; die Umkehrung gilt für die NMOSFETs, die die $'0'$en realisieren.

Das in den Abschnitten 3.2.2 bis 3.2.5 für den CMOS-Inverter hergeleitete statische und dynamische Verhalten gilt ebenfalls für die hier betrachteten Logikgatter mit komplexeren Funktionen. Es ist allerdings zu beachten, dass der äquivalente Gesamtwiderstand des PUN und des PDN sich aus der Serien- und Parallelschaltung der PMOSFETs und der NMOSFETs ergibt [36]. Je nach Belegung der Eingangssignale ergeben sich somit auch unterschiedliche Gesamtwiderstände. Dies kann am Beispiel des NAND-Gatters aus Abbildung 3.23 gezeigt werden: Bei der Belegung $'00'$ am Eingang sind beide PMOSFETs leitend, der äquivalente Gesamtwiderstand ergibt sich zu $R_{g,p} = R_p/2$, wenn R_p der äquivalente Widerstand eines PMOSFETs ist, siehe Abschnitt 3.2.4. Für die Belegung $'01'$

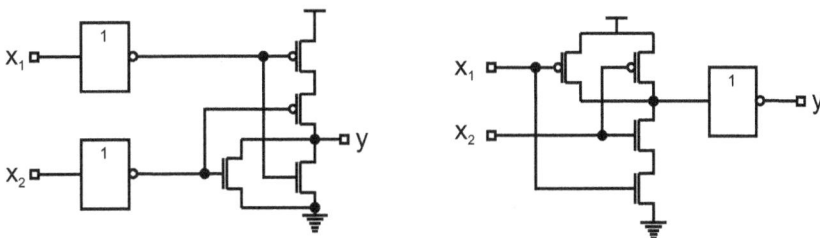

Abb. 3.24: *AND-Gatter: Das AND-Gatter besteht nach der Herleitung im Text aus einem NOR-Gatter mit zwei vorgeschalteten Invertern. Jeder Inverter besteht aus zwei MOSFETs. Man kann einen Inverter und damit zwei Transistoren einsparen, wenn man ein NAND-Gatter mit einem Inverter am Ausgang zur Implementierung des ANDs verwendet.*

oder $'10'$ ergibt sich $R_{g,p} = R_p$, da nur ein PMOSFETs leitend ist. Das PDN weist für den Fall $'11'$ am Eingang durch die Serienschaltung der NMOSFETs den äquivalenten Gesamtwiderstand $R_{g,n} = 2 \cdot R_n$ auf. Damit werden die Lage der Schaltschwelle und die Verzögerungszeiten abhängig von den Eingangsbelegungen der Gatter [36].

Aus der Betrachtung wird ebenfalls klar, dass Serienschaltungen von MOSFETs zu erhöhten Verzögerungszeiten führen. Dies gilt insbesondere für Serienschaltungen von PMOS-FETs aufgrund der schlechteren Beweglichkeit und damit geringeren Steilheitsfaktors β_p, siehe Abschnitt 3.2.1. Man kann dies natürlich durch eine Dimensionierung mit größerem W/L und damit größerem β wiederum ausgleichen, daraus folgt jedoch ein größerer Flächenbedarf des Gatters und eine erhöhte Eingangskapazität durch die größeren Gateflächen. Im Vergleich sind daher NAND-Gatter gegenüber NOR-Gattern bei gleicher Verzögerungszeit flächengünstiger zu realisieren, da der Serienpfad durch die NMOSFETs realisiert wird, welche eine höhere Beweglichkeit aufweisen. Man kann zeigen, dass man jede beliebige Schaltfunktion als zweistufige Verschaltung von NAND-Gattern realisieren kann, siehe z. B. [83]. Daher werden für Standardzellen-ASICs (CBICs, siehe Abschnitt 3.1) hauptsächlich NAND-Gatter für die Implementierung von Schaltfunktionen verwendet. Das Problem des Serienpfades begrenzt auch die maximale Zahl der Eingänge eines NAND- bzw. NOR-Gatters. Will man eine NAND- oder eine NOR-Funktion von mehr als etwa 5 Eingängen realisieren, so wird, bei Implementierung mit einem Gatter, die Verzögerung im Serienpfad so groß, dass eine zweistufige NAND/NOR-Implementierung günstiger wird. Standardzellen-Gatter – auch von komplexeren Funktionen – weisen daher in der Regel nicht mehr als 8 Eingänge auf.

3.3.2   Pass-Transistor-Logik und Transmission-Gate-Logik

Eine sehr effiziente Schaltungstechnik im Hinblick auf den Schaltungsaufwand ist die so genannte „Pass-Transistor-Logik": Ein NMOSFET wird als Schalter verwendet, wie in Abbildung 3.25 gezeigt.

Durch die Steuerspannung am Gate wird der NMOSFET zwischen den beiden Zuständen hochohmig (Schalter offen: $Gate = '0' = 0$ V) und niederohmig (Schalter geschlossen: $Gate = '1' = U_{dd}$) geschaltet. Pass-Transistoren (PT) werden üblicherweise mit komplementär statischen Gattern kombiniert, da die PTs keine Verbindung zur Versorgung schalten. Aus diesem Grund werden die Pass-Transistor- und Transmission-Gate-Logik auch als „passiv" bezeichnet. Während ein NMOS-Pass-Transistor einen $'0'$-Pegel vollständig durchreichen kann, wird ein $'1'$-Pegel degradiert durchgereicht, siehe Abbildung 3.25. Wir diskutieren im Folgenden den Fall, dass die Lastkapazität aufgeladen wird. Der „Eingang" (Netz N2) des PTs sei die Drain des NMOSFETs, der „Ausgang" (Netz N3) die Source. Wird nun die Drain des NMOSFETs vom treibenden Gatter auf den $'1'$-Pegel gezogen, so wird über den Widerstand der Drain-Source-Strecke die Lastkapazität am Ausgang aufgeladen. Der MOSFET ist zunächst in Sättigung, da U_{DS} groß ist. Durch das Ansteigen der Spannung U_S an der Source wird die Gate-Source-Spannung $U_{GS} = U_G - U_S$ immer kleiner, da die Steuerspannung am Gate $U_G = U_{dd}$ konstant bleibt, und damit die Leitfä-

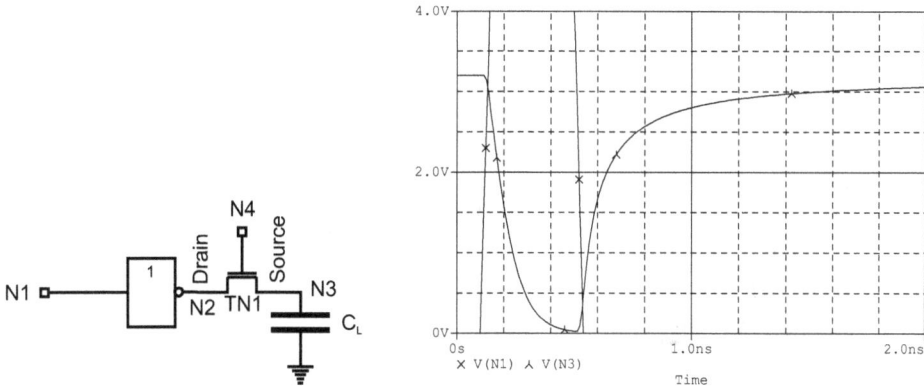

Abb. 3.25: *Pass-Transistor (PT): Der Transistor TN1 wird als PT betrieben. Ist N4 = '0' so sperrt der Transistor und der Ausgang N3 ist hochohmig. Ist N4 = '1', so ist der Transistor leitend: Für diesen Fall ist das Ergebnis einer PSpice-Simulation gezeigt. Der treibende Inverter wird an seinem Ausgang von '1' nach '0' und wieder nach '1' geschaltet. Während der '0'-Pegel an N3 erreicht werden kann, kann der '1'-Pegel (4 V) nicht vollständig erreicht werden. Der PT ist mit $W_n = 2\,\mu m$ und $L_n = 1\,\mu m$ dimensioniert. Der Inverter ist mit $W_p = 6\,\mu m$, $W_n = 2\,\mu m$ und $L_p = L_n = 1\,\mu m$ dimensioniert (restliche Parameter jeweils wie in Beispiel 3.2 in Abschnitt 3.2.4).*

higkeit des NMOSFETs immer schlechter! Ist $U_{GS} \leq U_{tn}$, so sperrt der NMOSFET und die Kapazität wird nicht weiter aufgeladen. Die maximale Spannung $U_{S,max}$, auf die die Lastkapazität aufgeladen werden kann, lässt sich aus $U_{GS} = U_G - U_S = U_{dd} - U_S = U_{tn}$ zu $U_{S,max} = U_{dd} - U_{tn}$ bestimmen. Dies ist aus den Ergebnissen der Beispielsimulation in Abbildung 3.25 ersichtlich, da hier $U_{tn} = 0{,}8$ V ist: Es ergibt sich ein '1'-Pegel von 3,2 V statt 4 V.

Ein PMOSFET als PT würde gerade das inverse Problem haben: Während der '1'-Pegel vollständig erreicht werden kann, würde der '0'-Pegel degradiert. Durch die degradierten Logikpegel verringert sich der Störabstand und es wird auch die Verzögerungszeit für diese Flanke erhöht. Eine Möglichkeit diese Probleme zu lösen besteht beispielsweise darin, die Steuerspannung am Gate des Pass-Transistors um den Wert von U_{th} zu erhöhen (so genanntes „gate boosting"). Neben weiteren Lösungen für das Problem, siehe [36], kann man für die gleiche Funktion das so genannte „Transmission-Gate" (TG) nach Abbildung 3.26 verwenden, welches aus einer Parallelschaltung eines NMOSFET und eines PMOSFET besteht. Wie in Abbildung 3.26 im Simulationsergebnis gezeigt ist, können mit dem TG die Pass-Transistor-Probleme gelöst werden – die Logikpegel werden vollständig erreicht. Allerdings ergibt sich ein höherer Schaltungsaufwand durch den zweiten MOSFET und den für die Ansteuerung des TG notwendigen Inverter.

Die Wirkungsweise des TGs beruht darauf, dass der Gesamtwiderstand der Anordnung sowohl für die steigende Flanke als auch die fallende Flanke annähernd konstant bleibt [36]. Wir zeigen dies wieder mit einer PSpice-Simulation in Abbildung 3.27. Hier wurde auf den Eingang (Netz N2) des TGs aus Abbildung 3.26 ein '0'-'1'-Wechsel geschaltet, der

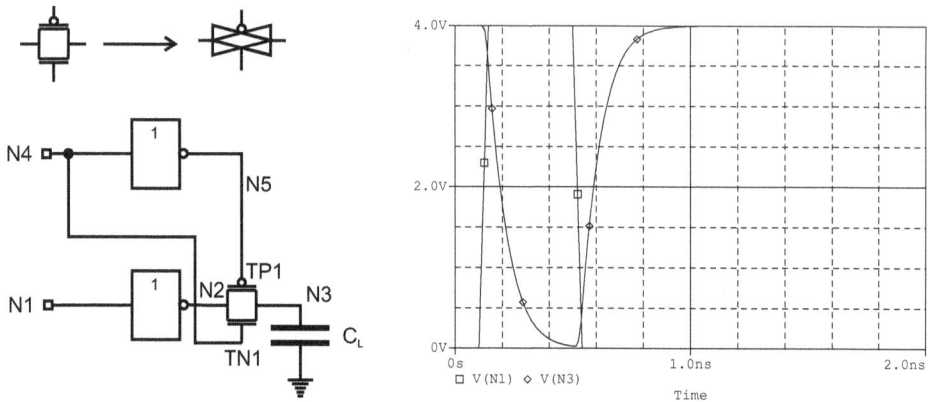

Abb. 3.26: *Transmission-Gate: Die Transistoren TP1 und TN1 bilden das Transmission-Gate. Es ist eine Ansteuerung über einen Inverter erforderlich, damit beide Transistoren entweder gleichzeitig leiten (N4 = '1') oder gleichzeitig sperren (N4 = '0'). Beide Inverter sind dimensioniert mit $W_p = 6 \,\mu m$, $W_n = 2 \,\mu m$ und $L_p = L_n = 1 \,\mu m$. Das TG ist ebenfalls mit $W_p = 6 \,\mu m$, $W_n = 2 \,\mu m$ und $L_p = L_n = 1 \,\mu m$ dimensioniert (restliche Parameter wie in Beispiel 3.2 in Abschnitt 3.2.4). Für das TG wird häufig das oben gezeigte Schaltzeichen verwendet.*

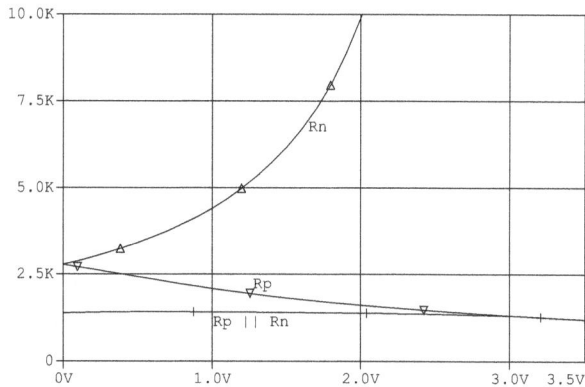

Abb. 3.27: *Widerstand des Transmission-Gates: Der äquivalente Gesamtwiderstand R_{TG} des TGs ergibt sich aus der Parallelschaltung der beiden Widerstände R_p und R_n der MOSFETs und ist im Schaubild durch Rp||Rn bezeichnet. Der Gesamtwiderstand beträgt $R_{TG} \approx 1{,}31 \,k\Omega$. Die MOSFETs des TG sind wie in Abbildung 3.26 dimensioniert. Auf der Abszisse wurde die Spannung am Netz N3 aufgetragen (siehe Text), auf der Ordinate die aus der PSpice-Simulation erhaltenen Widerstände.*

dazu führt, dass die Kapazität (Netz N3) aufgeladen wird. Da anfänglich N2 = '1' und N3 = '0' sind, ergibt sich zunächst für *beide* MOSFETs ein niedriger Widerstand von $R_p \approx R_n \approx 2{,}6 \,k\Omega$, da beide die volle Gatespannung erreichen (TP1 gegen N2, TN1 gegen N3). Der gesamte Widerstand R_{TG} des Transmission-Gates berechnet sich durch die Parallelschaltung zu $R_{TG} \approx 1{,}3 \,k\Omega$. Durch das Ansteigen der Spannung an der Kapazität wird jedoch TN1 zunehmend schlechter leitfähig und TP1 leitet zunehmend besser, da dieser vom Sättigungsbereich in den linearen Bereich wechselt (Spannung zwischen Gate von TP1 und N3 erhöht sich, d. h. U_{DS} wird immer kleiner). Somit ergibt sich über den gesamten Bereich der Spannung am Netz N3 durch die Parallelschaltung ein näherungsweise konstanter Gesamtwiderstand R_{TG} des Transmission-Gates. Das gleiche Ergebnis erhält man, wenn die Kapazität entladen wird, wobei dann TP1 und TN1 ihre Rollen vertauschen. Ein TG kann somit für die Digitaltechnik als Schalter mit einem näherungsweise konstanten Widerstand aufgefasst werden.

PTs und TGs werden beispielsweise in FPGAs für das programmierbare Verbinden der Verdrahtungsleitungen verwendet [90]. Werden mehrere PTs oder TGs dabei in Serie geschaltet, so addieren sich die Widerstände der PTs/TGs und es ergibt sich ein ähnliches Problem wie bei der Serienschaltung von MOSFETs in komplementär statischen CMOS-Gattern. Daher sollten bei sehr langen Serienschaltungen Buffer zwischen die TGs geschaltet werden, wodurch die Gesamtschaltzeit auf dem Pfad minimiert werden kann [36].

Neben dieser Anwendung können PTs und TGs auch zur Implementierung von Schaltfunktionen verwendet werden. Als Beispiel sei die Implementierung eines 2:1-Multiplexers in Abbildung 3.28 gezeigt. Ein 2:1-Multiplexer (MUX) realisiert die Schaltfunktion $y = \bar{s} \wedge a \vee s \wedge b$, d. h. ist $s = {}'0'$ wird der Eingang a auf den Ausgang geschaltet, anderenfalls der Eingang b. Aus Abbildung 3.28 ist ersichtlich, dass die TG-Implementierung deutlich weniger Transistoren benötigt als eine komplementär statische Implementierung. Es gibt noch einen weiteren Vorteil: Bei TGs können Eingang und Ausgang (Source und Drain der MOSFETs) vertauscht werden, da die MOSFETs symmetrische Bauelemente bezüglich Source und Drain sind. Im Fall des MUX ergibt sich durch Vertauschen von Eingängen und Ausgang ein so genannter „Demultiplexer" (DMUX); dieser schaltet einen Eingang auf einen der n Ausgänge in Abhängigkeit vom Steuereingang s (im Beispiel wäre $n = 2$). Dies ist mit komplementär statischen CMOS-Gattern nicht möglich. Auch MUX/DMUX-Schaltungen werden in FPGAs zur Implementierung der programmierbaren Verdrahtungen oder von Logikfunktionen eingesetzt.

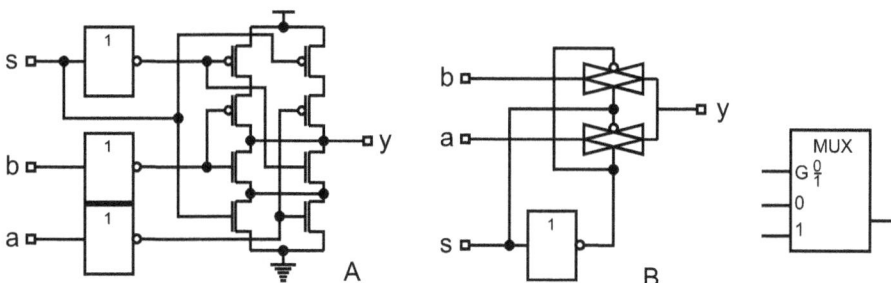

Abb. 3.28: Multiplexer-Implementierung: Realisiert man den 2:1 MUX in komplementär statischer Technik nach der Vorgehensweise in Abschnitt 3.3.1 (A), so werden insgesamt 14 Transistoren benötigt. Eine TG-Implementierung (B) benötigt dagegen nur 6 Transistoren (Inverter jeweils mitgezählt). Dargestellt ist auch das Schaltzeichen des MUX.

3.3.3   Tri-State-Treiber

Ein so genannter „Tri-State-Inverter" (teilweise auch als „clocked inverter" oder „geschalteter Inverter" bezeichnet) ist eine universelle Schaltung, die an sehr vielen Stellen in ASICs und PLDs verwendet wird: Beispielsweise zur Implementierung von Busstrukturen, Latches und Flipflops sowie programmierbaren Verbindungen in FPGAs. Der Tri-State-Inverter entspricht der in Abbildung 3.26 gezeigten Anordnung aus Inverter und Transmission-Gate; er kann ebenso auch wie in Abbildung 3.25 aus einem Inverter und einem Pass-Transistor aufgebaut werden – mit den besprochenen Vor- und Nachteilen.

Wie in Abbildung 3.29 zu erkennen ist, kann der Ausgang eines Tri-State-Inverters durch den Enable-Eingang *en* hochohmig geschaltet werden. Im Beispiel wird der Ausgang bei $en = {}'0'$ hochohmig, da die beiden an *en* angeschlossenen MOSFETs nicht komplementär angesteuert werden, sondern wie bei einem Transmission-Gate entweder gleichzeitig leiten oder gleichzeitig sperren. Im hochohmigen Fall existiert daher kein niederohmiger Pfad vom Ausgang *y* zu V_{dd} *und Gnd*. Werden die beiden MOSFETs über $en = {}'1'$ niederohmig geschaltet, so hängt der Logikpegel am Ausgang von den über *a* angesteuerten MOSFETs ab, welche die Inverterfunktion realisieren.

Der Tri-State-Inverter nach Abbildung 3.29 weist das Problem auf, dass die Pull-Up- und Pull-Down-Widerstände sich durch die zusätzlichen MOSFETs aufgrund der Serienschaltung verdoppeln (bei gleicher Dimensionierung) und sich damit auch die Verzögerungszeit entsprechend vergrößert. Dies könnte durch eine verdoppelte Dimensionierung der MOS-FETs wieder kompensiert werden. In I/O-Schaltungen (I/O: Input/Output) ergeben sich allerdings sehr große Flächen für die MOSFETs um die großen externen Lasten in der geforderten Zeit umzuladen. So haben wir in Beispiel 3.3 für den NMOSFET $W_n = 142\,\mu m$ ($L_n = 1\,\mu m$) und für den PMOSFET $W_p = 426\,\mu m$ ($L_p = 1\,\mu m$) berechnet, um 50 pF in 1 ns umschalten zu können; dies ergibt eine Fläche von $568\,\mu m^2$. Würde man hier einen Tri-State-Inverter nach Abbildung 3.29 verwenden, dann ergäbe sich die vierfache Fläche von $2272\,\mu m^2$! Dieses Problem lässt sich durch die Schaltung nach Abbildung 3.30 lösen,

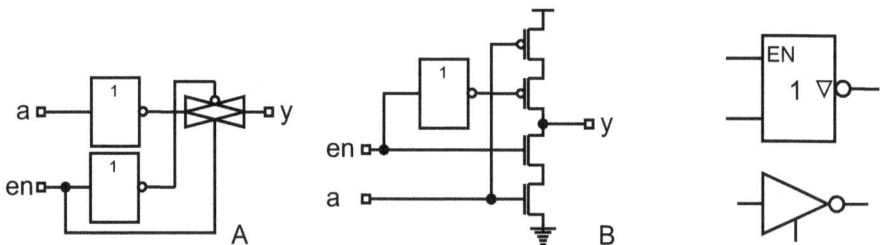

Abb. 3.29: *Tri-State-Inverter: Verschiebt man im Fall A die beiden MOSFETs des TGs in den Inverter, so entsteht die üblicherweise benutzte Form des Tri-State-Inverters nach Fall B. Während sich in der logischen und elektrischen Funktion kein Unterschied zwischen den beiden Varianten A und B ergibt, hat die Varianten B beim Layout und damit beim Flächenbedarf gewisse Vorteile. Gezeigt sind auch die Schaltzeichen für den Tristate-Inverter.*

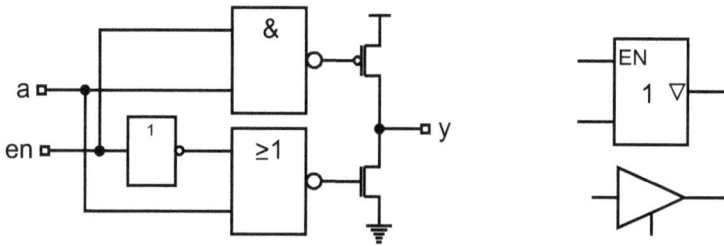

Abb. 3.30: *Tri-State-Buffer: Ist* $en = {}'0'$ *so ergibt die Boole'sche Funktion für die Ansteuerung des PMOS* $f_p = \overline{en \wedge a} = {}'1'$ *und die Funktion für den NMOS* $f_n = \overline{\overline{en} \vee a} = {}'0'$; *somit sperren beide MOSFETs. Für* $en = {}'1'$ *ist* $f_p = f_n = \overline{a}$, *damit wird das Eingangssignal a nicht-invertiert (!) an den Ausgang weitergegeben (Bufferfunktion, siehe auch Schaltzeichen).*

welche aus diesem Grund für Tri-State-Funktionen in I/O-Schaltungen benutzt wird. Zu beachten ist, dass diese Schaltung, im Gegensatz zum Tri-State-Inverter, *nicht-invertierend* ist; sie wird daher als „Tri-State-Buffer" bezeichnet.

3.4 Sequentielle CMOS-Schaltungen

Um in einer digitalen Schaltung speicherndes Verhalten realisieren zu können, beispielsweise für ein Schaltwerk (siehe auch Abschnitt 2.2), werden speichernde Schaltungen benötigt. Während die bisher besprochenen Schaltungen *kombinatorische* Schaltungen sind, das heißt der Ausgang der Schaltung nur eine Funktion der aktuellen Werte der Eingänge ist, so ist bei speichernden oder *sequentiellen* Schaltungen der Ausgang eine Funktion der aktuellen und der vergangenen Werte an den Eingängen. Sequentielle Schaltungen weisen also ein Gedächtnis auf. Die Speicherschaltungen können in asynchrone und taktsynchrone Schaltungen untergliedert werden. Asynchrone Speicherschaltungen, wie z. B. das RS-Flipflop [83], weisen keinen speziellen Takteingang auf. Die im vorliegenden Buch besprochene Entwurfsmethodik der Verwendung von HDLs und Synthesewerkzeugen geht allerdings von synchronen Schaltungen aus, die durch einen Takt gesteuert werden. Daher können hier auch nur takt-synchrone Speicherelemente verwendet werden. Diese können wiederum unterschieden werden in *taktzustandsgesteuerte* (oder auch „pegelgesteuerte") Speicherelemente und *taktflankengesteuerte* Speicherelemente, siehe z. B. [83]. Während in deutschsprachigen Lehrbüchern der Begriff „Flipflop" als Gattungsbezeichnung für alle *bistabilen Kippglieder* benutzt wird [83], bezeichnen englischsprachige Lehrbücher (siehe z. B. [70, 94, 91]) die pegelgesteuerten Elemente häufig als „Latch" (dt.: Klinke, Riegel, Sperre) und die flankengesteuerten Elemente als „Flipflops" (z.T. auch als „Register", siehe z. B. [36]). Im vorliegenden Buch wird die folgende Sprechweise benutzt: Ein Latch ist ein taktzustandsgesteuertes Speicherelement, ein Flipflop ein taktflankengesteuertes Element und ein Register ein Feld von Flipflops. Während im manuellen ASIC-Entwurf häufig verschiedene Flipflop-Typen verwendet werden, die sich in der Anzahl und Funktion der Dateneingänge unterscheiden (z. B. RS- und JK-Flipflops [83]), werden im automatisierten Entwurf hauptsächlich D-Latches und D-Flipflops verwendet, welche nur einen Dateneingang (D) aufweisen. Daher sollen im Folgenden nur D-Latches und D-Flipflops besprochen werden.

3.4.1   Das Bistabilitäts-Prinzip

Im Gegensatz zu *dynamischen* Speicherschaltungen, siehe z. B. [36, 91], die eine Kapazität zur Informationsspeicherung verwenden, wird in den hier besprochen *statischen* Speicherschaltungen eine *Rückkopplung* zur Informationsspeicherung verwendet. Somit bleibt die Information – im Gegensatz zu dynamischen Schaltungen – erhalten, solange die Versorgungsspannung anliegt. Es gibt, wie schon erwähnt, bei dynamischen Schaltungstechniken eine *untere* Grenzfrequenz, da die Ladung auf der Kapazität durch die Leckströme abfließt, so dass sie für Flipflops nur selten verwendet werden; weitere Informationen zu diesem Thema können z. B. [36] entnommen werden.

Die Rückkopplung einer statischen Speicherschaltung lässt sich auf die in Abbildung 3.31 gezeigte Verschaltung von zwei Invertern zurückführen. Anhand der statischen Übertragungskennlinien lässt sich feststellen, dass diese Schaltung drei Arbeitspunkte A, B und C besitzt, in welchen ein stabiler Zustand erreicht werden kann. Stabil bedeutet, dass sich die Spannungen an den beiden Netzen ohne äußere Einwirkung zeitlich (dynamisch) nicht weiter verändern. Im Arbeitspunkt C befinden sich beide Inverter im Punkt der höchsten Verstärkung, siehe auch Abschnitt 3.2.3. Eine kleine Änderung der Eingangsspannung, beispielsweise durch eine Störspannung, an einem der beiden Inverter – in Abbildung 3.31 z. B. an U_{i1} – wird daher eine größere Änderung seiner Ausgangsspannung hervorrufen, hier an U_{o1} ($\uparrow 1$). Diese Ausgangsspannung ist wiederum Eingangsspannung U_{i2} des zweiten Inverters und ruft eine noch größere Änderung an dessen Ausgang U_{o2} hervor ($\overset{2}{\leftarrow}$), so dass das System insgesamt sehr schnell in eine von beiden stabile Lagen A oder B „kippt" ($\uparrow 3$). Aus diesem Verhalten leitet sich der Name „bistabiles Kippglied" ab. Ein stabiler Zustand ist erreicht, wenn in der statischen Übertragungskennlinie gilt: $U_{o1} = U_{i2}$ und $U_{o2} = U_{i1}$ – also an den Schnittpunkten der beiden Übertragungskennlinien. Die Verstärkung der

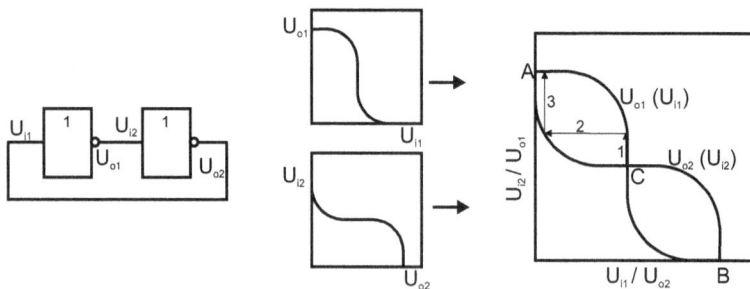

Abb. 3.31: Bistabilitäts-Prinzip: Zwei Inverter werden über eine Rückkopplung verbunden. Die statischen Übertragungskennlinien beider Inverter, siehe Abbildung 3.15, werden für die Erklärung im Text zur Verdeutlichung zu einer Kennlinie zusammengefasst.

Inverter im Punkt C muss größer als 1 sein, damit das System kippen kann. Es wird umso schneller kippen, je höher die Verstärkung der Inverter ist. Wie in den Punkten A und B halten sich die Inverter in Punkt C ebenfalls selbst, da hier gilt: $U_{o1} = U_{i2} = U_{o2} = U_{i1}$. Im Falle von symmetrischen Invertern ergibt sich $U_{o1} = U_{i2} = U_{o2} = U_{i1} = U_{dd}/2$. Da eine kleine „Auslenkung" einer der Spannungen genügt, um das System kippen zu lassen, wird der Punkt C als „metastabiler" Arbeitspunkt bezeichnet. Dieser, in der Regel unerwünschte, Betriebszustand einer statischen Speicherschaltung kann unter gewissen Umständen erreicht werden, was in den folgenden Abschnitten diskutiert wird.

In den stabilen Arbeitspunkten ist die Verstärkung sehr viel kleiner als 1, so dass sich kleine Störungen nicht auswirken. Um nun das System von A nach B oder von B nach A zu bringen gibt es mehrere Möglichkeiten: Entweder man bringt an einem der beiden Netze einen „Triggerpuls" durch einen Treiber, der eine höhere Treiberfähigkeit als die Inverter besitzt, auf oder man benutzt Logikfunktionen, wie beispielsweise beim RS-Flipflop. Eine weitere Möglichkeit ist das Auftrennen der Rückkopplung, was sich beim Entwurf von Flipflops und Latches durchgesetzt hat und auch als „Multiplexer-basiert" bezeichnet wird.

3.4.2 Taktzustandsgesteuerte Latches

Eine Multiplexer-basierte Implementierung eines taktzustandsgesteuerten Latches ist in Abbildung 3.32 gezeigt. Varianten dieser Schaltung benutzen Transfer-Gates oder Tri-State-Inverter statt der Transmission-Gates, siehe z. B. [36]. Wenn das Taktsignal $C = {'}1{'}$ ist, so wird der alte Wert des Eingangs D (${'}0{'}$ oder ${'}1{'}$) in der Rückkopplung gespeichert. Ist das Taktsignal $C = {'}0{'}$, so ist das Latch „transparent" und die Rückkopplung aufgetrennt – ein neuer Wert kann in das Latch übernommen werden. Die Funktion des Latches wird also über den Pegel oder den Zustand des Taktsignals gesteuert. Durch Vertauschen der Taktanschlüsse an den TGs in Abbildung 3.32 erhält man ein D-Latch, bei dem transparente und speichernde Phasen ebenfalls vertauscht sind.

Abbildung 3.33 zeigt das Zeitverhalten des D-Latches. Während der Speicher-Phase wirken sich Wechsel am D-Eingang des Latches nicht aus, der alte Wert (D1) wird gehalten. Wechselt der Takt C von ${'}1{'}$ auf ${'}0{'}$, so wird die Rückkopplungsschleife durch das hochohmige Rückkopplungs-TG aufgetrennt und das Latch ist transparent: Die Daten (D2), die am Eingangs-TG schon anliegen, propagieren nun durch das niederohmige Eingangs-TG und die drei bzw. vier Inverter bis zum Ausgang Q und $\overline{Q}$. Die Inverterschaltzeiten ergeben die gesamte Verzögerungszeit t_d. In der transparenten Phase wird nun jede Änderung am Eingang nach der Verzögerungszeit am Ausgang sichtbar.

Wechselt der Takt wieder von ${'}0{'}$ nach ${'}1{'}$, so wird das Eingangs-TG hochohmig geschaltet und das Rückkopplungs-TG niederohmig. Wenn das Eingangs-TG hochohmig geschaltet wird, darf sich zu diesem Zeitpunkt der D-Eingang nicht mehr ändern, da ansonsten der Logikwert am Eingang nicht mehr korrekt gespeichert werden kann. Diese Situation könnte unter Umständen auch dazu führen, dass die Rückkopplungsschleife des Latches in den metastabilen Arbeitspunkt C von Abbildung 3.31 gerät. Man definiert daher ein „Entscheidungs-Fenster" („decision window", [70]) vor und nach der Taktflanke durch die

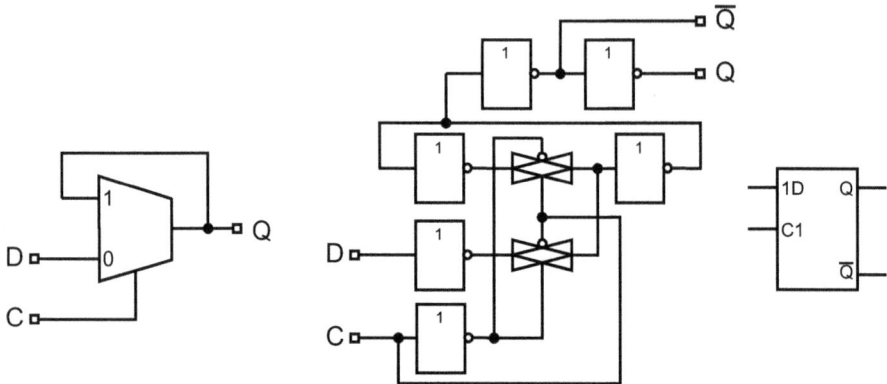

Abb. 3.32: *D-Latch: Ein D-Latch besteht aus einer Rückkopplungsschleife, die durch einen Multiplexer auftrennbar ist. Technisch realisieren lässt sich dies z. B. durch Verwendung von Transmission-Gates, vgl. auch Abbildung 3.28. Die Ausgangs-Inverter werden benötigt, um die Rückkopplung von der externen Last zu entkoppeln. Gezeigt ist ebenfalls das Schaltzeichen des Latches.*

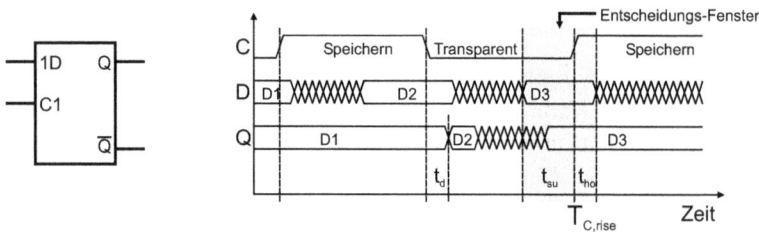

Abb. 3.33: *Zeitverhalten des D-Latches*

so genannte „Setzzeit" oder „Setup-Zeit" t_{su} und die „Haltezeit" oder „Hold-Zeit" t_{ho}. In diesem Fenster darf sich der D-Eingang für einen sicheren Betrieb des Speicherelements nicht ändern. Dies bedeutet für das Latch aus Abbildung 3.33, dass die Daten in Bezug zur steigenden Taktflanke spätestens zum Zeitpunkt $t = T_{C,rise} - t_{su}$ stabil sein müssen und dass sie bis zum Zeitpunkt $t = T_{C,rise} + t_{ho}$ stabil *bleiben* müssen, sich also nicht ändern dürfen. Diese drei Zeiten, Verzögerungszeit t_d, Setup-Zeit t_{su} und Hold-Zeit t_{ho} sind die für den Anwender wichtigsten Parameter eines Latches (und auch eines Flipflops, wie im nächsten Abschnitt zu sehen sein wird) und werden in der Regel durch eine SPICE-Simulation ermittelt. Hinzu kommt noch die minimale Pulsdauer des Taktes [83, 94], die nicht kleiner als die Verzögerungszeit sein darf.

3.4.3   Taktflankengesteuerte Flipflops

Taktflankengesteuerte Flipflops werden üblicherweise aus zwei Latches in einer so genannten „Master-Slave"-Anordnung nach Abbildung 3.34 und 3.35 aufgebaut. Die Logikpegel für Speichern und transparente Phase sind an beiden Latches vertauscht angeschlossen.

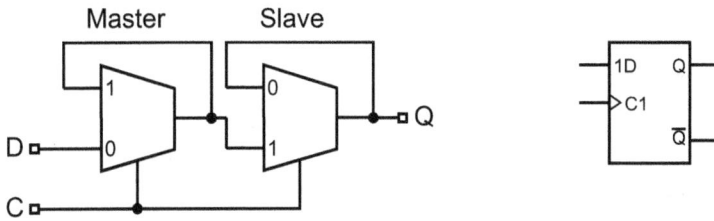

Abb. 3.34: *D-Flipflop Prinzipschaltung und Schaltzeichen: Es handelt sich um ein Flipflop, das mit der steigenden Flanke Daten am Eingang übernimmt.*

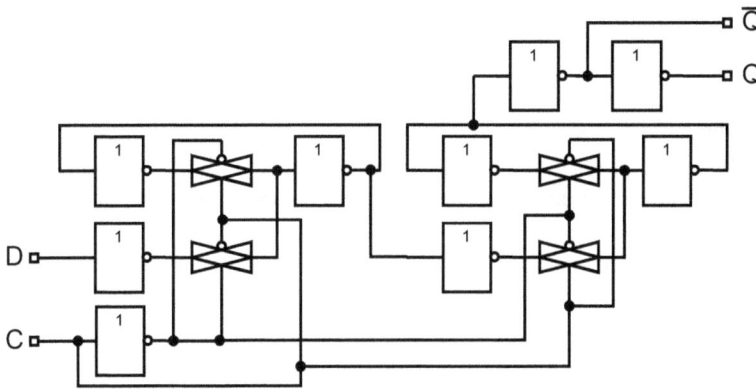

Abb. 3.35: *D-Flipflop-Schaltung mit Transmission-Gates: Durch Vertauschen der Takteingänge an den TGs lässt sich ein Flipflop konstruieren, das mit der fallenden Flanke Daten übernimmt.*

Ist $C = {}'0'$, so ist das Master-Latch transparent und gibt die Daten an den Eingang des Slave-Latches weiter, siehe Abbildung 3.36. Dieses übernimmt aber die Daten nicht, sondern speichert seinen alten Wert, der daher am Ausgang des Flipflops erscheint. Wechselt nun der Takt auf $C = {}'1'$ – das ist die steigende Flanke des Taktes –, so speichert der Master die zu diesem Zeitpunkt anliegenden Daten. Der Slave wird transparent geschaltet und gibt die neuen Daten am Ausgang des Flipflops aus. Wechselt der Takt wieder auf $C = {}'0'$, so speichert der Slave wieder die Daten und der Master wird transparent für die Übernahme der nächsten Daten. Durch dieses Wechselspiel von Master und Slave erscheint die Anordnung nach außen wie ein flankengesteuertes Flipflop, welches nur mit der steigenden Flanke Daten übernimmt.

Bei der steigenden Flanke des Taktes müssen die Daten am Eingang des Flipflops stabil sein, wie im Falle des einfachen Latches, damit der Master die Daten korrekt übernehmen kann. Somit wird auch für das Flipflop ein Entscheidungs-Fenster durch die Setup-Zeit t_{su} und die Hold-Zeit t_{ho} definiert. Die neuen Daten erscheinen ebenfalls erst nach einer Verzögerungszeit t_d am Ausgang des Flipflops.

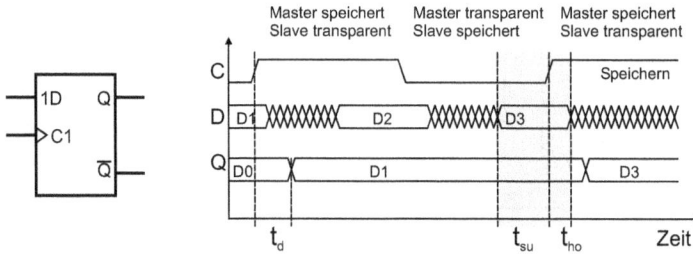

Abb. 3.36: *Zeitverhalten des D-Flipflops: Da nie beide Latches gleichzeitig transparent sind, gibt es zu keinem Zeitpunkt eine direkte Wirkung des Eingangs auf den Ausgang. Daten werden nur dann übernommen, wenn sie während des Entscheidungs-Fensters stabil am Eingang anliegen. So erscheint beispielsweise das Datum D2 nicht am Ausgang.*

Kritisch für die korrekte Funktionsweise sind die Zeitbeziehungen der Takt- und Datensignale im Flipflop. So muss sichergestellt werden, dass bei der fallenden Flanke des Taktes der Master nicht schon transparent wird, während der Slave ebenfalls noch transparent ist. Dies würde zu einem „Durchgriff" des Eingangs auf den Ausgang führen, was im Englischen auch als „race condition" (Wettlauf zwischen Takt und Daten) bezeichnet wird [36]. Der Master darf also erst transparent werden, wenn der Slave schon speichert. Die Schaltung in Abbildung 3.35 ist daher im Hinblick auf die Taktzuführung nur als Prinzipschaltung zu verstehen. Eine Möglichkeit eine wettlauffreie Implementierung zu erzielen ist die Verwendung von zwei nicht-überlappenden Takten [36, 91]. Dies ist allerdings sehr aufwändig, da zwei Takte verdrahtet werden müssen und deren Nicht-Überlappung über den ganzen Chip sichergestellt werden muss. Wird nur ein Takt verwendet, so muss die korrekte Funktion durch sorgfältige Dimensionierung der Inverter und TGs sowie durch die Anordnung im Layout sichergestellt werden. Wichtig für eine korrekte Funktion ist auch, dass die Flanken des Taktes möglichst steil sind. Daher sollte der Takt durch lokale Buffer auch regeneriert werden. Durch schaltungstechnische Maßnahmen können auch zusätzliche Funktionen im Flipflop implementiert werden, wie z. B. asynchrone Set/Reset-Funktionen, um die Flipflops unabhängig vom Takt setzen und rücksetzen zu können, oder eine Enable-Funktion, so dass Daten nur übernommen werden, wenn ein Enable-Signal aktiviert wird.

3.4.4   Metastabilität und Synchronisation

In einer synchronen Schaltung kann immer sichergestellt werden, dass die Daten sich im Entscheidungs-Fenster, siehe Abbildungen 3.33 und 3.36, nicht ändern. Allerdings ergibt sich häufig auch das Problem, dass ein *asynchrones* Signal in einer synchronen Schaltung verarbeitet werden muss. Asynchron bedeutet, dass keine festen Zeitbeziehungen zwischen der synchronen Schaltung und diesem Signal bekannt sind. Man denke hier beispielsweise an die Tastatur eines PCs: Der Benutzer kann zu einem beliebigen Zeitpunkt eine Taste betätigen, dieser Zeitpunkt kann innerhalb oder außerhalb des Entscheidungs-Fensters eines an die Taste angeschlossenen Latches oder Flipflops liegen.

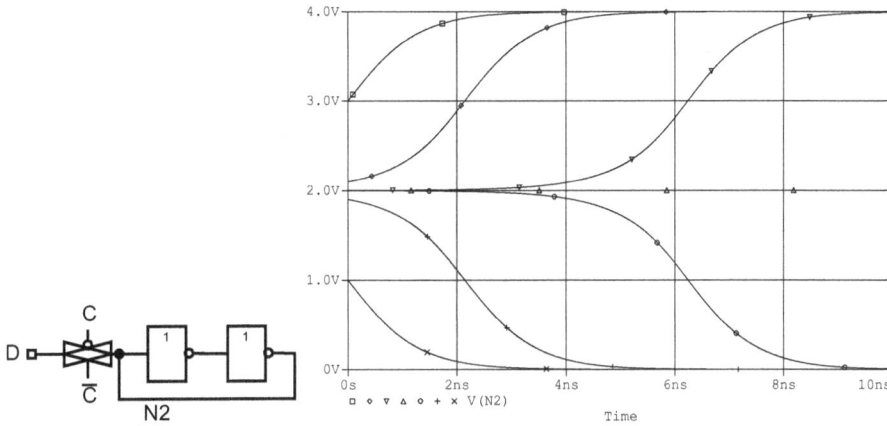

Abb. 3.37: *Metastabilität : Mit PSpice wurde die in der Abbildung gezeigte Latch-Schaltung simuliert. Das TG wurde bei verschiedenen Spannungen $U_{N2}(0)$ am Netz N2 hochohmig geschaltet. Gezeigt ist der jeweils resultierende Verlauf der Spannung $U_{N2}(t)$. Der metastabile Arbeitspunkt liegt bei $U_m = 2$ V. Die MOSFETs der Inverter wurden mit $W_n = 2$ μm, $W_p = 6$ μm und $L_p = L_n = 10$ μm dimensioniert. Die Last an den Ausgängen der Inverter beträgt 60 pF.*

Wir wollen im Folgenden diskutieren, was passiert, wenn die Signaländerung in das Entscheidungs-Fenster eines Flipflops fällt, das zur Synchronisation eines asynchronen Signals benutzt wird ("Synchronisierer"). In diesem Fall schaltet das Eingangs-TG hochohmig *während* sich das Eingangssignal ändert. Somit wird die (Last-)Kapazität des Netzes $N2$ in Abbildung 3.37 auf eine bestimmte Spannung $U_{N2}(0)$ aufgeladen. Liegt die Spannung $U_{N2}(0)$ oberhalb des metastabilen Punkts U_m ($U_{N2}(0) > U_m$), so wird das Latch anschließend in die '1'-Lage „kippen"; ist $U_{N2}(0) < U_m$, so wird das Latch in die '0'-Lage kippen. Je näher $U_{N2}(0)$ am metastabilen Punkt liegt, desto länger dauert die „Entscheidung" des Latches, wie aus Abbildung 3.37 ersichtlich ist. Hieraus ergeben sich zwei Probleme bei der Synchronisation, die auch als *Synchronisationsfehler* bezeichnet werden:

1. Das Latch kippt in die '0'-Lage obwohl am Eingang eine '1' anliegt und umgekehrt. Bei der nächsten aktiven Taktflanke wird dann allerdings der richtige Wert eingespeichert. Ist die Taktrate des Latches/Flipflops größer als die doppelte Änderungsrate des Signals ($f_{clock} > 2 \cdot f_{signal}$), so können alle Änderungen des Signals erfasst werden. Dies ist auch als „Nyquist-Kriterium" aus der Nachrichtentechnik bekannt.

2. Die Zeit, die das Latch für die Entscheidung benötigt, erhöht sich über die spezifizierte Verzögerungszeit hinaus. Ist $U_{N2}(0) = U_m$ und liegen keine äußeren Störeinflüsse vor, so kann das Latch theoretisch unendlich lange für die Entscheidung benötigen, siehe Abbildung 3.37. Dieser Fall tritt in der Praxis durch die immer vorhandenen Störungen nicht auf. Die Entscheidung des Synchronisierers ist dann gültig, wenn die Spannung $U_{N2}(t)$ den Wert $U_{IL,max}$ unterschritten oder den Wert $U_{IH,min}$ überschritten hat, also ein gültiger Logikpegel eines nachfolgenden Gatters erreicht ist.

Das zweite Problem stellt das eigentliche Synchronisationsproblem dar. Es ist prinzipiell nicht möglich eine Synchronisationsschaltung zu entwerfen, die keine Synchronisationsfehler aufweist! Somit muss immer damit gerechnet werden, dass der Synchronisierer eine beliebig lange Zeit zur Entscheidung benötigt, die davon abhängt, wie nahe die eingespeicherte oder „abgetastete" Spannung $U_{N2}(0)$ am metastabilen Punkt liegt, d. h. je kleiner die Differenz $|U_m - U_{N2}(0)|$ ist, desto länger wird der Synchronisierer für die Entscheidung benötigen. Der Verlauf der Spannung $U_{N2}(t)$ kann durch

$$U_{N2}(t) = U_m + |U_m - U_{N2}(0)| \cdot e^{\frac{t}{\tau}} \tag{3.18}$$

modelliert werden [36].

Für das Beispiel aus Abbildung 3.37 lässt sich mit Hilfe der Gleichung 3.18 aus den Ergebnissen der Simulation die *Zeitkonstante* τ des Beispiel-Latchs berechnen zu $\tau = 0,9$ ns. Soll also der Synchronisierer schneller entscheiden, so muss die Zeitkonstante verringert werden. Dies erreicht man z. B. durch die Dimensionierung der Inverter-MOSFETs und durch die Verringerung der Kapazitäten an den Ausgängen der Inverter. Gibt man dem Synchronisierer mehr Zeit für die Entscheidung, so wird der *Bereich* der abgetasteten Eingangsspannungen $\Delta U_i = |U_m - U_{N2}(0)|$, die nach der Wartezeit T_w noch zu einem nicht definierten Pegel $U_{IL,max} < U_{N2}(t) < U_{IH,min}$ führen, kleiner (im Beispiel sei $U_{IL,max} = 1,5$ V und $U_{IH,min} = 2,5$ V). Aus Gleichung 3.18 kann dieser Zusammenhang hergeleitet werden: Nach der Wartezeit T_w soll die Spannung an Netz $N2$ für einen gültigen Logikpegel $U_{N2}(T_w) = U_{IH,min}$ sein, dann ergibt sich

$$\Delta U_i = (U_{IH,min} - U_m) \cdot e^{-\frac{T_w}{\tau}} = 0,5V \cdot e^{-\frac{T_w}{0,9\,\text{ns}}} . \tag{3.19}$$

Hieraus ergibt sich die wichtige Erkenntnis, dass der Bereich der Eingangsspannungen ΔU_i, die einen Synchronisationsfehler hervorrufen, d. h. noch nicht einen gültigen Logikpegel erreicht haben, exponentiell mit der Vergrößerung der Wartezeit T_w (und der Verringerung der Zeitkonstanten τ) abnimmt.

Da man Synchronisationsfehler nicht vermeiden kann, spielt die Abschätzung der Häufigkeit für einen Synchronisationsfehler in der Praxis eine Rolle. Damit ein Fehler überhaupt auftreten kann, muss sich das asynchrone Datensignal in Abbildung 3.38 im „verbotenen" Bereich zwischen $U_{IL,max} < U_{Daten}(0) < U_{IH,min}$ bei der Abtastung durch den Synchronisierer befinden; anderenfalls erhöht sich die Verzögerungszeit nicht, da wir das Flipflop dann unter zulässigen Konditionen betreiben. Die zu diesem Bereich gehörige Zeit T_0 hängt von der Anstiegszeit t_r des Datensignals ab. Typischerweise wird ein Synchronisierer von einem Buffer auf dem gleichen Chip getrieben, so dass t_r die Anstiegszeit dieses Buffers ist. Approximieren wir die Datenflanke mit einem linearen Anstieg, so gilt: $T_0 = ((U_{IHmin} - U_{ILmax})/U_{dd}) \cdot t_r$. Gehen wir in unserem Beispiel von einer Anstiegszeit von $t_r = 1$ ns aus, so ergibt sich $T_0 = 0,25$ ns (für $U_{dd} = 4$ V). T_0 wird auch als „Metastabilitäts-Apertur" bezeichnet. Der Anteil pro Zeiteinheit, in der das Datensignal überhaupt zu einem metastabilen Zustand im Synchronisierer führen kann, ist $P_{s1} = T_0/T_{Daten} = T_0 \cdot f_{Daten}$. Wie häufig es zu einem Synchronisationsfehler kommt, hängt des Weiteren von der Taktfrequenz des Synchronisierers ab, so dass gilt: $P_{s2} = P_{s1} \cdot f_{Takt} = T_0 \cdot f_{Daten} \cdot f_{Takt}$. Je höher

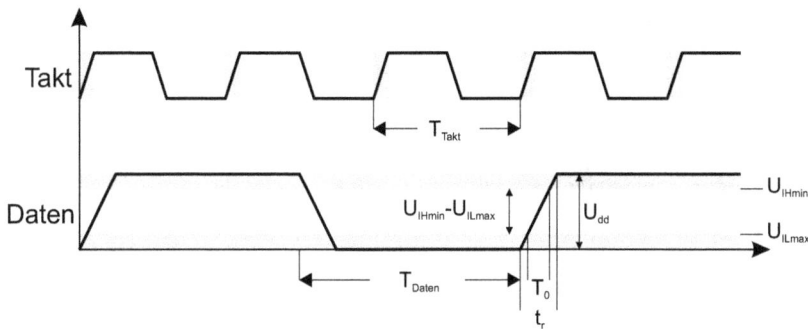

Abb. 3.38: Synchronisation: Es sei ein asynchrones periodisches Signal (Daten) gegeben, das $f_{Daten} = 1/T_{Daten}$ Wechsel pro Sekunde (Datenrate) aufweise. Dieses Signal werde mit einem Flipflop als Synchronisierer abgetastet, welches mit der Taktfrequenz $f_{Takt} = 1/T_{Takt}$ getaktet wird.

die Taktfrequenz des Synchronisierers ist, desto höher ist die Wahrscheinlichkeit, dass der Bereich T_0 in die Taktflanke des Synchronisierers fällt. Nun müssen wir noch in Betracht ziehen, dass der kritische Bereich T_0 kleiner wird, wenn die verfügbare Wartezeit T_w größer wird. Somit ergibt sich die mittlere Häufigkeit N_{sf} (Fehler pro Sekunde), mit der Synchronisationsfehler auftreten können, zu (siehe z. B. [5, 36, 70])

$$N_{sf} = T_0 \cdot f_{Daten} \cdot f_{Takt} \cdot e^{-\frac{T_w}{\tau}}. \tag{3.20}$$

Der Kehrwert von N_{sf} ist der mittlere Zeitabstand zwischen dem Auftreten von zwei Synchronisationsfehlern, im Englischen auch als „Mean-Time-Between-Failures" (MTBF) bezeichnet: $MTBF = 1/N_{sf}$. Dabei ist es unerheblich, ob es sich bei dem Datensignal wirklich um ein periodisches Signal, wie in Abbildung 3.38, handelt oder ob f_{Daten} die *mittlere* Rate der Änderungen pro Sekunde eines aperiodischen Datensignals darstellt.

Beispiel 3.5: *Berechnung der MTBF*

Wir vergleichen die MTBF in Abhängigkeit von der Wartezeit T_w für das Beispiel-Latch aus Abbildung 3.37 mit den Werten eines FLEX10K FPGAs von Altera [5]. Für das Beispiel-Latch ergab sich $T_0 = 0{,}25$ ns und $\tau = 0{,}9$ ns. Aus [5] können die Daten für die Flipflops dieses FPGAs entnommen werden: $C_1 = T_0 = 1{,}01 \cdot 10^{-13}$ s und $C_2 = 1/\tau = 1{,}268 \cdot 10^{10}$ Hz und damit $\tau = 78{,}86$ ps. Für den Vergleich wird angenommen, dass jeweils gilt: $f = f_{Takt} = 2 \cdot f_{Daten}$. Für beide Technologien sind in Abbildung 3.39 die MTBF-Werte in Abhängigkeit von der Wartezeit T_w aufgetragen. Um beispielsweise mit dem Altera-FPGA eine MTBF von $1 \cdot 10^9$ s $= 31{,}7$ Jahre zu erreichen, ist bei einer Taktfrequenz von $f = 10$ MHz eine Wartezeit von $T_w = 1{,}76$ ns notwendig. Dies entspricht bei einer Taktzykluszeit von 100 ns 1,76 % des Taktzykluses. Das Beispiel-Latch benötigt demgegenüber für eine wesentlich schlechtere MTBF von 10000 s $= 2{,}7$ h eine Wartezeit von $T_w = 16{,}78$ ns, was bei gleicher Taktzykluszeit schon 16,78 % des Taktzykluses entspricht; für eine MTBF von $1 \cdot 10^9$ s wäre eine Wartezeit von $27{,}14$ ns nötig.

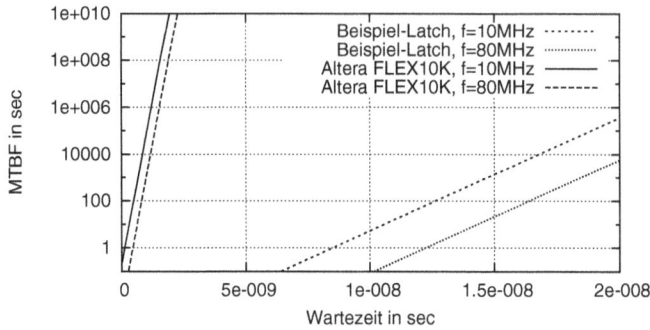

Abb. 3.39: *MTBF für Synchronisationsfehler in Abhängigkeit von der Wartezeit T_w für verschiedene Takt-frequenzen im Vergleich zwischen dem Beispiel-Latch und einer Altera FLEX10K-Technologie, siehe Beispiel 3.5. Die Ordinate ist logarithmisch aufgetragen.*

Es ist aus Beispiel 3.37 ersichtlich, dass auch der Fall eintreten kann, dass für eine geforderte MTBF die notwendige Wartezeit die Taktzykluszeit übersteigt. In diesem Fall kann eine größere Wartezeit dadurch erzielt werden, dass mehrere Flipflops in Serie geschaltet werden, wie in Abbildung 3.40 gezeigt. Hierdurch summieren sich die einzelnen Wartezeiten [36], die in der Regel der Taktzykluszeit entsprechen, der n Flipflops zur gesamten Wartezeit $T_w = n \cdot T_{wn} = n \cdot T_{Takt}$. Gehen wir beispielsweise von einem Taktsignal mit $f_{Takt} = 500\,\mathrm{MHz}$ aus, mit dem ein Datensignal mit einer Datenrate von $f_{Daten} = 250\,\mathrm{MHz}$ mit Hilfe eines FLEX10K-FPGAs synchronisiert werden soll. Wird – unter Verwendung der Daten aus Beispiel 3.5 – ein Flipflop zur Synchronisation verwendet, das die volle Taktperiode von $T_w = 2\,\mathrm{ns}$ als Wartezeit zur Verfügung hat, so erhält man eine MTBF von $1/4$ Jahr. Nimmt man nun noch ein zweites Flipflop, wie in Abbildung 3.40 gezeigt, hinzu, so erhält man eine MTBF von $26{,}7 \cdot 10^9$ Jahre! Der Grund für diesen enormen Unterschied liegt in der exponentiellen Abhängigkeit der MTBF von der Wartezeit, vgl. Glei-

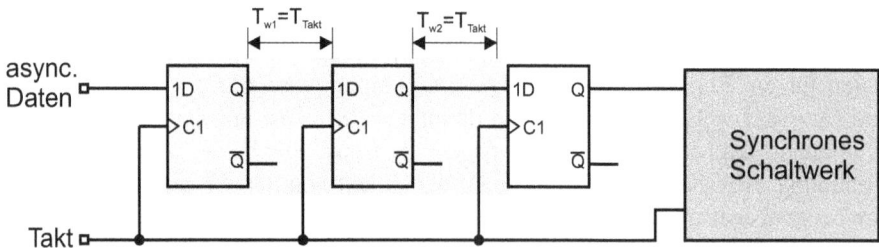

Abb. 3.40: *Synchronisisationsschaltung: Zwei in Serie geschaltete Flipflops stellen die übliche Synchronisationsschaltung dar. In diesem Fall wird beiden Flipflops jeweils die volle Taktperiode als Wartezeiten t_{w1} und t_{w2} zur Verfügung gestellt. Das nachfolgende dritte Flipflop ist schon Bestandteil eines synchronen Schaltwerks. Bei der Berechnung der MTBF wird davon ausgegangen, dass diesem Flipflop keine Wartezeit mehr zur Verfügung steht, die über die normale Verzögerungszeit hinausgeht.*

chung 3.20. Somit wird deutlich, dass ein drittes Synchronisisations-Flipflop in diesem Fall unnötig wäre und die übliche Verwendung von zwei Flipflops in der Regel gerechtfertigt ist, vorausgesetzt es werden geeignete Flipflops benutzt.

Der Nachteil bei Verwendung mehrerer Flipflops liegt darin, dass sich die Latenzzeit, bis die Datenwechsel in der synchronen Schaltung effektiv werden, vergrößert. Für die Synchronisierung sollten Flipflops mit kleiner Zeitkonstante τ benutzt werden. Neben der Zeitkonstante wirkt sich auch die Wartezeit exponentiell auf die MTBF aus, so dass die wirksamste Methode eine ausreichende Wartezeit darstellt, entweder realisiert durch mehrere Flipflops oder eine geringere Taktrate an den Synchronisierern. Asynchrone Signale sollten niemals ohne Synchronisierung an mehreren Stellen in der Schaltung eingesetzt, sondern an einer Stelle synchronisiert und dann verteilt werden. Es sei nochmals bemerkt, dass sich die Synchronisationsfehler *niemals* vollständig vermeiden lassen. Die MTBF ist eine Zufallsgröße (Mittelwert) und daher nur ein Maß für die Wahrscheinlichkeit, mit der ein Synchronisationsfehler auftreten kann. Sie sagt nichts über den Einzelfall aus, kann aber durch die beschriebenen Maßnahmen erhöht werden, so dass Synchronisationsfehler im *Mittel* sehr selten auftreten. Trotzdem muss im Entwurf einer synchronen Schaltungen, die von einem synchronisierten asynchronen Signal gespeist wird, *immer* mit Synchronisationsfehlern gerechnet werden, die durch entsprechende Auslegung der Hardware und der Kommunikationsprotokolle erkannt und behandelt werden können müssen. Beim Aufbau von Systemen empfiehlt es sich daher, möglichst wenige Schnittstellen zwischen zueinander asynchronen Komponenten einzubauen und möglichst Taktsysteme zu verwenden, bei denen die Takte einzelner Komponenten in einer festen Phasenbeziehung zueinander stehen. Diese Problematik wird in Abschnitt 5.4 noch etwas näher beleuchtet.

3.5   MOS Halbleiterspeicher

Ein großer Anteil der Chipfläche von modernen Digitalschaltungen wird für Speicherschaltungen (engl.: memory) benötigt. So wird beispielsweise bei Hochleistungs-Mikroprozessoren mehr als die Hälfte der Chipfläche für so genannten „Cache"-Speicher in SRAM-Technik verwendet; auf Systemebene beinhalten PCs mehrere Gigabyte Hauptspeicher in DRAM-Technik. Im Bereich von eingebetteten Systemen (engl.: embedded systems) sind auch nicht-flüchtige Speichertechniken wichtig: Beispielsweise werden in den Speicherkarten für Digitalkameras so genannte „Flash-EEPROM"-Speicherchips eingesetzt, auf denen die Bilddateien abgespeichert werden. Dieser Speichertyp wird auch in anderen mobilen Geräten, wie z. B. MP3-Audio-Playern und dergleichen, als Ersatz für eine Festplatte verwendet. Insbesondere der Programmspeicher von eingebetteten Mikroprozessoren wird heute häufig mit EEPROM-Speichern realisiert. Nicht zuletzt beruhen auch die meisten PLDs auf SRAM- oder EEPROM-Speichertechnologien. Obgleich es sich bei den im vorangegangen Abschnitt besprochenen Schaltungen ebenfalls um Speicher handelt (Latch, Flipflop, Register), geht es in diesem Abschnitt um Speicherschaltungen, mit denen sich Speicherkapazitäten von einigen Kilobyte (10^3 Byte = $10^3 \cdot 8$ Bit) bis Gigabyte (10^9 Byte) realisieren lassen. Man spricht hier auch – im Gegensatz zu einem einzel-

nen Flipflop oder Register – von einem „Matrixspeicher" [83], da die einzelnen Speicherzellen in einer regelmäßigen Matrix-Struktur angeordnet sind und so hohe *Speicherdichten (AnzahlBits/cm^2)* erreicht werden können. Während für SRAM ein Standard-CMOS-
Prozess verwendet werden kann, sind für die anderen Speichertechnologien CMOS-Pro-
zesse mit zusätzlichen Prozessschritten notwendig, die die Herstellung der Chips damit
verteuern. Speicher können sowohl als separate ICs verwendet werden, z. B. der Hauptspeicher des PCs in DRAM-Technik, oder in einem Chip zusammen mit anderen Schaltungsteilen integriert werden, z. B. der Cache-Speicher bei Mikroprozessoren oder der Konfigurationsspeicher bei PLDs. Im Fall der Integration spricht man von „eingebettetem Speicher"
(engl.: embedded memory). An einen idealen Speicher würde man folgende Anforderungen stellen: Hohe Speicherdichte, niedrige Herstellungskosten, nicht-flüchtige Datenspeicherung mit langem Datenerhalt (engl.: data retention), kurze Schreib-/Lesezeiten, hohe
Anzahl von Schreib-/Lesezyklen (engl.: endurance) und niedrige Energieaufnahme. Leider gibt es keine Technologie, die in allen Aspekten als optimal zu bezeichnen wäre, so
dass man die für eine Anwendung geeignete Speichertechnologie auswählen muss.

3.5.1   Übersicht und Klassifikation von Halbleiterspeichern

Halbleiterspeicher lassen sich einteilen in flüchtige Speicher (engl.: volatile memory, V)
und nicht-flüchtige Speicher (engl.: non-volatile memory, NV), siehe Tabelle 3.5. Während
bei flüchtigen Speichern der Speicherinhalt nur erhalten bleibt, solange die Versorgungsspannung anliegt, bleibt bei einem nicht-flüchtigen Speicher der Inhalt auch bei Abtrennen
der Versorgung permanent erhalten. Des Weiteren wird bei einem Speichermedium nach
der Zugriffsart (wahlfreier Zugriff: random access, nicht-wahlfreier Zugriff: non-random
access) unterschieden und ob der Speicher schreib- und lesbar (engl.: read/write memory,
RWM) oder nur lesbar (engl.: read-only memory, ROM) ist. Wahlfreier Zugriff bedeutet,
dass auf jede beliebige Speicherzelle durch Angabe ihrer *Adresse* direkt zugegriffen wer-

*Tabelle 3.5: Klassifikation der Halbleiterspeicher (nach [36]). Für jede Klasse ist eine Auswahl von wich-
tigen Vertretern aufgelistet.*

VRWM		NVRWM	NVROM
(volatile read/write memory)		(non-volatile read/write memory)	(non-volatile read-only memory)
Random Access	*Non-Random A.*	*Random Access*	*Random Access*
SRAM	FIFO	EPROM	ROM
DRAM	LIFO	EEPROM	PROM
	CAM	Flash EEPROM	
		NVRAM	
		FeRAM	
		MRAM	

den kann, so dass die Zugriffszeiten für alle Speicherzellen in etwa gleich sind. In den Anfängen der Computertechnik in den fünfziger und sechziger Jahren des letzten Jahrhunderts wurden beispielsweise Magnet*bänder* für die permanente Speicherung von Daten außerhalb des Hauptspeichers verwendet. Daher musste für den Zugriff auf ein bestimmtes Datum das ganze Band vom Anfang her durchsucht werden, so dass *kein* wahlfreier Zugriff möglich war. Erst durch die Einführung von Magnetspeicher*platten* (Festplatten), wie sie sich heute in jedem PC finden, war ein wahlfreier Zugriff auf die Daten möglich.

Flüchtige Schreib-/Lesespeicher (VRWM) mit wahlfreiem Zugriff werden üblicherweise als RAM (engl.: Random-Access Memory) bezeichnet und können entweder mit bistabilen Kippgliedern realisiert werden (engl.: Static Random-Access Memory, SRAM) oder mit Hilfe der Informationsspeicherung durch die elektrische Ladung in einem Kondensator (engl.: Dynamic Random-Access Memory, DRAM) [36, 66, 83]. Während SRAM einen schnellen Schreib- und Lesezugriff (wenige Nanosekunden) ermöglichen, ist die Zugriffszeit für ein DRAM deutlich höher (> 50 ns). SRAM-Speicherzellen benötigen auf der anderen Seite mehr Chipfläche als DRAM-Zellen (c.a. Faktor $5 - 10$), so dass die Speicherdichte entsprechend kleiner ist. Ein wesentlicher Vorteil von SRAM-Zellen ist die Tatsache, dass die Information in einem statischen Latch gespeichert wird, so dass die Information erhalten bleibt, solange die Versorgungsspannung anliegt. Beim DRAM fließt die Ladung im Speicher-Kondensator durch Leckströme ab, so dass die Information innerhalb von einigen Millisekunden aufgefrischt werden muss (engl.: refresh). Für die Refresh-Funktion wird zusätzliche Logik in den Speichern notwendig. Ein weiterer Nachteil für DRAM ist die Tatsache, dass zur Herstellung des Kondensators spezielle Fertigungsschritte mit zusätzlichen Masken notwendig sind, die die Chips gegenüber einer Standard-CMOS-Schaltung verteuern. SRAM-Zellen können in einer kostengünstigeren Standard-CMOS-Technologie hergestellt werden und finden sich daher auch häufig als eingebettete Speicherblöcke in ASICs oder FPGAs. Die Konfigurierbarkeit von vielen FPGAs beruht ebenfalls auf SRAMs. Wird daher nur eine geringe Speicherkapazität (wenige Megabyte), ein schneller Zugriff und CMOS-Kompatibilität benötigt, so sind SRAMs die richtige Wahl. Für hohe Speicherkapazitäten (Megabyte bis Gigabyte) müssen DRAMs für kostengünstige Lösungen verwendet werden.

RAM-Speicher können auch spezielle Funktionen erfüllen, indem eine spezifische, nichtwahlfreie Zugriffsart verwendet wird. Beispiele hierfür sind das FIFO (First-In First-Out) und das LIFO (Last-In First-Out). Hierbei erfolgt der Schreib- und Lesezugriff über spezielle „Zeiger", die nach einem Zugriff inkrementiert oder dekrementiert werden. Ein FIFO verfügt über zwei separate Lese- und Schreibports mit zugehörigen Zeigern. Es dient in der Regel als Zwischenspeicher, um Daten zwischen Systemen auszutauschen, die mit unterschiedlichen, auch zueinander asynchronen, Takten arbeiten. So bieten manche FPGA-Hersteller auch integrierte FIFOs in ihren Bausteinen an. LIFOs werden typischerweise zur Implementierung von Stapelspeichern (engl.: stack) in Mikroprozessoren verwendet. Beim LIFO wird ein Zeiger (engl.: stack pointer) und ein Schreib-/Leseport benötigt. Stacks werden zumeist benutzt, um bei Unterprogrammaufrufen Registerinhalte in einer bestimmten Reihenfolge auf den Stack zu retten und diese in umgekehrter Reihenfolge (LIFO) vor Ver-

lassen des Unterprogramms wieder in die Register vom Stack zurück zu kopieren. Ein weiterer wichtiger Vertreter von speziellen Speicherfunktionen ist der Assoziativspeicher oder
Inhalts-adressierbare Speicher (engl.: Content-Adressable Memory, CAM) [36]. Statt einer
Adresse wird dem Speicher ein Datum zum Vergleich angeboten; ist das Datum im CAM-
Speicher gespeichert, so antwortet der Speicher mit einem „Hit“-Signal. Diese Funktion
wird in so genannten Cache-Speichern von modernen Mikroprozessoren benötigt, siehe
z. B. [83].

Die Bezeichnung RAM wird aus historischen Gründe für flüchtige Schreib-/Lesespeicher
(VRWM) mit wahlfreiem Zugriff verwendet. Allerdings ist dies etwas irreführend, da
auch alle wesentlichen nicht-flüchtigen Halbleiterspeicher (NVRWM und NVROM) einen
wahlfreien Zugriff ermöglichen. Nicht-flüchtige Speicher werden im Deutschen häufig
als *Festwertspeicher* oder ebenfalls aus historischen Gründen als ROM bezeichnet. Bei
nicht-flüchtigen Speichern muss unterschieden werden zwischen Speichern, die nach der
hersteller- oder anwenderseitigen Programmierung nicht mehr beschrieben werden können
(NVROM), und Speichern, deren Inhalt wieder verändert werden kann (NVRWM) [36, 66,
83]. Speicher werden als ROM bezeichnet, wenn der Speicherinhalt bei der Herstellung
des Chips festgelegt wird; daher spricht man genauer auch von „maskenprogrammierten“
ROMs. Die Programmierung eines Bits erfolgt zumeist dadurch, dass in der Speichermatrix ein Transistor entweder nicht vorhanden ist oder nicht angeschlossen wird oder dass
er vorhanden bzw. angeschlossen ist [36]. Nachteilig ist hierbei, dass die Programmierung nur vom Hersteller vorgenommen werden kann und bestimmte Masken kundenspezifisch sind. Daher lohnen sich ROMs nur bei sehr hohen Stückzahlen. Eine Variante ist
das PROM (engl.: Programmable ROM) oder OTP (engl.: One-Time Programmable oder
„Write-Once“): Hier kann der Anwender die Programmierung selbst vornehmen, indem
mit Hilfe eines Programmiergerätes Verbindungen im Chip wie bei einer Schmelzsiche-
rung unterbrochen werden (engl.: Fuses) oder neue Verbindungen durch Oxiddurchschlag
geschaffen werden (engl.: Antifuses). Diese Technik wird auch in einigen PLDs angewandt
und wird daher im Abschnitt 3.6.3 näher erläutert.

Nachteilig für viele Anwendungen ist die nicht vorhandene *Reprogrammierbarkeit* von
NVROMs. NVRWMs bieten demgegenüber sowohl eine permanente Speicherung der Daten als auch ein Überschreiben oder Reprogrammieren der Daten an. Die (reversible) Programmierung einer Speicherzelle erfolgt bei EPROM (engl.: Erasable PROM), EEPROM
(engl.: Electrically Erasable PROM, auch E^2PROM) und Flash EEPROM durch Verändern
der Schwellspannung eines Transistors („Floating-Gate“) mit Hilfe von quantenmechanischen Effekten [36, 66, 83]. Die ältere EPROM-Technologie ermöglicht eine erneute Programmierung durch vorheriges Löschen (engl.: Erase) mit Hilfe von ultraviolettem Licht.
Zum Löschen muss das IC allerdings aus der Schaltung entfernt und in ein spezielles Gerät
eingesetzt werden, was ein wesentlicher Nachteil darstellt. Des Weiteren sind teure ke-
ramische IC-Gehäuse mit Fensteröffnungen notwendig. EPROMs werden auch als OTPs
verkauft, wenn sie in ein kostengünstigeres Plastikgehäuse ohne Fenster eingesetzt werden,
so dass sie nicht mehr gelöscht werden können. Mit der Einführung und dem Preisverfall
von EEPROMs und Flash EEPROMs sind EPROMs jedoch zunehmend unattraktiver ge-

worden. Bei EEPROMs erfolgt auch die Löschung elektrisch, so dass die ICs im System verbleiben können. Flash EEPROMs stellen eine kostengünstigere Variante von EEPROMs dar, die ebenfalls sowohl elektrisch programmiert als auch gelöscht werden können. Ein Vorteil von EEPROMs besteht auch darin, dass die Speicherzelle deutlich kleiner als eine SRAM-Zelle ist und die Speicherdichte sich daher denen von DRAMs nähert [36]. Allerdings liegen die Lesezeiten ebenfalls im Bereich von DRAMs, so dass sie deutlich langsamer als SRAMs sind. Hinzu kommt, dass die Zeit für die Programmierung einige Mikrosekunden betragen kann und die Zeit für das Löschen einige Millisekunden. Ein wichtiger Parameter für Flash EEPROM / EEPROM Speicher ist der Datenerhalt (data retention), der typischerweise 10 Jahre und mehr beträgt. Dies bedeutet, dass nach dieser Zeit mit dem Verlust der Daten gerechnet werden muss. Die Anzahl der Programmier/Löschzyklen (endurance) ist ebenfalls begrenzt, typischerweise ungefähr 10^5 Zyklen, da der Programmiervorgang nicht vollständig reversibel ist. Nach dieser Zyklenzahl muss damit gerechnet werden, dass sich der Speicher nicht mehr korrekt programmieren lässt. Bemerkt werden sollte an dieser Stelle, dass es sich bei den von den Herstellern angegebenen Werten für Endurance und Data Retention um statistische Mittelwerte handelt, so dass eine einzelne Schaltung auch schon früher oder erst später ausfallen kann.

Da nicht-flüchtige Speicher gerade für viele moderne Applikationen – die zudem häufig mobil und damit batteriebetrieben sind – wichtig sind, wird derzeit an neuen NVRWM-Technologien intensiv geforscht [36, 66, 83]. Eine Möglichkeit einen nicht-flüchtigen Speicher mit einer kurzen Zugriffszeit zu erhalten, stellen so genannte NVRAMs dar (Non-Volatile RAM). Hierbei wird für jedes Bit eine SRAM-Zelle mit einer EEPROM-Zelle kombiniert. Die SRAM Zelle ist für den schnellen Zugriff verantwortlich und die EEPROM-Zelle für die permanente Datenspeicherung, woraus allerdings eine geringere Speicherdichte und damit höhere Preise resultieren. Bei ferroelektrischen RAMs (FeRAM), siehe [36, 66, 83], wird das Dielektrikum eines Kondensators durch Anlegen einer Spannung polarisiert. Die Polarisation bleibt erhalten, wenn der Kondensator wieder spannungslos geschaltet wird, so dass der Effekt zur Informationsspeicherung benutzt werden kann. FeRAMs benötigen im Vergleich zu EEPROMs wesentlich weniger Energie zur Programmierung und weisen eine erheblich höhere Endurance auf ($\approx 10^{12}$). Allerdings erfordert die Herstellung von ferroelektrischen Schichten die Integration von neuen Materialien in die Halbleiterprozesse, so dass diese Speicher derzeit noch nicht als Massenprodukt verfügbar sind. Magnetoresistive RAMs (MRAM) beruhen auf der remanenten Veränderung der Magnetisierung von magnetoresistiven Schichten durch Programmierströme [36, 66, 83]. Eine veränderte Magnetisierung führt beim Auslesen der Speicherzelle zu einem größeren oder kleineren elektrischen Widerstand. Es lassen sich hohe Speicherdichten erzielen und auch kurze Schreib-/Lesezeiten (≈ 10 ns) [36]. Aus ähnlichen Gründen wie bei den FeRAMs befinden sich auch die MRAMs derzeit noch in der Entwicklungsphase. Eine detaillierte Beschreibung der verschiedenen Speichertechnologien würde den Rahmen dieses Buches sprengen, für weitere Informationen sei beispielsweise auf [66] verwiesen. Im Folgenden soll der prinzipielle Aufbau von Matrixspeichern sowie die SRAM- und EPROM/EEPROM-Speicherzellen etwas näher betrachtet werden, da diese für PLDs und ASICs eine große Bedeutung besitzen.

3.5.2   Matrixspeicher-Architekturen

Die Architektur eines Matrixspeichers mit wahlfreiem Zugriff nach Abbildung 3.41 ist
für die meisten der im vorangegangenen Abschnitt angesprochenen Speichertypen ähnlich [36, 66, 83]. Spezielle Architekturen wurden insbesondere für DRAM-Speicher entwickelt, um die Zugriffszeiten zu verringern, beispielsweise SDRAM (synchrones DRAM)
oder RDRAM (Rambus DRAM) [36]. Im Folgenden soll nur die Standard-Architektur eines Matrixspeichers erläutert werden, welche sich hauptsächlich bei den in ASICs und
FPGAs verbreiteten SRAMs und EPROM/EEPROMs findet.

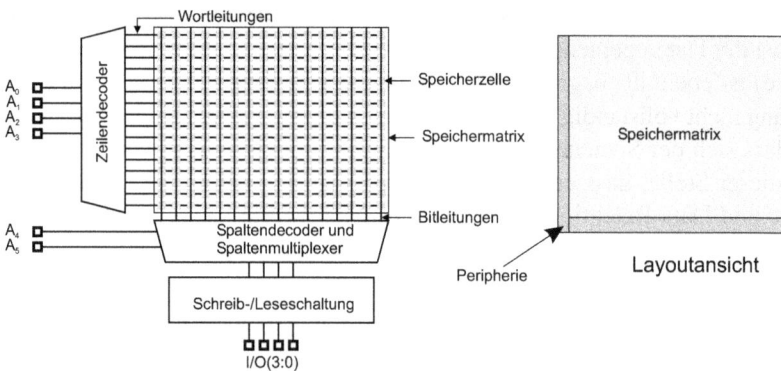

Abb. 3.41: *Matrixspeicher-Architektur: Beispielhaft gezeigt ist der Aufbau eines Speichers mit 64 Worten
und einer 4 Bit Wortbreite (= 256 Bit Speicherkapazität). Die Speichermatrix ist in 16 Zeilen (=Wort-
leitungen) und 16 Spalten (=Bitleitungen) organisiert. An jedem Kreuzungspunkt einer Wortleitung mit
einer Bitleitung befindet sich eine Speicherzelle. Der Zeilendecoder decodiert aus den unteren 4 Adressleitungen eine von 16 Wortleitungen und aktiviert diese. Damit können alle Speicherzellen an dieser
Wortleitung geschrieben oder gelesen werden. Der Spaltendecoder decodiert aus den oberen 2 Adressleitungen eine von 4 Vierergruppen von Bitleitungen und schaltet diese über den Spaltenmultiplexer auf
die Schreib-/Leseschaltung, so dass nur die hiermit ausgewählten 4 von 16 Speicherzellen tatsächlich
geschrieben oder gelesen werden können.*

Ein Speicher weist an seinen Ein- und Ausgängen (I/O) eine bestimmte *Wortbreite* von
w Bit auf, die von der Applikation abhängt und typischerweise eine 2er-Potenz ist. Ein
Wort wird in einem Speicher mit wahlfreiem Zugriff eindeutig über seine Adresse identi-
fiziert; bei einer Adressbreite von M können sich 2^M Worte im Speicher befinden. Somit
ergibt sich insgesamt eine Speicherkapazität von $K = 2^M \cdot w$ Bit. Aus den M Adressbits
muss daher eines von 2^M Wörtern ausgewählt (*decodiert*) werden. Die Speicherung erfolgt in den *Speicherzellen* (engl.: memory cell), die in einer regelmäßigen Anordnung
von Zeilen (engl.: row) und Spalten (engl.: column) – der so genannten *Speichermatrix*
(engl.: memory array) – im Chip angeordnet sind. Eine Speicherzelle kann normalerweise ein Bit speichern. Nehmen wir als Beispiel ein 1 Megabyte SRAM: Die Wortbreite
ist $w = 8$ Bit und es werden $M = 20$ Adressleitungen benötigt, woraus sich die Kapazität zu $K = 8 \cdot 2^{20}$ Bit = 8 Megabit = 1 Megabyte berechnet. Nehmen wir ferner an,
dass eine Speicherzelle quadratisch ist und eine Fläche von $A = W \cdot L = 1\,\mu m \cdot 1\,\mu m =$

1 μm^2 benötigt. Organisieren wir den Speicher nun so, dass die Anzahl der Spalten s gleich der Wortbreite ist ($s = w = 8$), so ergeben sich $2^{20} = 1.048.576$ Zeilen; ein Spaltendecoder/Spaltenmultiplexer wäre in diesem Fall nicht nötig (vgl. Abbildung 3.41). Die Speichermatrix ist daher 8 μm breit und $1.048.576$ $\mu m \approx 1$ m lang! Wir erhalten damit ein äußerst ungünstiges Längen/Weitenverhältnis (engl.: aspect ratio) von $1.048.576/8 = 131.072$ für den Speicher und die Länge des Speichers wäre deutlich größer als die derzeitig mögliche Wafergröße (≈ 30 cm). Die Fertigung eines sehr schmalen und sehr langen Siliziumstreifens ist aus einer Vielzahl von Gründen nicht sinnvoll; gefordert wird eine annähernd quadratische Form, das heißt ein Längen/Weitenverhältnis von ≈ 1. Daher ist man bestrebt, auch Speicherblöcke einer quadratischen Form anzunähern. Dies erreicht man, indem man eine gewisse Anzahl von Wörtern in *einer* Zeile anordnet. Der *Zeilendecoder* (engl.: row decoder) wählt eine Zeile aus und der Spaltendecoder (engl.: column decoder) wählt aus den 2^n Wörtern einer Zeile ein Wort aus. Die M Adressbits teilen sich also auf in z Bits für den Zeilendecoder und n Bits für den Spaltendecoder, so dass gilt: $M = z + n$. Somit erhält man 2^z Wortleitungen (=Zeilen) und $s = w \cdot 2^n$ Bitleitungen (=Spalten), die auf w I/O-Leitungen zu multiplexen sind; die Kapazität der Speichermatrix ist $K = w \cdot 2^z \cdot 2^n$ Bit $= w \cdot 2^{z+n}$ Bit $= w \cdot 2^M$ Bit. Im Beispiel aus Abbildung 3.41 ist $z = 4$, $n = 2$, $w = 4$ und somit $K = 4 \cdot 2^4 \cdot 2^2$ Bit $= 256$ Bit. Für den 1 Megabyte Speicher ($w = 8$) wäre beispielsweise folgende Aufteilung sinnvoll: $z = 12$ und $n = 8$. Damit erhielte man $2^{12} = 4096$ Zeilen und $8 \cdot 2^8 = 2048$ Spalten; die Speichermatrix wäre folglich 2048 $\mu m \approx 2$ mm breit und 4096 $\mu m \approx 4$ mm lang. Die Decoder, Multiplexer und Schreib-/Leseschaltungen werden als „Peripherieschaltungen" bezeichnet. Betrachtet man das Layout einer Speicherschaltung, so sind diese Schaltungen als dünne Streifen am Rand der Speichermatrix angeordnet, siehe Abbildung 3.41. Zu diesen Schaltungen gehört in der Regel auch eine Steuerlogik, die den zeitlichen Ablauf beim Schreiben und Lesen des Speichers realisiert, siehe z. B. [36].

Die Zeilen- und Spaltendecoder realisieren jeweils eine „1-aus-N"-Decoderfunktion; das bedeutet, dass von N Ausgängen für jede Belegung der Eingänge (Adressen) immer nur ein Ausgang auf $'1'$ gesetzt wird und alle anderen Ausgänge $'0'$ sind, siehe Tabelle 3.6 für einen 1-aus-4-Decoder. Für k Eingänge ergeben sich $N = 2^k$ Ausgänge. Aus dem Beispiel von Tabelle 3.6 ist erkennbar, dass dies für jeden Ausgang zu einer NOR-Funktion führt: $y0 = \overline{a0 \vee a1}$, $y1 = \overline{\overline{a0} \vee a1}$, $y2 = \overline{a0 \vee \overline{a1}}$ und $y3 = \overline{\overline{a0} \vee \overline{a1}}$. Somit wächst die Anzahl der Eingänge für die NOR-Gatter mit der Anzahl der Adress-Bits des Speichers und ist damit

Tabelle 3.6: 1-aus-4 Decoder

Adressen		Ausgänge			
a1	a0	y0	y1	y2	y3
'0'	'0'	'1'	'0'	'0'	'0'
'0'	'1'	'0'	'1'	'0'	'0'
'1'	'0'	'0'	'0'	'1'	'0'
'1'	'1'	'0'	'0'	'0'	'1'

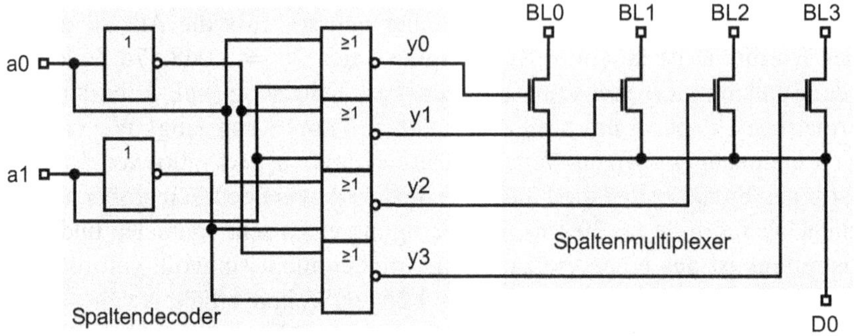

Abb. 3.42: *Spaltendecoder/Spaltenmultiplexer: Für jeden Datenausgang ist ein Spaltenmultiplexer notwendig (für Abbildung 3.41 wären dies 4 Stück), der mit Hilfe von Pass-Transistoren oder Transmission-Gates realisiert werden kann. Die Pass-Transistoren schalten durch, wenn der Spaltendecoder jeweils eine '1' anlegt. Alle benötigten Spaltenmultiplexer können vom gleichen Spaltendecoder angesteuert werden.*

für größere Speicher nicht effizient. Größere Decoder werden daher zumeist in dynamischen Schaltungstechniken mit Hilfe von Pass-Transistoren realisiert, siehe z. B. [36]. In Abbildung 3.42 ist gezeigt, wie ein 1-aus-4-Spaltendecoder zur Ansteuerung eines Spaltenmultiplexers für das Speicher-Beispiel in Abbildung 3.41 verwendet werden kann. Ein Zeilendecoder erfüllt die gleiche Funktion wie ein Spaltendecoder (1-aus-16 im Beispiel aus Abbildung 3.41), seine Ausgänge werden über Treiber auf die Wortleitungen der Speichermatrix geführt.

Neben den Verzögerungszeiten der Peripherieschaltungen bestimmt größtenteils die Länge der Bitleitungen die Zeit für das Lesen und Schreiben des Speichers. Beim Lesen müssen die Bitleitungen von den Speicherzellen getrieben werden; die zu treibende Lastkapazität ist in etwa proportional zur Länge der Bitleitungen. Die Speicherzellen sollen einerseits diese Kapazität möglichst schnell umladen und sollen andererseits für eine hohe Speicherdichte möglichst klein dimensioniert sein, was nach Abschnitt 3.2.4 widerstrebende Anforderungen sind. Eine Verringerung der Längen der Bitleitungen wird durch die annä-

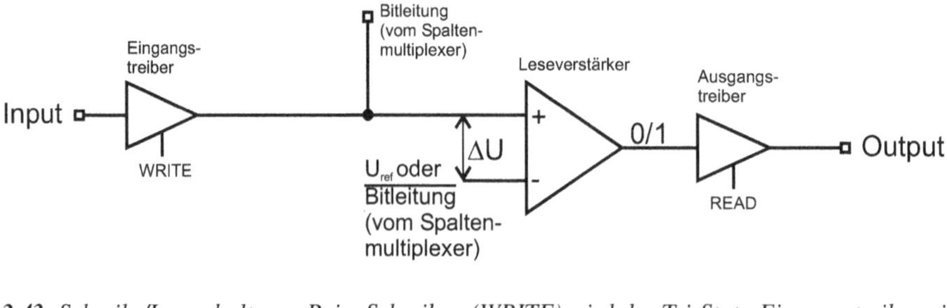

Abb. 3.43: *Schreib-/Leseschaltung: Beim Schreiben (WRITE) wird der Tri-State-Eingangstreiber niederohmig geschaltet und treibt das zu schreibende Datum auf die Bitleitung. Beim Lesen (READ) wird der Eingangstreiber hochohmig geschaltet, der Leseverstärker verstärkt das (Differenz)Signal auf der Bitleitung und führt das digitale Signal einem Tri-State-Ausgangstreiber zu.*

hernd quadratische Auslegung der Speichermatrix erzielt. Um den Auslesevorgang weiter zu beschleunigen, werden Leseverstärker (engl.: sense amplifier) genutzt [36], die ein differentielles Signal verstärken, siehe Abbildung 3.43. Verwendet werden hier analoge CMOS Differenzverstärker [89], die aus einer kleinen positiven oder negativen Spannungsdifferenz am Eingang ($\Delta U \approx \pm 100\,\text{mV}$) ein digitales Signal ($'1'$ oder $'0'$) am Ausgang erzeugen. Bei DRAMs finden auch Latches Verwendung, die im metastabilen Arbeitspunkt als Differenzverstärker betrieben werden [36]. Das Differenzsignal wird entweder von der Speicherzelle selbst erzeugt, wie beispielsweise beim SRAM (*Bitleitung* und $\overline{Bitleitung}$, siehe nächster Abschnitt), oder bei Speicherzellen, die kein Differenzsignal liefern, z. B. DRAM oder EEPROM, durch Vergleich mit einer Referenzspannung.

3.5.3 SRAM Speicherzellen

SRAM-Speicherzellen werden als bistabile Kippglieder nach Abbildung 3.44 realisiert. Die Transistoren $M2$, $M3$, $M5$ und $M6$ realisieren zwei kreuzgekoppelte Inverter und damit eine Latch-Funktion. Die 6-Transistorzelle nach Abbildung 3.44a zeichnet sich durch eine hohe Störsicherheit und niedrigen Stromverbrauch aus, benötigt allerdings viel Platz. Neben der größeren Zelle wird eine zweite Bitleitung notwendig und in der Folge auch ein zweiter Transistor im Spaltenmultiplexer, vgl. Abbildung 3.42. Ein Verzicht auf die invertierte Bitleitung führt zu einer 5-Transistorzelle, die bei verringertem Platzbedarf eine verringerte Störsicherheit aufweist und kein Differenzsignal liefert, vgl. auch Abbildung 3.43.

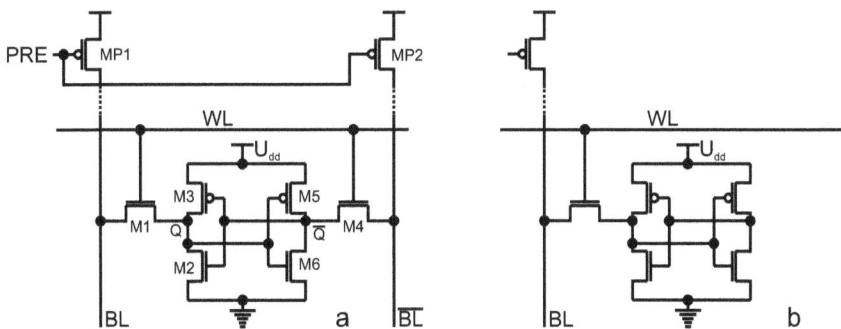

Abb. 3.44: *CMOS-SRAM-Zelle: Die eigentliche Speicherzelle besteht aus zwei kreuzgekoppelten Invertern und entspricht damit einer Latch-Schaltung, vgl. z. B. Abbildung 3.37. Die 6-Transistorzelle nach a) liefert auf der Bitleitung $\overline{BL}$ den zur Bitleitung BL invertierten Wert und damit ein Differenzsignal. Die 5-Transistorzelle nach b) treibt nur eine Bitleitung BL. In beiden Fällen erfolgt die Auswahl einer Speicherzelle über die Wortleitung WL, welche mit einer $'1'$ die Auswahl-NMOSFETs leitend schaltet; die NMOSFETs werden als Pass-Transistoren betrieben, siehe Abschnitt 3.3.2.*

Da die Zellgröße entscheidend ist für die Speicherdichte – und damit auch für die Chipgröße und den Preis des Speichers bei vorgegebener Speicherkapazität –, besteht ein wesentliches Ziel bei der Entwicklung eines Speichers in der Verringerung der Zellgröße. Die beiden PMOS-Transistoren $M3$ und $M5$ in Abbildung 3.44 können auch durch Widerstände als passive Last ersetzt werden, dann spricht man von einer 4-Transistor-Speicherzelle [36, 66, 83]. Diese Zelle ist um etwa $1/3$ kleiner als die 6-Transistorzelle in der gleichen Technologie, allerdings fließt nun im Ruhezustand ein Strom, welcher um einen Faktor 100–1000 größer ist als bei einer 6-Transistorzelle [36]. Aufgrund der hohen Störsicherheit und der niedrigen Ruhestromaufnahme wird zumeist die 6-Transistorzelle benutzt, wenn nicht höchste Speicherdichte im Vordergrund steht.

Eine Reduktion der Zellgröße kann auch erreicht werden, wenn die Transistoren mit der minimalen Weite und Länge dimensioniert werden. Allerdings darf das W/L-Verhältnis der Transistoren nicht zu klein gewählt werden, um noch einen zuverlässigen Betrieb mit einer akzeptablen Lese- und Schreibzeit sicherstellen zu können. Wie wir im obigen Beispiel des 1-Megabyte-Speichers gesehen haben, können einige hundert Zeilen und damit einige hundert Speicherzellen an einer Bitleitung angeschlossen sein. Eine Zelle muß nun die Bitleitungs-Kapazität – das sind die Drain-Kapazitäten der Auswahl-NMOSFETs und die Leitungskapazität – beim Auslesen treiben können. Weitere Randbedingungen ergeben sich durch die notwendigen Widerstandverhältnisse beim Lesen und Schreiben, wie in Beispiel 3.6 beschrieben.

Beispiel 3.6: *Auslesen einer CMOS-SRAM-Speicherzelle*

Die Speicherzelle in Abbildung 3.44a speichere eine $'0'$, das heißt das Netz $Q = '0'$ und Netz $\overline{Q} = '1'$. Damit leiten $M2$ und $M5$, $M3$ und $M6$ sperren. Vor dem Auslesen werden beide Bitleitungen BL und $\overline{BL}$ auf $U_{dd} = '1'$ durch die beiden Precharge-Transistoren $MP1$ und $MP2$ aufgeladen (Precharge), indem $PRE = '0'$ geschaltet wird. Am Ende der Precharge-Phase werden beide Precharge-Transistoren hochohmig geschaltet durch $PRE = '1'$. Während der Precharge-Phase wird schon die auszulesende Zeile mit der Wortleitung WL ausgewählt; die Precharge-Phase dient also auch dem Umschalten der Wortleitungen. Daher leiten während der Precharge-Phase für das Beispiel die Transistoren $MP1$, $M1$ und $M2$ sowie $MP2$, $M4$ und $M5$. Durch die Widerstandsverhältnisse der Transistoren und damit die Dimensionierung von $MP1$, $M1$ und $M2$ (Spannungsteiler zwischen U_{dd} und Gnd) muss während der Precharge-Phase sichergestellt werden, dass die Spannung an Netz Q nicht in den verbotenen Bereich gerät, siehe Abschnitt 3.2.3, so dass der Inverter umschalten könnte. Bei einer 6-Transistorzelle wird allerdings in diesem Fall das Netz $\overline{Q}$ sowohl durch $MP2$ und $M4$ als auch durch $M5$ auf U_{dd}-Potential gezogen, so dass die Speicherzelle insgesamt sicher gehalten wird. Für die 5-Transistorzelle entfällt dies, so dass die Auslegung der Transistoren hier kritischer und die Zelle insgesamt störanfälliger ist. Nach der Precharge-Phase beginnt das Auslesen: Die Bitleitung BL muss über die Transistoren $M1$ und $M2$ entladen werden, die Bitleitung $\overline{BL}$ wird nicht entladen. Sobald eine geringe Spannungsdifferenz $\Delta U = U_{BL} - U_{\overline{BL}} \approx 50 - 100$ mV erreicht ist, kann der Differenzverstärker hieraus einen gültigen Logikpegel generieren. Für das Auslesen einer $'1'$ kehren sich die Verhältnisse zwischen BL und $\overline{BL}$ gerade um. Die Dimensionierung der Auswahl- und Inverter-Transistoren bestimmt, zusammen mit der Auslegung des Differenzverstärkers, die Auslesegeschwindigkeit.

Der Ablauf für das Schreiben einer SRAM-Speicherzelle ist vergleichbar mit dem Ablauf beim Lesen, wie in Beispiel 3.6 erläutert. Nach dem Precharge muss der neue Wert über BL und $\overline{BL}$ in die Zelle eingeschrieben werden. Für das Schreiben müssen die Widerstandsverhältnisse der MOSFETs so sein, dass der Eingangstreiber in Abbildung 3.43 die Zelle umschalten kann. Aus den notwendigen Widerstandsverhältnissen für Precharge, Lesen und Schreiben lassen sich dann Randbedingungen für die Dimensionierung der MOSFETs ableiten [36].

3.5.4   EPROM Speicherzellen

Während die Architektur eines EPROM-Speichers im Wesentlichen wiederum der Abbildung 3.41 entspricht, sind die Speicherzellen wie in Abbildung 3.45 realisiert. Der Auswahl-Transistor aus Abbildung 3.44 wird mit einem so genannten „Floating-Gate Transistor" (FG-Transistor) ersetzt, das Latch entfällt vollständig und wird durch den Gnd-Anschluss ersetzt. Die Schwellspannung des FG-Transistors ist durch einen quantenmechanischen Effekt veränderbar und kann auf zwei Werte U_{th2} und U_{th1} durch „Programmieren" und „Löschen" eingestellt werden.

Beim EPROM wird in der Regel ein so genannter FAMOS-Transistor (Floating-gate Avalanche-injection MOS) verwendet. Für die in Abbildung 3.46 gezeigte Programmierung wird zwischen Gate und Source/Substrat sowie zwischen Drain und Source/Substrat jeweils eine hohe Spannung angelegt. Dies führt zu einer sehr hohen Feldstärke zwischen Drain und Source bzw. Drain und Substrat ($E > 10^5$ V/cm). Hierdurch werden die Elektronen im Kanal beschleunigt und erreichen eine hohe Energie, die deutlich höher ist als die Energie aufgrund der Temperatur. Daher werden die Elektronen in diesem Zustand als „heiße" Elektronen (engl.: hot electrons) bezeichnet. Zusätzlich kommt es bei der Drain/Substrat-Diode - ebenfalls aufgrund der hohen Feldstärke und damit der hohen Energie der Elektronen - zu einem so genannten „Lawinendurchbruch" (engl.: avalanche break-

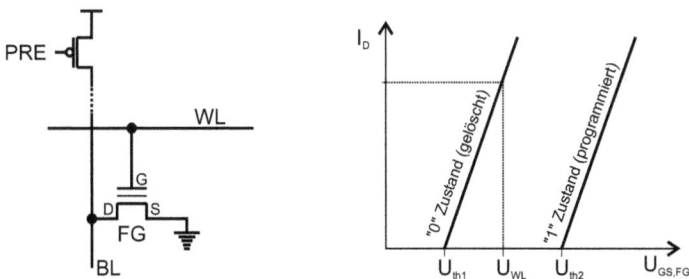

Abb. 3.45: *EPROM-Zelle: Bei dem Transistor FG handelt es sich um einen „Floating-Gate Transistor". Ist die Wortleitung ausgewählt, so liegt die Spannung $U_{GS} = U_{WL}$ am Gate des Transistors an, anderenfalls ist $U_{GS} = 0$ V. Ist der Transistor „gelöscht", so ist seine Schwellspannung $U_{th1} < U_{WL}$ und der Transistor leitet. Damit wird die Bitleitung nach dem Precharge entladen und der Leseverstärker erkennt eine '0'. Ist der Transistor „programmiert", so ist seine Schwellspannung $U_{th2} > U_{WL}$ und der Transistor sperrt. Nach dem Precharge wird die Bitleitung daher nicht entladen und der Leseverstärker erkennt eine '1'.*

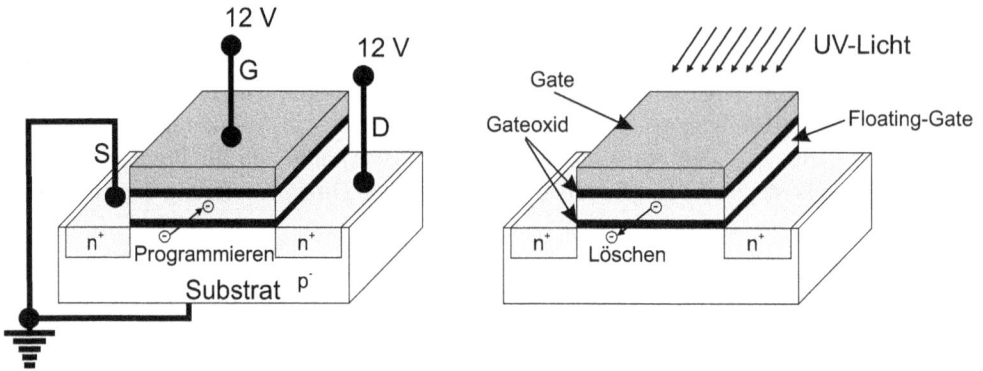

Abb. 3.46: *FAMOS-Transistor: Während das Gate angeschlossen wird, besitzt das Floating-Gate keinen äußeren Anschluss, sein Potential ist nur durch die aufgebrachte Ladung bestimmt. Man sagt daher, dass es „schwimmt" (engl.: to float). Durch den Programmiervorgang gelangen Elektronen auf das Floating-Gate, diese negative Ladung muss durch eine höhere (positive) Gatespannung kompensiert werden und somit erhöht sich in der Summe die Schwellspannung des FAMOS-Transistors. Durch Bestrahlung mit UV-Licht wird das Floating-Gate wieder entladen.*

down), d. h. einer lawinenartigen Vermehrung der freien Ladungsträger durch Stoßionisation, und damit einem starken Anwachsen des Sperrstroms [66]. Aufgrund der anliegenden Gatespannung und des hohen Drainstroms mit heißen Elektronen gelingt es einigen Elektronen die Potentialbarriere (isolierendes Oxid) zwischen dem Kanal und dem Floating-Gate zu überwinden, dies wird als „Avalanche Injection" oder „Hot-Electron-Injection" bezeichnet. Es handelt sich dabei um einen „selbst-limitierenden" Vorgang: Das Aufladen des Floating-Gates mit Elektronen verringert die wirksame Gate-Source-Spannung und es können ab einer gewissen Ladungsmenge keine weiteren Elektronen aufgebracht werden.

Der quantenmechanische Effekt der Überwindung der Oxid-Barriere durch „Hot-Electron-Injection" erfordert eine Gateoxiddicke zwischen Kanal und Floating-Gate von $t_{ox} <$ 100 nm. Das Gateoxid kann damit deutlich dicker sein als bei EEPROM-Zellen und somit ist die Herstellung von EPROM-Speichern einfacher und kostengünstiger zu realisieren. Im Vergleich zu EEPROM kann die Zelle auch schneller programmiert werden (einige Mikrosekunden). Die Schwellspannung erhöht sich dabei auf einen Wert von $U_{th2} \approx 7$ V, so dass der Transistor bei normaler Gatespannung von $U_{GS} = U_{WL} = 5$ V nicht durchschalten kann. Vor jeder neuen Programmierung müssen die Speicherzellen gelöscht werden. Dies erfolgt durch die Bestrahlung des Speichers mit UV-Licht mit einer Wellenlänge von 253,7 nm, wobei alle Anschlüsse auf *Gnd*-Potential (Masse) gelegt werden. Die Photonen werden durch den photoelektrischen Effekt von den Elektronen im Polysilizium-Material des Floating-Gates absorbiert; die Elektronen können die Potentialbarriere aufgrund der durch die Photonen gewonnenen Energie wiederum überwinden, so dass das Floating-Gate entladen wird [66]. Diese Löschmethode hat allerdings den großen Nachteil, dass sie lange dauert (c.a. 20 min) und dass das IC in ein spezielles Löschgerät eingebracht werden muss. Des Weiteren ist ein (teueres) keramisches Gehäuse mit einer Fensteröffnung notwendig. Die UV-Löschung führt auch nicht zu einem vollständigen Entfernen der

Elektronen, so dass sich nach einigen hundert Programmier/Löschzyklen (Endurance) die Schwellspannungen im gelöschten und programmierten Zustand nicht mehr signifikant unterscheiden und damit ein Betrieb der Zelle nicht mehr möglich ist. Ein zusätzlicher Nachteil von EPROMs stellt auch die hohe Stromaufnahme ($\approx 0{,}5$ mA pro Zelle) während der Programmierung dar. Von Vorteil ist allerdings der einfache Aufbau einer Zelle und damit die hohe Speicherdichte, die vergleichbar mit der Speicherdichte bei DRAMs ist. In den letzten Jahren wurden die EPROMs allerdings durch die so genannten „Flash EEPROMs" verdrängt, die elektrisch gelöscht werden können.

3.5.5 EEPROM Speicherzellen

Der wesentliche Nachteil des EPROM-Speichers besteht darin, dass das IC aus dem System entfernt werden und in ein Löschgerät eingebracht werden muss. Daher wurden EEPROM-Speicher entwickelt, die ein elektrisches Löschen ermöglichen, so dass das IC für den Löschvorgang im System verbleiben kann (ISP: In-System Programming). Im Gegensatz zur „Hot-Electron-Injection" wird ein anderer quantenmechanischer Vorgang zur Programmierung *und* Löschung verwendet: Der so genannte „Fowler-Nordheim-Tunneleffekt", bei dem Elektronen, die eine niedrige Energie besitzen („kalte Elektronen"), bei einer hohen Feldstärke eine sehr dünne ($t_{ox} < 10$ nm) Oxidschicht überwinden („tunneln"). Im Gegensatz zur EPROM-Zelle beträgt die Stromaufnahme während des Programmierens/Löschens nur wenige Nanoampere, allerdings ergeben sich längere Programmier/Löschzeiten von einigen Millisekunden pro Wort. Neben anderen EEPROM-Technologien [66, 83], beruhen die meisten EEPROMs auf dem so genannten FLOTOX-Transistor [83] (FLOating-gate Tunneling OXide) nach Abbildung 3.47b.

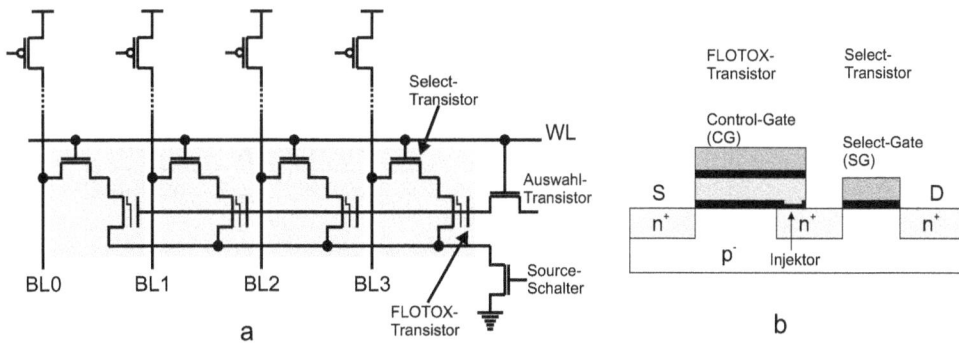

Abb. 3.47: EEPROM-Zelle (nach [83]): Eine EEPROM-Zelle besteht wie in Teil b) gezeigt aus dem eigentlichen FLOTOX-Transistor und einem Select-Transistor. Der FLOTOX-Transistor weist an der Überlappung zwischen der Drain und dem Floating-Gate das dünne Tunneloxid auf, dies wird als Injektor bezeichnet. Die Verschaltung der Zellen in einer Speichermatrix ist in Teil a) gezeigt: Die Gate-Anschlüsse der FLOTOX-Transistoren eines Wortes sind über einen gemeinsamen Auswahltransistor verbunden. Die Source-Anschlüsse werden über einen gemeinsamen Source-Schalter verbunden.Die Source des Auswahltransistors wird vom Spaltendecoder angesteuert.

In Abbildung 3.48 ist das Löschen und Programmieren einer EEPROM-Zelle gezeigt. Für das wortweise (in Abbildung 3.47 4 Bit pro Wort, in der Regel 1 Byte) Löschen der EEPROM-Zellen erfolgt die Auswahl eines Wortes über die Wortleitung und einen Auswahltransistor, da in einer Zeile typischerweise mehrere Worte sind. Vor der Programmierung müssen die Speicherzellen eines Wortes nach Abbildung 3.48 gelöscht werden: Die Schwellspannung wird durch das Löschen so weit erhöht, dass der FLOTOX-Transistor beim Auslesen von der Wortleitung nicht mehr durchgeschaltet werden kann, so dass die Bitleitung nicht entladen werden kann (logische '1'). Nach dem Löschen liefern die Speicherzellen beim Auslesen daher eine '1'. Die in Abbildung 3.48 gezeigten Spannungen werden über die Wortleitung, Bitleitung und den Auswahltransistor sowie den Source-Schalter geliefert, siehe Abbildung 3.47. Diese Spannungen sind höher als die Versorgungsspannung des ICs und werden auf dem Chip durch so genannte „Ladungspumpen" erzeugt. Beim Programmieren wird das Control-Gate auf 0 V gelegt: Wird nun auf die Bitleitung 14 V aufgeschaltet, so wird das Floating-Gate entladen. Der FLOTOX-Transistor wird beim späteren Auslesen aufgrund der tieferen Schwellspannung die Bitleitung entladen (logische '0'). Wird beim Programmieren 0 V auf die Bitleitung aufgeschaltet, so wird das Floating-Gate *nicht* entladen, so dass die Zelle beim späteren Auslesen eine '1' liefern wird. Wird die Zelle auf '0' programmiert, so entsteht eine Schwellspannung $U_{th1} \leq 0$ V, so dass der Transistor selbstleitend ist. Ohne zusätzlichen (selbstsperrenden) Select-Transistor würde die EEPROM-Zelle, auch wenn sie nicht ausgewählt ist ($WL = 0$ V), die Bitleitung entladen. Die Source des FLOTOX-Transistors wird beim Programmieren abgetrennt, damit keine Source-Drain-Ströme fließen.

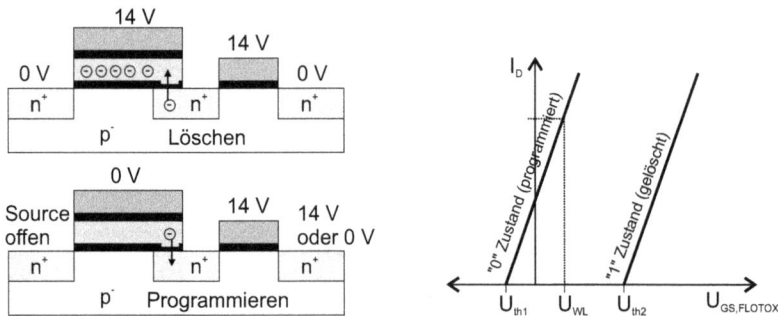

Abb. 3.48: *Programmieren/Löschen einer EEPROM-Zelle (nach [83]): Durch die hohe Spannung zwischen Gate und Drain des FLOTOX-Transistors wird das Floating-Gate beim Löschen durch einen Tunnelstrom aufgeladen; die Schwellspannung wird erhöht (U_{th2}). Beim Programmieren wird das Floating-Gate durch einen Tunnelstrom über die Bitleitung entladen, wenn eine '0' programmiert werden soll ($U_{th1} < 0$), oder nicht entladen, wenn eine '1' programmiert werden soll (U_{th2}).*

Durch die 2-Transistorzelle und die zusätzlichen Auswahltransistoren für das wortweise Löschen resultiert im Vergleich zu EPROM-Speichern eine deutlich geringere Speicherdichte bei EEPROM-Speichern. Die Endurance ist im Vergleich zu EPROM-Speichern allerdings auch höher, typischerweise $\approx 10^5$ Lösch/Programmierzyklen. Obwohl der Datenerhalt (data retention) 10 Jahre und mehr betragen kann, ergibt sich bei „Floating-

Gate-Transistoren" das Problem, dass die Ladung – wie bei der Löschung von EPROMs durch Licht – durch Strahlung oder energiereiche Partikel abfließen kann. Dies stellt insbesondere ein Problem beim Einsatz in großen Höhen oder im Weltraum dar [66]. Neben den „Floating-Gate"-Transistoren gibt es auch EPROM- und EEPROM-Technologien [66], welche die Elektronen statt dessen in einer unter dem Gate angeordneten Siliziumnitrid-Schicht (Si_3N_4) speichern (MNOS: Metal-Nitride-Oxide-Semiconductor, SONOS: Silicion-Oxide-Nitride-Oxide-Semiconductor). Diese Technologien zeigen zum Teil auch eine geringere Anfälligkeit gegen Strahlungseffekte. Für militärische Anwendungen und die Raumfahrttechnik werden daher zumeist spezielle „strahlungsharte" EEPROM-Speicher (engl.: radiation hardened) benutzt, die allerdings auch sehr teuer sind.

3.5.6   Flash Speicherzellen

Die jüngste Entwicklung im Bereich der (E)EPROM-Speicher stellen die 1984 eingeführten so genannten „Flash"-Speicher dar. Flash-Zellen vereinigen einige Vorteile von EPROMs und EEPROMs: Kleine Zellflächen durch 1-Transistorzellen, elektrisch löschbar und kurze Programmierzeiten, bei Verwendung von „Hot-Electron-Injection" für die Programmierung. Flash-Zellen gleichen den EPROM-Zellen, allerdings mit einem erheblich dünneren Oxid zwischen „Floating-Gate" und Source ($t_{ox} \approx 10 - 20$ nm); sie werden wie EEPROMs elektrisch gelöscht, zumeist ebenfalls durch Verwendung des „Fowler-Nordheim-Tunneleffekts". Flash-Zellen die durch „Hot-Electron-Injection" programmiert werden und mit dem „Fowler-Nordheim-Tunneleffekt" gelöscht werden, werden auch als „Flash-EPROM" bezeichnet; im Gegensatz zu den „Flash-EEPROMs", die auch für das Programmieren den langsameren „Fowler-Nordheim-Tunneleffekt" benutzen. Die Bezeichnungen sind allerdings nicht immer einheitlich. Flash-Zellen können nicht wortweise gelöscht werden, sondern nur in größeren Blöcken (engl.: block erase) oder komplett (engl.: chip erase); hierdurch entfallen die beim EEPROM notwendigen Auswahltransistoren. Der Name „Flash" leitet sich aus der blockweisen, schnellen Löschbarkeit ab. Die bekannteste Technologie ist die von Intel entwickelte und in Abbildung 3.49 gezeigte ETOX-Zelle (EPROM Tunnel Oxide). Diese wird mit dem „Fowler-Nordheim-Tunneleffekt" gelöscht und mit „Hot-Electron-Injection" programmiert.

Die ETOX-Zelle weist eine ähnliche Charakteristik wie die EPROM-Zelle im Hinblick auf die Schwellspannungen auf, mit dem Unterschied dass die Logikpolaritäten durch den Leseverstärker vertauscht werden. Im gelöschten Zustand ist die Schwellspannung niedrig, das heißt beim Auslesen entlädt die Zelle die Bitleitung. Der hierdurch fließende Strom wird vom Leseverstärker beim Flash-EEPROM als logische $'1'$ verstärkt; eine gelöschte Zelle liefert also eine $'1'$ wie im Falle des EEPROMs. Im programmierten Zustand ist die Schwellspannung hoch, so dass beim Auslesen die Bitleitung nicht entladen wird. Da kein Strom fließt, wird dies vom Leseverstärker als $'0'$ verstärkt. Da die ETOX-Zelle, wie die EPROM-Zelle, im Vergleich zur EEPROM-Zelle keinen zweiten Select-Transistor besitzt, ist das Löschen insofern kritisch als die Schwellspannung nicht so weit verringert werden darf ($U_{th1} \leq 0$ V), dass der ETOX-Transistor selbstleitend wird, wenn die Wortleitung nicht ausgewählt ist ($U_{WL} = 0$ V). Dies wird durch eine entsprechende (komplexe) Ablauf-

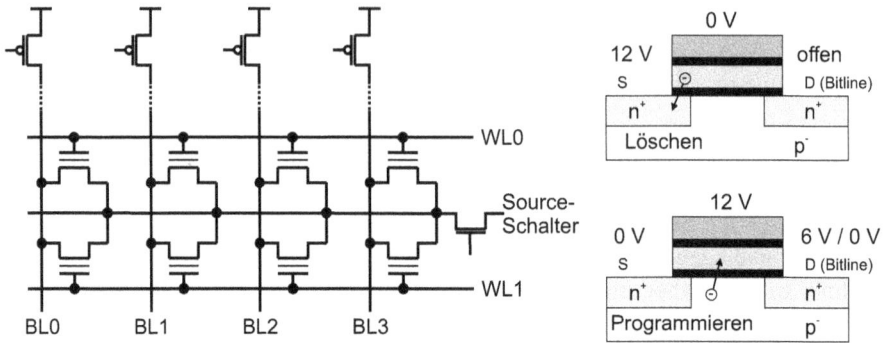

Abb. 3.49: *Flash-EPROM (nach [36]): Beim Löschen werden alle Sourcen der ETOX-Zellen auf 12 V gelegt, während alle Wortleitungen auf 0 V gelegt werden. Somit können alle Zellen durch Entladen der Floating-Gates auf einmal gelöscht (entladen) werden. Beim Programmieren wird nur eine Wortleitung ausgewählt (12 V), über die Spaltendecoder werden die Bitleitungen eines Wortes auf den zu programmierenden Wert gelegt. Bei Bitleitung = 6 V wird das Floating-Gate durch „Hot-Electron-Injection" aufgeladen, bei Bitleitung = 0 V bleibt das Floating-Gate gelöscht (entladen).*

steuerung auf dem Chip erreicht, die die Zellen schrittweise löscht bei gleichzeitiger Überwachung der Schwellspannungen, siehe auch [36, 83]. Die Zeiten für das Löschen liegen im Bereich von 100 ms − 1 s. Die Programmierzeiten sind ähnlich kurz wie bei EPROM-Zellen, im Bereich von einigen Mikrosekunden. Ebenso ergeben sich ähnliche Speicherdichten wie bei EPROMs. Die Endurance ist vergleichbar mit EEPROMs von $\approx 10^5 - 10^6$ Lösch/Programmierzyklen, ebenso die Data Retention, die bei c.a. 10 Jahren liegt.

Bei den bisher besprochenen (E)EPROM-Strukturen handelt es sich um so genannte „NOR-Architekturen", da alle Speicherzellen parallel an die Bitleitung angeschlossen sind. Eine platzsparendere Lösung ist die Verwendung von so genannten „NAND-Architekturen", wie am Beispiel eines NAND-Flash-Speichers in Abbildung 3.50 gezeigt. Bei einem NAND-Flash-Speicher werden typischerweise 8 oder 16 Speicherzellen in *Serie* geschaltet (in Abbildung 3.50 sind nur 2 Speicherzellen gezeigt). Durch die serielle Anordnung entfallen die notwendigen Kontakte zu den Bitleitungen, so dass die Zelle selbst um etwa 40% kleiner wird als eine NOR-Zelle und sich insgesamt eine höhere Speicherdichte und damit geringere Kosten als bei NOR-Flash-Speichern ergeben. Die Zeit für das Auslesen der Zelle ist beim NAND-Speicher allerdings durch die Serientransistoren größer als beim NOR-Speicher. Hier gilt es einen Kompromiss zwischen Speicherdichte und Auslesezeit durch die Anzahl der in Serie geschalteten Transistoren zu finden.

Um den Löschvorgang zu vereinfachen − und damit zu beschleunigen −, wird bei NAND-Flash-Speichern in der Regel ein Select-Transistor pro NAND-Block vorgesehen, wie in Abbildung 3.50 gezeigt. Damit können alle Speicherzellen, im Gegensatz zur NOR-Architektur, so weit gelöscht werden, dass die Transistoren selbstleitend werden. Vor dem Programmieren müssen die Flash-Zellen gelöscht werden (Erase): Hierzu werden alle Wortleitungen auf 0 V gelegt, die Bitleitungen werden über die Select-Transistoren abgeschal-

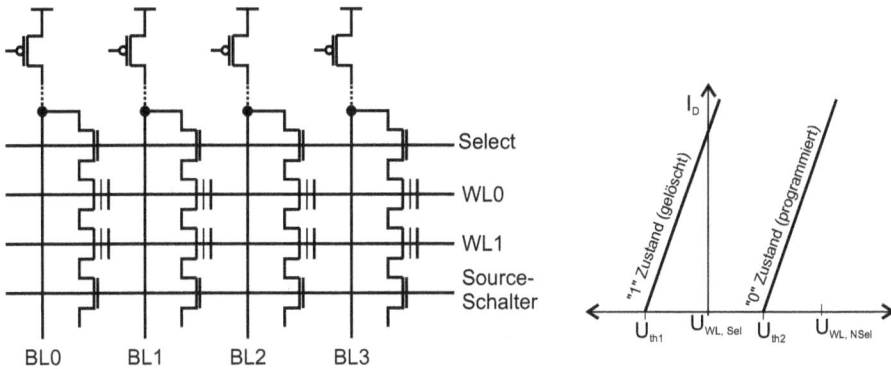

Abb. 3.50: *NAND-Flash-EEPROM [81]: Mehrere Speicherzellen (hier: 2) werden zu einem NAND-Block zusammengefasst. An jeder Bitleitung sind wiederum mehrere NAND-Blöcke parallel angeschlossen. Ein Block wird für Löschen (Erase), Programmieren (Program/Write) und Lesen (Read) über einen Select-Transistor und einen Source-Schalter aktiviert.*

tet. Die *Substrat-Anschlüsse* der Transistoren sowie die Source-Schalter werden auf 20 V gelegt. Durch den „Fowler-Nordheim-Tunneleffekt" werden die „Floating-Gates" entladen, die Schwellspannung wird negativ. Für die Programmierung (Program) werden die Substrate und die Source-Schalter auf *Gnd*-Potential gelegt. Die Wortleitungen aller Transistoren, die *nicht* programmiert werden sollen, werden auf 10 V gelegt; damit bieten sie einen niederohmigen Pfad zum zu programmierenden Transistor, können aber selbst nicht programmiert werden, da die Gatespannung zu gering ist. Die Wortleitung des zu programmierenden Transistors wird auf 20 V gelegt. Wird die Bitleitung auf 0 V gelegt, so wird das „Floating-Gate" des Transistors durch den Tunnelstrom („Fowler-Nordheim") aufgeladen und die Schwellspannung erhöht sich auf einen positiven Wert; der Transistor ist programmiert. Wird die Bitleitung auf 10 V gelegt, so reicht die Spannungsdifferenz nicht aus, um einen Tunnelstrom zu erzeugen, die Zelle bleibt gelöscht.

Zum Auslesen (Read) einer Zelle müssen alle Wortleitungen der Speicherzellen, die *nicht* ausgelesen werden sollen, auf eine Spannung gelegt werden, die oberhalb der Schwellspannung des gelöschten Transistors ($U_{WL,NSel} > U_{th2}$ in Abbildung 3.50) liegt, so dass alle Transistoren leiten. Der Source-Schalter wird auf *Gnd*-Potential gelegt. Die Wortleitung

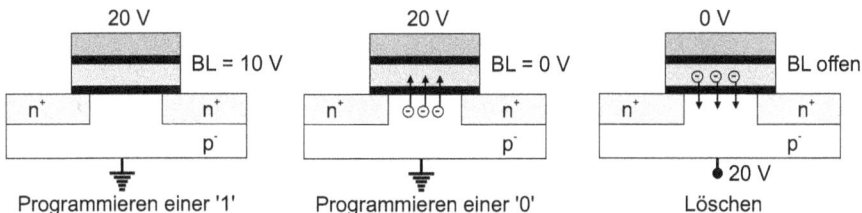

Abb. 3.51: *Löschen/Programmieren eines NAND-Flash (nach [81])*

der zu lesenden Zelle wird auf $U_{WL,Sel} = 0$ V gelegt: Ist die Zelle auf $'0'$ programmiert, so schaltet sie nicht durch ($U_{WL,Sel} < U_{th2}$) und die Bitleitung wird nicht entladen, da keine Verbindung zu *Gnd* existiert. Es fließt kein Strom auf der Bitleitung, dies wird vom Leseverstärker in eine $'0'$ verstärkt. Ist die Zelle gelöscht ($'1'$), so ist sie selbstleitend für $U_{WL,Sel} = 0$ V $> U_{th1}$ und es existiert eine leitende Verbindung zu *Gnd*. Damit wird die Bitleitung entladen, der fließende Strom wird vom Leseverstärker in eine $'1'$ verstärkt. Die notwendigen Spannungen werden auf dem Chip durch „Ladungspumpen" erzeugt. Von Vorteil sind hier Flash EEPROMs, die nur den „Fowler-Nordheim-Tunneleffekt" benutzen, da nur ein geringer Strom benötigt wird. Die Erzeugung von hohen Strömen für die „Hot-Electron-Injection" ist mit Ladungspumpen deutlich schwieriger.

Typischerweise werden NAND-Flash-Speicher benutzt, siehe Beispiel 3.7, um „Silizium-Festplatten" (auch als „Silicon Disk" bezeichnet) als Massenspeicher (z. B. CompactFlash/CF-Karten) für mobile Geräte, wie beispielsweise PDAs (Personal Digital Assistant), Digitalkameras oder „Audio Player" zu realisieren. Sie haben daher mittlerweile eine hohe wirtschaftliche Bedeutung erlangt. Hier stehen die hohe Speicherdichte und damit die Kosten pro Byte im Vordergrund; die etwas langsameren Lesezeiten gegenüber NOR-Flash sind eher weniger problematisch. NOR-Flash-Speicher werden beispielsweise häufig zur Implementierung des Programmspeichers in Mikrocontrollern eingesetzt. Hier stehen schnelle Lesezeiten im Vordergrund. Während in diesem Abschnitt nur die wichtigsten Technologien erläutert werden konnten, existieren eine ganze Reihe von weiteren, firmenspezifischen Lösungen, die versuchen wichtige Kenngrößen, wie Speicherdichte, Lesezeiten oder die Stromaufnahme, zu verbessern. So gibt es beispielsweise Flash-Technologien, die 4 unterschiedliche Schwellspannungen in einer Zelle implementieren und damit 2 Bit speichern können – wodurch sich die Speicherkapazität verdoppelt (z. B. Intel StrataFlash [35]).

Beispiel 3.7: *Organisation eines NAND-Flash-Speichers ([82])*

Als Beispiel sollen hier die Organisation und einige Kennwerte eines 2 GBit CMOS NAND Flash E^2PROM von Toshiba [82] erläutert werden, welches als „Silicon Disk" verwendet werden kann. Der Flash-Speicher weist eine Wort-Breite von 8 Bit $=$ 1 Byte auf. Eine so genannte „Seite" (engl.: page) besteht aus $2.048 + 64$ Byte $= 2.112$ Byte. Die 64 Byte können für Fehlerkorrekturmaßnahmen verwendet werden, so dass eine Seite 2.048 Byte Nutzdaten enthält. 64 Seiten ergeben einen Block, ingesamt sind 2.048 Blöcke vorhanden, so dass sich eine Speicherkapazität von $K = 2.112 \cdot 8 \cdot 64 \cdot 2.048 = 2$ GBit berechnet. Mit diesem Speicher könnte man z. B. eine 256 MByte CF-Karte realisieren. Über einen 8 Bit breiten Bus kann der Speicher an einen Mikroprozessor angeschlossen werden. Der Inhalt einer Seite kann zunächst in einen 2.112 Byte großen SRAM-Zwischenspeicher geschrieben werden. Durch Angabe der Seitenadresse und eines entsprechenden Kommandos über den Bus kann der Flash-Speicher veranlasst werden, die Seite anschließend selbstständig zu programmieren (Auto Page Program). Der Zwischenspeicher dient auch dazu, eine Seite der Speichermatrix beim Lesen (Read) zwischenzuspeichern. Gelöscht (Erase) werden kann immer nur ein kompletter Block ($2.112 \cdot 64$ Byte $= 132$ KByte). Das Auslesen einer kompletten Seite aus der Speichermatrix in den Zwischenspeicher benötigt 25 μs. Das Löschen eines Blocks dauert 4 ms und das Programmieren einer Seite benötigt 700 μs. Die Stromaufnahme beträgt im Betrieb (Löschen, Programmieren, Lesen) etwa 30 mA, die Versorgungsspannung beträgt 3 V, alle benötigten Programmierspannungen werden daher auf dem Chip erzeugt.

3.6   Programmierungstechnologien von MOS-PLDs

Wie in Abschnitt 3.1 schon erwähnt, werden PLDs auch als *anwenderprogrammierbare ASICs* bezeichnet. Im Gegensatz zu maskenprogrammierten ASICs kann der Anwender ein PLD einmalig oder mehrfach selbst programmieren (reprogrammierbar oder rekonfigurierbar). Während bei einem maskenprogrammierten ASIC die Verbindungsleitungen (engl.: routing wire) zwischen Logikzellen nicht verändert werden können, bestehen diese Verbindungen bei PLDs aus Leitungssegmenten *und* programmierbaren Schaltern (engl.: programmable switch, routing switch), die die vom Anwender gewünschte Verbindung zwischen Logikzellen schalten. Die programmierbaren Schalter bestimmen im Wesentlichen den zusätzlichen Hardwareaufwand und die erhöhten Verzögerungszeiten für ein PLD, im Vergleich zu einem maskenprogrammierten ASIC [90, 55, 56]. Neben den noch zu besprechenden Unterschieden in der Architektur können die PLDs daher auch nach den verwendeten Programmiertechnologien unterschieden werden. Seit Anbeginn der PLD-Entwicklungen in den sechziger Jahren des letzten Jahrhunderts wurden für die Implementierung der Programmierbarkeit Speichertechnologien verwendet. Grundsätzlich kann man die Programmierungstechnologien unterscheiden in reversible Technologien, die ein mehrfaches Programmieren erlauben, und irreversible Technologien, die nur ein einmaliges Programmieren erlauben. Die derzeit sich am Markt befindlichen PLDs beruhen im Wesentlichen auf den folgenden Speichertechnologien (siehe z. B. [93, 88, 67, 69, 83, 70, 96]): SRAM, EPROM, EEPROM, Flash und Antifuses. Entsprechend der verwendeten Speichertechnologie unterscheiden sich die PLDs im Hinblick auf Datenerhalt (data retention) und Reprogrammierbarkeit (endurance): SRAM-PLDs sind flüchtig und beliebig oft reprogrammierbar (reversibel), EPROM-, EEPROM- und Flash-PLDs sind nicht-flüchtig und mit begrenzter Reprogrammierbarkeit (reversibel, siehe Endurance in Abschnitt 3.5), Antifuse-PLDs sind nicht-flüchtig und nur einmal programmierbar (irreversibel). Neben weiteren Gesichtspunkten wie Stückkosten, Anzahl der Logikgatter, Größe des eingebetteten Speichers und dergleichen, spielt daher die verwendete Speicher- bzw. Programmierungstechnologie eine entscheidende Rolle bei der Auswahl eines PLDs. Wie bei den Matrixspeichern handelt es sich heute auch bei den PLD-Technologien in aller Regel um CMOS-Technologien.

3.6.1   Programmierung mit SRAM-Zellen

Die SRAM-Technologie wird hauptsächlich für FPGAs verwendet, z. B. von Altera oder Xilinx, deren Aufbau in Abschnitt 3.8 genauer erläutert wird. Wie im Abschnitt 3.5 ge-

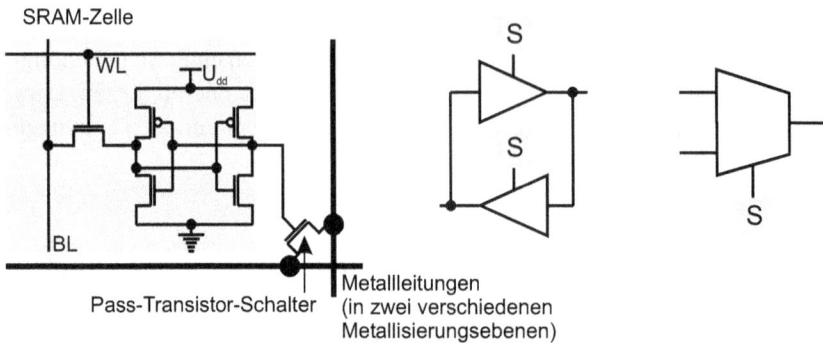

Abb. 3.52: *SRAM-programmierbare Schalter und Multiplexer: Zumeist wird mit der SRAM-Speicherzelle (5T-Zelle, z. B. von Xilinx benutzt [93, 88]) ein Pass-Transistor angesteuert, welcher zwei Metallleitungen verbindet. Ein Chip weist in der Regel mehrere übereinanderliegende Metallisierungsebenen auf. Statt eines passiven Pass-Transistors kann auch zur Signalregenerierung eine aufwändigere Lösung mit zwei Tri-State-Treibern verwendet werden [90]. Des Öfteren werden auch Multiplexer/Demultiplexer an den Ein- und Ausgängen von Logikblöcken verwendet, deren Auswahleingang von SRAM-Zellen angesteuert wird, siehe auch [90, 69].*

sehen, stellt SRAM die aufwändigste Speichertechnologie im Hinblick auf die Anzahl der Transistoren dar. Aufgrund der Vielzahl von benötigten Schaltern wird die in Abbildung 3.52 gezeigte Verbindung von Metallleitungen über Pass-Transistor-Schalter häufig benutzt, da sie platzsparend ist.

Eine SRAM-Speicherzelle mit angeschlossenem Pass-Transistor wird beispielsweise von Xilinx als PIP (Programmable Interconnect Point) bezeichnet [93, 67, 69, 70]. Wir haben in Abschnitt 3.3.2 die Problematik von Pass-Transistoren diskutiert: Der '1'-Pegel wird nicht vollständig erreicht, daher wären Transmission-Gates besser; diese führen jedoch zu einer Verdopplung des Transistoraufwands. Neben der Erhöhung des Widerstands ergibt sich bei Pass-Transistoren ein weiteres Problem: Da der '1'-Pegel nicht vollständig erreicht wird, können Gatter, deren Eingänge an die Leitungen angeschlossen sind, einen erhöhten Ruhestrom aufweisen, da deren PMOSFETs unter Umständen nicht ausgeschaltet werden. Dies kann zu einer inakzeptabel hohen statischen Leistungsaufnahme der Schaltung von einigen Watt führen [90]. Zur Lösung des Problems wird zumeist die Steuerspannung am Gate der Pass-Transistoren erhöht („gate boosting", z. B. von Xilinx in ihren FPGAs benutzt [90]). Der Widerstand eines PIPs liegt im Bereich von 600 Ω bis 1 kΩ [88]. Des Weiteren werden bei sehr langen Leitungen auch Tri-State-Treiber oder Buffer als aktive, aber auch aufwändigere Lösung eingesetzt, so dass in FPGAs typischerweise eine Mischung von Pass-Transistoren und Tri-State-Treibern/Buffern für das Verbinden der Leitungen verwendet wird und Multiplexer/Demultiplexer für das Aufschalten von Logikzellen auf die Leitungen. In SRAM-basierten FPGAs werden die Logikfunktionen ebenfalls mit Hilfe von SRAM-Speicherzellen realisiert. Diese so genannten „Look-Up-Tabellen" (engl.: Look-Up Tables, LUT) werden in Abschnitt 3.8.2 näher erläutert.

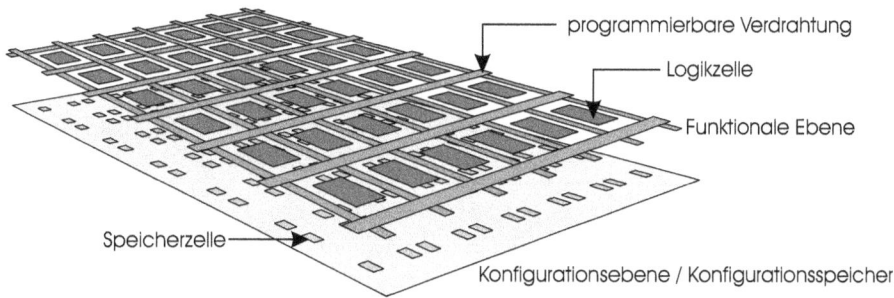

Abb. 3.53: *Funktionale Ebene und Konfigurationsebene am Beispiel eines SRAM-FPGAs: In der funktionalen Ebene sind die für den Benutzer sichtbaren Logikzellen sowie deren Verdrahtung angeordnet. Konzeptionell gesehen liegt, für den Benutzer unsichtbar, eine weitere Konfigurationsebene darunter, welche die Speicherzellen für die Ansteuerung der programmierbaren Schalter enthält.*

Man spricht bei reversiblen PLDs häufig von Konfiguration statt von Programmierung. Konzeptionell kann man PLDs so auffassen, als bestünden sie aus zwei Ebenen nach Abbildung 3.53: Bei SRAM-FPGAs aus einer Konfigurationsebene (oder Konfigurationsspeicher, engl.: configuration memory), bestehend aus SRAM-Speicherzellen, und einer funktionalen Ebene, in der sich die Logikzellen und die Verdrahtung befinden. Physikalisch gesehen sind beide Ebenen auf dem gleichen Chip implementiert. Der Konfigurationsspeicher befindet sich in der Regel nicht als Speicherblock an einer bestimmten Stelle, sondern ist über den ganzen Chip verstreut angeordnet, so dass die Speicherzellen in der Nähe der Schalter und Logikelemente angeordnet sind. In den Datenblättern der PLD-Hersteller wird nur die für den Anwender wichtige funktionale Ebene gezeigt; der tatsächliche innere Aufbau eines PLDs wird in der Regel nicht publiziert.

SRAM-FPGAs können beliebig oft rekonfiguriert werden und es handelt sich um eine preisgünstige Standard-CMOS-Technologie. Der Nachteil von SRAM-FPGAs besteht darin, dass der Konfigurationsspeicher bei Abschalten der Versorgungsspannung seinen Inhalt verliert. In einer Applikation wird daher ein weiteres Speicher-IC (so genannter „Boot-Speicher") benötigt – zumeist ein EEPROM –, aus dem das FPGA bei Einschalten der Versorgungsspannung den Inhalt seines Konfigurationsspeichers selbstständig lädt. Dies kann mit dem „Boot"-Vorgang bei einem Mikoprozessor verglichen werden, bei dem eine „Bootloader"-Software, die sich z. B. in einem EEPROM befindet, das eigentliche Applikationsprogramm in den RAM-Hauptspeicher lädt. Das „Booten" eines SRAM-FPGAs kann einige hundert Millisekunden dauern. Ist man also darauf angewiesen, dass das FPGA bei Einschalten der Versorgung sofort funktional ist (engl.: „live-at-power-up"), so muss man zu FPGAs in EEPROM- oder Antifuse-Technologie greifen. Für die Programmierung eines SRAM-FPGAs oder seines Boot-Speichers müssen die ICs in der Regel nicht aus der Schaltung entnommen werden (engl.: „In-System Programmable", ISP). Die Programmierung kann dabei über einen PC oder Mikroprozessor mit Hilfe eines seriellen oder parallelen Protokolls (zumeist 8 Bit Datenbreite) erfolgen, siehe z. B. [96]. Ein Problem stellt hierbei der Schutz der Konfigurationsdaten und damit des geistigen Eigentums dar: Durch

Auslesen des Boot-Speichers oder Beobachten der Leitungen, die während des Bootens zum FPGA gehen, könnte man sich die Konfigurationsdaten verschaffen und damit eine Schaltung reproduzieren. Einige Hersteller, wie beispielsweise Xilinx, bieten auf dem FPGA Funktionen an, mit denen sich verschlüsselte Konfigurationsdaten entschlüsseln lassen, beispielsweise nach dem DES-Standard (DES: Data Encryption Standard).

SRAM-FPGAs eignen sich sehr gut für die Erprobung von neuen Schaltung (engl.: Prototyping), da man während der Entwicklung einer Schaltung typischerweise sehr oft neue, überarbeitete Versionen einer Schaltung vorliegen hat und damit das FPGA häufig neu programmmieren muss. Sie werden beispielsweise von Mikroprozessorherstellern wie Intel verwendet, um Prototypen der Mikroprozessoren zu implementieren (auch als „Hardware Emulation" bezeichnet). Im Vergleich zu einem maskenprogrammierten ASIC weisen SRAM-FPGAs allerdings auch einen erheblichen Mehraufwand durch die aus einer SRAM-Zelle mit Schalter bestehenden PIPs auf. Die PIPs benötigen zusätzlichen Platz auf dem Chip, so dass ein SRAM-FPGA bei gleicher Anzahl von Logikfunktionen eine größere Chipfläche benötigt (Faktor 10 [67] und mehr), beziehungsweise eine geringere Logikdichte aufweist (Anzahl der Logikfunktionen pro cm^2), und damit pro Stück teurer ist als ein maskenprogrammiertes ASIC. Aus der größeren Chipfläche resultieren auch längere Verbindungsleitungen und damit höhere Lastkapazitäten; zusammen mit der Erhöhung der Widerstände der Verbindungsleitungen durch die PIPs ergeben sich insgesamt größere Verzögerungszeiten bei einem SRAM-FPGA (c.a. Faktor 5 bis 10), wenn man es mit einem maskenprogrammierten ASIC in der gleichen CMOS-Technologie vergleicht. Für das Prototyping eines Mikroprozessors mit Hilfe von SRAM-FPGAs bedeutet dies, dass die Emulation mit entsprechend verringerter Taktfrequenz durchgeführt werden muss.

3.6.2   Programmierung mit Floating-Gate-Zellen

Durch den Einsatz von Floating-Gate-Technologien (EPROM, EEPROM oder Flash) als Speichertechnologie für PLDs lassen sich im Vergleich zur SRAM-Technologie zwei Probleme lösen: Erstens handelt es sich um nicht-flüchtige Technologien, so dass ein zusätzlicher Konfigurationsspeicher und ein „Booten" des PLDs nicht notwendig wird. Diese PLDs sind daher bei Einschalten der Versorgungsspannung funktional („live at power-up"). Zweitens sind die Speicherzellen kleiner, so dass sich eine höhere Logikdichte realisieren lässt. Der Flächenbedarf einer Flash-Zelle ist etwa um den Faktor 7 kleiner als eine SRAM-Zelle [88] (bei vergleichbarer Technologiegeneration). EPROM-, EEPROM- oder Flash-Technologien werden hauptsächlich für CPLDs eingesetzt; nur wenige Hersteller setzen diese Technologien für FPGAs ein (z. B. Flash-Technologie bei der ProASIC-Familie von Actel). Wie die Matrixspeicher sind auch PLDs in EEPROM- oder Flash-Technologie heute zumeist im System programmierbar (ISP).

Als Beispiel sei in Abbildung 3.54 der Aufbau einer Flash-EEPROM-Speicherzelle als programmierbarer Schalter gezeigt, wie sie beispielsweise von Actel für die ProASIC-FPGA-Familie verwendet wird [3, 88, 69]. Programmiert und gelöscht („Fowler-Nordheim-Tunneleffekt") wird die Flash-Zelle; da der Schalttransistor jedoch das gleiche Gate und Floating-

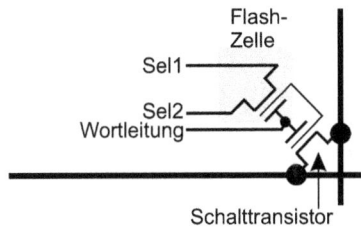

Abb. 3.54: *Flash-EEPROM-Zelle mit Schalter: Über Select- und Wortleitungen wird die eigentliche Flash-Speicherzelle programmiert oder gelöscht. Sowohl das Gate als auch das Floating-Gate der Flash-Zelle und des Schalttransistors sind miteinander verbunden. Der Schalttransistor verbindet die beiden Metallleitungen, wie bei der SRAM-Zelle in Abbildung 3.52.*

Gate aufweist, ist damit auch der Schalttransistor programmiert oder gelöscht. Im gelöschten Zustand weisen beide Transistoren eine niedrige Schwellspannung auf, so dass der Schalttransistor leitet, wenn die normale Betriebsspannung an die Wortleitung angelegt wird: Die Verbindung zwischen den beiden Metallleitungen ist leitend geschaltet. Im programmierten Zustand weisen beide Transistoren eine hohe Schwellspannung auf, so dass der Schalttransistor sperrt, wenn die normale Betriebsspannung an die Wortleitung angelegt wird: Die Verbindung zwischen den beiden Metallleitungen ist unterbrochen. Der Schalttransistor wird, wie bei der SRAM-Zelle, etwas größer dimensioniert, so dass sich ein entsprechend niedriger Widerstand des Schalters von 600 Ω bis 1 kΩ ergibt [88]. Im Gegensatz zu den Floating-Gate-Matrixspeichern, die eine hohe Endurance von bis zu 10^5 Programmier-/Löschzyklen aufweisen, weisen Floating-Gate-PLDs teilweise nur eine wesentlich geringere Endurance auf, um die Chips preiswerter zu machen. So gibt beispielsweise Actel für die ProASIC-FPGA-Familie nur eine Endurance von 500 Zyklen [3] an! CPLDs weisen teilweise höhere Endurance-Werte auf, bei der Xilinx XC9500-Familie wird in [101] eine Endurance von 10^4 Zyklen angegeben. Der Einsatz von Flash-FPGAs für das Prototyping ist daher aufgrund der geringen Endurance nicht unbedingt sinnvoll; dies ist eher die Domäne der SRAM-FPGAs.

3.6.3   Programmierung mit Antifuses

Eine irreversible Programmiertechnologie, die heute hauptsächlich für FPGAs verwendet wird (z. B. von Actel), sind die so genannten „Antifuses". Es handelt sich dabei ebenfalls um eine Speichertechnologie, welche für die Herstellung von PROMs verwendet wurde. Bei einer Antifuse handelt es sich um das Gegenteil einer Sicherung: Durch die Programmierung wird eine leitfähige Verbindung hergestellt. Im unprogrammierten Zustand sind die Antifuses sehr hochohmig (einige GΩ). Auch Fuses (Sicherungen, programmierbare Unterbrechungen) wurden für PROMs eingesetzt; für die Programmierung von FPGAs haben sich allerdings Antifuses aus verschiedenen Gründen durchgesetzt: Komplexe FPGAs benötigen zwar eine große Menge von programmierbaren Verbindungen ($> 10^6$ in komplexen FPGAs), allerdings muss für ein Design typischerweise nur eine geringe Anzahl

($\approx 2\%$) tatsächlich als verbunden programmiert werden. Würde man Fuses benutzen, so wären 98% der Fuses zu programmieren (Unterbrechungen, d. h. nicht benötigte Verbindungen), wohingegen nur 2% der Antifuses zu programmieren sind [70], so dass die Verwendung von Antifuses zu kürzeren Programmierzeiten führt. Zu den wesentlichen Vorteilen gegenüber SRAM- und Floating-Gate-Technologien zählt eine weitere Verringerung des Platzbedarfs, nicht-flüchtige Speicherung („Live at Power-Up") und Immunität gegen Strahlungseinflüsse. Allerdings sind Antifuse-FPGAs nur einmal programmierbar, so dass sie für das Prototyping nicht einsetzbar sind, sondern eher für den Einsatz in der Serienfertigung gedacht sind.

Für die Implementierung von Antifuses sind im Wesentlichen zwei Technologien bekannt, wie in Abbildung 3.55 schematisch dargestellt [88, 67, 69, 70]. Bei der ONO-Technologie besteht das Dielektrikum aus einer Oxid-Nitrid-Oxid-Schicht ($SiO_2 - Si_3N_4 - SiO_2$). Durch einen Spannungsimpuls ($\approx 16\ldots18$ V) zwischen der Polysilizium-Leiterbahn und dem n^+-Diffusionsgebiet schmilzt das Dielektrikum an einer Stelle auf. Es dringen Dotieratome und Siliziumatome aus der Diffusionsschicht an dieser Stelle ein und erzeugen eine leitfähige Verbindung. Die Leitfähigkeit ist abhängig von der Stromstärke, für einen Programmierstrom von ≈ 5 mA ergibt sich ein Widerstand der Antifuse von $\approx 500\ldots700$ Ω. Actel verwendet diese Technologie unter dem Markennamen „PLICE" (Programmable Low-Impedance Circuit Element). Nachteilig an der ONO-Technologie ist, dass die Antifuses in der gleichen Ebene wie die Transistoren angeordnet sind, so dass zusätzliche Verbindungen von den Metallleitungen zu den Antifuses notwendig werden. Des Weiteren ergibt sich ein relativ hoher Widerstand für die Antifuses.

Von der Firma Quicklogic wurden unter dem Markennamen „ViaLink" Metall-Metall-Antifuses entwickelt, die typischerweise in den obersten Metallisierungsebenen verwendet werden. Gegenüber den ONO-Antifuses kann nochmals Platz eingespart werden, da die Antifuse sich direkt zwischen den zu verbindenden Metallleitungen liegt. Diese Antifuse-

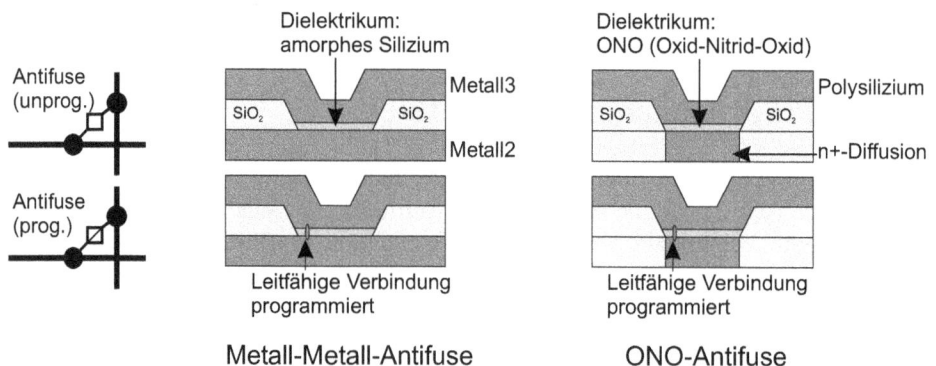

Abb. 3.55: *Antifuses: Zur irreversiblen Verbindung von Metallleitungen werden Antifuses verwendet. Dabei wird ein dünnes Dielektrikum (≈ 10 nm Dicke) durch einen Programmierstrom zum Aufschmelzen gebracht, wodurch eine leitfähige Verbindung entsteht.*

FPGAs weisen somit die höchste Logikdichte von allen FPGA-Technologien auf (bei gleicher Technologiegeneration). Die Programmierung erfolgt nach dem gleichen Prinzip, indem mit einem Programmierstrom von ≈ 15 mA das Dielektrikum aufgeschmolzen wird. Der Widerstand einer Metall-Metall-Antifuse ist deutlich geringer im Vergleich zu ONO-Antifuses und bewegt sich in einem Bereich von $70\ldots90\ \Omega$. Auch die Firma Actel setzt in neueren Produkten diese Technologie ein. Durch den geringeren Platzbedarf und Widerstand der Antifuses können mit Antifuse-FPGAs gegenüber SRAM- und Floating-Gate-FPGAs geringere Verzögerungszeiten und damit höhere Taktfrequenzen erreicht werden, sofern man die gleiche Technologiegeneration betrachtet.

3.7   SPLD/CPLD-Architekturen

Historisch gesehen bestanden die ersten programmierbaren Logikbausteine aus einfachen, von den Matrixspeichern abgeleiteten, programmierbaren UND/ODER-Matrixstrukturen (PROM, PLA, PAL, siehe nächster Abschnitt), welche erstmals in den sechziger Jahren des letzten Jahrhunderts entwickelt wurden. Während alle programmierbaren Bausteine, auch die FPGAs, heute zumeist als PLDs bezeichnet werden, werden die heute noch erhältlichen Bausteine in PLA/PAL-Matrixstruktur als SPLDs bezeichnet (Simple PLDs). In neuerer Zeit wurden komplexere Bausteine entwickelt, die mehrere Matrixstrukturen in einem Chip integrieren. Diese werden als CPLDs bezeichnet (Complex PLDs). Die Begriffsbildung ist nicht immer einheitlich und teilweise verwirrend. So werden zum Teil die FPGAs auch von den PLDs unterschieden und zu allem Überfluss existiert eine Vielzahl von firmenspezifischen Produktbezeichnungen. Vielfach sind die Grenzen zwischen CPLD und FPGA fließend, manche Firmen bezeichnen FPGA-ähnliche Bausteine auch als CPLDs. Der PLD-Markt ist also recht unübersichtlich und im Rahmen dieses Buches können nicht alle firmenspezifischen Lösungen beschrieben werden. Wir versuchen daher grundsätzliche Merkmale der PLD-Klassen herauszuarbeiten und halten uns an die in Abschnitt 3.1 gewählte Begriffsbildung: SPLDs und CPLDs bestehen aus einer oder mehreren PAL/PLA-Matrixstrukturen. Da die Matrizen (Basiszellen) relativ große Logikstrukturen implementieren, wird dies auch als *grobe Granularität* bezeichnet. Der Begriff der Granularität meint hier die Größe bzw. die Komplexität der Basiszellen. Normalerweise wird die Komplexität in der Anzahl der Logikgatter angegeben. Es hat sich in der ASIC-Welt etabliert, als Bezugsmaß ein NAND-Gatter mit 2 Eingängen zu verwenden, was 4 Transistoren entspricht, und mit der Maßeinheit „Gatteräquivalent" (engl.: gate equivalent, *GE*) bezeichnet wird. FPGAs gehören auch zu den PLDs, stellen allerdings gegenüber den SPLDs/CPLDs eine durch die Firma Xilinx in den achtziger Jahren entwickelte Innovation dar: Sie weisen viel kleinere Basiszellen auf, man spricht daher von *feiner Granularität*.

3.7.1   Implementierung von Schaltfunktionen mit PROMs

Die ersten PLDs wurden in den sechziger Jahren, beispielsweise von Harris Semiconductor, auf der Basis von PROM-Speichern in bipolarer Technik entwickelt. Ein PROM-

Matrixspeicher kann als Wahrheitstabelle oder Funktionstabelle zur Implementierung von Boole'schen Funktionen aufgefasst werden. Jeder Ausgang eines PROMs realisiert eine Schaltfunktion. Wie in Abschnitt 3.3.1 gezeigt wurde, kann aus einer Wahrheitstabelle die Schaltfunktion als Disjunktion (ODER) von *Mintermen* [44] (UND) bestimmt werden, d. h. als disjunktive Normalform (DNF, zweistufige UND/ODER-Implementierung), welche die $'1'$en (Einstellenmenge [44]) realisiert.

Im Beispiel aus Tabelle 3.7 ergeben sich die beiden Schaltfunktionen zu $y0 = (\overline{a1} \wedge a0) \vee (a1 \wedge \overline{a0})$ und $y1 = (\overline{a1} \wedge a0) \vee (a1 \wedge \overline{a0}) \vee (a1 \wedge a0)$. Die Eingänge können nun als Adressen des PROMs aufgefasst werden und die Minterme stellen dann die Wortleitungen des Adressdecoders als UND-Funktion der Eingänge dar, vgl. Abschnitt 3.5.2. Ein Ausgang entspricht einer Spalte bzw. einer Bitleitung im PROM-Speicher, als OR-Funktion der Spalten-Bits. Aus der DNF lässt sich unter Anwendung des De Morgan'schen Theorems auch eine NAND/NAND-Implementierung gewinnen: Für $y0$ ergibt sich beispielsweise $y0 = \overline{\overline{(\overline{a1} \wedge a0)} \wedge \overline{(a1 \wedge \overline{a0})}}$. Realisiert man statt der $'1'$en der Funktion die $'0'$en (Nullstellenmenge [44]), so kommt man zu einer konjunktiven Normalform (KNF, zweistufige ODER/UND-Implementierung, siehe z. B. [69]) als Konjunktion (UND) von *Maxtermen* (ODER): $y0 = (a1 \vee a0) \wedge (\overline{a1} \vee \overline{a0})$ und $y1 = a1 \vee a0$. Während ein Minterm bei genau einer Eingangsbelegung eine $'1'$ liefert und ansonsten $'0'$, liefert ein Maxterm bei genau einer Eingangsbelegung eine $'0'$ und ansonsten eine $'1'$. Ebenfalls unter Anwendung des De Morgan'schen Theorems ergibt sich aus der KNF eine NOR/NOR-Implementierung: $y0 = \overline{\overline{(a1 \vee a0)} \vee \overline{(\overline{a1} \vee \overline{a0})}}$ und $y1 = \overline{\overline{a1 \vee a0}}$.

Tabelle 3.7: Funktionstabelle / Wahrheitstabelle

Adressen				Ausgänge	
a1	a0	Minterm	Maxterm	y0	y1
'0'	'0'	$\overline{a1} \wedge \overline{a0}$	$a1 \vee a0$	'0'	'0'
'0'	'1'	$\overline{a1} \wedge a0$	$a1 \vee \overline{a0}$	'1'	'1'
'1'	'0'	$a1 \wedge \overline{a0}$	$\overline{a1} \vee a0$	'1'	'1'
'1'	'1'	$a1 \wedge a0$	$\overline{a1} \vee \overline{a0}$	'0'	'1'

Die NOR/NOR-Implementierung wurde in Abschnitt 3.5 für die Implementierung der Matrixspeicher in NOR-Architektur benutzt: Es wurde ein NOR-Adressdecoder zusammen mit einer NOR-Speichermatrix verwendet. Als Variante wurde in Abschnitt 3.5.6 für die Flash-Speicher die NAND-Architektur vorgestellt. Hier muss der Adressdecoder eine NAND-Funktion der Eingänge realisieren und die Speichermatrix ist ebenfalls als NAND-Funktion realisiert. Während in den ersten PLDs Fuses (Sicherungen) als Programmiertechnologien für Diodenmatrizen verwendet wurden, beruhen heute fast alle SPLDs und CPLDs auf Floating-Gate-Technologien (EPROM, EEPROM, Flash). Zumeist wird die Funktionalität mit NOR-NOR-Schaltungen, wie in Abbildung 3.56 gezeigt, realisiert [70, 94]. Hierbei handelt es sich um die in Abschnitt 3.3.1 angesprochene pseudo-NMOS-Schaltungstechnik (auch „ratioed logic", [36]). Der so genannte „Pull-Up-Widerstand" realisiert eine $'1'$ (U_{dd}), wenn keiner der MOSFETs durchgeschaltet ist. Sind einer oder meh-

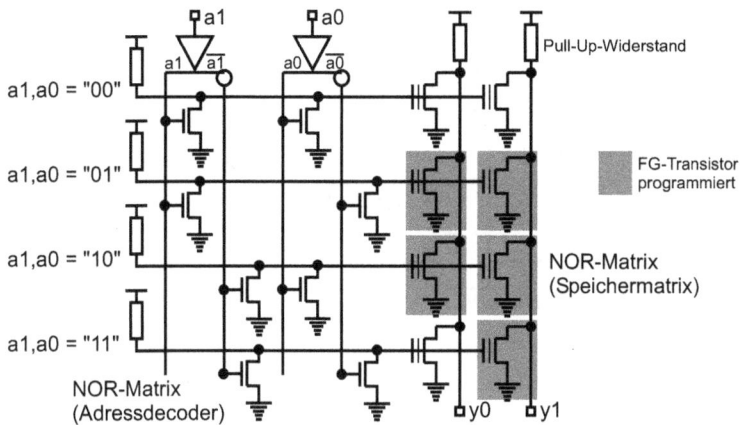

Abb. 3.56: *CMOS-NOR-EPROM: Im programmierten Zustand sperrt der FG-Transistor in der Speichermatrix, so dass eine $'1'$ am Ausgang gelesen wird, wenn der Transistor vom Adressdecoder ausgewählt wird. Im gelöschten Zustand leitet der FG-Transistor, wenn der Transistor vom Adressdecoder ausgewählt wird, so dass eine $'0'$ gelesen wird. Der Adressdecoder liefert eine $'1'$ an der Wortleitung, wenn die entsprechende Adresse ausgewählt wird, alle anderen Wortleitungen liefern eine $'0'$. Der Speicher realisiert die in Tabelle 3.7 angegebene Logikfunktion.*

rere MOSFETs durchgeschaltet, so wird eine $'0'$ realisiert, da die MOSFETs im leitenden Zustand einen wesentlich niedrigeren Widerstand aufweisen als der Pull-Up-Widerstand. Beispielsweise wird für die Eingangsbelegung $a_1 a_0 = 00$ die oberste Wortleitung in Abbildung 3.56 auf $'1'$ gesetzt und damit ausgewählt, alle anderen Wortleitungen sind $'0'$; eine Wortleitung entspricht also einem invertierten Maxterm. Da alle anderen Wortleitungen $'0'$ sind, können die daran angeschlossenen FG-Transistoren nicht leiten. Nun hängt es vom Zustand des an der ausgewählten Wortleitung angeschlossenen FG-Transistors ab, welchen Wert der Ausgang annimmt: Ist der FG-Transistor programmiert, so sperrt der Transistor und der Ausgang ist '1'. Ist der FG-Transistor nicht programmiert, so leitet er und der Ausgang wird '0'.

Diese Schaltung weist folgendes Problem auf: Es fließt über den Spannungsteiler, bestehend aus Pull-Up-Widerstand und den leitenden MOSFETs, ein „Querstrom" von U_{dd} nach *Gnd*. Eine querstromfreie Lösung ist die von den Matrixspeichern bekannte dynamische Schaltungstechnik mit „Precharge", siehe Abschnitt 3.5.3. Diese ist allerdings schaltungstechnisch aufwändiger. Zur einfacheren Darstellung werden die PLDs in den Datenblättern in der Regel als UND/ODER-Matrizen (DNF) dargestellt, wie in Abbildung 3.57 gezeigt, so dass die genaue schaltungstechnische Implementierung zumeist verborgen bleibt.

Problematisch an der Implementierung von Schaltfunktionen mit PROM-Speichern ist die Tatsache, dass nur DNFs (bzw. KNFs) realisiert werden können. Es ist nicht möglich, eine *minimierte* Schaltfunktion (DMF: Disjunktive Minimalform [44, 83]) zu realisieren, da grundsätzlich nur die Minterme (Konjunktion von *allen* Eingängen) in der UND-Matrix

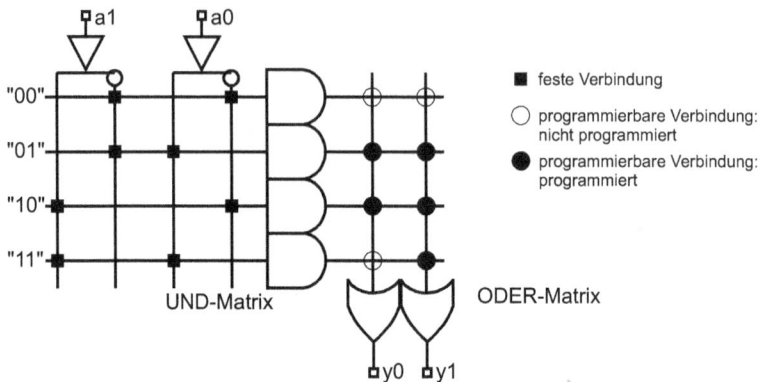

Abb. 3.57: *PROM in UND/ODER-Darstellung: Bei Anliegen der entsprechenden Adresse liefert das UND eine '1' (Minterm = '1'), anderenfalls eine '0'. Das ODER liefert eine '1', wenn einer der als verbunden programmierten Minterme = '1' ist, anderenfalls eine '0'.*

vorliegen. Für eine Logikminimierung müssten Minterme zusammengefasst werden können [44, 83]. So kann beispielsweise die Funktion $y1 = (\overline{a1} \wedge a0) \vee (a1 \wedge \overline{a0}) \vee (a1 \wedge a0)$ zu $y1 = a1 \vee a0$ minimiert werden. Dieses Problem kann durch PLAs bzw. PALs gelöst werden, so dass PROMs heute nicht mehr zur Implementierung von Schaltfunktionen verwendet werden.

3.7.2   SPLDs: PLA- und PAL-Strukturen

Bei PLAs (engl.: Programmable Logic Array) sind sowohl die UND- als auch die ODER-Matrix programmierbar. In der UND-Matrix werden daher nicht mehr Minterme realisiert, sondern eine beliebige Konjunktion von negierten und nicht-negierten Eingängen (auch als Variablen bezeichnet), welche üblicherweise das Ergebnis einer Logikminimierung darstellt (siehe [44, 83]). Diese Konjunktionen werden als *Produktterme* [44] (engl.: product term) bezeichnet.

Für das Beispiel aus Tabelle 3.7 ergibt sich die Belegung eines PLAs nach Abbildung 3.58. Die Funktion $y0$ kann nicht minimiert werden und wird wie im PROM mit zwei Produkttermen als $y0 = (\overline{a1} \wedge a0) \vee (a1 \wedge \overline{a0})$ realisiert. Die Funktion $y1$ kann minimiert als $y1 = a1 \vee a0$ realisiert werden. In diesem Fall sind allerdings auch zwei Produktterme notwendig, welche jeweils nur aus einer Variablen bestehen, so dass man gegenüber der PROM-Lösung aus Abbildung 3.57 zunächst nichts gewonnen hat. Helfen kann in diesem Fall eine so genannte „Bündelminimierung" (als Teilaufgabe der Logikminimierung): Das Ziel hierbei ist es, den Aufwand nicht für jede Funktion separat sondern für mehrere Funktionen gemeinsam zu minimieren. Im Beispiel aus Tabelle 3.7 ist erkennbar, dass die Produktterme der Funktion $y0$ auch für die Funktion $y1$ verwendet werden können, wenn $y1$ in diesem Fall wieder als DNF realisiert wird: $y1 = (\overline{a1} \wedge a0) \vee (a1 \wedge \overline{a0}) \vee (a1 \wedge a0)$. Im Ergebnis in Abbildung 3.59 ist erkennbar, dass nun ein Produktterm frei wird. Gäbe es

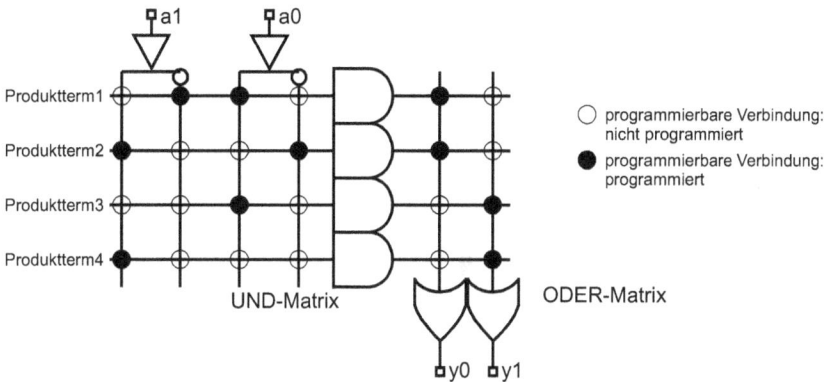

Abb. 3.58: *PLA: In der UND-Matrix können für jeden Produktterm alle Eingänge in negierter und nicht-negierter Form programmiert werden. In der ODER-Matrix kann jeder Produktterm für einen Ausgang programmiert werden.*

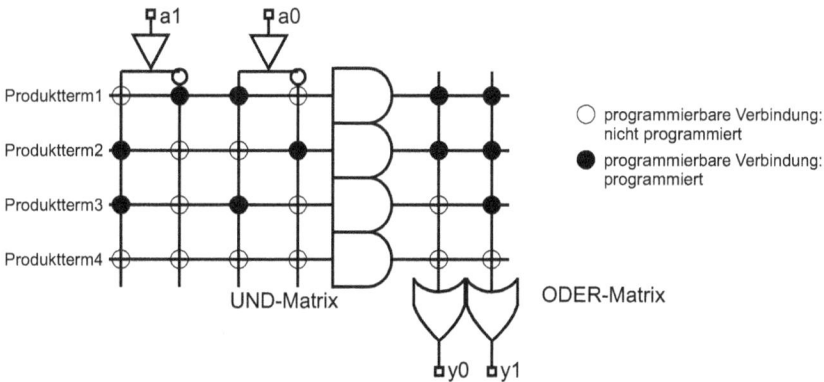

Abb. 3.59: *PLA mit Bündelminimierung für die Funktionen y0 und y1.*

einen dritten Ausgang $y2$ und damit eine dritte ODER-Spalte, so könnte dieser Produktterm für eine dritte Funktion verwendet werden.

PLAs zählten zu den ersten Ende der sechziger Jahren entwickelten PLDs, beispielsweise 1975 von den Firmen Intersil und Signetics unter dem Namen FPLA (Field Programmable Logic Array). Allerdings ist der Hardwareaufwand vergleichsweise hoch, da sowohl die UND- als auch die ODER-Matrix programmierbar ist. Sie werden aus diesem Grund heute nur noch relativ selten für PLDs benutzt, so beispielsweise von Xilinx in den „CoolRunner"-PLDs.

Um den Hardwareaufwand zu reduzieren, verwenden die so genannten PALs (engl.: Programmable Array Logic) nur eine programmierbare UND-Matrix. In Abbildung 3.60 ist gezeigt, wie die Schaltfunktionen aus Tabelle 3.7 in einem PAL realisiert werden können.

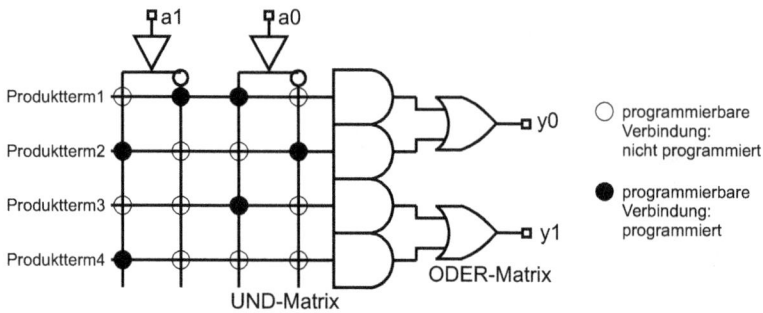

Abb. 3.60: PAL: *Die UND-Matrix ist programmierbar, wie beim PLA. Die ODER-Matrix ist nicht programmierbar, so dass einem Ausgang eine feste Anzahl über ODER verknüpfte Produktterme zugewiesen sind.*

Da die Produktterme fest zugewiesen sind, können die gleichen Produktterme nicht für mehrere Ausgänge verwendet werden. Somit ist auch eine Bündelminimierung nicht mehr zweckmäßig. Des Weiteren ist die Anzahl der Produktterme pro Ausgang festgelegt und damit auch die maximale Anzahl von Produkttermen für eine Schaltfunktion. Im Beispiel aus Abbildung 3.60 wäre es nicht möglich, eine Funktion mit mehr als zwei Produkttermen zu implementieren. Hier kann man sich behelfen, indem man die inverse Funktion realisiert, die möglicherweise weniger Produktterme benötigt, und diese über Ausgangsinverter führt. Durch den Verzicht auf die programmierbare ODER-Matrix ergeben sich bei einem PAL auch kürzere Verzögerungszeiten durch die Matrix als bei einem PLA.

Das PAL wurde 1978 erstmals von der Firma Monolithic Memories (MMI) entwickelt; der Name PAL ist eigentlich ein Warenzeichen dieser Firma. Somit waren Konkurrenzfirmen gezwungen, ihre PALs unter anderem Namen zu vertreiben, wobei auch im Laufe der Zeit unterschiedliche Speichertechnologien verwendet wurden. Intel, Cypress und Lattice entwickelten beispielsweise PALs in EPROM-Technologie, die als EPLDs bezeichnet wurden (engl.: Erasable Programmable Logic Device). Lattice entwickelte in der Folge elektrisch löschbare PALs in EEPROM-Technologie, welche als GALs (engl.: Generic Array Logic) bezeichnet wurden und noch heute angeboten werden, z. B. unter der Bezeichnung „ispGAL22V10" [42]. Das „isp" steht dabei für die Programmierbarkeit im System und die Bezeichnung „22V10" deutet auf die Komplexität hin; diese Bezeichnungsweise wurde ursprünglich von MMI eingeführt und wird heute von allen Herstellern verwendet, die eine entsprechende PAL-Architektur aufweisen. In diesem Fall weist der Baustein 22 Eingänge auf, wovon 10 auch als Ausgänge für die 10 ODER-Spalten dienen. Jedem ODER ist eine unterschiedliche Anzahl (8...16) von Produkttermen zugeordnet. Das V bedeutet, dass der Ausgang in seiner Funktion programmiert werden kann (mit oder ohne Flipflop am Ausgang), bei R-Typen wird der Ausgang immer über ein Flipflop geführt, H- oder L-Typen weisen keine Flipflops auf und einen invertierten (L) oder nicht-invertierten (H) Ausgang. Weitere erhältliche Typen sind z. B. 16R8, 16V8 oder 16L8 (Das Beispiel aus Abbildung 3.60 entspräche somit einem 4H2). Die Flipflops an den Ausgängen werden benötigt, um z. B. Schaltwerke realisieren zu können, wobei interne Rückführungen möglich sind. Auch von anderen Firmen wie Altera (Markenname Classic EPLD), Cypress, Texas Instruments (Markenname EPIC), AMD/Vantis (Markenname PALCE: C = CMOS, E = Electrically Erasable; von Lattice übernommen) oder Integrated Circuit Technology (Markenname PEEL: Programmable Electrically Erasable Logic; von Anachip übernommen) wurden vergleichbare PALs entwickelt. Heute werden PALs in modernen Prozessen gefertigt und erreichen damit Verzögerungszeiten durch die Matrix vom Eingang zum Ausgang von wenigen Nanosekunden. Diese Bausteinklasse wird heute zumeist als SPLD bezeichnet und weist eine Komplexität von einigen hundert Logikgattern (Gatteräquivalente) auf. Sie werden hauptsächlich verwendet, um kleinere Schaltwerke, Decoder und dergleichen zu realisieren.

3.7.3 CPLDs

Um dem Bedürfnis der Anwender nach der Implementierung von komplexeren Funktionen in PLDs nachzukommen, wurde anfänglich versucht, die Matrizen zu vergrößern. Da hierdurch aber die Verzögerungszeiten durch die Matrizen sehr stark anstiegen, nahm man von diesem Konzept Abstand und ging dazu über, mehrere PAL- oder PLA-Strukturen auf einem Chip anzuordnen und das Schalten von Verbindungen über eine zentrale Schaltmatrix zu ermöglichen. Dieses Konzept wurde als CPLD bezeichnet (Complex PLD) und als eine der ersten von der Firma Altera unter der Bezeichnung MAX (Multiple Array Matrix) in EEPROM-Technologie in den achtziger Jahren auf den Markt gebracht. Vergleichbare CPLDs existieren beispielsweise von Lattice (Markenname MACH), Cypress oder von Xilinx (Markenname XC9500).

Im Folgenden sei beispielhaft der Aufbau der XC9500-Familie von Xilinx nach Abbildung 3.61 erläutert, welche Flash-Technologie zur Programmierung benutzt. Vergleichbare CPLDs anderer Hersteller sind im Prinzip ähnlich aufgebaut und unterscheiden sich hauptsächlich in Detaillösungen und Bezeichnungsweisen. Ein solches CPLD besteht aus mehreren PAL-Funktionsblöcken (Xilinx-Bezeichnung: Function Block), die über eine zentrale Schaltmatrix (Xilinx-Bezeichnung: Switch Matrix) verbunden werden. Die Ausgänge der Funktionsblöcke können mit der Schaltmatrix oder mit den Ein-/Ausgängen (I/O Blocks) durch programmierbare Verbindungen verschaltet werden. Die I/Os speisen auch die Schaltmatrix, so dass die I/Os über die Schaltmatrix auf die Eingänge der Funktionsblöcke geschaltet werden können.

Jeder PAL-Funktionsblock weist 36 Eingänge sowie 18 Ausgänge (entspricht 36V18) und 90 Produktterme auf. Über die Schaltmatrix kann jeder der 36 Eingänge eines Funktionsblocks (Ausgänge der Schaltmatrix) mit einem beliebigen Eingang der Schaltmatrix (I/O oder Ausgänge der anderen Funktionsblöcke) verbunden werden. Die Produktterme können auf 18 Makrozellen geschaltet werden, die im Wesentlichen ein programmierbares Flipflop sowie einen so genannten „Product Term Allocator" enthalten, siehe Abbildung 3.62. Je nach Bausteingröße sind 2 bis 16 solcher PAL-Funktionsblöcke vorhanden. Damit können Designkomplexitäten von einigen tausend Logikgattern realisiert werden.

JTAG Port

3

JTAG Controller

In-System Programming Controller

I/O

I/O

I/O

I/O

I/O Blocks

I/O

I/O

I/O

I/O

I/O/GCK   3

I/O/GSR   1

I/O/GTS   2 or 4

FastCONNECT Switch Matrix

36
18
Function Block 1
Macrocells 1 to 18

36
18
Function Block 2
Macrocells 1 to 18

36
18
Function Block 3
Macrocells 1 to 18

36
18
Function Block N
Macrocells 1 to 18

X5877

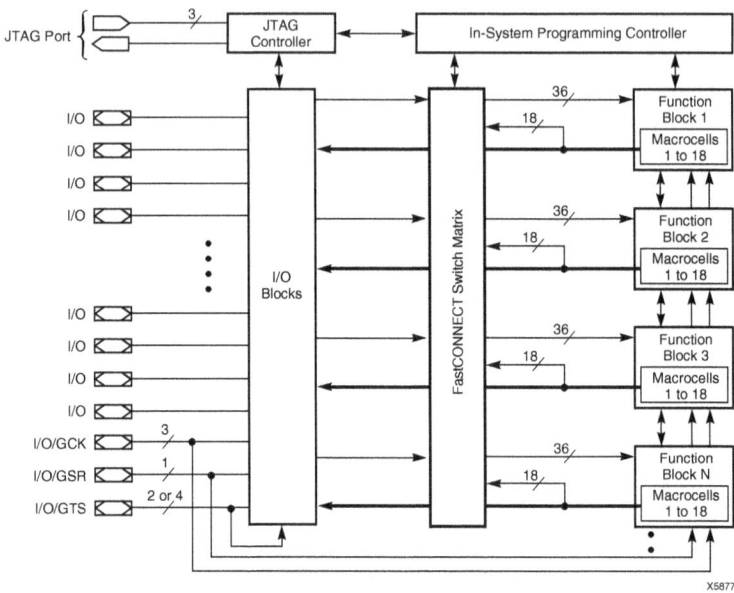

Abb. 3.61: *Xilinx XC9500 CPLD [101].*

Das Flipflop in einer Makrozelle kann über einen von drei globalen Takten (GCK) oder von einem lokal über Produktterme erzeugten Takt getaktet werden. Auch Set- und Reset-Funktionen können lokal oder global erzeugt werden. Das Flipflop kann durch einen Multiplexer auch umgangen werden, so dass die Makrozelle in diesem Fall eine kombinatorische Funktion erzeugt. Der Product Term Allocator hat im Wesentlichen die Aufgabe, die Produkterme auf die Makrozelle aufzuschalten. Jeder Makrozelle sind immer 5 Produktterme direkt zugeordnet. Über den Product Term Allocator können aber auch die Produktterme von anderen Makrozellen benutzt werden, so dass prinzipiell alle 90 Produktterme einer Makrozelle zugeordnet werden können. Durch diese Kaskadierung kann jedoch die Verzögerungszeit durch den Funktionsblock für einen Ausgang auf das achtfache der normalen Verzögerungszeit anwachsen, die im Bereich von 5...10 ns liegt. Lokale Rückkopplungen innerhalb eines Funktionsblockes sind möglich, ohne dass die Schaltmatrix benutzt werden muss. Damit können z. B. schnelle Zähler oder Schaltwerke gebaut werden, die mit über 100 MHz getaktet werden können.

Aufgrund der einfachen Struktur von CPLDs ist auch die Berechnung der Verzögerungszeiten recht einfach und kann, im Gegensatz zu FPGAs, anhand der Angaben in den Datenblättern von Hand durchgeführt werden. CPLDs auf PAL-Basis weisen eine relativ hohe Komplexität der Basiszellen (Funktionsblöcke bzw. Makrozellen) auf (grobe Granularität): Für die MAX7000-Familie ergibt sich eine Komplexität von etwa 300 GE pro Funktionsblock oder 19 GE pro Makrozelle, für die XC9500-Familie von Xilinx ergibt sich eine Komplexität von etwa 400 GE pro Funktionsblock oder 22 GE pro Makrozelle. Da jede

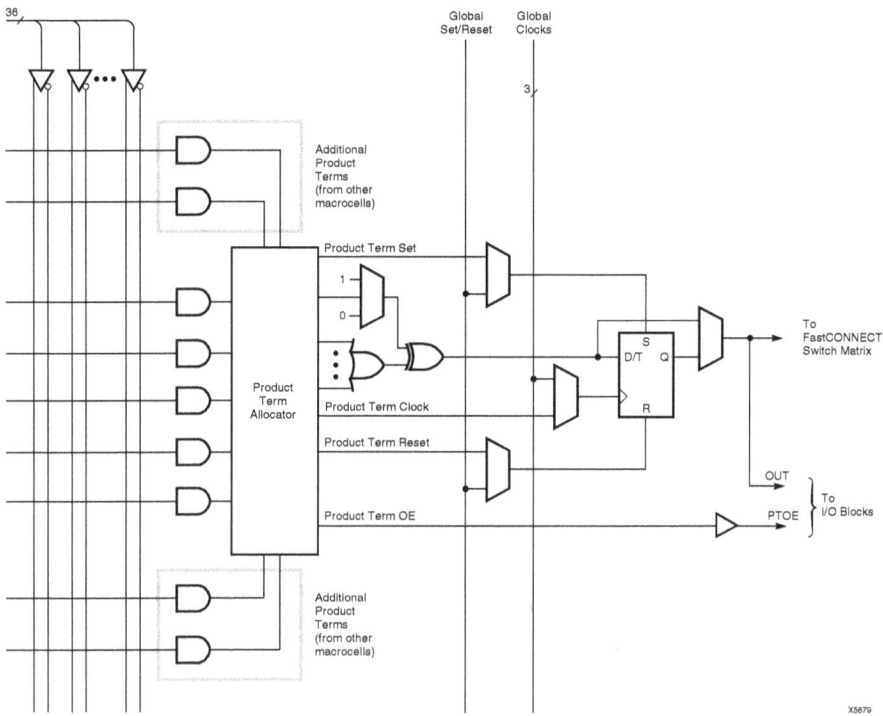

Abb. 3.62: Xilinx XC9500 Makrozelle [101].

Makrozelle ein Flipflop enthält, ergibt sich ein entsprechendes Gatter/Flipflop-Verhältnis von c.a. 20 bis 30 für CPLDs. Demgegenüber weisen FPGAs Logikelemente (entspricht einer Makrozelle) mit geringerer Komplexität von c.a. 5 GE pro Logikelement auf (feine Granularität). Da jedes Logikelement ein Flipflop enthält, ergibt sich ein geringeres Gatter/Flipflop-Verhältnis von etwa 5 und damit eine deutlich höhere Zahl von verfügbaren Flipflops in FPGAs im Vergleich zu CPLDs gleicher Komplexität. In jüngerer Zeit wurden auch CPLDs mit hoher Komplexität in modernen CMOS-Prozessen entwickelt, beispielsweise von der Firma Cypress die Delta-CPLDs, mit denen sich Komplexitäten von etwa 100.000 GE realisieren lassen, die mit FPGA-Komplexitäten vergleichbar sind. Die hierfür erforderliche Anzahl von mehr als 200 Logikblöcken kann nun allerdings nicht mehr über eine zentrale Schaltmatrix verdrahtet werden. Für hochkomplexe CPLDs werden daher ähnliche Verdrahtungsarchitekturen wie für FPGAs verwendet, siehe Abschnitt 3.8.3.

Durch die PAL-Basiszellen sind CPLDs gut geeignet, um schnelle steuerflussorientierte Anwendungen realisieren zu können, beispielsweise Schaltwerke, Zähler, Decoder. Für die Entwicklung von CPLDs wird, wie bei FPGAs, heute hauptsächlich VHDL eingesetzt. Die Hersteller liefern zumeist eine eigene Entwicklungsumgebung mit, die alle benötigten Werkzeuge enthält, um ein Design fertigzustellen. Diese werden normalerweise auf PCs benutzt, die dann auch zur Programmierung der CPLD-Bausteine verwendet werden, wie

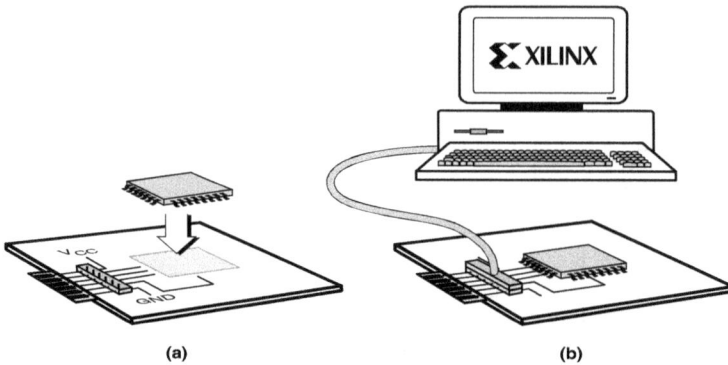

Abb. 3.63: *Programmierung eines ISP-CPLDs: Das CPLD kann entweder separat (a) oder im System (b) programmiert werden, ohne dass das IC von der Leiterplatte entfernt werden muss [101].*

in Abbildung 3.63 gezeigt. Zu diesem Zweck sind auf den Bausteinen Controller implementiert, siehe Abbildung 3.61, welche die Kommunikation mit dem PC (JTAG Controller) steuern und das CPLD programmieren (In-System Programming Controller). Häufig werden die Programmierdaten vom PC auf das CPLD seriell nach dem JTAG-Standard übertragen (Joint Test Action Group, IEEE Standard 1149.1-1990, siehe z. B. [88]). Auch die FPGAs werden in ähnlicher Weise programmiert.

3.8   FPGA-Architekturen

Ende der siebziger Jahre wurden maskenprogrammierte Gate Arrays für die Implementierung von digitalen Schaltungen benutzt, mit dem großen Nachteil, dass diese Bausteine nur vom Hersteller durch die Metallmasken programmiert werden konnten. Man suchte eine Lösung mit einer ähnlich feinen Granularität der Zellen, welche aber vom Anwender im Feld programmiert werden können sollte (engl.: field programmable). Xilinx stellte im Jahre 1983 mit den LCAs („Logic Cell Arrays") eine erste solche Lösung vor, wobei die Gatterfunktionen mit Hilfe von ladbaren Tabellen (engl.: Look-Up Table, LUT) in SRAM-Technik realisiert wurden [93]. Im Gegensatz zu den bis dahin bekannten SPLDs/CPLDs zeichnete sich ein LCA durch Basiszellen/Logikelemente (engl.: logic cell) von geringer Komplexität aus, die nach Abbildung 3.64 in einer regelmäßigen Feldstruktur (engl.: array) auf dem Chip angeordnet sind. Die LCA-Architektur wird noch heute von Xilinx in modifizierter Form in den Bausteinen der Virtex- und Spartan-Reihe verwendet.

In der Folge wurde diese Klasse von Bausteinen als FPGAs (engl.: Field Programmable Gate Arrays) bezeichnet. Mit der feingranularen Feldarchitektur war auch ein hoher Verdrahtungsbedarf verbunden, so dass statt zentraler Schaltmatrizen eine so genannte „segmentierte" Verbindungsarchitektur (engl.: segmented routing) mit horizontalen und vertikalen Verdrahtungskanälen verwendet wurde. Die Verdrahtung spielt also bei FPGAs eine wesentlich größere Rolle als bei CPLDs. Die LUT-Technik in Verbindung mit SRAM-

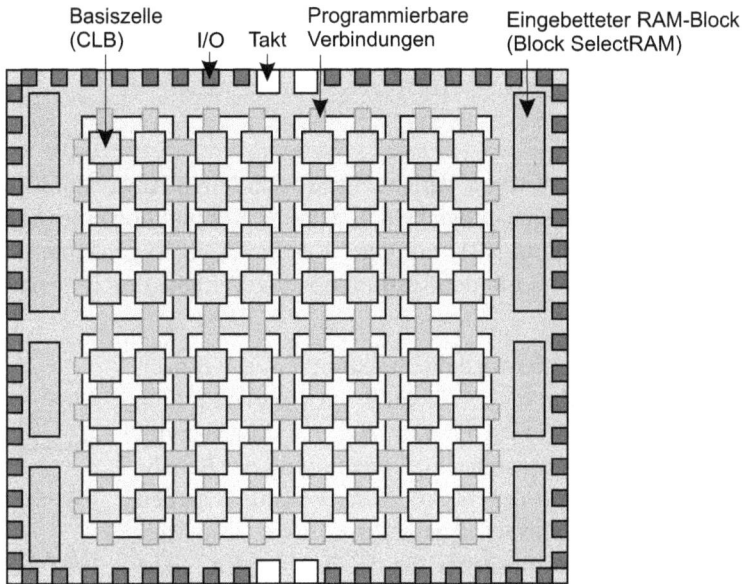

Abb. 3.64: *Moderne FPGA-Architektur: Die Basiszelle wird als CLB (Configurable Logic Block) bezeich-*
net. An den Seiten befinden sich RAM-Blöcke, die als Speicherblöcke in einem Design verwendet werden
können und bei Xilinx als „Block SelectRAM" bezeichnet werden. (nach Unterlagen der Firma Xilinx)

Programmierung (häufig als SRAM-FPGA bezeichnet) wurde in der Folge auch von anderen Firmen, wie z. B. der Firma Altera, für ihre FPGAs eingesetzt und stellt heute die
am weitesten verbreitete Lösung für FPGAs dar. Eine andere FPGA-Implementierung der
Basiszellen mit Multiplexern in Verbindung mit einer Antifuse-Programmierungstechnolo-
gie wird z. B. von der Firma Actel und von der Firma Quicklogic angeboten. Die einzigen
FPGAs in Flash-Technologie wurden von der Firma Gatefield (ursprünglich Zycad, dann
im Jahr 2000 von Actel aufgekauft) entwickelt und werden heute von Actel unter dem Namen ProASIC vermarktet. Da jede Basiszelle ein oder mehrere Flipflops aufweist, lassen
sich mit FPGAs insbesondere registerintensive Anwendungen realisieren. Des Weiteren
wird auch die Implementierung von arithmetischen Funktionen wie Addierer/Subtrahierer
und Multiplizierer teilweise in der Hardware unterstützt. Somit sind FPGAs sehr gut geeignet, um Anwendungen wie digitale Signalverarbeitungssysteme oder Mikroprozessor-
systeme zu realisieren.

3.8.1   Multiplexer-Basiszellen

Grundlage für die Implementierung von programmierbaren Schaltfunktionen mit Multiplexern ist der so genannte Entwicklungssatz der Schaltalgebra (auch als Shannon'sches

Expansionstheorem bezeichnet) [44, 70]:

$$f(x_{n-1},\ldots,x_1,x_0) = (\overline{x_i} \wedge f(x_{n-2},\ldots,x_i = {}'0',x_1,x_0)) \vee$$
$$(x_i \wedge f(x_{n-1},\ldots,x_i = {}'1',x_1,x_0)) \tag{3.21}$$

Eine gegebene Schaltfunktion von n Variablen lässt sich durch Anwendung des Entwick-
lungssatzes nach einer Variablen entwickeln, indem die Konjunktion einer beliebigen Variablen (x_i bzw. $\overline{x_i}$ in Gleichung 3.21) mit einer Restfunktion (so genannter Kofaktor bezüglich x_i) gebildet wird, wobei in der Restfunktion die Variable durch $'1'$ oder $'0'$ ersetzt
wird.

Im Beispiel aus Abbildung 3.65 wird die Funktion $F = A \vee B$ nach
dem Expansionstheorem für die Variable B entwickelt zu $F =$
$(\overline{B} \wedge (A \vee {}'0')) \vee (B \wedge (A \vee {}'1')) = (\overline{B} \wedge A) \vee (B \wedge {}'1')$. Daraus ergibt
sich die in Abbildung 3.65 gezeigte Implementierung der Schalt-
funktion mit Hilfe eines Multiplexers, wobei die Variable B an den
Auswahleingang des Multiplexers angeschlossen wird. Der Multiplexer kann also als Funktionsgenerator benutzt werden, siehe

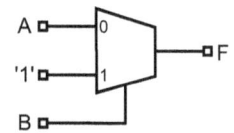

Abb. 3.65: $A \vee B$.

auch [70]. Entwickelt man eine Funktion sukzessive für jede Variable, so ergibt sich am Ende die disjunktive Normalform mit allen Mintermen (so genannte vollständige oder kano-
nische DNF), wovon sich der Leser anhand des Beispiels aus Abbildung 3.65 überzeugen
möge.

Beispiel 3.8:   *Implementierung einer Schaltfunktion mit Multiplexern*

Gegeben sei die Schaltfunktion $F = (A \wedge B) \vee (\overline{B} \wedge C) \vee D$. Diese wird zunächst nach
der Variablen B entwickelt: $F = (\overline{B} \wedge ((A \wedge {}'0') \vee ({}'1' \wedge C) \vee D)) \vee (B \wedge ((A \wedge {}'1') \vee ({}'0' \wedge C) \vee D)) = (\overline{B} \wedge (C \vee D)) \vee (B \wedge (A \vee D)) = (\overline{B} \wedge F1) \vee (B \wedge F2)$. Die Schaltfunktionen $F1$ und $F2$ können wiederum entwickelt werden. $F1$ wird nach C entwickelt:
$F1 = (\overline{C} \wedge D) \vee (C \wedge {}'1')$. $F2$ wird nach A entwickelt: $F2 = (\overline{A} \wedge D) \vee (A \wedge {}'1')$. Damit ergibt sich eine hierarchische Multiplexer-Implementierung mit 2:1-Multiplexern
nach Abbildung 3.66.

Multiplexer-Implementierungen von Schaltfunktionen stellen die Grundlage der Basiszellen für die FPGAs von wie Firmen Actel oder Quicklogic dar, z. B. für die Axcelera-
tor-FPGA-Familie von Actel [2]. Die Implementierung der Logikfunktionen erfolgt also
ausschließlich über die programmierbare Verdrahtung der Multiplexer; als Programmiertechnologie wird für diese FPGAs zumeist eine Antifuse- oder Flash-Technologie verwendet. Es handelt sich dabei ebenfalls um eine feingranulare Architektur, da die Basiszellen
vergleichsweise klein sind. Eine Basiszelle kann unterschiedliche Logikfunktionen realisieren, die auch eine unterschiedliche Komplexität in der Anzahl der Gatteräquivalente
darstellen. Daher kann für eine Basiszelle sinnvollerweise nur eine durchschnittliche Komplexität angegeben werden. In [96] wird für eine Basiszelle nach Abbildung 3.66 eine
Komplexität von 3,5 GE angegeben (ohne Flipflop).

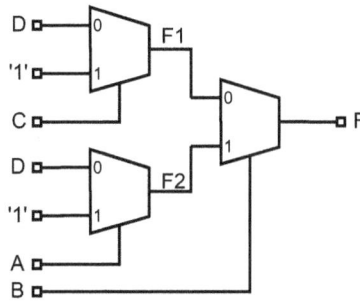

Abb. 3.66: Zweistufige Multiplexer-Implementierung von Beispiel 3.8.

3.8.2   LUT-Basiszellen

Bei FPGAs in SRAM-Technologie wird in der Regel eine so genannte „Look-Up-Tabelle" (LUT) zur Implementierung der Gatterfunktionen verwendet, typischerweise mit 4 Eingängen. Eine LUT ist ein kleines RAM mit K Adressen und 2^K Speicherplätzen und einer Wortbreite von 1 Bit, siehe Abbildung 3.67.

Die Logikfunktion wird daher wie bei einem PROM in Tabellenform realisiert (Funktionstabelle oder Wahrheitstabelle). Man kann sich eine LUT entsprechend als „konfigurierbares Gatter" vorstellen, welches eine beliebige Boole'sche Funktion der K Eingänge (Variablen) realisieren kann. Eine LUT mit K Eingängen (K-LUT) besitzt 2^K Tabellenplätze und kann somit $2^{(2^K)}$ unterschiedliche Boole'sche Funktionen realisieren; bei 4 Eingängen also $2^{16} = 65.536$ unterschiedliche Funktionen. Es können in einer K-LUT auch Funktionen mit weniger als K Eingängen realisiert werden. Die Komplexität der realisierten Funktion kann bei 4-LUTs zwischen einem 2-fach NAND ($= 1$ GE) und einem 4-fach XOR ($= 9$ GE)

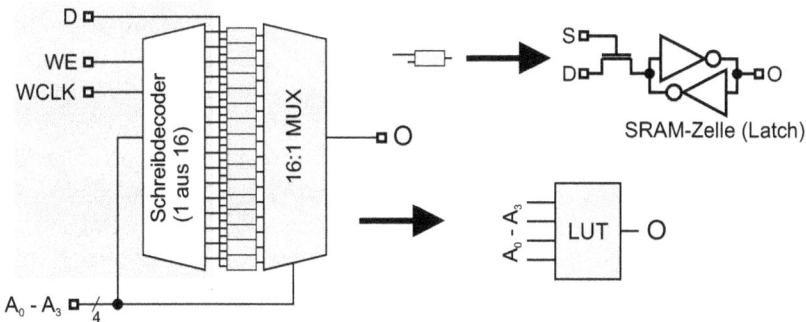

Abb. 3.67: Look-Up-Tabelle (LUT): Die LUT besteht aus einem Feld von SRAM-Speicherzellen. Wird eine Adresse an das Feld angelegt, so wird eine der Zellen vom Multiplexer auf den Ausgang geschaltet. Während der Konfiguration des FPGAs werden die Speicherzellen mit Hilfe des Schreibdecoders ausgewählt und über die Eingangsdatenleitung mit den Konfigurationsdaten beschrieben. In den Datenblättern werden die LUTs in der Regel als Nur-Lese-Speicher dargestellt, vgl. auch Abbildung 3.68.

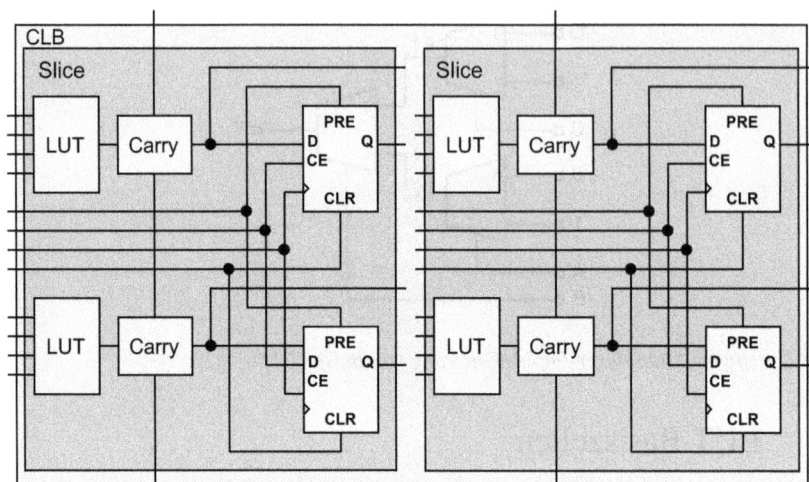

Abb. 3.68: Virtex CLB: Gezeigt ist der prinzipielle Aufbau eines Virtex CLBs, welcher aus 2 Slices besteht. In jeder Slice sind 2 LUTs und 2 zugehörige Flipflops vorhanden. Die Flipflops können mit Set- oder Reset-Funktionen (PRE, CLR) benutzt werden. Zusätzlich ist eine Carry-Funktion zur Unterstützung von arithmetischen Funktionen realisiert (nach Unterlagen der Firma Xilinx).

variieren. Welche Funktion in jeder einzelnen LUT auf einem FPGA realisiert wird, hängt vom Design ab. Daher werden auch hier von den Herstellern in der Regel durchschnittliche Werte für die Komplexität einer LUT angegeben.

Als Beispiel für eine Basiszellenstruktur ist diejenige der Virtex-FPGAs von Xilinx in Abbildung 3.68 gezeigt, welche in ähnlicher Form auch bei Altera für die SRAM-FPGAs benutzt wird. Eine Basiszelle, die bei Xilinx als CLB (Configurable Logic Block) und bei Altera als LAB (Logic Array Block) bezeichnet wird, besteht im Wesentlichen aus mehreren LUT/Flipflop-Einheiten. Hinzu kommen weitere Gatter oder Multiplexer für die Konfiguration der lokalen Verdrahtung, welche für die Verbindung der Logikelemente innerhalb einer Basiszelle benutzt werden kann. Die Verwendung des Flipflops ist optional, so dass auch nur die LUT zur Implementierung rein kombinatorischer Funktionen verwendet werden kann. Des Weiteren kann eine LUT üblicherweise auch zur Implementierung von RAM-Funktionen in einem Design verwendet werden (Xilinx: Distributed SelectRAM, im Unterschied zu den größeren Block SelectRAMs, siehe Abbildung 3.64). Hierzu wird die Schreibfunktion in Abbildung 3.67 verwendet, die sonst nur während der Konfiguration benutzt wird. Mit einer LUT kann ein „16x1 Bit" RAM implementiert werden. Je nachdem wie viele LUTs in einer CLB enthalten sind, können auch mehrere LUTs zu größeren RAM-Blöcke verschaltet werden (z. B. Virtex-II: 16x8, 32x4, 64x2, 128x1 [107]). Bei Xilinx sind jeweils zwei 4-LUT/Flipflops in einer so genannten „Slice" organisiert, bei Altera wird ein 4-LUT/Flipflop als „Logic Element" (LE) bezeichnet. Eine 4-LUT/Flipflop-Kombination ist somit die kleinste Einheit eines SRAM-FPGAs und soll im Folgenden als „Logikelement" bezeichnet werden.

Die Anzahl N der Logikelemente innerhalb einer Basiszelle (teilweise auch als „Cluster" bezeichnet [18]), und damit die Komplexität und *Granularität* einer Basiszelle, variiert von Hersteller zu Hersteller und von FPGA-Familie zu FPGA-Familie. Während die Virtex und SpartanII FPGAs von Xilinx zwei Slices pro CLB und damit $N = 4$ Logikzellen pro Basiszelle aufweisen (siehe Abbildung 3.68), wurden in den Virtex-II und Spartan-3 FPGAs mit vier Slices pro CLB $N = 8$ Logikzellen implementiert. In den FLEX 10K FPGAs von Altera werden ebenfalls $N = 8$ Logikzellen pro Basiszelle verwendet; die etwas moderneren Stratix, Mercury und APEX FPGAs von Altera verwenden $N = 10$ Logikzellen pro Basiszelle (LAB). Die Frage der optimalen Cluster-Größe (Anzahl N der Logikelemente pro Basiszelle/Cluster) muss im Zusammenhang mit der Größe der Logikelemente (Anzahl der Eingänge K der LUT) betrachtet werden. N und K bestimmen zusammen die Größe einer Basiszelle und damit die Granularität des FPGAs. In [18] wurde versucht, die optimalen Werte für N und K experimentell zu bestimmen. Hierzu wurde eine Reihe von typischen Designs auf hypothetischen FPGAs (mit variablem N und K) platziert und verdrahtet. Die Kriterien waren die Minimierung der Gesamtfläche des FPGAs und die Minimierung der Verzögerungszeiten für die untersuchten Designs. Die Untersuchungen zeigen, dass die besten Ergebnisse im Hinblick auf beide Kriterien erreicht werden, wenn die Cluster-Größe sich in einem Bereich von $N = 3 \ldots 10$ und die Größe der LUT sich im Bereich von $K = 4 \ldots 6$ bewegt. Vergrößert man die Basiszellen, so kann in einer Basiszelle mehr Funktionalität implementiert werden und es werden insgesamt weniger Basiszellen für ein Design benötigt. Bei kleinen Basiszellen werden viele hintereinander geschaltete Cluster mit entsprechender Verdrahtung benötigt, somit entsteht ein hoher Verdrahtungsaufwand und lange Laufzeiten. In [18] ergibt sich daher zunächst eine Verbesserung wenn die LUT-Größe von $K = 2$ auf $K = 4$ vergrößert und die Cluster-Größe von $N = 1$ auf $N = 3$ vergrößert wird. Allerdings wächst die Größe eines Logikelements, d. h. sein Platzbedarf auf dem Chip, exponentiell mit K, da die Anzahl der Speicherplätze 2^K ist. Hinzu kommt, dass größere Logikelemente unter Umständen nicht mehr vollständig ausgenutzt werden können. Das starke Anwachsen des Flächenbedarfs für einen Cluster wirkt den (nur noch geringen) Verbesserungen durch größere Zellen entgegen, so dass sich die Ergebnisse für $K > 6$ verschlechtern. Bei LUT-Größen von $K = 4 \ldots 6$ können typische Digitalschaltungen mit der geringsten Anzahl von LUTs realisiert werden, siehe auch [67]. Die gefundenen experimentellen Ergebnisse bestätigen die gewählten Größen der Logikelemente und der Cluster-Größen der FPGA-Hersteller.

Abschließend seien noch einige Bemerkungen zu den Komplexitätsangaben der FPGA-Hersteller gemacht: Nach [100] realisiert ein Logikelement bestehend aus einer 4-LUT und einem Flipflop eine mittlere Komplexität von 12 GE (inklusive Flipflop). Wird eine LUT allerdings als RAM benutzt, so nimmt man pro RAM-Bit üblicherweise eine Komplexität von 4 GE und damit eine Gesamtkomplexität von 64 GE pro LUT an! Da in fast allen SRAM-FPGAs LUTs als RAM benutzt werden können oder häufig auch dedizierte RAM-Blöcke (Xilinx: Block SelectRAM) vorhanden sind, gibt dies den Herstellern gewisse „Freiheitsgrade" im Hinblick auf die Angabe der Gesamtkomplexität eines FPGAs. So geht man dann davon aus, dass in Designs typischerweise ein nennenswerter RAM-Anteil ($\approx 30\%$) vorhanden ist und rechnet den RAM-Anteil in Gatteräquivalente um und zum Logikanteil hinzu. Des Weiteren sind auch in den CLBs arithmetische Funktionen und auf dem FPGA eingebettete Multiplizierer vorhanden. Daher wird die Komplexität der Xilinx-FPGAs in „System Gates" gemessen, wofür dann natürlich hohe Werte resultieren. Als Beispiel seien hier die Angaben für die Virtex-II-FPGAs genommen [107]: Der größte Baustein aus dieser Familie (XC2V8000) wird mit 8 Mio. „System Gates" angegeben. Er besteht aus 46.592 Slices (2 LUTs/Flipflops pro Slice) und besitzt 3.024 kBit dediziertes Block-RAM und 168 Hardware-Multiplizierer. Aus den 46.592 Slices resultiert allerdings nur eine Komplexität von $46.592 \cdot 2 \cdot 12\,\text{GE} = 1.118.208\,\text{GE}$ für die Implementierung von reinen Logikfunktionen. Betrachtet man nur die LUTs ohne die Flipflops und Carry-Logik und nimmt eine mittlere Komplexität von 5 GE für eine LUT an, so ergibt sich nur eine Komplexität von 465.920 GE für die kombinatorische Logik! Für eine gegebene Anwendung muss daher untersucht werden, welche Komplexität an kombinatorischer Logik, wie viele Flipflops, wie viele Addierer und Multiplizierer und welche RAM-Größen benötigt werden. Dies muss mit den Angaben aus den Datenblättern der FPGAs verglichen werden. Die „System Gate"-Angaben können nur als sehr grober Anhaltspunkt dienen, die reine Logikkomplexität eines FPGAs kann deutlich geringer sein.

3.8.3   Verbindungsarchitekturen

Neben dem Aufbau der Basiszellen ist die Architektur der Verbindungsleitungen zwischen den Basiszellen der zweite wesentliche Aspekt bei FPGA-Architekturen. Während die Verdrahtung bei einem maskenprogrammierbaren ASIC auf das Design optimal angepasst werden kann, muss die programmierbare Verdrahtung eines FPGAs eher allgemeiner Natur sein und eine Vielzahl unterschiedlicher Designs bedienen können. Die Verschaltung der Leitungssegmente wird durch die in Abschnitt 3.6 erwähnten programmierbaren Verbindungen (PIP) realisiert, wobei jedes PIP zu einer zusätzlichen Verzögerungszeit führt. Werden viele PIPs für die Verdrahtung von zwei Basiszellen verwendet, so ergeben sich hohe Verzögerungszeiten. Dies führt dazu, dass die durch die Verdrahtung hervorgerufenen Verzögerungszeiten bei FPGAs deutlich größer sind als bei maskenprogrammierbaren ASICs. Die Minimierung dieser Verzögerungszeiten ist oberstes Ziel bei der Entwicklung von FPGAs, daher kommt einer effizienten Verbindungsarchitektur sehr große Bedeutung zu. Grundsätzlich befindet man sich in einem Zielkonflikt zwischen möglichst vielen Verbindungsressourcen und geringem Flächenaufwand sowie zwischen flexiblen Verschaltungsmöglichkeiten und geringen Verzögerungszeiten. Stehen zu wenige Verbindungsressourcen zur Verfügung, so kann ein Design unter Umständen nicht mehr verdrahtet werden, bei zu vielen Ressourcen wird möglicherweise ein unnötig hoher Flächenaufwand generiert.

Bei einem digitalen Design werden sowohl kurze lokale Verbindungen als auch mittlere oder lange Leitungen benötigt. Die Verteilung der benötigten Leitungslängen ist jedoch immer spezifisch für ein Design. Man könnte nun auf die Idee kommen, bei einem FPGA nur sehr viele kurze Leitungen gleicher Länge zu implementieren, die über Schalter auch zu größeren Leitungen zusammengeschlossen werden können. Obgleich dies die flexibelste Lösung darstellt, ergibt sich für lange Leitungen damit ein hoher Widerstand durch die vielen Schalter. Daher werden heute so genannte hierarchische, segmentierte Verbindungs-architekturen verwendet: Die unterste Ebene stellen die lokalen Verbindungen in den Basiszellen dar (Intra-Cluster-Verbindungen oder lokale Verbindungen), zumeist sind auch kurze lokale Verbindungen zwischen benachbarten Basiszellen vorhanden (lokale Inter-Cluster-Verbindungen). In der nächsten Ebene werden die Basiszellen über Leitungssegmente unterschiedlicher Länge verbunden (globale Inter-Cluster-Verbindungen). Die Art und Weise wie diese Leitungen angeordnet sind und die Verteilung der Segmentlängen wird als Verbindungs- oder Verdrahtungsarchitektur bezeichnet. Sie bestimmt hauptsächlich die Leistungsfähigkeit eines FPGAs [55]. Um eine optimale Verteilung von Segmentlängen und Anzahl von Segmenten zu ermitteln, werden zumeist experimentelle Untersuchungen angestellt, siehe z. B. [55, 56, 95].

Die Verbindungsarchitektur hängt auch davon ab, wie die Basiszellen angeordnet sind. Die in den Abbildungen 3.64 und 3.69 gezeigte Anordnung wird als symmetrische Anordnung bezeichnet (im Englischen teils auch als „island style" oder „mesh-based" bezeichnet [25]): Die Basiszellen sind in einer Matrix angeordnet und die Verdrahtung wird entsprechend in einem Gitter aus horizontalen und vertikalen Leitungen ausgeführt. In einigen älteren FPGA-Familien (z. B. Actel ACT) wurden die Basiszellen in Reihen angeordnet und die Verbindungsleitungen in horizontalen Kanälen zwischen den Basiszellreihen geführt (auch als kanalorientiert bezeichnet) [88, 69, 70]. Der leistungsfähigere symmetrische Aufbau stellt heute die vorherrschende Architektur bei komplexen FPGAs dar und soll daher im Folgenden näher betrachtet werden. Auch komplexe CPLDs sind heute symmetrisch aufgebaut. Weiterführende Informationen zu FPGA-Verbindungsarchitekturen können z. B. [25] entnommen werden.

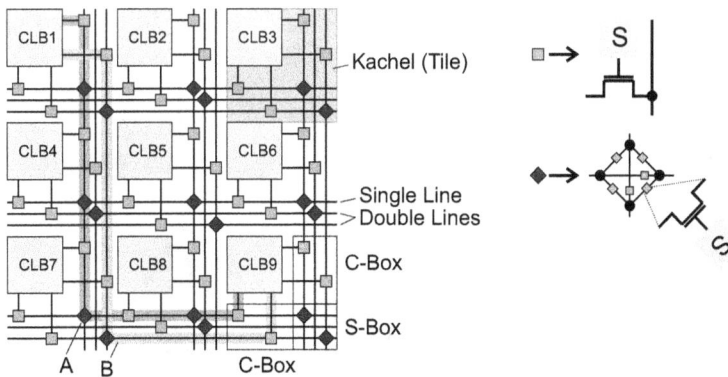

Abb. 3.69: *FPGA-Verbindungsarchitektur (in Anlehnung an die Xilinx LCA-Architektur [70]): Die Ein- und Ausgänge der CLBs werden über C-Boxen (Connection Box) an die globale Verdrahtung in den horizontalen und vertikalen Kanälen angeschlossen. Die S-Boxen (Switch Box) dienen der Verbindung von horizontalen und vertikalen Kanälen sowie der Verbindung von Segmenten innerhalb eines horizontalen oder vertikalen Kanals.*

In Abbildung 3.69 ist in einer stark vereinfachten Prinzipdarstellung die Verbindungsarchitektur eines symmetrischen SRAM-FPGAs gezeigt. Eine Basiszelle (CLB) zusammen mit den S- und C-Boxen wird als „Kachel" (engl.: tile) bezeichnet. Die feldmäßige Anordnung der Kacheln führt zu einem in Abbildung 3.70 gezeigten regelmäßigen Layout des FPGAs – ähnlich wie bei einem Speicher. Die Kantenlänge einer Kachel wird als „Pitch" bezeichnet (dt.: Abstand). Die Länge der Verdrahtungssegmente wird als ganzzahliges Vielfaches des „Pitches" einer Kachel angegeben. Beispielhaft ist in Abbildung 3.69 die Verdrahtung von zwei CLBs (CLB1 und CLB9) in zwei Varianten A und B ausgeführt: Variante A führt über Single Lines (Single Pitch $= 1 \cdot Pitch$), d. h. 6 PIPs ($= 6$ MOSFETs) liegen in Reihe, und Variante B benutzt die Double Lines (Double Pitch $= 2 \cdot Pitch$), woraus 4 PIPs in Reihe resultieren. Variante B „überspringt" hierbei die C- und S-Boxen der CLBs 4 und 8. Damit ist der Serienwiderstand bei Variante B um ein Drittel kleiner. Aber

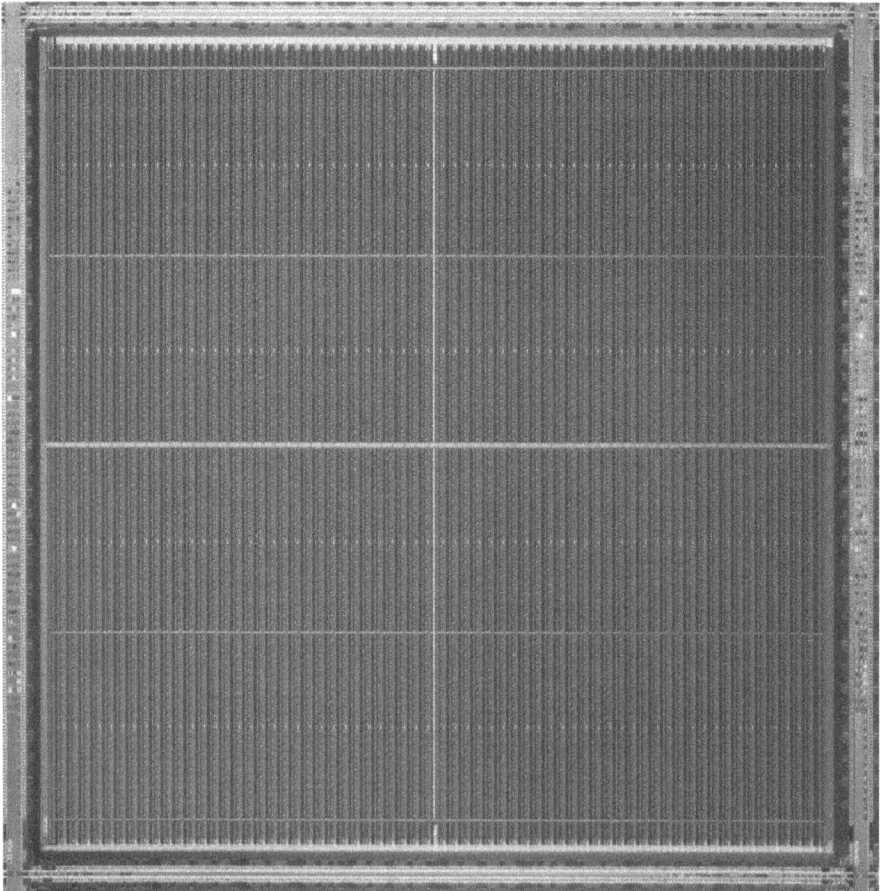

Abb. 3.70: *Chipfoto des Virtex FPGAs (Abdruck mit Genehmigung der Firma Xilinx).*

auch die kapazitive Last ist bei Variante B geringer: Jeder PIP entlang der Verdrahtung fügt seine Source- und Drain-Kapazitäten (einige fF) der gesamten Verdrahtungskapazität hinzu. Auch die nicht benutzten (hochohmigen) PIPs in den C-Boxen entlang des Weges tragen mit ihren Drain-Kapazitäten hierzu bei. Wir werden uns in Kapitel 5 im Rahmen des Zeitverhaltens noch etwas ausführlicher damit beschäftigen. Grundsätzlich kann man aber schon erkennen, dass die Verzögerungszeiten im FPGA davon abhängen, welche Verdrahtungsressourcen benutzt werden. Während bei SPLDs und bei vielen CPLDs das Zeitverhalten *vor* dem Platzieren und Verdrahten (engl.: Place and Route, P&R) schon berechnet werden kann, also vorhersagbar ist, so ist dies bei FPGAs nicht mehr möglich. Das Zeitverhalten ist vom Routing abhängig und kann bei FPGAs erst nach dem P&R berechnet werden; das Timing ist vor dem P&R *nicht* vorhersagbar. Damit stellt sich eine vergleichbare Problematik, wie sie auch bei maskenprogrammierten ASICs vorliegt, und es werden deshalb – wie bei den ASICs – automatische Werkzeuge verwendet, die aus einem platzierten und verdrahteten Entwurf das tatsächliche Zeitverhalten berechnen (so genannte „Timing Analyse", siehe auch Kapitel 4 und 5).

Abschließend sei beispielhaft die Architektur der Virtex-II-FPGA-Familie von Xilinx auszugsweise erläutert, für weitere Informationen sei auf das Datenblatt [107] verwiesen. Es handelt sich bei der Virtex-II-Familie um SRAM-FPGAs, die eine Komplexität von 40.000 (XC2V40) bis 8 Mio. (XC2V8000) „System Gates" aufweisen. Des Weiteren sind dedizierte RAM-Blöcke (Block SelectRAM) in einer Größe von 18 kBit vorhanden, die sich mit verschiedenen Wortbreiten konfigurieren lassen. Je nach Baustein sind 4 bis 168 von diesen RAM-Blöcken vorhanden. Ferner sind 4 bis 168 Hardware-Multiplizierer vorhanden, die zwei vorzeichbehaftete 18-Bit-Zahlen multiplizieren können. In Abbildung 3.71 ist der Aufbau einer Basiszelle (CLB) gezeigt: Während die Virtex-FPGAs aus Abbildung 3.68 2 Slices pro CLB aufweisen, besteht ein Virtex-II-CLB aus 4 Slices und enthält damit insgesamt 8 LUT/Flipflop-Logikzellen. Zu jeder CLB gehört eine „Switch Matrix" (dt.: Schaltmatrix), in der die Funktion der C- und S-Boxen zusammengefasst ist. Innerhalb einer CLB sind Verdrahtungsressourcen vorhanden, die ein lokales Verschalten der Logikzellen ermöglicht („Fast Connects", von LUT-Ausgang zu LUT-Eingang). Weitere lokale Verbindungsressourcen, die über Multiplexer realisiert werden, erlauben beispielsweise

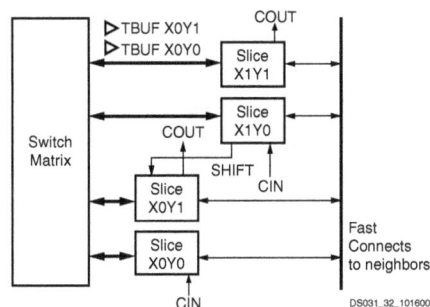

Abb. 3.71: Virtex-II CLB [107].

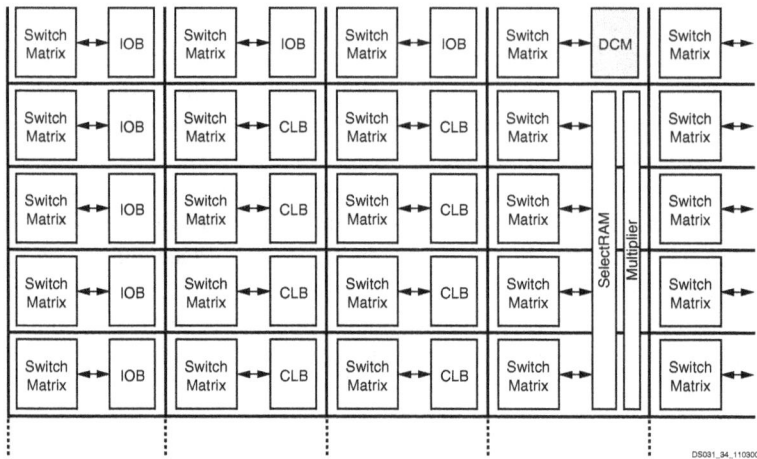

Abb. 3.72: Virtex-II Architektur [107].

die Implementierung von langen Schieberegistern: Hierzu werden die LUTs als 16-Bit-Schieberegister geschaltet und die Kaskadierung aller 8 LUTs einer CLB ergibt dann ein taktsynchrones 128-Bit-Schieberegister. Ebenso kann durch Verschaltung eine so genannte „Carry-Lookahead"-Logik zur schnellen Berechnung des Übertrags bei Verwendung der LUTs als Addierer aufgebaut werden. Die Überträge werden an die nächsten CLBs in der gleichen Spalte weitergereicht.

Die Feldarchitektur des Virtex-II-FPGAs zeigt Abbildung 3.72: Sämtliche funktionalen Elemente (IOBs, CLBs, DCMs, Block SelectRAM und Multiplizierer) sind in einem gleichmäßigen Pitch angeordnet. Bei den IOBs handelt es sich um die Input/Output-Blöcke, welche im nächsten Abschnitt besprochen werden, und bei den DCMs handelt es sich um so genannte „Digital Clock Manager", welche zur Erzeugung von Takten benutzt werden können. Die Block SelectRAMs und die Multiplizierer gehören jeweils zusammen und weisen in vertikaler Richtung einen Pitch von 4 auf. Beide nutzen gemeinsame Verdrahtungsressourcen, so dass in Verbindung mit Addierern, die in benachbarten CLBs implementiert werden, so genannte MAC-Einheiten (eng.: multiply-accumulate) realisiert werden können, die zur digitalen Signalverarbeitung benötigt werden.

Eine Übersicht über die hierarchische Verbindungsarchitektur gibt Abbildung 3.73. Mit Ausnahme der schon erwähnten intra-CLB „Fast-Connects" werden die Verbindungsressourcen über die Schaltmatrizen geführt und weisen unterschiedliche Segmentlängen auf: Jede Spalte und jede Zeile der FPGA-Matrix besteht aus 24 „Long Lines", 120 „Hex Lines" und 40 „Double Lines". Eine „Long Line" ist eine bidirektionale Leitung und kann von jedem Anschlusspunkt aus getrieben werden; sie wird über die ganze Länge des Chips horizontal bzw. vertikal geführt. Je Schaltmatrix sind immer nur 4 von 24 Leitungen angeschlossen, so dass jede Leitung nur jede sechste CLB anschließt (vgl. auch das Beispiel der „Double Lines" in Abbildung 3.69). Bei den „Hex Lines" handelt es sich um uni-

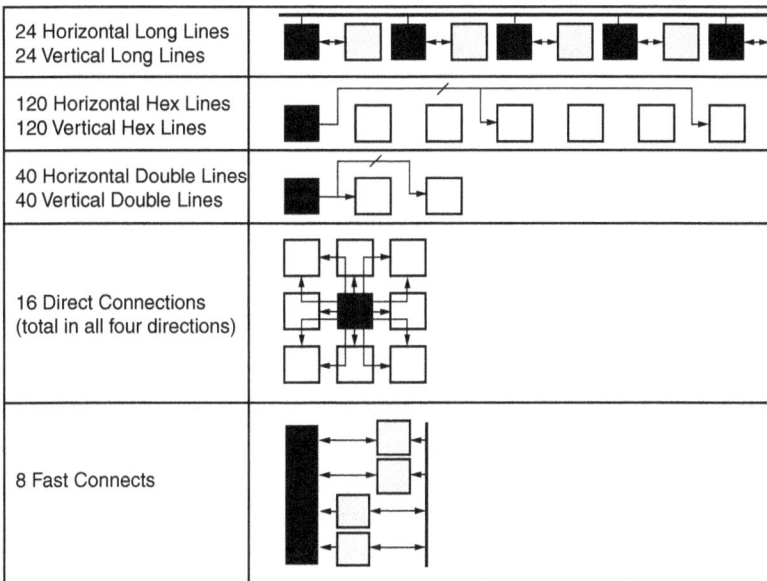

24 Horizontal Long Lines 24 Vertical Long Lines	
120 Horizontal Hex Lines 120 Vertical Hex Lines	
40 Horizontal Double Lines 40 Vertical Double Lines	
16 Direct Connections (total in all four directions)	
8 Fast Connects	

DS031_60_110200

Abb. 3.73: Virtex-II Verbindungsarchitektur [107]: Die globalen Verbindungsressourcen sind in dieser Abbildung nur in horizontaler Richtung graphisch dargestellt. Die gleichen Ressourcen sind auch in jedem vertikalen Kanal vorhanden.

direktionale Leitungen, die nur von einer Seite getrieben werden können. Sie realisieren Verbindungen zu jeder dritten oder sechsten folgenden CLB in einer Spalte oder Zeile. Die „Double Lines" sind ebenfalls unidirektional und verbinden jeweils die nächste und übernächste CLB (im Unterschied zu den „Double Lines" aus Abbildung 3.69, die nur die übernächsten verbinden). Des Weiteren sind pro CLB 16 Leitungen vorhanden, mit denen Verbindungen zu den 8 umliegenden CLBs geschaltet werden können („Direct Connections"). Bei den PIPs der globalen Verbindungsressourcen handelt es sich nicht mehr um einfache Pass-Transistoren, sondern sie sind mit Buffern versehen (wird von Xilinx als „Active Interconnect" bezeichnet).

Neben diesen allgemeinen Verbindungsressourcen existieren noch spezielle Ressourcen („Dedicated Routing"), wie beispielsweise vier Busleitungen pro CLB-Zeile. In jeder CLB sind zwei Bustreiber vorhanden, die auf eine oder zwei der vier Busleitungen geschaltet werden können. Eine weitere wichtige Ressource stellen die Taktsignale dar. Wie wir in Kapitel 5 noch sehen werden, ist es für die Taktverteilung einer synchronen Schaltung sehr wichtig, dass der Takt möglichst zum gleichen Zeitpunkt an allen Flipflops einer Taktdomäne ankommt. Der Zeitunterschied der aktiven Taktflanke zwischen einzelnen Flipflops wird als „Taktversatz" (engl.: clock skew) bezeichnet. Um einen möglichst geringen Taktversatz zu erreichen, werden die Takte in ASICs und PLDs über spezielle Taktleitungen geführt. Als Beispiel ist in Abbildung 3.74 die Taktverteilung im Virtex-II-FPGA gezeigt.

Die Taktleitungen sollten von außen nur über bestimmte Pins (8 oben, 8 unten) zugeführt werden; dies muss beim Leiterplattendesign berücksichtigt werden. Spezielle Taktmultiplexer (BUFGMUX) treiben die globalen Takte auf dem Chip, so dass insgesamt 16 globale und voneinander unabhängige Takte oder „Taktdomänen" verfügbar sind. In jedem Quadranten (NE: NorthEast, SE: SouthEast, SW: SouthWest, NW: NorthWest) können allerdings nur jeweils 8 der 16 Takte verwendet werden. Die Zuordnung und Verschaltung der Takte zu den Quadranten erfolgt über die Taktmultiplexer [106]. Obgleich Takte auch über globale Verbindungsressourcen verdrahtet werden können, empfiehlt es sich für die Taktverteilung nach Möglichkeit die speziellen Taktleitungen zu verwenden, da diese den geringsten Taktversatz aufweisen.

3.8.4   I/O-Blöcke

Im Randbereich der ASICs oder PLDs, vgl. Abbildungen 3.64, 3.70 oder 3.74, finden sich die so genannten Ein-/Ausgangs-Blöcke (engl.: Input/Output-Block, I/O-Block, IOB). Sie sind auf dem Chip jeweils mit einem Pad verbunden. Die Pads wiederum werden über „Bonddrähte" mit den so genannten „Pins" des IC-Gehäuses und damit letztlich mit der Leiterplatte verbunden.

Abbildung 3.75 zeigt den prinzipiellen Aufbau eines IOB, wie er in FPGAs typischerweise verwendet wird. Es handelt sich in der Regel um einen bidirektionalen I/O-Block: Ist der vom Eingang Tristate gesteuerte Tristate-Treiber niederohmig, so kann das Datum an Output über den Pin nach außen, d. h. zu einem anderen IC auf der Leiterplatte, getrieben werden. Ist der Tristate-Treiber hochohmig, so kann von außen ein Datum getrieben werden und über Input oder über ein Flipflop an die Logik im FPGA weitergegeben werden. In der Regel sind in den IOBs Flipflops vorhanden, die über programmierbare Multiplexer

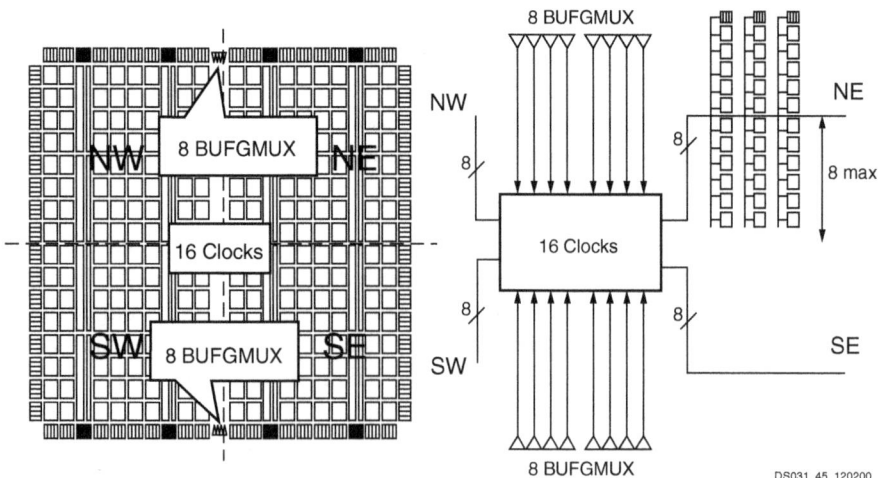

Abb. 3.74: Virtex-II Taktverteilung [107].

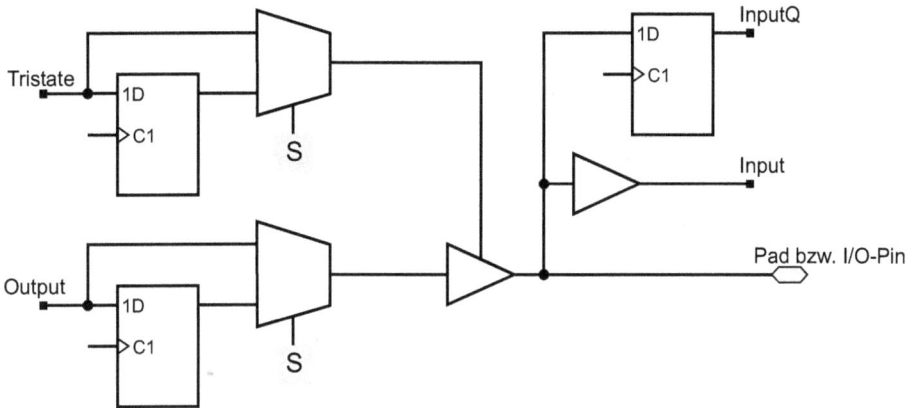

Abb. 3.75: *Prinzipschaltbild eines IOB.*

überbrückt werden können; die Konfiguration der Multiplexer erfolgt wieder über Speicherzellen. Die Flipflops in den IOBs werden dann benutzt, wenn man einen möglichst kurzen Pfad von einem synchronen Speicherelement zu den externen Pins benötigt. Dies wird z. B. in manchen Busprotokollen, wie dem PCI-Bus (Peripheral Component Interconnect Bus), benötigt. Die IOBs können an viele bekannte I/O-Standards durch Programmierung angepasst werden, wie z. B. PCI, LVDS (Low-Voltage Differential Signaling) etc. Darüber hinaus sind auch Pull-Up- und Pull-Down-Widerstände mit programmierbaren Werten am I/O-Pin vorhanden. Programmierbare Widerstände werden auch benutzt, um die externen Leitungen auf der Leiterplatte zur Vermeidung von Signalreflexionen mit einem Abschlusswiderstand zu versehen, so dass hierfür keine externen Bauelemente mehr notwendig sind (digital kontrollierte Impedanz, engl.: Digitally Controlled Impedance, DCI). Die IOBs werden auch über Schaltmatrizen an die globalen Verbindungsleitungen angeschlossen und können so mit den CLBs verbunden werden, siehe Abbildung 3.72.

3.8.5   Entwicklungstrends bei FPGAs

In den vorangegangenen Abschnitten haben wir nur die wesentlichen Ansätze zur Implementierung von FPGAs beschrieben. Daneben existieren viele firmenspezifische Besonderheiten, die alle aufzuzählen im Rahmen des Buches unmöglich wäre. Es wäre vermutlich auch nicht sinnvoll, da die Weiterentwicklung von PLDs eine hohe Dynamik aufweist. Auch die Entwicklung der PLDs folgt dem im ersten Kapitel erwähnten „Moore'schen Gesetz". Damit einher geht über die Zeit gesehen ein enormer Zuwachs an verfügbarer Komplexität, so dass PLDs derzeit Komplexitäten von einigen Millionen Gatterfunktionen aufweisen. Den Zuwachs an Komplexität bei den PLDs nur in ein Mehr an LUTs zu investieren und den grundsätzlichen Aufbau beizubehalten, wäre nicht sehr sinnvoll. Während man vor etwa zwanzig Jahren nur einzelne Steuerwerke in einem PLD implementieren konnte, können heute ganze Systeme auf PLDs implementiert werden. Systeme beste-

hen häufig aus Prozessorsystemen: Dies bedeutet z. B. die Integration von Mikroprozes-
sorkernen, Schnittstellen, Speichern und Bussystemen oder Signalverarbeitungshardware.
Was man früher auf einer Leiterplatte implementiert hatte, wird heute in einem einzigen
Chip integriert. Dieser Trend, der sich auch bei den maskenprogrammierten ASICs zeigt,
muss auch von anwenderprogrammierbaren Bausteinen unterstützt werden. Die Integration von RAM-Speicher, Prozessorkernen und arithmetischen Blöcken, wie z. B. Hardware-
Multiplizierer, ist daher auch in FPGAs seit geraumer Zeit zu beobachten. Des Weiteren
gibt es auch vielfältige Weiterentwicklungen im Bereich der I/Os, so dass hier mittlerweile sehr leistungsfähige differentielle I/O-Schaltungen angeboten werden, mit denen Transceiver für hochbitratige Übertragungsverfahren, wie z. B. „Gigabit Ethernet", auf FPGAs
realisiert werden können (z. B. Altera Stratix GX oder „RocketIO" in den Xilinx „Virtex-II
Pro"-FPGAs). Der Trend geht also von programmierbaren Schaltungen hin zu programmierbaren *Systemen*. Zwangsläufig geht damit eine gewisse Spezialisierung der FPGAs
einher, so dass die einzelnen FPGAs Plattformen für die Implementierung von Systemen
mit gewissen gemeinsamen Merkmalen darstellen. Daher ist auch eine gewisse Diversifi-
zierung bei den FPGAs festzustellen.

Bei der Integration von Prozessorkernen (engl.: processor core) muss zunächst zwischen
so genannten „Soft Cores" und „Hard Cores" unterschieden werden: Soft Cores sind Prozessoren, die mit CLBs realisiert werden. Sie liegen entweder als HDL-Beschreibung oder
als Netzliste vor und können mit Hilfe von EDA-Werkzeugen der Hersteller konfiguriert
werden und zusammen mit dem restlichen Entwurf auf das FPGA geladen werden. Beispiele hierfür wären der „NiosII"-Prozessor von Altera oder der „MicroBlaze"-Prozessor
von Xilinx. Da sie in den CLBs realisiert werden, fällt ihre Leistungsfähigkeit verglichen
mit Hard Cores geringer aus. Hard Cores werden nicht mit CLBs realisiert, sondern stellen
spezielle optimierte Full-Custom-Implementierungen (Hardmakro) dar, die zusammen mit
den FPGA-Strukturen auf einem gemeinsamen Chip integriert werden. Über Bussysteme
kann vom Prozessor aus auf den FPGA-Teil zugegriffen werden. Ein Beispiel hierfür wäre
die „Virtex-II Pro"-Serie von Xilinx, bei der bis zu vier IBM PowerPC Prozessoren integriert werden. Bei dem PowerPC-Prozessor handelt es sich um einen leistungsfähigen 32-
Bit RISC-Prozessor (engl.: Reduced Instruction Set Computer), der mit bis zu 400 MHz
getaktet werden kann. Das Äquivalent von Altera wäre die „Excalibur"-Serie, die einen
ARM922T-Prozessor integriert; hier handelt es sich ebenfalls um einen leistungsfähigen
32-Bit RISC-Prozessor der Firma ARM.

Der grundsätzliche Nachteil von FPGAs besteht darin, dass der größte Teil der Chipfläche
(bis zu 80% und mehr) für die Speicherelemente und Konfigurationslogik benötigt wird.
Dies lässt sich durch eine einfache Überlegung schon für die LUTs zeigen: Da eine LUT 16
Speicherzellen aufweist und pro Speicherzelle 5 bzw. 6 Transistoren benötigt werden, kann
man annehmen, dass eine LUT ungefähr 100 Transistoren benötigt ($n_T = 100$ Transistoren). Da ein Gatteräquivalent GE einem NAND2-Gatter entspricht, kann man für 1 GE 4
Transistoren annehmen oder $c_{ND2} = 1\,GE = 4$ Transistoren. Realisiert eine LUT nur einen
einfachen Inverter, so ergibt dies nur eine Logikkomplexität von $c_{INV} = 2$ Transistoren.
Damit ergibt sich ein Verhältnis der realisierten Logikkomplexität zu den physikalisch vor-

handenen Transistoren in einer LUT von $A = c_{INV}/n_T = 1/50$. Geht man davon aus, dass die LUTs in einem Design eine mittlere Komplexität von $\bar{c} = 5\,\text{GE} = 20$ Transistoren realisieren, so ergibt sich ein mittleres Verhältnis von $\bar{A} = \bar{c}/n_T = 1/5$. Dies bedeutet, dass ein FPGA für die gleiche Logikkomplexität im Schnitt um den Faktor 5 mehr Transistoren benötigt als ein ASIC. Des Weiteren werden natürlich noch weitere Speicherzellen für die programmierbare Verdrahtung benötigt. Hinzu kommt, dass selten alle LUTs und Flipflops in allen CLBs eines FPGAs benutzt werden. Betrachtet man daher die Anzahl der realisierten Logikfunktionen in einem maskenprogrammierten ASIC und einem FPGA und bezieht diese auf die Chipfläche (Logikdichte in $Gatter/mm^2$), so weisen ASICs eine wesentlich höhere Logikdichte auf (c.a. 10-fach [95]). Damit einher geht auch eine höhere Verzögerungszeit (c.a. 3-fach [95]) und eine höhere Verlustleistungsaufnahme von FPGAs im Vergleich mit ASICs. Nicht zuletzt sind die Stückkosten eines FPGAs durch die geringere Logikdichte recht hoch. Daher versuchen die FPGA-Hersteller unter anderem den Ausnutzungsgrad und damit die Logikdichte durch andere CLB-Strukturen zu verbessern, z. B. Altera mit den ALM-CLBs (Adaptive Logic Module). In diesem Zusammenhang kann auch eine gewisse Konvergenz von CPLDs und FPGAs festgestellt werden, da auch teilweise PAL-Logikblöcke in die CLBs der FPGAs integriert werden, z. B. in der APEX-II-Familie von Altera.

Auf der einen Seite stehen also die maskenprogrammierten ASICs, die in der Entwicklung und Herstellung in den neuesten Prozessen sehr teuer sind und sich nur noch bei sehr hohen Stückzahlen (vgl. Abschnitt 3.1) lohnen; auf der anderen Seite stehen die anwenderprogrammierbaren FPGAs, die vergleichsweise ineffizient und pro Stück teuer sind. Wie in Abschnitt 3.6.1 ausgeführt, stellen die teilvorgefertigten und über wenige Masken programmierbaren Gate-Arrays einen Mittelweg zwischen den beiden Extremen dar. Daher werden derzeit von verschiedenen Firmen, z. B. Leopard Logic, unter den Stichworten „strukturierte ASICs" (engl.: structured ASICs) oder „Platform ASICs" hybride Lösungen angeboten, die versuchen, die Vorteile von Anwender- und Maskenprogrammierbarkeit sowie der Integration von Hardmakros zu vereinen. Diese Chips beinhalten neben Hardmakros auch anwenderprogrammierbare FPGA-Strukturen und maskenprogrammierbare Teile. Eine weitere Möglichkeit bieten FPGA-Hersteller durch Migrationsmöglichkeiten von einer FPGA-Implementierung in eine Gate-Array-Implementierung an, z. B. von Altera die Möglichkeit eine Stratix-FPGA-Implementierung direkt in eine Stratix-„HardCopy"-Gate-Array-Implementierung umzusetzen. Die Zukunft wird vermutlich hybriden Plattform-Chips gehören, die effiziente Implementierungen, d. h. maskenprogrammierte Teile, und Flexibilität, d. h. anwenderprogrammierbare Teile, im gleichen Chip vereinen.

FPGAs, insbesondere SRAM-FPGAs, können auch während des Betriebs eines Systems durch einen Prozessor neu konfiguriert werden (dynamische Rekonfiguration oder „runtime reconfiguration"). Es ist bei manchen FPGAs, wie z. B. den Virtex-FPGAs von Xilinx, sogar möglich, nur einen Teil des FPGAs neu zu konfigurieren (partielle Rekonfigurierbarkeit). Mit einem solchen System – bestehend aus Prozessor und FPGA – ist es möglich, im FPGA während der Laufzeit des Systems verschiedene „Programme" in der Hardware auszuführen. Das FPGA wird als „Co-Prozessor" betrieben und kann über den Prozessorbus dynamisch während der Laufzeit des Systems rekonfiguriert werden [67]. Dies wird als „Rekonfigurierbares Rechnen" (engl.: reconfigurable computing) bezeichnet. Ein Problem stellt dabei die Zeit für die Rekonfiguration oder den „Taskwechsel" dar. Zur Lösung des Problems werden so genannte „Multi-Context"-FPGAs vorgeschlagen: Sie besitzen mehr als einen Konfigurationsspeicher, wobei die Funktion des FPGAs durch Auswahl des entsprechenden Konfigurationsspeichers sehr schnell verändert werden kann. Daraus resultiert aber ein hoher Flächenmehraufwand gegenüber konventionellen FPGAs, so dass derzeit nur Prototypen existieren. FPGAs werden auch häufig in Anwendungen genutzt, die eine sehr hohe Rechenleistung benötigen, z. B. Bildverarbeitung, und damit eine parallele Implementierung der Algorithmen in Hardware erfordern (so genannte „Custom Computing Machines" [67]).

3.9   Zusammenfassung zu Kapitel 3

- Ein zentrales Verfahren bei der Herstellung von integrierten Schaltungen ist die *Fotolithographie*. Die hierfür benötigten *Masken* stellen Fixkosten dar und müssen auf das Herstellungsvolumen umgelegt werden.

- ASICs können eingeteilt werden in *maskenprogrammierbare* ASICs und *anwenderprogrammierbare* ASICs. Sind alle Masken kundenspezifisch, so spricht man von einem *Full-Custom-ASIC*; ist nur ein Teil der Masken (hauptsächlich Metallisierungsebenen) kundenspezifisch, so spricht man von einem *Semi-Custom-ASIC*. Anwenderprogrammierbare ASICs werden als *PLDs* oder *programmierbare Bausteine* bezeichnet; es handelt sich um Standard-ICs, welche durch die Programmierung ihre anwenderspezifische Funktion erhalten.

- Bei der Auswahl einer Implementierungsform für ein ASIC spielen in erster Linie ökonomische Gesichtspunkte eine Rolle. Bei geringen Stückzahlen und für das Prototyping sind PLDs sinnvoll, bei sehr hohen Stückzahlen Full-Custom-ASICs. Semi-Custom-ASICs sind für mittlere Stückzahlen sinnvoll.

- ASICs und PLDs werden heute in *CMOS-Schaltungstechnik* implementiert, hauptsächlich aufgrund der geringen Leistungsaufnahme. Sie sind aus *NMOS- und PMOS-FETs* aufgebaut. Es handelt sich dabei um *Feldeffekttransistoren*, bei denen die *Leitfähigkeit des Kanals* durch eine Spannung am steuernden *Gate* verändert werden kann. Durch Einstellung der *Schwellspannung* können *selbstleitende* oder *selbstsperrende* NMOS- und PMOSFETs hergestellt werden.

- Komplementäre Logikgatter bestehen aus einem Pull-Up-Netzwerk (PMOS) und einem Pull-Down-Netzwerk (NMOS), die zueinander komplementäre Schaltfunktionen realisieren. Die Logikpegel '1' und '0' entsprechen der positiven Versorgungsspannung (U_{dd}) bzw. der negativen Versorgung (*Gnd*). Daraus resultiert ein hoher *Störabstand*. Die Logikpegel sind nicht abhängig von der Dimensionierung der MOSFETs und damit dem Widerstandsverhältnis der MOSFETs. Im statischen

Fall existiert entweder ein niederohmiger Pfad von U_{dd} oder von *Gnd* zum Ausgang. Damit ergibt sich ein niedriger Ausgangswiderstand. Der Eingangswiderstand des Gatters ist extrem hoch, da die Gates der MOSFETs vom Kanal und damit vom Ausgang des Gatters durch das Gateoxid isoliert sind. Im statischen Fall existiert kein niederohmiger Pfad zwischen U_{dd} und *Gnd*, da entweder das Pull-Down- oder das Pull-Up-Netzwerk gesperrt ist. Hieraus folgt eine sehr niedrige Ruhestromaufnahme.

- Das dynamische Verhalten von CMOS-Gattern kann durch ein *lineares Verzögerungsmodell* beschrieben werden. Die Verzögerungszeiten sind linear abhängig von der Lastkapazität C_L am Ausgang des Gatters und können durch

$$t_{PHL} = \frac{1{,}6}{\beta_n \cdot U_{dd}} \cdot C_L \quad \text{und} \quad t_{PLH} = \frac{1{,}6}{\beta_p \cdot U_{dd}} \cdot C_L$$

näherungsweise berechnet werden.

- Die *Energieaufnahme* einer CMOS-Schaltung ist im Wesentlichen bestimmt durch die dynamische Stromaufnahme. Die dynamische Energieaufnahme $E_{tot,S}$ ist abhängig von der Versorgungsspannung U_{dd} und der Anzahl N der Schaltvorgänge, mit der die Lastkapazitäten $C_{L,i}$ auf- und entladen wurden, und kann durch

$$E_{tot,S} = \sum_{Gatter} N_i \cdot C_{L,i} \cdot U_{dd}^2$$

berechnet werden. Der mittlere *Leistungsverbrauch* kann aus dem Energieverbrauch berechnet werden, wenn bekannt ist, wie häufig das Gatter pro Sekunde schaltet. Der mittlere Leistungsverbrauch $\overline{P}_{dyn,G}$ eines Gatters kann durch

$$\overline{P}_{dyn,G} = f_G \cdot C_L \cdot U_{dd}^2$$

berechnet werden, wobei f_G die Schaltfrequenz des Gatters ist.

- Neben komplementären Gattern können Logikfunktionen auch durch *Pass-Transistoren* und *Transmission-Gates* realisiert werden. Transmission-Gates bestehen aus einem NMOSFET und einem PMOSFET und weisen ein besseres statisches und dynamisches Verhalten als Pass-Transistoren auf. Beide Bauformen schalten – im Gegensatz zu komplementären Logikgattern – keine Verbindung zur Versorgung und können als widerstandbehafteter Schalter aufgefasst werden.

- *Tri-State-Inverter* realisieren neben der Inverterfunktion noch einen hochohmigen Zustand am Ausgang, was durch einen zusätzlichen Eingang gesteuert wird.

- *Latches* sind taktzustandsgesteuerte Speicherelemente; sie weisen einen transparenten Zustand auf. *Flipflops* sind taktflankengesteuert und können aus zwei Latches aufgebaut werden. Sie übernehmen neue Daten mit der steigenden oder fallenden Flanke und weisen, im Gegensatz zu einem Latch, keinen transparenten Zustand auf.

- Bei Latches und Flipflops muss eine *Setup- und Hold-Zeit* eingehalten werden. Beide Zeiten definieren ein *Entscheidungsfenster* um die aktive Taktflanke herum. Während dieses Entscheidungsfensters dürfen sich die Daten am Eingang nicht ändern.

- Ändern sich die Daten dennoch im Entscheidungsfenster, beispielsweise durch die Abtastung eines asynchronen Signals, so kann das Speicherelement einen *metastabilen Zustand* einnehmen. Dies führt zu einer Verlängerung der normalen *Verzögerungszeit* des Flipflops oder Latches. Nach einer gewissen Wartezeit nimmt das Speicherelement wieder einen gültigen Logikzustand ein. Diese Wartezeit kann durch eine Serienschaltung von mehreren Flipflops erhöht werden. Da die Häufigkeit des Auftretens von *Synchronisationsfehlern* exponentiell von dieser Wartezeit abhängt, können schon wenige Flipflops zu einer sehr geringen Häufigkeit führen. Synchronisationsfehler lassen sich jedoch nie vollständig vermeiden.

- Die Programmierungstechnologien von PLDs beruhen auf *Halbleiterspeichern* (Matrixspeichern). *SRAM* ist ein flüchtiger Schreib-/Lesespeicher, der in einer Standard-CMOS-Technologie kostengünstig realisiert werden kann; allerdings ist keine permanente Speicherung der Daten möglich. Dies ist möglich, wenn Speicherzellen mit *Floating-Gate-Transistoren* benutzt werden, die allerdings nicht mehr in Standard-CMOS-Prozessen hergestellt werden können. Hierzu zählen *EPROM-*, *EEPROM-* und *Flash-Speicherzellen*, die eine reversible und permanente Speicherung ermöglichen. Eine permanente Speicherung von Daten ist auch mit *Antifuses* möglich, ihre Programmierung ist allerdings irreversibel. Konzeptionell kann man sich ein PLD aus zwei Ebenen aufgebaut vorstellen: Die *Konfigurations- oder Programmierungsebene* besteht aus einem Matrixspeicher in einer SRAM-, Floating-Gate- oder Antifuse-Technologie und die *funktionale Ebene* besteht aus den (programmierbaren) Logikzellen und der (programmierbaren) Verdrahtung.

- *PALs* und *PLAs* gehören zur Klasse der *SPLDs* und realisieren Schaltfunktionen in programmierbaren UND/ODER-Matrizen. Während bei PLAs beide Matrizen programmiert werden können, sind bei PALs nur die UND-Matrizen programmierbar (Produktterme). *CPLDs* bestehen aus mehreren PAL- oder PLA-Strukturen und entsprechenden Verbindungsressourcen.

- *FPGAs* weisen viel kleinere Basiszellen als CPLDs auf und damit eine feingranulare Feldarchitektur. Die Logikfunktionen werden – in Abhängigkeit von der Programmierungstechnologie – durch Verschaltung von *Multiplexern* realisiert oder durch *Look-Up-Tabellen*.

- Aufgrund der feingranularen Feldarchitektur kommt dem Aufbau der Verbindungsleitungen bei FPGAs besondere Bedeutung zu. Zumeist wird eine hierarchische, *segmentierte Verbindungsarchitektur* benutzt. Man unterscheidet zwischen kurzen lokalen Verbindungen und globalen Verbindungen. Für letztere werden Segmente mit unterschiedlichen Längen bereitgestellt, die über programmierbare Verbindungspunkte verschaltet werden können.

3.10 Übungsaufgaben

Aufgabe 3.1:
Berechnen Sie die äquivalenten Widerstände R_p und R_n für die Verzögerungszeiten t_{PHL} und t_{PLH} eines CMOS-Inverters. Verwenden Sie hierfür die Prozessparameter und Dimensionierungen aus Beispiel 3.2. Berechnen Sie anschließend die Verzögerungszeiten für $C_L = 15$ fF und $C_L = 45$ fF unter Verwendung der äquivalenten Widerstände.

Aufgabe 3.2:
Stellen Sie das „lineare Verzögerungsmodell" eines CMOS-Inverters als Graphen einer Funktion $t_d = t_{PHL} = t_{PLH} = f(C_L)$ dar. Benutzen Sie hierfür die Prozessparameter und Dimensionierungen aus Beispiel 3.2 und variieren Sie C_L von 0 fF bis 100 fF.

Aufgabe 3.3:
Gegeben sei ein CMOS-Prozess mit einer Schwellspannung von $U_{th} = 0{,}5$ V. Eine in diesem Prozess implementierte digitale Schaltung werde bei $U_{dd} = 3$ V mit der maximalen Taktfrequenz von $f_{max} = 100$ MHz betrieben. Schätzen Sie ab, mit welcher Taktfrequenz die Schaltung betrieben werden kann, wenn die Versorgungsspannung auf $U_{dd} = 1$ V reduziert wird.

Aufgabe 3.4:
Gegeben sei ein Takttreiber, der die Taktleitung eines ASICs treibt. Die Taktleitung weist eine Kapazität von $C_L = 5$ pF auf, die Schaltung werde bei $U_{dd} = 3$ V betrieben und mit $f = 100$ MHz getaktet. Welche dynamische Leistung P_1 wird durch den Takttreiber verbraucht? Durch Senkung der Versorgungsspannung auf $U_{dd} = 1$ V wird die Taktfrequenz auf $f = 10$ MHz gesenkt. Berechnen Sie nun die dynamische Leistungsaufnahme P_2.

Aufgabe 3.5:
Gegeben sei ein ASIC, das eine Leistungsaufnahme von 45 mW bei Betrieb aus einer 3 V-Batterie aufweist; die Kapazität der Batterie beträgt 2000 mAh. Wie lange können Sie das ASIC an dieser Batterie betreiben?

Aufgabe 3.6:
Zeichnen Sie die Transistorschaltung eines komplementären statischen CMOS-Gatters, das eine XOR-Funktion (Antivalenz, Exklusiv-OR) von zwei Eingängen $y = x_1 \oplus x_2$ realisiert.

Aufgabe 3.7:
Konstruieren Sie ein XOR-Gatter $y = x_1 \oplus x_2$ und ein XNOR-Gatter (Äquivalenz) $y = x_1 \equiv x_2$ von jeweils zwei Eingängen, indem Sie Inverter und Transmission-Gates benutzen. Zeichnen Sie jeweils die Transistorschaltung und diskutieren Sie Vor- und Nachteile gegenüber einer komplementären statischen Lösung.

Aufgabe 3.8:
Zeichnen Sie ein Flipflop, das mit der fallenden Flanke Daten übernimmt, als Verschaltung von zwei Multiplexern (wie in Abbildung 3.34). Auf welche Flanke und auf welches der beiden Latches bezieht sich die Setup- und Hold-Zeit?

Aufgabe 3.9:
Es sei ein asynchrones Signal zu synchronisieren. Die synchrone Schaltung werde mit einer Taktfrequenz von 1 GHz betrieben und die Datenrate des asynchronen Signals beträgt 500 MHz. Gefordert wird ein mittlerer Zeitabstand zwischen zwei Synchronisationsfehlern von $1 \cdot 10^9$ Jahren. Im von Ihnen verwendeten FPGA stehen zwei Flipfloptypen zur Verfügung mit $\tau_1 = 50$ ps und $\tau_2 = 25$ ps, für beide sei die Metastabilitäts-Apertur $T_0 = 0,1$ ps. Welchen Flipfloptyp würden Sie für die Synchronisation auswählen und wie viele Flipflops werden für die Synchronisation benötigt, wenn die Flipflops mit der vollen Taktfrequenz betrieben werden sollen?

Aufgabe 3.10:
Es sei ein Speicherblock als SRAM-Matrixspeicher für ein FPGA zu entwickeln. Die gesamte Kapazität des Speichers beträgt 18 kBit = 18.432 Bit, die Wortbreite sei $w = 18$ Bit und die Zellgröße beträgt 1 μm^2. Geben Sie eine Organisation des Speichers in Spalten und Zeilen an, so dass eine möglichst quadratische Form der Matrix entsteht. Legen Sie hierzu die Anzahl der Adressbits für den Zeilen- und den Spaltendecoder fest. Wie viele Spaltenmultiplexer werden benötigt und wie viele Spalten sind im Spaltenmultiplexer zu schalten? Das FPGA weise eine Chipgröße von 2 cm^2 auf. Wieviel Prozent der Chipfläche belegt der SRAM-Block?

Aufgabe 3.11:
Es sei die Boole'sche Funktion $y = (c \wedge b) \vee (\overline{c} \wedge a)$ in den Basiszellen eines Multiplexer-FPGAs (Basiszelle: Zweistufige MUX-Zelle nach Abbildung 3.66) und eines SRAM-FPGAs zu realisieren (Basiszelle: 4-LUT nach Abbildung 3.67). Geben Sie die Verschaltung der Multiplexer sowie die Verschaltung und den Inhalt der LUT an.

4 Von der Register-Transfer-Ebene zur Gatterebene

Beim Entwurf von digitalen Schaltungen bedeutet der Begriff *Synthese* die automatische Umsetzung einer Darstellung der Schaltung auf einer Abstraktionsebene in eine Darstellung auf der nächst tieferen Abstraktionsebene. Während die Umsetzung von der algorithmischen Ebene auf die RT-Ebene durch die so genannte „High-Level Synthese" (auch „Architektursynthese" oder „Behavioral Synthesis") vorgenommen wird, wird die Umsetzung von der *technologieunabhängigen* RT-Ebene auf die *technologieabhängige* Gatterebene als Logiksynthese (teilweise auch als RTL-Synthese) bezeichnet. In diesem Kapitel soll zunächst die Funktionsweise der Logiksynthese übersichtsmäßig erläutert werden. Für eine genauere Darstellung der verschiedenen Synthesealgorithmen sei z. B. auf [93, 22, 63] verwiesen. In den darauf folgenden Abschnitten werden wir anhand eines Beispiel-Prozessors die RTL-Beschreibung und Synthese von typischen Komponenten, wie sie häufig in digitalen Entwürfen auftreten, darstellen. Abschließend werden einige Gesichtspunkte für effizientes RTL-Design erläutert.

4.1 Einführung in die Logiksynthese

Die Logiksynthese führt über mehrere Schritte zu einer optimierten Implementierung der Schaltung in der Zieltechnologie: Zunächst wird der VHDL-Code in eine *technologieunabhängige* Darstellung mit Logikgattern und Makros übersetzt (engl.: RTL Translation). Sind Schaltwerke in der RTL-Beschreibung enthalten, so werden diese durch die *Schaltwerkssynthese* optimiert. Diese beiden ersten Schritte werden zum Teil auch als „RTL-Synthese" bezeichnet. Die nachfolgende *Logikoptimierung* versucht nun die im ersten Schritt gewonnene technologieunabhängige Realisierung so umzuformen, dass eine optimale Umsetzung in die Zieltechnologie im Rahmen der *Technologieabbildung* möglich ist. Integraler Bestandteil der beiden letzten Schritte ist die *Timing-Analyse*. Nach der Technologieabbildung liegt eine optimierte Netzliste mit Bauelementen der Zieltechnologie vor, die dann platziert und verdrahtet werden kann. Das Optimierungsziel der Logiksynthese ist es, eine Implementierung zu erhalten, die möglichst wenig Ressourcen (Gatter, Flipflops) benötigt und die zeitlichen *Randbedingungen*, wie z. B. die maximale Taktfrequenz, erfüllt. Diese Randbedingungen (engl.: constraints) müssen vom Benutzer zur Steuerung der Synthese vorgegeben werden.

Mit dem Begriff Logiksynthese wird der gesamte Ablauf von der Übersetzung des VHDL-Codes bis zur Technologieabbildung bezeichnet [63]. Im Folgenden sollen die einzelnen

Schritte anhand von Beispielen etwas genauer betrachtet werden. Für die ASIC-Synthese hat sich über viele Jahre der „Design Compiler" der Firma Synopsys als wesentliches Werkzeug in der Industrie etabliert. Für die PLD-Synthese werden von den Herstellern, wie Altera oder Xilinx, zumeist eigene Werkzeuge angeboten. Darüber hinaus gibt es auch herstellerunabhängige PLD-Synthesewerkzeuge, beispielsweise von der Firma Mentor Graphics. Für die Beispiele im vorliegenden Buch wurden als Synthesewerkzeuge „LeonardoSpectrum" [48] von Mentor Graphics und „XST" [104] von Xilinx eingesetzt.

4.1.1   Übersetzung und Inferenz des VHDL-Codes

Wie schon in Kapitel 2 gezeigt, können nicht alle VHDL-Konstruktionen in Hardware umgesetzt werden. Im ersten Schritt der Logiksynthese, der Übersetzung des VHDL-Codes, wird der Code nach einer syntaktischen und hierarchischen Analyse (häufig als „analyze" bezeichnet) in eine so genannte „generische" Darstellung mit Gattern und Makros übersetzt (häufig als „elaborate" bezeichnet). Der Begriff „generisch" bedeutet hier, dass die Darstellung zunächst in einer *technologieunabhängigen* Implementierung mit Gattern und Flipflops aus einer generischen Bibliothek des Synthesewerkzeuges erfolgt. Im Rahmen dieses Schrittes erfolgt zumeist auch schon die Schaltwerkssynthese, die im nächsten Abschnitt besprochen werden soll. Während die Analyse im Wesentlichen den Vorgängen bei der Erstellung eines Simulationsmodells entspricht, so realisiert die Elaboration bei der Synthese die eigentliche Übersetzung des VHDL-Codes in Hardware. Nicht synthesefähige oder zweifelhafte Konstruktionen werden hier aufgedeckt und als Fehler oder Warnung vom Synthesewerkzeug gemeldet. Das Ergebnis dieses Schrittes ist entscheidend für die Qualität der späteren Gatterrealisierung: Eine ineffiziente VHDL-Beschreibung kann erfahrungsgemäß auch durch die nachfolgende Logikoptimierung nicht mehr in eine leistungsfähige Hardware umgesetzt werden. Zumeist bieten die Synthesewerkzeuge die Möglichkeit, das Ergebnis dieses ersten Schrittes zu betrachten. Der Benutzer sollte von dieser Möglichkeit unbedingt Gebrauch machen, da sich ein ineffizienter VHDL-Code in dieser Darstellung am besten analysieren lässt.

Listing 4.1: *Komparator und Flipflop*

```
0    LIBRARY ieee;
1    USE ieee.std_logic_1164.all;
2
3
4    ENTITY compare IS
5      PORT(
6        a   : IN      std_logic_vector (1 DOWNTO 0);
7        b   : IN      std_logic_vector (1 DOWNTO 0);
8        clk : IN      std_logic;
9        res : IN      std_logic;
10       y   : OUT     std_logic
11     );
12   END compare ;
13
14   ARCHITECTURE beh OF compare IS
15     SIGNAL q : std_logic;
```

```
16   BEGIN
17
18     comp: PROCESS (clk, res)
19     BEGIN
20       IF res = '1' THEN
21         q <= '0';
22       ELSIF clk'event AND clk = '1' THEN
23         IF a > b THEN
24           q <= '0';
25         ELSE
26           q <= '1';
27         END IF;
28       END IF;
29     END PROCESS comp;
30
31     y <= q;
32
33   END beh;
```

Der Vorgang des Übersetzens einer VHDL-Beschreibung sei anhand des Beispiels aus Listing 4.1 demonstriert: Es handelt sich um ein Flipflop (Signal q), das in Abhängigkeit vom Vergleich (Komparator) der Vektoren a und b gesetzt oder rückgesetzt wird. Abbildung 4.1 zeigt das Ergebnis des Übersetzens mit dem Synthesewerkzeug LeonardoSpectrum. Der relationale „Größer"-Operator „>" wird zunächst durch ein entsprechendes „Black Box"-Makro dargestellt, das erst während der Logikoptimierung und Technologieabbildung durch eine für die Zieltechnologie optimierte Implementierung ersetzt wird. Da dieses Makro eine '1' liefert, wenn a > b ist, muss das Ergebnis invertiert werden, bevor es dem Flipflop zugeführt werden kann. Bei dem Inverter und dem Flipflop in Abbildung 4.1 handelt es sich um Komponenten aus der generischen Bibliothek des Synthesewerkzeuges. Der Vorgang des Erkennens von Makros während der Elaboration des HDL-Codes wird im Englischen als „inference" bezeichnet (dt.: Schlussfolgerung) bezeichnet und daher häufig deutschsprachig als „Inferenz". Neben den relationalen und arithmetischen Operatoren sowie den Schiebeoperatoren können beispielsweise auch Flipflops, Latches, Register, Tristates/Busse, Multiplexer, Decoder, Zähler, Schaltwerke, RAM und ROM aus dem HDL-Code „inferiert" werden. Listing 4.2 zeigt einen Auszug aus dem Ergebnisbericht des Synthesewerkzeugs XST für das Beispieldesign aus Listing 4.1. Wie

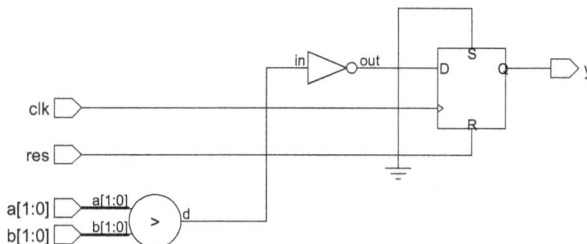

Abb. 4.1: *Ergebnis der Übersetzung: Inferenz von Komparator und Flipflop (LeonardoSpectrum).*

daraus hervorgeht, erkennt („inferred") XST die gleichen Makros wie LeonardoSpectrum,
nämlich ein Flipflop („1-bit register") und einen Komparator („2-bit comparator greater").

Listing 4.2: XST-Synthesebericht für das Beispiel aus Listing 4.1 (Auszug)

```
0    Synthesizing Unit <compare>.
1        Related source file is C:/compare_beh.vhd.
2        Found 2-bit comparator greater for signal <$n0002> created at line 23.
3        Found 1-bit register for signal <q>.
4        Summary:
5            inferred    1 D-type flip-flop(s).
6            inferred    1 Comparator(s).
7    Unit <compare> synthesized.
8
9    Macro Statistics
10   # Registers                         : 1
11     1-bit register                    : 1
12   # Comparators                       : 1
13     2-bit comparator greater          : 1
```

Weitere Beispiele zur Inferenz werden in späteren Abschnitten noch gezeigt. Damit die Inferenz funktioniert, muss der HDL-Code nach bestimmten „Mustern" geschrieben werden. Die meisten Synthesewerkzeuge halten sich dabei an die gleichen Muster, so dass der HDL-Code auch auf verschiedenen Werkzeugen synthetisiert werden kann. Es empfiehlt sich jedoch, die Handbücher der Synthesewerkzeuge diesbezüglich zu konsultieren. Der Vorteil der Inferenz eines Makros ist es, dass der HDL-Code technologieunabhängig und damit portabel ist und dennoch eine optimierte Implementierung gefunden werden kann. Effizienter HDL-Code zeichnet sich unter anderem dadurch aus, dass ein großer Teil des Codes zur Inferenz von Makros führt. Hält man sich nicht an die – auch in diesem Buch vorgestellten – empfohlenen Muster oder codiert man sehr „kompliziert", beispielsweise durch stark verschachtelte IF-Konstruktionen, so wird das Synthesewerkzeug Schwierigkeiten haben, entsprechende Makros zu inferieren. In diesen Fällen sollte man den Code überdenken und eventuell neu schreiben. Bei der Übersetzung und Inferenz des HDL-Codes zeigt sich sehr deutlich, ob der Entwerfer beim Schreiben des Codes eine Vorstellung von der resultierenden Hardware hatte oder eher mit einer „Software-Attitüde" codiert hat.

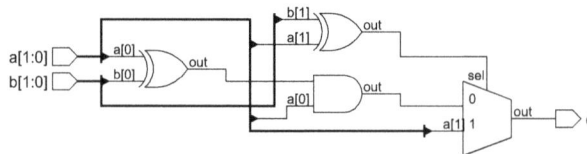

Abb. 4.2: Implementierung des Komparators: Ist $a[1] \oplus b[1] = '1'$, so sind a und b in der höchsten Stelle (MSB) ungleich und es wird $a[1]$ auf den Ausgang geschaltet ($a[1] = '0' \Rightarrow a < b$; $a[1] = '1' \Rightarrow a > b$). Bei Gleichheit des MSB wird das LSB verglichen. Ist $a[0] \oplus b[0] = '0'$, so sind beide LSBs gleich und damit ist $a = b$, der Ausgang wird auf '0' gesetzt. Bei Ungleichheit des LSBs wird $a[0]$ über das UND-Gatter auf den Ausgang geschaltet ($a[0] = '0' \Rightarrow a < b$; $a[0] = '1' \Rightarrow a > b$). Bei $a \leq b$ ist der Ausgang des Komparators '0' und bei $a > b$ ist der Ausgang '1'.

Eine mögliche Implementierung des „Größer"-Makros ist in Abbildung 4.2 gezeigt. Für ein Makro können verschiedene Implementierungen (schnelle Implementierung, Implementierung mit geringster Anzahl an Ressourcen) existieren. Welche davon ausgewählt wird, hängt im Wesentlichen von den vom Benutzer vorgegebenen Randbedingungen für die Logikoptimierung und der gewählten Zieltechnologie ab. Daher wird die in Abbildung 4.2 gezeigte Implementierung erst zu Beginn der Logikoptimierung eingesetzt.

Kann eine bestimmte Makro-Funktion nicht über Inferenz gefunden werden, so ist es möglich, eine optimierte, technologieabhängige Implementierung im HDL-Code zu *instanzieren*. Hierzu bieten die PLD- und ASIC-Hersteller so genannte „Generatoren" an, z. B. der „Core Generator" von Xilinx, mit denen eine optimierte Netzliste für die Platzierung und Verdrahtung sowie ein HDL-Simulationsmodell erzeugt werden können. Die Verwendung eines instanzierten Makros wird in einem späteren Abschnitt demonstriert werden. Nachteilig an der Instanzierung von Makros im HDL-Code ist es, dass der Code nun *technologieabhängig* und damit nicht mehr einfach portierbar ist. Ein Beispiel für ein solches Makro wäre die ganzzahlige Division; dies ist eine Operation, welche von den Synthesewerkzeugen über die Inferenz nicht unterstützt wird. Darüber hinaus bieten die Hersteller auch komplexere Makros für die Signalverarbeitung oder die Kommunikationstechnik an sowie häufig benötigte Funktionen wie FIFOs oder Bus-Interfaces.

4.1.2 Schaltwerkssynthese

Die schon in den vorangegangenen Kapiteln angesprochenen Schaltwerke [40, 83] stellen eine der wesentlichen Baugruppen in digitalen Systemen dar. Es handelt sich dabei um Hardwareimplementierungen von „endlichen Automaten" [71] (engl.: FSM, Finite State Machine). Schaltwerke weisen im Gegensatz zu Schaltnetzen ein speicherndes Verhalten auf, das durch ein Zustandsregister wie in Abbildung 4.3 realisiert wird.

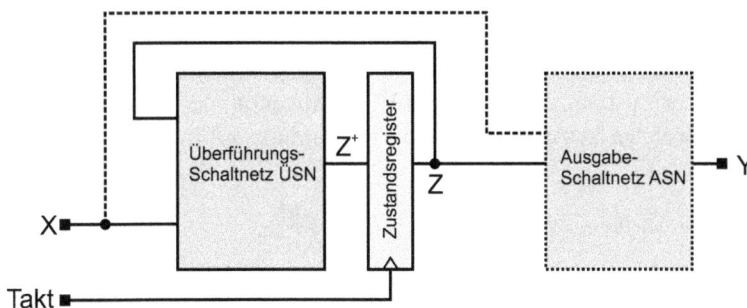

Abb. 4.3: Schaltwerkstypen: Medwedjew-, Moore- und Mealy-Schaltwerk.

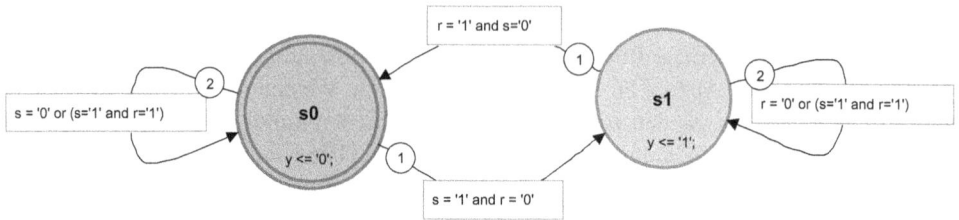

Abb. 4.4: *Beispiel Zustandsgraph*

Die Überführungsfunktion (oder das Überführungsschaltnetz) ist eine Boole'sche Funktion $Z^+ = f(X,Z)$, welche den im nächsten Taktschritt einzunehmenden Zustand Z^+ des Schaltwerks in Abhängigkeit vom Wert am Eingang X und dem Wert des aktuellen Zustands Z berechnet. Beim *Moore*-Schaltwerk ist das Ausgabeschaltnetz eine Boole'sche Funktion $Y = g(Z)$, die die Ausgabe des Schaltwerks am Ausgang Y in einem Zustand berechnet. Ein Spezialfall eines Moore-Schaltwerkes stellt das *Medwedjew*-Schaltwerk dar, wenn kein ASN benötigt wird und somit $Y = Z$ ist. Das *Mealy*-Schaltwerk ist eine Erweiterung des Moore-Schaltwerks, bei welchem die Ausgabe auch vom Wert des Eingangs abhängt: $Y = g(X,Z)$. Die Funktion eines Schaltwerks kann durch einen Zustandsgraphen (oder Zustandsübergangsdiagramm) dargestellt werden, wie im Beispiel von Abbildung 4.4 gezeigt. Der Graph besteht aus Knoten (Zustände) und gerichteten Kanten (Zustandsübergänge). Das Beispiel-Schaltwerk weist zwei Zustände auf: $s0$ und $s1$. Da es sich um ein Moore-Schaltwerk handelt, gibt es jeweils nur eine vom Zustand abhängige Ausgabe: $s0 \rightarrow y = '0'$ und $s1 \rightarrow y = '1'$. Vom Zustand $s0$ gibt es einen Übergang in den Zustand $s1$, wenn für die Eingänge $X = \{r,s\} = 01$ gilt, in allen anderen Fällen verbleibt das Schaltwerk im Zustand $s0$. In ähnlicher Weise gibt es aus dem Zustand $s1$ nur dann einen Übergang nach $s0$ wenn $X = \{r,s\} = 10$ gilt.

Ein solcher Zustandsgraph kann nun in eine VHDL-Beschreibung nach Listing 4.3 umgesetzt werden. Manche EDA-Werkzeuge bieten eine automatische Umsetzung solcher Zustandsgraphen in VHDL-Code an; z. B. der „HDL Designer" von Mentor Graphics, mit welchem die Beispiele in diesem Buch realisiert wurden. Der aktuelle Zustand Z wird dabei durch das Signal `current_state` realisiert und der neue Zustand Z^+ durch das Signal `next_state`. Der Prozess `statereg` realisiert das Zustandsregister und der Prozess `nextstate` realisiert das Überführungs- und Ausgabeschaltnetz. Der Grundzustand des Schaltwerks ist der Zustand, der bei einem Reset eingenommen wird. Dies ist im Beispiel der Zustand $s0$, welcher aus diesem Grund in Abbildung 4.4 durch einen doppelten Kreis dargestellt ist.

Listing 4.3: *VHDL-Code für das Schaltwerksbeispiel*

```
0    LIBRARY ieee;
1    USE ieee.std_logic_1164.ALL;
2
3    ENTITY fsm1 IS
4      PORT(
```

```
5        clk : IN      std_logic;
6        r   : IN      std_logic;
7        res : IN      std_logic;
8        s   : IN      std_logic;
9        y   : OUT     std_logic
10       );
11   END fsm1 ;
12
13   ARCHITECTURE beh OF fsm1 IS
14
15      CONSTANT s0 : std_logic := '1';
16      CONSTANT s1 : std_logic := '0';
17
18      SIGNAL current_state : std_logic ;
19      SIGNAL next_state : std_logic ;
20
21   BEGIN
22
23      statereg : PROCESS(clk, res)
24      BEGIN
25        IF (res = '1') THEN
26           current_state <= s0;
27        ELSIF (clk'event AND clk = '1') THEN
28           current_state <= next_state;
29        END IF;
30      END PROCESS statereg;
31
32      nextstate : PROCESS (current_state, r, s)
33      BEGIN
34        y <= '0';
35        next_state <= current_state;
36        CASE current_state IS
37          WHEN s0 =>
38             y <= '0';
39             IF (s = '1' AND r = '0') THEN
40                next_state <= s1;
41             END IF;
42          WHEN s1 =>
43             y <= '1';
44             IF (r = '1' AND s='0') THEN
45                next_state <= s0;
46             END IF;
47          WHEN OTHERS => NULL;
48        END CASE;
49      END PROCESS nextstate;
50
51   END beh;
```

Bei einem Schaltwerk mit n Zuständen sind $k \geq \lceil \log_2 n \rceil$ Bits für das Zustandsregister notwendig – im Beispiel von Abbildung 4.4 also mindestens 1 Bit. Bei der Umsetzung eines Schaltwerks, das durch einen Graphen oder durch einen VHDL-Code spezifiziert wurde, sind zwei Probleme zu lösen: Die *Zustandsminimierung* und die *Zustandscodierung*. Da die Anzahl der Bits und damit die Anzahl der Flipflops im Zustandsregister von der Anzahl der Zustände abhängt, kann versucht werden, die Anzahl der benötigten Zustände zu minimieren. Zwei Zustände sind dann äquivalent, wenn sie bei gleicher Eingabe denselben Ausgabewert und denselben Folgezustand aufweisen. Äquivalente Zustände können zu einem Zustand zusammengefasst werden. Nicht alle Synthesewerkzeuge verfügen über Algorithmen zur Zustandsminimierung, so dass in diesen Fällen die Anzahl der Zustände manuell beim Entwurf des Schaltwerks minimiert werden muss. Algorithmen zur Zustandsminimierung sind z. B. in [22] beschrieben. Der wichtigste Schritt bei der Schaltwerkssynthese ist die Zustandscodierung und bedeutet, den *symbolischen* Schaltwerkszuständen (im Beispiel $s0$ und $s1$) unterschiedliche *binäre* Codes der Länge k zuzuweisen. Die Zustandscodierung ist entscheidend für den Resourcenverbrauch und die Verzögerungszeit oder die maximale Taktrate des Schaltwerks, da die Boole'schen Funktionen des ÜSN und des ASN davon abhängen. Wir zeigen dies zunächst durch einen manuellen Schaltwerksentwurf mit dem Beispiel von Abbildung 4.4.

Aus dem Zustandsgraphen kann zunächst die Tabelle 4.1 abgeleitet werden. Sie beschreibt tabellarisch, welche Folgezustände in Abhängigkeit vom aktuellen Zustand und den Werten der Eingänge eingenommen werden. Des Weiteren beschreibt sie, welche Werte die Ausgänge in Abhängigkeit vom aktuellen Zustand annehmen; unser Beispiel weist nur einen Ausgang y auf. Zu beachten ist, dass die Zustände in dieser Tabelle symbolisch angegeben werden, da wir ja noch keine Zustandcodierung vorgenommen haben.

Im nächsten Schritt werden den Zuständen Binärcodierungen zugewiesen: Wir gehen in unserem Beispiel davon aus, dass wir nur 1 Bit zur Realisierung benutzen, und weisen dem Zustand $s0 = '0'$ zu und dem Zustand $s1 = '1'$. Durch Einsetzen der Zustandscodierung kann aus Tabelle 4.1 die Tabelle 4.2 zur Bestimmung der Ansteuerfunktion des Flipflops (Überführungsfunktion) und zur Bestimmung der Funktion für den Ausgang gewonnen werden. Wir gehen dabei davon aus, dass es sich bei dem Zustandsspeicher um ein synchrones D-Flipflop mit asynchronem Reset handelt.

Aus der Tabelle 4.2 kann nun mit einem Minimierungsverfahren die Boole'sche Funktion für die Ansteuerung des D-Flipflops (ÜSN) und die Funktion für den Ausgang (ASN) bestimmt werden. Wir nehmen für das Beispiel das graphische Minimierungsverfahren

Tabelle 4.1: *Zustandsübergangs- und Ausgangstabelle für das Beispiel-Schaltwerk*

Zustand	Eingänge		Folgezustand	Ausgang
Z	r	s	Z^+	y
$s0$	'0'	'0'	$s0$	'0'
$s0$	'0'	'1'	$s1$	'0'
$s0$	'1'	'0'	$s0$	'0'
$s0$	'1'	'1'	$s0$	'0'
$s1$	'0'	'0'	$s1$	'1'
$s1$	'0'	'1'	$s1$	'1'
$s1$	'1'	'0'	$s0$	'1'
$s1$	'1'	'1'	$s1$	'1'

Tabelle 4.2: *Tabelle für die Ansteuerfunktion des D-Flipflops und des Ausgangs*

Flipflop-Ausgang Q	Eingänge		Index im KV-Diagramm	Flipflop-Eingang D	Ausgang y
	r	s			
'0'	'0'	'0'	0	'0'	'0'
'0'	'0'	'1'	1	'1'	'0'
'0'	'1'	'0'	2	'0'	'0'
'0'	'1'	'1'	3	'0'	'0'
'1'	'0'	'0'	4	'1'	'1'
'1'	'0'	'1'	5	'1'	'1'
'1'	'1'	'0'	6	'0'	'1'
'1'	'1'	'1'	7	'1'	'1'

mit Hilfe des KV-Diagramms (KV: Karnaugh-Veitch, [83]) nach Abbildung 4.5, welches eine disjunktive Minimalform als Realisierung der Ansteuerfunktion liefert.

Aus dem KV-Diagramm wird die minimierte Funktion zu $D = (s \wedge \bar{r}) \vee (s \wedge Q) \vee (\bar{r} \wedge Q)$ bestimmt. Die Realisierung der Ausgangsfunktion ergibt sich trivial zu $y = Q$. Eine zweite mögliche Codierung ist $s0 = '1'$ und $s1 = '0'$. Nach dem gleichen Verfahren ergibt sich nun für $D = (\bar{s} \wedge r) \vee (r \wedge Q) \vee (\bar{s} \wedge Q)$ sowie $y = \bar{Q}$. Für unser einfaches Beispiel ergibt sich für die beiden Codierungen ein gleich hoher Realisierungsaufwand für das ÜSN (zwei 2-fach UND, ein 3-fach ODER). Der wesentliche Unterschied liegt in der Funktion für den Ausgang y: Im ersten Fall handelt es sich um ein Medwedjew-Schaltwerk, da das ASN komplett entfällt. Dies haben wir erreicht, indem wir „nach der Ausgabe" codiert haben. Im zweiten Fall ist ein ASN notwendig (ein Inverter), da der Ausgang die Inversion des Zustandsbits darstellt. Somit wird klar, dass die Zustandscodierung sowohl die Realisierung des ÜSN wie auch des ASN beeinflusst. Für größere Schaltwerke können sich größere Unterschiede im Realisierungsaufwand in Abhängigkeit von der gewählten Codierung ergeben.

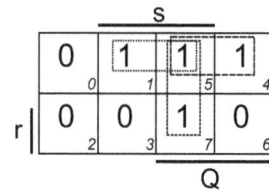

Abb. 4.5: *KV-Diagramm für D*

Übersetzen wir nun den VHDL-Code aus Listing 4.3 für das Schaltwerk mit dem Synthesewerkzeug LeonardoSpectrum, so findet im Rahmen der Elaboration auch die Schaltwerkssynthese statt, das Schaltwerk wird ebenfalls inferiert. Wir geben dabei zunächst die Binärcodierung im VHDL-Code fest vor, indem wir in Zeile 15 und 16 die Zustände als Konstanten vom Typ `std_logic` deklarieren.

Aus der generischen Gatterrealisierung nach Abbildung 4.6 kann man die Ansteuerfunktion für den D-Eingang des Flipflops ermitteln. Die CASE-Anweisung wird in einen Multiplexer umgesetzt, welcher vom aktuellen Zustand angesteuert wird (Ausgang Q des Flipflops). Der Multiplexer realisiert die Boole'sche Funktion $D = (\bar{Q} \wedge f0) \vee (Q \wedge f1)$, d. h.

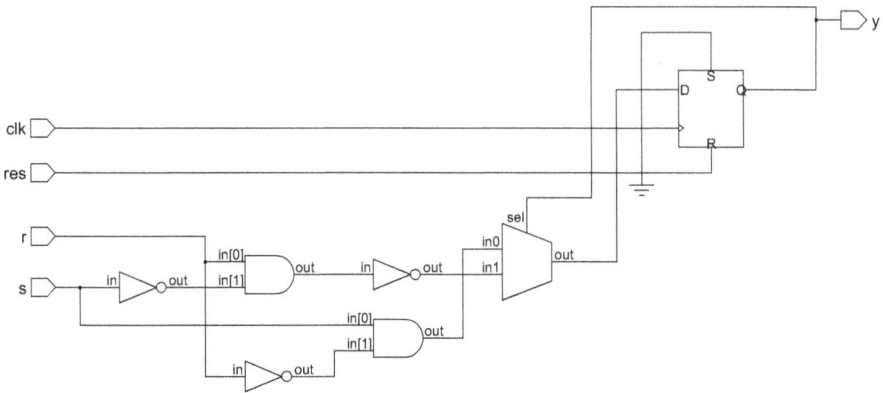

Abb. 4.6: *Ergebnis der Elaboration für das Schaltwerk mit der Codierung s0 = '0' und s1 = '1'.*

im Falle $Q = '0'$ wird die Funktion $f0$ durchgeschaltet, anderenfalls $f1$. Die Funktionen $f0$ und $f1$ werden aus den IF-Anweisungen inferiert und ergeben sich zu $f0 = s \wedge \bar{r}$ und $f1 = \overline{\bar{s} \wedge r} = s \vee \bar{r}$. Setzen wir die Teilfunktionen in den Multiplexer ein, so erhalten wir $D = (\overline{Q} \wedge (s \wedge \bar{r})) \vee (Q \wedge (s \vee \bar{r})) = (\overline{Q} \wedge s \wedge \bar{r}) \vee (Q \wedge s) \vee (Q \wedge \bar{r})$. Durch Vergleich mit der Funktion für D, die wir aus dem KV-Diagramm aus Abbildung 4.5 gewonnen haben, kann man feststellen, dass die beiden letzten Produktterme übereinstimmen. Der erste Produktterm $\overline{Q} \wedge s \wedge \bar{r}$ ist der Term mit dem Index 1 aus dem KV-Diagramm; die Funktion ist also noch nicht vollständig minimiert, die Schaltung nach Abbildung 4.6 realisiert jedoch die gleiche Schaltung wie unser Handentwurf. Die weitere Minimierung der Ansteuerfunktion wird dann in der nachfolgenden Logikoptimierung vorgenommen.

Verändern wir die Codierung im VHDL-Quellcode in den Zeilen 15 und 16 zu $s0 = '1'$ und $s1 = '0'$, so ergibt sich bei der Synthese die Realisierung nach Abbildung 4.7. Es lässt sich wiederum die Ansteuerfunktion für das Flipflop aus der Schaltung ermitteln zu

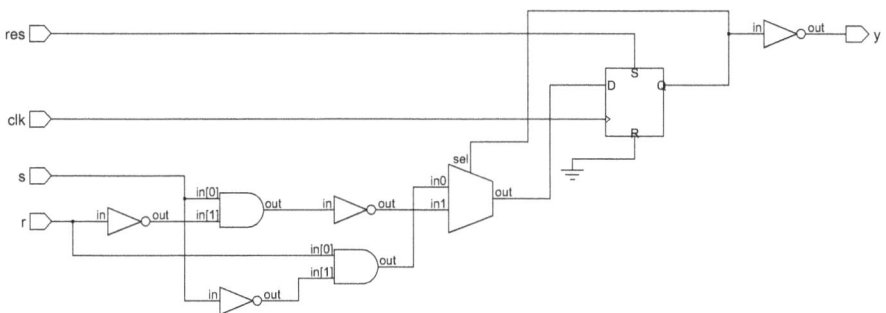

Abb. 4.7: *Ergebnis mit alternativer Codierung s0 = '1' und s1 = '0'. Zu beachten ist, dass, im Unterschied zu Abbildung 4.6, nun der Reset an den Set-Eingang des Flipflops angeschlossen wird, da das Flipflop bei einem Reset auf den Grundzustand „1" gesetzt werden muss.*

$D = ((\overline{Q} \wedge \overline{s} \wedge r) \vee (Q \wedge \overline{s}) \vee (Q \wedge r)$. Dies entspricht wiederum – bis auf den nicht vollständig minimierten ersten Term – der manuell gewonnenen Lösung. Ebenso entspricht der am Ausgang benötigte Inverter der manuellen Lösung.

Um eine optimale Zustandscodierung zu finden, könnte man nun für alle möglichen Zustandscodierungen, d. h. Permutationen der Zustandscodierungen, das Schaltwerk implementieren und die beste Codierung aus allen Lösungen heraussuchen. Da die Anzahl der Permutationen der Zustandscodierungen $n!$ ist (n: Anzahl der Zustände) [40], wird es auch für relativ kleine FSMs sehr aufwändig, alle Permutationen zu untersuchen. Daher wurden in den achtziger Jahren Verfahren entwickelt, um effiziente Zustandscodierungen zu finden. Aufgrund der kombinatorischen Problematik kann man exakte Verfahren, die garantiert das Optimum finden, nicht verwenden, da die Rechenzeiten auf dem Entwicklungsrechner exponentiell mit der Problemgröße ansteigen. Die Untersuchung des Rechenzeitverhaltens von Algorithmen gehört in der Informatik zur *Komplexitätstheorie* (vgl. z. B. [71]). In solchen Fällen werden von den EDA-Entwicklern so genannte „heuristische" Verfahren oder Algorithmen verwendet, welche nicht garantiert die optimale Lösung finden, jedoch in annehmbarer Rechenzeit eine „gute" Lösung finden. Eines der bekanntesten Verfahren zur Zustandscodierung ist „MUSTANG" [64]. Auch bei den anderen Verfahren aus der Logiksynthese handelt es sich zumeist um heuristische Verfahren.

Da eine manuelle Zustandscodierung nur in wenigen Fällen sinnvoll ist, sollte man auf die Vorgabe der Binärcodierung im VHDL-Code verzichten und auf die automatischen Verfahren zurückgreifen, über die das Synthesewerkzeug verfügt. Dies kann man erreichen, indem man im VHDL-Code für die Zustände einen *Aufzählungstyp* verwendet. Ändert man den Deklarationsteil der Architecture aus Listing 4.3 wie in Listing 4.4 gezeigt ab (der Rest der Architektur bleibt gleich), so wird statt der Binärcodierung die symbolische Codierung mit dem Aufzählungstyp benutzt.

Listing 4.4: Modifikation des VHDL-Codes für das Schaltwerksbeispiel

```
0    ARCHITECTURE fsm OF fsm1 IS
1
2      TYPE STATE_TYPE IS (s0, s1);
3      SIGNAL current_state, next_state : STATE_TYPE ;
4
5    BEGIN
```

Nun muss bei der Übersetzung des VHDL-Codes im Synthesewerkzeug angegeben werden, welche Binärcodierung verwendet werden soll. Wir werden die verschiedenen Codierungsmöglichkeiten und deren Auswirkungen auf die resultierende Hardware im Abschnitt 4.4 genauer diskutieren. Die Synthesewerkzeuge lassen es zumeist zu, dass der Benutzer auch eine eigene Binärcodierung vorgeben kann, so dass es auch unter diesem Gesichtspunkt nicht notwendig ist, im VHDL-Code die Binärcodierung fest vorzugeben. Man gewinnt hierdurch Flexibilität, da man verschiedene Codierungsverfahren ausprobieren kann, ohne den VHDL-Code ständig ändern zu müssen. Zu bemerken bleibt noch, dass die Ansteuerfunktionen auch von der Art des Flipflops abhängen, so dass gegebenenfalls durch Verwendung eines anderen Flipflop-Typs die Logik optimiert werden kann.

4.1.3   Zeitliche Randbedingungen für die Synthese

Nach der Übersetzung und Inferenz des VHDL-Codes sowie der Schaltwerkssynthese wird
das Design optimiert und auf die Zieltechnologie abgebildet. Das Ziel der Optimierung
und Technologieabbildung ist es, eine Implementierung für das Design zu finden, welches
zum einen möglichst wenig Ressourcen benötigt und zum anderen die zeitlichen Randbedingungen erfüllt, wie beispielsweise die maximale Taktfrequenz, mit der die Schaltung
betrieben werden kann. Um ein Ergebnis zu erhalten, das den Vorgaben möglichst nahe
kommt, ist es erforderlich, dass der Entwerfer diese Randbedingungen (engl.: constraints)
für die Steuerung der Syntheseverfahren vorgibt.

In Abbildung 4.8 ist eine Komponente A gezeigt, die zu synthetisieren sei. Ein komplexes System wird üblicherweise in einzelne Komponenten aufgeteilt (Partitionierung); jede Komponente wird zunächst für sich entwickelt und dann in die Gesamtschaltung oder
das System integriert. Wenn wir davon ausgehen, dass die Komponente in ein synchrones System eingebettet ist, so ergibt sich die in der Abbildung 4.8 gezeigte Situation: Die
Eingangssignale X der Komponente werden von einer anderen Komponente T getrieben,
die aus einem synchronen Register und einem nachgeschalteten Schaltnetz bestehen kann.
Ähnliches gilt für die Ausgänge Y: Diese treiben wiederum eine weitere Komponente E,
welche am Eingang ein Schaltnetz aufweisen kann.

Als zeitliche Randbedingungen sind im Wesentlichen vier Zeiten anzugeben:

  1. Register-Register t_{r2r}: Diese Zeit beschreibt die Taktperiode, der reziproke Wert stellt
     die vom Entwerfer gewünschte maximale Taktfrequenz $f_{max} = 1/t_{r2r}$ dar, mit der die

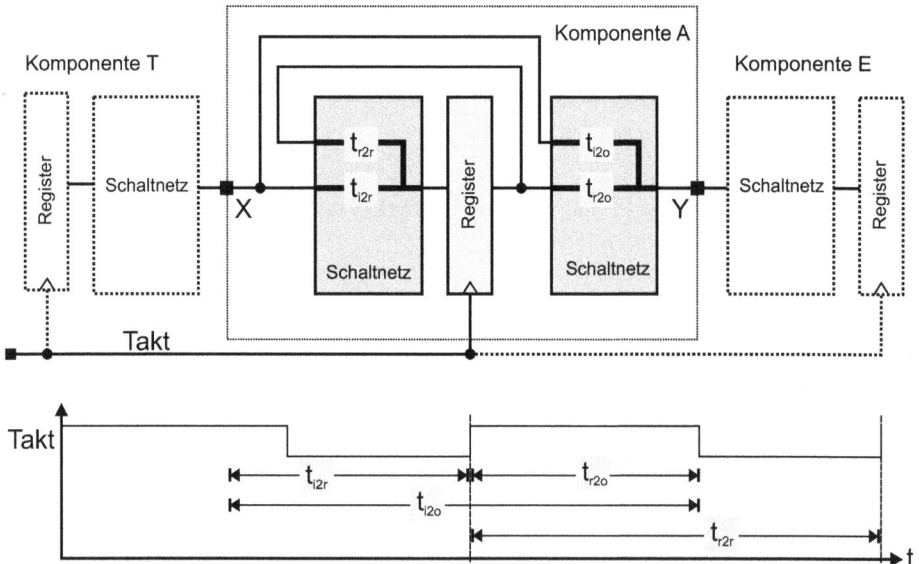

Abb. 4.8: Zeitliche Randbedingungen für die Synthese

Schaltung später betrieben wird. Die Verzögerungszeit auf dem längsten Pfad vom Register durch das Schaltnetz zum Register darf diesen Wert nicht überschreiten, wobei zu beachten ist, dass die Verzögerungszeit und die Setup-Zeit der Flipflops noch davon subtrahiert werden müssen. Dies wird aber zumeist von den Synthesewerkzeugen erledigt, so dass der Benutzer die verfügbare Zeit von Flanke zu Flanke des Taktes angibt.

2. Input-Register t_{i2r}: Das ist die Zeit, die für die Komponente vom Eingang bis zum Register zur Verfügung steht. Die Angabe dieser Zeit erfordert ein Wissen darüber, welche Zeit die treibende Komponente T vom Register bis zum Ausgang benötigt ($t_{r2o,T}$). Beide Zeiten zusammen dürfen wiederum nicht größer sein als die Taktperiode $t_{r2o,T} + t_{i2r} \leq t_{r2r}$, damit das Gesamtsystem ebenfalls mit der maximalen Taktfrequenz betrieben werden kann. Die Angabe dieser Zeit wird von den einzelnen Synthesewerkzeugen unterschiedlich behandelt: Bei manchen Werkzeugen ist t_{i2r} anzugeben (z. B. XST „OFFSET_IN_BEFORE"), bei anderen Werkzeugen ist $t_{r2o,T}$ anzugeben (z. B. LeonardoSpectrum „Input Arrival Time").

3. Register-Output t_{r2o}: Das ist die Zeit, die für die Komponente vom Register bis zum Ausgang zur Verfügung steht. Wie schon bei der Zeit t_{i2r}, so müssen auch hier Informationen darüber vorliegen, welche Zeit $t_{i2r,E}$ die zu treibende Komponente E vom ihrem Eingang bis zum Register benötigt. Es muss auch gelten: $t_{r2o} + t_{i2r,E} \leq t_{r2r}$. Diese Zeitangabe wird ebenfalls von den einzelnen Synthesewerkzeugen unterschiedlich gehandhabt.

4. Input-Output t_{i2o}: Diese Zeit steht für Pfade zur Verfügung, die nicht über ein Register führen; dies wäre beispielsweise bei einem Mealy-Schaltwerk der Fall oder bei einem reinen Schaltnetz. Bei der Einbettung ins Gesamtsystem muss nun gelten: $t_{r2o,T} + t_{i2o} + t_{i2r,E} \leq t_{r2r}$.

Werden diese Randbedingungen von der synthetisierten Schaltung eingehalten, so wird sie später in der Anwendung korrekt funktionieren – vorausgesetzt, dass auch in der Anwendung die Randbedingungen eingehalten werden. Eine Verletzung von Randbedingungen äußert sich in der Regel in einem fehlerhaften funktionalen Verhalten; so können beispielsweise falsche Logikwerte in die Register übernommen werden, wenn die Schaltung zu schnell getaktet wird. Eine synchrone Schaltung wird in der Regel bei Verringerung der Taktfrequenz für $f < f_{max}$ die korrekte Funktion zeigen.

Es stellt sich nun die Frage, woher man die Informationen über die umgebenden Komponenten T und E bekommt. Sind die Komponenten schon implementiert, so liegen diese Informationen vor. Üblicherweise wird beim Entwurf eines komplexen Systems jedoch ein „Top-Down"-Ansatz verfolgt: Man plant die Zeiten und vergibt für die einzelnen Komponenten „Zeit-Budgets", die dann beim Zusammenbau des Systems sicherstellen, dass das System die globalen Randbedingungen erfüllt. Ein Beispiel hierfür wäre ein synchrones Bussystem: Durch das Busprotokoll wird festgelegt, wie groß die Zeiten t_{i2r} und t_{r2o} für die einzelnen Komponenten sein dürfen.

Bei der Beschreibung des Taktes wird in der Regel auch das Puls-Pausen-Verhältnis (Zeitdauer für die „1" und die „0") angegeben (engl.: duty cycle). Eine weitere wichtige Angabe ist der so genannte „Taktversatz" (engl.: clock skew): Bedingt durch die Realisierung
des Taktnetzes auf dem Chip können die Taktflanken zu unterschiedlichen Zeitpunkten an
den Flipflops ankommen. Wird der Taktversatz bei den Randbedingungen angegeben, so
kann er während der Synthese berücksichtigt werden. Wir werden uns im Kapitel 5 noch
ausführlicher mit den Auswirkungen des Taktversatzes befassen und nehmen in diesem
Kapitel zunächst an, dass der Takt zum gleichen Zeitpunkt an allen Flipflops ankommt und
der Taktversatz somit null ist.

4.1.4   Statische Timing-Analyse

Die zeitlichen Randbedingungen werden vom Synthesewerkzeug bei der Logikoptimierung und Technologieabbildung benutzt, um durch eine so genannte „statische Timing-
Analyse" herauszufinden [63, 22, 65], ob die Implementierung den Randbedingungen genügt. Während die statische Timing-Analyse auf der einen Seite ein integraler Bestandteil
der Logiksynthese darstellt, kann sie auf der anderen Seite auch als separates Werkzeug
benutzt werden. Die statische Timing-Analyse ist insbesondere nach der Platzierung und
Verdrahtung des Designs auf dem Chip notwendig, wir werden hierauf noch im Kapitel 5 eingehen. Der Begriff „statisch" bedeutet hier, dass die Analyse von den Belegun-
gen der Eingangssignale und auch von der Funktion der Gatter und der Schaltung unabhängig ist. Grundlage für die Analyse ist nur die Topologie der Schaltung, also die Anordnung und Verdrahtung der Gatter. Eine andere Möglichkeit der Timing-Analyse ist
eine *Simulation* des Gattermodells der Schaltung: Bei der Simulation, die man auch als
„dynamische Timing-Analyse" bezeichnen könnte, können die Verzögerungszeiten in Abhängigkeit von den Eingangsbelegungen und der Funktion der Schaltung ermittelt werden. Beide Möglichkeiten sollten ergänzend benutzt werden, wie wir noch sehen werden.

Wir zeigen im Folgenden den Ablauf bei der Timing-Analyse nach dem häufig verwendeten CPM-Verfahren (Critical Path Method, [65]) anhand des in Abbildung 4.9 dargestellten
Beispiels. Wie aus der Darstellung ersichtlich ist, ist die logische Funktion der Gatter unerheblich. Allerdings ist es wichtig, ob ein Gatter invertiert, da dann aus einer steigenden
Flanke am Eingang eine fallende Flanke am Ausgang wird und aus einer fallenden Flanke
am Eingang eine steigende Flanke am Ausgang.

In der ersten Phase der Timing-Analyse werden zunächst die Verzögerungszeiten entlang
aller Pfade durch die Schaltung bestimmt. Für die Timing-Analyse einer synchronen Schaltung beginnen die Pfade an Eingängen oder Flipflopausgängen (Anfangspunkt des Pfades)
und können an Ausgängen oder Flipflopeingängen enden (Endpunkt des Pfades), entsprechend den Möglichkeiten für die Angabe der Randbedingungen in Abbildung 4.8. Ein
Pfad durch die Schaltung beginnt an einem Anfangspunkt und führt über Gattereingänge
auf Gatterausgänge und von dort über ein Netz auf einen weiteren Gattereingang bis ein
Endpunkt erreicht ist. Für die Timing-Analyse werden alle Pfade betrachtet, die aufgrund

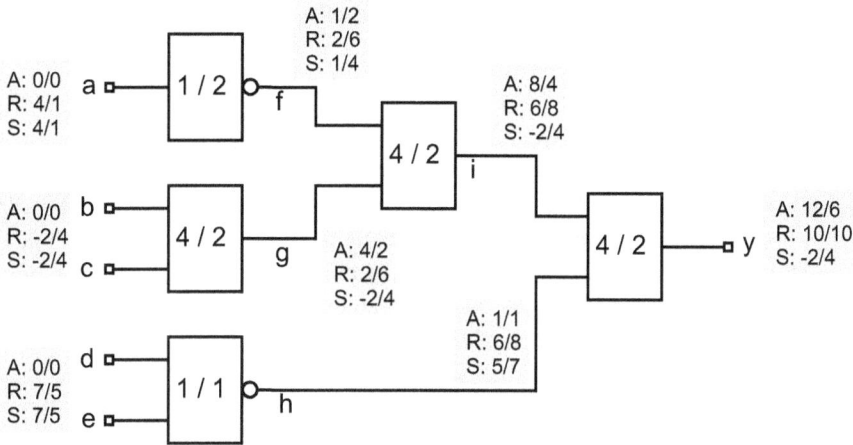

Abb. 4.9: *Statische Timing-Analyse: Bei den Zahlenpaaren handelt es sich um die Anstiegs- und Abfallzei-*
ten t_r/t_f (in ns). In den Gattern stehen die Verzögerungszeiten der Gatter für die steigende bzw. fallende
Flanke am Ausgang. Die Zeiten an den Netzen resultieren aus den Berechnungen während der Timing-
Analyse (siehe Text).

der Schaltungsstruktur möglich sind. Im Beispiel wären dies die Pfade $a \to f \to i \to y$,
$b \to g \to i \to y$, $c \to g \to i \to y$, $d \to h \to y$ und $e \to h \to y$.

Wir nehmen für unser Beispiel an, dass alle Eingangssignale zum Zeitpunkt $t = 0$ ns anliegen. Da wir es mit einer rein kombinatorischen Schaltung zu tun haben, genügt die Angabe
einer Randbedingung: $t_{i2o} = 10$ ns. Mit A wird die Ankunftszeit (engl.: arrival time) an einem Eingang, internen Netz oder einem Ausgang der Schaltung bezeichnet. Beginnend
von den Eingängen werden nun die Zeiten an den internen Netzen der Schaltung berechnet
und in die mit A bezeichneten Felder eingetragen ($A := A_r/A_f$), wobei zwischen steigender (A_r) und fallender Flanke (A_f) unterschieden wird. Für jeden Gatterausgang o wird das
Maximum aller Ankunftszeiten an den Gattereingängen $i = 1..n$ gesucht und zu diesem die
Verzögerungszeit t_r oder t_f des Gatters addiert, was die Ankunftszeit am Netz ergibt, welches am Gatterausgang o angeschlossen ist. Für ein nicht-invertierendes Gatter gilt somit:

$$A_{o,r} = \max_{i=1..n}\{A_{i,r}\} + t_r \quad \text{und} \quad A_{o,f} = \max_{i=1..n}\{A_{i,f}\} + t_f. \tag{4.1}$$

Für ein invertierendes Gatter gilt:

$$A_{o,r} = \max_{i=1..n}\{A_{i,f}\} + t_r \quad \text{und} \quad A_{o,f} = \max_{i=1..n}\{A_{i,r}\} + t_f. \tag{4.2}$$

Beispielsweise ergibt sich in Abbildung 4.9 für das am Ausgang y angeschlossene Gatter
das Maximum der Ankunftszeiten am Netz i, so dass am Ausgang y die Werte von A_r und
A_f zu $A_r = 8$ ns $+ 4$ ns $= 12$ ns und $A_f = 4$ ns $+ 2$ ns $= 6$ ns resultieren. Nun kann die so
ermittelte Ankunftszeit mit den vom Benutzer durch die Randbedingungen vorgegebenen
Zeiten R (engl.: required time) am Ausgang verglichen werden. Für den Ausgang y haben

wir $R(=t_{i2o})$ zu $R := R_r/R_f = 10\,\text{ns}/10\,\text{ns}$ spezifiziert. Der Zeitunterschied $S := S_r/S_f$ zwischen der vorgegebenen Ankunftszeit und der tatsächlichen Ankunftszeit berechnet sich gemäß

$$S_r = R_r - A_r \quad \text{und} \quad S_f = R_f - A_f. \tag{4.3}$$

Im Englischen wird diese Zeit S auch als „Slack" bezeichnet (vom mechanischen „Spiel"). Bei einem positiven „Slack" ist die Schaltung schneller als spezifiziert, bei einem negativen „Slack" ist die Schaltung zu langsam und bei einem „Slack" von null entspricht die Verzögerungszeit gerade den Vorgaben. Der so genannte „kritische Pfad" kann durch ein Zurückverfolgen (engl.: trace back, backtrack) vom Ausgang zu den Eingängen ermittelt werden. Hierzu werden die Zeiten R und S rückwärts durch die Schaltung vom Ausgang zu den Eingängen für jedes Netz berechnet. Die Zeiten $R_{i,r}$ und $R_{i,f}$ an den Eingängen eines Gatters berechnen sich für ein nicht-invertierendes Gatter zu

$$R_{i,r} = R_{o,r} - t_r \quad \text{und} \quad R_{i,f} = R_{o,f} - t_f. \tag{4.4}$$

Für ein invertierendes Gatter berechnen sich die Zeiten zu

$$R_{i,f} = R_{o,r} - t_r \quad \text{und} \quad R_{i,r} = R_{o,f} - t_f, \tag{4.5}$$

wobei $R_{o,f}$ und $R_{o,r}$ die Zeiten des am Ausgang eines Gatters angeschlossenen Netzes sind. Beispielsweise werden die Zeiten für den Eingang a aus den Werten des Netzes f und den Gatterverzögerungszeiten wie folgt berechnet: $R_r = 6\,\text{ns} - 2\,\text{ns} = 4\,\text{ns}$ und $R_f = 2\,\text{ns} - 1\,\text{ns} = 1\,\text{ns}$. Aus den so berechneten Zeiten $R_r = R_{i,r}$ und $R_f = R_{i,f}$ eines jeden Netzes können dann wieder die „Slack"-Zeiten für das jeweilige Netz nach Gleichung 4.3 berechnet werden. Im Fall eines Gatters, das mehr als ein Gatter treibt, muss für R_f und R_r das Minimum aus den berechneten Werten für die beiden getriebenen Gatter genommen werden [65]. Der kritische Pfad ist nun derjenige, der den kleinsten „Slack" aufweist, d. h. den größten negativen Slack, sofern negative „Slacks" vorhanden sind. Im Beispiel sind dies die beiden Pfade $b, c \to g \to i \to y$. Die „Slack"-Werte dienen dem Synthesewerkzeug als Hinweis für weitere Optimierungsschritte: Ist der „Slack" negativ, so muss die Verzögerungszeit auf dem betreffenden Pfad verbessert werden, um in der Summe die Benutzervorgabe am Ausgang zu erreichen. Wir haben in Kapitel 3 gesehen, wie dies z.B. durch die Dimensionierung der MOSFETs erreicht werden kann. Andererseits bedeutet ein positiver „Slack", dass auf diesem Pfad noch Zeit zur Verfügung steht. Dies kann ebenfalls zur Optimierung benutzt werden: Wie wir auch in Kapitel 3 gesehen haben, wird für ein Gatter mit einer größeren Treiberfähigkeit und damit schnellerer Verzögerungszeit durch die größeren MOSFETs auch mehr Platz benötigt. Steht also noch Zeit zur Verfügung, so kann das Synthesewerkzeug Gatter mit schlechterer Treiberfähigkeit einsetzen, um so Platz zu sparen. Hierfür ist es erforderlich, dass in der Bibliothek für jede Funktion Gatter mit verschiedenen Treiberfähigkeiten zur Verfügung stehen. Da die Ergebnisse der Timing-Analyse die Synthese steuern, wird nun auch klar, warum die korrekte Angabe der Randbedingungen essentiell für gute Syntheseergebnisse ist.

Abschließend sei noch ein weiteres Beispiel nach Abbildung 4.10 diskutiert. Es handelt sich um das schon in Abschnitt 4.1.2 benutzte Schaltwerksbeispiel, welches nun in eine Xilinx Virtex-II-Technologie umgesetzt wurde. Die LUT `ix113` realisiert die Inverter-funktion für den Ausgang aus Abbildung 4.7. Die LUT `ix112` realisiert die Ansteuer-funktion $O = (\overline{I1} \wedge I0) \vee (I0 \wedge I2) \vee (\overline{I1} \wedge I2) = (\overline{s} \wedge r) \vee (r \wedge Q) \vee (\overline{s} \wedge Q)$ und entspricht damit der in Abschnitt 4.1.2 hergeleiteten Ansteuerfunktion für das D-Flipflop, welches in Abbildung 4.10 den Instanznamen `reg_current_state` trägt. Für die Logikopti-mierung geben wir nun folgende Randbedingungen vor: $t_{r2r} = t_{i2r} = t_{r2o} = 2$ ns. Nach der Logikoptimierung und Technologieabbildung kann dann mit LeonardoSpectrum der kriti-sche Pfad analysiert werden.

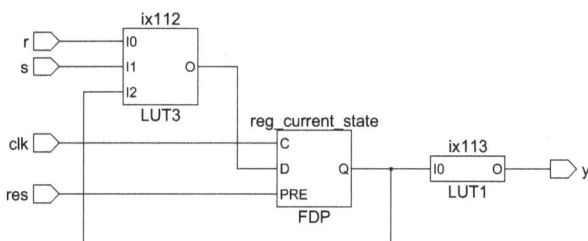

Abb. 4.10: *Beispiel zur Timing-Analyse: Bei den LUTs handelt es sich um 4-LUTs (siehe Abschnitt 3.8.2). LUT1 bedeutet, dass nur ein Eingang der LUT benutzt wird, LUT3 bedeutet, dass nur drei Eingänge benutzt werden. Das Design benötigt also 2 LUTs und 1 Flipflop und passt daher in eine CLB.*

In Listing 4.5 ist der ermittelte kritische Pfad aufgelistet. In diesem Fall geht der kritische Pfad vom Ausgang Q des Flipflops über die LUT `ix112` auf den Eingang D des Flipflops (in Abbildung 4.8 entspricht dies der Zeit t_{r2r}). Zum Zeitpunkt $t = 0$ übernimmt das Flip-flop den neuen Wert am Eingang, die steigende Taktflanke zum Zeitpunkt $t = 0$ ist damit der Ausgangspunkt der Timing-Berechnung für diesen Pfad. Das Flipflop benötigt die Ver-zögerungszeit von der steigenden Flanke des Taktes bis zum Ausgang von $t_{d,r} = 0{,}71$ ns – bei steigender Flanke des Datensignals, welches in Listing 4.5 als „up" bezeichnet wird –, so dass die Ankunftszeit am Ausgang des Flipflops 0,71 ns beträgt. Die LUT benötigt $t_{d,r} = 0{,}61$ ns, so dass die Ankunftszeit („data arrival time" in Listing 4.5) am Ausgang der LUT und damit der kritische Pfad insgesamt $A_r = 1{,}32$ ns beträgt. Nun muss mit den Randbedingungen verglichen werden: Wir haben für $t_{r2r} = 2$ ns spezifiziert. Hiervon muss die Setup-Zeit des Flipflops von 0,28 ns subtrahiert werden (siehe auch Abbildung 3.33 in Abschnitt 3.4.2), so dass wir auf eine benötigte Zeit für diesen Pfad von $R_r = 1{,}72$ ns kommen („data required time" in Listing 4.5). Damit ergibt sich ein positiver Slack von $S_r = R_r - A_r = 0{,}4$ ns, die Schaltung kann also schneller getaktet werden! Die gesamte minimale Taktperiode ist $t_{clk} = A_r + t_{su} = 1{,}32$ ns $+ 0{,}28$ ns $= 1{,}6$ ns und damit ergibt sich eine mögliche maximale Taktfrequenz von $f_{max} = 1/t_{clk} = 635$ MHz, statt wie spezifiziert $f_{max} = 500$ MHz.

Listing 4.5: LeonardoSpectrum Timing-Analyse für den kritischen Pfad (Auszug)

```
0    NAME                      GATE            ARRIVAL
1    ------------------------------------------------------------
2    reg_current_state/Q       FDP       0.00  0.71 up
3    ix112/O                   LUT3      0.61  1.32 up
4    reg_current_state/D       FDP       0.00  1.32 up
5    data arrival time                         1.32
6
7    data required time  (default specified - setup time)   1.72
8    ------------------------------------------------------------
9    data required time                               1.72
10   data arrival time                                1.32
11                                                    ----------
12   slack                                            0.40
13   ------------------------------------------------------------
```

Während unsere Beispiele im Buch recht einfach sind, so tauchen in der Praxis teilweise komplizierte Bedingungen auf [65], die aber nach der gleichen Methodik in der statischen Timing-Analyse behandelt werden können. So können beispielsweise die Verzögerungzeiten eines Gatters für die verschiedenen Eingänge des Gatters unterschiedlich sein oder die Verzögerungszeiten können abhängig von der Flankensteilheit des Eingangssignals sein. Das Verfahren kann auch benutzt werden um den *kürzesten* Pfad zu finden, ein Problem, auf das wir noch im Kapitel 5 zurückkommen werden.

4.1.5   Das Problem des „Falschen Pfades"

Bei der statischen Timing-Analyse werden einige Vereinfachungen gemacht: Die Boole'sche Funktion der Gatter und die binären Werte an den Eingängen der Schaltungen werden nicht berücksichtigt. Damit wird das Verfahren sehr einfach und kann auch für große Schaltungen mit akteptabler Rechenzeit durchgeführt werden. Dies ist wichtig, da es ja auch integraler Bestandteil der Synthese ist. Man erhält bei der statischen Timing-Analyse eine Berechnung des „ungünstigsten Falls" (engl.: worst-case), der bei den Pfadverzögerungen auftreten kann. Es ist allerdings möglich, dass über den so gefundenen kritischen Pfad – aufgrund der logischen Funktion der Schaltung – *nie* ein Signalwechsel propagiert wird. Dies wird als „falscher Pfad" bezeichnet. In diesem Fall ist die Aussage der statischen Timing-Analyse pessimistisch: Die Schaltung wird tatsächlich höher getaktet werden können. Dem Neuling im Entwurf digitaler Schaltungen mag dies nun nicht besonders tragisch erscheinen, da die statische Timing-Analyse ja nie eine zu optimistische Aussage macht, was fatal sein könnte, da die Schaltung im Betrieb die vorhergesagte Taktfrequenz nicht erreichen würde. Tatsächlich ist aber auch eine zu pessimistische Aussage in der Praxis problematisch, da der Entwerfer oder das Synthesewerkzeug bei einem negativen Slack zunächst gezwungen ist, die Syntheseresultate weiter zu verbessern. Dies kann dann unter Umständen in einem erhöhten Schaltungsaufwand resultieren und damit letzten Endes unnötig Geld kosten. Schlimmstenfalls lassen sich die Syntheseergebnisse nicht weiter verbessern und man kommt zu dem Schluß, dass sich die intendierte Funktion mit der vorgesehenen Hardware nicht realisieren lässt.

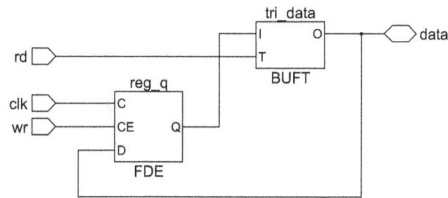

Abb. 4.11: *Beispiel für das Problem des falschen Pfades.*

Wir zeigen das Problem des falschen Pfades anhand des Beispiels aus Listing 4.6. Es handelt sich um ein Flipflop, auf das über einen Bus (data) schreibend (wr =′1′) oder lesend (rd =′0′) zugegriffen werden kann. Es sei nun spezifiziert, dass das Flipflop niemals gleichzeitig gelesen *und* geschrieben werden kann. Wir geben folgende Randbedingungen vor: $t_{r2r} = t_{i2r} = t_{r2o} = t_{i2o} = 1{,}2$ ns. Abbildung 4.11 zeigt das Ergebnis der Synthese für die Xilinx Virtex-II-Technologie. Das Flipflop FDE (Instanzname reg_q) verfügt über einen Enable-Eingang CE, der an wr angeschlossen ist. Das Flipflop lädt neue Werte, wenn CE = wr =′1′, und hält ansonsten den alten Wert. Bei der Komponenten BUFT (Instanzname tri_data) handelt es sich um einen Tri-State-Treiber, der bei T = rd =′0′ niederohmig treibt und anderenfalls hochohmig ist.

Listing 4.6: *Beispiel für das Problem des falschen Pfades*

```
0    LIBRARY ieee;
1    USE ieee.std_logic_1164.all;
2
3    ENTITY falsepath IS
4       PORT(
5          clk  : IN      std_logic;
6          rd   : IN      std_logic;
7          wr   : IN      std_logic;
8          data : INOUT   std_logic
9       );
10   END falsepath ;
11
12   ARCHITECTURE beh OF falsepath IS
13     SIGNAL q : std_logic;
14   BEGIN
15
16     data <= q WHEN rd = ′0′ ELSE ′Z′;
17
18     ff: PROCESS (clk)
19     BEGIN
20       IF clk=′1′ AND clk′event THEN
21         IF wr = ′1′ THEN
22           q <= data;
23         END IF;
24       END IF;
25     END PROCESS ff;
26
27   END beh;
```

Tabelle 4.3: Ergebnisse der Timing-Analyse für das Beispiel aus Abbildung 4.11

Pfad	R	A	S
1: rd $\rightarrow$ reg_q/D	$t_{i2r} - t_{su,D} = 0{,}92$ ns	1,15 ns	$-0{,}23$ ns
2: reg_q/Q $\rightarrow$ reg_q/D	$t_{r2r} - t_{su,D} = 0{,}92$ ns	0,99 ns	$-0{,}07$ ns
3: rd $\rightarrow$ data	$t_{i2o} = 1{,}2$ ns	1,15 ns	0,05 ns
4: reg_q/Q $\rightarrow$ data	$t_{r2o} = 1{,}2$ ns	0,99 ns	0,21 ns
5: data $\rightarrow$ reg_q/D	$t_{i2r} - t_{su,D} = 0{,}92$ ns	0,0 ns	0,92 ns
6: wr $\rightarrow$ reg_q/D	$t_{i2r} - t_{su,CE} = 1{,}02$ ns	0,0 ns	1,02 ns

Nach der Synthese kann man sich nun die Ergebnisse der Timing-Analyse ausgeben lassen; diese liegen in zusammengefasster Form in Tabelle 4.3 vor. Für jeden Pfad wurden die berechneten Werte für die benötigte Zeit R, die tatsächliche Ankunftszeit A und den resultierenden „Slack" S aufgelistet. Die Setup-Zeit des Flipflops für den Dateneingang beträgt, wie im vorigen Beispiel, $t_{su,D} = 0{,}28$ ns und für den CE-Eingang $t_{su,CE} = 0{,}18$ ns. Aus der Analyse geht hervor, dass die beiden ersten Pfade die vorgegebenen Randbedingungen verletzen, da sie einen negativen „Slack" aufweisen. Der erste Pfad geht vom Eingang rd über den Tri-State-Treiber auf den Dateneingang reg_q/D des Flipflops und der zweite Pfad geht vom Ausgang reg_q/Q des Flipflops über den Tri-State-Treiber ebenfalls auf den Dateneingang reg_q/D. Unter unserer Voraussetzung, dass niemals gleichzeitig geschrieben und gelesen werden kann, werden beide Pfade im Betrieb der Schaltung nicht aktiviert werden. Da alle anderen Pfade einen positiven „Slack" aufweisen, wird die Schaltung also trotzdem wie vorgesehen funktionieren.

Dass die statische Timing-Analyse falsche Pfade nicht erkennen kann, liegt an der strukturorientierten Arbeitsweise, welche die Boole'sche Funktion der Schaltung nicht berücksichtigt. Die bislang entwickelten Verfahren zur Entdeckung von falschen Pfaden [63, 22] sind zu aufwändig, so dass diese in kommerzielle Synthesewerkzeuge nicht integriert wurden. Synthesewerkzeuge bieten in der Regel Befehle an, mit denen die vom Benutzer erkannten falschen Pfade aus der Timing-Analyse entfernt werden können und damit bei der Synthese nicht berücksichtigt werden. Die manuelle Analyse von falschen Pfaden kann bei einer komplexen Schaltung allerdings recht zeitaufwändig werden. Es muss an dieser Stelle angemerkt werden, dass die Problematik der falschen Pfade für den Entwerfer nur dann zum Tragen kommt, wenn die Randbedingungen *nicht* erfüllt werden können. Liegt eine Verletzung der Randbedingungen vor, so muss sich der Entwerfer Gedanken machen, ob es sich bei den Pfaden mit negativem „Slack" um falsche Pfade handelt oder ob es sich um Pfade handelt, die tatsächlich in der Anwendung benutzt werden, so dass die Schaltung möglicherweise nicht funktionieren wird. Wie schon erwähnt, kann es in diesen Fällen hilfreich sein, die Schaltung auf Gatterebene mit Verzögerungszeiten zu *simulieren*. Wir werden in Kapitel 5 diese Simulation genauer betrachten. Die statische Timing-Analyse leistet dann sehr gute Dienste, wenn die Randbedingungen nicht verletzt werden: Sie erlaubt eine sehr schnelle Berechnung des Zeitverhaltens und stellt durch die Betrachtung *aller* Pfade sicher, dass die Schaltung auch tatsächlich so funktionieren wird. Eine Verifikation des Zeitverhal-

tens nur durch Simulation ohne statische Timing-Analyse ist im Übrigen auch nicht sinnvoll: Da eine komplexe Schaltung in der Regel nicht vollständig simuliert werden kann,
können so potentielle Probleme möglicherweise nicht erkannt werden, weil *nicht alle* Pfade simuliert wurden. Es empfiehlt sich daher der kombinierte Einsatz von Timing-Analyse
und Simulation.

4.1.6   Umgebung des Designs und Betriebsbedingungen

Neben den zeitlichen Randbedingungen benötigen die Synthesewerkzeuge weitere Angaben. Diese lassen sich in drei Gruppen einteilen:

1. Betriebsbedingungen (engl.: operating conditions)

2. Verdrahtungslastmodell (engl.: wire load model)

3. Einbettung der Schaltung in das System

Wie wir in Kapitel 3 gesehen haben, hängt die Verzögerungszeit einer digitalen Schaltung von der Temperatur des Chips und der Versorgungsspannung ab. Die Modelle für
die Verzögerungszeiten in einer Technologiebibliothek für die Synthese werden für eine
bestimmte Chiptemperatur und Versorgungsspannung von den Herstellern ermittelt (so genannte „Charakterisierung"). Da die Schaltung bei höchster Chiptemperatur und tiefster
Versorgungsspannung am langsamsten ist, werden die Modelle zumeist für diesen Fall
ermittelt und somit wird die statische Timing-Analyse, die die Technologiebibliothek verwendet, bei diesen Betriebsbedingungen ausgeführt. Man sollte sich daher vergewissern,
für welche Bedingungen die Bibliothek charakterisiert wurde. Manche Synthesewerkzeuge erlauben auch ein Umrechnen der Bibliotheksdaten auf andere Betriebsbedingungen
(so genanntes „Derating"), welches allerdings mit gewissen Ungenauigkeiten behaftet ist.
Teilweise werden von den Herstellern auch Bibliotheken mit verschiedenen Betriebsbedingungen angeboten. Ein weiterer Faktor, der die Verzögerungszeit beeinflusst, ist durch die
Variation der Parameter des Halbleiterprozesses bei der Herstellung der Schaltung gegeben: Es gibt im gleichen Prozess schnellere und langsamere Schaltungen. Auch dies wird
von den Herstellern in den Technologiebibliotheken berücksichtigt. Bei FPGAs liegen zum
gleichen Bausteintyp verschiedene Geschwindigkeitsversionen vor (so genannter „Speed
Grade"), die dann bei der Synthese ausgewählt werden müssen.

Die Verzögerungszeit hängt des Weiteren entscheidend von der kapazitiven Last der Gatter
ab, wie wir ebenfalls in Kapitel 3 gezeigt haben. Im Wesentlichen sind dies die Eingangskapazitäten der zu treibenden Gatter und die Kapazitäten der Verdrahtung zwischen den
Gattern. Da in modernen Prozessen der Anteil der Verdrahtung an den Verzögerungszeiten
dominant ist, muss die Verdrahtung bei der Synthese berücksichtigt werden; anderenfalls
wären die Syntheseergebnisse viel zu optimistisch. Eine Möglichkeit hierzu ist ein Verdrahtungslastmodell (engl.: wire load model). Die kapazitive Last der Verdrahtung, die ein
Gatter zu treiben hat, wächst mit der Anzahl der zu treibenden Gatter (engl.: fan out), da mit
jedem zu treibenden Gatter weitere Leitungssegmente hinzukommen. Ferner ist die Länge

der Verdrahtung – und damit die Kapazität – auch von der Größe des gesamten Designs abhängig. Da die exakte Verdrahtungslänge aber erst nach dem Platzieren und Verdrahten des Designs bekannt ist, kann man vor der Platzierung nur eine statistische Annahme über die Verdrahtungslast machen. Diese statistischen Daten werden aus der Untersuchung von typischen Designs mit unterschiedlichen Designgrößen durch den Hersteller gewonnen. Die Synthesewerkzeuge können für jedes Gatter aus diesen Daten eine typische Last in Abhängigkeit von der Anzahl der zu treibenden Gatter berechnen. Verdrahtungslastmodelle [70] sind allerdings recht ungenau, wir werden im Kapitel 5 noch etwas näher auf dieses Thema eingehen. Neuere Syntheseverfahren versuchen daher schon bei der Synthese eine Platzierung vorzunehmen, um die Leitungslängen und damit die kapazitiven Lasten durch die Verdrahtung genauer abschätzen zu können (so genannte „layout driven synthesis" oder „physical synthesis", z.B. im „Precision"-Synthesewerkzeug von MentorGraphics).

Um der Timing-Analyse während der Synthese eine möglichst genaue Berechnung der Verzögerungszeiten zu ermöglichen, muss dem Werkzeug bekannt sein, welche Treiberfähigkeiten an den Eingängen und welche Lasten an den Ausgängen durch die Einbettung in das System resultieren. Wir betrachten hierzu nochmals die Einbettung der zu synthetisierenden Schaltung in das System nach Abbildung 4.12. Die Eingänge der zu synthetisierenden Schaltung A stellen für die treibende Komponente T kapazitive Lasten dar. Um eine korrekte Timing-Berechnung in Komponente A während der Synthese zu ermöglichen, muss bekannt sein, welche Treiberfähigkeiten in Komponente T für die einzelnen Ausgänge vorliegen. Dies kann man entweder durch explizite Angabe der Treiberfähigkeit oder durch Angabe einer Zelle aus der Technologiebibliothek spezifizieren. Wird dies nicht definiert, so nimmt das Synthesewerkzeug in der Regel eine unendliche Treiberfähigkeit an, was die Timing-Berechnungen am Eingang zu optimistisch werden lässt. In ähnlicher Weise muss ebenfalls bekannt sein, welche kapazitive Last die Eingänge der zu treibenden Komponente E darstellen. Wird dies nicht spezifiziert, so wird in der Regel ein in der Technologie definierter Ersatzwert benutzt. Für die Eingänge kann normalerweise auch definiert werden, welche maximale kapazitive Last bei der Synthese entstehen darf. Wird diese Last überschritten, weil z. B. zu viele Gatter von diesem Eingang getrieben wer-

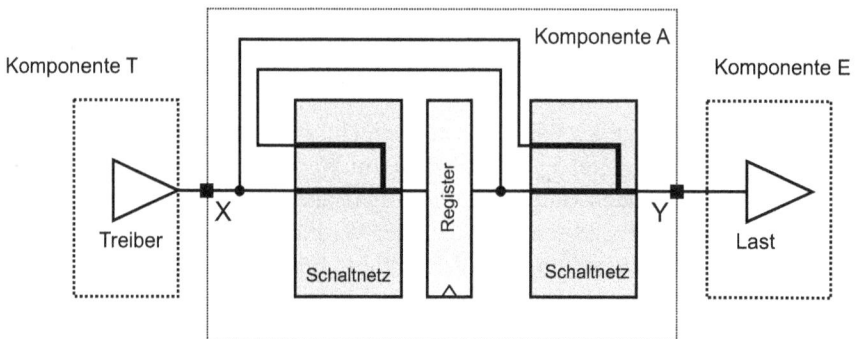

Abb. 4.12: *Einbettung der Schaltung in das System.*

den, so fügt das Synthesewerkzeug Buffer in das Design ein. Schließlich kann in manchen Synthesewerkzeugen auch eine maximale Verzögerungszeit (Steilheit der Schaltflanken) für die Gatter vorgegeben werden, so dass bei Überschreiten dieser Vorgabe entsprechende Buffer eingebaut werden können. Dies kann sinnvoll sein, da die dynamische Stromaufnahme auch von der Steilheit der Schaltflanken abhängt und durch steilere Schaltflanken Energie gespart werden kann.

4.1.7   Logikoptimierung und Technologieabbildung

Nach der Übersetzung des VHDL-Codes und der Angabe der Randbedingungen muss das Design in eine Gatternetzliste in der gewählten Zielbibliothek umgesetzt werden. Diese Umsetzung besteht aus zwei Schritten: Bei der Logikoptimierung (z.T. auch als Logikminimierung bezeichnet) wird zunächst die *technologieunabhängige* Darstellung der Schaltung, welche durch die Übersetzung des VHDL-Codes nach Abschnitt 4.1.1 und 4.1.2 gewonnen wurde, gemäß den Synthesezielen optimiert. In einem zweiten Schritt erfolgt dann die Umsetzung in die Zieltechnologie im Rahmen der Technologieabbildung (engl.: technology mapping). Logikoptimierung und Technologieabbildung hängen dabei zusammen und werden in den Synthesewerkzeugen zumeist auch in einem Vorgang ausgeführt; dies wird häufig als Optimierung bezeichnet (engl.: optimization). Bei den Verfahren zur Logikoptimierung muss zunächst unterschieden werden in Verfahren zur zweistufigen Optimierung, die als Ergebnis eine zweistufige disjunktive Minimalform [83] haben, und in Verfahren zur mehrstufigen Optimierung (engl.: multilevel logic synthesis). Die Verfahren für zweistufige Optimierung wurden hauptsächlich für die Implementierung von PLA- und PAL-Schaltungen entwickelt. Zu den bekanntesten Verfahren zählen das Quine-McCluskey-Verfahren und ESPRESSO [93, 63, 22, 88, 30] oder das in den Abschnitten 3.3.1 oder 4.1.2 verwendete graphische Verfahren mit einem KV-Diagramm, welches allerdings nur für kleine Schaltungen sinnvoll einsetzbar ist. Für ASIC-, Gate Array und FPGA-Technologien sind allerdings Verfahren, die eine mehrstufige Logik erzeugen, besser geeignet [93, 63, 22, 40], zu den bekanntesten Verfahren zählt hier MIS-II [62]. Durch verschiedene Algorithmen wird die Logik so optimiert, dass sie sich durch die Technologieabbildung gut in die Zieltechnologie umsetzen lässt und den Zielvorgaben in Bezug auf Ressourcenverbrauch und Verzögerungszeit möglichst nahe kommt, wobei die Funktion der ursprünglichen Schaltung erhalten bleibt. Wie wir schon in den vorangegangenen Abschnitten erwähnt haben, werden die Syntheseverfahren durch die Randbedingungen und die Ergebnisse der statischen Timing-Analyse gesteuert.

Wie schon die Zustandscodierung so ist auch die Logikoptimierung ein „schweres" algorithmisches Problem, welches ein ungünstiges Rechenzeitverhalten aufweist. Das Quine-McCluskey-Verfahren ist beispielsweise ein exaktes Verfahren, dessen Rechenaufwand exponentiell mit der Zahl der Eingänge wächst. Daher werden bei der Logikoptimierung ebenfalls heuristische Verfahren verwendet, die zwar nicht garantiert das Optimum finden, aber doch akzeptable Lösungen in kürzerer Rechenzeit. Die Synthesewerkzeuge beinhalten zumeist verschiedene Algorithmen; welche davon für einen Syntheselauf verwendet werden, kann vom Benutzer gesteuert werden. Grundsätzlich kann unterschieden werden zwischen Algorithmen, die den Ressourcenverbrauch minimieren (engl.: area), und Algorithmen, die die Verzögerungszeiten auf den kritischen Pfaden minimieren (engl.: delay). Eine übliche Vorgehensweise ist es, in einer ersten Logikoptimierung zunächst den Ressourcenverbrauch zu optimieren und in einem zweiten Schritt die Verzögerungszeiten auf den kritischen Pfaden zu verbessern [48]. Manche Synthesewerkzeuge, z. B. LeonardoSpectrum [48], können mehrere Syntheseläufe (engl.: passes) mit unterschiedlichen Algorithmen durchführen und wählen dann das Ergebnis aus, welches am besten die Benutzervorgaben erfüllt. Um die von den Algorithmen erzeugten Lösungen vergleichen zu können, werden sie bezüglich des Ressourcenverbrauchs und der Verzögerungszeit bewertet. Die Algorithmen, die die Verzögerungszeiten auf den kritischen Pfade verbessern, werden von den Randbedingungen und den Ergebnissen der Timing-Analyse gesteuert (engl.: constraint-driven timing optimization).

Welche Algorithmen in den kommerziellen Synthesewerkzeugen tatsächlich verwendet werden, wird von den EDA-Herstellern in der Regel nicht offengelegt. Wir werden in den beiden folgenden Abschnitten die Problematik der mehrstufigen Logikoptimierung und der Abbildung auf FPGA-Technologien diskutieren. Auf eine Darstellung der bekannten Algorithmen für die Logikoptimierung und die Technologieabbildung soll an dieser Stelle verzichtet werden, da sie den Rahmen des Buches sprengen würden, hierfür sei beispielsweise auf [93, 63, 22, 58] verwiesen.

4.1.8   Mehrstufige Logikoptimierung

Das wesentliche Ziel der Logikoptimierung ist es, unter den gegebenen zeitliche Randbedingungen eine Implementierung zu finden, die möglichst wenig Ressourcen verbraucht und im Rahmen der Technologieabbildung auch effizient in die Zieltechnologie umgesetzt werden kann. Während die Anzahl der Flipflops hauptsächlich bei der Schaltwerkssynthese festgelegt wird, geht es bei der Logikoptimierung um die Optimierung der kombinatorischen Teile der Schaltung, also beispielsweise der Schaltnetze für die Ansteuerung der Flipflops oder der Ausgabeschaltnetze eines Schaltwerks. Da arithmetische Schaltungsteile normalerweise während der Inferenz über Generatoren erzeugt werden, welche schon eine optimierte Implementierung erzeugen, brauchen diese nicht mehr durch die Logikoptimierung bearbeitet zu werden. Die Logikoptimierung behandelt also hauptsächlich die Schaltnetze in den steuernden Teilen der Schaltung, wie Schaltwerke, Dekoder und dergleichen. Diese Teile werden im Englischen häufig als „random logic" bezeichnet, was im Deutschen zumeist als „krause Logik" übersetzt wird.

Eine wesentliche Idee der mehrstufigen Logikoptimierung ist es, Ressourcen mehrfach zu benutzen. Hierzu wird eine gegebene Boole'sche Funktion durch verschiedene Transformationen, wie z. B. die Faktorisierung [88, 63], in Unterausdrücke aufgespalten, um diese mehrfach zu nutzen. Dies kann verglichen werden mit der Suche nach dem größten gemeinsamen Teiler von zwei Zahlen. Wir verdeutlichen den Effekt der mehrstufigen Optimierung an einem kleinen Beispiel. Um etwas Schreibarbeit zu sparen, werden wir die nachfolgenden Boole'schen Funktionen in einer veränderten Notation aufschreiben, die in der englischsprachigen Literatur häufig verwendet wird: $a \vee b \to a + b$ (nicht zu verwechseln mit der XOR-Funktion!) und $a \wedge b \to ab$. Bei der mehrstufigen Logikoptimierung wird aus einer zweistufigen Form eine mehrstufige oder faktorisierte Form: Gegeben sei eine disjunktive Minimalform einer Boole'sche Funktion $f_1 = abd + acd + a\overline{bd}$, welche wir z. B. aus einer zweistufigen Logikminimierung gewonnen haben. Wir können durch Ausklammern, d. h. Anwendung des Distributivgesetzes der Boole'schen Algebra [83], daraus den Boole'schen Ausdruck $f_1' = a(bd + cd + \overline{bd})$ gewinnen und schließlich $f_1'' = a(d(b + c) + \overline{bd})$, wobei alle drei Ausdrücke die gleiche Boole'sche Funktion darstellen. Wir haben die Zahl der Literale von 9 Literalen in f_1 auf 6 Literale in f_1'' reduziert.

Wir nehmen nun an, dass wir die Boole'schen Gleichungen f_1 bis f_1'' im Rahmen der Technologieabbildung direkt in Verschaltungen von UND/ODER-Gattern (Standardzellen) einer CMOS-ASIC-Technologie umsetzen, siehe Abbildung 4.13 für die Gleichungen f_1 und f_1''. Als Maß für den Ressourcenbedarf nehmen wir hier die Anzahl der Transistoren. Wir vernachlässigen im Folgenden die Inverter, die für die negierten Literale notwendig wären. Für die verwendeten Gatter ergeben sich die folgende Werte für die Anzahl der Transistoren: Ein 2-fach UND/ODER benötigt 6 Transistoren und ein 3-fach UND/ODER benötigt 8 Transistoren (vgl. Abschnitt 3.3.1). Daraus lässt sich die Zahl der Transistoren für f_1 berechnen zu 32 Transistoren und für f_1'' zu 30 Transistoren; der Transistoraufwand konnte durch die mehrstufige Implementierung um 2 Transistoren reduziert werden. Für die Implementierung f_1' erhalten wir 7 Literale und 32 Transistoren.

Berechnen wir als Nächstes die Gesamtschaltzeiten auf dem kritischen Pfad. Wir nehmen hierzu an, dass ein 2-fach UND/ODER-Gatter eine Verzögerungszeit von 1,0 ns und ein 3-fach UND/ODER-Gatter eine Verzögerungszeit von 1,5 ns benötigt. Für die Implementierung f_1 erhalten wir somit für die Verzögerungszeit auf dem kritischen Pfad 3,0 ns und für f_1'' erhalten wir 4,0 ns. Für die Implementierung f_1' erhalten wir 3,5 ns, wovon sich der Leser überzeugen möge.

Wir können allerdings aus f_1 auch eine andere Faktorisierung gewinnen, indem wir ad in den beiden ersten Termen ausklammern: $f_1''' = ad(c + b) + a\overline{bd}$. Wir erhalten wiederum 7 Literale, jedoch ergibt sich nun ein Transistoraufwand von nur 28 Transistoren (zwei 2-fach ODER, zwei 3-fach UND). Die Verzögerungszeit auf dem kritischen Pfad beträgt

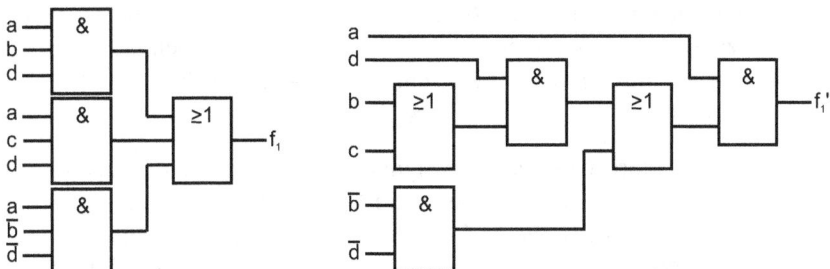

Abb. 4.13: Beispiel zur Faktorisierung.

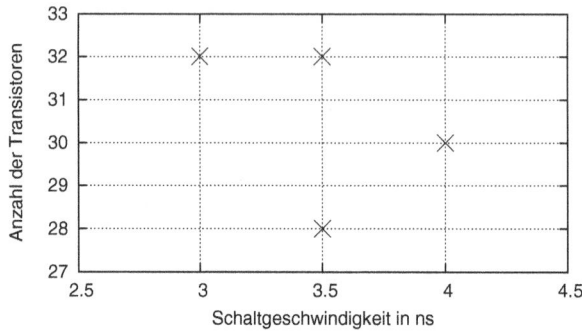

Abb. 4.14: *Entwurfsraum für das Beispiel.*

3,5 ns. In diesem Fall konnten wir durch eine andere Faktorisierung eine Lösung gewinnen, die im Vergleich mit f_1' die gleiche Verzögerungszeit bei verringertem Hardwareaufwand ergibt und im Vergleich zu f_1'' schneller ist, bei geringerem Hardwareaufwand. Man sieht an diesem kleinen Beispiel schon die Schwierigkeiten bei der Logikoptimierung: Es gibt eine Vielzahl von möglichen Faktorisierungen, die sich in ihren Resultaten bezüglich des Ressourcenverbrauchs (im Beispiel: Anzahl der Transistoren) und der Verzögerungszeit unterscheiden. Die Anzahl der Literale des Boole'schen Ausdrucks ist nur ein Anhaltspunkt für den resultierenden Hardwareaufwand, aber kein genaues Maß: Man kann davon ausgehen, dass eine Verringerung der Anzahl der Literale tendenziell auch zu einer Verringerung des Hardwareaufwands führt.

Wir können die Ergebnisse für unsere Implementierungen f_1 bis f_1''' in einen Graphen nach Abbildung 4.14 eintragen. Dieser Graph beschreibt den so genannten „Entwurfsraum" (engl.: design space) für unser Beispiel: Er stellt den Zusammenhang zwischen dem Hardwareaufwand (Ressourcenbedarf) – als Anzahl der Transistoren – und der Verzögerungszeit – als Verzögerungszeit auf dem kritischen Pfad – dar. Man kann daraus einen reziproken Zusammenhang zwischen dem Hardwareaufwand und der Leistungsfähigkeit (Verzögerungszeit) einer digitalen Schaltung erkennen. Es handelt sich im Allgemeinen nicht um einen Zusammenhang, den wir in einer Gleichung ausdrücken könnten, aber diese Reziprozität kann prinzipiell bei der Synthese und auch allgemein beim Entwurf digitaler Schaltungen beobachtet werden. Will man eine schnelle Schaltung haben, so muss man in Richtung einer zweistufigen Implementierung gehen, will man einen möglichst geringen Hardwareaufwand, so muss man die „logische Tiefe" – das ist die Anzahl der Stufen – einer Schaltung erhöhen.

Das Gewinnen einer faktorisierten Form wird im Englischen auch als „structuring" (Strukturierung) bezeichnet. Das Gegenteil davon wäre das „Ausflachen" (engl.: flattening), um von einer Schaltung mit einer höheren Logiktiefe wieder zu einer Implementierung mit einer geringeren Logiktiefe zu kommen. So können wir durch Anwenden des Distributivgesetzes von $f_1''' = ad(c+b) + a\overline{bd}$ wieder zu $f_1 = abd + acd + a\overline{bd}$ kommen. Wie schon erwähnt, besteht die übliche Vorgehensweise bei der Synthese darin, zunächst die Schaltung zu strukturieren, um den Hardwareaufwand zu minimieren (engl.: area optimization), da nicht alle Pfade kritisch sind. Die kritischen Pfade der Schaltung können dann in einem nachfolgenden Schritt (engl.: timing optimization) mit Hilfe von anderen Algorithmen, die auf dem kritischen Pfad zu einer Logik mit geringerer Tiefe führen, verbessert werden.

Im Allgemeinen liegt in einer Schaltung nicht nur eine Boole'sche Funktion vor, sondern eine Vielzahl von Funktionen. Daher ist es sinnvoll, Unterausdrücke zu extrahieren, die in mehreren Funktionen vorkommen und so nur einmal implementiert werden müssen. Es seien zwei Boole'sche Funktionen in faktorisierter Form gegeben: $f_2 = (a+b)cd+e$ und $f_3 = (a+b)\bar{e}$. Daraus kann man leicht erkennen, dass der Unterausdruck $g = a+b$ in beiden Funktionen vorkommt. Somit ergibt sich für $f_2' = gcd+e$ und für $f_3' = g\bar{e}$. Das ODER-Gatter für g kann also gemeinsam von beiden Funktionen genutzt werden und man spart ein ODER-Gatter ein. Die Faktorisierung von Boole'schen Ausdrücken und die Extraktion gemeinsamer Unterausdrücke zählen zu den wesentlichen Aufgaben in Werkzeugen zur mehrstufigen Logikoptimierung [93, 63, 22] und sind Bestandteil der Strukturierung. Das wesentliche Problem ist dabei die Identifikation von geeigneten gemeinsamen Unterausdrücken [63].

4.1.9   Technologieabbildung für SRAM-FPGAs

Die Aufgabe der Technologieabbildung [93, 63, 22] ist es, die bei der Logikoptimierung gewonnenen Boole'schen Gleichungen in eine Verschaltung von Gattern oder Bauelementen der Zieltechnologie umzusetzen, wobei der Ressourcenaufwand minimiert werden soll und die Randbedingungen eingehalten werden müssen. Wir wollen auf die im vorangegangenen Abschnitt angesprochene Abbildung auf ASIC-Standardzellen nicht weiter eingehen und uns in diesem Abschnitt mit der Umsetzung in FPGA-Technologien beschäftigen. Im Gegensatz zu den Logikgattern einer ASIC-Technologie weisen SRAM-FPGAs hauptsächlich LUTs auf, die beliebige Funktionen ihrer K Eingänge darstellen können, vgl. Abschnitte 3.7.1 und 3.8.2. Damit ergibt sich für die Technologieabbildung die Aufgabe, die Boole'schen Gleichungen in Verschaltungen von K-LUTs umzusetzen. Setzen wir beispielsweise die Funktion $f_1 = abd + acd + a\overline{bd}$ aus dem vorangegangenen Abschnitt in eine Xilinx Virtex-II-Technologie um, so erhält man das Ergebnis nach Abbildung 4.15.

Die Virtex-II-FPGAs weisen LUTs mit $K = 4$ auf. Es sei nochmals bemerkt, dass mit einer K-LUT nicht nur Funktionen mit $n = K$ Variablen realisiert werden können, sondern natürlich auch Funktionen mit $n < K$. Der Inhalt der LUT in Abbildung 4.15 lautet:

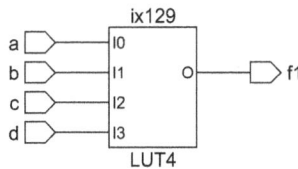

Abb. 4.15: LUT für Funktion f_1.

$O = (I0 \wedge I2 \wedge I3) \vee (I0 \wedge I1 \wedge I3) \vee (I0 \wedge \overline{I1} \wedge \overline{I3})$. Unter Berücksichtigung der angeschlossenen Eingänge ergibt sich wieder die Funktion $f_1 = abd + acd + a\overline{bd}$. Die Faktorisierung dieser Funktion ist in diesem Falle sinnlos, da alle Varianten auf die gleiche LUT abgebildet werden. Im Gegensatz zu einer ASIC-Technologie stellt eine FPGA-Technologie universelle Basiszellen mit einer gröberen Granularität zur Verfügung: Entscheidend für die Abbildung einer Boole'schen Funktion auf eine Bibliothek mit K-LUTs ist daher nur die Zahl n der Variablen. Die Boole'schen Funktionen sind nicht von Belang, da die LUTs ja jede beliebige Funktion von $n \leq K$ Variablen darstellen können. Ist allerdings $n > K$, so muss eine Funktion f in Unterausdrücke f_i aufgelöst werden, bei denen die Zahl der Variablen $n_i \leq k$ ist. Diese so genannte „Dekomposition" [93, 63] ist eine der wesentlichen Funktionen einer Technologieabbildung für FPGAs, wobei für die Dekomposition auch die Faktorisierung benutzt wird [93]. Sie wird im Englischen häufig als „fan-in limited decomposition" bezeichnet, was auf das obige Problem hindeutet, dass die Anzahl der Variablen oder Eingänge (fan-in) einer LUT auf $n \leq K$ begrenzt ist.

Wir können die Dekomposition anhand der Funktionen $f_2 = (a+b)cd + e$ und $f_3 = (a+b)\overline{e}$ aus dem vorangegangenen Abschnitt zeigen. Die Funktion f_2 besteht aus 5 Variablen und kann daher nicht auf eine LUT abgebildet werden. Eine mögliche Dekomposition könnte wie folgt aussehen: $g = a+b$ und damit $f_2 = gcd + e$. Dieses Ergebnis ist in Abbildung 4.16 zu sehen. Die LUT ix126 realisiert die Funktion $O = (I0 \wedge I1 \wedge I3) \vee I2$, wobei an Eingang $I3$ die LUT ix125 angeschlossen ist, welche die Funktion g realisiert ($g = O = I1 \vee I0 = a+b$). Insgesamt werden drei 4-LUTs für die Realisierung der beiden Boole'schen Funktionen benötigt, wobei die LUTs ix125 und ix127 nur Funktionen von zwei bzw. drei Eingängen realisieren.

Interessant bei dem Beispiel aus Abbildung 4.16 ist nun die Realisierung der Funktion f_3. Sie besteht aus 3 Variablen und kann daher vollständig von einer LUT realisiert werden. Dies ist die LUT ix127, welche die Funktion $f_3 = O = (I1 \wedge \overline{I2}) \vee (I0 \wedge \overline{I2}) = b\overline{e} + a\overline{e} = (b+a)\overline{e}$ realisiert. Eine Mehrfachausnutzung des gemeinsamen Unterausdrucks $b + a$ ist in diesem Fall nicht sinnvoll: Es würde in jedem Fall die LUT ix127 benötigt, welche dann nur noch die Funktion $f_3 = g\overline{e}$ zu realisieren hätte, wobei g die von der LUT ix125

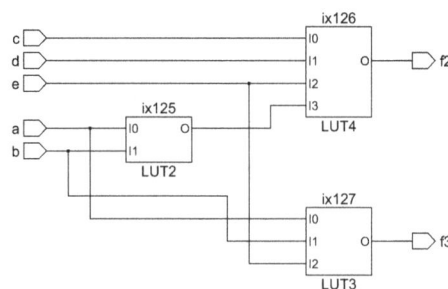

Abb. 4.16: *Dekomposition bei der LUT-Abbildung (Xilinx Virtex-II-Technologie und LeonardoSpectrum-Synthese).*

realisierte Funktion $g = a + b$ ist. Die Anzahl der LUTs würde also nicht geringer werden. Nachteilig wäre allerdings das Zeitverhalten. Der kritische Pfad für die Funktion f_3 ist eine LUT und ergibt damit eine Zeit von $t_3 = 0{,}61$ ns; für die Funktion f_2 werden zwei LUTs benötigt, so dass die Zeit auf dem kritischen Pfad $t_2 = 1{,}22$ ns beträgt. Mit der Mehrfachausnutzung würde auch für die Funktion f_3 eine Verzögerungszeit von 2 LUTs oder 1,22 ns entstehen.

Dass auch bei der LUT-Abbildung eine Mehrfachausnutzung stattfinden kann, sei an einem letzten Beispiel gezeigt. Wir realisieren in einer Schaltung wieder die Funktion $f_2 = (a + b)cd + e$ und eine neue Funktion $f_4 = (a + b)\bar{e} + f + g$. Das Ergebnis der Synthese ist in Abbildung 4.17 zu sehen, es werden wiederum drei 4-LUTs benötigt. Die LUT ix129 realisiert den Unterausdruck $h = a + b$, die LUT ix130 realisiert die Funktion $f_2 = hcd + e$. Die LUT ix131 realisiert nun die Funktion $O = (I3 \wedge \overline{I0}) \vee I1 \vee I2$, woraus nach Einsetzen der Eingänge $f_4 = he + f + g$ wird. In diesem Fall wird also der Unterausdruck h gemeinsam von beiden Funktionen genutzt. Interessanterweise haben wir in diesem Beispiel eine komplexere Schaltung mit der gleichen Anzahl von LUTs realisiert, verglichen mit dem Beispiel aus Abbildung 4.16. Dies zeigt, dass die LUTs nicht immer gut ausgenutzt werden können. ASIC-Standardzellschaltungen können offensichtlich durch ihre feinere Granularität viel besser auf das Problem „zugeschnitten" werden, während man bei FPGAs mit einem gewissen „Verschnitt" rechnen muss. Erwähnt werden muss an dieser Stelle noch, dass die FPGAs nicht nur LUTs und Flipflops aufweisen, sondern auch weitere Komponenten, wie Multiplexer. Diese werden natürlich auch bei der Technologieabbildung berücksichtigt.

Wie bei der Logikoptimierung, so gibt es auch bei der Technologieabbildung bei größeren Schaltungen eine Vielzahl von Möglichkeiten, eine „Abdeckung" (engl.: covering [93, 63]) durch LUTs für einen Boole'schen Ausdruck zu finden. Aufgabe der Technologieabbildung ist es, eine Abdeckung zu finden, welche die geringste Anzahl an LUTs benötigt und die vorgegebenen Randbedingungen einhält. In Abhängigkeit davon, ob die Schaltung auf Ressourcenverbrauch („Area"-Optimierung) oder auf Verzögerungszeit („Delay"- oder

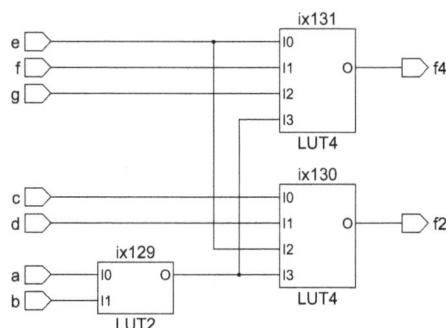

Abb. 4.17: *Mehrfachausnutzung bei der LUT-Abbildung (Xilinx Virtex-II-Technologie und Leonardo-Spectrum-Synthese).*

„Timing"-Optimierung) optimiert werden soll, kommen auch hier unterschiedliche Algorithmen zum Einsatz. Für die Bewertung der unterschiedlichen Lösungen und zur Steuerung des Verfahrens bei der Timing-Optimierung wird die Timing-Analyse eingesetzt. Eine ausführliche Diskussion der verwendeten Algorithmen findet sich beispielsweise in [63]; wie schon bei den anderen Verfahren der Logiksynthese werden auch hier heuristische Algorithmen verwendet.

4.1.10   Einfluss der Optimierungsvorgaben auf das Syntheseergebnis

Um zu demonstrieren, wie sich die Benutzervorgaben auf das Syntheseergebnis auswirken, soll im Folgenden ein kleines Syntheseexperiment durchgeführt werden, wobei wir verschiedene Optimierungsvorgaben variieren wollen. Wir nehmen hierzu eine Schaltung, deren genaue Funktion nicht von Belang ist und die hauptsächlich aus Zählern, Schaltwerken und weiterer „krauser Logik" besteht. Diese Schaltung soll in eine Xilinx Virtex-II-Technologie abgebildet werden und benötigt in dieser Technologie ungefähr 400 LUTs und 85 Flipflops. Da in einer CLB-Slice 2 LUTs und 2 Flipflops vorhanden sind [107], benötigen wir ungefähr 200 Slices. Der kleinste Virtex-II-Baustein (XC2V40) bietet 256 Slices, so dass der Baustein mit diesem Design zu etwa 80% ausgelastet wäre.

Wir synthetisieren dieses Design mit LeonardoSpectrum [48] für die Xilinx Virtex-II-Technologie, wobei wir ein Verdrahtungslastmodell verwenden. Es werden die Randbedingungen $T_R = t_{r2r} = t_{i2r} = t_{r2o}$ vorgegeben und jeweils variiert, wobei der Einfachheit halber immer alle drei Randbedingungen den gleichen Wert bekommen. Die Logikoptimierung und Technologieabbildung wird bei LeonardoSpectrum in zwei Schritten ausgeführt. In einem ersten Schritt („optimize") zielt die Optimierung nur darauf ab, das Design mit dem geringsten Ressourcenaufwand zu erhalten, es erfolgt keine Optimierung der kritischen Pfade. Es werden vier Syntheseläufe mit unterschiedlichen Algorithmen durchgeführt, das Werkzeug wählt dann das beste Ergebnis aus. In einem zweiten, optionalen Schritt können dann die Verzögerungszeiten auf den kritischen Pfaden verbessert werden („optimize_timing"), was im Folgenden als Timing-Optimierung bezeichnet wird. Es handelt sich hierbei um einen Timing-Optimierer, der die Randbedingungen benötigt und durch eine Timing-Analyse gesteuert wird. Die Timing-Optimierung wird nur dann ausgeführt, wenn das im ersten Schritt erhaltene Ergebnis die Randbedingungen verletzt.

Für die in den Abbildungen 4.18 und 4.19 dokumentierten Ergebnisse wurden die Randbedingungen jeweils in einem Bereich von $T_R = t_{r2r} = t_{i2r} = t_{r2o} = 1..20$ ns variiert und anschließend die Logikoptimierung und Technologieabbildung ausgeführt. In den Bereichen in Abbildung 4.18, in denen sich Änderungen ergeben, wurde T_R mit einer feineren Auflösung von 0,01 ns variiert. Nach jedem Syntheselauf wurde die Verzögerungszeit t_c des kritischen Pfades mit einer Timing-Analyse bestimmt und der Ressourcenaufwand als Anzahl N der benötigten LUTs ermittelt. Die Anzahl M der benötigten CLB-Slices kann man dann durch $M = \lceil N/2 \rceil$ und den Ausnutzungsgrad U des XC2V40-Bausteins durch $U = M/256$ abschätzen, so dass der in Abbildung 4.19 dargestellte Ressourcenaufwand ein

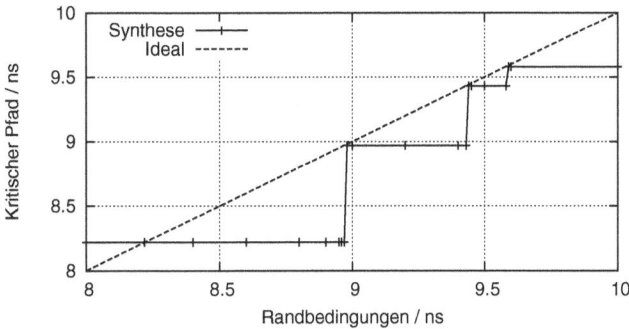

Abb. 4.18: *Randbedingungen T_R und kritischer Pfad t_c: Die Abbildung zeigt nur den Ausschnitt der Ergebnisse von 8..10 ns. In den nicht gezeigten Bereichen ergab sich keine weitere Veränderung. „Ideal" bezeichnet die ideale Kurve $t_c = T_R$, bei der die Syntheseergebnisse exakt den Vorgaben entsprechen würden.*

Maß für die Belegung der Ressourcen des Bausteins darstellt. Die Anzahl der benötigten Flipflops ist für dieses Design um etwa einen Faktor 4 geringer als die Anzahl der benötigten LUTs; da in jeder Slice, neben der LUT, auch ein Flipflop vorhanden ist, können die benötigten Flipflops auch in jedem Fall in den Slices untergebracht werden.

Diskutieren wir nun im Folgenden die in Abbildung 4.18 und 4.19 dargestellten Ergebnisse. Syntheseergebnisse auf oder oberhalb der idealen Kurve, für die also $t_c \geq T_R$ gilt, würden die Randbedingungen verletzen. Der erste Optimierungsschritt erzeugt ein ressourcenoptimales, d. h. heißt kleinstes, Design A mit $t_c = 9{,}58$ ns und $N = 378$. Daher ist bis zum Punkt $T_R = 9{,}58$ ns zunächst keine Timing-Optimierung notwendig ($t_c < T_R$) und wir erhalten bei der Synthese immer das gleiche Design. Für $T_R = 9{,}58$ ns ist $t_c = T_R$, so dass eine Timing-Optimierung notwendig wird. Diese führt zu einem veränderten Design B mit $t_c = 9{,}43$ ns und $N = 378$, welches interessanterweise den gleichen Ressourcenaufwand wie Design A benötigt. Diese Lösung genügt so lange den Optimierungsvorgaben, bis $T_R = 9{,}43$ ns ist.

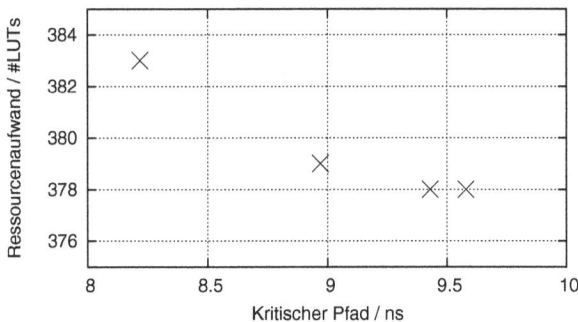

Abb. 4.19: *Ressourcenaufwand N und kritischer Pfad t_c (Entwurfsraum).*

Nun muss sich der Timing-Optimierer etwas mehr „anstrengen" und die kritischen Pfade weiter optimieren, was zu einem neuen Design C führt, für das $t_c = 8,97$ ns und $N = 379$ ist. Folglich wird am Punkt $T_R = 8,97$ ns wiederum ein neues Design D durch weitere Timing-Optimierung erzeugt, für das $t_c = 8,22$ ns und $N = 383$ ist. Am Punkt $T_R = 8,22$ ns würde man wiederum eine neue Lösung erwarten. Allerdings kann der Timing-Optimierer keine bessere Lösung als Design D mit $t_c = t_{c,min}$ generieren, so dass – auch bei weiterem Verringern von $T_R < t_{c,min}$ – keine anderen Lösungen mehr enstehen; ab diesem Punkt können die Vorgaben nicht mehr erfüllt werden. Insgesamt entstehen also vier Designs, welche im Entwurfsraum von Abbildung 4.19 eingetragen sind.

Obgleich die Ergebnisse natürlich spezifisch für den verwendeten VHDL-Code, das Synthesewerkzeug, das FPGA und die eingestellten Optionen und Randbedingungen sind, so zeigen sie doch das typische Verhalten von Logiksynthesewerkzeugen. Eine ähnliche Untersuchung [41] des DesignCompilers von Synopsys ergibt ein vergleichbares Verhalten. Grundsätzlich kann man in Abbildung 4.19 den schon in Abschnitt 4.1.7 erwähnten reziproken Zusammenhang zwischen Hardwareaufwand (Ressourcen) und Leistungsfähigkeit (Verzögerungszeit des kritischen Pfads) im Entwurfsraum erkennen. Dieser Zusammenhang wird häufig als Kurve dargestellt (so genannte „Bananenkurve"), indem die Datenpunkte verbunden werden. Wir haben dies bewußt nicht gemacht, um zu zeigen, dass es sich nicht um eine kontinuierliche Funktion handelt. Diese „Kurve" ist auch nicht monoton fallend; es sind Lösungen möglich, die bei gleichem Hardwareaufwand eine unterschiedliche Leistungsfähigkeit aufweisen und bei gleicher Leistungsfähigkeit einen unterschiedlichen Hardwareaufwand benötigen.

Wer sich das erste Mal mit Synthesewerkzeugen befasst, wird möglicherweise von dem anscheinend „zufälligen" Verhalten der Synthese überrascht sein. Es gibt eine Vielzahl von Optionen und Parametern sowie Randbedingungen, die verändert werden können, und kleine Veränderungen können möglicherweise große Unterschiede im Ergebnis hervorrufen. Der Grund hierfür liegt in der heuristischen Arbeitsweise der verwendeten Algorithmen. Um ein optimales Design im Hinblick auf die Optimierungsvorgaben zu erzeugen, müssen daher in der Regel mehrere Syntheseläufe, mit jeweils veränderten Parametern, durchgeführt werden. Es empfiehlt sich dabei, nicht zu viele Parameter auf einmal zu verändern und die zeitlichen Randbedingungen – wie im obigen Beispiel gezeigt – gezielt von größeren Werten hin zu kleineren zu verändern. Das Verhalten eines Synthesewerkzeuges bei der Timing-Optimierung kann aus Abbildung 4.18 entnommen werden: Am Punkt $t_c = T_R$ werden in der Regel neue Lösungen generiert, sofern noch Verbesserungen möglich sind. Das Synthesewerkzeug erfüllt die Randbedingungen T_R also nicht kontinuierlich sondern diskret: Es wird eine gewisse Anzahl von Lösungen generiert, für welche $t_c < T_R$ gilt. Die Größe der Änderung von t_c für eine neue Lösung ist dabei nicht vorhersagbar und unter Umständen können auch schnellere Lösungen entstehen, die kleiner oder gleich groß sind. Unterhalb einer bestimmten Grenze $t_{c,min}$ sind in der Regel keine oder nur noch geringe [41] Verbesserungen möglich. Diese Grenze ist bestimmt durch die verwendete Technologie, die Leistungsfähigkeit des Synthesewerkzeuges und den VHDL-Quellcode. Kann man keine schnellere Technologie und kein besseres Synthesewerkzeug bekommen, so kann versucht werden, den VHDL-Quellcode zu optimieren. Eine letzte Möglichkeit besteht darin, das Design oder zeitkritische Teile des Designs manuell zu entwerfen oder ein für die Zieltechnologie optimiertes Makro einzusetzen. Schließlich bleibt noch zu erwähnen, dass der Rechenzeitbedarf auf dem Computer für große Schaltungen recht hoch werden kann, so dass der Benutzer in den Werkzeugen eine Beschränkung der Rechenzeit vorgeben kann; allerdings können dann möglicherweise bessere Lösungen nicht mehr gefunden werden.

4.2 Ein 4-Bit-Mikroprozessor als Beispiel

Wir haben im Kapitel 2 schon einige elementare Beispiele für die Beschreibung von digitalen Baugruppen kennengelernt. Die folgenden Abschnitte sollen dazu dienen, weitere, komplexere Baugruppen und ihre Beschreibung in VHDL kennenzulernen. Unser Ziel ist es, dem Leser eine Sammlung von VHDL-„Mustern" an die Hand zu geben, wie sie in vielen Anwendungen typischerweise auftreten. Hierzu gehören Baugruppen wie Zähler, Schieberegister, Schaltwerke, arithmetische Baugruppen, RAM und ROM sowie Busse und I/O-Baugruppen. Insbesondere soll auch – wieder anhand der schon bekannten Xilinx Virtex-II-Technologie – gezeigt werden, wie diese VHDL-Beschreibungen mit Hilfe der Logiksynthese in Hardware umgesetzt werden können. Zur Motivation werden wir als Beispiel einen kleinen 4-Bit-Mikroprozessor verwenden, in welchem die meisten der besprochenen Baugruppen eingesetzt werden.

Der Beispiel-Prozessor, dessen Befehlssatz in Tabelle 4.4 definiert ist, ist bewusst sehr einfach gehalten, um die Diskussion auf die wesentlichen VHDL-Aspekte der Baugruppen zu begrenzen. So wird der kundige Leser beispielsweise ein Statusregister vermissen, in dem die unter anderem von der ALU (engl.: Arithmetic Logic Unit) erzeugten „Flags" gespeichert sind [78, 77]. Ferner kann der Prozessor auch keine bedingten Sprünge ausführen und es fehlen solche Dinge wie indirekte Addressierung oder Interrupts [78, 77]. Der Leser sei an dieser Stelle ermuntert, mit dem im Folgenden beschriebenen Prozessor zu experimentieren und ihn mit zusätzlichen Funktionen zu erweitern. Die Datenwortbreite

Tabelle 4.4: Befehlssatz des Beispiel-Prozessors

	Assembler-Befehl	Binäres Instruktionswort		Funktion
		Opcode	Adresse/Konstante aaaa/cccc	
1	*adu* \<addr\>	0001	aaaa	accu ← accu + mem[addr]
2	*sbu* \<addr\>	0010	aaaa	accu ← accu - mem[addr]
3	*str* \<addr\>	1000	aaaa	mem[addr] ← accu
4	*lda* \<addr\>	0011	aaaa	accu ← mem[addr]
5	*mov* \<const\>	0111	cccc	accu ← const
6	*jmp* \<addr\>	1100	aaaa	PC ← addr
7	*nop*	1111	- - - -	No Operation

Tabelle 4.5: Speicheraufteilung des Beispielprozessors

Adresse (addr)		Speicher (mem[addr])
binär	hexadezimal	
0000 bis 0111	0 bis 7	Datenspeicher (schreiben und lesen)
100-	8, 9	PIOREAD-Register (nur lesen)
101-	a, b	PIOWRITE-Register (nur schreiben)
11- -	c, d, e, f	PIOMODE-Register (nur schreiben)

des Prozessors beträgt 4 Bit, die Instruktionswortbreite beträgt 8 Bit; ein Instruktionswort ist, wie in Tabelle 4.5 beschrieben, in zwei Felder aufgeteilt.

Der Prozessor verfügt über einen Akkumulator (*accu* in Tabelle 4.4), in dem die Ergebnisse der arithmetischen Befehle *adu* und *sbu* abgespeichert werden. Die beiden Quelloperanden der arithmetischen Befehle sind der Akkumulator und ein über die Addresse *addr* adressiertes Datum *mem[addr]* aus dem Datenspeicher. Der Zieloperand ist immer der Akkumulator, es handelt sich also um eine „Ein-Adress-Maschine" oder „Akkumulator-Maschine" [78]. Der Akkumulator kann über die Befehle *lda* und *mov* auch direkt mit dem Inhalt eines Speicherwortes oder einer Konstanten geladen werden.

Die Daten und Adressen weisen eine Breite von 4 Bit auf, daher können im Datenspeicher 16 Speicherworte zu je 4 Bit Breite adressiert werden. Das Speichern von Daten aus dem Akku in den Datenspeicher erfolgt mit dem Befehl *str*. Der Prozessor besitzt einen parallelen Port (PIO), der aus drei Registern besteht (PIOREAD, PIOWRITE und PIOMODE). Die PIO-Register werden als Datenspeicher-Worte adressiert (so genanntes „memory mapped I/O" [78]). Die Aufteilung des Datenspeichers ist in Tabelle 4.5 dargestellt. Zur einfacheren Dekodierung wurden den PIO-Registern mehrere Adressen zugeordnet; der Bindestrich stellt wieder den Wert „Don't Care" dar, siehe Abschnitt 2.7.2. Über das höchstwertige Bit (MSB: Most Significant Bit) kann zwischen dem PIO und dem eigentlichen Datenspeicher, der acht Worte umfasst, bei der Dekodierung unterschieden werden. Den Vorteil der einfachen Dekodierung erkauft man sich allerdings durch eine geringere nutzbare Speichergröße im Datenspeicher.

Der Prozessor besteht aus 5 Komponenten nach Abbildung 4.20: Programmspeicher *pmem*, Steuerwerk *ctrl*, ALU *alu*, Datenspeicher *dmem* und paralleler Port *pio*. Die Komponenten sind über ein Bussystem (Datenbus, Adressbus, Steuerbus) miteinander verbunden. Der Datenbus mit einer Breite von 4 Bit wird durch einen Multiplexer realisiert – dies ist die sechste Komponente *dbus* in Abbildung 4.20 – und wird vom Steuerwerk gesteuert. Der Datenbus weist vier Quellen (Programmspeicher, ALU, Datenspeicher und PIO) und drei Senken (ALU, Datenspeicher, PIO) auf. Der unidirektionale Adressbus *addr*, mit ebenfalls 4 Bit Breite, dient zur Verteilung der Adresse (untere 4 Bit des Instruktionswortes) für die Adressierung des Datenspeichers (*dmem* und *pio*). Da im Adressfeld beim Befehl *mov* eine Konstante steht, welche in den Akkumulator geladen wird, wird der Adressbus in diesem Fall über den Busmultiplexer auf den Datenbus aufgeschaltet. Über den 9 Bit breiten

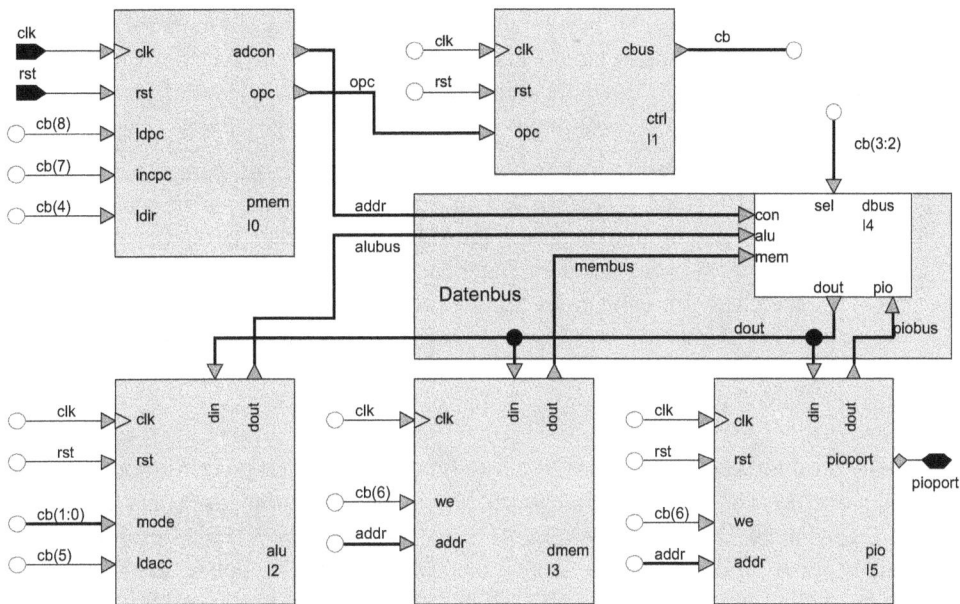

Abb. 4.20: *Blockschaltbild des 4-Bit-Mikroprozessors: Aus dieser graphischen Darstellung (HDL-Designer von Mentor Graphics) kann automatisch der VHDL-Code der Strukturbeschreibung gewonnen werden. Der Übersichtlichkeit halber sind nicht alle Verbindungen gezeichnet; diese mit einem Kringel gekennzeichneten Signale sind verbunden, wenn sie den gleichen Signalnamen tragen.*

Steuerbus *cb* werden die vom Steuerwerk generierten Steuersignale an die Komponenten verteilt. Der so genannte „Opcode" (von „operation code") – das sind die oberen 4 Bit des Instruktionswortes – wird vom Programmspeicher zum Steuerwerk über das Signal *opc* geführt. Die binäre Codierung des Opcodes wurde so gewählt, dass die Dekodierung möglichst einfach wird; wir werden darauf bei der Beschreibung der einzelnen Komponenten in den folgenden Abschnitten detaillierter eingehen.

Es handelt sich um ein synchrones System, welches durch den Takt *clk* getaktet wird; alle Flipflops und Register übernehmen mit der steigenden Flanke die Daten. Über das Signal *rst* können die Register asynchron zurückgesetzt werden. Jeder Befehl wird in drei Taktzyklen abgearbeitet, wobei dieser Ablauf von einem endlichen Automaten im Steuerwerk *ctrl* gesteuert wird:

1. *Fetch-Zyklus*: Vom Programmspeicher wird ein neues Instruktionswort geholt und im Instruktionsregister, das sich ebenfalls in der Komponente *pmem* befindet, abgespeichert.

2. *Decode-Zyklus*: In diesem Zyklus wird aus dem Opcode ermittelt, um welchen Befehl es sich handelt. Bei den Befehlen, die Daten in der ALU verarbeiten (*adu*, *sbu*, *lda*, *mov*), werden Daten (Quelloperanden) aus der entsprechenden Quelle (Instruktionswort, Datenspeicher, PIO) in diesem Zyklus über den Datenbus zum Eingangs-

register der ALU gebracht. Ferner wird der Modus der ALU-Operation (Addieren, Subtrahieren, Akkumulator laden) aus dem Opcode ermittelt, über den Steuerbus zur ALU gebracht und dort in einem weiteren Register abgespeichert. Beim Befehl *str* wird das Datum aus dem Akkumulator auf den Datenbus geschaltet.

3. *Execute-Zyklus*: In diesem Zyklus findet die eigentliche Ausführung des Befehls statt. Bei den Befehlen *adu*, *sbu*, *lda* und *mov* werden die entsprechende ALU-Operationen ausgeführt und die Daten im Akkumulator (Zieloperand) abgespeichert. Beim Befehl *str* wird das auf dem Datenbus liegende Wort im Datenspeicher oder PIO abgespeichert. Im Falle eines Sprungs (Befehl *jmp*) wird der Programmzähler, der sich im Programmspeicher *pmem* befindet, mit der neuen Adresse *addr* geladen, anderenfalls inkrementiert der Zähler in diesem Zyklus, so dass im nächsten Taktzyklus der Fetch-Zyklus des nächsten Befehls stattfinden kann.

Die VHDL-Strukturbeschreibung der Netzliste für die Verschaltung der Komponenten des Beispielprozessors ist im Anhang abgedruckt; sie wurde automatisch aus der Abbildung 4.20 gewonnen. Der interessierte Leser ist aufgefordert, die VHDL-Beschreibung im Anhang mit der Abbildung 4.20 zu vergleichen. Dabei dürfte nochmals deutlich werden, dass die manuelle Eingabe solcher VHDL-Netzlisten deutlich langsamer und fehleranfälliger ist, im Vergleich zur Verwendung von graphischen Werkzeugen. Es handelt sich bei dieser Netzliste um die oberste Ebene des Designs (häufig als „Toplevel" bezeichnet). Da die Komponenten keine weitere Hierarchie beinhalten, besteht die Hierarchie des Designs aus den Stufen *Toplevel → Komponenten*. Hierarchisch über dem Design befindet sich die Testbench, die im Wesentlichen nur den Takt und den Reset erzeugt.

4.3   Schaltwerke und Zähler

Schaltwerke oder endliche Automaten (FSM) zählen zu den häufigsten Baugruppen in digitalen Schaltungen. Wir haben den prinzipiellen Aufbau von Schaltwerken und die Vorgänge bei der Schaltwerkssynthese schon in Abschnitt 4.1.2 kennengelernt. In diesem Abschnitt sollen anhand des Schaltwerks des Beispiel-Prozessors einige Implementierungsaspekte von Schaltwerken diskutiert werden. Auch Zähler und Schieberegister können als spezielle Formen von Schaltwerken aufgefasst werden, deren Implementierungsaspekte daher auch in den folgenden Abschnitten behandelt werden sollen.

4.3.1   Steuerwerk des Beispiel-Prozessors

Bei dem Steuerwerk des Beispiel-Prozessors in Listing 4.7 handelt es sich um einen Mealy-Automaten. Der neue Zustand $Z^+ = f(X,Z)$, der mit dem nächsten Taktschritt eingenommen wird, ist eine Funktion des aktuellen Zustands Z und der Werte der Eingänge X. Die Werte der Ausgänge $Y = g(X,Z)$ des Schaltwerks sind eine Funktion des aktuellen Zustands Z und der Eingänge X. Im Beispiel von Listing 4.7 sind die Eingänge der Opcode `opc` und die Ausgänge die Steuersignale `cbus`. Das Steuerwerk wird durch drei Prozesse realisiert (vgl. auch Abbildung 4.3 in Abschnitt 4.1.2): Das Zustandsregister durch den Prozess `fsm_reg`, das Überführungsschaltnetz ÜSN ($Z^+ = f(X,Z)$) durch den Prozess `next_state` und das Ausgabeschaltnetz ASN ($Y = g(X,Z)$) durch den Prozess `output_decoder`. Wir geben keine binäre Zustandscodierung im VHDL-Code vor und realisieren die Zustände symbolisch durch einen Aufzählungstyp in Zeile 14 von Listing 4.7; das Zustandsregister (Signal `state`) und der neue Zustand (Signal `nxstate`) sind von diesem Datentyp.

Das ÜSN gestaltet sich für unseren Beispiel-Prozessor recht einfach: Ausgehend vom Grundzustand `fetch`, der auch im Falle des asynchronen Resets eingenommen wird, werden nacheinander die Zustände `decode` und `execute` durchlaufen. Wir haben es also mit einem Spezialfall zu tun, da das ÜSN keine Funktion des Eingangs ist, abgesehen vom Reset. Üblicherweise wird für die Abfrage der Zustände in einer FSM eine CASE-Anweisung verwendet.

Listing 4.7: Steuerwerk des Beispiel-Prozessors

```
0    LIBRARY ieee;
1    USE ieee.std_logic_1164.ALL;
2
3    ENTITY ctrl IS
4       PORT (
5          clk  : IN      std_logic;
6          opc  : IN      std_logic_vector (3 DOWNTO 0);
7          rst  : IN      std_logic;
8          cbus : OUT     std_logic_vector (8 DOWNTO 0)
9       );
10   END ctrl ;
11
12   ARCHITECTURE beh OF ctrl IS
13
14      TYPE state_t IS (fetch, decode, execute);
15      SIGNAL state, nxstate : state_t;
16
17      SIGNAL incpc, ldpc, ldir, ldacc, wrmem: std_logic;
18      SIGNAL alumod, selbus: std_logic_vector(1 DOWNTO 0);
19
20   BEGIN
21
22      -- FSM state register
23      fsm_reg: PROCESS (rst, clk)
24      BEGIN
25        IF (rst='1') THEN
26           state <= fetch;
27        ELSIF clk'event AND clk='1' THEN
28           state <= nxstate;
29        END IF ;
30      END PROCESS;
31
32      -- next state logic for FSM
33      next_state : PROCESS (state)
34      BEGIN
35        CASE state IS
36           WHEN fetch =>
```

```
37              nxstate <= decode;
38          WHEN decode =>
39              nxstate <= execute;
40          WHEN execute =>
41              nxstate <= fetch;
42        END CASE;
43      END PROCESS next_state;
44
45      -- output decoder for FSM (Mealy type)
46      output_decoder : PROCESS (state, opc)
47      BEGIN
48        -- defaults for outputs (all signals active high)
49        alumod <= "00";   -- ALU mode (cbus(1:0))
50        ldir <= '0';   -- load IR (cbus(4))
51        ldacc <= '0';  -- load accu from bus (cbus(5))
52        wrmem <= '0';  -- write to memory (cbus(6))
53        incpc <= '0';  -- increment PC (cbus(7))
54        ldpc <= '0';   -- load PC (cbus(8))
55        CASE state IS
56          WHEN fetch =>
57            ldir <= '1';              -- fetch next instruction from pmem
58          WHEN decode =>
59            IF opc(3) = '0'   THEN          -- adu, sbu, lda, mov
60              alumod <= opc(1 DOWNTO 0);
61            END IF;
62          WHEN execute =>
63            IF opc(3) = '0'   THEN          -- adu, sbu, lda, mov
64              ldacc <= '1';
65            END IF;
66            IF opc(3 DOWNTO 2) = "10" THEN  -- str
67              wrmem <= '1';
68            END IF;
69            IF opc = "1100" THEN            -- jmp
70              ldpc <= '1';
71            ELSE
72              incpc <= '1';
73            END IF;
74        END CASE;
75      END PROCESS output_decoder;
76
77      selbus <= opc(3 DOWNTO 2);
78
79      cbus <= ldpc & incpc & wrmem & ldacc & ldir & selbus & alumod;
80    END beh;
```

In Abhängigkeit vom Opcode werden im ASN in jedem Zustand die Ausgabesignale generiert, wobei hierfür typischerweise IF-Anweisungen verwendet werden. Das ASN benötigt ebenfalls eine Abfrage der Zustände – wie das ÜSN –, welche ebenfalls wieder durch eine CASE-Anweisung realisiert werden kann. Daher könnten ÜSN und ASN auch im gleichen Prozess realisiert werden, ohne dass sich dies auf das Syntheseergebnis auswirken würde. Um das ASN etwas lesbarer zu gestalten, haben wir zunächst einzelne Steuersignale generiert, die in Zeile 79 zum Steuerbus zusammengefasst werden. Es handelt sich hierbei um eine Konkatenation: Dem MSB cbus(8) wird das Signal ldpc zugewiesen und die anderen Signale in absteigender Reihenfolge bis zum LSB `cbus(0)`, dem `alumod(0)` zugewiesen wird. Solche „Verdrahtungen" erzeugen bei der Synthese keine zusätzliche Hardware. Den Steuersignalen werden in den Zeilen 49 bis 54 Default-Werte zugewiesen, um unbeabsichtigte Latches zu vermeiden (siehe Abschnitt 2.4.1). Des Weiteren erspart man sich durch die Default-Anweisungen auch Einiges an Schreibarbeit, da man ansonsten in jedem Zustand den Wert für jedes Ausgangssignal definieren müsste. Die Funktion der einzelnen Steuersignale ergibt sich aus den Kommentaren im Quellcode, wobei `IR` das Instruktionsregister ist und `PC` der Programmzähler. Um mit möglichst kurzen Kommentaren auszukommen, haben wir Englisch für die Kommentierung verwendet. Die Quellcodes im vorliegenden Buch sind eher spärlich kommentiert, da die Erklärungen im Text zu finden sind. In einer industriellen Anwendung sollte man allerdings mit Kommentaren im VHDL-Quellcode nicht sparen. Erfahrungsgemäß bereitet es einige Schwierigkeiten selbst seinen „eigenen" Code einige Zeit später wieder zu verstehen, so dass man durch Kommentare ein schnelles Verständnis fördert – gerade auch für andere Entwickler im Sinne der Wiederverwendbarkeit.

Der Modus der ALU-Operation wird vom Signal `alumod` realisiert und im Zustand `decode` gesetzt, da er am Ende des Taktzykluses im Eingangsregister der ALU abgespeichert werden muss. Wir haben die Binärcodierung des Opcodes so gewählt, dass die Bits 0 und 1 des Opcodes `opc` direkt für `alumod` verwendet werden können; dies spart Dekodier-Hardware. Ähnliches gilt für das Steuersignal `selbus` für die Auswahl des Multiplex-Datenbusses: Hier können die Bits 2 und 3 von `opc` direkt verwendet werden (Zeile 77). Des Weiteren ist die Auswahl des Datenbusses auch unabhängig vom Zustand des Schaltwerks: Sobald das Instruktionswort nach dem Fetch-Zyklus verfügbar ist, wird der Bus für die Zustände `decode` und `execute` umgeschaltet und bleibt auch im nachfolgenden neuen `fetch`-Zustand noch auf diesem Wert bis wieder ein neues Instruktionswort zur Verfügung steht. Für das `selbus`-Signal wird daher keine Hardware benötigt und wir hätten es auch auf dem Toplevel direkt vom Signal `opc` zum Busmultiplexer verdrahten können.

Listing 4.8: Variante zur IF-Anweisung in Listing 4.7

```
0    ...    WHEN execute =>
1             incpc <= '1';
2             IF opc(3) = '0'   THEN      -- adu, sbu, lda, mov
3               ldacc <= '1';
4             ELSIF opc(2) = '0' THEN   -- str (opc(3)='1'!)
5               wrmem <= '1';
6             ELSIF opc(1 DOWNTO 0) = "00" THEN -- jmp (opc(3:2)='11'!)
7               ldpc <= '1';
8               incpc <= '0';
9             END IF;
10     END CASE;  ...
```

An dieser Stelle sei noch eine Bemerkung zum Codierstil gemacht: Wir verwenden in Listing 4.7 zumeist für jedes Signal eine separate IF-Anweisung – außer für die Signale `ldpc` und `incpc`, welche logisch zusammenhängen, da der PC entweder geladen oder inkrementiert wird. Die Frage, ob man eher separate oder zusammenhängende IF-Anweisungen

benutzen sollte, lässt sich nicht allgemein beantworten. Gegebenenfalls kann man untersuchen, ob dies zu wesentlichen Unterschieden im Syntheseergebnis führt. Wir hätten beispielsweise für das ASN den Code für den Zustand `execute` auch wie in Listing 4.8
mit einer zusammenhängenden IF-Anweisung für alle Signale schreiben können. Obgleich
dieser Code funktional äquivalent ist (wovon sich der Leser überzeugen möge), wird nun
bei der Synthese für das Schaltwerk eine LUT mehr benötigt. In diesem Fall liefert der
Code aus Listing 4.8 bei der Übersetzung und Elaboration des VHDL-Codes im Synthesewerkzeug eine kompliziertere Schaltungsstruktur, welche zwar funktional äquivalent ist
zum Ergebnis von Listing 4.7, jedoch in der nachfolgenden Logikoptimierung zu einem
schlechteren Ergebnis führt. Die Erfahrung zeigt, dass ein einfacher und übersichtlicher
Codierstil in der Regel auch zu besseren Syntheseergebnissen führt.

4.3.2   Einfluss der Zustandscodierung
auf das Syntheseergebnis

Wir möchten in diesem Abschnitt den Einfluss der Zustandscodierung auf das Syntheseergebnis des Schaltwerks untersuchen. Da wir für die Zustandscodierung einen Aufzählungstyp verwendet haben, müssen wir bei der Übersetzung des VHDL-Codes im Synthesewerkzeug angeben, welche Binärcodierung für die Werte des Aufzählungstyps verwendet werden sollen. Dies gilt übrigens nicht nur bei einem Schaltwerk, sondern generell bei
Verwendung eines Aufzählungstyps.

In Tabelle 4.6 sind die Ergebnisse der Synthese mit LeonardoSpectrum für verschiedene
Codierungen aufgelistet. LeonardoSpectrum verfügt nicht über einen Algorithmus, der eine
optimale Zustandscodierung findet (vgl. Abschnitt 4.1.2). Daher können nur Zustandscodierungen benutzt werden, die nach einer festen Regel den Zuständen Binärcodes zuweisen. Bei allen in Tabelle 4.6 untersuchten Codierungen werden den Werten des Aufzählungstyps entsprechend ihrer Reihenfolge in der Deklaration (Zeile 14 in Listing 4.7) auf-
einanderfolgende Codeworte zugewiesen.

Tabelle 4.6: *Ergebnisse der Logiksynthese für das Steuerwerk*

Codierung	Zustandscodes		# Slices	# Flipflops	ÜSN: t_{crit}	ASN: t_{crit}
Binary	fetch:	00	4	2	1,74 ns	1,46 ns
	decode:	-1				
	execute:	10				
Onehot	fetch:	- -1	4	3	1,13 ns	1,46 ns
	decode:	-1-				
	execute:	1- -				
Gray	fetch:	00	5	2	1,74 ns	1,46 ns
	decode:	01				
	execute:	11				

Im Falle der Codierung *Binary* in Tabelle 4.6 wird die Reihenfolge des Aufzählungs-typs mit Dualzahlen codiert. Es werden somit zwei Flipflops für das Zustandsregister $q[1:0]$ (Signal `state` in Listing 4.7) benötigt, da mit 2 Bit maximal vier Zustände co-diert werden könnten. Weil wir allerdings nur drei Zustände benutzt haben, bleibt ein Zustand ($q[1:0] = '11'$) übrig. Dieser kann zur Vereinfachung der Schaltung verwen-det werden. Wie wir schon in Abschnitt 4.1.2 gesehen haben, wird bei der Übersetzung des VHDL-Codes Hardware für die Dekodierung des *aktuellen* Zustands $Z = q[1:0]$ und für die Erzeugung des *nächsten* Zustands oder Folgezustands $Z^+ = q^+[1:0]$ ge-neriert. Im Beispiel wird der Zustand `decode` mit $q[1:0] = '-1'$ codiert, das heißt $q[1]$ ist „Don't Care". Somit muss zur Dekodierung dieses Zustands als aktuellem Zu-stand Z nur $q[0] = '1'$ geprüft werden, was die Hardware vereinfacht. Soll der Zustand `decode` als nächster Zustand Z^+ *zugewiesen* werden (im Zustand `fetch`), muss natür-lich dem Bit $q^+[1]$ statt '-' ein binärer Wert „0" oder „1" zugewiesen werden; Leonar-doSpectrum verwendet bei der Zuweisung für '-' immer „0", so dass $Z^+ = q^+[1:0] = '01'$ ist. Nach der Logikminimierung ergibt sich für das ÜSN $q^+[0] = \overline{q[1]} \wedge \overline{q[0]}$ und $q^+[1] = q[0]$. In der Tabelle ist der gesamte Hardwareaufwand für das Schaltwerk aus Lis-ting 4.7 als Anzahl der benötigten „Slices" im Virtex-II-FPGA zusammen mit den kriti-schen Pfaden für das ÜSN und das ASN aufgelistet. Die Anzahl der Flipflops wurde zum Vergleich auch noch separat ausgewiesen, obgleich die Flipflops in den Slices enthalten sind.

Bei der so genannten „One-Hot"-Codierung [40], die auch als „1-aus-N"-Codierung be-zeichnet wird, wird immer nur ein Flipflop auf „1" gesetzt, alle anderen Flipflops sind „0". Da nun in jedem Zustand nur ein Flipflop auf $q[n] = '1'$ geprüft werden muss und alle an-deren wieder „Don't Care" sind, führt dies in der Regel zu einfacheren Funktionen für das ÜSN, verglichen mit anderen Codierungen. Allerdings entspricht die Anzahl der benötigten Flipflops der Anzahl der Zustände, so dass die in dieser Weise codierten FSMs einen hohen Flipflopaufwand nach sich ziehen. Jedoch bieten FPGAs sehr viele Flipflops an (Virtex-II: 1 Slice = 2 LUT und 2 Flipflops), so dass dies zumeist kein Problem darstellt. Die „One-Hot-Codierung" für unser Beispiel in Tabelle 4.6 führt zu der schnellsten Implementierung und benötigt nicht mehr Slices als die Binary-Codierung! In unserem Beispiel ergibt sich ein besonders einfaches ÜSN, da für jeden Zustand immer nur ein Folgezustand existiert: Wenn wir mit $q[2:0] = '001'$ im Zustand `fetch` beginnen – dies ist der Zustand, der durch den Reset eingestellt wird –, so muss für den Folgezustand `decode` die Codierung auf $q[2:0] = '010'$, für den Folgezustand `execute` auf $q[2:0] = '100'$ und schließlich wieder für `fetch` auf $q[2:0] = '001'$ verschoben werden. Das ÜSN entspricht daher ei-ner einfachen Rotationsoperation: $q^+[2] = q[1]$, $q^+[1] = q[0]$, $q^+[0] = q[2]$. Es wird somit überhaupt keine Logik für das ÜSN benötigt, Hardwareaufwand entsteht nur für das ASN.

Bei einer „Gray"-Codierung [40] unterscheiden sich benachbarte Codeworte nur in einem Bit. Diese Codierungsart ist für Schaltwerke geeignet, die aus einem Zustand in weni-ge Folgezustände verzweigen. Dies wäre für unser Beispielschaltwerk zwar gegeben, da es aus jedem Zustand nur ein Folgezustand gibt, dennoch ist die One-Hot-Codierung für unser Beispiel die beste Codierung. Bei der Gray-Codierung wird vom Synthesewerkzeug

Tabelle 4.7: Syntheseergebnisse

Codierung	# Slices	t_{crit}
Binary	100	8,41 ns
Onehot	112	8,22 ns
Gray	113	8,36 ns

folgende Funktion für das ÜSN realisiert: $q^+[1] = \overline{q[1]} \wedge q[0]$ und $q^+[0] = \overline{q[1]}$.

Das Schaltwerk des Beispielprozessors ist natürlich relativ klein und in den Zuständen tritt auch keine Verzweigung in mehrere Folgezustände auf, so dass dieses Beispiel eher einen Spezialfall darstellt und nicht repräsentativ ist. Für das Schaltwerk des in Abschnitt 4.1.10 verwendeten größeren Beispiels ergeben sich für die drei unterschiedlichen Zustandscodierungen die Ergebnisse nach Tabelle 4.7. In diesem Fall führt die One-Hot-Codierung auch wieder zur schnellsten Lösung, benötigt allerdings 2 Slices mehr als die Binary-Codierung. Die Ergebnisse stellen eine häufig beobachtbare Tendenz dar, dass die One-Hot-Codierung zu schnellen Schaltwerken führt, welche allerdings etwas mehr Hardware benötigen, da die Zahl der Flipflops der Anzahl der Zustände entspricht. Aufgrund der vielen Flipflops, die in FPGAs enthalten sind, ist die One-Hot-Codierung jedoch eine für FPGAs günstige Codierung und wird auch von den Herstellern und in der Literatur für FPGAs empfohlen.

Neben den in den Beispielen verwendeten Codierungsarten bieten die Synthesewerkzeuge zumeist noch weitere Codierungsmöglichkeiten an. Einige Synthesewerkzeuge verfügen auch über die schon erwähnten Algorithmen, um eine optimale Zustandscodierung zu berechnen. Erfahrungsgemäß können damit allerdings nur für kleine und mittlere Schaltwerke gute Lösungen gefunden werden, bei sehr großen Schaltwerken, die einige hundert Zustände umfassen, versagen auch diese Algorithmen. Die Vorgabe einer eigenen Zustandscodierung ist zumeist auch möglich, allerdings führt dies in der Regel nur bei kleinen FSMs zu guten Ergebnissen.

4.3.3 Das Problem der unbenutzten Zustände

Wenn wir eine Zustandscodierung wählen, die k Bits im Zustandsregister erfordert, so können damit $N = 2^k$ Zustände codiert werden. Wie im Beispiel aus dem vorangegangenen Abschnitt gezeigt, werden allerdings nicht immer alle möglichen Zustände auch tatsächlich benutzt, so dass man im Allgemeinen durch die Zustandscodierung $m = N - n$ unbenutzte Zustände erzeugt, wenn n die Anzahl der benutzten Zustände ist. Gerade bei der One-Hot-Codierung entstehen sehr viele unbenutzte Zustände: In unserem Beispiel ist $k = 3$ für die One-Hot-Codierung, so dass $m = 8 - 3 = 5$ unbenutzte Zustände entstehen. Allgemein entstehen bei der One-Hot-Codierung $m = 2^n - n$ unbenutzte Zustände, da in diesem Fall $k = n$ ist. Der entscheidende Punkt ist nun, dass die unbenutzten Zustände (und deren Zustandsübergänge) in der VHDL-Codierung nicht existieren, jedoch in der synthetisierten Schaltung *immer* vorhanden sind.

Wir zeigen dies zunächst am Beispiel aus Listing 4.7. Die durch die Synthese realisierte Schaltfunktion des ÜSN ergab sich für die Binary-Codierung (siehe Tabelle 4.6) zu $q^+[0] = \overline{q[1]} \wedge \overline{q[0]}$ und $q^+[1] = q[0]$. Wir können aus den Schaltfunktionen wieder eine Zustandsübergangstabelle konstruieren, indem wir für $q[1:0]$ alle möglichen binären Werte eintragen und mit Hilfe der Schaltfunktionen die zugehörigen Werte für $q^+[1:0]$ jeweils berechnen. Wie man in Tabelle 4.8 erkennen kann, gibt es den schon erwähnten Zustand $u0 = q[1:0] = {'}11{'}$, der im VHDL-Code nicht benutzt wurde. Die unbenutzten Zustände wurden im vorangegangenen Abschnitt durch die „Don't Cares" dargestellt und wir haben gesehen, wie das Synthesewerkzeug die „Don't Cares" zur Minimierung der Logik für das ÜSN und ASN benutzen kann. Die Synthesewerkzeuge legen bei der Schaltwerkssynthese die – vom Entwickler nicht spezifizierten – Zustandsübergänge zu oder von unbenutzten Zustände so fest, dass sich eine optimierte Logik ergibt. Im Beispiel aus Tabelle 4.8 führt dies zu einem Zustandsübergang vom Zustand $u0$ in den Zustand execute. Dies kann man auch wieder in einem Schaltwerksgraphen nach Abbildung 4.21 veranschaulichen.

Tabelle 4.8: Zustandsübergangstabelle für die Binary-Codierung

aktueller Zustand			Folgezustand		
$q[1]$	$q[0]$		$q^+[1]$	$q^+[0]$	
0	0	fetch	0	1	decode
0	1	decode	1	0	execute
1	0	execute	0	0	fetch
1	1	u0	1	0	execute

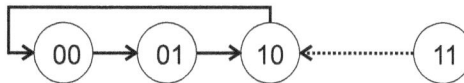

Abb. 4.21: Zustandsübergänge für Binary-Codierung: Der Zustandsübergang vom unbenutzten Zustand ist gepunktet gezeichnet.

Der Leser mag sich nun fragen, wie das Schaltwerk überhaupt in den Zustand u0 gelangen kann, da er ja nicht Bestandteil der spezifizierten Funktion ist. Im Normalbetrieb ist dies auch nicht möglich, aber es könnte sein, dass das Schaltwerk aufgrund von Störungen in diesen Zustand gerät. Nehmen wir an, das Schaltwerk ist im Zustand execute: Wenn $q[0]$ durch eine Störung auf $q[0] = {'}1{'}$ gesetzt wird, ist das Schaltwerk im Zustand u0. Ein solches Problem kann beispielsweise durch Störungen auf den Versorgungsleitungen verursacht werden oder durch energiereiche Teilchen beziehungsweise Strahlung (z. B. Alpha-Teilchen, Neutronen, Gamma-Strahlung, Röntgenstrahlung). Letzteres ist beispielsweise ein bekanntes Problem von in der Luft- und Raumfahrttechnik eingesetzten Halbleiterspeichern [66] oder FPGAs [61, 50]. Ein unbenutzter Zustand kann auch eingenommen werden, wenn ein Synchronisationsfehler auftritt (siehe Abschnitt 3.4.4) und sich hierdurch die Verzögerungszeit auf dem kritischen Pfad des ÜSN so verlängert, dass das Zustandsregister zufälligerweise den Code eines unbenutzten Zustands übernimmt. Auch Störungen auf Taktleitungen können zu diesen Fehlern führen [61]. Da es sich hier um vorübergehende oder *transiente* Fehler [66] handelt, sind diese in der Regel sehr unangenehm, weil sie nur schlecht reproduziert werden können.

Eine Störung, welche das Schaltwerk in den Zustand u0 bringt, würde im Beispiel aus Abbildung 4.21 dazu führen, dass das Schaltwerk wieder in den Zustand execute übergeht. Je nachdem, welche Funktion das ASN im Zustand u0 realisiert, würden wir am kurzzeitigen fehlerhaften Verhalten der Schaltung eine solche Störung bemerken können. Der ungünstigste Fall tritt dann ein, wenn das Schaltwerk nicht mehr in einen spezifizierten Zustand zurückkehren kann; man sagt dann umgangssprachlich, dass das Schaltwerk sich „aufgehängt" hat (engl.: lockup [14, 61]). Wir können dies am Beispiel der One-Hot-Codierung zeigen, wenn wir wieder die Zustandsübergangtabelle aus den vom Synthesewerkzeug generierten Schaltfunktionen $q^+[2] = q[1]$, $q^+[1] = q[0]$, $q^+[1] = q[2]$ ermitteln. In der Zustandsübergangstabelle 4.9 sind die fünf unbenutzten Zustände u0 bis u4 eingetragen. Wenn man die ermittelten Zustandsübergänge wieder als Schaltwerksgraph nach Abbildung 4.22 darstellt, so kann man neben dem spezifizierten Zyklus von Zustandsübergängen drei weitere nicht-spezifizierte Zyklen erkennen. Alle drei Zyklen haben nun die unangenehme Eigenschaft, dass es keine Übergänge in den spezifizierten Zyklus gibt: Das Schaltwerk wird sich also bei *jeder* Störung, die in die nicht spezifizierten Zustände überführt, „aufhängen". Die einzige Möglichkeit, das Schaltwerk wieder in seine korrekte Funktion zurückzubringen, ist durch Auslösen des Resets.

Tabelle 4.9: Zustandsübergangstabelle für die Onehot-Codierung

aktueller Zustand				Folgezustand			
$q[2]$	$q[1]$	$q[0]$		$q^+[2]$	$q^+[1]$	$q^+[1]$	
0	0	0	u0	0	0	0	u0
0	0	1	fetch	0	1	0	decode
0	1	0	decode	1	0	0	execute
0	1	1	u1	1	1	0	u3
1	0	0	execute	0	0	1	fetch
1	0	1	u2	0	1	1	u1
1	1	0	u3	1	0	1	u2
1	1	1	u4	1	1	1	u4

Für ein Lockup-freies Schaltwerk muss man sicherstellen, dass das Schaltwerk aus *jedem* unbenutzten Zustand *immer*, d. h. unabhängig von den Werten der Eingänge, in den *Grundzustand* zurückkehrt. Weiterhin kann es notwendig sein, dass durch das Schalt-

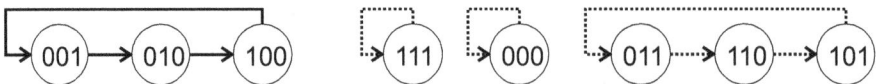

Abb. 4.22: Zustandsübergänge für Onehot-Codierung: Gezeigt sind, neben den Zustandsübergängen der spezifizierten Zustände, die Zustandsübergänge der unbenutzten Zustände (gepunktet).

werk in den unbenutzten Zuständen keine kritischen Aktionen ausgelöst werden. Da dies nur von wenigen Synthesewerkzeugen sichergestellt wird, muss der Entwickler hier unter Umständen zu „Tricks" greifen. Im Folgenden soll eine Lösungsmöglichkeit vorgestellt werden, die häufig verwendet wird; weitere Lösungen finden sich z. B. in [61]. Hierzu muss die Anzahl N der im VHDL-Code spezifizierten Zustände immer eine Potenz von zwei sein ($N = 2^k$) und die Zustandscodierung muss bei der Synthese so gewählt werden, dass tatsächlich nur k Zustandsbits benötigt werden. Wir fügen also zu den $n \leq N$ benutzten Zuständen noch $m \geq 0$ unbenutzte Zustände im VHDL-Code hinzu, so dass $N = n + m = 2^k$ gilt. Alle spezifizierten aber nicht benutzten Zustände führen immer in den Grundzustand. Eine genaue Kontrolle des Syntheseergebnisses und eine eventuelle Konsultation des Handbuchs für das Synthesewerkzeug oder des EDA-Herstellers ist in diesem Fall unerlässlich. Manche Synthesewerkzeuge eliminieren nämlich Zustände, die im VHDL-Code von anderen Zuständen aus nicht erreichbar sind [61], was für die m unbenutzten Zustände zutrifft. In diesem Fall müssten zusätzliche Eingänge und Zustandsübergänge zu den unbenutzten Zuständen spezifiziert werden. Es empfiehlt sich auch eine Analyse der ÜSN-Logik nach der Synthese, wie wir sie in diesem Abschnitt vorgenommen haben (so genanntes „Reverse Engineering"), was aber mit vertretbarem Aufwand nur für kleine Schaltwerke möglich ist.

Wir können diese Vorgehensweise wieder an unserem Beispiel-Schaltwerk veranschaulichen. In Listing 4.9 sind die drei Erweiterungen für Listing 4.7 gezeigt, welche für eine sichere Funktion des Schaltwerks notwendig sind: Es wird ein zusätzlicher Zustand u0 deklariert, der im ÜSN und ASN abgefragt wird. Im ÜSN wird der Übergang in den Grundzustand spezifiziert und im ASN wird die Standard-Ausgabe (Default-Anweisung) beibehalten, so dass der Prozessor im Zustand u0 keine Funktion ausführt.

Listing 4.9: Spezifikation des unbenutzten Zustands im Steuerwerk des Beispiel-Prozessors

```
0     ARCHITECTURE safe OF ctrl IS
1
2       TYPE state_t IS (fetch, decode, execute, u0);  -- u0
3       ...
4     BEGIN
5       ...
6       next_state : PROCESS (state)
7       BEGIN
8         CASE state IS
9           ...
10          WHEN u0 =>                        -- Abfrage u0
11            nxstate <= fetch;
12          END CASE;
13      END PROCESS next_state;
14
15      output_decoder : PROCESS (state, opc)
16      BEGIN
17        ...
18        CASE state IS
19          ...
20          WHEN u0 => NULL;                   -- Abfrage u0
21        END CASE;
```

```
22    END PROCESS output_decoder;
23    ...
24  END safe;
```

Bei der Synthese wird nun die Binary-Codierung verwendet, wobei das Synthesewerkzeug folgende Logik generiert: $q^+[0] = \overline{q[1]} \wedge \overline{q[0]}$ und $q^+[1] = \overline{q[1]} \wedge q[0]$. Hieraus können wir wieder die Zustandsübergangstabelle 4.10 gewinnen, an der man erkennen kann, dass der Zustand u0 tatsächlich in den Zustand fetch zurückführt. Es muss nun damit gerechnet werden, dass die Syntheseergebnisse unter Umständen nicht mehr optimal sein werden. Dies liegt nicht zuletzt auch daran, dass dem Synthesewerkzeug durch die Spezifikation der Zustandsübergänge aus den unbenutzten Zuständen Freiheitsgrade verloren gehen, die sonst zur Optimierung der Logik verwendet werden können. Für unser Beispiel bedeutet dies, dass 5 CLBs benötigt werden und der kritische Pfad durch das ÜSN $t_{crit} = 1{,}74$ ns und das ASN $t_{crit} = 1{,}46$ ns benötigt. Dies entspricht dem Ergebnis für die Gray-Codierung aus Tabelle 4.6.

Tabelle 4.10: *Zustandsübergangstabelle für das Lockup-freie Schaltwerk*

aktueller Zustand			Folgezustand		
$q[1]$	$q[0]$		$q^+[1]$	$q^+[0]$	
0	0	fetch	0	1	decode
0	1	decode	1	0	execute
1	0	execute	0	0	fetch
1	1	u0	0	0	fetch

Die Entwicklung Lockup-freier Schaltwerke wird derzeit nur von wenigen EDA-Werkzeugen berücksichtigt oder sichergestellt [61]; die Logiksynthese zielt zumeist nur darauf ab, optimierte Schaltungen zu generieren. An dieser Stelle ist also unter Umständen „Handarbeit" und sorgfältige Kontrolle der Syntheseergebnisse erforderlich. Gerade die bei FPGAs beliebte One-Hot-Codierung ist besonders anfällig für Lockups, da die Anzahl der unbenutzten Zustände fast exponentiell mit $m = 2^n - n$ wächst. Geht man von der – nicht immer realistischen – Annahme aus, dass sich nur ein Bit des Zustandsregisters durch eine Störung verändert (Einzelfehler), so sind nicht alle unbenutzten Zustände möglich [61]. Die Anzahl der unbenutzten Zustände, in die das Schaltwerk übergehen kann, entspricht unter dieser Annahme $m_s = (n \cdot (n-1))/2 + 1$. In unserem Beispiel mit $n = 3$ spezifizierten Zuständen wäre es durch einen Einzelfehler nicht möglich, dass das Schaltwerk aus dem spezifizierten Zyklus in den Zustand „111" übergeht. Daher ist $m_s = 4$ statt $m = 5$, was man anhand von Abbildung 4.22 verifizieren kann.

Leider ist das Wissen um die Lockup-Problematik bei VHDL-Entwicklern nicht immer vorhanden, so dass mancher Schaltungsentwickler beim Einsatz der Schaltung in der Anwendung schon Überraschungen erlebt hat und vor einer Schaltung sitzt, die im Labor einwandfrei funktioniert, aber in der Anwendung ein „unerklärliches" Verhalten zeigt. Es sei der Phantasie des Lesers überlassen, zu welch dramatischen Auswirkungen solche Fehlfunktionen von Schaltwerken in der Automobiltechnik oder der Luft- und Raumfahrt führen können. In solchen Applikationen werden üblicherweise Techniken angewandt, die eine Erkennung oder Korrektur von Fehlern in Schaltwerken ermöglichen. Weitere Informationen zu diesem Thema können z. B. [61] entnommen werden. Die Diskussion zeigt auch, dass es durch den Abstraktionsvorgang offensichtlich Unterschiede zwischen der VHDL-Beschreibung auf RT-Ebene und der implementierten Schaltung auf Gatterebene gibt: Auf RT-Ebene wird nur das gewünschte Verhalten spezifiziert, es ist keine exakte Beschreibung der Implementierung der Hardware. Die Logiksynthese spielt als Bindeglied zwischen den beiden Ebenen eine entscheidende Rolle; man muss sich daher mit dem jeweils benutzten Werkzeug intensiv auseinandersetzen.

4.3.4   Verwendung von Signalen und Variablen in getakteten und kombinatorischen Prozessen

Der Prozess `fsm_reg` in Listing 4.7 beschreibt ein Register, da er nur auf den Takt (und den Reset) reagiert. Ein solcher Prozess wird daher häufig auch als „getakteter" oder „sequentieller" Prozess bezeichnet (engl.: clocked process, sequential process). Der entscheidende Punkt ist nun, dass *alle* Signale, denen in diesem Prozess etwas zugewiesen wird, in der Synthese zu Flipflops oder Registern führen (siehe hierzu nochmals Kapitel 2).

Codiert man so, dass man im Schaltwerk aus Listing 4.7 die drei Prozesse für das Zustandsregister, das ASN und das ÜSN zu einem Prozess zusammenfasst – wie in Listing 4.10 gezeigt –, so entsteht am Ausgang des Schaltwerks für jedes Ausgangssignal (Zeile 17 bis 22) ein Flipflop, wie man Abbildung 4.23 entnehmen kann. Die Ausgangssignale stehen daher erst einen Taktzyklus später zur Verfügung und das Schaltwerk nach Listing 4.10 ist nicht mehr funktional äquivalent zu dem aus Listing 4.7. Für den Beispiel-Prozessor wäre es so nicht mehr einsetzbar. Ein Schaltwerk nach Abbildung 4.23B kann natürlich in manchen Anwendungen sinnvoll sein, so dass dann nur ein Prozess ausreichend wäre. Um etwaigen Fehlern aus dem Weg zu gehen, sollte man sich bei größeren Schaltwerken jedoch an

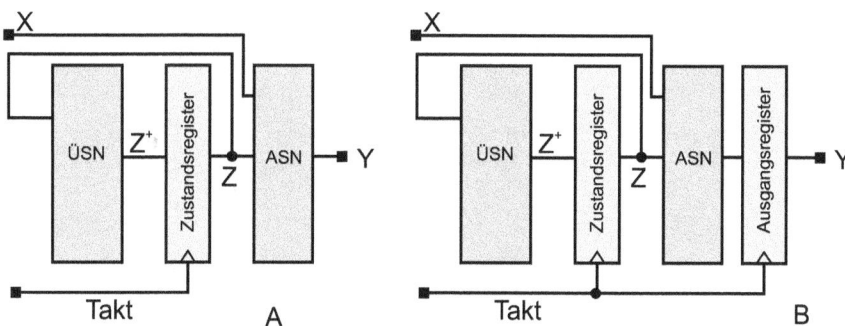

Abb. 4.23: Signale in getakteten Prozessen: Das Schaltwerks links in der Abbildung (A) benutzt separate Prozesse für das Zustandsregister und das ÜSN/ASN. Das Schaltwerk rechts (B) benutzt einen einzigen Prozess für Zustandsregister und ÜSN/ASN.

die schon empfohlene Aufteilung in separate Prozesse für Register (getaktete Prozesse) und Transferfunktionen (Schaltnetze, kombinatorische Prozesse) halten. Dem aufmerksamen Leser wird vielleicht auffallen, dass in Listing 4.10 noch ein „Fehler" enthalten ist: Die Ausgangssignale bzw. Flipflops müssten eigentlich auch durch den Reset rückgesetzt werden. Der Code kann dennoch synthetisiert werden, allerdings werden die Flipflops auch in der generierten Hardware tatsächlich nicht rückgesetzt. Da die Flipflops somit während des Rücksetzens „0" *oder* „1" sein können, kann die vom Schaltwerk gesteuerte Hardware nicht vorhergesehene und eventuell unerwünschte Aktionen ausführen, was vermieden werden sollte.

Listing 4.10: *Steuerwerk des Beispiel-Prozessors mit einem Prozess*

```
0    ARCHITECTURE beh1 OF ctrl IS
1
2       TYPE state_t IS (fetch, decode, execute);
3       SIGNAL state: state_t;
4
5       SIGNAL incpc, ldpc, ldir, ldacc, wrmem: std_logic;
6       SIGNAL alumod, selbus: std_logic_vector(1 DOWNTO 0);
7
8    BEGIN
9
10      -- FSM
11      fsm_reg: PROCESS (rst, clk)
12      BEGIN
13        IF (rst='1') THEN
14          state <= fetch;
15        ELSIF clk'event AND clk='1' THEN
16          -- defaults for outputs (all signals active high)
17          alumod <= "00";  -- ALU mode (cbus(1:0))
18          ldir <= '0';     -- load IR (cbus(4))
19          ldacc <= '0';    -- load accu from bus (cbus(5))
20          wrmem <= '0';    -- write to memory (cbus(6))
21          incpc <= '0';    -- increment PC (cbus(7))
22          ldpc <= '0';     -- load PC (cbus(8))
23          CASE state IS
24            WHEN fetch =>
25              state <= decode;
26              ldir <= '1';            -- fetch next instruction from pmem
27            WHEN decode =>
28              state <= execute;
29              IF opc(3) = '0'  THEN          -- adu, sbu, lda, mov
30                alumod <= opc(1 DOWNTO 0);
31              END IF;
32            WHEN execute =>
33              state <= fetch;
34              IF opc(3) = '0'  THEN          -- adu, sbu, lda, mov
35                ldacc <= '1';
36              END IF;
37              IF opc(3 DOWNTO 2) = "10" THEN  -- str
38                wrmem <= '1';
39              END IF;
40              IF opc = "1100" THEN           -- jmp
41                ldpc <= '1';
```

```
42              ELSE
43                incpc <= '1';
44              END IF;
45          END CASE;
46        END IF;
47      END PROCESS fsm_reg;
48
49      selbus <= opc(3 DOWNTO 2);
50
51      cbus <= ldpc & incpc & wrmem & ldacc & ldir & selbus & alumod;
52    END beh1;
```

Statt Signale können auch Variablen in getakteten Prozessen benutzt werden. In Listing 4.11 ist ein Schieberegister beschrieben, das ein Eingangsdatum am Port shiftin über drei Flipflops an den Ausgang shiftout schieben soll.

Listing 4.11: Schieberegister mit Variablen

```
0     LIBRARY ieee;
1     USE ieee.std_logic_1164.all;
2
3     ENTITY regvar IS
4       PORT(
5           clock    : IN      std_logic;
6           reset    : IN      std_logic;
7           shiftin  : IN      std_logic;
8           shiftout : OUT     std_logic );
9     END regvar ;
10
11    ARCHITECTURE beh OF regvar IS
12      SIGNAL sout : std_logic;
13    BEGIN
14
15      shift: PROCESS (clock, reset)
16        VARIABLE a, b : std_logic;   -- local variables
17      BEGIN
18        IF reset = '1' THEN
19          a := '0';
20          b := '0';
21          sout <= '0';
22        ELSIF clock'event AND clock = '1' THEN
23          a := shiftin;
24          b := a;
25          sout <= b;
26        END IF;
27      END PROCESS shift;
28
29      shiftout <= sout;
30    END beh;
```

Das Ergebnis der Synthese ist in Abbildung 4.24 gezeigt: Erstaunlicherweise wird nur ein Flipflop generiert. Macht man sich den in Abschnitt 2.2.8 diskutierten Unterschied zwischen Variable und Signal klar, so wird dies allerdings plausibel: Der zugewiesene Wert einer Variablen kann nach der Zuweisung sofort gelesen werden, so dass die Zeilen 23

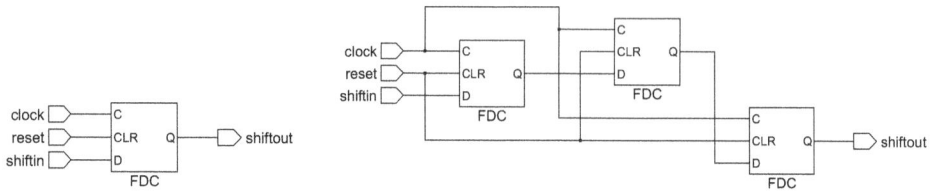

Abb. 4.24: *Variablen in getakteten Prozessen: Links in der Abbildung ist das Resultat der Synthese für Listing 4.11 gezeigt, rechts in der Abbildung das Resultat für Listing 4.12 und 4.13.*

und 24 in Listing 4.11 einem einfachen „Draht" entsprechen. Nur in Zeile 25 wird ein Flipflop für das Signal sout erzeugt.

Wenn wir die Variablen mit Signalen ersetzen – wie in Listing 4.12 gezeigt –, so können wir das Problem lösen und erhalten das im rechten Teil von Abbildung 4.24 gezeigte Ergebnis. Auf der rechten Seite der Zuweisungen in den Zeilen 12 und 13 wird immer der alte Wert der Signale gelesen, unabhängig von der Reihenfolge der Zuweisungen. Die Zeilen 11, 12 und 13 können daher in Listing 4.12 in beliebiger Reihenfolge angegeben werden.

Listing 4.12: Schieberegister mit Signalen

```
0    ARCHITECTURE beh2 OF regvar IS
1      SIGNAL sout, a, b : std_logic;
2    BEGIN
3
4      shift: PROCESS (clock, reset)
5      BEGIN
6        IF reset = '1' THEN
7          a <= '0';
8          b <= '0';
9          sout <= '0';
10       ELSIF clock'event AND clock = '1' THEN
11         a <= shiftin;
12         b <= a;
13         sout <= b;
14       END IF;
15     END PROCESS shift;
16
17     shiftout <= sout;
18   END beh2;
```

Mit Hilfe eines „Tricks" kann man das gleiche Ergebnis auch mit Variablen erhalten. Wir erinnern uns, dass die Werte von Variablen nach der Abarbeitung eines Prozesses ja erhalten bleiben. Beim nächsten Durchlauf durch den Prozess sind die Variablen noch mit den alten Werten aus dem letzten Durchlauf so lange belegt, bis sie wieder überschrieben werden. Vertauschen wir also die Reihenfolge der Zuweisungen, wie in Listing 4.13 gezeigt, so lesen wir die Variable *bevor* ihr etwas zugewiesen wird. Da wir somit auf den *alten* Wert zugreifen, implizieren wir ein speicherndes Verhalten, was bei der Synthese tatsächlich zu jeweils einem Flipflop für die Variablen a und b führt und wir somit das gleiche Syntheseergebnis wie in Listing 4.12 erhalten.

Listing 4.13: Korrigierter Code für das Schieberegister mit Variablen

```
0    ... ELSIF clock'event AND clock = '1' THEN
1          sout <= b;
2          b := a;
3          a := shiftin;
4       END IF; ...
```

Da es – im Gegensatz zu Signalen – bei Variablen auf die Reihenfolge ankommt, ist die Verwendung von Variablen in getakteten Prozessen allerdings fehleranfällig, so dass man darauf besser verzichten sollte. Diese von der VHDL Synthesis Interoperability Group im Standard IEEE 1076.6 festgelegte Interpretation der Variablen durch das Synthesewerkzeug gilt übrigens nur für getaktete Prozesse; das Lesen einer Variablen vor deren Zuweisung in einem kombinatorischen Prozess impliziert für das Synthesewerkzeug normalerweise kein speicherndes Verhalten.

Listing 4.14: Unterschiedliche Semantik in Simulation und Synthese

```
0    ENTITY regvar2 IS
1       PORT (
2          shiftin  : IN      std_logic;
3          shiftout : OUT     std_logic  );
4    END regvar2 ;
5    ARCHITECTURE beh OF regvar2 IS
6    BEGIN
7
8      shift: PROCESS (shiftin)
9         VARIABLE a : std_logic;
10      BEGIN
11         shiftout <= a;
12          a := shiftin;
13      END PROCESS shift;
14
15   END beh;
```

Dies führt in kombinatorischen Prozessen zu einer unterschiedlichen Bedeutung (Semantik) des VHDL-Codes in Simulation und Synthese, wie anhand des Beispiels in Listing 4.14 gezeigt werden kann. Es handelt sich bei shift nun um einen kombinatorischen Prozess. Synthetisieren wir

shiftin ▷━━━━━▷ shiftout

Abb. 4.25: Syntheseergebnis Listing 4.14

dies mit LeonardoSpectrum, so wird daraus nur eine Verbindung zwischen shiftin und shiftout wie in Abbildung 4.25 gezeigt. Simulieren wir den Code, so ergibt sich die bisher besprochene Semantik: In Zeile 11 wird shiftout der *alte* Wert von a zugewiesen, bevor dann in der nächsten Zeile a wiederum ein neuer Wert zugewiesen wird. In einer in Abbildung 4.14 gezeigten Beispielsimulation mit dem Simulator Modelsim wird der Eingang shiftin von einer Testbench zu Beginn der Simulation auf „0" gesetzt und invertiert den Logikwert dann jede Nanosekunde. Am Ausgang shiftout können wir erkennen, dass das Simulationsergebnis offensichtlich nicht dem erwarteten Verhalten einer Verbindungsleitung aus Abbildung 4.25 entspricht.

Diesen interessanten Effekt kann man sich erklären, wenn man die Abarbeitung der Simulation in der Tabelle 4.11 genauer untersucht, so wie wir dies schon in Kapitel 2 getan haben. Zu Beginn der Simulation zum Zeitpunkt 0 ns wird der Prozess `shift` einmal ausgeführt, wobei der Port `shiftin` durch die Initialisierung in der Testbench dabei schon den Wert „0" trägt. Dem Port `shiftout` wird in Zeile 11 von Listing 4.14 noch der alte Initialisierungswert 'U' von a in der Transaktionsliste eingetragen; `shiftout` wurde allerdings im Code nicht initialisiert und trägt daher ebenfalls den Wert 'U'. Die Variable a erhält erst *danach* den Wert „0" von `shiftin` in Zeile 12 zugewiesen. In der nachfolgenden Signalzuweisungsphase wird `shiftout` der Wert aus der Transaktionsliste zugewiesen. Da kein weiterer Prozess auf `shiftout` sensitiv ist und auf `shiftout` auch kein Ereignis stattfand, wird die nachfolgende Prozessausführungsphase (0 ns + 1δ) nicht benötigt.

Tabelle 4.11: Abarbeitung der Simulation für Listing 4.14

Delta-Zyklus	shiftin	L(shiftin)	shiftout	L(shiftout)	a
S: 0 ns	0	-	U	-	U
P: 0 ns	0	1 (1 ns)	U	U (0 ns)	0
S: 0 ns + 1δ	0	1 (1 ns)	U	-	0
P: 0 ns + 1δ	0	1 (1 ns)	U	-	0
S: 1 ns	1 (E)	-	U	-	0
P: 1 ns	1	0 (2 ns)	U	0 (1 ns)	1
S: 1 ns + 1δ	1	0 (2 ns)	0 (E)	-	1
P: 1 ns + 1δ	1	0 (2 ns)	0	-	1
S: 2 ns	0 (E)	-	0	-	1
P: 2 ns	0	1 (3 ns)	0	1 (2 ns)	0
S: 2 ns + 1δ	0	1 (3 ns)	1 (E)	-	0
P: 2 ns + 1δ	0	1 (3 ns)	1	-	0

Im ersten Deltazyklus des Zeitpunkts 1 ns ergibt sich ein Ereignis an `shiftin`, so dass der Prozess `shift` ausgeführt werden muss. Bei Eintritt in den Prozess ist allerdings die Variable a noch auf „0", so dass in Zeile 11 von Listing 4.14 dieser Wert in die Transaktionsliste von `shiftout` eingetragen und in der nachfolgenden Signalzuweisungsphase zugewiesen wird. Die Variable a erhält in der gleichen Prozessausführungsphase in Zeile 12 ihren neuen Wert vom Port `shiftout`. Als Folge daraus trägt nun, wie schon zuvor, der Port `shiftout` den alten Wert von `shiftin` und dies setzt sich in den folgenden Zyklen so fort, wie in Abbildung 4.26 gezeigt.

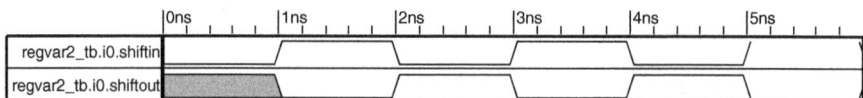

Abb. 4.26: Simulationsergebnis zu Listing 4.14.

Das Beispiel stellt allerdings nicht unbedingt eine sinnvolle Verwendung von Variablen in einem kombinatorischen Prozess dar. Es ist aber möglich, dass eine solche Konstruktion unabsichtlich aufgrund eines Denkfehlers entsteht. Das RTL-Modell könnte nun zufälligerweise in der Simulation durch das Speicherverhalten der Variablen so funktionieren, wie sich das der Entwickler gedacht hat; die Synthese wird aber eine Hardware ohne Speicherverhalten implementieren. Man sollte daher bei der Verwendung von Variablen sorgfältig vorgehen. Obwohl die Semantik in Simulation und Synthese bei getakteten Prozessen übereinstimmt, empfiehlt es sich, das speichernde Verhalten von Variablen generell nicht auszunutzen. Daher sollten Variablen nur zur Zwischenspeicherung von Werten während *einer* Prozessausführungsphase benutzt werden, so dass sie erst *nach* vorheriger Zuweisung gelesen werden. Einer unterschiedlichen Semantik für Simulation und Synthese begegnet man bei VHDL an einigen Stellen, beispielsweise bei unvollständigen Sensitivitätslisten oder den Initialisierungen von Variablen und Signalen. Wie schon bei der Problematik der Schaltwerke aus dem vorangegangenen Abschnitt können die semantischen Unterschiede für den VHDL-Anfänger leider auch die Quelle von Frustrationen und zeitraubenden „Debugging"-Aktionen sein, so dass man versuchen sollte, diese Probleme durch einen entsprechenden Codierungsstil von vornherein zu vermeiden. Der Grund für diese Probleme ist in der Tatsache zu sehen, dass VHDL ursprünglich nicht im Hinblick auf die Synthese entwickelt wurde. Die eigentliche VHDL-Semantik ist diejenige der Simulation, die Synthese-Semantik wurde erst im Nachhinein festgelegt; sie kann sich von der Simulations-Semantik unterscheiden und auch von verschiedenen Synthesewerkzeugen unterschiedlich behandelt werden.

4.3.5   Beschreibung von Zählern in VHDL

Zählvorgänge werden in der Hardwareentwicklung sehr häufig gebraucht, beispielsweise zur zeitlichen Steuerung von Vorgängen. Ein weiteres Beispiel ist der Programmzähler unseres Beispiel-Prozessors. Ein Zähler ist eine spezielle Form eines Schaltwerks. Man könnte Zählvorgänge natürlich in einer Schaltwerksbeschreibung, wie wir sie in Abschnitt 4.3.1 kennengelernt haben, realisieren, jedoch empfiehlt es sich, für Zähler eine speziellere Beschreibung zu verwenden, die auch effizient in Hardware umgesetzt werden kann. In diesem Zusammenhang sei auch erwähnt, dass man aus dem gleichen Grund längere Zählvorgänge aus einem Schaltwerk in einen separaten Zähler auslagern sollte: Das Schaltwerk startet den Zähler und wartet, bis der Zähler bei einem bestimmten Zählzustand angekommen ist.

Listing 4.15: Aufwärtszähler

```
0    LIBRARY ieee;
1    USE ieee.std_logic_1164.ALL;
2    USE ieee.numeric_std.ALL;
3
4    ENTITY ctrld IS
5      GENERIC(
6        width : integer := 4
7        );
```

```
8     PORT(
9       clk : IN      std_logic;
10      res : IN      std_logic;
11      a   : IN      std_logic_vector (width-1 DOWNTO 0);
12      y   : OUT     std_logic_vector (width-1 DOWNTO 0)
13      );
14    END ctrld ;
15
16    ARCHITECTURE beh1 OF ctrld IS
17      SIGNAL ctr_s : unsigned(width-1 DOWNTO 0);
18      CONSTANT zero : unsigned(width-1 DOWNTO 0) := (OTHERS => '0');
19    BEGIN
20
21      ctr : PROCESS (clk, res)
22      BEGIN
23        IF res = '1' THEN
24          ctr_s <= zero;
25        ELSIF clk'event AND clk = '1' THEN
26          IF ctr_s = unsigned(a) THEN
27            ctr_s <= zero;
28          ELSE
29            ctr_s <= ctr_s + 1;
30          END IF;
31        END IF;
32      END PROCESS ctr;
33
34      y <= std_logic_vector(ctr_s);
35
36    END beh1;
```

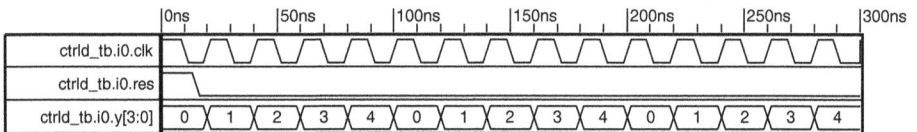

Abb. 4.27: *Simulationsergebnis zu Listing 4.15: Die Werte für den Ausgang y[3:0] wurden zur besseren Übersicht dezimal dargestellt.*

Wir beschreiben in Listing 4.15 einen einfachen Aufwärtszähler. Der Zähler zählt von 0 bis zu einem bestimmten Wert, den wir von außen über den Port a anlegen, und fängt dann wieder bei 0 an. Diesen Zähler könnte man so erweitern, dass er nur bei einem „Enable" zählt oder beim Wert 0 ein Signal setzt, um einen Durchlauf durch den Zählzyklus anzuzeigen; wir beschränken uns hier auf die wesentlichen Funktionen. Die Realisierung des eigentlichen Zählvorgangs ist in Zeile 29 codiert: Es handelt sich um die Addition der 1 zum aktuellen Wert, also ein „Inkrement" um 1. Da der „+"-Operator für den Datentyp std_logic_vector nicht definiert ist, verwenden wir den Datentyp unsigned, der im Package numeric_std definiert wurde. Dieses Package wurde vom IEEE im Rahmen des IEEE 1076.3 Standards zur Unterstützung von vorzeichenloser (Datentyp unsigned) und vorzeichenbehafteter (Datentyp signed) Arithmetik definiert. Beide Datentypen wurden als Subtyp des Basistyps std_logic_vector definiert, so dass eine Umwandlung zwischen dem Basistyp und den Subtypen über einen „type cast" (siehe Abschnitt 2.3.2) möglich ist; der „type cast" wurde in Zeile 26 und 34 von Listing 4.15 benutzt. Im Package `numeric_std` sind die arithmetischen Operatoren, Schiebeoperatoren und relationalen Operatoren für die beiden Datentypen – auch in Kombination mit dem Datentyp `integer` – als überladene Operatoren zu denjenigen aus Tabelle 2.8 in Abschnitt 2.3.4 definiert.

Der Zähler-Code wurde „generisch" geschrieben, indem wir einen „Generic" in Zeile 6 für die Breite des Zählers deklarieren, so dass die maximale Länge L_{max} des Zählzykluses $L_{max} = 2^{width}$ ist. Mit diesem Zähler lassen sich nun beliebige Zählzyklenlängen implementieren; in Abhängigkeit von `width` kann man über den Port a die Länge L des Zykluses im Bereich $0 \leq L \leq L_{max}$ einstellen. Eine solche Vorgehensweise empfiehlt sich, wenn Komponenten mit verschiedenen Breiten benötigt werden, da man dann nicht eine Komponente für jede Bitbreite schreiben muss. Die variable Breite muss natürlich im Code berücksichtigt werden, insbesondere beim Vergleich auf 0 in Zeile 27 und beim Reset in Zeile 24. Da es sich bei `unsigned`, wie bei `std_logic_vector` um einen Feldtyp handelt, muss eine variable Anzahl von Bits auf 0 gesetzt werden können; wir können daher keinen festen Wert, wie z. B. `"0000"`, angeben. Die hier gezeigte, synthesefähige Lösung definiert eine Konstante `zero` in Zeile 18, die mit variabler Breite definiert und über das „Aggregat" (OTHERS => '0') alle Bits auf „0" setzt. Das Ergebnis der Simulation ist in Abbildung 4.27 gezeigt, für den Fall, dass `width=4` und `a="0100"=4` ist; der Zähler zählt von 0 bis 4 und wird dann wieder auf 0 gesetzt.

Bei der Übersetzung des VHDL-Codes, Abbildung 4.28, inferiert das Synthesewerkzeug aus dem Code einen Aufwärtszähler und einen Vergleicher, der den Eingang a mit dem Zählwert vergleicht und den Zähler bei Gleichheit auf 0 zurücksetzt. Somit hat das Synthesewerkzeug unseren Code richtig erkannt und in Makros umgesetzt. Wir können also am Code nichts mehr verbessern und müssen es der Logikoptimierung und Technologieabbildung überlassen, hieraus eine effiziente Schaltung zu machen.

Listing 4.16: Abwärtszähler

```
0    ..ctr : PROCESS (clk, res)
1      BEGIN  -- process ctr
2        IF res = '1' THEN
3          ctr_s <= zero;
4        ELSIF clk'event AND clk = '1' THEN
5          IF ctr_s = zero THEN
6            ctr_s <= unsigned(a);
7          ELSE
8            ctr_s <= ctr_s - 1;
9          END IF;
10       END IF;
11     END PROCESS ctr; ...
```

Aus Abbildung 4.28 kann man erkennen, dass die Rückführung vom Ausgang des Zählers durch den Vergleicher führt und dies vermutlich auch ein kritischer Pfad sein könnte. Wie wir im Abschnitt 4.1.1 in Abbildung 4.2 gesehen haben, benötigt ein Vergleich mit einem

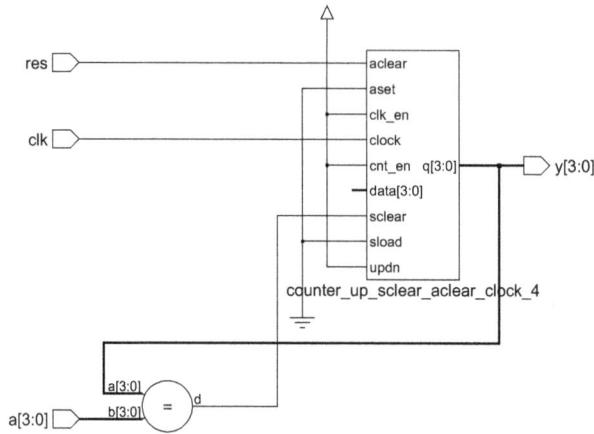

Abb. 4.28: *Ergebnis der Übersetzung des VHDL-Codes von Listing 4.15 mit LeonardoSpectrum: Der Name der Zählerkomponente deutet auf seine Funktion hin. „up" bedeutet Aufwärtszähler (Zeile 29 im Code), „sclear" ist das synchrone Rücksetzen (Zeile 27) und „aclear" ist das asynchrone Rücksetzen (Zeile 24). Die „4" deutet auf die Breite des Zählers hin. Die anderen Eingänge des Makros sind entweder unbeschaltet oder so an Gnd und Vdd geschaltet, dass die zugehörigen Funktionen deaktiviert sind.*

variablen Wert einiges an Hardware und ist daher auch langsamer als ein Vergleich auf 0, der als OR-Funktion des zu vergleichenden Werts implementiert werden kann. Wir könnten daher das Design optimieren, wenn wir nur an der Länge des Zählzykluses interessiert sind und nicht an der aufsteigenden Zahlenfolge.

Wir implementieren daher als Alternative einen Abwärtszähler, der beim Nulldurchgang den Startwert an Port a übernimmt. Diese Lösung ist in Listing 4.16 gezeigt, wobei hier nur die Unterschiede zu Listing 4.15 zu sehen sind. Die Detektion des Nulldurchgangs erfolgt durch den Vergleich des Zählerstandes mit 0, wobei für 0 wieder die Konstante `zero` verwendet wird. Aus dem Simulationsergebnis – wieder für `width=4` und `a="0100"=4` – in Abbildung 4.29 kann man entnehmen, dass sich an der Länge des Zykluses zwischen den Nulldurchgängen nichts geändert hat, es handelt sich aber nun um einen Abwärtszähler. In Abbildung 4.29 sieht man am Ergebnis der Übersetzung, dass das Synthesewerkzeug nun ein Makro für einen Abwärtszähler und den Vergleicher erkannt hat. Wenn der Zählerstand gleich „0" ist, generiert der Vergleicher eine „1" am Ausgang und damit am „sload"-Eingang des Zähler-Makros, so dass dieses die Daten am Eingang „data", an dem der Port a angeschlossen ist, übernimmt.

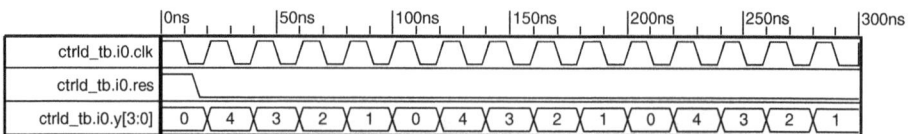

Abb. 4.29: *Simulationsergebnis zu Listing 4.16.*

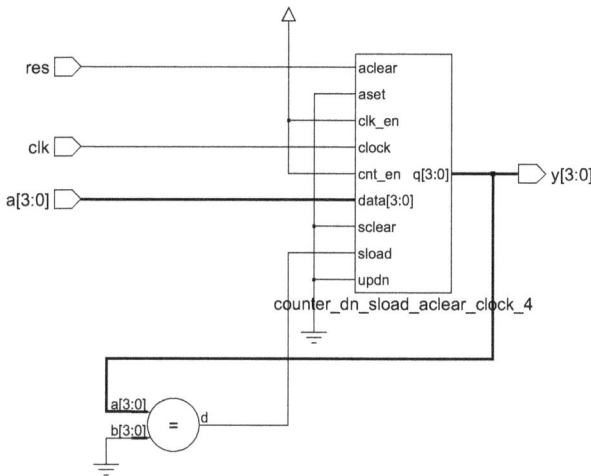

Abb. 4.30: *Ergebnis der Übersetzung des VHDL-Codes von Listing 4.16: Es handelt sich um einen Abwärtszähler „dn" (Zeile 8) mit synchronem Laden „sload" (Zeile 6) und asynchronem Rücksetzen „aclear" (Zeile 3).*

4.3.6 Implementierung von Zählern in FPGAs

Um die Effizienz der beiden Zählertypen vergleichen zu können, wurden beide mit LeonardoSpectrum auf Virtex-II-Bausteine abgebildet, wobei die Breite der Zähler in einem Bereich von 2..32 Bit variiert wurde. Durch Angabe der Randbedingungen wurde jeweils die schnellste Realisierung bei der Logiksynthese für eine bestimmte Bitbreite gesucht.

Die Designs wurden nach der Synthese mit den Xilinx Place&Route-Werkzeugen platziert und verdrahtet und dann der Ressourcenverbrauch und die maximale Taktfrequenz ermittelt, welche in Abbildung 4.31 gezeigt sind. Wir werden auf die Platzierung und Verdrahtung in Kapitel 5 näher eingehen. Da es sich sowohl bei der Synthese als auch bei Place&Route um heuristische Verfahren handelt, zeigen die Ergebnisse eine gewisse zufällige Komponente, so dass man nicht jedes Einzelergebnis werten sollte, sondern eher die tendenzielle Aussage der Ergebnisse. Der Ressourcenverbrauch wurde in CLB-Slices gemessen. Da in einer Slice 2 Flipflops und 2 LUTs sowie verschiedene Multiplexer und Gatter vorhanden sind, kann unter Umständen auch das Design mit der nächst größeren Bitbreite noch in der gleichen Anzahl von Slices vom Platzierer untergebracht werden, wodurch man sich die horizontalen Abschnitte in der Kurve erklären kann. Berücksichtigt man die Zufallseinflüsse des Entwurfsverfahrens, so zeigen die Ergebnisse in Abbildung 4.31 keine wesentlichen Unterschiede bei größeren Bitbreiten für die beiden Zählervarianten. Dies liegt daran, dass die relativen Unterschiede zwischen den beiden Vergleichern, bezogen auf das Gesamtdesign, bei größer werdender Bitbreite immer kleiner werden. Nur bei kleinen Bitbreiten kann man gewisse Vorteile im Ressourcenverbrauch für den Abwärtszähler nach Listing 4.16 erkennen.

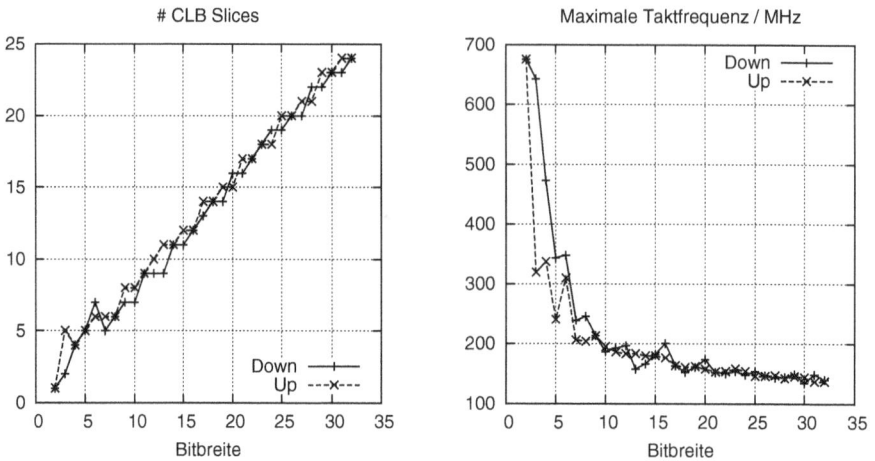

Abb. 4.31: *Ressourcenverbrauch und maximale Taktfrequenz der Zähler: Mit „Up" sind die Ergebnisse des Aufwärtszählers nach Listing 4.15 bezeichnet und mit „Down" diejenigen des Abwärtszählers nach Listing 4.16.*

Die maximale Taktfrequenz in Abbildung 4.31 wurde aus dem kritischen Pfad von den Ausgängen des Zählerregisters zu den Eingängen ermittelt. Es zeigt sich ein ähnliches Ergebnis, wie beim Vergleich des Ressourcenverbrauchs: Für große Bitbreiten unterscheiden sich die Ergebnisse kaum, da auch hier der relative Unterschied in der Verzögerungszeit zwischen den beiden Vergleichern bezogen auf den gesamten kritischen Pfad mit wachsender Bitbreite immer kleiner wird. Für Bitbreiten $b < 9$ Bit ergeben sich deutlichere Unterschiede: Da bei kleinen Bitbreiten nur wenige Komponenten (LUTs, Multiplexer, Gatter) auf dem kritischen Pfad liegen, haben kleine Unterschiede in der Anzahl der Komponenten oder deren Platzierung einen großen Einfluss auf das Ergebnis. So rührt das unerwartet schlechte Ergebnis für den Aufwärtszähler für $b = 3$ beispielsweise von einer schlechten Platzierung, da der Platzierer das Design auf 5 Slices verteilt hat, was auch einen längeren kritischen Pfad nach sich zieht.

Auch der steile Abfall der Kurve für die Taktfrequenz bis etwa $b = 7$ kann damit erklärt werden: Man erkennt in Abbildung 4.32, dass der kritische Pfad beispielsweise von $b = 3$ zu $b = 4$ von einer LUT auf zwei LUTs anwächst, was einer Verringerung der Taktfre-

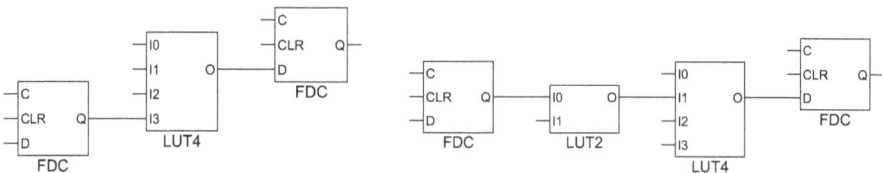

Abb. 4.32: *Vergleich der kritischen Pfade für den Abwärtszähler für $b = 3$ (links) und $b = 4$ (rechts).*

quenz von 642,7 MHz auf 473 MHz und damit einer Verringerung von 26% entspricht. Für größere Bitbreiten ergibt die Hinzunahme von weiteren Komponenten auf dem kritischen Pfad relativ gesehen einen immer geringeren Einfluss. Zusammenfassend kann man sagen, dass sich für Bitbreiten $b < 9$ signifikante Vorteile bezüglich der Taktfrequenz für den Abwärtszähler ergeben; so ist der Abwärtszähler beispielsweise für $b = 4$ um 40% schneller, bezogen auf die Taktfrequenz des Aufwärtszählers.

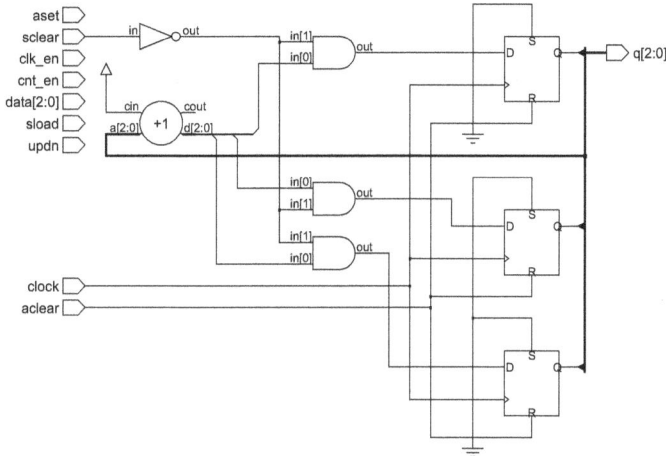

Abb. 4.33: Generische Implementierung des Zählers für eine Bitbreite von 3 Bit (LeonardoSpectrum).

Sehen wir uns zum Abschluss dieses Abschnitts noch an, wie ein Zähler eigentlich implementiert wird in einem FPGA. Wenn wir in das Zähler-Makro des Aufwärtszählers hineinschauen, können wir die in Abbildung 4.33 gezeigte Implementierung mit generischen Gattern und Flipflops sowie einem weiteren Makro sehen: Die UND-Gatter dienen zum Rücksetzen der Flipflops, wenn der „sclear"-Eingang „1" wird. Der Zählvorgang wird durch das Inkrementer-Makro realisiert.

Leider gewährt uns LeonardoSpectrum keinen Einblick in das Inkrementer-Makro, weil es sich hier um eine so genannte „Black Box" handelt, die bei der Logikoptimierung/Technologieabbildung mit Hilfe eines technologiespezifischen Generators umgesetzt wird. Wir können jedoch aufgrund der Gatterrealisierung durch „Reverse Engineering" feststellen, wie der Generator den Inkrementer implementiert. Wir besprechen im Folgenden nur noch die Realisierung des Inkrementers, da dieser im Wesentlichen den Hardwareaufwand des Zählers bestimmt.

Der einfachste Ansatz besteht darin, die Funktion des Inkrementers als Funktionstabelle einer Boole'schen Funktion nach Tabelle 4.12 aufzustellen. Daraus können wir, beispielsweise mit dem KV-Diagramm, die Boole'schen Funktionen für die Ausgänge $d[2:0]$ (für $b = 3$) gewinnen. Es ergibt sich:

$$d[2] = (a[2] \wedge \overline{a[1]}) \vee (a[2] \wedge \overline{a[0]}) \vee (\overline{a[2]} \wedge a[1] \wedge a[0])$$

$$d[1] = (\overline{a[1]} \wedge a[0]) \vee (a[1] \wedge \overline{a[0]})$$

$$d[0] = \overline{a[0]}.$$

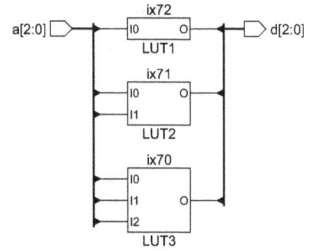

Tatsächlich wird dies von LeonardoSpectrum für Bitbreiten $b < 7$ auch so realisiert, wie in Abbildung 4.34 für $b = 3$ gezeigt. Die LUT `ix72` realisiert $d[0]$, `ix71` realisiert $d[1]$ und `ix70` realisiert $d[2]$. Der Realisierungsaufwand wächst bei der LUT-Realisierung allerdings in Abhängigkeit von der Bitbreite sehr schnell an. Man kann den Inkrementer aber

Abb. 4.34: *LUT-Inkrementer*

auch als Addition einer Variablen mit der Konstanten 1 auffassen, so wie es im VHDL-Code beschrieben wurde. Da der zweite Operand die Konstante 1 ist, werden für den Addierer statt Volladdierern allerdings nur Halbaddierer benötigt [40, 83], welche den Übertrag aus der vorherigen Stelle zum Wert von a in der aktuellen Stelle addieren. Die Konstante 1 entspricht dem Übertrag in die erste Stelle. Wir zeigen die Funktion anhand des Beispiels aus Tabelle 4.13, welche gerade den Fall des Überlaufs von 111 zu 000 darstellt; dies entspricht der letzten Zeile von Tabelle 4.12.

Das Problem stellt beim Inkrementer die Berechnung des Übertrags dar, wodurch, bei entsprechender Bitbreite, lange kritische Pfade entstehen. Vorteilhaft an der Realisierung mit Addiererstrukturen ist es, dass der Hardwareaufwand nur noch linear mit der Anzahl der Stellen wächst, im Gegensatz zum überproportional wachsenden Hardwareaufwand der LUT-Lösung. Da Addierer recht häufig benötigt werden, sind in den CLBs spezielle Schaltungen vorhanden, die eine schnelle Berechnung des Übertrags ermöglichen. Wir werden diese in den nächsten Abschnitten kennenlernen. LeonardoSpectrum verwendet im Beispiel des Aufwärtszählers bis $b = 6$ die Realisierung mit den LUTs für den Inkrementer, da diese für kleine Bitbreiten schneller ist, und ab $b = 7$ die Realisierung mit dem Addierer. Gleiches gilt für den Dekrementer des Abwärtszählers: Bis $b = 6$ wird eine LUT-

Tabelle 4.12: *Funktionstabelle für die Inkrementer-Funktion für $b = 3$*

a[2]	a[1]	a[0]	d[2]	d[1]	d[0]
0	0	0	0	0	1
0	0	1	0	1	0
0	1	0	0	1	1
0	1	1	1	0	0
1	0	0	1	0	1
1	0	1	1	1	0
1	1	0	1	1	1
1	1	1	0	0	0

Tabelle 4.13: *Inkrement-Beispiel mit Addierer für b = 3*

Variable a	1	1	1
Konstante 1	0	0	1
Übertrag von vorheriger Stelle	1	1	0
Summe	0	0	0

Lösung verwendet und ab $b = 7$ ein Subtrahierer. Dies erklärt übrigens den Sprung in Abbildung 4.31 beim Übergang von $b = 6$ zu $b = 7$: Beim Abwärtszähler sieht man einen höheren Ressourcenaufwand für $b = 6$ verglichen mit $b = 7$; hier beginnt der Ressourcenaufwand für die LUT-Lösung stärker zu wachsen. In Abbildung 4.31 sieht man auch den Nachteil, dass die Taktfrequenz durch den Übergang zur Addierer-Lösung zunächst deutlich geringer wird.

4.4 Arithmetische Einheiten

Wir haben schon im vorangegangenen Abschnitt die Verwendung des arithmetischen „+"-Operators kennengelernt. Dem geneigten Leser ist dort vielleicht aufgefallen, dass ein einzelner „+"-Operator im VHDL-Code – je nach Bitbreite der Operanden – schon Einiges an Hardwareaufwand erfordert. Daher lohnt es sich, die Verwendung von arithmetischen Operatoren und deren Implementierung in FPGAs etwas genauer zu betrachten. Wir werden zunächst anhand der ALU unseres Beispiel-Prozessors die Anwendung des Additions- und Subtraktionsoperators kennenlernen und uns anschließend ansehen, wie arithmetische Operatoren in Hardware realisiert werden. Schließlich werden wir zeigen, wie der Hardwareaufwand durch die Mehrfachausnutzung von Ressourcen reduziert werden kann (engl.: resource sharing).

4.4.1 ALU des Beispiel-Prozessors

Aus der Beschreibung des Beispiel-Prozessors in Abschnitt 4.2 kann die notwendig Funktionalität der ALU entnommen werden, die wir im Listing 4.17 beschrieben haben. Die ALU benötigt drei Register, die im Prozess `regs` beschrieben sind. Das Register `data_s` speichert in der Decode-Phase die vom Speicher kommenden Daten am Eingang `din`. Das Register `mode_s` steuert den Operationsmodus der ALU und wird ebenfalls in der Decode-Phase vom Steuerwerk geladen. Das Register `accu` ist der Akkumulator, welcher die Ergebnisse der ALU-Operation im Execute-Zyklus abspeichert; hierzu wird der Port `ldacc` in diesem Zyklus – in Abhängigkeit vom Opcode – auf „1" gesetzt (siehe auch Beschreibung des Steuerwerks in Abschnitt 4.3.1). Die Operationen der ALU sind im Prozess `comp` beschrieben: Es handelt sich hier um einen kombinatorischen Prozess, also ein Schaltnetz, welches in Abhängigkeit vom Signal `mode_s` die Addition und die Subtraktion (Befehle *adu* und *sbu*) sowie das Laden des Akkumulators (Befehle *lda* und *mov*) realisieren. Da es sich um ein Schaltnetz handelt, wird das Ergebnis am Signal `res` berechnet, sofern sich eines der Signale der Sensitivitätsliste ändert; allerdings sind die Ergebnisse nur im Execute-Zyklus relevant, da sie nur dann in den Akkumulator übernommen werden. Im Übrigen sind die Signale `accu`, `data_s` und `res` wieder als `unsigned`-Typ deklariert, da wir arithmetische Operationen beschreiben.

Listing 4.17: ALU des Beispiel-Prozessors

```
0    LIBRARY ieee;
1    USE ieee.std_logic_1164.ALL;
2    USE ieee.numeric_std.all;
3
4    ENTITY alu IS
5      PORT(
6          clk   : IN      std_logic;
7          din   : IN      std_logic_vector (3 DOWNTO 0);
8          ldacc : IN      std_logic;
9          mode  : IN      std_logic_vector (1 DOWNTO 0);
10         rst   : IN      std_logic;
11         dout  : OUT     std_logic_vector (3 DOWNTO 0)
12     );
13   END alu ;
14
15   ARCHITECTURE beh OF alu IS
16
17     SIGNAL accu, data_s, res : unsigned(3 DOWNTO 0);
18     SIGNAL mode_s : std_logic_vector(1 DOWNTO 0);
19
20   BEGIN
21
22     regs: PROCESS (clk, rst)
23     BEGIN
24       IF rst = '1' THEN
25         data_s <= "0000";
26         mode_s <= "00";
27         accu <= "0000";
28       ELSIF clk'event AND clk = '1' THEN
29         data_s <= unsigned(din);
30         mode_s <= mode;
31         IF ldacc = '1' THEN
32           accu <= res;
33         END IF;
34       END IF;
35     END PROCESS regs;
36
37     compute: PROCESS (accu, data_s, mode_s)
38     BEGIN
39       IF mode_s = "01" THEN
40         res <= accu + data_s;
41       ELSIF mode_s = "10" THEN
42         res <= accu - data_s;
43       ELSE
44         res <= data_s;
45       END IF;
46     END PROCESS compute;
47
```

```
48    dout <= std_logic_vector(accu);
49
50    END beh;
```

Sehen wir uns in Abbildung 4.35 an, was die Synthese mit Xilinx XST aus dem Code macht (mit LeonardoSpectrum erhält man ein ähnliches Resultat); wobei wir hier nur das Ergebnis für den Prozess `comp` diskutieren, der Leser mache sich die weitere Verschaltung mit den Registern des Prozesses `regs` selbst klar. Das Auffälligste an diesem Resultat ist die Inferenz eines Makros, welches addieren *und* subtrahieren kann; erwartet hätte man hier einen Addierer und einen Subtrahierer. Wir werden in den nachfolgenden Abschnitten sehen, dass man aus einem Addierer recht einfach einen Subtrahierer machen kann, so dass nur *ein* Addierwerk benötigt wird. Da die Addition und die Subtraktion in Listing 4.17 das gleiche Signal speisen, kann die Synthese hier erkennen, dass ein „addsub"-Makro verwendet werden kann; diese Mehrfachnutzung von Komponenten wird im Englischen als „resource sharing" bezeichnet. Das „addsub"-Makro wird über einen Dekoder angesteuert, so dass das Makro die beiden Eingänge A und B addiert, wenn `mode` = `"01"` ist, und anderenfalls A-B berechnet.

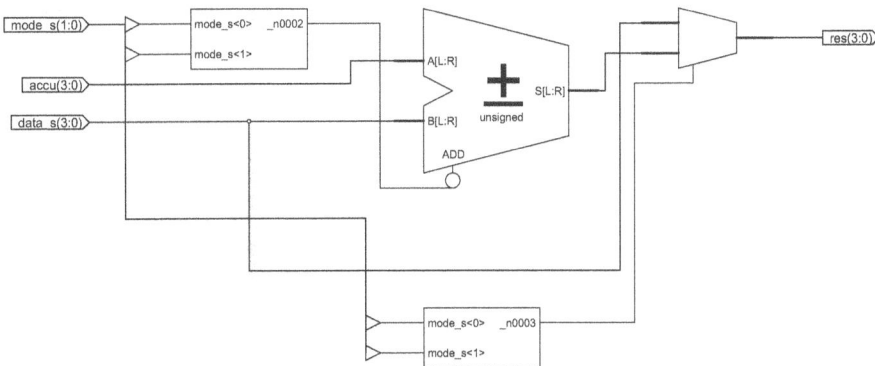

Abb. 4.35: Generische Implementierung des Prozesses „comp" von Listing 4.17 (Xilinx XST).

Der Multiplexer am Ausgang in Abbildung 4.35 realisiert den in Zeile 44 von Listing 4.17 codierten „Bypass", um den Akkumulator zu laden. Er wird wiederum von einem Dekoder angesteuert, welcher den Bypass schaltet, wenn `mode` = `"00"` oder `mode` = `"11"` ist. Anderenfalls wird das Ergebnis des „addsub"-Operators auf den Ausgang geschaltet.

Das gesamte Ergebnis für die ALU nach der Logikoptimierung und Technologieabbildung ist leider etwas zu umfangreich, um es hier im Bild darstellen und diskutieren zu können. Wir werden uns in den folgenden Abschnitt daher nur auf die Realisierung des Addierers und Subtrahierers konzentrieren. Nach Place&Route erhalten wir für Listing 4.17 eine Schaltung, die in einem Virtex-II-FPGA 6 Slices benötigt und ungefähr 200 MHz schnell ist.

4.4.2   Implementierung von Addierern in FPGAs

Aus der Digitaltechnik ist die Realisierung der Addition von zwei vorzeichenlosen Dual-zahlen bekannt [40, 83]. Wir machen uns dies nochmals am Beispiel aus Tabelle 4.14 für eine 3-Bit-Addition klar.

Tabelle 4.14: Beispieloperation in einem 3-Bit-Addierer

„+"	Dual			Dezimal
Stelle i	2	1	0	0
Operand a (Augend)	0	0	1	1
Operand b (Addend)	0	1	1	3
Übertrag c (von vorheriger Stufe)	1	1	0	0
Summe s	1	0	0	4

Für jede Stelle i der Addition wird ein Volladdierer benötigt, der das Summenbit s_i und das Übertragbit für die nächste Stelle c_{i+1} als Funktion von a_i, b_i und dem Übertrag c_i aus der vorherigen Stelle berechnet; bei einem Halbaddierer entfällt der Eingang c_i. Die Funktion des Volladdierers kann als Funktionstabelle nach Tabelle 4.15 dargestellt werden. Wir führen dabei eine Hilfsfunktion h_i ein, diese ergibt sich zu $h_i = (a_i \wedge \overline{b_i}) \vee (\overline{a_i} \wedge b_i) = a_i \oplus b_i$; das $\oplus$-Zeichen bezeichnet die XOR-Funktion. Die Funktion des Summenbits ergibt sich mit der Hilfsfunktion h_i zu $s_i = (h_i \wedge \overline{c_i}) \vee (\overline{h_i} \wedge c_i) = h_i \oplus c_i$. Für die Funktion des Übertragbits kann ebenfalls die Hilfsfunktion h_i eingesetzt werden, so dass $c_{i+1} = (\overline{h_i} \wedge a_i) \vee (h_i \wedge c_i)$ ist; der geneigte Leser mache sich dies anhand von Tabelle 4.15 klar. In dieser Form kann der Übertrag c_{i+1} des Volladdierers durch einen Multiplexer realisiert werden, der von h_i angesteuert wird: Ist $h_i = {'1'}$, so wird c_i durchgeschaltet, anderenfalls a_i.

Diese Boole'schen Gleichungen sind die Grundlage für die Realisierung von Addierern in Xilinx-FPGAs; in Altera-FPGAs werden ähnliche Lösungen verwendet. Das wesentliche Ziel ist hierbei die schnelle Berechnung des Übertrags (engl.: carry); bei Altera wird dies als „Carry Chain" bezeichnet und bei Xilinx als „Fast Lookahead Carry Logic".

Tabelle 4.15: 1-Bit-Volladdierer

c_i	b_i	a_i	h_i	s_i	c_{i+1}
'0'	'0'	'0'	'0'	'0'	'0'
'0'	'0'	'1'	'1'	'1'	'0'
'0'	'1'	'0'	'1'	'1'	'0'
'0'	'1'	'1'	'0'	'0'	'1'
'1'	'0'	'0'	'0'	'1'	'0'
'1'	'0'	'1'	'1'	'0'	'1'
'1'	'1'	'0'	'1'	'0'	'1'
'1'	'1'	'1'	'0'	'1'	'1'

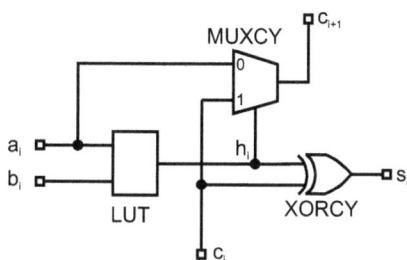

Abb. 4.36: *Xilinx-Slice als Volladdierer*

Wir zeigen die Funktionsweise der Realisierung des Addierers wieder am Beispiel des Virtex-II-Bausteins. Neben einer 4-LUT und einem Flipflop weist eine Slice-Hälfte noch zusätzliche Multiplexer und Logikgatter auf, die über programmierbare Verbindungen verschaltet werden können. Wir wollen an dieser Stelle nicht den vollständigen Aufbau einer Slice beschreiben – hierfür sei der Leser auf [107] verwiesen –, sondern nur den Teil, der für die Realisierung eines Addierers wichtig ist. Eine Xilinx-Slice-Hälfte kann so konfiguriert werden, dass sie die oben hergeleiteten Gleichungen für einen 1-Bit-Volladdierer implementiert. In Abbildung 4.36 ist die als Volladdierer konfigurierte Slice-Hälfte gezeigt. Die LUT realisiert nun die Funktion h_i, der Multiplexer MUXCY realisiert die Funktion c_{i+1} und das XOR-Gatter XORCY realisiert die Funktion s_i; das CY deutet auf die hauptsächliche Verwendung von Multiplexer und XOR-Gatter für die Carry-Berechnung hin. Bei der Konfiguration wird die LUT mit der Funktion h_i geladen und die Verbindungen werden so geschaltet, dass die in Abbildung 4.36 gezeigte Schaltung entsteht.

Die durch programmierbare Verbindungen realisierte Verschaltung von mehreren 1-Bit-Volladdierern in den Slices zu Addierern kann Abbildung 4.37 entnommen werden. Eine Addiererstelle benötigt eine halbe Slice. Die Erzeugung des Übertragbits einer Stelle erfolgt durch den Multiplexer MUXCY: Ist $h_i = {'}1{'}$ so wird der Übertrag der vorhergehenden Stelle weitergegeben, anderenfalls wird a_i weitergegeben.

Die CLBs sind auf dem FPGA in Spalten und Zeilen angeordnet (siehe Abbildung 3.72 in Abschnitt 3.8.3); der kleinste Virtex-II-FPGA (XC2V40) weist beispielsweise 8 Zeilen und 8 Spalten auf. Da in jedem CLB vier Slices enthalten sind, ergibt dies 256 Slices oder 512 Volladdierer. Ist die Bitbreite des Addierers > 4, so wird nicht die Slice der zweiten Übertragkette in der gleichen CLB benutzt, sondern die Slice des nächsten CLBs in der Spalte, um möglichst kurze Verbindungen auf dem Pfad der Übertragkette zu erreichen. Der kritische Pfad des Addierers ergibt sich somit im Wesentlichen aus der Summe der Multiplexer-Verzögerungszeiten; er wird aktiviert, wenn ein Übertrag von der niedrigsten bis zur höchsten Stelle weitergegeben werden muss. Dieser Pfad der Übertragkette durch die Slices und CLBs wurde bei der Entwicklung der FPGAs optimiert: Die Verzögerungszeit von CIN nach COUT einer Slice, also durch beide MUXCY in Abbildung 4.37, beträgt beim Virtex-II-FPGA nur ungefähr 0,1 ns! Die Verzögerungszeit des Addierers auf dem kritischen Pfad wächst annähernd linear mit der Bitbreite. Gleiches gilt für den Hardwareaufwand.

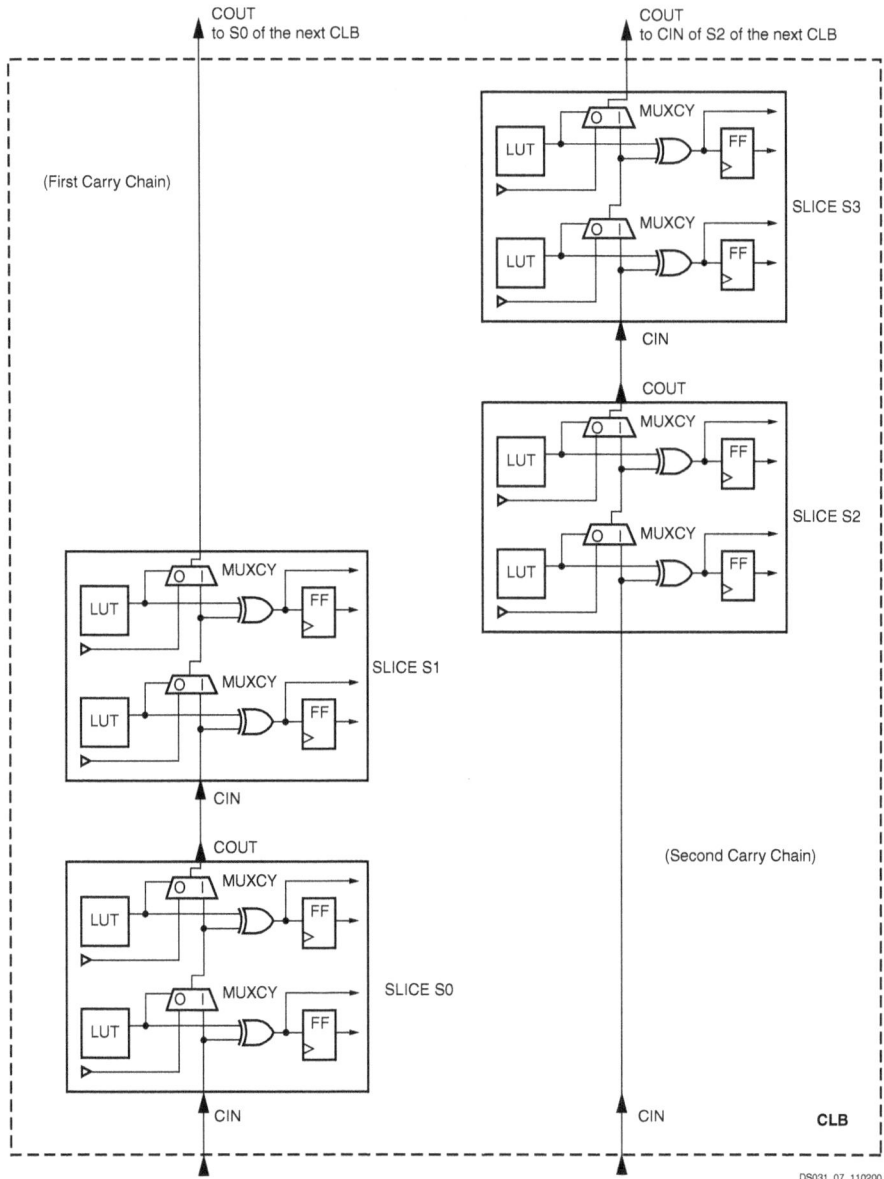

Abb. 4.37: *Verschaltung der Virtex-II-Slices als Addierer [107]: In jeder CLB sind vier Slices enthalten, die in zwei Übertragketten organisiert sind (First Carry Chain: Slice S0 und S1, Second Carry Chain: Slice S2 und S3). Die Übertrageingänge CIN für beide Ketten kommt von der CLB, die sich unterhalb der gezeigten CLB befindet, und die Übertragausgänge COUT speisen die CLB, die sich oberhalb der gezeigten CLB befindet.*

Wir zeigen in Listing 4.18 die Realisierung eines generischen, kaskadierbaren Addierers, der zwei Zahlen mit der über einen Generic einstellbaren Wortbreite `width` addieren kann. Im Unterschied zur Beispiel-ALU aus Listing 4.17 besitzt dieser Addierer einen Carry-In-Eingang `cin`, um den Übertrag aus einem vorhergehenden Addierer zu berücksichtigen, und einen Carry-Out-Ausgang `cout`, um den Übertrag an einen nachfolgenden Addierer weiterzugeben. Das Carry-Out wird realisiert, indem die Wortbreite der „+"-Operation um ein Bit vergrößert wird und das MSB des Ergebnisses `sout` das Carry-Out ist. Aus syntaktischen Gründen muss auch die Wortbreite der Eingangssignale a und b durch Konkatenation mit „0" um ein Bit vergrößert werden. Das Carry-In wird durch einen zweiten „+"-Operator realisiert, wofür dann auch `cin` durch die Konkatentation mit der Konstante c auf die gleiche Bitbreite gebracht wird. Das Synthesewerkzeug inferiert nun aus diesem Code das in Abbildung 4.38 gezeigte Addierer-Makro mit Carry-In und Carry-Out.

Listing 4.18: Generischer Addierer

```
0    LIBRARY ieee;
1    USE ieee.std_logic_1164.ALL;
2    USE ieee.numeric_std.all;
3
4    ENTITY add IS
5      GENERIC(
6        width : integer := 3
7      );
8      PORT(
9        a    : IN      std_logic_vector (width-1 DOWNTO 0);
10       b    : IN      std_logic_vector (width-1 DOWNTO 0);
11       cin  : IN      std_logic;
12       cout : OUT     std_logic;
13       s    : OUT     std_logic_vector (width-1 DOWNTO 0)
14     );
15   END add ;
16
17   ARCHITECTURE uns OF add IS
18     SIGNAL sout : unsigned(width DOWNTO 0);
19     CONSTANT c : std_logic_vector(width-1 DOWNTO 0)  := (OTHERS => '0');
20   BEGIN -- Verwendet nur nebenlaeufige Anweisungen
21     sout <= unsigned('0'&a) + unsigned('0'&b) + unsigned(c&cin);
22     s <= std_logic_vector(sout(width-1 DOWNTO 0));
23     cout <= std_logic(sout(width));
24   END uns;
```

Tabelle 4.16 soll die Idee dieser Implementierung anhand einer Beispieloperation nochmals verdeutlichen. Wir nehmen hierzu an, dass `cin = '1'` ist und dass an a und b die dezimalen Werte 1 und 6 anliegen. In der Summe ergibt dies den Wert 8 und ist mit der Wortbreite 3 nicht mehr darstellbar. Daher ergibt die Operation bei der Summe 0 und einen Übertrag an Carry-Out.

Die Erweiterung der Wortbreite dient also nur der syntaktisch korrekten Berechnung des Carry-Outs in VHDL und wird vom Synthesewerkzeug nicht etwa in einen 4-Bit-Addierer umgesetzt. In gleicher Weise ist auch der zweite Addierer zu verstehen, welcher nur der

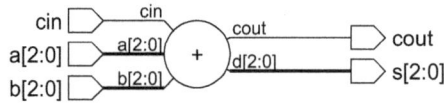

Abb. 4.38: 3-Bit-Addierer.

Tabelle 4.16: Beispieloperation im 3-Bit-Addierer aus Listing 4.18

Stelle i	3	2	1	0
Operand a	0	0	0	1
Operand b	0	1	1	0
Operand c (Carry-In)	0	0	0	1
Übertrag (von vorheriger Stelle)	1	1	1	
Ergebnis $sout = a + b + c$	1	0	0	0
Carry-Out c_{i+1}	1			
Summe s		0	0	0

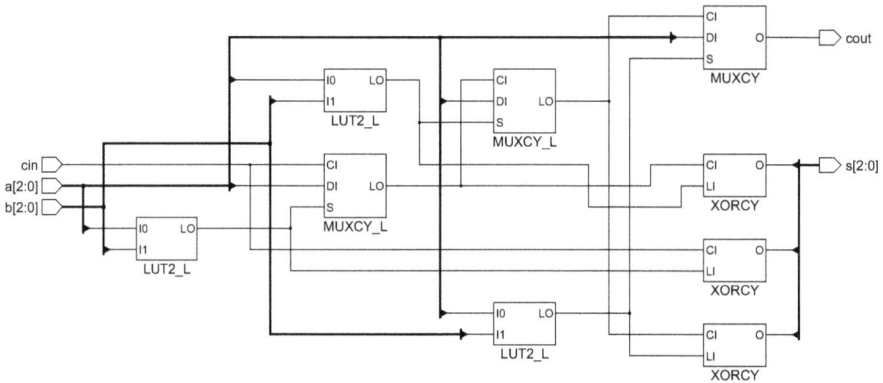

Abb. 4.39: Syntheseergebnis 3-Bit-Addierer.

Berücksichtigung des Carry-In dient. Das Syntheseergebnis kann Abbildung 4.39 entnommen werden. Es zeigt die Verschaltung von drei Volladdierern nach Abbildung 4.36 zum gesamten 3-Bit-Addierer. Für dieses Design werden drei Slice-Hälften benötigt.

4.4.3   Implementierung von Subtrahierern in FPGAs

Die Implementierung der Subtraktion $a - b$ wird besonders einfach, wenn man sie auf die Addition $a + (-b)$ zurückführt [40, 83]. Die negative Dualzahl $-b$ wird dabei im so genannten „Zweier-Komplement" dargestellt. Der (dezimale) Wert einer Dualzahl $b = b_{n-1} \ldots b_1 b_0$ lässt sich berechnen durch $b = b_{n-1} \cdot 2^{n-1} + \ldots + b_1 \cdot 2^1 + b_0 \cdot 2^0$. Das

„Einer-Komplement" einer Dualzahl mit n Stellen erhält man dann aus

$$b_{K1} = C_1 - b = (2^n - 1) - b = (2^n - 1) - (b_{n-1} \cdot 2^{n-1} + \ldots + b_1 \cdot 2^1 + b_0 \cdot 2^0).$$

$$(4.6)$$

Das Einer-Komplement lässt sich technisch durch bitweises Invertieren der zu komplementierenden Zahl realisieren. Dies ist übrigens ein wesentlicher Vorteil gegenüber der dezimalen Darstellung. Bekanntermaßen [40, 83] gibt es allerdings im Einer-Komplement zwei Darstellungen für die Null, so dass man zum Zweier-Komplement übergeht. Das Zweier-Komplement einer Dualzahl ergibt sich aus

$$b_{K2} = C_2 - b = 2^n - b = 2^n - (b_{n-1} \cdot 2^{n-1} + \ldots + b_1 \cdot 2^1 + b_0 \cdot 2^0).$$

$$(4.7)$$

Da $C_2 = C_1 + 1$ ist, gilt $b_{K2} = b_{K1} + 1$ und wir können einen Subtrahierer sehr einfach mit Hilfe eines Addierers implementieren, wenn wir das Einer-Komplement addieren und Carry-In auf „1" setzen, wie in Tabelle 4.17 anhand der Subtraktion $100_b - 001_b = 4_d - 1_d$ gezeigt ($C_1 = 0111_b = 7_d$ und $C_2 = 1000_b = 8_d$, die Subskripte bezeichnen die Basis $b = 2$ oder $d = 10$ für die Zahlendarstellung).

Das Ergebnis *sout* in Tabelle 4.17 kann man auffassen als $sout = c_{i+1} \cdot 2^3 + s$. Das Carry-Out entspricht wertmäßig daher C_2, so dass $sout = C_2 + s$ ist. Allerdings haben wir für die Subtraktion $a + b_{K2} = a + (C_2 - b)$ gerechnet, so dass wir am Ende auch $C_2 = 2^n$ vom Endergebnis wieder subtrahieren müssten, und damit wäre $s = sout - C_2 = sout - c_{i+1} \cdot 2^3$. Diese Korrektur-Subtraktion führt man in der technischen Realisierung nicht durch, sondern ignoriert das Carry-Out, sofern keine Zahlenbereichsüberschreitung erkannt werden soll. Wird die Erkennung der Zahlenbereichsüberschreitung benötigt, so ist das Carry-Out als „0"-aktiv zu interpretieren oder man muss es durch Inversion als „1"-aktiv ausgeben. Wir können dies sehen, wenn wir beispielsweise $3_d - 4_d = 011_b - 100_b$ rechnen: Dies ergibt nach der Vorgehensweise aus Tabelle 4.17 für $sout = 0111_b = 7_d$, so dass der Dezimalwert der Summe 7 ist und das Carry-Out „0". Wenn wir aber vom Ergebnis noch $C_2 = 2^3 = 8_d$ subtrahieren, so ergibt sich das korrekte Ergebnis -1. Allerdings haben wir nun den darstellbaren Zahlenbereich $(0 \ldots 7)$ der vorzeichenlosen Zahlen *unterschritten*,

Tabelle 4.17: *Beispieloperation eines 3-Bit-Subtrahierers* ($s = a - b$)

Stelle i	3	2	1	0
Operand a (Minuend)		1	0	0
Operand b (Subtrahend)		0	0	1
Einer-Komplement b_{K1}		1	1	0
Operand c (Carry-In)		0	0	1
Übertrag (von vorheriger Stufe)	1	0	0	
Ergebnis $sout = a + b_{K1} + c$	1	0	1	1
Carry-Out c_{i+1}	1			
Differenz s		0	1	1

a[5:3]   b[5:3]   a[2:0]   b[2:0]
          NOT   NOT

cout   cin   cout   cin   '1'
  +   +
 s[5:3]   s[2:0]

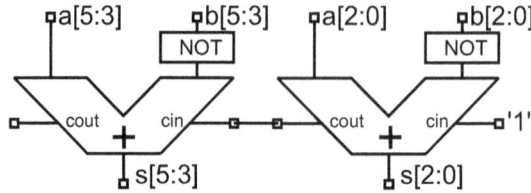

Abb. 4.40: Realisierung eines Subtrahierers durch Kaskadierung von zwei 3-Bit-Addierern.

was durch Carry-Out gleich „0" angezeigt wird und in diesem Falle einen „Unterlauf" bedeutet. Carry-Out gleich „1" bedeutet bei der Subtraktion dann sinngemäß, dass der Zahlenbereich *nicht* unterschritten wurde. Wird nun das Carry-Out cout eines Subtrahierers mit dem Carry-In cin eines weiteren Subtrahierers wie in Abbildung 4.40 verschaltet, so bedeutet cout =' 0', dass ein „Borger" (engl.: borrow) aus der nächsten Stelle benötigt wird. Damit wird in diesem Fall durch cin =' 0' in der ersten Stelle des nachfolgenden Subtrahierers die Subtraktion von 1 („Borgen") durchgeführt, indem im zweiten Subtrahierer nur noch das Einerkomplement b_{K1} addiert wird und $c = 0$ ist; somit ergibt sich für den Fall des „Borgers" im zweiten Subtrahierer *sout* $= a + b_{K1}$.

Bei der Beschreibung eines Subtrahierers mit Carry-In und Carry-Out (eigentlich eher als Borrow-In und Borrow-Out zu bezeichnen) in VHDL muss man allerdings ein wenig aufpassen. In Listing 4.19 ist der Code eines generischen Subtrahierers gezeigt, der die gleiche Entity wie der Addierer aus Listing 4.18 aufweist. Um das Carry-Out zu realisieren, werden die Operanden wieder um eine Stelle erweitert.

Listing 4.19: Generischer Subtrahierer

```
0    ARCHITECTURE uns OF sub IS
1      SIGNAL sout : unsigned(width DOWNTO 0);
2      CONSTANT c : std_logic_vector(width-1 DOWNTO 0) := (OTHERS => '0');
3    BEGIN    -- Verwendet nur nebenlaeufige Anweisungen
4      sout <= unsigned('0'&a) - unsigned('1'&b) - unsigned(c&NOT(cin));
5      s <= std_logic_vector(sout(width-1 DOWNTO 0));
6      cout <= std_logic(sout(width));
7    END uns;
```

Wir verwenden zur Codierung des Subtrahierers, analog zur Vorgehensweise beim Addierer, zweimal den „-"-Operator, wobei der Operand *b* allerdings im MSB mit „1" erweitert wird und cin invertiert wird. Warum dies so ist, zeigen wir am Beispiel der Subtraktion $3_d - 4_d = 011_b - 100_b$. Würden wir – in Anlehnung an den Addierer aus dem vorigen Abschnitt – in Zeile 4 schreiben

```
sout <= (unsigned('0'&a) - unsigned('0'&b)) - unsigned(c&cin);
```

so ergibt sich ein falsches Ergebnis, wenn wir, wie oben erläutert, cin und cout als „0"-aktiv auffassen. Jeder der beiden „-"-Operatoren beschreibt eine *4-Bit*-Subtraktion: Bei der ersten Subtraktion wird durch die Stellenerweiterung $a - b = 0011 - 0100$ gerechnet, wenn wir das MSB von b zu „0" setzen, was 1111 ergibt. Davon wird bei der zweiten Subtraktion 0001 subtrahiert, da wir ja `cin` für die Subtraktion auf „1" gesetzt haben, wie in Abbildung 4.40 gezeigt. $1111 - 0001$ ergibt aber 1110 und nicht das gewünschte Ergebnis 0111. Der Code ist dann korrekt, wenn wir `cin` und `cout` als „1"-aktiv – wie beim Addierer – interpretieren. In diesem Fall ist `sout`= 1111, da dann `cin` =' 0' sein muss (kein Unterlauf in die erste Stelle). Für das Carry-Out ergibt sich „1", was nun den Unterlauf aus der höchsten Stelle markiert. In der Hardwarerealisierung auf dem FPGA wird allerdings der Subtrahierer wie in Abbildung 4.40 gezeigt als Addierer mit Inversion des Subtrahenden realisiert, so dass dort `cin` und `cout` '0'-aktiv sind. Die Code-Variante führt daher jeweils zu einem Inverter an `cin` und `cout`, welche durch zwei zusätzliche LUTs realisiert werden. Will man diese einsparen, so muss der Subtrahierer wie in Listing 4.19 beschrieben werden, was zu dem in den Abbildungen 4.41 und 4.42 dokumentierten Syntheseergebnis führt.

LeonardoSpectrum inferiert aus Listing 4.19 einen 3-Bit-Subtrahierer – ohne Inversion von `cin` und `cout`. Dieser Subtrahierer implementiert die in Tabelle 4.17 gezeigte Subtraktion. Es entspricht dem Ergebnis für den Addierer, mit dem Unterschied, dass die LUTs nun die Funktion $h_i = (a_i \wedge b_i) \vee (\overline{a_i} \wedge \overline{b_i})$ implementieren, statt $h_i = (a_i \wedge \overline{b_i}) \vee (\overline{a_i} \wedge b_i)$ wie beim Addierer. Die bitweise Invertierung von b für die Bildung des Einerkomplements wird also in den LUTs vorgenommen und ist somit aufwandsneutral im FPGA zu realisieren.

Wie schon an anderen Stellen, so haben wir auch hier das Problem, dass der VHDL-Code das Verhalten der Hardware beschreibt und nicht die konkrete Realisierung. Bei der Syn-

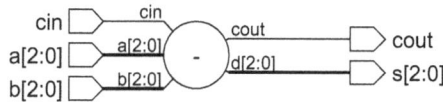

Abb. 4.41: *3-Bit-Subtrahierer.*

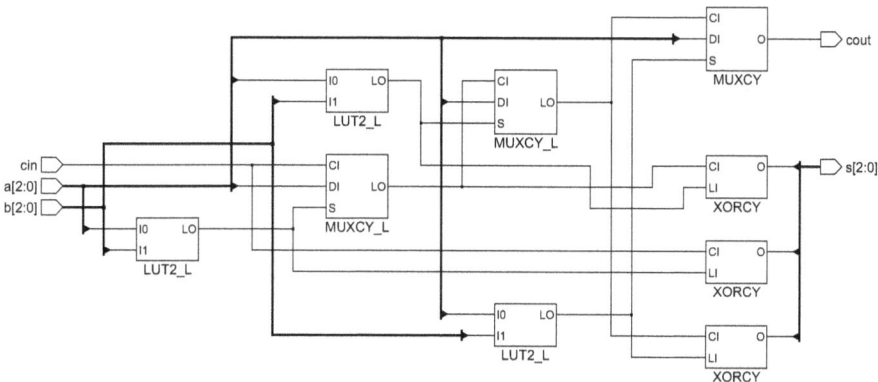

Abb. 4.42: *Syntheseergebnis 3-Bit-Subtrahierer.*

these wird der Subtrahierer als Addierer realisiert, wobei der Operand b invertiert wird und
Carry-In und Carry-Out „0"-aktiv sind. Durch Anpassen des VHDL-Codes in Listing 4.19
an die Realisierung kann somit Hardware eingespart werden.

Angemerkt werden muss noch, dass die hier gezeigte Lösung möglicherweise nicht von allen Synthesewerkzeugen optimal umgesetzt wird; manche Synthesewerkzeuge setzen den
Code tatsächlich in *zwei* Subtrahierer um. Abhilfe kann dann die Verwendung von Makros
schaffen. In der Praxis wird ein Subtrahierer mit Borrow-In allerdings selten benötigt: Dann
kann für die Codierung des Subtrahierers in Zeile 4 von Listing 4.19 die Anweisung

```
s = unsigned('0'&a)  - unsigned('0'&b);
```

oder

```
s = unsigned('0'&a)  - unsigned('1'&b);
```

verwendet werden, so dass das Borrow-In nicht berücksichtigt wird. Hierbei entsteht jeweils ein Subtrahierer nach Abbildung 4.42, wobei der Eingang `cin` fest auf „1" geschaltet
wird. Im ersten Fall ist der Carry-Out- oder Borrow-Out-Ausgang „1"-aktiv und benötigt
eine zusätzliche Inversion, im zweiten Fall ist der Ausgang „0"-aktiv.

Bei einem Addierer/Subtrahierer, wie er in Abschnitt 4.4.1 verwendet wurde, kann übrigens die Umschaltung des Modus als zusätzlicher Eingang in den LUTs realisiert werden,
so dass der Hardwareaufwand sich im Vergleich zu einem einzelnen Subtrahierer oder Addierer nicht vergrößert!

4.4.4   Implementierung von Multiplizierern in FPGAs

Wenn wir zwei Dualzahlen $a = a_{m-1} \cdot 2^{m-1} + \ldots + a_0 \cdot 2^0$ (Multiplikand) und $b = b_{n-1} \cdot 2^{n-1} + \ldots + b_0 \cdot 2^0$ (Multiplikator) mit m bzw. n Stellen multiplizieren, so erhalten wir für
das Ergebnis eine Dualzahl $c = a \cdot b = c_{m+n-1} \cdot 2^{m+n-1} + \ldots + c_0 \cdot 2^0$ mit $m+n$ Stellen.
Die Multiplikation lässt sich nach der „Schulmethode" berechnen, indem wir den Multiplikanden a mit dem Wert b_i an jeder Stelle des Multiplikators multiplizieren, diese *Partialprodukte* $b_i \cdot a$ um i Stellen nach links verschieben und aufsummieren. Die Linksverschie-
bung ergibt sich aus der Multiplikation mit 2^i, da wir bei jedem Partialprodukt eigentlich
$b_i \cdot 2^i \cdot a$ berechnen. Diese Methode wird im Englischen als „Partial Product Accumulati-
on" bezeichnet. Wir zeigen dies am Beispiel in Tabelle 4.18 für $m = 3$ und $n = 3$, also ein
3×3-Multiplizierer, der die Dualzahl $111_b = 7_d$ mit sich selbst multipliziert; dies ergibt als
Ergebnis $c = 110001_b = 49_d$. Die in der Tabelle gezeigte Berechnung der Multiplikation
entspricht also $c = b \cdot a = b_2 \cdot 2^2 \cdot a + b_1 \cdot 2^1 \cdot a + b_0 \cdot 2^0 \cdot a$.

Die Partialproduktbildung $b_i \cdot a$ ist bei Dualzahlen besonders einfach, da sie einer bit-
weisen UND-Operation $b_i \wedge a_{n-1}, \ldots, b_i \wedge a_0$ entspricht. Der Aufwand beim Multiplizierer entsteht hauptsächlich durch die Summation der Partialprodukte. In Tabelle 4.18 ist
angedeutet, wie die Addition der Partialprodukte abläuft. Wir benötigen in der zweiten
und dritten Zeile jeweils Halb- und Volladdierer, um die Additionen durchzuführen. Die
Überträge und Summen aus den Additionen wurden als Pfeile eingetragen: Die Addie-

Tabelle 4.18: Beispieloperation eines 3 × 3-Multiplizierers

$b_0 \cdot 2^0 \cdot a$				1	1	1
					+	+
$b_1 \cdot 2^1 \cdot a$			$\swarrow^{+1}$ 1	$\swarrow^{+1}$ 1	$\swarrow^{+1}$ 1	
			$\downarrow +1$	$\downarrow +0$	$\downarrow +1$	
$b_2 \cdot 2^2 \cdot a$		$\swarrow^{+1}$ 1	$\swarrow^{+1}$ 1	$\swarrow^{+1}$ 1		
c	1	1	0	0	0	1

rer der zweiten Zeile geben die Überträge in die nächste Spalte weiter und die Summe in die nächste Zeile der gleichen Spalte. Ebenso geben die Addierer der dritten Zeile die Überträge in die nächste Spalte weiter und das Summenbit in das Ergebnis. Setzt man die gezeigte Implementierung in eine kombinatorische Schaltung um, so werden für eine $m \times n$-Multiplikation $m \times (n-1)$ Addierer und $m \times n$ UND-Gatter benötigt. Der Hardwareaufwand eines $n \times n$-Multiplizierers wächst also annähernd quadratisch mit der Bitbreite n. Um Hardwareaufwand zu sparen, kann die Multiplikation auch seriell unter Verwendung eines n-Bit-Addierers vorgenommen werden, was dann allerdings deutlich mehr Zeit benötigt. Für die effiziente Bildung der Partialprodukte und deren anschließenden Summation existieren eine Reihe von speziellen Architekturen und Schaltungen [36]. Für die Implementierung von Multiplizierern in FPGAs sind zwei Möglichkeiten vorgesehen: Implementierung in den CLBs unter Ausnutzung der Addiererstrukturen oder die Verwendung von speziellen Multiplizierern, welche im FPGA-Chip integriert sind. Wie man Abbildung 3.72 in Abschnitt 3.8.3 entnehmen kann, bieten die Virtex-II-FPGAs derartige spezielle, „eingebettete" Multiplizierer [107] (engl.: embedded multiplier blocks). Es handelt sich um 18×18-Multiplizierer, die vorzeichenlose oder vorzeichenbehaftete Zahlen multiplizieren können. Der kleinste Virtex-II-FPGA verfügt über 4 Multiplizierer, der größte Virtex-II über 168 Multiplizierer. Auch von anderen Herstellern werden solche eingebauten Multiplizierer angeboten.

Wir wollen im Folgenden die Realisierung eines Multiplizierers in den CLBs beschreiben. Listing 4.20 beschreibt einen generischen Multiplizierer, der über den Generic `width` für beliebige Bitbreiten skaliert werden kann. Der „*"-Operator liefert dabei einen Wert zurück, der die Bitbreite $n+m$ aufweist, wenn n und m die Bitbreiten der beiden Operanden sind. Dabei darf auch $n \neq m$ sein, wobei in Listing 4.20 $n = m = width$ gewählt wurde.

Listing 4.20: Generischer Multiplizierer

```
0    LIBRARY ieee;
1    USE ieee.std_logic_1164.ALL;
2    USE ieee.numeric_std.all;
3
4    ENTITY mult IS
5       GENERIC(width : integer := 3);
6       PORT( a,b : IN      std_logic_vector (width-1 DOWNTO 0);
7          c : OUT      std_logic_vector (2*width-1 DOWNTO 0));
8    END mult ;
```

```
9
10    ARCHITECTURE uns OF mult IS
11    BEGIN  -- Verwendet nur nebenläufige Anweisungen
12      c <= std_logic_vector(unsigned(a) * unsigned(b));
13    END uns;
```

Das Ergebnis der Übersetzung des VHDL-Codes aus Listing 4.20 kann Abbildung 4.43 entnommen werden. Der Generic-Wert wurde zu 3 gewählt, so dass ein 3×3-Multiplizierer entsteht, der von LeonardoSpectrum inferiert wird. Für dieses Makro kann ausgewählt werden, ob der Multiplizierer durch einen der eingebetteten Multiplizierer realisiert wird oder durch die CLBs. Werden CLBs ausgewählt, so verwendet der Multiplizierer-Generator die in Abbildung 4.44 gezeigte Architektur. Es handelt sich erkennbar um die in Tabelle 4.18 beschriebene Implementierung der Multiplikation durch Summation der Partialprodukte. Die Schaltung ist dabei ein Schaltnetz; wenn wir uns am Eingang und Ausgang des Multiplizierers Register vorstellen, so begrenzt der kritische Pfad durch den Multiplizierer die mögliche Taktfrequenz.

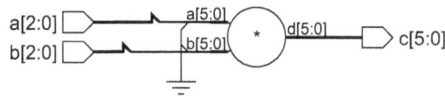

Abb. 4.43: *3×3-Multiplizierer.*

Die 1-Bit-Volladdierer, die für die Summation der Partialprodukte benötigt werden, werden in den CLB-Slices durch die in Abbildung 4.36 gezeigte Verschaltung einer Slice-Hälfte realisiert. Hinzu kommt nun aber die Bildung der Partialprodukte durch eine UND-Funktion, welche in den LUT implementiert wird, da eine LUT ja eine beliebige Funktion von 4 oder weniger Eingänge realisieren kann. In den Addierern der unteren Zeile von Abbildung 4.44 wird das Partialprodukt $b_2 \cdot a$ mit den Ergebnissen aus der darüberliegenden Zeile summiert. Hierzu werden die Addierer nach Abbildung 4.45a verwendet, die die Funktion $h_i = s_k \oplus (a_n \wedge b_2)$ realisieren, wobei s_k das Summenbit oder Übertragbit aus der darüberliegenden Zeile ist und a_n das jeweilige Bit des Multiplikanden.

In den Addierern der oberen Zeile werden die Partialprodukte $b_0 \cdot a$ und $b_1 \cdot a$ summiert. Hierzu sind zwei UND-Verknüpfungen notwendig. Die LUT in Abbildung 4.45b realisiert daher die Funktion $h_i = (a_{n-1} \wedge b_1) \oplus (a_n \wedge b_0)$. Nun ist es allerdings erforderlich, auf dem Übertragspfad (a_i in Abbildung 4.36) zum Multiplexer MUXCY die UND-Verknüpfung $(a_n \wedge b_0)$ ebenfalls zu realisieren; hierzu wurde in den Virtex-II-Slices ein zusätzliches Gatter MULTAND eingebaut.

Größere Multiplizierer lassen sich nach Abbildung 4.44 fortgesetzt aufbauen. Für einen 16×16-Multiplizierer bekäme man 15 Zeilen mit jeweils 16 Volladdierern. Da man in einer Slice 2 Addierer realisieren kann, ist die Anzahl k der benötigten Slices bei einem $n \times n$-Multiplizierer ungefähr $k \approx n^2/2$. Die Implementierung eines 16×16-Multiplizierers nach Listing 4.20 ergibt einen Ressourcenbedarf von 134 Slices; der Unterschied zu den

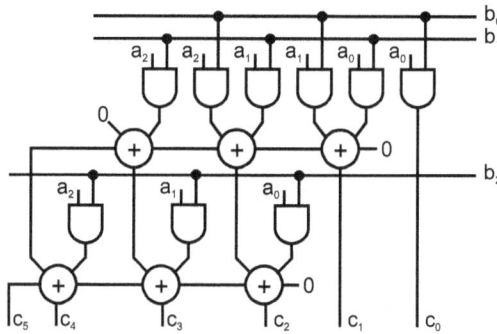

Abb. 4.44: *Multiplizierer-Architektur: Die Partialprodukte werden über UND-Gatter gebildet; die Partialprodukte $b_0 \cdot a$ und $b_1 \cdot a$ wurden in einer Zeile angeordnet. Die Summation der Partialprodukte erfolgt über 1-Bit-Volladdierer, die den Übertrag nach links weitergeben und das Summenbit nach unten. Bei den Addierern, welche die 0 an einem Eingang aufweisen, handelt es sich im Grunde um Halbaddierer.*

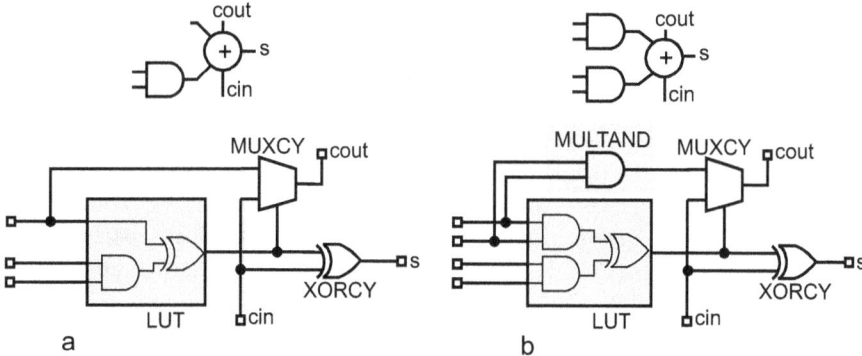

Abb. 4.45: *Realisierung der Addierer für den Xilinx-CLB-Multiplizierer.*

erwarteten 128 Slices kann auf eine nicht ganz optimale Erzeugung der Netzliste durch den Generator und zusätzliche Funktionen, wie das UND-Gatter für $a_0 \wedge b_0$ in Abbildung 4.44, zurückgeführt werden. Der kleinste Virtex-II-FPGA wäre mit diesem Design zu 52% seiner CLB-Ressourcen ausgelastet (134 von 256); die Verzögerungszeit auf dem kritischen Pfad beträgt ungefähr 12 ns. Verwendet man statt der CLB-Realisierung einen der eingebauten Multiplizierer, so benötigt der Multiplizierer nur ungefähr 5 ns Verzögerungszeit und es wird einer von vier eingebauten Multiplizierern benutzt, der keine CLBs belegt; somit stehen alle CLBs für andere Funktionen noch zur Verfügung. Es empfiehlt sich daher, die eingebauten Multiplizierer auch zu benutzen.

Die Division kann nur dann aus einem VHDL-Code inferiert werden, wenn es sich um eine Division durch 2^n handelt, da dies einer Schiebeoperation des Divisors um n Stellen nach rechts entspricht. Dennoch ist es möglich, eine Division mit variablem Divisor zu realisieren. Hierzu muss allerdings ein entsprechendes Makro *instanziert* werden. Wir werden die

Instanzierung von Makros anhand der Speicher in einem nachfolgenden Abschnitt diskutieren. Die Makros können dabei von den Herstellern durch Generatoren geliefert werden. So bietet Xilinx beispielsweise den „Core Generator" an, mit dem sich auch Divisions-Komponenten realisieren lassen.

4.4.5   Ressourcenbedarf von logischen, relationalen und arithmetischen Operatoren

Aus der Diskussion der arithmetischen Operatoren dürfte klar geworden sein, dass eine Zeile VHDL-Code bei einer entsprechenden Bitbreite schon zu nennenswertem Hardwareaufwand bzw. Ressourcenverbrauch führen kann. In Abbildung 4.46 wird der Ressourcenbedarf der arithmetischen Operatoren mit demjenigen für die logischen und relationalen Operatoren verglichen. Die Ergebnisse für die Multiplikation und Addition wurden mit den parametrisierten VHDL-Codes aus den vorangegangenen Abschnitten mit Hilfe von LeonardoSpectrum erzeugt. Die relationalen Operatoren wurden mit Hilfe der nebenläufigen Anweisungen

```
y <='1' WHEN a > b ELSE '0'; bzw. y <='1' WHEN a = b ELSE '0';
```

implementiert, wobei die Operanden a und b wie bei den arithmetischen Beispielen eine variable Bitbreite aufweisen. Bei der logischen Operation handelt es sich um eine bitweise UND-Verknüpfung mit Hilfe der nebenläufigen Anweisung y <= a AND b; wobei a, b und y ebenfalls eine variable Bitbreite gleicher Größe aufweisen. Wir verwenden in diesen Beispielen nebenläufige Anweisungen, um etwas Schreibaufwand zu sparen. Man kann den Code natürlich auch mit Prozessen schreiben, was zu den gleichen Ergebnissen bei der Synthese führt.

Wie wir schon in Abschnitt 4.4.4 gesehen haben, wächst der Ressourcenbedarf k_*, gemessen als Anzahl der Slices, für den „*"-Operator ungefähr quadratisch mit der Bitbreite n, so dass $k_* \approx n^2/2$ gilt. Der Ressourcenbedarf k_+ des „+"-Operators wächst linear mit der Bitbreite, wie in Abschnitt 4.4.2 gesehen, so dass gilt: $k_* \approx n/2$. Gleiches gilt für den „-"-Operator, da die Subtraktion als Addition realisiert wird, wie in Abschnitt 4.4.3 erläutert.

Interessant an Abbildung 4.46 ist nun der Ressourcenbedarf für die logischen und relationalen Operatoren, der – wie bei der Addition und Subtraktion – linear mit der Bitbreite wächst, so dass ebenfalls gilt: $k_< \approx n/2$ und $k_{and} \approx n/2$. Der Aufwand für den „="-Operator ist zwar etwas geringer, wächst jedoch ebenfalls in etwa linear mit der Bitbreite. Dass der Aufwand für den „and"-Operator gleich hoch ist wie für eine Addition, überrascht vielleicht auf den ersten Blick: Jede bitweise UND-Verknüpfung benötigt jedoch eine LUT, so dass pro Bit, wie beim Addierer, eine halbe Slice benötigt wird. In Abbildung 4.46 ist der Ressourcenaufwand für größere Bitbreiten für die „+"-, „<"- und „and"-Operatoren exakt gleich, so dass sich die Kurven überdecken.

Berücksichtigt man die maximal verfügbare Anzahl von 256 Slices auf dem kleinsten Virtex-II-FPGA, so benötigt *ein* Operator bei einer Bitbreite von 32 Bit schon etwa 4-6%

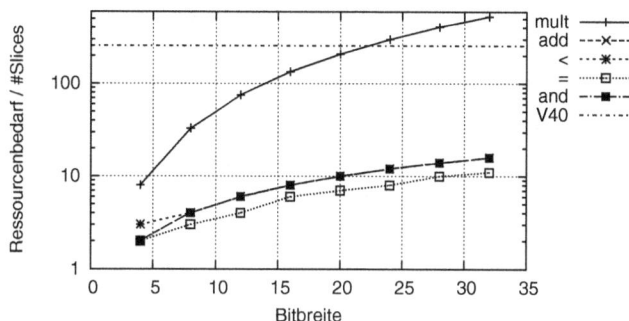

Abb. 4.46: *Vergleich des Ressourcenbedarfs von logischen (and), relationalen (<, =) und arithmetischen (mult „*", add „+") Operatoren. Die mit „V40" bezeichnete Linie kennzeichnet die im kleinsten Virtex-II-FPGA XC2V40 maximal verfügbare Anzahl von 256 Slices. Die Ordinaten der Werte wurden logarithmisch aufgetragen. Alle Ergebnisse wurden mit LeonardoSpectrum ermittelt.*

der Ressourcen. Drastischer fällt der Ressourcenverbrauch bei Multiplizierern aus: Eine 16×16-Multiplikation benötigt schon mehr als 50% der Ressourcen eines XC2V40 und eine 22×22-Multiplikation belegt den gleichen Baustein zu 100%, was deutlich für die Implementierung von eingebauten Multiplizierer-Blöcken in FPGAs spricht. Es sollte dem Leser aber klar sein, dass auch die Verwendung der anderen arithmetischen Operatoren sowie der relationalen und logischen Operatoren Sorgfalt erfordert, wenn man bei der Synthese des VHDL-Codes keine unangenehmen Überraschungen hinsichtlich des Ressourcenbedarfs erleben möchte.

4.4.6   Mehrfachnutzung von arithmetischen Ressourcen

Wie wir im vorangegangenen Abschnitt gesehen haben, können arithmetischen Operatoren zu erheblichem Ressourcenaufwand führen. Mehrere arithmetische Operatoren in einem VHDL-Code können unter gewissen Voraussetzungen durch die gleiche Hardwareressource implementiert werden. Wir haben diese im Englischen als „Resource Sharing" bezeichnete Funktion der Synthesewerkzeuge schon in Abschnitt 4.4.1 bei der Beschreibung der ALU des Beispielprozessors kennengelernt: Für die Addition und die Subtraktion in den Zeilen 40 und 42 von Listing 4.17 wurde von der Synthese *ein* Addierer/Subtrahierer eingesetzt. Es handelt sich dabei um einen Addierer, der über den Mode-Eingang zwischen Addieren und Subtrahieren umgeschaltet werden kann. Da die Subtraktion, wie in Abschnitt 3.7.3 geschildert, als Addition implementiert wird, kann die komplette zusätzliche Funktion in den schon für den Addierer benutzten LUTs realisiert werden, so dass gegenüber einem einfachen Addierer kein zusätzlicher Hardwareaufwand im Hinblick auf die Anzahl der Slices anfällt. Die Mehrfachnutzung stellt eine Option bei der Synthese dar. Schalten wir diese Option für die ALU bei der Synthese mit LeonardoSpectrum aus, so wird die ALU mit einem Addierer *und* einem Subtrahierer implementiert. Sie benötigt dann in einem Virtex-II-FPGA 8 Slices und weist einen kritischen Pfad von 4,15 ns auf. Wird die Mehrfachnutzung eines Addierer/Subtrahierers verwendet, so benötigen wir nur noch 5 Slices und der kritische Pfad benötigt 3,55 ns. Das Design ist in diesem Fall durch Mehrfachnutzung kleiner *und* schneller!

Bei der ALU konnten wir ausnutzen, dass der Addierer/Subtrahierer niemals gleichzeitig addieren *und* subtrahieren muss und sich somit die arithmetischen Ausdrücke in den Zeilen 40 und 42 von Listing 4.17 aufgrund der IF-Anweisung *gegenseitig ausschließen* (engl.: mutually exclusive). Operatoren können also auf der gleichen Ressource implementiert werden, wenn sie das gleiche Signal treiben und es eine Bedingung (CASE, IF) gibt, die ihre gleichzeitige Benutzung ausschließt.

Listing 4.21: *Beispiel zur Mehrfachnutzung*

```
0    LIBRARY ieee;
1    USE ieee.std_logic_1164.all;
2    USE ieee.numeric_std.all;
3    ENTITY reshare IS
4       GENERIC(width : integer := 16);
5       PORT(
6          a, b, c, d  : IN      unsigned (width-1 DOWNTO 0);
7          y1, y2 : OUT    unsigned (width-1 DOWNTO 0));
8    END reshare ;
9    ARCHITECTURE beh OF reshare IS
10   BEGIN
11
12     y1 <= a + (b + c);
13     y2 <= (b + c) + d;
14
15   END beh;
```

Eine weitere Möglichkeit der Mehrfachnutzung von arithmetischen Ressourcen besteht in der Extraktion von gemeinsamen Unterausdrücken in mehreren arithmetischen Ausdrücken. Dies zeigt das Beispiel in Listing 4.21: In den Ausdrücken für die Signale y1 und y2 kommt der Unterausdruck b+c zweimal vor. Die Addition b+c kann daher mit *einem* Addierer für beide Ausdrücke implementiert werden, wie in Abbildung 4.47a gezeigt. Allerdings muss man dem Synthesewerkzeug bei der Erkennung der Unterausdrücke durch Klammerung helfen; lässt man diese weg, so kann die Synthese den gemeinsamen Unterausdruck nicht erkennen und es wird eine Lösung nach Abbildung 4.47b erzeugt.

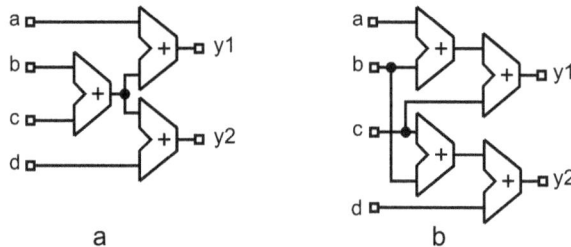

Abb. 4.47: *Syntheseergebnis bei Mehrfachnutzung mit Klammerung (a) und ohne Klammerung (b).*

Wie wir im vorangegangenen Abschnitt gesehen haben, benötigt ein 16-Bit-Addierer 8 Slices. Implementieren wir daher den Code in Listing 4.21 mit Mehrfachnutzung nach Abbildung 4.47, so benötigen wir 24 Slices und der kritische Pfad weist eine Verzögerungszeit von 4,61 ns auf. Entfernen wir die Klammern, so ist Mehrfachnutzung nicht möglich und wir benötigen 32 Slices. Allerdings wird nun der kritische Pfad auch schneller: Er benötigt nun nur noch 4,47 ns. Dies lässt sich durch die Tatsache erklären, dass der Addierer in Abbildung 4.47a, der $b + c$ rechnet, *zwei* weitere Addierer und damit eine höhere Last an den Ausgängen treiben muss. Sieht man von dem Beispiel des Addierer/Subtrahierers ab, der zu einem kleineren *und* schnelleren Design führte, so muss man bei Mehrfachnutzung durch zusätzliche Hardware, wie Multiplexer, oder höhere Lasten an den Ausgängen im Allgemeinen eher mit einer Verschlechterung der Verzögerungszeit rechnen; allerdings können auch *erhebliche* Einsparungen an Ressourcen resultieren. Neben den arithmetischen Operatoren ist eine Mehrfachnutzung bei manchen Synthesewerkzeugen auch für relationale Operatoren möglich. In diesem Zusammenhang soll nochmals vor der Benutzung von Schleifen (siehe Abschnitt 2.4.3) mit arithmetischen Operatoren gewarnt werden: Da die Schleifen entrollt werden, kann bei entsprechend hoher Iterationsanzahl ein sehr hoher Hardwareaufwand resultieren. Daher sollte geprüft werden, ob die arithmetischen Berechnungen außerhalb der Schleife durchgeführt werden können. Abschließend sollte noch erwähnt werden, dass die Mehrfachnutzung nur dann möglich ist, wenn die Operatoren den gleichen Datentyp verwenden und die gleiche Bitbreite aufweisen.

4.4.7 Darstellung vorzeichenbehafteter und vorzeichenloser Zahlen

Bisher hatten wir arithmetische Operationen mit vorzeichenlosen Zahlen durch den Datentyp `unsigned` beschrieben, welcher im Package `numeric_std` zusammen mit den entsprechenden relationalen, logischen und arithmetischen Operatoren definiert ist. Der Datentyp `signed`, der ebenfalls im Package `numeric_std` definiert ist, beschreibt vorzeichenbehaftete Zahlen. Da dieses Package vom IEEE erst Mitte der neunziger Jahre bereitgestellt wurde, benutzte man zunächst häufig ein von der Firma Synopsys entwickeltes Package `std_logic_arith`, das ebenfalls die Datentypen `unsigned` und `signed` definiert. Dieses Package wird auch heute noch oft verwendet. Obgleich die relationalen und arithmetischen Operatoren in diesem Package ebenfalls definiert sind, gibt es zum Package `numeric_std` doch einige Unterschiede, insbesondere was Konversionsfunktionen für Datentypen angeht. Des Weiteren bieten die Hersteller von Synthesewerkzeugen zum Teil auch noch eigene Packages mit Datentypen und Operatoren an. Im Interesse einer möglichst großen Portabilität der Beispiele in diesem Buch, benutzen wir ausschließlich das von der IEEE-Arbeitsgruppe 1076.3 herausgegebene Package `numeric_std`.

Der Datentyp `signed` ist für die Implementierung vorzeichenbehafteter Arithmetik vorgesehen, wobei negative Zahlen wieder im Zweier-Komplement dargestellt werden. Das MSB einer Zahl wird für die Darstellung des Vorzeichens verwendet: Ist dies „1", so handelt es sich um eine negative Zahl, anderenfalls um eine positive Zahl. Damit haben wir im Vergleich zu vorzeichenlosen Zahlen eine Stelle weniger für den Wertebereich des Betrags. Betrachten wir wieder die Verhältnisse für eine 3-Bit-Zahl $b = b_2b_1b_0$. Eine negative Zahl $-b$ im Zweierkomplement erhalten wir aus einer positiven Zahl durch $-b = C_2 - (b_2 \cdot 2^2 + b_1 \cdot 2^1 + b_0 \cdot 2^0) = 2^3 - (b_2 \cdot 2^2 + b_1 \cdot 2^1 + b_0 \cdot 2^0)$. So ergibt sich die Zahl -3_d aus $8_d - 3_d = 5_d = 101_b$ und die Zahl -1_d aus $8_d - 1_d = 7_d = 111_b$.

Führen wir diese Operationen für alle Zahlen von $0_d = 000_b$ bis $3_d = 011_b$ durch, so erhalten wir den Zahlenkreis für die möglichen Werte einer 3-Bit `signed`-Zahl nach Abbildung 4.48. Für die Zahl $4_d = 100_b$ führt die Operation zu $-4_d = 100_b$. Die Zahl $+4_d$ kann allerdings nicht mehr mit einer 3-Bit `unsigned`-Zahl dargestellt werden, da wir dann im MSB eine „1" hätten, so dass es eine negative Zahl wäre. Der Zahlenbereich ist also asymmetrisch. Wir können übrigens aus einer Dualzahl in `signed`-Darstellung den dezimalen Wert mit Vorzeichen gewinnen, wenn wir $b_d = -b_2 \cdot 2^2 + b_1 \cdot 2^1 + b_0 \cdot 2^0$ oder allgemein $b_d = -b_{n-1} \cdot 2^{n-1} + \sum_{i=0}^{n-2} b_i \cdot 2^i$ berechnen. Für die Addition und Subtraktion von `signed`-Zahlen kann, mit Ausnahme der Erkennung der Zahlenbereichsüberschreitung, die gleiche Hardware wie für `unsigned`-Zahlen verwendet werden: Addieren wir beispielsweise $(-1_d) + (-2_d) = -3_d$, so rechnet die Hardware $111_b + 110_b = 1101_b$, was $101_b = -3_d$ ergibt, wenn wir den Überlauf ignorieren. Oder wenn wir $1_d + (-2_d) = -1_d$ addieren, rechnet die Hardware $001_b + 110_b = 111_b = -1_d$.

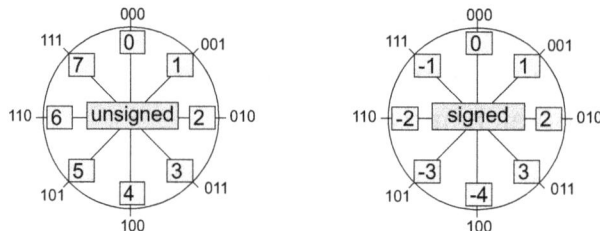

Abb. 4.48: *Zahlenkreise für die Datentypen „unsigned" und „signed" für eine Bitbreite von 3.*

Dass auch die Subtraktion von `signed`-Zahlen mit der `unsigned`-Hardware durchgeführt werden kann, ist dem Leser möglicherweise nicht sofort klar. Wir demonstrieren dies am Beispiel von $(-1_d) - (-4_d) = 3_d$ in Tabelle 4.19. Wie wir in Abschnitt 4.4.3 gezeigt haben, wird die Subtraktion durch Addition des Zweier-Komplements implementiert. Die Hardware rechnet also $111_b - 100_b$, wie in Tabelle 4.19 gezeigt. Wenn wir den Übertrag in die vierte Stelle wieder ignorieren, so erhalten wir das richtige Ergebnis $011_b = 3_d$. Es ist also offensichtlich nur eine Frage der Interpretation des Benutzers, ob `signed`- oder `unsigned`-Zahlen verarbeitet werden. Dem aufmerksamen Leser ist vielleicht aufgefallen, dass dies für die Erkennung der Zahlenbereichsüberschreitung nicht gilt. Bei `unsigned`-Zahlen überschreiten wir den Zahlenbereich, wenn das Carry-Out aus der letzten Stelle bei der Addition „1" ist – also im Beispiel aus Abbildung 4.48, wenn die Zahl > 7 ist – oder wenn das Carry-Out bei der Subtraktion „0" ist – also wenn die Zahl < 0 ist.

Bei `signed`-Zahlen ist dies nicht mehr so einfach. Wir erhalten auch bei `signed`-Zahlen eine Zahlenbereichsüberschreitung, wenn das Ergebnis einer Addition oder Subtraktion kleiner als die kleinste negative ($< -4_d$ in Abbildung 4.48) oder größer als die größte positive darstellbare Zahl ($> 3_d$ in Abbildung 4.48) ist. Man kann die Zahlenbereichsüberschreitung bei `signed` z.B. daran erkennen, dass das Carry-In (= Carry-Out von MSB-1) und das Carry-Out des Vorzeichen-Bits (MSB) ungleich sind [40]. In Tabelle 4.19 sind beide Carrys gleich (Zeile „Übertrag"), so dass der Zahlenbereich nicht überschritten wurde. Rechnen wir jedoch beispielsweise $-2_d - 3_d = -5_d$, so ergibt dies 1011_b, womit wir den Zahlenbereich unterschritten haben. In diesem Fall ist das Carry-In des Vorzeichenbits „0" und das Carry-Out „1", wovon sich der Leser überzeugen möge. Die Zahlenbereichsüberschreitung bei `unsigned`-Zahlen wird im Englischen auch als „Overflow" (dt.: Überlauf) bezeichnet. Sie muss allerdings im VHDL-Code separat beschrieben werden und kann nicht inferiert werden.

Tabelle 4.19: Beispieloperation eines 3-Bit-Subtrahierers mit signed-Zahlen

Stelle i	3	2	1	0
Operand a (Minuend)		1	1	1
Operand b (Subtrahend)		1	0	0
b_{K1}		0	1	1
Operand c (Carry-In)		0	0	1
Übertrag (von vorheriger Stufe)	1	1	1	
Ergebnis $sout = a + b_{K1} + c$	1	0	1	1
Carry-Out c_{i+1}	1			
Differenz s		0	1	1

Bei der Multiplikation muss das Vorzeichen von `signed`-Zahlen berücksichtigt werden: Die Multiplikation von $111_b \cdot 111_b$ ergibt, wenn wir die Zahlen als `unsigned` interpretieren, $7_d \cdot 7_d = 49_d = 110001_b$, aber als `signed`-Zahlen ergibt dies $(-1_d) \cdot (-1_d) = 1_d = 000001_b$. Sowohl der Multiplikand als auch der Multiplikator können negativ sein. Bei der `unsigned`-Multiplikation nach Abschnitt 4.4.4 haben wir bei der Addition der Partialprodukte eigentlich stillschweigend vorausgesetzt, dass die führenden Stellen der einzelnen Partialprodukte mit Nullen aufgefüllt werden, so dass sie in der Summation ignoriert werden konnten. Ist der Multiplikand negativ, so wären die führenden Nullen falsch, da wir dann als Partialprodukt wieder eine positive Zahl hätten. Wir müssen daher bei einem negativen Multiplikanden die Partialprodukte vorzeichenrichtig auffüllen (engl.: sign extension). Dies lässt sich bewerkstelligen, indem man das MSB entprechend der gewünschten Stellenzahl kopiert, so dass aus einer 3-Bit `signed`-Zahl $\{a_2 a_1 a_0\}$ z. B. eine 6-Bit `signed`-Zahl $\{a_2 a_2 a_2 a_2 a_1 a_0\}$ entsteht, wie in Tabelle 4.20 gezeigt. Weiterhin müssen wir beachten, dass auch der Multiplikator negativ sein kann, da $b = -b_2 \cdot 2^2 + b_1 \cdot 2^1 + b_0 \cdot 2^0$ ist, wobei b_2 das Vorzeichen ist. Somit lässt sich das Ergebnis c berechnen zu $c = b \cdot a = -b_2 \cdot 2^2 \cdot a + b_1 \cdot 2^1 \cdot a + b_0 \cdot 2^0 \cdot a$ und das Partialprodukt des Vorzeichens, also $-b_2 \cdot 2^2 \cdot a$, muss subtrahiert werden. Wir haben daher in Tabelle 4.20 an dieser Stelle die Subtraktion wieder als Addition des (um zwei Stellen verschobenen) Zweierkomplements von $a = \{a_2 a_2 a_2 a_2 a_1 a_0\} = \{111111\} \Rightarrow a_{K2} = \{000001\} \Rightarrow b_2 \cdot 2^2 \cdot a_{K2} = \{000100\}$ darge-

Tabelle 4.20: *Multiplikation von unsigned- und signed-Zahlen*

	unsigned $c = a \cdot b = 111 \cdot 111$						signed $c = a \cdot b = 111 \cdot 111$					
$b_0 \cdot 2^0 \cdot a$	(0)	(0)	(0)	1	1	1	1	1	1	1	1	1
$b_1 \cdot 2^1 \cdot a$	(0)	(0)	1	1	1	(0)	1	1	1	1	1	(0)
$b_2 \cdot 2^2 \cdot a$ bzw. $-b_2 \cdot 2^2 \cdot a$	(0)	1	1	1	(0)	(0)	0	0	0	1	(0)	(0)
Ergebnis c Dual	1	1	0	0	0	1	0	0	0	0	0	1
Ergebnis c Dezimal	49						1					

stellt. Zu beachten ist, dass auch das Ergebnis der Multiplikation wieder als `signed`-Zahl zu interpretieren ist.

Die größte positive Zahl, die bei einer 3-Bit Signed-Multiplikation entstehen kann, ist $-4_d \cdot -4_d = 100_b \cdot 100_b = +16_d = 010000_b$ und die kleinste negative Zahl ist $-4_d \cdot 3_d = 100_b \cdot 011_b = -12_d = 110100_b$. Somit benötigen wir für das Ergebnis ebenfalls wieder 6 Bit. Ein skalierbarer Signed-Multiplizierer kann nach Listing 4.22 beschrieben werden, indem wir im Unterschied zu Listing 4.20 durch den „type cast" `signed` die Benutzung eines Signed-Multiplizierers spezifizieren.

Listing 4.22: *Signed-Multiplizierer*

```
0    LIBRARY ieee;
1    USE ieee.std_logic_1164.ALL;
2    USE ieee.numeric_std.all;
3
4    ENTITY mult IS
5      GENERIC(width : integer := 3);
6      PORT(
7          a, b : IN      std_logic_vector (width-1 DOWNTO 0);
8          s : OUT     std_logic_vector (2*width-1 DOWNTO 0));
9    END mult ;
10   ARCHITECTURE sign OF mult IS
11   BEGIN
12     s <= std_logic_vector(signed(a) * signed(b));
13   END sign;
```

Abbildung 4.49 zeigt einen Ausschnitt aus der Simulation des Signed-Multiplizierers aus Listing 4.22. Wir erkennen das Ergebnis aus Tabelle 4.20: $a \cdot b = -1_d \cdot -1_d = 1_d = 7_h \cdot 7_h = 01_h = 000001_b$. Ein weiteres Beispiel ist $a \cdot b = -1_d \cdot 3_d = -3_d = 7_h \cdot 3_h = 3D_h = 111101_b$. Der interessierte Leser sei ermuntert, auch die restlichen Zahlenbeispiele nachzuvollziehen.

Auch bei relationalen Operatoren ist das Vorzeichen bei Verwendung des `signed`-Datentyps wichtig: Der Vergleich $111_b > 011_b$ ist wahr (`true`), wenn es sich um `unsigned`-Zahlen handelt (7 > 3), aber falsch (`false`), wenn es sich um `signed`-Zahlen handelt

	58ns	59ns	60ns	61ns	62ns	63ns	64ns	65ns	66ns
mult_tb.a[2:0]					7				
mult_tb.b[2:0]	0	1	2	3	4	5	6	7	
mult_tb.s[5:0]	00	3F	3E	3D	04	03	02	01	

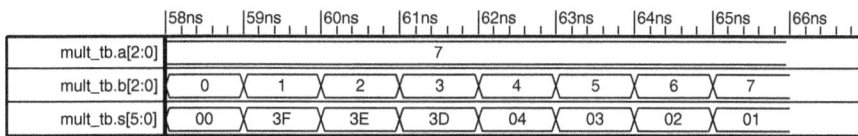

Abb. 4.49: Ausschnitt aus der Simulation des Signed-Multiplizierers. Die binären Daten sind im hexadezimalen Format dargestellt, was im Text durch das tiefgestellte $_h$ gekennzeichnet ist.

$(-1 < 3)$. Zur Darstellung von vorzeichenbehafteten arithmetischen und relationalen Operationen in VHDL sollte also der Datentyp `signed` verwendet werden. Dies stellt sicher, dass eine vorzeichenrichtige Implementierung der Operatoren in Simulation und Synthese stattfindet. Erwähnt werden sollte noch, dass auch der Datentyp `integer` verwendet werden kann, wobei durch Angabe des Wertebereichs festgelegt wird, ob es sich um vorzeichenlose oder vorzeichenbehaftete Zahlen handelt.

4.5 Integration von Matrixspeichern: RAM und ROM

Matrixspeicherblöcke spielen in digitalen Systemen eine große Rolle. Wir haben in Abschnitt 3.5 verschiedene Architekturen und Technologien von Matrixspeichern kennengelernt. Da die Xilinx- und Altera-FPGAs auf einer SRAM-Speichertechnologie beruhen, bieten sie auch Matrixspeicherfunktionen in SRAM-Technologie an. Zum einen können die LUTs so verschaltet werden, dass größere Matrixspeicherblöcke entstehen. Dies wird bei Xilinx als „Distributed RAM" oder „Distributed SelectRAM" [107] bezeichnet (im Folgenden als D-RAM bezeichnet). Die zweite Möglichkeit stellt die Benutzung von eingebetteten RAM-Speicherblöcken dar, die bei Xilinx als „Block RAM" oder „Block Select-RAM" [107] bezeichnet werden (im Folgenden als B-RAM bezeichnet). In den Virtex-II-FPGAs werden diese RAM-Blöcke beispielsweise in einer Größe von 18 kBit zusammen mit einem der schon besprochenen Multiplizierer integriert (vgl. auch Abbildung 3.72 in Kapitel 3). Die Konfiguration von „B-RAM"-Blöcken lässt sich bezüglich der Wortbreite und der Anzahl der Worte programmieren, wobei beide Werte nicht unabhängig voneinander sind. Neben einer RAM-Funktionalität, also einem Schreib-/Lesespeicher, kann ein RAM in einem FPGA auch als Festwertspeicher oder Nur-Lese-Speicher betrieben werden, was üblicherweise als ROM bezeichnet wird. Hierzu wird der (feste) Speicherinhalt bei der Konfiguration des FPGAs mit den Konfigurationsdaten der anderen Speicherzellen in das FPGA geladen. Obgleich es bei Altera ebenfalls „B-RAM" gibt – was von Altera in Abhängigkeit von der Bausteinfamilie unterschiedlich bezeichnet wird –, so weisen diese doch gegenüber den Xilinx-RAM-Blöcken einige Unterschiede betreffend der Größe und Konfiguration der Blöcke und deren synchroner oder asynchroner Betriebsweise auf. Wir werden in den folgenden Abschnitten die Verwendung von integrierten oder „eingebetteten" Matrixspeichern in FPGAs als ROM oder RAM anhand unseres Beispiel-Prozessors demonstrieren und dabei auch die Unterschiede zwischen synchronen und asynchronen Speichern diskutieren.

4.5.1   Programmspeicher des Beispiel-Prozessors

Der Programmspeicher des Beispiel-Prozessors in Listing 4.23 besteht aus dem Programmzähler (PC), welcher den Programmspeicher adressiert und durch das Signal pc realisiert
wurde, sowie dem Instruktionsregister (IR), das die aktuelle Instruktion hält und durch das
Signal ir realisiert wurde. Der PC kann bei einem Sprung geladen werden: Hierzu setzt
das Steuerwerk den Port ldpc auf „1", wobei die unteren 4 Bit des Instruktionsregisters
die Sprungadresse beinhalten. Mit incpc =′1′ kann das Steuerwerk den PC inkremen-
tieren, in allen anderen Fällen wird der alte Wert des PC gehalten. Das IR kann ebenfalls
vom Steuerwerk geladen werden, wenn der Port ldir =′1′ ist.

Listing 4.23: Programmspeicher des Beispiel-Prozessors

```
0    LIBRARY ieee;
1    USE ieee.std_logic_1164.ALL;
2    USE ieee.numeric_std.all;
3
4    LIBRARY p4;
5    USE p4.p4def.all;
6
7    ENTITY pmem IS
8       PORT(
9          clk   : IN      std_logic;
10         incpc : IN      std_logic;
11         ldir  : IN      std_logic;
12         ldpc  : IN      std_logic;
13         rst   : IN      std_logic;
14         adcon : OUT     std_logic_vector (3 DOWNTO 0);
15         opc   : OUT     std_logic_vector (3 DOWNTO 0)
16      );
17   END pmem ;
18
19   ARCHITECTURE beh OF pmem IS
20
21      SIGNAL ir : std_logic_vector(7 DOWNTO 0);
22      SIGNAL pc : unsigned(3 DOWNTO 0);
23
24   BEGIN
25
26      pcreg: PROCESS (clk, rst)
27      BEGIN
28        IF rst = ′1′ THEN
29          pc <= "0000";
30        ELSIF clk′event AND clk = ′1′ THEN
31          IF ldpc = ′1′ THEN
32             pc <= unsigned(ir(3 DOWNTO 0));
33          ELSIF incpc = ′1′ THEN
34             pc <= pc + 1;
35          END IF;
36        END IF;
37      END PROCESS pcreg;
38
39      irom: PROCESS (clk)
40      BEGIN
```

```
41        IF clk'event AND clk = '1' THEN
42          IF ldir = '1' THEN
43            ir <= rom(to_integer(pc));
44          END IF;
45        END IF;
46      END PROCESS irom;
47
48      adcon <= ir(3 DOWNTO 0);
49      opc <= ir(7 DOWNTO 4);
50
51    END beh;
```

Beim Laden des IR in Zeile 43 wird dem Signal `ir` die Konstante `rom` zugewiesen. Dabei handelt es sich um ein Feld, welches der Übersichtlichkeit halber in einer separaten Package-Deklaration `p4def` in Listing 4.24 deklariert wurde. Diese Konstante stellt den eigentlichen ROM-Speicher dar. Der Zugriff auf den Feldinhalt erfolgt über den Index vom Typ `integer`, dessen Wert der PC liefert: Mit der im IEEE-Package `numeric_std` vorhandenen Konversionsfunktion `to_integer` wird der als `unsigned` deklarierte Wert des PC in einen `integer`-Wert umgewandelt.

Listing 4.24: Package für den Programmspeicher

```
0     LIBRARY ieee;
1     USE ieee.std_logic_1164.all;
2     PACKAGE p4def IS
3
4       -- Define type for ROM array
5       TYPE rom_t IS ARRAY (0 TO 15) OF std_logic_vector(7 DOWNTO 0);
6
7       -- Define Opcodes for P4
8       CONSTANT adu : std_logic_vector(3 DOWNTO 0) := "0001";
9       CONSTANT sbu : std_logic_vector(3 DOWNTO 0) := "0010";
10      CONSTANT lda : std_logic_vector(3 DOWNTO 0) := "0011";
11      CONSTANT mov : std_logic_vector(3 DOWNTO 0) := "0111";
12      CONSTANT str : std_logic_vector(3 DOWNTO 0) := "1000";
13      CONSTANT jmp : std_logic_vector(3 DOWNTO 0) := "1100";
14      CONSTANT nop : std_logic_vector(3 DOWNTO 0) := "1111";
15
16      -- Define ROM content: Program for P4
17      CONSTANT rom : rom_t :=
18        (
19          mov & x"0",   -- 0: accu <- 0
20          str & x"c",   -- 1: mem[c] <- accu
21          mov & x"1",   -- 2: accu <- 1
22          str & x"0",   -- 3: mem[0] <- accu
23          mov & x"0",   -- 4: accu <- 0
24          sbu & x"0",   -- 5: accu <- accu - mem[0]
25          str & x"a",   -- 6: mem[a] <- accu
26          str & x"7",   -- 7: mem[7] <- accu
27          adu & x"7",   -- 8: accu <- accu + mem[7]
28          str & x"a",   -- 9: mem[a] <- accu
29          adu & x"0",   -- a: accu <- accu + mem[0]
30          str & x"a",   -- b: mem[a] <- accu
31          adu & x"0",   -- c: accu <- accu + mem[0]
```

```
32          str & x"a",   -- d: mem[a] <- accu
33          nop & x"f",   -- e: nop
34          jmp & x"2");  -- f: pc <- 2
35
36   END p4def;
```

Für den ROM-Speicher, d. h. die Konstante `rom`, wurde ein Feldtyp `rom_t` deklariert. Es ist ein Feld von 16 Elementen, der Indextyp ist `integer` und der Basistyp `std_logic_vector`. Es handelt sich also nicht um ein zweidimensionales Feld (Matrix), sondern um einen Vektor, dessen Basistyp ebenfalls ein Vektor ist (engl.: array of array).

Die Breite des Basistyps definiert die Wortbreite des ROMs. Für die Konstante `rom` müssen die Werte in den Zeilen 19 bis 34 initialisiert werden, jedes Feldelement nimmt eine Instruktion des Prozessors auf. Da es sich um den Programmspeicher handelt, haben wir die Lesbarkeit durch Definition von Konstanten für die 4-Bit-Opcodes (siehe Abschnitt 4.2) und Kommentare erhöht. Durch Verändern der Belegung des ROM-Feldes in den Zeilen 19 bis 34 von Listing 4.24 kann somit der Programmablauf des Prozessors verändert werden. Der eigentliche „Einbau" des Programmspeichers erfolgt durch die Zuweisung in Zeile 43 von Listing 4.23.

Abbildung 4.50 zeigt in einem Blockschaltbild eine Möglichkeit, wie der Code in Listing 4.23 vom Synthesewerkzeug übersetzt wird: Der Prozess `irom` wird durch ein asynchrones ROM und ein nachgeschaltetes Register implementiert. Die Konstante `rom` wird durch ein ROM implementiert, bei dem über eine 4-Bit-Adresse a[3:0] einer von 16 Speicherplätzen ausgewählt wird und dessen Daten dann am Ausgang q erscheinen.

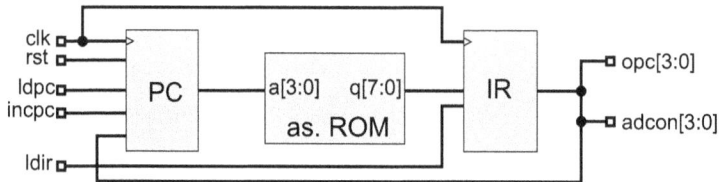

Abb. 4.50: *Syntheseergebnis von Listing 4.23 bei Implementierung des ROMs als asynchrones ROM im „D-RAM" (LUT-ROM).*

Die Implementierung des asynchronen ROMs im „D-RAM" – also durch LUTs – zeigt Abbildung 4.51: Hierfür werden acht LUTs verwendet, wobei jede LUT dabei eine Spalte des ROMs oder ein Bit implementiert und die vier Eingänge jeder LUT nun als Adresse zu verstehen sind (vgl. Abbildung 3.67 in Abschnitt 3.8.2). Asynchron bedeutet hier, dass das ROM ohne Takt betrieben wird und bei jedem Wechsel der Adresse nach der Verzögerungszeit der LUT ein neues Datum liefert. Die Verzögerungszeit der LUT in einem Virtex-II-FPGA liegt bei ungefähr 0,4 ns. Die Initialisierung des ROMs sind die Inhalte der LUTs, die bei der Konfiguration des FPGAs geladen werden. Der VHDL-Code in den Listings 4.23 und 4.24 stellt eine Möglichkeit dar, ein ROM durch Inferenz zu erzeugen. Ebenso ist es auch durch Verwendung von CASE- oder IF-Anweisungen möglich, ROMs

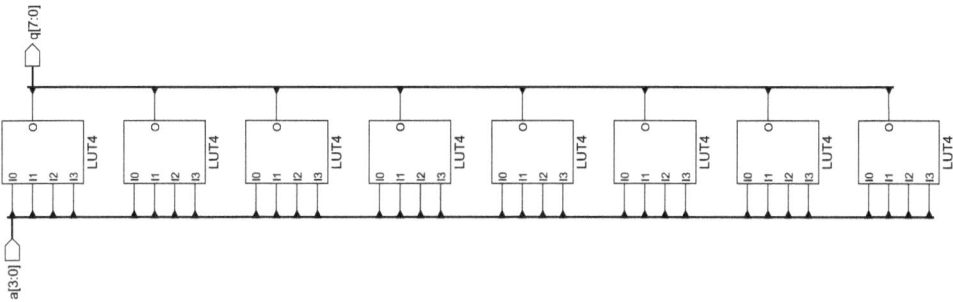

Abb. 4.51: *Implementierung des ROMs durch „Distributed RAM".*

zu inferieren, wenn bei den Zuweisungen Konstanten verwendet werden. Für weitere Informationen hierzu sei auf die Handbücher der Synthesewerkzeughersteller verwiesen.

4.5.2 Verwendung von synchronen „Block RAM"-Speichern

„B-RAMs" stellen eine platzsparende Alternative für größere Speicherblöcke dar. Der Nachteil der Xilinx „B-RAMs" liegt darin, dass sie nur einen synchronen Betrieb ermöglichen und nicht asynchron verwendet werden können, was beim Entwurf der Schaltung beachtet werden muss. RAM-Blöcke von Altera ermöglichen beispielsweise auch asynchrone Betriebsarten. Die „B-RAMs" können durch entsprechende Beschaltung als Nur-Lese-Speicher (ROM) oder als Schreib/Lesespeicher (RAM) verwendet werden.

Das Programmspeicher-Beispiel aus Listing 4.23 beschreibt im Grunde ein synchrones ROM im Prozess irom: Der Ausgang des ROMs, das Signal ir, wird über ein Register geführt, da irom ein getakteter Prozess ist. Wir können im Synthesewerkzeug einstellen, ob wir inferierte ROMs im „D-RAM" oder im „B-RAM" implementieren möchten; wobei im „B-RAM" natürlich nur synchrone ROMs implementiert werden können. An dieser Stelle muss allerdings darauf hingewiesen werden, dass die Inferenz von RAM und ROM nicht von allen Synthesewerkzeugen gleich gehandhabt wird. Der Prozess irom kann nur mit dem Xilinx XST-Synthesewerkzeug als synchrones ROM nach Abbildung 4.52 inferiert werden. LeonardoSpectrum kann aufgrund der bedingten Zuweisung in Zeile 42 von Listing 4.23 kein synchrones ROM inferieren. Diese Bedingung resultiert – bei Synthese mit XST – im Anschluss des Signals ldir an den Pin ENA; LeonardoSpectrum kann den Enable-Pin ENA und den Reset-Pin RSTA des „B-RAMs" nicht verschalten (dies ist im Handbuch des Synthesewerkzeugs beschrieben). Würden wir die Bedingung entfernen, so könnte auch LeonardoSpectrum den Code in ein „B-RAM" abbilden.

In Abbildung 4.23 wird durch die Synthese ein „B-RAM"-Makro eingebaut. Im nachfolgenden „Place&Route"-Schritt wird dieses Makro im Rahmen der Platzierung einem der vorhandenen „B-RAMs" zugewiesen. Der kleinste Virtex-II-FPGA verfügt über vier „B-RAMs" mit je 18 kBit Kapazität (= 18.432 Bit). Ein „B-RAM" lässt sich konfigurieren als $n \times b = 512 \times (32 + 4)$ (4 Paritätsbits zur Datensicherung), $1.024 \times (16 + 2)$,

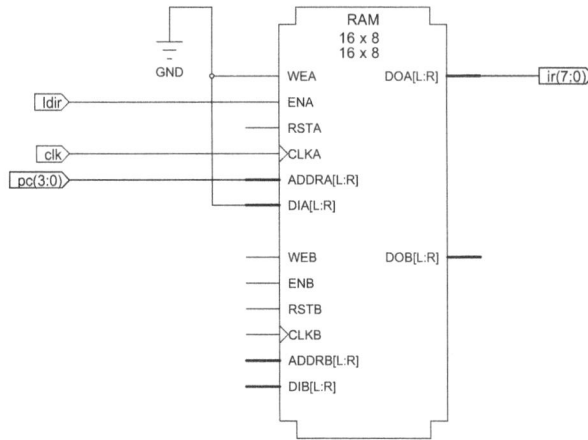

Abb. 4.52: *Syntheseergebnis von Listing 4.23 für den Prozess „irom" bei Implementierung als synchrones ROM im „B-RAM".*

$2.048 \times (8 + 1)$, 4.096×4, 8.192×2 oder 16.384×1; wobei n die Anzahl der Worte ist und b die Bitbreite der Worte. Andere Konfigurationen, wie in unserem Beispiel 16×8, erhält man durch entsprechende Beschaltung der Adressen und Daten und wird im Makro-Block berücksichtigt. Bei den „B-RAMs" von Xilinx handelt es sich um echte „Dual-Port RAMs" (dt.: Zweitorspeicher) mit zwei unabhängigen Schreib- und Lese-Ports, welche aber auf die *gleiche* Speichermatrix zugreifen [107, 106]. In unserem Beispiel benutzen wir die Zweitorfunktionalität nicht, so dass der untere Teil in Abbildung 4.23 nicht belegt wird. Da wir das „B-RAM" als ROM betreiben, wird auch der Schreibport DIA, inklusive des Write-Enable-Pins WEA, nicht benötigt, so dass dieser von der Synthese auf „0" (GND) gelegt und damit ein Schreiben nicht ermöglicht wird. Unser Programm-ROM benötigt von den 18 kBit allerdings nur $16 \times 8 = 128$ Bit, so dass wir dieses „B-RAM" nur zu 0,7% und damit nicht sehr ökonomisch ausgenutzt haben. Kleine RAMs oder ROMs sollten daher besser im „D-RAM" implementiert werden.

Abbildung 4.53 zeigt beispielhaft das Zeitverhalten des synchronen „B-RAMs", wenn es als RAM betrieben wird, also lesbar und beschreibbar ist. Es entspricht im Wesentlichen dem Zeitverhalten eines Flipflops, so dass sich ein synchrones RAM recht einfach in einen synchronen Entwurf einbinden lässt. *Alle* Signale müssen Synchronität zum Takt CLK aufweisen, das heißt dass das Xilinx „B-RAM" sowohl synchron liest als auch synchron schreibt. Mit EN =′1′ wird das RAM im ersten Taktzyklus von Abbildung 4.53 zunächst für den nachfolgenden Zyklus in den aktiven Betriebsmodus versetzt. Im zweiten Zyklus wird gelesen, da WE =′0′ ist, und der Inhalt MEM(00) der an ADDR angelegten Adresse 00 erscheint am Ausgang DOUT. Hierfür wurde schon im ersten Zyklus die Adresse angelegt, die in einem Eingangsregister des „B-RAMs" abgespeichert wird – daher handelt es sich um synchrones Lesen. Im zweiten Zyklus wird das Schreiben für den nächsten Zyklus vorbereitet, indem WE =′1′ gesetzt wird. Im dritten Zyklus wird das an DIN anstehen-

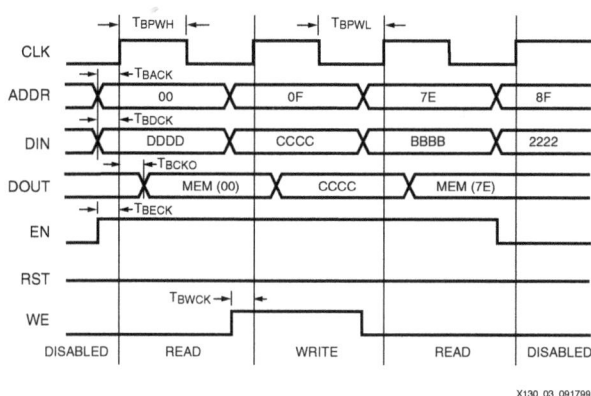

Abb. 4.53: *Timing-Diagramm des „B-RAMs" im Xilinx Virtex-II-FPGA [102]: Die Abbildung zeigt das Zeitverhalten im „Single-Port"-Betrieb. Die gezeigten Signale entsprechen den Anschlüssen aus Abbildung 4.52 für die obere Hälfte des Dual-Port RAMs. Die Datenwortbreite beträgt in diesem Beispiel 32 Bit. Die Angabe der Werte erfolgt zur Basis 16 (hexadezimal).*

de Datum CCCC in die Speicherstelle an der Adresse 0F geschrieben. Da das „B-RAM" im so genannten „Transparent Mode" (oder „write-first") betrieben wird [106], erscheint das geschriebene Datum auch am Ausgang DOUT; in diesem Fall wird beim Schreiben auch gelesen, für die anderen Betriebsarten sei auf [106] verwiesen. Für den vierten Zyklus wird durch WE $='0'$ wieder das (Nur-)Lesen eingestellt und für den letzten Zyklus wird Lesen/Schreiben durch EN $='0'$ abgeschaltet, so dass das zuletzt gelesene Datum MEM(7E) so lange am Ausgang gehalten wird, bis wieder EN $='1'$ gesetzt wird.

Die Zeitangaben der Adressen ADDR ($T_{BACK} \approx 0{,}3$ ns), der Eingangsdaten DIN ($T_{BDCK} \approx 0{,}3$ ns) sowie der Steuerleitungen WE ($T_{BWCK} \approx 0{,}6$ ns) und EN ($T_{BECK} \approx 1$ ns) können als Setup-Zeiten in Bezug auf die steigende Taktflanke verstanden werden (vgl. Abschnitt 3.4.3) und dem Datenblatt entnommen werden [107]. Bei der Zeit $T_{BCKO}(\approx 2$ ns) handelt es sich um die Verzögerungszeit des RAMs für das Auslesen der Daten, wieder in Bezug zur steigenden Taktflanke. Die maximale Taktrate, mit der das RAM betrieben werden kann, wird unter anderem auch durch die minimalen Pulsbreiten $T_{BPWH} = T_{BPWL} \approx 1{,}3$ ns für 'High'- und 'Low'-Puls des Taktes bestimmt, so dass $f_{max} \leq 1/(2{,}6$ ns$) \approx 384$ MHz ist. Die Modelle des „B-RAMs" für Simulation und Timing-Analyse beinhalten diese Zeiten, so dass die in ein Design eingebauten „B-RAMs" bei der Verifikation des Zeitverhaltens auch korrekt berücksichtigt werden können.

Listing 4.25: *Generisches RAM mit synchronem Schreiben und Lesen („write-first")*

```
0    LIBRARY ieee;
1    USE ieee.std_logic_1164.ALL;
2    USE ieee.numeric_std.all;
3
4    ENTITY ram IS
5      GENERIC(
6        aw : integer := 12;
```

```
7          dw : integer := 4
8      );
9      PORT(
10         addr : IN      std_logic_vector (aw-1 DOWNTO 0);
11         clk  : IN      std_logic;
12         din  : IN      std_logic_vector (dw-1 DOWNTO 0);
13         we   : IN      std_logic;
14         dout : OUT     std_logic_vector (dw-1 DOWNTO 0)
15     );
16  END ram ;
17
18  ARCHITECTURE beh OF ram IS
19
20     TYPE ram_t IS ARRAY ((2**aw-1) DOWNTO 0) OF
21                   std_logic_vector(dw-1 DOWNTO 0);
22     SIGNAL ram : ram_t;
23
24  BEGIN
25
26     p0 : PROCESS (clk)
27     BEGIN
28       IF clk'event AND clk = '1' THEN
29         IF  we = '1' THEN
30           ram(to_integer(unsigned(addr))) <= din;
31           dout <= din;      -- transparent or write-first
32         ELSE
33           dout <= ram(to_integer(unsigned(addr)));
34         END IF;
35       END IF;
36     END PROCESS p0;
37  END beh;
```

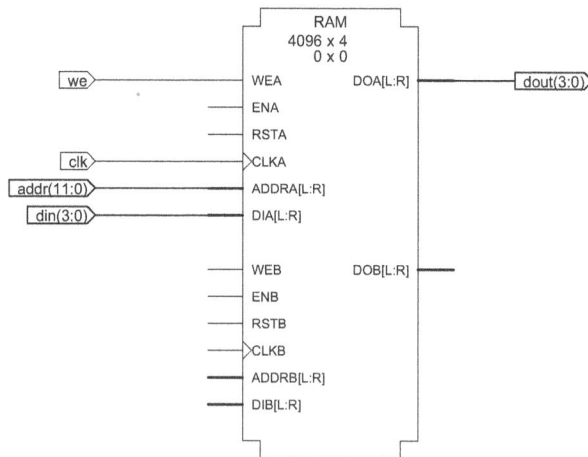

Abb. 4.54: *Syntheseergebnis von Listing 4.25.*

Listing 4.25 beschreibt ein generisches RAM, das synchron gelesen und synchron geschrieben wird (im „write-first"-Modus). Es kann daher in einem „B-RAM" implementiert werden oder auch in einem „D-RAM", wobei dann die synchrone Lesefunktion durch nach-geschaltete Flipflops realisiert wird. Die Speichertiefe n (Anzahl der Worte) kann über die durch den Generic `aw` definierte Adressbreite eingestellt werden, es gilt $n = 2^{aw}$. Ebenso kann die Datenbreite b des Speichers über den Generic `dw` eingestellt werden. Das RAM wird analog zum ROM wieder als Feld beschrieben, wobei es im Gegensatz zum ROM nicht initialisiert wird.

4.5.3   Datenspeicher des Beispiel-Prozessors

Listing 4.26 beschreibt den Datenspeicher des Beispiel-Prozessors. Es handelt sich um ein 8×4-RAM, wobei das RAM synchron beschrieben und asynchron gelesen wird. Wir benötigen hier die Funktion des asynchronen Lesens: Der Datenspeicher muss im zwei-ten Taktzyklus (siehe Abschnitt 4.2) gelesen werden, damit das Eingangsregister der ALU in diesem Taktzyklus geladen werden kann. Da aber die Adresse des Datums auch erst im zweiten Taktzyklus im Instruktionsregister zur Verfügung steht, muss asynchron gele-sen werden. Das Schreiben erfolgt am Ende des dritten Taktzyklus synchron zum Takt. In Xilinx-FPGAs können allerdings nur die „D-RAMs" asynchron gelesen werden. Wollte man den Datenspeicher im „B-RAM" mit synchronem Lesen implementieren, so müss-te man den internen Ablauf und die Register-Transfer-Struktur des Prozessors verändern oder den Datenspeicher in der Mitte des zweiten Taktzykluses mit der fallenden Flanke des Taktes auslesen.

Listing 4.26: Datenspeicher des Beispiel-Prozessors.

```
0    LIBRARY ieee;
1    USE ieee.std_logic_1164.ALL;
2    USE ieee.numeric_std.all;
3
4    ENTITY dmem IS
5      PORT(
6          addr : IN      std_logic_vector (3 DOWNTO 0);
7          clk  : IN      std_logic;
8          din  : IN      std_logic_vector (3 DOWNTO 0);
9          we   : IN      std_logic;
10         dout : OUT     std_logic_vector (3 DOWNTO 0)
11     );
12   END dmem ;
13
14   ARCHITECTURE beh OF dmem IS
15
16     TYPE ram_t IS ARRAY (7 DOWNTO 0) OF std_logic_vector(3 DOWNTO 0);
17     SIGNAL ram : ram_t;
18
19   BEGIN
20
21     p0 : PROCESS (clk)
22     BEGIN
23       IF clk'event AND clk = '1' THEN
24         IF addr(3) = '0' AND we = '1' THEN
25           ram(to_integer(unsigned(addr(2 DOWNTO 0)))) <= din;
26         END IF;
```

```
27      END IF;
28    END PROCESS p0;
29
30    dout <= ram(to_integer(unsigned(addr(2 DOWNTO 0))))
31          WHEN addr(3) = '0' ELSE "0000";
32
33  END beh;
```

Der Datenspeicher wird nur dann gelesen oder geschrieben, wenn die Adresse sich im Bereich $0_d \ldots 7_d$ befindet. Dies wird mit Hilfe des MSBs der Adresse addr(3) ='0' beim Schreiben in Zeile 25 dekodiert und in Zeile 31 und 32 wird das RAM nur dann auf den Bus geschaltet, wenn ebenfalls addr(3) ='0' ist. Da es sich, wie wir noch sehen werden, um einen ODER-Bus handelt, werden Nullen auf den Bus gelegt, wenn das RAM nicht aktiv ist. Die bedingte nebenläufige Anweisung in Zeile 31 und 32 beschreibt das *asynchrone* Lesen des RAMs – es handelt sich *nicht* um einen „getakteten" Prozess, sondern um eine nebenläufige Anweisung, welche wie ein kombinatorischer Prozess wirkt – und die Aufschaltung auf den Bus.

Die Implementierung des Datenspeichers im „D-RAM" zeigt Abbildung 4.55. Die LUT ix155 realisiert die Verknüpfung $NOT(addr(3)) \wedge we$ aus Zeile 25 in Listing 4.26, die LUTs ix156 bis ix159 realisieren in gleicher Weise die Busanschaltung $NOT (addr(3)) \wedge O$ für den Ausgang O eines jeden der vier RAM-Blöcke. Das „RAM16X1S"-Makro wird durch *eine* LUT realisiert. Dies wird ersichtlich wenn man die Abbildung 3.67 in Abschnitt 3.8.2 damit vergleicht. Das Makro wird verwendet, um eine LUT bei der späteren Platzierung für die Verwendung in einem „D-RAM" zu konfigurieren und zu verschalten. „16X1S" deutet darauf hin, dass es sich um ein RAM mit 16 Speicherplätzen und einer Bitbreite von einem Bit handelt – in unserem Beispiel werden allerdings nur 8 Speicherplätze benötigt und somit das Adressbit A(3) auf „0" gelegt. Das „S" deutet auf einen „Single-Port"-Speicher hin. Da eine CLB in einem Virtex-II-FPGA acht LUTs beinhaltet, gibt es verschiedene Konfigurationsmöglichkeiten für die ganze CLB oder Teile der CLB als „Single-Port"- oder „Dual-Port"-Speicher [107] unter Verwendung der CLB-internen Verbindungsressourcen. Beispielsweise ergeben zwei LUTs zusammen ein „RAM32X1S" oder es können alle acht LUTs zu einem „RAM128X1S"-Makro oder zu einem „RAM64X1D" verschaltet werden, wobei Letzteres ein „Dual-Port"-RAM darstellt. Noch größere „D-RAMs" werden dann durch Verschaltung mehrerer CLBs und damit durch die CLB-externen oder globalen Verdrahtungsressourcen realisiert.

Das gesamte Design aus Abbildung 4.55 benötigt 9 LUTs und findet daher in 5 Slices oder 2 CLBs Platz. Der Speicher selbst, realisiert durch die „RAM16X1S"-Makros, benötigt 4 LUTs und damit 2 Slices oder eine halbe CLB. Das Timing eines „D-RAM"-Speichers zeigt Abbildung 4.56: Alle für das Schreiben benötigten Daten (DATA_IN, ADDRESS und WRITE_EN) müssen wieder Synchronität bezüglich des Taktes WCLK aufweisen, die entsprechenden Setup-Zeiten (und Hold-Zeiten) für diese Signale sind in Abbildung 4.56 nicht eingetragen. Die Zeiten, die für das Auslesen eines Datums benötigt werden, sind in Abbildung 4.56 mit t_{read} und t_{write} bezeichnet. Wird die LUT als „D-RAM" betrieben, so realisiert sie beim Schreiben den so genannten „transparenten" Modus: Ein geschriebenes Daix159

ix28_ix27
A0
A1
A2
A3   O
D
WCLK
WE
RAM16X1S

I0   O
I1
LUT2

dout[3:0]

ix158
I0   O
I1
LUT2

ix157
I0   O
I1
LUT2

ix28_nx4
G
GND

din[3:0]
clk

ix155
I0   O
I1
LUT2

addr[3:0]
we

ix28_ix29
A0
A1
A2
A3   O
D
WCLK
WE
RAM16X1S

ix156
I0   O
I1
LUT2

ix28_ix31
A0
A1
A2
A3   O
D
WCLK
WE
RAM16X1S

ix28_ix25
A0
A1
A2
A3   O
D
WCLK
WE
RAM16X1S

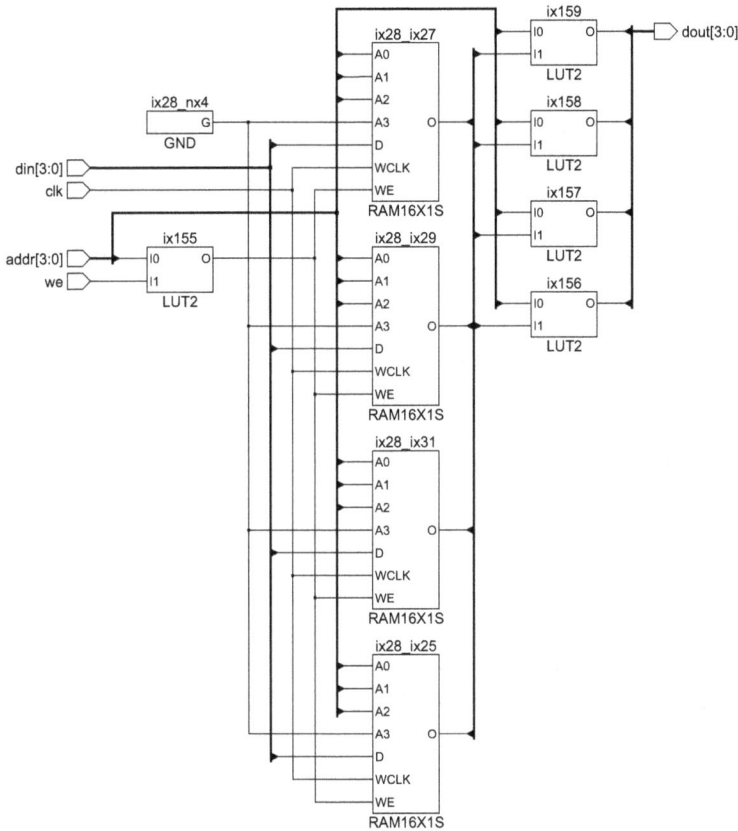

Abb. 4.55: *Implementierung des Datenspeichers als „D-RAM“: Das Signal „WE“ des „RAM16X1S“-Makros entspricht dem Signal „WRITE_EN“ (Write Enable) aus Abbildung 4.56. Ebenso stellen die Eingänge „A0“–„A3“ die Adresse „ADDRESS“ dar. Die Dateneingänge „D“ aller „RAM16X1S“-Makros ergeben die Eingangsdaten „DATA_IN“ und alle Ausgänge „O“ ergeben die Datenausgänge „DATA_OUT“.*

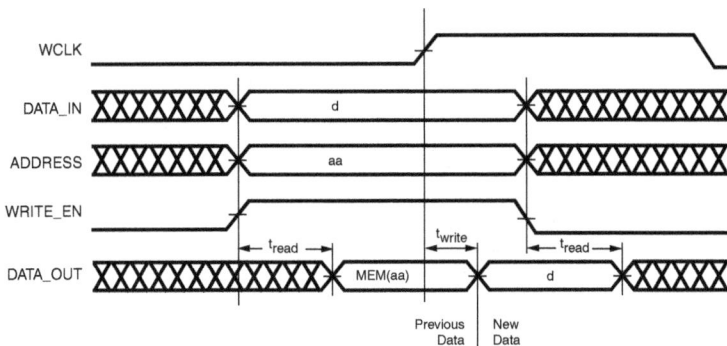

WCLK
DATA_IN   d
ADDRESS   aa
WRITE_EN
                t_{read} t_{write} t_{read}
DATA_OUT   MEM(aa)   d

Previous Data | New Data

DS031_27_041300

Abb. 4.56: *Timing-Diagramm des „D-RAM“-Speichers (für einen 256×8-Speicher) [106].*

tum erscheint nach der Zeit $t_{write} \approx 2$ ns am Ausgang. Wird die Adresse verändert ohne dass geschrieben wird, so erscheint nach der Zeit t_{read} das zur Adresse gehörige Datum am Ausgang des „D-RAM". Bei t_{read} handelt es sich um die kombinatorische oder asynchrone Verzögerungszeit der LUT von $t_{read} \approx 0,4$ ns, die wir auch bei der ROM-Implementierung in Abschnitt 4.5.1 erwähnt haben. Die Adresse darf sich beim Schreiben (WRITE_EN ='1') während des aus Setup- und Hold-Zeit aufgespannten „Entscheidungs-Fensters" nicht ändern (vgl. Abschnitt 3.4.3).

4.5.4   Vergleich von „Distributed RAM" und „Block RAM"

Wir möchten in diesem Abschnitt den Ressourcenbedarf eines RAMs bei einer Implementierung als „D-RAM" vergleichen mit der Benutzung von „B-RAM". Hierzu bedienen wir uns des synchronen RAMs aus Listing 4.25 für eine Datenbreite von dw = 4 Bit und dw = 1 Bit und variieren die Speichertiefe über die Adressbreite aw (#Adressbits in Abbildung 4.57) im Bereich von aw = 2 ... 12 Bit für dw=4 und zwischen aw = 3 ... 14 Bit für dw=1. Damit variiert die gesamte Kapazität des Speichers zwischen $2^2 \times 4 = 4 \times 4 = 16$ Bit und $2^{12} \times 4 = 4096 \times 4 = 16.384$ Bit für dw=4 und zwischen 8 Bit und 16.384 Bit für dw=1. Alle Speichergrößen können in einem einzigen „B-RAM" jeweils implementiert werden. Obwohl ein „B-RAM" keine CLBs belegt, kann man Abbildung 3.72 in Abschnitt 3.8.3 doch entnehmen, dass die Fläche eines „B-RAMs" in etwa der Fläche von 4 CLBs entspricht. Wir tragen daher in den Ergebnissen des Vergleichs in Abbildung 4.57 für die „B-RAM"-Versionen jeweils den konstanten Wert von $k_{Block} = 16$ Slices ($= 4$ CLBs) ein. Wird das synchrone RAM als „D-RAM" implementiert, so wird das synchrone Lesen über vier Flipflops am Ausgang des RAMs realisiert.

Beim 4 Bit breiten RAM ($dw = 4$) werden zwei Slices oder vier LUTs mindestens benötigt und weil jede LUT maximal 16×1-Bits realisieren kann, bleibt bis $aw = 4$ der Ressourcenaufwand konstant bei $k_{distributed} = 2$ Slices. Ebenso bleibt beim 1 Bit breiten RAM

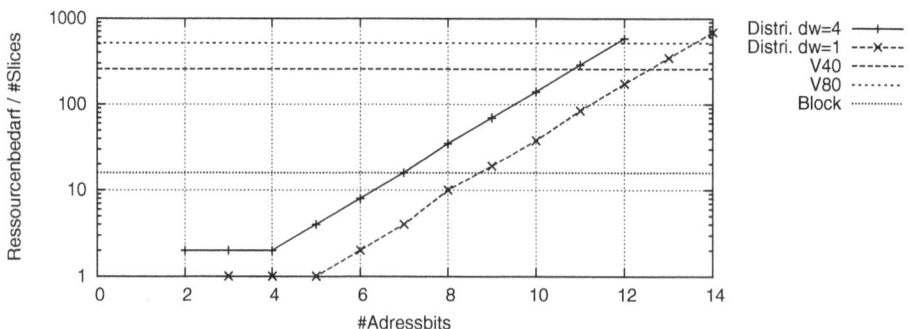

Abb. 4.57: Vergleich des Ressourcenaufwands für ein RAM mit 4 Bit Breite (dw=4) und 1 Bit Breite (dw=1) sowie variabler Tiefe (#Adressbits) bei Implementierung im „D-RAM" (als „Distri." in der Legende bezeichnet) und im „B-RAM" (als „Block" in der Legende bezeichnet).

($dw = 1$) der Ressourcenaufwand bis $aw = 5$ konstant, da ein 32×1-RAM noch in einer Slice (2 LUTs) realisiert werden kann. Für $aw > 4$ können wir den Ressourcenaufwand für eine RAM-Implementierung wie folgt abschätzen: Die gesamte Kapazität des RAMs ergibt sich zu $\kappa_{RAM} = 2^{aw} \cdot dw$ Bit. Da die Kapazität einer Slice $\kappa_{Slice} = 16 \cdot 1 \cdot 2 = 2^5$ Bit ist, lässt sich die benötigte Anzahl $k_{distributed}$ an Ressourcen für ein $2^{aw} \times dw$-RAM zu

$$k_{distributed} \approx \frac{\kappa_{RAM}}{\kappa_{Slice}} = \frac{2^{aw} \cdot dw}{2^5} = 2^{aw-5} \cdot dw \qquad (4.8)$$

abschätzen, wenn $aw > 4$ ist. Wie man der Abbildung 4.57 entnehmen kann, ergibt sich für größere RAMs ($aw > 7$) ein etwas höherer Aufwand als nach Gleichung 4.8 berechnet. Dieser resultiert aus zusätzlich benötigten Multiplexerfunktionen, die nun nicht mehr in den ohnehin schon benutzten Slices, sondern in zusätzlichen Slices implementiert werden müssen. Jedoch zeigt Gleichung 4.8 die exponentielle Abhängigkeit des Ressourcenbedarfs von aw, die man auch der Abbildung 4.57 entnehmen kann. Bei $aw = 11$ Bit (bzw. 13 Bit) wird schon die maximale Slice-Anzahl von 256 Slices des kleinsten Virtex-II-Bausteins überschritten und mit $aw = 12$ Bit (bzw. 14 Bit) diejenige des nächst größeren Bausteins von 512 Slices.

Zu vergleichen bleibt noch das Zeitverhalten von „D-RAM" und „B-RAM". Da wir beim „D-RAM" an jedem Datenausgang ein Flipflop für das synchrone Lesen eingebaut haben, ergibt sich kein signifikanter Unterschied zwischen „D-RAM" und „B-RAM" für die Lesezeit T_{BCKO} aus Abbildung 4.53. Ein deutlicher Unterschied ergibt sich jedoch für die Setup-Zeiten T_{BACK} der Adressen, T_{BDCK} der Eingangsdaten und T_{BWCK} des Write-Enable-Signals, welche beim „D-RAM" um ungefähr 5 ns größer sind als beim „B-RAM", wenn wir den Vergleich beispielsweise bei einem 4.096×4-Speicher vornehmen. Bei einem wesentlich kleineren 128×4-Speicher sind auch diese Unterschiede nicht mehr signifikant.

Der Vergleich zeigt, dass kleinere RAMs bis etwa 512 Bit Speicherkapazität noch sinnvoll als „D-RAM" implementiert werden können und dass größere RAMs jedoch als „B-RAM" implementiert werden sollten. Weiterhin sieht man anhand dieses Vergleichs auch deutlich, warum die Hersteller von SRAM-FPGAs eingebaute RAM-Blöcke in ihren Bausteinen anbieten.

4.5.5   Instanzierung von Makros und Verwendung von Makro-Generatoren

Die Inferenz von RAM- und ROM-Speichern ist derzeit noch nicht befriedigend gelöst, wie wir anhand des ROM-Beispiels sehen konnten. Es gibt nicht für alle Fälle Standardbeschreibungen, die auf allen Synthesewerkzeugen und bei allen Technologien das gewünschte Ergebnis bringen. Dies liegt unter anderem auch daran, dass die einzelnen IC-Hersteller unterschiedliche RAM-Blöcke anbieten. Der Einbau eines gewünschten Speicherblocks kann in diesen Fällen durch *Instanzierung* von Makros im VHDL-Code erzwungen werden. Wir zeigen in Abbildung 4.58 den typischen Entwurfsablauf beim Einbau eines Makros am Beispiel des Programmspeichers unseres Beispielprozessors unter Verwen-

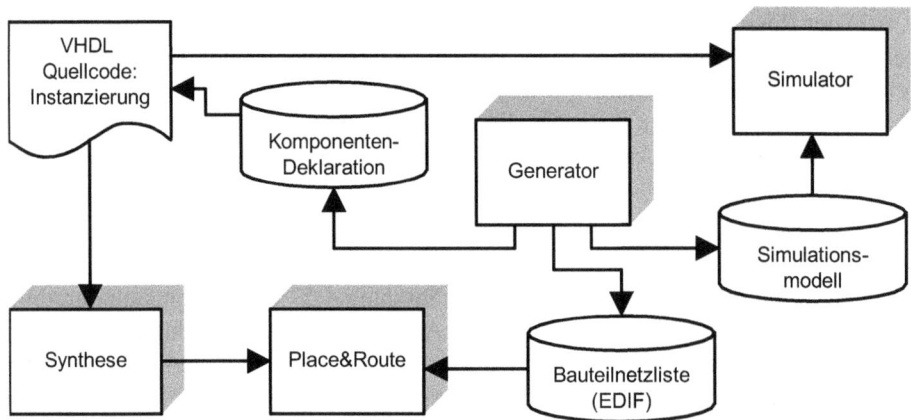

Abb. 4.58: *Entwurfsablauf bei Benutzung eines Makro-Generators.*

dung eines so genannten „Makro-Generators" – hier des „Core Generators" von Xilinx.
Der Einbau von anderen Makros erfolgt analog zur hier beschriebenen Vorgehensweise.
Ein Makro-Generator ist ein Programm, das von den FPGA-Herstellern im Rahmen der
Entwicklungsumgebung zumeist mitgeliefert wird.

Ein Makro lässt sich im Generator zunächst über Parameter konfigurieren; so kann bei einem ROM oder RAM beispielsweise die Speichertiefe und -breite eingestellt werden, es
kann definiert werden, welche Anschlüsse verfügbar sein sollen – z. B. ein Enable-Pin –
oder ob die aktive Taktflanke die steigende oder die fallende Flanke ist. Der Generator erzeugt dann einige Dateien, welche für die einzelnen Entwurfswerkzeuge bestimmt sind.
Für die VHDL-Simulation wird ein Simulationsmodell in VHDL erzeugt, das die Simulation des Makros im Design ermöglicht. Dieses muss vor der Simulation noch kompiliert
werden. Des Weiteren wird für das Makro eine Netzliste in der gewählten Zieltechnologie
erzeugt (Bauteil-Netzliste), die bei der Platzierung und Verdrahtung des Designs benötigt
wird. Diese wird zumeist im so genannten EDIF-Format (Electronic Data Interchange Format) generiert. Die Makro-Komponente wird *nicht* synthetisiert: Bei der Synthese wird die
Komponente als so genannte „Black Box" behandelt: Die Pins der Komponente werden angeschlossen, aber das Innere bleibt ausgespart. Die Implementierung der Komponente wird
dann erst beim Platzieren und Verdrahten des Designs durch die vom Generator erzeugte
Netzliste eingesetzt.

Wir demonstrieren den Einbau eines Makros anhand von Listing 4.27, welches eine Variante zu Listing 4.23 darstellt. Wir haben dabei mit dem „Core Generator" von Xilinx
eine Makro-Komponente `rom16x8` erzeugt. Die Deklaration der Komponente in den Zeilen 2 bis 8 wird vom „Core Generator" geliefert und muss vom Benutzer in den eigenen
Code eingebaut werden. An der Komponentendeklaration darf nichts verändert werden
(Namen der Komponente und der Pins), da sonst die in der EDIF-Netzliste beschriebene
Komponente beim Place&Route nicht mehr „passt". Es handelt sich um ein synchrones

ROM, welches exakt die gleiche Funktionalität wie die in Abbildung 4.52 gezeigte inferierte Komponente hat und ebenfalls im „B-RAM" implementiert wird. Die Instanzierung des Makros ist in den Zeilen 29 bis 34 von Listing 4.27 beschrieben.

Listing 4.27: Instanzierung eines ROM-Makros.

```
0    ARCHITECTURE beh1 OF pmem IS
1
2      COMPONENT prom16x8
3        PORT (
4          addr: IN std_logic_vector(3 DOWNTO 0);
5          clk: IN std_logic;
6          dout: OUT std_logic_vector(7 DOWNTO 0);
7          en: IN std_logic);
8      END COMPONENT;
9
10     SIGNAL ireg : std_logic_vector(7 DOWNTO 0);
11     SIGNAL pc : unsigned(3 DOWNTO 0);
12
13   BEGIN
14
15     -- Program Counter pc
16     pcreg: PROCESS (clk, rst)
17     BEGIN
18       IF rst = '1' THEN
19         pc <= "0000";
20       ELSIF clk'event AND clk = '1' THEN
21         IF ldpc = '1' THEN
22           pc <= unsigned(ireg(3 DOWNTO 0));
23         ELSIF incpc = '1' THEN
24           pc <= pc + 1;
25         END IF;
26       END IF;
27     END PROCESS pcreg;
28
29     i0 : prom16x8
30       PORT MAP (
31         addr => std_logic_vector(pc),
32         clk => clk,
33         dout => ireg,
34         en => ldir);
35
36     adcon <= ireg(3 DOWNTO 0);
37     opc <= ireg(7 DOWNTO 4);
38
39   END beh1;
```

Den Inhalt des ROMs müssen wir nun über eine Initialisierungsdatei vorgeben. Es handelt sich dabei um eine ASCII-Datei, in welche die Inhalte des ROMs eingetragen werden, wie in Listing 4.28 für unseren Beispiel-Prozessor gezeigt. Hieraus wird vom „Core Generator" eine weitere Datei für die Initialisierung des VHDL-Simlationsmodells erzeugt („rom16x8.mif") und die Inhalte werden ebenfalls in die EDIF-Netzliste zur Initialisierung des „B-RAMs" eingetragen. Wir erhalten mit dieser Vorgehensweise die gleiche Hardwarelösung wie bei der Inferenz in Abschnitt 4.5.2.

Listing 4.28: Initialisierungsdatei „rom16x8.coe“.

```
0    MEMORY_INITIALIZATION_RADIX=16;
1    MEMORY_INITIALIZATION_VECTOR=
2    70,
3    8c,
4    71,
5    80,
6    70,
7    20,
8    8a,
9    87,
10   17,
11   8a,
12   10,
13   8a,
14   10,
15   8a,
16   ff,
17   c2
```

Instanzierung und Inferenz von Makros haben ihre Vor- und Nachteile. Ein wesentlicher Nachteil der Instanzierung besteht darin, dass der VHDL-Code hierdurch *technologieabhängig* wird. Bei einer Portierung des Codes auf eine andere Zieltechnologie muss der VHDL-Code angepasst werden: Es muss ein neues Makro generiert werden und dieses im VHDL-Code instanziert werden. Das Ziel bei der VHDL-Codierung sollte also zunächst sein, durch Inferenz zur gewünschten Hardware zu kommen. Wie wir jedoch auch gesehen haben, kann dies gerade bei Speicherblöcken unter Umständen schwierig werden. Da man ja auch üblicherweise nicht sehr viele Speicherblöcke in einem Design verwendet, ist der Aufwand bei der Makro-Instanzierung bei einem Technologiewechsel zumeist vertretbar. Die Verwendung spezieller Makro-Generatoren oder allgemein die Instanzierung vorgefertigter, technologiespezifischer Blöcke bietet sich auch insbesondere in den Fällen an, wo eine Inferenz prinzipiell unmöglich ist, wie z. B. bei der Division oder bei Gleitpunktarithmetik, oder wenn die in den Synthesewerkzeugen vorhandenen Generatoren nicht zu befriedigenden Ergebnissen führen – beispielsweise bei der Entwicklung von leistungsfähigen Signalverarbeitungsstrukturen. Der Einbau von technologiespezifischen Makros ist daher üblich und es gibt eine ganze Reihe von Firmen, die sich auf die kommerzielle Entwicklung solcher Makros spezialisiert haben.

4.6   On-Chip-Busse und I/O-Schnittstellen

Bei der letzten Klasse von Baugruppen, die wir in diesem Kapitel besprechen wollen, handelt es sich um Busse und I/O-Schnittstellen. Busse oder Bussysteme stellen eine wichtige Struktur für die Verbindung von digitalen Baugruppen in einem System dar. Wir werden den Aufbau von On-Chip-Bussen anhand des Datenbusses unseres Beispiel-Prozessors besprechen und zwei unterschiedliche Realisierungsformen für On-Chip-Busse kennenlernen. Nicht zuletzt benötigt ein Chip auch I/O-Schnittstellen (Input/Output) zu anderen ICs auf der Leiterplatte, welche beispielsweise auch zum Aufbau von externen Bussystemen verwendet werden können. Wir werden, ebenfalls anhand des Beispiel-Prozessors, den typischen Aufbau eines bidirektionalen Ports kennenlernen.

4.6.1 Datenbus des Beispiel-Prozessors

Ein „Bussystem" besteht normalerweise aus einem Datenbus, einem Adressbus und einem Steuerbus sowie einem „Busprotokoll", das den zeitlichen Ablauf von „Bus-Transaktionen" definiert [77]. Der Adressbus bringt die Adresse zu den Bus-Teilnehmern und der Steuerbus fasst die zur Realisierung des Busprotokolls notwendigen Steuersignale zusammen. Beim Datenbus handelt es sich in der Regel um einen bidirektionalen Bus, das heißt, dass jeder Busteilnehmer sowohl Daten senden als auch empfangen kann. Während unser Beispiel-Prozessor sehr einfach aufgebaut ist und nur ein einziges Bussystem aufweist, existieren in einem Mikroprozessorsystem in der Regel mehrere Bussysteme. Die CPU (Central Processing Unit [77, 83]) besitzt ein internes Bussystem, welches die Verbindung von ALU und internen Registern der CPU realisiert. Außerhalb der CPU wird die Verbindung zum Hauptspeicher und zu den Peripherieeinheiten durch gesonderte Bussysteme realisiert [77], die zumeist auch standardisiert sind. Unser Beispiel-Prozessor fasst alles in einem einzigen Bussystem zusammen. Wir wollen im Folgenden den Datenbus des Beispiel-Prozessors etwas genauer betrachten.

Aus Tabelle 4.4 in Abschnitt 4.2 können wir ableiten, welche Verbindungen (Sender $\rightarrow$ Empfänger) auf dem Datenbus des Beispiel-Prozessors notwendig sein werden. Damit kann der Quellcode des Datenbusses in Listing 4.29 erklärt werden (vgl. auch Abbildung 4.20). Nachfolgend sind die in der CASE-Anweisung kodierten Fälle erklärt:

- `sel="00"`: Datenspeicher (mem[addr]) $\rightarrow$ ALU: Der Inhalt des Datenspeichers muss zum Eingangsregister der ALU gebracht werden (Befehle *adu*, *sbu*, *lda*). Da der Datenspeicher adressmäßig aufgeteilt ist in den eigentlichen Datenspeicher DMEM und die PIO, müssen die Daten, die von der PIO (Port `pio`) und dem Datenspeicher (Port mem) kommen, zunächst durch eine bitweise ODER-Funktion zum Signal membus verknüpft werden. Die Adressierung sorgt in der PIO und im Datenspeicher dafür, dass nur eine von beiden Komponenten die Daten auf den Bus legt.

- `sel="01"`: Konstante $\rightarrow$ ALU: Die im Befehl angegebene Konstante muss in den Akkumulator gebracht werden (Befehl *mov*). Hierzu müssen die unteren vier Bit des Befehls aus dem *Programmspeicher* auf den Bus geschaltet werden (Port con in Listing 4.29).

- `sel="1-"`: ALU $\rightarrow$ Datenspeicher (mem[addr]): Die Daten im Akkumulator der ALU (Port `alu` in Listing 4.29) müssen in den Datenspeicher gebracht werden (Befehl *str*).

Listing 4.29: Datenbus des Beispiel-Prozessors.

```
0    LIBRARY ieee;
1    USE ieee.std_logic_1164.all;
2
```

```
3    ENTITY dbus IS
4      PORT(
5          alu  : IN      std_logic_vector (3 DOWNTO 0);
6          con  : IN      std_logic_vector (3 DOWNTO 0);
7          mem  : IN      std_logic_vector (3 DOWNTO 0);
8          pio  : IN      std_logic_vector (3 DOWNTO 0);
9          sel  : IN      std_logic_vector (1 DOWNTO 0);
10         dout : OUT     std_logic_vector (3 DOWNTO 0));
11   END dbus ;
12
13   ARCHITECTURE beh OF dbus IS
14     SIGNAL membus : std_logic_vector(3 DOWNTO 0);
15   BEGIN
16
17     membus <= mem OR pio;
18
19     busmux: PROCESS (sel, con, alu, membus, pio)
20     BEGIN
21       CASE sel IS
22         WHEN "00" => dout <= membus;
23         WHEN "01" => dout <= con;
24         WHEN "10" | "11" => dout <= alu;
25         WHEN OTHERS => NULL;
26       END CASE;
27     END PROCESS busmux;
28
29   END beh;
```

Die notwendigen Verbindungen könnten auch über Punkt-zu-Punkt-Verbindungen geschaltet werden, wobei bei sehr vielen Sendern (Daten-Quellen) und Empfängern (Daten-Senken) ein erheblicher Verdrahtungsaufwand entstehen kann. Ein Bussystem führt zu einer Verringerung des Verdrahtungsaufwands, indem Verbindungsressourcen gemeinsam genutzt werden (Bus = „Sammelleitung"). Die Reduktion des Hardwareaufwands erkauft man sich aber dadurch, dass zu jedem Zeitpunkt nur ein Sender den Bus benutzen kann. Auf der Empfängerseite können nur ein Empfänger (engl.: unicast), mehr als ein Empfänger (engl.: multicast) oder alle Empfänger (engl.: broadcast) Daten empfangen.

Der Bus kann, wie in Listing 4.29 gezeigt, als Multiplexer realisiert werden [40]. Die CASE-Anweisung wird vom Steuerwerk des Prozessors durch den Port sel gesteuert: Das Steuerwerk entscheidet also, welcher Sender und welche Empfänger zu welchem Zeitpunkt den Bus benutzen. Das Steuerwerk ist damit der so genannte „Bus-Master" [83]. Bei komplexeren Bussystemen ist es auch möglich, dass mehrere Bus-Master vorhanden sind (so genanntes Multi-Master Bussystem); in diesem Fall ist ein so genannter „Bus-Arbiter" (= Schiedsrichter) notwendig, der den Zugang zum Bus regelt. Weiterhin unterscheidet man die Bussysteme in asynchrone Protokolle, bei welchen über Quittungssignale (engl.: handshake) die asynchrone Übermittlung der Daten gesteuert wird, und synchrone Busprotokolle, bei welchen ein Takt mitgeliefert wird, zu dem die Steuer-, Adress- und Datensignale synchron sein müssen.

Im Fall unseres Beispiel-Prozessors handelt es sich um ein synchrones Bussystem. Abbildung 4.59 zeigt einen Ausschnitt aus der Simulation des Beispiel-Prozessors, wobei

Signal	0ns	500ns	1.0us	1.5us	2.0us	2.5us	3.0us	3.5us	4.0us
p4_tb.clk	(Takt)								
p4_tb.i0.i1.opc[3:0]	7	8	7	8	7	2	8		
p4_tb.i0.i0.pc[3:0]	0	1	2	3	4	5	6		
p4_tb.i0.i4.alu[3:0]	0			1		0	F		
p4_tb.i0.i4.con[3:0]	0	C	1		0		A		
p4_tb.i0.i4.mem[3:0]	0 / 'bXXXX	0	'bXXXX		1		0		
p4_tb.i0.i4.pio[3:0]	0	F	0						
p4_tb.i0.i4.sel[1:0]	bxX / 1	2	1	2	1	0	2		
p4_tb.i0.i4.dout[3:0]	0	0	1	1	0	1	F		

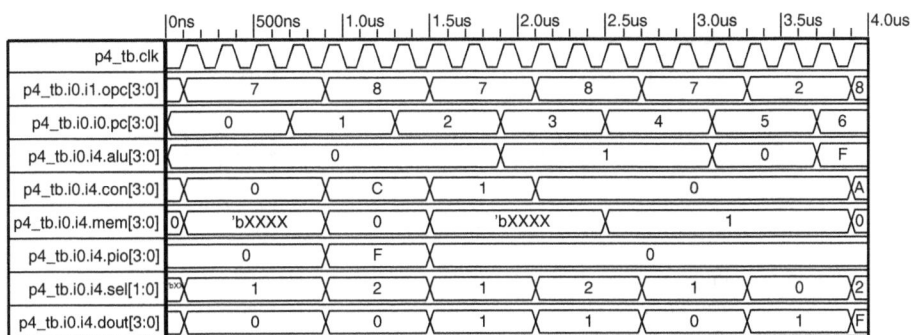

Abb. 4.59: *Simulation des Beispiel-Prozessors: Der Prozessor führt das in Listing 4.24 in Abschnitt 4.5.1 beschriebene Programm aus. Die Abbildung zeigt die Ausführung der ersten sechs Befehle (0–5) des Programms. Die Daten sind im hexadezimalen Format angegeben. Die erste Zeile zeigt den Signalverlauf des Taktes – jeder Befehl benötigt drei Takte zur Ausführung. Die zweite Zeile zeigt den vom Steuerwerk gelesenen Opcode und die dritte Zeile zeigt den Wert des Programmzählers. Die folgenden Zeilen zeigen die Signalverläufe an den Ports der Entity des Datenbusses aus Listing 4.29.*

nur der Datenbus gezeigt ist; die Steuersignale und die Adressen sind der Übersicht halber nicht dargestellt. Die Ausführung eines Befehls benötigt jeweils drei Taktzyklen, wie in Abschnitt 4.2 beschrieben, was in Abbildung 4.59 durch den zugehörigen Wert des PC (pc[3:0]) und den Opcode des Befehls (opc[3:0]) markiert ist. Nach dem Reset führt der Prozessor an der Adresse pc[3:0] = 0 den ersten Befehl aus: Da es sich um den *mov*-Befehl accu <- 0 handelt, wird auf den Ausgang dout des Busses die Konstante 0 geschaltet, welche am Ende des zweiten Taktzykluses des Befehls im Eingangsregister der ALU übernommen wird und damit im dritten Taktzyklus im Akkumulator übernommen wird. Beim zweiten Befehl wird mit dem *str*-Befehl mem[c] <- accu der Inhalt des Akkumulators auf den Bus gelegt, der am Ende des dritten Taktzykluses in den Datenspeicher mit der Adresse „c" (PIOMODE-Register) geschrieben wird. Bei den nächsten drei Befehlen handelt es sich ebenfalls um *mov*- bzw. *str*-Befehle. Beim letzten Befehl (pc[3:0] = 5) in Abbildung 4.59 handelt es sich um den *sbu*-Befehl accu <- accu - mem[0], bei dem nun der Inhalt der Speicherstelle „0" auf den Bus gelegt werden muss, so dass dieser im zweiten Taktzyklus des Befehls in das Eingangsregister der ALU abgespeichert und im dritten Taktzyklus die Subtraktion in der ALU durchgeführt werden kann. Zu beachten ist, dass die Daten des vorhergehenden Befehls jeweils im ersten Taktzyklus des nächsten Befehls noch auf dem Bus verbleiben, da in diesem Taktzyklus der nächste Befehl erst geholt werden muss.

4.6.2 Multiplexer- und Logik-Busse

Die Funktion eines Busses entspricht im Prinzip einem Multiplexer: Eine von *n* Quellen wird in Abhängigkeit von einem Auswahlsignal auf den Bus geschaltet. Die CASE-Anweisung in Listing 4.59 realisiert diese Multiplexerfunktion, die in Abbildung 4.60a gezeigt ist.

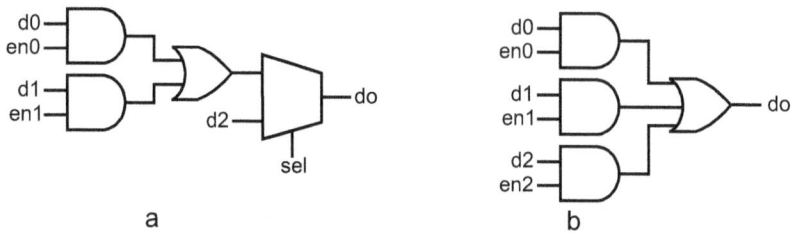

Abb. 4.60: *Realisierungsformen von Multiplexer-Bussen. Gezeigt ist die Verschaltung des Busses für ein Bit bei drei Bus-Sendern. Für eine Bitbreite von n Bit ist die Struktur n-mal zu kopieren.*

Statt eines zentralen Multiplexers kann man aber die Multiplexerfunktion auch verteilt auf die Busteilnehmer implementieren. Dies entspricht dem Teil in Listing 4.29, welcher die Verschaltung der (Teil-)Busse für die PIO und den Datenspeicher realisiert, wie ebenfalls in Abbildung 4.60a gezeigt. In diesem Fall wird der Multiplexer durch die UND-ODER-Struktur realisiert. Prinzipiell könnte man daher den ganzen Bus als UND-ODER-Struktur nach Abbildung 4.60b realisieren. Sofern die Enable-Signale en0 - en2 nun so generiert werden, dass zu *jedem* Zeitpunkt *genau eines* der Enable-Signale aktiv (= „1") ist (1-aus-N-Code), handelt es sich tatsächlich um eine Multiplexerfunktion, da bei einem Multiplexer das Select-Signal in einen 1-aus-N-Code *dekodiert* wird. Bei einem Multiplexer liegt daher zu jedem Zeitpunkt genau eine Quelle auf dem Bus.

Die UND-ODER-Struktur lässt sich als dezentrale Variante eines Multiplexer-Busses auffassen (engl.: distributed multiplexer); wir bezeichnen diesen Bus im Folgenden als „Logik-Bus". Die Busanschaltung in den Busteilnehmern entspricht einer UND-Funktion der Enable-Signale mit den Daten. Der eigentliche Bus entspricht einer ODER-Funktion aller Bus-Sender; der Ausgang des ODERs muss an alle Empfänger verdrahtet werden. Die Ansteuerung der Enable-Signale in einer UND-ODER-Struktur wird – wie in unserem Beispiel-Prozessor bei der PIO und dem Datenspeicher – häufig durch die (dezentrale) Dekodierung von Adressen in den Busteilnehmern vorgenommen. Im Beispiel-Prozessor wird durch das Adressbit addr(3) unterschieden, ob die PIO oder der Datenspeicher die Daten auf den Bus legt. Bei der dezentralen Dekodierung der Adressen können natürlich Fehler passieren: Wird beispielsweise vom Prozessor eine Adresse eines Adressbereichs angelegt, der gar nicht durch Hardware belegt wurde, so wird *kein* Sender auf den Bus geschaltet. In diesem Fall wird am Ausgang des Busses durch die ODER-Funktion eine „0" generiert, da alle UND-Busanschaltungen eine „0" generieren. Der zweite mögliche Fehler besteht darin, dass in zwei oder mehreren Busteilnehmern die gleiche Adresse dekodiert wird, so dass zum gleichen Zeitpunkt zwei oder mehr Busteilnehmer auf den Bus geschaltet werden. In diesem Fall erfahren alle Daten eine bitweise ODER-Verknüpfung. Die dezentrale Dekodierung bringt jedoch in der Anwendung Vorteile, so dass sie häufig verwendet wird.

Listing 4.30: *Bus-Transceiver für einen Logik-Bus.*

```
0    LIBRARY ieee;
1    USE ieee.std_logic_1164.all;
2
```

```
3    ENTITY transceiver_log IS
4      PORT(
5         bus_in    : IN      std_logic;
6         bus_read  : IN      std_logic;
7         bus_write : IN      std_logic;
8         clk       : IN      std_logic;
9         di        : IN      std_logic;
10        res       : IN      std_logic;
11        bus_out   : OUT     std_logic;
12        do        : OUT     std_logic
13      );
14   END transceiver_log ;
15
16   ARCHITECTURE beh OF transceiver_log IS
17     SIGNAL q : std_logic;
18   BEGIN   -- beh
19
20     dff: PROCESS (clk, res)
21     BEGIN
22       IF res = '1' THEN
23         q <= '0';
24       ELSIF clk'event AND clk = '1' THEN
25         IF bus_read = '1' THEN
26           q <= bus_in;
27         ELSE
28           q <= di;
29         END IF;
30       END IF;
31     END PROCESS dff;
32
33     do <= q;
34     bus_out <= q WHEN bus_write = '1' ELSE '0';
35
36   END beh;
```

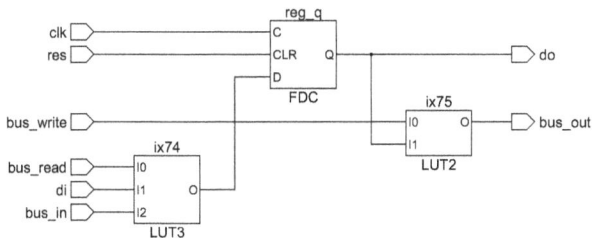

Abb. 4.61: *Syntheseergebnis für den Bus-Transceiver aus Listing 4.30 für die Xilinx Virtex-II-FPGAs (LeonardoSpectrum).*

Die Elektronik, die zum Anschalten eines Busteilnehmers benötigt wird, wird häufig als „Bus-Transceiver" bezeichnet, wobei der englische Begriff „Transceiver" ein aus den Begriffen „Transmitter" (dt.: Sender) und „Receiver" (dt.: Empfänger) zusammengesetztes Kunstwort ist. Wir zeigen anhand von Listing 4.30 und Abbildung 4.61 das Prinzip eines Bus-Transceivers für einen Logik-Bus, wobei wir uns in der Folge jeweils nur auf ein Bit

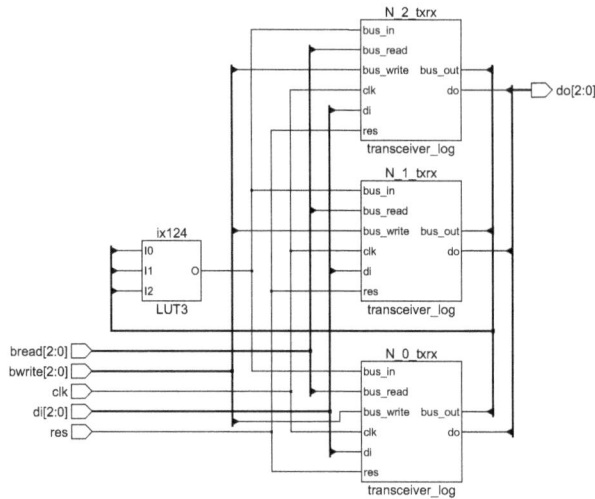

Abb. 4.62: *Verschaltung der Bus-Transceiver zu einem Logik-Bus.*

des Busses beziehen; einen Bus-Transceiver mit der Breite n-Bit erhält man durch Verwendung von `std_logic_vector` mit der Breite n für die Signale.

Die Signale `di` und `do` stellen die Schnittstelle für die Nutzdaten des Transceivers zum Busteilnehmer dar. Wir haben angenommen, dass die Busdaten in einem Flipflop zwischengespeichert werden. Die Enable-Signale sind nun mit `bus_read` (Übernahme von Daten vom Bus in das Flipflop) und `bus_write` (Aufschalten der Flipflop-Daten des Transceivers auf den Bus) bezeichnet. Die Aufschaltung des Senders aus Zeile 34 in Listing 4.30 wird in der LUT `ix75` als *bus_out = bus_write ∧ do* realisiert. Die LUT `ix74` realisiert den Code aus Zeile 25 bis 29 als $O = (\overline{bus\_read} \wedge di) \vee (bus\_read \wedge bus\_in)$.

Die Verschaltung von drei Bus-Transceivern für drei Busteilnehmer zeigt Abbildung 4.62. Die drei Busausgänge werden der LUT `ix124` zugeführt, welche die ODER-Verknüpfung der drei Bus-Sender durchführt. Der Ausgang dieser LUT wird dann wiederum an alle Bus-Empfänger verdrahtet. Die ODER-Funktion resultiert – bei mehr als vier Teilnehmern – in einer mehrstufigen Verschaltung von LUTs. Neben der eigentlichen Transceiver-Logik, welche im Prinzip durch zwei LUTs realisiert werden kann, trägt daher die mehrstufige Realisierung der ODER-Funktion zum Hardwareaufwand und zum kritischen Pfad des Bussystems bei.

4.6.3   Tristate-Busse

Eine Reduktion des Hardwareaufwands für ein Bussystem ist möglich, wenn wir statt eines Logik-Busses einen so genannten „Tristate-Bus" verwenden. Hierzu werden die UND-Gatter in den Bus-Transceivern durch Tristate-Treiber ersetzt (vgl. Abschnitt 3.3.3) und die ODER-Funktion wird durch eine Verbindung ersetzt. Letzteres trägt hauptsächlich zur

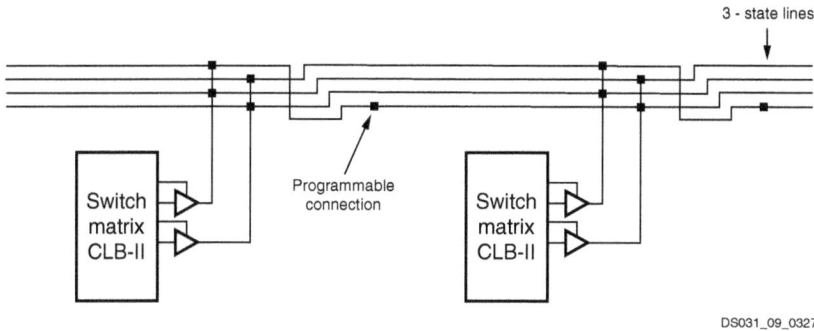

Abb. 4.63: *Tristate-Ressourcen in Xilinx Virtex-II-FPGAs [107]: Der Anschluss des Enable- und Daten-eingangs eines Tristate-Buffers (TBUF) erfolgt über die Switch-Matrix einer CLB (vgl. Abschnitt 3.8.3). Die Tristate-Leitungen (3-state lines) werden in einer Zeile über den ganzen Chip geführt, können jedoch durch schaltbare Verbindungen (Programmable connection) in einzelne Segmente unterteilt werden.*

Reduktion des Hardwareaufwands bei, da die ODER-Funktion komplett entfällt. Diese Implementierung eines Busses wird hauptsächlich für Off-Chip-Busse auf Leiterplatten eingesetzt. Voraussetzung für die Implementierung eines On-Chip-Tristate-Busses auf einem FPGA ist natürlich, dass die Technologie entsprechende Ressourcen bereitstellt, wie dies in Abbildung 4.63 für die Xilinx Virtex-II-FPGAs gezeigt ist.

In jeder CLB sind zwei Tristate-Treiber vorhanden, die auf vier Tristate-Leitungen in einer CLB-Zeile geschaltet werden können. Die Tristate-Leitungen können wiederum untereinander und mit Tristate-Leitungen von anderen CLB-Zeilen verbunden werden. Da wir beispielsweise beim kleinsten Virtex-II-FPGA (XC2V40) eine Matrix von 8×8 CLBs haben, ergeben sich pro Zeile 16 Tristate-Buffer und insgesamt 128 Tristate-Buffer auf dem ganzen Chip.

Der VHDL-Code eines Tristate-Bus-Transceivers nach Listing 4.31 erhält nun, im Unterschied zum UND-ODER-Transceiver, eine Tristate-Funktion am Ausgang bus_inout in Zeile 33: Wenn bus_write =′0′ ist, dann wird der Ausgang hochohmig geschaltet („Z", vgl. auch Abschnitt 2.7). Zu beachten ist weiterhin, dass der Port bus_inout mit dem Modus INOUT deklariert ist, da von ihm gelesen und auf ihn geschrieben wird, und dass nun auf jeden Fall der Datentyp des Bussignales eine Auflösungsfunktion benötigt (vgl. ebenfalls Abschnitt 2.7).

Listing 4.31: Bus-Transceiver für einen Tristate-Bus.

```
0     LIBRARY ieee;
1     USE ieee.std_logic_1164.all;
2
3     ENTITY transceiver_tri IS
4        PORT(
5           bus_read  : IN     std_logic;
6           bus_write : IN     std_logic;
7           clk       : IN     std_logic;
8           di        : IN     std_logic;
```

```
9          res        : IN     std_logic;
10         do         : OUT    std_logic;
11         bus_inout  : INOUT  std_logic
12     );
13   END transceiver_tri ;
14
15   ARCHITECTURE beh OF transceiver_tri IS
16     SIGNAL q : std_logic;
17   BEGIN
18
19     dff: PROCESS (clk, res)
20     BEGIN
21       IF res = '1' THEN
22         q <= '0';
23       ELSIF clk'event AND clk = '1' THEN
24         IF bus_read = '1' THEN
25           q <= bus_inout;
26         ELSE
27           q <= di;
28         END IF;
29       END IF;
30     END PROCESS dff;
31
32     do <= q;
33     bus_inout <= q WHEN bus_write = '1' ELSE 'Z';
34
35   END beh;
```

Das Ergebnis der Synthese zeigt Abbildung 4.64. Das Tristate-Buffer-Makro BUFT wird bei der Platzierung durch einen entsprechenden Tristate-Buffer TBUF nach Abbildung 4.63 im FPGA realisiert. Da das Makro hochohmig ist, wenn T =′1′ ist, muss die Ansteuerung durch die LUT ix75 invertiert werden. Die Tristate-Buffer auf dem FPGA können allerdings so konfiguriert werden, dass sie mit invertierter oder nicht-invertierter Ansteuerung arbeiten, so dass die LUT ix75 bei der Platzierung (siehe Kapitel 5) wieder entfernt werden kann. Wie schon beim UND-ODER-Transceiver realisiert die LUT ix74 die Lesefunktion $O = (\overline{bus\_read} \wedge di) \vee (bus\_read \wedge bus\_in)$ aus den Zeilen 24 bis 28. Insgesamt wird also für diesen Bus-Transceiver eine LUT und ein Flipflop und damit eine halbe Slice benötigt. Der Tristate-Buffer ist nicht Bestandteil der Slice und muss separat gezählt werden.

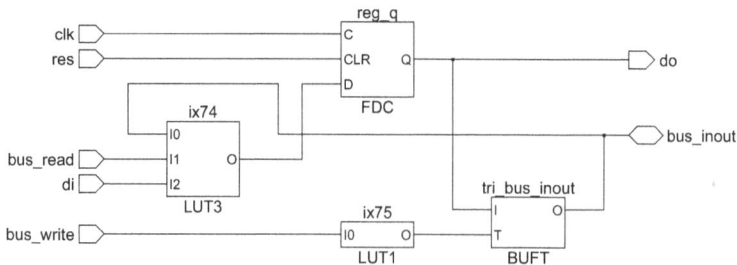

Abb. 4.64: *Syntheseergebnis für den Tristate-Bus-Transceiver aus Listing 4.31 (LeonardoSpectrum).*

Die Verschaltung von drei Tristate-Bus-Transceivern zu einem Bus zeigt Abbildung 4.65. Wie daraus ersichtlich ist, besteht der Bus tatsächlich nur aus einer Verbindungsleitung. Die Frage ist nun, was passiert bei einem Tristate-Bus wenn kein Teilnehmer auf dem Bus ist oder mehr als ein Teilnehmer auf den Bus geschaltet ist? Im ersten Fall ist der Bus hochohmig, da kein niederohmiger Treiber am Bus ist. Man sagt dann auch der Bus „schwebt" oder „schwimmt" (engl.: to float). Das elektrische Potential auf dem Bus kann nun einen beliebigen Wert zwischen *Gnd* und U_{dd} annehmen – beispielsweise einen Wert im Bereich der Schaltschwelle oder des „verbotenen Bereichs" eines Empfängers (vgl. Abschnitt 3.2). Damit kann unter Umständen ein hoher Querstrom entstehen oder der Ausgang des Empfänger-Gatters könnte, aufgrund von Störungen, mehrfach schalten. Das Potential des Busses ist in diesem Fall hauptsächlich durch kapazitive Kopplungen zu Nachbarleitungen definiert und damit auch sehr störempfindlich. Dieses Problem kann gelöst werden, wenn man einen Default-Treiber für diesen Fall vorsieht, welcher den Bus immer dann treibt, wenn sonst kein Teilnehmer auf dem Bus ist; man sagt dann auch der Bus wird „geparkt". Eine weitere Lösung wäre die Implementierung einer Bushalteschaltung (engl.: bus keeper), die im einfachsten Fall aus einem Pull-Up-Widerstand besteht.

Ist durch einen „Buskonflikt" mehr als ein Teilnehmer auf dem Bus (engl.: bus contention) und treiben die Teilnehmer auf der Busleitung „0" *und* „1", so wird sich – in Abhängigkeit von der Schaltungstechnik – entweder ein „0"-Pegel einstellen („0"-Dominanz, wired-AND) oder ein „1"-Pegel („1"-Dominanz, wired-OR) oder es entsteht wieder ein Pegel im verbotenen Bereich. In jedem Fall ergibt sich jedoch auch hier eine erhöhte Stromaufnahme, so dass dieser Fall durch sorgfältige Dekodierung vermieden werden sollte.

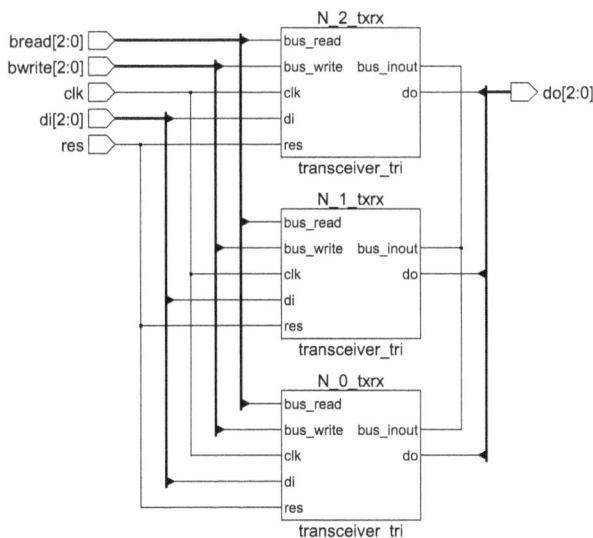

Abb. 4.65: Verschaltung der Bus-Transceiver zu einem Tristate-Bus.

Es sei nochmals betont, dass ein Logik-Bus beide Fälle durch die ODER-Logikfunktion auflöst: Der Logik-Bus weist daher die elektrischen Probleme des Tristate-Busses *nicht* auf! Wir werden im nachfolgenden Abschnitt sehen, dass der Logik-Bus prinzipiell einen höheren Hardwareaufwand erfordert. Da er aber elektrisch sehr viel „sauberer" ist und keine Bushalteschaltung benötigt, werden On-Chip-Busse zunehmend statt mit Tristate-Treibern mit Logik-Gattern (LUTs bei FPGAs) realisiert, das heißt als Logik-Busse bzw. als Multiplexer-Busse. Hinzu kommt, dass viele FPGAs gar keine Tristate-Treiber an-bieten, so beispielsweise die Altera FPGAs. Auch Xilinx bietet in der neuen Spartan-3-Serie keine Tristate-Treiber mehr an. In diesem Fall führt ein mit Tristate-Funktionen nach Listing 4.31 beschriebener Bus bei der Synthese ebenfalls zu einer Logik-Realisierung als UND-ODER- bzw. Multiplexer-Struktur. Manche Synthesewerkzeuge ermöglichen es auch, Tristate-Beschreibungen wahlweise in Logik oder mit (auf dem FPGA vorhandenen) Tristate-Treibern zu implementieren.

4.6.4   Vergleich von Tristate-Bus und Logik-Bus

Um wieder einen quantitativen Vergleich durchführen zu können, implementieren wir einen 1-Bit breiten Bus als Tristate-Bus und als Logik-Bus mit einer variablen Anzahl n von Teil-nehmern. Hierzu benutzen wir die Bus-Transceiver nach Abbildung 4.61 und 4.64 und verschalten n Transceiver zu einem Bus, wie in den Abbildungen 4.62 und 4.65, wo-bei n zwischen 2..20 variiert wird. Diese Schaltungen werden in einem Virtex-II-FPGA (XC2V250) platziert und verdrahtet und wir ermitteln den Ressourcenverbrauch und die Verzögerungszeit auf dem kritischen Pfad. Der kritische Pfad geht dabei vom Flipflop eines Busteilnehmers über den Bus zum gleichen Flipflop oder zu einem Flipflop eines anderen Busteilnehmers.

Abbildung 4.66 fasst die Ergebnisse der Untersuchung zusammen. Es ist zu berücksichti-gen, dass durch die heuristische Arbeitsweise der Platzierung gerade beim kritischen Pfad eine gewisse zufällige Streuung zwischen den einzelnen Ergebnissen entsteht, so dass die Tendenz der Ergebnisse interessant ist und nicht die absoluten Zahlen für jedes Einzeler-gebnis. Dies auch vor dem Hintergrund, dass nicht ein Bussystem mit kompletten Busteil-nehmern implementiert wurde, sondern nur die Verschaltung der Bus-Transceiver.

Beim Vergleich des Ressourcenbedarfs erkennt man, dass der Aufwand für den Logik-Bus stärker ansteigt als der Tristate-Bus. Der Tristate-Bus benötigt pro Teilnehmer eine halbe Slice und einen Tristate-Buffer. Da wir in Abbildung 4.66 nur die Anzahl der Slices ver-gleichen und die Tristate-Buffer nicht berücksichtigen, ergibt sich der Ressourcenbedarf k_{tri} des Tristate-Busses zu $k_{tri} = n/2$ Slices, wenn n die Anzahl der Teilnehmer ist. Hin-zu kommen n Tristate-Buffer. Beim Logik-Bus fällt zusätzlicher Hardwareaufwand durch die UND- und ODER-Funktion an, welche in den Slices realisiert wird. Aus der Abbil-dung 4.66 erkennt man einen Zusammenhang für den Ressourcenbedarf des Logik-Busses k_{log} zu $k_{log} \approx n$ Slices, wenn n die Anzahl der Teilnehmer ist. Für einen Bus mit b Bit Busbreite sind die Ergebnisse für den Hardwareaufwand mit b zu multiplizieren.

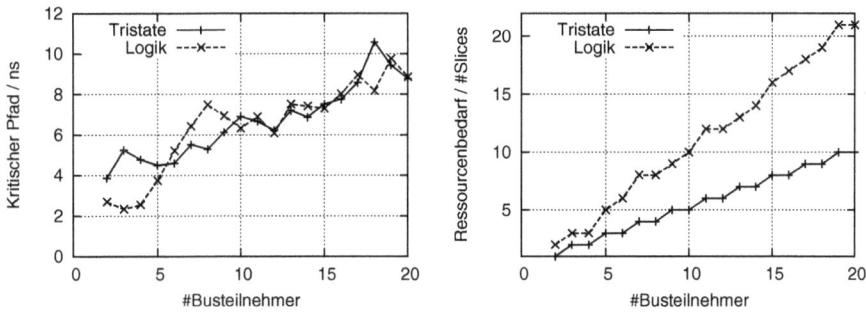

Abb. 4.66: *Vergleich der Verzögerungszeit auf dem kritischen Pfad und des Ressourcenaufwands für einen Logik-Bus und einen Tristate-Bus in Abhängigkeit von der Anzahl der Busteilnehmer.*

Die Verzögerungszeiten auf dem kritischen Pfad sind, wie erwähnt, stark bestimmt durch die Platzierung der Bus-Transceiver, so dass die Unterschiede zwischen Tristate-Bus und Logik-Bus hauptsächlich hierauf zurückzuführen sind. In der Tendenz ergibt sich jedoch bei den Verzögerungszeiten kein signifikanter Unterschied. Zusammenfassend zeigt sich, dass die Verwendung eines Logik-Busses, verglichen mit dem Tristate-Bus, zu einem höheren Hardwareaufwand führt, dass aber keine wesentlichen Unterschiede in der Verzögerungszeit auf dem kritischen Pfad zu erwarten sind. Aufgrund der Vorteile bezüglich des elektrischen Verhaltens bietet sich aber der Logik-Bus für die Realisierung von On-Chip-Bussen in ASICs und FPGAs an. Als Beispiele für synchrone On-Chip-Bussysteme, die als Logik-Busse implementiert wurden, sind z. B. der „CoreConnect"-Bus von IBM oder der „AMBA"-Bus von ARM zu nennen.

4.6.5   Paralleler Port des Beispiel-Prozessors

Eine häufig benötigte Peripherieeinheit in einem Mikroprozessor ist eine bidirektionale parallele Schnittstelle. Listing 4.32 zeigt wieder beispielhaft die 4 Bit breite parallele Schnittstelle (oder paralleler Port) PIO unseres Beispiel-Prozessors.

Listing 4.32: PIO-Port des Beispielprozessors

```
0    LIBRARY ieee;
1    USE ieee.std_logic_1164.ALL;
2
3    ENTITY pio IS
4      PORT(
5          addr    : IN     std_logic_vector (3 DOWNTO 0);
6          clk     : IN     std_logic;
7          din     : IN     std_logic_vector (3 DOWNTO 0);
8          rst     : IN     std_logic;
9          we      : IN     std_logic;
10         dout    : OUT    std_logic_vector (3 DOWNTO 0);
11         pioport : INOUT  std_logic_vector (3 DOWNTO 0));
12   END pio ;
13
```

```
14   ARCHITECTURE beh OF pio IS
15     SIGNAL piomode, pioread, piowrite : std_logic_vector(3 DOWNTO 0);
16   BEGIN
17
18     pioregs : PROCESS (clk, rst)
19     BEGIN
20       IF rst = '1' THEN
21         piomode <= "1111";
22         pioread <= "0000";
23         piowrite <= "0000";
24       ELSIF clk'event AND clk = '1' THEN
25         IF addr(3 DOWNTO 2) = "11" AND we = '1' THEN
26           piomode <= din;
27         END IF;
28         IF addr(3 DOWNTO 1) = "101" AND we = '1' THEN
29           piowrite <= din;
30         END IF;
31         pioread <= pioport;
32       END IF;
33     END PROCESS pioregs;
34
35     pioport(3) <= piowrite(3) WHEN piomode(3)='0' ELSE 'Z';
36     pioport(2) <= piowrite(2) WHEN piomode(2)='0' ELSE 'Z';
37     pioport(1) <= piowrite(1) WHEN piomode(1)='0' ELSE 'Z';
38     pioport(0) <= piowrite(0) WHEN piomode(0)='0' ELSE 'Z';
39
40     dout <= pioread WHEN addr(3) = '1' ELSE "0000";
41
42   END beh;
```

Die PIO besteht aus den drei 4-Bit-Registern piomode, piowrite und pioread. Die ersten beiden Register sind vom Prozessor aus nur schreibbar, das letzte Register ist nur lesbar. Im Register piomode kann separat für jeden der vier Port-Pins eingestellt werden, ob der Port Daten senden *und* empfangen kann (piomode(n) ='0') oder nur empfangen kann (piomode(n) ='1'). Im letzten Fall wird der Ausgangstreiber hochohmig geschaltet: Dies wird in den Zeilen 35 bis 38 von Listing 4.32 beschrieben. Im Register piowrite werden die Daten gespeichert, die am Port ausgegeben werden sollen. Im Register pioread werden die Daten, die am Port anliegen, mit jeder steigenden Flanke des Taktes abgespeichert. Die Daten, die auf piowrite geschrieben wurden, können also über pioread zurückgelesen werden, sofern das piomode-Register auf „0" gesetzt wurde. Das Schreiben auf die Port-Register (Zeile 25 bis 30) erfolgt durch die Auswahl der Adresse des Registers (vgl. Tabelle 4.5 in Abschnitt 4.2) und Aktivierung des Write-Enable-Signals we, was durch den *str*-Befehl hervorgerufen wird. Das Lesen vom Port pioread erfolgt durch Auswahl der Adresse in Zeile 40 von Listing 4.32 und damit durch einen entsprechenden *lda*-Befehl.

Abbildung 4.67 zeigt das Ergebnis der Synthese von Listing 4.32: Es wird der bidirektionale Port pioport mit Hilfe eines Tristate-Buffers implementiert, dargestellt durch das BUFE-Makro und die LUT ix70. Das Tristate-Buffer-Makro wird zusammen mit der LUT bei der späteren Platzierung des Designs durch einen „IOB"-Block realisiert werden. Da

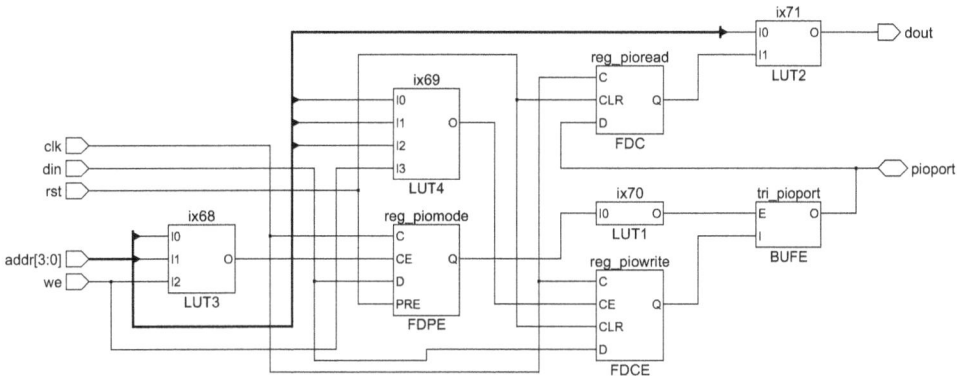

Abb. 4.67: *Syntheseergebnis der PIO für Xilinx Virtex-II-FPGA. Jedes Register der PIO erfordert 4 Flip-flops, aus Übersichtsgründen ist nur ein Flipflop jeweils dargestellt. Die Ansteuerung der Flipflops des PIOWRITE- und PIOMODE-Registers erfolgt gemeinsam durch die LUTs ix68 und ix69. Für jedes Flip-flop des PIOREAD-Registers wird eine LUT (ix71) notwendig, um die Daten auf den Datenbus des Pro-zessors aufzuschalten.*

ein IOB-Block auch Flipflops beinhaltet, können die drei Flipflops eines PIO-Pins auch in diesem IOB-Block untergebracht werden, so dass nur noch die LUTs `ix68`, `ix69` und `ix71` in den CLBs platziert werden müssen. Wir können über eine Option beim Platzie-ren des Designs im FPGA aber auch einstellen, dass stattdessen die Flipflops in den CLBs benutzt werden sollen. Wir demonstrieren die Unterschiede zwischen den beiden Möglich-keiten anhand des PIOREAD-Registers im Beispiel-Prozessor.

Wir können anhand einer Timing-Analyse herausfinden, welche von beiden Lösungen besser ist. Der kritischer Pfad vom PIOREAD(0)-Flipflop führt über zwei LUTs (Daten-bus) zum Eingangsregister der ALU (Signal `data_s` in Listing 4.17 in Abschnitt 4.4.1). Wir bezeichnen die Verzögerungszeit dieses Pfades mit $t_{r2r,IOB}$, wenn das PIOREAD(0)-Flipflop sich im IOB befindet, und mit $t_{r2r,CLB}$, wenn das PIOREAD(0)-Flipflop sich in einem CLB befindet. Die Verzögerungszeit vom Pin bis zum PIOREAD(0)-Flipflop be-zeichnen wir sinngemäß mit $t_{i2r,IOB}$ und $t_{i2r,CLB}$. Das Ergebnis der Timing-Analyse nach der Platzierung und Verdrahtung des Designs ergibt sich wie folgt:

PIOREAD(0)-Flipflop im IOB: $t_{r2r,IOB} = 2{,}505$ ns und $t_{i2r,IOB} = 3{,}238$ ns
PIOREAD(0)-Flipflop im CLB: $t_{r2r,CLB} = 2{,}51$ ns und $t_{i2r,CLB} = 1{,}924$ ns

Wie man dem Ergebnis entnehmen kann, ist in diesem Fall die Implementierung des Flip-flops in den CLBs im Hinblick auf das Zeitverhalten die bessere Lösung, da $t_{i2r,CLB}$ deutlich kleiner ist. Dieses Ergebnis ist zunächst etwas erstaunlich, da man eher damit gerechnet hätte, dass der Pfad vom Pin zum IOB-Flipflop kürzer sein müsste als der Pfad zum CLB-Flipflop. Es ist allerdings so, dass die Zeit T_{IOPI} [107] vom Pin zum Ausgang I des IOB-Blockes mit $T_{IOPI} = 0{,}69$ ns recht klein ist und andererseits die Zeit $T_{IOPICKD}$ [107] vom Pin zum IOB-Flipflop, welche der Zeit $t_{i2r,IOB}$ entspricht, mit $T_{IOPICKD} = 3{,}24$ ns relativ groß ist. Da die LUTs und CLB-Flipflops in CLBs, die sich in der Nähe des IOBs befinden,

Flipflop im IOB (PIOREAD(0))

IQ

I

Pin

IOB

LUT

LUT

Datenregister
der ALU (Bit 0)

CLB-Feld

Flipflop im CLB (PIOREAD(0))

IQ

I

Pin

IOB

LUT

LUT

Datenregister
der ALU (Bit 0)

CLB-Feld

Takt

t_{i2r}

t_{r2r}

t

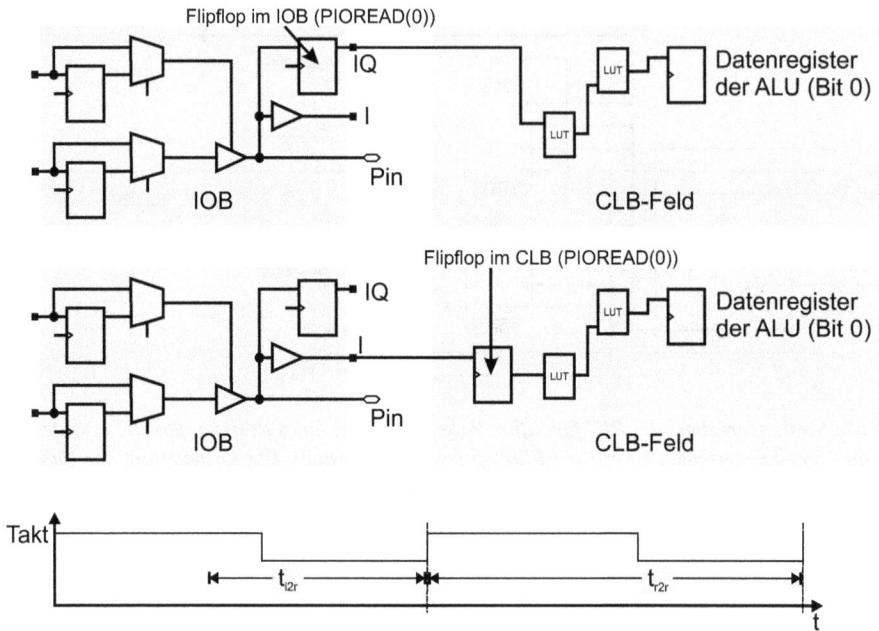

Abb. 4.68: *Implementierung von I/O-Registern: Die Abbildung zeigt die beiden Möglichkeiten für die Implementierung von I/O-Registern am Beispiel des PIOREAD-Registers, für welches entweder das Flipflop im jeweiligen IOB-Block benutzt werden kann oder ein Flipflop aus den CLBs. Die gleichen Überlegungen gelten auch für die Ausgangsregister. Der „Pin" bezeichnet den externen Anschluss des FPGA-Chips für diesen IOB.*

platziert wurden, ergibt sich insgesamt eine kurze Verzögerungszeit vom Pin zum CLB-Flipflop von $t_{i2r,CLB} = 1{,}924$ ns. Die Entscheidung, ob die Flipflops in den IOBs oder in den CLBs platziert werden, ist also hauptsächlich von der Platzierung des restlichen Designs abhängig und kann nur anhand einer detaillierten Timing-Analyse optimal getroffen werden. Grundsätzlich lässt sich natürlich das Flipflop in den CLBs einsparen, wenn es im IOB-Block implementiert wird, da aber ein FPGA sehr viele CLB-Flipflops aufweist, ist dies nur selten ein Entscheidungsargument und die zeitlichen Verhältnisse sollten in erster Linie zur Entscheidungsfindung dienen.

4.7   Häufig begangene Fehler und weitere Aspekte des RTL-Entwurfs

Erfahrungsgemäß treten bei den ersten Entwurfsversuchen eines ungeübten VHDL-Anwenders immer wieder die gleichen Fehler auf, die unter Umständen zu frustrierender und möglicherweiser langwieriger Fehlersuche führen. Ein wesentliches Anliegen des Buches ist es, dem Anwender diese Fehler zu ersparen, was man in erster Linie durch Benutzung der in diesem Kapitel und in Kapitel 2 gezeigten Musterentwürfe erreichen kann. Wir möchten zum Schluss nochmals zusammenfassend auf einige häufig begangene Fehler oder Missverständnisse hinweisen, welche, wie schon an anderen Stellen diskutiert, hauptsächlich zu einem Unterschied zwischen der Simulation des RTL-Modells und der von der Synthese generierten Hardware führen. Des Weiteren möchten wir noch einige Hinweise zur Schaltungsoptimierung und zur Partitionierung von großen Entwürfen geben.

4.7.1 Häufige Fehler in getakteten Prozessen (Flipflops)

Trennung von Schaltnetzen und Registern, Synchronität:
Ein getakteter Prozess impliziert für jedes Signal, dem in diesem Prozess etwas zugewiesen wird, ein Flipflop oder ein Register. Daher empfiehlt es sich bei größeren Schaltwerken die Schaltnetze in getrennten Prozessen unterzubringen, um die Übersicht über die Flipflops zu behalten und keine unerwünschten Flipflops zu generieren. In getakteten Prozessen sollte man keine Variablen verwenden. Grundsätzlich sollte man nur ein Taktsignal in einem Modul verwenden und *keinesfalls* Datensignale als Takte verwenden. Dies kann zu Laufzeiteffekten auf dem Chip und damit sehr schwer zu entdeckenden Fehlfunktionen führen. Wir werden im nächsten Kapitel zeigen, wie man vorgehen kann, wenn mehrere Takte verwendet werden sollen.

Flankenabfrage bei Flipflops:
Wir haben in den vorangegangenen Kapiteln und Abschnitten schon mehrfach die „Schablonen" oder Muster für die Beschreibung von getakteten Prozessen beschrieben, an die man sich unbedingt halten sollte. Ein getakteter Prozess kann nur dann richtig synthetisiert werden, wenn er *entweder* auf die steigende oder auf die fallende Flanke reagiert; er kann nicht auf beide Flanken reagieren. Die möglichen Codierungen für die Flankenabfrage sollten nur wie folgt aussehen:

```
(ELS)IF clk'event AND clk ='1' THEN~-- steigende Flanke
(ELS)IF clk'event AND clk ='0' THEN~-- fallende Flanke
(ELS)IF rising_edge(clk) THEN~-- steigende Flanke
(ELS)IF falling_edge(clk) THEN~-- fallende Flanke
```

Weitere Signale dürfen nicht in der Taktabfrage verwendet werden (vgl. auch Abschnitt 2.7.2). In die Sensitivitätsliste eines getakteten Prozesses wird nur der Takt und eventuell benutzte asynchrone Setz- oder Rücksetzsignale eingetragen. Eine Flankenabfrage mit WAIT-Anweisungen ist auch möglich (siehe Abschnitt 2.4.4), jedoch empfiehlt es sich, grundsätzlich IF-Anweisungen zu verwenden, die auch den Einbau eines asynchronen Set oder Reset ermöglichen.

Initialisierung der Schaltung:
Am Anfang einer Simulation werden alle Signale und Variablen mit „U" initialisiert. Daher möchte man die Signale der Schaltung zu Beginn der Simulation mit „1" oder „0" belegen, um einen definierten Anfangszustand herzustellen. Eine Initialisierung eines Signals bei dessen Deklaration, z. B. mit SIGNAL a: std_logic := '1';, wird von

der Synthese in der Regel *nicht* in Hardware implementiert, sondern einfach ignoriert. Die Initialisierung der Hardware ist nur durch ein „Reset" oder „Set" der Flipflops möglich. Aus diesem Grund sollte man auf die Initialisierung von Signalen in der Hardwarebeschreibung *vollständig verzichten*. Das Modell wäre zwar synthesefähig, jedoch ergibt sich möglicherweise ein Unterschied zwischen der Simulation des RTL-Modells und der generierten Hardware. Unter Umständen überdeckt man ein Reset-Problem in der Hardware, wenn das RTL-Modell sich nur durch Signal-Initialisierungen korrekt simulieren lässt. Das Reset-Problem zeigt sich dann erst beim Test der Hardware und lässt sich nur sehr viel schwerer analysieren. Kann das RTL-Modell nicht richtig simuliert werden, da z. B. „U"-Werte durch die Schaltung propagieren, so ist dies zumeist auf eine fehlerhafte Reset-Strategie zurückzuführen. Grundsätzlich sollten alle Schaltwerke und wichtigen Register durch den Reset (oder Set) auf definierte „0"- oder „1"-Werte gesetzt werden. Die Flipflops in den FPGAs weisen zumeist schon synchrone oder asynchrone Setz- und Rücksetzeingänge auf, so dass hierfür keine zusätzliche Logik benötigt wird. Asynchrones Rücksetzen oder Setzen funktioniert auch ohne Takt, dies kann in manchen Anwendungen von Vorteil sein.

Listing 4.33: *Flipflop mit asynchronem Set und Reset*

```
0     LIBRARY ieee;
1     USE ieee.std_logic_1164.all;
2
3     ENTITY flipflop IS
4        PORT(
5           clk : IN      std_logic;
6           d   : IN      std_logic;
7           res : IN      std_logic;
8           set : IN      std_logic;
9           q   : OUT     std_logic
10       );
11    END flipflop ;
12
13    ARCHITECTURE beh1 OF flipflop IS
14       SIGNAL q_s : std_logic;
15    BEGIN
16
17      reg: PROCESS (clk, res, set)
18      BEGIN
19        IF res = '1' THEN
20           q_s <= '0';
21        ELSIF set = '1' THEN
22           q_s <= '1';
23        ELSIF rising_edge(clk) THEN
24           q_s <= d;
25        END IF;
26      END PROCESS reg;
27
28      q <= q_s;
29
30    END beh1;
```

Listing 4.33 zeigt ein Beispiel eines Flipflops mit asynchronem Setzen und Rücksetzen, wobei das Rücksetzen Priorität hat. Wird Listing 4.33, wie in Abbildung 4.69 gezeigt, synthetisiert, so führt dies zu einer entsprechenden Verschaltung der FPGA-Flipflops. Die Abfrage der Taktflanke muss immer als letzte ELSIF-Bedingung kommen, davor können die asynchronen Setz- und Rücksetzbedingungen beschrieben werden. Für diese können auch komplexere Bedingungen gebildet werden, welche dann in entsprechende Ansteuerlogik für die Setz- und Rücksetzeingänge umgesetzt werden.

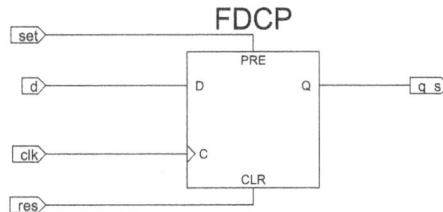

Abb. 4.69: Syntheseergebnis von Listing 4.33 für Xilinx Virtex-II (XST): Aus dem Code wird ein Flipflop-Makro inferiert. Dies führt zur entsprechenden Verschaltung und Konfiguration eines Slice-Flipflops. Bei den Virtex-II-Flipflops ist der Reset (CLR-Eingang) dominant, wie in Listing 4.33 beschrieben.

Ein synchroner Set oder Reset wird, wie ein Datensignal, nur bei der aktiven Taktflanke übernommen; ohne Takt kann die Schaltung daher nicht rückgesetzt oder gesetzt werden. Listing 4.34 zeigt ein Beispiel für ein Flipflop mit synchronem Reset, auch hier könnte noch ein zusätzlicher Set in der gleichen Weise codiert werden.

Listing 4.34: Flipflop mit synchronem Reset

```
0      reg: PROCESS (clk)
1      BEGIN
2        IF falling_edge(clk) THEN
3          IF res = '1' THEN
4            q_s <= '0';
5          ELSE
6            q_s <= d;
7          END IF;
8        END IF;
9      END PROCESS reg;
```

Verwendung von Ports als Flipflops:
Abschließend sollte noch erwähnt werden, dass man Ports (im Beispiel Port q) nicht zur Beschreibung der Flipflops (also anstelle von q_s) verwenden sollte, obwohl dies synthetisiert werden kann. Man kann von einem OUT-Port innerhalb einer Architecture nicht lesen, so dass die Flipflops in der Architecture nicht gelesen werden könnten. Es gibt zwar Möglichkeiten auch auf einen Port lesend und schreibend zuzugreifen (z. B. Modus BUFFER, INOUT), jedoch sollte man davon Abstand nehmen, wenn man eigentlich einen OUT-Port in der Hardware benötigt. Für BUFFER-Ports gibt es keine Entsprechung in der Hardware, sie sollten daher nicht benutzt werden [14]. Die beste Lösung ist es, die internen Verbindungen und Flipflops der Architecture über Signale zu realisieren: Im Beispiel von Lis-

ting 4.33 wird an einer Stelle (Zeile 28) dem Port das Signal zugewiesen, das Signal selbst könnte nun an anderer Stelle in der Architecture auch gelesen werden. Dies ergibt bei der Synthese keine zusätzliche Hardware, sondern nur eine Verbindung. Nur für Ports, die in der Hardware auch bidirektional sein müssen, sollte der Modus INOUT benutzt werden, ansonsten sollte nur IN oder OUT als Modus benutzt werden.

4.7.2   Häufige Fehler in kombinatorischen Prozessen (Schaltnetze)

Verzögerungszeiten in RTL-Modellen:
In einem Register-Transfer-Modell sollten keine Verzögerungszeiten beschrieben werden, da diese nicht synthetisiert werden können. Zeitangaben (AFTER-Ausdruck) werden vom Synthesewerkzeug ignoriert. Ohne Zeitangaben finden in einem RTL-Modell Ereignisse auf Signalen in der Regel nur zu den Taktänderungszeitpunkten statt, wobei die Signal-änderungen eines Zeitpunktes über mehrere Deltazyklen verteilt sein können. Dies berei-tet dem VHDL-Anfänger erfahrungsgemäß beim Verständnis der Simulationsergebnisse Schwierigkeiten und man ist versucht, mit AFTER-Ausdrücken eine zeitliche Reihenfolge in der Simulation herbeizuführen. Aus dem gleichen Grund wie bei den Initialisierungen sollte man darauf jedoch verzichten, da das modellierte zeitliche Verhalten in der Hard-ware nicht realisiert werden kann. Funktioniert das RTL-Modell nur durch Angabe von Verzögerungszeiten, so liegt in der Regel ein Modellierungsfehler vor.

Fehlende Signale in Sensitivitätslisten:
Ein weiterer häufiger Fehler sind Signale, welche in einem Prozess abgefragt oder als Quel-le bei Zuweisungen benutzt werden – die also gelesen werden –, aber in der Sensitivitäts-liste vergessen werden. Dies führt nun in der RTL-Simulation dazu, dass der Prozess auf Änderungen eines solchen Signals nicht mehr reagiert. Bei der Synthese wird ein solches Signal trotzdem als Eingang des Schaltnetzes realisiert, so dass sich auch wieder ein Un-terschied zwischen RTL-Simulation und der realisierten Hardware ergibt. Grundsätzlich müssen in einem kombinatorischen Prozess *alle* Signale, die gelesen werden, in der Sensi-tivitätsliste sein. Ein fehlendes Signal in der Sensitivitätsliste kann bei der RTL-Simulation zu subtilem und schwer zu entdeckendem Fehlverhalten führen. Verhält sich ein RTL-Modell nicht wie gewünscht, so sollte man zunächst die Sensititvitätsliste überprüfen. Die einfachste Möglichkeit hierzu ist die Verwendung der Synthese, welche bei der Analyse des Prozesses fehlende Signale erkennt und eine Warnung ausgibt, die beispielsweise wie folgt aussehen kann (das Signal opc fehlt in der Sensitivitätsliste):

```
Warning, opc should be declared on the
sensitivity list of the process.
```

Unvollständige IF-Anweisungen:
Ein sehr häufiger Fehler, den wir in Abschnitt 2.4.2 schon erwähnt haben, sind unvoll-ständige IF-Anweisungen, die zum Einbau von Latches in kombinatorischen Prozessen führen. Dies umgeht man am besten, indem man mit Default-Anweisungen arbeitet. Auch hier kann die Synthese sinnvoll zur Prüfung des Codes eingesetzt werden, da Latches –

die in einem Schaltnetz normalerweise nicht vorhanden sein sollten – durch die Synthese erkannt werden. Eine Warnung des Synthesewerkzeugs kann beispielsweise wie folgt aussehen (das Signal alumod führt zum Einbau von Latches):

```
Warning, alumod is not always assigned.
Storage may be needed.
```

Vertauschung der Priorität bei IF-Anweisungen:
Ein etwas subtileres Problem bei IF-Anweisungen stellt die Vertauschung der Priorität der Zuweisungen an ein Signal bei Benutzung von mehreren IF-Anweisungen für das gleiche Signal dar, was wir ebenfalls in Abschnitt 2.4.2 diskutiert haben. Leider ist es hier so, dass die Synthese dies kommentarlos in entsprechende Hardware umsetzt. Es handelt sich auch nicht wirklich um einen Fehler, den man unbedingt vermeiden sollte, sondern eher um ein semantisches Problem. Die Synthese setzt den Code auch korrekt in Hardware um, die mit der RTL-Simulation übereinstimmt. Es stellt sich jedoch häufig heraus, dass die Vertauschung der Priorität vom Entwickler nicht beabsichtigt war und sich somit das intendierte logische Verhalten der Schaltung nicht einstellt. Der Grund hierfür liegt zumeist in einem mangelnden Verständnis der Behandlung von Signalen in Prozessen. Es empfiehlt sich daher darauf zu achten, dass man pro Signal nicht mehr als eine (ggf. verschachtelte) IF-Anweisung benutzt.

Mehrere Treiber für ein Signal:
Ein letzter, ebenfalls häufig auftretender Fehler besteht darin, dass für ein Signal mehrere Treiber existieren. Dies ergibt sich dann, wenn es mehrere Prozesse oder nebenläufige Anweisungen gibt, die dem Signal Werte zuweisen. Bei der Simulation führt das zumeist zur Entstehung von „X"-Werten, beispielsweise wenn ein Treiber eine „1" und ein anderer Treiber eine „0" generiert, welche von der Auflösungsfunktion des std_logic-Datentyps als „X" aufgelöst wird. Mehrere Treiber kann es im Prinzip nur bei der Beschreibung von Busstrukturen geben, ansonsten darf pro Signal nur ein Treiber (Prozess oder nebenläufige Anweisung) vorhanden sein. Die einfachste Möglichkeit solche Fehler zu vermeiden besteht in der Verwendung von std_ulogic, was zur Entdeckung von mehreren Treibern schon bei der Kompilation des RTL-Modells führt.

4.7.3 Optimierung der Schaltung

Wir haben im Verlauf des Kapitels schon verschiedene Hinweise zur Schaltungsoptimierung gegeben und möchten an dieser Stelle noch einige ergänzende Hinweise anführen. Unter Optimierung versteht man die Verbesserung von bestimmten Parametern der Schaltung, wie z. B. der Veringerung des Ressourcenbedarfs oder der Erhöhung der maximalen Taktfrequenz und damit der Leistungsfähigkeit (z. B. Rechenleistung) der Schaltung, wobei die Funktion der Schaltung erhalten bleibt. Eine Optimierung kann erreicht werden durch Verwendung spezifischer Funktionen der Synthesewerkzeuge oder durch eine Veränderung des VHDL-Codes.

Eine mögliche Optimierung des kritischen Pfads kann bei Multiplexer-Funktionen durch Verwendung der Prioritätseigenschaft der IF-Anweisung vorgenommen werden. Wir be-

trachten als Beispiel Listing 4.35: Es handelt sich um die Beschreibung einer Multiplexerfunktion, welche in Abhängigkeit von sel einen der Eingänge auf den Eingang eines Flipflops schaltet. Es sei folgende Funktion zu realisieren („-" bezeichnet den „Don't
Care"-Wert):

sel[3:0] = '1 - - -' → q_ns = a;
sel[3:0] = '0 1 - -' → q_ns = b;
sel[3:0] = '0 0 1 -' → q_ns = c;
sel[3:0] = '0 0 0 1' → q_ns = d;
sel[3:0] = '0 0 0 0' → q_ns = e;

Listing 4.35: *Multiplexer-Funktion als IF-Anweisung*

```
0      p1: PROCESS (clk)
1      BEGIN
2        IF clk'event AND clk = '1' THEN
3            q <= q_ns;
4        END IF;
5      END PROCESS p1;
6      p0 : PROCESS (a,b,c,d,e,sel)
7      BEGIN
8        q_ns <= e;
9        IF sel(3) = '1' THEN
10           q_ns <= a;
11       ELSIF sel(2) = '1' THEN
12           q_ns <= b;
13       ELSIF sel(1) = '1' THEN
14           q_ns <= c;
15       ELSIF sel(0) = '1' THEN
16           q_ns <= d;
17       END IF;
18     END PROCESS p0;
```

Abbildung 4.70 zeigt das Ergebnis der Übersetzung des VHDL-Codes: Die gesamte Multiplexerfunktion wird durch eine Kaskade von 2:1-Multiplexern realisiert. Nehmen wir nun
an, dass das Signal d ein spät ankommendes Signal ist, so dass die zur Verfügung stehende

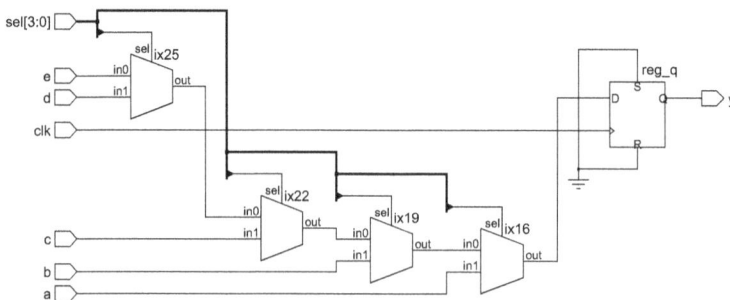

Abb. 4.70: *Ergebnis der Übersetzung des VHDL-Codes aus Listing 4.35.*

Zeit t_{i2r} klein gegenüber den anderen Signalen ist. Man möchte daher eigentlich das Signal d statt des Signals a über den letzten Multiplexer vor dem Flipflop in Abbildung 4.70 führen, um so zu einem möglichst kurzen kritischen Pfad für d zu kommen. Dies lässt sich erreichen, wenn wir den Code umschreiben, wie in Listing 4.36 gezeigt. Es handelt sich um die gleiche Funktion, allerdings wurden die Prioritäten vertauscht und die Ansteuerung der Multiplexer entsprechend angepasst.

Listing 4.36: Multiplexer-Funktion mit Ausnutzung der Priorisierung

```
0    p0 : PROCESS (a,b,c,d,e,sel)
1    BEGIN
2      q_ns <= e;
3      IF sel(0) = '1' AND sel(1)='0' AND sel(2)='0' AND sel(3)='0' THEN
4        q_ns <= d;
5      ELSIF sel(1)='1' AND sel(2)='0' AND  sel(3) = '0' THEN
6        q_ns <= c;
7      ELSIF sel(2) = '1' AND sel(3)='0' THEN
8        q_ns <= b;
9      ELSIF sel(3) = '1' THEN
10       q_ns <= a;
11     END IF;
12   END PROCESS p0;
```

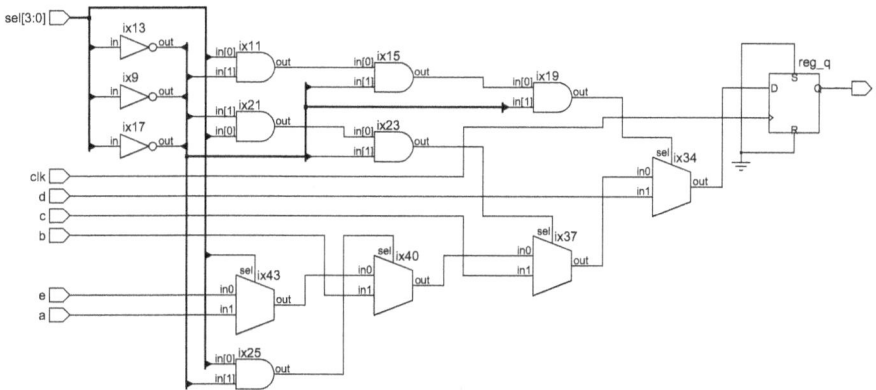

Abb. 4.71: Ergebnis der Übersetzung des VHDL-Codes aus Listing 4.36.

Im Ergebnis wird nun das Signal d über den letzten Multiplexer geführt, so dass d auf dem kürzesten Pfad liegt. Das Problem liegt nun darin, dass für die Multiplexerfunktion eine Priorität eigentlich gar nicht notwendig ist, da die Bedingungen sich gegenseitig ausschließen. Ob die codierte Priorität in der Hardwarerealisierung tatsächlich beibehalten wird, hängt vom Synthesewerkzeug ab. Mit XST von Xilinx ist es beispielsweise möglich, über eine Synthese-Option (priority_extract=force) [104] die codierte Priorisierung der Hardware beizubehalten. Synthetisiert man beide VHDL-Codes mit XST für ein Virtex-II-FPGA, so kann bei der zweiten Variante der kritische Pfad für das Signal d tatsächlich um 35% verbessert werden.

Wie man sieht, kann man durch sorgfältige Analyse der erzeugten Hardware und einer
Überarbeitung des VHDL-Codes eine Optimierung des Designs erreichen. Wir zeigen in
Listing 4.37 und 4.38 noch ein weiteres Beispiel für diese Vorgehensweise. In Abhän-
gigkeit von einem Signal sel sei eine Addition von verschiedene Konstanten zu einem
Eingangssignal x auszuführen. Die Breite der Operanden sei 16 Bit. Listing 4.37 zeigt eine
mögliche Variante: Da die Schleife bei der Synthese entrollt wird, ergeben sich vier 16-Bit-
Addierer; das Ergebnis der jeweiligen Addition wird über Multiplexer auf den Ausgang y
geschaltet. Eine Implementierung mit XST für ein Virtex-II-FPGA benötigt 62 Slices.

Listing 4.37: Operandenauswahl durch eine Schleife

```
0    ARCHITECTURE beh OF loopopt IS
1      TYPE coeff_t IS ARRAY (0 TO 3) OF unsigned(15 DOWNTO 0);
2      CONSTANT coeff : coeff_t := ( x"0001", x"0002", x"0012", x"1abc");
3    BEGIN
4      p0 : PROCESS (x,sel)
5      BEGIN
6        y <= x;
7        FOR i IN 0 TO 3 LOOP
8          IF sel(i) = '1' THEN
9            y <= x + coeff(i);
10         END IF;
11       END LOOP;
12     END PROCESS p0;
13   END beh;
```

Verschieben wir in Listing 4.38 die Auswahl des Operanden vor die Addition, so wird nur
noch ein Addierer benötigt. Der Ressourcenaufwand beträgt nun nur noch 12 Slices und hat
sich damit um mehr als einen Faktor 5 verbessert! Es sei nochmals betont, dass gerade die
Verwendung von Schleifen in Verbindung mit arithmetischen Operanden zu erheblichem
Ressourcenaufwand führen kann, so dass man Schleifen mit Bedacht verwenden sollte.

Listing 4.38: Optimierung der Operandenauswahl

```
0      p0 : PROCESS (x,sel)
1        VARIABLE ym : unsigned(15 DOWNTO 0);
2      BEGIN
3        ym := x;
4        FOR i IN 0 TO 3 LOOP
5          IF sel(i) = '1' THEN
6            ym := coeff(i);
7          END IF;
8        END LOOP;
9        y <= x + ym;
10     END PROCESS p0;
```

Weitere Optimierungsmöglichkeiten ergeben sich aus speziellen Funktionen der Synthesewerkzeuge; Informationen zu Optimierungsmöglichkeiten sollte man daher den Handbüchern der Synthesewerkzeughersteller entnehmen. Es sei hier als Beispiel auf das so
genannte „Retiming" verwiesen. Dabei handelt es sich um eine Optimierung der Regis-
terplatzierung in einem Design. Die Platzierung der Register und Flipflops eines Designs

wird durch den VHDL-Code vorgegeben. Nun kann es passieren, dass die kritischen Pfade zwischen den Flipflops an manchen Stellen relativ lang sind und an anderen Stellen relativ kurz, wie in Abbildung 4.72a gezeigt. Die maximale Taktfrequenz ergibt sich aber aus der Verzögerungszeit des insgesamt längsten Pfades, obwohl manche Schaltungsteile schneller getaktet werden könnten. Eine Schaltung kann also schneller getaktet werden, wenn wir die Register so platzieren, dass die kritischen Pfade zwischen den Registern alle in etwa gleich lang sind. Dies ist übrigens ein wesentlicher Gesichtspunkt bei der Auslegung der Register-Transfer-Struktur eines Entwurfs und wird auch als „Register-Balancierung" (engl.: register balancing) bezeichnet.

In gewissen Grenzen können manche Synthesewerkzeuge eine Verschiebung von Registerstufen vornehmen, wie in Abbildung 4.72 gezeigt, was üblicherweise als „Retiming" bezeichnet wird. Nehmen wir im Beispiel an, dass die LUTs alle die gleiche Verzögerungszeit aufweisen, so können wir die Verzögerungszeit des kritischen Pfades von $T_{krit,a} = 3 \cdot t_{d,LUT}$ durch Retiming auf $T_{krit,b} = 2 \cdot t_{d,LUT} = 2/3 \cdot T_{krit,a}$ verbessern und damit auch die maximale Taktfrequenz von $f_{max,a} = 1/(3 \cdot t_{d,LUT})$ um 50% auf $f_{max,b} = 1/(2 \cdot t_{d,LUT}) = 3/2 \cdot f_{max,a}$ erhöhen. An der Funktion der Schaltung ändert sich nichts, allerdings kann sich die Zahl der benötigten Flipflops beim Retiming erhöhen oder verringern. Ferner sind manche Register nicht verschiebbar, da sich anderenfalls die Funktion der Schaltung hierdurch ändern würde. Besser ist es daher, von vornherein eine gute Aufteilung der Register bei der Entwicklung der RT-Struktur zu wählen, was allerdings Erfahrung erfordert.

In diesem Zusammenhang sei noch erwähnt, dass man durch Einfügen zusätzlicher Registerstufen die Taktfrequenz weiter erhöhen kann; dies wird als „Pipelining" (dt.: Fließbandverarbeitung) bezeichnet. Würden wir in unserem Beispiel aus Abbildung 4.72 an jeden LUT-Ausgang ein Flipflop setzen, so könnten wir die Schaltung mit $f_{max} = 1/t_{d,LUT}$ takten. Damit hätten wir allerdings die Funktion der Schaltung verändert, da sich die so genannte „Latenz" (engl.: latency) erhöht. Mit Latenz wird die Anzahl der Taktschritte bezeichnet, die benötigt werden, um neue Daten am Ausgang – in Abhängigkeit von neuen Daten am Eingang – zu generieren. Während wir in Abbildung 4.72 jeweils eine Latenz von 2 Taktschritten haben, hätten wir im letzten Fall eine Latenz von 4 Taktschritten. Pipelining kann üblicherweise nicht von den Logiksynthesewerkzeugen eingebaut werden, sondern muss vom Entwickler beim Entwurf der RT-Struktur berücksichtigt werden. Bei der Entwicklung von Mikroprozessoren ist Pipelining eine wesentliche Maßnahme zur Steigerung der Rechenleistung [83, 77] und wird schon beim Entwurf der RTL-Struktur des Rechners

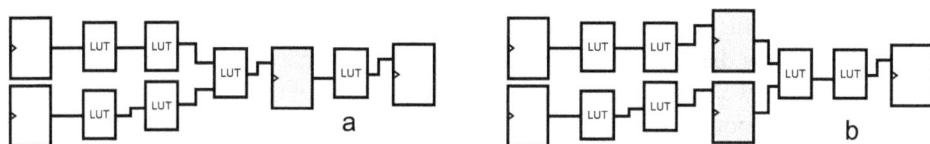

Abb. 4.72: Retiming: In Variante a ergibt sich ein kritischer Pfad von 3 LUTs. Wird das graue Flipflop aus Variante a in Variante b um eine Stufe nach links verschoben, so ergibt sich ein kritischer Pfad von 2 LUTs.

berücksichtigt. So sind beispielsweise die so genannten RISC-Prozessoren (Reduced Instruction Set Computer) im Hinblick auf den Einsatz von Pipelining entwickelt worden.

4.7.4   Partitionierung des Entwurfs

Unter der Partitionierung (engl.: partitioning) des Entwurfs wollen wir an dieser Stelle die Aufteilung eines VHDL-Designs in Komponenten (Entity/Architecture-Paare) und damit die hierarchische Strukturierung des Design verstehen. Abbildung 4.73 zeigt als Beispiel die Partitionierung des Beispiel-Prozessors. Die Partitionierung ist eine wesentliche Aufgabe zu Beginn der Entwicklungsarbeiten. Wie wir nachfolgend sehen werden, gibt es einige Aspekte bei der Partitionierung zu beachten, die auch Konsequenzen für die Anwendung der nachfolgenden Entwurfsschritte – insbesondere der Logiksynthese – haben. Obgleich eine Partitionierung auch während des Entwurfs verändert werden kann, ist dies dann doch mit zusätzlichem Aufwand verbunden, so dass man sich besser zu Beginn etwas mehr Zeit für das Finden einer guten Partitionierung lässt.

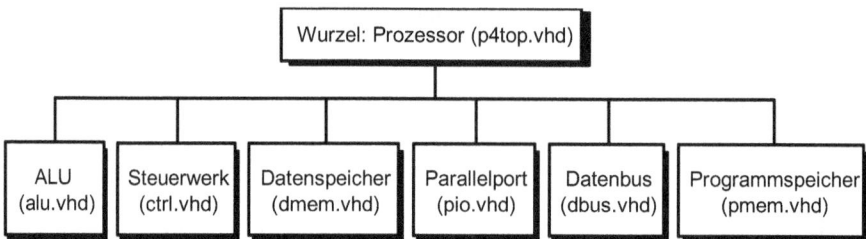

Abb. 4.73: *Partitionierung des Beispiel-Prozessors: Die oberste Ebene („Toplevel") des Designs oder die Wurzel des Hierarchiebaums ist eine VHDL-Strukturbeschreibung (p4top.vhd, siehe Anhang), in welcher die Komponenten des Designs verschaltet werden. In diesem Beispiel gibt es nur eine Hierarchiestufe, so dass es sich bei den Komponenten um reine Verhaltensbeschreibungen handelt.*

Der wesentliche Zweck der Partitionierung besteht in der Zerlegung eines großen Entwurfsproblems in mehrere kleinere Teilprobleme, was als „Teile-und-Herrsche"-Strategie (engl.: divide and conquer, lat.: divide et impera) bezeichnet wird, um die enorme Komplexität heutiger Entwürfe beherrschbar zu machen. So nimmt beispielsweise die Rechenzeit auf dem Computer für die Logiksynthese überproportional mit der Komplexität (Gatteranzahl) der zu synthetisierenden Schaltung zu. Die Summe der Rechenzeiten für die Logiksynthese der einzelnen Komponenten eines partitionierten Design wird somit kleiner sein als die Rechenzeit für die Logiksynthese des Ganzen, unpartitionierten Designs. Ein Gesichtspunkt ist daher die Anpassung der Komponentengrößen an die Leistungsfähigkeit der Synthese. Üblicherweise geht man von einer Größe von ungefähr 10.000 bis 50.000 Gatter als maximale Komponentengröße aus [10]. Durch die ständig steigende Leistungsfähigkeit der Synthesewerkzeuge können mittlerweile auch größere Komponenten synthetisiert werden, jedoch gibt es noch weitere Gründe, die für eine getrennte Synthese einzelner Komponenten und damit für eine Partitionierung sprechen; eine Auswahl soll im Folgenden aufgelistet werden [10].

- Aufgrund der Funktion der Komponenten (siehe Prozessor-Beispiel) ergibt sich zumeist eine natürliche Partitionierung der Komponenten.

- Da die Synthesewerkzeuge nicht über Hierarchiegrenzen hinweg optimieren können, sollte eine eventuell vorhandene Hierarchie in einer zu synthetisierenden Komponente ausgeflacht werden. Dies wird zumeist von den Synthesewerkzeugen automatisch erledigt. Es ist daher auch nicht sinnvoll, das Design in zu kleine Einheiten aufzuteilen.

- Datenpfad-Komponenten, d. h. Komponenten mit arithmetischen Funktionen, sollten von der Steuerlogik getrennt werden.

- Schaltwerke (FSM) sollten in eigenen Komponenten realisiert werden. Der Grund liegt darin, dass für eine FSM unter Umständen verschiedene Zustandscodierungen ausprobiert werden müssen. Da pro Syntheselauf zumeist nur eine Zustandscodierung für alle FSMs ausgewählt werden kann, kann man die FSMs nicht mehr unabhängig voneinander optimieren.

- Komplexe Schaltwerke sollten in mehrere kleinere Schaltwerke aufgeteilt werden. Zählvorgänge sollten nicht in den FSMs realisiert werden, sondern in Zähler ausgelagert werden.

- Es empfiehlt sich eine strikte Trennung des VHDL-Designs in reine Strukturbeschreibungen und Verhaltensbeschreibungen. In den Strukturbeschreibungen werden die instanzierten Komponenten nur verschaltet, es wird keine weitere Logik generiert. Dies ermöglicht es, jede Komponente separat zu synthetisieren und durch den Zusammenbau der Komponenten über die Strukturbeschreibungen das korrekte Zeitverhalten sicherzustellen. Hierzu werden die zeitlichen Randbedingungen – wie in Abschnitt 4.1.3 beschrieben – für jede Komponente so bestimmt, dass beim Zusammenbau der Komponenten die Taktperiode im gesamten Design ebenfalls nicht überschritten wird. Dies erfordert aber, dass in den Strukturbeschreibungen keine weitere Logik mehr hinzukommt.

- Um die Angabe der zeitlichen Randbedingungen zu vereinfachen, sollte versucht werden, die Ausgänge (oder die Eingänge) einer Komponente über Register an die Ports der Komponente zu führen. Dann steht für die Eingänge einer anderen Komponente, die von der ersten Komponente getrieben wird, die volle Taktperiode zur Verfügung (abzüglich der Verzögerungszeit der Flipflops).

- Zeitkritische Schaltungsteile sollten von nicht-zeitkritischen Teilen getrennt werden. Der Grund ist darin zu sehen, dass in einem Syntheselauf nur eine Optimierungsstrategie verfolgt werden kann (entweder geringer Ressourcenverbrauch *oder* schnelle Schaltung). Würde man nicht-zeitkritische Teile ebenfalls möglichst schnell machen, so würde man unnötigerweise Ressourcen verschenken.

- In einer Komponente sollte nur *ein* Takt verwendet werden. Die Synthese funktioniert am problemlosesten, wenn man in jeder Komponente von einer synchronen Schaltung mit einem Takt ausgeht. Verknüpfungen von Takt und Daten oder die Benutzung von Datensignalen als Takt sind *unter allen Umständen* zu vermeiden.

- Werden mehrere Takte benötigt, so sollte ein Taktgenerator entwickelt werden, welcher im Toplevel instanziert wird, und die Takte an die Takteingänge der Komponenten verdrahtet werden. Wir werden im Kapitel 5 noch einige Hinweise geben, wie Takte im FPGA zu verdrahten sind.

- Die Benutzung asynchroner Schaltungstechniken sollte vermieden werden. Asynchrone Signale müssen einsynchronisiert werden („Abtasten" der Eingänge, siehe Abschnitt 3.4.4). Es gibt (fast) immer eine synchrone Lösung für ein vermeintlich asynchrones Problem. Wird trotz allem eine asynchrone Schaltung benötigt, so muss diese in einer separaten Komponente untergebracht werden. Asynchrone Schaltungen können mit den üblichen Synthesewerkzeugen nicht erzeugt werden. Sie müssen daher in der Regel von Hand entwickelt werden.

Ein letzter Punkt betrifft die Wiederverwendbarkeit der Komponenten. Zu diesem Zweck sollten die Komponenten gut dokumentiert werden. Neben der ausreichenden Kommentierung des Quellcodes (was wir im Buch aus Platzgründen zumeist weggelassen haben), empfiehlt sich eine schriftliche Dokumentation der Komponente in einem separaten Dokument. Des Weiteren empfiehlt es sich, nur die erwähnten Datentypen aus dem IEEE-Standard zu benutzen und keine Hersteller-spezifischen Packages zu verwenden. Dies erleichtert die Portierung des Codes auf andere Technologien. Für die Datentypen der Ports in den Entities sollte nur der Typ `std_logic` oder `std_logic_vector` benutzt werden. Dies erleichtert den Einbau der Komponente in Strukturbeschreibungen, da dann keine Typkonversionen bei der Instanzierung notwendig werden. In den Strukturbeschreibungen sollte sinngemäß nur der Datentyp `std_logic` oder `std_logic_vector` benutzt werden. Typkonversionen sollten nur innerhalb der Architectures von Verhaltensbeschreibungen vorgenommen werden. Wir haben versucht, auch im vorliegenden Buch hauptsächlich diese Methodik zu verwenden.

4.8   Zusammenfassung zu Kapitel 4

- Die *Logiksynthese* führt über mehrere Schritte zu einer optimierten Implementierung der Schaltung in einer Zieltechnologie: Der (VHDL-)RTL-Code wird zunächst in eine technologieunabhängige Darstellung aus generischen Gattern, Flipflops und Makros übersetzt. Schaltwerke werden durch die *Schaltwerkssynthese* optimiert. Durch die *Logikoptimierung* und *Technologieabbildung* wird das Design anschließend in eine optimierte Realisierung in einer *Zieltechnologie* überführt.

- Während des Übersetzens des RTL-Codes kann das Synthesewerkzeug durch *Inferenz* bestimmte Teile des Codes in *Makros* umsetzen. Hierfür müssen beim Schreiben des Codes bestimmte *Muster* eingehalten werden.

- Die Realisierung des Überführungs- und Ausgabeschaltnetzes eines Schaltwerks und die Anzahl der Flipflops ist hauptsächlich durch die *Zustandscodierung* bestimmt. Wird für die Beschreibung eines Schaltwerkes in VHDL ein *Aufzählungstyp* für die Zustände benutzt, so können während der Synthese unterschiedliche Zustandscodierungen ausprobiert werden.

- Zur Steuerung der Logikoptimierung werden *zeitliche Randbedingungen* benötigt, welche der Entwickler spezifizieren muss. Während der Logikoptimierung berechnet die *statische Timing-Analyse* die Verzögerungszeit der Pfade in der Schaltung und vergleicht diese mit den vorgegebenen Randbedingungen. Verletzen bestimmte Pfade die Randbedingungen, so versucht das Synthesewerkzeug diese zu optimieren.

- Da die statische Timing-Analyse nur die Verschaltung der Gatter betrachtet und nicht die Funktion der Schaltung, können unter Umständen Pfade als kritisch markiert werden, welche in der Anwendung nie benutzt werden. Diese werden als *„falsche Pfade"* bezeichnet.

- Logikoptimierung und Technologieabbildung sind „schwere" algorithmische Probleme. Daher werden *heuristische Verfahren* eingesetzt, die zwar nicht garantiert das Optimum finden, aber doch akzeptable Lösungen in kürzerer Rechenzeit.

- Für die Logikoptimierung von Standardzellen-ASICs und FPGAs wird eine *mehrstufige Logikoptimierung* verwendet. Die Vorgaben des Entwicklers steuern dabei die Auswahl von Algorithmen und *Transformationen*. Gemäß den Vorgaben des Entwicklers versucht das Synthesewerkzeug eine Lösung im *Entwurfsraum* zu generieren. Der Entwurfsraum stellt einen Zusammenhang zwischen der Leistungsfähigkeit einer Schaltung und dem hierfür notwendigen Hardwareaufwand dar. Im Allgemeinen handelt es sich hierbei um einen reziproken Zusammenhang.

- Im Rahmen der *Technologieabbildung für SRAM-FPGAs* werden die mehrstufigen Boole'schen Funktionen im Wesentlichen auf die Verschaltung von LUTs abgebildet.

- Für die Zustandscodierung von Schaltwerken in FPGAs ist die *„One-Hot"-Codierung* besonders geeignet. Allerdings entstehen bei n im VHDL-Code beschriebenen Zuständen durch diese Codierung $2^n - n$ *unbenutzte Zustände* in der Hardware. Gerät das Schaltwerk durch eine Störung in einen unbenutzten Zustand, so kann es sich *„aufhängen"*.

- Jedes *Signal*, dem in einem *getakteten Prozess* etwas zugewiesen wird, führt zu einem Flipflop oder zu einem Register. Komplexere Schaltwerke beschreibt man daher am besten so, dass das Zustandsregister in einem separaten (getakteten) Prozess codiert wird und das ÜSN/ASN in einem oder zwei weiteren kombinatorischen Prozessen.

- Die Verwendung von *Variablen* in getakteten Prozessen ist fehleranfällig, daher sollten nur Signale verwendet werden. Das *speichernde Verhalten von Variablen* sollte auch in kombinatorischen Prozessen nicht ausgenutzt werden, da es zu einer unterschiedlichen Semantik in Simulation und Synthese führen kann.

- Für kleinere Bitbreiten kann ein *Abwärtszähler* gegenüber einem *Aufwärtszähler* Vorteile bezüglich maximaler Taktfrequenz und Ressourcenverbrauch ergeben.

- Die *Subtraktion* wird in der Hardware durch Addition des Zweier-Komplements durchgeführt. Die *Addition* und die Subtraktion kann daher mit der gleichen Hardware implementiert werden, wofür in den Logikelementen (Slices) der FPGAs spezielle Schaltungen vorhanden sind, die eine *schnelle Berechnung des Übertrags* ermöglichen.

- Auch für die Implementierung von Multiplizierern sind in manchen FPGAs in den Logikelementen spezielle Schaltungen vorhanden oder es sind spezielle Multipliziererblöcke im FPGA integriert.

- Der *Ressourcenbedarf* von Addition und Subtraktion sowie von relationalen Operatoren wächst linear mit der Bitbreite der Operanden; für die Addition/Subtraktion wird pro Bit eine halbe Slice benötigt. Werden Multiplizierer in den Logikelementen realisiert, so wächst der Ressourcenbedarf annähernd quadratisch mit der Bitbreite der Operanden.

- Da arithmetische und relationale Operatoren in Abhängigkeit von der Bitbreite einen erheblichen Ressourcenbedarf nach sich ziehen, sollte man mit ihnen im VDHL-Code sorgfältig umgehen. Gegebenenfalls kann man durch *Mehrfachnutzung* den Ressourcenbedarf reduzieren.

- Für die Implementierung von *vorzeichenloser Arithmetik* kann der Datentyp `unsigned` verwendet werden, für die Implementierung von *vorzeichenbehafteter Arithmetik* kann der Datentyp `signed` benutzt werden.

- In FPGAs können *RAM- oder ROM-Matrixspeicherblöcke* realisiert werden. Diese können durch die LUTs (Distributed RAM) oder durch spezielle RAM-Blöcke (Block RAM) implementiert werden. Bei den Matrixspeichern unterscheidet man synchrone und asynchrone Betriebsarten, wobei das Zeitverhalten je nach FPGA-Hersteller unterschiedlich ist, so dass eine Inferenz von Matrixspeichern aus dem VHDL-Code unter Umständen Schwierigkeiten macht und Speicher durch die Instanzierung von herstellerspzifischen Makros im VHDL-Code realisiert werden müssen.

- Kleine Speichergrößen sollten als „Distributed RAM" implementiert werden, größere Speicher in den „Block RAMs".

- *Bussysteme* können als *Tristate-* oder als *Logik/Multiplexer-Busse* implementiert werden. Logik-Busse bieten gegenüber Tristate-Bussen elektrische Vorteile, wie beispielsweise Querstromfreiheit bei Buskonflikten. Die Implementierung von Logik-Bussen benötigt im Vergleich zu Tristate-Bussen einen höheren Ressourcenaufwand.

Vielfach bieten FPGA-Hersteller jedoch keine Tristate-Treiber an, so dass auch eine Tristate-Beschreibung im VDHL-Code zu einer Logikrealisierung führt.

- Die *Input/Output-Blöcke* (IOB) von FPGAs bieten Flipflops und bidirektionale Treiber an, um I/O-Schnittstellen zu realisieren.

- Eine wesentliche Schwierigkeit bei VHDL liegt in *semantischen Unterschieden* zwischen Simulation und Synthese. Unter anderem ergeben sich hieraus häufig Fehler in getakteten und kombinatorischen Prozessen. Diese können durch Befolgen von wenigen Regeln und Anwendung von Design-„Mustern" weitgehend vermieden werden.

- Durch Veränderung des VHDL-Codes können - im Zusammenspiel mit der Synthese - *Optimierungen* bezüglich der Leistungsfähigkeit oder des Ressourcenverbrauchs erzielt werden.

- Durch die *Partitionierung* des gesamten Entwurfs wird ein komplexes Designproblem in mehrere kleinere Probleme zerlegt und damit die Komplexität handhabbarer. Auch um gewisse Optimierungen bei der Synthese erzielen zu können, ist eine Aufteilung des Designs nach bestimmten Gesichtspunkten sinnvoll.

4.9   Übungsaufgaben

Wie schon bei den Übungsaufgaben aus Kapitel 2 sollten Sie für die Lösung der nachfolgenden Übungsaufgaben einen VHDL-Simulator und ein Synthesewerkzeug zur Verfügung haben.

Aufgabe 4.1:
Leiten Sie die in Abbildung 4.7 gezeigte alternative Lösung für die Ansteuerfunktion D (Zustandscodierung: $s0 = '1'$ und $s1 = '0'$) des Schaltwerkflipflops manuell mit Hilfe eines KV-Diagramms her und vergleichen Sie mit der von der Synthese gelieferten Lösung.

Aufgabe 4.2:
Überlegen Sie, wie das in Listing 4.1 und Abbildung 4.1 in Abschnitt 4.1.1 beschriebene Design in eine FPGA-Technologie abgebildet werden kann. Nehmen Sie an, dass es sich um die Virtex-II-Technologie handelt oder eine vergleichbare Technologie, welche 4-LUTs und Flipflops anbietet. Zeichnen Sie eine von Ihnen erwartete Verschaltung von LUTs und Flipflops und überlegen Sie, welche Funktionen die LUTs realisieren. Überprüfen Sie Ihre Lösung indem Sie eine Logiksynthese durchführen.

Aufgabe 4.3:
Entwickeln Sie ein Steuerwerk in VHDL, welches folgende Aufgabe hat: Es sei zu überprüfen, ob ein Signal din über mindestens zwei Taktperioden hinweg den Wert „1" aufweist. Dieser Test soll nur dann ausgeführt werden, wenn über ein weiteres Signal start $='1'$ eine Freigabe erteilt wird. Wenn das Signal start $='0'$ ist, soll das Steuerwerk

in den Anfangszustand übergehen. Wenn der Test erfolgreich war, soll das Steuerwerk ein Signal detect auf „1" setzen, anderenfalls ist dieses Signal „0". Über ein „1"-aktives asynchrones Reset-Signal soll das Steuerwerk in den Grundzustand gesetzt werden. Das Signal din sei ein asynchrones Signal und soll über zwei Flipflops vor der Weiterverarbeitung synchronisiert werden. Schreiben Sie auch eine Testbench für das Design und überprüfen Sie die Funktion durch eine Simulation. Synthetisieren Sie dann das Design und bilden es auf eine FPGA-Technologie (z. B. Virtex-II) ab. Wählen Sie dabei eine Zustandscodierung, so dass eine minimale Anzahl an Flipflops benötigt wird. Bestimmen Sie die maximale Taktfrequenz mit der Sie die Schaltung betreiben können und den Ressourcenbedarf.

Aufgabe 4.4:
Analysieren Sie für das Steuerwerk aus der vorigen Aufgabe, welche unbenutzten Zustände das Steuerwerk einnehmen kann und ob das Schaltwerk Lockup-frei ist.

Aufgabe 4.5:
Überlegen Sie, wie man einen Dekrementer (b = a-1, a und b seien 2 Bit breit) mit Hilfe von LUTs in einem FPGA implementieren könnte. Zeichnen Sie eine Verschaltung von LUTs und geben Sie die von den LUTs realisierten Funktionen an. Überprüfen Sie Ihre Überlegungen, indem Sie einen Dekrementer in VHDL codieren und für eine FPGA-Technologie synthetisieren.

Aufgabe 4.6:
Schreiben Sie einen 4-Bit-Addierer in VHDL, der vorzeichenbehaftete Zahlen verarbeiten kann und mit einem Overflow-Signal die Zahlenbereichsüberschreitung signalisiert (0: keine Überschreitung, 1: Überschreitung). Schreiben Sie eine Testbench, simulieren Sie für alle möglichen Zahlenkombinationen der beiden Operanden das Design und überprüfen Sie so die korrekte Funktion von Summe und Overflow. Synthetisieren Sie das Design und stellen Sie sicher, dass Ihr VHDL-Code auch effizient in Hardware umgesetzt werden kann.

Aufgabe 4.7:
In der digitalen Signalverarbeitung werden häufig Filter eingesetzt. Entwickeln Sie in VHDL ein digitales FIR-Filter (Finite Impulse Response) [83, 98]. Die Eingangsdaten des Filters weisen eine Wortbreite von 4 Bit auf, das Filter soll vorzeichenlose ganze Zahlen verarbeiten. Die Funktion eines FIR-Filters lässt sich im *Zeitbereich* durch die „Faltung" [98] (engl.: convolution) oder die „Faltungssumme"

$$y[k] = \sum_{i=0}^{N} g[i] \cdot x[k-i]$$

beschreiben. N bezeichnet die „Ordnung" [83] des FIR-Filters und sei hier $N = 3$. Dabei sind $g[i]$ die *Koeffizienten*, die die Übertragungsfunktion (g wird als Impulsantwort bezeichnet) des Filters definieren. Die Anzahl der Koeffizienten ist $N + 1 = 4$, wobei die Koeffizienten als Konstanten betrachtet werden können (ebenfalls 4 Bit Wortbreite, Werte seien für die Aufgabe beliebig). Die Ausgabe $y[k]$ zu einem bestimmten Zeitpunkt k wird also berechnet, indem die Koeffizienten $g[i]$ jeweils mit den abgetasteten Werten des Eingangssignals $x[k-i]$ für alle $i = 0..3$ multipliziert und alle Produkte summiert werden – dies wird auch als Akkumulation bezeichnet. Bei $x[k-i]$ handelt es sich für $i = 0$ um den zum Zeitpunkt k aktuell am Eingang anliegenden Wert und für $i > 0$ um die Werte, die zu den $k-i$ früheren Zeitpunkten anlagen – diese müssen also im Filter zwischengespeichert werden. $x[k]$ und $y[k]$ sind diskrete Zahlenfolgen, wobei k die diskreten Abtastzeitpunkte $k \cdot T$ beschreibt, an denen Eingangsdaten $x[k]$ übernommen („abtasten") und neue Werte $y[k]$ am Ausgang des Filters berechnet werden. T ist die *Abtastperiode* und $f_s = 1/T$ ist die *Abtastfrequenz*. Entwickeln Sie das Filter so, dass nur *ein* Multiplizierer und *ein* Addierer/Akkumulator benötigt wird (dies wird auch als MAC-Einheit bezeichnet: Multiply-Accumulate). Die obige Gleichung oder der Algorithmus ist bei $N = 4$ für jeden Zeitpunkt k, jeden zugehörigen Eingangswert $x[k]$ (engl.: sample) und zugehörigen Ausgangswert $y[k]$ in vier Taktschritten abzuarbeiten. Überlegen Sie sich zunächst auf Papier eine RTL-Hardwarestruktur, mit der Sie den Algorithmus abarbeiten können, und codieren Sie dann in VHDL. Berücksichtigen Sie auch, dass bei der Multiplikation ein Produkt entsteht mit einer Bitbreite von 8 Bit und dass bei der Akkumulation der Produkte Überläufe auftreten können, so dass der Akkumulator eine größere Bitbreite benötigt. Simulieren Sie das Design und vergleichen Sie, wenn möglich, mit einer Faltung in MATLAB [46] o.Ä. Hierzu können Sie in MATLAB die Funktion `conv` (von Convolution) benutzen [46, 98]. Synthetisieren Sie das Design und ermitteln Sie den Ressourcenaufwand und die maximale Taktrate. Mit welcher maximalen Rate (= Abtastfrequenz) dürfen an Ihr Filter neue Eingangsdaten angelegt werden?

Aufgabe 4.8:
Schreiben Sie eine Testbench für den Beispiel-Prozessor und simulieren Sie den Prozessor. Machen Sie sich die Funktion des Beispielprogramms aus Abschnitt 4.5.1 zunächst ohne Simulation anhand der Befehlsfolge klar und vergleichen Sie Ihr Ergebnis mit der Simulation. Verändern Sie das Programm.

Aufgabe 4.9:
Schreiben Sie für die Verschaltung der Bus-Transceiver nach Abbildung 4.62 und 4.65 jeweils eine VHDL-Strukturbeschreibung. Überprüfen Sie Ihr Ergebnis durch Synthese.

5 Von der Gatterebene zur physikalischen Realisierung

Nach der im vorigen Kapitel beschriebenen Logiksynthese des VHDL-Codes soll die durch die Synthese erzeugte Gatter-Netzliste in eine physikalische Realisierung umgesetzt werden. Während dies beim ASIC das Erstellen der Layoutdaten erfordert, bedeutet dies bei PLDs die Erstellung der Programmierdaten. Diese Arbeiten werden häufig als „physikalischer Entwurf" (engl.: physical design) bezeichnet. Wir wollen in diesem Kapitel die Vorgehensweise und die wesentlichen Probleme beim physikalischen Entwurf darstellen. Obwohl wir dies anhand des FPGA-Entwurfs tun, so lassen sich doch viele der im Folgenden beschriebenen Vorgehensweisen und Problemstellungen auch auf den erheblich aufwändigeren Entwurf von ASICs übertragen. Der wesentliche Entwurfsschritt ist in beiden Fällen die Platzierung und Verdrahtung des Designs. Wie schon bei der Logiksynthese wollen wir die Problematik der Platzierung und Verdrahtung von FPGAs anhand von Beispielen beschreiben und auf eine detaillierte Darstellung der EDA-Algorithmen verzichten, hierfür sei beispielsweise auf [93, 49, 68, 70] verwiesen. Bei der Platzierung und Verdrahtung des Designs muss die Synchronität der Schaltung sichergestellt werden, indem die Takte der Schaltung geeignet zugeführt werden. Nach der Verdrahtung des Designs muss normalerweise überprüft werden, ob das Zeitverhalten der realisierten Schaltung dem intendierten Verhalten entspricht. Dies kann zum einen durch eine Timing-Analyse oder eine Simulation des Zeitverhaltens erfolgen. Wir werden in diesem Kapitel insbesondere detailliert zeigen, in welcher Weise die Verdrahtung das Zeitverhalten der Schaltung beeinflusst.

5.1 Entwurfsablauf für FPGAs

Das Ergebnis der Logiksynthese ist eine Netzliste, die die Verbindung von logischen Komponenten oder Makros (LUTs, Flipflops, Tristate-Treiber etc.) beschreibt und auch als Gatter-Netzliste bezeichnet wird. Für die physikalische Realisierung müssen die logischen Komponenten aus der Gatter-Netzliste den physikalischen Komponenten auf dem FPGA zugewiesen werden (Platzierung, engl.: placement). Des Weiteren müssen die Verbindungen der logischen Komponenten aus der Netzliste durch entsprechend programmierte Verdrahtungssegmente auf dem FPGA realisiert werden (Verdrahtung, engl.: routing). Die Platzierung und Verdrahtung (engl.: place and route, im Folgenden auch als P&R abgekürzt) der Komponenten stellt daher den zentralen Vorgang bei der physikalischen Realisierung eines Designs dar. Neben den Ergebnissen der Logiksynthese beeinflusst die P&R-EDA-Software entscheidend die Qualität des Designs. Wir wollen im Folgenden zunächst

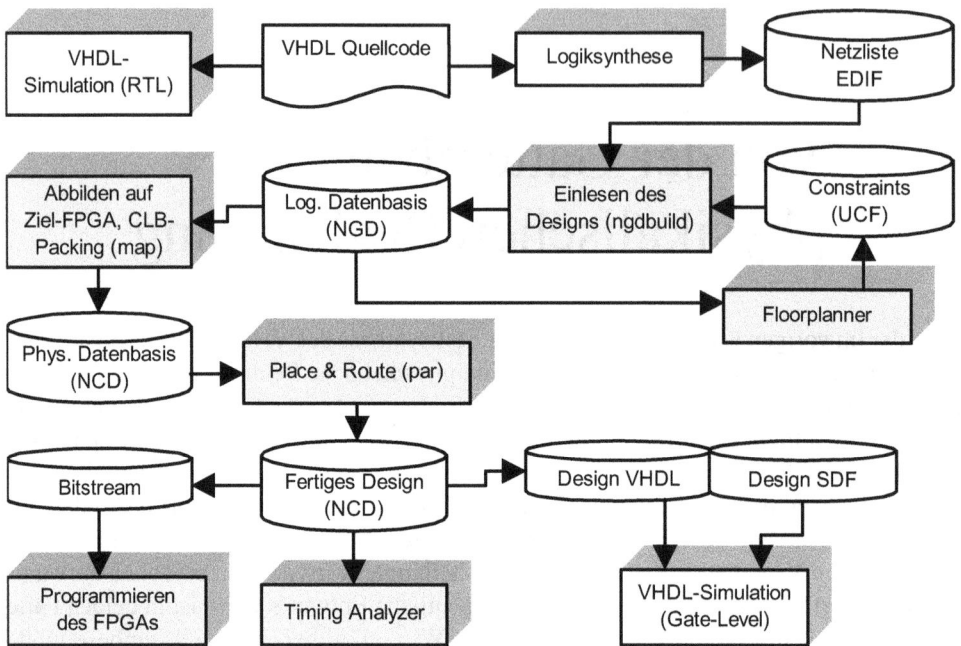

Abb. 5.1: *Entwurfsablauf für ein FPGA-Design: Die Abbildung zeigt einen typischen Entwurfsablauf für Xilinx-FPGAs in vereinfachter Darstellung. Die grau hinterlegten Werkzeuge sind im Entwicklungssystem ISE (Integrated Software Environment) von Xilinx [103] enthalten.*

den kompletten Entwurfsablauf in einer Übersicht diskutieren, bevor wir im Rest des Kapitels einzelne Schritte detaillierter besprechen. Abbildung 5.1 zeigt einen typischen Entwurfsablauf für FPGAs [108], wobei wir als Beispiel die ISE-Werkzeuge von Xilinx verwenden.

Wir können für die Logiksynthese entweder das in der ISE enthaltene Werkzeug XST verwenden oder aber ein Werkzeug eines Fremdherstellers, z. B. Leonardo von Mentor Graphics. In letzterem Falle besteht die erste Aufgabe darin, die Gatter-Netzliste aus dem Logiksynthesewerkzeug in die ISE-Umgebung zu exportieren. Hierfür wird die Netzliste in der Regel im EDIF-Format (Electronic Design Interchange Format) exportiert. Dabei handelt es sich um ein Daten-Austauschformat, welches die Netzliste in lesbarem ASCII-Text darstellt. Dieses Format wurde in den achtziger Jahren des vorigen Jahrhunderts durch ein Firmenkonsortium (EIA: Electronic Industries Alliance) definiert.

Obwohl auch neuere Versionen existieren, wird von den Werkzeugen hauptsächlich das „EDIF 2 0 0"-Format benutzt, welches 1988 von der EIA standardisiert wurde. Wir können an dieser Stelle aus Platzgründen nicht die vollständige Syntax von EDIF darstellen – es sei auf [19, 70] verwiesen – und möchten daher die Syntax von EDIF anhand des Beispiels aus Abbildung 5.2 demonstrieren. Es handelt sich um das Beispiel-Schaltwerk aus Abschnitt 4.1.2, welches mit Leonardo synthetisiert wurde. Betrachten wir in Listing 5.1

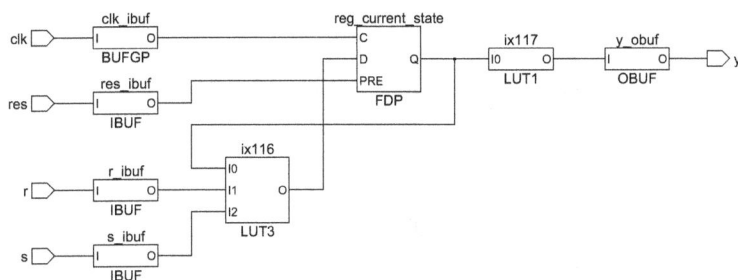

Abb. 5.2: *Beispiel-Design nach der Synthese: Im Grunde handelt es sich bei diesen Komponenten auch um Makros, welche beim Abbilden auf das Ziel-FPGA (Programm „map") zu entsprechenden Programmierinformationen für die benutzten FPGA-Komponenten führen. Die IBUF- und OBUF-Makros werden auf entsprechende IOBs im Ziel-FPGA abgebildet. Ebenso wird das BUFGP-Makro auf einen Takttreiber abgebildet. Das FDP-Makro führt dazu, dass der Preset eines CLB-Flipflops entsprechend programmiert wird.*

die (auszugsweise) Darstellung der Schaltung im EDIF-Format. Zunächst werden die Instanzen der Schaltung aufgelistet; eingeleitet jeweils durch das Schlüsselwort „instance". Bei den LUT-Instanzen werden die Boole'schen Gleichungen (property EQN) bzw. die entsprechende Initialisierungen der LUTs (property INIT) angegeben. Anschließend erfolgt die Beschreibung der Netze, die die Komponenten verbinden (Schlüsselwort „joined"). Im Beispiel von Listing 5.1 ist dies das Netz `current_state`, welches den Ausgang `Q` des Flipflops mit den Eingängen `I0` der beiden LUTs verbindet.

Listing 5.1: *Auszug aus der EDIF-Netzliste zu Abbildung 5.2*

```
0       (instance reg_current_state (viewRef NETLIST
1               (cellRef FDP (libraryRef xcv2 ))))
2       (instance ix116 (viewRef NETLIST   (cellRef LUT3 (libraryRef xcv2 )))
3        (property EQN (string "((I1*~I2)+(I0*I1)+(I0*~I2))"))
4        (property INIT (string "8E")))
5       (instance ix117 (viewRef NETLIST   (cellRef LUT1 (libraryRef xcv2 )))
6        (property EQN (string "((~I0))"))
7        (property INIT (string "1")))
8
9       (net current_state
10        (joined
11        (portRef Q (instanceRef reg_current_state ))
12        (portRef I0 (instanceRef ix116 ))
13        (portRef I0 (instanceRef ix117 ))))
```

Die Initialisierungsdaten (property INIT) sind die Werte, die bei der Programmierung in die LUTs geladen werden müssen. Wir können dies am Beispiel der LUT `ix116` zeigen: Der hexadezimale Initialisierungswert „8E" ergibt dual „1000 1110". Wenn wir diesen Wert in die Funktionstabelle 5.1, vom LSB beginnend, eintragen, ergibt sich die Schaltfunktion nach Minimierung zu $O = (I0 \wedge \overline{I2}) \vee (I1 \wedge \overline{I2}) \vee (I0 \wedge I1)$. Dies entspricht der in der EDIF-Netzliste ebenfalls angegebenen Schaltfunktion (property EQN), wovon sich der geneigte Leser überzeugen möge (die Tilde `~I2` stellt dabei die Inversion $\overline{I2}$ dar).

Tabelle 5.1: *Initialisierung der LUT und Funktionstabelle*

I2	I1	I0	O (Initialisierung)
0	0	0	0
0	0	1	1
0	1	0	1
0	1	1	1
1	0	0	0
1	0	1	0
1	1	0	0
1	1	1	1

Das Einlesen des Designs erfolgt mit „ngdbuild". Dies erzeugt eine logische Datenbasis, in der das Design als (hierarchische) Verschaltung von generischen Xilinx-Komponenten-Makros (auch als „Primitive" bezeichnet) im NGD-Format (Native Generic Database) dargestellt wird, welches nur maschinenlesbar (binäres Format) ist. Des Weiteren baut „ngdbuild" auch eventuell referenzierte Makros ein – beispielsweise über den „CoreGenerator" erzeugte Makros – so dass am Ende ein vollständig expandiertes Design vorhanden ist. Ebenfalls wird die UCF-Datei (User Constraint File) eingelesen, in welcher der Benutzer seine Randbedingungen (z. B. Timing, Platzierung) angeben kann. Die Informationen der UCF-Datei werden dann in die NGD-Datei des Designs eingetragen. Optional kann anschließend der „Floorplanner" benutzt werden, um beispielsweise Vorgaben bezüglich der Platzierung zu machen. Diese werden wiederum in die UCF-Datei und damit wieder in die NGD-Datei eingetragen. Wir werden dies im nächsten Abschnitt demonstrieren.

Das Programm „map" bildet das logische Design auf ein Ziel-FPGA ab. Die Komponenten-Makros der logischen Netzliste führen zu entsprechenden Programmierinformationen für die physikalischen Komponenten, siehe auch Abbildung 5.2. Die Verschaltung der logischen Komponenten wird dabei in eine Verschaltung von tatsächlich auf dem FPGA vorhandenen physikalischen Komponenten umgesetzt. Hierbei können noch gewisse lokale Optimierungen erfolgen, beispielsweise die Entfernung überflüssiger Logik. In unserem Beispiel wird der Ausgang y durch die LUT `ix117` invertiert angesteuert. Da aber der IOB-Block eines Virtex-II-FPGAs invertiert oder nicht-invertiert angesteuert werden kann, entfernt das „map"-Programm diese LUT und ersetzt sie durch eine (programmierbare) Invertierung im IOB-Block. Über einen Parameter kann auch eingestellt werden, ob Register im IOB-Block oder in den CLBs platziert werden (vgl. Abschnitt 4.6.5). Insbesondere sorgt „map" auch dafür, dass die logischen Komponenten in gemeinsame Slices und CLBs „gepackt" werden (engl.: „clustering", „packing" [95]). Das Ziel ist es, miteinander verbundene LUTs und Flipflops in gemeinsame CLBs zu packen, so dass der Verdrahtungsaufwand zwischen den CLBs minimiert wird, und dass die CLBs möglichst gut ausgenutzt werden. Das Ergebnis ist nun eine CLB-Netzliste des Designs für ein spezifisches FPGA im NCD-Format (Native Circuit Description), das platziert und verdrahtet werden kann [95].

Das Programm „par" platziert und verdrahtet das Design: Bei der Platzierung wird jeder CLB ein Platz im FPGA (engl.: site) zugewiesen und die CLBs werden dann gemäß den in der Netzliste spezifizierten Verbindungen verdrahtet. Die P&R-Informationen werden wiederum im NCD-Format abgespeichert. Das fertige Design kann nun einer Timing-Analyse unterzogen werden. Ebenfalls kann das Design im VHDL-Format, zusammen mit den Timing-Daten im SDF-Format (Standard Delay Format), für einen VHDL-Simulator exportiert werden. Wir werden auf diese Punkte an späterer Stelle noch detaillierter eingehen. Wenn aus Sicht des Entwicklers alles in Ordnung ist, kann abschließend die Programmierdatei für das FPGA mit „bitgen" erzeugt und das FPGA konfiguriert werden.

5.2 Physikalischer Entwurf von FPGAs

Der physikalische Entwurf von FPGAs besteht im Wesentlichen aus drei Aufgaben: Erstellen eines Floorplans, Platzierung der Komponenten und Verdrahtung der Komponenten. Beim Erstellen des Floorplans – der Begriff kann in etwa mit „Grundriss" übersetzt werden – können bestimmte Vorgaben bezüglich der nachfolgenden Platzierung vom Entwickler gemacht werden. Diese Vorgaben werden als Randbedingungen („Constraints") bei der Platzierung berücksichtigt. Die Platzierung sorgt dann dafür, dass die Komponenten so platziert werden, dass sie nachfolgend auch effizient verdrahtet werden können. Wie schon bei der Logiksynthese, so führen auch die Algorithmen des physikalischen Entwurfs zu einem exponentiellen Anwachsen der Rechenzeiten, wenn man exakte Verfahren verwenden würde, so dass man hier aufgrund der Komplexität der Schaltungen (Anzahl der zu platzierenden und verdrahtenden Komponenten) ebenfalls Verfahren mit Heuristiken verwenden muss.

5.2.1 Erstellen des Floorplans

Beim physikalischen Entwurf eines FPGAs ist die Erstellung eines Floorplans ein optionaler Schritt. Die wesentliche Funktion des Floorplans ist es, einzelnen Komponenten oder Gruppen von Komponenten Plätze oder Bereiche auf dem FPGA-Feld zuzuweisen. Das FPGA ist nach Abbildung 5.3 aufgeteilt in ein zweidimensionales Feld von Slices, das beim Virtex-II-FPGA durch die „Block RAMs" und Multiplizierer unterbrochen wird. In Abbildung 5.3 sehen wir den Floorplan für den kleinsten FPGA aus der Virtex-II-Familie (xc2v40), der über 256 Slices verfügt. Die Slices sind im FPGA als 16×16-Matrix angeordnet: Die Spalten werden von X0 bis X15 nummeriert und die Zeilen mit Y0 bis Y15. Jedes Rechteck in Abbildung 5.3 entspricht einer Slice. In der linken unteren Ecke ist die Slice X0Y0 und in der rechten oberen Ecke die Slice X15Y15. Die vier großen Rechtecke markieren jeweils ein „Block RAM"/Multiplizierer-Paar. Am Rand des Feldes liegen die IOB-Blöcke; die einzelnen IOBs erhalten ebenfalls eine eindeutige Bezeichnung und sind mit den entsprechenden Pins des Chipgehäuses in Abbildung 5.4 verbunden.

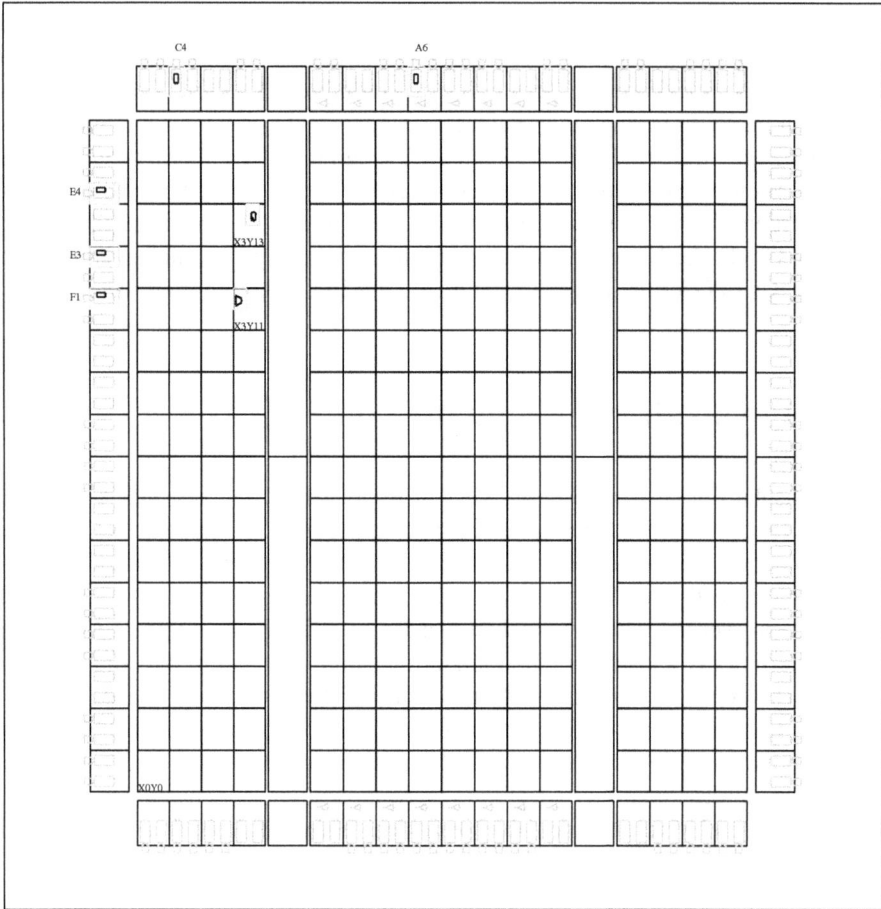

Abb. 5.3: *Floorplan des Beispiel-Designs aus Abbildung 5.2 für ein Virtex-II-FPGA (xc2v40).*

Listing 5.2: *Angabe der Platzierungen in der UCF-Datei.*

```
0    # Start of Constraints extracted by Floorplanner from the Design
1    INST "reg_current_state" LOC = "SLICE_X3Y13"  ;
2    INST "ix116" LOC = "SLICE_X3Y11"  ;
3    NET "y" LOC = "C4"  ;
4    NET "s" LOC = "E4"  ;
5    NET "res" LOC = "E3"  ;
6    NET "r" LOC = "F1"  ;
7    NET "clk" LOC = "A6"  ;
```

Ein erster Schritt ist die Zuordnung der Anschlüsse der Schaltung zu den Pins des FPGAs. Die graphische Eingabe nach Abbildung 5.3 führt zum Eintrag dieser Platzierungen in die UCF-Datei in Listing 5.2, deren Informationen bei der Platzierung dann berücksichtigt werden. Es handelt sich hier um eine so genannte „Location"-Randbedingung (Schlüssel-

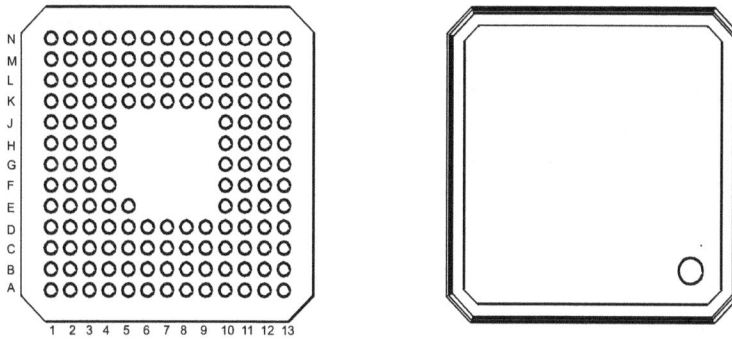

Abb. 5.4: *Chipgehäuse des Virtex-II-FPGAs: Es handelt sich um ein so genanntes BGA-Package (Ball Grid Array) CS144. Gezeigt ist links die Unterseite mit den Lötpunkten der Pins („Balls"), die das Gehäuse mit der Leiterplatte verbinden. Rechts ist Oberseite des Gehäuses gezeigt. Der Name eines Pins ergibt sich aus der hier gezeigten „Ball"-Matrix.*

wort LOC), welche die absolute Platzierung einer Komponente im FPGA angibt. Nach dem Gleichheitszeichen muss ein Ort auf dem FPGA angegeben werden; für die I/Os sind dies die Bezeichnungen der Pins. So wird also beispielsweise der Port y im IOB-Block C4 platziert und damit dem gleichnamigen Pin zugeordnet. Der Takt (clk) wird einem der 16 vorhandenen speziellen Takt-Pins des FPGAs zugeordnet (hier: A6). Dies ermöglicht die Verdrahtung des Taktes über ein spezielles Taktnetz auf dem FPGA. Wir werden in einem späteren Abschnitt die Taktverteilung noch detaillierter diskutieren.

Unter dem eigentlichen Floorplanning versteht man Vorgaben für die Zuordnung der Logikzellen, z. B. LUTs oder Flipflops, zu den Slices im Slice-Feld. Macht man keine Angaben für die Logikzellen, so gibt man der nachfolgenden Platzierung maximale Freiheit für diese Zuordnung. Jede Benutzervorgabe durch das Floorplanning schränkt diese Freiheit ein, daher kann das Floorplanning auch als Vorgabe von Platzierungsrandbedingungen oder als manuelle Platzierung verstanden werden. Dieser manuelle Eingriff in die automatische Platzierung erfordert vom Entwickler ein gutes Verständnis des Designs und des FPGA-Bausteins. Dies bedeutet zudem, dass das Ergebnis der nachfolgenden Platzierung und Verdrahtung auch analysiert und dann gegebenenfalls die manuelle Platzierung iterativ verbessert werden muss. Ist der Entwickler hierzu nicht in der Lage, führt die manuelle Platzierung von Logikzellen unter Umständen zu schlechteren Lösungen als die vollautomatische Platzierung.

In unserem Beispiel aus Abbildung 5.2 haben wir zu Demonstrationszwecken eine Platzierung der Komponenten reg_current_state (Flipflop) und ix116 (LUT) vorgegeben. Dies wird ebenfalls wieder in die UCF-Datei in Listing 5.2 als „Location"-Randbedingung eingetragen. Neben dieser absoluten Platzierungsanweisung ist es auch möglich, eine Gruppe von Komponenten auszuwählen und für die Platzierung der Gruppe ein Teilfeld im gesamten Slice-Feld auszuwählen. Das Platzierungs-Programm sorgt dann für die Platzierung jeder Komponente. Wir werden dies später anhand des Beispiel-Prozessors demonstrieren. Es sei nochmals erwähnt, dass das Floorplanning ein optionaler Schritt ist. Man kann auch alles dem Platzierungswerkzeug überlassen, inklusive der Pin-Zuordnung. Wenn man Freiheiten bezüglich der Pin-Zuordnung hat, so kann dies durchaus Sinn machen, um eine optimale Anordnung der Pins zu ermitteln. Häufig gibt es jedoch äußere Zwänge bezüglich der Pin-Zuordnung.

5.2.2   Platzierung der Komponenten im FPGA

Die automatische Platzierung (engl.: placement) der Komponenten erfolgt mit Hilfe von EDA-Programmen [49, 68, 95]. Zu platzierende Komponenten sind im Fall der FPGAs die CLBs, da die LUTs und Flipflops in einem vorangehenden Schritt schon in gemeinsame CLBs gepackt wurden [95], z. B. durch das Programm „map" in der Xilinx-ISE. Im FPGA-Entwurf wird die Platzierung und die nachfolgende Verdrahtung häufig in einem einzigen Programm realisiert; in der Xilinx-ISE ist dies das Programm „par" (von „Place And Route"). Wir möchten im Folgenden zunächst die Platzierung diskutieren, bevor wir später die Verdrahtung behandeln. Bei der Platzierung im FPGA wird jede CLB aus der Netzliste des Designs einer bestimmten CLB im CLB-Feld des FPGAs zugeordnet. In unserem Beispiel aus den Abbildungen 5.2 und 5.3 wird die LUT ix116 in der oberen Slicehälfte von Slice X3Y11 mit dem Inhalt 8E programmiert und das Flipflop reg_current_state in der oberen Slicehälfte von Slice X3Y13 wird als D-Flipflop mit asynchronem Preset programmiert. Die nachfolgende Verdrahtung hat dann die Aufgabe, die Verbindungen im FPGA zwischen und innerhalb der Slices so zu programmieren, dass die in der Netzliste beschriebenen Verbindungen realisiert werden.

Der entscheidende Punkt ist nun, dass die Platzierung auch über die Qualität der nachfolgenden Verdrahtung entscheidet. Wie wir noch sehen werden, trägt die Verdrahtung zu einem großen Teil der Verzögerungszeiten bei. Dabei ist die *Länge* der Verdrahtung entscheidend: Je kürzer die Verdrahtung, desto kürzer wird die Verzögerungszeit sein. Es ist einsichtig, dass die Verdrahtungslänge von der Platzierung der Komponenten abhängt. Wenn wir beispielsweise die Komponenten ix116 und reg_current_state aus dem obigen Beispiel in der gleichen Slice (X0Y14) platzieren, so werden die Verbindungen zwischen LUT und Flipflop sehr kurz sein. Wir erhalten in diesem Fall eine Verzögerungszeit des kritischen Pfades vom Ausgang des Flipflops über die LUT zum Eingang des Flipflops von 1,348 ns. Platzieren wir die LUT in der Slice X0Y0 (linke untere Ecke) und das Flipflop in der Slice X15Y15 (rechte obere Ecke), so werden die Verzögerungszeiten deutlich länger sein. In diesem Fall ergibt sich ein kritischer Pfad von 5,017 ns, da nun die Verdrahtung von der linken unteren Ecke des Slice-Feldes in die rechte obere Ecke geführt werden muss. Der Unterschied zwischen den beiden Zeiten ergibt sich allein aus der zusätzlichen Verdrahtung! Aus diesem Beispiel wird klar, dass die Platzierung nicht unabhängig von der Verdrahtung betrachtet werden kann.

Während die Lösung des Platzierungsproblems bei zwei Komponenten noch einfach ist, sind in komplexen Designs einige tausend bis hunderttausend Komponenten zu platzieren und zu verdrahten. Das Problem besteht nun darin, dass man zwar die Platzierung von zwei

Komponenten zueinander hinsichtlich der Verdrahtung optimieren kann, dass aber durch diese Optimierung möglicherweise die Verdrahtung von diesen beiden Komponenten zu anderen Komponenten deutlich verschlechtert wird. Die Platzierungsalgorithmen haben daher zum Ziel, eine Platzierung zu finden, welche *insgesamt* ein Optimum darstellt. Um nun verschiedene Platzierungsalternativen und die Qualität einer Platzierung beurteilen zu können, werden so genannte „Kostenfunktionen" (auch: Zielfunktionen) verwendet. Die bei FPGAs am häufigsten verwendeten Kostenfunktionen [93, 49, 70] sind:

- Minimierung der gesamten Verdrahtungslänge

- Minimierung der Anzahl der programmierbaren Schalter (PIPs, siehe Abschnitt 3.8.3)

- Miminierung der so genannten „Congestion" (dt.: Stauung, Überlastung): Hierbei handelt es sich um das Problem, dass das Design nachfolgend nicht verdrahtet werden kann, da zu wenig Verbindungsressourcen zur Verfügung stehen. Durch Berücksichtigung der Verdrahtbarkeit bei der Platzierung kann diese verbessert werden.

Neben den Kostenfunktionen dienen auch die Randbedingungen aus dem Floorplanning zur Steuerung des Platzierungswerkzeugs. Weiterhin ist es auch möglich, die Platzierung und die nachfolgende Verdrahtung durch *zeitliche* Randbedingungen zu steuern. Dies wird als „timing-driven placement" oder „delay-driven placement" bezeichnet. Wie bei der Logikoptimierung wird ebenfalls eine statische Timing-Analyse benutzt, um die Verzögerungszeiten der kritischen Pfade zu ermitteln. Im Xilinx-Entwicklungssystem werden auch die zeitlichen Randbedingungen über die UCF-Datei vorgegeben.

Die Minimierung der Gesamtverdrahtungslänge stellt die am häufigsten verwendete Zielfunktion dar. Dabei stellt sich das Problem, dass die exakte Länge jeder Verbindung erst *nach* der Ausführung der Verdrahtung bekannt ist. Während der Platzierung kann die Verbindungslänge für jedes Netz daher nur geschätzt werden, wobei diese Schätzung natürlich möglichst genau die tatsächliche Verbindungslänge nähern sollte. Auf der anderen Seite muss diese Schätzung auch möglichst schnell berechenbar sein, da in einem Design einige tausend bis hunderttausend Netze vorhanden sein können. Eine Methode, um die Verbin-

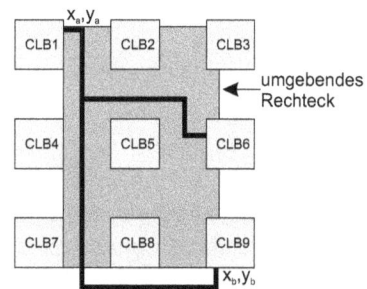

Abb. 5.5: Kostenfunktion „umgebendes Rechteck".

dungslänge schnell abschätzen zu können, ist die Berechnung des umgebenden Rechtecks des Netzes (engl.: half-perimeter measure, bounding-box measure [70]). Wie wir in Abschnitt 3.8.3 gesehen haben, sind in einem FPGA nur horizontale oder vertikale Verdrahtungskanäle vorhanden. Es ist daher im Allgemeinen nicht möglich, zwei Punkte in einer direkten Linie zu verbinden (euklidische Distanz). Wir müssen immer eine Folge von horizontalen und vertikalen Kanälen benutzen. Da dies dem Aufbau der Straßenzüge in Manhattan entspricht, wird die kürzeste Verbindungslänge zwischen zwei Punkten in einem rechtwinkligen Kanalverdrahtungssystem als Manhattan-Distanz bezeichnet. Die Länge d_i eines Netzes i kann als halber Umfang des kleinsten Rechtecks, welches *alle* Anschlüsse des Netzes einschließt, nach $d_i = d_{x,i} + d_{y,i} = |x_{a,i} - x_{b,i}| + |y_{a,i} - y_{b,i}|$ abgeschätzt werden [4, 70]. Die Kostenfunktion K_v summiert nun d_i über alle N Netze eines Designs und kann dann zu

$$K_v = \sum_{i=1}^{N} q(i) \cdot d_i \tag{5.1}$$

berechnet werden. Verzweigt ein Netz zu mehreren Anschlüssen (in Abbildung 5.5 weist das Netz drei Anschlüsse auf), so unterschätzt die „Bounding-Box" die Verdrahtungslänge [4]. In der praktischen Umsetzung wird daher ein Korrekturfaktor $q(i)$ verwendet, der die Abhängigkeit von der Anzahl der Anschlüsse berücksichtigt und eine gute Korrelation der geschätzten und tatsächlichen Verbindungslängen sicherstellt [4, 70].

Ein exaktes Verfahren zur Platzierung könnte so aussehen, dass wir die Komponenten auf dem Slice-Feld zunächst zufällig platzieren und K_v berechnen. Dann permutieren wir die Platzierungen und berechnen für jede Permutation wiederum K_v. Haben wir alle Permutationen probiert, dann wählen wir die Platzierung aus, welche die kleinste Kostenfunktion aufweist. Da $n!$ Permutationen bei n Komponenten möglich sind, dürfte klar sein, dass dieser Ansatz nur bei sehr kleinen Schaltungen funktionieren wird, da die Rechenzeiten für große Schaltungen inakzeptabel werden. Wie schon bei der Logiksynthese, so handelt es sich auch bei der Platzierung um ein rechenaufwändiges, kombinatorisches Optimierungsproblem, so dass ebenfalls heuristische Verfahren angewendet werden [95, 93, 49, 68, 70]. Die Qualität und die Rechenzeiten der Verfahren sind durch die eingesetzten Heuristiken bestimmt. Häufig werden mehrere Verfahren nacheinander ausgeführt: Man erzeugt mit einem weniger rechenaufwändigen Verfahren, z. B. einem Verfahren basierend auf fortgesetzter Partitionierung, eine initiale Platzierung, die dann mit einem aufwändigeren Verfahren, z. B. einem Simulations-Verfahren, verbessert wird.

Ein Verfahren der fortgesetzten Partitionierung ist das so genannte „Min-Cut"-Verfahren [93, 70]. Dabei werden die Komponenten mit ihren Verbindungen zunächst zufällig auf dem Slice-Feld verteilt. Anschließend wird die Platzierung in zwei Mengen geteilt, die Verbindungen zwischen Komponenten der einen und der anderen Menge werden als „Cuts" bezeichnet. Nun werden die Komponenten so lange ausgetauscht, bis die Anzahl der Cuts minimal ist. Im nächsten Schritt wird jede Menge wieder in zwei Teilmengen aufgeteilt und das Verfahren für diese Teilmengen wiederholt. Die Partitionierung wird so lange fortgeführt, bis eine Mindestgröße der Partitionen erreicht ist. Durch dieses Verfahren werden Komponenten, die viele gemeinsame Verbindungen aufweisen, typischerweise nahe beieinander platziert – es entstehen so genannte „Cluster".

Das Min-Cut-Verfahren berücksichtigt allerdings nicht die Verbindungslängen, so dass die Anzahl der Cuts nur ein grobes Optimierungskriterium darstellt. Nachfolgende Verfahren versuchen nun durch Verändern der Platzierung von Komponenten die Kostenfunktion und damit die Gesamtverbindungslänge zu verbessern. Dabei wird eine Komponente ausgewählt und an einer neuen Stelle platziert oder gegen eine andere Komponente ausgetauscht.

Für jede Veränderung wird der Unterschied in der Kostenfunktion $\Delta K_v = K_{v,neu} - K_{v,alt}$ berechnet und eine veränderte Platzierung wird akzeptiert, wenn $\Delta K_v < 0$ ist. Die Effizienz der Verfahren hängt hauptsächlich von der Auswahlstrategie für die zu vertauschenden Komponenten ab. Ein Problem ist dabei, dass ein lokales Minimum $K_{v,lmin}$ erreicht sein kann: Jede Veränderung der Platzierung führt zu einer Verschlechterung der Kostenfunktion $\Delta K_v > 0$, so dass sie nicht akzeptiert wird. Das Verfahren bricht dann ab, obwohl das globale Minimum $K_{v,gmin} < K_{v,lmin}$ noch nicht erreicht ist. Hier können Algorithmen eingesetzt werden, die zunächst geringe Verschlechterungen der Kostenfunktion akzeptieren, um dann wieder zu besseren Lösungen zu gelangen. Eines der bekanntesten Verfahren simuliert die langsame Abkühlung eines Festkörpers aus einer Schmelze [49, 68, 70] (engl.: simulated annealing). Bei der Abkühlung des Festkörpers verringert sich die Energie des Festkörpers, so dass bei der Anwendung auf die Platzierung die zu minimierende Kostenfunktion die Energie darstellt. Dabei wird die Verringerung der Bewegungsfreiheit der Festkörperteilchen während des Abkühlens der Schmelze nachgebildet: Während alle Veränderungen mit $\Delta K_v < 0$ akzeptiert werden, werden auch Lösungen, die zu einer Verschlechterung führen ($\Delta K_v > 0$), mit einer bestimmten Wahrscheinlichkeit akzeptiert, um von diesen zunächst schlechteren Lösungen bei der nächsten Iteration wieder zu besseren Lösungen zu gelangen. Mit fallender Temperatur T werden Verschlechterungen mit immer geringer werdender Wahrscheinlichkeit akzeptiert. Das Verfahren zeichnet sich da-

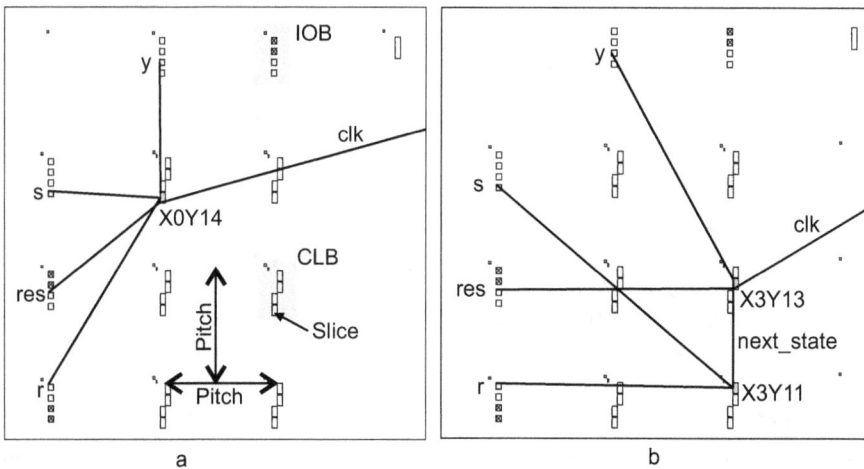

Abb. 5.6: *Platzierung des Beispiels aus Abbildung 5.2: Variante a wurde vom automatischen Platzierer ermittelt, Variante b durch die Vorgaben beim Floorplanning. Im Gegensatz zur Abbildung 5.3 des Floorplanners, zeigt diese Abbildung eher die tatsächliche Anordnung der CLBs und IOBs auf dem Virtex-II-FPGA. Jeweils vier Slices aus zwei benachbarten Spalten sind zu einer CLB zusammengefasst. Links neben den CLBs befinden sich die Schaltmatrizen (nicht gezeigt) und den weiteren Raum zwischen den CLBs füllen die Verdrahtungskanäle aus. Der „Pitch" ist die Größe einer „Kachel" in x- und y-Richtung (vgl. auch Abschnitt 3.8.3).*

Tabelle 5.2: *Vergleich des Verdrahtungsaufwandes für Abbildung 5.6*

Netz	autom. Platzierung	man. Platzierung
r: d_1	3	2
res: d_2	2	2
s: d_3	1	4
y: d_4	1	3
next_state: d_5	0	1
Summe: K_v	7	12

durch aus, dass es – bei „langsamer" Abkühlung und damit hoher Rechenzeit – das globale Minimum $K_{v,gmin}$ immer findet.

Abbildung 5.6a zeigt das Ergebnis der automatischen Platzierung des Beispiels aus Abbildung 5.2 und im Vergleich in Abbildung 5.6b das Ergebnis unserer manuellen Vorgaben aus dem Floorplanning. Wie zu erwarten ist, werden die LUT und das Flipflop in Abbildung 5.6a in eine gemeinsame Slice gepackt. Da die Verdrahtung noch nicht ausgeführt wurde, werden die Verbindungen, die in der Netzliste spezifiziert sind, durch direkte Linien dargestellt. Diese Linien werden häufig auch als „Gummibänder" (im Englischen auch als „flight line") bezeichnet. In dieser Darstellung (im Englischen auch als „rats nest" bezeichnet) kann man auch mögliche Verdrahtungsprobleme („Congestion") analysieren, wenn sich an bestimmten Stellen sehr viele der Gummibänder befinden. Wir können in Tabelle 5.2 nun die Gesamtverdrahtungslänge in beiden Varianten grob abschätzen, indem wir nach der Methode des umgebenden Rechtecks als Manhattan-Abstände d_i ganzzahlige Vielfache des Pitches benutzen und am Ende die Kostenfunktion K_v summieren. Wir vernachlässigen dabei die Verdrahtung des Taktes. Aus Tabelle 5.2 kann man entnehmen, dass die Platzierung aus Abbildung 5.6a die bessere Platzierung ist, was man aufgrund der Einfachheit des Beispiels auch direkt den Abbildungen entnehmen kann.

5.2.3   Verdrahtung der Komponenten im FPGA

Die Aufgabe der automatischen Verdrahtung (engl.: routing) ist es, die physikalischen Verbindungen zwischen den Komponenten herzustellen, welche in der Netzliste spezifiziert sind. Das hierzu verwendete EDA-Werkzeug wird auch als „Router" bezeichnet. Bei einem FPGA bedeutet dies, Leitungssegmente über programmierbare Schalter (PIP) so zu verschalten, dass die entsprechenden Verbindungen entstehen. Wie bei der Platzierung ist es auch bei der Verdrahtung das Ziel, die Gesamtverdrahtungslänge zu minimieren. Auch bei der Verdrahtung können zeitliche Randbedingungen vorgegeben werden, so dass bestimmte Pfade in ihrer Verdrahtungslänge besonders optimiert werden (engl.: timing-driven routing). In diesem Fall wird ebenfalls wieder die Timing-Analyse zur Bewertung der Lösungen verwendet. Wir besprechen im Folgenden die Verdrahtung von Datensignalen, die Verdrahtung des Taktes wird in einem späteren Abschnitt diskutiert.

Die hier besprochenen FPGAs mit symmetrischem Aufbau
und segmentierter Verbindungsarchitektur können als zweidimensionale Kanalstruktur mit horizontalen und vertikalen
Kanälen aufgefasst werden [25]. Abbildung 5.7 zeigt die Verdrahtung des Beispiel-Designs aus Abbildung 5.2 für die in
Abbildung 5.6a gezeigte Platzierung, wobei die Verdrahtung
des Taktes nicht gezeigt ist. Jeder CLB ist eine Schaltmatrix
(„Switch Matrix") zugeordnet. Über die Schaltmatrix können Ein- und Ausgänge der CLB-Slices und der IOBs auf
die Verdrahtungsressourcen der Kanäle aufgeschaltet werden. Die Verdrahtungsressourcen in den Kanälen sind hierarchisch in globale und lokale Segmente gemäß Abbildung 3.73 in Abschnitt 3.8.3 aufgeteilt. Die Schaltmatrizen
dienen auch zur Verschaltung von Leitungssegmenten. Wir
können dies am Beispiel des Signals r in Abbildung 5.7
zeigen: Der Router verschaltet den IOB-Block über die zugehörige Schaltmatrix mit einem Segment im horizontalen
Kanal. Dies ist eine direkte Verbindung („Direct Connection" aus Abbildung 3.73), welche zur diagonal gegenüberlie-
genden Schaltmatrix führt. Über diese Schaltmatrix erfolgt
nun ein Wechsel vom horizontalen in den vertikalen Kanal.
Dort schaltet der Router das Signal auf ein vertikales Seg-

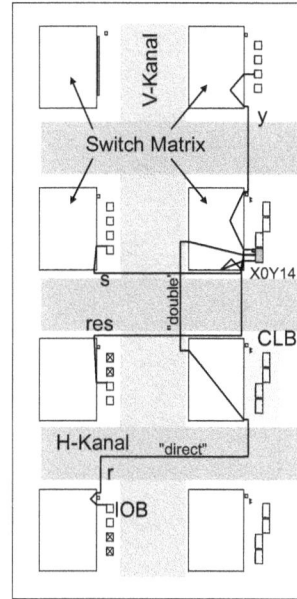

Abb. 5.7: Verdrahtung des Beispiel-Designs

ment vom Typ „Double Line", welches über die darüberliegende Schaltmatrix zur Slice X0Y14 führt. Die Verbindungen der anderen Signale von den entsprechenden IOBs
zur Slice X0Y14 werden – aufgrund der Kürze – über direkte Verbindungen geführt. Die
Schaltmatrizen können nicht jeden der n Eingänge der Matrix mit jedem der m Ausgänge
der Matrix verbinden, da dies $n \cdot m$ Schalter (engl.: $n \times m$ full crossbar [25]) und damit
einen sehr hohen Transistoraufwand erfordern würde. Daher sind bei manchen Verbindungen unter Umständen gewisse „Umwege" in der Matrix notwendig, wenn eine direkte
Verbindung nicht möglich ist. Dies zeigt sich im Beispiel der Signale res und y in Abbildung 5.7, die in der Schaltmatrix der Slice X0Y14 über Umwege verschaltet werden.
Neben den Leitungssegmenten in den Kanälen bestimmen auch die Schaltmatrizen die
Verdrahtungsmöglichkeiten. Detaillierte Untersuchungen zum Aufbau und zur Optimierung von FPGA-Verbindungsarchitekturen und Schaltmatrizen können z. B. [25] entnommen werden.

Die Verdrahtung innerhalb der Slice X0Y14 für unser Beispiel zeigt Abbildung 5.8. Die
LUT realisiert die in Abschnitt 5.1 erwähnte Schaltfunktion der LUT ix116 aus der Netzliste, wobei der Eingang A1 der LUT nicht benutzt wird. Das Flipflop reg_current_
state aus der Netzliste wird durch das in der Abbildung gezeigte Flipflop realisiert. Der
Ausgang der LUT wird über einen Multiplexer auf den Slice-Ausgang Y geschaltet. Über
eine lokale Verbindung der CLB („fast connect") wird dieser Ausgang mit dem Eingang
DY der Slice und damit mit dem Eingang des Flipflops verdrahtet. Hierbei handelt es sich
um das Signal next_state aus der Netzliste.

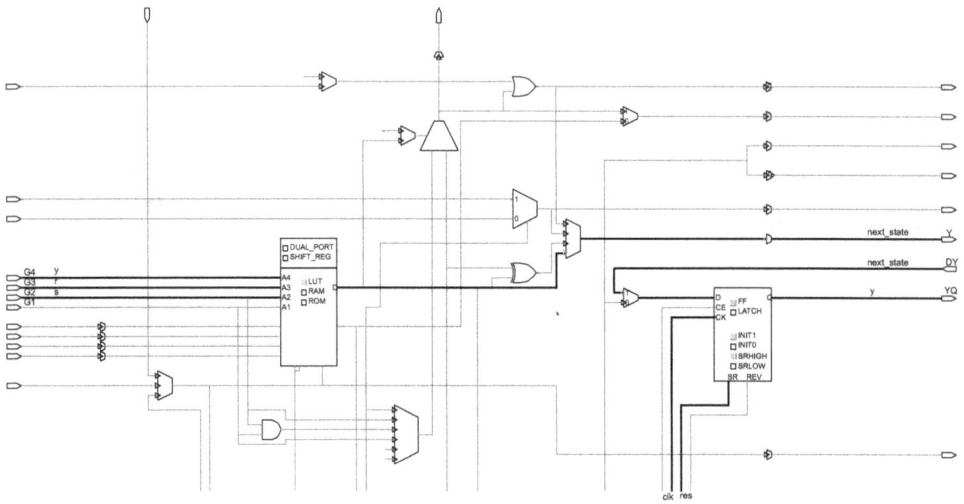

Abb. 5.8: *Aufbau und Verdrahtung einer Slice: Die Abbildung zeigt die obere Hälfte der Slice X0Y14 aus Abbildung 5.7. Die Verschaltungen in der Slice werden durch Multiplexer realisiert, wobei deren Auswahl-leitungen von SRAM-Zellen angesteuert werden. Die hier gezeigten Abbildungen wurden der Darstellung des Designs im „FPGA Editor“ der Xilinx ISE [103] entnommen. In diesen Darstellungen – wie auch in den Datenblättern – werden die zur Programmierung benötigten Speicherzellen in der Regel nicht ge-zeigt. Die programmierte Funktion von LUT und Flipflop werden durch die ausgefüllten Quadrate in den Symbolen dargestellt. Weitere Information zum Slice-Aufbau können dem Datenblatt zum Xilinx Virtex-II-FPGA [107] entnommen werden.*

Wie schon bei der Platzierung, so handelt es sich bei der Verdrahtung ebenfalls um ein rechenaufwändiges Problem, so dass wiederum heuristische Algorithmen verwendet werden. Für symmetrische FPGAs werden häufig so genannte „Maze“-Router verwendet [38, 95, 93]. Der Begriff „Maze“ kann mit „Labyrinth“ übersetzt werden, so dass das Verfahren auch als „Labyrinthverdrahtung“ bezeichnet wird. Der ursprüngliche „Maze“-Routing-Algorithmus wurde von Lee [43] entwickelt. Die heute gerade bei FPGAs benutzten Algorithmen [95] stellen Weiterentwicklungen des Lee-Algorithmus dar. Der Lee-Algorithmus findet die kürzeste Verbindung zwischen zwei Punkten, sofern diese existiert. Abbildung 5.9 zeigt die Idee des Lee-Algorithmus. Die Verdrahtung wird als Feld dargestellt, wobei Bereiche, die nicht benutzt werden dürfen (engl.: blockage), markiert werden (in Abbildung 5.9 dunkel hinterlegt). Für jede Verbindung ist nun die kürzeste Verbindung zwischen dem Startpunkt „S“ des Netzes und dem Ziel „T“ gesucht; „S“ und „T“ sind Anschlusspunkte von Komponenten. Der Startpunkt wird mit 0 markiert. Nun wird ausgehend von einem markierten Feld jedes Nachbarfeld, welches noch nicht markiert wurde und keine Blockade darstellt, mit dem nächst größeren ganzzahligen Wert markiert. Das Anbringen der Markierungen kann mit der Ausbreitung einer Welle verglichen werden, weshalb dieser Algorithmus im Englischen auch als „wave propagation“ bezeichnet wird. Ist die Welle am Ziel angekommen, wenn also im Beispiel $n = 8$ ist, ist die erste Phase beendet. In der zweiten Phase wird nun durch Rückverfolgung der kürzeste Weg gesucht (engl.: trace back, backtrack). Hierzu wird bei „T" gestartet und die kleinste benachbarte Marke gesucht (im Beispiel 7). Von dieser Marke wird wiederum die kleinste benachbarte Marke gesucht, bis das Ziel „S" erreicht ist.

Da die Welle sich in alle Richtungen ausbreitet, spricht man auch von einer Breitensuche (engl.: breadth-first search). Dies ist einer der wesentlichen Nachteile des ursprünglichen Lee-Algorithmus, da der Router viel Zeit damit verbringt, in die falsche Richtung zu suchen [38]. Moderne Varianten führen statt dessen eine Tiefensuche (engl.: depth-first search *oder* directed search) durch. Hierzu wird eine Kostenfunktion berechnet, welche unter anderem die Manhattan-Distanz zum Ziel beinhaltet. Damit wird die Ausbreitung der Wellenfront in Richtung Ziel gelenkt.

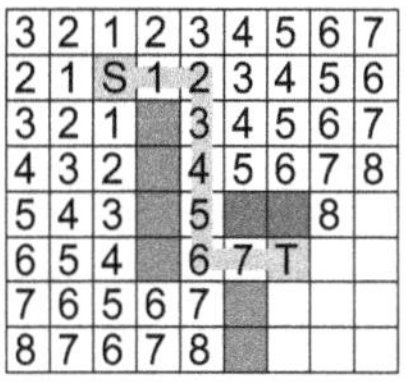

3	2	1	2	3	4	5	6	7
2	1	S	1	2	3	4	5	6
3	2	1		3	4	5	6	7
4	3	2		4	5	6	7	8
5	4	3		5				8
6	5	4			6	7	T	
7	6	5	6	7				
8	7	6	7	8				

Abb. 5.9: Lee-Algorithmus.

Es handelt sich bei „Maze"-Routern um ein so genanntes „sequentielles" Verdrahten, da ein Netz nach dem anderen nach der beschriebenen Vorgehensweise verdrahtet wird. Damit wird die Verdrahtung abhängig von der Reihenfolge, in der die Netze verdrahtet werden. Im FPGA stellen die einzelnen Abschnitte der Verdrahtung die Segmente in den Kanälen dar. Im Falle einer „Congestion" kann es nun passieren, dass nicht mehr genügend Segmente in einem Kanal für eine gesuchte Verbindung zur Verfügung stehen, da die Zahl der Segmente in einem Kanal bei FPGAs konstant ist. Man lässt daher zunächst zu, dass ein Netz über ein schon benutztes Segment führt, gibt aber dieser Verbindung einen hohen Wert für die Kostenfunktion [38]. Dies führt dazu, dass dieses Segment tendenziell nicht mehr benutzt wird oder nur dann benutzt wird, wenn es unumgänglich wird. Konnten alle Netze ohne Mehrfachbenutzung von Segmenten verdrahtet werden, ist das Routing fertig. Anderenfalls müssen die Verbindungen in überlasteten Segmenten wieder aufgetrennt (engl.: rip-up) und neu verdrahtet werden (engl.: reroute). Da diese Segmente nun durch die vorherigen Durchläufe hohe Kosten aufweisen, werden die beteiligten Netze tendenziell über andere Segmente verdrahtet. Es kann natürlich sein, dass das Design, obwohl es platziert werden konnte, nicht verdrahtet werden kann. Dies tritt häufig dann auf, wenn die Anzahl der benutzten Slices sich der maximal verfügbaren Slice-Anzahl nähert (CLB-Auslastung nahe 100%).

Generell stellt sich das Problem, dass die Platzierbarkeit und damit die Auslastung der CLB-Ressourcen schon nach der Synthese beurteilt werden kann, dass aber die Verdrahtbarkeit (engl.: routability) im Allgemeinen vor dem Durchführen des Routings nicht einfach vorherzusagen ist. Die Verdrahtbarkeit hängt – neben der schon angesprochenen CLB-Auslastung – auch von Charakteristiken des Designs, der Verbindungsarchitektur des FPGAs sowie den P&R-Algorithmen ab. Die dominanten Charakteristiken des Designs, welche die Verdrahtbarkeit beeinflussen, sind die Folgenden [93]:

- Die mittlere Anzahl von Anschlüssen pro Block γ (engl.: „pins per logic cell ratio"): Dies ist ein Maß für den Verdrahtungsbedarf bezüglich der Ein- und Ausgänge des Blocks. Im Falle des symmetrischen FPGAs ist ein Block ein CLB oder ein IOB.

- Die mittlere Anzahl der Anschlüsse pro Netz β (engl.: „pins per net ratio"): Dies beschreibt, wie viele Verzweigungen im Mittel an einem Netz vorhanden sind. Für ein Netz mit zwei Anschlüssen ist also β = 2.

- Die mittlere Verdrahtungslänge $\overline{L}$: Die Verdrahtungslänge eines Netzes kann in einem symmetrischen FPGA beispielsweise als Manhattan-Distanz von Vielfachen des CLB-Pitches gemessen werden (siehe Abschnitt 5.2.2).

Aus diesen über alle Blöcke und Netze eines Designs gemittelten Faktoren kann eine Abschätzung der notwendigen mittleren Anzahl $\overline{W}$ der Segmente pro Kanal oder mittleren Kanalkapazität zu

$$\overline{W} = \frac{1}{2} \cdot \gamma \cdot \overline{L} \cdot (1 + \frac{\beta - 2}{\beta}) \tag{5.2}$$

gewonnen werden [93]. Übersteigt die mittlere benötigte Kanalkapazität die verfügbare Kanalkapazität, so wird man mit Schwierigkeiten beim Routing rechnen müssen. Für unser einfaches Beispiel aus Abbildung 5.6a ermitteln wir nach der Platzierung $\overline{L} = 1,75$ (siehe Tabelle 5.2), β = 2, da jedes Netz nur zwei Anschlüsse aufweist, und γ = 1,6, wenn man die Anschlüsse der vier IOBs und des CLBs betrachtet. Somit ergibt sich eine mittlere benötigte Kanalkapazität von $\overline{W} = 1,4$. Da es sich hier um eine Abschätzung handelt, die auf einem statistischen Modell beruht [93], kann im Einzelfall auch eine höhere Verdrahtungskapazität eines Kanals notwendig sein. Ungeachtet dessen kann man aus dieser Betrachtung jedoch entnehmen, worauf beim Entwurf der Schaltung zu achten ist: Es ist sinnvoll, in die CLBs nicht zuviel *unzusammenhängende* Logik zu packen, um γ zu verringern und damit die Verdrahtbarkeit zu verbessern [95]. Die Packungsdichte der CLBs kann beispielsweise im „map"-Werkzeug der Xilinx-ISE eingestellt werden: Während normalerweise nur zusammenhängende Logik in eine Slice oder ein CLB gepackt wird, so kann man durch die Einstellungen auch erreichen, dass unzusammenhängende Logik in die Slices gepackt wird. Jede LUT und jedes Flipflop einer Slice kann separat über die Ein- und Ausgänge der Slice verschaltet werden, wie man Abbildung 5.8 entnehmen kann. In diesem Fall entsteht ein hoher Verdrahtungsbedarf über die Schaltmatrix eines CLBs. Auch ein hoher Auslastungsgrad des FPGAs bedeutet, dass die CLBs stark gepackt werden müssen und somit γ groß wird. Des Weiteren sind Netze mit einer hohen Anzahl von Anschlüssen (β) und mit einer großen Länge ($\overline{L}$) zu vermeiden, da diese viele Segmente und Schaltmatrix-Ressourcen benötigen. Diese Faktoren können durch die Logiksynthese und die Platzierung oder durch den VHDL-Quellcode selbst beeinflusst werden.

In diesem Zusammenhang muss noch erwähnt werden, dass sich die Vorplatzierung der Pins (so genanntes „pin locking"), wie wir es im Abschnitt 5.2.1 vorgenommen haben, schädlich auf die Verdrahtbarkeit und die Länge der Verbindungen auswirken kann [45]. Wenn es möglich ist, sollte man daher die optimale Position der Pins vom Platzierungswerkzeug ermitteln lassen.

5.2.4   Platzierung und Verdrahtung des Beispiel-Prozessors

Wir möchten als abschließendes Beispiel noch die Platzierung und Verdrahtung des Beispiel-Prozessors aus dem letzten Abschnitt erläutern. Zu Demonstrationszwecken geben
wir für die Platzierung Randbedingungen über das Floorplanning vor. Hierzu definieren
wir einen Bereich im CLB-Feld, in dem der Prozessor platziert werden soll. Wir geben
also nicht für jede LUT und jedes Flipflop eine absolute Platzierung in einem Slice vor,
wie wir das in Abschnitt 5.2.1 getan haben, sondern weisen dem Platzierer einen Bereich
zu, in dem das Design platziert werden soll.

Die Informationen aus dem Floorplanning werden wieder in eine UCF-Datei nach Listing 5.3 geschrieben. Mit Hilfe der „AREA_GROUP"-Randbedingung wird zunächst ein
Bereich für eine Gruppe mit dem Gruppennamen „AG_p4top" definiert, der sich in der
linken oberen Ecke des FPGAs befindet. Mit „INST" werden alle („/*/") Komponenten
des Designs dieser Gruppe zugewiesen. Somit muss der Platzierer versuchen, alle Komponenten des Designs in diesem Bereich anzuordnen. Dies gilt allerdings nicht für das im
Beispiel-Prozessor verwendete „Block RAM" mit dem Namen „i0_mrom__n00011_inst_
ramb_0". Für das „Block RAM" muss explizit festgelegt werden, in welchem physikalischen „Block RAM" es auf dem FPGA implementiert werden soll. Wir wählen hier das
„Block RAM", welches sich ebenfalls in der linken oberen Ecke befindet („RAMB16_
X0Y1"). Die restlichen Angaben in Listing 5.3 beziehen sich auf die Platzierung der IOBs.

Listing 5.3: Angabe der Platzierungen in der UCF-Datei.

```
0    # Start of Constraints extracted by Floorplanner from the Design
1    AREA_GROUP "AG_p4top" RANGE = SLICE_X0Y15:SLICE_X5Y8 ;
2    INST "/*/" AREA_GROUP = "AG_p4top" ;
3
4    INST "i0_mrom__n00011_inst_ramb_0" LOC = "RAMB16_X0Y1"  ;
5
6    NET "rst" LOC = "E4"  ;
7    NET "pioport<3>" LOC = "G1"  ;
8    NET "pioport<2>" LOC = "F1"  ;
9    NET "pioport<1>" LOC = "E2"  ;
10   NET "pioport<0>" LOC = "E3"  ;
11   NET "clk" LOC = "A6"  ;
```

Das Ergebnis der Platzierung und Verdrahtung kann Abbildung 5.10 entnommen werden.
Wie daraus ersichtlich ist, wird das Design tatsächlich im vorgegebenen Bereich platziert
und verdrahtet. Mit Hilfe dieser Platzierung eines Designs in einem bestimmten Bereich
ist es möglich, ein partitioniertes Design auch im physikalischen Entwurf modular zu entwickeln. Wir haben schon in Abschnitt 4.7.4 besprochen, dass ein komplexes Design für
die Synthese partitioniert werden sollte. Häufig ist es in solchen komplexen Projekten auch
so, dass ein Team von Entwicklern daran arbeitet, wobei jeder Entwickler eine oder mehrere Komponenten des Designs entwickelt. Man möchte dann gerne auch bei der physikalischen Implementierung modular vorgehen können, um beispielsweise nicht bei jeder
Komponentenänderung das ganze Design neu platzieren und verdrahten zu müssen. Wie

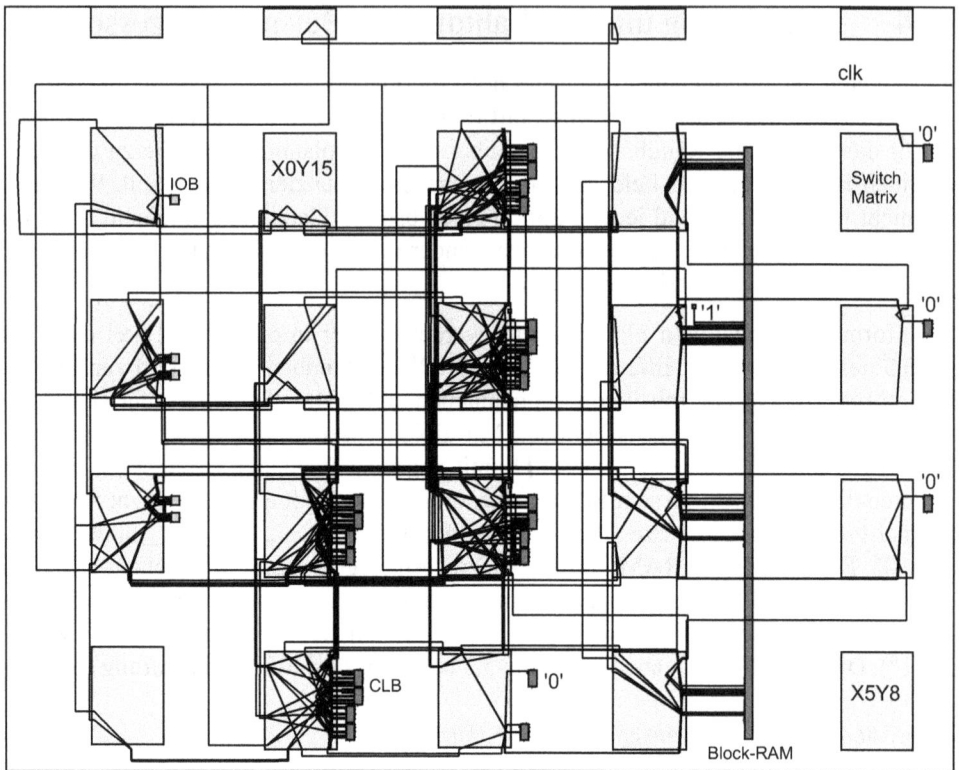

Abb. 5.10: *Platzierung und Verdrahtung des Beispiel-Prozessors: Gezeigt sind nur die tatsächlich belegten CLBs und IOBs. Die Lage der Schaltmatrizen ist grau eingefärbt. Der Takt clk wird über ein spezielles Netz verdrahtet, die Zuführung des Taktes vom Pin ist nicht gezeigt. Die mit „0" bezeichneten Slices dienen zur Erzeugung einer logischen „0". Dies wird zur Belegung von Anschlüssen des Block-RAMs benötigt. Für die Erzeugung der logischen „1" sind spezielle Blöcke auf dem FPGA vorhanden.*

schon für die Synthese müssen dann auch für die physikalische Realisierung Randbedingungen für jede Komponente vorgegeben werden. Insbesondere ist es nun notwendig, dass die Komponenten in unterschiedlichen Bereichen auf dem FPGA platziert werden, was man durch die in Listing 5.3 demonstrierten Bereichs-Randbedingungen erreichen kann. Nähere Hinweise zum modularen Entwurf mit der Xilinx ISE können [103] entnommen werden.

5.3   Einfluss der Verdrahtung auf das Zeitverhalten

Wie wir schon im vorigen Kapitel in Abschnitt 4.1 im Rahmen der Logiksynthese diskutiert haben, spielt das Zeitverhalten bei einer digitalen integrierten Schaltung eine wichtige Rolle. In den vorangegangenen Abschnitten haben wir gesehen, dass auch die Platzierung und Verdrahtung Einfluss auf das Zeitverhalten haben. Wir wollen im Folgenden etwas genauer verstehen, welche Parameter der Verdrahtung das Zeitverhalten beeinflussen und wie das Zeitverhalten der Verdrahtung im FPGA für eine Timing-Analyse modelliert werden kann. Des Weiteren wollen wir an Beispielen zeigen, wie hoch der Einfluss der Verdrahtung auf das gesamte Zeitverhalten einer Schaltung sein kann und welche Schlüsse daraus für den Entwurfsablauf gezogen werden müssen.

5.3.1 Elektrische Parameter der Verdrahtung

Eine Verdrahtungsleitung auf einer integrierten Schaltung, wie beispielsweise einem FPGA, besteht nach Abbildung 5.11 aus einem Metallstreifen mit einer bestimmten Dicke H und Weite W, der in einer bestimmten geometrischen Anordnung über die Oberfläches des Chips verläuft. Die metallische Leitung ist dabei durch ein isolierendes Dielektrikum (zumeist Siliziumdioxid) vom leitenden Substrat getrennt. Eine solche Leitung verbindet zwei oder mehr Komponenten auf dem Chip, wobei sich die Leitung bei mehr als zwei Komponenten verzweigt. Wir betrachten im Folgenden ein Stück dieser Leitung mit einer bestimmten Länge L.

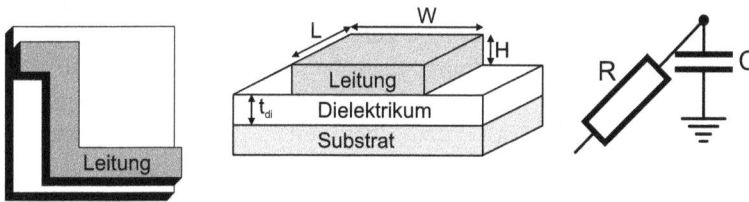

Abb. 5.11: Verdrahtungsleitung auf einem Chip und seine elektrischen Parameter Widerstand und Kapazität.

Aus Abbildung 5.11 kann man entnehmen, dass der Schichtaufbau Substrat-Dielektrikum-Leitung als Plattenkondensator aufgefasst werden kann: Wenn die Weite W der Leitung groß gegenüber der Dicke t_{di} des Dielektrikums ist, so kann die Kapazität C_W der Anordnung zu

$$C_W = \frac{\varepsilon}{t_{di}} \cdot W \cdot L \tag{5.3}$$

berechnet werden, wobei die Permittivität $\varepsilon = \varepsilon_r \cdot \varepsilon_0$ ist ($\varepsilon_0 = 8{,}85 \cdot 10^{-12}$ F/m). ε_r ist die Permittivitätszahl oder die relative Dielektrizitätskonstante (für den Fall dass ε_r konstant ist) des Isolationsmaterials [27]. Die Kapazität der Leitung wächst also linear mit der Länge der Leitung. Die Leitung weist auch einen Widerstand R_W auf, der sich berechnen lässt zu

$$R_W = \frac{\rho}{H} \cdot \frac{L}{W} = R_\diamond \cdot \frac{L}{W} \tag{5.4}$$

wobei $R_\diamond = \rho/H$ der „Schichtwiderstand" des Materials ist, da die Dicke H der Leiterbahn konstant ist. ρ ist der spezifische Widerstand des Materials [27]: Während man in älteren

Prozessen Aluminium ($\rho = 2{,}7 \cdot 10^{-8}$ Ωm) benutzte, wird heute häufig Kupfer wegen der besseren Leitfähigkeit benutzt ($\rho = 1{,}7 \cdot 10^{-8}$ Ωm).

Leider ist diese Modellierung der Leitungskapazität bei modernen Prozessen nicht mehr realistisch [36], wie Abbildung 5.12 zeigt. Mit jeder neuen Prozessgeneration wird die Weite W der Leitungen verkleinert. Da man aber hierdurch den Widerstand einer Leitung – bei gleicher Länge der Leitung – nach Gleichung 5.4 erhöht, wenn man H nicht verändert, geht man dazu über, die Dicke H größer als die Weite W auszulegen. Daher trifft die Annahme eines reinen Plattenkondensators nicht mehr zu und man muss die Kapazitäten der Ränder der Leitung berücksichtigen (engl.: fringe capacitance). Des Weiteren werden auch die Abstände zu den Nachbarleitungen ständig verringert, so dass auch die Kopplungskapazitäten zu den Nachbarleitungen nicht mehr vernachlässigt werden können. Hinzu kommen auch Kopplungskapazitäten zu den Leitungen der darüber- und darunterliegenden Verdrahtungsebenen.

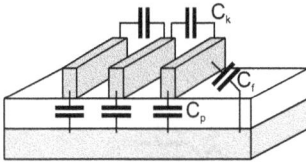

Abb. 5.12: Leitungen in modernen Prozessen

Die Kapazität C_W einer Leitung teilt sich daher auf in einen Anteil des Plattenkondensators C_p, einen Anteil der Randkapazitäten C_f und einen Anteil der Kopplungskapazitäten C_k zu Nachbarleitungen [36]. Die Platten-Kapazität wird zumeist als spezifische Kapazität $c_p = \varepsilon / t_{di}$ in aF/μm^2 angegeben (aF = Attofarad = 10^{-18} F), so dass $C_p = c_p \cdot W \cdot L$ ist. Die Randkapazität wird zumeist auch als spezifischer Wert c_f in aF/μm angegeben, so dass $C_f = c_f \cdot L$ ist. Die Koppelkapazitäten hängen von den Abständen zu den Nachbarleitungen ab. Zumeist werden hier Werte angegeben, die annehmen, dass die Leitungen minimalen Abstand aufweisen. Die Koppelkapazität wird ebenfalls zumeist als spezifischer Wert c_k in aF/μm angegeben, so dass $C_k = c_k \cdot L$ ist. In modernen Prozessen ist es so, dass der Anteil der Kopplungkapazitäten die gesamte Verdrahtungskapazität dominiert [36].

Beispiel 5.1: *Widerstand und Kapazität einer Leitung*

Wir entnehmen aus [36] typische Werte eines $0{,}25$ μm CMOS-Prozesses für die erste Metallisierungsebene zu: $c_p = 30$ aF/μm^2, $c_f = 40$ aF/μm und $c_k = 95$ aF/μm. Für den Widerstand einer Aluminium-Leitung nehmen wir einen Wert von $R_\diamond = 0{,}1$ Ω an, was einer Schichtdicke von $H = 0{,}27$ μm entspricht. Wir nehmen weiterhin an, dass die Leitung eine Weite von $W = 1$ μm und eine Länge von $L = 1.000$ μm aufweist. Berechnen wir zunächst den Widerstand der Leitung: Aus Gleichung 5.4 folgt $R_W = 0{,}1$ $\Omega \cdot (1.000\,\mu m / 1\,\mu m) = 100$ Ω. Die Plattenkapazität ergibt sich zu $C_p = 30 \cdot 10^{-18}$ F/μm$^2 \cdot 1\,\mu$m $\cdot 1.000\,\mu$m $= 30 \cdot 10^{-15}$ F $= 30$ fF (fF = Femtofarad). Die Randkapazität ergibt sich zu $C_f = 2 \cdot 40 \cdot 10^{-18}$ F/μm $\cdot 1.000\,\mu$m $= 80 \cdot 10^{-15}$ F $= 80$ fF, da die Randkapazität zu beiden Seiten der Leitung betrachtet werden muss. Ohne Kopplungskapazitäten weist die Leitung daher eine Kapazität gegen Masse von insgesamt $C_W = 110$ fF auf. Wenn sich nun eine weitere Leitung in minimalem Abstand über die ganze Länge neben der betrachteten Leitung befindet, so ergibt sich die Kopplungskapazität zu $C_k = 95 \cdot 10^{-18}\,\text{F}/\mu\text{m} \cdot 1.000\,\mu\text{m} = 95 \cdot 10^{-15}\,\text{F} = 95\,\text{fF}$ und ist damit annähernd so hoch wie die Kapazität gegen Masse.

5.3.2 Modellierung der Verzögerungszeiten durch das Elmore-Modell

Wir haben in Abschnitt 3.2.4 gesehen, dass sich das Zeitverhalten eines mit einer Kapazität C_L belasteten Inverters durch Lösung *einer* Differentialgleichung erster Ordnung als Exponentialfunktion beschreiben lässt. Daraus lassen sich die Anstiegs- und Abfallzeiten t_{THL} und t_{TLH} sowie die Verzögerungszeiten t_{PHL} und t_{PLH} nach Gleichung 3.12 bzw. 3.13 bestimmen. Definiert man für einen symmetrischen Inverter für die MOSFETs einen äquivalenten Widerstand R, so kann beispielsweise die Verzögerungszeit durch $t_{PHL} = t_{PLH} = t_d = \tau \cdot 0{,}69$ beschrieben werden. Das Modell weist *eine* Zeitkonstante $\tau = R \cdot C_L$ auf.

Wir können die Verdrahtung eines Treibers über eine Leitung mit den getriebenen Gattern nach Abbildung 5.13 modellieren. Wir benutzen hierbei für den Treiber das in Abschnitt 3.2.4 vorgestellte Schaltermodell und nehmen an, dass zum Zeitpunkt $t = 0$ der NMOSFET sofort sperrt und das Netzwerk über den PMOSFET aufgeladen wird. Den PMOSFET können wir durch den Widerstand R_1 modellieren und seine Kapazität am Ausgang (Drain-Kapazität) sei durch die Kapazität C_1 dargestellt. Die Teilstücke der Verdrahtungsleitung werden durch die Widerstände R_2 bis R_5 sowie durch die Kapazitäten C_2 bis C_5 modelliert. Die Kapazitäten C_2, C_4 und C_5 stellen, neben der Verdrahtungskapazität, auch die Gate-Kapazitäten der angeschlossenen Gatter dar. Ein solches Netzwerk von Widerständen und Kapazitäten (RC-Netzwerk) kann nicht mehr mit einer Differentialgleichung beschrieben werden, sondern durch ein System von gekoppelten Differentialgleichungen, das mehrere Zeitkonstanten aufweist. Die Lösung solcher Gleichungssysteme erfolgt üblicherweise durch einen Netzwerksimulator wie beispielsweise PSpice. Allerdings ist die Verwendung von Netzwerksimulatoren bei komplexen digitalen Schaltungen, die mehrere tausend Netze aufweisen können, durch die hohen Rechenzeiten nicht möglich. Es werden

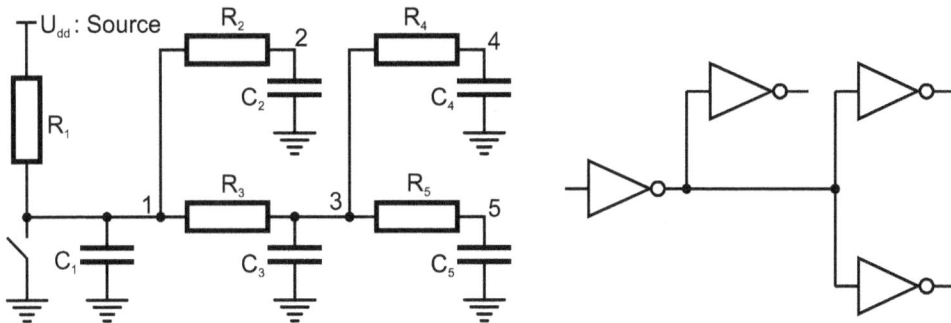

Abb. 5.13: Modellierung der Verdrahtungsleitung als RC-Netzwerk.

daher andere Verfahren verwendet, die eine schnelle und ausreichend genaue Berechnung der Verzögerungszeiten erlauben. Elmore [97] konnte zeigen, dass die Zeitkonstante τ_{Di} an einem beliebigen Netzknoten i eines solchen RC-Netzwerks durch

$$\tau_{Di} = \sum_{k=1}^{N} C_k \cdot R_{ik} \tag{5.5}$$

genähert werden kann, wobei N die Anzahl der Netzknoten ist. Mit dieser Zeitkonstanten (engl.: Elmore delay, Elmore time constant, [93, 36, 65, 70]) kann der näherungsweise zeitliche Verlauf der Spannung am Netzknoten i bei der Aufladung des Netzwerks durch $u_i(t) = U_{dd} \cdot (1 - e^{-t/\tau_{Di}})$ beschrieben werden. In diesem Modell wird vorausgesetzt, dass zum Zeitpunkt $t = 0$ alle Kapazitäten entladen sind und die Spannung am Eingang des Netzwerks sprungförmig von 0 V auf U_{dd} geschaltet wird oder dass alle Kapazitäten auf U_{dd} geladen sind und zum Zeitpunkt $t = 0$ der Eingang von U_{dd} nach 0 V geschaltet und somit das Netzwerk entladen wird. Des Weiteren sind alle Kapazitäten gegen Masse geschaltet und es gibt keine Widerstands-Schleifen – das Netzwerk ist ein RC-Baum. Das Elmore-Modell berechnet nur eine – nämlich die dominante – Zeitkonstante und ist daher nur eine Näherung erster Ordnung. In der praktischen Anwendung hat sich das Elmore-Modell allerdings bewährt, da es die Abschätzung der Verzögerungszeit auf den Pfaden eines Netzes auf die Analyse des RC-Netzwerks nach Gleichung 5.5 zurückführt [36], so dass es auch häufig in der Timing-Analyse von FPGAs eingesetzt wird [93, 95]. Weitere Verfahren zur effizienten Berechnung von Verzögerungszeiten mit höherer Genauigkeit können z. B. [65] entnommen werden. Wir benutzen im Folgenden das Elmore-Modell.

Bei der Berechnung der Elmore-Zeitkonstanten τ_{Di} für einen Netzknoten i nach Gleichung 5.5 muss der Beitrag jedes Netzknotens k für $k = 1..N$ summiert werden: Für jeden Netzknoten k wird die Kapazität C_k des Netzknotens multipliziert mit der Summe R_{ik} derjenigen Widerstände, die auf einem *gemeinsamen* Pfad von der Quelle des Netzwerks (s: Source) zu den Netzknoten i und k liegen. Ein Pfad $Pfad(s \to n)$ sei hier eine Serienschaltung von Widerständen R_j, welche zwischen den Netzknoten von der Quelle s bis zu einem beliebigen Netzknoten n liegen. Im Fall $k = i$ kann der Pfadwiderstand R_{ii} durch

$$R_{ii} = \sum R_j, \qquad \forall R_j : R_j \in Pfad(s \to i)$$

berechnet werden. Er wird also aus der Summe aller Widerstände auf dem Pfad von der Quelle s zum Netzknoten i gebildet. Für $k = i$ erhalten wir somit mit $C_i \cdot R_{ii}$ die Zeitkonstante, welche sich aus der Aufladung (oder Entladung) der Kapazität C_i über den Pfadwiderstand R_{ii} ergibt. Für den Fall $k \neq i$ kann der Pfadwiderstand R_{ik} durch

$$R_{ik} = \sum R_j, \qquad \forall R_j : R_j \in [Pfad(s \to i) \cap Pfad(s \to k)]$$

berechnet werden. $C_k \cdot R_{ik}$ gibt also gewissermaßen an, welchen Beitrag eine andere Kapazität C_k am Netzknoten $k \neq i$ zur Verzögerungszeit τ_{Di} des Netzknotens i leistet.

Beispiel 5.2: *Analyse eines Verdrahtungsnetzwerks*

Wir möchten die Verzögerungszeiten für die Netzknoten des Netzwerks der Leitung aus Abbildung 5.13 berechnen und mit einer PSpice-Simulation vergleichen. Hierzu treffen wir folgende Annahmen: Der Widerstand des Treibers sei $R_1 = 1.000\,\Omega$ und die Ausgangskapazität sei $C_1 = 1$ fF. Wir nehmen weiterhin an, dass der ohmsche Widerstand der Leitungsstücke 100 Ω sei, so dass gilt: $R_2 = R_3 = R_4 = R_5 = 100\,\Omega$. Die Kapazität der Leitungsstücke sei 110 fF, somit ist $C_3 = 110$ fF. Für die Kapazitäten C_2, C_4 und C_5 addieren wir zur Verdrahtungskapazität noch die Gate-Kapazität der angeschlossenen Gatter von 20 fF, so dass $C_2 = C_4 = C_5 = 130$ fF ist. Wir berechnen in Tabelle 5.3 die Verzögerungszeiten $t_{PHL} = t_{PLH} = t_{di} = \tau_{Di} \cdot 0{,}69$ (50%-Pegel, vgl. Abschnitt 3.2.4) an jedem Netzknoten i, indem wir τ_{Di} nach Gleichung 5.5 berechnen. Diese Ergebnisse vergleichen wir in der Tabelle mit den in Abbildung 5.14 dargestellten Ergebnissen der Simulation $t_{di,s}$, wobei diese Zeit vom Eingang des Netzwerks zum jeweiligen Netzknoten i für $u_{in}(t) = u_i(t) = U_{dd}/2$ gemessen wird. Des Weiteren tragen wir in Tabelle 5.3 den relativen Fehler der Rechnung bezogen auf das simulierte Ergebnis ein ($e = (t_{di} - t_{di,s})/t_{di,s}$).

Tabelle 5.3: Ergebnisse der Rechnung nach dem Elmore-Modell und der Simulation

Netz i=1	$\tau_{D1} = C_1 \cdot R_{11} + C_2 \cdot R_{12} + C_3 \cdot R_{13} + C_4 \cdot R_{14} + C_5 \cdot R_{15}$ $= C_1 \cdot R_1 + C_2 \cdot R_1 + C_3 \cdot R_1 + C_4 \cdot R_1 + C_5 \cdot R_1$			
	$\tau_{D1} = 501$ ps	$t_{d1} = 345{,}7$ ps	$t_{d1,s} = 338{,}5$ ps	$e = 2{,}1\%$
Netz i=2	$\tau_{D2} = C_1 \cdot R_{21} + C_2 \cdot R_{22} + C_3 \cdot R_{23} + C_4 \cdot R_{24} + C_5 \cdot R_{25}$ $= C_1 \cdot R_1 + C_2 \cdot (R_1 + R_2) + C_3 \cdot R_1 + C_4 \cdot R_1 + C_5 \cdot R_1$			
	$\tau_{D2} = 514$ ps	$t_{d2} = 354{,}7$ ps	$t_{d2,s} = 351{,}6$ ps	$e = 0{,}9\%$
Netz i=3	$\tau_{D3} = C_1 \cdot R_{31} + C_2 \cdot R_{32} + C_3 \cdot R_{33} + C_4 \cdot R_{34} + C_5 \cdot R_{35}$ $= C_1 \cdot R_1 + C_2 \cdot R_1 + C_3 \cdot (R_1 + R_3) + C_4 \cdot (R_1 + R_3) + C_5 \cdot (R_1 + R_3)$			
	$\tau_{D3} = 538$ ps	$t_{d3} = 371{,}2$ ps	$t_{d3,s} = 378{,}1$ ps	$e = -1{,}8\%$
Netz i=4	$\tau_{D4} = C_1 \cdot R_{41} + C_2 \cdot R_{42} + C_3 \cdot R_{43} + C_4 \cdot R_{44} + C_5 \cdot R_{45}$ $= C_1 \cdot R_1 + C_2 \cdot R_1 + C_3 \cdot (R_1 + R_3) + C_4 \cdot (R_1 + R_3 + R_4) + C_5 \cdot (R_1 + R_3)$			
	$\tau_{D4} = 551$ ps	$t_{d4} = 380{,}2$ ps	$t_{d4,s} = 390{,}6$ ps	$e = -2{,}7\%$
Netz i=5	$\tau_{D5} = C_1 \cdot R_{51} + C_2 \cdot R_{52} + C_3 \cdot R_{53} + C_4 \cdot R_{54} + C_5 \cdot R_{55}$ $= C_1 \cdot R_1 + C_2 \cdot R_1 + C_3 \cdot (R_1 + R_3) + C_4 \cdot (R_1 + R_3) + C_5 \cdot (R_1 + R_3 + R_5)$			
	$\tau_{D5} = 551$ ps	$t_{d5} = 380{,}2$ ps	$t_{d5,s} = 390{,}6$ ps	$e = -2{,}7\%$

Wie man dem Beispiel entnehmen kann, stimmt das Elmore-Modell einer Leitung mit wenigen Prozent Abweichung recht gut mit den simulierten Werten überein. Für eine unverzweigte Leitung nach Abbildung 5.15 können wir ebenfalls nach dem Elmore-Modell die Zeitkonstante für das *Ende* der Leitung am Netzknoten N berechnen zu

$$\tau_{DN} = C_1 \cdot R_1 + C_2 \cdot (R_1 + R_2) + \ldots + C_N \cdot (R_1 + R_2 + \ldots + R_N) \qquad (5.6)$$

wenn wir eine Leitung in N Segmente aufteilen.

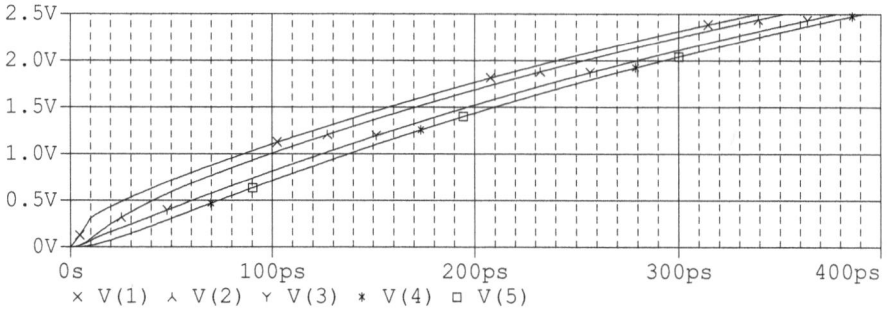

Abb. 5.14: *Ergebnis der Netzwerksimulation mit PSpice: Gezeigt ist ausschnittsweise der Verlauf der Spannungen an den Netzknoten 1 bis 5 (V(1) bis V(5)) aus Abbildung 5.13. Der Eingang des Netzwerks (Quelle) wird zum Zeitpunkt t = 0 in 10 ps von 0 nach U_{dd} = 5 V geschaltet (nicht gezeigt).*

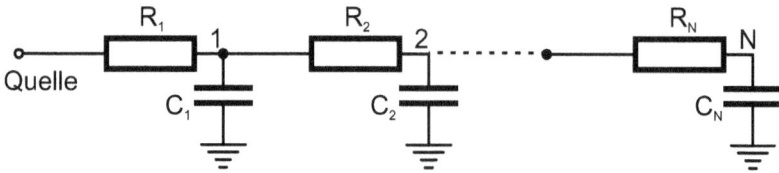

Abb. 5.15: *Modellierung der unverzweigten Verdrahtungsleitung als RC-Netzwerk.*

Nehmen wir nun an, dass die gesamte Leitung einen ohmschen Widerstand R und eine Gesamtkapazität C besitzt. Wenn wir die Leitung in N Segmente gleicher Länge aufteilen, dann erhalten wir für jedes Teilstück den Widerstand $R_k = R/N$ und die Kapazität $C_k = C/N$. Setzen wir dies in Gleichung 5.6 ein, so erhalten wir für die Zeitkonstante des Leitungsendes $\tau_{DN} = C_k \cdot R_k + C_k \cdot 2 \cdot R_k + \ldots + C_k \cdot N \cdot R_k = R_k \cdot C_k \cdot (1 + 2 + \ldots + N)$. Damit ergibt sich die Zeitkonstante zu

$$\tau_{DN} = \frac{R \cdot C}{N^2} \cdot (1 + 2 + \ldots + N) = \frac{R \cdot C}{N^2} \cdot \frac{N \cdot (N+1)}{2} = \frac{R \cdot C}{2} \cdot (1 + \frac{1}{N}) \quad (5.7)$$

da die Reihensumme $1 + 2 + \ldots + N = \sum_{k=1}^{N} k = \frac{N \cdot (N+1)}{2}$ ergibt. Teilen wir nun die Leitung in unendlich viele Segmente ($N \to \infty$), so ergibt sich die Zeitkonstante des Leitungsendes als Grenzwert von Gleichung 5.7 zu

$$\tau_{Dis} = \lim_{N \to \infty} \left[\frac{R \cdot C}{2} \cdot (1 + \frac{1}{N}) \right] = \frac{R \cdot C}{2}. \quad (5.8)$$

Würden wir die Leitung nur durch *eine* Kapazität und *einen* Widerstand modellieren, so erhielten wir die Zeitkonstante $\tau_{Con} = R \cdot C$, während der nach Gleichung 5.8 berechnete Wert $\tau_{Dis} = \frac{1}{2} \cdot \tau_{Con}$ ist. Woher kommt dieser Unterschied? Im Falle τ_{Con} haben wir angenommen, dass die Leitung durch eine Kapazität C und einen Widerstand R dargestellt werden kann. Dies bedeutet, dass die gesamte Kapazität über den gesamten Widerstand aufgeladen (oder entladen) wird. Betrachtet man das Modell der Leitung nach Abbildung 5.15 und Gleichung 5.6, so wird klar, dass dies nicht der Fall ist. Nur die letzte Teilkapazität C_N wird tatsächlich über den ganzen Widerstand aufgeladen, alle anderen Teilkapazitäten werden über einen in Richtung Quelle immer geringer werdenden Widerstand aufgeladen.

Der Unterschied resultiert aus der Tatsache, dass wir bei τ_{Con} die Leitung bestehend aus zwei „konzentrierten" Bauelementen (engl.: lumped RC model) modelliert haben, während wir bei τ_{Dis} Kapazität und Widerstand über die Leitung „verteilt" haben (engl.: distributed RC model). Im verteilten Modell ergibt sich der so genannte „Widerstandsbelag" R' und der „Kapazitätsbelag" C' eines infinitesimal kleinen Leitungsstücks $\Delta L \to 0$, bei konstanter Weite W und Höhe H der Leitung, aus den Gleichungen 5.3 und 5.4 zu $R' = \frac{\rho}{H \cdot W}$ und $C' = \frac{\varepsilon}{t_{di}} \cdot W$ (Plattenkondensator). Damit ergibt sich der Gesamtwiderstand R und die Gesamtkapazität C der Leitung in Abhängigkeit von der Länge L zu $R = R' \cdot L$ und $C = C' \cdot L$. Setzen wir dies in Gleichung 5.8 ein, so erhalten wir für die Zeitkonstante der Leitung im verteilten Modell

$$\tau_{Dis} = \frac{R' \cdot C'}{2} \cdot L^2. \tag{5.9}$$

Mit wachsender Segmentzahl N nähert Gleichung 5.7 die Gleichung 5.8 immer besser. In der Timing-Analyse wird die verteilte Leitung daher durch eine RC-Kette (engl.: RC-chain, -ladder) mit konzentrierten Bauelementen approximiert, wobei die Anzahl der Segmente so gewählt wird, dass eine ausreichend hohe Genauigkeit entsteht. Das Simulationsprogramm SPICE bietet beispielsweise ein eingebautes Simulationsmodell für eine verteilte Leitung, welches die Leitung ebenfalls durch eine RC-Kette approximiert. Neben dem in Abbildung 5.15 gezeigten „L-Modell" existieren auch weitere Modelle [36], die mit weniger Segmenten eine höhere Genauigkeit erreichen („π-Modell", „T-Modell" [36], siehe auch Übungsaufgaben in Abschnitt 5.8).

Wir können zusammenfassend zwei wesentliche Zusammenhänge aus dieser Betrachtung entnehmen: Erstens ist die Verzögerungszeit nach dem einfachen Modell der Leitung als konzentriertes Bauelement um einen Faktor zwei zu groß, verglichen mit dem verteilten Modell, und zweitens hängt die Verzögerungszeit quadratisch von der Leitungslänge ab. Verdoppeln wir also die Leitungslänge, so vervierfacht sich die Verzögerungszeit auf der Leitung! Im Übrigen verringert zwar eine größere Weite W der Leitung den Widerstandsbelag, jedoch erhöht sich hierdurch der Kapazitätsbelag, so dass man insgesamt für die Verzögerungszeit nichts gewinnt.

5.3.3   Induktive und kapazitive Leitungseffekte

Eine weitere Einschränkung des Elmore-Modells besteht darin, dass die bei einer Verdrahtungsleitung auch vorhandene (geringe) Induktivität der Leitung [36] vernachlässigt wird. Ist die Anstiegs- oder Abfallzeit eines Signals kleiner als die Laufzeit einer elektromagnetischen Welle auf der Leitung, so muss die Ausbreitung des Signals als elektromagnetische Welle berücksichtigt werden. In diesem Fall muss die Leitung als so genannter „Wellenlei-

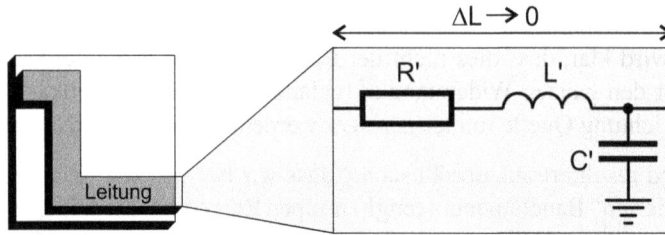

Abb. 5.16: *Leitungsbeläge: Jedes infinitesimal kleine Stück der Leitung ($\Delta L \to 0$) kann wie hier gezeigt als Verschaltung des Widerstandsbelags R' und des Kapazitätsbelags C' aufgefasst werden. Der Induktivitäts-belag L' liegt in Serie zum Widerstandsbelag, sofern die Induktivität berücksichtigt wird. Ferner gibt es noch einen (geringen) Querleitwert G' zwischen Leiter und Masse, welcher die Verluste im Dielektrikum beschreibt. Dieser wurde in der Abbildung weggelassen.*

ter" betrachtet werden (engl.: transmission line). Nun spielt, neben dem Kapazitätsbelag C', auch der Induktivitätsbelag L' der Leitung eine Rolle, siehe Abbildung 5.16.

Vernachlässigt man den Widerstand der Leitung und damit die ohmschen Verluste (engl.: lossless transmission line), so ergibt sich der so genannte „Wellenwiderstand" oder die Impedanz Z der Leitung sowie die Ausbreitungsgeschwindigkeit v der Welle [36] zu

$$Z = \sqrt{\frac{L'}{C'}} \qquad \text{und} \qquad v = \frac{1}{\sqrt{\varepsilon \cdot \mu}} = \frac{c_0}{\sqrt{\varepsilon_r \cdot \mu_r}},$$

wobei $\varepsilon = \varepsilon_r \cdot \varepsilon_0$ die Permittivität und $\mu = \mu_r \cdot \mu_0$ die Permeabilität des Dielektrikums ist ($\mu_0 = 4\pi \cdot 10^{-7}$ H/m, $\mu_r \approx 1$ für die in der Mikroelektronik gebräuchlichen Dielektri-ka [36]). $c_0 = 1/\sqrt{\varepsilon_0 \cdot \mu_0}$ ist die Lichtgeschwindigkeit im Vakuum. Da L' und C' abhängig sind von der geometrischen Anordnung der Leitung, ist auch der Wellenwiderstand eine Funktion der Geometrie des Leiters, siehe z. B. [36], und ergibt sich nach obiger Glei-chung als reller Zahlenwert. Bei einer Änderung des Wellenwiderstands, z. B. durch Ver-änderungen der Geometrie der Leitung oder am Ende der Leitung, kann es zu *Reflexionen* des Signals kommen, die in der Folge zu Über- oder Unterschwingern im zeitlichen Ver-lauf des Signals führen können [36]. Sind diese groß genug, so sind Fehlfunktionen in der Schaltung möglich. Dies ist ein bekanntes Problem bei der Entwicklung von *Leiterplatten* für schnelle digitale Schaltungen [31]. Man löst das Problem durch spezielle geometrische Anordnungen der Leiter mit konstantem Wellenwiderstand (z. B. durch die so genannte „Mikrostreifenleitung", auch als „Microstrip Line" bezeichnet) und durch Abschluss der Leitungen mit einem ohmschen Widerstand, der dem Wellenwiderstand entspricht.

In der Mikroelektronik war es bislang nicht notwendig, Wellenleitereffekte zu betrachten, da die Anstiegs- bzw. Abfallzeit $t_{r,f}$ eines Signals auf der Leitung deutlich größer als die Laufzeit $t_a = L/v$ einer elektromagnetischen Welle auf einer Leitung der Länge L ist – die Leitungslängen in integrierten Schaltungen sind sehr viel kürzer als auf einer Leiter-platte. Häufig [36] wird folgende Abschätzung für die Grenze der Verzögerungszeiten benutzt, ab der Wellenleitereffekte berücksichtigt werden müssen (L ist die Länge des Leiters, $\mu_r = 1$):

$$t_{r,f} < 2{,}5 \cdot t_a = 2{,}5 \cdot \frac{L}{v} = 2{,}5 \cdot \frac{L}{c_0} \cdot \sqrt{\varepsilon_r} \qquad (5.10)$$

Nehmen wir an, dass wir Siliziumdioxid als Dielektrikum ($\varepsilon_r = 3{,}9$) verwenden. In diesem Fall wird aus Gleichung 5.10: $t_{r,f} < 1{,}646 \cdot 10^{-8} \, \frac{s}{m} \cdot L$. Für eine Leitung von 1 mm Länge ergibt sich dann $t_{r,f} < 16{,}457$ ps. Da die Anstiegs- und Abfallzeiten bislang deutlich größer waren, konnten Wellenleitereffekte vernachlässigt werden. Weil aber in Zukunft die Verzögerungszeiten in diese Bereiche vorstoßen werden, wird man auch in integrierten Schaltungen bei langen Leitungen Wellenleitereffekte berücksichtigen müssen.

Abschließend sollte noch das so genannte (kapazitive) „Übersprechen" (engl.: crosstalk) zwischen Signalleitungen angesprochen werden [36]. Wie wir im Abschnitt 5.3.1 gesehen haben, ergibt sich in modernen CMOS-Prozessen eine erhebliche Kopplungskapazität zwischen Signalleitungen. Die Größe dieser Kapazität ist abhängig von der Distanz zweier Leitungen und der Länge, mit der beide Leitungen parallel geführt werden. Spannungsänderungen durch Schaltvorgänge auf einer Leitung wirken sich daher auch auf die andere Leitung aus. Die Kopplungskapazität zwischen Leitung A und Leitung B sei C_{AB} und die Leitung B weise eine Kapazität gegen Masse von C_B auf. Nehmen wir weiterhin an, dass auf Leitung A die Spannung sprungförmig durch einen Schaltvorgang um $\Delta U_A = \pm U_{dd}$ verändert wird. Dann erhält man durch Übersprechen aufgrund der Kopplungskapazität einen Spannungssprung ΔU_B auf Leitung B von

$$\Delta U_B = \frac{C_{AB}}{C_{AB} + C_B} \cdot \Delta U_A.$$

Ist die eingekoppelte Spannung groß genug, kann eine Fehlfunktion in der Schaltung hervorgerufen werden. Die Kopplungkapazitäten einer Leitung in minimalem Abstand zur Nachbarleitung ist nach Beispiel 5.1 annähernd so groß wie ihre Kapazität gegen Masse. Wird die Leitung A daher über 10% der gesamten Leitungslänge parallel zu B in minimalem Abstand geführt, so erhalten wir eine Störspannung von $\pm 0{,}09 \cdot U_{dd}$ auf Leitung B.

Die hier nur kurz angesprochenen induktiven und kapazitiven Effekte müssen in zunehmendem Maße auch bei integrierten Schaltungen berücksichtigt werden, um die so genannte „Signalintegrität" sicherzustellen. Damit ist die ungestörte Übertragung von Signalen über Leitungen gemeint, so dass keine Fehlfunktionen in der Schaltung aufgrund von Störungen auf den Leitungen entstehen. Dies wird während der Verdrahtung durch geeignete Maßnahmen berücksichtigt. Wenn wir mit vorgefertigten FPGAs arbeiten, sollte man davon ausgehen können, dass diese Probleme vom Hersteller berücksichtigt wurden. Weiterführende Informationen zur gesamten Verdrahtungsproblematik und dem Problem der Signalintegrität kann man z. B. [36] entnehmen.

5.3.4   Verdrahtung und Zeitverhalten im FPGA

Während in den CLB-Slices von SRAM-FPGAs hauptsächlich Multiplexer zur Realisierung der programmierbaren Verbindungen benutzt werden (siehe z. B. Abbildung 5.8 in Abschnitt 5.2.3), werden für die Verschaltung der Leitungssegmente in den Verdrahtungskanälen in der Regel Pass-Transistoren oder Tristate-Buffer benutzt [90, 95, 25, 70]. Betrachten wir zunächst die Verschaltung der Leitungssegmente mit Pass-Transistor-Schaltern in Abbildung 5.17.

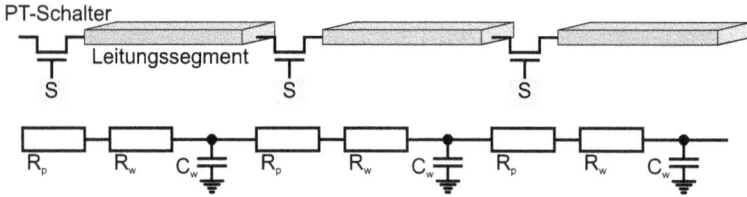

Abb. 5.17: *Verschaltung von Leitungssegmenten durch Pass-Transistoren. Die Ansteuerung der Pass-Transistoren erfolgt durch die mit S bezeichneten Speicherzellen.*

Wir vernachlässigen für die folgende Betrachtung die Kapazität eines Schalters und modellieren ihn durch einen ohmschen Widerstand. Der Widerstand der Pass-Transistoren bewegt sich typischerweise in einem Bereich von $R_p = 500..1.000\ \Omega$ [70]. Das Leitungssegment modellieren wir der Einfachheit halber durch ein konzentriertes Bauelement mit Widerstand R_w und Kapazität C_w. Die Segmentlänge hängt vom Typ des Segments ab und ist ein Vielfaches des Matrix-„Pitches" P. Bei der in Abschnitt 3.8.3 beschriebenen Virtex-II-Architektur sind beispielsweise Segmente mit der Länge $P = 1$ (Direct Connections), mit der Länge $P = 2$ (Double Lines), mit der Länge $P = 6$ (Hex Lines) und „Long Lines", die über den ganzen Chip führen, vorhanden. Der gesamte Widerstand R_s eines Segments mit PT-Schaltern ist $R_s = R_p + R_w$, so dass sich die Zeitkonstante eines Leitungssegments zu $\tau_{Di,PT} = C_w \cdot (R_p + R_w) = C_w \cdot R_s$ ergibt. Wir können die Elmore-Zeitkonstante $\tau_{DN,PT}$ für eine (unverzweigte) Leitung bestehend aus N Segmenten berechnen zu

$$\tau_{DN,PT} = C_w \cdot R_s + C_w \cdot 2 \cdot R_s + \ldots + C_w \cdot N \cdot R_s = C_w \cdot R_s \cdot \frac{N^2 + N}{2}.$$

Somit zeigt die PT-Leitung eine quadratische Abhängigkeit der Verzögerungszeit von der Anzahl der Segmente, siehe auch [95, 36, 25]. Die Verschaltung von Leitungssegmenten mit Buffern zeigt Abbildung 5.18, wobei wir die Buffer wieder durch das Schaltermodell darstellen. Der Vorteil der Bufferkette nach Abbildung 5.18 besteht darin, dass *jedes* Segment durch einen zugehörigen Buffer „aktiv" gegen die Versorgung oder gegen Masse geschaltet wird. Im Gegensatz zu „passiven" PT-Schaltern entstehen somit keine langen RC-Ketten. Nachteilig ist der höhere Platzbedarf der Buffer.

Wir können ebenfalls die Verzögerungszeit einer gepufferten Leitung, bestehend aus N durch Buffer getriebene Segmente, berechnen. Hierzu nehmen wir an, dass der Pull-Up-Widerstand (und der Pull-Down-Widerstand für die Entladung) eines Buffers genauso groß

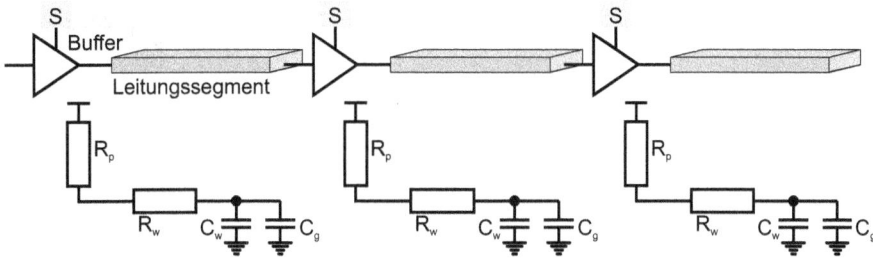

Abb. 5.18: *Verschaltung von Leitungssegmenten durch Tristate-Buffer: Gezeigt ist hier nur eine unidirektionale Verbindung. Durch einen zweiten Buffer kann die Leitung auch bidirektional ausgelegt werden (siehe auch Abschnitt 3.6.1).*

ist, wie der Widerstand R_p des PT-Schalters. Der Widerstand des Leitungssegments sei R_w. Wir vernachlässigen wieder die (Drain-)Kapazitäten am Ausgang der Buffer und nehmen für die Leitungskapazität C_w an. Nun muss allerdings noch die Eingangskapazität C_g des nächsten Buffers berücksichtigt werden (Gatekapazitäten der Transistoren), die ebenfalls umgeladen werden muss. Die Elmore-Zeitkonstante $\tau_{DN,BUF}$ der gesamten, gepufferten Leitung erhalten wir durch *Summation* der Zeitkonstanten $\tau_{Di,BUF} = (R_p + R_w) \cdot (C_w + C_g) = R_s \cdot (C_w + C_g)$ der einzelnen Segmente zu

$$\tau_{DN,BUF} = N \cdot R_s \cdot (C_w + C_g).$$

Der Vergleich der beiden Konzepte ergibt, dass die Verzögerungszeit einer PT-Leitung quadratisch mit der Anzahl der Segmente wächst [90, 36, 25], während die gepufferte Leitung nur eine lineare Abhängigkeit von der Segmentanzahl N aufweist. Für kurze Verbindungen ist allerdings die PT-Leitung schneller, da die Eingangskapazität C_g der Buffer entfällt. Nehmen wir an, dass $C_g = C_w$ ist, dann können wir berechnen, für welchen Wert von N beide Verzögerungszeiten gleich sind: Aus

$$\tau_{DN,BUF} = \tau_{DN,PT} \implies N \cdot R_s \cdot 2 \cdot C_w = C_w \cdot R_s \cdot \frac{N^2 + N}{2}$$

folgt $N = 3$. Für $N < 3$ ist $\tau_{DN,BUF} > \tau_{DN,PT}$ und für $N > 3$ ist $\tau_{DN,BUF} < \tau_{DN,PT}$. Für kurze Verbindungen mit wenigen Schaltern sind also Pass-Transistoren besser, für längere Verbindungen mit vielen Schaltern sind gepufferte Leitungen besser. Daher werden in modernen SRAM-FPGAs, wie z. B. Xilinx Virtex-II („Active Interconnect Technology"), Verbindungen gepuffert realisiert, um das Problem des quadratischen Anstiegs der Verzögerungszeiten zu lösen [25]. Auch gemischte Lösungen werden teilweise verwendet, wobei kurze Verbindungen mit Pass-Transistoren realisiert werden und für mittlere und lange Verbindungen Buffer benutzt werden [90, 25].

Für die statische Timing-Analyse einer FPGA-Schaltung wird die gesamte Verzögerungszeit auf einem Pfad aufgeteilt in konstante Anteile durch die CLB-Slices (engl.: logic delay, component delay) und in variable, von der Verdrahtung abhängige Teile [25] (engl.: net delay, interconnect delay, route delay, wire delay). Die konstanten Verzögerungszeiten setzen sich zusammen aus den Verzögerungszeiten der einzelnen Komponenten (LUT, Flipflops,

Multiplexer) innerhalb der Slices, welche auf einem Pfad von einem Eingang zu einem Ausgang oder von und zu einem Flipflop einer Slice liegen. Diese Zeiten werden vom Hersteller ermittelt und in Tabellen für die Timing-Analyse abgelegt. Sie sind von den Betriebsparametern (Versorgungsspannung, Temperatur) und der „Geschwindigkeitsklasse" (engl.: speed grade) des FPGAs abhängig. Der Entwickler kann diese Zeitangaben auch den Datenblättern entnehmen (siehe z. B. [107]: „CLB Switching Characteristics"). Während die Slice-Zeiten unabhängig von der konkreten Platzierung und Verdrahtung sind, können die Verzögerungszeiten der Verdrahtung erst nach P&R bestimmt werden, beispielsweise durch eine Elmore-Analyse des Verdrahtungsnetzwerks, was in der Regel automatisch durch die Timing-Analyse erfolgt.

Wir zeigen die Ergebnisse einer Timing-Analyse wieder anhand der in den vorigen Abschnitten schon benutzten Beispielschaltung aus Abbildung 5.2. Wir platzieren die LUT und das Flipflop manuell in zwei Slices eines Xilinx Virtex-II-FPGAs, welche in der gleichen Zeile liegen und einen Abstand von einer Spalte haben (Pitch = 1), und analysieren das Design nach der Verdrahtung mit Hilfe des in der Xilinx-ISE vorhandenen Timing-Analyse-Werkzeugs. In Abbildung 5.19 ist der kritische Pfad des Designs vom Ausgang des Flipflops zum Eingang des Flipflops dargestellt und Listing 5.4 zeigt einen Ausschnitt aus dem Resultat der Timing-Analyse. Der Pfad beginnt am Ausgang des Flipflops `reg_current_state`, welches eine konstante Verzögerungszeit von der steigenden Taktflanke bis zum Ausgang YQ von $T_{cko} = 0{,}449$ ns aufweist. Die Verzögerungszeit der Leitung (net) `current_state` beträgt $t_{net,cs} = 0{,}243$ ns. Als Nächstes liegt die LUT `ix116` auf dem Pfad; sie weist eine konstante Verzögerungszeit von $T_{ilo} = 0{,}347$ ns auf. In dieser Zeit ist auch die Verzögerungszeit für den Multiplexer GYMUX aus Slice A enthalten, sie wird also von einem Slice-Eingang G1–G4 der LUT bis zum Slice-Ausgang Y angegeben. Die Leitung `next_state` verbindet wieder die LUT mit dem Flipflop und weist eine Verzögerungszeit von $t_{net,ns} = 0{,}518$ ns auf. Als Letztes fällt auf diesem Pfad noch die (konstante) Zeit $T_{dick} = 0{,}293$ ns an, welche die Verzögerungszeit der beiden Multiplexer aus Slice B und die Setupzeit des Flipflops bis zur nächsten steigenden Taktflanke beinhaltet.

Listing 5.4: *Ergebnisse der Timing-Analyse.*

```
0        Delay type         Delay(ns)  Logical Resource(s)
1        -------------------------     -------------------
2        Tcko                0.449     reg_current_state
3        net (fanout=2)      0.243     current_state
4        Tilo                0.347     ix116
5        net (fanout=1)      0.518     next_state
6        Tdick               0.293     reg_current_state
7        -------------------------     -----------------------------
8        Total              1.850ns (1.089ns logic, 0.761ns route)
9                                   (58.9% logic, 41.1% route)
```

Die gesamte Verzögerungszeit des kritischen Pfades beträgt also $t_{crit} = 1{,}85$ ns und somit könnten wir das Design mit der maximalen Taktfrequenz von $f_{max} = 1/t_{crit} = 540{,}54$ MHz takten. Die Versorgungsspannung für diese Timing-Analyse beträgt $U_{dd} = 1{,}425$ V und die Chiptemperatur $T = 85\,°C$; dies sind so genannte „Worst-Case"-Bedingungen, also tiefste Versorgungsspannung und höchste Chiptemperatur. Zum Vergleich erhalten wir bei „Best-Case"-Bedingungen ($U_{dd} = 1{,}575$ V, $T = 0\,°C$) $f_{max} = 581{,}4$ MHz und bei „Nominal-Case"-Bedingungen ($U_{dd} = 1{,}5$ V, $T = 25\,°C$) $f_{max} = 575{,}7$ MHz. Beim Design einer Schaltung muss man allerdings immer vom spezifizierten „Worst-Case" für die Betriebsbedingungen ausgehen. Wir benutzen den schnellsten Virtex-II-FPGA xc2v1000, d. h. „Speed Grade" 6. Nehmen wir zum Vergleich den gleichen FPGA-Typ in der langsamsten Ausführung (Speed Grade 4) – und damit auch kostengünstigeren Version – so erhalten wir $f_{max} = 427{,}72$ MHz („Worst-Case"-Betriebsbedingungen) und damit ein um rund 21% langsameres Design!

Im Beispiel aus Listing 5.4 beträgt der Anteil der Verdrahtung an der Verzögerungszeit des kritischen Pfades 41,1%. Um die Abhängigkeit der Verzögerungszeit von der Platzierung und Verdrahtung noch etwas genauer zu untersuchen, führen wir ein kleines Experiment mit der Beispielschaltung aus Abbildung 5.19 durch. Wir verändern die Platzierung von LUT und Flipflop in einem xc2v1000-FPGA dergestalt, dass wir die LUT am linken Rand in der Spalte 0 und der Zeile 15 (Slice X0Y15) fix platzieren und die Platzierung des Flipflops, beginnend bei Slice X0Y15, jeweils um einen Pitch $P = P + 1$ oder eine Spalte in der gleichen Zeile verschieben. Da sich die Verzögerungszeiten T_{cko}, T_{ilo} und T_{dick} dabei nicht verändern, messen wir nur die sich durch die Platzierung verändernde Verzögerungszeit $t_{net,ns}$ des Netzes next_state (das Netz current_state sei hier nicht betrachtet). Durch entsprechende Einstellungen veranlassen wir den Router jeweils nach der schnellsten Lösung zu suchen.

Betrachten wir die Ergebnisse in Abbildung 5.20, so fällt auf, dass wir für $P = 0$ eine sehr geringe Zeit von $t_{net,ns} = 1$ ps erhalten. In diesem Fall sind beide Komponenten in

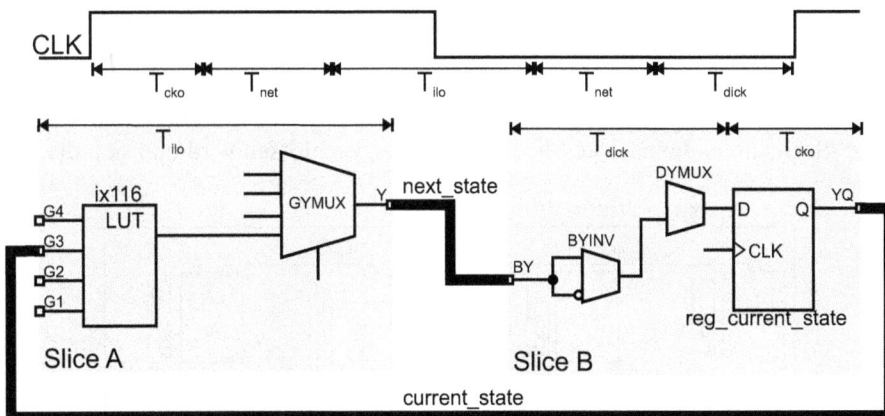

Abb. 5.19: *Kritischer Pfad für das Beispiel aus Abbildung 5.2 nach dem Platzieren und Verdrahten. Die anderen Pfade wurden der Übersichtlichkeit wegen nicht dargestellt. Die dargestellten Komponenten sind die für diese Schaltung verwendeten Komponenten (LUT, MUX, Flipflop) aus den Slices. Die LUT und das Flipflop wurden in unterschiedlichen Slices manuell platziert (siehe auch Abschnitt 5.2).*

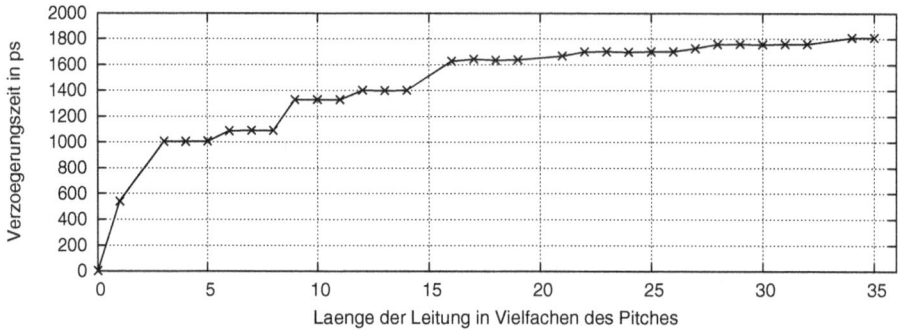

Abb. 5.20: *Verzögerungszeiten von Verbindungsleitungen: Für das Beispiel-Design wird die Verzöge-rungszeit des Netzes „next_state" für verschiedene Abstände der durch das Netz verbundenen Komponenten mit Hilfe der Timing-Analyse gemessen. Es wurde ein Xilinx Virtex-II xc2v1000 benutzt, dieser ist in eine CLB-Matrix aus 40 Zeilen und 32 Spalten aufgeteilt. Durch die vier zusätzlichen Spalten für die Multiplizierer/RAM-Blöcke ergeben sich insgesamt 36 Spalten. Die beiden Komponenten wurden in einer Zeile angeordnet und der Spaltenabstand („Pitch") verändert.*

der gleichen Slice platziert (siehe Abbildung 5.8 in Abschnitt 5.2.3) und werden über eine schnelle CLB-interne Verbindung verdrahtet („fast connect", siehe Abschnitt 3.8.3). $P = 1$ entspricht dem in Listing 5.4 beschriebenen Fall, wobei sich $t_{net,ns} = 518$ ps ergibt. Hier wird ein „direct"-Segment (Länge = 1 Pitch) verwendet, das die beiden benachbarten Slices verbindet. Allerdings wird für die Verschaltung dieser Verbindung zweimal eine Schaltmatrix benötigt, so dass sich eine deutlich höhere Zeit ergibt als im Fall $P = 0$. Der Fall $P = 2$ – wie auch $P = 15, 20, 33$ – ist nicht möglich, da sich an dieser Position ein Multiplizierer/RAM-Block befindet. Der Fall $P = 3$ ist in Abbildung 5.21 dargestellt: Hier benutzt der Router zwei „double"-Segmente (Länge = 2 Pitch), welche über drei Schaltmatrix-Verbindungen mit den Slices verdrahtet werden, so dass sich $t_{net,ns} = 1.005$ ps ergibt. Da das zweite „double"-Segment nur zur Hälfte benutzt wurde, kann die gleiche Lösung vom Router auch für den Fall $P = 4$ benutzt werden, wobei dann das zweite „double"-Segment an die nächste Slice (X6Y15) angeschlossen wird und sich die gleiche

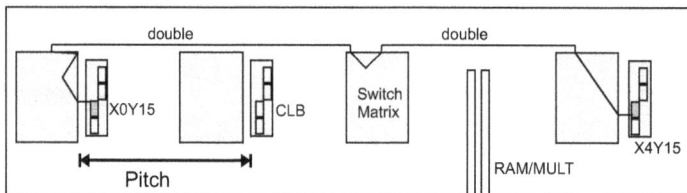

Abb. 5.21: *Routing-Beispiel für das Netz „next_state" für einen Pitch von $P = 3$. Die Leitung wird über zwei „double"-Segmente geführt, welche über Switch-Matrizen verbunden und an die Slices angeschlossen werden. Es ist erkennbar, dass die erste Schaltmatrix-Verbindung durch die „Umwege" mehrere Programmierverbindungen benötigt und somit in einer höheren Verzögerungszeit resultiert.*

Verzögerungszeit $t_{net,ns} = 1.005$ ps ergibt. Im Fall $P = 5$ benutzt der Router zwei „double"-Segmente und ein „direct"-Segment, wofür vier Schaltmatrix-Verbindungen benötigt werden. Da diese Verbindungen allerdings etwas günstiger, d. h. mit weniger Programmierverbindungen innerhalb der Schaltmatrizen, ausgeführt werden können, ergibt sich eine Zeit von $t_{net,ns} = 1.007$ ps, welche nicht viel größer ist, als die Zeit für $P = 3$ und $P = 4$.

Für den Fall $P = 6$ wird nun zum ersten Mal ein „hex"-Segment (Länge = 6 Pitch) eingesetzt, welche über zwei Schaltmatrix-Verbindungen geführt werden. Beide Verbindungen fallen allerdings wieder etwas ungünstiger aus, so dass sich eine Zeit von $t_{net,ns} = 1.086$ ps ergibt. Die gesamte Verteilung der Segmente für alle untersuchten Fälle kann Abbildung 5.22 entnommen werden. Für den Fall $P = 16$ ist es für den Router zum ersten Mal günstiger, ein „long"-Segment einzusetzen, das über den ganzen Chip führt, allerdings nur an jede sechste CLB anschließen kann. Für $P > 16$ wird nun immer ein „long"-Segment in Kombination mit den anderen Segmenttypen verwendet. Die Anzahl der notwendigen Schaltmatrix-Verbindungen beträgt $n + 1$ wenn n Segmente verschaltet werden sollen und kann somit direkt aus Abbildung 5.22 entnommen werden. Für eine Schaltmatrix-Verbindung können mehrere Programmierverbindungen notwendig sein, da die Schaltmatrizen nicht jeden Eingang mit jedem Ausgang verbinden können, so dass Schaltmatrix-Verbindungen unterschiedliche Verzögerungszeiten aufweisen können. Als Folge hieraus kann man Abbildung 5.20 entnehmen, dass es Verbindungen gibt, die bei kleinerem Pitch dennoch die gleiche oder sogar eine etwas höhere Verzögerungszeit erfordern als Verbindungen mit größerem Pitch.

Vernachlässigt man jedoch diese Effekte, so sieht man in Abbildung 5.20, dass der zunächst starke Anstieg der Verzögerungszeit bei steigender Länge der Leitung sich für größere Werte von P verringert. Dies ist der segmentierten Verbindungsarchitektur zu verdanken, welche unterschiedliche Segmentlängen und insbesondere „long"-Segmente, die über den ganzen Chip reichen, zur Verfügung stellt: Man kann Abbildung 5.22 entnehmen, dass

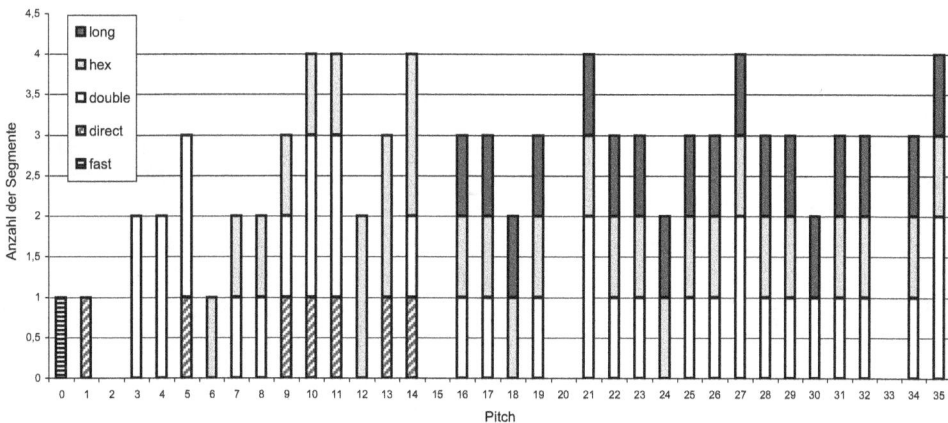

Abb. 5.22: Verteilung der Segmente in Abhängigkeit von der Leitungslänge (Pitch).

nie mehr als 4 Segmente und damit 5 Schaltmatrizen für sämtliche Verbindungen benötigt werden. Es sind die Programmierverbindungen in den Schaltmatrizen, welche erheblich zur gesamten Verzögerungszeit der Verdrahtung beitragen. Daher muss der Router versuchen, die Zahl der Schaltmatrix-Verbindungen zu minimieren, um möglichst kurze Verzögerungszeiten zu realisieren. Benutzen wir beispielsweise für den Fall $P = 35$ statt der in Abbildung 5.22 angegebenen Verbindung aus einem „long"- , einem „hex"- und zwei „double"-Segmenten eine Verbindung aus sechs „hex"- und einem „double"-Segment, wofür wir acht Schaltmatrix-Verbindungen benötigen, so erhalten wir eine Verzögerungszeit von $t_{net,ns} = 3.064$ ps statt $t_{net,ns} = 1.808$ ps und damit eine um 69% größere Verzögerungszeit!

Wenn wir den „Offset" durch die näherungsweise konstante Anzahl von Schaltmatrix-Verbindungen in Abbildung 5.20 berücksichtigen, dann entspricht der Anstieg der Kurve für größere Werte von P im Prinzip nur noch dem Anwachsen der Verzögerungszeit eines „long"-Segments bei steigendem geometrischen Abstand der beiden Slices. Die „long"-Segmente spielen also eine wesentliche Rolle bei der Realisierung von langen und schnellen Verbindungen, ohne sie würde die Verzögerungszeit sehr viel stärker mit der Länge anwachsen. Ein „long"-Segment kann allerdings nicht an alle CLBs des Kanals anschließen: Da jeder CLB-Anschluss eine zusätzliche parasitäre Kapazität darstellt und damit Verzögerungszeit verursacht, muss die Zahl der Anschlüsse auf ein Minimum begrenzt werden. Als Folge daraus werden, wie aus Abbildung 5.22 ersichtlich, zusätzliche kürzere Segmente für die Anschlüsse an CLBs notwendig. Des Weiteren werden lange Segmente häufig auch in regelmäßigen Abständen gepuffert: Hierdurch wird aus dem ansonsten quadratischen Anstieg der Verzögerungszeit ein linearer Anstieg, was man Abbildung 5.20 ebenfalls entnehmen kann.

Der Anteil der Verdrahtung an der gesamten Verzögerungszeit des kritischen Pfades aus Abbildung 5.19 beträgt für $P = 0$ 15,5% und für $P = 35$ schon 82,8%, aufgrund der beiden langen Verbindungen für die Netze current_state und next_state. Abhängig vom Design können sowohl kurze lokale Verbindungen als auch lange globale Verbindungen entstehen. Für den kleinen Beispiel-Prozessor aus Abschnitt 5.2.4 können wir für die 20 längsten Pfade des Designs einen durchschnittlichen Verdrahtungsanteil von rund 30% ermitteln. Bei komplexeren Designs muss damit gerechnet werden, dass auch globale Verbindungen benötigt werden, die den ganzen Chip überspannen – beispielsweise bei Bussystemen. Hierbei kann der Verdrahtungsanteil der Verzögerungszeit für globale Verbindungen durchaus 70–80% betragen. Nun sollte man annehmen, dass auch die Leitungslängen mit kleiner werdenden Prozessgeometrien ebenfalls sinken. Bei kurzen Leitungen trifft dies auch zu. Hierdurch verringert sich die Kapazität der Leitung. Da aber auch die Weite der Leitungen in gleichem Maße verringert wird, bleibt das $R \cdot C$-Produkt und damit die Verzögerungszeit für lokale Leitungen allerdings näherungsweise konstant [36]. Weiterhin werden die Chips auch beständig größer: Während die Chips in den sechziger Jahren noch etwa 2 mm^2 groß waren, sind dies heute 2 cm^2 und mehr [36]. Daher werden die globalen Leitungen eher länger statt kürzer. Man geht davon aus, dass die Verzögerungszeit globaler Leitungen sich pro Jahr um etwa 50% erhöht [36]. Weil sich aber die

Verzögerungszeit der Gatter verringert, erhöht sich der Anteil der Verdrahtung an der Verzögerungszeit beständig. Dies betrifft sowohl ASICs als auch FPGAs. Man versucht dieses Problem durch technologische Maßnahmen in den Griff zu bekommen. So wird beispielsweise seit geraumer Zeit Kupfer statt Aluminium für die Verdrahtung verwendet, welches eine bessere Leitfähigkeit aufweist. Um die Kapazitäten weiter zu verringern, werden Isolationsmaterialien mit geringerer Permittivität eingesetzt. Während vor zwanzig Jahren noch die Verzögerungszeiten der Gatter das Zeitverhalten des Designs dominierten, so ist dies heute und in Zukunft die Verdrahtung. Ihr muss daher beim Entwurf der Schaltung besonderes Augenmerk geschenkt werden.

5.3.5 Logiksynthese und physikalischer Entwurf

Die Tatsache, dass die Verdrahtung das Zeitverhalten in modernen Designs dominiert, hat einen wesentlichen Einfluss auf den Entwurfsablauf. Das Problem besteht darin, dass bei der Logiksynthese noch keine Informationen über die Platzierung und Verdrahtung des Designs vorliegen. Für die Timing-Analyse während der Logiksynthese können daher nur Annahmen über die spätere Kapazität und den Widerstand eines Netzes durch die Verwendung von *Verdrahtungslastmodellen* getroffen werden (engl.: wire load model, siehe Abschnitt 4.1.6). Wir illustrieren das Problem wieder anhand eines Beispiels.

Listing 5.5: Addiererschaltung.

```
0    ARCHITECTURE beh OF adder_reg IS
1      SIGNAL ar, br, ynew, yr : unsigned(width-1 DOWNTO 0);
2    BEGIN
3
4      reg: PROCESS (clk, res)
5      BEGIN  -- PROCESS reg
6        IF res = '0' THEN
7          ar <= (OTHERS => '0');
8          br <= (OTHERS => '0');
9          yr <= (OTHERS => '0');
10        ELSIF clk'event AND clk = '1' THEN
11          yr <= ynew;
12          ar <= unsigned(a);
13          br <= yr;
14        END IF;
15      END PROCESS reg;
16
17      comb: PROCESS (ar, br)
18      BEGIN  -- PROCESS comb
19        ynew <= ar + br;
20      END PROCESS comb;
21
22      y <= std_logic_vector(yr);
23
24    END beh;
```

In Listing 5.5 ist ein Addierer (Zeile 19) zwischen zwei Eingangsregister und einem Ausgangsregister eingebettet. Diese Schaltung wird synthetisiert und in einem Xilinx

Virtex-II-FPGA xc2v40 platziert und verdrahtet. Wir benutzen die drei Register um die Verzögerungszeit des kritischen Pfads zwischen den Registern messen zu können, wobei die Register in der Nähe des Addierers platziert werden und nicht in den IOBs. Um Eingänge zu sparen, wird ein Operand des Addierers durch die Rückkopplung des Ergebnisses yr dargestellt – es handelt sich also um einen Akkumulator. a ist der Eingang und y ist der Ausgang. Wir variieren nun die Bitbreite B des Addierers von $B = 4\ldots40$ Bit und entnehmen der Timing-Analyse nach der Synthese und nach dem Place&Route die maximale Taktfrequenz als Kehrwert der Verzögerungszeit des kritischen Pfades zwischen den Eingangsregistern ar bzw. br und dem Ausgangsregister yr. Die Logiksynthese erfolgt mit LeonardoSpectrum und die Platzierung und Verdrahtung mit der Xilinx ISE. Für die Logiksynthese wird ein Verdrahtungslastmodell benutzt, welches auch dem in Abbildung 5.23 dargestellten Ergebnis der Voraussage der Synthese für die maximale Taktfrequenz zu Grunde liegt. Sowohl bei der Synthese als auch beim P&R wurde durch Vorgabe von zeitlichen Randbedingungen versucht, ein möglichst schnelles Design zu erzeugen.

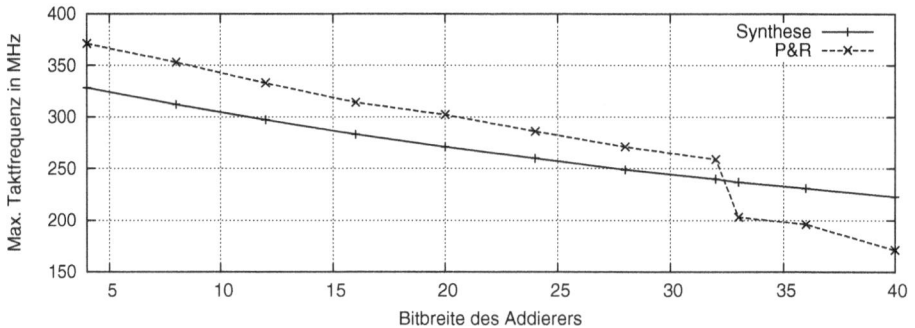

Abb. 5.23: *Einfluss des Routings auf die maximale Taktfrequenz eines Addierers: Die mit Synthese bezeichneten Ergebnisse wurden aus der Timing-Analyse nach der Logiksynthese (Leonardo) gewonnen. Die mit P&R bezeichneten Ergebnisse wurden aus einer Timing-Analyse nach dem Platzieren und Verdrahten (Xilinx ISE) gewonnen und stellen daher das reale Timing der Schaltung dar.*

Wir haben in Abschnitt 4.4.2 die Implementierung von Addierern in Xilinx-FPGAs kennengelernt: Der kritische Pfad führt durch die Übertragskette, welche pro Slice im Virtex-II-FPGA nur 83 ps benötigt. Diese Übertragskette entsteht durch die Verschaltung der Slices in einer Spalte, wie in Abbildung 4.37 von Abschnitt 4.4.2 gezeigt. Wir können den Ergebnissen aus Abbildung 5.23 entnehmen, dass bis zu einer Bitbreite von $B = 32$ die Voraussage der Logiksynthese über die maximale Taktfrequenz um etwa 11% bis 7% zu pessimistisch ist. Während die Voraussage über die Übertragskette im Prinzip identisch mit der tatsächlichen Verzögerungszeit ist, ergeben sich hinsichtlich der Platzierung der Eingangs- und Ausgangsregister relativ zum Addierer durch das Verdrahtungslastmodell für den zu erwartenden Verdrahtungsaufwand zu pessimistische Werte. Interessant ist nun der „Sprung" zwischen $B = 32$ und $B = 33$ in Abbildung 5.23: Für $B = 33$ ist die Voraussage durch die Logiksynthese um etwa 17% zu optimistisch! Dies lässt sich erklären, wenn man die Platzierung des Addierers betrachtet. Da wir in einem xc2v40-FPGA nur 8 CLBs in einer Spalte haben und pro CLB zwei Slices für eine Übertragskette zur Verfügung haben, kann nur bis zu einer Bitbreite von $B = 8 \cdot 2 \cdot 2 = 32$ die Übertragskette in *einer* Spalte angeordnet werden. Für $B > 32$ muss der Rest der Übertragskette in einer anderen Spalte angeordnet werden. Dieser Spaltenwechsel erfordert nun eine relativ lange Verbindungsleitung, welche eine zusätzliche Verzögerungszeit von etwa 1 ns erfordert und somit zum „Sprung" in Abbildung 5.23 führt. Für die Logiksynthese ist dieses Platzierungsproblem nicht „sichtbar", da die Platzierung nicht Bestandteil der Synthese bei LeonardoSpectrum ist.

Wie wir anhand des Beispiels sehen konnten, kann die Voraussage der kapazitiven Last durch ein Verdrahtungslastmodell für die Synthese zu pessimistisch oder zu optimistisch sein. Beides kann problematisch für den Entwurfsablauf sein. Ist die Voraussage zu pessimistisch, so werden unter Umständen zu viele Ressourcen für eine schnelle Lösung verbraucht, welche eventuell gar nicht notwendig gewesen wären. Ist die Voraussage zu optimistisch, so kann sich das Problem ergeben, dass die intendierte maximale Taktfrequenz, welche bei der Synthese noch möglich war, bei der Platzierung und Verdrahtung nicht erreicht werden kann. In diesen Fällen kann dann z. B. die Logiksynthese oder das P&R mit veränderten Randbedingungen so lange wiederholt werden, bis nach dem P&R eine befriedigende Lösung erreicht werden kann. Oder man versucht durch manuelle Platzierung das Problem in den Griff zu bekommen. Durch diese iterative Wiederholung von Synthese und P&R geht zum einen wertvolle Entwicklungszeit von einigen Tagen oder Wochen verloren und zum anderen kann es passieren, dass eine Lösung, die den vorgegebenen Randbedingungen genügt, auf diesem Weg nicht gefunden werden kann. Dieses Problem wird im Englischen auch als „timing closure" bezeichnet und tritt seit einigen Jahren durch die Dominanz der Verdrahtung beim Entwurf von komplexen ASICs, aber auch bei FPGAs, verstärkt in den Vordergrund. In jüngster Zeit sind daher Werkzeuge verfügbar geworden, die die Logiksynthese und den physikalischen Entwurf – hauptsächlich die Platzierung – vereinen. Dieser Ansatz wird im Englischen häufig als „physical synthesis" oder „layout-driven synthesis" bezeichnet (z.B. „Precision"-Synthesewerkzeug von MentorGraphics).

5.4 Synchroner Entwurf und Taktverteilung

Digitale Schaltungen, die Speicherelemente enthalten, werden zumeist *synchron* betrieben. Üblicherweise wird hierzu ein globales, periodisches Synchronisationssignal, der so genannte Takt, benutzt. Wir sind in unseren bisherigen Beispielen immer von synchronen Systemen ausgegangen und wollen im Folgenden zunächst die Unterschiede von synchronen, nahezu synchronen und asynchronen Systemen besprechen. Wir werden uns dann detaillierter mit synchronen Systemen auseinandersetzen. Nach einer Diskussion von flanken- und pegelgesteuerten Schaltungen werden anschließend die Einflüsse von räumlichen und zeitlichen Schwankungen des Taktes – auch als Taktversatz und Jitter bezeichnet – auf die Schaltung besprochen. Wir werden dann als Beispiel die Verteilung von Takten in FPGAs zeigen. Um die Synchronität der Schaltung sicherzustellen, sollten einige Punkte beim Entwurf der Schaltung beachtet werden.

5.4.1   Synchrone und asynchrone digitale Systeme

Wir können einige Definitionen aus der Telekommunikationstechnik im Hinblick auf die Datenübertragung zwischen Modulen auf einem Chip oder zwischen Chips auf einer Leiterplatte für die Klassifikation von digitalen Systeme hinsichtlich der Beziehungen ihrer lokalen Takte verwenden [36]. Abbildung 5.24 zeigt ein Signal D_0, das von einem mit Takt Clk_A getakteten Modul A erzeugt und zu einem mit Takt Clk_B getakteten Modul B übertragen wird. Ein Signal ist *isochron* (griech.: von gleicher Zeitdauer), wenn die Änderungszeitpunkte in einem festen Zeitraster liegen, anderenfalls ist es *anisochron*. Ein periodisches Signal mit konstanter Periodendauer ist isochron. Geringe zeitliche Schwankungen der Periodendauer werden als „Jitter" bezeichnet. Die lokalen Taktsignale der Module sind daher in der Regel als isochron zu betrachten. Modul A ist die Quelle des Signals D_0, das somit eine feste zeitliche Beziehung zu Takt Clk_A aufweist. Modul B kann als Senke des Signals D_0 bezeichnet werden, da es die Daten übernehmen soll. Die zeitliche Beziehung zwischen Signal und Takt der Senke kann somit auch auf die Betrachtung der Takte von Quelle und Senke zurückgeführt werden. Taktsignale können zueinander *synchron*, *mesochron*, *plesiochron* oder *heterochron* sein.

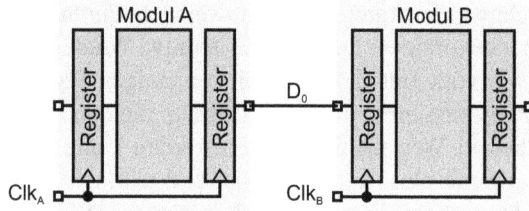

Abb. 5.24: *Digitales System.*

Zwei Taktsignale sind *synchron* (griech.: zeitgleich, zeitlich übereinstimmend), wenn ihre Änderungszeitpunkte übereinstimmen oder wenn sie eine bekannte und konstante Zeitverschiebung aufweisen, anderenfalls sind sie *asynchron*. Betrachten wir als Beispiel für periodische Signale zwei harmonische Schwingungen $a(t) = A \cdot sin(\frac{2\pi}{T} \cdot t)$ und $b(t) = B \cdot sin(\frac{2\pi}{T} \cdot t + \phi)$: Beide Signale weisen die gleiche Frequenz $f = 1/T$ auf – wenn T die Periodendauer ist – und eine konstante Phasenverschiebung ϕ, welche eine zeitliche Verschiebung beider Signale darstellt. Ist beispielsweise $\phi = \pi = 180°$, so entspricht dies einer zeitlichen Verschiebung um $T/2$ und $\phi = 2\pi = 360°$ entspricht einer zeitlichen Verschiebung um T. Wir können eine zeitliche Verschiebung ΔT über den Zusammenhang $\phi = 2\pi \cdot \frac{\Delta T}{T}$ in eine Phasenverschiebung umrechnen und werden daher im Folgenden die zeitliche Verschiebung auch als Phasenverschiebung bezeichnen.

Wenn der Takt Clk_A zu Takt Clk_B synchron sein soll, so müssen beide exakt die gleiche Frequenz $f_A = f_B$ ($\Delta f = f_A - f_B = 0$) sowie eine bekannte und *feste* Phasenverschiebung $\Delta T = const$ aufweisen. Dies erlaubt es, das Signal direkt durch ein Register oder Flipflop aus Modul B abzutasten. Hierbei muss sichergestellt werden, dass die Phasenlage t_{phase} der Datensignale bezüglich des Taktes so ausgelegt ist, dass der Änderungszeitpunkt der Signa-

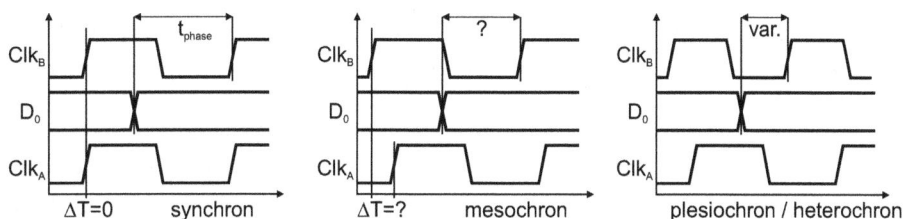

Abb. 5.25: Synchrones, mesochrones und plesiochrones bzw. heterochrones Signal.

le nicht in die Entscheidungsfenster der Flipflops fällt – wie in Abschnitt 3.4.4 erläutert –, um metastabile Zustände zu vermeiden. In einer synchronen digitalen Schaltung geht man üblicherweise davon aus, dass die Takte an den einzelnen Speicherelementen in Phase sind, also eine Phasenverschiebung von $\Delta T = 0$ aufweisen. Wir werden später sehen, dass die Takte der Speicherelemente in der Realität tatsächlich geringe Zeitunterschiede $\Delta T \neq 0$, den so genannten Taktversatz, aufweisen. Im Sinne der obigen Definition handelt es sich trotzdem noch um ein synchrones System, wenn der Taktversatz konstant ($\Delta T = const$) und bekannt ist.

Zwei Signale werden in der Kommunikationstechnik als *mesochron* (griech.: zeitlich ge-mittelt) bezeichnet, wenn ihre durchschnittlichen Bitraten gleich sind. Im Zusammenhang mit einem digitalen System aus Abbildung 5.26 werden beide Takte aus der gleichen Takt-quelle gespeist ($\Delta f = 0$) und weisen im mesochronen Fall zwar die gleiche Frequenz, aber eine *unbekannte* und beliebige Phasenlage ΔT auf. In diesem Fall darf das Signal D_0 nicht ohne zusätzliche Maßnahmen in Modul B abgetastet werden, da der Änderungs-zeitpunkt für B unbekannt ist und in das Entscheidungsfenster des Flipflops oder Registers fallen könnte. Diese Situation kann beispielsweise entstehen, wenn die Takterzeugung und -verteilung zu größeren (unbekannten) Unterschieden in der Phasenlage der Takte führt.

In diesen Fällen muss die Phasenlage des Signals bezüglich des abtastenden Taktes der Senke vor der Abtastung justiert oder die Phasenlage beider Takte angeglichen werden. Um die Phasenlagen von Takten anzupassen, werden in FPGAs häufig so genannte DLLs

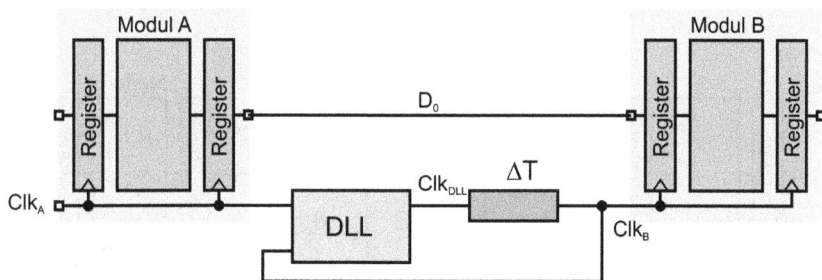

Abb. 5.26: Synchronisation von mesochronen Modulen mit Hilfe einer DLL.

(engl.: Delay-Locked Loop) oder PLLs (engl.: Phase-Locked Loop) benutzt [36, 107]. Eine DLL vergleicht die Phasenlage eines Referenztaktes (Clk_A in Abbildung 5.26) mit einem Takt gleicher Frequenz aber unbekannter Phasenlage ΔT. Aus dem Phasenvergleich wird ein Korrektursignal abgeleitet, mit dem eine Verzögerungsstrecke in der DLL mit variabler Verzögerung t_{DLL} angesteuert wird. Am Ende dieser Strecke liegt eine verzögerte Version Clk_{DLL} des Referenztaktes vor. Die Verzögerung t_{DLL} der Strecke wird von der DLL dynamisch während des Betriebs so weit vergrößert bis $t_{DLL} + \Delta T = T$ gilt. Durch die Verschiebung des damit erzeugten Taktes Clk_B um T (d. h. 2π oder $360°$) sind beide Takte effektiv wieder in Phase.

So genannte PLLs (engl.: Phase-Locked Loop) besitzen gegenüber DLLs einen internen, spannungsgesteuerten Oszillator (engl.: voltage-controlled oscillator, VCO) [36]. Ein Phasendetektor vergleicht – wie bei der DLL – den Referenztakt mit dem vom VCO gelieferten Takt. Ein nachfolgendes Schleifenfilter glättet dieses Signal und steuert damit die Schwingfrequenz des VCOs. Wie die DLL, so handelt es sich bei einer PLL auch um einen Regelkreis, der in diesem Fall die VCO-Frequenz dem Referenztakt nachführt. Kleinere Schwankungen von Frequenz und Phase des Referenztaktes können mit einer PLL ausgeglichen werden, so dass PLLs häufig auch zur Taktstabilisierung verwendet werden. Mit PLLs ist des Weiteren auch eine Taktrückgewinnung aus Datensignalen möglich, wenn das Datensignal sich häufig genug ändert. Teilt man die VCO-Frequenz vor dem Vergleich mit dem Referenztakt mit Hilfe eines Teilers um einen Faktor N, so schwingt der VCO mit einer Frequenz $f_{VCO} = N \cdot f_{ref}$. Am Ausgang der PLL kann somit ein gegenüber dem Referenztakt um den Faktor N vervielfachter Takt abgegriffen werden. Dies wird häufig benutzt, um einem Chip auf der Leiterplatte einen niederfrequenten Takt zuzuführen, woraus intern dann höherfrequente Takte generiert werden können.

Zwei Signale werden in der Kommunikationstechnik als *plesiochron* bezeichnet (griech.: nahezu), wenn ihre Bitraten *nominell* gleich sind. Bezogen auf ein digitales System aus Abbildung 5.27 bedeutet dies, dass die Taktsignale Clk_a und Clk_b durch zwei verschiedene Oszillatoren mit nominell gleicher Frequenz erzeugt werden, welche jedoch faktisch einen geringen Frequenzunterschied $\Delta f \neq 0$ aufweisen, so dass $f_A = f_B + \Delta f$. Durch den Frequenzunterschied Δf variiert die Phasenlage der Takte über der Zeit ($\Delta T \neq const$). Ein Beispiel für eine plesiochrone Kommunikation ist die Verbindung über die seriellen Schnittstellen von zwei PCs, bei der die lokalen Oszillatoren trotz nominell gleicher „Baudrate"

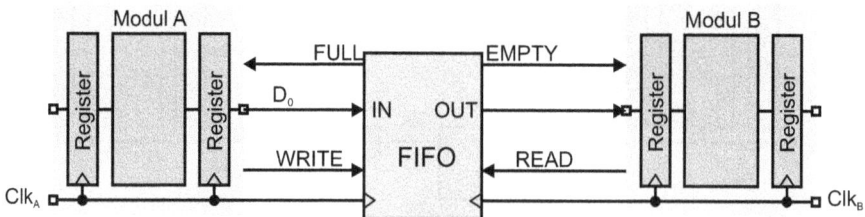

Abb. 5.27: Kommunikation von plesiochronen oder heterochronen Modulen mit Hilfe eines FIFOs.

einen Frequenzunterschied aufweisen. Sind auch die nominellen Frequenzen unterschiedlich, so spricht man von *heterochronen* (griech.: unterschiedlich) Signalen.

Ist $\Delta f > 0$, so sendet Modul A die Daten mit höherer Rate als Modul B sie verarbeiten kann.
Ist $\Delta f < 0$, so sendet Modul A die Daten mit niedrigerer Rate. In solchen Fällen werden
häufig FIFOs (engl.: First-In First-Out) zur Kommunikation zwischen Modulen eingesetzt,
wie in Abbildung 5.27 gezeigt. FIFOs sind auch in FPGAs verfügbar, beispielsweise durch
Verwendung von Block RAM in den Virtex-II-FPGAs [105], und bestehen im Prinzip aus
einem SRAM, das als Zweitorspeicher (engl.: dual-port memory) mit Schreib- und Lese-
Port ausgeführt ist. Zusätzlich wird eine Steuerlogik benötigt, die auch die Schreib- und
Lesezeiger für die Adressierung der Speichermatrix implementiert. Die Taktraten beider
Ports dürfen unterschiedlich sein. Sendet Modul A (Schreib-Port) mit höherer Datenrate
als Modul B (Lese-Port) die Daten aus dem FIFO abholen kann, so wird das FIFO zu
einem bestimmten Zeitpunkt voll sein. Dies wird über ein – zu A synchrones – „FULL"-
Signal an Modul A signalisiert, welches dann keine Daten mehr übermitteln darf. Modul
B muss nun erst Daten lesen, damit A Daten wieder schreiben kann. Der umgekehrte Fall
tritt ein, wenn B schneller liest als A Daten liefert. Dann wird B über das – zu B synchrone – „EMPTY"-Signal mitgeteilt, dass das FIFO leer ist und keine gültigen Daten mehr
vorhanden sind. B muss warten bis A wieder Daten in das FIFO geschrieben hat. Durch
diesen Verriegelungsmechanismus wird also sichergestellt, dass keine Daten verloren gehen und keine ungültigen Daten gelesen werden. Da keine feste Phasenbeziehung zwischen
beiden Taktsystemen besteht, muss die FIFO-Logik bei einem gleichzeitigen Zugriff von
beiden Seiten entscheiden können, welche Seite den Zugriff ausführen darf. Dies erfolgt
zumeist mit Hilfe von asynchronen „Arbiter"-Schaltungen [36] (dt.: Schiedsrichter), welche im Englischen auch als „Mutual Exclusion"-Elemente (dt.: gegenseitiger Ausschluss)
bezeichnet werden. Mit Hilfe von FIFOs können auch größere Unterschiede in den Taktraten von heterochronen Systemen verarbeitet werden.

Mesochrone, plesiochrone oder heterochrone (Takt-)Signale sind nach Tabelle 5.4 zueinander *asynchron*, da keine feste und bekannte Phasenbeziehung – wie bei synchronen Signalen – besteht. Der Begriff asynchron bedeutet in der Digitaltechnik auch, dass ein Datensignal keine feste und bekannte Phasenbeziehung zu einem lokalen Takt aufweist [36]. Wir
haben dieses Thema schon einmal ausführlich in Abschnitt 3.4.4 behandelt: In diesem Fall
müssen die asynchronen Daten zum Takt des Empfängermoduls ebenfalls synchronisiert
werden. Bei der in Abschnitt 3.4.4 vorgestellten einfachsten Form einer Synchronisationsschaltung – bestehend aus einem oder mehreren Flipflops – handelt es sich im Grunde

Tabelle 5.4: Klassifizierung von digitalen Systemen bezüglich ihrer Takte

Bezeichnung		Phase ΔT	Frequenz Δf
synchron		$= const$, bekannt	$= 0$
asynchron	mesochron	unbekannt	$= 0$
asynchron	plesiochron	$\neq const$	$\neq 0$, gering
asynchron	heterochron	$\neq const$	$\neq 0$, groß

genommen um eine spezielle Form eines Arbiters, bei welcher ein Eingang des Arbiters der
Takt ist und der andere Eingang das asynchrone Signal. Bei einem Signalwechsel entscheidet das Flipflop, ob der Wechsel vor oder nach der Taktflanke stattgefunden hat. Hierzu
benötigt das Flipflop oder der Arbiter die in Abschnitt 3.4.4 besprochene Wartezeit.

In diesem Zusammenhang sei erwähnt, dass es möglich ist, Systeme zu entwickeln, die
vollkommen ohne Taktsignale auskommen – was ebenfalls als asynchron bezeichnet wird.
Bei den bekanntesten Realisierungsformen von asynchronen Schaltungen, die im Englischen häufig als „Self-Timed Logic" bezeichnet werden [36], erfolgt die Übermittlung von
Daten mit Hilfe von Quittungssignalen. Der Sender signalisiert beispielsweise mit Hilfe
eines „Request"-Signals, dass die zu übermittelnden Daten gültig sind und der Empfänger
quittiert den Empfang der Daten mit Hilfe eines „Acknowledge"-Signals. Solche Protokolle werden im Englischen auch als „Handshake"-Protokolle bezeichnet, da beide Parteien
eine Übereinkunft – vergleichbar mit dem „Händeschütteln" von zwei Personen – über die
Übermittlung der Daten treffen. Die ebenfalls asynchronen Zeitabläufe in den Modulen
und die Protokoll-Signale werden lokal durch spezielle Schaltungen erzeugt [36].

Eine Kreuzung von asynchronen und synchronen Schaltungen stellen die so genannten
GALS-Schaltungen dar (engl.: Globally Asynchronous Locally Synchronous, siehe
z. B. [37]). Hier wird lokal ein Takt für ein synchrones Modul erzeugt und global eine
asynchrone Übermittlung der Daten mit Hilfe von Handshake-Protokollen vorgenommen,
siehe Abbildung 5.28. Die Synchronisation der asynchronen Signale erfolgt ebenfalls mit
asynchronen Arbitern oder ME-Elementen, die auch den lokalen Takt der Module erzeugen
und diesen für die Übernahme der asynchronen Daten im Falle eines „Requests" verlängern können (so genanntes „clock stretching"), so dass letztlich wieder die Phasenlage des
Taktes an die zu übernehmenden Daten angepasst wird.

Asynchrone Systeme bieten eine Reihe von Vorteilen gegenüber synchronen Systemen [36]:
Es müssen keine Takte über den Chip verteilt werden und somit treten keine Probleme
im Hinblick auf Frequenzunterschiede und Phasenverschiebungen des Taktes auf. Da eine
asynchrone Schaltung nicht getaktet wird, verbraucht sie im Gegensatz zu einer synchronen Schaltung nur dann Energie, wenn tatsächlich neue Daten berechnet werden müssen.

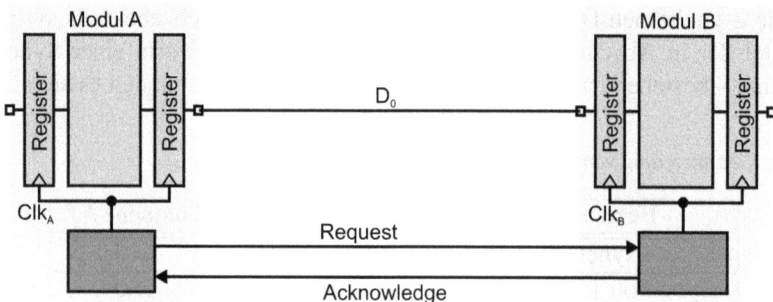

Abb. 5.28: *Asynchrone Kommunikation von GALS-Modulen.*

Durch den zumeist hochfrequenten Takt emittiert eine synchrone Schaltung zumeist ein beträchtliches Störspektrum, welches empfindliche analoge Schaltungen stören kann. Allerdings erfordern asynchrone Systeme auch einen erheblichen Mehraufwand an Hardware, so dass sie sich bislang noch nicht durchsetzen konnten. Des Weiteren ist es auch so, dass die derzeit kommerziell verfügbaren EDA-Werkzeuge, welche auf der Synthese von VHDL-Schaltungsbeschreibungen beruhen, grundsätzlich synchrone Schaltungsbeschreibungen voraussetzen. Einen interessanten Kompromiss stellen daher GALS-Systeme dar, da die Module mit einer synchronen Methodik entwickelt werden können und für den Transfer der Daten zwischen den Modulen die Verdrahtung des Taktes nicht notwendig wird. Für die weitere Diskussion gehen wir von synchronen Systemen aus.

5.4.2 Flankengesteuerte und pegelgesteuerte Schaltungen

In den Beispielen, die wir bislang behandelt haben, wurden stets Designs benutzt, die mit flankengesteuerten Flipflops (engl.: edge-triggered) arbeiteten. Hierzu wird ein Takt nach Abbildung 5.29 benutzt. Für die Pulsbreiten T_{CH} und T_{CL} des „High"- und „Low"-Pulses müssen gewisse Mindestwerte (engl.: minimum pulse width) eingehalten werden, um dem Master- und dem Slave-Latch die korrekte Übernahme der Daten zu ermöglichen (siehe Abschnitt 3.4.3). Diese Werte können den Datenblättern entnommen werden und betragen bei den Virtex-II-FPGAs beispielsweise $T_{CH} = T_{CL} = 0{,}61$ ns [107].

Die Taktzykluszeit oder Taktperiodendauer T_{clk} der Anordnung nach Abbildung 5.29 ergibt sich aus dem längsten Pfad der Schaltnetze zwischen den Registerstufen und ist im Beispiel $T_{clk} = 30$ ns, woraus sich die maximale Taktfrequenz zu $f_{max} = 1/T_{clk} = 33$ MHz berechnet. Es kann zwar Schaltnetze geben, die einen kürzeren kritischen Pfad aufweisen, jedoch taktet man aus praktischen Erwägungen einzelne Teile der Schaltung nicht mit unterschiedlich schnellen Takten.

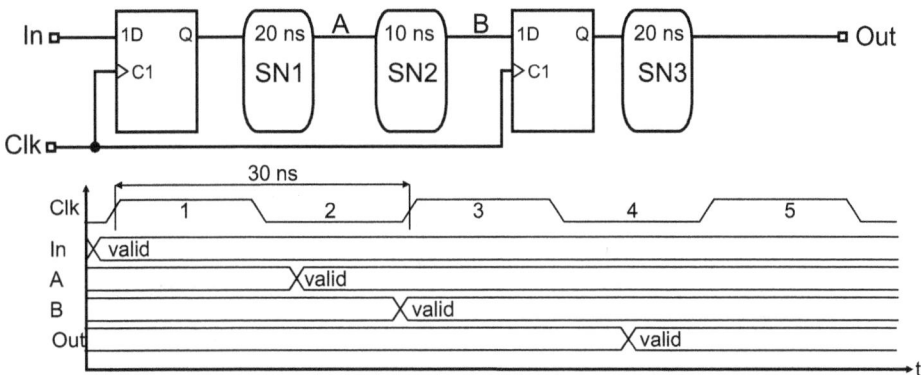

Abb. 5.29: *Schaltung mit flankengesteuerten Flipflops. SN1-SN3 deuten die Schaltnetze an, die sich zwischen den Registerstufen befinden. Für die Betrachtung seien die Verzögerungszeiten sowie die Setup- und Hold-Zeiten der Flipflops außer Acht gelassen. Gültige neue Daten werden mit „valid" bezeichnet.*

Wie wir in Abschnitt 3.4.3 erläutert haben, besteht ein Flipflop aus zwei Latches in Master-Slave-Anordnung. Daher kann man auch daran denken, die Logik zwischen die Latch-Stufen nach Abbildung 5.30 zu verteilen und das Design mit Latches aufzubauen [36, 94]. Aufgrund der Pegelsteuerung (engl.: level-sensitive) weisen Latches eine transparente Phase auf, in welcher das Eingangssignal mit der Verzögerungszeit des Latches an den Ausgang weitergegeben wird. Die jeweiligen Schaltnetze sind daher in diesen Phasen direkt verbunden und nicht wie bei der Flankensteuerung über Flipflops abgetrennt.

Betrachten wir den Ablauf in Abbildung 5.30: Latch L1 ist in Phase 1 des Taktes transparent und somit wird Schaltnetz SN1 mit den neuen Daten vom Eingang In beaufschlagt. SN1 benötigt 20 ns zur Berechnung, so dass die Daten am Netz A erst in Phase 2 gültig sind. Latch L1 hält in Phase 2 seine Daten, während L2 transparent ist. Schaltnetz SN2 berechnet in weiteren 10 ns die neuen Daten für Netz B bis zum Ende von Phase 2. In Phase 3 wird L3 (und L1) transparent und L2 hält die gültigen Daten von Netz A; L4 hält ebenfalls seine Daten. Nun kann Schaltnetz SN3 die neuen Daten berechnen, was allerdings 20 ns erfordert und damit bis zur Phase 4 dauert. In dieser Phase ist L4 wieder transparent, so dass die Daten nach insgesamt 50 ns am Ausgang erscheinen. Das Latch L1 und das Schaltnetz SN1 sind übrigens in Phase 3 schon wieder bereit für neue Daten, da L2 noch die alten Daten von Netz A hält. Wie man sieht, ergibt sich ein äquivalentes Verhalten zum flankengesteuerten Design. Allerdings kann durch die Pegelsteuerung auch Verzögerungszeit zwischen zwei benachbarten Stufen quasi „verschoben" werden ohne das Taktschema ändern zu müssen: Das Schaltnetz SN1 „borgt" sich im Grunde genommen 5 ns aus der nächsten Stufe (SN2) (engl.: slack borrowing). Hierdurch sind Optimierungen der Taktfrequenz möglich [36], die mit flankengesteuerten Designs nicht möglich sind.

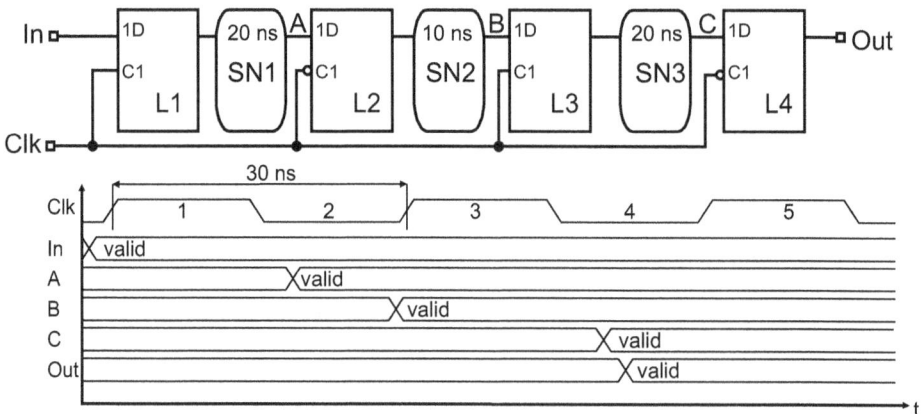

Abb. 5.30: *Schaltung mit pegelgesteuerten Latches. Die Latches L1 und L3 sind transparent, wenn der Takt „1" ist („1"-Latch). Die Latches L2 und L4 sind transparent, wenn der Takt „0" ist („0"-Latch). Für die Betrachtung seien die Verzögerungszeiten sowie die Setup- und Hold-Zeiten der Latches außer Acht gelassen. Es sei $T_{CH} = T_{CL} = 15$ ns.*

Bei der Anordnung der Latches muss man Folgendes berücksichtigen: Zwei aufeinander-
folgende Latches dürfen zu keinem Zeitpunkt gleichzeitig transparent sein, so dass immer
ein „0"-Latch auf ein „1"-Latch folgen muss (Abbildung 5.30). Wie wir im nächsten Abschnitt noch sehen werden, muss man davon ausgehen, dass der Takt durch den Taktversatz
nicht überall auf dem Chip zum gleichen Zeitpunkt ankommt. Daher ist es möglich, dass
zwei aufeinander folgende Latches trotz korrekter Anordnung gleichzeitig transparent sind,
wenn nur ein Takt verwendet wird. Es kann daher zu einem fehlerhaften Durchgriff der
Daten vom Eingang des ersten zum Ausgang des zweiten Latches kommen, insbesondere,
wenn keine (Schieberegister) oder nur wenig Logik sich zwischen den Latches befindet.
Dieses Problem des Durchgriffs besteht, wie in Abschnitt 3.4.3 schon angesprochen, auch
bei der Master-Slave-Anordnung in einem Flipflop und wird dort lokal durch das Design
der Flipflops gelöst. Bei einem Latch-Design kann dieses Problem durch Verwendung von
zwei Takten (engl.: two-phase) gelöst werden, welche „nicht-überlappend" (engl.: non-
overlapping) sind, so dass *alle* Latches für eine bestimmte Zeit nicht-transparent sind [94].
Diese Zeit wird so ausgelegt, dass damit der maximale Taktversatz auf dem Chip nicht zu
einem Überlappen der transparenten Phasen führt. Nachteilig ist nun, dass zwei Takte verdrahtet werden müssen und der Taktversatz von beiden Takten kontrolliert werden muss.

Obwohl ein Latch-Design auch mit VHDL und Synthese entwickelt werden könnte, verzichtet man jedoch in der Regel darauf, da man sich durch die kompliziertere Taktvertei-
lung zusätzliche Probleme einhandelt und das Design durch die Problematik der korrekten
Anordnung der Latches auch fehleranfälliger wird. Entwurfsmethodiken für ASICs und
FPGAs, die durch den Einsatz von EDA-Werkzeugen sehr stark automatisiert sind, be-
nutzen heute hauptsächlich Einphasen-Taktsysteme mit flankengesteuerten Flipflops [36].
Wir behandeln daher im vorliegenden Buch nur flankengesteuerte Designs mit Flipflops.
Weitere Einzelheiten zu Latch-Designs können z. B. [36, 94] entnommen werden.

5.4.3   Ursachen und Auswirkungen von Taktversatz und Jitter

Der synchronisierende Takt wird dem Chip entweder von außen zugeführt oder auf dem
Chip erzeugt. In beiden Fällen wird der Takt von einem zentralen Punkt aus an die Flipflops
verdrahtet. Wenn wir das Modell der in Abschnitt 5.3.2 besprochenen Verdrahtungsleitung
auf die Taktleitung anwenden, so kommen wir zu der Anordnung nach Abbildung 5.31. In
diesem Beispiel weisen die Taktzuleitungen für die Flipflops 2 und 3 gegenüber Flipflop 1
die doppelte Leitungslänge auf. Wenn wir die Daten aus Beispiel 5.2 zu Grunde legen, dann
erhalten wir aus Tabelle 5.3 die Verzögerungszeiten der Takte an den Flipflops bezüglich
der Taktquelle zu $t_{FF1} = 351,6$ ps und $t_{FF2} = t_{FF3} = 390,6$ ps (simulierte Werte). Hieraus
kann man zwei Erkenntnisse gewinnen: Erstens ergibt sich eine *absolute* Verzögerungszeit
des Taktes, welche auch als Latenzzeit bezeichnet wird, vom Eingang des Chips oder von
der Taktquelle bis zu den Flipflops. Grundsätzlich muss daher davon ausgegangen werden,
dass der interne und der externe Takt ohne besondere Vorkehrungen nicht in Phase sind.
Eine Möglichkeit, beide Takte in Phase zu bringen, besteht beispielsweise in der schon in
Abschnitt 5.4.1 erwähnten Verwendung von DLLs oder PLLs.

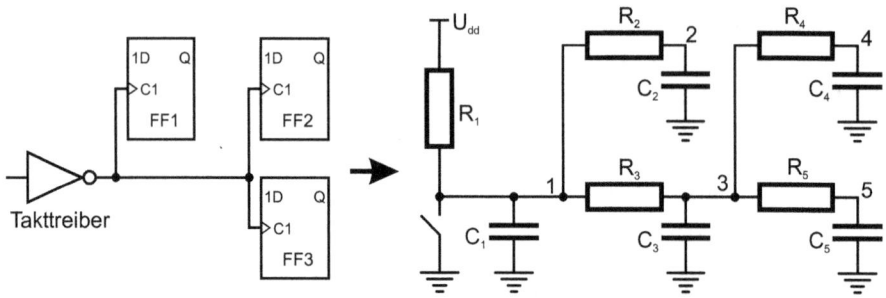

Abb. 5.31: Taktversatz durch unterschiedliche Leitungslängen.

Das zweite Problem besteht darin, dass der Takt zu unterschiedlichen Zeitpunkten an den Flipflops ankommt. Dieser *relative* Zeitunterschied wird als *Taktversatz* bezeichnet (engl.: clock skew). Aus dem obigen Beispiel kann der Taktversatz zwischen den Flipflops FF2/FF3 und FF1 zu $\Delta T = 39$ ps ermittelt werden. Beim Taktversatz handelt es sich um eine räumliche Variation des Taktes auf dem Chip. Der wesentliche Einfluss auf den Taktversatz resultiert aus Unterschieden in den Leitungslängen der Taktverdrahtung oder aus Unterschieden von Treibern und Lasten; wir werden in einem nachfolgenden Abschnitt sehen, wie der Taktversatz minimiert werden kann. Während dieser statische Einfluss während des Designs analysiert und gegebenenfalls verringert werden kann, kann es auch noch dynamische Einflüsse auf den Taktversatz während des Betriebs der Schaltung, beispielsweise durch Spannungs- und Temperaturschwankungen, geben, welche sich auf die Takttreiber auswirken [36]. Wir werden im Folgenden analysieren, welche Auswirkungen ein Taktversatz hat.

Der Taktversatz $t_{sk}(i,j)$ ist gegeben durch den Laufzeitunterschied der Takte an zwei Flipflops i und j. Betrachten wir das Beispiel in Abbildung 5.32: Nehmen wir an, dass ein gewisser Taktversatz t_{sk} aufgrund von unterschiedlich langen Verdrahtungen gegeben ist.

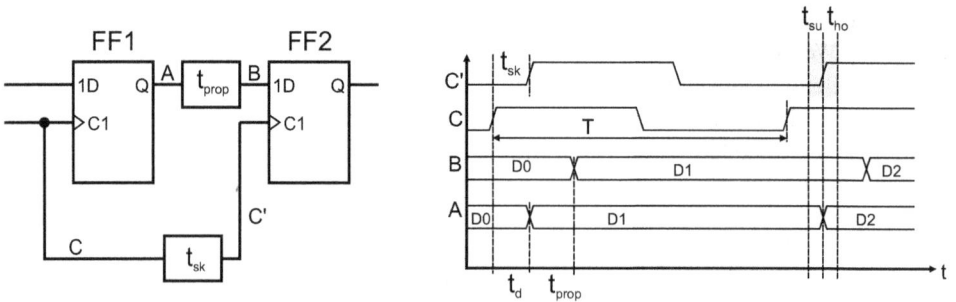

Abb. 5.32: Auswirkung des Taktversatzes: Da die Datenflussrichtung von links nach rechts verläuft und das Flipflop 2 durch den Taktversatz später taktet – der Taktversatz wirkt also in Datenflussrichtung –, wird der Taktversatz als positiv definiert. t_{su} ist die Setup-Zeit und t_{ho} ist die Hold-Zeit der Flipflops.

Hierdurch werde Flipflop 1 (FF1) vor Flipflop 2 (FF2) getaktet. FF1 erzeugt nach der steigenden Taktflanke neue Daten an Netz A nach der Verzögerungszeit t_d des Flipflops. Diese erscheinen nach der Verzögerungszeit eines Schaltnetzes oder einer Leitung von t_{prop} am Eingang des folgenden Flipflops (Netz B).

Wir können zunächst analysieren, wie groß die minimale Taktperiode T sein darf. Lassen wir hierzu in Gedanken in Abbildung 5.32 die Taktperiode kleiner werden: Es muss sichergestellt werden, dass der Änderungszeitpunkt des Signals am Netz B nicht in das Entscheidungsfenster, aufgespannt durch Setup- und Hold-Zeit, des Flipflops 2 fällt. Somit muss in diesem Fall noch die Setup-Zeit zur benötigten Verzögerungszeit des Pfades von Flipflop 1 zu Flipflop 2 hinzu addiert werden, so dass sich die *benötigte* Zeit t_b zu $t_b = t_d + t_{prop} + t_{su}$ ergibt. Auf der anderen Seite ergibt sich die *verfügbare* Zeit t_v aus der Taktperiode zuzüglich des Taktversatzes zu $t_v = T + t_{sk}$. Für den korrekten Betrieb der Schaltung muss nun $t_b \leq t_v$ oder $t_d + t_{prop} + t_{su} \leq T + t_{sk}$ gelten. Hieraus lässt sich die Bedingung für die Dauer der Taktperiode

$$T \geq t_d + t_{prop} + t_{su} - t_{sk} \tag{5.11}$$

und damit auch die Taktfrequenz $f = 1/T$ bestimmen. Bei einer Verletzung dieser Bedingung wird die Setup-Zeit des Flipflops nicht eingehalten, so dass dieses Problem im Englischen auch als „setup time violation" bezeichnet wird. Nehmen wir an, dass es mehrere Pfade durch die kombinatorische Logik gibt, dann können wir aus Gleichung 5.11 auch die Bedingung für den *längsten Pfad* $t_{prop,max}$, bei vorgegebener Taktperiode T, durch die Logik zu

$$t_{prop,max} \leq T - t_d - t_{su} + t_{sk}$$

ermitteln. Erstaunlicherweise kommt uns nun der Taktversatz zu Hilfe: Wir können einen Schaltungsteil offensichtlich schneller takten, d. h. T verringern, wenn wir den positiven Taktversatz vergrößern! Leider ergibt sich durch den Taktversatz auch ein Nachteil, so dass eine Vergrößerung des Taktversatzes im Allgemeinen nicht wünschenswert ist.

Lassen wir hierzu in Gedanken die Verzögerungszeit t_{prop} in Abbildung 5.32 kleiner werden oder vergrößern wir den Taktversatz. Somit „wandert" das Entscheidungsfenster der *ersten* steigende Taktflanke von Takt C' an FF2 in Richtung des Änderungszeitpunkts von Netz B und es können zwei Fehlfunktionen entstehen: Der Änderungszeitpunkt an Netz B fällt zunächst in das Entscheidungsfenster von Flipflop 2, wodurch metastabile Zustände entstehen können und damit eine korrekte Funktion nicht mehr sichergestellt ist. Da als Erstes die Hold-Zeit des Flipflops nicht eingehalten wird, wird das Problem im Englischen häufig als „hold time violation" bezeichnet. Vergrößert man den Taktversatz weiter, so verlässt zwar der Änderungszeitpunkt das Entscheidungsfenster, aber nun übernimmt Flipflop 2 schon die neuen Daten von Flipflop 1, welche erst im nächsten Taktzyklus hätten übernommen werden sollen; somit entsteht ein logisches Fehlverhalten. In beiden Fällen verhält sich die Schaltung nicht mehr wie eine synchrone Schaltung ohne Taktversatz. Wir können daher überlegen, wie hoch der Taktversatz maximal sein darf, dass die

Synchronität noch sichergestellt ist. Wir müssen erreichen, dass der Änderungszeitpunkt $t_B = t_d + t_{prop}$ von Netz B nach dem Ende des Entscheidungsfenster $t_e = t_{sk} + t_{ho}$ von FF2 liegt (wieder bei der ersten steigenden Taktflanke von Takt C'). Somit muss gelten $t_B > t_e$ oder $t_d + t_{prop} > t_{sk} + t_{ho}$. Hieraus lässt sich die Bedingung für den maximal tolerierbaren Taktversatz t_{sk} gewinnen zu

$$t_{sk} < t_d + t_{prop} - t_{ho} \,. \tag{5.12}$$

Nehmen wir wieder an, dass die Logik mehrere Pfade aufweist, dann lässt sich aus Gleichung 5.12 die Bedingung für den *kürzesten Pfad* $t_{prop,min}$ durch die Logik zu

$$t_{prop,min} > t_{sk} - t_d + t_{ho}$$

ermitteln. Der ungünstigste Fall für dieses Problem entsteht offensichtlich dann wenn $t_{prop} = 0$ ist. Dies ist beispielsweise bei Schieberegistern der Fall. Tatsächlich ist es in der Praxis auch so, dass man Taktversatzprobleme zumeist an der Fehlfunktion von Schiebe-registern erkennen kann. Für diesen Fall kann man übrigens ohne Timing-Analyse schon die Höhe des tolerierbaren Taktversatzes in einer „Worst-Case"-Abschätzung ($t_{prop} = 0$) bestimmen, da t_d und t_{ho} aus den Herstellerunterlagen entnommen werden können. Wir entnehmen z. B. für die Virtex-II-FPGAs aus [107] für $t_d = T_{CKO} = 0{,}45$ ns und für $t_{ho} = T_{CKDI} = -0{,}07$ ns und somit ergibt sich $t_{sk} < 0{,}52$ ns. Eine negative Hold-Zeit erlaubt ge-mäß Gleichung 5.12 einen höheren Taktversatz; dieser Ansatz wurde offensichtlich von Xilinx verfolgt.

Zu bemerken ist noch, dass die Analyse des längsten Pfades $t_{prop,max}$ (Setup-Zeit-Analyse), die üblicherweise mit Hilfe einer Timing-Analyse durchgeführt wird, wie schon an anderer Stelle besprochen (Abschnitt 5.3.4) bei „Worst-Case"-Bedingungen durchgeführt wird, da die Schaltung dann am langsamsten ist. Die Analyse des *kürzesten* Pfades $t_{prop,min}$ (Hold-Zeit-Analyse) in der Schaltung sollte auch bei „Best-Case"-Bedingungen (tiefste Chiptem-peratur, höchste Versorgungsspannung) durchgeführt werden, da die Komponenten dann am schnellsten sind.

Aufgrund der Verdrahtung kann es natürlich auch passieren, dass ein *negativer* Taktversatz $t_{sk} < 0$ nach Abbildung 5.33 entsteht. In diesem Fall kann normalerweise keine Fehlfunk-tion auf dem kürzesten Pfad entstehen, da Flipflop 2 immer vor Flipflop 1 getaktet wird. Dies ergibt sich auch aus Gleichung 5.12, da die linke Seite negativ und die rechte Seite positiv ist (sofern $t_d + t_{prop} > t_{ho}$), so dass die Ungleichung erfüllt ist. Die Auswirkungen auf den längsten Pfad sind allerdings ungünstiger: Aus Gleichung 5.11 ist ersichtlich, dass sich nun die benötigte Taktperiode durch den negativen Taktversatz *vergrößert* und da-mit die Taktfrequenz verringert werden muss. Der Taktversatz kann sich also sowohl auf die Leistungsfähigkeit einer Schaltung als auch auf die korrekte Funktion der Schaltung auswirken. Daher sollte der Taktversatz auch bei der Logiksynthese berücksichtigt und angegeben werden, sofern dies im Werkzeug vorgesehen ist. Da bei der Synthese die kon-krete Verdrahtung des Taktes nicht bekannt ist, muss der Versatz abgeschätzt und global für alle Flipflops gleich angegeben werden. Im Übrigen kann das Problem des kürzesten

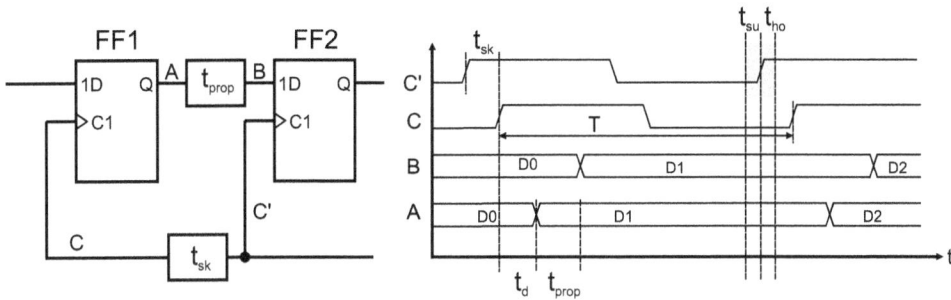

Abb. 5.33: *Auswirkung des Taktversatzes: Da die Datenflussrichtung von links nach rechts verläuft und das Flipflop 2 durch den Taktversatz früher taktet, also entgegen der Datenflussrichtung wirkt, ist der Taktversatz negativ.*

Pfades bei hohem Taktversatz t_{sk} auch durch Einfügen von Buffern auf dem Datenpfad – und damit durch Erhöhung von $t_{prop,min}$ – gelöst werden. Manche Synthesewerkzeuge, wie beispielsweise von Synopsys, können dies automatisch erledigen. Generell sollte es jedoch das Bestreben sein, den Taktversatz durch eine entsprechende Verdrahtung des Taktes zu minimieren.

Mit *(Clock) Jitter* (dt.: Schwankung) werden *kurzzeitige Variationen* der Periodendauer des Taktes bezeichnet. Die Ursachen von Jitter liegen hauptsächlich in den takterzeugenden Schaltungen, welche durch Störungen der Versorgungsspannung oder Ähnlichem beeinflusst werden, und können deterministischer oder zufälliger Natur sein. Jitter führt zu einer (geringen) Verkürzung oder Verlängerung der Taktperiode T des realen Taktes, wie in Abbildung 5.35 gezeigt. Häufig handelt es sich um zufällige Abweichungen, so dass Jitter in diesen Fällen mathematisch durch einen Zufallsprozess beschrieben werden kann, welcher in der Regel der Gauß'schen Normalverteilung genügt (engl.: random jitter), siehe Abbildung 5.34. Da bei dieser Form des Jitters die Phasenlage des Taktes zufällig variiert, kann er auch als „Phasenrauschen" des Taktes aufgefasst werden. Der Jitter wird in der Regel aus Messungen ermittelt und häufig als Standardabweichung σ (engl.: root mean square, RMS) der Normalverteilung (engl: RMS jitter) oder als Maximalwert (engl.: peak-to-peak) angegeben.

In Abhängigkeit von der Anwendung gibt es verschiedene Maße um den Jitter anzugeben – wir wollen zwei häufig verwendete Maße im Folgenden herleiten. Abbildung 5.35 zeigt ein Beispiel für einen realen Takt C_{real}, der gemessen werden soll. Die Referenz sei der ideale Takt C_{ideal}, der mit einer Periodendauer von $T = 10$ ns definiert sei.

Wir entnehmen nun der Messung des realen Taktes folgende Werte für die Periodendauer: $T_1 = 8$ ns, $T_2 = 9$ ns, $T_3 = 10$ ns, $T_4 = 11$ ns, $T_5 = 12$ ns und können hieraus den Mittelwert durch $\overline{T} = 1/N \cdot \sum_{i=1}^{N} T_i$ zu $\overline{T} = 10$ ns berechnen. Wenn wir genügend viele Messungen durchführen und sich der Jitter tatsächlich als Zufallsprozess mit Normalverteilung beschreiben lässt, dann sollten wir eine Verteilung wie in Abbildung 5.34 bekommen und somit sollte $\overline{T}$ gleich dem Erwartungswert μ sein. Weiterhin sollte $\overline{T}$ auch gleich der Periodendauer T des idealen Taktes sein.

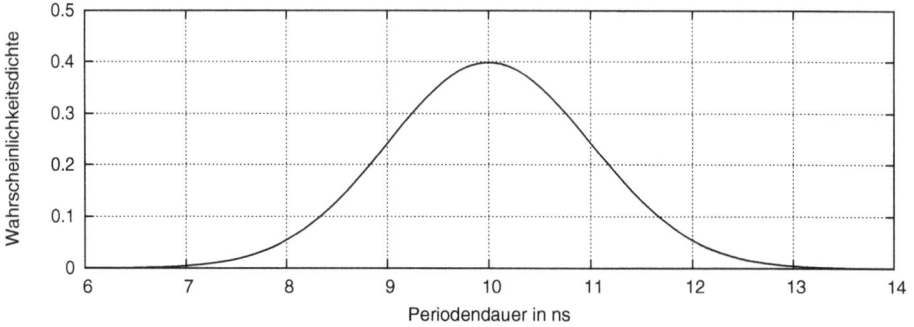

Abb. 5.34: *Normalverteilung (Wahrscheinlichkeitsdichte) von Messwerten der Periodendauer: Der Erwartungswert oder Mittelwert der Verteilung wurde zu $\mu = 10$ ns angenommen und die Standardabweichung zu $\sigma = 1$ ns. Bei einer Normalverteilung befinden sich rund 68 % aller Werte im Intervall $[\mu - \sigma, \mu + \sigma]$ und rund 99,7 % aller Werte im Intervall $[\mu - 3 \cdot \sigma, \mu + 3 \cdot \sigma]$ (Fläche/Integral über der Funktion im Intervall).*

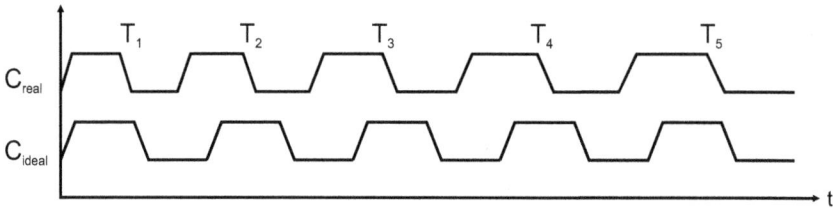

Abb. 5.35: *Beispiel für den Takt-Jitter: In der Realität sind die Schwankungen des Taktes wesentlich geringer. Diese wurden im Beispiel zur Verdeutlichung als relativ groß, bezogen auf die Periodendauer, angenommen.*

Der im Englischen so genannte „Period Jitter" J_p beschreibt nun die Abweichung der Periodendauer $J_{p,i} = T_i - \overline{T}$ vom Mittelwert $\overline{T}$ über alle gemessenen Werte. Da die Periodendauer T_i größer, kleiner oder gleich $\overline{T}$ sein kann, können wir positive $J_{p+,i}$ oder negative Werte $J_{p-,i}$ erhalten. Wenn eine Normalverteilung vorausgesetzt wird, dann kann man für den Jitter $J_{p,rms} = J_{p+,\sigma} - J_{p-,\sigma}$ die Werte für die Standardabweichung $\sigma = 1$ angeben; dies wird im Englischen als „RMS Period Jitter" bezeichnet. Hierbei ist $J_{p+,\sigma} = T_{\mu+\sigma} - \overline{T}$ und $J_{p-,\sigma} = T_{\mu-\sigma} - \overline{T}$, wobei $T_{\mu+\sigma}$ und $T_{\mu-\sigma}$ die zur Standardabweichung gehörige Periodendauer ist. In unserem Beispiel aus Abbildung 5.34 wäre $J_{p,rms} = \pm 1$ ns. Zu beachten ist nun aber, dass nach Abbildung 5.34 ein nennenswerter Anteil von etwa 32 % der gemessenen Perioden betragsmäßig einen größeren Jitter als $J_{p,rms}$ aufweisen! Eine weitere Möglichkeit besteht darin, die *maximalen* gemessenen Abweichungen anzugeben. In diesem Fall ist $J_{p+,max} = T_{max} - \overline{T}$ und $J_{p-,max} = T_{min} - \overline{T}$, wenn T_{min} die minimale und T_{max} die maximale Periodendauer ist. Dies wird im Englischen als „Peak-to-Peak Period Jitter" bezeichnet und ist $J_{p,p2p} = J_{p+,max} - J_{p-,max}$. In unserem Beispiel wäre $J_{p,p2p} = \pm 2$ ns $= 4$ ns, wenn $T_1 = T_{min}$ und $T_5 = T_{max}$. Da es sich um einen Zufallsprozess handelt, kann es gemäß der

Normalverteilung theoretisch noch eine – wenn auch sehr geringe – Wahrscheinlichkeit geben, dass Jitterwerte auftreten, die betragsmäßig größer sind, als die aus der Messung ermittelten Maximalwerte.

Ein weiteres, häufig verwendetes Maß wird im Englischen als „Cycle-to-Cycle Jitter" J_c bezeichnet. Hierbei interessiert nur der Unterschied in der Periodendauer von einer Periode T_i zur nächsten Periode T_{i+1}, so dass $\Delta T_i = T_i - T_{i+1}$ ist. Man gibt hier das Maximum aller gemessenen Unterschiede als Jitter $J_c = \max\{\Delta T_i\}$ an. In unserem Beispiel ist $J_c = 1$ ns. Nimmt man an, dass auf die kürzeste Periode T_{min} die längste Periode T_{max} folgt, so spricht man vom ungünstigsten Fall (engl.: worst-case cycle-to-cycle jitter) $J_{c,wc} = T_{max} - T_{min}$. Dabei gilt $J_{c,wc} = J_{p,p2p}$, weil $J_{p,p2p} = J_{p+,max} - J_{p-,max} = T_{max} - \overline{T} - T_{min} + \overline{T} = T_{max} - T_{min}$. Somit ist für unser Beispiel $J_{c,wc} = 4$ ns, wenn auf die Periode T_1 die Periode T_5 folgen würde.

Im Fall der synchronen digitalen Schaltung, die wir in diesem Abschnitt betrachten, stellt sich nun die Frage – wie schon beim Taktversatz –, wie der Jitter bei den Timing-Berechnungen berücksichtigt werden sollte. Entscheidend ist hier die Frage, welchen minimalen Wert T_{min} die Periode des Taktes im *ungünstigsten* Fall aufweisen kann. Da auch in diesem Fall der kritische Pfad nicht länger als T_{min} sein darf, müssen wir diesen ungünstigsten Fall betrachten. Daher sollte man für diese Fragestellung den „Peak-to-Peak Period Jitter" $J_{p,p2p}$ benutzen, die beiden anderen Maße, J_c und $J_{p,rms}$, wären hier zu optimistisch. Die kürzeste Taktperiode ergibt sich dann zu $T_{min} = T + J_{p-,max}$ da $J_{p-,max} < 0$. Der ungünstigste Fall muss bei der Bedingung für die Dauer der Taktperiode T berücksichtigt werden, so dass aus $T_{min} \geq t_d + t_{prop} + t_{su}$ die Dauer und damit auch die maximale Taktfrequenz zu $T \geq t_d + t_{prop} + t_{su} - J_{p-,max}$ ermittelt werden kann. Berücksichtigen wir zusätzlich noch den Taktversatz, so kommt man zur Bedingung für die Dauer der Taktperiode unter Berücksichtigung von Jitter und Taktversatz:

$$T \geq t_d + t_{prop,max} + t_{su} - t_{sk} - J_{p-,max}. \tag{5.13}$$

Für die Bestimmung des maximal tolerierbaren Taktversatzes oder des kürzesten Pfades nach Gleichung 5.12 müsste man als ungünstigsten Fall annehmen, dass die Flanke von Takt C′ in Abbildung 5.32 durch den Jitter um $J_{p+,max}$ später kommt als die Flanke von Takt C. Während beim längsten Pfad (Setup-Zeit-Problem) die beiden *aufeinander folgenden* Taktflankenzeitpunkte zu betrachten sind und somit die Berücksichtigung des Jitters in Gleichung 5.13 gerechtfertigt ist, so ist beim Problem des kürzesten Pfades (Hold-Zeit-Problem) der *gleiche* Taktflankenzeitpunkt für C und C′ zu betrachten. Da sich der Jitter nur von Zyklus zu Zyklus oder bei aufeinander folgenden Flanken ergibt, wäre dessen Berücksichtigung beim kürzesten Pfad unrealistisch, wenn der Takt aus der gleichen Taktquelle kommt. Daher wird der Jitter beim kürzesten Pfad üblicherweise nicht berücksichtigt.

Die Hersteller geben in den Datenblättern in der Regel die Jitterwerte für die takterzeugenden Schaltungen an. Bei den Virtex-II-FPGAs [107] können wir beispielsweise für das DCM-Modul für den Ausgang CLK0 einen Jitter von $J_{out} = J_{p,p2p} = \pm 100$ ps $= 200$ ps entnehmen. Dieser Wert gilt allerdings nur, wenn der Jitter am Eingang der DCM null ist.

Weist der Takt am Eingang der DCM ebenfalls einen Jitter J_{in} auf, so muss dies berücksichtigt werden.

5.4.4   Taktverteilung in FPGAs

Aus der Diskussion des vorigen Abschnitts wird klar, dass das Ziel bei der Verteilung des Taktes in einem Chip ein möglichst geringer Taktversatz sein muss, da dieser sich auf die Leistungsfähigkeit und die korrekte Funktion der Schaltung auswirken kann. Um dies zu erreichen, muss die Verzögerungszeit vom Takteingang des Chips zu jedem Flipflop gleich sein, so dass die Pfade zu den Flipflops *balanciert* sein müssen. Eine ideale Struktur hierfür ist der so genannte „H-Baum" (engl.: H-tree network, [36]) nach Abbildung 5.36.

Beim H-Baum wird der Takt vom Eingang zunächst zu einem zentralen Punkt auf dem Chip und von dort in H-förmiger Anordnung an alle Endpunkte verdrahtet. Somit sind die Leitungen gleich lang und wenn auch die Buffer oder Treiber in den Teilbäumen gleich dimensioniert sind, dann sollte der Taktversatz zwischen beliebigen Flipflops null sein. Eine Verteilung mit H-Baum ist nur bei sehr regulären Schaltungen möglich. Bei ASICs verzichtet man häufig auf eine reguläre physikalische oder geometrische Anordnung und stellt sicher, dass die Leitungslänge zu den Endpunkten und die Treiberdimensionierungen so abgeglichen werden, dass sich die gleichen Verzögerungszeiten für alle Pfade vom Takteingang zu jedem Endpunkt des Taktbaumes ergeben (engl.: matched RC tree, [36]). Dies erfolgt durch einen speziellen Router, der den Taktbaum vor der Verdrahtung der Signale verdrahtet. In diesem Zusammenhang sollte erwähnt werden, dass der gesamte Taktbaum eine erhebliche kapazitive Last darstellt, die ständig umgeladen wird. Bei Flipflopintensiven Designs entfällt daher ein großer Teil der gesamten Leistungsaufnahme auf den Taktbaum. Messungen an Alpha-Prozessoren der Firma Digital Equipment Corporation beispielsweise zeigen, dass der Anteil des Taktbaumes am gesamten Leistungsverbrauch des Chips 40% erreicht [36]!

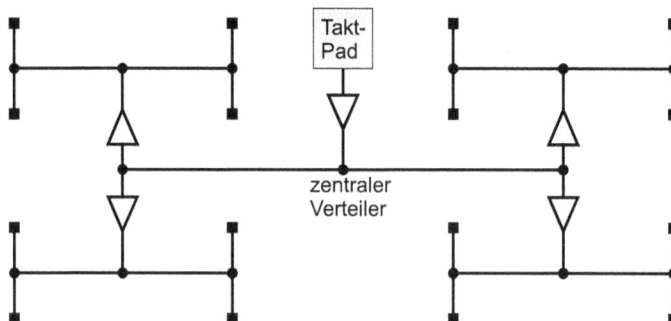

Abb. 5.36: *Ideale Taktverteilung in einem Chip durch einen H-Baum: Die schwarzen Quadrate an den Endpunkten der Verdrahtung markieren die zu taktenden Flipflops. Um die kapazitive Last und damit die zu schaltende Leistung des Buffers am Takteingang (Takt-Pad) zu begrenzen, wird die Taktverdrahtung bei komplexen Schaltungen in der Regel mit mehreren verteilten Buffern implementiert (engl.: buffer tree).*

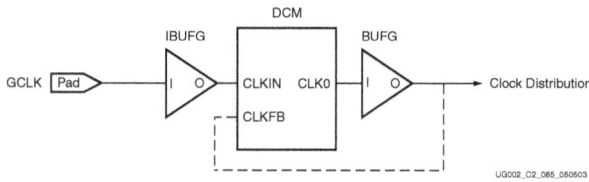

Abb. 5.37: *Taktgenerierung im Virtex-II-FPGA mit externem Takt: Bei dem mit DCM (Digital Clock Manager) bezeichneten Block handelt es sich im Wesentlichen um eine DLL, mit der Phasenverschiebungen korrigiert und weitere Funktionen realisiert werden können [106]. Die Verwendung des DCM ist optional.*

In der Praxis lässt sich ein Taktversatz von null nur schwer erreichen. Wir wollen im Folgenden wieder anhand der Virtex-II-FPGAs zeigen, wie der Takt in FPGAs verteilt werden kann und zu welchen Taktversätzen dies führt. Wie wir in Abschnitt 3.8.3 in Abbildung 3.74 schon gezeigt haben, sind in einem Virtex-II insgesamt 16 verschiedene Taktnetze verfügbar, die von 16 Takttreibern (BUFG) gespeist werden. Die 16 Taktnetze sind so verdrahtet, dass ein möglichst geringer Taktversatz entsteht. Die Taktnetze werden jeweils von einer in Abbildung 5.37 gezeigten Schaltung gespeist. BUFG bezeichnet den eigentlichen Takttreiber und kann auch als Taktmultiplexer oder zum Ein- und Ausschalten des Taktes verwendet werden. In den letztgenannten beiden Fällen wird der Treiber als BUFGMUX bzw. BUFCE bezeichnet, wobei es sich um die gleiche Komponente auf dem FPGA handelt, die allerdings in diese drei Funktionen programmiert werden kann. IBUFG ist der Treiber eines speziellen Taktpads, von welchem ebenfalls 16 Stück vorhanden sind.

Einer der Vorteile der speziellen Taktpads, die mit den als GCLK bezeichneten Pins des Gehäuses verbunden sind, ist es, dass die Verbindungen von den Pads zu den DCMs und BUFG-Treibern sehr kurz sind. Es können aber auch andere Pads/Pins auf DCM/BUFG verdrahtet werden. Eine weitere Möglichkeit der Takterzeugung zeigt Abbildung 5.38: Das Taktsignal kann auch in den CLBs erzeugt werden und dann über DCM/BUFG verdrahtet werden.

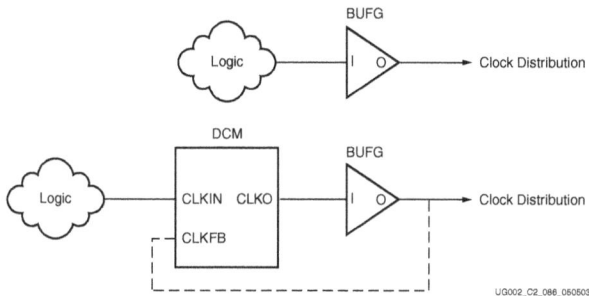

Abb. 5.38: *Erzeugung von Taktsignalen aus den CLBs (in der Abbildung als Logic bezeichnet) und Verteilung über DCM/BUFG [106].*

Bei der Erzeugung von Takten muss darauf geachtet werden, dass ein isochrones wohlde-finiertes Taktsignal entsteht, bei dem die minimalen Pulsbreiten nicht unterschritten werden. So darf, wie schon erwähnt, bei den Flipflops in den Virtex-II-FPGAs eine Pulsbreite von $T_{CH} = T_{CL} = 0{,}61$ ns nicht unterschritten werden. Hierauf muss insbesondere geachtet werden, wenn der Takt wie in Abbildung 5.38 aus einer in den CLBs realisierten Logik-schaltung erzeugt wird. In einer kombinatorischen Logik muss immer mit so genannten „Glitches" gerechnet werden [83]: Dies sind kurzzeitige Signaländerungen $(0 \rightarrow 1 \rightarrow 0$ oder $1 \rightarrow 0 \rightarrow 1)$ an Netzen oder Ausgängen einer Kombinatorik aufgrund von unterschied-lichen Verzögerungszeiten der einzelnen Komponenten. Wird ein Ausgang einer Kombi-natorik als Takt verwendet, dann könnten diese kurzen Pulse unbeabsichtigterweise die Flipflops zum Takten bringen oder sie in einen undefinierten Zustand versetzen. Daher sollten die Ausgänge einer takterzeugenden Schaltung niemals direkt aus einer Kombina-torik gespeist werden, sondern über Flipflops geführt werden. Eine ähnliche Problematik entsteht, wenn zwischen zwei Takten umgeschaltet oder ein Takt ausgeschaltet werden soll. So bieten heute moderne Mikroprozessoren beispielsweise Energiesparmodi an, bei denen auf einen niederfrequenten Takt umgeschaltet wird oder der Takt ganz abgeschaltet wird. In den Virtex-II-FPGAs kann der Takttreiber BUFG beide Modi realisieren, wie in den Abbildungen 5.39 und 5.40 gezeigt.

Wird der Takttreiber als Multiplexer BUFGMUX nach Abbildung 5.39 betrieben, so kön-nen zwei zueinander asynchrone Takte „glitchfrei" umgeschaltet werden. Im gezeigten Beispiel könnte bei einem normalen Multiplexer am Ausgang ein $1 \rightarrow 0 \rightarrow 1$-„Glitch" ent-

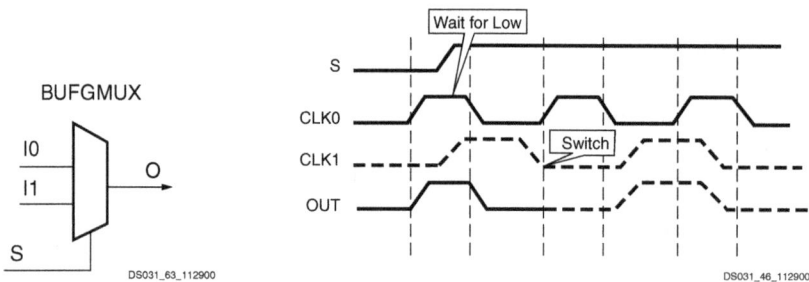

Abb. 5.39: *Verwendung des Takttreibers BUFG als Taktmultiplexer (BUFGMUX) [106].*

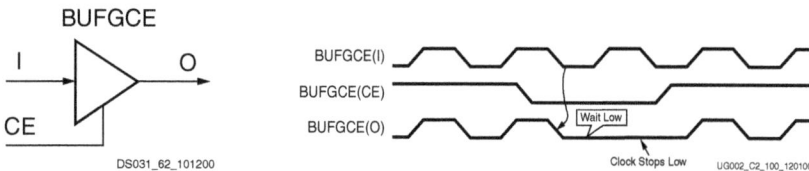

Abb. 5.40: *Verwendung des Takttreibers BUFG zum Ein- / Ausschalten von Takten (BUFGCE) [106]. Es handelt sich nicht um einen Tristate-Treiber, wie man aufgrund des Schaltzeichens annehmen könnte.*

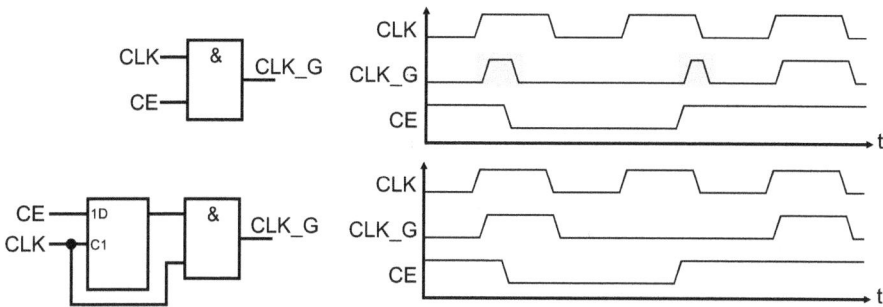

Abb. 5.41: *„Clock Gating"-Schaltung: Wird das „Clock Gating" mit einem UND-Gatter ausgeführt, so entstehen „Glitches" auf dem Taktsignal. Durch die Erweiterung mit einem Latch, welches bei „0" transparent ist, wird der Ausgang bei CLK=„1" auf „1" bzw. „0" gehalten.*

stehen, wenn der Multiplexer von CLK0 auf CLK1 umschaltet. Die BUFGMUX-Schaltung hingegen schaltet „glitchfrei" in der „0"-Phase um. Hierzu wartet die Schaltung bis der aktive Takt (CLK0) von „1" nach „0" wechselt und hält dann den „0"-Wert am Ausgang. Wechselt nun der neue Takt (CLK1) von „1" nach „0", dann schaltet der Multiplexer um und am Ausgang erscheint der neue Takt.

Ein ähnliches Problem ergibt sich beim Ein- und Ausschalten von Takten, wie in Abbildung 5.40 gezeigt. Würde man dies beispielsweise mit einer UND-Funktion ($I \wedge CE$) wie in Abbildung 5.41 realisieren, dann könnten beim Aus- oder Einschalten in der „1"-Phase des Taktes zu kurze Taktpulse entstehen. Die BUFGCE-Schaltung vermeidet dieses Problem dergestalt, dass sich eine Änderung von CE erst in der nächsten „1"-Phase des Taktes auswirkt.

Das bedingte Ein- und Ausschalten von Takten wird im Englischen auch als „Clock Gating" bezeichnet. Wie wir schon erwähnt haben, kann das ständige Schalten des Taktbaumes einen beträchtlichen Anteil am gesamten Energieverbrauch einer Schaltung darstellen. Daher stellt das „Clock Gating" eine häufig verwendete Methode dar, um Schaltungsteile, die zu bestimmten Zeitpunkten nicht benötigt werden, zu deaktivieren. Zumeist wird das „glitchfreie" Aus- und Einschalten über die in Abbildung 5.41 gezeigte Latchschaltung realisiert [60]. Damit diese Schaltungen korrekt funktionieren, müssen die Setup- und Hold-Zeiten des Latches eingehalten werden und somit darf sich das Enable-Signal beim „Clock Gating" – oder das Select-Signal beim Multiplexen – während der steigenden Flanke des Taktes nicht ändern [106].

Abschließend sei die Problematik der Taktverteilung noch anhand eines kleinen Beispiels demonstriert: In Listing 5.6 findet sich der VHDL-Code eines paramterisierbaren Schieberegisters, welches die Daten an sin über eine durch den Generic width definierte Anzahl von Flipflops zum Ausgang sout schiebt und somit das Signal an sin eine entsprechende Anzahl von Taktschritten verzögert.

Listing 5.6: *Schieberegister.*

```
0    LIBRARY ieee;
1    USE ieee.std_logic_1164.all;
2
3    ENTITY shiftreg IS
4       GENERIC( width : integer := 4);
5       PORT(
6          clk  : IN      std_logic;
7          res  : IN      std_logic;
8          sin  : IN      std_logic;
9          sout : OUT     std_logic);
10   END shiftreg ;
11
12   ARCHITECTURE beh OF shiftreg IS
13      SIGNAL shift : std_logic_vector(width-1 DOWNTO 0);
14   BEGIN
15
16     reg: PROCESS (clk, res)
17     BEGIN
18       IF res = '1' THEN
19         shift <= (OTHERS => '0');
20       ELSIF clk'event AND clk = '1' THEN
21         shift(0) <= sin;
22         FOR i IN 0 TO width-2 LOOP
23            shift(i+1) <= shift(i);
24         END LOOP;
25       END IF;
26     END PROCESS reg;
27
28     sout <= shift(width-1);
29
30   END beh;
```

Das Ergebnis der Synthese für eine Länge des Schiebregisters von 4 Flipflops zeigt Abbildung 5.42. Bei der Synthese kann durch Wahl des Takttreibers festgelegt werden, wie der Takt später beim P&R verdrahtet werden soll. Wir verdrahten zunächst den Takt nicht über ein spezielles Taktnetz, sondern über die normalen Verdrahtungsressourcen. Wie in Abbildung 5.42 gezeigt, erfolgt dies durch Verwendung des IBUF-Makros für den Takt clk. Wir ordnen über entsprechende manuelle Platzierungsanweisungen die ersten beiden Flipflops ix36_ix8 und ix36_ix11 in der Slice X7Y15 an und die anderen beiden Flipflops in Slice X0Y15. Den Takt führen wir über das Pin bzw. das Pad D2 zu.

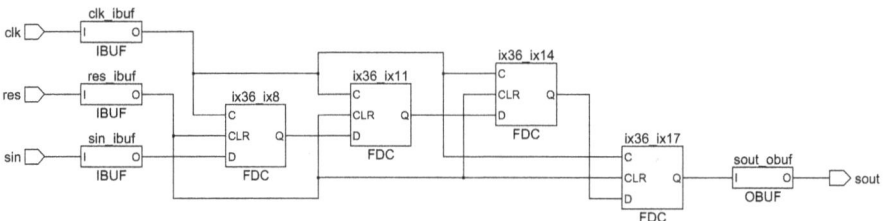

Abb. 5.42: *Ergebnis der Synthese von Listing 5.6 mit LeonardoSpectrum für Xilinx Virtex-II-FPGA.*

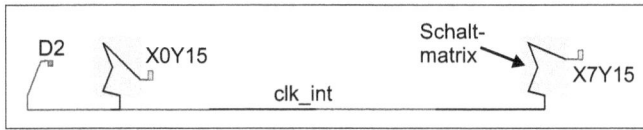

Abb. 5.43: *Verdrahtung des Taktes über normale Verdrahtungsressourcen. Gezeigt ist aus Übersichtsgründen nur die Verdrahtung des Taktes.*

Abbildung 5.43 zeigt das Ergebnis der Platzierung und Verdrahtung. Die Verzögerungszeit des Taktes vom Pin bis zu den Flipflops (Latenzzeit) der Slice X0Y15 beträgt 1,64 ns und zur Slice X7Y15 von 1,712 ns. Hieraus erhalten wir einen Taktversatz von 72 ps zwischen X0Y15 und X7Y15. Betrachten wir nun die Verhältnisse zwischen den Flipflops `ix36_ix11` (FF2) und `ix36_ix14` (FF3): Da FF2 durch den Taktversatz später als FF3 getaktet wird, haben wir offensichtlich Verhältnisse wie in Abbildung 5.33 und der Taktversatz $t_{sk} = -72$ ps ist in diesem Fall negativ. Während wir also keine Hold-Zeit-Probleme befürchten müssen, so müßte sich nun der kritische Pfad verlängern. Dies können wir durch eine Timing-Analyse nach Listing 5.7 herausfinden.

Listing 5.7: *Ergebnis der Timing-Analyse von Abbildung 5.43.*

```
0   Delay:                   1.825ns (data path - clock skew)
1     Source:                ix36_ix11 (FF)
2     Destination:           ix36_ix14 (FF)
3     Data Path Delay:       1.753ns (Levels of Logic = 0)
4     Clock Skew:            -0.072ns
5     Source Clock:          clk_int rising
6     Destination Clock:     clk_int rising
7     Data Path: ix36_ix11 to ix36_ix14
8       Delay type        Delay(ns)  Logical Resource(s)
9       ---------------------------  -------------------
10      Tcko                 0.449    ix36_ix11
11      net (fanout=1)       1.011    ix36_nx10
12      Tdick                0.293    ix36_ix14
13      ---------------------------  -------------------------------
14      Total                1.753ns (0.742ns logic, 1.011ns route)
15                                   (42.3% logic, 57.7% route)
```

Die benötigte Taktperiode ergibt sich aus $T = t_{net} + t_d + t_{su} - t_{sk} = 1,011$ ns $+ 0,449$ ns $+ 0,293$ ns $+ 0,072$ ns $= 1,825$ ns. Bei der Timing-Analyse in der Xilinx ISE wird übrigens ein positiver Taktversatz beim längsten Pfad (Setup-Zeit-Analyse) nicht berücksichtigt, nur ein negativer Taktversatz. In gleicher Weise wird beim kürzesten Pfad (Hold-Zeit-Analyse) ein negativer Taktversatz nicht berücksichtigt: Hold-Zeit-Probleme können, wie im vorigen Abschnitt erläutert, nur bei positivem Taktversatz auftreten. Wir können in unserem Beispiel nur dann einen positiven Taktversatz erreichen, wenn wir die Platzierung der Flipflops in den Slices vertauschen. In diesem Fall ergibt sich ein Taktversatz von $t_{sk} = +72$ ps. Allerdings muss nun gelten $t_{sk} < t_d + t_{net} - t_{ho}$, so dass $t_{sk} < 0,449$ ns $+ 1,011$ ns $+ 0,07$ ns $= 1,53$ ns sein darf! Die Timing-Analyse meldet daher keine Hold-Zeit-Probleme. Ein hoher Taktversatz zwischen zwei Flipflops bedingt in der Regel, dass die Flipflops auch einen entsprechend großen Abstand aufweisen. Damit sind auch die Verzögerungszeiten auf dem Datenpfad entsprechend hoch, so dass Hold-Zeit-Probleme in der Praxis relativ selten sind. Dennoch können sie bei komplexen Designs und schlechter Taktverdrahtung durchaus auftreten, so dass man auf eine Analyse der Hold-Zeit-Problematik nicht verzichten sollte. Im Grunde hat man es bei der Taktversatzproblematik mit einem „Wettlauf" (engl.: race condition) zwischen Takt und Daten zu tun.

Obgleich Hold-Zeit-Probleme selten sind, sollte man doch im Interesse des längsten Pfades auf eine möglichst gute Taktverdrahtung Wert legen. In unserem Beispiel können wir bei der Synthese daher festlegen, dass der Takttreiber BUFG und damit ein spezielles Taktnetz verwendet werden soll. In Abbildung 5.44 ist das Ergebnis der Platzierung und Verdrahtung gezeigt. Der Takt wird nun zunächst vom Pin D2 zum Takttreiber BUFG verdrahtet und dann von dort weiter über ein spezielles Taktnetz. Dieses führt zunächst zu einem Verteiler in der Mitte des Chips und dann von dort weiter zu den Flipflops, so dass die Verzögerungszeiten vom Takttreiber zu den Flipflops möglichst gleich sind. Die Verzögerungszeit des Taktes vom Pin D2 bis zu den Flipflops (Latenzzeit) der Slice X0Y15 beträgt 3,022 ns und zur Slice X7Y15 3,012 ns. Hieraus erhalten wir einen Taktversatz von 10 ps zwischen X0Y15 und X7Y15. Der Unterschied zwischen Abbildung 5.43 und Abbildung 5.44 ist offensichtlich in der Hauptsache auf die Verdrahtung in den Schaltmatrizen zurückzuführen. Während die Benutzung der speziellen Taktnetze immer einen geringen Taktversatz garantiert, so können bei Benutzung von normalen Verdrahtungsressourcen in komplexen Designs auch deutlich höhere Taktversätze entstehen – dies konnte aufgrund der geringen Komplexität der Beispiele hier nicht demonstriert werden.

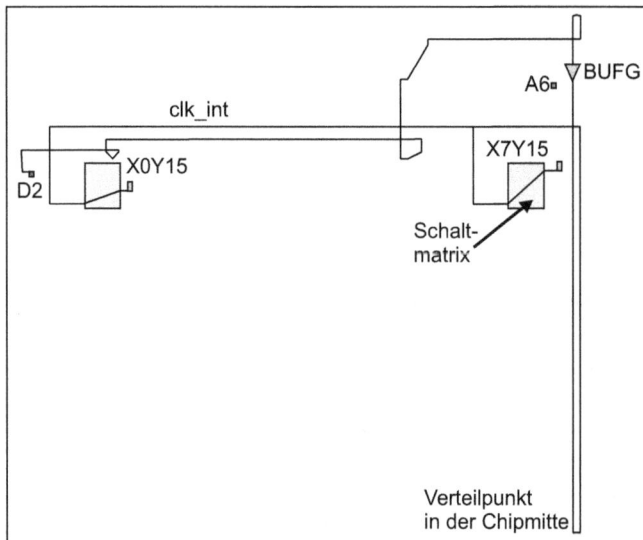

Abb. 5.44: Verdrahtung des Taktes über ein spezielles Taktnetz. Die Abbildung zeigt als Ausschnitt das linke obere Viertel des FPGA-Felds. Gezeigt sind nur die im Design benutzten CLBs.

Um wieder einen negativen Taktversatz für die Demonstration des Setup-Zeit-Problems
zu erhalten, muss die Platzierung von FF2 und FF3 gegenüber Abbildung 5.43 gerade
vertauscht werden, da der Takt von rechts nach links verdrahtet wurde; anderenfalls ergäbe sich ein positiver Taktversatz, der bei der Timing-Analyse nicht berücksichtigt würde.
Daher wurden die beiden Flipflops ix36_ix8 und ix36_ix11 wiederum manuell in
der Slice X0Y15 und die anderen beiden Flipflops in Slice X7Y15 platziert. Analysieren
wir wieder mit Hilfe der Timing-Analyse den längsten Pfad (Setup-Zeit-Analyse) nach
Listing 5.44, so ergibt sich nun eine benötigte Taktperiode von $T = 1,761$ ns und damit
günstigere Verhältnisse als in Listing 5.7 aufgrund des kleineren Taktversatzes. Die Hold-
Zeit-Analyse ergibt natürlich auch hier keine Probleme.

Listing 5.8: *Ergebnis der Timing-Analyse von Abbildung 5.44.*

```
0    Delay:                   1.761ns (data path - clock skew)
1      Source:                ix36_ix11 (FF)
2      Destination:           ix36_ix14 (FF)
3      Data Path Delay:       1.751ns (Levels of Logic = 0)
4      Clock Skew:            -0.010ns
5      Source Clock:          clk_int rising
6      Destination Clock:     clk_int rising
7      Data Path: ix36_ix11 to ix36_ix14
8        Delay type         Delay(ns)  Logical Resource(s)
9        ------------------------------  -------------------
10       Tcko                 0.449     ix36_ix11
11       net (fanout=1)       1.009     ix36_nx10
12       Tdick                0.293     ix36_ix14
13       ------------------------------  ------------------------------
14       Total                1.751ns (0.742ns logic, 1.009ns route)
15                                    (42.4% logic, 57.6% route)
```

Ein Problem bei der Platzierung von Abbildung 5.44 besteht noch darin, dass wir eine relativ lange Latenzzeit von 3,022 ns zwischen externem Takt am Pin oder Pad D2 und dem
Takt am Flipflop haben. Durch Verwendung der speziellen Taktpins (GCLK) des FPGA-
Gehäuses, beispielsweise GCLK5 (angeschlossen an Pad A6 auf dem Chip), welche sich
in der Nähe der Takttreiber befinden, kann diese Latenzzeit reduziert werden. Im Beispiel
ergibt sich bei Verwendung von Pin A6 eine Latenzzeit von 1,778 ns, bei gleichem Taktversatz.

Als weiteres Beispiel für die Taktverdrahtung zeigt Abbildung 5.45 den Taktbaum des
Beispiel-Prozessors aus Abbildung 5.10. Wie wir schon in Abbildung 5.44 erkennen konnten, implementieren die Virtex-II-FPGA aus Aufwandsgründen keinen richtigen H-Baum,
so dass mit einem Taktversatz zu rechnen ist. Für den Beispiel-Prozessor erhalten wir einen
etwas höheren maximalen Betrag des Taktversatzes von $t_{sk,max} = 138$ ps. Dieser ergibt sich
in diesem Beispiel aus der Differenz $t_{L,max} - t_{L,min} = t_{sk,max}$ aus der kleinsten Latenzzeit
$t_{L,min}$ für den Takt am Block RAM von $t_{L,min} = 1,643$ ns und der größten Latenzzeit $t_{L,max}$
an den CLB-Slices in der unteren Hälfte der linken CLB-Spalte in Abbildung 5.45 von
$t_{L,max} = 1,781$ ns. Alle anderen Taktversätze zwischen Block RAM und den CLB-Flipflops
sind kleiner als $t_{sk,max} = 138$ ps. Je nach Datenflussrichtung zwischen den CLBs (und dem

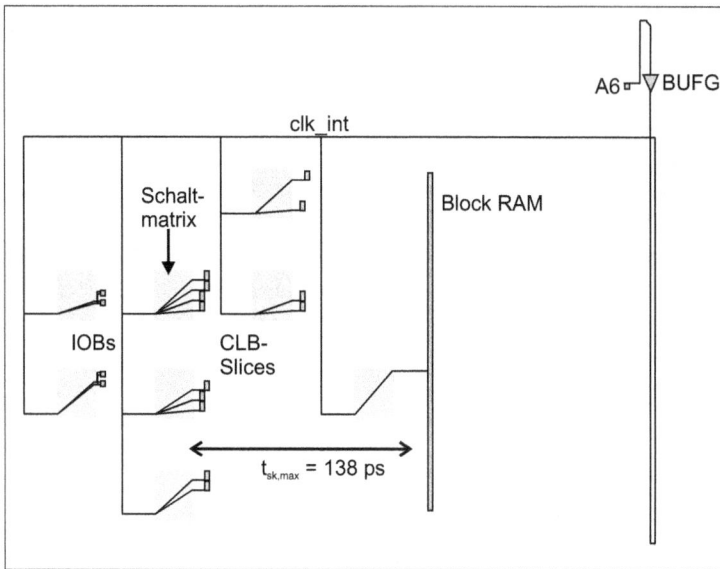

Abb. 5.45: *Taktbaum des Beispiel-Prozessors: Gezeigt sind nur die an den Takt angeschlossenen IOBs, CLB-Slices und das Block RAM und der Taktbaum im linken oberen Viertel des FPGA-Feldes. Hier wurde für den Anschluss des Taktes am Gehäuse des FPGAs der Pin GCLK5 (Pad A6) benutzt.*

Block RAM) ergeben sich aus der Timing-Analyse positive oder negative Taktversätze. Da der Taktversatz auf dem längsten Pfad des Designs positiv ist, wirkt er sich insgesamt nicht schädlich auf die maximale Taktrate aus. Ferner ergeben sich auch keine Hold-Zeit-Probleme, weil der Taktversatz aufgrund der Benutzung des Taktnetzes nicht sehr groß ist. Zusammenfassend kann also gefolgert werden, dass bei Benutzung der speziellen Taktnetze in FPGAs keine Hold-Zeit-Probleme entstehen sollten und der vorhandene Taktversatz bei geschickter Platzierung auf den längsten Pfaden positiv sein kann und sich damit ebenfalls nicht schädlich auswirkt.

5.4.5   Synchrone Entwurfstechniken

Beim Entwurf einer digitalen Schaltung sollte man sich bemühen, die Schaltung synchron zu entwerfen. Zum einen erzwingt die Verwendung von VHDL und Logiksynthese eine synchrone Methodik – asynchrone Logik kann mit den Standardwerkzeugen nicht generiert werden –, zum anderen zeigt die Erfahrung, dass man durch Verfolgen einer synchronen Methodik damit rechnen kann, eine komplexe Schaltung auch fehlerfrei implementieren zu können. Erfahrungsgemäß machen asynchrone Schaltungen durch die starke Abhängigkeit der Funktion von den Verzögerungszeiten die meisten Probleme im Betrieb einer Schaltung. In aller Regel können Funktionen, welche man glaubt durch eine asynchrone Schaltung darstellen zu müssen, auch durch eine äquivalente synchrone Lösung dargestellt werden. Diese benötigt möglicherweise etwas mehr Hardware, spart aber unter Umständen viele Arbeitsstunden.

Idealerweise benutzt eine Schaltung nur einen einzigen Takt, an den alle Flipflops angeschlossen werden. In der Praxis ergibt sich allerdings häufig das Problem, dass mehrere Takte nötig oder sinnvoll wären. In diesem Fall zerfällt das Design in mehrere „Inseln" (so genannte „Taktdomänen", engl.: clock domains), welche jeweils in sich synchron mit einem Takt betrieben werden, und man muss sich, wie in Abschnitt 5.4.1 beschrieben, Gedanken über die Übergabe der Daten zwischen den Taktdomänen machen. Weil dies durch die Werkzeuge nicht automatisiert behandelt werden kann, müssen diese Probleme vom Entwickler selbst sorgfältig gelöst werden. Daher sollte man sich bemühen, so wenig wie möglich unterschiedliche Taktdomänen zu verwenden, um die Problematik nicht zu komplex werden zu lassen. Wir möchten in diesem Abschnitt noch auf zwei Probleme hinweisen, die häufig auftreten: Die Verwendung von abgeleiteten Takten oder Taktteilern und das schon angesprochene „Clock-Gating".

Nehmen wir an, es sei eine Komponente auf dem Design vorhanden, welche nur mit jedem achten Taktschritt eines am Chip anliegenden Taktes (Taktdomäne TD1) zu takten sei. In Abbildung 5.46 ist dies die Komponente I1, bei der es sich der Einfachheit halber um einen Zähler handelt; es könnte sich hierbei auch um ein beliebiges Schaltwerk handeln. Eine naheliegende Lösung ist es, mit Hilfe eines Zählers als Taktteiler einen um diesen Faktor verringerten Takt (Taktdomäne TD2) zu erzeugen und damit die Komponente zu takten, wie es in Abbildung 5.46 durch den Zähler I0 realisiert wurde. Die in Abbildung 5.46 gezeigte Kaskadierung von Zählern stellt eine häufig vorkommende Aufgabenstellung dar.

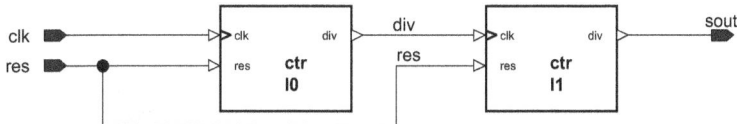

Abb. 5.46: *Taktteiler: Der Taktteiler I0 erzeugt einen um den Faktor 8 verringerten Takt für Komponente I1.*

Listing 5.9: *VHDL-Code der Zähler aus Abbildung 5.46.*

```
0    LIBRARY ieee;
1    USE ieee.std_logic_1164.all;
2    USE ieee.numeric_std.all;
3
4    ENTITY ctr IS
5       GENERIC(width : integer := 3);
6       PORT(clk : IN      std_logic;
7            res : IN      std_logic;
8            div : OUT     std_logic);
9    END ctr ;
10
11   ARCHITECTURE beh OF ctr IS
12      SIGNAL count : unsigned(width-1 DOWNTO 0);
13   BEGIN
14
15      reg: PROCESS (clk, res)
16      BEGIN
17         IF res = '0' THEN
```

```
18           count <= (others=>'0');
19        ELSIF clk'event AND clk = '1' THEN
20           count <= count+1;
21        END IF;
22     END PROCESS reg;
23
24     div <= NOT count(width-1);
25
26  END beh;
```

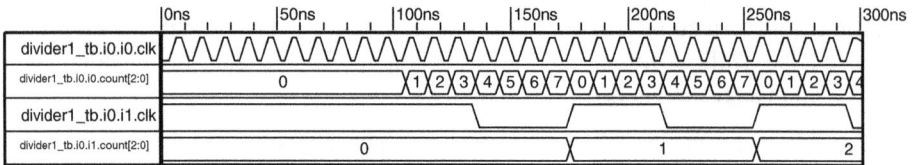

Abb. 5.47: *Simulation des RTL-Modells von Abbildung 5.46. Die erste Zeile von oben zeigt den von der Testbench erzeugten Takt und in der zweiten Zeile sind die Zählzustände des Taktteilers I0 dargestellt. In der dritten Zeile ist der heruntergeteilte Takt zu sehen und in der vierten Zeile die Zählzustände des Zählers I1. Die Reset-Phase der Schaltung dauert 100 ns.*

Abbildung 5.47 zeigt das Simulationsergebnis des RTL-Modells. Für beide Zähler I0 und I1 wurde der gleiche VHDL-Code aus Listing 5.9 verwendet. Es handelt sich um einen (parametrisierbaren) Aufwärtszähler mit 3 Bit Breite, der in Listing 5.9 durch das Signal count realisiert wird. Der Zähler zählt also dual von „000" bis „111" und fängt dann wieder bei „000" an. Um nun einen um den Faktor 8 niedrigeren Takt am Ausgang div des Zählers zu erzeugen, muss nur das MSB count(3) des Zählers auf den Ausgang geschaltet werden. Wie aus Abbildung 5.47 ersichtlich ist, zählt der zweite Zähler nun – wie gewünscht – nur noch mit jedem achten Taktschritt. Zu beachten ist, dass in der RTL-Simulation beide Takte in Phase sind, also ihre Flanken zum gleichen Simulationszeitpunkt stattfinden.

Wenn wir die Schaltung aus Abbildung 5.46 in einem Xilinx Virtex-II-FPGA realisieren, so benötigen wir für jeden Zähler jeweils zwei Slices. Slices und IOBs wurden – ohne Platzierungsvorgaben – vom Platzierer so platziert, dass die Slices in unmittelbarer Nachbarschaft liegen. Abbildung 5.48 zeigt einen Ausschnitt aus der Simulation des platzierten und verdrahteten Designs und somit die realen zeitlichen Verhältnisse auf dem FPGA. Wir werden in den nächsten Abschnitten zeigen, wie eine VHDL-Simulation des auf dem FPGA realisierten Designs möglich ist. Wir bezeichnen diese Simulation als „Gate-Level-Simulation", im Unterschied zur RTL-Simulation (Register-Transfer-Level-Simulation).

In der ersten Zeile von oben in Abbildung 5.48 ist der von außen an den Chip angelegte Takt zu erkennen. Wie wir im vorigen Abschnitt ausgeführt haben, benötigt der Takt über den Takttreiber eine gewisse Latenzzeit, bis er am Taktteiler I0 ankommt. Dies sind laut Timing-Analyse und Simulation 1,779 ns. Der vom Taktteiler I0 erzeugte Takt benötigt ebenfalls eine gewisse Verzögerungszeit bis er an den Flipflops von I1 ankommt. Diese

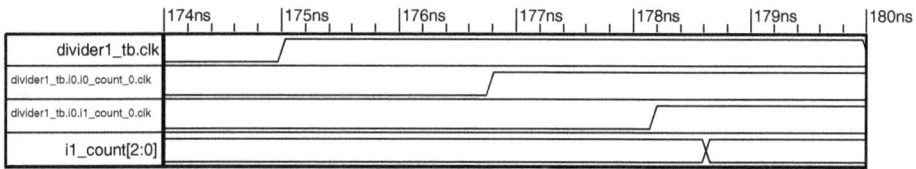

Abb. 5.48: *Ausschnitt aus der Gate-Level-Simulation der in einem Xilinx Virtex-II implementierten Schaltung von Abbildung 5.46, welche die realen zeitlichen Verhältnisse der Taktsignale an den beiden Zählern I0 und I1 zeigt.*

Verzögerungszeit beträgt 1,393 ns und führt somit zu einer Phasenverschiebung zwischen den beiden Takt-Domänen in gleicher Höhe. Da wir einen Takt von 100 MHz angelegt haben, was einer Periodendauer von 10 ns entspricht, beträgt die Phasenverschiebung von Taktdomäne TD2 ungefähr 14 % gegenüber Taktdomäne TD1. Dies kann auch als Taktversatz $t_{sk,TD1-TD2} = 1,393$ ns zwischen den beiden Taktdomänen aufgefasst werden. Betrachten wir nun, welche Probleme hierdurch entstehen können, wenn Daten zwischen den Taktdomänen übergeben werden:

- TD1 an TD2 (längster Pfad): In diesem Fall ist der Taktversatz positiv, so dass wir einen um $t_{sk,TD1-TD2} = +1,393$ ns längeren Pfad zwischen Flipflops von TD1 und TD2 tolerieren können.

- TD1 an TD2 (kürzester Pfad): Aus den vorigen Abschnitten ist noch bekannt, dass bei den Virtex-II-FPGAs ein Taktversatz von $t_{sk} < 0,52$ ns aufgrund der Verzögerungszeit und der Hold-Zeit des Flipflops immer toleriert werden kann. Der hier aufgetretene Taktversatz von $t_{sk,TD1-TD2} = +1,393$ ns ist allerdings deutlich höher, so dass wir mit Problemen rechnen müssen, wenn die Verzögerungszeit des kürzesten Pfades (ohne Flipflop) $t_{prop,min} < 0,873$ ns ist. Dies könnte z. B. der Fall sein, wenn wir zwei Flipflops von TD1 und TD2 in der gleichen CLB platzieren und die Daten ohne dazwischenliegende Logik übergeben.

- TD2 an TD1 (längster Pfad): In diesem Fall ist der Taktversatz negativ, so dass sich die verfügbare Zeit zwischen TD2 und TD1 um $t_{sk,TD1-TD2} = -1,393$ ns verringert.

- TD2 an TD1 (kürzester Pfad): Da der Taktversatz negativ ist, sind keine Probleme zu erwarten.

Bei einem abgeleiteten Takt sind die beiden Taktdomänen im Prinzip nicht mehr synchron, weil die Taktversätze zunächst unbekannt sind und erst nach der Verdrahtung ermittelt werden können. Die Situation entspricht dem in Abschnitt 5.4.1 diskutierten mesochronen Fall. Zwar kann man durch Timing-Analyse oder Simulation des platzierten und verdrahteten Designs herausfinden, wie hoch die Phasenverschiebung oder der Taktversatz ist, jedoch kann sich dieser bei veränderter Platzierung und Verdrahtung auch wieder ändern. Die vermeintlich naheliegende Lösung entpuppt sich also als höchst fehlerträchtiges Design und die Erfahrung lehrt, dass solche Lösungen bei komplexen Designs zu langwieriger Fehlersuche führen können. Wie schon erwähnt, muss es daher das Bemühen sein, mit möglichst wenigen Taktdomänen auszukommen und die Schnittstellen zwischen den Domänen so zu gestalten, dass keine Probleme auf den längsten *und* kürzesten Pfaden auftreten. Zu bemerken ist noch, dass man die abgeleitete Taktdomäne auch über ein spezielles Taktnetz, wie im vorigen Abschnitt beschrieben, verdrahten kann. Hierdurch verbessert sich zwar der Taktversatz *innerhalb* der Taktdomäne, jedoch kann es – aufgrund der höheren Verzögerungszeit – zu einem noch höheren Taktversatz *zwischen* den beiden Taktdomänen kommen.

Für das geschilderte Problem existiert auch eine synchrone Lösung, die aus den genannten Gründen zu bevorzugen ist. Diese Lösung zeigt Abbildung 5.49: Der Takt wird nicht mehr geteilt, sondern beide Komponenten werden vom *gleichen* Takt gespeist; wir erhalten nur noch *eine* Taktdomäne. Die Komponente I0 generiert nun ein „Enable"-Signal (div), welches dazu führt, dass der zweite Zähler nur noch mit jedem achten Taktschritt inkrementiert. Hierzu müssen beide Zähler modifiziert werden. Listing 5.10 zeigt den VHDL-Code des Zählers I0: Der Unterschied zu Listing 5.9 besteht in der Generierung des div-Signals, das nur für eine Taktperiode „1" sein darf, wenn der größte Wert $2^{width} - 1$ des Zählers erreicht ist (width ist die Breite des Zählers). Wir erreichen dies in Zeile 13 durch eine bedingte nebenläufige Anweisung. Da der Zähler über einen Generic parametrisiert ist, muss der höchste Zählzustand in Abhängigkeit von der Breite width des Zählers mit dem aktuellen Zählstand verglichen werden.

Listing 5.10: *VHDL-Code des Zählers I0 aus Abbildung 5.49 (nur Architecture).*

```
0    ARCHITECTURE beh OF ctrmod IS
1      SIGNAL count : unsigned(width-1 DOWNTO 0);
2    BEGIN
3
4      reg: PROCESS (clk, res)
5      BEGIN
6        IF res = '0' THEN
7          count <= (others=>'0');
8        ELSIF clk'event AND clk = '1' THEN
9          count <= count+1;
10       END IF;
11     END PROCESS reg;
12
13     div <= '1' WHEN count = 2**(width) - 1 ELSE '0';
14
15   END beh;
```

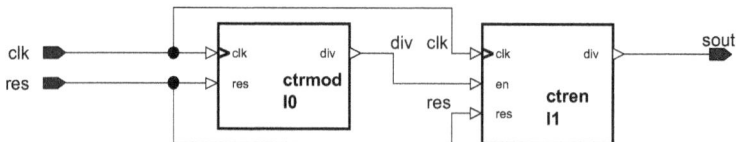

Abb. 5.49: *Synchrone „Taktteilung": Der Zähler I0 erzeugt mit jedem achten Taktschritt ein „Enable"- Signal für Komponente I1.*

Der zweite Zähler I1 benötigt einen „Enable"-Eingang en, wie in Listing 5.11 gezeigt. Ist en = '1', so inkrementiert der Zähler, anderenfalls hält der Zähler seinen Zustand. Der wesentliche Unterschied zu dem Zähler aus Abbildung 5.47 und Listing 5.9 besteht in dieser Haltefunktion. Da die Flipflops in den Xilinx Virtex-II-FPGAs diese Haltefunktion (Eingang CE [107]) schon eingebaut haben, erfordert sie keine zusätzliche Hardware.

Listing 5.11: VHDL-Code des Zählers I1 aus Abbildung 5.49 (nur Architecture).

```
0    ARCHITECTURE beh OF ctren IS
1      SIGNAL count : unsigned(width-1 DOWNTO 0);
2    BEGIN
3
4      reg: PROCESS (clk, res)
5      BEGIN
6        IF res = '0' THEN
7          count <= (others=>'0');
8        ELSIF clk'event AND clk = '1' THEN
9          IF en='1' THEN
10           count <= count+1;
11         END IF;
12       END IF;
13     END PROCESS reg;
14
15     div <= '1' WHEN count = 2**(width-1) ELSE '0';
16
17   END beh;
```

Die Simulation des synchronen Designs in Abbildung 5.50 zeigt, dass die beiden Designs in den Abbildungen 5.46 und 5.49 in ihrer Funktion identisch sind. In der synchronen Lösung werden aber beide Komponenten vom gleichen Takt versorgt. Da beide Komponenten nahe beieinander platziert wurden, ergibt sich ein Taktversatz von null, die Latenzzeit des Taktes vom Pin (erste Zeile in Abbildung 5.50) bis zu den Flipflops beträgt 1,773 ns.

Das Beispiel aus Abbildung 5.50 zeigt noch ein weiteres Problem bei der Erzeugung von Takten aus der Logik: Das Signal div weist im betrachteten Ausschnitt zwei kurzzeitige $0 \rightarrow 1 \rightarrow 0$-Glitches auf, wobei die Pulsbreite dieser Glitches 83 ps beträgt. Der Glitch resultiert aus der Dekodierung des „111"-Zustands des Zählers für die Erzeugung des div-Signals in Zeile 13 in Listing 5.10, welche durch eine LUT realisiert wird. Wechselt der

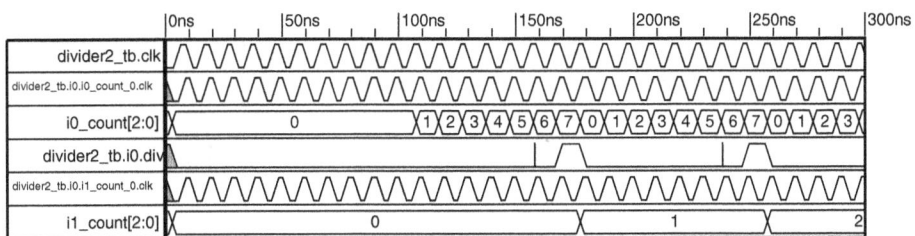

Abb. 5.50: „Gate-Level"-Simulation des im Virtex-II implementierten Designs aus Abbildung 5.49.

Eingang $I_2I_1I_0$ der LUT wie in Abbildung 5.50 von $I_2I_1I_0 = 101_b = 5_d$ auf $I_2I_1I_0 = 110_b = 6_d$, so kann durch unterschiedliche Verzögerungszeiten der Signale an den Eingängen kurzzeitig $I_2I_1I_0 = 111_b = 7_d$ anliegen, was in der LUT-Dekoderschaltung zu dem $0 \rightarrow 1 \rightarrow 0$-Glitch am Ausgang führt. Die Pulsbreite ist abhängig von den Unterschieden in den Verzögerungszeiten. In der Schaltung aus Listing 5.9 kann kein Glitch entstehen, da der Takt direkt von einem Flipflop erzeugt wird. Schaltnetze weisen prinzipiell solche Glitches auf, sie werden in der deutschen Literatur teils auch als „Hasardfehler" bezeichnet. In einer synchronen Schaltung stellen Glitches der Schaltnetze kein Problem dar, vorausgesetzt die minimale Dauer der Taktperiode wird nicht unterschritten. Würde man das `div`-Signal aus Abbildung 5.50 jedoch als Taktsignal verwenden, könnte der Glitch zu einem Problem für die Flipflops werden. Dies zeigt nochmals den Vorteil des synchronen Entwurfs aus Abbildung 5.49.

Im Grunde weist die „asynchrone" Lösung mit den beiden Taktdomänen nur einen einzigen Vorteil gegenüber der synchronen Lösung auf: Die Komponente `I1` wird mit einem niedrigeren Takt betrieben und wird somit eine geringere dynamische Leistungsaufnahme aufweisen (siehe Abschnitt 3.2.5). Es sei aber nochmals ausdrücklich davor gewarnt, solche Ansätze häufig im Design zu verwenden: Die entstehenden Probleme durch Glitches und Taktversatz sind gerade von einem unerfahrenen Entwickler in einem komplexen Design kaum zu beherrschen. Empfohlen sei die Verwendung nur eines Taktes oder die Generierung von wenigen unterschiedlichen Takten mit Hilfe von integrierten PLLs oder DLLs.

In diesem Zusammenhang sei auch nochmals auf die Problematik des schon im vorigen Abschnitt erwähnten „Clock Gatings" hingewiesen: Eine sehr häufig benötigte Funktion ist das Halten von Daten im Register oder Flipflop. Diese wurde beispielsweise in Listing 5.11 in Zeile 9 benutzt, um den Zähler nur zählen zu lassen, wenn `en = '1'` ist. Dies könnte man auch durch „Clock Gating" nach Abbildung 5.51a erreichen. Wie wir schon im vorigen Abschnitt in Abbildung 5.41 gezeigt haben, kann es durch eine solche Schaltung auch zu Glitches und damit ungewolltem Takten der Flipflops kommen. Die in der gleichen Abbildung gezeigte Latch-Schaltung vermeidet zwar die Glitches, führt aber zu einem höheren Taktversatz, wenn sie auf Flipflops der gleichen Taktdomäne angewendet wird. Die synchrone Lösung nach Abbildung 5.51b benutzt für das Halten der Daten eine über den Multiplexer geführte Rückkopplung, welche, wie erwähnt, häufig in den Flipflops von FPGAs schon integriert ist. Daher sollte auf das feingranulare „Clock

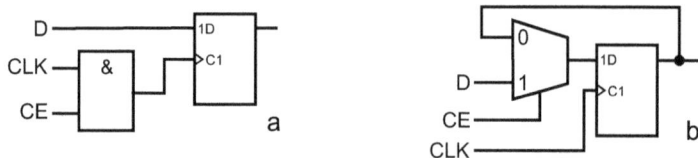

Abb. 5.51: *Halten der Daten im Flipflop durch „Clock Gating" (a) und durch Rückkopplung über einen Multiplexer (b).*

Gating" einzelner Flipflops oder Register *innerhalb* von Taktdomänen verzichtet werden. Das grobgranulare Ein- und Ausschalten von ganzen Taktdomänen kann jedoch in Betracht gezogen werden, um Leistung einzusparen. Hierzu sollten jedoch die im vorigen Abschnitt angesprochenen Schaltungen der Takttreiber verwendet werden.

5.5 Simulation des Zeitverhaltens mit VHDL

Im vorigen Abschnitt haben wir eine Simulation der implementierten Schaltung benutzt und dies als „Gate-Level"-Simulation bezeichnet, da das Gate-Level-Modell (Gatterebene) der implementierten Schaltung simuliert wurde. Dieses Modell kann von den FPGA-Werkzeugen im VHDL-Format erzeugt werden, so dass es mit jedem VHDL-Simulator simuliert werden kann (vgl. Abbildung 5.1 in Abschnitt 5.1). Bei den Komponenten des Gate-Level-Modells handelt es sich um VHDL-Modelle der im FPGA verwendeten LUTs und Flipflops, wobei die logische Funktion und insbesondere das Zeitverhalten modelliert wird. Üblicherweise stellt der Hersteller diese Komponenten als VHDL-Beschreibungen in einer Bibliothek zur Verfügung. Um an das VHDL-Modell der Schaltung die aus dem Design extrahierten Verzögerungszeiten oder Timing-Daten anbinden zu können – was im Englischen häufig als „Timing Annotation" bezeichnet wird –, sind die VHDL-Modelle der Komponenten in einem standardisierten Bibliotheksformat ausgeführt, was auch als VITAL-Format (*VHDL Initiative Towards ASIC Libraries*) bezeichnet wird, obwohl die VITAL-Modelle in der Sprache VHDL codiert sind. Ein wesentlicher Punkt bei der Standardisierung der VITAL-Modelle ist der Mechanismus für die Annotation der Timing-Daten aus Dateien im SDF-Format (*Standard Delay Format*) im VHDL-Simulator. Daher muss VITAL im Zusammenhang mit SDF gesehen werden. Wir möchten in den folgenden Abschnitten die Vorgehensweise für die Gate-Level-Simulation wieder anhand eines kleinen Beispiels darstellen. Aus Platzgründen ist es nicht möglich, eine vollständige Darstellung des VITAL- und des SDF-Formats zu geben. Bei VITAL handelt es sich um den 1995 erstmals verabschiedeten und zum VHDL-Standard gehörigen IEEE-Standard 1076.4 [33]. Bei SDF handelt es sich um ein Format für die Beschreibung von Timing-Daten, um diese zwischen verschiedenen Entwicklungsumgebungen austauschen zu können; SDF hat daher eine ähnliche Bedeutung für den Austausch von Timing-Daten wie das in Abschnitt 5.1 angesprochene EDIF-Format für Netzlisten. SDF wurde ursprünglich zu Beginn der neunziger Jahre von Cadence und der „Open Verilog International"-Vereinigung (OVI) für Verilog definiert [54] (1995 letzte Version 3.0), wird aber heute auch für VHDL/VITAL-Beschreibungen benutzt. Im Jahr 2001 wurde SDF auch vom IEEE als *IEEE 1497* Standard anerkannt, welcher – mit kleinen Änderungen – auf der OVI-Version 3.0 basiert und nun als Version 4.0 bezeichnet wird.

5.5.1 Modellierung der Schaltung mit VITAL-Komponenten

Wenn man in VHDL entwickelt, möchte man gerne nicht nur die RTL-Modelle zusammen mit der Testbench mit einem VHDL-Simulator wie beispielsweise Modelsim simulieren, sondern auch die Gate-Level-Modelle. Dies bietet den Vorteil, auch für die Gate-Level-Simulation den gleichen Simulator und die schon für das RTL-Modell entwickelte Testbench benutzen zu können. Während ein RTL-Modell nur taktzyklenrichtig sein muss, möchte der Entwickler bei einem Gate-Level-Modell das tatsächliche Zeitverhalten in einem Chip möglichst genau simulieren können. Die Genauigkeit der Simulation hängt dabei entscheidend von der Genauigkeit der Modelle für die Komponenten (Gatter, Flipflops, LUTs etc.) des ASICs oder FPGAs ab. Des Weiteren ergibt sich aus dem großen Einfluss der Verdrahtung auf das Zeitverhalten die Notwendigkeit, die durch die Verdrahtung hervorgerufenen Verzögerungszeiten zu erfassen und bei der Gate-Level-Simulation berücksichtigen zu können. Zu Beginn der neunziger Jahre war die Situation bei der Gate-Level-Simulation so, dass fast jeder EDA-Hersteller seine eigene Beschreibungsprache für Gate-Level-Modelle und eigene Konzepte für die Extraktion der Verzögerungszeiten aus der implementierten Schaltung benutzte. Eine Austauschbarkeit der Schaltungsbeschreibungen zwischen verschiedenen Simulatoren war nicht möglich und die Simulationsergebnisse konnten auf verschiedenen Simulatoren unterschiedlich sein.

Diese Probleme führten 1992 zur Gründung von VITAL, in der führende EDA-Hersteller, wie Mentor Graphics, Cadence und Synopsys, sowie ASIC-Hersteller, wie Motorola oder Texas Instruments, vertreten waren. Das Ziel von VITAL war die Bereitstellung von ASIC-Simulationsbibliotheken in so genannter „Sign-Off"-Qualität. Bei der ASIC-Entwicklung hat der Begriff „Sign-Off" folgende Bedeutung: Typischerweise ist der Entwickler eines ASICs nicht der Halbleiterhersteller selbst, sondern eine andere Firma – als Kunde des Halbleiterherstellers –, welche eine eigene Design-Abteilung für ASICs betreibt, um dort ASICs für ihren Bedarf zu entwickeln. Eine wesentliche Schnittstelle zwischen Kunde und Halbleiterhersteller sind bei einem digitalen Design die Bibliotheken der Standardzellen, die der Kunde nicht selbst entwirft, sondern bei der Logiksynthese und dem physikalischen Entwurf benutzt. Für den ASIC-Entwickler spielt die Simulation der implementierten Schaltung auf Gatterebene eine entscheidende Rolle: Vor der Übergabe der Fertigungsunterlagen – das sind die geometrischen Layoutdaten, aus denen die Masken erstellt werden (siehe Abschnitt 3.1) – an den Halbleiterhersteller ist dies die einzige Möglichkeit, die Funktionsfähigkeit der Schaltung nachzuweisen. Da bei ASICs – im Gegensatz zu reprogrammierbaren PLDs – eine Überarbeitung eines fehlerhaften Designs durch den notwendigen neuen Maskensatz eine sehr kostspielige Angelegenheit ist, ist es das vordringliche Ziel, vor der Übergabe der Maskendaten – das so genannte „Tape Out" – die Funktionsfähigkeit durch eine Simulation nachzuweisen. „Sign-Off" ist daher im Sinne einer „Abnahme" oder Schlussüberprüfung des Designs durch die Gate-Level-Simulation zu verstehen: Der Halbleiterhersteller garantiert das gleiche Verhalten des ASICs nach der Herstellung, wenn der Entwickler die vom Hersteller bereitgestellten Bibliotheken und auch einen entsprechenden, vom Halbleiterhersteller qualifizierten Simulator benutzt hat („Sign-Off-Simulator"). Natürlich muss dabei auch eine korrekte Erfassung der Verdrahtungseinflüsse auf die Verzögerungszeiten beinhaltet sein.

Da man auch für die Gate-Level-Simulation einen VHDL-Simulator benutzen möchte, basiert die VITAL-Modellierung auf der Sprache VHDL. Neben der logischen Funktion der

Komponenten wird insbesondere das Zeitverhalten von Gattern und Flipflops modelliert und es existiert über die Annotation von Daten aus SDF-Dateien eine genormte Übergabemöglichkeit der durch die Verdrahtung hervorgerufenen tatsächlichen Verzögerungszeiten. Die Bemühungen der VITAL-Vereinigung resultierten im IEEE-Standard 1076.4, dessen letzte Überarbeitung aus dem Jahr 2000 als VITAL 2000 bezeichnet wird. VITAL ist keine eigene Sprache, sondern eine Anwendung des VHDL-Standards und beruht des Weiteren auf dem IEEE-Standard 1164-1993 für die neunwertige Logik sowie auf dem SDF-Standard IEEE 1497. Der VITAL-Standard, wie der ganze VHDL-Standard, wird ständig erweitert und überarbeitet. Er beinhaltet insbesondere Datentypen und Prozeduren, die als Packages von den Herstellern zur Beschreibung ihrer VITAL-Bibliotheken verwendet werden. Mittlerweile bieten auch viele PLD-Hersteller, wie z. B. Xilinx, ihre Komponentenbibliotheken im VITAL-Format an. Obgleich die Gate-Level-Simulation und das „Sign-Off" bei der PLD-Entwicklung durch die schnelle Reprogrammierbarkeit der Bausteine bei weitem nicht die Bedeutung wie bei ASICs besitzt – viele PLD-Entwickler verzichten sogar vollständig darauf –, so kann sie doch auch während der PLD-Entwicklung bei der Fehlersuche ganz nützlich sein. Wir zeigen daher im Folgenden die Gate-Level-Simulation mit VITAL und SDF anhand der Virtex-FPGA-Technologie. Die Vorgehensweise ist bei ASICs die gleiche, abgesehen davon, dass andere Bibliotheken verwendet werden.

Als Beispiel benutzen wir den Zähler aus Listing 5.9 des vorigen Abschnitts, wobei wir durch Setzen des Generics `width = 2` einen 2-Bit-Zähler implementieren. Wie in den vorangegangenen Abschnitten erläutert, synthetisieren wir die Schaltung für einen Xilinx Virtex-II-FPGA „xc2v40" und platzieren und verdrahten das Design. Für das fertige Design exportieren wir in der Xilinx-ISE die VHDL-Netzliste, deren graphische Darstellung in Abbildung 5.52 gezeigt ist. Die Schaltung besteht im Wesentlichen aus dem Flipflop `count_ix9`, welches das Bit 0 des Zählers realisiert (im Folgenden als `q[0]` bezeichnet), dem Flipflop `count_1_Q`, welches das Bit 1 des Zählers realisiert (`q[1]`), und der

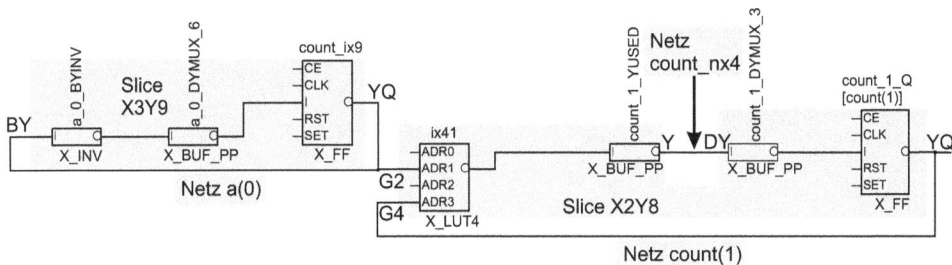

Abb. 5.52: *Schemadarstellung des VHDL-Gattermodells (Ausschnitt): Gezeigt sind nur die wesentlichen Komponenten und Netze des Modells. In der Abbildung sind auch die jeweils benutzten Ein- und Ausgänge der Slices (BY, DY, G2, G4, Y, YQ) mit Namen gekennzeichnet (siehe auch Abbildung 5.8 in Abschnitt 5.2.3). Die Instanznamen und Netznamen werden von den Entwicklungswerkzeugen automatisch generiert. An diesem kleinen Beispiel wird vermutlich auch deutlich, dass die Analyse und das „Debugging" einer Schaltung auf Gatterebene ein erheblich aufwändigeres Unterfangen ist als auf RT-Ebene!*

LUT ix41. Die Funktion des Überführungsschaltnetzes für den nächsten Zustand eines 2-Bit-Zählers ergibt sich zu (vgl. Abschnitt 4.3.6)

$$d[1] = (\overline{q[1]} \wedge q[0]) \vee (q[1] \wedge \overline{q[0]}) = q[1] \oplus q[0]$$
$$d[0] = \overline{q[0]},$$

wobei d[1] und d[0] die Eingänge der Flipflops count_1_Q und count_ix9 sind. Die Funktion d[1] wird durch die LUT realisiert ($G2 \oplus G4 = G2$ XOR $G4$) und d[0] durch Invertierung am Eingang der Slice von Flipflop count_ix9. Das Flipflop count_1_Q und die LUT ix41 wurden in der Slice X2Y8 platziert und das Flipflop count_ix9 in der Slice X3Y9. Die in Abbildung 5.15 gezeigten Netze a(0), count_nx4 und count(1) des VHDL-Modells entsprechen den benutzen Verdrahtungsressourcen im FPGA zur Verbindung der Slices. Abgesehen von den LUTs und Flipflops wird der innere Aufbau der Slices allerdings nicht exakt so, wie in Abbildung 5.8 in Abschnitt 5.2.3 dargestellt, modelliert, sondern mit Hilfe der Komponenten X_BUF_PP (Buffer) und X_INV (Inverter). Die VHDL-Netzliste ist also nur ein funktionales Modell der implementierten Schaltung, welche allerdings, wie wir später noch sehen werden, auch das Zeitverhalten exakt modelliert.

In Listing 5.12 ist ein Abbildung 5.52 entsprechender Auszug des VHDL-Gattermodells des Zählers dargestellt. Die darin verwendeten Komponenten kommen aus der von Xilinx mit der ISE mitgelieferten Bibliothek SIMPRIM, in welcher die Komponenten als VHDL-Modelle nach VITAL-Konventionen beschrieben wurden. Die als Quellcode gelieferten Dateien müssen vom Anwender noch für den jeweiligen VHDL-Simulator kompiliert werden. Für die VHDL-Simulation des Gattermodells aus Listing 5.12 wird die Entity-Deklaration entfernt und diejenige des RTL-Modells verwendet, welche ja bis auf den Generic übereinstimmt. Dann kann die gleiche Testbench verwendet und durch eine Konfiguration festgelegt werden, welche Architecture des Zählers – beh (RTL) oder Structure (Gattermodell) – aktuell zu simulieren ist.

Listing 5.12: Auszug aus dem VHDL-Code des Gattermodells des Zählers.

```
0    library IEEE;
1    use IEEE.STD_LOGIC_1164.ALL;
2    library SIMPRIM;
3    use SIMPRIM.VCOMPONENTS.ALL;
4    use SIMPRIM.VPACKAGE.ALL;
5    entity ctr is
6      port (
7        div : out STD_LOGIC;
8        clk : in STD_LOGIC := 'X';
9        res : in STD_LOGIC := 'X'
10     );
11   end ctr;
12
13   architecture Structure of ctr is
14     ......
15   begin
16     count_1_YUSED : X_BUF_PP
```

```
17        port map (
18            I => count_1_G,
19            O => count_nx4
20        );
21    count_1_DYMUX_3 : X_BUF_PP
22        port map (
23            I => count_nx4,
24            O => count_1_DYMUX
25        );
26    count_1_Q : X_FF
27        port map (
28            I => count_1_DYMUX,
29            CE => VCC,
30            CLK => count_1_CLKINV,
31            SET => GND,
32            RST => count_1_FFY_RST,
33            O => count(1)
34        );
35    ix41 : X_LUT4
36        generic map(
37            INIT => X"33CC"
38        )
39        port map (
40            ADR0 => VCC,
41            ADR1 => a(0),
42            ADR2 => VCC,
43            ADR3 => count(1),
44            O => count_1_G
45        );
46    a_0_BYINV : X_INV
47        port map (
48            I => a(0),
49            O => a_0_BYINVNOT
50        );
51    a_0_DYMUX_6 : X_BUF_PP
52        port map (
53            I => a_0_BYINVNOT,
54            O => a_0_DYMUX
55        );
56    count_ix9 : X_FF
57        port map (
58            I => a_0_DYMUX,
59            CE => VCC,
60            CLK => a_0_CLKINV,
61            SET => GND,
62            RST => a_0_FFY_RST,
63            O => a(0)
64        );
65    ......
66  end Structure;
```

Wir wollen uns im Folgenden den wesentlichen Aufbau von VITAL-Modellen am Beispiel der Xilinx-Komponenten ansehen. Listing 5.13 zeigt einen Auszug aus der Beschreibung des in Listing 5.12 verwendeten Modells für die Look-Up-Tabelle mit 4 Eingängen
(X_LUT4).

Listing 5.13: Auszug aus der VITAL-Beschreibung der LUT.

```
0    library IEEE;
1    use IEEE.STD_LOGIC_1164.all;
2    library IEEE;
3    use IEEE.VITAL_Timing.all;
4    -- entity declaration --
5    entity X_LUT4 is
6      generic(
7        TimingChecksOn: Boolean := True;
8        Xon: Boolean := True;
9        MsgOn: Boolean := False;
10       tpd_ADR0_O   :        VitalDelayType01 := (0.100 ns, 0.100 ns);
11       tpd_ADR1_O   :        VitalDelayType01 := (0.100 ns, 0.100 ns);
12       tpd_ADR2_O   :        VitalDelayType01 := (0.100 ns, 0.100 ns);
13       tpd_ADR3_O   :        VitalDelayType01 := (0.100 ns, 0.100 ns);
14       tipd_ADR0    :        VitalDelayType01 := (0.000 ns, 0.000 ns);
15       tipd_ADR1    :        VitalDelayType01 := (0.000 ns, 0.000 ns);
16       tipd_ADR2    :        VitalDelayType01 := (0.000 ns, 0.000 ns);
17       tipd_ADR3    :        VitalDelayType01 := (0.000 ns, 0.000 ns);
18       INIT         :        bit_vector := X"0000");
19     port(
20       O            :        out    STD_ULOGIC;
21       ADR0         :        in     STD_ULOGIC;
22       ADR1         :        in     STD_ULOGIC;
23       ADR2         :        in     STD_ULOGIC;
24       ADR3         :        in     STD_ULOGIC);
25       attribute VITAL_LEVEL0 of X_LUT4 : entity is TRUE;
26   end X_LUT4;
27   -- architecture body --
28   library IEEE;
29   use IEEE.VITAL_Primitives.all;
30   library simprim;
31   use simprim.VPACKAGE.all;
32   architecture X_LUT4_V of X_LUT4 is
33     attribute VITAL_LEVEL1 of X_LUT4_V : architecture is TRUE;
34     .......
35   begin
36     .......
37   end X_LUT4_V;
```

Für VITAL-konforme Modelle wurden zwei, als Level 0 und Level 1 bezeichnete, Stufen definiert, welche sich auf die Beschreibung der Entity und der Architecture einer VITAL-Komponente beziehen. Level 0 macht im Wesentlichen Vorgaben für die Beschreibung der Generics und Ports einer Entity. Diese Standardisierung ist gerade bei den Generics wichtig, da die Informationen über die Verzögerungszeiten aus der SDF-Datei über die Generics der Komponente übergeben werden. In einer so genannten „VITAL SDF Map" ist daher festgehalten [33], auf welche VITAL-Generics die SDF-Daten bei der Timing Annotation abgebildet werden. Für die Architecture werden in einer Beschreibung nach Level 0 keine wesentlichen Vorgaben gemacht. Dies erfolgt erst bei Level 1, wo explizit vorgegeben wird, mit welchen Datentypen und Prozeduren die Verzögerungszeiten, die logische Funktion der Schaltung und die Überprüfung von zeitlichen Randbedingungen („Timing Checks") – wie Setup- oder Holdzeiten – realisiert werden. In einer Level-1-Beschreibung einer Komponente ist die Entity wie in Level 0 modelliert. Die benötigten Datentypen, Konstanten und Prozeduren/Funktionen für beide VITAL-Level sind in den Packages `VITAL_Timing` bzw. `VITAL_Primitives` definiert. Ein weiteres Package `VITAL_Memory` liefert Entsprechendes für die VITAL-Modellierung von Speicherblöcken. Einige Simulatoren, wie beispielsweise Modelsim, bieten optimierte Kompilate der Packages an, so dass die Simulationsgeschwindigkeit von VITAL-Modellen erhöht wird.

Da der Anwender von VITAL-Modellen wohl selten gezwungen sein wird, selbst VITAL-Modelle zu schreiben, werden wir an dieser Stelle nicht näher auf den Aufbau der Architectures nach Level 1 eingehen, sondern beschäftigen uns im Folgenden mit der Deklaration der Generics in der Entity, was für das Verständnis der SDF-Annotation bei der Simulation wichtig ist. Ein wichtiger Punkt für das Verständnis ist es, dass in einem VITAL-Modell einer Schaltung selbst keine Timing-Berechnungen – z. B. der Wert der Verzögerungszeit bei einer bestimmten Verdrahtungskapazität – durchgeführt werden. Dies muss immer außerhalb der Simulation, z. B. bei PLDs nach der physikalischen Realisierung mit herstellerspezifischen Werkzeugen, durchgeführt und dem Modell dann die Daten über die Generics übergeben werden. Die Übergabe kann beispielsweise manuell durch Belegen der Generics in der Netzliste oder in einer Konfiguration erfolgen. Verfügt der VHDL-Simulator jedoch über die Möglichkeit SDF-Daten nach der Elaboration zu annotieren, also die Generic-Werte beim Start der Simulation zu überschreiben, so wird man in aller Regel diesen automatischen Weg wählen. Wichtig an dieser Stelle ist es, dass in der Beschreibung der Komponenten für die Generics Ersatzwerte definiert werden. Funktioniert die SDF-Timing-Annotation nicht, so werden diese Ersatzwerte benutzt. In unserer Beispiel-Netzliste aus Listing 5.12 werden die Generics nicht belegt – und damit erscheinen sie auch nicht bei der Instanzierung der Komponenten –, da die Generics später durch die SDF-Annotation überschrieben werden.

Die VITAL-Generics teilen sich in zwei Kategorien auf: Kontroll-Generics und Timing-Generics. Daneben können auch weitere, nicht durch VITAL definierte Generics benutzt werden, wie beispielsweise die Initialisierung der LUT mit dem Generic `INIT` in Zeile 37 von Listing 5.12 und Zeile 18 von Listing 5.13. Die Kontroll-Generics steuern die Ausführung des VITAL-Modells der Komponente – z. B. wird mit `TimingChecksOn` verfügt, ob so genannte „Timing-Checks" durchgeführt werden sollen. Unter Timing-Checks [33] versteht man beispielsweise die Überprüfung von Zeitbeziehungen der Signale untereinander, wie die Setup- und Holdzeiten von Datensignalen und Taktsignalen, oder Randbedingungen, die ein Signal erfüllen muss, wie z. B. die minimale Pulsbreite. Der Generic `Xon` steuert, ob bei einer Verletzung einer zeitlichen Randbedingung der Ausgang auf „X" gesetzt wird. Mit den Timing-Generics werden zum einen Verzögerungszeiten beschrieben und zum anderen die Daten für die Timing-Checks. Die Namensgebung der Generics muss dabei dem in [33] festgelegten Standard folgen – insbesondere um die SDF-Annotation zu ermöglichen. Der Name besteht aus einem standardisierten Präfix, welcher den Typ definiert, und weiteren Elementen, welche über Unterstriche abgetrennt werden. Als Datentypen müssen die vordefinierten VITAL-Typen benutzt werden. Man unterscheidet hierbei zwischen einfachen Verzögerungszeiten (engl.: simple delay), die unabhängig von der Art des Signalwechsels (Flanke) sind, und solchen, die davon abhängig sind (engl.: transition dependend delay).

Nachfolgend seien die wichtigsten Timing-Generics erläutert, für eine vollständige Liste sei auf [33] verwiesen.

- Verzögerungszeit der Komponente (engl.: propagation delay [33]), Präfix `tpd`: Dies entspricht der in Abschnitt 5.3.4 definierten, konstanten Verzögerungszeit einer Komponente. Es muss hier angegeben werden, von welchem Eingang zu welchem Ausgang und für welche Flanke der Wert gilt. Der Name eines Generics dieses Typs ist daher definiert als: `tpd_<Eingang>_<Ausgang>` Beispiele hierfür sind die Zeilen 10–13 von Listing 5.13 und Zeile 3 in Listing 5.14. Der Name von Eingang und Ausgang muss mit den Namen der Ports übereinstimmen. Als Datentyp wird `VitalDelayType01` benutzt („transition dependend"), das ein Feld mit zwei Elementen ist, wobei der erste Wert die Verzögerungszeit für die steigende und der zweite Wert für die fallende Flanke angibt.

- Verdrahtungsabhängige Verzögerungszeit (engl.: interconnect path delay [33]), Präfix `tipd`: Hierbei handelt es sich um den in Abschnitt 5.3 besprochenen, von der Verdrahtung abhängigen Teil der Verzögerungszeit. Wie wir in Abschnitt 5.3.2 bei der Diskussion des Elmore-Modells gesehen haben, ist diese Zeit abhängig vom Pfad der treibenden Komponente zu der jeweils empfangenden Komponente, so dass für jede empfangende Komponente eine unterschiedliche Zeit resultieren kann. Daher wird diese Zeit für die Simulation am Eingang der empfangenden Komponente angegeben. Sie wird definiert als: `tipd_<Eingang>` Beispiele hierfür sind die Zeilen 14–17 in Listing 5.13 und die Zeile 9 in Listing 5.14. Der Datentyp ist der gleiche wie bei `tpd`.

- Setup- und Holdzeiten (engl.: setup time, hold time [33]), Präfixe `tsetup` und `thold`: Hierbei handelt es sich um die in den Abschnitten 3.4 und 5.4 besprochenen Setup- und Holdzeiten von Flipflops und Latches. Diese Zeiten werden für entsprechende Timing-Checks im Komponenten-Modell benutzt. Hierbei wird überprüft, ob während der Setup- oder Holdzeit des Taktes (Referenzsignal) eine Änderung eines Dateneingangs (Testsignal) vorliegt. Ist `Xon = True`, so wird bei einer Verletzung der Setup- oder Holdzeit am Ausgang der Komponente ein „X" generiert. Der Name ist definiert als: `tsetup_<Testsignal>_<Referenzsignal>_<Suffix>` und `thold_<Testsignal>_<Referenzsignal>_<Suffix>` Beispiele hierfür sind die Zeilen 4 bis 7 in Listing 5.14. Im Suffix kann noch angegeben werden um welche Flanke (steigende Flanke: `posedge`, fallende Flanke: `negedge`) es sich beim Testsignal und beim Referenzsignal handelt. Als Datentyp wird der einfache Typ `VitalDelayType` verwendet.

Listing 5.14: *Auszug aus der VITAL-Beschreibung des Flipflops.*

```
0    entity X_FF is
1       generic(
```

```
 2        .......
 3        tpd_CLK_O             : VitalDelayType01 := (0.100 ns, 0.100 ns);
 4        tsetup_I_CLK_posedge_posedge   :    VitalDelayType := 0.010 ns;
 5        tsetup_I_CLK_negedge_posedge   :    VitalDelayType := 0.010 ns;
 6        thold_I_CLK_posedge_posedge    :    VitalDelayType := 0.010 ns;
 7        thold_I_CLK_negedge_posedge    :    VitalDelayType := 0.010 ns;
 8        .......
 9        tipd_I                : VitalDelayType01 := (0.000 ns, 0.000 ns));
10     port(
11        O                           :    out   STD_ULOGIC;
12        CE                          :    in    STD_ULOGIC;
13        CLK                         :    in    STD_ULOGIC;
14        I                           :    in    STD_ULOGIC;
15        RST                         :    in    STD_ULOGIC;
16        SET                         :    in    STD_ULOGIC
17        );
18     attribute VITAL_LEVEL0 of X_FF : entity is TRUE;
19  end X_FF;
```

Bei VITAL handelt es sich also nicht um eine Bibliothek von standardisierten Bibliotheks-
zellen, sondern um einen auf VHDL basierenden Standard für die Beschreibung von Bi-
bliothekszellen, welche durch entsprechende Packages mit vordefinierten Datentypen und
Prozeduren unterstützt wird. Die Bibliotheken werden von den jeweiligen Herstellern entwickelt und dem Anwender zur Verfügung gestellt. Die Bedeutung von VITAL liegt, in
Verbindung mit SDF, in der standardisierten Art und Weise wie eine Gate-Level-Simulation
für ASICs und FPGAs mit Annotation der Timing-Daten aus der implementierten Schaltung vorgenommen werden kann. Eine Folge daraus ist, dass heute kaum noch hersteller-
spezifische Simulatoren verwendet werden, sondern für sämtliche Simulationen im digitalen Entwurf ein VHDL-Simulator eingesetzt werden kann.

5.5.2   Austausch von Timing-Daten mit SDF

Wie schon erwähnt, definiert SDF ein Datenformat, das für den Austausch von Verzögerungszeiten und weiteren zeitlichen Informationen – im Folgenden als Timing-Daten bezeichnet – zwischen EDA-Werkzeugen gedacht ist. Obwohl SDF-Dateien als ASCII-Text-
dateien vom Benutzer lesbar sind, werden sie doch in der Regel von EDA-Werkzeugen automatisch geschrieben und gelesen. Es besteht also, wie bei VITAL-Netzlisten, in der Regel
keine Notwendigkeit, SDF-Dateien selbst manuell zu erstellen. Aus diesem Grund wollen
wir in diesem Abschnitt auch nicht SDF vollständig darstellen, sondern seine Funktion für
die Annotation der Timing-Daten bei der VHDL-Simulation der Gate-Level-Netzliste be-
leuchten. Neben dieser Funktion, die häufig auch als „Back-Annotation" bezeichnet wird,
kann SDF auch benutzt werden, um die in Abschnitt 4.1.3 besprochenen zeitlichen Randbedingungen („Constraints") zwischen EDA-Werkzeugen auszutauschen. Auf diese, teils
als „Forward Annotation" bezeichnete Möglichkeit werden wir ebenfalls nicht näher eingehen. Wie schon im vorigen Abschnitt erwähnt, werden bei der „Back-Annotation" die
Timing-Daten nach der physikalischen Realisierung bei PLDs/FPGAs von einem herstellerspezifischen Werkzeug berechnet und dann im SDF-Format geschrieben. Der VHDL-

Simulator - wir benutzen hier wieder den „Modelsim" von MentorGraphics - liest dann eine (oder mehrere) SDF-Dateien ein und annotiert die Daten an die VHDL-Netzliste.

Die Annotation kann sich auf das ganze Design oder nur auf Teile des Designs beziehen. So können auch mehrere SDF-Dateien für unterschiedliche Teile des Designs vorhanden sein. Damit die Annotation vom Simulator erfolgreich durchgeführt werden kann, müssen die Daten in der SDF-Datei und in der Beschreibung des Designs – in unserem Fall die VHDL-Netzliste – konsistent sein. Dies bedeutet beispielsweise, dass Komponententypen, Instanznamen oder Portnamen zwischen VHDL-Netzliste und SDF-Datei übereinstimmen müssen; dies wird in der Regel von den EDA-Werkzeugen sichergestellt, da VHDL-Netzliste und SDF-Datei automatisch erzeugt werden. Es sei der Klarheit halber noch erwähnt, dass die Annotation sich nicht auf die Komponenten der Bibliothek bezieht, sondern auf die *Instanzen* der Komponenten in der VHDL-Netzliste. Jeder Instanz einer Komponente können daher unterschiedliche Werte für die Generics zugewiesen werden. Aus diesem Grund ist es auch zwingend notwendig, dass die Instanznamen übereinstimmen. Des Weiteren ist es wichtig, dass bei der Generation der Timing-Daten und bei der Simulation das gleiche Timing-Modell verwendet wird. Beispiele hierfür wären die Modellierung der Komponentenverzögerungen vom Eingang zum Ausgang und die Verzögerungszeit der Verdrahtung als zugeordneter Wert am Eingang einer Komponente, wie im vorigen Abschnitt beschrieben. Wir zeigen im Folgenden nur diese Modellierung, weitere Möglichkeiten können z. B. [54] entnommen werden.

Listing 5.15: Auszug aus der SDF-Datei des Zählers. Schlüsselworte und Ports sind mit Großbuchstaben bezeichnet.

```
0    (DELAYFILE
1      (SDFVERSION "3.0")
2      (DESIGN "ctr")
3      .....
4      (VOLTAGE 1.425:1.425:1.425)
5      (PROCESS "best=1.0:nom=1.0:worst=1.0")
6      (TEMPERATURE 85:85:85)
7      (TIMESCALE 1 ps)
8      ........
9      (CELL (CELLTYPE "X_LUT4")
10       (INSTANCE ix41)
11         (DELAY
12           (ABSOLUTE
13             (PORT ADR1 (383:383:383) (383:383:383))
14             (PORT ADR3 (258:258:258) (258:258:258))
15             (IOPATH ADR0 O (236:236:236) (236:236:236))
16             (IOPATH ADR1 O (236:236:236) (236:236:236))
17             (IOPATH ADR2 O (236:236:236) (236:236:236))
18             (IOPATH ADR3 O (236:236:236) (236:236:236)))))
19      (CELL (CELLTYPE "X_INV")
20       (INSTANCE a_0_BYINV)
21         (DELAY
22           (ABSOLUTE
23             (PORT I (1013:1013:1013) (1013:1013:1013))
24             (IOPATH I O (0:0:0) (0:0:0)))))
25      (CELL (CELLTYPE "X_BUF_PP")
```

```
26         (INSTANCE a_0_DYMUX_6)
27           (DELAY
28             (ABSOLUTE
29               (IOPATH I O (111:111:111)(111:111:111)))))
30   (CELL (CELLTYPE "X_FF")
31      (INSTANCE count_ix9)
32        (DELAY
33          (ABSOLUTE
34            (IOPATH CLK O (449:449:449)(449:449:449))
35            ........))
36        (TIMINGCHECK
37          (SETUPHOLD (posedge I) (posedge CLK) (182:182:182) (0:0:0))
38          (SETUPHOLD (negedge I) (posedge CLK) (182:182:182) (0:0:0))
39          .......)
```

Listing 5.15 zeigt einen Auszug aus der zum VITAL-Beispiel aus dem vorigen Abschnitt gehörigen SDF-Datei, welche ebenfalls mit der Xilinx-ISE automatisch erzeugt wurde. Eine SDF-Datei besteht aus einem Kopfteil, in dem wichtige Informationen für das Design abgelegt sind, und einer Auflistung der Zellen – jeweils eingeleitet durch das Schlüsselwort CELL –, in welcher die Timing-Daten für jede Komponente oder Zelle des Designs aufgeführt werden. Wichtige Angaben im Kopfteil sind beispielsweise die Betriebsbedingungen, für welche die Timing-Daten gültig sind. SDF sieht die Möglichkeit vor, ein, zwei oder drei Werte (Tripel) für eine Zeitangabe zu machen. Wird ein Wertetripel für jede Zeitangabe verwendet, so können in einer SDF-Datei beispielsweise Werte für die Betriebsbedingungen schlechtester Fall, nominaler Fall und bester Fall spezifiziert werden. In unserem Beispiel sind alle drei Werte gleich und gelten für die Betriebsbedingungen $U_{dd} = 1{,}425$ V und $T = 85°$ C. Die Betriebsbedingungen müssen bei der Generierung der SDF-Datei ausgewählt werden und auch bei der Annotation der SDF-Daten im Simulator kann für einen Simulationslauf nur eine Betriebsbedingung ausgewählt werden. Ein weiterer wichtiger Punkt ist die „Timescale", welche die Auflösung der nachfolgenden Zeitangaben definiert; im Beispiel handelt es sich bei den Werten um Picosekunden. Dies muss mit der zeitlichen Auflösung (engl.: resolution) im Simulator übereinstimmen.

Wie aus Listing 5.15 ersichtlich ist, stimmen die Komponentenbezeichnungen und die Instanznamen in den „CELL"-Einträgen mit denjenigen aus der VHDL-Beschreibung in Listing 5.12 überein. Die Beschreibung von Verzögerungszeiten wird mit dem Schlüsselwort DELAY eingeleitet, wobei das Schlüsselwort ABSOLUTE den Simulator bei der Annotation veranlassen wird, den Generic-Wert in der VHDL-Beschreibung durch den nachfolgenden Wert der SDF-Datei vollständig zu *ersetzen*. Würde man hier stattdessen das Schlüsselwort INCREMENT benutzen, so würden die Werte zum Generic-Wert nur *hinzuaddiert*. Durch das Schlüsselwort PORT wird eine verdrahtungsabhängige Verzögerungszeit spezifiziert, die dem entsprechenden Generic mit dem Präfix tipd aus dem VITAL-Modell entspricht. So wird beispielsweise durch PORT ADR1 in Zeile 13 von Listing 5.15 der Generic-Wert tipd_ADR1 der LUT ix41 aus Listing 5.12 bzw. 5.13 ersetzt. Das Schlüsselwort IOPATH spezifiziert hingegen eine Verzögerungszeit der Komponente von einem Eingang zu einem Ausgang und entspricht somit dem Generic mit dem Präfix tpd. Die Angabe IOPATH ADR1 O ersetzt beispielsweise den Wert des Generics tpd_ADR1_O. Wie bei den entsprechenden Generic-Werten werden bei PORT und IOPATH durch die beiden Wertetripel wieder steigende (erstes Tripel) und fallende Flanke (zweites Tripel) unterschieden.

In der Beschreibung des Flipflops count_ix9 ab Zeile 30 von Listing 5.15 leitet das Schlüsselwort TIMINGCHECK die Angaben für die Timing-Check-Daten ein, welche wiederum mit den Angaben aus den VITAL-Modellen korrespondieren müssen. Im Fall des Flipflops wird durch das Schlüsselwort SETUPHOLD die Setup- *und* die Holdzeit spezifiziert. Hierdurch werden die beiden Generic-Werte tsetup *und* thold des Flipflops count_ix9 aus Listing 5.12 bzw. 5.14 bei der Annotation ersetzt. Für Daten- und Takteingang (I und CLK) wird wieder jeweils die Flanke definiert. Das erste Wertetripel spezifiziert die Setupzeit (182 ps) und das zweite Tripel die Holdzeit (0 ps).

5.5.3   Simulation des Zeitverhaltens mit einem VHDL-Simulator

Wir wollen in diesem Abschnitt das Zusammenspiel von VITAL/VHDL-Netzliste und SDF-Datei in der Gate-Level-Simulation anhand des Zählerbeispiels aus den letzten beiden Abschnitten noch erläutern. Listing 5.16 zeigt den längsten Pfad des Zählers, welcher durch eine Timing-Analyse nach dem Platzieren und Verdrahten mit der Xilinx ISE ermittelt wurde.

Listing 5.16: *Ergebnis der Timing-Analyse des Zählers.*

```
0    Delay:                   1.755ns (data path - clock skew)
1       Source:               count_ix9 (FF)
2       Destination:          count_ix9 (FF)
3       Data Path Delay:      1.755ns (Levels of Logic = 0)
4       Clock Skew:           0.000ns
5       Source Clock:         clk_int rising
6       Destination Clock:    clk_int rising
7       Data Path: count_ix9 to count_ix9
8          Delay type        Delay(ns)  Logical Resource(s)
9          ----------------------------  --------------------
10         Tcko               0.449      count_ix9
11         net (fanout=2)     1.013      a(0)
12         Tdick              0.293      count_ix9
13         ----------------------------  ---------------------------
14         Total              1.755ns (0.742ns logic, 1.013ns route)
15                                    (42.3% logic, 57.7% route)
```

Hieraus ergibt sich die minimale Taktperiode zu $T_{min} \geq 1755$ ps und daraus die maximale Taktfrequenz, mit der die Schaltung getaktet werden kann, zu $f_{max} \leq 1/T = 569{,}8$ MHz. Die Verzögerungszeit auf diesem Pfad setzt sich nach Listing 5.16 aus drei Teilen zusammen (vgl. Abbildung 5.52): Die Verzögerungszeit $Tcko = 449$ ps von der steigenden Flanke des Taktes CLK bis zum Ausgang O, die Verzögerungszeit des Netzes a(0) von $t_{net} = 1013$ ps und die Zeit $Tdick = 293$ ps. *Tdick* wird im Datenblatt [107] des Virtex-II-Bausteins als Setup-Zeit bezeichnet; in dieser Zeit sind allerdings – neben der eigentlichen Setupzeit des Flipflops – auch die Zeiten der in der Slice vorhandenen Multiplexer enthalten.

Vergleichen wir nun anhand von Abbildung 5.52 und den Listings 5.12 sowie 5.15, wie dieser Pfad durch die VITAL-Netzliste und die zugehörige SDF-Datei modelliert wird. Wie wir schon erwähnt haben, werden die Verzögerungszeiten durch das VITAL/SDF-Modell im Vergleich zu den Angaben, die der Benutzer in der Timing-Analyse sieht, etwas unterschiedlich modelliert, wobei sich am Endergebnis nichts ändert. Die gesamte Verzögerungszeit auf dem längsten Pfad im VITAL/SDF-Modell setzt sich aus vier Teilen zusammen: Der erste Teil ist die Verzögerungszeit des Flipflops count_ix9, welche in der SDF-Datei mit IOPATH CLK O bezeichnet ist und 449 ps beträgt und somit T_{cko} entspricht. Der zweite Teil ist die Verzögerungszeit des Netzes, welche an der Komponenten a_0_BYINV am Eingang I mit einer PORT-Spezifikation angegeben wurde und somit dem Wert von 1013 ps aus der Timing-Analyse entspricht. Der dritte Teil ist die Verzögerungszeit der Komponenten a_0_DYMUX vom Eingang zum Ausgang (IOPATH) von 111 ps und der vierte Teil ist die eigentliche Setup-Zeit des Flipflops count_ix9 von 182 ps. In der Summe ergibt sich der gleiche Wert wie bei der Timing-Analyse von $T_{min} = 1755$ ps.

Listing 5.17: *Testbench für die Simulation des Zählers.*

```
0    LIBRARY ieee;
1    USE ieee.std_logic_1164.ALL;
2    USE ieee.std_logic_arith.ALL;
3
4    ENTITY ctr2_tb IS
5    END ctr2_tb ;
6    ARCHITECTURE beh OF ctr2_tb IS
7
8      SIGNAL clk, res, div : std_logic := '0';
9
10     COMPONENT ctr IS GENERIC(width : integer := 2);
11               PORT(
12                 clk : IN  std_logic;
13                 res : IN  std_logic;
14                 div : OUT std_logic
15                 );
16     END COMPONENT;
17
18     CONSTANT restime : time := 120 ns;
19     CONSTANT clktime : time := 1.756 ns;
20
21   BEGIN  -- beh
22     clk <= NOT clk AFTER clktime/2;
23     res <= '1'     AFTER restime;
24
25     i0 : ctr
26       PORT MAP (
27         clk => clk,
28         res => res,
29         div => div);
30
31     finish : PROCESS
32     BEGIN
33       WAIT FOR 300 ns;
34       ASSERT false REPORT "Simulation End" SEVERITY failure;
```

```
35     END PROCESS;
36
37   END beh;
38
39   LIBRARY vcbuchk5_1;
40   CONFIGURATION ctr2_cfg_rtl OF ctr2_tb IS
41     FOR beh
42       FOR ALL : ctr
43         USE ENTITY vcbuchk5_1.ctr(beh);
44       END FOR;
45     END FOR;
46   END ctr2_cfg_rtl;
47
48   LIBRARY vcbuchk5_1;
49   CONFIGURATION ctr2_cfg_gate OF ctr2_tb IS
50     FOR beh
51       FOR ALL : ctr
52         USE ENTITY vcbuchk5_1.ctr(Structure);
53       END FOR;
54     END FOR;
55   END ctr2_cfg_gate;
```

Im Folgenden soll die VITAL/VHDL-Netzliste simuliert werden. Hierzu benutzen wir die in Listing 5.17 gezeigte Testbench. Die Testbench erzeugt einen Takt und ein Reset-Signal. Der finish-Prozess bricht die Simulation nach einer bestimmten Zeit ab. Unter der Testbench befinden sich in der gleichen Datei noch zwei Konfigurationen: Mit der Konfiguration cfg_ctr2_rtl wird das RTL-Modell des Zählers simuliert und mit der Konfiguration cfg_ctr2_gate das Gate-Level-Modell, also die von der Xilinx ISE gelieferte Netzliste. Diese muss zunächst für den Modelsim-Simulator mit dem Kommando vcom -work vcbuchk5_1 {C:/ctr_timesim.vhd} kompiliert werden.

Anschließend wird der Simulator gestartet, wobei die SDF-Datei annotiert werden muss. Dies erfolgt mit dem Kommando:

```
vsim -sdftyp /ctr2_tb/i0=C:/ctr_timesim.sdf
  -t ps vcbuchk5_1.ctr2_cfg_gate
```
Dem Simulator wird mit dem Schalter -sdftyp dabei mitgeteilt, dass eine SDF-Datei zu laden ist, wobei die mittleren, typischen Werte aus den Wertetripeln zu laden sind. Die Instanznamen beziehen sich dabei auf die Komponente i0 in der Testbench. Ist diese hierarchische Angabe falsch, so wird die Annotation nicht funktionieren. Mit dem Schalter -t ps wird die Auflösung des Simulators auf Picosekunden eingestellt, passend zur SDF-Datei.

Inkonsistenzen zwischen VHDL-Code und SDF-Datei führen, wie schon erwähnt, zu einem Abbruch der Simulation, wie folgendes Beispiel zeigt: Error: (vsim-SDF-3250) C:/ctr_timesim.sdf(182): Failed to find INSTANCE '/ctr2_tb/i0/a_1_BYINV'. In diesem Beispiel haben wir – um den Fehler zu provozieren – in der SDF-Datei den Instanznamen a_0_BYINV manuell zu a_1_BYINV verändert. Ist alles in Ordnung, so startet der Modelsim-Simulator mit der Meldung Note: (vsim-3587) SDF Backannotation Successfully Completed.

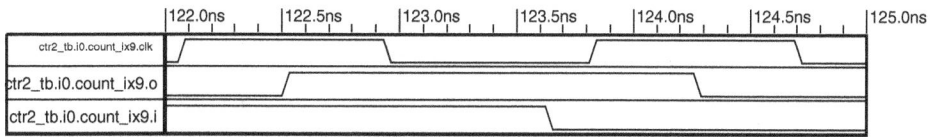

Abb. 5.53: *Ergebnis der Simulation bei einer Periodendauer von* 1756 ps.

In der ersten Simulation setzen wir die Periodendauer des Taktes auf $T_{min} = 1756$ ps. Einen Ausschnitt aus dem Simulationsergebnis mit Modelsim zeigt Abbildung 5.53. Der Ausgang o des Flipflops `count_ix9` wird 449 ps nach der steigenden Flanke des Taktes auf „1" gesetzt und ist damit der aktuelle Zustand des Flipflops in diesem Taktzyklus. Nun läuft dieser Signalwechsel über das Netz `a(0)` sowie den Inverter und den Buffer zum Eingang i des gleichen Flipflops (vgl. Abbildung 5.52) und gibt damit den neuen Wert „0" des Flipflops für den nächsten Taktzyklus vor. Dieser Signalwechsel erscheint 1573 ps nach der steigenden Flanke des Taktes am Eingang des Flipflops. Somit verbleiben noch $t_r = 1756$ ps $- 1573$ ps $= 183$ ps und damit ist $t_r \geq t_{su} = 182$ ps, so dass die Setup-Bedingung eingehalten werden kann.

Setzen wir nun in einer zweiten Simulation die Periodendauer des Taktes auf $T_{min} = 1754$ ps. Nun verbleiben nur noch $t_r = 1754$ ps $- 1573$ ps $= 181$ ps und somit ist die Setup-Bedingung $t_r \geq t_{su} = 182$ ps verletzt. Dies wird durch das VITAL-Modell des Flipflops im Simulator gemeldet, wie in Listing 5.18 gezeigt.

Listing 5.18: *Fehlermeldung des Simulators.*

```
0    # ** Warning: */X_FF SETUP  Low VIOLATION ON I WITH RESPECT TO CLK;
1    #    Expected := 0.182 ns; Observed := 0.181 ns; At : 123.684 ns
2    #    Time: 123684 ps  Iteration: 0  Instance: /ctr2_tb/i0/count_ix9
```

Des Weiteren wird im VITAL-Modell des Flipflops der Ausgang o im nächsten Taktzyklus auf „X" gesetzt, was im Timing-Diagramm in Abbildung 5.54 in grauer Farbe gezeigt ist. Sowohl die Warnung des Simulators als auch die Darstellung im Timing-Diagramm machen nun den Entwickler darauf aufmerksam, dass in der Schaltung bei dieser Taktfrequenz ein Problem vorliegt.

Unser Beispiel ist natürlich bewusst sehr klein gewählt. In realen Entwicklungen haben wir es unter Umständen mit einigen zehntausend bis hunderttausend Komponenten in der Netzliste zu tun. Daher ist eine solch tiefgehende Analyse der Gate-Level-Netzliste, wie wir sie hier vorgenommen haben, in der Regel sehr aufwändig. Üblicherweise führt man nur eine Timing-Analyse durch und bestimmt damit die maximale Taktfrequenz. Wie wir

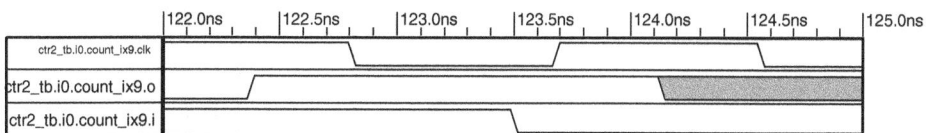

Abb. 5.54: *Ergebnis der Simulation bei einer Periodendauer von* 1754 ps.

schon an anderen Stellen ausgeführt haben, kann es jedoch Gründe geben, in speziellen Fällen eine Simulation der Gate-Level-Netzliste vorzunehmen, um bestimmte Probleme genauer zu analysieren. Es empfiehlt sich in solchen Fällen, zunächst mit einem kleinen Beispiel einen „Abgleich" von Timing-Analyse und Simulation vorzunehmen, so wie wir es in diesem Abschnitt getan haben. Man ist dann bei der Simulation der großen Schaltung zumindest sicher, dass keine Fehler durch falsche Bibliotheken und dergleichen entstehen können.

5.6   Bestimmung der Chiptemperatur

In der Regel wird bei der Timing-Analyse und bei der Simulation von der Temperatur T_J des *Chips* in Grad Celsius (engl.: die temperature, junction temperature) ausgegangen. Die Höhe der Chiptemperatur hängt von der Umgebungstemperatur T_A (engl.: ambient temperature), dem Wärmefluss Q in Watt des Chips und dem verwendeten Gehäuse sowie den Kühlungsmaßnahmen ab. Dieser Zusammenhang kann durch die *Wärmeflussgleichung*

$$\Delta T = T_J - T_A = \theta \cdot Q \qquad (5.14)$$

ausgedrückt werden [36]. θ beschreibt den *thermischen Widerstand* in °C/W des Gehäuses oder der gesamten Anordnung des Gehäuses auf einer Leiterplatte inklusive Kühlungsmaßnahmen. Die θ-Werte können den Handbüchern der Hersteller entnommen werden, für die Virtex-II-FPGAs z.B. aus [106]. Da die elektrische Leistung vollständig in Wärme umgesetzt wird, kann für Q die elektrische Leistung des Chips P in Watt eingesetzt werden, so dass $\Delta T = \theta \cdot P$ ist. Für ein BGA-CS144-Gehäuse, in dem die kleineren Virtex-II-FPGAs verfügbar sind, können wir aus [106] beispielsweise $\theta = 34$ °C/W entnehmen. Nehmen wir an, wir gehen bei der Timing-Analyse von einer maximalen Chiptemperatur von $T_{JMAX} = 85$ °C aus und wir erwarten eine Leistungsaufnahme des Chips von $P = 0,5$ W. Dann ergibt sich $\Delta T = 17$ °C und somit eine zulässige Umgebungstemperatur von $T_A \leq 68$ °C. Zum Vergleich nehmen wir beispielsweise ein so genanntes „Flip-Chip" BGA-FF1517-Gehäuse, in dem die größeren Virtex-II-FPGAs verfügbar sind, welches einen wesentlich besseren θ-Wert von $\theta = 10$ °C/W aufweist. Damit ergibt sich bei gleicher elektrischer Leistung und Chiptemperatur eine zulässige Umgebungstemperatur von $T_A \leq 80$ °C. Typischerweise nehmen aber größere FPGAs auch eine höhere elektrische Leistung auf.

Durch aktive Kühlungsmaßnahmen, wie z. B. Gebläse oder thermoelektrische Kühlung mit Peltier-Elementen, kann der θ-Wert erheblich verbessert werden, z. B. auf $\theta \leq 2$ °C/W für Virtex-II Flip-Chip-Gehäuse [106]. Je nach Einsatzort des FPGAs – und damit der maximalen Umgebungstemperatur – muss bei höheren Leistungsaufnahmen unter Umständen an entsprechende passive oder aktive Kühlungsmaßnahmen gedacht werden. Wir haben in Abschnitt 3.2.5 gesehen, dass die Leistungsaufnahme von der Anzahl und Größe der geschalteten Kapazitäten, der Häufigkeit oder Frequenz, mit der die Kapazitäten geschaltet werden, und der Versorgungsspannung abhängt. Die Anzahl der geschalteten Kapazitäten wächst mit der Schaltungsgröße und die Schaltfrequenz hängt im Wesentlichen auch von der Taktfrequenz ab. Eine große und hoch getaktete Schaltung wird also eine wesentlich höhere Leistungsaufnahme erfordern als eine kleine Schaltung, die mit niedriger Taktfrequenz getaktet wird. Die Leistungsaufnahme einer Schaltung kann natürlich durch Messung von Strom und Spannung ermittelt werden. Häufig möchte man jedoch während des Designs die Leistungsaufnahme abschätzen können, um entsprechende Kühlungsmaßnahmen vorzusehen oder um das Design hinsichtlich der Leistungsaufnahme optimieren zu können. Hierzu bieten die Hersteller zumeist entsprechende Werkzeuge an, die eine mehr oder weniger genaue Abschätzung der Leistungsaufnahme ermöglichen, z. B. das Werkzeug „XPower" in der Xilinx-ISE. Aus der Leistungsaufnahme werden dann die Chiptemperatur und weitere Parameter berechnet, beispielsweise die Betriebsdauer der Schaltung an einer Batterie mit vorgegebener Batteriekapazität. Um die Abschätzung möglichst genau werden zu lassen, müssen die Schalthäufigkeiten (engl.: activity rates, toggle rates) der Netze aus einer Simulation der Schaltung auf Gatterebene, wie im vorangegangenen Abschnitt besprochen, extrahiert werden.

5.7 Zusammenfassung zu Kapitel 5

- Bei der *physikalischen Realisierung* einer Schaltung in einem FPGA müssen die *logischen Komponenten* einer Gatter-Netzliste den *physikalischen Komponenten* auf dem FPGA zugewiesen werden (*Platzierung*). Die *Verbindungen* der logischen Komponenten aus der Netzliste müssen durch entsprechend programmierte *Verdrahtungssegmente* auf dem FPGA realisiert werden (*Verdrahtung*).

- Beim physikalischen Entwurf eines FPGAs ist die Erstellung eines *Floorplans* ein optionaler Schritt. Die wesentliche Funktion des Floorplans ist es, einzelnen Komponenten oder Gruppen von Komponenten Plätze oder Bereiche auf dem FPGA-Feld zuzuweisen. Insbesondere kann die Zuordnung der *Anschlüsse* der Schaltung zu den *Pins* des FPGAs festgelegt werden.

- Die *Platzierung* entscheidet auch über die *Qualität* der nachfolgenden Verdrahtung. Dabei ist die *Länge* der Verdrahtung entscheidend. Die *Platzierungsalgorithmen* haben daher zum Ziel, eine Platzierung zu finden, die *insgesamt* ein *Optimum* darstellt. Um verschiedene Platzierungsalternativen und die Qualität einer Platzierung beurteilen zu können, werden *Kostenfunktionen* verwendet (z. B. *Gesamtverdrahtungslänge*).

- Die Aufgabe der automatischen *Verdrahtung* ist es, die *physikalischen Verbindungen* zwischen den Komponenten herzustellen, welche in der Netzliste spezifiziert sind. Bei einem FPGA bedeutet dies, Leitungssegmente über programmierbare Schalter (PIP) so zu verschalten, dass die entsprechenden Verbindungen entstehen. Wie bei der Platzierung ist es auch bei der Verdrahtung das Ziel, die Gesamtverdrahtungslänge zu minimieren. Bei FPGAs muss insbesondere auch die Anzahl der PIPs minimiert werden.

- Bei *Platzierung* und *Verdrahtung* handelt es sich um *rechenaufwändige Optimierungsprobleme*, so dass ebenfalls *heuristische Verfahren* angewendet werden.

- Die *Verdrahtbarkeit* eines Designs hängt im Wesentlichen von Charakteristiken des Designs ab: Die mittlere Anzahl von *Anschlüssen pro Block*, die mittlere Anzahl der *Anschlüsse pro Netz* und der mittleren *Verdrahtungslänge*. Es ist nicht sinnvoll, in die CLBs zuviel *unzusammenhängende* Logik zu packen, da dies die mittlere benötigte Anzahl von Anschlüssen pro Block und damit die Verdrahtbarkeit verschlechtert. Ein *hoher Auslastungsgrad* des FPGAs bedeutet, dass die CLBs stark gepackt werden müssen, so dass mit Verdrahtungsproblemen gerechnet werden muss.

- Eine *Verdrahtungsleitung* auf einer integrierten Schaltung besteht aus einem Metallstreifen mit einer bestimmten Dicke H und Weite W sowie einer *Länge L*. Sie weist einen *Widerstand R* und eine *Kapazität C* auf, wobei $C \propto L$ und $R \propto L$ ist.

- Der Einfluss einer verzweigten Verdrahtungsleitung auf das *Zeitverhalten* einer digitalen Schaltung lässt sich durch Berechnung der *Elmore-Zeitkonstanten* darstellen, wobei die verzweigte Leitung als *RC-Netzwerk* modelliert wird. Die ElmoreZeitkonstante eines Knotens i dieses Netzwerks kann durch

$$\tau_{Di} = \sum_{k=1}^{N} C_k \cdot R_{ik}$$

berechnet werden.

- Modelliert man die unverzweigte Leitung durch zwei *konzentrierte Bauelemente* Widerstand R und Kapazität C, so ergibt sich eine Zeitkonstante für das Leitungsende von $\tau_{Con} = R \cdot C$. „Verteilt" man Widerstand und Kapazität jedoch über die Leitungslänge und lässt jeden Leitungsabschnitt infinitesimal klein werden, so kann man zeigen, dass die Zeitkonstante für das Leitungsende dann allerdings nur $\tau_{Dis} = R \cdot C/2$ beträgt. Es ist dabei $\tau_{Dis} \propto L^2$: Die durch die Leitung hervorgerufene *Verzögerungszeit* wächst *quadratisch* mit der *Leitungslänge L*.

- In Zukunft werden auch *Wellenleitereffekte* und *Übersprechen* auf Leitungen bei der Verdrahtung von integrierten Schaltungen zu berücksichtigen sein.

- Für die *Verschaltung von Leitungssegmenten* auf FPGAs werden *Pass-Transistoren* oder *Tristate-Treiber* benutzt. Bei einer Verschaltung von N Segmenten mit PassTransistoren gilt für die Verzögerungszeit $\tau_{DN,PT} \propto (N^2+N)$, bei einer Verschaltung mit Tristate-Treibern $\tau_{DN,BUF} \propto N$. Für kurze Verbindungen mit wenigen Schaltern ist aufgrund der Eingangskapazität der Tristate-Treiber allerdings die Verschaltung mit Pass-Transistoren günstiger. Für lange Verbindungen mit vielen Schaltern werden Tristate-Treiber benutzt.

- Für die statische *Timing-Analyse* einer FPGA-Schaltung wird die gesamte Verzögerungszeit auf einem Pfad aufgeteilt in *konstante Anteile durch die CLB-Slices* und in *variable, von der Verdrahtung abhängige Teile*. Die konstanten Verzögerungszeiten setzen sich zusammen aus den Verzögerungszeiten der einzelnen Komponenten (LUT, Flipflops, Multiplexer) innerhalb der Slices, die auf einem Pfad von einem Eingang zu einem Ausgang oder von und zu einem Flipflop einer Slice liegen. Die verdrahtungsabhängigen, variablen Zeiten werden nach dem P&R automatisch durch die EDA-Werkzeuge ermittelt.

- Durch den Einsatz einer hierarchischen *segmentierten Verbindungsarchitektur* kann bei FPGAs das starke Anwachsen der Verzögerungszeit mit steigender Verbindungslänge reduziert werden. Dennoch wächst der *Anteil der Verdrahtung* an der gesamten Verzögerungszeit mit kleiner werdenden Prozessgeometrien beständig.

- Die Voraussage der kapazitiven Last durch ein *Verdrahtungslastmodell* für die Synthese kann im Hinblick auf die Verhältnisse nach der Platzierung und Verdrahtung zu *pessimistisch* oder zu *optimistisch* sein. Hierdurch können zusätzliche Design-Iterationen zwischen Synthese und P&R notwendig werden, bis eine befriedigende Lösung gefunden ist. Neuere Synthesewerkzeuge berücksichtigen daher die Platzierung bei der Synthese.

- *Synchrone Systeme* verwenden *isochrone Taktsignale* als globale Synchronisationssignale. Die Taktsignale von zwei Modulen sind *synchron* zueinander, wenn die *Frequenzen* der Signale genau übereinstimmen und eine bekannte und feste *Phasenverschiebung* zwischen den beiden Signalen vorliegt. Ist die Phasenlage nicht konstant oder unbekannt oder sind die Frequenzen unterschiedlich, dann sind die Takte *asynchron* zueinander. In diesen Fällen müssen für die Datenübertragung zwischen den Modulen besondere *Synchronisationsmaßnahmen* wie z. B. DLLs, PLLs oder FIFOs vorgesehen werden.

- Entwurfsmethodiken für ASICs und FPGAs, die durch den Einsatz von EDA-Werkzeugen sehr stark automatisiert sind, benutzen heute hauptsächlich *Einphasen-Taktsysteme mit flankengesteuerten Flipflops*.

- Der relative Zeitunterschied der Taktänderungszeitpunkte an den Flipflops einer synchronen Schaltung wird als *Taktversatz* bezeichnet. Er kann sich sowohl auf die Leistungsfähigkeit einer Schaltung als auch auf die korrekte Funktion der Schaltung auswirken. Die Bedingung für den längsten Pfad der Logik ergibt sich zu

$$t_{prop,max} \leq T - t_d - t_{su} + t_{sk}$$

und die Bedingung für den kürzesten Pfad zu

$$t_{prop,min} > t_{sk} - t_d + t_{ho}.$$

- Kurzzeitige Variationen der Periodendauer des Taktes werden als *Jitter* bezeichnet. Er sollte bei der Berechnung der minimalen Taktperiodendauer berücksichtigt werden:

$$T \geq t_d + t_{prop,max} + t_{su} - t_{sk} - J_{p-,max},$$

wobei $J_{p-,max}$ der „Peak-to-Peak Period Jitter" ist.

- In FPGAs sind spezielle *Taktnetze* vorhanden, die einen niedrigen Taktversatz aufweisen. Der Ausgang einer kombinatorischen Logik sollte niemals direkt als Takt verwendet werden, da Glitches in der Logik zu Fehlfunktionen in den getakteten Flipflops führen können. Für das Ein- und Ausschalten und das Multiplexen von Takten sollten spezielle in den FPGAs vorhandene *Takttreiber* benutzt werden.

- Im Interesse eines fehlerfreien Designs sollte dieses synchron entworfen werden. Die Verwendung mehrerer Takte („Taktdomänen") ist möglich, jedoch sollte die Anzahl der Taktdomänen möglichst klein sein. Besonderes Augenmerk muss den *Schnittstellen* zwischen den *Taktdomänen* geschenkt werden. Viele Funktionen, wie beispielsweise das Teilen eines Taktes oder das Halten von Daten, können synchron statt asynchron realisiert werden.

- Das platzierte und verdrahtete Design kann als *VHDL-Beschreibung auf Gatterebene* simuliert werden. Hierzu werden die Komponenten der Schaltung vom Hersteller als *VHDL-VITAL-Modelle* geliefert. Neben der logischen Funktion der Komponenten wird in VITAL-Modellen insbesondere das *zeitliche Verhalten* modelliert. Über die Generics der VITAL-Beschreibungen existiert eine genormte Möglichkeit Daten aus *SDF-Dateien*, in denen die *durch die Verdrahtung hervorgerufenen Verzögerungszeiten* eines platzierten und verdrahteten Designs abgespeichert werden, zu übergeben.

- Bei der Timing-Analyse und Simulation geht man davon aus, dass es sich bei der Temperatur T_J um diejenige des *Chips* handelt. Will man wissen, welcher *Umgebungstemperatur T_A* dies entspricht, so muss man den *thermischen Widerstand* θ der gesamten Anordnung von Chip, Gehäuse, Leiterplatte und eventuell vorhandenen Kühlungsmaßnahmen sowie die *elektrische Leistungsaufnahme P* der Schaltung kennen. Die Umgebungstemperatur ergibt sich dann aus $T_A = T_J - \theta \cdot P$ und ist damit immer geringer als die Chiptemperatur.

5.8   Übungsaufgaben

Aufgabe 5.1:

Im Abschnitt 5.3 haben wir das so genannte „L-Modell" (siehe Abbildung 5.18 und 5.55) für die Leitungsmodellierung benutzt. Das so genannte „π-Modell" [36] nach Abbildung 5.55 bietet eine höhere Genauigkeit für die Modellierung einer Leitung, verglichen mit dem L-Modell.

Berechnen Sie mit Hilfe der Elmore-Zeitkonstante die Verzögerungszeit $t_{PHL} = t_{PLH} = t_D = 0{,}69 \cdot \tau_D$ am Ende der Leitung in der Anordnung nach Abbildung 5.55 für beide Modelle. Es seien folgende Parameter gegeben: Pull-Up- bzw. Pull-Down-Widerstand des Buffers $R_p = 1.000\ \Omega$, Eingangskapazität des Buffers $C_g = 15$ fF, Widerstandsbelag der Leitung $R'_w = 1 \cdot 10^5\ \Omega/m$, Kapazitätsbelag der Leitung $C'_w = 1 \cdot 10^{-10}$ F/m. Die Länge der Leitung sei $L = 1$ mm.

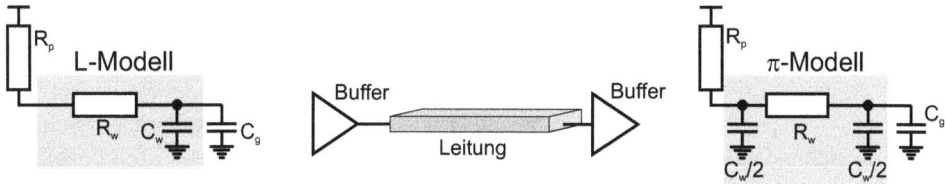

Abb. 5.55: *Leitungsmodellierung nach L- und π-Modell.*

Aufgabe 5.2:
Wie in Abschnitt 5.3.4 erwähnt, kann die Verzögerungszeit einer Leitung durch den Einbau von Buffern verringert werden. Gegeben sei die Leitung aus Abbildung 5.55 mit Buffer am Anfang und am Ende. Die Leitung sei nun aber 20 mm lang und durch Einfügen von zusätzlichen Buffern soll die Verzögerungszeit reduziert werden. Ermitteln Sie zunächst die optimale Anzahl von Buffer-Segmenten, welche durch das Einfügen von Buffern entsteht: Stellen Sie hierzu eine Gleichung für die Elmore-Konstante $\tau_{buf}(N)$ der Leitung mit N Buffer-Segmenten auf, skizzieren Sie den Graphen der Funktion $\tau_{buf}(N)$ und ermitteln Sie das Minimum durch Differenzieren der Funktion nach N. Berechnen Sie dann für ein ganzzahliges N die Elmore-Konstante und vergleichen Sie mit der Leitung ohne eingefügte zusätzliche Buffer. Verwenden Sie die Parameter aus der vorigen Aufgabe und das π-Modell aus Abbildung 5.55 für die Berechnungen.

Aufgabe 5.3:
Gegeben sei die in Abbildung 5.56 gezeigte Taktverdrahtung für vier Flipflops. Der Pull-Up- bzw. Pull-Down-Widerstand des Takttreibers sei $R_d = 1.000\ \Omega$, die Eingangskapazität der Flipflops sei $C_g = 15$ fF, der Widerstandsbelag der Leitung sei $R'_w = 1 \cdot 10^5\ \Omega/\mathrm{m}$ und der Kapazitätsbelag der Leitung sei $C'_w = 1 \cdot 10^{-10}$ F/m. Die Längen der einzelnen Leitungssegmente können aus Abbildung 5.56 entnommen werden.

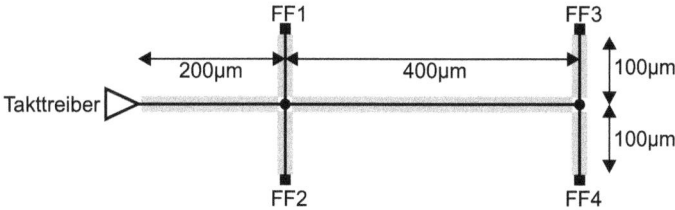

Abb. 5.56: *Verdrahtung des Taktbaums.*

Erstellen Sie ein RC-Netzwerkmodell für den Taktbaum, indem Sie für jedes Segment ein L-Modell verwenden und berechnen Sie die Latenzzeiten der Flipflops sowie die Taktversätze zwischen den Flipflops mit Hilfe des Elmore-Modells. Die Ausgangskapazität des Treibers sei zu vernachlässigen.

Aufgabe 5.4:

Nehmen Sie an, der Taktversatz zwischen den Flipflops 1/2 und 3/4 aus Abbildung 5.56 sei $t_{sk} = 2{,}5$ ps. Für die Flipflops entnehmen Sie dem Datenblatt folgende Werte: Verzögerungszeit $t_d = 50$ ps, Setupzeit $t_{su} = 25$ ps und Holdzeit $t_{ho} = 48$ ps. Es sei nun ein Schieberegister, bestehend aus vier Flipflops ($FFA \rightarrow FFB \rightarrow FFC \rightarrow FFD$, der Pfeil bezeichnet die Schieberichtung) zu platzieren, d. h. den Flipflops aus Abbildung 5.56 zuzuweisen.

a) Bestimmen Sie die Platzierung so, dass die korrekte Funktionsweise des Schieberegisters gewährleistet ist. Wir gehen hierfür davon aus, dass die Verdrahtung der Datensignale zwischen den Flipflops unbekannt ist, so dass wir $t_{prop} = 0$ annehmen.

b) Wie hoch ist die maximale Taktfrequenz f_{max}, mit der wir die in Teil a) platzierte Schaltung takten können, wenn $t_{prop} = 0$?

c) Nehmen wir an, dass wir nach der Platzierung die Verzögerungszeit der Verbindungsleitungen der Datensignale zu $t_{prop} = 50$ ps ermitteln. Wie hoch ist mit der Platzierung aus Teil b) die maximale Taktrate? Wie könnte man mit einer veränderten Platzierung der Flipflops die maximale Taktrate verbessern?

Aufgabe 5.5:

Es sei ein Schaltwerk gegeben, das mit 1 GHz getaktet werden soll. Für die Flipflops gelten wieder folgende Werte: Verzögerungszeit $t_d = 50$ ps, Setupzeit $t_{su} = 25$ ps und Holdzeit $t_{ho} = 48$ ps. Der (positive) Taktversatz sei durch das Taktnetzwerk vorgegeben und sei $t_{sk} = 3$ ps. Ermitteln Sie ferner durch Messung folgende, durch Jitter verursachte, schwankende Dauer der Taktperiode: $T_1 = 900$ ps, $T_2 = 950$ ps, $T_3 = 1.000$ ps, $T_4 = 1.050$ ps, $T_5 = 1.100$ ps. Welche Verzögerungszeit $t_{prop,max}$ darf auf dem kritischen Pfad des Schaltnetzes maximal entstehen, damit die Schaltung noch sicher funktioniert?

Aufgabe 5.6:

Platzieren und verdrahten Sie das FIR-Filter-Design aus den Übungsaufgaben zu Kapitel 4. Ermitteln Sie den kritischen Pfad und die maximale Taktfrequenz des fertig platzierten Designs durch eine Timing-Analyse.

6 Modellierung von digitalen Schaltungen mit SystemC

In diesem Kapitel wird die Sprache SystemC zur Modellierung von digitalen Schaltungen vorgestellt. SystemC ist eine auf C^{++} [72] basierende Modellierungssprache, deren Schwerpunkt auf der Modellierung von komplexen System-on-Chip (SoC) Lösungen liegt. Derartige Systeme enthalten üblicherweise Komponenten wie Mikrokontroller, digitale Signalprozessoren (DSPs), Speicherbausteine und applikationsspezifische Komponenten, die über integrierte Bussysteme kommunizieren. Der Systementwurf beginnt mit abstrakten Simulationsmodellen, die keine detaillierte Informationen über die konkrete Realisierung enthalten. Derartige Modelle besitzen die Vorteile, dass sie übersichtlicher und weniger fehleranfällig sind und wesentlich kürzere Simulationszeiten benötigen. Anhand von solchen Simulationsmodellen werden unterschiedliche Realisierungsmöglichkeiten untersucht. Es wird beispielsweise entschieden, welche Teile in Soft- und Hardware umgesetzt werden. Im weiteren Entwurfsprozess werden nun die abstrakten Spezifikationen so lange manuell verfeinert, bis sie automatisiert mit Hilfe von Synthesewerkzeugen in die Zieltechnologie umgesetzt werden können. Im Unterschied zu den klassischen Hardwaremodellierungssprachen, wie VHDL und Verilog, zielt SystemC insbesondere auf die Modellierung von Systemen auf abstrakteren Ebenen ab. Überdies besitzt SystemC auch alle wesentlichen Merkmale von klassischen Hardwarebeschreibungssprachen, so dass auch weniger abstrakte Modellierungsebenen, wie die algorithmische Ebene oder die Register-Transfer-Ebene, mit SystemC beschrieben werden können. Ein weiterer wesentlicher Unterschied von SystemC zu den klassischen Hardwarebeschreibungssprachen ist die Eigenschaft, dass SystemC auf der objektorientierten Sprache C^{++} basiert und in Form einer C^{++}-Klassenbibliothek realisiert ist. Diese Tatsache bringt verschiedene Vorteile mit sich. Zum einen können zu einem SystemC-Modell bereits vorhandene C/C^{++}-Modelle hinzugefügt werden. Weiterhin können sämtliche Standard C^{++}-Werkzeuge, wie Compiler oder Debugger, auch für SystemC-Modelle eingesetzt werden. Trotz dieser Vorteile kann man aber davon ausgehen, dass SystemC die Sprache VHDL bei der klassischen Hardwareentwicklung auf RT-Ebene auch in näherer Zukunft wohl nicht verdrängen wird.

Eine umfassende Behandlung von SystemC und abstrakteren Modellierungs- und Synthesekonzepten ist im Rahmen dieses Buches leider nicht möglich. Wir werden in diesem Kapitel daher lediglich die Konzepte der Hardwaremodellierung auf RT-Ebene und algorithmischer Ebene mit SystemC anhand von Beispielen vorstellen, um dem Leser einen ersten Eindruck zu vermitteln. Es wird dabei angenommen, dass der Leser mit den Grundkonzepten von C^{++} [72] und den in Kapitel 2 erörterten Grundlagen des digitalen Schaltungsdesigns vertraut ist. Eine ausführlichere Darstellung von SystemC, die auch die Systemmodellierung auf höheren Abstraktionsebenen erläutert, ist in [79] zu finden. Als Nachschlagewerk eignen sich auch [16] und [53]. Für ein vertieftes Verständnis sei eine Beschäftigung mit dieser Literatur empfohlen. Das Kapitel gliedert sich wie folgt: In Abschnitt 6.1 wird die Modellierung auf RT-Ebene mit SystemC erläutert und Abschnitt 6.2 stellt die wichtigsten hardwareorientierten SystemC-Datentypen vor. SystemC-Beschreibungen können derzeit nur von wenigen Synthesewerkzeugen eingelesen werden. Wir werden daher die Logiksynthese von SystemC-Beschreibungen auf RT-Ebene in diesem Kapitel nicht behandeln – sie funktioniert im Prinzip ähnlich wie die im Abschnitt 4.1 beschriebene Logiksynthese von VHDL-Beschreibungen. Abschließend werden wir in Abschnitt 6.3 die Modellierung auf algorithmischer Ebene mit SystemC und einen Überblick über die „High-Level"- oder „Architektur-Synthese" geben.

6.1 Modellierung auf Register-Transfer-Ebene mit SystemC

Dieser Abschnitt führt in die wichtigsten grundlegenden Konzepte von SystemC ein, die zur Modellierung von digitalen Schaltungen auf Register-Transfer-Ebene erforderlich sind. Jedes SystemC-Modell kann grundsätzlich als ein C^{++}-Modell betrachtet werden, das Elemente der SystemC-Klassenbibliothek verwendet. Nicht hardwarespezifische Eigenschaften, wie beispielsweise die Möglichkeit der funktionalen Verhaltensbeschreibung mittels sequentieller Anweisungen, werden in SystemC-Beschreibungen unmittelbar von C^{++} übernommen. Die SystemC-Klassenbibliothek enthält alle in C^{++} fehlenden Konzepte, die zur Modellierung von digitalen Schaltungen nötig sind. Hierzu gehören im Wesentlichen:

- Modellierung von Nebenläufigkeit

- Modellierung von Zeit

- Möglichkeiten zur Strukturbeschreibung

Für die Simulation von SystemC-Modellen ist in der SystemC-Klassenbibliothek ein Simulationskern integriert, so dass mit Hilfe eines C^{++}-Compilers ein ausführbares Simulationsmodell erzeugt werden kann. Die SystemC-Klassenbibliothek ist kostenlos verfügbar unter [52]. In den folgenden Unterabschnitten wird anhand von Beispielen gezeigt, wie die oben gennanten Konzepte in SystemC realisiert sind.

6.1.1 Module

Für die hierarchische Partitionierung eines Designs bietet SystemC so genannte Module (engl.: modules) an, die zur Strukturierung des gesamten Designs beitragen. Ein SystemC-

Modul kann in VHDL mit einer Kombination aus Entity und Architecture verglichen werden. In Listing 6.1 ist die grundsätzliche Struktur eines SystemC-Moduls dargestellt.

Listing 6.1: Struktur eines SystemC-Moduls

```
0    #include <systemc.h>
1
2    SC_MODULE ( Multiplier ) {
3
4        // Definition von Ports, Prozessen, Signalen, etc.
5
6        SC_CTOR( Multiplier ) {
7
8            // Deklaration von Prozessen und deren Sensitivitäten,
9            // Strukturelle Spezifikationen, Module Instanzierungen, etc.
10       }
11   };
```

Zu Beginn jeder SystemC-Beschreibung muss die Header-Datei `systemc.h` eingebunden werden, da sämtliche Elemente von SystemC dort deklariert sind. Ein Modul wird typischerweise mit Hilfe des Präprozessor-Makros `SC_MODULE` definiert, wobei zusätzlich der Modulname – im vorliegenden Fall ist der Modulname `Multiplier` – dem Makro übergeben wird. Analog zu VHDL können Module Ports, Prozesse, Signale oder weitere Module enthalten. Auf die jeweiligen Elemente wird im Folgenden noch eingegangen. Mit dem Makro `SC_CTOR` wird der Konstruktor [72] des Moduls deklariert, wobei dem Makro ebenfalls der entsprechende Modulname übergeben wird. Der Konstruktor eines Moduls wird vor Beginn der Simulation für jede Instanz des Moduls genau einmal aufgerufen. Innerhalb des Konstruktors werden in erster Linie Prozesse und deren Sensitivitäten deklariert. Enthält ein Modul strukturelle Beschreibungen, so befinden sich im Konstruktor des Moduls Instanzierungen von hierarchisch tieferliegenden Modulen und deren Verdrahtung. Die folgende Zeile verdeutlicht wie eine Instanz `m1` vom SystemC-Modul `Multiplier` erzeugt wird:

```
Multiplier m1("m1");
```

Beim ersten Betrachten des in Listing 6.1 dargestellten Quellcodes lässt sich nur wenig Bezug zur Sprache C^{++} erkennen, da die Präprozessor-Makros `SC_MODULE` und `SC_CTOR` einige C^{++}-Konstruktionen verbergen. Obwohl die Modellierung mit SystemC keine genaue Kenntnis über deren Realisierung in C^{++} erfordert, ist es für das Verständnis hilfreich, einige Details der SystemC-Realisierung näher zu betrachten. Die vom Präprozessor ausgeführte Expansion des Makros `SC_MODULE(Multiplier)` ergibt beispielsweise folgende Zeile:

```
struct Multiplier : sc_module
```

Das SystemC-Modul aus Listing 6.1 ist demnach lediglich eine neu definierte Klasse mit dem Namen `Multiplier`, die von der Basisklasse `sc_module` abgeleitet ist. Die Instanzierung eines SystemC-Moduls gleicht deshalb der Instanzierung eines C^{++}-Objektes.

Ein SystemC-Modul kann somit auch dynamisch mit Hilfe des `new` Operators erzeugt werden:

```
Multiplier * m1;
m1 = new Multiplier("m1");
```

Das Präprozessor-Makro `SC_CTOR` verbirgt unter anderem die Kopfzeile eines C^{++}-Konstruktors, so dass die nachfolgenden – in geschweiften Klammern befindlichen – Anweisungen den Rumpf des C^{++}-Konstruktors definieren. Der Konstruktor eines Moduls wird somit nach den in C^{++} üblichen Regeln bei der Instanzierung des Moduls einmal aufgerufen.

Um Daten zwischen den hierarchisch angeordneten Modulen austauschen zu können, benötigen Module eine externe Schnittstelle. Diese Schnittstelle wird in SystemC – wie auch in VHDL – mit Hilfe von Ports realisiert. In SystemC gibt es Ports für Eingänge, Ausgänge und bidirektionale Ports. Alle Port-Typen sind in SystemC mittels „Template"-Klassen [72] realisiert. Template-Klassen sind generalisierte Klassen, deren exakte Realisierung erst bei der Instanzierung über zusätzliche Parameter, so genannte Template-Parameter, festgelegt wird [72]. Mit Template-Parametern lassen sich sowohl Werte als auch Datentypen spezifizieren. Die Eingänge eines Moduls werden in SystemC mit der Klasse `sc_in<T>` realisiert, wobei der Template Parameter `T` den Datentyp des Ports angibt. `T` kann hierbei sowohl ein Standard C^{++}-Typ oder ein SystemC-Datentyp (siehe Abschnitt 6.2) sein. Analog zur Deklaration der Eingänge eines Moduls geschieht die Deklaration der Ausgänge mit der Klasse `sc_out<T>`. Ein bidirektionaler Port wird mit der Klasse `sc_inout<T>` deklariert. In Listing 6.2 ist das obige Modul `Multiplier` mit zusätzlichen Ports dargestellt.

Listing 6.2: SystemC-Modul mit Ports

```
0    #include <systemc.h>
1
2    SC_MODULE( Multiplier ) {
3
4        sc_in<int>    a;
5        sc_in<int>    b;
6        sc_out<int>   y;
7
8        // Definition von Prozessen, Signalen, etc.
9
10       SC_CTOR( Multiplier ) {
11
12           // Deklaration von Prozessen und deren Sensitivitäten,
13           // Strukturelle Spezifikationen, Module Instanzierungen, etc.
14       }
15   };
```

Die Ports `a` und `b` sind die beiden Eingänge und der Port `y` ist der Ausgang des Multiplizierers. Da alle Ports vom Typ `int` sind, werden sie auf einem 32-Bit-System mit einer Wortbreite von 32 Bit realisiert.

6.1.2   Verhaltensbeschreibungen auf Register-Transfer-Ebene

In Abschnitt 2.2.2 wurden Prozesse zur Modellierung von Verhaltensbeschreibungen in VHDL eingeführt. Dieses Konzept findet sich auch in SystemC wieder. Analog zur Semantik in VHDL werden in SystemC alle Prozesse nebenläufig bezüglich der Modellzeit des Simulators ausgeführt, um so die inhärente Parallelität von Hardware zu simulieren. Im Gegensatz zu VHDL gibt es in SystemC unterschiedliche Typen von Prozessen. Es wird dabei zwischen so genannten „Method"-, „Thread"- und „Clocked Thread"-Prozessen unterschieden. Method-Prozesse verhalten sich wie Funktionen, die bei einem bestimmten Ereignis vom Simulator aufgerufen werden und nach dem Beenden der Funktion die Kontrolle an den Simulator abgeben. Ein Method-Prozess ähnelt in VHDL einem Prozess, der eine Sensitivitätsliste besitzt und keine `wait` Anweisungen enthält. Method-Prozesse werden wie in VHDL zu Beginn der Simulation einmal ausgeführt. Weitere Ausführungen von Method-Prozessen ergeben sich aufgrund von Signalwechseln, der in der Sensitivitätsliste angegebenen Signale. Im Unterschied zu VHDL können Method-Prozesse auch auf steigende bzw. fallende Flanken sensibilisiert werden. Für die Modellierung auf der Register-Transfer-Ebene werden ausschließlich Method-Prozesse verwendet. Aus diesem Grund werden in diesem Abschnitt nur Method-Prozesse behandelt. Thread- bzw. Clocked-Thread-Prozesse finden bei der Beschreibung von Testbenches und der Verhaltensbeschreibung auf algorithmischer Ebene Anwendung. Sie werden deshalb erst in Abschnitt 6.1.4 bzw. 6.3 behandelt.

Method-Prozesse werden in SystemC mit Hilfe von Methoden [72] eines Moduls realisiert. Listing 6.3 zeigt eine Verhaltensbeschreibung eines Multiplizierers auf Register-Transfer-Ebene, dessen Funktionalität durch einen Method-Prozess bestimmt wird. Für die Realisierung des Prozesses wird zunächst eine Methode ohne Argumente und ohne Rückgabewert im SystemC-Modul definiert. Im Beispiel aus Listing 6.3 wird hierzu die Methode `mult_proc` in Zeile 8 bis 11 definiert.

Listing 6.3: Verhaltensbeschreibung eines Multiplizierers auf Register-Transfer-Ebene

```
0     #include <systemc.h>
1
2     SC_MODULE( Multiplier ) {
3
4         sc_in<int>    a;
5         sc_in<int>    b;
6         sc_out<int>   y;
7
8         void mult_proc () {
9
10            y.write( a.read() * b.read() );
11        }
12
13        SC_CTOR( Multiplier ) {
14
15            SC_METHOD( mult_proc );
16            sensitive << a << b;
17        }
18    };
```

Des Weiteren muss die Methode im Konstruktor des Moduls zusätzlich als Method-Prozess deklariert werden. Dies geschieht, wie in Listing 6.3 Zeile 15 gezeigt, mit Hilfe des Makros SC_METHOD. Die Sensitivitätsliste eines Method-Prozesses wird in SystemC innerhalb des Konstruktors unmittelbar nach der Prozessdeklaration spezifiziert. Im Beispiel aus Listing 6.3 wird in Zeile 16 die Sensitivitätsliste für den Method Prozess mult_proc angegeben. Der Prozess wird hier auf die beiden Ports a und b sensibilisiert, so dass bei jeder Änderung eines Wertes an den Eingängen des Multiplizierers die Methode mult_proc ausgeführt wird. Innerhalb von Method Prozessen können für die Verhaltensbeschreibung die üblichen C/C++-Sprachkonstruktionen verwendet werden. Es können beispielsweise lokale Variablen definiert werden, deren Verwendung den Variablen eines VHDL-Prozesses gleicht. Weiterhin können Kontrollstrukturen, wie if-else-Anweisungen oder switch-case-Anweisungen, benutzt werden. Auch die Verwendung von Schleifenkonstruktionen ist möglich. Im Hinblick auf die RTL-Synthese müssen jedoch die in Abschnitt 2.4.3 erwähnten Einschränkungen für Schleifen berücksichtigt werden.

Im Method-Prozess aus Listing 6.3 wird das Verhalten des Multiplizierers beschrieben. Es werden die Werte der Operanden von den Eingängen a und b gelesen und miteinander multipliziert. Das Ergebnis der Multiplikation wird auf den Ausgang y geschrieben. Für das Lesen und Schreiben von Ports sind in den jeweiligen Port-Klassen die Methoden read bzw. write definiert. Neben den read und write Methoden sind auch entsprechende C++-Operatoren für die Port-Objekte definiert, wodurch die Lesbarkeit des Quelltextes verbessert werden kann. Die Anweisung aus Zeile 10 kann mit der gleichen Bedeutung auch als y=a*b formuliert werden. Sollen beim Lesen bzw. Schreiben von Ports implizite Typkonvertierungen vorgenommen werden, so muss jedoch von der Verwendung der Operatoren abgesehen werden. Wenn beispielsweise der von Port a gelesene Wert vom Typ int einer Variablen v vom Typ long zugewiesen werden soll, so führt die Anweisung v=a zu einem Fehler. Aus diesem Grund ist die Verwendung der Methoden read und write weniger fehleranfällig. In Listing 6.4 ist ein weiteres Beispiel für eine Verhaltensbeschreibung auf Register-Transfer-Ebene dargestellt. Es zeigt ein SystemC-Modul namens ComplexMultiplier, welches einen Multiplizierer für komplexe Zahlen modelliert. Die Ergebnisse der komplexen Multiplikation werden zusätzlich über Register geführt. Das Modul besitzt die Dateneingänge a_real, a_imag, b_real und b_imag, mit denen die Real- bzw. Imaginärteile der Operanden eingelesen werden. Der Real- und der Imaginärteil des komplexen Produkts wird über die Ausgänge y_real und y_imag ausgegeben. Für die Dateneingänge und Datenausgänge werden Ports vom Typ int verwendet. Die Realisierung der Register am Ausgang erfordert ein zusätzlichen Takteingang clock und einen Rücksetzeingang reset, mit dem die Register auf den Wert Null gesetzt werden. Takteingang und Rücksetzeingang werden mit Ports vom Typ bool realisiert. Die gesamte Verhaltensbeschreibung des komplexen Multiplizierers wird mit zwei Method-Prozessen realisiert, die über SystemC-Signale kommunizieren.

Listing 6.4: Verhaltensbeschreibung eines Multiplizierers für komplexe Zahlen

```
0    #include <systemc.h>
1
2    SC_MODULE( ComplexMultiplier ) {
3
4        sc_in<bool>       clock,   reset;
5        sc_in<int>        a_real, a_imag;
6        sc_in<int>        b_real, b_imag;
7        sc_out<int>       y_real, y_imag;
8
9        sc_signal<int>  y_real_sig, y_imag_sig;
10
11       void cmult_proc() {
12
13           int ar = a_real.read();
14           int ai = a_imag.read();
15           int br = b_real.read();
16           int bi = b_imag.read();
17
18           y_real_sig.write( ar * br - ai * bi );
19           y_imag_sig.write( ar * bi + ai * br );
20       }
21
22       void reg_proc() {
23
24           if ( reset.read() == true) {
25               y_real.write( 0 );
26               y_imag.write( 0 );
27           } else {
28               y_real.write( y_real_sig.read() );
29               y_imag.write( y_imag_sig.read() );
30           }
31       }
32
33       SC_CTOR( ComplexMultiplier ) {
34
35           SC_METHOD(cmult_proc);
36           sensitive << a_real << a_imag << b_real << b_imag;
37           SC_METHOD(reg_proc);
38           sensitive_pos << clock;
39       }
40   };
```

Der erste Prozess `cmult_proc` modelliert dabei ein Überführungsschaltnetz, in dem die komplexe Multiplikation berechnet wird. Der zweite Prozess `reg_proc` modelliert zwei 32-Bit-Register, in denen Real- und Imaginärteil des komplexen Produkts gespeichert werden. Abbildung 6.1 zeigt die Gliederung der Prozesse des Moduls `ComplexMultiplier`.

Im Prozess `cmult_proc` werden zunächst die Real- und Imaginärteile beider Operanden von den Ports gelesen und deren Werte in die Variablen `ar`, `ai`, `br` und `bi` geschrieben. Der Prozess `cmult_proc` wird, wie in Listing 6.4 Zeile 36 gezeigt, auf alle Änderungen an den vier Dateneingängen sensibilisiert. Das komplexe Produkt berechnet sich mit

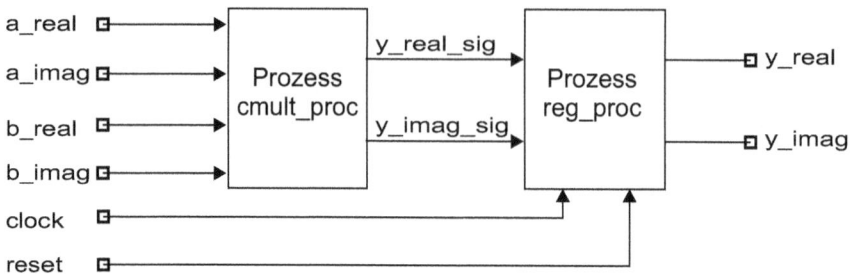

Abb. 6.1: *Gliederung der Prozesse eines komplexen Multiplizierers*

$(ar + j \cdot ai) \times (br + j \cdot bi) = (ar \cdot br - ai \cdot bi) + j \cdot (ar \cdot bi + ai \cdot br)$, wobei j die imaginäre Einheit ist. In den Zeilen 18 und 19 werden getrennt die Ergebnisse von Real- und Imaginärteil der komplexen Multiplikation berechnet. Da die Ergebnisse den im Prozess reg_proc modellierten Registern zur Verfügung stehen müssen, werden sie den Signalen y_real_sig und y_imag_sig zugewiesen. Analog zu VHDL werden in SystemC Signale für die Kommunikation zwischen Prozessen und zur Verbindung von Komponenten in Strukturbeschreibungen verwendet. Signale werden in SystemC durch Instanzen der Template-Klasse sc_signal<T> realisiert, wobei der Template-Parameter T den Datentyp des Signals definiert. Für das Lesen bzw. Schreiben von Signalen stehen wie bei den Ports die Methoden read bzw. write oder entsprechende C^{++}-Operatoren zur Verfügung. Im Beispiel aus Listing 6.4 sind in Zeile 9 die Signale y_real_sig und y_imag_sig für die Prozesskommunikation definiert.

Bei den im Prozess reg_proc modellierten 32-Bit-Registern handelt es sich um Register mit positiver Triggerung auf die Taktflanke und eins-aktivem synchronem Rücksetzeingang. In SystemC sowie in VHDL wird ein Prozess, der Register mit synchronem Rücksetzeingang modelliert, nur auf das Taktsignal sensibilisiert. Da in VHDL ein Prozess stets bei einer positiven als auch negativen Taktflanke aufgerufen wird, muss innerhalb des Prozesses explizit geprüft werden, ob beim Prozessaufruf die gewünschte steigende oder fallende Taktflanke aufgetreten ist. In SystemC hingegen können Prozesse direkt auf positive bzw. negative Taktflanken sensibilisiert werden. Die Anweisung sensitive << clock würde einen Prozess auf beide Taktflanken des Signals bzw. Ports clock sensibilisieren. Mit der Anweisung sensitive_pos << clock, wie in Listing 6.4 Zeile 38 dargestellt, wird der Prozess nur auf die positive Taktflanke sensibilisiert. Die Anweisung sensitive_neg << clock würde den Prozess auf die negative Taktflanke sensibilisieren. Sollen im Beispiel aus Listing 6.4 Register mit einem asynchronen eins-aktiven Rücksetzeingang modelliert werden, so muss der Prozess reg_proc durch die zusätzliche Anweisung sensitive_pos << reset nach der Prozessdeklaration im Konstruktor auf die positive Flanke des Ports reset sensibilisiert werden. Ein asynchroner null-aktiver Rücksetzeingang würde im Konstruktor die zusätzliche Anweisung sensitive_neg << reset erfordern und es müsste die Bedingung der if-Verzweigung in Zeile 24 zu reset.read() == false abgeändert werden.

VHDL bietet als zusätzliches Mittel zur Strukturierung von Verhaltensbeschreibungen Funktionen und Prozeduren an, die hauptsächlich zur Vereinfachung von Quellcode innerhalb sequentieller Anweisungen von Prozessen verwendet werden. Für diese Art der Strukturierung können in SystemC Methoden mit beliebigen Argumenten und Rückgabewerten innerhalb eines Moduls definiert werden. Im Unterschied zu SystemC-Prozessen werden diese Methoden nicht im Konstruktor als Prozess deklariert. VHDL Prozeduren mit mehreren Rückgabewerten lassen sich in SystemC als Methoden realisieren, die Referenzen als Argumente besitzen.

6.1.3 Strukturbeschreibungen

In Abschnitt 2.2.3 wurden VHDL-Strukturbeschreibungen zur hierarchischen Gliederung eines Designs eingeführt. SystemC bietet ebenfalls Möglichkeiten der Strukturbeschreibung von digitalen Schaltungen. Analog zu VHDL werden in einem SystemC-Modul hierarchisch tieferliegende Module einfach oder mehrfach instanziert und über Signale bzw. Ports verbunden. Wie in Abschnitt 2.2.2 bereits erwähnt wurde, sollten sich in der Baumstruktur einer Schaltungshierarchie an den Blattknoten reine Verhaltensbeschreibungen und an den übrigen Knoten reine Strukturbeschreibungen befinden. Diese Vorgehensweise sollte auch bei der Modellierung mit SystemC eingehalten werden.

Listing 6.5: Strukturbeschreibung eines komplexen Multiplizierers

```
0    #include <systemc.h>
1    #include "Multiplier.h"
2    #include "Subtracter.h"
3    #include "Adder.h"
4    #include "Register.h"
5
6    SC_MODULE( ComplexMultiplier ) {
7
8         sc_in<bool>      clock,  reset;
9         sc_in<int>       a_real, a_imag;
10        sc_in<int>       b_real, b_imag;
11        sc_out<int>      y_real, y_imag;
12
13        Multiplier       *mul_0, *mul_1, *mul_2, *mul_3;
14        Subtracter       *sub_0;
15        Adder            *add_0;
16        Register         *reg_0, *reg_1;
17
18        sc_signal<int> sig_0, sig_1, sig_2, sig_3, sig_4, sig_5;
19
20        SC_CTOR( ComplexMultiplier )  {
21
22            mul_0 = new Multiplier("mul_0");
23            (*mul_0)(a_real, b_real, sig_0);
24
25            mul_1 = new Multiplier("mul_1");
26            (*mul_1)(a_imag, b_imag, sig_1);
27
28            mul_2 = new Multiplier("mul_2");
```

```
29          (*mul_2)(a_real, b_imag, sig_2);
30
31          mul_3 = new Multiplier("mul_3");
32          (*mul_3)(b_real, a_imag, sig_3);
33
34          sub_0 = new Subtracter("sub_0");
35          (*sub_0)(sig_0, sig_1, sig_4);
36
37          add_0 = new Adder("add_0");
38          (*add_0)(sig_2, sig_3, sig_5);
39
40          reg_0 = new Register("reg_0");
41          reg_0->d(sig_4);
42          reg_0->q(y_real);
43          reg_0->c(clock);
44          reg_0->r(reset);
45
46          reg_1 = new Register("reg_1");
47          reg_1->d(sig_5);
48          reg_1->q(y_imag);
49          reg_1->c(clock);
50          reg_1->r(reset);
51      }
52  };
```

In diesem Abschnitt wird gezeigt wie der bereits bekannte komplexe Multiplizierer aus Listing 6.4 mit einer Strukturbeschreibung realisiert werden kann. Die Funktionalität und die Spezifikationen der Ports sollen dabei aus dem vorigen Beispiel übernommen werden, so dass sich beide Module gegenseitig austauschen lassen. Abbildung 6.2 stellt das Schaltbild der Strukturbeschreibung schematisch dar. Eine zugehörige SystemC-Strukturbeschreibung ist in Listing 6.5 dargestellt. Die Strukturbeschreibung instanziert SystemC-Module vom Typ Multiplier, Subtracter, Adder und Register. Die Realisierungen der Adder- und Subtracter-Module sind nicht dargestellt. Sie lassen sich jedoch leicht nach dem Prinzip des Moduls Multiplier erstellen, das bereits in Listing 6.3 vorgestellt wurde. Es wird angenommen, dass beide Module die Eingänge a, b und den Ausgang y besitzen und deren arithmetische Funktionalität mit y=a+b bzw. y=a−b definiert sei. Alle Ports sollen vom Typ int sein. Das Modul Register definiert ein 32-Bit-Register mit eins-aktivem synchronem Rücksetzeingang und positiver Triggerung auf die Taktflanke. Es besitzt einen Dateneingang d und einen Datenausgang q, jeweils vom Typ int. Die Ports c und r sind vom Typ bool, wobei der Port c den Takteingang und r den Rücksetzeingang modelliert. Eine Implementierung des Moduls Register kann aus der Verhaltensbeschreibung des komplexen Multiplizierers aus Listing 6.4 abgeleitet werden.

Für die Instanzierung der hierarchisch tieferliegenden Module werden, wie in den Zeilen 13 bis 16 in Listing 6.5 gezeigt, zunächst Zeigervariablen [72] für jedes zu instanzierende Modul deklariert. Hierzu müssen dem Compiler die Deklarationen der verwendeten Module durch Einbinden der entsprechenden Header-Dateien kenntlich gemacht werden. Die Instanzierung der Module geschieht innerhalb des Konstruktors mit Hilfe des new-Operators. Entsprechend der schematischen Darstellung aus Abbildung 6.2 werden für den

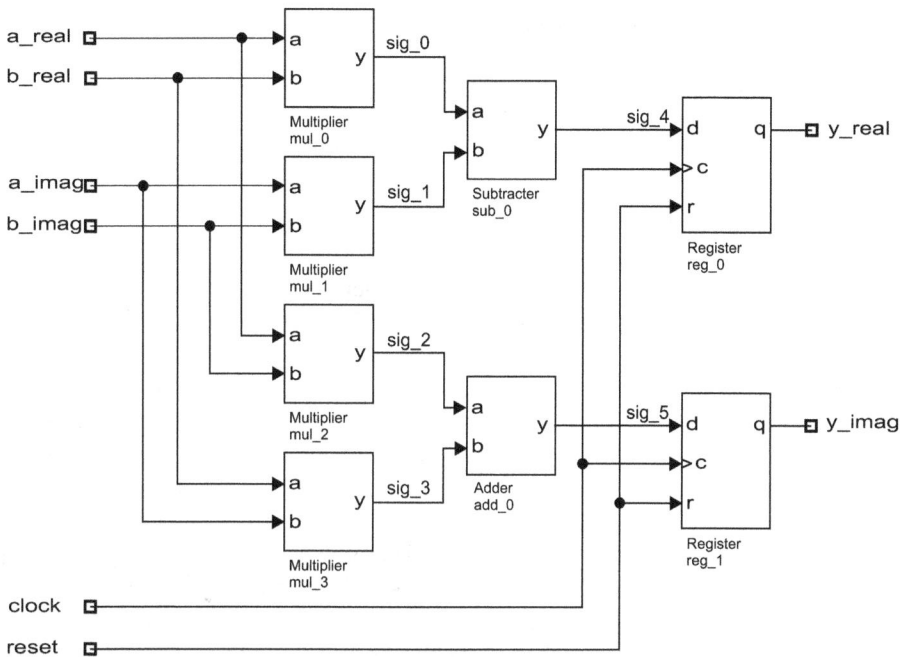

Abb. 6.2: *Schematische Darstellung eines komplexen Multiplizierers*

komplexen Multiplizierer vier reelle Multiplizierer, ein Addierer, ein Subtrahierer und zwei Register instanziert. Die bei der Instanzierung angegebenen Zeichenketten mit dem Modulnamen ermöglichen der SystemC-Klassenbibliothek die automatische Erzeugung von hierarchischen Namen für die jeweiligen Instanzen. Sie werden unter anderem für Fehlermeldungen während der Ausführung des Simulationsmodells verwendet. Obwohl der in der Zeichenkette angegebene Name nicht dem Namen der Instanzvariablen entsprechen muss, empfiehlt sich aus Gründen der Übersichtlichkeit die Verwendung des gleichen Namens.

Für die Verbindung der Komponenten werden zusätzlich die sechs Signale `sig_0` bis `sig_5` benötigt. Wie in VHDL gibt es in SystemC zwei Varianten für die Verbindung von Ports. Bei der ersten Variante („positional form") wird die Verbindung der Ports über die Reihenfolge, in der die Ports im Modul deklariert wurden, bestimmt. Im Beispiel aus Listing 6.4 wurde diese Variante für die Verbindung der Multiplizierer, Addierer und Subtrahierer verwendet. In Zeile 23 werden die Ports bzw. Signale `a_real`, `b_real` und `sig_0` entsprechend der Reihenfolge in der Deklaration des Moduls `Multiplier` mit den Ports `a`, `b` und `y` verbunden. Diese Variante ermöglicht eine sehr kompakte Schreibweise. Sie erfordert jedoch stets die Kenntnis über die Reihenfolge, in der die Ports deklariert wurden. Die zweite Variante („named form") ist unabhängig von der Reihenfolge der Port-Deklarationen und bietet eine übersichtlichere Möglichkeit der Verbindung von Ports und Signalen. Sie wurde im Beispiel des komplexen Multiplizierers für die Verbindung der beiden Register verwendet. In Zeile 41 bis 44 wird über die explizite Angabe der Portnamen des ersten instanzierten Registers jeweils ein Signal mit einem Port des Registers verbunden.

6.1.4   Testbenches

Wie in Abschnitt 2.2.4 bereits erwähnt wurde, dienen Testbenches zur Verifikation von Hardwaremodellen durch Simulation. In diesem Abschnitt wird eine Testbench für die Verifikation der Schaltungsmodelle des komplexen Multiplizierers ComplexMultiplier vorgestellt. Die Testbench nach Listing 6.6 soll neben der Erzeugung von geeigneten Testmustern (Stimuli) auch die von der Schaltung produzierten Ergebnisse überprüfen. Im Unterschied zu der in Abschnitt 2.2.4 gezeigten Möglichkeit für die Spezifizierung einer Testbench soll die hier vorgestellte Testbench als separates Modul mit dem Namen Testbench realisiert werden. Dieses Modul wird später zusammen mit dem Design des komplexen Multiplizierers in der obersten Hierarchieebene instanziert und entsprechend verdrahtet. Da das Modul Testbench eine Datenquelle für alle Eingänge von ComplexMultiplier und eine Datensenke für alle Ausgänge von ComplexMultiplier darstellt, enthält es die gleichen Ports wie ComplexMultiplier mit entgegengesetzter Datenflussrichtung. Eine Ausnahme bildet jedoch der Takteingang clock. Er ist in beiden Modulen als Eingang spezifiziert, da der Takt für die Simulation von einem speziellen Taktobjekt (Instanz der SystemC-Klasse sc_clock) erzeugt wird. Anstelle des Taktobjektes hätte natürlich auch innerhalb des Testbench-Moduls ein zusätzlicher Prozess, der ein geeignetes Taktsignal erzeugt, spezifiziert werden können. Auf das Taktobjekt wird im Abschnitt 6.1.5 noch näher eingegangen. Abbildung 6.3 stellt die Verdrahtung in der obersten Hierarchieebene schematisch dar.

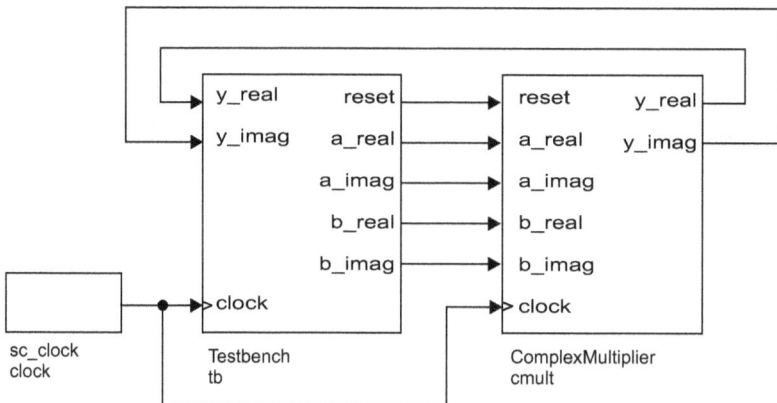

Abb. 6.3: Struktur der obersten Hierarchieebenen des komplexen Multiplizierers

Listing 6.6: Testbench für die Verifikation des komplexen Multiplizierers

```
0    #include <systemc.h>
1
2    SC_MODULE( Testbench ) {
3
4        sc_in<bool>      clock;
5        sc_in<int>       y_real, y_imag;
6        sc_out<bool>     reset;
7        sc_out<int>      a_real, a_imag;
8        sc_out<int>      b_real, b_imag;
9
10       struct TestPattern {
11           int a_real, a_imag;
12           int b_real, b_imag;
13           int y_real, y_imag;
14       } test_pattern[20];
15       int test_pattern_ctr;
16
17       void add_test_pattern(int a_real, int a_imag, int b_real, int b_imag){
18
19           if ( test_pattern_ctr < 20 ) {
20               test_pattern[test_pattern_ctr].a_real = a_real;
21               test_pattern[test_pattern_ctr].a_imag = a_imag;
22               test_pattern[test_pattern_ctr].b_real = b_real;
23               test_pattern[test_pattern_ctr].b_imag = b_imag;
24               test_pattern[test_pattern_ctr].y_real =
25                   a_real * b_real - a_imag * b_imag;
26               test_pattern[test_pattern_ctr].y_imag =
27                   a_real * b_imag + a_imag * b_real;
28               test_pattern_ctr++;
29           } else
30               cout << "Too many test patterns";
31       }
32
33       void testbench_proc () {
34
35           reset.write(false);
36           a_real.write(0);
37           a_imag.write(0);
38           b_real.write(0);
39           b_imag.write(0);
40           wait();
41
42           for ( int i = 0; i < test_pattern_ctr; i++ ) {
43               a_real.write(test_pattern[i].a_real);
44               a_imag.write(test_pattern[i].a_imag);
45               b_real.write(test_pattern[i].b_real);
46               b_imag.write(test_pattern[i].b_imag);
47               wait();
48
49               if ( y_real.read() == test_pattern[i].y_real
50                   && y_imag.read() == test_pattern[i].y_imag ) {
51                   cout << sc_simulation_time() << " ns : ";
52                   cout << "Multiplication Test OK" << endl;
53               } else {
54                   cout << sc_simulation_time() << " ns : ";
```

```
55                         cout << "Multiplication Test failed" << endl;
56                     }
57                 }
58             reset.write(true);
59             wait();
60
61             if ( y_real.read() == 0 && y_imag.read() == 0 ) {
62                 cout << sc_simulation_time() << " ns : ";
63                 cout << "Reset Test OK" << endl;
64             } else {
65                 cout << sc_simulation_time() << " ns : ";
66                 cout << "Reset Test failed" << endl;
67             }
68             reset.write(false);
69             wait();
70
71             sc_stop();
72         }
73
74         SC_CTOR( Testbench ) {
75
76             test_pattern_ctr = 0;
77
78             SC_THREAD( testbench_proc );
79             sensitive_neg << clock;
80         }
81     };
```

Die Realisierung des Moduls Testbench ist in Listing 6.6 dargestellt. Testbench prüft
die Funktionalität des komplexen Multiplizierers dahingehend, dass verschiedene komplexe Operanden dem Multiplizierer zugeführt und die berechneten Ergebnisse mit den zu erwartenden Ergebnissen verglichen werden. Da das Modul nicht synthetisiert werden muss,
können bei der Modellierung auch C^{++}- bzw. SystemC-Konstruktionen benutzt werden,
die nicht synthetisierbar sind – analog zur Vorgehensweise in VHDL. Für die Verwal-
tung der Testmuster innerhalb von Testbench wird eine Variable test_pattern deklariert, welche sämtliche Testmuster und die daraus resultierenden komplexen Produkte
speichert. Die Variable test_pattern ist ein eindimensionales Feld von Elementen der
Struktur TestPattern, welche in den Zeilen 10 bis 14 definiert ist. Das Initialisieren
des Feldes geschieht durch Aufrufe der Methode add_test_pattern, die wie in den
Zeilen 17 bis 31 gezeigt, bei jedem Aufruf das komplexe Produkt aus den komplexen Argumenten vorausberechnet und das Ergebnis zusammen mit den Argumenten in einem
neuen Element des Feldes test_pattern ablegt. Insgesamt können maximal 20 Testmuster eingegeben werden. Die Anzahl der eingegebenen Testmuster wird in der Variable
test_pattern_ctr gespeichert. Die Initialisierung des Feldes test_pattern muss
vor Beginn der Simulation geschehen. Im vorliegenden Beispiel geschieht die Initialisierung in der obersten Hierarchieebene, wie später in Abschnitt 6.1.5 zu sehen sein wird. Sie
hätte jedoch auch innerhalb des Konstruktors von Testbench erfolgen können.

Das Modul Testbench enthält einen Thread-Prozess testbench_proc, der die Testmuster auf die Ausgänge schreibt, die Ergebnisse von den Eingängen liest und mit den

zu erwartenden Ergebnissen vergleicht. Ein Thread-Prozess wird, wie in Zeile 78 gezeigt, mit dem Makro SC_THREAD im Konstruktor deklariert. Im Unterschied zu Method-Prozessen werden Thread-Prozesse vom Simulator einmal aufgerufen. Die Ausführung eines Thread-Prozesses wird durch Aufruf einer wait-Methode im Prozessrumpf unterbrochen, und nach Auftreten eines bestimmten Ereignisses wird der Prozess wieder an der unterbrochenen Stelle fortgesetzt. Für die Unterbrechung eines Thread-Prozesses gibt es unterschiedliche wait-Methoden. Ein durch die Anweisung wait() unterbrochener Thread-Prozess, wird dann fortgesetzt, wenn sich ein Ereignis aufgrund eines Signalwechsels in der Sensitivitätsliste ergibt. Die Anweisung wait(100, SC_NS) würde einen Thread-Prozess für 100 ns unterbrechen und anschließend fortsetzen. Weitere wait-Methoden sind in [16] zu finden. Nach Beendigung eines Thread-Prozesses wird dieser nicht mehr vom Simulator aufgerufen. Soll der Prozessrumpf fortlaufend ausgeführt werden, so muss eine Endlosschleife verwerdet werden.

Der Thread-Prozess testbench_proc aus Listing 6.6 wird in Zeile 79 nur auf die fallende Flanke des Taktes clock sensibilisiert. Jede Anweisung wait() unterbricht demnach den Thread-Prozess für die Dauer einer Taktperiode. Beim Aufruf des Thread-Prozesses testbench_proc zu Beginn der Simulation werden zunächst in den Zeilen 35 bis 39 sämtliche Ausgänge mit dem Wert 0 bzw. false initialisiert. Anschließend wird in Zeile 40 der Thread-Prozess unterbrochen bis die erste fallende Taktflanke auftritt. In der for-Schleife von Zeile 42 bis 57 wird mit jeder Iteration ein Testmuster aus dem Feld test_pattern an die Datenausgänge gelegt und eine Taktperiode später, nach der Anweisung wait() in Zeile 47, wird das vom komplexen Multiplizierer ermittelte Ergebnis über die Dateneingänge gelesen und mit den Referenzwerten aus dem Feld test_pattern verglichen. Stimmen die Ergebnisse des komplexen Multiplizierers mit den erwarteten Ergebnissen überein, so wird über die Standardausgabe mit dem C^{++}-Objekt cout eine entsprechende Erfolgsmeldung ausgegeben. Bei Nichtübereinstimmung wird eine Fehlermeldung ausgegeben. Die bei der Ausgabe verwendete Funktion sc_simulation_time() liefert einen Wert vom Typ double, welcher der aktuellen Simulationszeit entspricht. Die Simulationszeit wird in der im Simulator eingestellten Standard-Zeiteinheit (hier in Nanosekunden) angegeben. Nachdem die Prüfung aller Testvektoren abgeschlossen ist, wird in den Zeilen 58 bis 68 das Rücksetzverhalten der Register des komplexen Multiplizierers untersucht. Mit der Anweisung sc_stop() aus Zeile 71 wird schließlich der SystemC-Simulator aufgefordert die Simulation zu beenden.

6.1.5 Simulation

In diesem Abschnitt wird die Simulation von SystemC-Modellen mit dem in der SystemC-Klassenbibliothek integrierten Simulator erläutert. Die Simulation wird am Beispiel des komplexen Multiplizierers ComplexMultiplier und dem im vorigen Abschnitt gezeigten Modul Testbench durchgeführt. Bei der Simulation mit dem in der SystemC-Bibliothek integrierten Simulator wird der SystemC-Quellcode mit einem C^{++}-Compiler in ein plattformspezifisches ausführbares Simulationsprogramm übersetzt. Die Ausführung

des erzeugten Simulationsprogramms entspricht dabei der Durchführung einer Simulation. Bevor jedoch das SystemC-Modell übersetzt werden kann, muss noch eine Funktion
`sc_main` definiert werden.

Die Funktion `sc_main` kann mit der Funktion `main` eines C^{++}-Programms verglichen
werden. `sc_main` wird unmittelbar nach Aufruf des vom Compiler erzeugten Simulationsprogramms ausgeführt und nach der Beendigung von `sc_main` wird auch das Simulationsprogramm beendet. Innerhalb von `sc_main` werden typischerweise Module und
Taktobjekte instanziert und verdrahtet. Die Funktion `sc_main` stellt dabei stets die oberste
Ebene in der Schaltungshierarchie dar. In Listing 6.7 ist die Funktion `sc_main` für die Simulation des komplexen Multiplizierers dargestellt. In den Zeilen 1 und 2 werden zunächst
die Header Dateien sämtlicher verwendeter Module eingebunden. Die Argumente und der
Rückgabewert der Funktion `sc_main` müssen gemäß Zeile 4 definiert werden. Wie bei
einem normalen C^{++}-Programm, kann mit den Argumenten `argc` und `argv` auf die beim
Programmaufruf übergebenen Kommandozeilenargumente zugegriffen werden. `argc` gibt
die Anzahl der übergebenen Kommandozeilenargumente an und `argv` ist ein Feld, in dem
die Kommandozeilenargumente als Zeichenketten abgelegt sind. Im vorliegenden Beispiel
werden diese Argumente jedoch nicht verwendet. Innerhalb von `sc_main` wird die oberst-
te Hierarchieebene gemäß Abbildung 6.3 realisiert werden. Hierzu werden in den Zeilen 6
und 7 jeweils eine Instanz der Module `Testbench` und `ComplexMultiplier` erzeugt.

Listing 6.7: Funktion sc_main für die Simulation des komplexen Multiplizierers

```
0     #include <systemc.h>
1     #include "Testbench.h"
2     #include "ComplexMultiplier.h"
3
4     int sc_main(int argc, char * argv[]) {
5
6         Testbench            tb("tb");
7         ComplexMultiplier    cmult("cmult");
8         sc_clock             clock("clock", 10, SC_NS);
9
10        sc_signal<bool> reset;
11        sc_signal<int>  a_real, a_imag, b_real, b_imag, y_real, y_imag;
12
13        cmult.clock(clock);
14        cmult.reset(reset);
15        cmult.a_real(a_real);
16        cmult.a_imag(a_imag);
17        cmult.b_real(b_real);
18        cmult.b_imag(b_imag);
19        cmult.y_real(y_real);
20        cmult.y_imag(y_imag);
21
22        tb.clock(clock);
23        tb.reset(reset);
24        tb.a_real(a_real);
25        tb.a_imag(a_imag);
26        tb.b_real(b_real);
27        tb.b_imag(b_imag);
```

```
28          tb.y_real(y_real);
29          tb.y_imag(y_imag);
30
31          tb.add_test_pattern(1, -1, 1, 2);
32          tb.add_test_pattern(7, 1, 4, -2);
33          tb.add_test_pattern(2, 0, -2, 5);
34          tb.add_test_pattern(8, -3, 5, 0);
35          tb.add_test_pattern(1, 2, 3, 4);
36
37          sc_trace_file *tf = sc_create_vcd_trace_file("cmult");
38
39          sc_trace(tf, clock, "clock");
40          sc_trace(tf, reset, "reset");
41          sc_trace(tf, a_real, "a_real");
42          sc_trace(tf, a_imag, "a_imag");
43          sc_trace(tf, b_real, "b_real");
44          sc_trace(tf, b_imag, "b_imag");
45          sc_trace(tf, y_real, "y_real");
46          sc_trace(tf, y_imag, "y_imag");
47
48          sc_start();
49
50          sc_close_vcd_trace_file(tf);
51
52          return 0;
53  }
```

Zeile 8 zeigt die Instanzierung des bereits im vorigen Abschnitt erwähnten Taktobjektes. Taktobjekte können als eine Art Taktgenerator betrachtet werden, mit denen Taktsignale mit unterschiedlichen Eigenschaften, wie z. B. Taktperiode oder Tastverhältnis (engl.: duty cycle), komfortabel definiert werden können. Taktobjekte werden als Instanzen der Klasse sc_clock realisiert, wobei das Verhalten des Taktobjektes über die Argumente des Konstruktors definiert wird. Wie aus C++ bekannt sein dürfte, wird der Konstruktor beim Erzeugen einer Klasseninstanz (Zeilen 6 bis 8 von Listing 6.7) mit den (optional) übergebenen Argumenten aufgerufen. Die Bedeutungen der Konstruktorargumente des in Zeile 8 definierten Taktobjektes sind Folgende: Das erste Argument definiert den Namen des Objektes. Mit dem zweiten und dritten Argument wird die Dauer der Taktperiode und deren Zeiteinheit festgelegt (hier 10 ns). Für weitere Konfigurationen des Taktobjektes sei auf [16] verwiesen. In den Zeilen 10 und 11 werden die zur Verbindung der Module erforderlichen Signale deklariert und in den Zeilen 13 bis 29 werden die Ports der Module und des Taktobjektes gemäß Abbildung 6.3 verbunden. Wie in der Zeile 13 bzw. 22 zu sehen ist, kann das Taktobjekt wie ein Signal mit den Ports der Module Testbench bzw. ComplexMultiplier verbunden werden.

Mit den Anweisungen der Zeilen 31 bis 35 wird, wie im vorigen Abschnitt beschrieben, das Modul Testbench mit fünf unterschiedlichen Testmustern initialisiert. Obwohl alle zur Simulation notwendigen Schritte nun erledigt sind, soll zusätzlich noch eine Datei erzeugt werden, in der die zeitlichen Signalverläufe sämtlicher Signale der obersten Hierarchieebenen protokolliert werden. SystemC ermöglicht die Erzeugung solcher Protokolldateien in verschiedenen Formaten [16]. Im vorliegenden Beispiel soll eine Protokolldatei im so genannten VCD-Format (engl.: value change dump) generiert werden. Mit der Anweisung aus Zeile 37 wird eine VCD-Protokolldatei mit dem Namen `cmult.vcd` im Dateisystem erzeugt, die im Folgenden mit dem Zeiger `tf` vom Typ `sc_trace_file` referenziert wird. Durch die Anweisungen aus den Zeilen 39 bis 46 wird definiert, welche Signale in der Protokolldatei aufgeführt werden, wobei mit dem dritten Argument der Funktion `sc_trace` ein Name definiert wird, unter dem das betreffende Signal in der Protokolldatei zu finden ist.

Mit der Anweisung `sc_start()` aus Zeile 48 wird der Simulator gestartet. Alle Anweisungen, die vor Aufruf der Funktion `sc_start` ausgeführt werden, zählen zur Phase der Elaboration, in der sämtliche Module der Schaltungshierarchie instanziert und verdrahtet und sämtliche Prozesse deklariert werden. Durch Instanzierung der hierarchisch höchstliegenden Module in `sc_main` werden entsprechend der Schaltungshierarchie sämtliche Konstruktoren von instanzierten Modulen aufgerufen. Demnach werden die Anweisungen im Rumpf der Konstruktoren von Modulen stets während der Elaboration ausgeführt. Der Aufruf der Funktion `sc_start` ohne Argumente startet den Simulator für unendlich lange Zeit. In diesem Fall muss die Simulation, wie in Listing 6.6 Zeile 71 gezeigt, durch einen Aufruf der Funktion `sc_stop` in einem Prozess beendet werden. Als Alternative hierzu kann der Simulator auch nur für eine bestimmte Zeit ausgeführt werden. Ein Aufruf von `sc_start(1, SC_MS)` würde den Simulator für die Modellzeit von einer 1 ms ausführen. Die in Listing 6.7 Zeile 50 gezeigte Anweisung schließt die erzeugte VCD-Datei, nachdem die Simulation beendet wurde.

Nun kann der SystemC-Quellcode mit einem C++-Compiler (z. B. GNU C++-Compiler) nach Abbildung 6.4 in ein ausführbares Programm übersetzt werden. Für die erfolgreiche Übersetzung des Modells benötigt der Compiler lediglich die im Quelltext eingebundenen SystemC-Header-Dateien und die vorab kompilierte SystemC-Bibliothek. Wenn innerhalb des SystemC-Quelltextes Elemente aus fremden C/C++-Bibliotheken verwendet werden, müssen diese Bibliotheken ebenfalls dem Compiler zugefügt werden. Die erzeugte ausführbare Datei enthält sowohl das übersetzte SystemC-Modell als auch den SystemC-Simulator. Wird das Simulationsmodell des komplexen Multiplizierers ausgeführt, so werden bei erfolgreicher Simulation die Meldungen des Moduls `Testbench` auf der Konsole

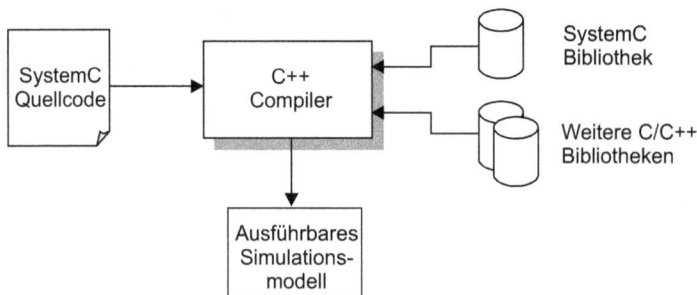

Abb. 6.4: *Erzeugung eines ausführbaren SystemC-Simulationsmodells*

folgendermaßen ausgegeben:

```
15 ns : Multiplication Test OK
25 ns : Multiplication Test OK
35 ns : Multiplication Test OK
45 ns : Multiplication Test OK
55 ns : Multiplication Test OK
65 ns : Reset Test OK
```

Der zeitliche Verlauf der in der VCD-Datei protokollierten Signale kann nach Beendigung der Simulation mit einem geeigneten Betrachtungsprogramm – einem so genannten „Wave Viewer" – graphisch dargestellt werden. Abbildung 6.5 stellt den Inhalt der in Listing 6.7 erzeugten VCD-Datei dar. Der geneigte Leser möge sich vergewissern, dass der dargestellte Signalverlauf mit dem in Listing 6.6 definierten Signalverlauf übereinstimmt.

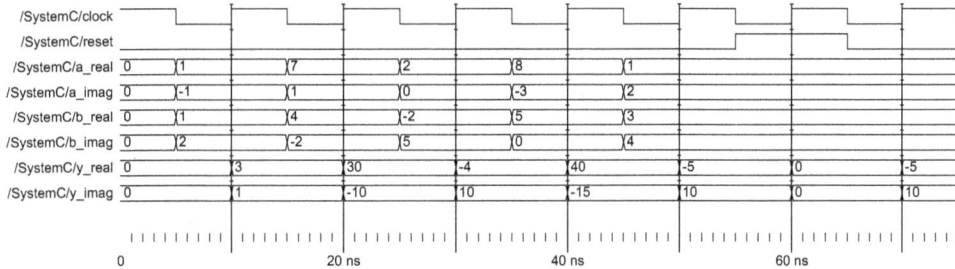

Abb. 6.5: Zeitlicher Verlauf der in der VCD-Datei protokollierten Signale

6.2 Hardwareorientierte SystemC-Datentypen

In den bisher gezeigten SystemC-Modellen wurden ausschließlich Standard C^{++}-Datentypen verwendet. Die Flexibilität dieser Datentypen ist für die Modellierung von Hardware jedoch nicht ausreichend. In C^{++} fehlen beispielsweise Datentypen mit frei wählbarer Wortbreite, die für eine ressourceneffiziente Hardwaremodellierung von Nöten sind. Weiterhin besitzt C^{++} keine Datentypen mit mehrwertiger Logik wie sie bei der Modellierung von Busstrukturen Anwendung finden. Für die Modellierung solcher hardwarespezifischen Eigenschaften sind in der SystemC-Klassenbibliothek weitere Typen in Form von Klassen definiert. In den folgenden Unterabschnitten werden die wichtigsten hardwareorientierten Datentypen vorgestellt. Eine umfassendere und detailliertere Darstellung ist in [16] und [53] zu finden.

6.2.1 Logik-Datentypen

SystemC bietet für die Modellierung von logischen Operationen die Klassen `sc_bit` und `sc_logic` an. `sc_bit` ist ein Typ mit einer zweiwertigen Logik, der die Werte 0 und

Tabelle 6.1: *Operatoren der Logik-Datentypen*

Logische Operatoren	~	&		^
Zuweisung	=	&=	|=	^=
Vergleich	==	!=		

1 annehmen kann und entspricht in VHDL dem Typ `bit`. Der Typ `sc_logic` realisiert eine vierwertige Logik mit den Werten 0, 1, X (undefiniert) und Z (hochohmig). Dieser Typ ähnelt dem VHDL-Typ `std_logic` und ist für die Modellierung der Zustände von Busleitungen geeignet. Für die Typen `sc_bit` und `sc_logic` sind die in Tabelle 6.1 dargestellten Operatoren definiert.

Die Semantik dieser Operatoren entspricht der in C^{++} üblichen Semantik. Für die Zuweisung der konstanten Werte 0 und 1 an Instanzen vom Typ `sc_bit` und `sc_logic` können die boolschen Konstanten `false` und `true`, die Zahlen 0 und 1 oder die Zeichenkonstanten '0' und '1' verwendet werden. Die Zuweisung der konstanten Werte X und Z des vierwertigen Logiktyps `sc_logic` geschieht mit den Zeichenkonstanten 'X' und 'Z'. Die Implementierung der Operatoren ermöglicht auch eine Mischung der Typen `sc_bit` und `sc_logic` untereinander. Listing 6.8 zeigt ein Beispiel, bei dem der Wert einer Variablen vom Typ `sc_logic` einer Variablen vom Typ `sc_bit` zugewiesen wird. Bei der Zuweisung muss jedoch darauf geachtet werden, dass Variablen vom Typ `sc_bit` nicht die Werte X oder Z zugewiesen werden. Ansonsten wird bei der Simulation eine entsprechende Fehlermeldung ausgegeben.

Listing 6.8: *Wertezuweisung mit Logik-Datentypen*

```
0    sc_logic a;
1    sc_bit   b;
2    a = '1';
3    b = a;
```

Neben den skalaren Typen `sc_bit` und `sc_logic` gibt es in SystemC auch eine vektorisierte Variante dieser beiden Typen. Der Typ `sc_bv<N>` ist ein Vektor mit Elementen vom Typ `sc_bit` und `sc_lv<N>` ist ein Vektor mit Elementen vom Typ `sc_logic`. Der Template-Parameter N definiert jeweils die Anzahl der Elemente des Vektors. N kann dabei beliebige Werte größer null annehmen. In Tabelle 6.2 sind die wichtigsten Operatoren bzw. Methoden der Typen `sc_bv<N>` und `sc_lv<N>` dargestellt.

Die Semantik der Verknüpfungs-, Zuweisungs- und Vergleichsoperatoren entspricht wiederum der in C^{++} üblichen Semantik. Die übrigen Methoden und Operatoren werden anhand des in Listing 6.9 dargestellten Beispiels erläutert. In den Zeilen 0 bis 3 werden die untersten 4 Bit mit den obersten 4 Bit eines 8-Bit-Vektors a vom Typ `sc_lv<8>` vertauscht und das Ergebnis wird auf der Konsole ausgegeben. Hierzu wird zunächst die Variable a mit einem binären Wert initialisiert. Die Zuweisung des Bitmusters geschieht, wie in Zeile 1 dargestellt, mit einer Zeichenkette, die aus 8 Nullen bzw. Einsen besteht. In Zeile 2 werden mit Aufruf der Methode `range(3,0)` die unteren 4 Bit und mit `range(7,4)`

Tabelle 6.2: *Operatoren und Methoden der vektorisierten Logik-Datentypen*

Logische Operatoren	~	&		^	<<	>>
Zuweisung	=	&=	|=	^=		
Vergleich	==	!=				
Bitauswahl	[ ]					
Bereichsauswahl	range()					
Verkettung	(,)					

die oberen 4 Bit von a als Teilvektoren mit 4 Elementen extrahiert. Die beiden resultie-renden Teilvektoren werden mit dem Verkettungsoperator (engl.: concatenation operator) in umgekehrter Weise wieder aneinandergefügt und der Variablen a zugewiesen. Das erste Argument von range inidiziert dabei das oberste Bit und das zweite Argument das unters-te Bit des zu extrahierenden Teilvektors. In den Zeilen 5 bis 9 wird gezeigt, wie mit dem Bitauswahl-Operator auf einzelne Bits einer Instanz b vom Typ sc_lv<4> zugegriffen werden kann. Mit der Anweisung aus Zeile 7 wird der Wert des Bits aus Position 3 mit dem Wert des Bits aus Position 0 überschrieben. Die Zeilen 8 und 9 verdeutlichen, wie die Methode range und der Verkettungsoperator auch linksseitig vom Zuweisungsoperator angewendet werden können.

Listing 6.9: *Anwendung von Operatoren und Methoden der vektorisierten Logik-Datentypen*

```
0    sc_bv<8> a;
1    a = "10110001";
2    a = (a.range(3,0), a.range(7,4));
3    cout << "a = " << a << endl;
4
5    sc_lv<8> b;
6    b = "00000001";
7    b[7] = b[0];
8    b.range(4,3) = "XX";
9    (b.range(6,5), b.range(2,1)) = "ZZZZ";
10   cout << "b = " << b << endl;
```

Nach Ausführung der in Listing 6.9 dargestellten Anweisungen wird folgender Text auf der Konsole ausgegeben:

```
a = 00011011
b = 1ZZXXZZ1
```

Wie in Abschnitt 2.7 bereits erwähnt wurde, werden Busleitungen in VHDL durch Signale vom Typ std_logic bzw. std_logic_vector modelliert. In SystemC können eben-falls Datentypen verwendet werden, für die in der SystemC-Bibliothek eine Auflösungs-funktion definiert ist. Diese werden mit der Klasse sc_signal_resolved bzw. sc_ signal_rv<N> realisiert, wobei sc_signal_rv<N> die vektorisierte Variante mit N Elementen ist. Die Auflösungsfunktion verwendet zur Berechnung eine ähnliche Tabelle wie sie in Abschnitt 2.7.1 Listing 2.42 für eine vierwertige Logik in VHDL vorgestellt wurde.

6.2.2   Integer-Datentypen

SystemC bietet zur Darstellung von ganzen Zahlen mit frei wählbarer Wortbreite die Integer-Datentypen `sc_int<N>` bzw. `sc_uint<N>` an. Der Typ `sc_int<N>` repräsentiert vorzeichenbehaftete ganze Zahlen im Zweierkomplement und `sc_uint<N>` repräsentiert vorzeichenlose ganze Zahlen. Beide Typen sind als Template-Klassen mit einem Template-Parameter N realisiert, wobei N die Anzahl der Bits des jeweiligen Typ angibt. N kann im Bereich von 1 bis 64 variieren. Falls Wortbreiten mit mehr als 64 Bit benötigt werden, müssen die Typen `sc_bigint<N>` bzw. `sc_biguint<N>` verwendet werden. Diese Typen benötigen im Vergleich zu den Typen `sc_int<N>` und `sc_uint<N>` jedoch mehr Rechenzeit in der Simulation, so dass nach Möglichkeit die Typen `sc_int<N>` und `sc_uint<N>` bevorzugt werden sollten.

In Tabelle 6.3 sind die wichtigsten Operatoren bzw. Methoden der Integer-Datentypen dargestellt. Im Unterschied zu den im vorigen Unterabschnitt beschrieben Logik-Datentypen sind für die Integer-Typen auch arithmetische Operatoren definiert. Sie eignen sich daher für die Modellierung von arithmetischen Hardwareressourcen. Eine Mischung der SystemC-Integer-Typen mit den Standard-C++-Integer-Typen ist ebenfalls möglich. Obwohl die Integer-Typen in SystemC auch bitorientierte Operationen unterstützen, sollten für derartige Operationen aufgrund einer höheren Simulationsgeschwindigkeit die Logik-Typen bevorzugt werden. Wenn auf Logik-Typen arithmetische Operationen ausgeführt werden sollen, müssen diese zunächst in Integer-Typen konvertiert werden. Nach Ausführung der arithmetischen Operationen werden dann die Integer-Typen wieder in Logik-Typen gewandelt. Für die Wandlung der Typen sind in den jeweiligen Typklassen entsprechende Zuweisungsoperatoren definiert. Listing 6.10 verdeutlicht den Zusammenhang an einem Beispiel.

Tabelle 6.3: *Methoden und Operatoren für Integer-Datentypen*

Arithmetik	+	−	*	/	%				
Inkrement	++								
Dekrement	−−								
Log. Operatoren	~	&	|	^	<<	>>			
Zuweisung	=	&=	|=	^=	+=	−=	*=	/=	%=	<<=	>>=
Vergleich	==	!=	<	<=	>	>=			
Bitauswahl	[ ]								
Bereichsauswahl	range()								
Verkettung	(,)								

Listing 6.10: *Konvertierung von Logik- und Integer-Datentypen*

```
0    sc_bv<16>     a, b, y;
1    sc_int<16>    ia, ib, iy;
2    ...
3    ia = a;
4    ib = b;
5    iy = a + b;
6    y = iy;
```

6.2.3   Fixpunkt-Datentypen

Beim Entwurf von Algorithmen der digitalen Signalverarbeitung wird typischerweise eine Zahlendarstellung mit Fließkomma verwendet, da Fließkommazahlen einen großen Dynamikbereich besitzen und somit einfach zu handhaben sind. In einer Hardwarerealisierung werden die Algorithmen jedoch üblicherweise mit einer Fixpunktarithmetik implementiert, da die Realisierung einer Fließkommaarithmetik sehr komplex ist und wesentlich mehr Ressourcen benötigt.

Für die Modellierung von Algorithmen mit Fixpunktarithmetik gibt es in SystemC zur Darstellung vorzeichenbehafteter Fixpunktzahlen den Typ `sc_fixed<wl,iwl,qm,om, nb>`. Der Typ `sc_ufixed<wl,iwl,qm,om,nb>` dient zur Darstellung von vorzeichenlosen Fixpunktzahlen. Mit dem Template-Parameter `wl` (Word Length) wird die Anzahl der zur Verfügung stehenden Bits des jeweiligen Typs definiert, wobei `wl` beliebige Werte größer null annehmen kann. Der Parameter `iwl` (Integer Word Length) gibt die Stellenzahl links vom Dezimalpunkt an, d. h. die Länge des ganzzahligen Teils der Zahl. Im Unterschied zu `wl` kann `iwl` sowohl negative als auch positive Werte Zahlenwerte annehmen – `iwl` kann dabei auch größer als `wl` sein.

In Abbildung 6.6 sind drei Fixpunktzahlen mit unterschiedlichen Parametern `wl` und `iwl` dargestellt. Für die Repräsentation der jeweiligen Fixpunktzahl werden lediglich die grau hinterlegten Bits b_i benötigt. Der Dezimalwert z einer Fixpunktzahl kann durch

$$z = b_{iwl-1} \cdot (-1)^s \cdot 2^{iwl-1} + \sum_{i=iwl-wl}^{iwl-2} b_i \cdot 2^i \tag{6.1}$$

berechnet werden, wobei $s = 0$ ist, wenn es sich um vorzeichenlose Fixpunktzahlen handelt (vg. auch Abschnitt 4.4.7). Falls vorzeichenbehaftete Fixpunktzahlen dargestellt werden sollen, gilt $s = 1$.

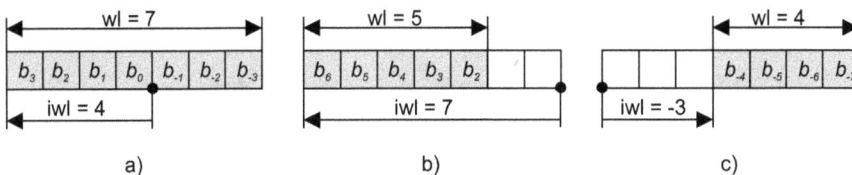

Abb. 6.6: *Darstellung von Fixpunktzahlen mit unterschiedlichen Parametern wl und iwl*

Analog zur Darstellung von vorzeichenbehafteten Integer-Zahlen im Zweierkomplement definiert das am weitesten links stehende Bit das Vorzeichen einer vorzeichenbehafteten Fixpunktzahl. Falls $wl = iwl$ gilt, so geht die Fixpunkt-Zahlendarstellung in eine Integer-Zahlendarstellung mit wl Bits über. Die Template-Parameter qm, om und nb sind optionale Parameter. Mit qm (Quantization Mode) wird das Quantisierungsverhalten des Fixpunkt-Typs definiert. Eine Quantisierung muss dann vorgenommen werden, wenn einer Variablen eines Fixpunkt-Typs ein Wert zugewiesen wird, der mit der Genauigkeit des Fixpunkt-Typs nicht dargestellt werden kann. Der Fixpunkt-Typ `sc_fixed<7,4>` aus Abbildung 6.6 a) kann beispielsweise Zahlen mit einer Genauigkeit von 2^{-3} darstellen. Wird eine Zahl mit höherer Genauigkeit zugewiesen, so muss die Zahl entsprechend auf- bzw. abgerundet werden. Die zulässigen Werte von qm sind in [53] zu finden. Wird kein optionaler Parameter qm spezifiziert, so werden bei der Quantisierung Zahlen mit höherer Genauigkeit ab dem Bit $b_{iwl-wl-1}$ abgeschnitten. Mit den Parametern om (Overflow Mode) und nb (Number of Saturation Bits) wird das Verhalten des Fixpunkt-Typs bei Unter- bzw. Überschreitung des Wertebereichs definiert. Die hierfür zulässigen Werte sind in [53] zu finden.

Werden keine Parameter für om und nb angegeben, so wird bei Unter- bzw. Überschreitung der Wertebereich „umgebrochen" (engl.: wrap around) und erneut durchlaufen. Der Graph aus Abbildung 6.7 verdeutlicht die Quantisierung und das „Umbrechen" des Wertebereichs am Beispiel des Fixpunkt-Typs `sc_fixed<3,1>`. Die Funktionswerte $f(x)$ des Graphen entsprechen dabei den Werten, die der Fixpunkt-Typ annimmt, wenn die Zahl x zugewiesen wird. Die gestrichelte Linie entspricht einer idealen Zahlendarstellung – mit unendlicher Wortbreite $wl = \infty$ –, bei der keine Quantisierungsfehler auftreten.

Wie bei den Integer-Typen sind auch bei den Fixpunkt-Typen viele Methoden und Operatoren definiert, von denen die wichtigsten in Tabelle 6.4 aufgeführt sind. Die Überladung der Operatoren ermöglicht auch die Verwendung des C^{++}-Typs `double` bei Zuweisungen, arithmetischen Operationen und Vergleichsoperationen. Der Wertebereich der Indizierung bei den Bitauswahl- und Bereichsauswahl-Operatoren liegt im Bereich von 0 bis $wl - 1$.

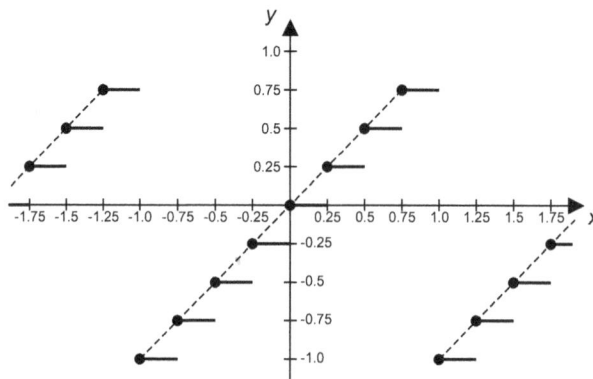

Abb. 6.7: Quantisierungsverhalten und „Umbrechen" des Wertebereichs bei einem Fixpunkt-Datentyp

Tabelle 6.4: Methoden und Operatoren für Fixpunkt-Typen

Arithmetik	+	−	*	/					
Inkrement	++								
Dekrement	−−								
Bit	~	&	|	^	<<	>>			
Zuweisung	=	&=	|=	^=	+=	−=	*=	/=	<<= >>=
Vergleich	==	!=	<	<=	>	>=			
Bitauswahl	[]								
Bereichsauswahl	range()								

In Listing 6.11 ist ein Beispiel für die Durchführung einer Multiplikation mit Fixpunktzahlen dargestellt. In den Zeilen 3 und 4 werden den Operanden a und b Fließkommazahlen zugewiesen. Die Zuweisung aus Zeile 3 erfordert keine Quantisierung, da der Wert -0.75 mit dem Typ `sc_fixed<3,1>` exakt dargestellt werden kann. Bei der Zuweisung aus Zeile 4 wird der Wert 0.3 gemäß Abbildung 6.7 auf den Wert 0.25 abgebildet.

Listing 6.11: Arithmetische Operationen mit Fixpunktzahlen

```
0    sc_fixed<3,1> a, b;
1    sc_fixed<6,2> y;
2
3    a = -0.75;
4    b = 0.3;
5    y = a * b;
6
7    cout << a << " * " << b << " = " << y << endl;
```

In Zeile 5 wird die Multiplikation durchgeführt und das Ergebnis der Variablen y zugewiesen. Der Typ von y ist `sc_fixed<6,2>`, so dass bei der Multiplikation zweier Zahlen vom Typ `sc_fixed<3,1>` keine zusätzlichen Quantisierungsfehler auftreten. Die Anweisung aus Zeile 7 gibt die folgende Zeile auf der Konsole aus:

```
-.75 * .25 = -.1875
```

Neben den hier vorgestellten Typen gibt es in der SystemC-Bibliothek die Fixpunkt-Typen `sc_fix` und `sc_ufix`, die eine Änderung der Parameter während der Laufzeit der Simulation ermöglichen. Weiterhin gibt es Fixpunkt-Typen, die eine höhere Simulationsgeschwindigkeit auf Kosten einer limitierten Wortbreite und Genauigkeit ermöglichen. Die Verwendung sämtlicher Fixpunkt-Typen aus der SystemC Bibliothek erfordert vor Einbindung der Header-Datei `systemc.h` zusätzlich die Definition des Präprozessor-Symbols `SC_INCLUDE_FX`, wodurch alle Header-Dateien für Fixpunkt-Typen eingebunden werden.

6.3   Modellierung auf algorithmischer Ebene mit SystemC

Dieser Abschnitt führt in die Modellierung auf algorithmischer Ebene mit SystemC ein. Bei dieser Art der Modellierung werden – im Vergleich zur Modellierung auf RT-Ebene – Schaltungen auf einem höheren Abstraktionsniveau beschrieben (siehe Gajski-Diagramm in Abbildung 1.4 in Abschnitt 1.2). Wie bereits in den vorigen Kapiteln erwähnt wurde, werden bei der RTL-Modellierung sämtliche Register der Schaltung explizit beschrieben. Die Transferfunktionen zu den Registern werden mit Hilfe von rein kombinatorischen Prozessen beschrieben, die bei der Logiksynthese in eine Gatternetzliste transformiert werden. Hingegen wird bei der Modellierung auf algorithmischer Ebene das gesamte Verhalten eines größeren Schaltungsteils in einem einzigen Prozess beschrieben, in dem auch beliebige Schleifenkonstruktionen – insbesondere solche mit nicht vorhersagbaren Abbruchbedingungen – enthalten sein können. Die explizite Modellierung von Registern entfällt ebenfalls. Ein in C/C^{++} beschriebener Algorithmus kann mit wenigen Schritten und unter Berücksichtigung von einigen Einschränkungen in ein synthetisierbares SystemC-Modell umgewandelt werden, was letztlich zu einer Produktivitätssteigerung führt. Da bei den algorithmischen Modellen aufgrund des höheren Abstraktionsniveaus wesentlich weniger Details beschrieben werden, sind diese Modelle grundsätzlich auch übersichtlicher und demnach weniger fehleranfällig. Für die Synthese von Modellen der algorithmischen Ebene werden spezielle Synthesewerkzeuge benötigt.

Obwohl die Synthese von Modellen der algorithmischen Ebene prinzipiell für die Entwicklung beliebiger digitaler Schaltungsteile verwendet werden kann, eignet sie sich insbesondere für die Realisierung von Algorithmen der digitalen Signalverarbeitung – die beispielsweise in den Bereichen der Telekommunikation oder Bildverarbeitung Anwendung finden – in Hardware. Die Modellierung einer Prozessorarchitektur auf algorithmischer Ebene wäre weniger sinnvoll, da sämtliche Details der Architektur, wie Datenpfade, Anzahl der Arithmetikeinheiten und Register, fest definiert sind. Die Modellierung von kompletten Systemen verwendet daher im Allgemeinen Modellierungen auf der RT-Ebene und je nach Bedarf auch Modellierungen auf der algorithmischen Ebene.

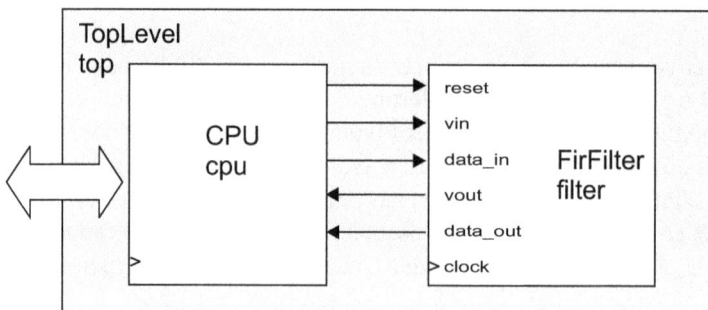

Abb. 6.8: System bestehend aus Prozessor (CPU) und FIR-Filter

Abbildung 6.8 zeigt ein vereinfachtes Blockschaltbild eines Systems, das aus einem Prozessor (Modul `CPU`) und einem FIR-Filter (Modul `FirFilter`) als Co-Prozessor besteht. Während das Filtermodul mit der Berechnung der Filterfunktion beschäftigt ist, kann der Prozessor weitere Aufgaben erledigen. Eine mögliche Variante des Systementwurfs würde nun eine Modellierung des Moduls `CPU` auf RT-Ebene und eine Modellierung des Moduls `FirFilter` auf algorithmischer Ebene vorsehen. Das gesamte System wird dabei durch eine Strukturbeschreibung `TopLevel` repräsentiert, die gemäß Abschnitt 6.5 die Module `CPU` und `FirFilter` instanziert und über Signale entsprechend verdrahtet. In den folgenden Unterabschnitten wird zunächst auf die Modellierung von Verhaltensbeschreibungen auf algorithmischer Ebene mit SystemC eingegangen. Abschließend folgt eine Einführung in die Synthese von algorithmischen Modellen.

6.3.1 Verhaltensbeschreibungen auf algorithmischer Ebene

Die Modellierung auf algorithmischer Ebene soll im Folgenden beispielhaft anhand des FIR-Filtermoduls `FirFilter` aus dem in Abbildung 6.8 gezeigten System erläutert werden. Die Funktion eines FIR-Filters kann im Zeitbereich durch die so genannte „Faltung" oder „Faltungssumme"

$$y[k] = \sum_{i=0}^{N} h[i] \cdot x[k-i] \qquad (6.2)$$

beschrieben werden, wobei x das Eingangssignal, y das gefilterte Ausgangssignal und h die „Impulsantwort" des FIR-Filters mit $N+1$ Koeffizienten $h[i]$ ist. N wird als „Ordnung" des Filters bezeichnet. Der Parameter k stellt die diskrete Zeit, d. h. die einzelnen Abtastzeitpunkte, dar (siehe auch Übungsaufgaben zu Kapitel 4). Das zu entwerfende Modul soll in der Lage sein, Filter mit einer Anzahl von $N+1 = 16$ Filterkoeffizienten zu berechnen.

In Abbildung 6.9 ist der Frequenzgang eines hierfür geeigneten Tiefpassfilters mit 16 Koeffizienten gezeigt. Die -6 dB Grenzfrequenz, also die Frequenz, bei der das Filter einen Verstärkungsfaktor von 0,5 aufweist, liegt bei $0,1 \cdot f_s$, wobei f_s die Abtastfrequenz des digitalisierten Signals bezeichnet. Die Schnittstelle zum Filtermodul soll wie in Abbildung 6.8 dargestellt realisiert werden. Die Ports `clock` und `reset` werden als Takt- bzw. Rücksetzeingang verwendet. Über den Port `data_in` wird das zu filternde Eingangssignal dem Modul zugeführt. Es wird dabei angenommen, dass das Eingangssignal in einem vorzeichenbehafteten Fixpunktzahlenformat mit einer Vorkommastelle und 15 Nachkommastellen vorliegt. Über den Port `vin` wird dem Filtermodul signalisiert, dass gültige Daten am Port `data_in` anliegen. Bei einem gültigen Datum an Port `data_in` soll das Signal `vin` einen Wert `true` für die Dauer einer Taktperiode liefern. Über den Port `data_out` wird das gefilterte Ausgangssignal ausgegeben und mit dem Port `vout` wird signalisiert, dass gültige Daten am Ausgang anliegen. Bei einem gültigen Datum am Ausgang `data_out` soll `vout` den Wert `true` für die Dauer einer Taktperiode liefern. Die Filterkoeffizienten sollen ebenfalls in einem Fixpunktzahlenformat mit einer Vorkommastelle und 15 Nachkommastellen repräsentiert werden.

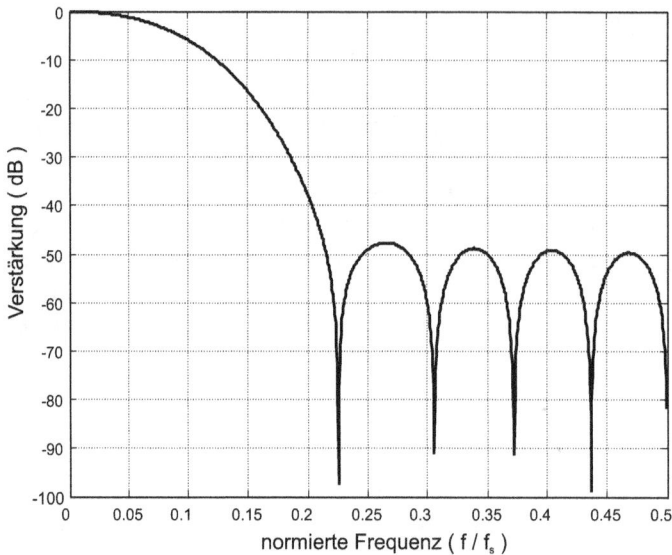

Abb. 6.9: *Frequenzgang eines Tiefpassfilters mit 16 Koeffizienten*

In Listing 6.12 ist eine Realisierung des Filtermoduls auf algorithmischer Ebene dargestellt. Die Definitionen der Ein- bzw. Ausgangsports befinden sich in den Zeilen 5 bis
10. Die Ports data_in und data_out sind für die in Abschnitt 6.2.3 beschriebenen
vorzeichenbehafteten Fixpunktdatentypen sc_fixed spezifiziert. Die Parameter wl und
iwl des Ports data_out sind dabei so gewählt, dass unter den oben genannten Randbedingungen des Filtermoduls die volle Genauigkeit des gefilterten Signals bei beliebigen
Koeffizienten erhalten bleibt.

Listing 6.12: *Verhaltensbeschreibung eines FIR-Filters*

```
0    #define SC_INCLUDE_FX
1    #include <systemc.h>
2
3    SC_MODULE( FirFilter ) {
4
5        sc_in<bool>                clock;
6        sc_in<bool>                reset;
7        sc_in<bool>                vin;
8        sc_out<bool>               vout;
9        sc_in<sc_fixed<16,1> >     data_in;
10       sc_out<sc_fixed<36,6> >    data_out;
11
12       void filter_proc () {
13
14           sc_fixed<36,6> accu;
15           sc_fixed<16,1> sample_buffer[16];
16           sc_fixed<16,1> coefficient[16] = {
17   -0.00347127644512, -0.00485120373109, -0.00424563075005, 0.00889102994524,
18   0.04423731627554, 0.10023310735270, 0.16010027819483, 0.19910637915794,
```

```
19    0.19910637915794, 0.16010027819483, 0.10023310735270, 0.04423731627554,
20    0.00889102994524, -0.00424563075005, -0.00485120373109, -0.00347127644512
21          };
22
23          data_out.write(0);
24          vout.write(false);
25          wait();
26
27          for (;;) {
28
29              do {
30                  wait();
31              } while(vin.read() == false );
32
33              for (int i = 15; i > 0; i--) {
34                  sample_buffer[i] = sample_buffer[i-1];
35              }
36
37              sample_buffer[0] = data_in.read();
38              accu = 0;
39
40              for (int i = 0; i < 16; i ++) {
41                  accu += sample_buffer[i] * coefficient[i];
42              }
43
44              vout.write(true);
45              data_out.write( accu );
46
47              wait();
48              vout.write(false);
49          }
50      }
51
52    SC_CTOR ( FirFilter ) {
53
54          SC_CTHREAD(filter_proc, clock.pos() );
55          watching(reset.delayed() == true);
56      }
57  };
```

Der Algorithmus des FIR Filters wird durch einen so genannten „getakteten Thread-Prozess" (engl.: clocked thread process) modelliert. Getaktete Thread-Prozesse können als eine Spezialisierung der bereits in Abschnitt 6.1.4 vorgestellten Thread-Prozesse betrachtet werden. Der wesentliche Unterschied zwischen Thread-Prozessen und getakteten Thread-Prozessen besteht darin, dass getaktete Thread-Prozesse nur auf eine Flanke eines Taktsignals sensibilisiert sein können, während Thread-Prozesse auch auf mehrere beliebige Signalflanken sensitiv sein können. Die Deklaration eines getakteten Thread-Prozesses geschieht, wie in Listing 6.12 Zeile 54 gezeigt, mit dem Makro SC_CTHREAD im Konstruktor des Moduls. Das erste Argument filter_proc definiert dabei den Namen der Methode, die den getakteten Thread-Prozess implementiert. Die Methode filter_proc ist in den Zeilen 12 bis 50 dargestellt. Mit dem zweiten Argument clk.pos() wird eine Sensibilisierung des Thread-Prozesses auf die positive Taktflanke des Signals clock

definiert. Die Anweisung `clk.neg()` würde eine Sensibilisierung auf die negative Taktflanke von `clock` bewirken. Analog zu den Thread-Prozessen werden auch die getakteten Thread-Prozesse zu Beginn der Simulation vom Simulator aufgerufen und über den
Aufruf unterschiedlicher `wait`-Methoden im Prozessrumpf angehalten. Wird die Methode
`wait()` ohne Argumente aufgerufen, so wird der getaktete Thread-Prozess für die Dauer
einer Taktperiode angehalten. Weitere `wait` Methoden sind in [16] zu finden. Die Anweisung `watching(reset.delayed() == true)` in Zeile 55 bewirkt einen erneuten
Start des Prozesses, wenn das Signal `reset` den Wert `true` besitzt.

Der Aufbau von getakteten Thread-Prozessen zur Modellierung von Verhaltensbeschreibungen auf algorithmischer Ebene beinhaltet zwei Teile: eine Beschreibung des Rücksetz-
verhaltens am Anfang des Prozesses und eine darauf folgende Beschreibung des zu rea-
lisierenden Algorithmus. Diese Art der Modellierung entspricht dem Verhalten von synchronen digitalen Schaltungen. Das Rücksetzen wird immer dann ausgeführt, wenn das
Rücksetzsignal `reset` den Wert `true` besitzt, und anschließend wird der Algorithmus
in der Endlosschleife ausgeführt. Die Endlosschleife kann nur durch ein erneutes Rücksetzen mit dem Signal `reset` verlassen werden. Da die Bedingung des Rücksetzens nur
zu den Zeitpunkten der im Makro `SC_CTHREAD` angegebenen Taktflanke geprüft wird,
handelt es sich stets um ein *synchrones Rücksetzen*. Die Beschreibung des Algorithmus
innerhalb der Endlosschleife geschieht weitgehend nach den in C/C^{++} üblichen Regeln.
Es dürfen hier beliebige Schleifen- und Verzweigungskonstruktionen benutzt werden. Für
die Speicherung von Zwischenergebnissen, die während der Ausführung des Algorithmus
entstehen, werden lokale Variablen im Prozess deklariert, die so lange gültig sind bis der
Prozess erneut gestartet wird. Die Kommunikation mit anderen Prozessen bzw. Modulen
geschieht wie gewohnt über Signale bzw. Ports. Innerhalb der algorithmischen Beschreibung kann nun mit Hilfe von `wait`-Anweisungen ein Bezug zum Systemtakt hergestellt
werden. Dies ist insbesondere dann nötig, wenn mit anderen Prozessen kommuniziert wird,
die ein bestimmtes zeitliches Verhalten an den Ein- bzw. Ausgängen erwarten.

Im Folgenden soll nun die Funktion des FIR-Filtermoduls aus Listing 6.12 erläutert werden. In den Zeilen 14 bis 21 sind drei lokale Variablen definiert, die im Prozess `filter_`
`proc` verwendet werden. Die Variable `accu` dient zur Speicherung von Ergebnissen, die
bei der Berechnung der Faltungssumme nach Gleichung 6.2 entstehen. Da zur Berechnung
der Faltungssumme auch Werte des Eingangssignals von vorhergehenden Zeitpunkten nötig sind, werden diese in einem Feld `sample_buffer` abgelegt. Im Feld `coefficient`
sind die 16 Filterkoeffizienten des in Abbildung 6.9 dargestellten Filters abgelegt. Das
Rücksetzverhalten des Filtermoduls ist in den Zeilen 23 bis 25 spezifiziert. Beim Rücksetzen des Moduls werden lediglich die Ausgänge `data_out` und `vout` mit den Werten 0
bzw. `false` belegt und es wird auf die nächste aktive Taktflanke gewartet. Der eigentliche Algorithmus des FIR Filters befindet sich in der Endlosschleife in den Zeilen 27 bis
50. In dieser Schleife wird mit jeder Iteration ein neuer Wert des Eingangssignals gelesen, es wird ein neuer Wert des Ausgangssignals berechnet und dieser wird ausgegeben.
Das Einlesen eines neuen Wertes des Eingangssignals erfordert eine zusätzliche Abfrage
des Signals `vin`. Die Berechnung kann nur dann vorgenommen werden, wenn `vin` den

Wert true liefert, wodurch ein gültiges Datum am Eingang von data_in signalisiert wird. Aus diesem Grund wird in den Zeilen 29 bis 31 eine Warteschleife beschrieben, die so lange iteriert bis vin den Wert true liefert. Die wait()-Anweisung im Rumpf der Warteschleife bewirkt, dass die Abfrage des Signals vin nur bei einer aktiven Taktflanke vorgenommen wird – was sich wiederum aus der Funktionsweise einer synchronen Schaltung ergibt. Sobald nun vin einen gültigen Wert am Eingang data_in signalisiert, wird die Warteschleife verlassen und die Berechnung kann beginnen. In den Zeilen 33 bis 35 ist eine Schleife angegeben, mit der die Daten von sample_buffer jeweils um eine Position weiter geschoben werden. In Zeile 37 wird das neue Eingangsdatum gelesen und an die erste Position von sample_buffer geschrieben. In den Zeilen 38 bis 42 wird ein neues Ergebnis der Faltungssumme in der Variablen accu berechnet. Anschließend wird das Ergebnis auf den Port data_out geschrieben und der Port vout erhält den Wert true, wodurch ein gültiges Datum an Port data_out signalisiert wird. Da vout das gültige Datum nur für eine Taktperiode lang signalisieren soll, wird nach einer erneuten Synchronisation auf eine aktive Taktflanke mit der Anweisung wait() der Port vout mit dem Wert false belegt.

Aus dem Beispiel des FIR-Filters ist ersichtlich, dass die Modellierung von digitalen Schaltungen auf algorithmischer Ebene stark einer Modellierung von Software gleicht. Im Gegensatz zur Schaltungsmodellierung auf RT-Ebene entfällt die explizite Modellierung von Registern und Zustandsautomaten. Stattdessen können Algorithmen mit beliebigen Schleifenkonstruktionen beschrieben werden, wie man sie auch für Software-Realisierungen verwenden würde. Der geneigte Leser sei aufgefordert, die algorithmische FIR-Filter-Beschreibung in diesem Abschnitt mit der Beschreibung des FIR-Filters auf RT-Ebene in den Übungsaufgaben aus Kapitel 4 zu vergleichen.

Listing 6.13: Testbench für das FIR-Filtermodul aus Listing 6.12

```
0    #define SC_INCLUDE_FX
1    #include <systemc.h>
2    #include <math.h>
3    #define PI   3.14159265358979
4
5    SC_MODULE( Testbench ) {
6
7        sc_in<bool>              clock;
8        sc_out<bool>             reset;
9        sc_out<bool>             vin;
10       sc_in<bool>              vout;
11       sc_out<sc_fixed<16,1> > data_in;
12
13       sc_fixed<16, 1, SC_RND, SC_SAT> test_pattern[2000];
14       int test_pattern_ctr;
15
16       void append_sine_signal(double f, double fs, int length) {
17
18           for (int i = 0; i < length; i++) {
19               if ( test_pattern_ctr < 2000 ) {
20                   test_pattern[test_pattern_ctr++] =
21                       sin(2*PI*f/fs*double(i));
```

```
22              } else {
23                  cout << "Too many test patterns";
24                  return;
25              }
26          }
27      }
28
29      void stimulus_proc () {
30
31          reset.write(false);
32          data_in.write(0);
33
34          wait();
35          reset.write(true);
36
37          wait();
38          reset.write(false);
39
40          wait();
41
42          for ( int i = 0; i < test_pattern_ctr; i++ ) {
43
44              vin.write(true);
45              data_in.write(test_pattern[i]);
46
47              wait();
48              vin.write(false);
49
50              do {
51                  wait();
52              } while(vout.read() == false);
53          }
54
55          wait();
56          sc_stop();
57      }
58
59      SC_CTOR( Testbench ) {
60
61          SC_CTHREAD ( stimulus_proc, clock.pos());
62
63          test_pattern_ctr  = 0;
64      }
65  };
```

In Listing 6.13 ist ein einfaches Testbenchmodul für das FIR-Filter aus Listing 6.12 dargestellt. Analog zu der in Listing 6.6 dargestellten Testbench für den komplexen Multiplizierer, wird das hier dargestellte Modul Testbench zusammen mit dem Modul FirFilter und einem Taktobjekt in der Funktion sc_main instanziert und verdrahtet. Vor Beginn der Simulation werden im Modul Testbench Sinussignale unterschiedlicher Frequenz als Testmuster definiert, die dem Modul FirFilter dann während der Simulation zugeführt werden. Die Verifikation des Filters geschieht über die Betrachtung der in einer VCD-Datei protokollierten Simulationsergebnisse.

In den Zeilen 7 bis 11 ist die Schnittstelle des Moduls `Testbench` dargestellt. Da die Ergebnisse des FIR-Filters nicht innerhalb der Testbench überprüft werden, wird der Port `data_out` des Filters der Testbench nicht zugeführt. Das Feld `test_pattern` aus Zeile 13 dient zur Speicherung der definierten Testmuster. Der Template-Parameter `SC_RND` bei der Spezifikation des Typs von `test_pattern` bewirkt, dass bei der Zuweisung einer Fließkommazahl die nicht darstellbaren niederwertigen Bits nicht abgeschnitten werden. Stattdessen wird die Fließkommazahl auf das niederwertigste Bit gerundet. Der Template-Parameter `SC_SAT` bewirkt, dass bei einer Über- bzw. Unterschreitung des Wertebereichs von `test_pattern` statt einem Umbrechen des Zahlenbereichs der maximal bzw. minimal darstellbare Wert gewählt wird (vgl. hierzu Abschnitt 6.2.3 und [16]). Diese Maßnahme ist hier erforderlich um ein Sinussignal im Intervall $[-1;1[$ darstellen zu können. Die Methode `append_sine_signal` in den Zeilen 16 bis 26 wird zur Initialisierung des Feldes `test_pattern` verwendet. Ein Aufruf von `append_sine_signal` mit entsprechenden Werten für die Argumente `f`, `fs` und `length` fügt `length` Abtastwerte eines Sinussignals der Frequenz `f` ans Ende des Feldes `test_pattern` an. Das Argument `fs` bezeichnet dabei die gewählte Abtastfrequenz des zu filternden Signals. Die Anzahl der Abtastwerte, die für die Simulation zu Verfügung stehen wird in der Variablen `test_pattern_ctr` gespeichert.

Für die Stimulation des Moduls `FirFilter` ist in den Zeilen 29 bis 53 ein getakteter Thread-Prozess `stimulus_proc` spezifiziert, der auf die positive Taktflanke des Taktsignals `clock` sensibilisiert ist. Innerhalb von `stimulus_proc` wird zunächst das Filtermodul zurückgesetzt und anschließend werden in einer Schleife alle Abtastwerte aus `test_pattern` dem Modul zugeführt. Da das Filtermodul erst neue Daten am Eingang `data_in` akzeptiert, nachdem ein berechnetes Ergebnis über `data_out` ausgegeben wurde, muss vor dem Schreiben von neuen Eingangswerten der Status des Signals `vout` geprüft werden. Solange `vout` kein gültiges Datum am Ausgang signalisiert, verweilt `stimulus_proc` in der in den Zeilen 50 bis 52 dargestellten Warteschleife. Der geneigte Leser möge sich über das korrekte Zusammenspiel von `Testbench` und `FirFilter` klar werden. Nachdem alle Abtastwerte aus `test_pattern` dem Filtermodul zugefügt sind und das letzte Ergebnis vom Filtermodul ausgegeben ist, wird die Simulation beendet.

Listing 6.14: *Funktion sc_main für die Simulation des FIR Filtermoduls*

```
0    #define SC_INCLUDE_FX
1    #include <systemc.h>
2    #include "FirFilter.h"
3    #include "Testbench.h"
4
5    int sc_main(int argc, char * argv[]) {
6
7        double      t_clk = 10e-9;
8        double      f_s = 1/(2*t_clk);
9
10       sc_clock    clock("clock", t_clk, SC_SEC);
11       Testbench   tb("tb");
12       FirFilter   filter("filter");
13
```

```
14        sc_signal<bool>              reset, vin, vout;
15        sc_signal<sc_fixed<16,1> >  data_in;
16        sc_signal<sc_fixed<36,6> >  data_out;
17
18        sc_trace_file *tf = sc_create_vcd_trace_file("fir");
19
20        tb.clock(clock);
21        tb.reset(reset);
22        tb.data_in(data_in);
23        tb.vin(vin);
24        tb.vout(vout);
25
26        filter.clock(clock);
27        filter.reset(reset);
28        filter.data_in(data_in);
29        filter.data_out(data_out);
30        filter.vin(vin);
31        filter.vout(vout);
32
33        sc_trace(tf, clock, "clock");
34        sc_trace(tf, reset, "reset");
35        sc_trace(tf, vin, "vin");
36        sc_trace(tf, vout, "vout");
37        sc_trace(tf, data_in, "data_in");
38        sc_trace(tf, data_out, "data_out");
39
40        tb.append_sine_signal(f_s / 100, f_s, 1000);
41        tb.append_sine_signal(f_s / 10, f_s, 1000);
42
43        sc_start();
44
45        sc_close_vcd_trace_file(tf);
46
47        return 0;
48    }
```

Für die Erzeugung eines ausführbaren Simulationsmodells fehlt nun noch eine Beschreibung der Funktion sc_main. In Listing 6.14 ist eine Beschreibung einer hierfür geeigneten Funktion angegeben. In Zeile 7 wird mit der Variablen t_clk zunächst die Periodendauer des Systemtaktes definiert. Die Einheit von t_clk sei in Sekunden angegeben. Die Variable f_s aus Zeile 8 definiert die maximale Abtastfrequenz in Hertz, mit der das Filtermodul betrieben werden kann. Die maximale Abtastfrequenz ergibt sich aus dem Kehrwert der minimalen Zeit, die das Filter benötigt um ein neues Ergebnis zu berechnen. Die Beschreibung des FIR-Filtermoduls in Listing 6.12 zeigt, dass die minimale Zeit zur Berechnung eines neuen Ergebnis zwei Taktperioden beträgt. Diese Zeit wird genau dann erreicht, wenn der Rumpf der Warteschleife in Zeile 30 bis 32 nur einmal ausgeführt wird. Demnach errechnet sich die maximale Abtastfrequenz bei einer gewählten Taktperiode von 10 ns zu $1/(2 \cdot 10\,\text{ns}) = 50\,\text{MHz}$. Da das zeitliche Verhalten des Moduls Testbench genau so gewählt ist, dass der Rumpf der Warteschleife des Filtermoduls nur einmal ausgeführt wird, werden die Abtastwerte aus dem Feld test_pattern dem Filtermodul mit der maximalen Abtastfrequenz zugeführt.

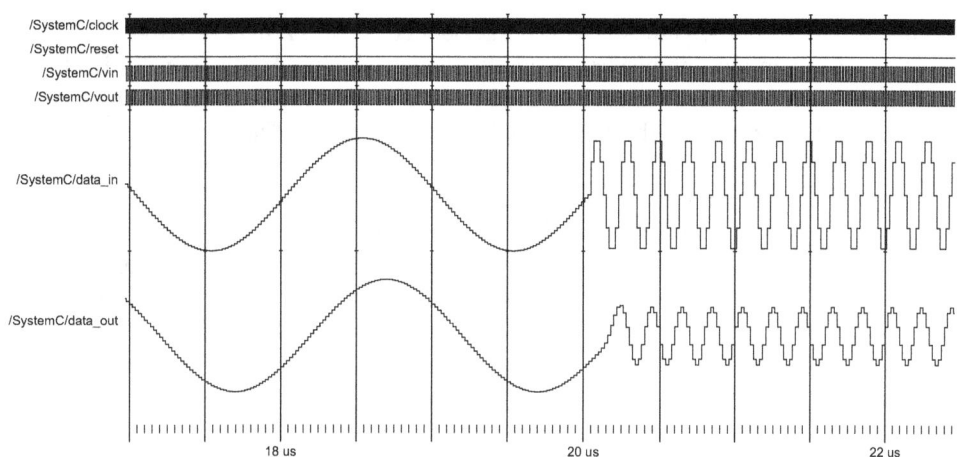

Abb. 6.10: *Auszug des zeitlichen Verlaufs der in der VCD-Datei protokollierten Signale*

In den Zeilen 10 bis 12 aus Listing 6.14 werden die Module `Testbench`, `FirFilter` und ein Taktobjekt mit der durch `t_clk` definierten Periodendauer instanziert. In den darauf folgenden Zeilen werden nun die Module und das Taktobjekt miteinander verdrahtet und es wird eine VCD-Datei erzeugt, in der sämtliche Signale protokolliert werden. Mit den Anweisungen aus Zeile 40 und 41 werden zwei Sinussignale mit jeweils 1.000 Abtastwerten in der Testbench erzeugt. Die Frequenzen dieser beiden Testsignale liegen bei einem Hundertstel und bei einem Zehntel der maximalen Abtastfrequenz. Zur Verifikation des Filtermoduls muss nun die bei der Simulation erzeugte VCD-Datei mit einem Betrachtungsprogramm analysiert werden. In Abbildung 6.10 ist ein Auszug des zeitlichen Verlaufs der in der VCD-Datei protokollierten Signale dargestellt. Um die Wirkung des Filters bei den unterschiedlichen Frequenzen erkennen zu können, wurden die Eingangsbzw. Ausgangssignale `data_in` und `data_out` als analoge Signale dargestellt. Abbildung 6.10 zeigt, dass die beiden Testsignale entsprechend dem in Abbildung 6.9 dargestellten Amplitudengang gedämpft werden. Bei einer Signalfrequenz von einem Hundertstel der Abtastfrequenz befindet sich das Filter im Durchlassbereich, so dass das erste Testsignal praktisch nicht gedämpft wird. Die Signalfrequenz des zweiten Testsignals entspricht einem Zehntel der Abtastfrequenz, also der -6 dB Grenzfrequenz des Filters. Demnach wird die Amplitude des Signals um den Faktor 0,5 gedämpft.

6.3.2 Von der algorithmischen Ebene zur Register-Transfer-Ebene

Der Schritt für die Umsetzung eines Modells der algorithmischen Ebene auf die Register-Transfer-Ebene wird als Architektursynthese [75] oder als „High-Level-Synthese" (engl.: high-level-synthesis, HLS) und im Englischen teils auch als „Behavioral Synthesis" [20] bezeichnet. Einleitend wurde bereits erwähnt, dass hierzu spezielle Synthesewerkzeuge, so genannte High-Level-Synthesis-Werkzeuge oder HLS-Werkzeuge, benötigt werden. Sie erzeugen aus einem algorithmischen Modell automatisch eine Architektur auf RT-Ebene, welche wiederum mit herkömmlichen Logiksynthesewerkzeugen in eine Gatternetzliste übersetzt werden kann (vgl. Abschnitt 4.1). Ein entsprechender Entwurfsablauf (engl.: design flow) hierzu wurde bereits in Abbildung 1.7 in Abschnitt 1.2 dargestellt. Die Erzeugung der RTL-Architektur durch ein HLS-Werkzeug wird dabei von benutzerdefinierten Randbedingungen (engl.: constraints) beeinflusst. Mit diesen Randbedingungen können Parameter wie Datendurchsatz und Ressourcenbedarf der erzeugten Architektur eingestellt werden. Diese Tatsache stellt neben den bereits zu Beginn von Abschnitt 6.3 erwähnten Vorteilen einen weiteren wesentlichen Vorteil gegenüber der RTL-basierten Entwurfsmethodik dar: Während bei der Modellierung auf RT-Ebene die Register-Transfer-Architektur fest definiert ist, lassen sich bei der Modellierung auf algorithmischer Ebene mit einer einzigen Beschreibung verschiedene Architekturen mit unterschiedlichen Anforderungen automatisiert erzeugen. Hierdurch lassen sich in kürzester Zeit verschiedene Realisierungsvarianten untersuchen und weiterhin wird die Wiederverwendbarkeit von algorithmisch beschriebenen Modulen erhöht, da sie für eine größere Bandbreite von Applikationen einsetzbar sind. Dies kann verglichen werden mit der Umsetzung von RTL-Beschreibungen auf Gatterebene durch die Logiksynthese: Dort kann eine RTL-Beschreibung auf viele verschiedene Technologien umgesetzt werden. Der Unterschied ist hier im Abstraktionsgrad der Ebenen zu sehen. Vergleichbar bei HLS und Logiksynthese ist andererseits, dass in beiden Fällen eine Verhaltensbeschreibung (Algorithmus, RT-Beschreibung) in eine Strukturbeschreibung umgesetzt wird (Architektur, Gatternetzliste).

Um algorithmische Beschreibungen durch HLS behandeln zu können, muss in der Regel die Bitbreite der Operanden – wie im vorigen Abschnitt gezeigt – festgelegt werden. Solche algorithmische Beschreibungen werden als „bitrichtig" bezeichnet. Durch die fehlende Spezifikation von Registern und Zustandsautomaten ist allerdings nicht festgelegt, mit welcher Anzahl von Taktschritten der Algorithmus abgearbeitet wird. Dies wird erst auf RT-Ebene festgelegt, daher sind RTL-Beschreibungen in der Regel „bit- und taktrichtig". Die Gatterebene als tiefste Ebene des Entwurfsablaufs einer digitalen Schaltung beschreibt auch die Verzögerungszeiten von Gattern und Flipflops und kann somit als „bit-, takt- und verzögerungszeitrichtig" bezeichnet werden (vgl. Abschnitt 1.2).

Obwohl eine tiefergehende Beschreibung der HLS nicht Gegenstand dieses Buches ist, so möchten wir doch an dieser Stelle eine kurze Einführung in die HLS geben, um dem Leser einen ersten Eindruck von der Funktionsweise der HLS zu vermitteln und auch um nochmals die Unterschiede zwischen algorithmischer Ebene und HLS und der in den vorangegangenen Kapiteln behandelten RT-Ebene und Logiksynthese klar zu machen. Eine umfassendere Darstellung dieser Thematik ist in [75] und [20] zu finden. Die HLS realisiert im Wesentlichen die Aufgaben *Allokation* (engl.: allocation), *Ablaufplanung* (engl.: scheduling) und *Bindung* (engl.: binding).

Bei der Allokation werden Typ und Anzahl der Ressourcen bestimmt, die für die Erzeugung einer Architektur zur Verfügung stehen. Ressourcen sind elementare Funktionseinheiten, die eine oder mehrere arithmetische bzw. logische Operationen eines Algorithmus

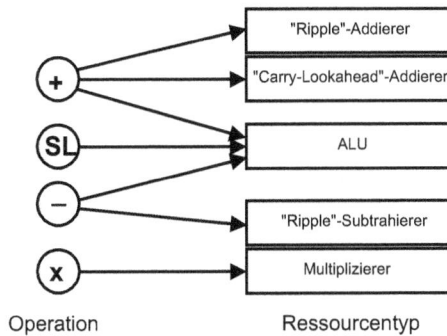

Abb. 6.11: *Realisierung von Operationen mit unterschiedlichen Ressourcen*

realisieren können. Typische Ressourcen sind beispielsweise Multiplizierer, Addierer oder eine ALU, wie in Abbildung 6.11 gezeigt. Durch die Allokation wird im Wesentlichen der Zusammenhang zwischen Datendurchsatz und Ressourcenbedarf einer erzeugten Architektur beeinflusst. Steht für die HLS eine größere Anzahl von Ressourcen zur Verfügung, so kann in der Regel durch Nutzung von Parallelverarbeitung eine Architektur mit höherem Datendurchsatz erzeugt werden. Bei einer begrenzten Anzahl von Ressourcen müssen diese eventuell für unterschiedliche Operationen des Algorithmus mehrfach genutzt werden (engl.: resource sharing), so dass nach der Synthese eine Architektur mit sequentiellem Charakter entsteht, die einen niedrigeren Datendurchsatz besitzt.

Die Allokation von Ressourcen kann durch den Anwender eines HLS-Werkzeugs durch die zusätzliche Angabe von Randbedingungen beeinflusst werden. Üblicherweise wird die Anzahl von Ressourcentypen, die eine große Chipfläche benötigen, wie beispielsweise Multiplizierer, für die Allokation begrenzt. Überdies stehen für die Realisierung von Operationen häufig auch unterschiedliche Ressourcentypen zur Verfügung oder ein Ressourcentyp besitzt die Fähigkeit unterschiedliche Operationen zu realisieren, wie beispielsweise die ALU in Abbildung 6.11. Die Zuordnung von Operation zu Ressourcentyp erfordert die Berücksichtigung der Tatsache, dass eine Operation unterschiedliche Berechnungszeiten auf unterschiedlichen Ressourcentypen benötigt. In Abbildung 6.11 ist ein Graph dargestellt, der die Realisierungsmöglichkeiten der Operationen Addition, Linksschieben (SL), Subtraktion und Multiplikation auf unterschiedlichen Ressourcentypen darstellt. Eine Addition kann beispielsweise auf einem kleineren „Ripple"-Addierer, einem größeren aber schnelleren „Carry-Lookahead"-Addierer oder auf einer ALU realisiert werden. Die ALU kann neben Additionen auch Subtraktionen oder Schiebeoperationen realisieren.

Die Ablaufplanung bestimmt für sämtliche im Algorithmus spezifizierten Operationen Taktzyklen, in denen die Ausführung der jeweiligen Operation stattfindet. Hierzu muss zunächst ein Datenflussgraph (DFG) aus der algorithmischen Beschreibung extrahiert werden. Ein DFG ist ein gerichteter Graph, dessen Knoten die Operationen des Algorithmus modellieren. Die Kanten des Graphen modellieren den gerichteten Datenfluss und definieren somit auch implizit Datenabhängigkeiten zwischen den einzelnen Operationen des

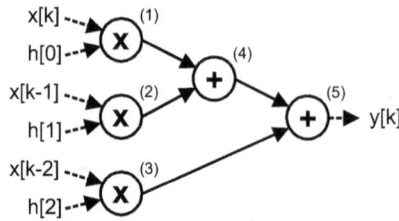

Abb. 6.12: *Datenflussgraph eines FIR-Filters mit drei Koeffizienten*

Algorithmus. In Abbildung 6.12 ist der DFG eines FIR-Filters mit drei Koeffizienten dargestellt, welches Gleichung 6.2 für $N = 2$ realisiert.

Der DFG besteht aus drei Multiplikationen (Operationen (1) bis (3)) und zwei Additionen (Operationen (4) und (5)). Da es sich bei allen Operationen des DFGs ausschließlich um binäre Operationen handelt, die ein Ergebnis erzeugen, besitzt jeder Knoten im DFG genau zwei eingehende Kanten und eine ausgehende Kante. An dieser Stelle sei ausdrücklich darauf hingewiesen, dass die im DFG dargestellten Knoten lediglich die Operationen modellieren, die für die Berechnung des Algorithmus nötig sind. Im DFG wird weder festgelegt mit welcher Anzahl noch mit welchen Ressourcen die Operationen ausgeführt werden. Die Zuweisung von Taktzyklen zu den einzelnen Operationen erfordert neben der Berücksichtigung der Berechnungszeiten für die Operationen auch die Berücksichtigung der im DFG durch Kanten modellierten Datenabhängigkeiten. Da Operation (4) von den Ergebnissen der Operationen (1) und (2) abhängt, kann die Planung von Addition (4) frühestens nach Beendigung der Operationen (1) und (2) stattfinden. In Abbildung 6.13 sind Ablaufpläne für den DFG aus Abbildung 6.12 dargestellt. Es wird dabei angenommen, dass die Berechnungsdauer einer Multiplikation und einer Addition jeweils der Dauer eines Taktzyklus entspricht.

Im Ablaufplan (a) aus Abbildung 6.13 sind die Operationen (1) und (2) im Taktzyklus 0 geplant und Operation (3) in Taktzyklus 1. Operation (4) findet ebenfalls in Taktzyklus 1 statt und Operation (5) ist im Taktzyklus 2 geplant. Die Berechnung des gesamten Algo-

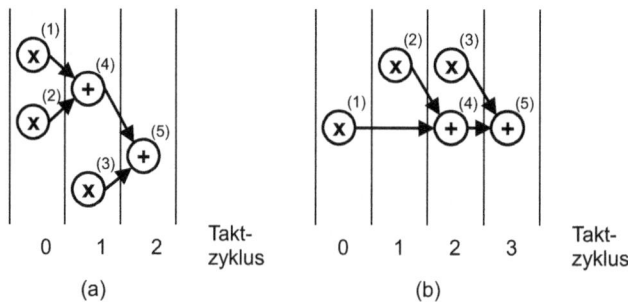

Abb. 6.13: *Ablaufpläne für den Datenflussgraphen des FIR-Filters*

rithmus, die in diesem Zusammenhang auch als Latenz bezeichnet wird, benötigt also 3 Taktzyklen. Bei der Realisierung von Ablaufplänen muss auch berücksichtigt werden, dass bei der Allokation möglicherweise nur eine begrenzte Anzahl bestimmter Ressourcentypen zur Verfügung steht. Werden alle Taktzyklen eines Ablaufplans in Betracht gezogen, so entspricht die minimale Anzahl der benötigten Ressourcen eines bestimmten Typs der maximalen Anzahl von Operationen, die innerhalb eines Taktzyklus auf dem jeweiligen Ressourcentyp gleichzeitig ausgeführt werden. Ablaufplan (a) benötigt demnach mindestens zwei Ressourcentypen zur Realisierung einer Multiplikation, da die Operationen (1) und (2) beide in Taktzyklus 0 berechnet werden. Da die Operation (3) erst ausgeführt wird, wenn die Operationen (1) und (2) beendet sind, kann einer der zuvor verwendeten Multiplizierer für Operation (3) wieder verwendet werden. Ebenso kann für die beiden Additionen (4) und (5) ein einziger Ressourcentyp für eine Addition verwendet werden. Der gesamte Ablaufplan (b) aus Abbildung 6.13 kann dagegen mit nur einem Addierer und einem Multiplizierer realisiert werden. Die Latenz dieses Ablaufplans beträgt jedoch vier Taktzyklen. Neben den Ressourcenbeschränkungen bei der Allokation können bei HLS-Werkzeugen durch den Benutzer auch obere Schranken für die Latenz spezifiziert werden, die bei der Ablaufplanung berücksichtigt werden müssen. Beide Randbedingungen können natürlich nicht unabhängig voneinander gewählt werden. Es existiert beispielsweise kein Ablaufplan für den DFG aus Abbildung 6.12 mit einer oberen Latenzschranke von drei Taktzyklen, wenn nur ein Multiplizierer zur Verfügung steht. In den Ablaufplänen aus Abbildung 6.13 wurden Operationen, die Datenabhängigkeiten aufweisen, stets in unterschiedlichen Taktzyklen geplant. Solche Operationen können jedoch auch innerhalb eines Taktzyklus geplant werden, was als verkettete Operationen (engl.: chained operations) bezeichnet wird. Operationen die zur Berechnung mehr als einen Taktzyklus benötigen, werden als Mehrzyklenoperationen (engl.: multicycle operations) bezeichnet.

Die Aufgabe der Bindung besteht darin, die Operationen des Algorithmus mit Instanzen von Ressourcentypen zu verknüpfen. Die maximale Anzahl von Instanzen eines bestimmten Ressourcentyps wird dabei durch die maximale Anzahl der bei der Allokation bereitgestellten Ressourcentypen begrenzt. Grundsätzlich gilt, dass jede Operation auf mindestens einer Ressource realisierbar sein muss. Für die Bindung der in Abbildung 6.13 dargestellten Ablaufpläne seien nun die in Abbildung 6.11 dargestellten Ressourcen zu Grunde gelegt. Eine Bindung des Ablaufplans aus Abbildung 6.13 (a) erfordert zwei Instanzen des Ressourcentyps Multiplizierer, die jeweils mit den Operationen (1) und (2) verknüpft werden. Operation (3) wird ebenfalls mit einer dieser Instanzen verknüpft. Für die Bindung der Operationen (4) und (5) gibt es mehrere Möglichkeiten. Da diese Operationen nicht gleichzeitig ausgeführt werden, können sie beide mit nur einer Instanz eines geeigneten Ressourcentyps verknüpft werden. Geeignete Ressourcentypen sind „Ripple"-Addierer, „Carry-Lookahead"-Addierer oder ALU. Alternativ können die Operationen (4) und (5) auch jede mit einer eignen Instanz eines Ressourcentyps verknüpft werden. Obwohl diese Variante eine zusätzliche Instanz eines Ressourcentyps benötigt, stellt sich möglicherweise nach der Synthese heraus, dass diese Variante effizienter ist, da bei der Realisierung der Operationen (4) und (5) mit einer Instanz zusätzliche Logik für die Mehrfachnutzung benötigt wird. Eine Bindung mit minimalen Ressourcen von Ablaufplan (b) aus Abbildung 6.13

erfordert eine Instanz eines Multiplizierers und eine Instanz eines Addierers. Die Operationen (1) bis (3) werden mit der Instanz des Multiplizierers verknüpft und die Operationen (4) und (5) mit der Instanz des Addierers.

Die obigen Erläuterungen zeigen, dass die Aufgaben Allokation, Ablaufplanung und Bindung nicht unabhängig voneinander gelöst werden können. Auf die EDA-Algorithmen, mit welchen diese Aufgaben gelöst werden können, wird ausführlich in [75] eingegangen. Die von HLS-Werkzeugen erzeugten RTL-Architekturen bestehen typischerweise aus den Elementen *Datenpfad*, *Steuerwerk* und *Speicher*. Der Datenpfad entsteht durch geeignete Verdrahtung sämtlicher instanzierter Ressourcen, so dass ein bestimmter Ablaufplan gemäß der ermittelten Bindung realisiert werden kann. Werden Instanzen von Ressourcen für unterschiedliche Operationen verwendet, so müssen im Datenpfad entsprechende Multiplexer vorgesehen werden. Für die Speicherung von Zwischenergebnissen sind zusätzliche Speicherelemente wie Register oder RAMs erforderlich. Das Zwischenspeichern von Ergebnissen ist erforderlich, wenn das Ergebnis einer Operation in späteren Taktzyklen benötigt wird. In den Ablaufplänen aus Abbildung 6.13 müssen sämtliche Ergebnisse von Operationen zwischengespeichert werden. Das Steuerwerk wird üblicherweise durch einen Zustandsautomaten realisiert, der die Steuerung von Datenpfad und Speicher übernimmt.

Im Folgenden werden nun zwei durch HLS generierte mögliche Architekturen vorgestellt, welche das in Listing 6.12 spezifizierte FIR-Filtermodul realisieren. Aus Gründen der Übersichtlichkeit werden nur die wesentlichen Elemente dargestellt. Sämtliche Steuersignale der Datenpfade und zusätzliche Register an den Ein- bzw. Ausgängen sind nicht

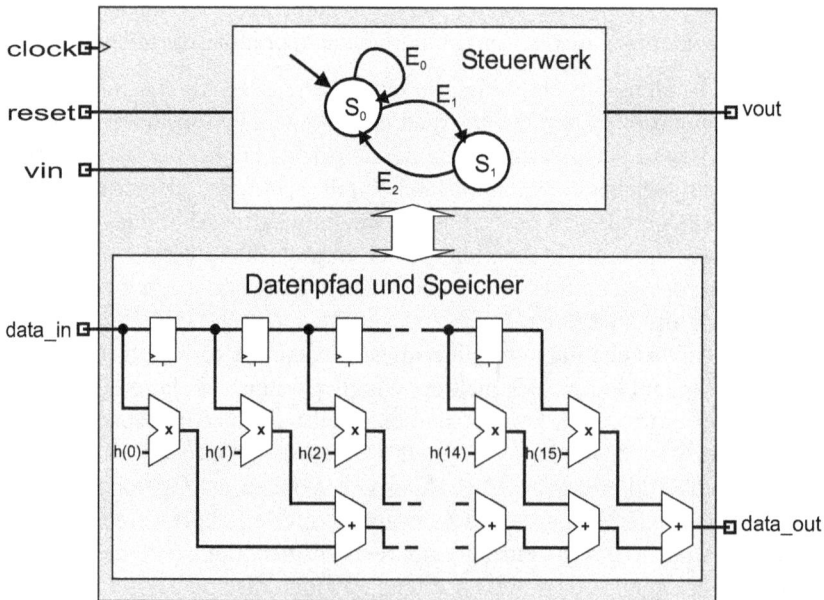

Abb. 6.14: Parallele Architektur des FIR-Filtermoduls

abgebildet. Abbildung 6.14 zeigt eine parallele Architektur des FIR-Filtermoduls. Die Signale reset, vin und vout sind mit dem Steuerwerk des Moduls verbunden. Das Steuerwerk besteht aus einem Zustandsautomaten, der die Zustände S_0 und S_1 besitzt. Nach dem Rücksetzen des Filtermoduls befindet sich der Automat im Zustand S_0. Mit der Kante E_0 wird die in den Zeilen 29 bis 31 von Listing 6.12 dargestellte Schleife realisiert. Solange der Port vin den Wert false besitzt, wird Zustand S_0 nicht verlassen. Besitzt vin den Wert true, so wechselt der Automat über die Kante E_1 in den Zustand S_1. Hierbei wird über den erzeugten Datenpfad die Berechnung der Faltungssumme durchgeführt und das Ergebnis wird über den Port vout als gültig gekennzeichnet. Der in Abbildung 6.14 dargestellte Datenpfad sieht eine vollständig parallele Realisierung des Filters mit 16 Multiplizierern und 15 Addierern vor. Dieser Datenpfad berechnet ein neues Ergebnis innerhalb einer Taktperiode. Im zu Grunde gelegten Ablaufplan dieses Datenpfades sind nun alle Operationen in einem Taktzyklus geplant, so dass es sich bei den Operationen um verkettete Operationen handelt und die Latenz des Ablaufplans ein Taktzyklus beträgt. Die in Abbildung 6.14 dargestellten Register werden zur Realisierung der Zeilen 33 bis 35 aus Listing 6.12 verwendet und dienen zur Speicherung von Abtastwerten der früheren Zeitpunkte. Nachdem das berechnete Ergebnis ausgegeben wurde, wechselt der Zustandsautomat des Steuerwerks über die Kante E_2 wieder in den Zustand S_0 und schreibt auf den Port vout den Wert false. Das zeitliche Verhalten dieser Architektur entspricht dabei exakt dem in Listing 6.12 dargestellten Verhalten.

In Abbildung 6.15 ist eine sequentielle Architektur des FIR-Filtermoduls dargestellt. Das Steuerwerk des Zustandsautomaten besteht aus den drei Zuständen S_0, S_1 und S_2. Nach dem Rücksetzen des Filtermoduls befindet sich das Steuerwerk im Zustand S_0. Analog zur Funktionsweise der parallelen Architektur verweilt der Automat über die Kante E_0 so lange im Zustand S_0 bis der Port vin den Wert true liefert. In diesem Fall wechselt nun der Automat über die Kante E_1 in den Zustand S_1 und speichert den Wert des Dateneingangs data_in in einem Register. Die Berechnung der Faltungssumme geschieht nun sequentiell, wobei in einem Taktzyklus eine Iteration der in Listing 6.12 Zeile 40 bis 42 dargestellten Schleife berechnet wird. Innerhalb eines Taktzyklus wird also nur eine Multiplikation und eine Addition ausgeführt, so dass ein Multiplizierer und ein Addierer für die Berechnung der Faltungssumme ausreichend sind. Im zu Grunde gelegten Ablaufplan sind Multiplikation und Addition als verkettete Operation in einem Taktzyklus geplant.

Ein geeigneter Datenpfad für die sequentielle Architektur ist in Abbildung 6.15 dargestellt. An den Eingängen des Multiplizierers wird mit Hilfe von Multiplexern in jedem Taktzyklus der benötigte Abtastwert und Filterkoeffizient angelegt. Über einen weiteren Multiplexer wird dem Addierer der Wert 0 oder das im vorigen Taktzyklus berechnete Teilergebnis zugeführt. Der Wert 0 wird bei der Berechnung des ersten Teilergebnis benötigt. Für die sequentielle Realisierung der in Listing 6.12 Zeile 40 bis 42 dargestellten Schleife wird weiterhin ein Zähler benötigt, der die Iterationen der Schleife zählt. Aus dem Stand des Zählers werden einerseits die Steuersignale der Multiplexer abgeleitet und andererseits wird mit Hilfe eines Komparators ermittelt, ob die Berechnung beendet ist. Während der Berechnung der Faltungssumme verweilt das Steuerwerk über Kante E_2 im Zustand S_1.

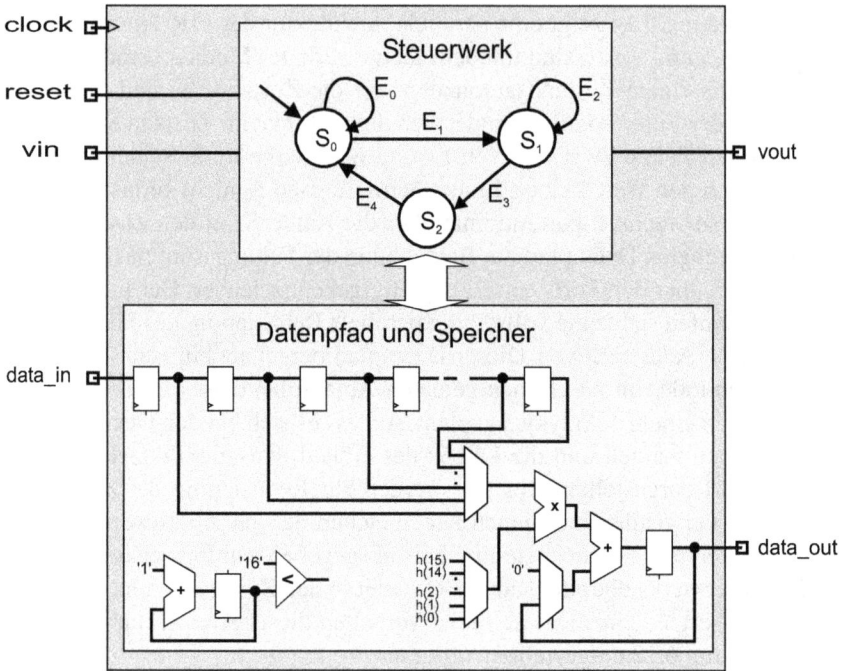

Abb. 6.15: Seqentielle Architektur des FIR-Filtermoduls

Signalisiert der Komparator, dass alle Iterationen getätigt sind, so wechselt das Steuerwerk über Kante E_3 in den Zustand S_2 und mit dem Signal vout wird signalisiert, dass ein gültiges Ergebnis am Datenausgang data_out anliegt. Schließlich wechselt das Steuerwerk über Kante E_4 wieder in den Zustand S_0, wobei der Wert false auf den Port vout geschrieben wird. Der geneigte Leser sei darauf hingewiesen, dass diese Architektur im Wesentlichen auch der Architektur des FIR-Filters aus den Übungsaufgaben zu Kapitel 4 entspricht.

Im Unterschied zur Architektur aus Abbildung 6.14 entspricht das zeitliche Verhalten dieser Architektur nicht mehr dem zeitlichen Verhalten der algorithmischen Beschreibung aus Listing 6.12, da die Berechnung der Faltungssumme nun sequentiell geschieht. Wie in Abschnitt 6.1.3 bereits erwähnt wurde, beträgt die minimale Zeit für die Berechnung eines Ergebnis mit der Beschreibung aus Listing 6.12 zwei Taktzyklen. Sie wird erreicht, wenn der Rumpf der Warteschleife nur einmal ausgeführt wird. Die minimale Zeit für Berechnung und Datentransfer der Architektur aus Abbildung 6.15 beträgt 19 Taktzyklen. Bei einer angenommenen Taktperiode von 10 ns errechnet sich die maximale Abtastfrequenz dieser Architektur beispielsweise zu $1/(19 \cdot 10\,\text{ns}) \approx 5{,}26\,\text{MHz}$.

Da das zeitliche Verhalten von Architekturen, die mittels HLS-Werkzeugen erzeugt worden sind, nicht unbedingt mit dem zeitlichen Verhalten ihrer algorithmischen Beschreibungen übereinstimmen, handelt es sich bei Beschreibungen auf algorithmischer Ebene, wie schon erwähnt, zwar um bitrichtige nicht aber um taktrichtige Modelle. Je nach verwendetem HLS-Werkzeug kann über eine zusätzliche Randbedingung auch die Erzeugung einer taktrichtigen Architektur erzwungen werden. Aufgrund dieser Eigenschaften sollte bei der Modellierung auf algorithmischer Ebene die Kommunikation mit anderen Modulen grundsätzlich mit zusätzlichen Quittierungssignalen (engl.: handshake) erfolgen. Im Beispiel aus Listing 6.12 wurden deshalb die Signale `vin` und `vout` eingeführt, so dass die parallele und die sequentielle Architektur mit derselben Testbench verifiziert werden kann. Die korrekte Ausgabe der Simulationsdaten erfordert lediglich die Anpassung der in Listing 6.14, Zeile 8 berechneten maximalen Abtastfrequenz. Abschließend sei jedoch erwähnt, dass die minimal erreichbare Taktperiode der parallelen Architektur größer sein wird als die der sequentiellen Architektur. Diese Tatsache wird begründet durch den längeren kritischen Pfad der parallelen Architektur, der durch die Laufzeit eines Multiplizierers und 15 Addierern bestimmt wird.

Obwohl High-Level-Synthese-Algorithmen schon in den achtziger Jahren entwickelt wurden und kommerzielle HLS-Werkzeuge, beispielsweise von Synopsys [17], schon seit längerem auf dem Markt sind, wird die HLS in der industriellen Entwicklung nur zögerlich eingesetzt. Dies ist unter anderem darauf zurückzuführen, dass die Qualität der HLS-Ergebnisse sich bislang mit manuellen Entwürfen auf RT-Ebene nicht messen kann. Weiterhin gibt es von verschiedenen Herstellern speziell auf die Signalverarbeitung zugeschnittene Werkzeuge, die in diesen speziellen Anwendungsfällen auch zu guten Ergebnissen führen. Der Entwurf von nicht-signalverarbeitungsspezifischer, allgemeiner digitaler Hardware findet daher auch heute noch hauptsächlich auf Register-Transfer-Ebene statt. SystemC als Modellierungssprache gewinnt allerdings in den letzten Jahren zunehmend an Bedeutung, auch in der industriellen Anwendung, wobei der Schwerpunkt hier sicher auf der Systemmodellierung liegt und weniger auf dem RTL-Hardware-Design. Wie wir schon zu Anfang des Kapitels erwähnt haben, kann man davon ausgehen, dass VHDL zumindest mittelfristig nicht von SystemC beim RTL-Design verdrängt wird, sondern dass hier eine „friedliche" Koexistenz von beiden Sprachen entsteht. Im Übrigen kann auch VHDL für die Beschreibung von algorithmischen Modellen und HLS benutzt werden. Digitale Hardware wird also auch in näherer Zukunft noch auf RT-Ebene mit VHDL oder Verilog entwickelt werden, ergänzt durch spezielle Lösungen beispielsweise für die Signalverarbeitung. Ferner wird auch die Einbeziehung von zugekauften oder wiederverwendbaren Komponenten zunehmend eine Rolle spielen, da die ständig steigende Entwurfskomplexität eine Steigerung der Entwurfproduktivität unumgänglich macht. Möglicherweise werden daher in Zukunft auch leistungsfähigere Synthesewerkzeuge in größerem Maße eine Entwicklung von Hardware auf Abstraktionsniveaus oberhalb der RT-Ebene gestatten.

6.4   Zusammenfassung zu Kapitel 6

- SystemC ist eine Modellierungssprache, die insbesondere Aspekte der Modellierung von Systemen auf hohen Abstraktionsebenen berücksichtigt. Mit SystemC können auch Modelle auf weniger abstrakten Ebenen, wie der algorithmischen Ebene oder der Register-Transfer Ebene, modelliert werden.

- SystemC basiert auf der objektorientierten Sprache C^{++} und ist in Form einer C^{++}-Klassenbibliothek realisiert. Die SystemC-Klassenbibliothek enthält sämtliche hardwarespezifischen Modellierungskonstruktionen, die in C^{++} fehlen. Hierzu gehören im Wesentlichen die Modellierung von Nebenläufigkeiten, die Modellierung von Zeit, Möglichkeiten der Strukturbeschreibung und hardwarespezifische Datentypen.

- Eine Kombination von Entity und Architecture in VHDL entspricht in SystemC einem Modul. Ein Modul ist eine C^{++}-Klasse, die von der SystemC-Klasse `sc_module` abgeleitet ist. Analog zu VHDL können in SystemC-Modulen Prozesse, Ports, Signale und Strukturbeschreibungen enthalten sein.

- Im Unterschied zu VHDL besitzen SystemC-Module einen Konstruktor, der bei der Elaboration des Simulationsmodells für jede Instanz des Moduls einmal ausgeführt wird. Innerhalb des Konstruktors werden Prozesse und deren Sensitivitäten deklariert. Strukturbeschreibungen befinden sich ebenfalls im Konstruktor.

- Prozesse werden in SystemC-Modulen mit Hilfe von Methoden realisiert. In SystemC gibt es drei unterschiedliche Typen von Prozessen: Method-Prozesse, Thread-Prozesse und getaktete Thread-Prozesse. Method-Prozesse werden zur Modellierung von Verhaltensbeschreibungen auf Register-Transfer Ebene eingesetzt. Thread-Prozesse und getaktete Thread-Prozesse eignen sich für die Modellierung von Testbenches bzw. für die Modellierung von Verhaltensbeschreibungen auf algorithmischer Ebene.

- Mit Verhaltensbeschreibungen auf algorithmischer Ebene werden größere Schaltungsteile in einem einzigen Thread-Prozess beschrieben. Dieser Prozess darf beliebige Schleifenkonstruktionen enthalten. Verhaltensbeschreibungen der algorithmischen Ebene sind bitrichtig, aber in der Regel nicht taktrichtig.

- Bei der Architektursynthese mit HLS-Werkzeugen werden aus Verhaltensbeschreibungen der algorithmischen Ebene Architekturen der Register-Transfer-Ebene erzeugt. Eigenschaften wie Datendurchsatz und Ressourcenbedarf der erzeugten Architekturen hängen dabei von vorgegeben Randbedingungen ab. Die erzeugten Architekturen bestehen typischerweise aus den Elementen Datenpfad, Steuerwerk und Speicher.

A   Anhang

A.1   Verwendete Schaltzeichen, Abkürzungen und Formelzeichen

A.1.1   Schaltzeichen

Zur Darstellung von Schaltplänen werden in der Regel genormte Schaltzeichen oder Symbole für die Bauelemente verwendet. Diese Symbole wurden vom DIN (Deutsches Institut für Normen) beziehungsweise von der IEC (International Electrotechnical Commission) festgelegt. Die DIN Norm für Schaltzeichen ist die *DIN 40900* (Graphische Symbole für Schaltungsunterlagen) und die Norm für digitale Symbole *DIN 40900-12* (Binäre Elemente). Diese wurden in den USA als IEC 617-12 und als IEEE-Standard *91-1984*

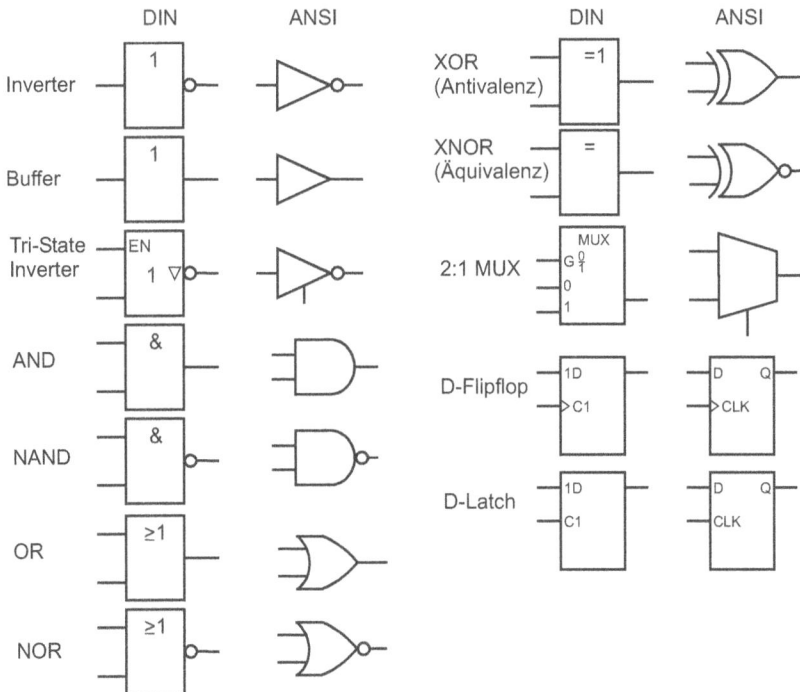

Abb. A.1: *Schaltzeichen nach DIN und ANSI-Norm*

festgelegt. Eine ältere Norm ist die vom ANSI (American National Standards Institute) festgelegte Norm *Y32.14-1973* für Schaltzeichen. Obwohl der gültige Standard eigentlich die *DIN 40900* darstellt, werden vielfach noch die älteren ANSI-Symbole oder daran angelehnte Symbole verwendet. Gerade in amerikanischen Lehrbüchern und insbesondere von den amerikanischen CAE-Werkzeugherstellern werden diese Symbole für die Gatter-Bibliotheken benutzt. Da im vorliegenden Buch einige Schaltpläne aus den für die Beispiele verwendeten CAE-Werkzeugen direkt übernommen wurden, werden die digitalen Schaltzeichen in beiden Formen dargestellt. Die Übersicht in Abbildung A.1 listet daher die in diesem Buch hauptsächlich verwendeten Schaltzeichen in Anlehnung an die neue DIN-Norm und an die alte ANSI-Norm zusammen mit ihren Funktionen auf.

A.1.2 Abkürzungen

A

ABEL	Advanced Boolean Expression Language
AHDL	Altera Hardware DescriptionLanguage
ALM	Adaptive Logic Module
ALU	Arithmetic Logic Unit
AMD	Advanced Micro Devices
ANSI	American National StandardsInstitute
ASCII	American Standard Code forInformation Interchange
ASIC	Application Specific Integrated Circuit
ASN	Ausgabeschaltnetz

B

B-RAM	Block RAM

C

CAM	Content-Adressable Memory
CBIC	Cell-Based IC
CLB	Configurable Logic Block
CMOS	Complementary Metal-OxideSemiconductor
CPLD	Complex PLD
CPU	Central Processing Unit

D

DCI	Digitally Controlled Impedance
DCM	Digital Clock Manager
DEC	Digital Equipment Corporation
DES	Data Encryption Standard
DFG	Datenflussgraph
DLL	Delay-Locked Loop
DNF	Disjunktive Normalform
DoD	Department of Defense

D-RAM	Distributed RAM
DRAM	Dynamic RAM
DUV	Device-Under-Verification

E

EDA	Electronic Design Automation
EDIF	Electronic Data Interchange Format
EIA	Electronic Industries Alliance
EEPROM	Electrically Erasable Programmable Read-Only Memory, E^2PROM
ENIAC	Electronic Numerical Integrator and Computer
EPLD	Erasable Programmable Logic Device
EPROM	Erasable Programmable Read-Only Memory
ETOX	EPROM Tunnel Oxide

F

FAMOS	Floating-gate Avalanche-injection MOS
FeRAM	Ferroelektrisches RAM
FET	Field Effect Transistor
FIFO	First-In First-Out
FLOTOX	FLOating-gate Tunneling OXide
FPGA	Field-Programmable Gate-Array
FPLA	Field Programmable LogicArray
FSM	Finite State Machine

G

GAL	Generic Array Logic
GALS	Globally Asynchronous Locally Synchronous

GE	Gate Equivalent, Gatter-äquivalent		ME	Mutual Exclusion
			MIPS	Million Instructions per Second
H			MGA	Masked Gate-Array
HDL	Hardware DescriptionLanguage		MOS	Metal-Oxide-Semiconductor
			MOSFET	MOS-Field-Effect-Transistor
HLS	High-Level-Synthese		MRAM	Magnetoresistives RAM
			MSB	Most Significant Bit
I			MTBF	Mean-Time-Between-Failures
IBM	International BusinessMachines			
IC	Integrated Circuit		**N**	
IEEE	Institute of Electrical andElectronics Engineers		NCD	Native Circuit Description (Xilinx)
I/O	Input/Output		NGD	Native Generic Database(Xilinx)
IP	Intellectual Property			
IGFET	Insulated Gate Field EffectTransistor		NMOS	N-Kanal MOS
			NMOSFET	NMOS-Field-Effect-Transistor
ISP	In-System Programmable			
			NVRAM	Non-Volatile RAM
J			NVROM	Non-Volatile Read-Only Memory
JFET	Junction Field Effect Transistor			
			NVRWM	Non-Volatile Read/Write Memory
JTAG	Joint Test Action Group			
K			**O**	
KNF	Konjunktive Normalform		ONO	Oxide-Nitride-Oxide
			OTP	One-Time Programmable
L			OVI	Open Verilog Initiative
LAB	Logic Array Block			
LCA	Logic Cell Array		**P**	
LE	Logic Element		PC	Personal Computer
LIFO	Last-In First-Out		PCI	Peripheral Component Interconnect
LRM	Language Reference Manual			
LSB	Least Significant Bit		PDA	Personal Digital Assistant
LSI	Large Scale Integration		PDN	Pull-Down Netzwerk
LUT	Look-Up Table		PIO	Parallel Input/Output
LVDS	Low-Voltage Differential Signaling		PIP	Programmable Interconnect Point
			PLA	Programmable Logic Array
M			PLD	Programmable Logic Device
MAC	Multiply-Accumulate		PLICE	Programmable Low-Impedance Circuit Element
MAX	Multiple Array Matrix			

PLL	Phase-Locked Loop		SPLD	Simple PLD
PMOS	P-Kanal MOS		SRAM	Static RAM
PMOSFET	PMOS-Field-Effect-Transistor		SSI	Small Scale Integration
PROM	Programmable Read-Only Memory		**T**	
			TTL	Transistor-Transistor-Logik
PUN	Pull-Up Netzwerk			
P&R	Place & Route, Platzierung und Verdrahtung		**U**	
			UCF	User Constraint File (Xilinx)
			ÜSN	Überführungsschaltnetz
R			ULSI	Ultra Large Scale Integration
RAM	Random-Access Memory			
RDRAM	Rambus DRAM		**V**	
RISC	Reduced Instruction Set Computer		VCD	Value Change Dump (Format)
ROM	Read-Only Memory		VCO	Voltage-Controlled Oscillator
RT	Register-Transfer			
RTL	Register-Transfer-Level		VHDL	VHSIC Hardware Description Language
S			VHDL-AMS	VHDL Analog und Mixed-Signal
SDF	Standard Delay Format			
SDRAM	Synchrones DRAM		VHSIC	Very High-Speed Integrated Circuit
SOC	System-On-Chip			
SOPC	System-On-A-Programmable-Chip		VITAL	VHDL Initiative Towards ASIC Libraries
SPICE	Simulation Program with Inte-grated Circuit Emphasis		VLSI	Very Large Scale Integration
			VRWM	Volatile Read/Write Memory

A.1.3 Formelzeichen

$\equiv$	Äquivalenz, XNOR	L	Induktivität
$\oplus$	Antivalenz, XOR	L'	Induktivitätsbelag
$*,,\wedge$	UND	L	Länge einer Leitung
$+,\vee$	ODER	L	Länge des Kanals
$\tilde{a},\overline{a}$	NOT	L_{min}	minimale Kanallänge
#	Anzahl	n	nano $= 10^{-9}$
$\propto$	Proportionalität	NM_H	Störabstand für „high"-Pegel
β	mittlere Anzahl von Anschlüssen pro Netz	NM_L	Störabstand für „low"-Pegel
		m	milli $= 10^{-3}$
β	Verstärkungsfaktor, Steilheitskoeffizient	$\max\{\}$	Maximum einer Menge
		μ	mikro $= 10^{-6}$
β_n	Verstärkungsfaktor NMOSFET	μ	Beweglichkeit
β_p	Verstärkungsfaktor PMOSFET	μ	Permeabilität
c_0	Lichtgeschwindigkeit im Vakuum $(= 2,998 \cdot 10^8$ m/s$)$	μ_0	magn. Feldkonstante $(= 4\pi \cdot 10^{-7}$ H/m$)$
C	Kapazität	μ_r	Permeabilitätszahl
C'	Kapazitätsbelag	μ_p	Beweglichkeit der Löcher
C_G	Gatekapazität eines MOSFETs	μ_n	Beweglichkeit der Elektronen
C_L	Lastkapazität	p	pico $= 10^{-12}$
c_{ox}	Oxidkapazität pro Fläche	P	Pitch
δ	Delta-Zyklus	$\overline{P}$	mittlere Leistungsaufnahme
E	Energieaufnahme	$\overline{P}_{stat}$	statische Leistungsaufnahme
E	el. Feldstärke	$\overline{P}_{dyn}$	dynamische Leistungsaufnahme
ε	Permittivität	$P(t)$	Momentanleistung
ε_0	el. Feldkonstante $(= 8,854 \cdot 10^{-12}$ F/m$)$	Q_n	Dichte der freien Ladungsträger
		ρ	spezifischer Widerstand
ε_{ox}	Permittivität des Gateoxids	R	ohmscher Widerstand
ε_r	Permittivitätszahl	R'	Widerstandsbelag
f	femto $= 10^{-15}$	$R_\diamond$	Schichtwiderstand
f	Frequenz	r_{ds}	differentieller Widerstand des Kanals
g_{ds}	differentieller Leitwert des Kanals		
		R_{DS}	Widerstand des Kanals
γ	mittlere Anzahl von Anschlüssen pro Block	$R_{DS,\diamond}$	Schichtwiderstand des Kanals
		R_p	äquivalenter ohmscher Widerstand des PMOSFETs
Gnd	Massepotential		
i_{load}	Ladestrom	R_n	äquivalenter ohmscher Widerstand des NMOSFETs
i_{short}	Kurzschlussstrom		
$\overline{I}$	Mittelwert des Stroms	t	Zeit
I_D	Drainstrom	T	Temperatur, Zeitdauer
KP	Transkonduktanzparameter	T_0	Metastabilitäts-Apertur

T_A	Umgebungstemperatur	T_W	Wartezeit für Synchronisation
τ	Zeitkonstante	U_{dd}	Positive Versorgungsspannung
θ	thermischer Widerstand	U_{DS}	Drain-Source-Spannung
t_f	Abfallzeit	$U_{DS,sat}$	Sättigungsspannung
t_{ho}	Hold-Zeit	U_{GS}	Gate-Source-Spannung,
T_J	Chiptemperatur		Gatespannung
t_{ox}	Gatoxiddicke	$U_{IH,min}$	Min. Eingangsspannung
t_{THL}	Abfallzeit eines Signals		am Inverter für „high"-Pegel
t_{TLH}	Anstiegszeit eines Signals	$U_{IL,max}$	Max. Eingangsspannung
t_{PHL}	Verzögerungszeit eines Gatters,		am Inverter für „low"-Pegel
	fallende Flanke am Ausgang	U_m	metastabiler Arbeitspunkt
t_{PLH}	Verzögerungszeit eines Gatters,	$U_{OH,min}$	Min. Ausgangsspannung
	steigende Flanke am Ausgang		am Inverter für „high"-Pegel
t_r	Anstiegszeit	$U_{OL,max}$	Max. Ausgangsspannung
t_{r2r}	Register-Register-		am Inverter für „low"-Pegel
	Randbedingung	U_S	Schaltschwelle des Inverters
t_{i2r}	Eingang-Register-	U_{th}	Schwellspannung
	Randbedingung	U_{tn}	Schwellspannung des NMOSFET
t_{r2o}	Register-Ausgang-	U_{tp}	Schwellspannung des PMOSFET
	Randbedingung	v	Ausbreitungsgeschwindigkeit
t_{i2o}	Eingang-Ausgang-		einer el.-magn. Welle
	Randbedingung	W	Weite des Kanals
t_{su}	Setup-Zeit	Z	Wellenwiderstand, Impedanz

A.2   VHDL-Syntax

In Tabelle A.1 finden sich die VHDL-Schlüsselworte, die als reservierte Bezeichner nicht
für die Bezeichnung von Objekten und dergleichen verwendet werden dürfen. Nochmals
sei darauf hingewiesen, dass VHDL nicht zwischen Groß- und Kleinschreibung unterscheidet. Ein gültiger Bezeichner in VHDL muss mit einem Buchstaben beginnen, darf nur
Buchstaben, Zahlen sowie das Sonderzeichen _ (Unterstrich) enthalten. Er darf nicht mit
Unterstrich enden und darf nicht mehr als einen Unterstrich in Folge aufweisen.

Obwohl man eine Programmiersprache nicht mit syntaktischen Beschreibungen lernen
kann, ist es doch ab und zu notwendig, die Syntax zur Verfügung zu haben. An dieser Stelle sei daher die VHDL-1993-Syntax in der üblichen BNF (Backus-Naur Form) aufgelistet.
Die BNF ist eine so genannte „Metasprache", also eine Sprache, die zur Beschreibung einer Sprache verwendet wird. Hierzu werden am besten Zeichen oder Symbole verwendet,
die in der zu beschreibenden Sprache nicht vorkommen. Das Symbol ::= bedeutet „Äquivalenz": Die linke Seite bezeichnet den Namen der „Konstruktion", des „Konstrukts" oder

Tabelle A.1: VHDL Schlüsselworte

abs	exit	not	signal
access	file	null	shared
after	for	of	sla
alias	function	on	sll
all	generate	open	sra
and	generic	or	srl
architecture	group	others	subtype
array	guarded	out	then
assert	if	package	to
attribute	impure	port	transport
begin	in	postponed	type
block	inertial	procedure	unaffected
body	inout	process	units
buffer	is	pure	until
bus	label	range	use
case	library	record	variable
component	linkage	register	wait
configuration	literal	reject	when
constant	loop	rem	while
disconnect	map	report	with
downto	mod	return	xnor
else	nand	rol	xor
elsif	new	ror	
end	next	select	
entity	nor	severity	

der „Produktion" (engl.: construct, production) und die rechte Seite gibt die korrekte Syntax der Konstruktion an. Dabei ist die BNF hierarchisch: In einer Konstruktion wird in der Regel wiederum eine Konstruktion aufgerufen. Für das Schreiben von VHDL wird natürlich die expandierte Form benötigt, so dass ein Benutzer die BNF selber expandieren muss, um zu einer gültigen Konstruktion zu kommen. Das macht den Umgang mit einer BNF äußerst mühsam. Daher lernt man die Sprache schneller, wenn man sich an Beispiele oder Muster hält; das ist die im vorliegenden Buch gewählte Vorgehensweise.

Wir haben nachfolgend die VHDL-Syntax für die im Buch benutzten Konstruktionen dargestellt, wobei wir in erster Linie Wert auf eine kompakte und übersichtliche Darstellung gelegt haben. Daher haben wir von einer vollständigen Syntaxdarstellung Abstand genommen und nur die gebräuchlichsten Konstruktionen dargestellt, wobei diese zumeist schon in weitgehend expandierter Form dargestellt werden. Manche Elemente, die in anderen Syntaxdarstellungen weiter expandiert werden müssen, wurden durch Erklärungen ersetzt. Die Syntaxdarstellung ist ferner nicht alphabetisch geordnet – wie dies in vielen anderen Syntaxdarstellungen der Fall ist –, sondern ebenfalls der Übersicht halber nach Konstruktionsarten wie z. B. Übersetzungseinheiten, Deklarationen, nebenläufige Anweisungen und so weiter. Nachteilig an dieser Darstellung ist es, dass nicht alle in VHDL möglichen Konstruktionen expandiert werden können, jedoch sind die gebräuchlichsten Konstruktionen wesentlich schneller für den Benutzer auffindbar. Für vollständige Syntaxbeschreibungen sei auf [8, 14] verwiesen. Um erfolgreich VHDL-Beschreibungen erstellen zu können, ist die syntaktische Beschreibung alleine noch nicht ausreichend; die Syntax ist daher als Ergänzung zu den Ausführungen der Kapitel 2 und 4 zu sehen.

Die hierarchisch höchste Konstruktion ist `design_unit` und bezeichnet eine VHDL-Übersetzungseinheit, an dieser Stelle beginnt daher die hierarchische Expansion der BNF. Die weiteren Metazeichen der BNF bedeuten Folgendes:
{ }: Optionale Wiederholung eines Elements.
[ ]: Element kann optional einmal eingefügt werden.
||: Es kann aus einer Reihe von Alternativen ausgewählt werden.
\\: Gruppierung bei mehreren Alternativen innerhalb einer Konstruktion, falls nicht durch andere Metazeichen gruppiert.
Die Schlüsselworte sind in der Regel groß geschrieben. Bei klein geschriebenen Bezeichnern handelt es sich zumeist um eine Konstruktion, die hierarchisch expandiert werden muss oder weiter unten erklärt ist. Die ()-Klammern sind keine Metazeichen, sondern Bestandteil der Konstruktion.

Wir verdeutlichen die Expansion der BNF am Beispiel des häufig benutzten `identifier` (= Bezeichner). Der fett gedruckte Eintrag für `identifier` liefert die Konstruktionsvorschrift `letter { [ underline ] letter | digit }`. Somit kann ein Bezeichner aus einem großen oder kleinen Buchstaben bestehen, gefolgt von einer (optionalen) Wiederholung von Buchstaben oder Zahlen bzw. Unterstrichen.

Übersetzungseinheiten

```
design_unit::= {library_clause ‖ use_clause} library_unit
library_clause ::= LIBRARY identifier_list ;
use_clause ::= USE identifier.suffix {, identifier.suffix} ;
suffix ::= identifier ‖ ALL
library_unit ::=
  entity_declaration ‖ configuration_declaration ‖ package_declaration ‖
  architecture_body ‖ package_body

entity_declaration ::=
  ENTITY entid IS
    [GENERIC(
      identifier_list : typeid [:= expression]
      {; identifier_list : typeid [:= expression]});]
    [PORT (
      identifier_list: \IN ‖ OUT ‖ INOUT\ typeid [:= expression]
      {; identifier_list: \IN ‖ OUT ‖ INOUT\ typeid [:= expression]});]
    {declaration}
  END [ENTITY] [entid] ;

architecture_body ::=
  ARCHITECTURE archid OF entid IS
    {declaration}
  BEGIN
    {concurrent_statement}
  END [ARCHITECTURE] archid;

package_declaration ::=
  PACKAGE identifier IS
    {declaration_pack}
  END [PACKAGE] identifier;

package_body ::=
  PACKAGE BODY identifier IS
    {declaration_pack_body}
  END [PACKAGE BODY] identifier;

configuration_declaration ::=
  CONFIGURATION identifier OF entid IS
    FOR archid
      {comp_config‖ hier_config}
    END FOR;
  END [CONFIGURATION] identifier;
comp_config ::=
  \FOR ALL ‖ identifier\ : identifier
    USE ENTITY [identifier.]entid [(archid)]
      [[GENERIC MAP (
        identifier => expression {, identifier => expression} )]
      PORT MAP (
        identifier => identifier {, identifier => identifier})];
      [FOR archid
        {comp_config ‖ hier_config}
      END FOR;]
  END FOR;
hier_config ::=
```

```
\FOR ALL || identifier\ : identifier
  USE CONFIGURATION [identifier.]identifier
    [[GENERIC MAP (
      identifier => expression {, identifier => expression})]
    PORT MAP (
      identifier => identifier {, identifier => identifier})];
  END FOR;
```

typeid, entid, archid ::= identifier

Deklarationen

declaration ::=
  constant_declaration ‖ signal_declaration ‖ component_declaration ‖
  procedure_declaration ‖ procedure_body ‖ function_declaration ‖
  function_body ‖ type_declaration ‖ subtype_declaration
declaration_pack ::=
  constant_declaration ‖ signal_declaration ‖
  component_declaration ‖ procedure_declaration ‖
  function_declaration ‖ type_declaration ‖ subtype_declaration
declaration_pack_body ::=
  constant_declaration ‖ procedure_declaration ‖ procedure_body ‖
  function_declaration ‖ function_body ‖
  type_declaration ‖ subtype_declaration
declaration_process ::=
  constant_declaration ‖ variable_declaration ‖ procedure_declaration ‖
  procedure_body ‖ function_declaration ‖ function_body ‖
  type_declaration ‖ subtype_declaration
declaration_sub ::= declaration_process

constant_declaration ::= CONSTANT identifier_list : typeid [:= expression];
signal_declaration ::= SIGNAL identifier_list : typeid [:= expression];
variable_declaration ::= VARIABLE identifier_list : typeid [:= expression];

component_declaration ::=
  COMPONENT identifier [IS]
    [GENERIC (
      identifier_list : typeid [:= expression]
      {; identifier_list : typeid [:= expression]});]
    [PORT (
      identifier_list: \IN ‖ OUT ‖ INOUT\ typeid [:= expression]
      {; identifier_list: \IN ‖ OUT ‖ INOUT\ typeid [:= expression]});]
  END COMPONENT [identifier];

procedure_declaration ::=
  PROCEDURE identifier
    [([CONSTANT ‖ VARIABLE ‖ SIGNAL] identifier_list :
    \IN ‖ OUT ‖ INOUT\ typeid [:= expression]
    {; [CONSTANT ‖ VARIABLE ‖ SIGNAL] identifier_list :
    \IN ‖ OUT ‖ INOUT\ typeid [:= expression]})];
procedure_body ::=
  PROCEDURE identifier
    [([CONSTANT ‖ VARIABLE ‖ SIGNAL] identifier_list :
    \IN ‖ OUT ‖ INOUT\ typeid [:= expression]
    {; [CONSTANT ‖ VARIABLE ‖ SIGNAL] identifier_list :

```
  \IN || OUT || INOUT\ typeid [:= expression]})] IS
 {declaration_sub}
BEGIN
  {sequential_statement}
END [PROCEDURE] [identifier];
```

function_declaration ::=
```
[PURE || IMPURE] FUNCTION identifier
 [([CONSTANT || SIGNAL] identifier_list :
  [IN] typeid [:= expression]
 {; [CONSTANT || SIGNAL] identifier_list :
  IN || OUT || INOUT typeid [:= expression]})] RETURN typeid;
```
function_body ::=
```
[PURE || IMPURE] FUNCTION identifier
 [([CONSTANT || SIGNAL] identifier_list :
  [IN] typeid [:= expression]
 {; [CONSTANT || SIGNAL] identifier_list :
  [IN] typeid [:= expression]})] RETURN typeid IS
 {declaration_sub}
BEGIN
  {sequential_statement}
END [FUNCTION] [identifier];
```

type_declaration ::= enumeration_type || integer_type || real_type ||
 unc_array_type || con_array_type || record_type

enumeration_type ::= TYPE typeid IS (
 identifier || character_literal {, identifier || character_literal});
integer_type ::= TYPE typeid IS RANGE intnum \TO || DOWNTO\ intnum;
real_type ::= TYPE typeid IS RANGE realnum \TO || DOWNTO\ realnum;
unc_array_type ::=
```
 TYPE typeid IS ARRAY
  (index_type RANGE <> {, index_type RANGE <>}) OF base_type;
```
con_array_type ::=
```
 TYPE typeid IS ARRAY
  ([index_type RANGE] drange \TO || DOWNTO\ drange
  {, [index_type RANGE] drange \TO || DOWNTO\ drange}) OF base_type;
```
record_type ::=
```
 TYPE typeid IS RECORD
   identifier_list : typeid; {identifier_list : typeid;}
  END RECORD [identifier];
```

subtype_declaration ::= scalar_subtype || array_subtype || res_subtype
scalar_subtype ::=
 SUBTYPE identifier IS typeid [RANGE srange \TO || DOWNTO\ srange];
array_subtype ::=
```
 SUBTYPE identifier IS typeid (
   drange \TO || DOWNTO\ drange {, drange \TO || DOWNTO\ drange});
```
res_subtype ::= SUBTYPE typeid IS resolution_function_id typeid;

intnum ::= simple_expression, welche Wert vom Typ Integer ergibt
realnum ::= simple_expression, welche Wert vom Typ Real ergibt
base_type ::= Basistyp des Feldes (siehe Kapitel 2)
index_type ::= Indextyp des Feldes (diskrete Typen, siehe Kapitel 2)
drange ::= simple_expression, welche Werte des diskreten Indextyps

```
(integer, enumeration) ergibt
srange ::= simple_expression, welche Werte vom Basistyp ergibt
resolution_function_id ::= identifier
```

Nebenläufige Anweisungen

```
concurrent_statement ::= cond_assignment || sel_assignment ||
 process || conc_proc || assertion || comp_instant ||
 iter_instant || cond_instant

cond_assignment ::=
 [label :] identifier <= [delay] {waveform WHEN boolean_expr ELSE}
  waveform [WHEN boolean_expr];
sel_assignment ::=
 [label :] WITH expression SELECT identifier <= [delay]
  {waveform WHEN choices,}
  waveform WHEN choices;

process ::=
 [label:] PROCESS [(identifier_list)] [IS]
  {declaration_process}
 BEGIN
  {sequential_statement}
 END PROCESS [label];

conc_proc ::= [label:] identifier ([identifier =>] identifier
 {, [identifier =>] identifier});

assertion ::=
 [label :] ASSERT boolean_expr
  [REPORT expression] [SEVERITY expression] ;

comp_instant ::=
 label: identifier
  [[GENERIC MAP (identifier => expression {, identifier => expression} )]
  PORT MAP ([identifier =>] identifier {, [identifier =>] identifier} )];

iter_instant ::=
 label: FOR identifier IN discrete_range GENERATE
  [{declaration}
 BEGIN]
  {concurrent_statement}
 END GENERATE [label];
cond_instant ::=
 label: IF boolean_expr GENERATE
  [{declaration}
 BEGIN]
  {concurrent_statement}
 END GENERATE [label];
```

Sequentielle Anweisungen

```
sequential_statement ::= wait || assertion_s || sig_assign || var_assign ||
 procedure || if || case || loop || next || exit || return || null
```

```
wait ::= [label:] WAIT [ON identifier {, identifier}]
  [UNTIL expression] [FOR time_expr];

assertion_s ::=
  [label:] ASSERT boolean_expr
   [REPORT expression] [SEVERITY expression] ;

sig_assign ::= [label:] identifier <= [delay] waveform;
var_assign ::= [label:] identifier := expression;

procedure ::= [label:] identifier ([identifier =>] identifier
  {, [identifier =>] identifier});

if ::=
  [label:] IF boolean_expr THEN
   {sequential_statement}
  {ELSIF boolean_expr THEN
   {sequential_statement}}
  [ELSE
   {sequential_statement}]
  END IF [label];

case ::=
  [label:] CASE expression IS
   WHEN choices => {sequential_statement}
   {WHEN choices => {sequential_statement}}
  END CASE [label];

loop ::=
  [label:] [WHILE expression || FOR identifier IN discrete_range] LOOP
   {sequential_statement}
  END LOOP [label];

next ::= [label] NEXT [label] [WHEN boolean_expr];
exit ::= [label] EXIT [label] [WHEN boolean_expr];
return ::= [label] RETURN [expression];
null ::= [label] NULL;
```

Ausdrücke

```
expression ::=
  relation {AND relation} || relation {OR relation} ||
  relation {XOR relation} || relation [NAND relation] ||
  relation [NOR relation] || relation [XNOR relation]
relation ::= shift_expression [relop shift_expression]
shift_expression ::= simple_expression [shiftop simple_expression]

simple_expression ::= [+||-] term {addop term}
term ::= factor {mulop factor}
factor ::= primary[** primary] || ABS primary || NOT primary

relop ::= = || /= || < || <= || > || >=
shiftop ::= SLL || SRL || SLA || SRA || ROL || ROR
addop ::= + || - || &
mulop ::= * || / || MOD || REM
```

primary ::= literal ‖ identifier ‖ attribut_name ‖ aggregate ‖
  function_call ‖ type_conversion ‖ qualified_expression ‖ (expression)

qualified_expression ::= typeid'(expression)
type_conversion ::= typeid(expression)
function_call ::= identifier ([identifier =>] identifier
  {, [identifier =>] identifier});
aggregate ::= ([choices =>] expression {, [choices =>] expression})
attribut_name ::= identifier'identifier[(expression)]

literal ::= decimal_literal ‖ character_literal ‖ string_literal ‖
  bit_string_literal ‖ identifier ‖ NULL

decimal_literal ::= integer[.integer][E[+]integer‖E-integer]
integer ::= digit{[underline]digit}
character_literal ::= 'graphic_character'
string_literal ::= "{graphic_character}"
bit_string_literal ::= \B‖O‖X\"digit ‖ letter {[underline] digit ‖ letter}"

Weitere Konstruktionen

waveform ::= expression [AFTER time_expr] {, expression [AFTER time_expr]}
delay ::= TRANSPORT ‖ [REJECT time_expr] INERTIAL
time_expr ::= expression, welche Wert vom Typ time liefert
boolean_expr ::= expression, welche Wert vom Typ boolean liefert
label ::= identifier

choice ::= simple_expression ‖ discrete_range ‖
  identifier ‖ OTHERS
choices ::= choice {| choice}

discrete_range ::= simple_expression \TO ‖ DOWNTO\ simple_expression ‖
  typeid [RANGE simple_expression \TO ‖ DOWNTO\ simple_expression]

Lexikalische Elemente

identifier_list ::= identifier { , identifier}
identifier ::= letter{[underline]letter ‖ digit}
letter ::= upper_case_letter ‖ lower_case_letter
graphic_character ::=
  letter ‖ digit ‖ special_character‖
  space_character ‖ other_special_character

digit ::= Zahlen von 0 bis 9
upper_case_letter ::= Groß geschriebene Buchstaben
lower_case_letter ::= Klein geschriebene Buchstaben
space_character ::= Leerzeichen
special_character ::= Sonderzeichen ("#&'()*+,-./:;<=>[]_|)
other_special_character ::=
  Alle anderen Sonderzeichen, außer Formatierungszeichen.
underline ::= Unterstrich

A.3   VHDL-Strukturbeschreibung des Beispiel-Prozessors

```
0
1    LIBRARY ieee;
2    USE ieee.std_logic_1164.ALL;
3
4    ENTITY p4top IS
5       PORT(
6          clk     : IN     std_logic;
7          rst     : IN     std_logic;
8          pioport : INOUT  std_logic_vector (3 DOWNTO 0)
9       );
10
11   -- Declarations
12
13   END p4top ;
14   --
15   -- VHDL Architecture p4.p4top.str
16   --
17   -- Created:
18   --          by - frank.kesel.UNKNOWN (EIT-F-KESEL)
19   --          at - 12:22:03 09/20/04
20   --
21   -- Generated by Mentor Graphics' HDL Designer(TM) 2002.1a (Build 22)
22   --
23   LIBRARY ieee;
24   USE ieee.std_logic_1164.ALL;
25   USE ieee.numeric_std.all;
26   LIBRARY p4;
27   USE p4.p4def.ALL;
28
29   ARCHITECTURE str OF p4top IS
30
31      -- Architecture declarations
32
33      -- Internal signal declarations
34      SIGNAL addr   : std_logic_vector(3 DOWNTO 0);
35      SIGNAL alubus : std_logic_vector(3 DOWNTO 0);
36      SIGNAL cb     : std_logic_vector(8 DOWNTO 0);
37      SIGNAL dout   : std_logic_vector(3 DOWNTO 0);
38      SIGNAL membus : std_logic_vector(3 DOWNTO 0);
39      SIGNAL opc    : std_logic_vector(3 DOWNTO 0);
40      SIGNAL piobus : std_logic_vector(3 DOWNTO 0);
41
42
43      -- Component Declarations
44      COMPONENT alu
45      PORT (
46         clk   : IN    std_logic ;
47         din   : IN    std_logic_vector (3 DOWNTO 0);
48         ldacc : IN    std_logic ;
49         mode  : IN    std_logic_vector (1 DOWNTO 0);
50         rst   : IN    std_logic ;
51         dout  : OUT   std_logic_vector (3 DOWNTO 0)
52      );
53      END COMPONENT;
54      COMPONENT ctrl
55      PORT (
56         clk  : IN    std_logic ;
57         opc  : IN    std_logic_vector (3 DOWNTO 0);
58         rst  : IN    std_logic ;
59         cbus : OUT   std_logic_vector (8 DOWNTO 0)
60      );
61      END COMPONENT;
```

```
 62     COMPONENT dbus
 63     PORT (
 64         alu  : IN      std_logic_vector (3 DOWNTO 0);
 65         con  : IN      std_logic_vector (3 DOWNTO 0);
 66         mem  : IN      std_logic_vector (3 DOWNTO 0);
 67         pio  : IN      std_logic_vector (3 DOWNTO 0);
 68         sel  : IN      std_logic_vector (1 DOWNTO 0);
 69         dout : OUT     std_logic_vector (3 DOWNTO 0)
 70     );
 71     END COMPONENT;
 72     COMPONENT dmem
 73     PORT (
 74         addr : IN      std_logic_vector (3 DOWNTO 0);
 75         clk  : IN      std_logic ;
 76         din  : IN      std_logic_vector (3 DOWNTO 0);
 77         we   : IN      std_logic ;
 78         dout : OUT     std_logic_vector (3 DOWNTO 0)
 79     );
 80     END COMPONENT;
 81     COMPONENT pio
 82     PORT (
 83         addr    : IN      std_logic_vector (3 DOWNTO 0);
 84         clk     : IN      std_logic ;
 85         din     : IN      std_logic_vector (3 DOWNTO 0);
 86         rst     : IN      std_logic ;
 87         we      : IN      std_logic ;
 88         dout    : OUT     std_logic_vector (3 DOWNTO 0);
 89         pioport : INOUT   std_logic_vector (3 DOWNTO 0)
 90     );
 91     END COMPONENT;
 92     COMPONENT pmem
 93     PORT (
 94         clk   : IN      std_logic ;
 95         incpc : IN      std_logic ;
 96         ldir  : IN      std_logic ;
 97         ldpc  : IN      std_logic ;
 98         rst   : IN      std_logic ;
 99         adcon : OUT     std_logic_vector (3 DOWNTO 0);
100         opc   : OUT     std_logic_vector (3 DOWNTO 0)
101     );
102     END COMPONENT;
103
104
105 BEGIN
106     -- Instance port mappings.
107     I2 : alu
108         PORT MAP (
109             clk   => clk,
110             din   => dout,
111             ldacc => cb(5),
112             mode  => cb(1 DOWNTO 0),
113             rst   => rst,
114             dout  => alubus
115         );
116     I1 : ctrl
117         PORT MAP (
118             clk  => clk,
119             opc  => opc,
120             rst  => rst,
121             cbus => cb
122         );
123     I4 : dbus
124         PORT MAP (
125             alu  => alubus,
126             con  => addr,
127             mem  => membus,
128             pio  => piobus,
```

```
129              sel  => cb(3 DOWNTO 2),
130              dout => dout
131         );
132     I3 : dmem
133         PORT MAP (
134              addr => addr,
135              clk  => clk,
136              din  => dout,
137              we   => cb(6),
138              dout => membus
139         );
140     I5 : pio
141         PORT MAP (
142              addr    => addr,
143              clk     => clk,
144              din     => dout,
145              rst     => rst,
146              we      => cb(6),
147              dout    => piobus,
148              pioport => pioport
149         );
150     I0 : pmem
151         PORT MAP (
152              clk   => clk,
153              incpc => cb(7),
154              ldir  => cb(4),
155              ldpc  => cb(8),
156              rst   => rst,
157              adcon => addr,
158              opc   => opc
159         );
160
161 END str;
```

A.4   Lösungen der Übungsaufgaben

A.4.1   Übungsaufgaben aus Kapitel 2

Aufgabe 2.1:
Die Aufgabe kann durch nachfolgendes Listing gelöst werden (gezeigt ist nur der Prozess).

```
0    takt: PROCESS (s_clk)
1    BEGIN
2       s_clk <= NOT s_clk AFTER 5 ns;
3    END PROCESS takt;
```

Aufgabe 2.2:
Das Signal b ist in einer Anweisung nicht gleichzeitig Ziel und Quelle, wie dies beim Oszillationsbeispiel aus Tabelle 2.3 der Fall war. Da sich das Signal a nicht mehr ändert, ist die Simulation nach der in Tabelle 2.6 gezeigten Anzahl von Deltazyklen beendet.

Aufgabe 2.3:
Die Aufgabe kann durch nachfolgendes Listing gelöst werden (gezeigt ist nur der veränderte Prozess).

```
0    P1: PROCESS (a, b, c, d, e, f)
1    BEGIN
2       y <= '0';
3       IF b = '0' THEN
4          y <= e;
5       ELSIF c = '1' THEN
6          y <= f;
7       ELSIF a = '1' THEN
8          y <= d;
9       END IF;
10   END PROCESS P1;
```

Aufgabe 2.4:
Die Aufgabe kann durch nachfolgende Listings gelöst werden.

```
0    LIBRARY ieee;
1    USE ieee.std_logic_1164.all;
2
3    ENTITY add4ueb IS
4       PORT(
5          a    : IN     std_logic_vector (3 DOWNTO 0);
6          b.   : IN     std_logic_vector (3 DOWNTO 0);
7          cin  : IN     std_logic;
8          cout : OUT    std_logic;
9          s    : OUT    std_logic_vector (3 DOWNTO 0));
10   END add4ueb ;
11
12   ARCHITECTURE beh OF add4ueb IS
13   BEGIN
14
```

```
15      process (a, b, cin)
16          variable c : std_logic_vector(4 downto 0);
17      begin
18          c(0) := cin;
19          for i in 0 to 3 loop
20              c(i+1):= ((a(i) xor b(i)) and c(i)) or (a(i) and b(i));
21              s(i) <= (a(i) xor b(i)) xor c(i);
22          end loop;
23          cout <= c(4);
24      end process;
25
26  END beh;
```

```
0    LIBRARY ieee;
1    USE ieee.std_logic_1164.all;
2
3    ENTITY add4ueb_tb IS
4    END add4ueb_tb ;
5
6    ARCHITECTURE beh OF add4ueb_tb IS
7
8       SIGNAL a    : std_logic_vector(3 DOWNTO 0) := "0000";
9       SIGNAL b    : std_logic_vector(3 DOWNTO 0) := "0000";
10      SIGNAL cin  : std_logic := '0';
11      SIGNAL cout : std_logic;
12      SIGNAL s    : std_logic_vector(3 DOWNTO 0);
13
14      COMPONENT add4ueb
15      PORT (
16          a    : IN     std_logic_vector (3 DOWNTO 0);
17          b    : IN     std_logic_vector (3 DOWNTO 0);
18          cin  : IN     std_logic ;
19          cout : OUT    std_logic ;
20          s    : OUT    std_logic_vector (3 DOWNTO 0));
21      END COMPONENT;
22
23  BEGIN
24
25      I0 : add4ueb
26          PORT MAP (a => a, b => b, cin  => cin, cout => cout, s => s);
27
28      test: PROCESS
29      BEGIN
30        WAIT FOR 1 ns;   -- Erwartetes Ergebnis: s = 0011, cout = 0
31        a <= "0010"; b <= "0001";
32        WAIT FOR 1 ns;   -- Erwartetes Ergebnis: s = 0100, cout = 0
33        a <= "0010"; b <= "0001"; cin <= '1';
34        WAIT FOR 1 ns;   -- Erwartetes Ergebnis: s = 0000, cout = 1
35        a <= "1111"; b <= "0001"; cin <= '0';
36        WAIT FOR 1 ns;   -- Erwartetes Ergebnis: s = 0000, cout = 1
37        a <= "1111"; b <= "0000"; cin <= '1';
38        WAIT;
39      END PROCESS test;
40
41  END beh;
```

Aufgabe 2.5:
Die Aufgabe kann durch nachfolgendes Listing gelöst werden.

```
0    LIBRARY ieee;
1    USE ieee.std_logic_1164.all;
2
3    ENTITY reg4ueb IS
4       GENERIC( width : integer := 4);
5       PORT(
6          clk : IN        std_logic;
7          res : IN        std_logic;
8          d   : IN        std_logic_vector (width-1 DOWNTO 0);
9          q   : OUT       std_logic_vector (width-1 DOWNTO 0));
10   END reg4ueb ;
11
12   ARCHITECTURE beh OF reg4ueb IS
13      SIGNAL q_s : std_logic_vector(width-1 DOWNTO 0);
14   BEGIN
15
16      reg: PROCESS (clk, res)
17      BEGIN
18        IF res = '0' THEN
19           q_s <= (OTHERS => '0');
20        ELSIF clk'event AND clk = '0' THEN
21           q_s <= d;
22        END IF;
23      END PROCESS reg;
24
25      q <= q_s;
26
27   END beh;
```

Aufgabe 2.6:
a, b, c = (0,1,0) $\Longrightarrow$ y = X
a, b, c = (0,Z,1) $\Longrightarrow$ y = X
a, b, c = (0,X,0) $\Longrightarrow$ y = X
a, b, c = (0,Z,Z) $\Longrightarrow$ y = 0

Aufgabe 2.7:
In der Package-Deklaration aus Listing 2.42 ist der Wert, der am weitesten links in der Typ-Deklaration von mval steht, ein „X". Da y nichts explizit zugewiesen wird, erhält das Signal den Wert „X" bei der Initialisierung.

Aufgabe 2.8:
Die Initialisierung der Konstanten aufloesungs_tabelle aus Listing 2.43 ist wie folgt zu verändern.

```
0    CONSTANT aufloesungs_tabelle : mval_tabelle := (
1    --   X    0    1    Z
2    ('X', 'X', 'X', 'X'), -- X
3    ('X', '0', '0', '0'), -- 0
4    ('X', '0', '1', '1'), -- 1
```

```
5          ('X', '0', '1', 'Z')   -- Z
6          );
```

Aufgabe 2.9:

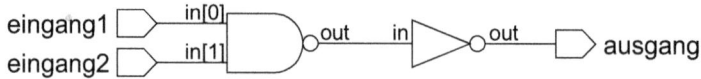

Abb. A.2: *Lösung Aufgabe 2.9*

A.4.2   Übungsaufgaben aus Kapitel 3

Aufgabe 3.1:
$R_p = R_n$ da $\beta_n = \beta_p$, $R_p = R_n = \frac{2,32}{\beta_p \cdot U_{dd}} = 2064,1\,\Omega$
$t_d = t_{PHL} = t_{PLH} = 0,69 \cdot \tau = 0,69 \cdot R_p \cdot C_L$,
für $C_L = 15\,\text{fF} \Rightarrow t_d = 21,36\,\text{ps}$ und für $C_L = 45\,\text{fF} \Rightarrow t_d = 64,09\,\text{ps}$

Aufgabe 3.2:
Die Funktion $t_d = f(C_L)$ ergibt sich zu $t_d = 0,69 \cdot \tau = 0,69 \cdot R_p \cdot C_L = 1424,229\,\Omega \cdot C_L$ und kann im Graphen in Abbildung A.3 dargestellt werden.

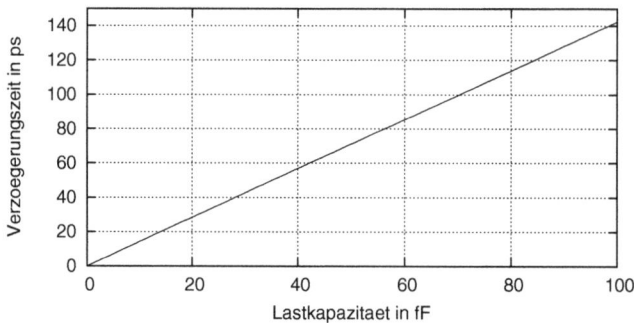

Abb. A.3: *Lösung Aufgabe 3.2*

Aufgabe 3.3:
Die Verzögerungszeit hängt wie folgt von der Versorgungsspannung U_{dd} ab: $t_d \propto \frac{U_{dd}}{(U_{dd}-U_{th})^2}$.
Hieraus lässt sich der Faktor $t_{d2}/t_{d1} = 8,\overline{3}$ berechnen, um welchen die Schaltung bei $U_{dd} = 1\,\text{V}$ langsamer ist als bei $U_{dd} = 3\,\text{V}$. Die neue Taktfrequenz ergibt sich dann zu $f_{max2} = 100\,\text{MHz}/8,\overline{3} = 12\,\text{MHz}$.

Aufgabe 3.4:
$P_1 = 100\,\text{MHz} \cdot 5\,\text{pF} \cdot 9\,\text{V}^2 = 4,5\,\text{mW}$, $P_2 = 10\,\text{MHz} \cdot 5\,\text{pF} \cdot 1\,\text{V}^2 = 0,05\,\text{mW}$

Aufgabe 3.5:
Die Kapazität der Batterie gibt die entnehmbare Ladungsmenge Q (in Amperestunden) an, hier 2 Ah. Die mittlere Stromaufnahme $\bar{I}$ des ASICs beträgt 0,015 A und somit ergibt sich die Betriebsdauer zu $t = Q/\bar{I} = 2\,\text{Ah}/0{,}015\,\text{A} = 133{,}\bar{3}\,\text{h}$.

Aufgabe 3.6:
Abbildung A.4 stellt eine mögliche Lösung für die Aufgabe dar. Zur besseren Übersicht sind nicht alle Verbindungen gezeichnet, die Signale gleichen Namens gelten als verbunden.

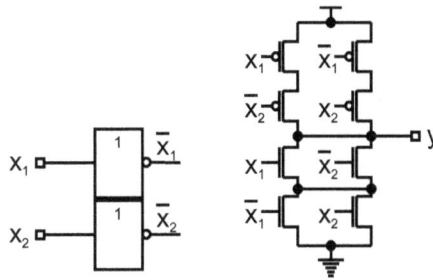

Abb. A.4: Lösung Aufgabe 3.6

Aufgabe 3.7:
Das XOR- bzw. XNOR-Gatter kann als Multiplexer konstruiert werden, das den anderen Eingang invertiert oder nicht invertiert durchschaltet, wie Abbildung A.5 zeigt. Dies kann man aus der Funktionstabelle erkennen. Man spart gegenüber einem komplementären Gatter 4 Transistoren, allerdings wird der nicht invertierte Eingang x_2 nicht aktiv getrieben.

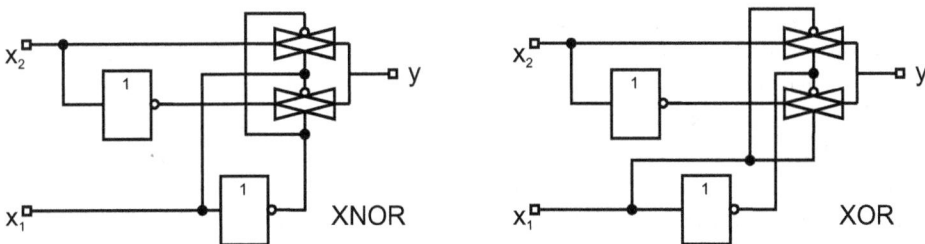

Abb. A.5: Lösung Aufgabe 3.7

Aufgabe 3.8:
Die Lösung kann Abbildung A.6 entnommen werden. Der Master ist transparent, wenn $C = '1'$ ist und speichert wenn $C = '0'$. Die Setup- und Hold-Zeit bezieht sich nun auf die fallende Flanke; sie bezieht sich immer auf das Master-Latch, ist also dessen Setup- und Hold-Zeit.

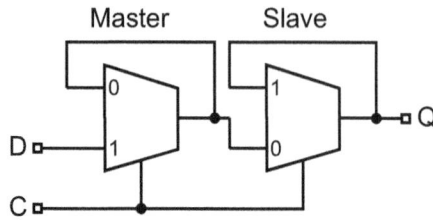

Abb. A.6: *Lösung Aufgabe 3.8*

Aufgabe 3.9:
Die benötigte Wartezeit T_w kann durch $T_w = \tau \cdot \ln(MTBF \cdot T_0 \cdot f_{Takt} \cdot f_{Daten})$ berechnet werden. Nach Einsetzen der Werte ergibt sich $T_w = \tau \cdot 48{,}81$ und somit ergibt sich für τ_1 die Wartezeit $T_{w1} = 2{,}44$ ns und für τ_2 die Wartezeit $T_{w2} = 1{,}22$ ns. Da die Taktperiode 1 ns beträgt, werden für τ_1 drei Synchronisationsflipflops nötig, für τ_2 sind nur zwei Stufen nötig – die Flipflops mit τ_2 sind schneller und daher besser geeignet.

Aufgabe 3.10:
Anzahl der Spalten $s = w \cdot 8 = 144 \Rightarrow$ Anzahl der Zeilen $= 128$ und somit ist das Weiten/Längenverhältnis $= 1{,}125$, die Matrix also annähernd quadratisch. Hierfür werden $z = 7$ Adressen für den Zeilendecoder und $n = 3$ Adressen für den Spaltendecoder notwendig. Jeder der 18 Spaltenmultiplexer muss 8 Spalten multiplexen. Die Speichermatrix weist eine Fläche von $A_M = 128\,\mu\text{m} \cdot 144\,\mu\text{m} = 18.432\,\mu\text{m}^2 = 0{,}018\text{ mm}^2$ auf. Da die Chipfläche $A_C = 200\text{ mm}^2$ beträgt, belegt die Speichermatrix $0{,}009\,\%$ der Chipfläche.

Aufgabe 3.11: Die Aufgabe kann beispielsweise wie in Abbildung A.7 gezeigt gelöst werden. Bei der 4-LUT im SRAM-FPGA wird in Abhängigkeit vom Wert der Adresse eine von 16 Speicherzellen ausgewählt und auf den Ausgang geschaltet. Zur Verdeutlichung ist dies in der Abbildung schematisch dargestellt. In diesem Beispiel muss eine Funktion von 3 Variablen in einer LUT mit 4 Eingängen realisiert werden. Mit der gezeigten Belegung der LUT ist es unerheblich, welcher Logikwert an a_0 anliegt. Um die Funktion durch Beschaltung einer zweistufigen Multiplexer-Zelle in einem Multiplexer-FPGA realisieren zu können, kann die Funktion durch den Entwicklungssatz nach den Variablen entwickelt werden, obwohl es sich bei diesem Beispiel schon um eine Multiplexer-Funktion handelt – eine Multiplexer-Verschaltung lässt sich in diesem Fall natürlich auch ohne Entwicklungssatz finden. Der Übung halber wenden wir dennoch den Entwicklungssatz in zwei Schritten an. Im ersten Schritt wird die Gleichung nach c entwickelt:
$y = (c \wedge b) \vee (\overline{c} \wedge a) = \overline{c} \wedge (0 \wedge b \vee 1 \wedge a) \vee c \wedge (1 \wedge b \vee 0 \wedge a) = \overline{c} \wedge (a) \vee c \wedge (b)$
Im zweiten Schritt werden die beiden Teilfunktionen in den Klammern nach a bzw. b entwickelt, so dass eine zweistufige Multiplexer-Struktur entsteht:
$y = \overline{c} \wedge ((\overline{a} \wedge 0) \vee (a \wedge 1)) \vee c \wedge ((\overline{b} \wedge 0) \vee (b \wedge 1))$
In beiden Fällen – sowohl beim SRAM-FPGA als auch beim Multiplexer-FPGA – wird die Hardware der Basiszellen erkennbar schlecht ausgenutzt: Es hätte auch eine LUT mit 3 Eingängen und damit mit 8 Speicherzellen genügt bzw. die Funktion hätte auch mit ei-

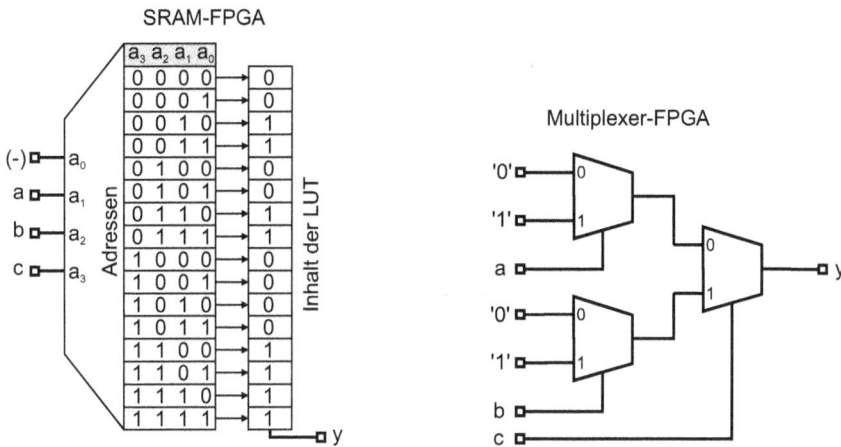

Abb. A.7: *Lösung Aufgabe 3.11*

nem 2:1-Multiplexer realisiert werden können. Diese „Verschwendung" von Hardware ist typisch für programmierbare Schaltungen. Es ist letztlich die Aufgabe der Logiksynthese eine möglichst gute Ausnutzung der Hardware zu erreichen, indem die Logik entsprechend strukturiert wird.

A.4.3   Übungsaufgaben aus Kapitel 4

Die Lösungen zu den Aufgaben wurden mit LeonardoSpectrum für eine Virtex-II-Technologie generiert. Bei Verwendung von anderen Synthesewerkzeugen und anderen Technologien können natürlich von diesen Musterlösungen abweichende Ergebnisse entstehen.

Aufgabe 4.1:

Nach Abänderung der Funktionstabelle (Tabelle 4.2 in Abschnitt 4.1.2) erhält man für die Funktion D das KV-Diagramm aus Abbildung A.8. Hieraus kann man die minimierte Schaltfunktion $D = ((\overline{Q} \wedge \overline{s} \wedge r) \vee (Q \wedge \overline{s}) \vee (Q \wedge r)$ entnehmen; dies entspricht exakt der in Abbildung 4.7 gezeigten Lösung. Der erste Term kann durch Zusammenfassen mit dem Minterm $(Q \wedge \overline{s} \wedge r)$ (Index 6) noch weiter zu $\overline{s} \wedge r$ vereinfacht werden (vgl. auch Abbildung 4.10 in Abschnitt 4.1.4).

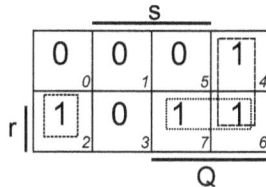

Abb. A.8: *KV-Diagramm zu Aufgabe 4.1*

Aufgabe 4.2:
Da es sich bei der Ansteuerfunktion des Flipflops um eine Funktion von 4 Variablen (a[1:0]
und b[1:0]) handelt, sollte diese durch eine einzige 4-LUT realisierbar sein. Bei einer
Logikoptimierung und Technologieabbildung mit LeonardoSpectrum für eine Virtex-II-
Technologie ergibt sich das in Abbildung A.9 gezeigte Ergebnis. Die LUT realisiert fol-
gende Funktion:

$$O = (\overline{a[1]} \wedge b[1]) \vee (b[1] \wedge b[0]) \vee (\overline{a[0]} \wedge b[1]) \vee (\overline{a[1]} \wedge b[0]) \vee (\overline{a[1]} \wedge \overline{a[0]})$$

Anhand einer Funktionstabelle oder eines KV-Diagramms lässt sich nachvollziehen, dass
dies die im VHDL-Code beschriebene Funktion realisiert.

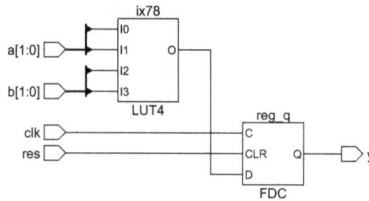

Abb. A.9: *Lösung zu Aufgabe 4.2*

Aufgabe 4.3:
Die Aufgabe kann beispielsweise durch nachfolgendes Listing gelöst werden. Wird eine
Binary-Codierung für die Zustände gewählt (s0=00, s1=01, s2=10), so kommt die Synthese mit LeonardoSpectrum für eine Virtex-II-Technologie zu dem Ergebnis von Abbildung A.10. Dabei werden zwei Flipflops für die Synchronisierung und zwei Flipflops für
das Zustandsregister benötigt. Hinzu kommen 4 LUTs für die Realisierung des ÜSN und
ASN, so dass das Design in zwei Slices eines Virtex-II-FPGAs passt. Die maximale Taktfrequenz ergibt sich aus dem kritischen Pfad zwischen den Flipflops und lässt sich aus

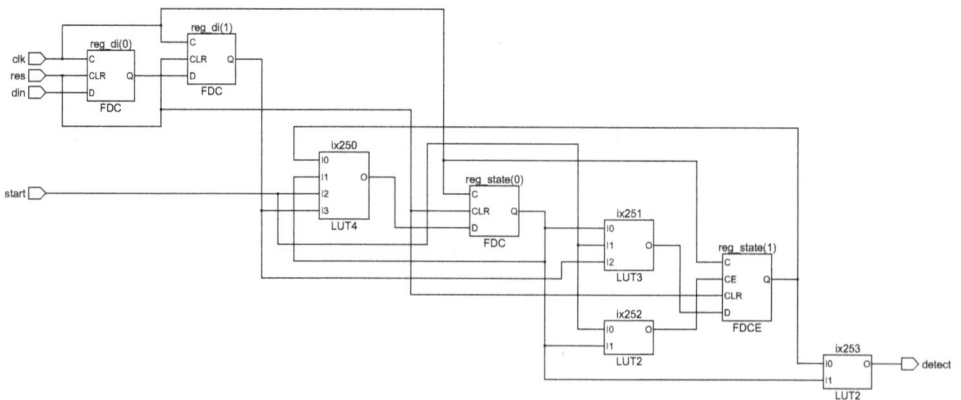

Abb. A.10: *Ergebnis der Synthese zu Aufgabe 4.3*

der Timing-Analyse nach der Synthese zu 575,6 MHz bestimmen. Die Testbench für die Simulation ist hier nicht gezeigt.

```
0    LIBRARY ieee;
1    USE ieee.std_logic_1164.all;
2
3    ENTITY fsmueb IS
4      PORT(
5          clk    : IN       std_logic;
6          din    : IN       std_logic;
7          res    : IN       std_logic;
8          start  : IN       std_logic;
9          detect : OUT      std_logic);
10   END fsmueb ;
11
12   ARCHITECTURE beh OF fsmueb IS
13     TYPE state_t IS (s0, s1, s2);
14     SIGNAL nstate, state : state_t;
15     SIGNAL di : std_logic_vector(1 DOWNTO 0);
16   BEGIN
17
18     sreg: PROCESS (clk, res)
19     BEGIN
20       IF res = '1' THEN
21         state <= s0;
22         di <= "00";
23       ELSIF clk'event AND clk = '1' THEN
24         state <= nstate; -- Zustandsregister
25         di(0) <= din;     -- Synchronisation Stufe 1
26         di(1) <= di(0);   -- Synchronisation Stufe 2
27       END IF;
28     END PROCESS sreg;
29
30     uasn: PROCESS (state, start, di(1))
31     BEGIN
32       detect <= '0';   -- Default-Zuweisung Ausgabe
33       nstate <= s0;    -- Default-Zuweisung naechster Zustand
34       CASE state IS
35         WHEN s0 =>
36           IF start = '1' AND di(1) = '1' THEN
37             nstate <= s1;
38           END IF;
39         WHEN s1 =>
40           IF start = '1' AND di(1) = '1' THEN
41             nstate <= s2;
42           END IF;
43         WHEN s2 =>
44           detect <= '1';
45           IF start = '1' THEN
46             nstate <= s2;
47           END IF;
48       END CASE;
49     END PROCESS uasn;
50
51   END beh;
```

Aufgabe 4.4:
Da für die benutzten Zustände vom Synthesewerkzeug die Codierungen s0=00, s1=01, s2=10 vergeben wurde und zwei Flipflops benutzt werden, bleibt noch der im VHDL-Code nicht spezifizierte Zustand s3=11 zu betrachten. Die Analyse der Logik aus Abbildung A.10 ergibt, dass aus diesem Zustand – in Abhängigkeit von der Eingangsbelegung – als nächster Zustand entweder s0=00 oder s2=10 eingenommen wird, so dass das Steuerwerk bei einer Störung Lockup-frei ist.

Aufgabe 4.5:
Der Dekrementer kann nach Abbildung A.11 aus 2 LUTs aufgebaut werden. Wir erhalten die Funktion der LUTs aus einer Funktionstabelle bzw. einem KV-Diagramm. Die LUT ix66 realisiert die Boole'sche Funktion $d[0] = \overline{a[0]}$ und die LUT ix65 realisiert die Schaltfunktion $d[1] = (\overline{a[1]} \wedge \overline{a[0]}) \vee (a[1] \wedge a[0])$. Das nachfolgende Listing zeigt den VHDL-Code, der bei der Synthese mit LeonardoSpectrum für eine Virtex-II-Technologie zum gleichen Ergebnis führt.

```
0     LIBRARY ieee;
1     USE ieee.std_logic_1164.ALL;
2     USE ieee.numeric_std.ALL;
3     ENTITY ctrld IS
4       PORT( a   : IN      unsigned(1 DOWNTO 0);
5             d   : OUT     unsigned(1 DOWNTO 0));
6     END ctrld ;
7     ARCHITECTURE beh1 OF ctrld IS
8     BEGIN
9           d <= a - 1;
10    END beh1;
```

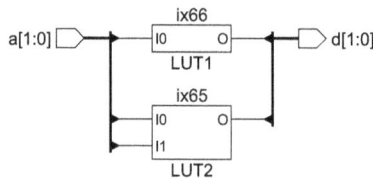

Abb. A.11: *Lösung zu Aufgabe 4.5*

Aufgabe 4.6:
Die Aufgabe kann beispielsweise durch nachfolgendes Listing gelöst werden. Für die Bildung der Summe beschreiben wir einen vorzeichenbehafteten Addierer. Der Zahlenbereich des Addierers wird überschritten, wenn die Summe größer als +7 oder kleiner als -8 ist und wird durch das Overflow-Signal angezeigt werden. Für die Bildung dieses Signals werden die Vorzeichen-Bits $ai[3]$ und $bi[3]$ der beiden Operanden ai und bi sowie das Vorzeichen-Bit $si[3]$ des Ergebnisses si herangezogen. In den beiden folgenden Fällen ergibt sich eine Zahlenbereichsüberschreitung: Beide Operanden sind positiv ($ai[3] = bi[3] = 0$) und das Ergebnis ist negativ ($si[3] = 1$) oder beide Operanden sind negativ ($ai[3] = bi[3] = 1$)

und das Ergebnis positiv ($si[3] = 0$). Daraus lässt sich die boole'sche Gleichung für das Overflow-Signal gewinnen: $ov = (ai[3] \wedge bi[3] \wedge \overline{si[3]}) \vee (\overline{ai[3]} \wedge \overline{bi[3]} \wedge si[3])$. Die Testbench sowie das Syntheseergebnis sind hier nicht gezeigt.

```
0    LIBRARY ieee;
1    USE ieee.std_logic_1164.ALL;
2    USE ieee.numeric_std.all;
3
4    ENTITY addueb IS
5       PORT (
6            a  : IN      std_logic_vector (3 DOWNTO 0);
7            b  : IN      std_logic_vector (3 DOWNTO 0);
8            ov : OUT     std_logic;
9            s  : OUT     std_logic_vector (3 DOWNTO 0)
10       );
11   END addueb ;
12
13   ARCHITECTURE beh OF addueb IS
14       SIGNAL ai, bi, si : signed(3 DOWNTO 0);
15   BEGIN
16
17       ai <= signed(a);
18       bi <= signed(b);
19       si <= ai + bi;
20       s <= std_logic_vector(si);
21       ov <= (ai(3) AND bi(3) AND NOT si(3))
22                 OR (NOT ai(3) AND NOT bi(3) AND si(3));
23
24   END beh;
```

Aufgabe 4.7:
Die Aufgabe kann durch nachfolgendes Listing gelöst werden. Der maximale Wert bei der Akkumulation tritt dann auf, wenn alle Koeffizienten $g[i] = 15$ (4 Bit!) sind und viermal der Eingangswert $x[k] = 15$ abgetastet wurde. Dann ergibt sich als Ergebnis im Akkumulator der Wert 900, so dass der Akkumulator eine Breite von 10 Bit benötigt. In der Lösung wurde hauptsächlich mit dem Datentyp `natural` gearbeitet – wobei der Wertebereich entsprechend eingeschränkt wurde –, man kann aber ebenso mit `unsigned` arbeiten. Das Design besteht aus folgenden Teilen: Ein Zwischenspeicher x_i für die abgetasteten Eingangswerte und ein Zähler `ctr` als „Steuerwerk" (Prozess `regs`), welcher die Funktion des Index i aus der Faltungsformel übernimmt. Ein Berechnungszyklus besteht aus vier Takten. Der Zwischenspeicher übernimmt am Ende des vierten Taktes neue Daten und schiebt die alten Daten um eine Position weiter. Der Akkumulator addiert das Produkt zum Wert des Akkumulators oder übernimmt im ersten Takt nur das Produkt und gibt das Ergebnis des vorangegangenen Berechnungszyklus in das Ausgangsregister `result` weiter (Prozess `akku_result`). Zeile 58 beschreibt das Auslesen eines Samples $x[k-i]$ in Abhängigkeit vom Index oder Zählerstand i aus dem Zwischenspeicher und Zeile 59 beschreibt sinngemäß das Auslesen des Konstantenspeichers $g[i]$ (ROM). In Zeile 60 ist die Multiplikation $x[k-i] \cdot g[i]$ beschrieben. Wir erhalten also mit jedem vierten Takt ein neues Ergebnis am Ausgang y und können auch nur mit jedem vierten Takt einen neuen Wert an

x übernehmen. Auf eine Folge $x[k] = 10000..00$ antwortet das Design beispielsweise mit der so genannten „Impulsantwort" [98], welche aus den Koeffizienten $g[i]$ besteht – also eine Folge $y[k] = 43210..0$. Dies lässt sich auch mit dem nachfolgenden MATLAB-Listing überprüfen. Im Unterschied zu MATLAB sehen wir in der Simulation des VHDL-Codes (die Testbench ist hier nicht gezeigt) allerdings eine zeitliche Verschiebung zwischen $x[k]$ und dem zugehörigen $y[k]$, da das FIR-Filter vier Takte zur Bearbeitung benötigt („Laufzeit" oder „Latenz" des Filters). In einem Virtex-II-FPGA kann das Design mit etwa 116 MHz maximal getaktet werden, so dass das Eingangssignal maximal mit $f_s = 29$ MHz abgetastet werden kann. Im kleinsten Virtex-II belegt das Design einen eingebauten Multiplizierer und etwa 5% der Slices.

```
0    LIBRARY ieee;
1    USE ieee.std_logic_1164.all;
2    USE ieee.numeric_std.all;
3
4    ENTITY fir IS
5       PORT(
6          clk : IN      std_logic;
7          res : IN      std_logic;
8          x   : IN      std_logic_vector (3 DOWNTO 0);
9          y   : OUT     std_logic_vector (9 DOWNTO 0));
10   END fir ;
11
12   ARCHITECTURE beh OF fir IS
13      SUBTYPE calc_t IS natural RANGE 0 TO 15;
14      TYPE fir_t IS ARRAY (natural RANGE <>) OF calc_t;
15      SIGNAL x_i : fir_t(3 DOWNTO 0);
16      CONSTANT g : fir_t(3 DOWNTO 0) := (1,2,3,4);
17      SIGNAL sample, coeff : calc_t;
18      SIGNAL multerg : natural RANGE 0 TO 255;
19      SIGNAL akku : natural RANGE 0 TO 1023;
20      SIGNAL ctr : unsigned(1 DOWNTO 0);
21      SIGNAL result : unsigned(9 DOWNTO 0);
22
23   BEGIN
24
25     regs: PROCESS (clk, res)
26     BEGIN
27       IF res = '1' THEN
28         FOR i IN 1 TO 3 LOOP
29           x_i(i) <= 0;
30         END LOOP;
31         ctr <= "00";
32       ELSIF clk'event AND clk = '1' THEN
33         IF ctr=3 THEN
34           x_i(0) <= to_integer(unsigned(x));
35           FOR i IN 1 TO 3 LOOP
36             x_i(i) <= x_i(i-1);
37           END LOOP;
38         END IF;
39         ctr <= ctr+1;
40       END IF;
41     END PROCESS regs;
```

```
42
43    akku_result: PROCESS (clk, res)
44    BEGIN
45      IF res = '1' THEN
46        akku <= 0;
47        result <= "0000000000";
48      ELSIF clk'event AND clk = '1' THEN
49        IF ctr=0 THEN
50          akku <= multerg;
51          result <= to_unsigned(akku, 10);
52        ELSE
53          akku <= akku + multerg;
54        END IF;
55      END IF;
56    END PROCESS akku_result;
57
58    sample <= x_i(to_integer(ctr));
59    coeff <= g(to_integer(ctr));
60    multerg <= coeff * sample;
61    y <= std_logic_vector(result);
62
63  END beh;
```

```
0   % MATLAB-Test des FIR-Filters aus Übungsaufgabe in Kapitel 4
1   g = [4 3 2 1];    % Koeffizienten des Filters
2   x = [1 0 0 0 0 0 0 0 0 0 0 0 0 0 0 0];   % Test Signal (Impuls)
3   y = conv(g,x); % Faltung (FIR Filter)
```

Aufgabe 4.8:
Für die Aufgabe kann die Testbench beispielsweise aus den beiden folgenden Listings aufgebaut werden. Die Komponente (Entity/Architecture) p4top ist dabei die oberste Ebene des Prozessors, der zugehörige VHDL-Code ist ebenfalls im Anhang abgedruckt. Die Komponente p4_tb_stim generiert die Stimuli, wobei hierfür nicht unbedingt eine eigene Komponente notwendig wäre sondern dies auch in der Testbench p4_tb beschrieben werden könnte.

```
0   ENTITY p4_tb IS
1   END p4_tb ;
2
3   LIBRARY ieee;
4   USE ieee.std_logic_1164.ALL;
5   USE ieee.numeric_std.ALL;
6
7   ARCHITECTURE struct OF p4_tb IS
8      SIGNAL clk    : std_logic;
9      SIGNAL pioport : std_logic_vector(3 DOWNTO 0);
10     SIGNAL res    : std_logic;
11
12     COMPONENT p4_tb_stim
13     PORT (
14        clk    : OUT    std_logic ;
15        res    : OUT    std_logic ;
16        pioport : INOUT  std_logic_vector (3 DOWNTO 0)
```

```
17      );
18      END COMPONENT;
19      COMPONENT p4top
20      PORT (
21          clk     : IN      std_logic ;
22          rst     : IN      std_logic ;
23          pioport : INOUT   std_logic_vector (3 DOWNTO 0)
24      );
25      END COMPONENT;
26
27   BEGIN
28
29      I1 : p4_tb_stim
30          PORT MAP (
31              clk     => clk,
32              res     => res,
33              pioport => pioport
34          );
35      I0 : p4top
36          PORT MAP (
37              clk     => clk,
38              rst     => res,
39              pioport => pioport
40          );
41
42   END struct;
```

```
0    LIBRARY ieee;
1    USE ieee.std_logic_1164.ALL;
2    ENTITY p4_tb_stim IS
3        PORT(
4            clk     : OUT     std_logic;
5            res     : OUT     std_logic;
6            pioport : INOUT   std_logic_vector (3 DOWNTO 0));
7    END p4_tb_stim ;
8
9    ARCHITECTURE beh OF p4_tb_stim IS
10
11       SIGNAL tclk, trst : std_logic := '0';
12       CONSTANT MASTER_FREQ : time := 100 ns;
13       CONSTANT RESET_TIME : time := 200 ns;
14
15   BEGIN
16
17       tclk <= NOT tclk AFTER MASTER_FREQ;
18       trst <= '1' AFTER 5 ns, '0' AFTER RESET_TIME;
19
20       clk <= tclk;
21       res <= trst;
22
23       pioport <= "HHHH";   -- "Pull-Up-Widerstände" für Port
24
25       finish : PROCESS
26       BEGIN
27           WAIT FOR 10000 ns ;
28           ASSERT false REPORT "Simulation End" SEVERITY failure ;
```

```
29      END PROCESS;
30
31  END beh;
```

Aufgabe 4.9:
Die Aufgabe kann durch die beiden nachfolgenden Listings gelöst werden. Zu beachten ist, dass die Strukturbeschreibungen ebenfalls über einen Generic parametrisiert wurden. Dies wäre für die Lösung der Aufgabe nicht unbedingt erforderlich gewesen. Für die Verschaltung der Bus-Transceiver wurden FOR-GENERATE-Anweisungen benutzt.

```
0   LIBRARY ieee;
1   USE ieee.std_logic_1164.all;
2
3   ENTITY bus_tri IS
4      GENERIC(size : integer := 3);
5      PORT(
6         bread  : IN      std_logic_vector (size-1 DOWNTO 0);
7         bwrite : IN      std_logic_vector (size-1 DOWNTO 0);
8         clk    : IN      std_logic;
9         di     : IN      std_logic_vector (size-1 DOWNTO 0);
10        res    : IN      std_logic;
11        do     : OUT     std_logic_vector (size-1 DOWNTO 0));
12  END bus_tri ;
13
14  ARCHITECTURE str OF bus_tri IS
15
16    component transceiver_tri
17      PORT(
18        bus_read  : IN      std_logic;
19        bus_write : IN      std_logic;
20        clk       : IN      std_logic;
21        di        : IN      std_logic;
22        res       : IN      std_logic;
23        do        : out     std_logic;
24        bus_inout : INOUT   std_logic);
25    END component ;
26
27    SIGNAL buswire : std_logic;
28
29  BEGIN
30
31    N: FOR i IN  0 TO size-1 GENERATE
32      txrx: transceiver_tri
33        PORT MAP (bus_read => bread(i),
34                  bus_write => bwrite(i),
35                  clk => clk,
36                  di => di(i),
37                  res => res,
38                  do => do(i),
39                  bus_inout => buswire);
40    END GENERATE N;
41
42  END str;
```

```
0    LIBRARY ieee;
1    USE ieee.std_logic_1164.all;
2
3    ENTITY bus_log IS
4       GENERIC( size : integer := 3);
5       PORT(
6          bread  : IN      std_logic_vector (size-1 DOWNTO 0);
7          bwrite : IN      std_logic_vector (size-1 DOWNTO 0);
8          clk    : IN      std_logic;
9          di     : IN      std_logic_vector (size-1 DOWNTO 0);
10         res    : IN      std_logic;
11         do     : OUT     std_logic_vector (size-1 DOWNTO 0));
12   END bus_log ;
13
14   ARCHITECTURE str OF bus_log IS
15
16      COMPONENT transceiver_log
17        PORT(
18          bus_in  : IN      std_logic;
19          bus_read  : IN     std_logic;
20          bus_write : IN     std_logic;
21          clk       : IN     std_logic;
22          di        : IN     std_logic;
23          res       : IN     std_logic;
24          bus_out      : OUT      std_logic;
25          do : OUT  std_logic);
26      END COMPONENT ;
27
28      SIGNAL buswire : std_logic;
29      SIGNAL to_bus : std_logic_vector(size-1 DOWNTO 0);
30      SIGNAL bus_or : std_logic_vector(size-2 DOWNTO 0);
31
32   BEGIN
33
34      N: FOR i IN 0 TO size-1 GENERATE
35        txrx: transceiver_log
36          PORT MAP (bus_in => buswire,
37                    bus_read => bread(i),
38                    bus_write => bwrite(i),
39                    clk => clk,
40                    di => di(i),
41                    res => res,
42                    bus_out => to_bus(i),
43                    do => do(i));
44      END GENERATE N;
45
46      bus_or(0) <= to_bus(1) OR to_bus(0);
47
48      B: FOR i IN 1 TO size-2 GENERATE
49        bus_or(i) <= bus_or(i-1) OR to_bus(i+1);
50      END GENERATE B;
51
52      buswire <= bus_or(size-2);
53
54   END str;
```

A.4.4   Übungsaufgaben aus Kapitel 5

Aufgabe 5.1:
Mit der Leitungslänge berechnet sich Kapazität und Widerstand der Leitung zu $C_w = C'_w \cdot L = 100$ fF und $R_w = R'_w \cdot L = 100\,\Omega$. Die Elmore-Konstante des Leitungsendes berechnet sich für das L-Modell zu $\tau_{DL} = (R_p + R_w) \cdot (C_w + C_g) = 126{,}5$ ps und somit $t_{DL} = 0{,}69 \cdot 126{,}5$ ps $= 87{,}29$ ps. Für das π-Modell berechnet sich die Elmore-Konstante zu $\tau_{\pi L} = R_p \cdot C_w/2 + (R_p + R_w) \cdot (C_w/2 + C_g) = R_p \cdot C_w + (R_p + R_w) \cdot C_g + R_w \cdot C_w/2 = 121{,}5$ ps und somit $t_{\pi L} = 0{,}69 \cdot 121{,}5$ ps $= 83{,}84$ ps. Das L-Modell ist gegenüber dem π-Modell also zu pessimistisch.

Aufgabe 5.2:
Wenn wir zusätzliche Buffer in die Leitung einfügen, dann entstehen N Buffer-Segmente. Jedes Buffer-Segment entspricht der Abbildung 5.55 mit entsprechend verkürzter Leitung $L_i = L/N$. Die Kapazität und der Widerstand eines Segmentes ist dann $R_i = R_w/N$ und $C_i = C_w/N$, wobei mit den Parametern aus der vorigen Aufgabe und $L = 20$ mm die gesamte Kapazität und Widerstand der Leitung $C_w = 2$ pF und $R_w = 2.000\,\Omega$ ist. Die Elmore-Konstante eines Segmentes ergibt sich somit zu $\tau_s = R_p \cdot C_w/N + (R_p + R_w/N) \cdot C_g + R_w \cdot C_w/(2 \cdot N^2)$.

Die gesamte Verzögerungszeit (als Elmore-Konstante) der gepufferten Leitung ist $\tau_{buf} = N \cdot \tau_s$ und damit gilt: $\tau_{buf}(N) = R_p \cdot C_w + N \cdot R_p \cdot C_g + R_w \cdot C_g + R_w \cdot C_w/(2 \cdot N)$. Abbildung A.12 zeigt den Graphen dieser Funktion, wenn wir die Werte einsetzen. Das Minimum dieser Funktion ermitteln wir durch Differenzieren und Nullsetzen der Ableitung:

$$\frac{\partial \tau_{buf}}{\partial N} = R_p \cdot C_g - \frac{R_w \cdot C_w}{2} \cdot \frac{1}{N^2} = 0.$$

Hieraus ergibt sich die optimale Anzahl von Segmenten zu

$$N_{opt} = \sqrt{\frac{R_w \cdot C_w}{2 \cdot R_p \cdot C_g}}.$$

Nach Einsetzen der Werte ergibt sich in unserem Fall $N_{opt} = 11{,}55$. Wie man Abbildung A.12 entnehmen kann, ist die Steigung in der Umgebung des Minimums gering, so dass wir einen Wert zwischen $10..15$ wählen können. Für $N = 12$ berechnet sich die Verzögerungszeit der gepufferten Leitung zu $\tau_{buf,12} = 2{,}377$ ns und für $N = 1$ erhalten wir die Verzögerungszeit der ungepufferten Leitung zu $\tau_{unbuf} = 4{,}045$ ns. Durch das Einfügen von Buffern können wir also die Verzögerungszeit um $41{,}24\,\%$ verringern.

Aufgabe 5.3:
Das RC-Netzwerkmodell des Taktbaumes ergibt sich nach Abbildung A.13. Die Widerstände und Kapazitäten ergeben sich wie folgt: $R_1 = 20\,\Omega$, $R_2 = R_3 = R_5 = R_6 = 10\,\Omega$, $R_4 = 40\,\Omega$, $C_1 = 20$ fF, $C_2 = C_3 = C_5 = C_6 = C_w + C_g = 10$ fF $+ 15$ fF $= 25$ fF, $C_4 = 40$ fF.

Die Elmore-Konstanten berechnen sich wie folgt:
$\tau_{D2} = C_1 \cdot (R_d + R_1) + C_2 \cdot (R_d + R_1 + R_2) + C_3 \cdot (R_d + R_1) + C_4 \cdot (R_d + R_1) + C_5 \cdot (R_d + R_1) +$

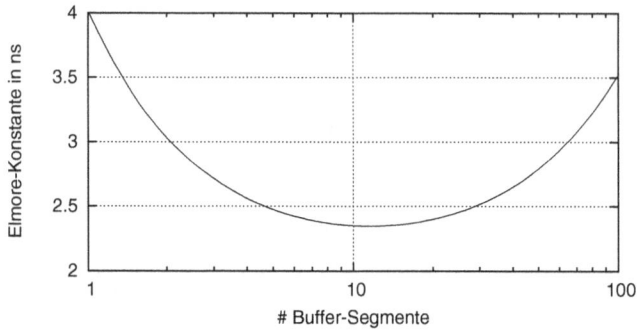

Abb. A.12: *Graph der Funktion $\tau_{buf}(N)$, N ist Anzahl der Buffer-Segmente.*

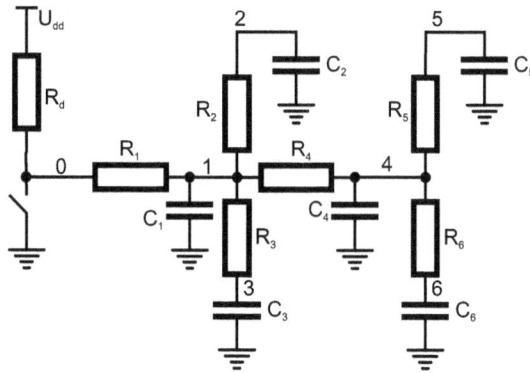

Abb. A.13: *RC-Netzwerkmodell des Taktbaumes.*

$C_6 \cdot (R_d + R_1) = 163{,}45 \text{ ps}$

$\tau_{D5} = C_1 \cdot (R_d + R_1) + C_2 \cdot (R_d + R_1) + C_3 \cdot (R_d + R_1) + C_4 \cdot (R_d + R_1 + R_4) + C_5 \cdot (R_d + R_1 + R_4 + R_5) + C_6 \cdot (R_d + R_1 + R_4) = 167{,}05 \text{ ps}$

Hieraus berechnen sich die Latenzzeiten zu $t_{D2} = 0{,}69 \cdot 163{,}45 \text{ ps} = 112{,}78 \text{ ps}$ und $t_{D5} = 0{,}69 \cdot 167{,}05 \text{ ps} = 115{,}26 \text{ ps}$, wobei $t_{D3} = t_{D2}$ und $t_{D6} = t_{D5}$. Die Taktversätze zwischen den Flipflops 1 und 2 sowie zwischen den Flipflops 3 und 4 sind daher null. Der Taktversatz zwischen den Flipflops 1/2 und 3/4 ergibt sich zu $t_{sk} = t_{D5} - t_{D2} = 2{,}48 \text{ ps}$.

Aufgabe 5.4:

a) Zunächst müssen wir prüfen, ob der Taktversatz Auswirkungen auf den kürzesten Pfad hat. Wir benutzen hierzu Gleichung 5.12 aus Abschnitt 5.4.3: $t_{sk} < t_d + t_{prop} - t_{ho} \Rightarrow t_{sk} < 50 \text{ ps} - 48 \text{ ps} = 2 \text{ ps}$. Da $t_{sk} = 2{,}5 \text{ ps}$, ist die Ungleichung nicht erfüllt, wenn der Taktversatz positiv ist. Somit ist also mit Holdzeit-Verletzungen zu rechnen, wenn t_{prop} tatsächlich null ist. (Dies wird in der Realität nicht der Fall sein, so dass das Beispiel an dieser Stelle etwas hypothetisch ist.) Wir können das Problem durch Platzierung lösen, wenn wir durch entsprechende Datenflussrichtung dafür sorgen, dass der Taktversatz negativ wird. Dies lässt sich beispielsweise erreichen, indem man wie folgt platziert: FFA=FF3, FFB=FF4, FFC=FF2, FFD=FF1. Somit ergibt sich ein negativer Taktversatz zwischen FFB und FFC, alle anderen Taktversätze sind null.

b) Zur Bestimmung der maximalen Taktfrequenz benutzen wir Gleichung 5.11: $T \geq t_d + t_{prop} + t_{su} - t_{sk} \Rightarrow T_{min} = 50\,\text{ps} + 25\,\text{ps} + 2,5\,\text{ps} = 77,5\,\text{ps}$, da der Taktversatz negativ ist. Damit ergibt sich $f_{max} = 12,9\,\text{GHz}$.

c) Mit obiger Gleichung ergibt sich nun $T_{min} = 50\,\text{ps} + 50\,\text{ps} + 25\,\text{ps} + 2,5\,\text{ps} = 127,5\,\text{ps}$ und damit $f_{max} = 7,8\,\text{GHz}$. Wenn wir durch entsprechende Platzierung (z. B. FFA=FF1, FFB=FF2, FFC=FF4, FFD=FF3) den Taktversatz wieder positiv werden lassen, können wir bei sonst gleichen Voraussetzungen schneller takten: $T_{min} = 50\,\text{ps} + 50\,\text{ps} + 25\,\text{ps} - 2,5\,\text{ps} = 122,5\,\text{ps}$ und damit $f_{max} = 8,2\,\text{GHz}$. Diese Platzierung ist nun durch die Verzögerung auf den Datenleitungen gefahrlos möglich – die Ungleichung $t_{sk} < 50\,\text{ps} + 50\,\text{ps} - 48\,\text{ps} = 52\,\text{ps}$ ist erfüllt.

Aufgabe 5.5:
Hierfür muss der „Peak-to-Peak Period Jitter" ermittelt werden. Er ergibt sich aus $J_{p-,max} = T_{min} - \overline{T}$, wobei in unserem Fall $T_{min} = 900\,\text{ps}$ und $\overline{T} = 1.000\,\text{ps}$ ist. Damit ist $J_{p-,max} = -100\,\text{ps}$. Mit Gleichung 5.13 und $T_{soll} = \overline{T} = 1.000\,\text{ps}$ ergibt sich $T_{soll} = t_d + t_{prop,max} + t_{su} - t_{sk} - J_{p-,max} \Rightarrow t_{prop,max} = T_{soll} - t_d - t_{su} + t_{sk} + J_{p-,max} = 828\,\text{ps}$.

Aufgabe 5.6:
Das Design wurde hier beispielhaft in einem Virtex-II xc2v40 platziert und verdrahtet. Das nachfolgende Listing zeigt das Ergebnis der Timing-Analyse des kritischen (längsten) Pfads. Dieser führt vom Ausgang der Register (Zwischenspeicher) für die abgetasteten Eingangswerte oder Samples durch den Multiplizierer und den nachfolgenden Addierer zum Akkumulatorregister.

```
0    --------------------------------------------------------------------
1    Slack:                   -0.252ns (requirement - (data path - clock skew))
2      Source:                sample<0>_srl_0 (FF)
3      Destination:           akku_9 (FF)
4      Requirement:           8.000ns
5      Data Path Delay:       8.243ns (Levels of Logic = 4)
6      Clock Skew:            -0.009ns
7      Source Clock:          clk_bufgp rising at 0.000ns
8      Destination Clock:     clk_bufgp rising at 8.000ns
9      Timing Improvement Wizard
10     Data Path: sample<0>_srl_0 to akku_9
11       Delay type          Delay(ns)  Logical Resource(s)
12       -------------------------  -------------------
13       Treg                2.303    sample<1>.WSGEN
14                                    sample<0>_srl_0
15       net (fanout=1)      0.827    sample<0>
16       Tmult_S1            1.847    mmult_multerg_inst_mult_0
17       net (fanout=2)      0.901    _n0022<16>
18       Topcyf              0.587    madd__n0009_inst_lut2_61
19                                    madd__n0009_inst_cy_6
20                                    madd__n0009_inst_cy_7
21       net (fanout=1)      0.000    madd__n0009_inst_cy_7
22       Tciny               0.940    madd__n0009_inst_cy_8
```

```
23                                                    madd__n0009_inst_sum_9
24         net (fanout=1)            0.197            _n0022<9>
25         Tilo                      0.347            mmux__n0006_i0_result1
26         net (fanout=1)            0.001            mmux__n0006_i0_result1/O
27         Tdxck                     0.293            akku_9
28         --------------------------               ----------------------------
29         Total                     8.243ns (6.317ns logic, 1.926ns route)
30                                           (76.6% logic, 23.4% route)
```

Wir haben in diesem Fall Timing-Constraints vorgegeben – für den Takt sollte eine Taktperiode von 8 ns erreicht werden. Dies konnte nicht realisiert werden: Die Verzögerungszeit auf dem kritischen Pfad beträgt 8,243 ns, zuzüglich des negativen Taktversatzes von 9 ps ergibt sich eine benötigte Taktperiode von 8,252 ns und damit ein negativer „Slack", d. h. eine Verletzung der vorgegebenen Randbedingungen, von 0,252 ns. Damit ergibt sich eine maximale Taktfrequenz von 121,18 MHz bzw. eine Abtastfrequenz der Eingangswerte von 30,3 MHz und liegt damit etwas höher als von der Synthese vorausgesagt (siehe Lösung zum FIR-Filter aus Kapitel 4).

Literaturverzeichnis

[1] *Internet-Adresse der Firma AccelChip: http://www.accelchip.com.*

[2] Actel Corporation. *Actel Axcelerator Family FPGAs*, 2002. http://www.actel.com.

[3] Actel Corporation. *Actel ProASICPlus Flash Family FPGAs*, 2004. http://www.actel.com.

[4] Alexander Marquardt, Vaughn Betz und Jonathan Rose. Timing-Driven Placement for FPGAs. *FPGA 2000, ACM Symp. on FPGAs*, 2000.

[5] Altera Corporation. *Altera Application Note 42: Metastability in Altera Devices*, 1999. http://www.altera.com.

[6] American National Standards Institute, Inc., New York. *Reference Manual for the Ada Programming Language (ANSI/MIL-STD-1815A-1983)*, 1983.

[7] Andreas Funcke. *SOPC-Entwicklung einer netzwerkfähigen Laserscannersteuerung*. Diplomarbeit, Hochschule Pforzheim, 2005.

[8] Peter Ashenden. *The Designer's Guide to VHDL*. Morgan Kaufmann Publishers, 2001.

[9] Janick Bergeron. *Writing Testbenches: Functional verification of HDL models*. Kluwer Academic Publishers, 2000.

[10] Himanshu Bhatnagar. *Advanced ASIC Chip Synthesis: Using Synopsys Design Compiler and PrimeTime*. Kluwer Academic Publishers, 1999.

[11] Johannes Borgmeyer. *Grundlagen der Digitaltechnik*. Carl-Hanser-Verlag, 2001.

[12] *Internet-Adresse der Firma Cadence: http://www.cadence.com.*

[13] K.C. Chang. *Digital Design and Modeling with VHDL and Synthesis*. IEEE Computer Society Press, 1997.

[14] Ben Cohen. *VHDL Coding Styles and Methodologies*. Kluwer Academic Publishers, 1999.

[15] D. Gajski und R. Kuhn. Guest Editor's Introduction: New VLSI Tools. *IEEE Computer, Jg. 16, H. 12*, 1983.

[16] Doulos Ltd. *SystemC Golden Reference Guide*, 2002. http://www.doulos.com.

[17] D.W. Knapp. *Behavioral Synthesis – Digital System Design Using the Synopsys BehavioralCompiler*. Prentice Hall, 1996.

[18] E. Ahmed and J. Rose. The Effect of LUT and Cluster Size on Deep-Submicron FPGA Performance and Density. *IEEE Transactions on VLSI, Vol. 12. No. 3*, 2004.

[19] *EDIF, Electronic Design Interchange Format, Version 2 0 0*, 1989. http://www.edif.org.

[20] John P. Elliott. *Understanding Behavioral Synthesis, A Practical Guide to High-Level Design*. Kluwer Academic Publishers, 1999.

[21] B.J. Sheu et al. BSIM: Berkeley Short-Channel IGFET Model for MOS Transistors. *IEEE Journal of Solid-State Circuits*, 1987.

[22] G. De Micheli. *Synthesis and Optimization of Digital Circuits*. McGraw-Hill, 1994.

[23] Thomas Giebel. *Grundlagen der CMOS-Technologie*. B.G. Teubner, 2002.

[24] Gunther Lehmann, Bernhard Wunder und Manfred Selz. *Schaltungsdesign mit VHDL*. Franzis Verlag, 1994.

[25] Guy Lemieux und David Lewis. *Design of Interconnection Networks for Programmable Logic*. Kluwer Academic Publishers, 2004.

[26] H. Duyan, G. Hahnloser und D. Träger. *PSPICE: Eine Einführung*. B.G. Teubner, 1992.

[27] Heinrich Frohne, Karl-Heinz Löcherer und Hans Müller. *Moeller Grundlagen der Elektrotechnik*. Teubner, 2002.

[28] Bernhard Hoppe. *Mikroelektronik 1*. Vogel Verlag, 1997.

[29] Bernhard Hoppe. *Mikroelektronik 2*. Vogel Verlag, 1998.

[30] Dirk Jansen (Hrsg.). *Handbuch der Electronic Design Automation*. Hanser Verlag, 2001.

[31] H.W. Johnson und M. Graham. *High-Speed Digital Design: A Handbook of Black Magic*. Prentice Hall, 1993.

[32] IEEE Computer Society, 345 East 47th Street, New York. *IEEE Standard VHDL Language Reference Manual (1076-1993)*, 1994. http://www.ieee.org.

[33] IEEE Computer Society, 345 East 47th Street, New York. *IEEE Standard VITAL Application-Specific Integrated Circuit (ASIC) Modeling Specification (1076.4-1995)*, 1995. http://www.ieee.org.

[34] IEEE Computer Society, 345 East 47th Street, New York. *IEEE Standard Hardware Description Language based on the Verilog Hardware Description Language (1364-1995)*, 1996. http://www.ieee.org.

[35] Intel. *Intel StrataFlash Memory – Datasheet*, 2004. http://www.intel.com.

[36] Jan M. Rabaey, Anantha Chandrakasan und Borivoje Nikolic. *Digital Integrated Circuits: A Design Perspective*. Prentice Hall, 2003.

[37] Jens Muttersbach. *Globally-Asynchronous Locally-Synchronous Architectures for VLSI Systems*. Hartung Gorre Verlag, 2001.

[38] Jordan Swartz, Vaughn Betz und Jonathan Rose. A Fast Routability-Driven Router for FPGAs. *FPGA '98, ACM Symp. on FPGAs*, 1998.

[39] J.P. Elliot. *Understanding Behavioral Synthesis*. Kluwer Academic Pub., 2000.

[40] Randy H. Katz. *Contemporary Logic Design*. The Benjamin/Cummings Publishing Company, 1994.

[41] H.A. Landman. Visualizing the Behavior of Logic Synthesis Algorithms. *Synopsys Users Group Meeting*, 1998.

[42] Lattice. *ispGAL22V10 – Datasheet*, 2003. http://www.latticesemi.com.

[43] C.Y. Lee. An algorithm for path connections and its applications. *IRE Trans. on Elect. Computers, Vol. EC 10*, 1961.

[44] Hans M. Lipp. *Grundlagen der Digitaltechnik*. Oldenbourg, 2002.

[45] M. Khalid and J. Rose. The Effect of Fixed I/O Pin Positioning on The Routability and Speed of FPGAs. *Proc. Canadian Workshop of Field-Programmable Devices, FPD 95*, 1995.

[46] *Internet-Adresse der Firma MathWorks: http://www.mathworks.com*.

[47] *Internet-Adresse der Firma Mentor Graphics: http://www.mentor.com*.

[48] Mentor Graphics Corporation. *LeonardoSpectrum User's Manual*, 2002. http://www.mentor.com.

[49] Michael Pecht (Ed.). *Placement and Routing of Electronic Modules*. Marcel Dekker, Inc., 1993.

[50] M.Olsson et al. Neutron Single Event Upsets in SRAM-Based FPGAs. *Proc. IEEE Nuclear Space Radiation Effects Conference*, 1998.

[51] G.E. Moore. Cramming more components onto integrated circuits. *Electronics, Vol. 38, No. 8*, 1965.

[52] Open SystemC Initiative. *SystemC Homepage*, 2002. http://www.systemc.org.

[53] Open SystemC Initiative. *SystemC User's Guide*, 2002. http://www.systemc.org.

[54] Open Verilog International. *Standard Delay Format Specification – Version 3.0*, 1995. http://www.ovi.org.

[55] P. Chow, S. Seo, J. Rose, K. Chung, I. Rahardja und G. Paez. The Design of an SRAM-Based Field-Programmable Gate Array: Part I: Architecture. *IEEE Transactions on VLSI, Vol. 7, No. 2*, 1999.

[56] P. Chow, S. Seo, J. Rose, K. Chung, I. Rahardja und G. Paez. The Design of an SRAM-Based Field-Programmable Gate Array: Part II: Circuit Design and Layout. *IEEE Transactions on VLSI, Vol. 7, No. 3*, 1999.

[57] Paul E. Ceruzzi. *A History of Modern Computing*. MIT Press, 1999.

[58] Paul Molitor und Christoph Scholl. *Datenstrukturen und effiziente Algorithmen für die Logiksynthese kombinatorischer Schaltungen*. Teubner, 1999.

[59] Paul Molitor und Jörg Ritter. *VHDL – Eine Einführung*. Pearson Studium, 2004.

[60] P.J. Schoenmakers und F.M. Theeuwen. Clock-Gating on RT-Level VHDL. *International Workshop on Logic Synthesis, Lake Tahoe*, 1997.

[61] R. Katz, J. Wang, J. McCollum und B. Cronquist. The Impact of Software and CAE Tools on SEU in Field Programmable Gate Arrays. *IEEE Transactions on Nuclear Science, Vol. 46, No. 6*, 1999.

[62] R.Brayton, R.Rudell, A.Sangiovanni-Vincentelli und A.Wang. MIS: A Multiple-Level Logic Optimization System. *IEEE Transactions on Computer-Aided Design of Integrated Circuits, CAD-6(6)*, 1987.

[63] S. Devadas, A. Ghosh und K. Keutzer. *Logic Synthesis*. McGraw-Hill, 1994.

[64] S. Devadas, H.-K. Ma, A.R. Newton, und A. Sangiovanni-Vincentelli. MUSTANG: State Assignment of Finite State Machines Targeting Multilevel Logic Implementations. *IEEE Transactions on Computer-Aided Design of Integrated Circuits and Systems, CAD-7(12)*, 1988.

[65] Sachin Sapatnekar. *Timing*. Kluwer Academic Publishers, 2004.

[66] Ashok K. Sharma. *Semiconductor Memories: Technology, Testing and Reliability*. IEEE Press, 1997.

[67] Ashok K. Sharma. *Programmable Logic Handbook*. McGraw-Hill, 1998.

[68] Naveed Sherwani. *Algorithms for VLSI Physical Design Automation*. Kluwer Academic Publishers, 1995.

[69] Axel Sikora. *Programmierbare Logikbauelemente*. Carl-Hanser-Verlag, 2001.

[70] Michael J.S. Smith. *Application-Specific Integrated Circuits*. Addison-Wesley, 1997.

[71] Rolf Socher. *Theoretische Grundlagen der Informatik*. Fachbuchverlag, 2005.

[72] Bjarne Stroustrup. *The C++ Programming Language*. Addison Wesley, 2000.

[73] *Internet-Adresse der Firma Synopsys: http://www.synopsys.com*.

[74] *Internet-Adresse der Firma Synplicity: http://www.synplicity.com*.

[75] Jürgen Teich. *Digitale Hardware/Software – Systeme, Synthese und Optimierung*. Springer Verlag, 1997.

[76] Klaus ten Hagen. *Abstrakte Modellierung digitaler Schaltungen: VHDL vom funktionalen Modell bis zur Gatterebene*. Springer Verlag, 1995.

[77] T.Flik und H.Liebig. *Mikroprozessortechnik*. Springer, 1994.

[78] Thomas Beierlein und Olaf Hagenbruch. *Taschenbuch Mikroprozessortechnik*. Fachbuchverlag Leipzig, 1999.

[79] Thorsten Grötker, Stan Liao, Grant Martin and Stuart Swan. *System Design with SystemC*. Kluwer Academic Publishers, 2002.

[80] Frank Thuselt. *Physik der Halbleiterbauelemente*. Springer Verlag, 2005.

[81] Toshiba. *TC58V16 – 16 MBit CMOS NAND Flash E^2PROM*, 1997. http://www.toshiba.com.

[82] Toshiba. *TH58NVG1S3AFT05 – 2 GBit CMOS NAND Flash E^2PROM*, 2003. http://www.toshiba.com.

[83] Christian Siemers und Axel Sikora. *Taschenbuch Digitaltechnik*. Carl-Hanser-Verlag, 2003.

[84] Jürgen Reichardt und Bernd Schwarz. *VHDL-Synthese: Entwurf digitaler Schaltungen und Systeme*. Oldenbourg Verlag, 2000.

[85] Ulrich Tietze und Christoph Schenk. *Halbleiter-Schaltungstechnik*. Springer Verlag, 1999.

[86] H. Shichman und D.A. Hodges. Modeling and simulation of insulated-gate field-effect transistor switching circuits. *IEEE Journal of Solid-State Circuits*, 1968.

[87] Brian W. Kernighan und Dennis M. Ritchie. *The C Programming Language*. Prentice Hall, 1988.

[88] Göran Herrmann und Dietmar Müller. *ASIC – Entwurf und Test.* Carl-Hanser-Verlag, 2004.

[89] P.E. Allen und D.R.Holberg. *CMOS Analog Circuit Design.* Saunders College Publishing, 1987.

[90] Vaughn Betz und Jonathan Rose. Circuit Design, Transistor Sizing and Wire Layout of FPGA Interconnect. *IEEE Custom Integrated Circuits Conference*, 1999.

[91] Neil Weste und Kamran Eshragian. *Principles of CMOS VLSI Design.* Addison-Wesley, 1988.

[92] Donald E. Thomas und Philip R. Moorby. *The Verilog Hardware Decription Language.* Kluwer Academic Publishers, 1998.

[93] Pak K. Chan und Samiha Mourad. *Digital Design Using Field Programmable Gate Arrays.* Prentice Hall, 1994.

[94] Michael Vai. *VLSI Design.* CRC Press, 2001.

[95] Vaughn Betz, Jonathan Rose und Alexander Marquardt. *Architecture and CAD for Deep-Submicron FPGAs.* Kluwer Academic Publishers, 1999.

[96] Markus Wannemacher. *Das FPGA Kochbuch.* MITP Verlag, 1998.

[97] W.C. Elmore. The transient response of damped linear networks with particular regard to wideband amplifiers. *Journal of Applied Physics*, 1948.

[98] Martin Werner. *Digitale Signalverarbeitung mit MATLAB.* Vieweg, 2001.

[99] *Internet-Adresse der Firma Xilinx: http://www.xilinx.com.*

[100] Xilinx Inc. *Gate Count Capacity Metrics for FPGAs – Application Note XAPP059*, 1997. http://www.xilinx.com.

[101] Xilinx Inc. *XC9500 In-System Programmable CPLD Family*, 1999. http://www.xilinx.com.

[102] Xilinx Inc. *Using the Virtex Block SelectRAM+ Features – Application Note XAPP130*, 2000. http://www.xilinx.com.

[103] Xilinx Inc. *Development System Reference Guide – ISE5*, 2002. http://www.xilinx.com.

[104] Xilinx Inc. *Xilinx Synthesis Technology (XST) User Guide*, 2002. http://www.xilinx.com.

[105] Xilinx Inc. *FIFOs Using Virtex-II Block RAM – Application Note XAPP258*, 2003. http://www.xilinx.com.

[106] Xilinx Inc. *VirtexII Platform FPGA User Guide (UG002)*, 2004.
      http://www.xilinx.com.

[107] Xilinx Inc. *VirtexII Platform FPGAs: Complete Datasheet (DS031)*, 2004.
      http://www.xilinx.com.

[108] Zainalabedin Navabi. *Digital Design and Implementation with Field
      Programmable Devices*. Kluwer Academic Publishers, 2005.

Index

www.ingramcontent.com/pod-product-compliance
Lightning Source LLC
Chambersburg PA
CBHW081215220326
41598CB00037B/6789